2021년 2월

# 산지관리법

<3단 대조식>

- 산지관리법령 (법 · 시행령 · 시행규칙)
  - ✔ 산지관리법률 <3단 대조식>
  - ✔ 산지관리법률 시행령 <별표>
  - ✔ 산지관리법률 시행규칙 <별표 및 별지서식>

- 산지관리법 관련 (행정규칙)
- 산지관리법 관련 (판례/법령해석례/행정심판례/헌재결정례)

圓技術

# <총 목 차>

## ● 산지관리법령 (3단 대조식) ········ 1~806
- 산지관리법률 (목차) ········ 3
- 산지관리법률 (3단 본문) ········ 25
- 산지관리법률 시행령 (별표) ········ 653
- 산지관리법률 시행규칙 (별표) ········ 711
- 산지관리법률 시행규칙 (별지서식) ········ 729

## ● 산지관리법 관련 (행정규칙) ········ 807
- 2016년도 대체산림자원조성비의 단위면적당 금액 ········ 809
- 2020년도 대체산림자원조성비 부과기준 ········ 810
- 2020년도 1만당 복구비 산정기준 금액 ········ 811
- 산지전용허가기준 등의 적합성 조사·검토를 위한 관계전문기관의 지정 ········ 812
- 불법전용산지의 신고심사 및 통지 등에 관한 세부절차 ········ 813
- 불법전용산지 지목변경에 필요한 세부절차 규정 ········ 816
- 산지전용 타당성조사의 수수료 산정기준·고지·납부·환급 및 운영등에 관한 규정 ········ 821
- 산지전용시 기준도로를 이용한 필요가 없는 시설 및 기준 ········ 830

◉ 매도 후 2년 예시발 특례를 미리 산정하는 기준 ·································· 832
◇ 주택시설 등의 가재용자산 공통기준 및 인지지정도 결계·시장기준 ··········· 833
◇ 안심골 공유공 및 자연형 시설지 복구를 위한 시설사업 자원기준 ··········· 837
◇ 인덱 재정의 시·군폭 행정사무를 준용기준 ·································· 847
◇ 조사원의 공용 지침 ······················································· 848
◇ 중앙지정위원회의 운영사체 ··············································· 850
◇ 재산조사 지침 고시 ······················································ 855
◇ 복지시사 지정 및 지정운영 고시 ·········································· 856
◇ 복지시사 평가지정 고시 ··················································· 857
◇ 사회복지시설 등의 재정성 조사·원조를 위한 공개지원기준 지침 ············ 861
◇ 사회지원·돌봄시사가정의 매체 및 지원분무 ································ 862
◇ 성해영유아지치침 ························································· 863
◇ 사용복지사가 사회복자가기관에 관한 조처 ································ 969

◉ 사지공지원 관련 <관계, 민방예지체, 양정심판체, 행지재정성체> 관련 ········· 971
◇ 관계 관련 ···································································· 979
◇ 면방에시체 관련 ·························································· 1009
◇ 양정심판체 관련 ·························································· 1129
◇ 행지재정성체 관련 ······················································· 1219

# 산 지 관 리 법

<3단 대조식>

◉ 산지관리법령 3단 (법·시행령·시행규칙)

✔ 산지관리법률 <3단 대조식>
✔ 산지관리법률 시행령 <별표>
✔ 산지관리법률 시행규칙 <별표 및 별지서식>

| 산지관리법 | 산지관리법 시행령 | 산지관리법 시행규칙 |
|---|---|---|
| **제1장 총 칙** | **제1장 총 칙** | **제1장 총 칙** |
| 제1조(목적) ················ 26 | 제1조(목적) ················ 26 | 제1조(목적) ················ 26 |
| 제2조(정의) ················ 26 | 제2조(산지에서 제외되는 토지) ··· 26 | |
| | 제3조(산지전용에서 제외되는 임산물의 재배) ················ 28 | |
| 제3조(산지관리의 기본원칙) ········ 30 | | |
| **제2장 산지의 보전** | **제2장 산지의 보전** | **제2장 산지의 보전** |
| 제1절 산지관리기본계획 및 산지의 구분 등 | 제1절 산지관리기본계획 및 산지의 구분 등 | 제1절 산지관리기본계획 및 산지의 구분 등 |
| 제3조의2(산지관리기본계획의 수립 등) ················ 31 | 제3조의2(산지관리기본계획의 고시) ················ 31 | |
| 제3조의3(기본계획과 지역계획의 내용) ················ 35 | 제3조의3(기본계획과 지역계획의 내용) ················ 36 | |
| 제3조의4(기본계획과 지역계획 수립을 위한 조사) ················ 38 | 제3조의4(기본계획과 지역계획의 수립을 위한 조사) ················ 38 | 제1조의2(산지기본조사 및 산지지역 조사) ················ 38 |

| 산지관리법 | 산지관리법 시행령 | 산지관리법 시행규칙 |
|---|---|---|
| 제3조의5(산지관리정보체계의 구축 및 운영) ·················· 42 | 제3조의5(산지관리정보체계의 구축·운영) ························ 42 | |
| 제4조(산지의 구분) ················· 44 | 제4조(산지의 구분) ················· 44 | 제2조(산지구분도의 작성방법 및 절차) ···························· 47 |
| 제5조(보전산지의 지정절차) ·········· 53 | 제5조(보전산지의 지정·해제 등의 고시) ························ 53 | 제3조(보전산지의 지정해제 등) ····· 55 |
| 제6조(보전산지의 변경·해제) ······ 54 | | |
| 제7조 삭제<2010.5.31> ·············· 58 | | |
| 제8조(산지에서의 구역 등의 지정 등) ···························· 58 | 제6조(산지에서의 지역등의 지정·결정에 관한 협의절차) ············ 58 | 제4조(산지에서의 지역등의 지정·결정 협의절차) ················ 58 |
| | 제7조(산지에서의 지역등의 지정·결정에 관한 협의 통보) ·········· 61 | 제4조의2(산지에서의 지역등의 협의 기준의 세부사항) ·············· 63 |
| **제2절 보전산지에서의 행위제한** | **제2절 보전산지안에서의 행위제한** | **제2절 보전산지에서의 행위제한** |
| 제9조(산지전용·일시사용제한지역의 지정) ···························· 64 | 제8조(산지전용·일시사용제한지역의 지정대상 산지) ·············· 64 | 제5조(산사태위험지의 판정기준) ···························· 67 |
| | 제9조(산지전용·일시사용제한지역의 지정절차 등) ·············· 67 | |

| | | |
|---|---|---|
| 제10조(산지전용·일시사용제한지역에서의 행위제한) ······ 71 | 제10조(산지전용·일시사용제한지역에서의 허용행위) ······ 71 | 제6조(산지전용·일시사용제한지역에서의 허용행위) ······ 76 |
| 제11조(산지전용·일시사용제한지역 지정의 해제) ······ 78 | 제11조(산지전용·일시사용제한지역 지정의 해제) ······ 79 | 제7조(농림어업인의 범위) ······ 82 |
| 제12조(보전산지에서의 행위제한) ······ 81 | 제12조(임업용 산지안에서의 행위제한) ······ 82 | 제8조(임업용 산지에서의 행위제한) ······ 83 |
| | 제13조(공익용 산지안에서의 행위제한) ······ 104 | 제9조(공익용 산지에서의 행위제한) ······ 108 |
| 제13조(산지전용·일시사용제한지역의 산지매수) ······ 111 | 제14조(매수대상 산지의 범위 등) ······ 111 | |
| | **제3절 산지전용허가 등** | |
| 제13조의2(산지의 매수 청구) ······ 112 | 제14조의2(산지 매수청구의 절차 등) ······ 112 | 제9조의2(산지매수청구의 절차 등) ······ 112 |
| **제3절 산지전용허가 등** | | **제3절 산지전용허가 등** |
| 제14조(산지전용허가) ······ 113 | 제15조(산지전용허가의 절차 및 심사) ······ 113 | 제10조(산지전용허가의 신청 등) ······ 113 |

| 산지관리법 | 산지관리법 시행령 | 산지관리법 시행규칙 |
|---|---|---|
| | | 제10조의2(산지전용허가기준의 세부 사항) ················· 127 |
| | | 제11조(산지전용허가증) ············· 127 |
| | 제16조(산지전용에 관한 협의 등) ························· 128 | 제12조(산지전용 협의서류) ········· 128 |
| 제15조(산지전용 신고) ················ 129 | 제17조(산지전용 신고) ············· 129 | 제13조(산지전용 신고) ············· 129 |
| | 제18조(산지전용 신고의 대상시설·행위의 범위 등) ····················· 132 | 제14조 삭제<2011.1.5> ················· 132 |
| | | 제15조(산지전용 신고의 수리) ····· 132 |
| 제15조의2(산지 일시사용허가·신고) ··································· 134 | 제18조의2(산지 일시사용허가) ···· 134 | 제15조의2(산지 일시사용허가) ···· 134 |
| | 제18조의3(산지 일시사용신고) ···· 136 | 제15조의3(산지 일시사용신고) ···· 136 |
| | 제18조의4(산지 일시사용기간) ···· 145 | 제15조의4(산지 일시사용기간) ···· 145 |
| | | 제15조의5(산지 일시사용 협의서류) ··································· 147 |
| 제16조(산지전용허가 등의 효력)· 148 | | |
| 제17조(산지전용허가 등의 기간)· 150 | | 제16조(산지전용기간) ················· 150 |
| | 제19조(산지전용기간의 연장허가 등) ························· 151 | 제17조(산지전용기간의 연장허가 등) ································· 151 |
| 제18조(산지전용허가기준 등) ······ 154 | 제20조(산지전용허가기준 등) ········· 156 | |

| | | |
|---|---|---|
| 제18조의2(산지전용 타당성조사 등) ················ 160 | 제20조의2(산지전용 타당성조사의 대상) ················ 160 | |
| | 제20조의3(산지전용 타당성조사의 절차 및 기준) ············ 162 | 제18조(산지전용 타당성조사의 절차 및 기준 등) ············ 162 |
| | 제20조의4(산지전용 타당성조사 결과 등의 공개) ············ 166 | |
| | 제20조의5(산지전용타당성조사 서류 등의 보관) ············ 167 | |
| 제18조의3(산지전용 타당성조사 결과 등의 공개) ············ 168 | | |
| 제18조의4(산지전용허가기준 등의 충족 여부 확인) ············ 168 | 제20조의6(산지전용허가기준 등의 적합성 여부 확인) ············ 168 | 제18조의2(관계전문기관의 지정) ··· 168 |
| 제18조의5(이해관계인 등의 범위 등) ················ 170 | | 제18조의3(이해관계인의 이의신청 요건·절차) ············ 171 |
| 제19조(대체산림자원조성비) ········ 172 | 제21조(대체산림자원조성비) ········ 173 | 제18조의4(조사협의체의 구성) ······ 172 |
| | | 제18조의5(조사협의체의 운영) ····· 174 |
| | 제22조 삭제<2007.7.27> ············ 178 | 제19조(대체산림자원조성비의 분할납부) ············ 176 |
| | 제23조(대체산림자원조성비의 감면) ················ 179 | |

| 산지관리법 | 산지관리법 시행령 | 산지관리법 시행규칙 |
|---|---|---|
| | 제24조(대체산림자원조성비의 납부기한 · 산정기준 등) ················ 181 | 제20조(대체산림자원조성비의 납부고지 등) ················ 181<br>제21조(대체산림자원조성비의 납부기간 연장) ················ 182 |
| | 제25조 삭제<2012.8.22> ············ 186 | |
| 제19조의2(대체산림자원조성비의 환급) ················ 186 | 제25조의2(대체산림자원조성비의 환급) ················ 186 | |
| 제20조(산지전용허가의 취소 등) ·· 192 | 제25조의3 삭제<2010.12.7> ········ 192 | 제22조(산지전용허가의 취소 등) · 192 |
| 제21조(용도변경의 승인 등) ········ 195 | 제26조(용도변경의 승인 등) ········ 195 | 제23조(용도변경의 승인신청) ······ 195 |
| 제21조의2(「국토의 계획 및 이용에 관한 법률」의 특례) ············ 199 | 제26조의2(「국토의 계획 및 이용에 관한 법률」의 특례) ············ 199 | |
| 제21조의3(산지의 지목변경 제한) ················ 202 | 제26조의3(산지의 지목변경 제한) ················ 202 | |
| **제4절 산지관리위원회** | **제4절 산지관리위원회** | |
| 제22조(산지관리위원회의 설치 · 운영) ················ 203 | 제27조(중앙산지관리위원회의 심의사항) ················ 204 | |

| | |
|---|---|
| 제23조(위원 등의 수당·여비 등) ················· 206<br>제24조 삭제<2016.12.2> ············ 206 | 제28조(중앙산지관리위원회의 구성) ················· 206<br>제29조(중앙산지관리위원회의 운영) ················· 209<br>제29조의2(중앙산지관리위원회 분과위원회의 설치 및 운영) ····· 210<br>제29조의3(중앙산지관리위원회 위원의 제척·회피) ················ 214<br>제30조(전문위원 및 간사 등) ······ 215<br>제30조의2(지방산지관리위원회의 심의사항) ···················· 215<br>제31조(지방산지관리위원회의 설치·운영 등) ························· 217<br>제31조의2(지방산지관리위원회 분과위원회의 설치 및 운영) ······· 221<br>제31조의3(지방산지관리위원회 위원의 제척·회피) ···················· 224<br>제31조의4(결격사유 등) ··············· 225 |

| 산지관리법 | 산지관리법 시행령 | 산지관리법 시행규칙 |
|---|---|---|
| **제3장 토석채취 등**<br>제1절 토석채취 | **제3장 토석채취 등**<br>제1절 토석채취 | **제3장 토석채취 등**<br>제1절 토석채취 |
| 제25조(토석채취허가 등) ·········· 227 | 제32조(토석채취허가의 절차 및 심사 등)<br>····························· 227 | 제24조(토석채취허가의 신청 등) · 227<br>제24조의2(토사채취의 신고) ········ 238<br>제25조(토사채취기간 등) ············· 241<br>제26조(토사채취기간의 연장허가)<br>····························· 242<br>제27조(토사채취 등의 협의서류) · 248 |
| 제25조의2(허가·신고 없이 할 수 있는<br>토석채취) ····················· 250 | 제32조의2(허가·신고를 하여야 하는 토<br>석채취) ························· 250 | |
| 제25조3(토석채취제한지역의 지정 등)<br>····························· 254 | 제32조의3(토석채취제한지역) ······· 254 | |
| 제25조의4(토석채취제한지역에서의 행<br>위제한) ························· 260 | 제32조의4(토석채취제한지역에서의 행<br>위제한의 예외) ··············· 260 | |
| 제25조의5(토석채취제한지역 지정의 해<br>제) ····························· 266 | 제33조 삭제<2007.7.27> ············ 266 | |
| 제26조(채석 경제성의 평가) ········ 267 | 제34조(채석경제성의 평가) ········· 267 | |

| 제27조(광구에서의 토석채취 등)·270 | 제35조(광구안에서의 토석채취)···270 | 제28조(토석 매매대금의 공제)······272 |
| 제28조(토석채취허가의 기준)······272 | 제36조(토석채취허가의 기준 등)·273 | 제28조의2(토석채취허가기준의 세부사항)················································273 |
| | 제37조(토석채취허가기준의 적용예외 등)················································278 | 제28조의3(산사태위험지의 판정기준)················································274 |
| | 제38조(자연석의 규모 등)············282 | |
| 제29조(채석단지의 지정·해제)···284 | 제39조(채석단지의 지정)············284 | 제29조(채석단지의 지정 등)······284 |
| 제30조(채석단지에서의 채석신고)················································290 | 제40조(채석단지에서의 채석신고)················································294 | 제30조(채석단지안에서의 채석신고)················································290 |
| 제31조(토석채취허가의 취소 등)················································295 | 제41조(토석채취허가의 취소 등)··297 | |
| **제2절 삭제** | **제2절 삭제** | **제2절 삭제** |
| 제32조 삭제<2007.1.26>············298 | 제42조 삭제<2007.7.27>············298 | 제31조 삭제<2007.7.27>············298 |
| 제33조 삭제<2007.1.26>············298 | 제43조 삭제<2007.7.27>············298 | 제32조 삭제<2007.7.27>············298 |
| 제34조 삭제<2007.1.26>············298 | | 제33조 삭제<2007.7.27>············298 |
| **제3절 석재 및 토사의 매각** | **제3절 석재 및 토사의 매각** | **제3절 석재 및 토사의 매각** |
| 제35조(국유림의 산지 내의 토석의 매각 등)················································298 | 제44조(토석의 매각 등)···············298 | 제34조(토석의 매입·무상양여 신청)················································298 |
| | | 제35조(토석의 매각계약 등)········300 |

| 산지관리법 | 산지관리법 시행령 | 산지관리법 시행규칙 |
|---|---|---|
| 제36조(계약의 해제 또는 무상양여의 취소) ·················· 304 | | |
| 제36조의2(한국산림토석협회) ······ 306 | 제44조의2(한국산림토석협회) ······ 306 | |
| **제4장 재해 방지 및 복구 등** | **제4장 재해 방지 및 복구 등** | **제4장 재해 방지 및 복구 등** |
| 제37조(재해의 방지 등) ············· 308 | 제45조(재해의 방지 등) ············· 308 | 제36조(재해의 방지 등) ············· 308 |
| 제38조(복구비의 예치 등) ·········· 315 | 제46조(복구비의 예치 등) ·········· 315 | 제37조(복구비의 예치 등) ·········· 315 |
| | | 제38조(복구비의 분할예치 등) ····· 319 |
| | | 제39조(복구비이 산정기준) ········· 321 |
| | | 제40조(복구비의 예치시기 · 절차 등) ······································ 322 |
| 제39조(산지전용지 등의 복구) ····· 327 | | |
| | 제46조의2(중간복구) ················· 328 | 제40조의2(중간복구 등) ············· 328 |
| | 제47조(복구의무의 면제) ············ 331 | 제40조의3(산지복구의 범위) ······· 329 |
| | | 제41조(복구의무의 면제 등) ········ 330 |
| 제40조(복구설계서의 승인 등) ····· 335 | 제48조(복구설계서의 승인) ········· 335 | 제42조(복구설계서의 작성기준 등) ······································ 337 |

| | | |
|---|---|---|
| 제40조2(산지복구공사의 감리 등) ················· 344 | 제48조의2(산지복구공사의 감리대상) ················· 344 | 제42조의2(산지복구공사의 감리) · 344 |
| 제41조(복구의 대집행 등) ············ 346 | | |
| 제41조의2(재생에너지 발전사업자에 대한 조치) ····················· 347 | | |
| 제42조(복구준공검사) ················· 348 | 제49조(하자보수보증금의 예치면제) ················· 348 | 제43조(복구준공검사) ················· 348 |
| | | 제44조(하자보수보증금의 예치 등) ················· 349 |
| 제43조(복구비의 반환) ················· 352 | | 제45조(예치된 복구비의 반환) ····· 352 |
| 제44조(불법산지전용지의 복구 등) ················· 353 | | |
| 제44조의2(불법전용산지 등의 조사) ················· 356 | 제49조의2(불법전용산지 등의 조사) ················· 357 | |
| 제45조(복구전문기관의 지정·육성) ················· 358 | 제50조(복구전문기관의 지정 등) · 358 | 제46조(복구장비기준) ················· 359 |
| | | 제47조(복구전문기관의 지정·육성) ················· 359 |
| 제46조(한국산지보전협회) ············ 361 | | 제48조(한국산지보전협회의 조직·운영 등) ····················· 361 |
| | | 제49조(협회의 정관) ····················· 361 |

| 산지관리법 | 산지관리법 시행령 | 산지관리법 시행규칙 |
|---|---|---|
| | | 제50조 삭제<2014.12.31> ·········· 362 |
| **제5장 보칙** | **제5장 보칙** | **제5장 보칙** |
| 제46조의2(포상금) ····················· 363 | 제50조의2(포상금의 지급) ··········· 363 | 제50조의2(포상금의 지급) ··········· 363 |
| 제46조의3(현장관리업무담당자의 지정 및 교육) ······················· 365 | 제50조의3(현장관리업무담당자의 업무 범위 등) ······················ 365 | 제50조의3(현장관리업무담당자의 지정 및 변경 신고) ················· 367 |
| | 제50조의4(현장관리업무담당자 교육기 관) ····························· 368 | |
| | 제50조의5(현장관리업무담당자의 교육 기간 등) ······················ 368 | |
| 제47조(타인 토지 출입 등) ········· 369 | | 제51조(조사공무원의 증표) ········· 370 |
| 제48조(토지 출입 등에 따른 손실보상) ···································· 371 | | |
| 제49조(청문) ························· 372 | | |
| 제50조(수수료) ······················ 372 | 제51조(수수료) ······················ 372 | |
| 제51조(권리·의무의 승계 등) ····· 374 | | |
| 제52조(권한의 위임 등) ············· 376 | 제52조(권한의 위임 등) ············· 376 | 제51조의2(보고) ······················ 400 |

| | | |
|---|---|---|
| 제52조의2(벌칙 적용에서 공무원 의제) ································· 376<br>제52조의3(규제의 재검토) ········ 400<br><br>**제6장 벌칙**<br><br>제53조(벌칙) ···························· 403<br>제54조(벌칙) ···························· 405<br>제55조(벌칙) ···························· 406<br>제56조(양벌규정) ······················ 409<br>제57조(과태료) ························ 410<br><br>부 칙 ································· 412 | 제52조의2(규제의 재검토) ········ 400<br>제52조의3(고유식별 정보의 처리) ································· 401<br><br>**제6장 벌칙**<br><br>제53조(과태료의 부과) ············ 403<br><br><br><br><br><br>부 칙 ································· 412<br><br><br>◉ 산지관리법 시행령 ◉<br>〈별표〉 | 제51조의3(규제의 재검토) ········ 400<br><br><br><br>**제6장 벌칙**<br><br>제52조 삭제〈2008.7.16〉 ············ 403<br><br><br><br><br><br>부 칙 ································· 412<br><br><br>◉ 산지관리법 시행규칙<br>〈별표 및 별지서식〉 |

| 산지관리법 | 산지관리법 시행령 | 산지관리법 시행규칙 |
|---|---|---|
| | [영별표 1] 산림청장등과 협의하여야 하는 지역등의 범위(제7조제1항 관련) ························· 653 | [규칙별표 1] 산지에서의 지역 등의 협의기준의 세부사항(제4조의2 관련) ····························· 711 |
| | [영별표 2] 산지에서의 지역 등의 협의기준(제7조제2항관련) ············ 654 | [규칙별표 1의2] 산사태위험지판정기준표(제5조 및 제28조의3 관련) ····························· 713 |
| | [영별표 3] 산지전용신고의 대상시설·행위의 범위, 설치지역 및 설치조건(제18조관련) ···················· 657 | [규칙별표 1의3] 산지전용허가기준의 세부사항(제10조의2 관련) ··· 715 |
| | [영별표 3의2] 산지일시사용허가의 대상시설·행위의 범위, 설치지역 및 설치조건·기준(제18조의2제3항관련) ···················· 661 | [규칙별표 1의4] 산지일시사용기간의 결정기준(제15조의4제1항 관련) ····························· 721 |
| | [영별표 3의3] 산지일시사용신고의 대상시설·행위의 범위, 설치지역 및 설치조건(제18조의3제4항 관련) ························· 666 | [규칙별표 2] 산지전용기간의 결정기준(제16조 관련) ················ 722 |
| | | [규칙별표 3] 토석채취변경신고의 첨부서류(제24조제4항 관련) ······· 722 |
| | [영별표 4] 산지전용허가기준의 적용범위와 사업별·규모별 세부기준(제20조제6항 관련) ············· 673 | [규칙별표 4] 토석·토사 채취기간의 결정기준(제25조 관련) ··········· 723 |
| | | [규칙별표 5] 삭제<2011.1.5> ······ 724 |

[영별표 4의2] 산지의 면적에 관한 허가기준(제20조제6항 관련) ······ 682

[영별표 4의3] 산지전용 타당성조사 조사항목·기준·방법(제20조의3제2항 관련) ·················· 683

[영별표 5] 대체산림자원조성비 감면대상 및 감면비율(제23조제1항 관련) ································ 686

[영별표 6] 삭제 <2007.7.27> ······ 695

[영별표 7] 채석경제성평가의 방법·기준 등(제34조제3항관련) ········ 695

[영별표 8] 토석채취허가기준(제36조제1항 관련) ····················· 698

[영별표 8의2] 석재의 굴취·채취장비 및 기술인력(제36조제4항 관련) ······························ 702

[영별표 8의3] 토석채취허가의 취소, 토석채취 또는 채석의 중지 등의 세부기준(제41조 관련) ·········· 703

[규칙별표 6] 복구설계서 승인기준(제42조제3항 관련) ················ 724

[규칙별표 7] 복구전문기관이 보유하여야 하는 장비(제46조 관련) ···· 728

◉ <산지관리법 시행규칙 별지서식> ◉

[별지 제1호서식] 삭제<2011.10.24> 729
[별지 제2호서식] 지역·지구 및 구역 등의 지정·결정[ ]협의, [ ]변경협의 요청서 ···················· 729
[별지 제2호의2서식] 산지매수청구서 ····································· 731
[별지 제3호서식] 산지전용 [ ]허가, [ ]변경허가 신청서 ················ 733
[별지 제4호서식] 산지전용허가 변경신고서 ································ 735
[별지 제4호의2서식] 재해위험성 검토의견서 ······························· 736
[별지 제5호서식] 산지전용허가증 · 737

| 산지관리법 | 산지관리법 시행령 | 산지관리법 시행규칙 |
|---|---|---|
| | [영별표 8의4] 포상금지급기준(제50조의2제1항 관련) ·················· 707<br><br>[영별표 9] 수수료(제51조제1항 관련) ································· 707<br><br>[영별표 10] 과태료의 부과기준(제53조 관련) ·························· 708 | [별지 제6호서식] 산지전용(허가·신고) [ ]협의, [ ]변경협의 요청서 ··································· 738<br><br>[별지 제7호서식] 산지전용 [ ]신고서, [ ]변경신고서 ················ 740<br><br>[별지 제7호의2서식] 산지일시사용 [ ]허가신청서 [ ]변경허가신청서 [ ]기간연장허가신청서 ············· 742<br><br>[별지 제7호의3서식] 산지일시사용허가증 ··································· 744<br><br>[별지 제7호의4서식] 산지일시사용 [ ]신고서 [ ]변경신고서 [ ]기간연장신고서 ································· 745<br><br>[별지 제7호의5서식] 산지일시사용 [허가·신고] [ ]협의요청서 [ ]변경협의 요청서 ························· 747<br><br>[별지 제8호서식] 산지전용기간 연장허가신청서 ························· 749 |

[별지 제9호서식] 삭제〈2013.1.23〉 … 750

[별지 제9호의2서식] 산지전용 타당성조사 신청서 ………………… 750

[별지 제9호의3서식] 산지전용 타당성조사 결과 공개서 …………… 751

[별지 제9호의4서식] 이의신청서 ·· 752

[별지 제10호서식] 대체산림자원조성비 분할납부신청서 ……………… 753

[별지 제11호서식] 대체산림자원조성비 납부고지 및 수납대장 ……… 754

[별지 제12호서식] 대체산림자원조성비 납부기간 연장 신청서 ……… 755

[별지 제13호서식] 용도변경승인 신청서 ………………………………… 756

[별지 제14호서식] 용도변경승인대장 ………………………………… 758

[별지 제15호서식] 용도변경 승인서 ………………………………… 759

| 산지관리법 | 산지관리법 시행령 | 산지관리법 시행규칙 |
|---|---|---|
| | | [별지 제16호서식] 토석채취 [ ]허가 [ ]변경허가 [ ]기간연장허가 신청서 ···································· 760 |
| | | [별지 제17호서식] 토석채취변경 신고서 ···································· 762 |
| | | [별지 제18호서식] 토석채취허가증 ···································· 764 |
| | | [별지 제18호의2서식] 토사채취 신고서 ···································· 765 |
| | | [별지 제18호의3서식] 토사채취 변경 신고서 ···································· 767 |
| | | [별지 제19호서식] 삭제〈2013.1.23〉· 769 |
| | | [별지 제19호의2서식] 토석채취 등의 협의요청서 ···································· 769 |
| | | [별지 제20호서식] 채석단지지정(변경지정) 신청서 ···································· 771 |
| | | [별지 제21호서식] 채석단지실태보고서 (0000년도말 현재) ·········· 773 |

[별지 제22호서식] 채석신고서 …… 774

[별지 제23호서식] 채석변경신고서 776

[별지 제24호서식] 채석기간연장신고서
……………………………… 778

[별지 제25호서식] 삭제〈2007.7.27〉· 780

[별지 제26호서식] 삭제〈2007.7.27〉· 780

[별지 제27호서식] 삭제〈2007.7.27〉· 780

[별지 제28호서식] 삭제〈2007.7.27〉· 780

[별지 제29호서식] 삭제〈2007.7.27〉· 780

[별지 제30호서식] 삭제〈2007.7.27〉· 780

[별지 제31호서식] 토석 [ ]매입 [ ]무상양
여 신청서 ………………… 781

[별지 제32호서식] 토석매각계약서
……………………………… 783

[별지 제33호서식] 삭제〈2011.1.5〉·· 785

[별지 제34호서식] 삭제〈2011.1.5〉·· 785

[별지 제35호서식] 토석반출기간 연장신
청서 ……………………… 785

[별지 제36호서식] 조치명령서 …… 786

| 산지관리법 | 산지관리법 시행령 | 산지관리법 시행규칙 |
|---|---|---|
| | | [별지 제37호서식] 복구비분할예치 신청서 ·································· 787 |
| | | [별지 제38호서식] 복구비예치 통지서 ·································· 788 |
| | | [별지 제38호의2서식] 중간복구명령서 ·································· 789 |
| | | [별지 제39호서식] 복구의무면제 신청서 ·································· 790 |
| | | [별지 제40호서식] 복구설계 [ ]승인신청서 [ ]변경승인신청서 ······· 792 |
| | | [별지 제41호서식] 복구설계서 제출기간 연장 신청서 ····················· 793 |
| | | [별지 제42호서식] 복구준공검사 신청서 ·································· 794 |
| | | [별지 제43호서식] 복구전문기관 지정 신청서 ·································· 795 |
| | | [별지 제44호서식] 복구전문기관지정서 ·································· 796 |

[별지 제44호의2서식] 포상금지급신청서 ·············································· 797

[별지 제44호의3서식] 현장관리업무담당자 지정(변경) 신고서 ········ 798

[별지 제45호서식] 산지관리 조사원증 ·············································· 799

[별지 제46호서식] 산지전용 현황  800

[별지 제46호의2서식] 산지일시사용 현황 ·············································· 802

[별지 제47호서식] 토석채취허가 현황 ·············································· 803

[별지 제48호서식] 토석채취 용도별 현황 ·············································· 804

[별지 제49호서식] 복구현황 ········ 805

[별지 제50호서식] 삭제<2018.11.12> ·············································· 805

[별지 제51호서식] 삭제<2018.11.12> ·············································· 805

| 삼지코리펜 | 삼지코리펜 시행령 | 삼지코리펜 시행규칙 |
|---|---|---|
| | | |

| 산지관리법 | 산지관리법 시행령 | 산지관리법 시행규칙 |
|---|---|---|
| 일부개정 2017. 4.18 법률 제14773호.(시행 2017.10.19)<br>일부개정 2017.12.26 법률 제15309호.(시행 2018. 3.27)<br>타법개정 2018. 3.13 법률 제15460호.(시행 2019. 3.14)<br>일부개정 2018. 3.20 법률 제15504호.(시행 2018. 9.21)<br>일부개정 2019.12. 3 법률 제16710호.(시행 2020. 6. 4)<br>일부개정 2020. 2.18 법률 제17017호.(시행 2020. 8.19)<br>타법개정 2020. 3.24 법률 제17091호.(시행 2020. 3.24)<br>타법개정 2020. 3.31 법률 제17170호.(시행 2020.10. 1)<br>일부개정 2020. 5.26 법률 제17321호.(시행 2020.11.27) | 타법개정 2017. 1. 6 대통령령 제27767호.(시행 2017. 1. 7)<br>타법개정 2017. 5.29 대통령령 제28064호.(시행 2017. 6. 3)<br>일부개정 2017. 6. 2 대통령령 제28088호.(시행 2017. 6. 3)<br>타법개정 2017. 7.26 대통령령 제28211호.(시행 2017. 7.26)<br>일부개정 2017.10.17 대통령령 제28362호.(시행 2017.10.19)<br>타법개정 2017.12.29 대통령령 제28553호.(시행 2018. 4.19)<br>타법개정 2018. 1.16 대통령령 제28583호.(시행 2018. 1.18)<br>타법개정 2018. 2. 9 대통령령 제28628호.(시행 2018. 2. 9)<br>타법개정 2018. 2.27 대통령령 제28686호.(시행 2018. 3.27)<br>타법개정 2018. 4.17 대통령령 제28799호.(시행 2018. 4.17)<br>일부개정 2018.10.30 대통령령 제29264호.(시행 2018.10.30)<br>타법개정 2018.11.27 대통령령 제29310호.(시행 2018.11.29)<br>일부개정 2018.12. 4 대통령령 제29329호.(시행 2018.12. 4)<br>타법개정 2018.12.18 대통령령 제29395호.(시행 2018.12.18)<br>타법개정 2019. 3.12 대통령령 제29617호.(시행 2019. 3.12)<br>타법개정 2019. 7. 2 대통령령 제29950호.(시행 2019. 7. 2)<br>타법개정 2019. 7. 9 대통령령 제29972호.(시행 2019. 7. 9)<br>일부개정 2020. 3. 3 대통령령 제30503호.(시행 2020. 3. 3)<br>타법개정 2020. 5.26 대통령령 제30704호.(시행 2020. 5.27)<br>일부개정 2020. 6. 2 대통령령 제30741호.(시행 2020. 6. 4)<br>타법개정 2020. 7.28 대통령령 제30876호.(시행 2020. 7.30)<br>일부개정 2020. 8.19 대통령령 제30950호.(시행 2020. 8.19)<br>일부개정 2020.11.24 대통령령 제31181호.(시행 2020.11.27)<br>타법개정 2020.12.29 대통령령 제31337호.(시행 2020.12.29)<br>타법개정 2021. 1. 5 대통령령 제31380호.(시행 2021. 1. 5) | 일부개정 2016.12.30 농림축산식품부령 제235호.(시행 2016.12.30)<br>일부개정 2017. 6. 2 농림축산식품부령 제266호.(시행 2017. 6. 3)<br>일부개정 2018.11.12 농림축산식품부령 제340호.(시행 2018.11.12)<br>타법개정 2018.11.29 농림축산식품부령 제344호.(시행 2018.11.29)<br>일부개정 2018.12. 4 농림축산식품부령 제342호.(시행 2018.12. 4)<br>타법개정 2019. 9.24 농림축산식품부령 제394호.(시행 2019. 9.24)<br>타법개정 2019.12. 2 농림축산식품부령 제401호.(시행 2019.12. 2)<br>일부개정 2019.12.31 농림축산식품부령 제402호.(시행 2019.12.31)<br>일부개정 2020.12.31 농림축산식품부령 제464호.(시행 2021. 1. 1) |

| 산지관리법 | 산지관리법 시행령 | 산지관리법 시행규칙 |
|---|---|---|

# 제1장 총 칙

**제1조(목적)** 이 법은 산지(山地)를 합리적으로 보전하고 이용하여 임업의 발전과 산림의 다양한 공익기능의 증진을 도모함으로써 국민경제의 건전한 발전과 국토환경의 보전에 이바지함을 목적으로 한다.

[전문개정 2010.5.31]

**제2조(정의)** 이 법에서 사용하는 용어의 뜻은 다음과 같다. <개정 2012.2.22, 2014.6.3, 2016.12.2, 2018.3.20, 2020.2.18>

1. "산지"란 다음 각 목의 어느 하나에 해당하는 토지를 말한다. 다만, 주택지[주택지조성사업이 완료되어 지목이 대(垈)로 변경된 토지를 말한다] 및 대통령령으로 정하는 농지, 초지(草地),

# 제1장 총 칙

**제1조(목적)** 이 영은 「산지관리법」에서 위임된 사항과 그 시행에 필요한 사항을 규정함을 목적으로 한다. <개정 2005.8.5, 2009.4.20>

**제2조(산지에서 제외되는 토지)** 「산지관리법」(이하 "법"이라 한다) 제2조제1호 각 목 외의 부분 단서에서 "대통령령으로 정하는 농지, 초지(草地), 도로, 그 밖의 토지"란 다음 각 호의 어느 하나에 해당하는 토지를 말한다. <개정 2010.12.7, 2015.6.1, 2017.6.2, 2019.7.2>

1. 「공간정보의 구축 및 관리 등에 관한 법률」 제67조제1항에 따

# 제1장 총 칙

**제1조(목적)** 이 규칙은 「산지관리법」 및 같은 법 시행령에서 위임된 사항과 그 시행에 필요한 사항을 규정함을 목적으로 한다. <개정 2005.8.24, 2009.4.20>

도로, 그 밖의 토지는 제외한다.
가. 「공간정보의 구축 및 관리 등에 관한 법률」 제67조제1항에 따른 지목이 임야인 토지
나. 입목(立木)·대나무가 집단적으로 생육(生育)하고 있는 토지
다. 집단적으로 생육한 입목·대나무가 일시 상실된 토지
라. 입목·대나무의 집단적 생육에 사용하게 된 토지
마. 임도(林道), 작업로 등 산길
바. 나목부터 라목까지의 토지에 있는 암석지(巖石地) 및 소택지(沼澤地)
2. "산지전용"(山地轉用)이란 산지를 다음 각 목의 어느 하나에 해당하는 용도 외로 사용하거나 이를 위하여 산지의 형질을 변경하는 것을 말한다.
가. 조림(造林), 숲 가꾸기, 입목의 벌채·굴취

른 지목(이하 "지목"이라 한다)이 전(田), 답(畓), 과수원 또는 목장용지(같은 법 시행령 제58조제4호가목에 따른 축산업 및 낙농업을 하기 위하여 초지를 조성한 토지에 한정한다)인 토지
2. 지목이 도로인 토지. 다만, 입목·죽이 집단적으로 생육하고 있는 토지로서 도로로서의 기능이 상실된 토지는 제외한다.
3. 지목이 제방(堤防)·구거(溝渠) 또는 유지(溜池: 웅덩이)인 토지
4. 「하천법」 제2조제1호에 따른 하천
5. 지목이 임야가 아닌 다음 각 목의 토지
 가. 차밭, 꺾꽂이순 또는 접순의 채취원(採取園)
 나. 건물 담장 안의 토지
 다. 논두렁 또는 밭두렁

| 산지관리법 | 산지관리법 시행령 | 산지관리법 시행규칙 |
|---|---|---|
| 나. 토석 등 임산물의 채취 | 6. 지목이 임야인 토지 중 법 제14조에 따른 산지전용허가를 받거나 법 제15조에 따른 산지전용신고를 한 후(다른 법률에 따라 산지전용허가 또는 산지전용신고가 의제되는 행정처분을 받은 경우를 포함한다) 법 제39조제3항제2호에 따라 복구의무를 면제받거나 법 제42조에 따라 복구준공검사를 받아 산지 외의 용지로 사용되고 있는 토지 | |
| 다. 대통령령으로 정하는 임산물의 재배[성토(흙쌓기) 또는 절토(땅깎기) 등을 통하여 지표면으로부터 높이 또는 깊이 50센티미터 이상 형질변경을 수반하는 경우와 시설물의 설치를 수반하는 경우는 제외한다]<br>라. 산지일시사용 | **제3조(산지전용에서 제외되는 임산물의 재배)** 법 제2조제2호다목에서 "대통령령으로 정하는 임산물"이란 「임업 및 산촌 진흥촉진에 관한 법률 시행령」 제8조제1항에 따른 임산물 소득원의 지원 대상 품목을 말한다.<br>[본조신설 2017.6.2] | |

3. "산지일시사용"이란 다음 각 목의 어느 하나에 해당하는 것을 말한다.
 가. 산지로 복구할 것을 조건으로 산지를 제2호가목부터 다목까지의 어느 하나에 해당하는 용도 외의 용도로 일정 기간 동안 사용하거나 이를 위하여 산지의 형질을 변경하는 것
 나. 산지를 임도, 작업로, 임산물 운반로, 등산로·탐방로 등 숲길, 그 밖에 이와 유사한 산길로 사용하기 위하여 산지의 형질을 변경하는 것
4. "석재"란 산지의 토석 중 건축용, 공예용, 조경용, 쇄골재용(碎骨材用) 및 토목용으로 사용하기 위한 암석을 말한다.
5. "토사"란 산지의 토석 중 제4호에 따른 석재를 제외한 것을 말한다.

| 산지관리법 | 산지관리법 시행령 | 산지관리법 시행규칙 |
|---|---|---|
| 6. "산지경관"이란 산세 및 산줄기 등의 지형적 특징과 산지에 부속된 자연 및 인공 요소가 어우러져 심미적·생태적 가치를 지니며, 자연과 인공의 조화를 통하여 형성되는 경치를 말한다.<br>[전문개정 2010.5.31]<br><br>**제3조(산지관리의 기본원칙)** 산지는 임업의 생산성을 높이고 재해 방지, 수원(水源) 보호, 자연생태계 보전, 산지경관 보전, 국민보건휴양 증진 등 산림의 공익 기능을 높이는 방향으로 관리되어야 하며 산지전용은 자연친화적인 방법으로 하여야 한다. <개정 2018.3.20><br>[전문개정 2010.5.31] | | |

| 제2장 산지의 보전 | 제2장 산지의 보전 | 제2장 산지의 보전 |
|---|---|---|
| 제1절 산지관리기본계획 및 산지의 구분 등 〈개정 2010.5.31〉 | 제1절 산지관리기본계획 및 산지의 구분 등 | 제1절 산지관리기본계획 및 산지의 구분 등 〈개정 2011. 1. 5〉 |
| 제3조의2(산지관리기본계획의 수립 등) ① 산림청장은 산지를 합리적으로 보전하고 이용하기 위하여 「산림기본법」 제11조에 따른 산림기본계획(이하 "산림기본계획"이라 한다)에 따라 전국의 산지에 대한 산지관리기본계획(이하 "기본계획"이라 한다)을 10년마다 수립하여야 한다.<br>② 산림청장은 「국토기본법」에 따른 국토종합계획의 수정, 산지 현황의 현저한 변경 또는 그 밖에 필요하다고 인정하는 경우에는 기본계획을 변경할 수 있다.<br>③ 산림청장이 기본계획을 수립하거나 변경할 때에는 미리 관계 중앙행정기관의 장과 협의하고 특별시 | 제3조의2(산지관리기본계획의 고시) 산림청장은 법 제3조의2제1항에 따른 산지관리기본계획(이하 "기본계획"이라 한다)을 수립하거나 변경하였을 때에는 법 제3조의2제7항에 따라 다음 각 호의 사항을 고시해야 한다. 〈개정 2020.6.2〉<br>1. 기본계획을 수립한 경우: 수립한 기본계획의 개요 및 주요내용<br>2. 기본계획을 변경한 경우: 변경한 기본계획의 내용<br>[본조신설 2010.12.7] | |

| 산지관리법 | 산지관리법 시행령 | 산지관리법 시행규칙 |
|---|---|---|
| 장·광역시장·특별자치시장·도지사 또는 특별자치도지사(이하 "시·도지사"라 한다)의 의견을 들은 후 제22조제1항에 따른 중앙산지관리위원회(이하 "중앙산지관리위원회"라 한다)의 심의를 거쳐야 한다. <개정 2012.2.22><br>④ 산림청장은 기본계획에 따른 연도별 시행계획(이하 이 조에서 "시행계획"이라 한다)을 수립·시행하고 이에 필요한 재원을 확보하기 위하여 노력하여야 한다. <신설 2019.12.3><br>⑤ 산림청장은 기본계획 및 시행계획을 수립하거나 변경한 때에는 지체 없이 국회 소관 상임위원회에 제출하여야 한다. <신설 2019.12.3><br>⑥ 산림청장은 관계 중앙행정기관의 | | |

장과 지방자치단체의 장에게 기본계획의 수립 및 시행에 필요한 자료의 제출 또는 협조를 요청할 수 있다. 이 경우 관계 중앙행정기관의 장과 지방자치단체의 장은 특별한 사유가 없으면 그 요청을 따라야 한다. <개정 2019.12.3, 2020.5.26>

⑦ 산림청장이 기본계획을 수립하거나 변경하였을 때에는 대통령령으로 정하는 바에 따라 고시하고 관계 중앙행정기관의 장, 시·도지사 및 지방산림청장에게 통보하여야 하며, 시장(특별자치도 또는 특별자치시의 경우는 특별자치도지사 또는 특별자치시장을 말한다. 이하 같다)·군수·구청장(자치구의 구청장을 말한다. 이하 같다) 또는 지방산림청 국유림관리소장(이하 "국유림관리소장"이라 한다)으로 하여금 일반에게 공람하게 하여야

| 산지관리법 | 산지관리법 시행령 | 산지관리법 시행규칙 |
|---|---|---|
| 한다. <개정 2012.2.22, 2019.12.3><br>⑧ 시·도지사 또는 지방산림청장은 제7항에 따라 산림청장으로부터 기본계획의 수립 또는 변경에 관한 통보를 받으면 기본계획의 내용을 반영하여 1년 이내에 관할 지역의 산지에 대한 산지관리지역계획(이하 "지역계획"이라 한다)을 수립하거나 변경하여야 한다. <개정 2019.12.3><br>⑨ 시·도지사 또는 시장·군수·구청장이 다른 법률에 따른 환경·도시계획 등을 수립하려는 경우에는 제8항의 지역계획과 부합하도록 하여야 한다. <개정 2019.12.3><br>⑩ 지역계획의 수립기간 및 수립절차 등에 관하여는 제1항, 제3항, 제6항 및 제7항을 준용한다. 이 경 | | |

우 "시·도지사 및 지방산림청장"은 "시장·군수·구청장 및 국유림관리소장"으로, "중앙산지관리위원회"는 "제22조제2항에 따른 지방산지관리위원회(이하 "지방산지관리위원회"라 한다)"로 본다. <신설 2012.2.22, 2019.12.3>

⑪ 제1항부터 제10항까지에서 규정한 사항 외에 기본계획 및 지역계획의 수립·시행 등에 필요한 사항은 산림청장이 정하여 고시한다. <신설 2012.2.22, 2019.12.3>

[본조신설 2010.5.31]

**제3조의3(기본계획과 지역계획의 내용)** ① 기본계획과 지역계획에는 다음 각 호의 사항이 포함되어야 한다. 다만, 제3호 및 제5호는 기본계획에만 해당한다. <개정 2012.2.22, 2015.3.27, 2018.3.20>

1. 산지관리의 목표와 기본방향

| 산지관리법 | 산지관리법 시행령 | 산지관리법 시행규칙 |
|---|---|---|
| 2. 산지의 보전 및 이용에 관한 사항<br><br>2의2. 산지경관 관리에 관한 사항<br><br>3. 제3조의4제1항제2호에 따른 산지 구분의 타당성에 대한 조사에 관한 사항<br><br>4. 환경보전, 국토개발 등에 관한 다른 법률에 따른 산지이용계획에 관한 사항<br><br>5. 제3조의5에 따른 산지관리정보체계의 구축 및 운영에 관한 사항<br><br>6. 그 밖에 합리적인 산지의 보전 및 이용을 위하여 대통령령으로 정하는 사항<br><br>② 삭제 <2012.2.22><br><br>[본조신설 2010.5.31] | **제3조의3(기본계획과 지역계획의 내용)** 법 제3조의3제1항제6호에서 "대통령령으로 정하는 사항"이란 다음 각 호의 사항을 말한다.<br><br>1. 법 제9조제1항에 따른 산지전용·일시사용제한지역(이하 "산지전용·일시사용제한지역" 이라 | |

|  | 한다)에 관한 사항<br>2. 법 제25조의3제1항에 따른 토석채취제한지역(이하 "토석채취제한지역"이라 한다)에 관한 사항<br>3. 법 제29조제1항에 따른 채석단지의 지정에 관한 사항<br>4. 석재의 안정적 수급에 관한 사항<br>5. 산지의 복구·복원에 관한 사항<br>6. 다른 법률에 따른 산림 관련 행정계획과의 연계에 관한 사항<br>7. 산지의 보전·이용에 관련되는 사업의 추진 및 그 재원에 관한 사항<br>[본조신설 2010.12.7] |  |
|---|---|---|

| 산지관리법 | 산지관리법 시행령 | 산지관리법 시행규칙 |
|---|---|---|
| **제3조의4(기본계획과 지역계획 수립을 위한 조사)** ① 산림청장은 기본계획을 수립하거나 변경하려는 경우에는 다음 각 호의 사항에 대한 조사(이하 "산지기본조사"라 한다)를 하고 이를 기본계획 및 제4조제1항에 따른 산지의 구분에 반영하여야 한다. 다만, 대통령령으로 정하는 경우에는 산지기본조사를 하지 아니할 수 있다. <개정 2015.3.27, 2018.3.20><br>1. 전국 산지의 현황 및 이용실태<br>1의2. 전국 산지경관 특성 현황<br>2. 제4조제1항에 따른 산지 구분의 타당성<br>3. 그 밖에 농림축산식품부령으로 정하는 사항<br>② 시·도지사 또는 지방산림청장은 지역계획을 수립하거나 변경하려 | **제3조의4(기본계획과 지역계획의 수립을 위한 조사)** ① 법 제3조의4제1항 단서에서 "대통령령으로 정하는 경우"란 다음 각 호의 어느 하나에 해당하는 경우를 말한다.<br>1. 다른 법률에 따른 산림 관련 행정계획의 변경에 따라 기본계획을 변경하게 되는 경우<br><br><br><br><br><br><br><br><br><br><br>2. 법 제3조의4제2항 본문에 따른 산지지역조사(이하 "산지지역조 | **제1조의2(산지기본조사 및 산지지역조사)** ① 「산지관리법」(이하 "법"이라 한다) 제3조의4제1항에 따른 산지기본조사(이하 "산지기본조사"라 한다) 및 같은 조 제2항에 따른 산지지역조사(이하 "산지지역조사"라 한다)의 조사대상은 다음 각 호와 같다. <개정 2015.9.30><br>1. 산지의 구분 현황<br>1의2. 제1호에 따른 산지 구분의 타당성<br>2. 산지의 지형·입지 및 특성<br>3. 산지의 이용실태<br>4. 산지의 이용수요 전망<br>5. 법 제8조에 따른 지역·지구 및 구역 등(이하 "지역등"이라 한다)의 지정 현황<br>6. 산림생태계의 현황<br>7. 그 밖에 제1호, 제1호의2 또는 |

는 경우에는 관할지역 산지의 현황과 이용실태 등에 대한 조사(이하 "산지지역조사"라 한다)를 하고 이를 지역계획에 반영하여야 한다. 다만, 대통령령으로 정하는 경우에는 산지지역조사를 하지 아니할 수 있다.

사"라 한다)의 결과를 활용하여 기본계획을 변경할 수 있는 경우
② 법 제3조의4제2항 단서에서 "대통령령으로 정하는 경우"란 다음 각 호의 어느 하나에 해당하는 경우를 말한다. <개정 2020.6.2>
1. 다른 법률에 따른 산림 관련 행정계획의 변경에 따라 법 제3조의2제8항에 따른 산지관리지역계획(이하 "지역계획"이라 한다)을 변경하게 되는 경우
2. 법 제3조의4제1항 본문에 따른 산지기본조사(이하 "산지기본조사"라 한다)의 결과를 활용하여 지역계획을 수립·변경할 수 있는 경우
3. 다른 법령에 따른 토지이용과 관련된 행정계획의 변경에 따라 지역계획을 변경하게 되는 경우

제2호부터 제6호까지와 유사한 사항으로서 산림청장이 필요하다고 인정하는 사항
② 산지기본조사 및 산지지역조사는 직접 현지를 조사하는 것을 원칙으로 하되, 질문·자료 또는 문헌 등을 통한 간접조사의 방법으로 할 수 있다.
③ 제2항에도 불구하고 산림청장은 제1항제1호의2에 따른 조사를 위하여 필요한 경우에는 시장(특별자치도의 경우에는 특별자치도지사를 말한다. 이하 같다)·군수·구청장(자치구의 구청장을 말한다. 이하 같다), 지방산림청 국유림관리소장(이하 "국유림관리소장"이라 한다), 국립수목원장, 국립산림품종관리센터장, 국립산림과학원장 또는 국립자연휴양림관리소장에게 현지조사 또는 연구사업의 실시를 요청할 수 있다. 이 경우

| 산지관리법 | 산지관리법 시행령 | 산지관리법 시행규칙 |
|---|---|---|
| ③ 산림청장, 시·도지사 또는 지방 산림청장은 효율적인 조사를 위하여 필요하면 제46조에 따른 한국 산지보전협회와 그 밖에 대통령령으로 정하는 기관에 산지기본조사 또는 산지지역조사를 위탁할 수 있다.<br>④ 산지기본조사 및 산지지역조사의 방법, 기준, 절차 등에 관한 사항은 농림축산식품부령으로 정한다. <개정 2013.3.23><br>[본조신설 2010.5.31] | ③ 법 제3조의4제3항에서 "대통령령으로 정하는 기관"이란 「사방사업법」 제22조의2에 따른 사방협회(이하 "사방협회"라 한다)를 말한다. <개정 2016.12.30><br>[본조신설 2010.12.7] | 산림청장은 현지조사에 소요되는 경비의 전부 또는 일부를 예산의 범위에서 지원할 수 있다. <신설 2015.9.30><br>④ 제3항에 따른 요청을 받은 시장·군수·구청장, 국유림관리소장, 국립수목원장, 국립산림품종관리센터장 또는 국립자연휴양림관리소장은 현지조사를 위하여 필요한 경우에는 국립산림과학원장에게 현지조사에 대한 기술지원·자문 또는 현지조사 결과에 대한 검증 등을 요청할 수 있다. <신설 2015.9.30><br>⑤ 산림청장, 특별시장·광역시장·도지사·특별자치도지사(이하 "시·도지사"라 한다) 또는 지방산림청장은 관계 행정기관의 장에게 산지기본조사·산지지역조사에 필 |

요한 자료의 제출 또는 협조를 요청할 수 있다. 이 경우 요청을 받은 관계 행정기관의 장은 특별한 사유가 없는 한 그 요청에 따라야 한다. <개정 2015.9.30>
⑥ 제1항부터 제5항까지에서 정한 것 외에 산지기본조사 및 산지지역조사에 필요한 세부적인 사항은 산림청장이 정하여 고시한다. <신설 2015.9.30>
[본조신설 2011.1.5]

| 산지관리법 | 산지관리법 시행령 | 산지관리법 시행규칙 |
|---|---|---|
| 제3조의5(산지관리정보체계의 구축 및 운영) ① 산림청장은 산지의 합리적인 보전과 이용에 관한 정보를 체계적으로 관리하기 위하여 대통령령으로 정하는 바에 따라 산지관리정보체계를 구축·운영하여야 한다. <개정 2012.2.22> | 제3조의5(산지관리정보체계의 구축·운영) ① 법 제3조의5제1항에 따른 산지관리정보체계(이하 "산지관리정보체계"라 한다)에는 다음 각 호의 사항이 포함되어야 한다. <개정 2012.8.22><br>1. 산지기본조사 및 산지지역조사에 관한 사항<br>2. 법 제4조에 따른 산지의 구분에 관한 사항<br>3. 산지전용·일시사용제한지역 및 토석채취제한지역에 관한 사항<br>4. 산지전용·산지일시사용·토석채취 및 산지복구 등에 관련된 행정처분에 관한 사항<br>5. 그 밖에 산지의 보전 및 이용과 관련된 정보로서 산림청장이 정하는 사항<br>② 산림청장은 산지관리정보체계의 | |

| | | |
|---|---|---|
| | ② 산림청장은 제1항에 따른 산지관리정보체계의 효율적 관리를 위하여 필요하다고 인정하는 경우에는 대통령령으로 정하는 산지전문기관에 산지관리정보체계의 구축·운영을 위탁할 수 있다. <신설 2012.2.22><br>[본조신설 2010.5.31] | 구축·운영을 위하여 필요하다고 인정하는 경우에는 관계 행정기관의 장에게 필요한 자료의 제출을 요청할 수 있다. 이 경우 요청을 받은 행정기관의 장은 정당한 사유가 없는 한 이에 따라야 한다. <개정 2012.8.22><br>③ 제1항 및 제2항에서 규정한 사항 외에 산지관리정보체계의 구축·운영에 필요한 세부사항은 산림청장이 정한다.<br>④ 법 제3조의5제2항에서 "대통령령으로 정하는 산지전문기관"이란 법 제46조제1항에 따른 한국산지보전협회(이하 "산지보전협회"라 한다)를 말한다. <신설 2012.8.22><br>⑤ 산림청장은 법 제3조의5제2항에 따라 산지관리정보체계의 구축·운영을 위탁한 경우에는 위탁받은 자에게 예산의 범위에서 그 위탁 | |

| 산지관리법 | 산지관리법 시행령 | 산지관리법 시행규칙 |
|---|---|---|
| | 업무의 수행에 드는 경비의 전부 또는 일부를 지원하여야 한다. <신설 2012.8.22> [본조신설 2010.12.7] | |
| **제4조(산지의 구분)** ① 산지를 합리적으로 보전하고 이용하기 위하여 전국의 산지를 다음 각 호와 같이 구분한다. <개정 2011.7.28, 2016.12.2, 2018.3.20> 1. 보전산지(保全山地) 가. 임업용산지(林業用山地): 산림자원의 조성과 임업경영기반의 구축 등 임업생산 기능의 증진을 위하여 필요한 산지로서 다음의 산지를 대상으로 산림청장이 지정하는 산지 1)「산림자원의 조성 및 관리에 관한 법률」에 따른 채종림(採種林) 및 시험림의 산지 | **제4조(산지의 구분)** ① 법 제4조제1항 제1호가목4)에서 "대통령령으로 정하는 산지"란 다른 법률에 따라 특정 목적으로 보전 또는 이용하기 위한 지역·지구 및 구역 등(이하 "지역등"이라 한다)으로 지정 또는 결정되지 아니한 산지로서 다음 각 호의 어느 하나에 해당하는 산지를 말한다. <개정 2005.8.5, 2006.8.4, 2010.12.7, 2017.5.29> 1. 형질이 우량한 천연림 또는 인공조림지로서 집단화되어 있는 산지 2. 토양이 비옥하여 입목의 생육에 적합한 산지 | |

| | | |
|---|---|---|
| | 2) 「국유림의 경영 및 관리에 관한 법률」에 따른 보전국유림의 산지<br>3) 「임업 및 산촌 진흥촉진에 관한 법률」에 따른 임업진흥권역의 산지<br>4) 그 밖에 임업생산 기능의 증진을 위하여 필요한 산지로서 대통령령으로 정하는 산지<br>나. 공익용산지: 임업생산과 함께 재해 방지, 수원 보호, 자연생태계 보전, 산지경관 보전, 국민보건휴양 증진 등의 공익 기능을 위하여 필요한 산지로서 다음의 산지를 대상으로 산림청장이 지정하는 산지<br>1) 「산림문화·휴양에 관한 법률」에 따른 자연휴양림의 산지<br>2) 사찰림(寺刹林)의 산지 | 3. 「국유림의 경영 및 관리에 관한 법률」 제16조제1항제1호의 규정에 의한 보전국유림외의 국유림으로서 산림이 집단화되어 있는 산지<br>4. 지방자치단체의 장이 산림경영 목적으로 사용하고자 하는 산지<br>5. 그 밖에 임업의 생산기반조성 및 임산물의 효율적 생산을 위한 산지 |

| 산지관리법 | 산지관리법 시행령 | 산지관리법 시행규칙 |
|---|---|---|
| 3) 제9조에 따른 산지전용·일시사용제한지역<br>4)「야생생물 보호 및 관리에 관한 법률」제27조에 따른 야생생물 특별보호구역 및 같은 법 제33조에 따른 야생생물 보호구역의 산지<br>5)「자연공원법」에 따른 공원구역의 산지<br>6)「문화재보호법」에 따른 문화재보호구역의 산지<br>7)「수도법」에 따른 상수원보호구역의 산지<br>8)「개발제한구역의 지정 및 관리에 관한 특별조치법」에 따른 개발제한구역의 산지<br>9)「국토의 계획 및 이용에 관한 법률」에 따른 녹지지역 중 대통령령으로 정하는 녹 | ② 법 제4조제1항제1호나목9)에서 "대통령령으로 정하는 녹지지역" 이란「국토의 계획 및 이용에 관 | |

| | | |
|---|---|---|
| 지지역의 산지<br>10)「자연환경보전법」에 따른 생태·경관보전지역의 산지<br>11)「습지보전법」에 따른 습지보호지역의 산지<br>12)「독도 등 도서지역의 생태계보전에 관한 특별법」에 따른 특정도서의 산지<br>13)「백두대간 보호에 관한 법률」에 따른 백두대간보호지역의 산지<br>14)「산림보호법」에 따른 산림보호구역의 산지<br>15) 그 밖에 공익 기능을 증진하기 위하여 필요한 산지로서 대통령령으로 정하는 산지<br>2. 준보전산지: 보전산지 외의 산지<br>② 산림청장은 제1항에 따른 산지의 구분에 따라 전국의 산지에 대하여 지형도면에 그 구분을 명시한 도면[이하 "산지구분도"(山地區分 | 한 법률 시행령」제30조제4호가목에 따른 보전녹지지역을 말한다. <개정 2010.12.7><br><br>③ 법 제4조제1항제1호나목15)에서 "대통령령으로 정하는 산지"란 다음 각 호의 어느 하나에 해당하는 산지를 말한다. <개정 2010.12.7, 2015.9.25, 2017.12.29, 2018.10.30, 2019.7.2, 2020.3.3><br>1.「국토의 계획 및 이용에 관한 법률」제36조제1항제4호에 따른 | **제2조(산지구분도의 작성방법 및 절차)** ① 산림청장은 법 제4조제2항에 따라 산지구분도를 작성하려는 때에는 같은 조 제1항에 따른 산지 |

| 산지관리법 | 산지관리법 시행령 | 산지관리법 시행규칙 |
|---|---|---|
| 圖)라 한다]을 작성하여야 한다.<br>③ 산지구분도의 작성방법 및 절차 등에 관한 사항은 농림축산식품부령으로 정한다. <개정 2013.3.23><br>[전문개정 2010.5.31] | 자연환경보전지역의 산지<br>2. 「국토의 계획 및 이용에 관한 법률」 제37조제1항제4호에 따른 방재지구의 산지<br>3. 「국토의 계획 및 이용에 관한 법률」 제38조의2제1항에 따른 도시자연공원구역의 산지<br>4. 「국토의 계획 및 이용에 관한 법률」 제40조에 따른 수산자원보호구역의 산지<br>5. 「국토의 계획 및 이용에 관한 법률 시행령」 제31조제2항제1호가목, 같은 항 제5호가목 및 다목에 따른 자연경관지구, 역사문화환경보호지구 및 생태계보호지구의 산지<br>6. 산림생태계·산지경관·해안경관·해안사구(해안모래언덕) 또는 생활환경의 보호를 위하여 | 별로 산지의 지형, 산지경관, 산림생태계 등에 대한 조사를 실시하여야 한다. <개정 2007.7.27, 2009.4.20, 2011.1.5, 2018.11.12><br>② 산림청장은 제1항에 따라 조사를 실시하고 산지구분도를 작성하고자 하는 때에는 다음 각 호의 구분에 따라 시장·군수·구청장 또는 국유림관리소장, 국립수목원장, 국립산림품종관리센터장, 국립산림과학원장, 국립자연휴양림관리소장에게 현지조사를 요청하고 그 결과를 반영하여 산지구분도안을 작성하게 할 수 있다. 이 경우 산림청장은 현지조사에 소요되는 경비의 전부 또는 일부를 예산의 범위에서 지원할 수 있다. <개정 2007.7.27, 2009.4.20, 2011.1.5, 2015.9.30> |

| | | |
|---|---|---|
| | 필요한 산지<br>7. 중앙행정기관의 장 또는 지방자치단체의 장이 공익용산지의 용도로 사용하려는 산지<br>[제목개정 2008.7.24] | 1. 산림청 소관 외의 국유림 및 공유림·사유림: 시장·군수 또는 구청장<br>2. 산림청 소관 국유림: 국유림관리소장·국립수목원장·국립산림품종관리센터장·국립산림과학원장 또는 국립자연휴양림관리소장<br>③ 시장·군수·구청장 또는 국유림관리소장, 국립수목원장, 국립산림품종관리센터장, 국립산림과학원장, 국립자연휴양림관리소장(이하 이 조에서 "산지구분도안 작성자"라 한다)은 제2항에 따라 산지구분도안을 작성한 때에는 해당 지역을 주된 보급지역으로 하는 일간신문과 제2항 각 호에 해당하는 기관의 인터넷 홈페이지 등에 이를 공고하고 일반이 열람할 수 있도록 하여야 한다. 다만, 법 제6조제1항부터 제3항까지의 규정에 따라 |

| 산지관리법 | 산지관리법 시행령 | 산지관리법 시행규칙 |
|---|---|---|
| | | 보전산지를 변경하거나 그 지정을 해제하기 위하여 산지구분도안을 작성한 경우에는 그러하지 아니하다. <개정 2007.7.27, 2009.4.20, 2011.10.24, 2013.1.23> ④ 제3항에 따라 공고한 내용에 대하여 의견을 제출하고자 하는 자는 공고한 날부터 30일 이내에 산지구분도안 작성자에게 의견을 제출할 수 있다. <개정 2007.7.27> ⑤ 제4항에 따라 의견을 제출받은 산지구분도안 작성자는 제출받은 의견내용의 타당성 여부를 검토하여 그 결과를 반영한 경우에는 반영된 내용을, 반영하지 아니한 경우에는 그 사유를 의견제출자에게 서면으로 통보하여야 한다. <개정 2007.7.27> |

⑥ 제2항부터 제5항까지의 규정에 따라 작성된 산지구분도안은 시·도지사 또는 지방산림청장을 거쳐 산림청장에게 제출하여야 한다. 다만, 국립수목원장, 국립산림품종관리센터장, 국립산림과학원장 또는 국립자연휴양림관리소장은 산림청장에게 이를 직접 제출할 수 있다. <개정 2007.7.27, 2009.4.20, 2011.1.5>

⑦ 산림청장은 제6항에 따라 제출된 산지구분도안에 대하여 관계행정기관의 장과 협의한 후 법 제22조제1항에 따른 중앙산지관리위원회의 심의를 거쳐 산지구분도를 확정·고시하여야 한다. <개정 2007.7.27>

⑧ 제7항에 따라 산지구분도가 확정·고시된 때에는 산지구분도안 작성자는 그 확정·고시된 내용을 법 제3조의5에 따른 산지관리정보

| 산지관리법 | 산지관리법 시행령 | 산지관리법 시행규칙 |
|---|---|---|
| | | 체계와 「토지이용규제 기본법」 제12조에 따른 국토이용정보체계에 올려야 한다. <개정 2011.10.24> |
| | | ⑨ 제2항에 따른 산지구분도안 작성에 필요한 세부적인 사항은 산림청장이 정하여 고시한다. <개정 2011.10.24> |
| | | ⑩ 산림청장, 시장·군수·구청장 또는 국유림관리소장은 국립산림과학원장에게 산지구분도의 작성을 위한 연구사업 등의 실시, 현지조사·확인에 대한 기술지원 및 자문을 요청할 수 있다. <개정 2007.7.27, 2009.4.20> |
| | | [전문개정 2006.4.3] |
| | | [제목개정 2007.7.27] |

제5조(보전산지의 지정절차) ① 산림청장은 제4조제1항제1호에 따른 보전산지(이하 "보전산지"라 한다)를 지정하려면 그 산지가 표시된 산지구분도를 작성하여 농림축산식품부령으로 정하는 바에 따라 산지소유자의 의견을 듣고, 관계 행정기관의 장과 협의한 후 중앙산지관리위원회의 심의를 거쳐야 한다. 다만, 다른 법률에 따라 관계 행정기관의 장간에 협의를 거쳐 산지가 보전산지의 지정대상으로 된 경우에는 중앙산지관리위원회의 심의를 거치지 아니한다. <개정 2012.2.22, 2013.3.23, 2016.12.2>
② 산림청장은 제1항에 따라 보전산지를 지정한 경우에는 대통령령으로 정하는 바에 따라 그 지정사실을 고시하고 관계 행정기관의 장에게 통보하여야 하며, 그 지정에 관한 관계 서류를 일반에게 공람

제5조(보전산지의 지정·해제 등의 고시) ① 산림청장은 법 제5조제1항의 규정에 따라 보전산지를 지정한 때에는 다음 각 호의 사항을 고시하여야 한다. <개정 2008.7.24>
1. 보전산지의 구역이 표시된 축척 2만5천분의 1 이상의 지적이 표시된 지형도(「토지이용규제 기본법」 제12조에 따른 국토이용정보체계에 지적이 표시된 지형도의 데이터베이스가 구축되어 있지 아니하거나 지형과 지적의 불일치로 지형도의 활용이 곤란한 경우에는 지적도)의 번호 및 해당 도면의 명칭
2. 보전산지의 구역안에 포함되는 행정구역의 명칭

| 산지관리법 | 산지관리법 시행령 | 산지관리법 시행규칙 |
|---|---|---|
| 하여야 한다. <개정 2012.2.22><br>③ 산림청장은 제2항에도 불구하고 시장·군수·구청장으로 하여금 보전산지의 지정에 관한 관계 서류를 일반에게 공람하게 할 수 있다. <신설 2012.2.22><br>[전문개정 2010.5.31]<br><br>**제6조(보전산지의 변경·해제)** ① 산림청장은 제5조제1항에 따라 지정된 보전산지 중 제4조제1항제1호가목에 따른 임업용산지(이하 "임업용산지"라 한다)가 제4조제1항제1호나목에 따른 공익용산지(이하 "공익용산지"라 한다)의 지정대상 산지에 해당하게 되는 경우에는 그 산지를 공익용산지로 변경·지정할 수 있다.<br>② 산림청장은 제5조제1항에 따라 지정된 보전산지 중 공익용산지가 | | |

| | |
|---|---|
| 공익용산지의 지정대상 산지에 해당되지 아니하고 임업용산지의 지정대상 산지에 해당하게 되는 경우에는 그 산지를 임업용산지로 변경ㆍ지정할 수 있다.<br>③ 산림청장은 다음 각 호의 어느 하나에 해당하는 경우에는 보전산지의 지정을 해제할 수 있다. 이 경우 산림청장은 제1호ㆍ제2호 또는 제4호에 해당하는지를 판단하기 위하여 필요하면 해당 산지의 입지여건, 산지경관 및 산림생태계 등 산지의 특성에 관한 평가(이하 "산지특성평가"라 한다)를 실시할 수 있다. <개정 2015.3.27, 2018.3.20><br>1. 보전산지가 임업용산지 또는 공익용산지의 지정요건에 해당하지 아니하게 되는 경우<br>2. 제8조에 따른 협의를 한 경우로서 보전산지의 지정을 해제할 필요가 있는 경우 | **제3조(보전산지의 지정해제 등)** ① 산림청장, 시ㆍ도지사, 지방산림청장, 시장ㆍ군수ㆍ구청장, 국유림관리소장, 국립수목원장, 국립산림품종관리센터장, 국립산림과학원장 또는 국립자연휴양림관리소장은 보전산지의 지정을 해제하려는 경우 법 제6조제3항에 따른 산지특성평가(이하 "산지특성평가"라 한다) 결과를 고려하여야 한다. <개정 2015.11.25><br>② 시장ㆍ군수ㆍ구청장, 국유림관리소장, 국립수목원장, 국립산림품종관리센터장, 국립산림과학원장 또는 국립자연휴양림관리소장은 다음 각 호의 사항을 고려하여 산지 |

| 산지관리법 | 산지관리법 시행령 | 산지관리법 시행규칙 |
|---|---|---|
| 3. 제14조에 따른 산지전용허가 또는 제15조에 따른 산지전용신고 (다른 법률에 따라 산지전용허가 또는 산지전용신고가 의제되거나 배제되는 행정처분을 포함한다)에 의하여 산지를 다른 용지로 변경하려는 경우로서 해당 산지전용의 목적사업을 완료한 후 제39조제3항에 따라 복구의무를 면제받거나 제42조에 따라 복구준공검사를 받은 경우<br>4. 그 밖에 보전산지의 지정이 적합하지 아니하다고 인정되는 경우<br>④ 산림청장은 제1항부터 제3항까지의 규정에 따라 보전산지의 변경이나 지정해제를 하려면 그 산지가 표시된 산지구분도를 작성하여 관계 행정기관의 장과 협의한 후 중앙산지관리위원회의 심의를 | ② 산림청장은 법 제6조제4항의 규정에 따라 보전산지의 변경이나 지정해제를 하려는 경우에는 다음 각 호의 사항을 고시하여야 한다. <개정 2008.7.24><br>1. 변경이나 지정해제되는 보전산 | 특성평가를 실시하여야 한다. <개정 2015.11.25, 2018.11.12><br>1. 우량한 천연림 또는 인공조림지의 분포 여부<br>2. 해당 산지의 토양이 입목 생육에 적합한지 여부<br>3. 해당 산지가 임업 및 임산물의 생산에 적합한지 여부<br>4. 해당 산지가 개발 후보지로서의 잠재 여건이 있는지 여부<br>5. 해당 산지의 입지, 환경, 산림생태 및 산지경관<br>③ 제2항에서 정한 것 외에 산지특성평가의 시행에 필요한 사항은 산림청장이 정하여 고시한다.<br>[본조신설 2015.9.30] |

거쳐 대통령령으로 정하는 바에 따라 이를 고시하여야 한다. 다만, 다음 각 호의 어느 하나에 해당하는 경우에는 관계 중앙행정기관의 장과의 협의 및 중앙산지관리위원회의 심의를 거치지 아니할 수 있다. <개정 2016.12.2>
1. 이 법 또는 다른 법률에 따라 관계 행정기관의 장과 협의를 거쳐 산지가 제1항 또는 제2항에 따른 보전산지의 변경대상이 되어 변경하는 경우
2. 이 법 또는 다른 법률에 따라 관계 행정기관의 장과 협의를 거쳐 산지가 제3항제1호 및 제2호에 따른 보전산지의 지정해제 대상이 되어 지정을 해제하는 경우
3. 제3항제3호 및 제4호에 따라 보전산지의 지정을 해제하는 경우

지의 구역이 표시된 축척 2만5천분의 1 이상의 지적이 표시된 지형도(「토지이용규제 기본법」 제12조에 따른 국토이용정보체계에 지적이 표시된 지형도의 데이터베이스가 구축되어 있지 아니하거나 지형과 지적의 불일치로 지형도의 활용이 곤란한 경우에는 지적도)의 번호 및 해당 도면의 명칭
2. 변경이나 지정해제되는 보전산지의 구역안에 포함되는 행정구역의 명칭

| 산지관리법 | 산지관리법 시행령 | 산지관리법 시행규칙 |
|---|---|---|
| ⑤ 제3항에 따른 보전산지의 지정해제 대상에 관한 세부사항 및 산지특성평가의 방법·절차 등에 관한 사항은 농림축산식품부령으로 정한다. <신설 2015.3.27><br>[전문개정 2010.5.31]<br><br>**제7조** 삭제 <2010.5.31><br><br>**제8조(산지에서의 구역 등의 지정 등)** ① 관계 행정기관의 장은 다른 법률에 따라 산지를 특정 용도로 이용하기 위하여 지역·지구 및 구역 등으로 지정하거나 결정하려면 대통령령으로 정하는 산지의 종류 및 면적 등의 구분에 따라 산림청장, 시·도지사 또는 시장·군수·구청장(이하 "산림청장등"이라 한다)과 미리 협의하여야 한다. 협의한 사항(대통령령으로 정하는 경미한 | **제6조(산지에서의 지역등의 지정·결정에 관한 협의절차)** ① 법 제8조제1항에 따라 산림청장, 특별시장·광역시장·특별자치시장·도지사·특별자치도지사(이하 "시·도지사"라 한다) 또는 시장(특별자치도의 경우는 특별자치도지사를 말한다. 이하 같다)·군수·구청장(자치구의 구청장을 말한다. 이하 같다)과 협의하려는 관계 행정기관의 장은 협의요청서에 농림축산식 | **제4조(산지에서의 지역등의 지정·결정 협의절차)** ① 「산지관리법 시행령」(이하 "영"이라 한다) 제6조제1항 전단에 따른 협의요청서는 별지 제2호서식에 의한다.  <개정 2005.8.24, 2011.1.5><br>② 영 제6조제1항에서 "농림축산식품부령이 정하는 서류"란 다음 각 호의 서류를 말한다. 다만, 제4호, 제5호 및 제6호의 서류는 사업시행자가 지정되거나 주민제안에 의 |

사항은 제외한다)을 변경하려는 경우에도 같다. <개정 2012.2.22>

② 산림청장등은 제1항에 따라 협의하는 경우에는 미리 대통령령으로 정하는 바에 따라 중앙산지관리위원회 또는 지방산지관리위원회의 심의를 거쳐야 한다. <신설 2012.2.22>

③ 제1항에 따른 협의의 범위, 기준 및 절차 등에 관한 사항은 대통령령으로 정한다. <개정 2012.2.22>

품부령으로 정하는 서류를 첨부하여 다음 각 호의 구분에 따른 자에게 제출하여야 한다. <개정 2012.8.22, 2013.3.23, 2017.6.2>

1. 산지면적(법 제8조제1항 후단에 따라 변경협의를 하려는 경우에는 이미 협의한 산지면적을 제외한 변경하려는 산지의 면적을 말한다. 이하 이 항에서 같다)이 200만제곱미터 이상(보전산지의 경우에는 100만제곱미터 이상)인 경우: 산림청장
2. 산지면적이 50만제곱미터 이상 200만제곱미터 미만(보전산지의 경우에는 3만제곱미터 이상 100만제곱미터 미만)인 경우
   가. 산림청장 소관인 국유림의 산지인 경우: 산림청장
   나. 산림청장 소관이 아닌 국유림, 공유림 또는 사유림의 산지인 경우: 시·도지사

하여 시행되는 사업으로서 개발계획이 포함된 경우에 한정한다.
  <개정 2005.8.24, 2007.7.27, 2008.3.3, 2008.7.16, 2009.11.27, 2011.1.5, 2012.10.26, 2013.3.23, 2018.11.12, 2018.11.29, 2019.9.24>

1. 지역등의 지정 또는 결정의 목적·필요성 및 산지의 이용계획에 관한 서류 1부
2. 지역등을 지정 또는 결정하고자 하는 산지의 지번·지목·면적·소유자·산지의 구분 등이 표시된 산지내역서 1부(지역등의 지정 또는 결정으로 인하여 보전산지의 변경지정 또는 해제가 수반되지 아니하는 경우에는 이를 제외할 수 있다)
3. 지정 또는 결정하고자 하는 지역등이 표시된 축척 2만5천분의 1 이상의 지적이 표시된 지형도(「토지이용규제 기본법」 제12

| 산지관리법 | 산지관리법 시행령 | 산지관리법 시행규칙 |
|---|---|---|
| | 3. 산지면적이 50만제곱미터 미만 (보전산지의 경우에는 3만제곱미터 미만)인 경우<br>가. 산림청장 소관인 국유림의 산지인 경우: 산림청장<br>나. 산림청장 소관이 아닌 국유림, 공유림 또는 사유림의 산지인 경우: 시장·군수·구청장<br>② 법 제8조제1항 후단에서 "대통령령으로 정하는 경미한 사항"이란 다음 각 호의 어느 하나에 해당하는 사항을 말한다. 이 경우 관계 행정기관의 장은 지체없이 그 변경된 산지의 지번·지목 및 면적의 내역을 산림청장, 시·도지사 또는 시장·군수·구청장(이하 "산림청장등"이라 한다)에게 통보하여야 한다.    &lt;개정 2008.7.24, 2009.11.26, 2009.12.14, 2010.12.7, | 조에 따라 국토이용정보체계에 지적이 표시된 지형도의 데이터베이스가 구축되어 있지 아니하거나 지형과 지적의 불일치로 지형도의 활용이 곤란한 경우에는 지적도) 1부<br>4. 「산림기술 진흥 및 관리에 관한 법률」 제2조제6호에 따른 산림기술용역업자(이하 "산림기술용역업자"라 한다) 또는 같은 조 제7호가목 및 다목에 따른 산림사업시행업자(이하 "산림사업시행업자"라 한다) 소속 산림기술자로서 「산림기술 진흥 및 관리에 관한 법률 시행령」 별표 5의 산림 조사사업의 배치기준에 해당하는 사람이 조사·작성한 것으로서 다음 각 목의 요건을 갖춘 산림조사서 1부(수목이 있는 |

| | | |
|---|---|---|
| | 2012.8.22, 2015.6.1>
1. 관계 행정기관의 장이 산림청장등과 협의하여 지정 또는 결정한 지역등의 면적을 축소하는 것
2. 「공간정보의 구축 및 관리 등에 관한 법률」 제79조에 따른 분할측량 결과 지역등이 구역의 변경 없이 그 면적이 증감되는 것
3. 삭제 <2010.12.7>
[제목개정 2007.7.27]

**제7조(산지에서의 지역등의 지정·결정에 관한 협의 통보)** ① 관계 행정기관의 장이 법 제8조제1항에 따라 산림청장등과 협의하여야 하는 지역등의 범위는 별표 1과 같다. <개정 2012.8.22>
② 산림청장등은 법 제8조제1항에 따라 관계 행정기관의 장으로부터 산지에서의 지역 등의 지정 또는 | 경우에 한정한다)
　가. 숲의 종류·모양·나이, 나무의 종류, 평균나무높이, 입목축적이 포함될 것
　나. 산불발생·솎아베기·벌채 후 5년이 지나지 아니한 때에는 그 산불발생·솎아베기·벌채 전의 입목축적으로 환산하여 조사·작성한 시점까지의 생장율을 반영한 입목축적이 포함될 것
　다. 협의신청일 전 2년 이내에 조사·작성되었을 것
5. 다음 각 목의 어느 하나에 해당하는 사람이 조사·작성한 평균경사도조사서(수치지형도를 이용하여 산출한 경우에는 원본이 저장된 디스크 등 저장장치를 포함한다) 1부
　가. 「산림기술 진흥 및 관리에 관한 법률 시행령」 별표 3에 따 |

| 산지관리법 | 산지관리법 시행령 | 산지관리법 시행규칙 |
|---|---|---|
|  | 결정에 관한 협의를 요청받았을 때에는 해당 산지에 대하여 현지조사를 실시한 후 별표 2의 기준에 따라 협의요청사항을 검토하고 의견을 통보하여야 한다. 다만, 산림청장등은 관계 행정기관의 장이 법 제18조의2제1항에 따른 산지전용타당성조사를 받은 경우에는 현지조사를 실시하지 아니하고 검토할 수 있다. <개정 2007.7.27, 2012.8.22, 2014.12.31><br>③ 산림청장등은 제2항에 따른 협의요청사항을 검토할 때 필요하면 협의요청사항과 관련된 시·도지사, 지방산림청장, 시장·군수·구청장 또는 지방산림청 국유림관리소장(이하 "국유림관리소장"이라 한다)의 의견을 들을 수 있다. <신설 2013.12.17> | 른 산림공학기술자<br>나.「국가기술자격법」에 따른 산림기사·토목기사·측량및지형공간정보기사 이상의 자격을 취득한 사람<br>다.「국가기술자격법」에 따른 산림산업기사·토목산업기사·측량및지형공간정보산업기사 자격을 취득한 후 해당 분야에서 10년 이상 종사한 경력이 있는 사람<br>6. 법 제18조의2에 따른 산지전용타당성조사에 관한 결과서 1부. 이 경우 해당 결과서는 협의신청일 전 2년 이내에 완료된 산지전용타당성조사의 결과서를 말한다.<br>③ 삭제 <2012.10.26><br>[제목개정 2011.1.5] |

| | | |
|---|---|---|
| ④ 국가나 지방자치단체는 불가피한 사유가 있는 경우가 아니면 산지를 산지의 보전과 관련되는 지역·지구·구역 등으로 중복하여 지정하거나 행위를 제한하여서는 아니 된다. <개정 2012.2.22><br>[전문개정 2010.5.31] | ④ 산림청장등으로부터 제3항에 따른 의견 제출의 요청을 받은 자는 정당한 사유가 있는 경우를 제외하고는 요청을 받은 날부터 15일 이내에 산림청장등에게 의견을 제출하여야 한다. <신설 2013.12.17, 2014.12.31><br>⑤ 산림청장 또는 시·도지사는 제2항에 따른 협의요청사항이 다음 각 호의 어느 하나에 해당하는 경우에는 법 제22조제1항에 따른 중앙산지관리위원회(이하 "중앙산지관리위원회"라 한다) 또는 같은 조 제2항에 따른 지방산지관리위원회(이하 "지방산지관리위원회"라 한다)의 심의를 거쳐야 한다. <개정 2010.12.7, 2012.8.22><br>1. 협의대상 지역등에 편입되는 보전산지의 면적이 200만제곱미터 이상인 경우<br>2. 관광휴양시설·체육시설에 편입 | **제4조의2(산지에서의 지역등의 협의기준의 세부사항)** 영 별표 2 비고란 제2호에 따른 협의기준의 세부사항은 별표 1과 같다.<br>[본조신설 2011.10.24] |

| 산지관리법 | 산지관리법 시행령 | 산지관리법 시행규칙 |
|---|---|---|
| | 되는 보전산지의 면적이 50만제 곱미터 이상인 경우<br>[제목개정 2007.7.27] | |
| **제2절 보전산지에서의 행위제한**<br>〈개정 2010.5.31〉 | **제2절 보전산지안에서의 행위제한** | **제2절 보전산지에서의 행위제한**<br>〈개정 2011.1.5〉 |
| 제9조(산지전용·일시사용제한지역의 지정) ① 산림청장은 다음 각 호의 어느 하나에 해당하는 산지로서 공공의 이익증진을 위하여 보전이 특히 필요하다고 인정되는 산지를 산지전용 또는 산지일시사용이 제한되는 지역(이하 "산지전용·일시사용제한지역"이라 한다)으로 지정할 수 있다. 〈개정 2018.3.20〉<br>1. 대통령령으로 정하는 주요 산줄기의 능선부로서 산지경관 및 산림생태계의 보전을 위하여 필 | 제8조(산지전용·일시사용제한지역의 지정대상 산지) ① 법 제9조제1항제1호에서 "대통령령으로 정하는 주요 산줄기"란 다음 각 호의 어느 하나에 해당하는 산줄기를 말한다. 〈개정 2010.12.7〉<br>1. 강원도 고성군·양양군·인제군 소재의 향로봉부터 지리산으로 이어지는 태백산맥과 소백산맥에 속하는 산줄기<br>2. 강원도 태백시 소재의 삼수령부터 부산광역시 사하구 소재의 | |

| | | |
|---|---|---|
| 요하다고 인정되는 산지 | 몰운대로 이어지는 태백산맥(제1호의 규정에 의한 태백산맥을 제외한다)에 속하는 산줄기<br>3. 강원도 강릉시·평창군·홍천군 소재의 오대산부터 충청남도 보령시·청양군·홍성군 소재의 오서산으로 이어지는 차령산맥에 속하는 산줄기<br>② 법 제9조제1항제1호에 따른 산줄기의 산지로서 산지경관 및 산림생태계의 보전에 필요한 산지는 당해 산줄기의 능선 중심선으로부터 좌우 수평거리 1킬로미터안에 위치하는 산지로 한다. 다만, 다음 각 호의 어느 하나에 해당하는 산지를 제외한다. <개정 2005.8.5, 2010.12.7, 2018.10.30><br>1. 지형 또는 인근의 토지이용 상태 등을 고려할 때 산지전용·일시사용제한지역으로 지정하는 것이 부적합하다고 인정되는 산지 | |

| 산지관리법 | 산지관리법 시행령 | 산지관리법 시행규칙 |
|---|---|---|
| 2. 명승지, 유적지, 그 밖에 역사적·문화적으로 보전할 가치가 있다고 인정되는 산지로서 대통령령으로 정하는 산지 | 2. 다른 법령의 규정에 따라 인가·허가·승인 등을 얻어 다른 용도로 개발중이거나 개발계획이 확정된 산지<br>3. 「백두대간보호에 관한 법률」 제6조의 규정에 의한 백두대간보호지역의 산지<br>③ 법 제9조제1항제2호에서 "대통령령으로 정하는 산지"란 다음 각 호의 어느 하나에 해당하는 산지를 말한다.     <개정 2010.12.7, 2018.10.30><br>1. 학술적·예술적 가치 및 산지경관으로서의 가치가 높은 산지<br>2. 역사적 사실 또는 역사상의 인물과 관계된 산지<br>3. 전통사찰·기념비 등 문화재의 보호를 위하여 필요한 산지<br>4. 국민보건향상 및 휴양·치유를 | |

| | | |
|---|---|---|
| 3. 산사태 등 재해 발생이 특히 우려되는 산지로서 대통령령으로 정하는 산지 | 위하여 보전이 필요한 산지<br>④ 법 제9조제1항제3호에서 "대통령령으로 정하는 산지"란 다음 각 호의 산지를 말한다. &lt;개정 2007.7.27, 2008.2.29, 2010.12.7, 2013.3.23&gt;<br>1. 산지의 경사도, 모암(母巖), 산림상태 등 농림축산식품부령으로 정하는 산사태위험지판정기준표상의 위험요인에 따라 산사태가 발생할 가능성이 높은 것으로 판정된 산지<br>2. 집중강우 등으로 인하여 토사유출의 우려가 높은 산지<br>[제목개정 2010.12.7] | **제5조(산사태위험지의 판정기준)** 영 제8조제4항에 따른 산사태위험지 판정기준표는 별표 1의2와 같다. &lt;개정 2011.10.24&gt; |
| ② 산림청장은 제1항에 따라 산지전용·일시사용제한지역을 지정하려면 대통령령으로 정하는 바에 따라 해당 산지소유자, 지역주민 및 지방자치단체의 장의 의견을 듣고 | **제9조(산지전용·일시사용제한지역의 지정절차 등)** ① 산림청장은 법 제9조제2항에 따라 해당 산지소유자 등의 의견을 들으려는 경우에는 해당 산지소유자에게 미리 통지하고 산지 | |

| 산지관리법 | 산지관리법 시행령 | 산지관리법 시행규칙 |
|---|---|---|
| 관계 행정기관의 장과 협의한 후 중앙산지관리위원회의 심의를 거쳐야 한다. <개정 2012.2.22, 2016.12.2> | 전용·일시사용제한지역 지정예정지의 지번·지목·면적 등을 관보에 공고하고 신문·방송·인터넷 등의 방법으로 널리 알려야 한다. <개정 2010.12.7, 2012.8.22><br>② 산림청장은 제1항에 따라 산지전용·일시사용제한지역 지정예정지의 지번·지목·면적 등을 관보에 공고한 경우에는 관할 시장·군수·구청장 또는 국유림관리소장으로 하여금 산지전용·일시사용제한지역에 편입되는 산지의 지번·지목·면적 등이 표시된 토지명세서 및 축척 2만5천분의 1 이상의 지적이 표시된 지형도(「토지이용규제 기본법」 제12조에 따른 국토이용정보체계에 지적이 표시된 지형도의 데이터베이스가 구축되어 있지 아니하거나 지형과 지적의 | |

불일치로 지형도의 활용이 곤란한 경우에는 지적도)를 20일 이상 일반에게 공람하게 하여야 한다. <개정 2005.8.5, 2008.7.24, 2010.12.7, 2012.8.22, 2013.12.17>

③ 제2항의 규정에 따라 공람한 내용에 대하여 의견을 제출하고자 하는 자는 공람이 시작된 날부터 30일 이내에 의견서(전자문서로 된 의견서를 포함한다)를 관할 시장·군수·구청장 또는 국유림관리소장에게 제출하여야 한다. <개정 2004.3.17>

④ 제3항의 규정에 따라 의견을 제출받은 시장·군수·구청장 또는 국유림관리소장은 의견내용의 타당성 여부를 검토하여 그 결과를 시·도지사 또는 지방산림청장에게 제출하고 시·도지사 또는 지방산림청장은 종합의견을 첨부하여 산림청장에게 제출하여야 한다.

| 산지관리법 | 산지관리법 시행령 | 산지관리법 시행규칙 |
|---|---|---|
| ③ 산림청장은 제1항에 따라 산지전용·일시사용제한지역을 지정한 경우에는 대통령령으로 정하는 바에 따라 그 지정사실을 고시하고 관계 행정기관의 장에게 통보하여야 하며, 그 지정에 관한 관계 서류를 일반에게 공람하여야 한다. <개정 2012.2.22><br>④ 산림청장은 제3항에도 불구하고 시장·군수·구청장으로 하여금 산지전용·일시사용제한지역의 지정에 관한 관계 서류를 일반에게 공람하게 할 수 있다. <신설 2012.2.22><br>[전문개정 2010.5.31] | <개정 2006.1.26><br>⑤ 산림청장은 법 제9조제3항에 따라 산지전용·일시사용제한지역을 지정한 경우에는 다음 각 호의 사항을 고시하여야 한다. <개정 2008.7.24, 2010.12.7><br>1. 산지전용·일시사용제한지역이 표시된 축척 2만5천분의 1 이상의 지적이 표시된 지형도(「토지이용규제 기본법」 제12조에 따른 국토이용정보체계에 지적이 표시된 지형도의 데이터베이스가 구축되어 있지 아니하거나 지형과 지적의 불일치로 지형도의 활용이 곤란한 경우에는 지적도)의 번호 및 해당 도면의 명칭<br>2. 산지전용·일시사용제한지역에 포함되는 행정구역의 명칭<br>[제목개정 2010.12.7] | |

| 제10조(산지전용·일시사용제한지역에서의 행위제한) 산지전용·일시사용제한지역에서는 다음 각 호의 어느 하나에 해당하는 행위를 하기 위하여 산지전용 또는 산지일시사용을 하는 경우를 제외하고는 산지전용 또는 산지일시사용을 할 수 없다. <개정 2012.2.22, 2013.3.23, 2019.12.3> <br> 1. 국방·군사시설의 설치 <br> 2. 사방시설, 하천, 제방, 저수지, 그 밖에 이에 준하는 국토보전시설의 설치 <br> 3. 도로, 철도, 석유 및 가스의 공급시설, 그 밖에 대통령령으로 정하는 공용·공공용 시설의 설치 | 제10조(산지전용·일시사용제한지역에서의 허용행위) ① 법 제10조제3호에서 "대통령령으로 정하는 공용·공공용 시설"이란 다음 각 호의 어느 하나에 해당하는 시설을 말한다. <개정 2005.8.5, 2007.2.1, 2009.11.2, 2009.11.26, 2010.12.7, 2012.8.22, 2015.7.20, 2016.12.30> <br> 1. 국가 또는 지방자치단체가 설치하는 궤도시설 <br> 2. 방풍시설 또는 방화시설 <br> 3. 기상관측시설 <br> 4. 국가 또는 지방자치단체가 설치하는 공용청사 <br> 5. 「자연공원법」에 의한 자연공원 안에 설치하는 탐방로·전망대 및 대피소와 탐방자의 안전을 도모하는 보호 및 안전시설 <br> 6. 「자연환경보전법」에 의한 자연환경보전·이용시설 | |
|---|---|---|

| 산지관리법 | 산지관리법 시행령 | 산지관리법 시행규칙 |
|---|---|---|
| | 7. 국가 또는 지방자치단체가 설치하는 자연휴양림, 산림욕장, 치유의 숲, 유아숲체험원, 산림생태원, 산책로·탐방로·등산로 등 숲길, 전망대(정자를 포함한다) 및 대피소<br>8. 국립수목원 및 「수목원·정원의 조성 및 진흥에 관한 법률」제7조의 규정에 따라 수목원조성계획의 승인을 얻어 조성되는 수목원시설<br>9. 국가통신시설 또는 「전기통신기본법」제2조제2호의 전기통신설비<br>10.「수도법」제3조제17호에 따른 수도시설<br>11.「하수도법」제2조제3호에 따른 하수도<br>12.「지하수법」제17조제1항에 따 | |

| | | |
|---|---|---|
| 4. 산림보호, 산림자원의 보전 및 증식을 위한 시설로서 대통령령으로 정하는 시설의 설치 | 른 지하수 관측시설<br>② 법 제10조제4호에서 "대통령령으로 정하는 시설"이란 다음 각 호의 어느 하나에 해당하는 시설을 말한다. <개정 2005.8.5, 2006. 8.4, 2010.3.9, 2010.12.7, 2014. 12.31, 2016.12.30><br>1. 병해충의 구제(驅除) 및 예방을 위한 시설<br>2. 산불·산사태 등 산림재해의 예방 및 복구를 위한 시설<br>3. 「산림보호법」 제13조제1항에 따라 지정된 보호수 및 야생동·식물의 보전·관리를 위한 시설<br>4. 산림용 묘목 생산시설(국가 또는 지방자치단체가 설치하는 경우만 해당한다)<br>5. 「산림자원의 조성 및 관리에 관한 법률」 제9조제1항에 따라 설치하는 임도 | |

| 산지관리법 | 산지관리법 시행령 | 산지관리법 시행규칙 |
|---|---|---|
| | 6. 국가가 설치하거나 국가 외의 자가 「산림자원의 조성 및 관리에 관한 법률」 제13조제2항에 따라 인가받은 산림경영계획에 따라 설치하는 작업로 및 임산물 운반로 | |
| 5. 임업시험연구를 위한 시설로서 대통령령으로 정하는 시설의 설치 | ③ 법 제10조제5호에서 "대통령령으로 정하는 시설"이란 다음 각 호의 기관 또는 단체가 임업시험연구 또는 산림과 관련된 교육목적 달성을 위하여 설치하는 시설을 말한다. <개정 2005.8.5, 2010.12.7> | |
| 6. 매장문화재의 발굴(지표조사를 포함한다), 문화재와 전통사찰의 복원·보수·이전 및 그 보존관리를 위한 시설의 설치, 문화재·전통사찰과 관련된 비석, 기념탑, 그 밖에 이와 유사한 시설의 설치 | 1. 산림청(그 소속기관을 포함한다) 소속의 임업시험연구기관 | |
| | 2. 지방자치단체 소속의 임업시험연구기관 | |
| | 3. 「고등교육법」 제2조의 규정에 의한 학교로서 산림과 관련된 | |

| | |
|---|---|
| 7. 다음 각 목의 어느 하나에 해당하는 시설 중 대통령령으로 정하는 시설의 설치<br>　가. 발전·송전시설 등 전력시설<br>　나. 「신에너지 및 재생에너지 개발·이용·보급 촉진법」에 따른 신·재생에너지 설비. 다만, 태양에너지 설비는 제외한다.<br>8. 「광업법」에 따른 광물의 탐사·시추시설의 설치 및 대통령령으로 정하는 갱내채굴<br>9. 「광산피해의 방지 및 복구에 관한 법률」에 따른 광해방지시설의 설치<br>9의2. 공공의 안전을 방해하는 위험시설이나 물건의 제거<br>9의3. 「6·25 전사자유해의 발굴 등에 관한 법률」에 따른 전사자의 유해 등 대통령령으로 정 | 학과 또는 학부를 둔 학교<br>④ 법 제10조제7호에서 "대통령령으로 정하는 시설"이란 다음 각 호의 시설을 말한다. &lt;개정 2014.8.12&gt;<br>1. 발전시설<br>2. 변전시설(변환시설을 포함한다)<br>3. 송전시설<br>4. 배전시설<br>5. 풍황(風況)계측시설<br>⑤ 법 제10조제8호에서 "대통령령으로 정하는 갱내채굴"이란 산지의 일시사용면적이 갱구 및 광물의 선별·가공시설을 포함하여 2만제곱미터 미만인 굴진채굴(掘進採掘)을 말한다. &lt;신설 2010.12.7&gt;<br>⑥ 법 제10조제9호의3에서 "대통령령으로 정하는 유해의 조사·발굴"이란 다음 각 호의 어느 하나에 |

| 산지관리법 | 산지관리법 시행령 | 산지관리법 시행규칙 |
|---|---|---|
| 하는 유해의 조사·발굴 | 해당하는 조사·발굴을 말한다. <신설 2012.8.22> 1.「6·25 전사자유해의 발굴 등에 관한 법률」에 따른 전사자 유해의 조사·발굴 2.「대일항쟁기 강제동원 피해조사 및 국외강제동원 희생자 등 지원에 관한 특별법」에 따른 피해자 등 유해의 조사·발굴 3. 그 밖에 사고실종자, 범죄피해자 등 유해의 발견을 목적으로 국가나 지방자치단체가 직접 시행하는 유해의 조사·발굴 | |
| 10. 제1호부터 제9호까지, 제9호의2 및 제9호의3에 따른 행위를 하기 위하여 대통령령으로 정하는 기간 동안 임시로 설치하는 다음 각 목의 어느 하나에 해당하는 부대시설의 설치 | ⑦ 법 제10조제10호에서 "대통령령으로 정하는 기간"이란 1년 이내의 기간을 말한다. 다만, 목적사업의 수행을 위한 산지전용기간 또는 산지일시사용기간이 1년을 초과하는 경우에는 그 산지전용기간 | 제6조(산지전용·일시사용제한지역에서의 허용행위) 법 제10조제10호 라목에서 "주차장 등 농림축산식품부령으로 정하는 부대시설"이란 주차장·화장실·창고·숙소·식당·정화시설·재해방지시설·울타리 및 |

| | | |
|---|---|---|
| 가. 진입로<br>나. 현장사무소<br>다. 지질·토양의 조사·탐사시설<br>라. 그 밖에 주차장 등 농림축산식품부령으로 정하는 부대시설<br>11. 제1호부터 제9호까지, 제9호의2 및 제9호의3에 따라 설치되는 시설 중「건축법」에 따른 건축물과 도로(「건축법」제2조제1항제11호의 도로를 말한다)를 연결하기 위한 대통령령으로 정하는 규모 이하의 진입로의 설치<br>[전문개정 2010.5.31] | 또는 산지일시사용기간을 말한다.<br>〈신설 2010.12.7, 2012.8.22〉<br><br>⑧ 법 제10조제11호에서 "대통령령으로 정하는 규모 이하의 진입로"란 절토·성토한 비탈면(땅깎기·흙쌓기한 비탈면)을 제외한 유효너비가 3미터 이하이고, 그 길이가 50미터 이하인 진입로를 말한다.<br>〈신설 2010.12.7, 2012.8.22, 2019.7.2〉<br>[제목개정 2010.2.7] | 자재적치·운반시설을 말한다.<br>[전문개정 2015.11.25] |

| 산지관리법 | 산지관리법 시행령 | 산지관리법 시행규칙 |
|---|---|---|
| **제11조(산지전용·일시사용제한지역 지정의 해제)** ① 산림청장은 산지전용·일시사용제한지역의 지정목적이 상실되었거나 산지전용·일시사용제한지역으로 계속 둘 필요가 없다고 인정되는 경우로서 다음 각 호의 어느 하나에 해당하는 경우에는 산지전용·일시사용제한지역의 지정을 해제할 수 있다.  &lt;개정 2020.5.26&gt;<br><br>1. 제10조 각 호에 해당하는 행위를 하기 위하여 산지전용허가를 받아 산지를 전용한 경우<br><br>2. 천재지변 등으로 인하여 산지전용·일시사용제한지역으로서의 가치를 상실한 경우<br><br>3. 재해방지시설을 설치하여 산사태 발생 위험이 없어지는 등 산지전용·일시사용제한지역의 | | |

| | |
|---|---|
| 지정목적이 상실된 경우<br>4. 그 밖에 자연적·사회적·경제적·지역적 여건변화나 지역발전을 위한 사유 등 대통령령으로 정하는 경우<br>② 제1항에 따른 산지전용·일시사용제한지역 지정의 해제절차 등에 관하여는 제9조제2항 및 제3항을 준용한다. 다만, 다음 각 호의 어느 하나에 해당하는 경우에는 중앙산지관리위원회의 심의를 거치지 아니할 수 있다.<br>1. 제1항제1호 또는 제2호에 해당하는 경우<br>2. 제1항제3호 또는 제4호에 해당하는 경우로서 1만제곱미터 미만을 해제하는 경우<br>[전문개정 2010.5.31] | 제11조(산지전용·일시사용제한지역지정의 해제) 법 제11조제1항제4호에서 "자연적·사회적·경제적·지역적 여건변화나 지역발전을 위한 사유 등 대통령령으로 정하는 경우"란 다음 각 호의 어느 하나에 해당하는 경우를 말한다. <개정 2008.7.24, 2009.4.20, 2009.11.26, 2009.12.15, 2010.12.7><br>1. 법 제12조에 따라 보전산지에서 허용되는 시설을 지역여건 및 산지 특성상 불가피하게 산지전용·일시사용제한지역에 설치할 필요가 있다고 인정하여 해당 지방자치단체의 장이 산지전용·일시사용제한지역지정의 해제를 요청하는 경우<br>2. 「농어촌정비법」 제2조제10호에 따른 생활환경정비사업 또는 「임업 및 산촌 진흥 촉진에 관 |

| 산지관리법 | 산지관리법 시행령 | 산지관리법 시행규칙 |
|---|---|---|
| | 한 법률」 제25조에 따른 산촌개발사업을 위하여 필요한 경우로서 사업계획부지에 편입되는 면적이 100분의 30 미만인 경우<br>3. 지역 발전을 위한 기반시설(교통시설·물류시설 및 정보통신시설만 해당한다)의 설치 등 토지이용의 합리화를 위하여 필요한 경우<br>4. 도로·철도 등 공공시설의 설치로 인하여 산지전용·일시사용제한지역이 3천제곱미터 미만으로 단절되는 경우<br>5. 「국립묘지의 설치 및 운영에 관한 법률」 제3조에 따른 국립묘지를 설치하는 경우<br>6. 산지전용·일시사용제한지역이 「국토의 계획 및 이용에 관한 법률」 제6조제1호에 따른 도시 | |

| | |
|---|---|
| | 지역으로 편입되는 경우<br>7. 산지전용·일시사용제한지역 인근에 주택 등의 건축물이 설치되는 등 토지이용 상태의 변화로 산지전용·일시사용제한지역으로 유지하는 것이 부적합하다고 인정되어 지방자치단체의 장이 산지전용·일시사용제한지역지정의 해제를 요청하는 경우<br>[전문개정 2007.7.27]<br>[제목개정 2010.12.7] |
| **제12조(보전산지에서의 행위제한)** ① 임업용산지에서는 다음 각 호의 어느 하나에 해당하는 행위를 하기 위하여 산지전용 또는 산지일시사용을 하는 경우를 제외하고는 산지전용 또는 산지일시사용을 할 수 없다. &lt;개정 2012.2.22, 2013.3.23, 2016.12.2&gt; | |

| 산지관리법 | 산지관리법 시행령 | 산지관리법 시행규칙 |
|---|---|---|
| 1. 제10조제1호부터 제9호까지, 제9호의2 및 제9호의3에 따른 시설의 설치 등<br>2. 임도·산림경영관리사(山林經營管理舍) 등 산림경영과 관련된 시설 및 산촌산업개발시설 등 산촌개발사업과 관련된 시설로서 대통령령으로 정하는 시설의 설치 | 제12조(임업용산지안에서의 행위제한) ① 법 제12조제1항제2호에서 "대통령령으로 정하는 시설"이란 다음 각 호의 어느 하나에 해당하는 시설을 말한다. <개정 2005.8.5, 2007.2.1, 2007.7.27, 2008.7.24, 2009.11.2, 2009.11.26, 2010.12.7><br>1. 임도·작업로 및 임산물 운반로<br>2. 「임업 및 산촌 진흥촉진에 관한 법률 시행령」 제2조제1호의 임업인(「산림자원의 조성 및 관리에 관한 법률」에 따라 산림경영계획의 인가를 받아 산림을 경영하고 있는 자를 말한다), 같은 조 제2호 및 제3호의 임업인이 설치하는 다음 각 목의 어느 | 제7조(농림어업인의 범위) 영 제12조제3항에서 "농림축산식품부령으로 정하는 농림어업인"이란 다음 각 호의 어느 하나에 해당하는 자를 말한다. <개정 2005.8.24, 2007.1.10, 2007.7.27, 2008.3.3, 2009.4.20, 2009.11.27, 2010.8.5, 2011.1.5, 2013.3.23><br>1. 「농지법」 제2조제2호에 따른 농업인<br>2. 「임업 및 산촌 진흥촉진에 관한 법률 시행령」 제2조제1호의 임업인(「산림자원의 조성 및 관리에 관한 법률」에 따라 산림경영계획의 인가를 받아 산림을 경영하고 있는 자를 말한다), 같은 조 제2호·제3호의 임업인 |

|  |  |  |
|---|---|---|
|  | 하나에 해당하는 시설<br>가. 부지면적 1만제곱미터 미만의 임산물 생산시설 또는 집하시설<br>나. 부지면적 3천제곱미터 미만의 임산물 가공·건조·보관시설<br>다. 부지면적 1천제곱미터 미만의 임업용기자재 보관시설(비료·농약·기계 등을 보관하기 위한 시설을 말한다) 및 임산물 전시·판매시설<br>라. 부지면적 200제곱미터 미만의 산림경영관리사(산림작업의 관리를 위한 시설로서 작업대기 및 휴식 등을 위한 공간이 바닥면적의 100분의 25 이하인 시설을 말한다) 및 대피소<br>3. 삭제 <2007.7.27><br>4.「궤도운송법」에 따른 궤도 | 3.「수산업법」제2조제12호에 따른 어업인<br>**제8조(임업용산지에서의 행위제한)** ① 법 제12조제1항제14호라목에서 "주차장 등 농림축산식품부령으로 정하는 부대시설"이란 제6조에 따른 시설을 말한다. <개정 2011.1.5, 2013.3.23, 2017.6.2><br>② 삭제 <2011.1.5> |

| 산지관리법 | 산지관리법 시행령 | 산지관리법 시행규칙 |
|---|---|---|
| 3. 수목원, 산림생태원, 자연휴양림, 수목장림(樹木葬林), 그 밖에 대통령령으로 정하는 산림공익시설의 설치 | 5.「임업 및 산촌 진흥촉진에 관한 법률」제25조에 따른 산촌개발사업으로 설치하는 부지면적 1만제곱미터 미만의 시설<br>② 법 제12조제1항제3호에서 "대통령령으로 정하는 산림공익시설"이란 다음 각 호의 어느 하나에 해당하는 시설을 말한다. <개정 2007. 7.27, 2009.11.26, 2010.12.7, 2012.8.22, 2015.11.11, 2016. 12.30, 2018.10.30><br>1. 산림욕장, 치유의 숲, 숲속야영장, 산림레포츠시설, 산책로·탐방로·등산로·둘레길 등 숲길 및 전망대(정자를 포함한다)<br>2. 자연관찰원·산림전시관·목공예실·숲속교실·숲속수련장·유아숲체험원·산림박물관·산악박물관·산림교육센터 등 산 | |

| | 림교육시설<br>3. 목재이용의 홍보·전시·교육 등을 위한 목조건축시설<br>4. 국가, 지방자치단체 또는 비영리법인이 설치하는 임산물의 홍보·전시·교육 등을 위한 시설 | |
|---|---|---|
| 4. 농림어업인의 주택 및 그 부대시설로서 대통령령으로 정하는 주택 및 시설의 설치 | ③ 법 제12조제1항제4호에서 "대통령령으로 정하는 주택 및 시설"이라 함은 농림축산식품부령으로 정하는 농림어업인(이하 "농림어업인"이라 한다)이 자기소유의 산지에서 직접 농림어업을 경영하면서 실제로 거주하기 위하여 부지면적 660제곱미터 미만으로 건축하는 주택 및 그 부대시설을 말한다. &lt;개정 2008.2.29, 2009.11.26, 2010.12.7, 2013.3.23&gt;<br>④ 제3항의 규정에 의한 부지면적을 적용함에 있어서 산지를 전용하여 농림어업인의 주택 및 그 부대시설을 설치하고자 하는 경우에는 그 | ③ 영 제12조제3항의 규정에 의한 부대시설은 농림어업인의 주택에 부속한 창고·축사·차고·화장실·탈곡장 및 퇴비저장시설에 한한다. &lt;개정 2019.9.24&gt; |

| 산지관리법 | 산지관리법 시행령 | 산지관리법 시행규칙 |
|---|---|---|
| | 전용하고자 하는 면적에 당해 농림어업인이 당해 시·군·구(자치구에 한한다)에서 그 전용허가신청일 이전 5년간 농림어업인 주택 및 그 부대시설의 설치를 위하여 전용한 임업용산지의 면적을 합산한 면적(공공사업으로 인하여 철거된 농림어업인 주택 및 그 부대시설의 설치를 위하여 전용하였거나 전용하고자 하는 산지면적을 제외한다)을 당해 농림어업인 주택 및 그 부대시설의 부지면적으로 본다. <개정 2005.8.5> | |
| 5. 농림어업용 생산·이용·가공시설 및 농어촌휴양시설로서 대통령령으로 정하는 시설의 설치<br>6. 광물, 지하수, 그 밖에 대통령령으로 정하는 지하자원 또는 석재의 탐사·시추 및 개발과 이 | ⑤ 법 제12조제1항제5호에서 "대통령령으로 정하는 시설"이란 다음 각 호의 어느 하나에 해당하는 시설을 말한다.    <개정 2005.8.5, 2007.9.6,    2008.6.20,    2008.7.24, 2009.4.20, 2009.10.8, 2009.12.15, | |

| | | |
|---|---|---|
| 를 위한 시설의 설치<br>7. 산사태 예방을 위한 지질·토양의 조사와 이에 따른 시설의 설치 | 2010.12.7, 2015.12.22, 2016.12.30, 2017.6.2><br>1. 농림어업인, 「농업·농촌 및 식품산업 기본법」 제3조제4호에 따른 생산자단체, 「수산업·어촌 발전 기본법」 제3조제5호에 따른 생산자단체, 「농어업경영체 육성 및 지원에 관한 법률」 제16조에 따른 영농조합법인과 영어조합법인 또는 같은 법 제19조에 따른 농업회사법인(이하 "농림어업인등"이라 한다)이 설치하는 다음 각 목의 어느 하나에 해당하는 시설<br>가. 부지면적 3만제곱미터 미만의 축산시설<br>나. 부지면적 1만제곱미터 미만의 다음의 시설<br>(1) 야생조수의 인공사육시설<br>(2) 양어장·양식장·낚시터시설 | |

| 산지관리법 | 산지관리법 시행령 | 산지관리법 시행규칙 |
|---|---|---|
| | (3) 폐목재·짚·음식물쓰레기 등을 이용한 유기질비료 제조시설 [「폐기물관리법 시행령」 별표 3 제3호다목1)다)에 따른 퇴비화 시설에 한정한다] <br> (4) 가축분뇨를 이용한 유기질비료 제조시설 <br> (5) 버섯재배시설, 농림업용 온실 <br> 다. 부지면적 3천제곱미터 미만의 다음의 시설 <br> (1) 농기계수리시설 또는 농기계 창고 <br> (2) 농축수산물의 창고·집하장 또는 그 가공시설 <br> (3) 누에 등 곤충사육시설 및 관리시설 <br> 라. 부지면적 200제곱미터 미만의 다음의 시설(작업대기 및 휴식 | |

| | | |
|---|---|---|
| 8. 석유비축 및 저장시설·방송통신설비, 그 밖에 대통령령으로 정하는 공용·공공용 시설의 설치<br>9. 「장사 등에 관한 법률」에 따라 허가를 받거나 신고를 한 묘지·화장시설·봉안시설·자연장지 시설의 설치 | 등을 위한 공간이 바닥면적의 100분의 25 이하인 시설을 말한다)<br>(1) 농막<br>(2) 농업용·축산업용 관리사(주거용이 아닌 경우에 한한다)<br>2. 「농어촌정비법」 제82조 및 같은 법 제83조에 따라 개발되는 3만제곱미터 미만의 농어촌 관광휴양단지 및 관광농원<br>⑥ 법 제12조제1항제8호에서 "대통령령으로 정하는 공용·공공용 시설"이란 다음 각 호의 어느 하나에 해당하는 시설을 말한다. <개정 2005.8.5, 2007.11.15, 2008.2.29, 2010.12.7, 2013.3.23><br>1. 삭제 <2012.8.22><br>2. 삭제 <2010.12.7><br>3. 삭제 <2010.12.7><br>4. 액화석유가스를 저장하기 위한 시설로서 농림축산식품부령이 | ④ 영 제12조제6항제4호에서 "농림축산식품부령이 정하는 시설"이라 함은 「액화석유가스의 안전관리 및 사업법 시행규칙」 제2조제1항제1호의 규정에 의한 저장설비를 말한다. <개정 2005.8.24, 2008.3.3, 2013.3.23> |

| 산지관리법 | 산지관리법 시행령 | 산지관리법 시행규칙 |
|---|---|---|
| | 정하는 시설<br>5. 「대기환경보전법」 제2조제16호에 따른 저공해자동차에 연료를 공급하기 위한 시설 | |
| 10. 대통령령으로 정하는 종교시설의 설치 | ⑦ 법 제12조제1항제10호에서 "대통령령으로 정하는 종교시설"이란 문화체육관광부장관이 「민법」 제32조의 규정에 따라 종교법인으로 허가한 종교단체 또는 그 소속단체에서 설치하는 부지면적 1만5천제곱미터 미만의 사찰·교회·성당 등 종교의식에 직접적으로 사용되는 시설과 농림축산식품부령으로 정하는 부대시설을 말한다. <개정 2005.8.5, 2008.2.29, 2010.12.7, 2013.3.23, 2015.11.11> | ⑤ 영 제12조제7항에서 "농림축산식품부령으로 정하는 부대시설"이란 주차장·화장실·창고·숙소·식당·정화시설·재해방지시설 및 비석·기념탑·조각상 등 의식·기념을 위한 시설을 말한다. <개정 2011.1.5, 2013.3.23><br>⑥ 삭제 <2007.7.27><br>[제목개정 2011.1.5] |
| 11. 병원, 사회복지시설, 청소년수련시설, 근로자복지시설, 공공직업훈련시설 등 공익시설로서 대 | ⑧ 법 제12조제1항제11호에서 "대통령령으로 정하는 시설"이란 다음 각 호의 어느 하나에 해당하는 | |

| | | |
|---|---|---|
| 통령령으로 정하는 시설의 설치 | 시설을 말한다. <개정 2005.3.18, 2005.6.30, 2005.8.5, 2007.7.27, 2009.11.26, 2010.12.7, 2011. 12.8, 2012.8.3, 2014.9.24, 2014.12.31, 2016.12.30> <br> 1. 「의료법」 제3조제2항에 따른 의료기관중 종합병원·병원·치과병원·한방병원·요양병원. 이 경우 같은 법 제49조제1항제3호부터 제5호까지의 규정에 따른 부대사업으로 설치하는 시설을 포함한다. <br> 2. 「사회복지사업법」 제2조제4호에 따른 사회복지시설 <br> 3. 「청소년활동진흥법」 제10조제1호의 규정에 의한 청소년수련시설 <br> 4. 근로자의 복지증진을 위한 시설로서 다음 각 목의 어느 하나에 해당하는 것 <br>   가. 근로자 기숙사(「건축법 시행 | |

| 산지관리법 | 산지관리법 시행령 | 산지관리법 시행규칙 |
|---|---|---|
| | 령」별표 1 제2호 라목의 규정<br>에 의한 기숙사에 한한다)<br>나.「영유아보육법」제10조제4<br>호에 따른 직장어린이집<br>다.「수도권정비계획법」제2조제<br>1호의 수도권 또는 광역시 지<br>역의 주택난 해소를 위하여 공<br>급되는「근로복지기본법」제<br>15조제2항에 따른 근로자주택<br>라. 비영리법인이 건립하는 근로<br>자의 여가·체육 및 문화활동<br>을 위한 복지회관<br>5.「근로자직업능력 개발법」제2<br>조제3호의 규정에 따라 국가·<br>지방자치단체 및 공공단체가 설<br>치·운영하는 직업능력개발훈<br>련시설 | |
| 12. 교육·연구 및 기술개발과 관<br>련된 시설로서 대통령령으로 정 | ⑨ 법 제12조제1항제12호에서 "대<br>통령령으로 정하는 시설"이란 다 | |

| | | |
|---|---|---|
| 하는 시설의 설치 | 음 각 호의 어느 하나에 해당하는 시설을 말한다. <개정 2005.8.5, 2008.2.29, 2009.11.26, 2010.12.7, 2011.6.24, 2013.3.23, 2014.12.31, 2016.9.22, 2016.12.30, 2017.7.26, 2018.4.17> 1.「기초연구진흥 및 기술개발지원에 관한 법률」제14조의2제1항에 따라 인정받은 기업부설연구소로서 과학기술정보통신부장관의 추천이 있는 시설 2.「특정연구기관 육성법」제2조의 규정에 의한 특정연구기관이 교육 또는 연구목적으로 설치하는 시설 3.「국가과학기술자문회의법」에 따른 국가과학기술자문회의에서 심의한 연구개발사업중 우주항공기술개발과 관련된 시설 4.「유아교육법」,「초·중등교육법」및「고등교육법」에 따른 | |

| 산지관리법 | 산지관리법 시행령 | 산지관리법 시행규칙 |
|---|---|---|
| 13. 제1호부터 제12호까지의 시설을 제외한 시설로서 대통령령으로 정하는 지역사회개발 및 산업발전에 필요한 시설의 설치 | 학교 시설<br>5.「영유아보육법」제10조제1호의 국공립어린이집<br>⑩ 법 제12조제1항제13호에서 "대통령령으로 정하는 지역사회개발 및 산업발전에 필요한 시설"이란 관계 행정기관의 장이 다른 법률의 규정에 따라 산림청장등과 협의하여 산지전용허가·산지일시사용허가 또는 산지전용신고·산지일시사용신고가 의제되는 허가·인가 등의 처분을 받아 설치되는 시설을 말한다. 다만, 다음 각 호의 어느 하나에 해당하는 시설은 제외한다. <개정 2005.8.5, 2007.7.27, 2007.11.30, 2008.7.24, 2009.4.20, 2009.11.26, 2010. 12.7, 2012.8.22, 2013.12.17, 2016.8.11, 2018.1.16> | |

| | | |
|---|---|---|
| | 1. 「대기환경보전법」 제2조제9호의 규정에 의한 특정대기유해물질을 배출하는 시설<br>2. 「대기환경보전법」 제2조제11호에 따른 대기오염물질배출시설 중 같은 법 시행령 별표 1의 1종사업장부터 4종사업장까지의 사업장에 설치되는 시설. 다만, 「산업입지 및 개발에 관한 법률」 제2조제8호에 따른 산업단지에 설치되는 대기오염물질배출시설(「대기환경보전법」 제26조에 따른 대기오염방지시설과 주변 산림 훼손 방지를 위한 시설이 설치되는 경우로 한정한다)은 제외한다.<br>3. 「물환경보전법」 제2조제8호에 따른 특정수질유해물질을 배출하는 시설. 다만, 같은 법 제34조에 따라 폐수무방류배출시설의 설치허가를 받아 운영하는 | |

| 산지관리법 | 산지관리법 시행령 | 산지관리법 시행규칙 |
|---|---|---|
| | 경우를 제외한다.<br>4.「물환경보전법」제2조제10호에 따른 폐수배출시설 중 같은 법 시행령 별표 13에 따른 제1종사업장부터 제4종사업장까지의 사업장에 설치되는 시설. 다만,「산업입지 및 개발에 관한 법률」제2조제8호에 따른 산업단지에 설치되는 폐수배출시설(「물환경보전법」제35조에 따른 수질오염방지시설과 주변 산림 훼손 방지를 위한 시설이 설치되는 경우로 한정한다)은 제외한다.<br>5.「폐기물관리법」제2조제4호의 규정에 의한 지정폐기물을 배출하는 시설. 다만, 당해 사업장에 지정폐기물을 처리하기 위한 폐기물처리시설을 설치하거나 지 | |

| | | |
|---|---|---|
| | 정폐기물을 위탁하여 처리하는 경우에는 그러하지 아니하다.<br>6. 다음 각 목의 어느 하나에 해당하는 처분을 받아 설치하는 시설. 다만, 「국토의 계획 및 이용에 관한 법률」 제51조에 따른 지구단위계획구역을 지정하기 위한 산지전용허가·산지일시사용허가 또는 산지전용신고·산지일시사용신고의 의제에 관한 협의 내용에 다음 각 목의 어느 하나에 해당하는 처분이 포함되어 이에 따라 설치하는 시설은 제외한다.<br>　가. 「주택법」 제15조에 따른 사업계획의 승인<br>　나. 「건축법」 제11조에 따른 건축허가 및 같은 법 제14조에 따른 건축신고<br>　다. 「국토의 계획 및 이용에 관한 법률」 제56조에 따른 개발행 | |

| 산지관리법 | 산지관리법 시행령 | 산지관리법 시행규칙 |
|---|---|---|
| 14. 제1호부터 제13호까지의 규정에 따른 시설을 설치하기 위하여 대통령령으로 정하는 기간 동안 임시로 설치하는 다음 각 목의 어느 하나에 해당하는 부대시설의 설치<br>가. 진입로<br>나. 현장사무소<br>다. 지질·토양의 조사·탐사시설<br>라. 그 밖에 주차장 등 농림축산식품부령으로 정하는 부대시설 | 위허가<br>⑪ 법 제12조제1항제14호에서 "대통령령으로 정하는 기간"이란 1년 이내의 기간을 말한다. 다만, 목적사업의 수행을 위한 산지전용기간·산지일시사용기간이 1년을 초과하는 경우에는 그 산지전용기간·산지일시사용기간을 말한다. <신설 2010.12.7> | |
| 15. 제1호부터 제13호까지의 시설 중「건축법」에 따른 건축물과 도로(「건축법」제2조제1항제11호의 도로를 말한다)를 연결하기 위한 대통령령으로 정하는 규모 이하의 진입로의 설치 | ⑫ 법 제12조제1항제15호에서 "대통령령으로 정하는 규모 이하의 진입로"란 절토·성토한 비탈면을 제외한 유효너비가 3미터 이하이고, 그 길이가 50미터 이하인 진입로를 말한다. <신설 2010.12.7, | |

| | | |
|---|---|---|
| 16. 그 밖에 가축의 방목, 산나물·야생화·관상수의 재배(성토 또는 절토 등을 통하여 지표면으로부터 높이 또는 깊이 50센티미터 이상 형질변경을 수반하는 경우에 한정한다), 물건의 적치(積置), 농도(農道)의 설치 등 임업용산지의 목적 달성에 지장을 주지 아니하는 범위에서 대통령령으로 정하는 행위 | 2019.7.2><br>⑬ 법 제12조제1항제16호에서 "대통령령으로 정하는 행위"란 다음 각 호의 어느 하나에 해당하는 행위를 말한다. <개정 2005.8.5, 2006.8.4, 2007.7.27, 2008.7.24, 2009.4.20, 2009.11.26, 2009.12.14, 2010.12.7, 2014.9.24, 2014.12.31, 2015.6.1, 2015.11.11, 2016.12.30, 2017.6.2, 2018.10.30, 2021.1.5><br>1. 「농어촌 도로정비법」 제4조제2항제3호에 따른 농도, 「농어촌정비법」 제2조제6호에 따른 양수장·배수장·용수로 및 배수로를 설치하는 행위<br>2. 부지면적 100제곱미터 미만의 제각(祭閣)(제례용도로 사용하기 위하여 가옥형태로 건축한 것을 말한다. 이하 같다)을 설치하는 행위<br>3. 「사도법」 제2조의 규정에 의한 | |

| 산지관리법 | 산지관리법 시행령 | 산지관리법 시행규칙 |
|---|---|---|
| | 사도(私道)를 설치하는 행위<br>4.「자연환경보전법」제2조제9호의 규정에 의한 생태통로 및 조수의 보호·번식을 위한 시설을 설치하는 행위<br>5. 농림어업인등 또는「임업 및 산촌 진흥촉진에 관한 법률」제29조의2에 따른 한국임업진흥원(이하 "한국임업진흥원"이라 한다)이 같은 법 시행령 제8조제1항에 따른 임산물 소득원의 지원 대상 품목(관상수는 제외한다)을 재배(성토 또는 절토 등을 통하여 지표면으로부터 높이 또는 깊이 50센티미터 이상 형질 변경을 수반하는 경우에 한정한다. 이하 이 항에서 같다)하는 행위. 다만, 농림어업인등이 재배하는 경우에는 5만제곱미터 | |

| | |
|---|---|
| | 미만의 산지에서 재배하는 경우로 한정한다.<br>6. 농림어업인등이 5만제곱미터 미만의 산지에서「축산법」제2조제1호에 따른 가축을 방목하는 경우로서 다음 각 목의 요건을 갖춘 행위<br>　가. 조림지의 경우에는 조림후 15년이 지난 산지일 것<br>　나. 대상지의 경계에 울타리를 설치할 것<br>　다. 입목·대나무의 생육에 지장이 없도록 보호시설을 설치할 것<br>6의2. 제6호에 따라 가축을 방목하면서 해당 가축방목지에서 목초(牧草) 종자를 파종하는 행위<br>7. 농림어업인등이 3만제곱미터 미만의 산지에서 관상수를 재배하는 행위<br>8.「공간정보의 구축 및 관리 등에 관한 법률」제8조에 따른 측량 |

| 산지관리법 | 산지관리법 시행령 | 산지관리법 시행규칙 |
|---|---|---|
| | 기준점표지를 설치하는 행위<br><br>9.「폐기물관리법」제2조제1호에 따른 폐기물이 아닌 물건을 1년 이내의 기간동안 산지에 적치하는 행위로서 다음 각목의 요건을 모두 갖춘 행위<br><br>　가. 입목의 벌채·굴취를 수반하지 아니할 것<br><br>　나. 당해 물건의 적치로 인하여 주변환경의 오염, 산지경관 등의 훼손 우려가 없을 것<br><br>10. 법 제26조의 규정에 의한 채석경제성평가를 위하여 시추하는 행위<br><br>11.「영화 및 비디오물의 진흥에 관한 법률」,「방송법」또는「문화산업진흥 기본법」에 따른 영화제작업자·방송사업자 또는 방송영상독립제작사가 영 | |

|  | 화 또는 방송프로그램의 제작을 위하여 야외촬영시설을 설치하는 행위<br>12. 부지면적 200제곱미터 미만의 간이농림어업용시설(농업용수개발시설을 포함한다) 및 농림수산물 간이처리시설을 설치하는 행위<br>⑭ 산림청장은 지역여건상 제1항제2호·제5호, 제3항, 제5항 및 제7항에 따른 부지면적의 제한이 불합리하다고 인정되는 경우에는 중앙산지관리위원회의 심의를 거쳐 100분의 200의 범위안에서 그 부지면적의 제한을 완화하여 적용할 수 있다.    <개정 2009.11.26, 2010.12.7> |  |

| 산지관리법 | 산지관리법 시행령 | 산지관리법 시행규칙 |
|---|---|---|
| ② 공익용산지(산지전용·일시사용 제한지역은 제외한다)에서는 다음 각 호의 어느 하나에 해당하는 행위를 하기 위하여 산지전용 또는 산지일시사용을 하는 경우를 제외하고는 산지전용 또는 산지일시사용을 할 수 없다.　〈개정 2012.2.22, 2013.3.23, 2016.12.2〉<br>1. 제10조제1호부터 제9호까지, 제9호의2 및 제9호의3에 따른 시설의 설치 등<br>2. 제1항제2호, 제3호, 제6호 및 제7호의 시설의 설치<br>3. 제1항제12호의 시설 중 대통령령으로 정하는 시설의 설치<br>4. 대통령령으로 정하는 규모 미만으로서 다음 각 목의 어느 하나에 해당하는 행위 | 제13조(공익용산지안에서의 행위제한)<br>① 법 제12조제2항제3호에서 "대통령령으로 정하는 시설"이란 제12조제9항제3호 및 제5호에 따른 시설을 말한다.　〈개정 2014.12.31〉<br><br><br><br><br><br><br>② 법 제12조제2항제4호 각 목 외의 부분에서 "대통령령으로 정하는 규모 미만"이란 다음 각 호의 구분에 따른 규모 미만을 말한다. | |

| | | |
|---|---|---|
| | <개정 2007.7.27, 2009.11.26, 2015.9.25, 2017.6.2> <br> 1. 농림어업인의 주택 또는 종교시설을 증축하는 경우: 종전 주택·시설 연면적의 100분의 130 미만 <br> 2. 농림어업인의 주택 또는 종교시설을 개축하는 경우: 종전 주택·시설 연면적의 100분의 100 미만 <br> 3. 농림어업인의 주택 또는 사찰림의 산지 안에서의 사찰·봉안시설·병원·사회복지시설·청소년수련시설을 신축 또는 설치하는 경우: 다음 각 목의 구분에 따른 규모 미만 | |
| 가. 농림어업인 주택의 신축, 증축 또는 개축. 다만, 신축의 경우에는 대통령령으로 정하는 주택 및 시설에 한정한다. <br> 나. 종교시설의 증축 또는 개축 | 가. 법 제12조제2항제4호가목 단서에 따라 농림어업인이 자기 소유의 산지에서 직접 농림어업을 경영하면서 실제로 거주하기 위하여 신축하는 주택 및 | |

| 산지관리법 | 산지관리법 시행령 | 산지관리법 시행규칙 |
|---|---|---|
| 다. 제4조제1항제1호나목2)에 해당하는 사유로 공익용산지로 지정된 사찰림의 산지에서의 사찰 신축, 제1항제9호의 시설 중 봉안시설 설치 또는 제1항제11호에 따른 시설 중 병원, 사회복지시설, 청소년수련시설의 설치<br><br>5. 제1호부터 제4호까지의 시설을 제외한 시설로서 대통령령으로 정하는 공용·공공용 사업을 위하여 필요한 시설의 설치 | 그 부대시설: 부지면적 660제곱미터 미만. 이 경우 부지면적의 산정방법은 제12조제4항을 준용한다.<br>나. 법 제12조제2항제4호다목에 따라 신축 또는 설치하는 사찰·봉안시설·병원·사회복지시설·청소년수련시설 및 그 부대시설: 부지면적 1만5천제곱미터 미만<br><br>③ 법 제12조제2항제5호에서 "대통령령으로 정하는 공용·공공용 사업을 위하여 필요한 시설"이란 다음 각 호의 어느 하나에 해당하는 시설을 말한다. <개정 2005.8.5, 2007.7.27, 2007.9.6, 2008.2.29, 2008.7.24, 2010.12.7, 2013.3.23, | |

2017.1.6>
1. 국가·지방자치단체, 「공공기관의 운영에 관한 법률」 제5조에 따른 공기업·준정부기관(이하 "공기업·준정부기관"이라 한다), 「지방공기업법」 제49조에 따른 지방공사(이하 "지방공사"라 한다) 및 같은 법 제76조에 따른 지방공단(이하 "지방공단"이라 한다)이 관계 법령에 따라 시행하는 사업으로 설치하는 시설로서 농림축산식품부령으로 정하는 시설
2. 「폐기물관리법」 제2조제8호에 따른 폐기물처리시설 중 국가 또는 지방자치단체가 설치하는 폐기물처리시설
3. 삭제 <2007.7.27>
4. 「광산안전법」 제2조제5호에 따른 광해를 방지하기 위한 시설

| 산지관리법 | 산지관리법 시행령 | 산지관리법 시행규칙 |
|---|---|---|
| 6. 제1호부터 제5호까지에 따른 시설을 설치하기 위하여 대통령령으로 정하는 기간 동안 임시로 설치하는 다음 각 목의 어느 하나에 해당하는 부대시설의 설치<br>가. 진입로<br>나. 현장사무소<br>다. 지질·토양의 조사·탐사시설<br>라. 그 밖에 주차장 등 농림축산식품부령으로 정하는 부대시설<br>7. 제1호부터 제5호까지의 시설 중 「건축법」에 따른 건축물과 도로(「건축법」 제2조제1항제11호의 도로를 말한다)를 연결하기 위한 대통령령으로 정하는 규모 이하의 진입로의 설치 | ④ 법 제12조제2항제6호에서 "대통령령으로 정하는 기간"이란 1년 이내의 기간을 말한다. 다만, 목적사업의 수행을 위한 산지전용기간·산지일시사용기간이 1년을 초과하는 경우에는 그 산지전용기간·산지일시사용기간을 말한다. <신설 2010.12.7><br><br>⑤ 법 제12조제2항제7호에서 "대통령령으로 정하는 규모 이하의 진입로"란 절토·성토한 비탈면을 제외한 유효너비가 3미터 이하이고, 그 길이가 50미터 이하인 진입로를 말한다. <신설 2010.12.7, 2019.7.2> | **제9조(공익용산지에서의 행위제한)** ① 법 제12조제2항제6호라목에서 "주차장 등 농림축산식품부령으로 정하는 부대시설"이란 제6조에 따른 시설을 말한다. <개정 2011.1.5, 2013.3.23, 2017.6.2><br>② 삭제 <2011.1.5><br>③ 영 제13조제3항제1호에서 "농림축산식품부령으로 정하는 시설"이란 다음 각 호의 어느 하나에 해당하는 시설을 말한다. <개정 2005.8.24, 2007.7.27, 2008.3.3, 2009.4.20, 2011.1.5, 2013.3.23, 2019.9.24><br>1. 공항·항만·운하<br>2. 삭제 <2011.1.5><br>3. 삭제 <2011.1.5><br>4. 「물환경보전법」 제2조제12호에 따른 수질오염방지시설 |

| | | |
|---|---|---|
| 8. 그 밖에 산나물·야생화·관상수의 재배(성토 또는 절토 등을 통하여 지표면으로부터 높이 또는 깊이 50센티미터 이상 형질변경을 수반하는 경우에 한정한다), 농도의 설치 등 공익용산지의 목적 달성에 지장을 주지 아니하는 범위에서 대통령령으로 정하는 행위 | ⑥ 법 제12조제2항제8호에서 "대통령령으로 정하는 행위"란 다음 각 호의 어느 하나에 해당하는 행위를 말한다. <개정 2005.8.5, 2010.12.7, 2017.6.2><br>1. 제12조제13항제1호부터 제5호까지, 제8호 및 제10호에 해당하는 행위<br>2. 농림어업인이 1만제곱미터 미만의 산지에서 관상수를 재배(성토 또는 절토 등을 통하여 지표면으로부터 높이 또는 깊이 50센티미터 이상 형질변경을 수반하는 경우에 한정한다)하는 행위<br>3. 「국토의 계획 및 이용에 관한 법률」 제40조의 규정에 의한 수산자원보호구역안에서 농림어업인이 3천제곱미터 미만의 산지에 양어장 및 양식장을 설치하는 행위 | 5. 「도시공원 및 녹지 등에 관한 법률」 제2조제4호에 따른 공원시설(「도시공원 및 녹지 등에 관한 법률」에 따라 도시공원으로 지정되어 공익용산지로 지정된 경우에 한정한다)<br>[제목개정 2011.1.5] |

| 산지관리법 | 산지관리법 시행령 | 산지관리법 시행규칙 |
|---|---|---|
| ③ 제2항에도 불구하고 공익용산지 (산지전용·일시사용제한지역은 제외한다) 중 다음 각 호의 어느 하나에 해당하는 산지에서의 행위 제한에 대하여는 해당 법률을 각각 적용한다. <개정 2012.2.22> 1. 제4조제1항제1호나목4)부터 14)까지의 산지 2. 「국토의 계획 및 이용에 관한 법률」에 따라 지역·지구 및 구역 등으로 지정된 산지로서 대통령령으로 정하는 산지 [전문개정 2010.5.31] | ⑦ 법 제12조제3항제2호에서 "대통령령으로 정하는 산지"란 다음 각 호의 어느 하나에 해당하는 산지를 말한다. <개정 2012.8.22, 2014.12.31, 2017.12.29> 1. 「국토의 계획 및 이용에 관한 법률」 제36조제1항제4호의 자연환경보전지역으로 지정된 산지 2. 「국토의 계획 및 이용에 관한 법률」 제37조제1항제5호의 방재지구로 지정된 산지 3. 「국토의 계획 및 이용에 관한 법률」 제38조의2제1항에 따른 도시자연공원구역으로 지정된 산지 4. 「국토의 계획 및 이용에 관한 법률」 제40조에 따른 수산자원보호구역으로 지정된 산지 5. 「국토의 계획 및 이용에 관한 법률 시행령」 제31조제2항제1호 | |

가목, 같은 항 제5호가목 및 다목에 따른 자연경관지구, 역사문화환경보호지구 및 생태계보호지구로 지정된 산지

제13조(산지전용·일시사용제한지역의 산지매수) ① 국가나 지방자치단체는 산지전용·일시사용제한지역의 지정목적을 달성하기 위하여 필요하면 산지소유자와 협의하여 산지전용·일시사용제한지역의 산지를 매수할 수 있다.
② 제1항에 따른 산지의 매수가격은 「부동산 가격공시에 관한 법률」에 따른 공시지가(해당 토지의 공시지가가 없는 경우에는 같은 법 제8조에 따라 산정한 개별토지가격을 말한다)를 기준으로 결정한다. 이 경우 인근지역의 실제 거래가격이 공시지가보다 낮을 때에는 실제 거래가격을 기준으로 매수할 수 있다.

제14조(매수대상산지의 범위 등) ① 법 제13조제1항의 규정에 의한 매수의 대상이 되는 산지는 관계 행정기관의 장이 다른 법률(「산림자원의 조성 및 관리에 관한 법률」 및 「산림문화·휴양에 관한 법률」을 제외한다)에 따라 특정 용도로 이용하기 위하여 지역등으로 지정 또는 결정한 산지를 제외한 산지로 한다. <개정 2005.8.5, 2006.8.4>
② 법 제13조제1항에 따라 산지전용·일시사용제한지역의 산지를 매수하는 경우의 가격산정시기·방법 및 기준에 관하여는 「공익사업을 위한 토지 등의 취득 및 보상에 관한 법률」 제67조제1항, 제68

| 산지관리법 | 산지관리법 시행령 | 산지관리법 시행규칙 |
|---|---|---|
| <개정 2016.1.19><br>③ 제1항에 따른 산지매수의 절차와 그 밖에 필요한 사항은 「국유재산법」 제9조 또는 「공유재산 및 물품 관리법」 제10조를 준용한다.<br>④ 제1항과 제2항에 따른 매수대상 산지의 범위, 매수가격의 산정시기 및 방법 등에 관한 사항은 대통령령으로 정한다.<br>[전문개정 2010.5.31] | 조, 제70조, 제74조 내지 제77조 및 제78조제5항 내지 제7항의 규정을 준용한다. <개정 2005.8.5, 2010.12.7> | |
| | **제3절 산지전용허가 등** | |
| **제13조의2(산지의 매수 청구)** ① 제9조에 따라 산지전용·일시사용제한지역의 지정·고시가 있을 때에는 그 지역의 산지 소유자 중 다음 각 호의 어느 하나에 해당하는 자는 산림청장에게 그 산지의 매수를 청구할 수 있다.<br>1. 산지전용·일시사용제한지역 지정 전부터 해당 토지를 계속 소 | **제14조의2(산지 매수청구의 절차 등)** ① 법 제13조의2제1항에 따라 산지의 매수를 청구하려는 자는 농림축산식품부령으로 정하는 산지매수청구서를 산림청장에게 제출하여야 한다. <개정 2008.2.29, 2010.12.7, 2013.3.23> | **제9조의2(산지매수청구의 절차 등)** ① 영 제14조의2제1항에 따른 산지매수청구서는 별지 제2호의2서식에 따른다.<br>② 삭제 <2009.4.20><br>③ 제1항에 따른 신청서 제출 시 산림청장은 「전자정부법」 제36조제1항에 따른 행정정보의 공동이용을 통하여 토지이용계획확인서, 토 |

| | | |
|---|---|---|
| 유한 자<br>2. 제1호의 자로부터 해당 산지를 상속받아 계속 소유한 자<br>② 제1항에 따른 산지의 매수 청구를 받은 산림청장은 예산의 범위에서 이를 매수하여야 한다.<br>③ 제2항에 따라 산지를 매수할 때에는 제13조제2항·제3항을 준용하며, 매수절차 등에 관한 사항은 대통령령으로 정한다.<br>[전문개정 2010.5.31] | ② 산림청장은 제1항에 따른 매수청구가 있는 때에는 청구가 있은 날부터 60일 이내에 매수대상 여부 등을 매수를 청구한 자에게 통보하여야 하며, 매수대상인 경우에는 매수를 통보한 날부터 3년 이내에 매수청구를 받은 산지를 매수하여야 한다.<br>[본조신설 2007.7.27] | 지대장 및 토지 등기사항증명서(신청인이 토지의 소유자인 경우만 해당한다)를 확인하여야 한다.<br><개정 2009.4.20, 2011.1.5, 2013.1.23><br>[본조신설 2007.7.27] |
| **제3절 산지전용허가 등**<br>**제14조(산지전용허가)** ① 산지전용을 하려는 자는 그 용도를 정하여 대통령령으로 정하는 산지의 종류 및 면적 등의 구분에 따라 산림청장등의 허가를 받아야 하며, 허가받은 사항을 변경하려는 경우에도 같다. 다만, 농림축산식품부령으로 정하는 사항 | **제15조(산지전용허가의 절차 및 심사)**<br>① 법 제14조제1항에 따라 산지전용허가 또는 변경허가를 받거나 변경신고를 하려는 자는 농림축산식품부령으로 정하는 바에 따라 산지전용허가 또는 변경허가를 받거나 변경신고를 하려는 구역의 경계를 표시 | **제3절 산지전용허가 등**<br>**제10조(산지전용허가의 신청 등)** ① 영 제15조제1항의 규정에 의한 산지전용허가(변경허가)신청서는 별지 제3호서식에 의하고, 산지전용허가변경신고서는 별지 제4호서식에 의한다.<br><개정 2007.7.27><br>② 영 제15조제1항 각 호 외의 부분 |

| 산지관리법 | 산지관리법 시행령 | 산지관리법 시행규칙 |
|---|---|---|
| 으로서 경미한 사항을 변경하려는 경우에는 산림청장등에게 신고로 갈음할 수 있다. <개정 2012.2.22, 2013.3.23><br><br>② 산림청장등은 제1항 단서에 따른 변경신고를 받은 날부터 25일 이내에 신고수리 여부를 신고인에게 통지하여야 한다. <신설 2019.12.3><br><br>③ 산림청장등이 제2항에서 정한 기간 내에 신고수리 여부 또는 민원 처리 관련 법령에 따른 처리기간의 연장을 신고인에게 통지하지 아니하면 그 기간(민원 처리 관련 법령에 따라 처리기간이 연장 또는 재연장된 경우에는 해당 처리기간을 말한다)이 끝난 날의 다음 날에 신고를 수리한 것으로 본다. <신설 2019.12.3> | 한 후 신청서에 농림축산식품부령으로 정하는 서류를 첨부하여 다음 각 호의 구분에 따른 자에게 제출하여야 한다. <개정 2012.8.22, 2013.3.23, 2015.11.11, 2016.12.30, 2017.6.2><br><br>1. 법 제14조제1항에 따른 산지전용허가를 받으려는 경우<br>가. 법 제14조제1항에 따른 산지전용허가를 받으려는 산지면적이 200만제곱미터 이상(보전산지의 경우에는 100만제곱미터 이상)인 경우: 산림청장<br>나. 법 제14조제1항에 따른 산지전용허가를 받으려는 산지면적이 50만제곱미터 이상 200만제곱미터 미만(보전산지의 경우에는 3만제곱미터 이상 100만제곱미터 미만)인 경우<br>1) 산림청장 소관인 국유림의 산 | 에서 "농림축산식품부령으로 정하는 서류"란 다음 각 호의 구분에 따른 서류를 말한다. <개정 2016.12.30, 2017.6.2, 2018.11.12, 2018.11.29, 2019.9.24, 2019.12.31><br><br>1. 산지전용허가를 신청하는 경우: 다음 각 목의 서류<br>가. 사업계획서(산지전용의 목적, 사업기간, 산지전용을 하고자 하는 산지의 이용계획, 입목·죽의 벌채·굴취를 통한 이용 또는 처리 계획, 토사처리계획 및 피해방지계획 등이 포함되어야 한다) 1부<br>나. 법 제18조의2에 따른 산지전용타당성조사에 관한 결과서 1부. 이 경우 해당 결과서는 허가신청일 전 2년 이내에 완료된 산지전용타당성조사의 |

| | | |
|---|---|---|
| | 지인 경우: 산림청장<br>2) 산림청장 소관이 아닌 국유림, 공유림 또는 사유림의 산지인 경우: 시·도지사<br>다. 법 제14조제1항에 따른 산지전용허가를 받으려는 산지면적이 50만제곱미터 미만(보전산지의 경우에는 3만제곱미터 미만)인 경우<br>　1) 산림청장 소관인 국유림의 산지인 경우: 산림청장<br>　2) 산림청장 소관이 아닌 국유림, 공유림 또는 사유림의 산지인 경우: 시장·군수·구청장<br>2. 법 제14조제1항에 따른 산지전용허가에 대한 변경허가를 받거나 변경신고를 하려는 경우: 법 제14조제1항에 따라 해당 산지전용허가를 한 산림청장등<br>3. 삭제 &lt;2017.6.2&gt; | 결과서를 말한다.<br>다. 산지전용을 하고자 하는 산지의 소유권 또는 사용·수익권을 증명할 수 있는 서류 1부(토지 등기사항증명서로 확인할 수 없는 경우에 한정하고, 사용·수익권을 증명할 수 있는 서류에는 사용·수익권의 범위 및 기간이 명시되어야 한다)<br>라. 산지전용예정지가 표시된 축척 2만5천분의 1 이상의 지적이 표시된 지형도(「토지이용규제 기본법」 제12조에 따라 국토이용정보체계에 지적이 표시된 지형도의 데이터베이스가 구축되어 있지 아니하거나 지형과 지적의 불일치로 지형도의 활용이 곤란한 경우에는 지적도) 1부 |

| 산지관리법 | 산지관리법 시행령 | 산지관리법 시행규칙 |
|---|---|---|
|  |  | 마.「공간정보의 구축 및 관리 등에 관한 법률」제44조제3항에 따른 측량업의 등록을 한 자 또는「국가공간정보 기본법」제12조에 따라 설립된 한국국토정보공사(이하 "측량업자등"이라 한다)가 측량한 축척 6천분의 1 내지 1천200분의 1의 산지전용예정지실측도 1부<br>바. 산림기술용역업자 또는 산림사업시행업자 소속 산림기술자로서「산림기술 진흥 및 관리에 관한 법률 시행령」별표 5의 산림 조사사업의 배치기준에 해당하는 사람이 조사·작성한 것으로서 다음의 요건을 모두 갖춘 산림조사서 1부(수목이 있는 경우에 한정한다). 다만, 제4조제2항제4호에 |

| | | 따라 산림조사서를 제출한 경우와 전용하려는 산지의 면적(산지전용허가를 신청한 자가 다수의 산지전용허가를 신청한 경우에는 목적사업의 동일성이 인정되는 범위에서 해당 산지전용허가를 신청한 자가 허가를 신청한 산지의 면적을 합산하여 산정한 면적을 말한다)이 660제곱미터 미만인 경우에는 제출하지 아니한다.<br>1) 숲의 종류·모양·나이, 나무의 종류, 평균나무높이, 입목축적이 포함될 것<br>2) 산불발생·솎아베기·벌채 후 5년이 지나지 아니한 때에는 그 산불발생·솎아베기·벌채 전의 입목축적을 환산하여 조사·작성한 시점까지의 생장율을 반영한 입목축적이 포함될 것 |
|---|---|---|

| 산지관리법 | 산지관리법 시행령 | 산지관리법 시행규칙 |
|---|---|---|
| | | 3) 허가신청일 전 2년 이내에 조사·작성되었을 것<br>사. 복구대상산지의 종단도 및 횡단도와 복구공종·공법 및 겨냥도가 포함된 복구계획서 1부(복구하여야 할 산지가 있는 경우에 한정하며, 법 제40조제2항 전단에 따라 복구설계서를 제출하려는 경우에는 복구계획서를 갈음하여 별지 제40호서식의 복구설계서 승인신청서에 복구설계서를 첨부하여 제출할 수 있다)<br>아. 다음의 어느 하나에 해당하는 사람이 조사·작성한 표고조사서 및 평균경사도조사서(수치지형도를 이용하여 표고 및 평균경사도를 산출한 경우에는 원본이 저장된 디스크 등 |

| | | |
|---|---|---|
| | | 저장장치를 포함한다) 1부. 다만, 제4조제2항제5호에 따라 평균경사도조사서를 제출한 경우와 전용하려는 산지의 면적(동일인이 다수의 산지전용허가를 신청한 경우에는 목적사업의 동일성이 인정되는 범위에서 허가를 신청한 산지의 면적을 합산하여 산정한 면적을 말한다)이 660제곱미터 미만인 경우에는 평균경사도조사서를 제출하지 아니한다.<br>1) 「산림기술 진흥 및 관리에 관한 법률 시행령」 별표 3에 따른 산림공학기술자<br>2) 「국가기술자격법」에 따른 산림기사·토목기사·측량및지형공간정보기사 이상의 자격을 취득한 사람<br>3) 「국가기술자격법」에 따른 산림산업기사·토목산업기사 |

| 산지관리법 | 산지관리법 시행령 | 산지관리법 시행규칙 |
|---|---|---|
| | | ・측량및지형공간정보산업기사 자격을 취득한 후 해당 분야에서 10년 이상 종사한 경력이 있는 사람<br>자. 신청인이 제7조제1호에 따른 농업인임을 증명해야 하는 경우 다음의 어느 하나에 해당하는 서류 1부<br>1)「농지법」제49조에 따른 농지원부 사본<br>2)「농업・농촌 및 식품산업 기본법 시행령」제3조에 따른 농업인 확인서<br>3)「농어업경영체 육성 및 지원에 관한 법률 시행규칙」제3조에 따른 농업경영체 등록 확인서 또는 농업경영체 증명서<br>차. 산림기술용역업자 소속 산림기술자로서「산림기술 진흥 및 |

| | | |
|---|---|---|
| | | 관리에 관한 법률 시행령」별표 5의 재해위험성 검토사업의 배치기준에 해당하는 사람이 조사·작성한 별지 제4호의2서식에 따른 재해위험성 검토의견서 1부[산지전용허가를 받으려는 산지의 면적이 2만제곱미터 이상인 경우에 한정하며, 산지전용허가를 신청한 자가 동일한 집수구역(集水區域: 빗물이 자연적으로 「물환경보전법」 제2조제9호에 따른 공공수역으로 흘러드는 지역으로서 주변의 능선을 잇는 선으로 둘러싸인 구역을 말한다) 내에서 다수의 산지전용허가를 신청한 경우에는 해당 산지전용허가를 신청한 자가 허가를 신청한 산지 중 연접한 산지의 면적을 합산하여 산정한 면적이 2만제곱미터 이상인 경우에도 해당한다] |

| 산지관리법 | 산지관리법 시행령 | 산지관리법 시행규칙 |
|---|---|---|
| | | 카.「소나무재선충병 방제특별법」제13조의2에 따른 재선충병방제계획서 1부(같은 법 제9조에 따른 반출금지구역이 포함된 산지를 전용하려는 경우에 한정한다)<br>2. 산지전용허가에 대한 변경허가를 신청하는 경우: 다음 각 목의 서류<br>가. 그 변경사실을 증명할 수 있는 서류(토지 등기사항증명서로 확인할 수 없는 경우만 해당한다)<br>나. 제1호바목, 아목 및 차목의 서류(산지전용면적의 변경으로 제1호 바목, 아목 또는 차목에 따라 서류를 제출하여야 하는 경우에 해당하게 된 경우에 한정한다) |

| | | 3. 산지전용허가에 대한 변경신고를 하는 경우: 다음 각 목의 서류<br>가. 그 변경사실을 증명할 수 있는 서류(토지 등기사항증명서로 확인할 수 없는 경우만 해당한다)<br>나. 「농지법」 제49조에 따른 농지원부 사본 1부(신고인이 제7조제1호에 따른 농업인임을 증명하여야 하는 경우만 해당한다)<br>③ 제1항에 따른 신청서나 신고서 제출 시 산림청장, 시·도지사, 시장·군수·구청장, 지방산림청장, 국유림관리소장, 국립수목원장, 국립산림품종관리센터장, 국립산림과학원장 또는 국립자연휴양림관리소장(이하 "관할청"이라 한다)은 「전자정부법」 제36조제1항에 따른 행정정보의 공동이용을 통하여 토지 등기사항증명서(신청인이나 신고인이 토지의 소유자인 경우만 해당한다) |

| 산지관리법 | 산지관리법 시행령 | 산지관리법 시행규칙 |
|---|---|---|
| | | 및 축산업등록증(신청인이나 신고인이 농업인임을 증명하여야 하는 경우만 해당한다)을 확인하여야 한다. 다만, 신청인이 축산업등록증의 확인에 동의하지 아니하는 경우에는 그 사본을 첨부하도록 하여야 한다. <개정 2009.4.20, 2011.1.5, 2012.10.26, 2013.1.23> ④ 법 제14조제1항 단서에서 "농림축산식품부령으로 정하는 사항"이란 다음 각 호의 어느 하나에 해당하는 사항을 말한다. <개정 2005.8.24, 2006.6.30, 2007.7.27, 2008.3.3, 2008.7.16, 2011.1.5, 2012.10.26, 2013.3.23, 2013.10.31, 2015.11.25> 1. 산지전용허가를 받은 자의 명의 변경 2. 산지전용을 하려는 산지의 이용 계획 및 토사처리계획 등 사업 |

| | | |
|---|---|---|
| | ② 산림청장등은 제1항에 따라 산지전용허가 또는 변경허가의 신청을 받거나 변경신고가 있는 때에는 허가·변경허가 또는 변경신고 대상 산지에 대하여 경계표시 확인 등 현지조사를 실시하고, 그 신청내용이 법 제18조의 허가기준에 적합한지 여부를 심사하여야 한다. 다만, 법 제18조의2에 따른 산지전용타당성조사를 받은 경우에는 현지조사를 | 계획의 변경(산지전용허가를 받은 산지의 면적이 변경되지 아니하는 경우에 한정한다)<br>3. 산지전용면적의 축소<br>4. 「공간정보의 구축 및 관리 등에 관한 법률」 제78조에 따른 등록전환 시 측량오차를 바로잡기 위한 면적의 증감이나 경계의 변경<br>5. 산지전용허가를 받은 산지의 소유권 또는 사용·수익권의 변경<br>⑤ 산림청장, 시·도지사 또는 지방산림청장은 영 제15조제2항에 따라 산지전용허가·변경허가의 신청내용 또는 변경신고의 내용을 심사할 때 필요한 경우에는 해당 산지를 관할하는 시장·군수·구청장 또는 국유림관리소장의 의견을 들을 수 있다. <개정 2006.1.26, 2006.6.30, 2007.7.27, 2009.4.20> |

| 산지관리법 | 산지관리법 시행령 | 산지관리법 시행규칙 |
|---|---|---|
| | 아니하고 심사할 수 있다.  <개정 2007.7.27, 2010.12.7, 2012.8.22, 2016.12.30> | ⑥ 제5항에 따라 산림청장, 시·도지사 또는 지방산림청장으로부터 의견제출을 요청받은 시장·군수·구청장 또는 국유림관리소장은 특별한 사유가 없는 한 15일 이내에 이를 제출하여야 한다.  <신설 2007.7.27, 2009.4.20><br>⑦ 영 제15조제1항 각 호 외의 부분에 따른 허가·변경허가 또는 변경신고 구역의 경계 표시는 다음 각 호의 기준에 따른다.  <개정 2011.1.5, 2012.10.26, 2016.12.30, 2019.9.24><br> 1. 30미터 이내의 간격으로 경계에 위치한 수목·암석 등에 흰색 페인트로 표시할 것. 이 경우 경계에 위치한 수목·암석 등이 없는 경우에는 깃발 등 별도의 표지로 대체할 수 있으며, 자연 |

| | | |
|---|---|---|
| | | 경계 등 경계가 확실한 경우에는 그 표시를 생략할 수 있다.<br>2. 발파·정지(땅고르기) 작업 등으로 경계표시가 훼손될 우려가 있는 경우에는 그 경계선으로부터 3미터 바깥쪽에 빨간색 페인트로 보조표시를 할 것<br>3. 경계표시의 폭은 5센티미터 이상으로 할 것<br><br>**제10조의2(산지전용허가기준의 세부사항)** 영 별표 4 비고란 제2호에 따른 산지전용허가기준의 세부사항은 별표 1의3과 같다.<br>[본조신설 2011.10.24] |
| | ③ 산림청장등은 제2항에 따라 심사한 결과 산지전용허가 또는 변경허가를 하거나 변경신고를 수리하는 것이 타당하다고 인정되는 경우에는 농림축산식품부령으로 정하는 산지전용허가증을 신청인에게 발급 | **제11조(산지전용허가증)** 영 제15조제3항 본문의 규정에 의한 산지전용허가증은 별지 제5호서식에 의한다. |

| 산지관리법 | 산지관리법 시행령 | 산지관리법 시행규칙 |
|---|---|---|
|  | 하거나 신고를 수리하여야 한다. 다만, 신청인이 법 제19조제1항에 따라 대체산림자원조성비를 미리 납부하여야 하거나 법 제38조제1항 본문에 따라 복구비를 미리 예치하여야 하는 경우에는 그 납부·예치 사실을 확인한 후 산지전용허가증을 발급하거나 신고를 수리하여야 한다. <개정 2005.8.5, 2007.7.27, 2008.2.29, 2012.8.22, 2013.3.23, 2016.12.30> |  |
| ④ 관계 행정기관의 장이 다른 법률에 따라 산지전용허가가 의제되는 행정처분을 하기 위하여 산림청장등에게 협의를 요청하는 경우에는 대통령령으로 정하는 바에 따라 제18조에 따른 산지전용허가기준에 맞는지를 검토하는 데에 필요한 서류를 산림청장등에게 제출하여야 한 | 제16조(산지전용에 관한 협의 등) ① 관계 행정기관의 장은 법 제14조제4항에 따라 산지전용에 관하여 산림청장등에게 협의를 요청하는 경우에는 산지전용협의요청서에 농림축산식품부령으로 정하는 서류를 첨부하여 제출(전자문서에 의한 제출을 포함한다)해야 한다. <개정 2007.12.31, | 제12조(산지전용 협의서류) ① 영 제16조제1항의 규정에 의한 산지전용협의요청서는 별지 제6호서식에 의한다. ② 영 제16조제1항에서 "농림축산식품부령이 정하는 서류"라 함은 제10조제2항 각호의 규정에 의한 서류를 말한다. 다만, 「공익사업을 위한 토 |

다. <개정 2012.2.22, 2019.12.3>
⑤ 관계 행정기관의 장은 제4항에 따른 협의를 한 후 산지전용허가가 의제되는 행정처분을 하였을 때에는 지체 없이 산림청장등에게 통보하여야 한다. <개정 2012.2.22, 2019.12.3>
[전문개정 2010.5.31]

**제15조(산지전용신고)** ① 다음 각 호의 어느 하나에 해당하는 용도로 산지전용을 하려는 자는 제14조제1항에도 불구하고 국유림(「국유림의 경영 및 관리에 관한 법률」제4조제1항에 따라 산림청장이 경영하고 관리하는 국유림을 말한다. 이하 같다)의 산지에 대하여는 산림청장에게, 국유림이 아닌 산림의 산지에 대하여는 시장·군수·구청장에게 신고하여야 한다. 신고한 사항 중 농림축산식품부령으로 정하는 사항을 변경

2008.2.29, 2012.8.22, 2013.3.23, 2020.6.2>
② 제1항의 규정에 의한 산지전용협의요청에 대한 심사에 관하여는 제15조제2항의 규정을 준용한다.

**제17조(산지전용신고)** ① 법 제15조제1항의 규정에 따라 산지전용신고 또는 변경신고를 하고자 하는 자는 산지전용신고서에 농림축산식품부령이 정하는 서류를 첨부하여 산림청장 또는 시장·군수·구청장에게 제출하여야 한다. 이 경우 신고를 하는 자는 농림축산식품부령으로 정하는 바에 따라 신고 구역에 경계를 표시하여야 한다. <개정 2007.7.27, 2008.2.29, 2010.12.7, 2013.3.23>

지 등의 취득 및 보상에 관한 법률」제19조의 규정에 따라 토지 등을 수용 또는 사용하는 경우에는 제10조제2항제1호다목에 따른 서류를 제외한다. <개정 2005.8.24, 2008.3.3, 2013.3.23, 2016.12.30>

**제13조(산지전용신고)** ① 영 제17조제1항 전단에 따른 산지전용신고서는 별지 제7호서식에 따른다. <개정 2011.1.5>
② 영 제17조제1항 전단에서 "농림축산식품부령이 정하는 서류"란 제10조제2항제1호가목·다목부터 마목까지·사목·자목 및 카목의 서류를 말한다. 다만, 변경신고를 하는 경우에는 그 변경사실을 증명할 수 있는 서류(토지 등기사항증명서로 확인할 수 없는 경우만 해당한다)에 한정한다. <개정 2005.8.24,

| 산지관리법 | 산지관리법 시행령 | 산지관리법 시행규칙 |
|---|---|---|
| 하려는 경우에도 같다. <개정 2012. 2.22, 2013.3.23, 2016.12.2><br>1. 산림경영・산촌개발・임업시험연구를 위한 시설 및 수목원・산림생태원・자연휴양림 등 대통령령으로 정하는 산림공익시설과 그 부대시설의 설치<br>2. 농림어업인의 주택시설과 그 부대시설의 설치 | ② 법 제15조제1항제1호에서 "대통령령으로 정하는 산림공익시설과 그 부대시설"이란 다음 각 호의 시설을 말한다. <신설 2012.8.22, 2015.11.11, 2016.12.30, 2018. 10.30><br>1. 산림경영・산촌개발・임업시험연구를 위한 시설과 그 부대시설<br>2. 수목원・산림생태원・자연휴양림과 그 부대시설<br>3. 「산림문화・휴양에 관한 법률」제2조제3호・제5호・제8호 및 제9호에 따른 산림욕장, 치유의 숲, 숲속야영장, 산림레포츠시설 및 그 부대시설<br>4. 「산림교육의 활성화에 관한 법 | 2008.3.3, 2009.4.20, 2011.1.5, 2013.1.23, 2013.3.23, 2016.12.30><br>1. 삭제 <2011.1.5><br>2. 삭제 <2011.1.5><br>3. 삭제 <2011.1.5><br>③ 법 제15조제1항 각 호 외의 부분 후단에서 "농림축산식품부령으로 정하는 사항"이란 다음 각 호의 어느 하나에 해당하는 사항을 말한다. <개정 2007.7.27, 2008.3.3, 2008. 7.16, 2011.1.5, 2013.3.23, 2015. 11.25><br>1. 산지전용신고인의 명의변경<br>2. 산지전용의 목적, 산지전용을 하고자 하는 산지의 이용계획 및 토사처리계획 등 사업계획의 변경<br>3. 산지전용면적의 변경<br>4. 당초의 산지전용신고를 1회에 한하여 연차별 사업계획 등에 |

| | | |
|---|---|---|
| 3. 「건축법」에 따른 건축허가 또는 건축신고 대상이 되는 농림수산물의 창고·집하장·가공시설 등 대통령령으로 정하는 시설의 설치 | 률」제12조·제13조에 따른 유아숲체험원·산림교육센터와 그 부대시설<br>5. 「산림복지 진흥에 관한 법률」제35조에 따라 실시계획의 승인을 받아 조성하는 산림복지단지 내 산림복지시설과 그 부대시설<br>③ 법 제15조제1항제3호에서 "농림수산물의 창고·집하장·가공시설 등 대통령령으로 정하는 시설"이란 다음 각 호의 어느 하나에 해당하는 시설을 말한다. <신설 2007.7.27, 2010.12.7, 2012.8.22, 2016.12.30><br>1. 농축수산물의 창고·집하장·가공시설<br>2. 농기계수리시설 및 농기계 창고<br>3. 누에 등 곤충사육시설 및 관리시설 | 따라 2 이상의 산지전용신고로 변경하는 사항<br>5. 산지전용신고를 한 산지의 소유권 또는 사용·수익권의 변경<br>6. 산지전용신고에 따른 건축물의 면적 또는 위치 변경<br>④ 영 제17조제1항 전단에 따른 신고서 제출 시 관할청(시·도지사 및 지방산림청장은 제외한다)은 「전자정부법」제36조제1항에 따른 행정정보의 공동이용을 통하여 토지 등기사항증명서(신고인이 토지의 소유자인 경우만 해당한다) 및 축산업등록증(신고인이 농업인임을 증명하여야 하는 경우만 해당한다)을 확인하여야 한다. 다만, 신고인이 축산업등록증의 확인에 동의하지 아니하는 경우에는 그 사본을 첨부하도록 하여야 한다. <개정 2011.1.5, 2013.1.23><br>⑤ 영 제17조제1항 후단에 따른 신고 |

| 산지관리법 | 산지관리법 시행령 | 산지관리법 시행규칙 |
|---|---|---|
| ② 제1항에 따른 산지전용신고의 절차, 신고대상 시설 및 행위의 범위, 설치지역, 설치조건 등에 관한 사항은 대통령령으로 정한다.<br><br>③ 제1항에 따른 산지전용신고 또는 변경신고를 받은 산림청장 또는 시장·군수·구청장은 그 신고내용이 제2항에 따른 신고대상 시설 및 행위의 범위, 설치지역, 설치조건 등을 충족하는 경우에는 농림축산식품부령으로 정하는 바에 따라 제1항에 따른 산지전용신고 또는 변경신고를 받은 날부터 10일 이내에 신고를 수리하여야 한다. <개정 2013.3.23, 2019.12.3><br><br>④ 산림청장 또는 시장·군수·구청장이 제3항에서 정한 기간 내에 신고수리 여부 또는 민원 처리 관련 | **제18조(산지전용신고의 대상시설·행위의 범위 등)** 법 제15조제2항에 따른 산지전용신고의 대상시설·행위의 범위, 설치지역 및 설치조건은 별표 3과 같다.<br>[전문개정 2018.10.30] | 구역의 경계 표시는 제10조제7항 각 호의 기준에 따른다. <신설 2011.1.5, 2012.10.26><br><br>**제14조** 삭제 <2011.1.5><br><br>**제15조(산지전용신고의 수리)** 관할청(시·도지사 및 지방산림청장은 제외한다)은 법 제15조제3항에 따라 신고내용이 신고대상 시설 및 행위의 범위, 설치지역, 설치조건 등에 적합한 경우에는 그 신고를 수리하여야 한다. 다만, 다음 각 호의 어느 하나에 해당하는 경우에는 그러하지 아니하다. <개정 2009.4.20, 2011.1.5><br>1. 신고서의 기재사항에 흠이 있는 경우<br>2. 신고에 필요한 첨부서류를 제출하지 아니한 경우 |

| | | |
|---|---|---|
| 법령에 따른 처리기간의 연장을 신고인에게 통지하지 아니하면 그 기간(민원 처리 관련 법령에 따라 처리기간이 연장 또는 재연장된 경우에는 해당 처리기간을 말한다)이 끝난 날의 다음 날에 신고를 수리한 것으로 본다. <신설 2019.12.3> ⑤ 관계 행정기관의 장이 다른 법률에 따라 산지전용신고가 의제되는 행정처분을 하기 위한 산림청장 또는 시장·군수·구청장과의 협의 및 그 처분의 통보에 관하여는 제14조제4항 및 제5항을 준용한다. <개정 2019.12.3> [전문개정 2010.5.31] | | 3. 첨부서류에 흠이 있거나 거짓 또는 그 밖의 부정한 방법으로 신고한 경우<br>4. 삭제 <2011.1.5><br>5. 법 제38조제1항 본문의 규정에 따라 복구비를 예치하여야 하는 자가 그 복구비를 예치하지 아니한 경우<br>[제목개정 2011.1.5] |

| 산지관리법 | 산지관리법 시행령 | 산지관리법 시행규칙 |
|---|---|---|
| **제15조의2(산지일시사용허가·신고)** ① 「광업법」에 따른 광물의 채굴, 「광산피해의 방지 및 복구에 관한 법률」에 따른 광해방지사업, 그 밖에 대통령령으로 정하는 용도로 산지일시사용을 하려는 자는 대통령령으로 정하는 산지의 종류 및 면적 등의 구분에 따라 산림청장등의 허가를 받아야 하며, 허가받은 사항을 변경하려는 경우에도 또한 같다. 다만, 농림축산식품부령으로 정하는 경미한 사항을 변경하려는 경우에는 산림청장등에게 신고로 갈음할 수 있다. <개정 2012.2.22, 2013.3.23> ② 산림청장등은 제1항 단서에 따른 변경신고를 받은 날부터 25일 이내에 신고수리 여부를 신고인에게 통지하여야 한다. <신설 2019.12.3> | **제18조의2(산지일시사용허가)** ① 법 제15조의2제1항에 따른 산지일시사용허가·변경허가 또는 변경신고의 절차 및 심사에 관하여는 제15조제1항부터 제3항까지의 규정을 준용한다. <개정 2012.8.22> ② 법 제15조의2제1항 본문에서 "대통령령으로 정하는 용도"란 다음 각 호의 어느 하나에 해당하는 용도를 말한다. <개정 2011.1.28, 2012.5.22, 2012.8.22, 2013.12.17, 2014.8.12, 2018.10.30, 2018.12.4> 1. 배전시설·전기통신송신시설·태양에너지발전시설·풍력발전시설 및 풍황계측시설의 설치 2. 「궤도운송법」에 따른 궤도시설의 설치 3. 「매장문화재 보호 및 조사에 관한 법률」에 따른 문화재의 발굴 | **제15조의2(산지일시사용허가)** ① 영 제18조의2제1항에 따라 준용되는 영 제15조제1항에 따른 산지일시사용허가 또는 변경허가를 위한 신청서는 별지 제7호의2서식에 따르고, 산지일시사용허가증은 별지 제7호의3서식에 따른다. <개정 2012.10.26> ② 법 제15조의2제1항 단서에서 "농림축산식품부령으로 정하는 경미한 사항"이란 다음 각 호의 어느 하나에 해당하는 사항을 말한다. <신설 2012.10.26, 2013.3.23, 2015.11.25> 1. 산지일시사용허가를 받은 자의 명의 변경 2. 산지일시사용허가를 받은 산지의 이용계획 및 토사처리계획 등 사업계획의 변경 3. 산지일시사용허가 면적의 축소 4. 산지일시사용허가를 받은 산지 |

| | | |
|---|---|---|
| ③ 산림청장등이 제2항에서 정한 기간 내에 신고수리 여부 또는 민원 처리 관련 법령에 따른 처리기간의 연장을 신고인에게 통지하지 아니하면 그 기간(민원 처리 관련 법령에 따라 처리기간이 연장 또는 재연장된 경우에는 해당 처리기간을 말한다)이 끝난 날의 다음 날에 신고를 수리한 것으로 본다. <신설 2019.12.3> | 4. 그 밖에 제1호부터 제3호까지의 용도와 유사한 용도로서 산림청장이 정하여 고시하는 용도<br>③ 법 제15조의2제5항에 따른 산지일시사용허가의 대상시설·행위의 범위, 설치지역 및 설치조건·기준은 별표 3의2와 같다. <개정 2018.10.30, 2020.6.2><br>[본조신설 2010.12.7] | 의 소유권 또는 사용·수익권의 변경<br>5. 산지일시사용허가에 따른 건축물의 면적 또는 위치 변경<br>③ 제1항에 따른 신고서나 변경신고서를 받은 관할청은 「전자정부법」 제36조제1항에 따른 행정정보의 공동이용을 통하여 토지 등기사항증명서(신고인이 토지의 소유자인 경우만 해당한다) 및 축산업등록증(신고인이 농업인임을 증명하여야 하는 경우만 해당한다)을 확인하여야 한다. 다만, 신고인이 축산업등록증의 확인에 동의하지 아니하는 경우에는 그 사본을 제출하여야 한다. <신설 2015.11.25><br>[본조신설 2011.1.5] |

| 산지관리법 | 산지관리법 시행령 | 산지관리법 시행규칙 |
|---|---|---|
| ④ 다음 각 호의 어느 하나에 해당하는 용도로 산지일시사용을 하려는 자는 국유림의 산지에 대하여는 산림청장에게, 국유림이 아닌 산림의 산지에 대하여는 시장·군수·구청장에게 신고하여야 한다. 신고한 사항 중 농림축산식품부령으로 정하는 사항을 변경하려는 경우에도 같다. <개정 2012.2.22, 2013.3.23, 2016.12.2, 2019.12.3><br><br>1. 「건축법」에 따른 건축허가 또는 건축신고 대상이 아닌 간이 농림어업용 시설과 농림수산물 간이처리시설의 설치<br>2. 석재·지하자원의 탐사시설 또는 시추시설의 설치(지질조사를 위한 시설의 설치를 포함한다)<br>3. 제10조제10호, 제12조제1항제14호 및 제12조제2항제6호에 | 제18조의3(산지일시사용신고) ① 법 제15조의2제4항에 따른 산지일시사용신고 또는 변경신고의 절차에 관하여는 제17조제1항을 준용한다. <개정 2020.6.2> | 제15조의3(산지일시사용신고) ① 영 제18조의3제1항에 따라 준용되는 영 제17조제1항에 따른 산지일시사용신고 또는 변경신고를 위한 신고서는 별지 제7호의4서식에 따른다.<br>② 제1항에 따른 산지일시사용신고 시 제출하여야 하는 서류는 다음 각 호와 같다. <신설 2014.8.14, 2016.12.30, 2017.6.2><br>1. 사업계획서(산지일시사용의 목적, 사업기간, 일시사용하려는 산지의 이용계획, 입목처리계획, 토석처리계획 및 피해방지계획 등이 포함되어야 한다) 1부<br>2. 일시사용하려는 산지의 소유권 또는 사용·수익권을 증명할 수 있는 서류 1부(토지 등기사항증명서로 확인할 수 없는 경우에 한정하고, 사용·수익권을 증명 |

| | |
|---|---|
| 따른 부대시설의 설치 및 물건의 적치<br>4. 산나물, 약초, 약용수종, 조경수·야생화 등 관상산림식물의 재배(성토 또는 절토 등을 통하여 지표면으로부터 높이 또는 깊이 50센티미터 이상 형질변경을 수반하는 경우에 한정한다)<br>5. 가축의 방목 및 해당 방목지에서 가축의 방목을 위하여 필요한 목초(牧草) 종자의 파종<br>6. 「매장문화재 보호 및 조사에 관한 법률」에 따른 매장문화재 지표조사<br>7. 임도, 작업로, 임산물 운반로, 등산로·탐방로 등 숲길, 그 밖에 이와 유사한 산길의 조성<br>8. 「장사 등에 관한 법률」에 따른 수목장림의 설치<br>9. 「사방사업법」에 따른 사방시설의 설치 | 할 수 있는 서류에는 사용·수익권의 범위 및 기간이 명시되어야 한다)<br>3. 산지일시사용예정지가 표시된 축척 2만5천분의 1 이상의 지적이 표시된 지형도(「토지이용규제 기본법」 제12조에 따라 국토이용정보체계에 지적이 표시된 지형도의 데이터베이스가 구축되어 있지 아니하거나 지형과 지적의 불일치로 지형도의 활용이 곤란한 경우에는 지적도) 1부<br>4. 측량업자등이 측량한 축척 6천분의 1부터 1천200분의 1까지의 산지일시사용예정지실측도 1부<br>5. 복구대상산지의 종단도 및 횡단도(풍력발전시설 진입로의 경우에는 20미터 간격으로 원지반의 경사도가 표시된 진입로의 횡단 |

| 산지관리법 | 산지관리법 시행령 | 산지관리법 시행규칙 |
|---|---|---|
| 10. 산불의 예방 및 진화 등 대통령령으로 정하는 재해응급대책과 관련된 시설의 설치 | ② 법 제15조의2제4항제10호에서 "대통령령으로 정하는 재해응급대책과 관련된 시설"이란 다음 각 호의 어느 하나에 해당하는 시설을 말한다. <개정 2012.5.22, 2012.8.22, 2015.11.11, 2020.6.2><br>1. 산불감시탑, 방화선, 간이무선통신시설, 간이저수조, 간이헬기장 등 산불의 예방 및 진화와 관련된 시설<br>2. 「산림보호법」 제2조제5호에 따른 방제에 필요한 시설<br>3. 「가축전염병예방법」 제20조에 따른 가축의 살처분과 같은 법 제22조에 따른 가축 사체의 소각 및 매몰에 필요한 시설<br>4. 「재난 및 안전관리 기본법」 제37조제1항에 따른 응급조치에 필요한 시설 | 도를 말한다)와 복구공종·공법 및 견취도가 포함된 복구계획서 1부(복구하여야 할 산지가 있는 경우에 한정하며, 법 제40조제2항 전단에 따라 복구설계서를 제출하려는 경우에는 복구계획서를 갈음하여 별지 제40호서식의 복구설계서 승인신청서에 복구설계서를 첨부하여 제출할 수 있다)<br>6. 「농지법」 제49조에 따른 농지원부 사본 1부(신청인이나 신고인이 제7조제1호에 따른 농업인임을 증명하여야 하는 경우만 해당한다)<br>7. 「소나무재선충병 방제특별법」 제13조의2에 따른 재선충병방제계획서 1부(같은 법 제9조에 따른 반출금지구역이 포함된 산 |

11. 「전기통신사업법」 제2조제8호에 따른 전기통신사업자가 설치하는 대통령령으로 정하는 규모 이하의 무선전기통신 송수신시설
12. 그 밖에 농림축산식품부령으로 정하는 경미한 시설의 설치
⑤ 제1항 및 제4항에 따른 산지일시사용허가·신고의 절차, 기준, 조건, 기간·기간연장, 대상시설, 행위의 범위, 설치지역 및 설치조건 등에 필요한 사항은 대통령령으로 정한다. <개정 2012.2.22, 2019.12.3>
⑥ 제4항에 따른 산지일시사용신고 또는 변경신고를 받은 산림청장 또는 시장·군수·구청장은 그 신고 내용이 제5항에 따른 산지일시사용신고의 기준, 조건, 대상시설, 행위의 범위, 설치지역 등을 충족하는 경우에는 농림축산식품부령으로 정하는 바에 따라 제4항에 따른 산지일

③ 법 제15조의2제4항제11호에서 "대통령령으로 정하는 규모"란 100제곱미터를 말한다. <신설 2012.8.22, 2016.12.30, 2020.6.2>

④ 법 제15조의2제5항에 따른 산지일시사용신고의 대상시설·행위의 범위, 설치지역 및 설치조건은 별표 3의3과 같다. <개정 2012.8.22, 2018.10.30, 2020.6.2>
[본조신설 2010.12.7]

지를 전용하려는 경우에 한정한다)
8. 그 밖에 산지일시사용신고의 행위별 조건 및 기준 등의 검토 관련 서류(산지일시사용신고의 행위별 조건 및 기준 등을 추가로 검토할 필요가 있는 경우만 해당한다)
③ 제2항에 따른 산지일시사용신고를 위한 제출서류 중 같은 항 제4호 또는 제5호에 따른 예정지실측도 또는 복구계획서는 다음 각 호의 구분에 따른 서류를 대신 제출할 수 있다. <개정 2014.8.14, 2014.12.31>
1. 제2항제4호에 따른 예정지실측도
   가. 영 별표 3의3 제1호가목 및 나목에 해당하는 경우로서 예정지가 연접한 토지의 경계로부터 20미터 이상 떨어져 있는 경우: 해당 사업구역이 표시된

| 산지관리법 | 산지관리법 시행령 | 산지관리법 시행규칙 |
|---|---|---|
| 시사용신고 또는 변경신고를 받은 날부터 10일 이내에 신고를 수리하여야 한다. <신설 2016.12.2, 2019.12.3><br>⑦ 산림청장 또는 시장·군수·구청장이 제6항에서 정한 기간 내에 신고수리 여부 또는 민원 처리 관련 법령에 따른 처리기간의 연장을 신고인에게 통지하지 아니하면 그 기간(민원 처리 관련 법령에 따라 처리기간이 연장 또는 재연장된 경우에는 해당 처리기간을 말한다)이 끝난 날의 다음 날에 신고를 수리한 것으로 본다. <신설 2019.12.3><br>⑧ 관계 행정기관의 장이 다른 법률에 따라 산지일시사용허가·신고가 의제되는 행정처분을 하기 위한 산림청장등과의 협의 및 그 처분의 통보에 관하여는 제14조제4항 및 제5항 | | 임야도 사본<br>나. 영 별표 3의3 제2호 및 제5호부터 제8호까지에 해당하는 경우: 해당 사업구역이 표시된 임야도 사본<br>다. 영 별표 3의3 제3호가목 및 제4호가목에 해당하는 경우: 임도설계도서<br>라. 영 별표 3의3 제3호나목 및 제4호나목·다목에 해당하는 경우: 해당 노선이 표시된 임야도 사본<br>2. 제2항제5호에 따른 복구계획서: 영 별표 3의3 제4호나목 및 다목에 해당하는 경우에는 종단도 및 횡단도를 생략한 복구계획서<br>④ 법 제15조의2제2항 각 호 외의 부분 후단에서 "농림축산식품부령으로 정하는 사항"이란 다음 각 호의 |

| | | |
|---|---|---|
| 을 준용한다. <개정 2012.2.22, 2016.12.2, 2019.12.3><br>[본조신설 2010.5.31] | | 어느 하나에 해당하는 사항을 말한다. <신설 2012.10.26, 2013.3.23, 2014.8.14, 2015.11.25><br>1. 산지일시사용신고인의 명의 변경<br>2. 산지일시사용신고의 목적, 산지일시사용신고를 한 산지의 이용계획 및 토사처리계획 등 사업계획의 변경<br>3. 산지일시사용신고 면적의 변경<br>4. 산지일시사용신고에 따른 건축물의 면적 또는 위치 변경<br>5. 산지일시사용 기간의 연장<br>6. 산지일시사용신고를 한 산지의 소유권 또는 사용·수익권의 변동<br>⑤ 관할청(시·도지사 및 지방산림청장은 제외한다)은 영 별표 3의3에 따른 산지일시사용신고의 행위별 조건 및 기준 등의 검토에 필요하다고 인정하는 경우에는 다음 각 호의 |

| 산지관리법 | 산지관리법 시행령 | 산지관리법 시행규칙 |
|---|---|---|
| | | 구분에 따른 서류를 제출하게 할 수 있다. <개정 2011.10.24, 2012. 10.26, 2014.8.14><br>1. 영 별표 3의3 제1호, 제5호 및 제7호에 따른 시설을 설치하는 경우: 바닥면적 규모를 표시한 사업계획서<br>2. 영 별표 3의3 제2호, 제6호 및 제8호다목에 따른 시설을 설치하는 경우: 표고, 등고선 및 평균 경사도를 표시한 예정지실측도<br>⑥ 법 제15조의2제2항제12호에서 " 농림축산식품부령으로 정하는 경미한 시설"이란 다음 각 호의 어느 하나에 해당하는 시설을 말한다. <개정 2012.10.26, 2013.3.23, 2014. 8.14, 2015.11.25><br>1. 법 제26조에 따라 채석 경제성 평가를 위하여 시추(試錐)하는 |

| | | |
|---|---|---|
| | | 시설<br>2. 농업용수 개발시설<br>3. 「산림보호법」 제13조에 따라 지정된 보호수 및 야생동·식물의 보호를 위한 시설<br>4. 문화재·전통사찰과 관련된 비석, 기념탑, 그 밖에 이와 유사한 시설<br>5. 산지전용 및 산지일시사용을 위하여 임시로 설치하는 다음 각 목의 부대시설<br>  가. 진입로<br>  나. 현장사무소<br>  다. 지질·토양의 조사·탐사시설<br>  라. 주차장, 화장실, 창고, 숙소, 식당, 정화시설, 재해방지시설·울타리 및 자재적치·운반시설<br>6. 법 제10조제9호의3에 따른 유해의 조사·발굴을 위한 시설 |

| 산지관리법 | 산지관리법 시행령 | 산지관리법 시행규칙 |
|---|---|---|
|  |  | ⑦ 제1항에 따른 신고서나 변경신고서를 받은 관할청은 「전자정부법」 제36조제1항에 따른 행정정보의 공동이용을 통하여 토지 등기사항증명서(신고인이 토지의 소유자인 경우만 해당한다) 및 축산업등록증(신고인이 농업인임을 증명하여야 하는 경우만 해당한다)을 확인하여야 한다. 다만, 신고인이 축산업등록증의 확인에 동의하지 아니하는 경우에는 그 사본을 첨부하도록 하여야 한다. <신설 2015.11.25> ⑧ 관할청은 법 제15조의2제1항 단서 또는 같은 조 제2항에 따라 신고한 내용이 신고대상 시설 및 행위의 범위, 설치지역, 설치조건 등에 적합한 경우에는 그 신고를 수리하여야 한다. 다만, 다음 각 호의 어느 하나에 해당하는 경우에는 그러하지 아니 |

| | | |
|---|---|---|
| | | 하다. <신설 2015.11.25><br>1. 신고서의 기재사항에 흠이 있는 경우<br>2. 신고에 필요한 첨부서류를 제출하지 아니한 경우<br>3. 첨부서류에 흠이 있거나 거짓 또는 그 밖의 부정한 방법으로 신고한 경우<br>4. 법 제38조제1항 본문에 따라 복구비를 예치하여야 하는 자가 그 복구비를 예치하지 아니한 경우<br>[본조신설 2011.1.5] |
| | **제18조의4(산지일시사용기간)** ① 법 제15조의2제5항에 따른 산지일시사용기간은 다음 각 호와 같다. 다만, 산지일시사용허가를 받거나 산지일시사용신고를 하려는 자가 산지 소유자가 아닌 경우에는 그 산지를 사용·수익할 수 있는 기간을 초과할 수 | **제15조의4(산지일시사용기간)** ① 영 제18조의4제1항제1호 및 제2호에서 "농림축산식품부령으로 정하는 기준"이란 별표 1의4에 따른 기준을 말한다. <개정 2011.10.24, 2013.3.23> |

| 산지관리법 | 산지관리법 시행령 | 산지관리법 시행규칙 |
|---|---|---|
| | 없다. <개정 2012.8.22, 2013.3.23, 2020.6.2> | |
| | 1. 산지일시사용허가의 경우: 산지일시사용면적 및 일시사용하려는 목적사업을 고려하여 10년의 범위에서 농림축산식품부령으로 정하는 기준에 따라 산림청장등이 허가하는 기간 | |
| | 2. 산지일시사용신고의 경우: 산지일시사용면적 및 일시사용하려는 목적사업을 고려하여 10년의 범위에서 농림축산식품부령으로 정하는 기준에 따라 신고하는 기간 | |
| | ② 제1항에 따른 산지일시사용기간의 연장에 관하여는 제19조를 준용한다. | ② 영 제18조의4제2항에 따라 준용되는 산지일시사용기간연장허가신청서는 별지 제7호의2서식, 산지일시사용기간연장허가에 따른 허가증은 별지 제7호의3서식, 산지일시사용 |
| | ③ 제2항에 따라 준용하는 제19조제2항 본문에도 불구하고 「광업법」에 | |

| | | |
|---|---|---|
| | 따른 광물의 채굴을 위한 산지일시사용기간을 연장하는 경우로서 다음 각 호의 요건을 모두 갖춘 경우에는 최초의 산지일시사용기간을 초과하여 산지일시사용기간의 연장허가를 할 수 있다. <신설 2012.5.22, 2014.12.31, 2016.6.21><br>1. 「광업법」에 따른 광물의 채굴을 위하여 산지일시사용기간을 연장함이 타당하다고 인정될 것<br>2. 최초의 산지일시사용기간, 기존의 산지일시사용연장기간과 연장받으려는 기간을 모두 합산하여 「광업법」제12조에 따른 채굴권의 존속기간을 초과하지 아니할 것<br>④ 제2항에 따라 준용하는 제19조제2항 본문에도 불구하고 제3항에 따른 연장허가를 받으려는 자가 법 제15조의2제4항제3호에 따른 부대시설의 설치를 위한 산지일시사용기간 | 기간연장신고서는 별지 제7호의4서식에 따른다.<br>[본조신설 2011.1.5]<br><br>**제15조의5(산지일시사용 협의서류)** 법 제15조의2제4항에 따른 산지일시사용 협의요청서는 별지 제7호의5서식에 따른다.<br>[본조신설 2011.1.5] |

| 산지관리법 | 산지관리법 시행령 | 산지관리법 시행규칙 |
|---|---|---|
| | 을 제3항에 따라 연장되는 날까지 연장하려는 경우에는 최초의 산지일시사용기간을 초과하여 변경신고를 할 수 있다. <신설 2014.12.31, 2016.6.21, 2020.6.2><br>[본조신설 2010.12.7] | |
| **제16조(산지전용허가 등의 효력)** ① 제14조제1항에 따른 산지전용허가, 제15조제3항에 따른 산지전용신고의 수리, 제15조의2제1항에 따른 산지일시사용허가 및 제15조의2제6항에 따른 산지일시사용신고의 수리의 효력은 다음 각 호의 요건을 모두 충족할 때까지 발생하지 아니한다. <개정 2016.12.2, 2019.12.3><br>1. 해당 산지전용 또는 산지일시사용의 목적사업을 시행하기 위하여 다른 법률에 따른 인가·허가·승인 등의 행정처분이 필요 | | |

| | | |
|---|---|---|
| 한 경우에는 그 행정처분을 받을 것<br>2. 제19조에 따라 대체산림자원조성비를 미리 내야 하는 경우에는 대체산림자원조성비를 납부할 것<br>3. 제38조에 따른 복구비를 예치하여야 하는 경우에는 복구비를 예치할 것<br>② 제1항에 따른 목적사업의 시행에 필요한 행정처분에 대한 거부처분이나 그 행정처분의 취소처분이 확정된 경우에는 제14조제1항에 따른 산지전용허가나 제15조의2제1항에 따른 산지일시사용허가는 취소된 것으로 보고, 제15조제1항에 따른 산지전용신고나 제15조의2제4항에 따른 산지일시사용신고는 수리되지 아니한 것으로 본다. <개정 2019. 12.3><br>[전문개정 2010.5.31] | | |

| 산지관리법 | 산지관리법 시행령 | 산지관리법 시행규칙 |
|---|---|---|
| **제17조(산지전용허가 등의 기간)** ① 제14조에 따른 산지전용허가 또는 제15조에 따른 산지전용신고에 의하여 대상 시설물을 설치하는 기간 등 산지전용기간은 다음 각 호와 같다. 다만, 산지전용허가를 받거나 산지전용신고를 하려는 자가 산지 소유자가 아닌 경우의 산지전용기간은 그 산지를 사용·수익할 수 있는 기간을 초과할 수 없다. &lt;개정 2012.2.22, 2013.3.23&gt;<br>1. 산지전용허가의 경우: 산지전용 면적 및 전용을 하려는 목적사업을 고려하여 10년의 범위에서 농림축산식품부령으로 정하는 기준에 따라 산림청장등이 허가하는 기간. 다만, 다른 법령에서 목적사업의 시행에 필요한 기간을 정한 경우에는 그 기간을 허 | | **제16조(산지전용기간)** 법 제17조제1항 제1호 및 제2호에서 "농림축산식품부령으로 정하는 기준"이란 별표 2의 기준을 말한다. &lt;개정 2008.3.3, 2011.1.5, 2013.3.23&gt; |

가기간으로 할 수 있다.
2. 산지전용신고의 경우: 산지전용면적 및 전용을 하려는 목적사업을 고려하여 10년의 범위에서 농림축산식품부령으로 정하는 기준에 따라 신고하는 기간. 다만, 다른 법령에서 목적사업의 시행에 필요한 기간을 정한 경우에는 그 기간을 산지전용기간으로 신고할 수 있다.

② 제14조에 따른 산지전용허가를 받거나 제15조에 따른 산지전용신고를 한 자가 제1항에 따른 산지전용기간 이내에 전용하려는 목적사업을 완료하지 못하여 그 기간을 연장할 필요가 있으면 대통령령으로 정하는 바에 따라 산림청장등으로부터 산지전용기간의 연장 허가를 받거나 산림청장 또는 시장·군수·구청장에게 산지전용기간의 변경신고를 하여야 한다. <개정 2012.2.22>

**제19조(산지전용기간의 연장허가 등)**
① 법 제17조제2항에 따라 산지전용기간의 연장허가를 받거나 산지전용기간의 변경신고를 하려는 자는 각각 산지전용기간연장허가신청서 또는 산지전용변경신고서에 농림축산식품부령으로 정하는 서류를 첨부하여 산지전용기간이 만료되기 10일전까지 산림청장등에게 제출하여야 한다. 다만, 산지전용기간이 만료되기 10일전까지 산지전용기간의 연장허

**제17조(산지전용기간의 연장허가 등)**
① 영 제19조제1항의 규정에 의한 산지전용기간연장허가신청서는 별지 제8호서식에 의하고, 산지전용변경신고서는 별지 제7호서식에 의한다. <개정 2013.1.23>
② 영 제19조제1항 본문에서 "농림축산식품부령으로 정하는 서류"란 산지전용을 하려는 산지의 소유권 또는 사용·수익권을 증명할 수 있는 서류(토지 등기사항증명서로 확인

| 산지관리법 | 산지관리법 시행령 | 산지관리법 시행규칙 |
|---|---|---|
| ③ 산림청장 또는 시장·군수·구청장은 제2항에 따른 변경신고를 받은 날부터 5일 이내에 신고수리 여부를 신고인에게 통지하여야 한다. <신설 2019.12.3><br>④ 산림청장 또는 시장·군수·구청장이 제3항에서 정한 기간 내에 신고수리 여부 또는 민원 처리 관련 법령에 따른 처리기간의 연장을 신고인에게 통지하지 아니하면 그 기간(민원 처리 관련 법령에 따라 처리기간이 연장 또는 재연장된 경우에는 해당 처리기간을 말한다)이 끝난 날의 다음 날에 신고를 수리한 것으로 본다. <신설 2019.12.3><br>[전문개정 2010.5.31] | 가를 신청하지 못하거나 변경신고를 하지 못한 때에는 산지전용기간이 만료되기 전에 산지전용기간연장허가신청서 또는 산지전용변경신고서에 사유를 명시하여 제출하되, 산지전용기간이 만료된 후에는 산지전용기간의 연장허가를 받거나 변경신고가 수리될 때까지 산지전용을 할 수 없다. <개정 2005.8.5, 2008.2.29, 2010.12.7, 2012.8.22, 2013.3.23><br>② 산림청장등은 제1항에 따른 산지전용기간연장허가신청서 또는 산지전용변경신고서를 제출받은 경우에 산지전용기간을 연장하거나 변경하는 것이 타당하다고 인정되는 경우에는 기존의 산지전용연장기간과 연장받으려는 기간을 모두 합산하여 최초의 산지전용기간을 초과하지 아니하는 범위에서 산지전용기 | 할 수 없는 경우에 한정한다)를 말한다. <개정 2006.6.30, 2008.3.3, 2012.10.26, 2013.1.23, 2013.3.23><br>③ 제1항에 따른 신청서나 신고서 제출 시 관할청은 「전자정부법」 제36조제1항에 따른 행정정보의 공동이용을 통하여 토지 등기사항증명서(신청인이나 신고인이 토지의 소유자인 경우만 해당한다)를 확인하여야 한다. <개정 2009.4.20, 2013.1.23> |

| | | |
|---|---|---|
| | 간의 연장허가를 하거나 변경신고를 수리하여야 한다. 다만, 다음 각 호의 어느 하나에 해당하는 경우에는 최초의 산지전용기간을 초과하여 산지전용기간을 연장할 수 있다. <개정 2005.8.5, 2007.7.27, 2009.4.20, 2010.12.7, 2012.8.22, 2014.9.24><br>1. 삭제 <2010.12.7><br>2. 삭제 <2010.12.7><br>3. 다른 법률에 따라 산지전용허가 또는 산지전용신고가 의제되는 행정처분의 경우로서 해당 법률에서 행정처분 기간의 연장을 달리 정한 경우<br>4. 다음 각 목의 어느 하나에 해당하여 연장기간에 사업을 완료할 수 없는 경우<br>  가. 천재지변<br>  나. 일시적 경영악화 또는 자금부족, 그 밖에 부득이한 사유가 | |

| 산지관리법 | 산지관리법 시행령 | 산지관리법 시행규칙 |
|---|---|---|
| | 있다고 산림청장등이 인정하는 경우<br><br>③ 제2항의 규정에 따라 산지전용기간의 연장허가를 하는 경우에는 농림축산식품부령이 정하는 산지전용허가증을 신청인에게 교부하여야 한다. 다만, 신청인 또는 신고인이 법 제38조의 규정에 따라 복구비를 미리 예치하여야 하는 때에는 그 예치사실을 확인한 후 연장허가를 하거나 변경신고를 수리하여야 한다. <신설 2005.8.5, 2008.2.29, 2013.3.23> | ④ 영 제19조제3항 본문에 따른 산지전용허가증은 별지 제5호서식에 의한다. <개정 2006.6.30, 2011.1.5> |
| **제18조(산지전용허가기준 등)** ① 제14조에 따라 산지전용허가 신청을 받은 산림청장등은 그 신청내용이 다음 각 호의 기준에 맞는 경우에만 산지전용허가를 하여야 한다. <개정 2012.2.22, 2018.3.20> | | |

| | | |
|---|---|---|
| 1. 제10조와 제12조에 따른 행위 제한사항에 해당하지 아니할 것<br>2. 인근 산림의 경영·관리에 큰 지장을 주지 아니할 것<br>3. 집단적인 조림 성공지 등 우량한 산림이 많이 포함되지 아니할 것<br>4. 희귀 야생 동·식물의 보전 등 산림의 자연생태적 기능유지에 현저한 장애가 발생하지 아니할 것<br>5. 토사의 유출·붕괴 등 재해가 발생할 우려가 없을 것<br>6. 산림의 수원 함양 및 수질보전 기능을 크게 해치지 아니할 것<br>7. 산지의 형태 및 임목(林木)의 구성 등의 특성으로 인하여 보호할 가치가 있는 산림에 해당되지 아니할 것<br>8. 사업계획 및 산지전용면적이 적정하고 산지전용방법이 산지경 | | |

| 산지관리법 | 산지관리법 시행령 | 산지관리법 시행규칙 |
|---|---|---|
| 관 및 산림 훼손을 최소화하며 산지전용 후의 복구에 지장을 줄 우려가 없을 것<br>② 제1항에도 불구하고 준보전산지의 경우 또는 다음 각 호의 요건을 모두 충족하는 경우에는 제1항제1호부터 제4호까지의 기준을 적용하지 아니한다.<br>1. 전용하려는 산지 중 임업용산지의 비율이 100분의 20 미만으로서 대통령령으로 정하는 비율 이내일 것<br>2. 전용하려는 산지에 대통령령으로 정하는 집단화된 임업용산지가 포함되지 아니할 것<br>3. 전용하려는 산지 중 제1호의 임업용산지를 제외한 나머지가 준보전산지일 것 | **제20조(산지전용허가기준 등)** ① 법 제18조제2항제1호에서 "대통령령으로 정하는 비율"이란 100분의 10을 말한다. <신설 2010.12.7><br>② 법 제18조제2항제2호에서 "대통령령으로 정하는 집단화된 임업용산지"란 1개의 필지 또는 2개 이상의 연접한 필지의 면적이 3만제곱미터 이상인 임업용산지를 말한다. <신설 2010.12.7> | |

| | | |
|---|---|---|
| ③ 산림청장등은 제1항에 따라 산지전용허가를 할 때 산림기능의 유지, 재해 방지, 산지경관 보전 등을 위하여 필요할 때에는 재해방지시설의 설치 등 필요한 조건을 붙일 수 있다. <개정 2012.2.22, 2018.3.20> | ③ 산림청장등은 산지전용허가를 할 때에는 법 제18조제3항에 따라 다음과 같은 조건을 붙일 수 있다. <개정 2005.8.5, 2010.12.7, 2012.8.22, 2018.10.30><br>1. 10만제곱미터 이상의 산지를 전용하는 경우에는 산지의 형질변경을 단계별로 실시하거나 형질변경이 완료된 부분을 중간복구할 것<br>2. 산지경관 유지를 위한 차폐림(遮蔽林)을 조성할 것<br>3. 사업시행중 발생한 토사는 당해 사업시행지역밖으로 반출할 것<br>4. 산림으로 존치되는 지역은 조림·숲가꾸기 등 산림자원의 조성을 위한 사업을 실시할 것<br>5. 토사유출방지시설·낙석방지시설·옹벽·사방댐·침사지(沈砂池) 및 배수시설 등 재해방지시설을 설치할 것 | |

| 산지관리법 | 산지관리법 시행령 | 산지관리법 시행규칙 |
|---|---|---|
| ④ 산림청장등은 제1항에 따른 산지전용허가 중 대통령령으로 정하는 면적 이상의 산지(보전산지가 대통령령으로 정하는 면적 이상으로 포함되는 경우로 한정한다)에 대한 산지전용허가를 할 때에는 미리 그 산지전용타당성에 관하여 중앙산지관리위원회 또는 지방산지관리위원회의 심의를 거쳐야 한다. 다만, 해당 산지에 대하여 제8조제2항에 따라 중앙산지관리위원회 또는 지방산지관리위원회의 심의를 거친 경우에 | 6. 그 밖에 산림기능의 유지, 산지경관 보전 등을 위하여 산림청장등이 정하여 고시하는 조건<br>④ 법 제18조제4항에서 "대통령령으로 정하는 면적 이상의 산지"란 50만제곱미터 이상의 산지를 말한다. <개정 2010.12.7><br>⑤ 법 제18조제4항에서 "보전산지가 대통령령으로 정하는 면적 이상으로 포함되는 경우"란 보전산지가 50만제곱미터 이상 포함되는 경우를 말한다. <개정 2012.8.22> | |

는 그러하지 아니하다. <개정 2012.2.22, 2019.12.3>

⑤ 제1항에 따른 산지전용허가기준의 적용 범위와 산지의 면적에 관한 허가기준, 그 밖의 사업별·규모별 세부 기준 등에 관한 사항은 대통령령으로 정한다. 다만, 지역여건상 산지의 이용 및 보전을 위하여 필요하다고 인정되면 대통령령으로 정하는 범위에서 산지의 면적에 관한 허가기준이나 그 밖의 사업별·규모별 세부 기준을 해당 지방자치단체의 조례로 정할 수 있다. <개정 2014.3.24>

[전문개정 2010.5.31]

⑥ 법 제18조제5항 본문에 따른 산지전용허가기준의 적용범위와 사업별·규모별 세부기준은 별표 4와 같고, 산지의 면적에 관한 허가기준은 별표 4의2와 같다. <개정 2010.12.7>

⑦ 법 제18조제5항 단서에 따라 지역여건상 산지의 이용 및 보전을 위하여 필요하다고 인정되면 해당 지방자치단체의 조례로써 다음 각 호의 허가기준을 강화하거나, 100분의 10 범위에서 완화할 수 있다. <신설 2010.12.7, 2014.9.24, 2020.6.2>

1. 별표 4 제1호마목6), 같은 표 제2호가목 및 같은 호 다목1)·2)에 따른 허가기준
2. 별표 4의2에 따른 산지의 면적에 관한 허가기준

| 산지관리법 | 산지관리법 시행령 | 산지관리법 시행규칙 |
|---|---|---|
| 제18조의2(산지전용타당성조사 등) ① 대통령령으로 정하는 규모 이상으로 제8조제1항에 따른 협의·변경협의를 신청하거나 제14조 또는 제15조의2에 따른 산지전용허가·변경허가 또는 산지일시사용허가·변경허가 (다른 법률에 따라 산지전용허가·변경허가 또는 산지일시사용허가·변경허가가 의제되는 행정처분을 포함한다)를 받으려는 자는 미리 대통령령으로 정하는 산지전문기관으로부터 산지전용 또는 산지일시사용의 필요성·적합성·환경성 등을 종합적으로 고려한 타당성에 관한 조사 (이하 "산지전용타당성조사"라 한다)를 받아야 한다. 다만, 산지전용 또는 산지일시사용을 하려는 용도가 농림어업용인 경우 등 대통령령으로 정하는 경우에는 그러하지 아니하다. | 제20조의2(산지전용타당성조사의 대상) ① 법 제18조의2제1항 본문에서 "대통령령으로 정하는 규모"란 다음 각 호의 구분에 따른 규모를 말한다. 이 경우 변경협의를 신청하거나 변경허가를 받으려는 경우에는 변경하려는 산지의 면적만을 기준으로 한다. <개정 2018.10.30> 1. 법 제8조제1항에 따른 협의·변경협의의 경우: 30만제곱미터 2. 법 제14조제1항 또는 제15조의2제1항에 따른 산지전용허가·변경허가 또는 산지일시사용허가·변경허가의 경우(다른 법률에 따라 산지전용허가·변경허가 또는 산지일시사용허가·변경허가가 의제되는 경우를 포함한다): 다음 각 목의 구분에 따른 규모 | |

&lt;개정 2016.12.2&gt;

② 제1항에 따른 산지전용타당성조사에 필요한 수수료는 산지전용타당성조사를 신청한 자가 산지전문기관에 납부하여야 한다.

    가. 풍력발전시설 또는 궤도시설을 설치하려는 경우: 660제곱미터

    나. 그 밖의 경우: 30만제곱미터

② 법 제18조의2제1항 본문에서 "대통령령으로 정하는 산지전문기관"이란 산지보전협회와 사방협회를 말한다. &lt;개정 2012.8.22, 2016.12.30&gt;

③ 법 제18조의2제1항 단서에서 "대통령령으로 정하는 경우"란 다음 각 호의 경우를 말한다. &lt;개정 2014.12.31, 2017.6.2&gt;

1. 농림어업용 시설 및 재해방지·복구시설을 설치하려는 경우. 다만, 「농어촌정비법」에 따른 개간 및 「초지법」에 따른 초지 조성은 제외한다.

2. 산지전용 또는 산지일시사용의 면적이 확정되지 아니한 상태에서 법 제8조제1항에 따른 협의

| 산지관리법 | 산지관리법 시행령 | 산지관리법 시행규칙 |
|---|---|---|
| | ·변경협의를 요청하는 경우<br>3. 법 제8조제1항에 따른 협의·변경협의를 신청한 자가 산지전용타당성조사를 받은 경우로서 법 제14조 또는 제15조의2에 따른 산지전용허가·변경허가 또는 산지일시사용허가·변경허가(다른 법률에 따라 산지전용허가·변경허가 또는 산지일시사용허가·변경허가가 의제되는 행정처분을 포함한다)를 받으려는 경우<br>[본조신설 2010.12.7]<br>[종전 제20조의2는 제20조의5로 이동 <2010.12.7>]<br><br>**제20조의3(산지전용타당성조사의 절차 및 기준)** ① 법 제18조의2제1항에 따라 산지전용타당성조사를 받으려는 자는 산지전용타당성조사신청서 | **제18조(산지전용타당성조사의 절차 및 기준 등)** ① 영 제20조의3제1항에 따른 산지전용타당성조사신청서는 별지 제9호의2서식에 따른다. |

| | | |
|---|---|---|
| | 에 농림축산식품부령으로 정하는 서류를 첨부하여 산지보전협회 또는 사방협회에 신청하여야 한다. <개정 2013.3.23, 2016.12.30><br>② 제1항에 따라 신청을 받은 산지보전협회 또는 사방협회는 제5항에 따라 고지한 수수료 납부 여부를 확인한 후 수수료가 납부된 경우에는 별표 4의3의 기준에 따라 산지전용타당성조사를 실시하여야 한다. 이 경우 산림 및 표고 등에 대한 조사·분석은 다음 각 호의 기준에 따른다. <개정 2013.3.23, 2016.12.30, 2017.6.2, 2018.10.30, 2018.11.27, 2019.7.2><br>1. 입목축적, 숲의 나이 등에 대한 산림조사·분석: 「산림기술 진흥 및 관리에 관한 법률 시행령」 별표 3에 따른 기술고급 이상의 산림경영기술자가 실시할 것 | ② 영 제20조의3제1항에서 "농림축산식품부령으로 정하는 서류"란 다음 각 호의 구분에 따른 서류를 말한다. <개정 2013.3.23, 2016.12.30><br>1. 지역등의 지정·결정을 위한 협의를 신청하려는 경우: 제4조제2항제1호부터 제3호까지의 서류<br>2. 산지전용허가 또는 산지일시사용허가를 받으려는 경우: 제10조제2항제1호가목·라목·마목 및 사목의 서류 |

| 산지관리법 | 산지관리법 시행령 | 산지관리법 시행규칙 |
|---|---|---|
| | 2. 표고 및 평균경사도 등에 대한 조사·분석: 「산림기술 진흥 및 관리에 관한 법률 시행령」 별표 3에 따른 산림공학기술자 또는 농림축산식품부령으로 정하는 산림·토목·측량 분야의 국가기술자격을 소지한 자가 실시할 것<br><br>3. 그 밖에 산지경관 유지 및 재해 방지 등의 조사·분석: 농림축산식품부령으로 정하는 산림·환경·산지 분야의 전문가가 실시할 것<br><br>③ 산지보전협회 또는 사방협회는 제2항제1호에 따른 조사·분석을 위하여 필요한 경우에는 관계 행정기관의 장에게 산불 발생, 솎아베기 또는 벌채 이력 등에 관한 자료를 요청할 수 있다. 이 경우 요청을 받은 | ③ 영 제20조의3제2항제2호에서 "농림축산식품부령으로 정하는 산림·토목·측량 분야의 국가기술자격"이란 「국가기술자격법」에 따른 산림기사·토목기사·측량 및 지형공간정보기사 이상의 국가기술자격을 말한다. <개정 2013.3.23><br><br>④ 영 제20조의3제2항제3호에서 "농림축산식품부령으로 정하는 산림·환경·산지 분야의 전문가"란 다음 각 호의 어느 하나에 해당하는 사람을 말한다. <개정 2013.3.23, 2018.11.29><br><br>1. 국가 또는 지방자치단체의 산림·환경·산지 분야의 연구기관에서 5년 이상 연구직으로 종사한 경력이 있는 사람<br><br>2. 산림·환경·산지 분야에서 학 |

관계 행정기관의 장은 특별한 사유가 없으면 요청받은 날부터 30일 이내에 산지보전협회 또는 사방협회에 관련 자료를 제공하여야 한다. <신설 2016.12.30>

④ 산지보전협회 또는 사방협회는 제2항에 따른 산지전용타당성조사가 완료된 경우 그 결과에 대한 설명회를 개최하여 지역주민 등 이해관계인의 의견을 수렴할 수 있다. <신설 2013.12.17, 2016.12.30>

⑤ 산지보전협회 또는 사방협회는 제1항에 따라 산지전용타당성조사를 신청받은 경우에는 「엔지니어링산업 진흥법」 제31조제2항에 따른 엔지니어링사업대가의 기준 중 실비정액가산방식, 관련 단체가 조사한 임금단가 등을 반영하여 산림청장이 정하여 고시하는 기준에 따라 수수료를 산정하여 신청한 자에게 고지해야 한다. <개정 2013.12.17,

사 이상의 학위를 소지하거나 「산림기술 진흥 및 관리에 관한 법률 시행령」 별표 3에 따른 기술중급 이상의 산림공학기술자 자격을 소지한 사람으로서 산림·환경·산지 분야의 업무에 10년 이상 종사한 경력이 있는 사람

3. 「고등교육법」 제2조제1호에 따른 대학의 산림·환경·산지 분야에서 조교수 이상의 직위에 근무한 경력이 있는 사람

| 산지관리법 | 산지관리법 시행령 | 산지관리법 시행규칙 |
|---|---|---|
| | 2015.11.11, 2016.12.30, 2021.1.5> ⑥ 제5항에 따른 수수료의 고지·납부 및 환급 등에 필요한 사항은 산림청장이 정하여 고시한다. <개정 2013.12.17, 2016.12.30> [본조신설 2010.12.7] | |
| ③ 제1항에 따른 산지전용타당성조사의 신청을 받은 산지전문기관은 산지전용타당성조사를 실시한 후 그 결과를 산림청장등과 산지전용타당성조사를 신청한 자에게 통보하여야 한다. <개정 2012.2.22> | **제20조의4(산지전용타당성조사 결과 등의 공개)** 산지보전협회 또는 사방협회는 법 제18조의2제3항에 따라 산지전용타당성조사의 결과를 통보한 경우에는 그 통보한 날부터 10일 이내에 농림축산식품부령으로 정하는 바에 따라 산지보전협회 또는 사방협회의 인터넷 홈페이지에 그 조사결과를 공개하여야 한다. <개정 2013.3.23, 2016.12.30> [본조신설 2010.12.7] | ⑤ 영 제20조의4에 따른 산지전용타당성조사 결과의 공개는 별지 제9호의3서식에 따른다. [전문개정 2011.1.5] |

| | |
|---|---|
| ④ 산지전용타당성조사를 실시한 산지전문기관은 산지전용타당성조사와 관련하여 작성한 대통령령으로 정하는 서류 및 그 밖의 자료를 3년의 범위에서 대통령령으로 정하는 기간 동안 보관하여야 한다. <신설 2016.12.2><br>⑤ 제1항부터 제4항까지에 따른 산지전용타당성조사의 절차·기준·방법 등과 수수료의 산정 및 산지전문기관의 감독 등에 관한 사항은 대통령령으로 정한다. <개정 2012.2.22, 2016.12.2><br>[본조신설 2010.5.31]<br>[종전 제18조의2는 제18조의4로 이동 <2010.5.31>] | 제20조의5(산지전용타당성조사 서류 등의 보관) ① 법 제18조의2제4항에서 "대통령령으로 정하는 서류 및 그 밖의 자료"란 다음 각 호의 서류 및 자료를 말한다. <개정 2019.7.2><br>1. 산지전용타당성조사의 결과 및 검토의견 관련 서류<br>2. 입목축적, 숲의 나이 등에 대한 산림조사·분석 서류 및 그 근거 자료<br>3. 표고 및 평균경사도 등에 대한 조사·분석 서류, 도면 및 시디(CD) 등 전자매체 형태의 근거 자료<br>4. 재해방지 등에 대한 조사·분석 서류 및 그 근거 자료<br>② 법 제18조의2제4항에서 "대통령령으로 정하는 기간"이란 산지전용타당성조사를 완료한 날부터 3년을 말한다. |

| 산지관리법 | 산지관리법 시행령 | 산지관리법 시행규칙 |
|---|---|---|
| | [본조신설 2017.6.2]<br>[종전 제20조의5는 제20조의6으로 이동 <2017.6.2>] | |
| **제18조의3(산지전용타당성조사 결과 등의 공개)** ① 산지전용타당성조사의 결과 및 검토의견은 「공공기관의 정보공개에 관한 법률」에 따른 정보공개의 대상이 된다.<br>② 제1항에 따른 산지전용타당성조사 결과 등의 공개 시기 및 방법 등에 관한 사항은 대통령령으로 정한다.<br>[본조신설 2010.5.31] | | |
| **제18조의4(산지전용허가기준 등의 충족 여부 확인)** ① 산림청장등은 대통령령으로 정하는 면적 이상의 산지에 대하여 다음 각 호의 사항을 확인할 필요가 있다고 인정하거나 이해관계인 등의 이의신청이 있을 때에 | **제20조의6(산지전용허가기준 등의 적합성 여부 확인)** 법 제18조의4제1항 각 호 외의 부분 본문에서 "대통령령으로 정하는 면적 이상의 산지"란 법 제8조에 따른 산지에서의 구역 등의 지정협의나 법 제14조에 따른 산지 | **제18조의2(관계전문기관의 지정)** ① 관할청(시장·군수·구청장 및 국유림관리소장은 제외한다. 이하 이 조부터 제18조의5까지에서 같다)은 법 제18조의4제1항 각 호의 사항을 확인할 필요가 있다고 인정되는 경우에는 제2항에 따른 관계전문기관이 |

는 관계 전문기관을 지정하거나 관계 전문가 등으로 구성된 조사협의체를 구성하여 이를 조사·검토하게 하고, 그 조사·검토 결과를 반영하여야 한다. 다만, 제18조의2에 따른 산지전용타당성조사를 거친 경우에는 그러하지 아니하다. <개정 2012.2.22, 2016.12.2>

1. 제8조에 따른 산지에서의 구역 등의 지정 협의 시 같은 조 제3항에 따른 협의기준의 충족 여부
2. 제14조에 따른 산지전용허가 또는 협의 시 제18조제1항 또는 제2항에 따른 산지전용허가기준의 충족 여부

② 제1항에 따른 조사협의체의 구성·운영에 필요한 사항 및 관계 전문기관의 지정에 관한 사항은 농림축산식품부령으로 정한다. <개정 2012.2.22, 2013.3.23>

전용허가 또는 협의 대상이 되는 산지의 면적이 3만제곱미터 이상인 산지를 말한다. <개정 2010.12.7>
[본조신설 2009.11.26]
[제20조의5에서 이동 <2017.6.2>]

조사·검토하게 하여야 한다. <개정 2011.1.5>

② 법 제18조의4제2항에 따른 관계전문기관은 다음 각 호의 어느 하나에 해당하는 기관·단체 중 관할청이 지정한 기관·단체로 한다. <개정 2011.1.5>

| 산지관리법 | 산지관리법 시행령 | 산지관리법 시행규칙 |
|---|---|---|
| [전문개정 2010.5.31]<br>[제18조의2에서 이동 <2010.5.31>]<br><br>**제18조의5(이해관계인 등의 범위 등)**<br>① 산림청장등 또는 관계 행정기관의 장은 제18조의4제1항에 해당하는 산지에 대하여 제8조에 따른 구역 등의 지정협의, 제14조 또는 제15조의2에 따른 산지전용허가·산지전용협의 또는 산지일시사용허가·산지일시사용협의(이하 이 조에서 "허가·협의"라 한다)를 한 때에는 이해관계인 등이 그 내용을 알 수 있도록 해당 기관의 게시판 또는 전자매체 등에 공고하고 이해관계인 등이 관계 서류를 14일 이상 열람할 수 있도록 하여야 한다.<br>② 제18조의4제1항에 따라 이의신청을 할 수 있는 이해관계인 등이란 허가·협의의 대상인 사업구역의 | | 1. 국립산림과학원<br>2.「산림조합법」에 따른 산림조합 중앙회<br>3. 그 밖에 산림청장이 산림조사와 관련된 분야 중에서 지정·고시하는 기관·단체<br>[본조신설 2009.11.27] |

경계로부터 반지름 500미터 안에 소재하는 다음 각 호의 어느 하나에 해당하는 자를 말한다. <개정 2020.5.26>
1. 가옥의 소유자
2. 주민(실제로 거주하고 있는 「주민등록법」에 따른 세대주를 말한다)
3. 공장의 소유자·대표자
4. 종교시설의 대표자

③ 이해관계인 등이 제18조의4제1항에 따른 이의신청을 하려면 허가·협의사실이 공고된 날부터 30일 이내에 농림축산식품부령으로 정하는 이의신청서에 제2항 각 호에 해당하는 전체 인원의 과반수의 연대서명을 받은 연대서명부를 붙여 산림청장등에게 제출하여야 한다. <개정 2013.3.23>

④ 그 밖에 이해관계인 등의 이의신청 요건·절차 등에 필요한 사항은 농

**제18조의3(이해관계인의 이의신청 요건·절차)** ① 삭제 <2012.10.26>

② 법 제18조의5제3항에서 "농림축산식품부령으로 정하는 이의신청서"란 별지 제9호의4서식의 이의신청서를 말한다. <개정 2012.10.26, 2013.3.23>

③ 관할청은 제2항에 따른 이의신청서가 접수되면 접수된 사실을 허가·협의를 받은 자에게 통지하고 제18조의2에 따른 관계전문기관 또는

| 산지관리법 | 산지관리법 시행령 | 산지관리법 시행규칙 |
|---|---|---|
| 림축산식품부령으로 정한다. <개정 2013.3.23><br>[본조신설 2012.2.22]<br><br>**제19조(대체산림자원조성비)** ① 다음 각 호의 어느 하나에 해당하는 자는 산지전용과 산지일시사용에 따른 대체산림자원 조성에 드는 비용(이하 "대체산림자원조성비"라 한다)을 미리 내야 한다. <개정 2010.5.31><br>1. 제14조에 따라 산지전용허가를 받으려는 자<br>2. 제15조의2제1항에 따라 산지일시사용허가를 받으려는 자(「광산피해의 방지 및 복구에 관한 법률」에 따른 광해방지사업을 하려는 자는 제외한다)<br>3. 다른 법률에 따라 산지전용허가 또는 산지일시사용허가가 의제되거나 배제되는 행정처분을 받으 | | 제18조의4에 따라 구성된 조사협의체에서 조사·검토하도록 하여야 한다. 이 경우 이해관계인이 조사협의체에서 조사·검토하도록 요구하는 때에는 이에 따라야 한다. <개정 2011.1.5><br>[본조신설 2009.11.27]<br><br>**제18조의4(조사협의체의 구성)** ① 법 제18조의4제1항 본문에 따른 조사협의체는 위원장 1명을 포함한 6명 이상 9명 이하의 위원으로 구성한다. <개정 2011.1.5><br>② 조사협의체위원은 다음 각 호에 해당하는 자 중에서 관할청, 허가·협의를 받는 자 및 이의신청자(이하 "추천권자"라 한다)로부터 각각 3명씩 추천받아 관할청이 위촉한다.<br>1. 국가 또는 지방자치단체의 산림 관련 연구기관에 종사하는 연구 |

려는 자

② 제1항에 따라 대체산림자원조성비를 내야 하는 자가 다음 각 호의 어느 하나에 해당하는 경우에는 제1항 각 호에 따른 산지전용허가, 산지일시사용허가 또는 행정처분을 받은 후에 대체산림자원조성비를 낼 수 있다. 다만, 제2호의 경우에는 제1항 각 호에 따른 산지전용허가, 산지일시사용허가 또는 행정처분을 받은 후 그 목적사업을 시작하기 전에 대체산림자원조성비의 100분의 50의 범위에서 농림축산식품부령으로 정하는 금액을 미리 내야 한다. <개정 2010.5.31, 2012.2.22, 2013.3.23, 2015.3.27, 2016.12.2, 2020.5.26>

1. 대통령령으로 정하는 납부금액의 구분에 따라 일정한 기한까지 대체산림자원조성비를 낼 것을 조건으로 하는 경우. 이 경우 대체산림자원조성비를 내지 아니하면

제21조(대체산림자원조성비) ① 산림청장등은 법 제19조제2항제1호에 따라 산지전용허가 또는 산지일시사용허가(다른 법률에 따라 산지전용허가 또는 산지일시사용허가가 의제되거나 배제되는 행정처분을 포함한다)를 받은 날부터 다음 각 호의 구분에 따른 기한까지 대체산림자원조성비를 납부할 것을 조건으로 산지전용허가 또는 산지일시사용허가를 할 수 있다. <개정 2010.12.7, 2012.8.22>

1. 납부할 금액이 1천만원 미만일 때 : 20일 이상 30일 이내
2. 납부할 금액이 1천만원 이상 5천만원 미만일 때 : 30일 이상 60일 이내
3. 납부할 금액이 5천만원 이상일 때 : 60일 이상 90일 이내

직 공무원

2. 산림·환경 분야 업무에 10년 이상 종사한 경력이 있는 자
3. 「국가기술자격법」에 따른 산림기술사 자격을 취득한 후 3년 이상 실무경험이 있는 자
4. 「고등교육법」 제2조제1호에 따른 대학에서 산림분야 조교수 이상의 직위에 있는 자

③ 제2항의 추천권자 중 어느 하나의 추천권자가 조사협의체위원을 추천하지 아니하거나 조사협의체위원의 일부만 추천한 경우에는 추천된 조사협의체위원만으로 조사협의체를 구성한다.

④ 조사협의체의 위원장(이하 "위원장"이라 한다)은 관할청이 추천한 위원 중에서 호선한다.

⑤ 위원장은 위원회를 대표하며 위원회의 업무를 총괄한다.

⑥ 위원장이 조사·검토 또는 이를 위

| 산지관리법 | 산지관리법 시행령 | 산지관리법 시행규칙 |
|---|---|---|
| 산지전용 또는 산지일시사용을 할 수 없다. | | 한 회의에 참석하지 아니하거나 그 밖의 위원장의 직무를 수행할 수 없는 경우에는 관할청이 추천한 조사협의체위원 중에서 제4항을 준용하여 선출한 임시위원장이 위원장의 직무를 대행한다.<br>⑦ 조사협의체위원의 임기는 조사협의체의 운영기간으로 한다.<br>[본조신설 2009.11.27]<br><br>**제18조의5(조사협의체의 운영)** ① 조사협의체의 조사·검토 범위는 이의 신청된 사항으로 한정하되, 행정절차에 관한 사항은 제외한다.<br>② 조사협의체는 이의 신청된 사항과 관련하여 소송중에 있거나 감사중에 있는 경우에는 그 소송 또는 감사가 종결될 때까지는 조사·검토를 중단한다. 이 경우 중단된 기간은 제3항에 따른 운영기간 총 일수에 |

| | | |
|---|---|---|
| | | 산입하지 아니한다.<br>③ 조사협의체의 운영기간은 조사협의체위원을 위촉한 날부터 조사결과보고서를 제출하는 날까지로 하되 총 30일을 초과할 수 없다. 다만, 다음 각 호의 어느 하나에 해당하는 경우에는 관할청의 승인을 받아 운영기간을 연장할 수 있다.<br>1. 천재지변 또는 강우 등 기상여건으로 현장조사를 할 수 없는 경우<br>2. 조사를 완료하였으나 조사결과보고서 작성을 위하여 필요한 경우<br>3. 그 밖에 관할청이 운영기간 연장이 불가피하다고 인정하는 경우<br>④ 조사협의체의 의사결정은 위원장을 포함한 전체 조사협의체위원의 과반수 출석에 출석위원 과반수의 찬성으로 의결한다.<br>⑤ 위원장은 조사·검토 업무를 완료한 경우 조사결과 및 조사협의체 의결(소수의견을 포함한다) 등이 포함 |

| 산지관리법 | 산지관리법 시행령 | 산지관리법 시행규칙 |
|---|---|---|
|  |  | 된 조사결과보고서를 제3항에 따른 기간 안에 관할청에 제출하여야 한다.<br>⑥ 관할청은 조사협의체위원에 대하여 수당 및 여비를 지급할 수 있다.<br>⑦ 제1항부터 제6항까지의 사항 이외에 조사협의체의 구성·운영에 관하여 필요한 사항은 산림청장이 따로 정하여 고시한다.<br>[본조신설 2009.11.27] |
| 2. 국가나 지방자치단체가 산지전용허가 등을 받는 경우, 대체산림자원조성비 총 납부금액이 일정 금액 이상인 경우 등 대통령령으로 정하는 경우에 해당하여 일정한 기한까지 대체산림자원조성비를 분할하여 납부할 것을 조건으로 하는 경우. 이 경우 분할 납부하려는 자는 농림축산식품부령으로 | ② 산림청장등은 법 제19조제2항제2호에 따라 다음 각 호의 어느 하나에 해당하는 경우로서 대체산림자원조성비를 일시에 납부하기 어려운 사유가 있다고 인정되는 경우에는 농림축산식품부령으로 정하는 바에 따라 이행보증금을 예치하게 한 후 4년 이내의 기간동안 분할하여 납부하게 할 수 있다.   <개정 | **제19조(대체산림자원조성비의 분할납부)** ① 영 제21조제2항에 따라 대체산림자원조성비를 분할하여 납부하고자 하는 자는 별지 제10호서식의 대체산림자원조성비분할납부신청서를 관할청에 제출하여야 한다.   <개정 2011.1.5, 2015.11.25><br>② 관할청은 제1항의 규정에 따라 분할납부신청을 받은 때에는 10일 이 |

정하는 바에 따라 그 이행을 담보할 수 있는 이행보증금을 예치하여야 한다.
③ 대체산림자원조성비는 산림청장등이 부과·징수하며, 그 징수금액은 「농어촌구조개선 특별회계법」에 따른 임업진흥사업계정의 세입으로 한다. 다만, 시·도지사 또는 시장·군수·구청장이 부과·징수하는 경우에는 그 징수금액의 10퍼센트를 해당 지방자치단체의 수입으로 한다. <개정 2012.2.22, 2014.3.11>
④ 삭제 <2007.1.26>

2005.8.5, 2008.2.29, 2008.7.24, 2009.4.20, 2010.12.7, 2011.11.16, 2012.8.22, 2013.3.23, 2014.9.24, 2018.10.30>
1. 국가·지방자치단체, 공기업·준정부기관, 지방공사 또는 지방공단이 「산업입지 및 개발에 관한 법률」 제2조제8호에 따른 산업단지의 시설용지로 법 제14조에 따른 산지전용허가, 법 제15조의2에 따른 산지일시사용허가 및 법 제19조제1항제3호에 따른 행정처분(이하 이 항에서 "산지전용허가등"이라 한다)을 받으려는 경우
2. 「도시개발법」 제11조제1항의 규정에 의한 시행자가 동법 제2조제1항제2호의 규정에 의한 도시개발사업의 부지로 산지전용허가등을 받고자 하는 경우
3. 「관광진흥법」 제55조에 따른 사업시행자가 같은 법 제2조제6호

내에 분할납부의 사유를 검토하여 그 처리결과를 신청인에게 통지하여야 한다.
③ 관할청은 제2항의 규정에 따라 분할납부를 결정한 경우에는 납부하여야 하는 대체산림자원조성비의 100분의 30에 해당하는 금액을 당해 목적사업의 착수전에 납부하게 하고, 그 잔액에 대하여는 법 제19조제2항제2호 후단의 규정에 의한 이행보증금을 예치하게 한 후 4년 이내의 기간동안 4회 이내로 납부하도록 하되, 최종납부일은 당해 목적사업의 준공일 이전으로 하여야 한다. <개정 2014.9.25>
④ 제3항에 따른 이행보증금은 다음 각 호에 따른 지급보증서 등으로 예치하되, 그 지급보증서 등의 보증기간은 최종납부일에 60일을 가산한 기간으로 하여야 한다. <개정 2005.8.24, 2009.4.20, 2011.1.5,

| 산지관리법 | 산지관리법 시행령 | 산지관리법 시행규칙 |
|---|---|---|
| | 에 따른 관광지 또는 같은 조 제7호에 따른 관광단지의 시설용지로 산지전용허가 등을 받으려는 경우<br>4. 「택지개발촉진법」 제7조의 규정에 의한 시행자가 동법 제2조제1호의 규정에 의한 택지로 산지전용허가등을 받고자 하는 경우<br>5. 「중소기업기본법」 제2조제2항의 규정에 의한 중소기업을 영위하고자 하는 자가 중소기업의 공장용지로 산지전용허가등을 받고자 하는 경우<br>6. 법 제19조제8항에 따라 산출한 대체산림자원조성비 총납부금액이 5억원 이상인 경우<br><br>**제22조** 삭제 <2007.7.27> | 2015.11.25, 2017.6.2><br>1. 「은행법」 제2조제2호에 따른 은행, 「한국산업은행법」에 따른 한국산업은행, 「한국수출입은행법」에 따른 한국수출입은행, 「중소기업은행법」에 따른 중소기업은행이 발행한 지급보증서<br>2. 「자본시장과 금융투자업에 관한 법률」 제110조제1항에 따라 신탁업자가 발행한 수익증권, 같은 법 제189조제3항에 따라 집합투자업자가 발행한 수익증권 또는 같은 법 시행령 제192조제2항에 따른 상장증권<br>3. 「보험업법」 제2조제6호에 따른 보험회사가 발행한 보증보험증권<br>4. 「건설산업기본법」 제54조에 따른 공제조합, 「전기공사공제조합법」에 따른 전기공사공제조합, |

| | | |
|---|---|---|
| ⑤ 산림청장등은 다음 각 호의 어느 하나에 해당하는 경우에는 감면기간을 정하여 대체산림자원조성비를 감면할 수 있다. <개정 2010.5.31, 2012.2.22, 2018.3.20><br>1. 국가나 지방자치단체가 공용 또는 공공용의 목적으로 산지전용 또는 산지일시사용을 하는 경우<br>2. 대통령령으로 정하는 중요 산업시설을 설치하기 위하여 산지전용 또는 산지일시사용을 하는 경우<br>3. 광물의 채굴 또는 그 밖에 대통령령으로 정하는 시설을 설치하거나 대통령령으로 정하는 용도로 사용하기 위하여 산지전용 또는 산지일시사용을 하는 경우<br>⑥ 산림청장등은 제5항에 따라 대체산림자원조성비를 감면(감면기간 연장을 포함한다)하려는 경우에는 감면의 타당성 등에 대하여 중앙산 | 제23조(대체산림자원조성비의 감면) ① 법 제19조제5항에 따른 대체산림자원조성비의 감면대상 및 감면비율은 별표 5와 같다. <개정 2018.10.30><br>② 법 제19조제5항 각 호 외의 부분에서 "감면기간"이란 대체산림자원조성비 감면대상 및 감면비율의 타당성을 검토하는 기간을 말하며, 그 기간은 5년으로 한다. <신설 2018.10.30><br><br><br>③ 산림청장은 제2항에 따라 5년마다 대체산림자원조성비 감면대상 및 감면비율의 타당성을 검토하기 위하여 법 제19조제6항에 따른 중앙 | 「신용보증기금법」에 따른 신용보증기금, 「기술신용보증기금법」에 따른 기술신용보증기금, 「주택도시기금법」에 따른 주택도시보증공사, 「정보통신공사업법」 제45조에 따른 정보통신공제조합, 「엔지니어링산업 진흥법」 제34조에 따른 공제조합 또는 「산업발전법」 제40조에 따른 공제조합이 발행한 보증서로서 대체산림자원조성비의 납부를 보증함이 명시된 보증서<br>5. 제1호에 규정된 금융기관, 체신관서 및 「산림조합법」 제2조제2호 및 제4호의 규정에 의한 지역조합 또는 중앙회가 발행한 정기예금증서(대체산림자원조성비를 납부하여야 하는 자와 세입·세출 외 현금출납공무원의 공동명의로 된 예금증서에 한한다)<br>6. 삭제 <2009.4.20> |

| 산지관리법 | 산지관리법 시행령 | 산지관리법 시행규칙 |
|---|---|---|
| 지관리위원회의 심의를 거쳐야 한다. <신설 2018.3.20><br>⑦ 제5항에 따른 대체산림자원조성비의 감면 대상·비율 및 감면기간 등에 필요한 사항은 대통령령으로 정한다. <신설 2018.3.20> | 산지관리위원회의 심의를 거쳐 대체산림자원조성비 감면대상 및 감면비율 조정계획(이하 "감면계획"이라 한다)을 수립하여야 한다. <신설 2018.10.30><br>④ 산림청장은 종전 감면계획의 수립일부터 5년이 되는 날의 1년 전까지 감면계획안을 수립하여 관계 중앙행정기관의 장에게 통보하여야 한다. 이 경우 감면계획안을 통보받은 관계 중앙행정기관의 장은 대체산림자원조성비 감면으로 인한 효과, 감면대상의 존치 필요성 등에 관한 의견을 산림청장에게 제출하여야 한다. <신설 2018.10.30><br>⑤ 산림청장은 제3항에 따라 수립된 감면계획에 따라 별표 5의 대체산림자원조성비 감면대상 및 감면비율을 조정하여야 한다. <신설 2018. | ⑤ 관할청은 제4항에 따라 예치된 이행보증금의 반환사유가 발생한 경우에는 다음 각 호의 구분에 따라 이를 반환하여야 한다. <개정 2009.4.20><br>1. 증권·정기예금증서로 예치된 경우 : 이행보증금을 예치한 자에게 반환<br>2. 지급보증서·보증보험증권·보증서로 예치된 경우 : 지급보증서·보증보험증권·보증서의 발행인에게 반환 |

| | | |
|---|---|---|
| | ⑥ 법 제19조제5항제2호에서 "대통령령으로 정하는 중요 산업시설"이란 별표 5 제2호에 해당하는 시설을 말한다. &lt;개정 2010.12.7, 2018.10.30&gt;<br><br>⑦ 법 제19조제5항제3호에서 "대통령령으로 정하는 시설을 설치하거나 대통령령으로 정하는 용도로 사용"이란 별표 5 제3호(자목은 제외한다)에 해당하는 시설의 설치 또는 용도로의 사용을 말한다. &lt;개정 2010.12.7, 2018.10.30&gt; | |
| ⑧ 제1항에 따른 대체산림자원조성비는 산지전용 또는 산지일시사용되는 산지의 면적에 부과시점의 단위면적당 금액을 곱한 금액으로 하되, 단위면적당 금액은 산림청장이 결정·고시한다. 이 경우 산림청장은 제4조에 따라 구분된 산지별 또는 | **제24조(대체산림자원조성비의 납부기한·산정기준 등)** ① 산림청장등은 법 제19조제8항 및 제10항에 따라 대체산림자원조성비의 부과금액이 확정된 경우에는 납부금액·납부기한·납부장소 등을 명시하여 대체산림자원조성비를 납부하여야 하는 자 | 제20조(대체산림자원조성비의 납부고지 등) ① 영 제24조제1항의 규정에 의한 대체산림자원조성비의 납부고지에 관하여는 「국고금관리법 시행규칙」 제10조의 규정을 준용한다. &lt;개정 2005.8.24&gt;<br><br>② 관할청은 영 제24조제1항의 규정 |

| 산지관리법 | 산지관리법 시행령 | 산지관리법 시행규칙 |
|---|---|---|
| 지역별로 단위면적당 금액을 달리 할 수 있다. 〈개정 2010.5.31, 2016.12.2, 2018.3.20〉<br>⑨ 대체산림자원조성비(제2항 각 호 외의 부분 단서에 따라 미리 내는 대체산림자원조성비는 제외한다)를 내야 하는 자가 납부기한까지 내지 아니하면 국세 체납처분의 예 또는 「지방행정제재·부과금의 징수 등 에 관한 법률」에 따라 징수할 수 있다. 〈개정 2010.5.31, 2012.2. 22, 2013.8.6, 2018.3.20, 2020.3.24〉<br>⑩ 대체산림자원조성비의 납부 기한, 대체산림자원조성비의 단위면적당 금액의 세부 산정기준(「부동산 가 격공시에 관한 법률」에 따른 해당 산지의 개별공시지가를 일부 포함 한다) 등에 관한 사항은 대통령령으 로 정한다. 〈개정 2010.5.31, | 에게 납부고지하여야 한다. 〈개정 2012.8.22, 2018.10.30〉<br><br>② 산림청장등은 제1항에 따라 납부 고지를 하는 경우에는 납부고지서 발행일부터 20일 이상 90일 이내의 납부기간을 정하여 고지하여야 한 다. 다만, 대체산림자원조성비를 납 부하여야 할 자가 부득이한 사유로 인하여 그 기간의 연장을 신청한 경 우에는 농림축산식품부령으로 정하 는 바에 따라 한 차례만 처음 고지 한 납부기간의 범위에서 그 기간을 연장할 수 있다. 〈개정 2008.2.29, 2012.8.22, 2013.3.23〉<br>③ 대체산림자원조성비는 산지전용허 가 또는 산지일시사용허가의 유형 | 에 따라 대체산림자원조성비의 납 부고지를 한 때 또는 이를 수납한 때에는 별지 제11호서식의 대체산 림자원조성비의 납부고지 및 수납 대장에 기록·관리하여야 한다.<br><br>**제21조(대체산림자원조성비의 납부기 간 연장)** ① 영 제24조제2항 단서의 규정에 따라 대체산림자원조성비 납 부기간의 연장을 받고자 하는 자는 납부기간 만료일전까지 별지 제12호 서식의 대체산림자원조성비 납부기 간연장신청서에 대체산림자원조성 비 납부재원의 조달계획서와 그 사 실을 증명할 수 있는 서류를 첨부하 여 관할청에 제출하여야 한다.<br>② 관할청은 제1항의 규정에 따라 대 체산림자원조성비의 납부기간 연장 신청을 받은 경우 연장신청의 사유 등을 검토하여 타당하다고 인정되 |

| | | |
|---|---|---|
| 2012.2.22, 2016.1.19, 2017.4.18, 2018.3.20> | 에 따라 다음 각호의 면적을 기준으로 부과하여야 한다. <개정 2010.12.7><br>1. 법 제14조에 따른 산지전용허가 또는 법 제15조의2제1항에 따른 산지일시사용허가를 받으려는 경우: 산지전용허가 또는 산지일시사용허가를 받는 산지의 면적<br>2. 다른 법률에 따라 산지전용허가 또는 산지일시사용허가가 의제되거나 배제되는 행정처분을 받으려는 경우: 해당 행정처분에 따라 산지전용허가 또는 산지일시사용허가가 의제되거나 배제되는 산지의 면적<br>④ 법 제19조제8항에 따른 대체산림자원조성비의 단위면적당 금액은 해당 연도의 잣나무 조림비와 식재 후 10년까지의 숲가꾸기 비용을 합한 금액과 산림이 가지는 수원함양(水源涵養)·대기정화·토사유출방 | 는 때에는 당초 고지한 납부기간의 범위안에서 그 기간연장을 결정하고 신청인에게 통지하여야 한다. |

| 산지관리법 | 산지관리법 시행령 | 산지관리법 시행규칙 |
|---|---|---|
| | 지·온실가스흡수 등의 공익적 가치평가액 및 「부동산 가격공시에 관한 법률」에 따른 해당 산지의 개별공시지가를 고려하여 산림청장이 매년 결정·고시한다. 이 경우 법 제19조제8항 후단에 따라 산지별·지역별 금액을 다음 각 호의 구분에 따라 달리할 수 있다. <개정 2005. 8.5, 2010.12.7, 2012.8.22, 2016. 8.31, 2018.10.30> | |
| | 1. 산지전용·일시사용제한지역은 단위면적당 금액에 100분의 100을 가산한 금액 | |
| | 2. 산지전용·일시사용제한지역을 제외한 보전산지는 단위면적당 금액에 100분의 30을 가산한 금액 | |
| | 3. 준보전산지는 단위면적당 금액 | |

⑪ 대체산림자원조성비는 현금 또는 대통령령으로 정하는 납부대행기관을 통하여 신용카드·직불카드 등(이하 "신용카드등"이라 한다)으로 납부할 수 있다. 신용카드로 대체산림자원조성비를 납부하는 경우에는 대체산림자원조성비 납부대행기관의 승인일을 납부일로 본다. <신설 2017.4.18, 2018.3.20>

⑫ 대체산림자원조성비 납부대행기관의 지정, 납부대행 수수료 등에 관하여 필요한 사항은 대통령령으로 정한다. <신설 2017.4.18, 2018.3.20>

⑤ 법 제19조제11항 전단에서 "대통령령으로 정하는 납부대행기관"이란 다음 각 호의 기관을 말한다. <신설 2017.10.17, 2018.10.30>
1. 「민법」 제32조에 따라 금융위원회의 허가를 받아 설립된 금융결제원
2. 정보통신망을 이용하여 신용카드·직불카드 등(이하 "신용카드등"이라 한다)에 의한 결제를 수행하는 기관 중 시설, 업무수행능력, 자본금 규모 등을 고려하여 산림청장이 납부대행기관으로 지정하여 고시한 기관

⑥ 납부대행기관은 신용카드등에 의한 납부대행 용역의 대가로 납부금액의 1천분의 10을 초과하지 아니하는 범위에서 납부의무자로부터 납부대행 수수료를 받을 수 있다. 이 경우 납부대행기관은 납부대행 수수료에 대하여 산림청장의 승인을 받아야 한다. <신설 2017.10.17>

| 산지관리법 | 산지관리법 시행령 | 산지관리법 시행규칙 |
|---|---|---|
| | ⑦ 산림청장은 제6항 후단에 따라 승인하는 경우 납부대행기관의 운영경비 등을 종합적으로 고려하여야 한다. <신설 2017.10.17> [제목개정 2017.10.17]<br><br>**제25조** 삭제 <2012.8.22> | |
| **제19조의2(대체산림자원조성비의 환급)** ① 산림청장등은 대체산림자원조성비를 낸 자가 다음 각 호의 어느 하나에 해당하는 경우에는 대통령령으로 정하는 바에 따라 대체산림자원조성비의 전부 또는 일부를 되돌려주어야 한다. 다만, 형질이 변경된 면적의 비율에 따라 대체산림자원조성비를 차감하여 되돌려줄 수 있으며, 제38조제1항에 따른 복구비를 예치하지 아니한 자의 경우에는 대통령령으로 정하는 바에 따라 산지 복구에 필요한 비용을 미리 상계(相 | **제25조의2(대체산림자원조성비의 환급)** ① 산림청장등은 대체산림자원조성비로 납부된 금액 중 법 제19조의2에 따라 환급하여야 할 금액이 있는 경우에는 지체 없이 그 금액을 대체산림자원조성비환급금으로 결정하고 대체산림자원조성비를 납부한 자 등에게 이를 통지하여야 한다. 다만, 법 제44조제1항제3호 또는 제5호에 따라 산지의 복구를 명한 경우에는 산지의 복구 여부를 확인한 후에 통지하여야 한다. <개정 2012.8.22> | |

| | |
|---|---|
| 計)한 후 되돌려줄 수 있다. <개정 2012.2.22, 2018.3.20, 2019.12.3, 2020.5.26> | ② 대체산림자원조성비의 환급절차 및 통지에 관하여는 「국고금 관리법 시행령」 제17조 및 제18조를 준용한다. <개정 2018.10.30><br>③ 산림청장등은 제1항에 따라 대체산림자원조성비환급금에 관한 통지를 하는 경우에는 대체산림자원조성비환급금에 다음 각 호의 어느 하나에 해당하는 날의 다음 날부터 환급금을 결정하는 날까지의 기간에 「국세기본법 시행령」 제43조의3 제2항에 따른 국세환급가산금의 이자율을 곱하여 계산한 금액을 환급가산금으로 결정하고 이를 함께 통지하여야 한다. <개정 2010.12.7, 2012.8.22, 2018.10.30> |
| 1. 제14조에 따른 산지전용허가를 받지 못한 경우<br>2. 제15조의2제1항에 따른 산지일시사용허가를 받지 못한 경우<br>3. 제16조제2항에 따라 산지전용허 | 1. 법 제19조의2제1항제1호 및 제2호에 해당하는 경우에는 대체산림자원조성비를 납부한 날<br>2. 법 제19조의2제1항제3호에 해당 |

| 산지관리법 | 산지관리법 시행령 | 산지관리법 시행규칙 |
|---|---|---|
| 가 또는 산지일시사용허가가 취소된 것으로 보게 되는 경우 | 하는 경우에는 다음 각 목의 어느 하나에 해당하는 날<br>가. 산지를 다른 용도로 사용하려는 목적사업의 시행에 필요한 행정처분에 대한 거부처분이 확정된 경우에는 대체산림자원조성비를 납부한 날<br>나. 산지를 다른 용도로 사용하려는 목적사업의 시행에 필요한 행정처분의 취소처분이 확정된 경우에는 법 제16조제2항에 따라 산지전용허가 또는 산지일시사용허가가 취소된 것으로 보는 날 | |
| 4. 제15조의2제5항에 따른 산지일시사용기간 또는 제17조제1항 및 제2항에 따른 산지전용기간 이내에 목적사업을 완료하지 못하고 그 기간이 만료된 경우 | 3. 법 제19조의2제1항제4호에 해당하는 경우에는 산지전용기간이 만료된 날 | |

| | |
|---|---|
| 5. 제20조제1항에 따라 산지전용허가 또는 산지일시사용허가가 취소된 경우<br><br>6. 다른 법률에 따라 제14조에 따른 산지전용허가, 제15조의2제1항에 따른 산지일시사용허가를 받지 아니한 것으로 보게 되는 경우<br><br><br><br><br><br>7. 사업계획의 변경이나 그 밖에 대통령령으로 정하는 사유로 대체산림자원조성비의 부과 대상 산지의 면적이 감소된 경우 | 4. 법 제19조의2제1항제5호에 해당하는 경우에는 산지전용허가 또는 산지일시사용허가가 취소된 날<br><br>5. 법 제19조의2제1항제6호에 해당하는 경우에는 다음 각 목의 어느 하나에 해당하는 날<br>  가. 산지전용허가 또는 산지일시사용허가가 의제되거나 배제되는 행정처분을 받지 못한 경우에는 대체산림자원조성비를 납부한 날<br>  나. 산지전용허가 또는 산지일시사용허가가 의제되거나 배제되는 행정처분이 취소된 경우에는 해당 행정처분이 취소된 날<br>6. 법 제19조의2제1항제7호에 해당하는 경우에는 그 변경허가를 받은 날 또는 변경신고가 수리된 날 |

| 산지관리법 | 산지관리법 시행령 | 산지관리법 시행규칙 |
|---|---|---|
| 8. 대체산림자원조성비를 낸 후 그 부과의 정정 등 대통령령으로 정하는 사유가 발생한 경우<br><br>② 제1항에도 불구하고 제42조에 따라 복구준공검사를 받은 경우에는 대체산림자원조성비를 되돌려주지 아니한다. 다만, 다음 각 호의 어느 하나에 해당하는 경우에는 그러하지 아니하다.　　<신설 2018.3.20, 2020.5.26><br>1. 대체산림자원조성비를 잘못 산정하였거나 그 부과금액이 잘못 기재된 경우<br>2. 대체산림자원조성비의 부과대상이 아닌 것에 대하여 부과된 경우<br>[전문개정 2010.5.31] | 7. 법 제19조의2제1항제8호에 해당하는 경우에는 대체산림자원조성비가 감면되는 용도로의 사용이 확정된 날<br>8. 법 제19조의2제2항 각 호에 해당하는 경우에는 대체산림자원조성비를 납부한 날<br>④ 제1항부터 제3항까지의 규정에 따라 대체산림자원조성비환급금 및 환급가산금을 결정함에 있어서 대체산림자원조성비가 2회 이상 분할납부된 경우에는 가장 최근에 납부된 대체산림자원조성비부터 환급한다.<br>⑤ 법 제19조의2제1항제7호에서 "대통령령으로 정하는 사유"란 측량의 오차로 인하여 대체산림자원조성비 부과 대상 산지의 면적이 감소된 경우를 말한다.　　<개정 2010.12.7, 2018.10.30> | |

⑥ 법 제19조의2제1항제8호에서 "대통령령으로 정하는 사유"란 법 제42조에 따라 복구준공검사를 하기 전에 이 법 또는 다른 법률에 따라 대체산림자원조성비가 감면되는 용도로의 사용이 확정된 경우(법 제14조 또는 제15조의2제1항에 따른 산지전용허가 또는 산지일시사용허가 기간 중에 해당 용도로의 사용이 확정되는 경우로 한정한다)를 말한다. <개정 2018.10.30>

⑦ 산림청장등은 법 제19조의2제1항 각 호 외의 부분 단서에 따라 제1항 및 제3항(제8호는 제외한다)에 따른 대체산림자원조성비의 환급금 및 환급가산금에서 산지복구에 필요한 비용을 미리 상계한 경우에는 그 상계한 금액을 법 제38조제1항에 따른 복구비로 예치하여야 한다. <개정 2012.8.22, 2018.10.30>

⑧ 법 제19조의2제1항 각 호 외의 부

| 산지관리법 | 산지관리법 시행령 | 산지관리법 시행규칙 |
|---|---|---|
| | 분 단서에 따라 대체산림자원조성비를 차감하여 환급 받은 자가 동일 지역을 포함하여 10년 이내에 다시 산지전용을 하려는 경우에는 차감된 대체산림자원조성비를 제외한 금액을 대체산림자원조성비로 납부하여야 한다. <개정 2018.10.30><br>⑨ 삭제 <2018.10.30><br>[본조신설 2007.7.27] | |
| 제20조(산지전용허가의 취소 등) ① 산림청장등은 제14조에 따른 산지전용허가 또는 제15조의2제1항에 따른 산지일시사용허가를 받거나 제15조에 따른 산지전용신고 또는 제15조의2제4항에 따른 산지일시사용신고를 한 자가 다음 각 호의 어느 하나에 해당하는 경우에는 농림축산식품부령으로 정하는 바에 따라 허가를 취소하거나 목적사업의 중지, 시설 | 제25조의3 삭제 <2010.12.7> | 제22조(산지전용허가의 취소 등) 관할청은 법 제20조에 따라 산지전용허가·산지일시사용허가를 취소하거나 목적사업의 중지, 시설물의 철거, 산지로의 복구, 그 밖에 필요한 조치(이하 이 조에서 "산지전용허가취소 등"이라 한다)를 명할 때에는 그 허가를 받았거나 신고를 한 자에게 다음 각 호의 사항을 서면으로 통지하여야 한다. <개정 2011.1.5> |

| | | |
|---|---|---|
| 물의 철거, 산지로의 복구, 그 밖에 필요한 조치를 명할 수 있다. 다만, 제1호에 해당하는 경우에는 그 허가를 취소하거나 목적사업의 중지 등을 명하여야 한다. &lt;개정 2012.2.22, 2013.3.23, 2019.12.3, 2020.2.18&gt;<br>1. 거짓이나 그 밖의 부정한 방법으로 허가를 받거나 신고를 한 경우<br>2. 허가의 목적 또는 조건을 위반하거나 허가 또는 신고 없이 사업계획이나 사업규모를 변경하는 경우<br>3. 제19조에 따른 대체산림자원조성비를 내지 아니하였거나 제38조에 따른 복구비를 예치하지 아니한 경우(제37조제8항에 따른 줄어든 복구비 예치금을 다시 예치하지 아니한 경우를 포함한다)<br>4. 제37조제6항 각 호의 어느 하나에 해당하는 필요한 조치 명령에 | | 1. 산지전용허가취소등의 대상산지의 소재지<br>2. 산지전용·산지일시사용의 허가일 및 허가번호 또는 산지전용·산지일시사용의 신고일 및 신고번호<br>3. 산지전용허가취소등의 연월일<br>4. 산지전용허가취소등의 내용 및 사유 |

| 산지관리법 | 산지관리법 시행령 | 산지관리법 시행규칙 |
|---|---|---|
| 따른 재해 방지 또는 복구를 위한 명령을 이행하지 아니한 경우<br>5. 허가를 받은 자가 각 호 외의 부분 본문·단서에 따른 목적사업의 중지 등의 조치명령을 위반한 경우<br>6. 허가를 받은 자가 허가취소를 요청하거나 신고를 한 자가 신고를 철회하는 경우<br>② 산림청장등은 다른 법률에 따라 산지전용허가·산지일시사용허가 또는 산지전용신고·산지일시사용신고가 의제되는 행정처분을 받은 자가 제1항 각 호의 어느 하나에 해당하는 경우에는 산지전용 또는 산지일시사용의 중지를 명할 수 있다. <신설 2012.2.22><br>③ 산림청장등은 제2항에도 불구하고 다른 법률에 따라 산지전용허가· | | |

| | | |
|---|---|---|
| 산지일시사용허가 또는 산지전용신고·산지일시사용신고가 의제되는 행정처분을 받은 자가 제1항제3호에 해당하는 경우에는 관계 행정기관의 장에게 그 목적사업에 관련된 승인·허가 등의 취소를 요청할 수 있다. <신설 2018.3.20><br>[전문개정 2010.5.31] | | |
| **제21조(용도변경의 승인 등)** ① 제14조에 따른 산지전용허가 또는 제15조의2제1항에 따른 산지일시사용허가를 받거나 제15조에 따른 산지전용신고 또는 제15조의2제4항에 따른 산지일시사용신고를 한 자(다른 법률에 따라 해당 허가 또는 신고가 의제되는 행정처분을 받은 자를 포함한다)가 다음 각 호의 어느 하나에 해당되는 경우에는 농림축산식품부령으로 정하는 바에 따라 산림청장 등의 승인을 받아야 한다. 다만, 준보 | **제26조(용도변경의 승인 등)** ① 법 제21조제1항제1호에서 "대통령령으로 정하는 기간 이내에 다른 목적으로 사용하려는 경우"란 다음 각 호의 어느 하나에 해당하는 경우를 말한다. <개정 2005.8.5, 2007.7.27, 2008.10.29, 2010.12.7, 2015.11.11, 2017.6.2><br>1. 시설물을 설치할 목적으로 산지전용허가·산지일시사용허가를 받거나 산지전용신고·산지일시사용신고를 한 자가 다음 각 목의 | **제23조(용도변경의 승인신청)** ① 법 제21조제1항에 따라 산지전용·산지일시사용의 목적사업에 사용되고 있거나 사용된 토지를 다른 목적으로 사용하고자 하는 자는 별지 제13호 서식의 용도변경승인신청서에 다음 각 호의 서류를 첨부하여 관할청에 제출하여야 한다. <개정 2011.1.5><br>1. 용도변경의 목적 등을 기재한 사업계획서 1부<br>2. 측량업자등이 측량한 축척 6천분의 1 내지 1천200분의 1의 용도 |

| 산지관리법 | 산지관리법 시행령 | 산지관리법 시행규칙 |
| --- | --- | --- |
| 전산지에 대한 산지전용허가 또는 산지일시사용허가를 받은 자(다른 법률에 따라 산지전용허가 또는 산지일시사용허가가 의제되거나 배제되는 행정처분을 받은 자를 포함한다)가 제19조제5항에 따라 대체산림자원조성비를 감면받지 아니하고 대체산림자원조성비를 모두 납부한 경우에는 그러하지 아니하다. <개정 2012.2.22, 2013.3.23, 2016.12.2, 2018.3.20, 2019.12.3> 1. 산지전용 또는 산지일시사용 목적 사업에 사용되고 있거나 사용된 토지를 대통령령으로 정하는 기간 이내에 다른 목적으로 사용하려는 경우(대체산림자원조성비가 감면되는 용도에서 감면되지 아니하는 용도 또는 감면비율이 낮은 용도로 변경하려는 경우를 포 | 어느 하나에 해당되는 날부터 5년 이내에 해당 시설의 용도를 변경하는 경우 가. 「건축법」 제22조에 따른 사용승인을 얻은 날 나. 가목의 경우외에 관계법령에서 당해 시설물의 승인·신고 또는 사용검사 등을 받도록 규정한 경우의 그 승인·신고 또는 사용검사 등을 받은 날 다. 그 밖에 관계법령에서 당해 시설물을 사용하기 위하여 필요한 행정절차를 규정하고 있지 아니한 경우에는 그 설치공사를 수행한 자가 당해 시설물을 준공한 날 2. 시설물의 설치외의 목적으로 산지전용허가·산지일시사용허가를 받거나 산지전용신고·산지일시 | 변경예정지가 표시된 실측도 1부(산지전용·산지일시사용의 허가신청 또는 산지전용·산지일시사용의 신고를 하는 경우에 제출한 예정지실측도의 축척과 같은 축척으로 하되, 그 허가를 받거나 신고를 한 산지와 용도변경예정 |

| | | |
|---|---|---|
| 함한다)<br><br><br><br><br><br><br><br><br><br>2. 농림어업용 주택 또는 그 부대시설을 설치하기 위한 용도로 전용한 후 대통령령으로 정하는 기간 이내에 농림어업인이 아닌 자에게 명의를 변경하려는 경우<br><br>② 제1항에 따라 승인을 받으려는 자 중 대체산림자원조성비가 감면되는 시설의 부지로 산지전용 또는 산지 | 사용신고를 한 자가 다음 각 목의 어느 하나에 해당하는 날부터 5년 이내에 해당 산지의 용도를 변경하려는 경우<br>가. 법 제39조제1항 및 제2항의 규정에 따라 복구를 하여야 하는 경우에는 법 제42조제1항의 규정에 따라 그 복구준공검사를 받은 날<br>나. 법 제39조제3항제2호에 따라 복구의무가 면제된 경우에는 그 면제를 받은 날<br>② 법 제21조제1항제2호에서 "대통령령으로 정하는 기간 이내"란 「건축법」 제22조에 따른 사용승인을 받은 날부터 5년 이내를 말한다.<br>〈신설 2007.7.27, 2009.4.20, 2010.12.7〉<br>③ 법 제21조제2항의 규정에 따라 납부하여야 하는 대체산림자원조성비는 다음 산식에 따라 산출한 금액으 | 지의 경계 및 면적이 동일한 경우에는 제출하지 아니할 수 있다)<br>3. 피해방지시설의 설치계획 등이 포함된 피해방지계획서 1부(용도변경으로 인하여 토사유출·폐수배출 또는 악취발생 등이 우려되는 경우에 한한다)<br>② 관할청은 제1항의 규정에 따라 용도변경승인신청을 받은 때에는 용도변경사유 등을 검토하여 타당하다고 인정되는 때에는 별지 제14호서식의 용도변경승인대장에 이를 기재하고, 별지 제15호서식의 용도변경승인서를 신청인에게 교부하여야 한다. |

| 산지관리법 | 산지관리법 시행령 | 산지관리법 시행규칙 |
|---|---|---|
| 일시사용을 한 토지를 대체산림자원조성비가 감면되지 아니하거나 감면비율이 보다 낮은 시설의 부지로 사용하려는 자는 대통령령으로 정하는 바에 따라 그에 상당하는 대체산림자원조성비를 내야 한다.<br><br><br><br>③ 제1항에 따른 승인기준 등에 관한 사항은 대통령령으로 정한다.<br>[전문개정 2010.5.31] | 로 한다.<br><br>(산지전용 면적×부과당시의 단위면적당 금액×변경승인당시의 해당감면비율) - 이미 납부한 대체산림자원조성비<br><br>④ 제3항에 따른 대체산림자원조성비의 부과결정·납부통지 및 납부절차 등에 관하여는 제21조, 제23조 및 제24조를 준용한다.    <개정 2007.7.27, 2010.12.7, 2018.10.30><br>⑤ 법 제21조제3항에 따라 산림청장 등은 다음 각 호의 기준에 적합한 경우에만 용도변경의 승인을 하여야 한다. <신설 2007.7.27, 2010.12.7, 2012.8.22, 2018.10.30, 2020.6.2><br>1. 산지전용신고에 따른 용도변경의 경우: 법 제15조제2항에 따른 산지전용신고의 대상시설·행위의 범위, 설치지역 및 설치조건에 적 |  |

| | 합할 것<br>2. 산지전용허가에 따른 용도변경의 경우: 법 제18조에 따른 산지전용허가기준에 적합할 것<br>3. 산지일시사용허가 및 산지일시사용신고에 따른 용도변경의 경우: 법 제15조의2제5항에 따른 산지일시사용허가·신고의 대상시설·행위의 범위, 설치지역 및 설치조건·기준에 적합할 것<br>[제목개정 2007.7.27] | |
|---|---|---|
| 제21조의2(「국토의 계획 및 이용에 관한 법률」의 특례) 「국토의 계획 및 이용에 관한 법률」 제76조에도 불구하고 대통령령으로 정하는 기간 동안 제14조에 따른 산지전용허가 또는 제15조의2제1항에 따른 산지일시사용허가를 받거나 제15조에 따른 산지전용신고 또는 제15조의2제4항에 따른 산지일시사용신고(다른 법 | 제26조의2(「국토의 계획 및 이용에 관한 법률」의 특례) ① 법 제21조의2에서 "대통령령으로 정하는 기간"이란 제1호의 날부터 제2호의 날까지의 기간을 말한다. 다만, 제1호의 날부터 5년이 경과하기 전에 「국토의 계획 및 이용에 관한 법률」 제34조제1항에 따른 도시·군관리계획의 정비에 따라 해당 토지의 용도지역 | |

| 산지관리법 | 산지관리법 시행령 | 산지관리법 시행규칙 |
|---|---|---|
| 률에 따라 해당 허가 또는 신고가 의제되는 행정처분을 포함한다)를 하고 산지전용 또는 산지일시사용의 목적사업에 사용되고 있거나 사용된 토지에서의 건축물이나 그 밖의 시설의 용도·종류 및 규모 등의 제한에 대해서는 대통령령으로 그 기준을 달리 정할 수 있다. <개정 2019.12.3><br>[본조신설 2016.12.2]<br>[종전 제21조의2는 제21조의3으로 이동 <2016.12.2>] | 변경에 대한 도시·군관리계획이 결정된 경우에는 제1호의 날부터 해당 도시·군관리계획의 지형도면이 같은 법 제32조제4항에 따라 고시된 날까지를 말한다.<br>1. 산지전용 또는 산지일시사용의 목적사업에 사용되고 있거나 사용된 토지에서의 건축물이나 그 밖의 시설이 제26조제1항제1호 각 목의 어느 하나에 해당되는 날<br>2. 제1호의 날부터 5년이 경과한 후 최초로 「국토의 계획 및 이용에 관한 법률」 제34조제1항에 따른 도시·군관리계획의 정비에 따라 결정된 도시·군관리계획의 지형도면이 같은 법 제32조제4항에 따라 고시된 날<br>② 「국토의 계획 및 이용에 관한 법률」 제76조제5항제3호에 따른 보 | |

| | | |
|---|---|---|
| | 전 산지가 법 제14조에 따른 산지전용허가 또는 법 제15조에 따른 산지전용신고(다른 법률에 따라 산지전용허가나 산지전용신고가 의제되는 행정처분을 포함한다)에 따라 임야 외의 지목으로 변경된 경우에는 법 제21조의2에 따라 「국토의 계획 및 이용에 관한 법률」제76조에도 불구하고 제1항에 따른 기간 동안 해당 산지전용의 목적사업에 사용되고 있거나 사용된 토지에서의 건축물이나 그 밖의 시설의 용도·종류 및 규모 등의 제한에 대해서는 제26조제5항제1호 및 제2호의 기준을 준용한다. 다만,「국토의 계획 및 이용에 관한 법률」제76조에 따른 제한이 제26조제5항제1호 및 제2호의 기준보다 완화하여 정하여진 경우에는 그러하지 아니하다.<br>[본조신설 2017.6.2]<br>[종전 제26조의2는 제26조의3으로 | |

| 산지관리법 | 산지관리법 시행령 | 산지관리법 시행규칙 |
|---|---|---|
| | 이동 <2017.6.2>] | |
| **제21조의3(산지의 지목변경 제한)** 다음 각 호의 경우를 제외하고는 산지를 임야 외의 지목으로 변경하지 못한다. <br> 1. 제14조에 따른 산지전용허가 또는 제15조에 따른 산지전용신고(다른 법률에 따라 산지전용허가나 산지전용신고가 의제되는 행정처분을 받은 경우를 포함한다)의 목적사업을 완료한 후 제39조제3항에 따라 복구의무를 면제받거나 제42조에 따라 복구준공검사를 받은 경우 <br> 2. 「공간정보의 구축 및 관리 등에 관한 법률」 제86조에 따른 도시개발사업 등의 원활한 추진을 위하여 사업시행자가 토지의 합병을 신청하는 경우 등 대통령령으 | **제26조의3(산지의 지목변경 제한)** 법 제21조의3제2호에서 "「공간정보의 구축 및 관리 등에 관한 법률」 제86조에 따른 도시개발사업 등의 원활한 추진을 위하여 사업시행자가 토 | |

| | |
|---|---|
| 로 정하는 경우에는 제14조에 따른 산지전용허가를 받았거나 제15조에 따른 산지전용신고(다른 법률에 따라 산지전용허가나 산지전용신고가 의제되는 행정처분을 받은 경우를 포함한다)를 하였을 경우<br>[전문개정 2015.3.27]<br>[제21조의2에서 이동 <2016.12.2>]<br><br>**제4절 산지관리위원회**<br><br>**제22조(산지관리위원회의 설치·운영)**<br>① 다음 각 호의 사항을 심의하기 위하여 산림청에 중앙산지관리위원회를 둔다. <개정 2012.2.22><br>1. 이 법 또는 다른 법률의 규정에 따라 중앙산지관리위원회의 심의대상에 해당하는 사항<br>2. 산림청장의 권한에 속하는 사항 중 그 소속기관의 장에게 위임된 | 지의 합병을 신청하는 경우 등 대통령령으로 정하는 경우"란 「공간정보의 구축 및 관리 등에 관한 법률」 제86조에 따른 도시개발사업 등의 원활한 추진을 위하여 사업시행자가 토지의 합병을 신청하는 경우를 말한다. <개정 2017.6.2><br>[본조신설 2015.9.25]<br>[제26조의2에서 이동 <2017.6.2>]<br><br>**제4절 산지관리위원회** |

| 산지관리법 | 산지관리법 시행령 | 산지관리법 시행규칙 |
|---|---|---|
| 사항이 중앙산지관리위원회의 심의대상에 해당하는 사항<br><br>3. 그 밖에 산지의 보전 및 이용에 관한 사항 중 대통령령으로 정하는 사항<br><br>② 산지의 이용 및 보전에 관련된 다음 각 호의 사항을 심의하기 위하여 특별시·광역시·특별자치시·도·특별자치도(이하 "시·도"라 한다)에 지방산지관리위원회를 둘 수 있다. <개정 2012.2.22><br><br>1. 이 법 또는 다른 법률의 규정에 따라 지방산지관리위원회의 심의대상에 해당하는 사항<br><br>2. 그 밖에 산지의 보전 및 이용과 관련된 사항 중 대통령령으로 정하는 사항<br><br>③ 중앙산지관리위원회 또는 지방산지관리위원회는 그 심의사항을 효 | **제27조(중앙산지관리위원회의 심의사항)** 법 제22조제1항제3호에서 "대통령령으로 정하는 사항"이란 다음 각 호의 어느 하나에 해당하는 사항을 말한다. <개정 2005.8.5, 2007.2.1, 2007.7.27, 2010.12.7, 2014.9.24, 2018.10.30><br><br>1. 법 제8조에 따라 산림청장에게 협의요청된 사항으로서 제7조제5항에 따라 중앙산지관리위원회에 부의된 사항<br><br>2. 삭제 <2014.9.24><br><br>3. 법 제15조의2제1항에 따른 산지일시사용허가 중 50만제곱미터 이상의 보전산지가 포함되는 허가에 관한 사항<br><br>4. 법 제19조제6항에 따른 대체산림 | |

| | |
|---|---|
| 율적으로 처리하기 위하여 대통령령으로 정하는 바에 따라 분과위원회를 둘 수 있다. 이 경우 분과위원회에서 심의하는 사항 중 중앙산지관리위원회 또는 지방산지관리위원회가 지정하는 사항은 분과위원회의 심의를 해당 산지관리위원회의 심의로 본다. <개정 2012.2.22><br>④ 제1항과 제2항에 따른 중앙산지관리위원회 및 지방산지관리위원회(이하 "산지관리위원회"라 한다)의 구성, 위원의 임면(任免), 그 밖에 위원회의 운영에 필요한 사항은 대통령령으로 정한다.<br>[전문개정 2010.5.31] | 자원조성비 감면대상 및 감면비율의 타당성 등에 관한 사항<br>5. 법 제29조에 따른 채석단지의 지정에 관한 사항(산림청장이 지정하는 경우만 해당한다)<br>6. 법 제40조제4항에 따른 복구설계서 승인기준 완화에 관한 사항<br>7. 제12조제14항에 따른 임업용산지에서의 부지면적제한 완화에 관한 사항<br>8. 별표 3의2 비고 제4호에 따른 허가기준 완화에 관한 사항<br>9. 별표 4 비고 제5호에 따른 허가기준 완화에 관한 사항<br>10. 별표 4의2 비고 제1호에 따른 허가기준 완화에 관한 사항<br>11. 공익용산지 또는 그 인근의 산지를 개발목적으로 이용하기 위하여 지역등을 지정하려는 경우로서 산림생태계 및 산지경관의 보전을 위하여 필요하다고 인정되 |

| 산지관리법 | 산지관리법 시행령 | 산지관리법 시행규칙 |
|---|---|---|
| | 는 사항 등 산림청장이 필요하다고 인정하는 사항 | |
| **제23조(위원 등의 수당·여비 등)** 산지관리위원회에 출석한 위원, 관계인 및 의견을 제출한 전문가에게는 예산의 범위에서 수당, 여비, 그 밖에 필요한 경비를 지급할 수 있다. 다만, 공무원인 위원 또는 공무원인 관계인이 그 소관 업무와 직접적으로 관련되어 출석한 경우에는 그러하지 아니하다. [전문개정 2010.5.31]<br><br>**제24조** 삭제 <2016.12.2> | **제28조(중앙산지관리위원회의 구성)** ① 중앙산지관리위원회는 위원장 1인과 부위원장 2인을 포함한 50명 이내의 위원으로 구성한다. <개정 2007.7.27, 2008.7.24, 2010.12.7><br>② 중앙산지관리위원회의 위원장은 산림청차장이 되고, 부위원장은 위원중에서 호선한 1인과 산림청의 산지관리업무를 담당하는 3급공무원 또는 고위공무원단에 속하는 공무원으로 한다. <개정 2007.7.27><br>③ 중앙산지관리위원회의 위원장은 위원회를 대표하고, 위원회의 업무를 총괄한다. <개정 2019.7.2><br>④ 중앙산지관리위원회의 위원장이 부득이한 사유로 직무를 수행할 수 없는 때에는 호선된 부위원장, 산림 | |

청의 산지관리업무를 담당하는 3급 공무원 또는 고위공무원단에 속하는 공무원 및 위원장이 미리 지명한 위원의 순으로 그 직무를 대행한다. <개정 2007.7.27>

⑤ 중앙산지관리위원회 위원은 다음 각 호의 어느 하나에 해당하는 자를 산림청장이 임명 또는 위촉한다. 이 경우 시민단체(「비영리민간단체지원법」 제2조에 따른 비영리민간단체를 말한다)가 추천하는 위원과 여성위원이 각각 1인 이상 포함되도록 하여야 한다. <개정 2007.7.27, 2008.2.29, 2008.7.24, 2013.3.23, 2014.11.19, 2017.7.26>

1. 행정안전부·농림축산식품부·환경부 및 국토교통부 등 관계 중앙행정기관의 고위공무원단에 속하는 공무원 중에서 해당 기관의 장이 지명하는 자 중 7인 이내
2. 산지의 보전·이용, 환경, 국토·

| 산지관리법 | 산지관리법 시행령 | 산지관리법 시행규칙 |
|---|---|---|
| | 도시계획 등에 관한 학식과 경험이 풍부한 다음 각 목의 어느 하나에 해당하는 자로서 관련 학회 및 협회 등 관련 단체나 관계 중앙행정기관의 추천 또는 공모절차를 거친 자 중 40명 이내<br>가.「고등교육법」제2조제1호에 따른 대학에서 조교수 이상의 직에 있거나 있었던 자<br>나. 박사학위를 취득한 후 3년 이상 연구 또는 실무경험이 있는 자<br>다. 석사학위를 취득한 후 9년 이상 연구 또는 실무경험이 있는 자<br>라.「국가기술자격법」에 따른 기술사 자격을 취득한 후 3년 이상 실무경험이 있는 자<br>마. 그 밖에 산림청장이 가목부터 라목까지의 규정의 어느 하나에 해당하는 자와 동등한 학식과 | |

경험이 있다고 인정하는 자
⑥ 위원중 공무원이 아닌 위원의 임기는 2년으로 한다. 다만, 보궐위원의 경우에는 전임자 임기의 남은 기간으로 한다. <개정 2011.4.6>

**제29조(중앙산지관리위원회의 운영)** ① 중앙산지관리위원회의 위원장은 위원회의 회의를 소집하고, 그 의장이 된다.
② 중앙산지관리위원회의 위원장은 산림청장 또는 위원 3분의 1 이상의 요구가 있는 때에는 지체없이 회의를 소집하여야 한다.
③ 중앙산지관리위원회의 회의는 위원장이 매회 지정하는 15명의 위원의 과반수의 출석으로 개의하고, 출석위원 과반수의 찬성으로 의결한다. <개정 2008.7.24>
④ 중앙산지관리위원회는 필요하다고 인정하는 경우에는 관계 행정기관

| 산지관리법 | 산지관리법 시행령 | 산지관리법 시행규칙 |
|---|---|---|
| | 의 장에게 필요한 자료의 제출을 요구할 수 있으며, 산지의 보전과 이용에 관하여 학식이 풍부한 자의 설명을 들을 수 있다. <신설 2007.7.27><br><br>⑤ 관계 행정기관의 장은 산지의 보전과 이용에 관하여 중앙산지관리위원회에 출석하여 발언할 수 있다. <신설 2007.7.27><br><br>⑥ 이 영에 규정된 사항외에 중앙산지관리위원회의 운영에 관하여 필요한 사항은 위원회의 의결을 거쳐 위원장이 정한다. <개정 2007.7.27><br><br>**제29조의2(중앙산지관리위원회 분과위원회의 설치 및 운영)** ① 중앙산지관리위원회의 효율적인 심의를 위하여 중앙산지관리위원회에 다음 각 호의 분과위원회를 두고, 그 심의사항은 다음 각 호와 같다. <개정 2010.12.7, 2012.8.22, 2013.12.17, 2014.9.24, | |

2018.10.30>

1. 제1분과위원회

  가. 기본계획의 수립·변경

  나. 법 제5조 및 제6조에 따른 보전산지의 지정·변경·해제

  다. 법 제9조 및 제11조에 따른 산지전용·일시사용제한지역의 지정 및 해제

  라. 법 제19조제6항에 따른 대체산림자원조성비 감면대상 및 감면비율의 타당성 등에 관한 사항

  마. 그 밖에 중앙산지관리위원회에서 위임하는 사항

2. 제2분과위원회

  가. 삭제 <2013.12.17>

  나. 법 제8조에 따른 산지에서의 구역 등의 지정 협의

  다. 삭제 <2014.9.24>

  라. 법 제15조의2제1항에 따라 산림청장이 하는 산지일시사용허

| 산지관리법 | 산지관리법 시행령 | 산지관리법 시행규칙 |
|---|---|---|
| | 가 중 50만제곱미터 이상의 보전산지가 포함되는 허가에 관한 사항<br>마. 법 제18조제4항에 따른 산지전용의 타당성에 관한 사항<br>바. 법 제29조에 따른 채석단지의 지정에 관한 사항(산림청장이 지정하는 경우만 해당한다)<br>사. 법 제40조제4항에 따른 복구설계서 승인기준 완화에 관한 사항<br>아. 제12조제14항에 따른 임업용 산지에서의 부지면적제한 완화에 관한 사항<br>자. 별표 3의2 비고 제4호에 따른 허가기준 완화에 관한 사항<br>차. 별표 4 비고 제5호에 따른 허가기준 완화에 관한 사항<br>카. 별표 4의2 비고 제1호에 따른 | |

허가기준 완화에 관한 사항
타. 그 밖에 중앙산지관리위원회에서 위임하는 사항
② 각 분과위원회는 위원장 1인을 포함한 25명 이내의 위원으로 구성한다. <개정 2008.7.24>
③ 각 분과위원회의 위원장은 산림청 차장이 된다.
④ 각 분과위원회의 위원은 중앙산지관리위원회가 그 위원 중에서 선출하며, 중앙산지관리위원회의 위원 중 민간위원은 2 이상의 분과위원회의 위원이 될 수 없다.
⑤ 분과위원회의 회의는 위원장이 매회 지정하는 15명의 위원의 과반수의 출석으로 개의하고, 출석위원 과반수의 찬성으로 의결한다. <신설 2008.7.24>
⑥ 중앙산지관리위원회의 위원장은 제1항에도 불구하고 효율적인 심사를 위하여 필요한 경우에는 각 분과

| 산지관리법 | 산지관리법 시행령 | 산지관리법 시행규칙 |
|---|---|---|
| | 위원회가 분장하는 업무의 일부를 조정할 수 있다. <신설 2008.7.24> [본조신설 2007.7.27]<br><br>**제29조의3(중앙산지관리위원회 위원의 제척·회피)** ① 중앙산지관리위원회 위원이 다음 각 호의 어느 하나에 해당하는 경우에는 해당 심의 대상 안건의 심의·의결에서 제척된다.<br>1. 위원이 해당 심의 대상 안건에 용역이나 그 밖의 방법으로 직접적으로 관여한 경우<br>2. 위원이 해당 심의대상 안건의 이해관계인인 경우<br>② 중앙산지관리위원회 위원이 제1항 각 호의 어느 하나의 사유에 해당하는 때에는 스스로 그 안건의 심의·의결에서 회피할 수 있으며, 회의개최일 1일 전까지 이를 간사에게 통보하여야 한다. | |

③ 삭제 <2015.11.11>
[본조신설 2007.7.27]

**제30조(전문위원 및 간사 등)** ① 산지관리 등에 관한 중요사항을 조사·연구하게 하기 위하여 중앙산지관리위원회에 전문위원을 둘 수 있다.
② 전문위원은 위원장 또는 중앙산지관리위원회의 요구가 있는 때에는 출석하여 발언할 수 있다.
③ 전문위원은 산지의 보전·이용, 환경, 국토·도시계획 등에 관한 학식과 경험이 풍부한 자중에서 산림청장이 임명 또는 위촉한다.
④ 중앙산지관리위원회에 간사 1인을 두되, 간사는 위원장이 임명한다.

**제30조의2(지방산지관리위원회의 심의사항)** 법 제22조제2항제2호에서 "대통령령으로 정하는 사항"이란 다음 각 호의 어느 하나에 해당하는 사항을 말한다. <개정 2012.8.22, 2013.12.17,

| 산지관리법 | 산지관리법 시행령 | 산지관리법 시행규칙 |
|---|---|---|
| | 2014. 9.24, 2018.10.30> <br> 1. 지역계획의 수립·변경 <br> 2. 법 제8조에 따라 시·도지사에게 협의요청된 사항으로서 제7조제5항에 따라 지방산지관리위원회에 부의된 사항 <br> 3. 법 제25조제1항에 따른 토석채취 허가 <br> 4. 법 제29조에 따른 채석단지의 지정에 관한 사항(산림청장이 지정하는 경우는 제외한다) <br> 4의2. 법 제40조제4항에 따른 복구설계서 승인기준 완화에 관한 사항 <br> 4의3. 별표 3의2 비고 제4호에 따른 허가기준 완화에 관한 사항 <br> 5. 별표 4 비고 제4호에 따른 허가기준 완화에 관한 사항 <br> 6. 별표 4의2 비고 제1호에 따른 허 | |

가기준 완화에 관한 사항
[본조신설 2010.12.7]

**제31조(지방산지관리위원회의 설치·운영 등)** ① 지방산지관리위원회는 위원장 1명과 부위원장 1명을 포함한 50명 이내의 위원으로 구성한다. <개정 2007.7.27, 2008.7.24, 2010.12.7, 2012.8.22>

② 지방산지관리위원회의 위원장은 특별시·광역시·특별자치시·도 또는 특별자치도(이하 "시·도"라 한다)의 부시장 또는 부지사 중에서 산지관리업무를 담당하는 자가 되고, 부위원장은 위원 중에서 호선한 1명으로 한다. <개정 2012.8.22>

③ 지방산지관리위원회의 위원장은 위원회를 대표하고, 위원회의 업무를 총괄하며, 위원회를 소집하고 그 의장이 된다. <개정 2019.7.2>

| 산지관리법 | 산지관리법 시행령 | 산지관리법 시행규칙 |
|---|---|---|
| | ④ 지방산지관리위원회의 위원장이 부득이한 사유로 직무를 수행할 수 없는 때에는 부위원장 및 위원장이 미리 지명한 위원의 순으로 그 직무를 대행한다.<br>⑤ 지방산지관리위원회의 위원장은 시·도지사 또는 위원 3분의 1 이상의 요구가 있는 때에는 지체없이 회의를 소집하여야 한다.<br>⑥ 지방산지관리위원회의 위원은 다음 각 호의 어느 하나에 해당하는 자를 시·도지사가 임명 또는 위촉한다. 이 경우 시민단체(「비영리민간단체 지원법」 제2조에 따른 비영리민간단체를 말한다)가 추천하는 위원과 여성위원이 각각 1인 이상 포함되도록 하여야 한다. <개정 2007.7.27, 2008.7.24><br>1. 농림·환경·건설 및 도시계획· | |

| | | |
|---|---|---|
| | 소방 분야 업무를 담당하는 4급 이상 공무원 중 7인 이내<br>2. 산지의 보전·이용, 환경, 국토·도시계획 등에 관한 학식과 경험이 풍부한 다음 각 호의 어느 하나에 해당하는 자로서 관련 학회 및 협회 등 관련 단체나 관계 행정기관의 장의 추천 또는 공모절차를 거친 자 중 40명 이내<br>  가.「고등교육법」제2조제1호에 따른 대학에서 조교수 이상의 직에 있거나 있었던 자<br>  나. 박사학위를 취득한 후 3년 이상 연구 또는 실무경험이 있는 자<br>  다. 석사학위를 취득한 후 9년 이상 연구 또는 실무경험이 있는 자<br>  라.「국가기술자격법」에 따른 기술사 자격을 취득한 후 3년 이상 실무경험이 있는 자 | |

| 산지관리법 | 산지관리법 시행령 | 산지관리법 시행규칙 |
|---|---|---|
| | 마. 그 밖에 시·도지사가 가목 부터 라목에 해당하는 자와 동등한 학식과 경험이 있다고 인정하는 자<br><br>⑦ 위원중 공무원이 아닌 위원의 임기는 2년으로 한다. 다만, 보궐위원의 경우에는 전임자 임기의 남은 기간으로 한다. <개정 2011.4.6><br><br>⑧ 지방산지관리위원회의 회의는 위원장이 매회 지정하는 15명의 위원의 과반수의 출석으로 개의하고, 출석위원과반수의 찬성으로 의결한다. <개정 2008.7.24><br><br>⑨ 지방산지관리위원회에 전문위원을 둘 수 있으며, 전문위원은 산지의 보전·이용, 환경, 국토·도시계획 등에 관한 학식과 경험이 풍부한 자중에서 시·도지사가 임명 또는 위촉한다. | |

⑩ 지방산지관리위원회에 간사 1인을 두되, 간사는 위원장이 임명한다.

⑪ 이 영에 규정된 사항외에 지방산지관리위원회의 운영에 관하여 필요한 사항은 위원회의 의결을 거쳐 위원장이 정한다.

**제31조의2(지방산지관리위원회 분과위원회의 설치 및 운영)** ① 지방산지관리위원회의 효율적인 심의를 위하여 지방산지관리위원회에 다음 각 호의 분과위원회를 둘 수 있으며, 그 심의사항은 다음 각 호와 같다. <개정 2008. 7.24, 2010.12.7, 2014.9.24, 2018. 10.30>

1. 제1분과위원회
   가. 지역계획의 수립·변경
   나. 삭제 <2010.12.7>
   다. 그 밖에 지방산지관리위원회에서 위임하는 사항
2. 제2분과위원회

| 산지관리법 | 산지관리법 시행령 | 산지관리법 시행규칙 |
|---|---|---|
| | 가. 삭제 <2010.12.7> <br> 나. 법 제25조에 따른 토석채취허 가의 타당성 <br> 다. 법 제29조에 따른 채석단지의 지정에 관한 사항(산림청장이 지정하는 경우는 제외한다) <br> 라. 법 제40조제4항에 따른 복구설 계서 승인기준 완화에 관한 사 항 <br> 마. 별표 3의2 비고 제4호에 따른 허가기준 완화에 관한 사항 <br> 바. 별표 4 비고 제4호에 따른 허가 기준 완화에 관한 사항 <br> 사. 별표 4의2 비고 제1호에 따른 허가기준 완화에 관한 사항 <br> 아. 그 밖에 지방산지관리위원회에 서 위임하는 사항 <br> ② 제1항에 따른 분과위원회를 두는 경우 각 분과위원회는 위원장 1명을 | |

포함하여 25명 이내의 위원으로 구성한다. <개정 2008.7.24>
③ 각 분과위원회의 위원장은 시·도의 부시장 또는 부지사 중에서 산지관리업무를 담당하는 자가 된다.
④ 각 분과위원회의 위원은 지방산지관리위원회가 그 위원 중에서 선출하며, 지방산지관리위원회의 위원 중 민간위원은 2 이상의 분과위원회의 위원이 될 수 없다.
⑤ 분과위원회의 회의는 위원장이 매회 지정하는 15명의 위원의 과반수의 출석으로 개의하고, 출석의원 과반수의 찬성으로 의결한다. <신설 2008.7.24>
⑥ 지방산지관리위원회의 위원장은 제1항에도 불구하고 효율적인 심사를 위하여 필요한 경우에는 각 분과위원회가 분장하는 업무의 일부를 조정할 수 있다. <신설 2008.7.24>
[본조신설 2007.7.27]

| 산지관리법 | 산지관리법 시행령 | 산지관리법 시행규칙 |
|---|---|---|
| | **제31조의3(지방산지관리위원회 위원의 제척·회피)** ① 지방산지관리위원회 위원이 다음 각 호의 어느 하나에 해당하는 경우에는 해당 심의대상 안건의 심의·의결에서 제척된다.<br>1. 위원이 해당 심의 대상 안건에 용역이나 그 밖의 방법으로 직접적으로 관여한 경우<br>2. 위원이 해당 심의 대상 안건의 이해관계인인 경우<br>② 지방산지관리위원회 위원이 제1항 각 호의 어느 하나의 사유에 해당하는 경우에는 스스로 그 안건의 심의·의결에서 회피할 수 있으며, 회의 개최일 1일 전까지 이를 간사에게 통보하여야 한다.<br>③ 삭제 〈2015.11.11〉<br>[본조신설 2007.7.27] | |

**제31조의4(결격사유 등)** ① 「국가공무원법」 제33조 각 호의 어느 하나에 해당하는 자는 중앙산지관리위원회의 위원이 될 수 없다.

② 「지방공무원법」 제31조 각 호의 어느 하나에 해당하는 자는 지방산지관리위원회의 위원이 될 수 없다.

③ 산림청장 또는 시·도지사는 중앙산지관리위원회 또는 지방산지관리위원회의 위원이 다음 각 호의 어느 하나에 해당하는 경우에는 해당 위원을 해촉할 수 있다. 다만, 제1호 또는 제2호에 해당하는 경우에는 해당 위원을 해촉하여야 한다. <개정 2015.11.11>

1. 법 제22조에 규정된 직무와 관련하여 부정한 행위를 하거나 권한을 남용한 경우
2. 질병·부상 등의 사유로 직무를 수행할 수 없게 된 경우

| 산지관리법 | 산지관리법 시행령 | 산지관리법 시행규칙 |
|---|---|---|
| | 3. 제29조의3제1항 각 호의 어느 하나 또는 제31조의3제1항 각 호의 어느 하나에 해당함에도 불구하고 회피하지 아니하여 심리·의결의 공정성을 침해한 경우<br>4. 직무 태만, 품위 손상, 그 밖의 사유로 인하여 위원의 직을 유지하는 것이 적합하지 아니하다고 인정되는 경우<br>5. 위원 스스로 직무를 수행하는 것이 곤란하다고 의사를 밝히는 경우<br>[본조신설 2008.7.24] | |

| | | |
|---|---|---|
| **제3장 토석채취 등**<br><개정 2010.5.31><br>**제1절 토석채취**<br><개정 2010.5.31><br><br>**제25조(토석채취허가 등)** ① 국유림이 아닌 산림의 산지에서 토석을 채취(가공하거나 산지 이외로 반출하는 경우를 포함한다)하려는 자는 대통령령으로 정하는 바에 따라 다음 각 호의 구분에 따라 시·도지사 또는 시장·군수·구청장에게 토석채취허가를 받아야 하며, 허가받은 사항을 변경하려는 경우에도 같다. 다만, 농림축산식품부령으로 정하는 경미한 사항을 변경하려는 경우에는 시·도지사 또는 시장·군수·구청장에게 신고하는 것으로 갈음할 수 있다. <개정 2012.2.22, 2013.3.23, 2017.4.18><br>1. 토석채취 면적이 10만제곱미터 | **제3장 토석채취 등**<br><개정 2007.7.27><br>**제1절 토석채취**<br><br>**제32조(토석채취허가의 절차 및 심사 등)** ① 법 제25조제1항에 따라 토석채취허가 또는 변경허가를 받거나 변경신고를 하려는 자는 신청서에 농림축산식품부령이 정하는 서류를 첨부하여 시·도지사 또는 시장·군수·구청장에게 제출하여야 한다.<br><개정 2007.7.27, 2008.2.29, 2010.12.7, 2013.3.23> | **제3장 토석채취 등**<br><개정 2007.7.27><br>**제1절 토석채취**<br><br>**제24조(토석채취허가의 신청 등)** ① 영 제32조제1항에 따라 토석채취허가 또는 변경허가를 받으려는 자는 별지 제16호서식의 토석채취허가(변경허가)신청서에 토석채취허가신청의 경우는 다음 각 호의 서류를, 변경허가신청의 경우는 그 변경사실을 증명할 수 있는 서류(토지 등기사항증명서로 확인할 수 없는 경우만 해당한다)를 첨부하여 시·도지사 또는 시장·군수·구청장에게 제출하여야 한다. <개정 2005.8.24, 2006.8.4, 2007.1.10, 2007.7.27, 2008.7.16, 2009.11.27, 2011.1.5, 2012.10.26, 2013.1.23, 2015.11.25, 2018.11.12, 2018.11.29, 2019.9.24> |

| 산지관리법 | 산지관리법 시행령 | 산지관리법 시행규칙 |
|---|---|---|
| 이상인 경우: 시·도지사의 허가<br>2. 토석채취 면적이 10만제곱미터 미만인 경우: 시장·군수·구청장의 허가 | | 1. 사업계획서{토석채취허가구역현황, 채취방법, 장비 및 기술인력 보유현황(석재에 한정한다), 토사처리계획(석재에 한정한다), 연차별 생산·이용계획 및 피해방지계획을 포함한다} 1부<br>2. 삭제 <2005.8.24><br>3. 허가받고자 하는 산지의 소유권 또는 사용·수익권을 증명할 수 있는 서류 1부(토지 등기사항증명서로 확인할 수 없는 경우에 한정하고, 사용·수익권을 증명할 수 있는 서류에는 사용·수익권의 범위 및 기간이 명시되어야 한다)<br>4. 2인 이상이 공동으로 신청하는 경우에는 그 대표자임을 증명할 수 있는 서류 1부<br>5. 산림골재채취업에 관한 골재채취 |

|  |  | 업등록증 사본 1부(쇄골재용 석재의 굴취·채취 및 골재용 토사채취의 경우에 한정한다)<br>6. 측량업자등이 측량한 토석채취허가구역 및 영 별표 8 제4호에 따른 완충구역(이하 "완충구역"이라 한다)이 표시된 축척 6천분의 1 내지 1천200분의 1의 연차별 토석채취구역실측도 1부<br>7. 토석채취량에 대하여 「공간정보의 구축 및 관리 등에 관한 법률」 제44조제1항제1호에 따른 측지측량업 또는 같은 법 시행령 제34조제1항제1호 및 제2호에 따른 공공측량업 및 일반측량업으로 등록한 자(이하 "일반측량업자등"이라 한다)가 측량한 구적도(求積圖) 1부<br>8. 산림기술용역업자 또는 산림사업시행업자 소속 산림기술자로서 「산림기술 진흥 및 관리에 관한 |
|---|---|---|

| 산지관리법 | 산지관리법 시행령 | 산지관리법 시행규칙 |
|---|---|---|
| | | 법률 시행령」별표 5의 산림 조사사업의 배치기준에 해당하는 사람이 조사·작성한 산림조사서 (숲의 종류·모양·나이, 나무의 종류, 평균나무높이, 입목축적을 포함하고, 허가신청일 전 2년 이내에 작성된 것으로서 수목이 있는 경우에 한정한다) 1부<br>9. 복구공종·공법 및 겨냥도가 포함된 복구계획서 1부<br>10.「산림자원의 조성 및 관리에 관한 법률 시행규칙」별표 2에 따른 임도의 설계·시설기준 등에 준하여 작성한 진입로설계서 1부<br>11. 채석경제성평가보고서 1부(법 제26조제1항의 규정에 따라 채석경제성평가를 받아야 하는 경우에 한한다)<br>12. 다음 각 목의 어느 하나에 해당 |

| | | |
|---|---|---|
| | | 하는 사람이 조사·작성한 표고조사서 및 평균경사도조사서(수치지형도를 이용하여 표고 및 평균경사도를 산출한 경우에는 원본이 저장된 디스크 등 저장장치를 포함한다) 1부<br>가. 「산림기술 진흥 및 관리에 관한 법률 시행령」 별표 3에 따른 산림공학기술자<br>나. 「국가기술자격법」에 따른 산림기사·토목기사·측량및지형공간정보기사 이상의 자격을 취득한 사람<br>다. 「국가기술자격법」에 따른 산림산업기사·토목산업기사·측량및지형공간정보산업기사 자격을 취득한 후 해당 분야에서 10년 이상 종사한 경력이 있는 사람<br>② 제1항에 따른 신청서 제출 시 시·도지사 또는 시장·군수·구청장은 |

| 산지관리법 | 산지관리법 시행령 | 산지관리법 시행규칙 |
|---|---|---|
| | | 「전자정부법」 제36조제1항에 따른 행정정보의 공동이용을 통하여 토지 등기사항증명서(신청인이 토지의 소유자인 경우만 해당한다)를 확인하여야 한다. <개정 2009.4.20, 2011.1.5, 2013.1.23> ③ 법 제25조제1항 각 호 외의 부분 단서에서 "농림축산식품부령으로 정하는 경미한 사항"이란 다음 각 호의 어느 하나에 해당하는 사항을 말한다. <개정 2006.6.30, 2007. 7.27, 2008.3.3, 2008.7.16, 2011.1.5, 2013.3.23, 2015.11.25, 2018.11.12> 1. 토석채취방법, 연차별 생산·이용계획, 토사처리계획(석재에 한정한다) 등 사업계획의 변경 2. 토석채취허가를 받은 자 또는 그 대표자의 명의변경 3. 법인명칭의 변경이 없는 법인대표 |

| | |
|---|---|
| | 의 변경<br>4. 법인대표의 변경이 없는 법인명칭의 변경<br>5. 토석채취허가(석재에 한정한다)를 받은 석재의 용도변경. 다만, 법 제25조의4 및 제28조제2항에 따라 토석채취허가(석재에 한정한다)를 받은 석재의 용도를 변경하는 경우는 제외한다.<br>6. 토석채취허가를 받은 면적의 축소<br>7. 삭제 〈2014.12.31〉<br>④ 영 제32조제1항에 따라 토석채취변경신고를 하려는 자는 별지 제17호서식의 토석채취변경신고서에 별표 3의 서류를 첨부하여 시·도지사 또는 시장·군수·구청장에게 제출하여야 한다. 이 경우 시·도지사 또는 시장·군수·구청장은 「전자정부법」 제36조제1항에 따른 행정정보의 공동이용을 통하여 토지 등기사항증명서(신고인이 토지의 소유자인 경우 |

| 산지관리법 | 산지관리법 시행령 | 산지관리법 시행규칙 |
|---|---|---|
|  |  | 만 해당한다)와 법인 등기사항증명서 (신고인이 법인인 경우만 해당한다)를 확인하여야 한다. <개정 2006.6.30, 2007.7.27, 2009.4.20, 2011.1.5, 2013.1.23> |
|  | ② 시·도지사 또는 시장·군수·구청장은 제1항에 따라 토석채취허가 또는 변경허가의 신청을 받거나 변경신고가 있는 때에는 토석채취허가·변경허가 또는 변경신고 대상 산지에 대하여 현지조사를 실시하고, 그 신청내용이 법 제28조에 따른 토석채취허가기준에 적합한지 여부를 검토한 후 토석채취의 타당성에 관하여 지방산지관리위원회의 심의를 거쳐야 한다. 다만, 다음 각 호의 어느 하나의 경우에는 지방산지관리위원회의 심의를 거치지 아니한다. <개정 | ⑤ 시·도지사는 영 제32조제2항에 따라 토석채취허가·변경허가의 신청내용 또는 변경신고의 내용을 심사함에 있어서 필요한 경우에는 해당 산지를 관할하는 시장·군수·구청장의 의견을 들을 수 있다. <개정 2006.6.30, 2007.7.27, 2011.1.5> ⑥ 제5항에 따라 시·도지사로부터 의견제출을 요청받은 시장·군수·구청장은 특별한 사유가 없는 한 15일 이내에 이를 제출하여야 한다. <신설 2007.7.27, 2011.1.5> |

| | |
|---|---|
| | 2007.7.27, 2008.7.24, 2009.11.26, 2010.12.7, 2014.12.31, 2015.11.11, 2016.12.30, 2020.6.2〉<br>1. 변경신고의 경우<br>2. 5만제곱미터 미만으로 토사를 굴취·채취하는 경우<br>3. 산지전용·산지일시사용(다른 법령에 따라 산지전용허가·산지일시사용허가 또는 산지전용신고·산지일시사용신고가 의제되거나 배제되는 행정처분을 받아 산지전용·산지일시사용하는 경우를 포함한다. 이하 같다)하는 과정에서 부수적으로 생산되는 10만세제곱미터 미만의 토석을 굴취·채취하기 위하여 토석채취허가를 받으려는 경우<br>4. 토석채취허가(석재에 한정한다) 기간이 만료된 후 그 기간이 만료되기 전에 이미 굴취·채취한 석재를 반출하기 위하여 토석채취 | |

| 산지관리법 | 산지관리법 시행령 | 산지관리법 시행규칙 |
|---|---|---|
| | 허가를 받으려는 경우<br>5. 토석채취지역의 비탈면을 복구하기 위하여 불가피하게 토석을 추가로 굴취·채취하기 위하여 토석채취허가를 받으려는 경우. 다만, 국가 또는 지방자치단체 외의 자가 토석을 굴취·채취하는 경우에는 추가로 굴취·채취한 토석을 토석채취지역의 비탈면 복구대상지 외의 지역으로 반출하지 않는 경우로 한정한다.<br>6. 토석채취 면적의 변경 없이 토석채취량의 증가를 위하여 변경하려는 경우<br>7. 토석채취량의 변경 없이 산물처리장, 진입로, 그 밖에 농림축산식품부령으로 정하는 부대시설을 설치하거나 변경하려는 경우 | ⑦ 영 제32조제2항제7호에서 "농림축산식품부령으로 정하는 부대시설"이란 다음 각 호의 시설을 말한다. <신설 2015.11.25, 2019.9.24><br>1. 관리사무소, 숙소, 식당, 주차장, |

| | | |
|---|---|---|
| | ③ 시·도지사 또는 시장·군수·구청장은 제2항에 따라 심사한 결과 토석채취허가 또는 변경허가를 하거나 변경신고를 수리하는 것이 타당하다고 인정되는 경우에는 허가·변경허가 또는 변경신고 구역 및 별표 8 제4호에 따른 완충구역의 경계를 표시하게 하고 법 제38조제1항에 따른 복구비를 미리 예치하게 한 후 농림축산식품부령으로 정하는 토석채취허가증을 신청인에게 발급하거나 변경신고를 수리하여야 한다. <개정 | 화장실<br>2. 소음 또는 분진으로 인한 오염을 방지하기 위한 세륜시설(바퀴 등의 세척시설), 물탱크시설, 지하수시설 등 환경오염방지시설<br>3. 창고, 유류저장시설, 화약보관시설<br>4. 전기시설, 기계정비고<br>⑧ 영 제32조제3항의 규정에 의한 경계의 표시는 토석채취허가·변경허가구역 또는 신고구역의 경우에는 백색페인트로 하고, 완충구역의 경우에는 적색페인트로 하되, 그 폭은 5센티미터 이상으로 한다. 이 경우 토석채취허가구역의 입구에 경계를 표시하는 경우에는 해발고·계획고 및 측량기점을 안정되게 표시하여야 한다. <개정 2006.6.30, 2007.7.27, 2015.11.25><br>⑨ 영 제32조제3항의 규정에 의한 토석채취허가증은 별지 제18호서식 |

| 산지관리법 | 산지관리법 시행령 | 산지관리법 시행규칙 |
|---|---|---|
| | 2007.7.27, 2008. 2.29, 2009.11.26, 2012.8.22, 2013.3.23> | 에 의한다. <개정 2006.6.30, 2007.7.27, 2015.11.25> [제목개정 2007.7.27] |
| ② 국유림이 아닌 산림의 산지에서 객토용(客土用)이나 그 밖에 대통령령으로 정하는 용도로 사용하기 위하여 대통령령으로 정하는 규모의 토사를 채취하려는 자는 제1항에도 불구하고 농림축산식품부령으로 정하는 바에 따라 시장·군수·구청장에게 토사채취신고를 하여야 한다. 신고한 사항 중 농림축산식품부령으로 정하는 사항을 변경하려는 경우에도 같다. <개정 2012.2.22, 2013.3.23> 1. 삭제 <2012.2.22> 2. 삭제 <2012.2.22> | ④ 법 제25조제2항 전단에서 "대통령령이 정하는 용도"란 산지를 사용·수익할 권한이 있는 자 또는 산지의 소유자가 자가소비용으로 토사를 굴취·채취하는 것을 말한다. <신설 2007.7.27> ⑤ 법 제25조제2항 전단에서 "대통령령이 정하는 규모"란 30세제곱미터 이상 1천세제곱미터 이하의 규모를 말한다. <신설 2007.7.27> ⑥ 법 제25조제7항에 따라 시·도지사 또는 시장·군수·구청장에게 협의를 요청하려는 관계 행정기관의 장은 토석채취협의요청서에 농림축산식품부령으로 정하는 서류를 첨부하여 제출해야 한다. 이 경우 | 제24조의2(토사채취의 신고) ① 법 제25조제2항 전단에 따라 토사채취신고를 하려는 자는 별지 제18호의2서식의 토사채취신고서에 제24조제1항제1호부터 제4호까지의 규정 및 제7호에 따른 서류를 첨부하여 시장·군수·구청장에게 제출하여야 한다. 이 경우 시장·군수·구청장은 「전자정부법」 제36조제1항에 따른 행정정보의 공동이용을 통하여 토지등기사항증명서(신고인이 토지의 소유자인 경우만 해당한다)를 확인하여야 한다. <개정 2009.4.20, 2011.1.5, 2012.10.26, 2013.1.23> ② 법 제25조제2항 후단에서 "농림축산식품부령으로 정하는 사항"이란 다음 |

| | | |
|---|---|---|
| | 토석채취협의요청에 대한 심사에 관하여는 제2항을 준용한다. <신설 2012.8.22, 2013.3.23, 2020.6.2> ⑦ 삭제 <2010.12.7> [제목개정 2007.7.27] | 각 호의 어느 하나에 해당하는 사항을 말한다. <개정 2008.3.3, 2011.1.5, 2012.10.26, 2013.3.23> 1. 토사채취방법, 연차별 생산·이용계획 등 사업계획의 변경 2. 토사채취신고를 한 자 및 그 대표자의 명의변경 3. 법인명칭의 변경이 없는 법인대표의 변경 4. 법인대표의 변경이 없는 법인명칭의 변경 5. 토사채취신고를 한 면적의 축소 6. 토사채취신고를 한 면적의 변경이 없는 토사채취량의 증가 ③ 법 제25조제2항 후단에 따라 토사채취신고의 변경신고를 하려는 자는 별지 제18호의3서식의 토사채취변경신고서를 시장·군수·구청장에게 제출하여야 한다. 이 경우 시장·군수·구청장은 「전자정부법」 제36조제1항에 따른 행정정보의 공동이용을 통하 |

| 산지관리법 | 산지관리법 시행령 | 산지관리법 시행규칙 |
|---|---|---|
| | | 여 토지 등기사항증명서(신고인이 토지의 소유자인 경우만 해당한다)와 법인 등기사항증명서(신고인이 법인인 경우만 해당한다)를 확인하여야 하고, 신고인이 첨부하여야 할 서류에 관하여는 제24조제4항을 준용하되, "토석채취"는 "토사채취"로 본다. <개정 2009.4.20, 2011.1.5, 2012.10.26, 2013.1.23> |
| | | ④ 시장·군수·구청장은 제1항 또는 제3항에 따라 신고서를 제출받은 때에는 신고를 수리하여야 한다. 다만, 다음 각 호의 어느 하나에 해당하는 경우에는 그러하지 아니하다. <개정 2011. 1.5, 2012.10.26> |
| | | 1. 신고서의 기재사항에 흠이 있는 경우 |
| | | 2. 신고에 필요한 첨부서류를 제출하지 아니한 경우 |

| | | |
|---|---|---|
| ③ 제1항에 따른 토석채취허가 또는 제2항에 따른 토사채취신고(다른 법률에 따라 토석채취허가 또는 토사채취신고가 의제되는 행정처분을 포함한다)에 따른 채취기간은 다음 각 호와 같다. 다만, 토석채취허가를 받거나 토사채취신고를 하려는 자가 해당 산지의 소유자가 아닌 경우의 채취기간은 그 산지를 사용·수익할 수 있는 기간을 초과할 수 없다. <개정 2012.2.22, 2013.3.23> | | 3. 첨부서류에 흠이 있거나 거짓 또는 그 밖의 부정한 방법으로 신고한 사실이 발견된 경우<br>4. 법 제38조제1항 본문에 따라 복구비를 예치하여야 하는 자가 그 복구비를 예치하지 아니한 경우<br>5. 최근 1년 내에 동일지역에서 토사를 굴취·채취 한 경우<br>[본조신설 2007.7.27]<br><br>**제25조(토석채취기간 등)** 법 제25조제3항제1호 및 제2호에서 "농림축산식품부령으로 정하는 기준"이란 별표 4에 따른 토석·토사 채취기간의 결정기준을 말한다. <개정 2007.7.27, 2011.1.5, 2012.10.26, 2013.3.23><br>[제목개정 2012.10.26] |

| 산지관리법 | 산지관리법 시행령 | 산지관리법 시행규칙 |
|---|---|---|
| 1. 토석채취허가의 경우: 토석채취량 및 토석채취면적 등을 고려하여 10년의 범위에서 농림축산식품부령으로 정하는 기준에 따라 시·도지사 또는 시장·군수·구청장이 허가하는 기간<br><br>2. 토사채취신고의 경우: 토사채취량 및 토사채취면적 등을 고려하여 10년의 범위에서 농림축산식품부령으로 정하는 기준에 따라 시장·군수·구청장에게 신고하는 기간<br><br>④ 제1항에 따른 토석채취허가를 받거나 제2항에 따른 토사채취신고를 한 자(다른 법률에 따라 토석채취허가 또는 토사채취신고가 의제되는 행정처분을 받은 자를 포함한다)가 제3항에 따른 채취기간 이내에 허가받은 토석이나 신고한 토사를 모두 채취하지 못하여 그 기간연장이 필 | | **제26조(토석채취기간의 연장허가)** ① 법 제25조제4항에 따라 토석채취기간의 연장허가를 받거나 토사채취기간의 변경신고를 하려는 자는 그 채취기간이 만료되기 10일 전까지 다음 각 호의 구분에 따라 신청 또는 신고하여야 한다. <개정 2012.10.26, 2013.1.23, 2014.9.25, 2016.12.30, |

요한 경우에는 농림축산식품부령으로 정하는 바에 따라 시·도지사 또는 시장·군수·구청장으로부터 토석채취기간의 연장허가를 받거나 시장·군수·구청장에게 토사채취기간의 변경신고를 하여야 한다. <개정 2012.2.22, 2013.3.23>

2019.12.31>
1. 토석채취기간의 연장허가 신청: 별지 제16호서식의 토석채취기간 연장허가신청서에 다음 각 목의 서류(토사채취의 경우 다목은 제외한다)를 첨부하여 시·도지사 또는 시장·군수·구청장에게 제출
    가. 허가받으려는 산지의 소유권 또는 사용·수익권을 증명할 수 있는 서류 1부(토지 등기사항증명서로 확인할 수 없는 경우에 한정하고, 사용·수익권을 증명할 수 있는 서류에는 사용·수익권의 범위 및 사용·수익 기간이 명시되어야 한다)
    나. 채취하지 못한 토석량에 대하여 일반측량업자등이 측량한 구적도 1부
    다. 사업구역의 경계로부터 반경 300미터 안에 소재하는 가옥·

| 산지관리법 | 산지관리법 시행령 | 산지관리법 시행규칙 |
|---|---|---|
|  |  | 축산시설의 소유자, 주민(실제로 거주하고 있는「주민등록법」에 따른 세대주를 말한다), 공장의 소유자·대표자 및 종교시설의 대표자 전체 인원의 3분의 2 이상의 동의서(시·도지사 또는 시장·군수·구청장이 토석채취기간을 연장할 경우 인근 지역 주민의 피해 등 재해발생이 예상되어 주민 등의 동의가 필요하다고 인정하는 경우에 한정하고,「환경영향평가법」에 따른 환경영향평가 또는 소규모 환경영향평가를 거친 경우에는 동의서를 제출하지 아니한다)<br>2. 토사채취기간의 변경신고: 제18호의3서식의 토사채취변경신고서에 다음 각 목의 서류를 첨부하여 시장·군수·구청장에게 제출 |

| | | |
|---|---|---|
| | | 가. 신고하려는 산지의 소유권 또는 사용·수익권을 증명할 수 있는 서류 1부(토지 등기사항증명서로 확인할 수 없는 경우에 한정하고, 사용·수익권을 증명할 수 있는 서류에는 사용·수익권의 범위 및 사용·수익 기간이 명시되어야 한다)<br>나. 채취하지 못한 토사량에 대하여 일반측량업자등이 측량한 구적도 1부<br>② 제1항의 경우 채취기간이 만료되기 10일 전까지 토석채취기간의 연장허가를 신청하지 못하거나 토사채취기간의 변경신고를 하지 못하였을 때에는 채취기간이 만료되기 전까지 토석채취기간연장허가신청서 또는 토사채취변경신고서에 그 사유를 분명하게 밝혀서 제출하되, 채취기간이 만료된 후에는 토석채취기간의 연장허가를 받거나 토사채취기간의 변경신고가 |

| 산지관리법 | 산지관리법 시행령 | 산지관리법 시행규칙 |
|---|---|---|
| | | 수리될 때까지 토석이나 토사를 채취할 수 없다. 〈신설 2012.10.26〉 ③ 제1항 또는 제2항에 따른 신청서 또는 신고서 제출 시 시·도지사 또는 시장·군수·구청장은 「전자정부법」 제36조제1항에 따른 행정정보의 공동이용을 통하여 토지 등기사항증명서(신청인 또는 신고인이 토지의 소유자인 경우만 해당한다)를 확인하여야 한다. 〈신설 2009.4.20, 2011.1.5, 2012.10.26, 2013.1.23〉 ④ 시·도지사 또는 시장·군수·구청장은 제1항 또는 제2항에 따른 신청이나 신고를 받은 경우에는 토석 또는 토사 채취기간의 연장사유, 계단식 채취 등 토석채취방법 준수 여부 및 토석 또는 토사 채취로 인하여 재해발생이나 산지경관 훼손이 예 |

| | | |
|---|---|---|
| | | 상되는지 여부 등을 검토하여 타당하다고 인정되는 때에는 법 제38조제1항 본문에 따른 복구비를 미리 예치하게 한 후 토석채취기간의 연장허가를 하고 별지 제18호서식의 토석채취허가증을 발급하거나 토사채취기간의 변경신고를 수리하여야 한다. 다만, 다음 각 호의 요건을 모두 충족하는 경우에는 시·도지사 또는 시장·군수·구청장은 계단식 채취 등 토석채취방법 준수 여부에 관한 검토를 생략할 수 있다. <개정 2007.7.27, 2009.4.20, 2009.11.27, 2011.1.5, 2012.10.26, 2015.11.25, 2016.12.30, 2018.11.12><br>1. 토석·토사 채취용도가 건축용·공예용일 것<br>2. 토석·토사채취구역(완충구역과 부대시설은 제외한다)에 비탈면을 계단식으로 복구할 수 있는 채취면적이 확보될 것 |

| 산지관리법 | 산지관리법 시행령 | 산지관리법 시행규칙 |
|---|---|---|
| | | ⑤ 제4항에 따른 토석채취기간의 연장 또는 토사채취기간의 변경 기준은 별표 4에 따른다. <신설 2015. 11.25> |
| | | ⑥ 제5항에도 불구하고 쇄골재용 석재에 대한 토석채취연장기간의 합계는 최초로 허가를 받은 토석채취량을 기준으로 별표 4에 따라 산정된 기간을 초과할 수 없다. 다만, 법 제22조제2항에 따른 지방산지관리위원회의 심의를 거친 경우에는 그러하지 아니하다. <신설 2015.11.25> |
| | | [제목개정 2007.7.27] |
| ⑤ 시·도지사 또는 시장·군수·구청장은 제1항 각 호 외의 부분 단서에 따른 변경신고, 제2항에 따른 토사채취신고·변경신고 또는 제4항에 따른 토사채취기간의 변경신고를 받은 날부터 15일 이내에 신고수리 여부를 신 | | 제27조(토석채취 등의 협의서류) 법 제25조제5항에 따라 시·도지사 또는 시장·군수·구청장에게 협의를 요청하려는 관계 행정기관의 장은 별지 제19호의2서식의 토석채취 등의 협의요청서에 다음 각 호의 구분에 |

고인에게 통지하여야 한다. <신설 2019.12.3>

⑥ 시·도지사 또는 시장·군수·구청장이 제5항에서 정한 기간 내에 신고수리 여부 또는 민원 처리 관련 법령에 따른 처리기간의 연장을 신고인에게 통지하지 아니하면 그 기간(민원 처리 관련 법령에 따라 처리기간이 연장 또는 재연장된 경우에는 해당 처리기간을 말한다)이 끝난 날의 다음 날에 신고를 수리한 것으로 본다. <신설 2019.12.3>

⑦ 관계 행정기관의 장이 다른 법률에 따라 제1항 또는 제2항에 따른 토석채취허가 또는 토사채취신고가 의제되는 행정처분을 하기 위하여 시·도지사 또는 시장·군수·구청장에게 협의를 요청하는 경우에는 대통령령으로 정하는 바에 따라 그 허가 또는 신고의 검토에 필요한 서류를 제출하

따른 서류를 첨부하여 제출하여야 한다.
1. 토석채취허가(변경허가)의 경우: 제24조제1항 각 호의 서류
2. 토사채취신고의 경우: 제24조제1항제1호부터 제4호까지의 규정 및 제7호에 따른 서류
3. 토석채취변경신고나 토사채취변경신고의 경우: 별표 3의 서류
4. 토석채취기간의 연장허가의 경우: 제26조제1항 각 호의 서류
5. 토사채취기간의 변경신고의 경우: 제26조제1항제1호 및 제2호의 서류

[본조신설 2012.10.26]

| 산지관리법 | 산지관리법 시행령 | 산지관리법 시행규칙 |
|---|---|---|
| 여야 한다. <신설 2012.2.22, 2019.12.3><br><br>⑧ 관계 행정기관의 장은 제7항에 따른 협의를 한 후 제1항 또는 제2항에 따른 토석채취허가 또는 토사채취신고가 의제되는 행정처분을 한 경우에는 지체 없이 시·도지사 또는 시장·군수·구청장에게 통보하여야 한다. <신설 2012.2.22, 2019.12.3><br><br>[전문개정 2010.5.31] | | |
| **제25조의2(허가·신고 없이 할 수 있는 토석채취)** 다음 각 호의 어느 하나에 해당하는 토석은 제25조제1항의 토석채취허가를 받지 아니하거나 같은 조 제2항의 토사채취신고를 하지 아니하고 채취할 수 있다. 다만, 대통령령으로 정하는 경우에는 허가를 받거나 신고하여야 한다. <개정 2012.2.22, 2019.12.3> | **제32조의2(허가·신고를 하여야 하는 토석채취)** 법 제25조의2 각 호 외의 부분 단서에서 "대통령령으로 정하는 경우"란 다음 각 호의 어느 하나에 해당하는 경우를 말한다. <개정 2012.8.22, 2015.11.11, 2016.12.30, 2017.6.2, 2020.3.3, 2020.6.2><br><br>1. 산지전용·산지일시사용하는 과정에서 부수적으로 원형 상태의 | |

1. 다음 각 목의 토석. 다만, 가목에 따라 채취한 석재의 경우에는 그 석재를 토목용으로 사용 또는 판매하거나 해당 산지전용지역 또는 산지일시사용지역 외의 지역에서 쇄골재용으로 가공하려는 경우로 한정한다.
   가. 제14조에 따른 산지전용허가 또는 제15조의2제1항에 따른 산지일시사용허가를 받거나 제15조에 따른 산지전용신고 또는 제15조의2제4항에 따른 산지일시사용신고를 한 자가 산지전용 또는 산지일시사용을 하는 과정에서 부수적으로 나온 토석
   나. 도로ㆍ철도ㆍ궤도ㆍ운하 또는 수로를 설치하기 위하여 터널 또는 갱도를 파 들어가는 과정에서 부수적으로 나온 토석

암석의 가장 긴 직선길이가 18센티미터 이상인 암석(이하 "자연석"이라 한다)을 굴취ㆍ채취하여 해당 산지전용지역 또는 산지일시사용지역(산지전용 또는 산지일시사용의 목적사업에 관하여 사업계획이 수립된 경우에는 해당 사업계획에서 정하는 부지를 말한다. 이하 이 조에서 같다) 밖으로 반출하는 경우

2. 다음 각 목의 어느 하나에 해당하는 자(다른 법률에 따라 다음 각 목의 허가 또는 신고가 의제되는 행정처분을 받은 자를 포함한다)가 그 산지전용ㆍ산지일시사용하는 과정에서 부수적으로 굴취ㆍ채취하여 해당 산지전용지역 또는 산지일시사용지역 밖으로 반출하는 토석의 수량이 5만세제곱미터 이상인 경우. 다만, 국가ㆍ지방자치단체 및 「부동산 거래신

| 산지관리법 | 산지관리법 시행령 | 산지관리법 시행규칙 |
|---|---|---|
| | 고 등에 관한 법률 시행령」 제11조제1항에 따른 기관 또는 단체가 공용·공공용시설을 설치하거나 「사회기반시설에 대한 민간투자법」 제2조제7호에 따른 사업시행자가 같은 조 제1호가목부터 바목까지, 오목, 토목 및 우목에 해당하는 사회기반시설을 설치하기 위하여 산지전용·산지일시사용하는 경우에는 그렇지 않다.<br>가. 법 제14조에 따라 산지전용허가를 받은 자<br>나. 법 제15조에 따라 산지전용신고를 한 자<br>다. 법 제15조의2제1항에 따라 산지일시사용허가를 받은 자<br>라. 법 제15조의2제4항에 따라 산지일시사용신고를 한 자 | |

2. 다음 각 목의 어느 하나에 해당하는 자가 허가를 받거나 신고한 토석을 채취하는 과정에서 부수적으로 나온 토석
  가. 제25조제1항에 따른 토석채취허가를 받거나 토석채취신고를 한 자
  나. 제25조제2항에 따른 토사채취신고를 한 자
  다. 제30조제1항에 따른 채석(採石)신고를 한 자
3. 삭제 <2012.2.22>
4. 제25조제2항의 용도로 사용하기 위하여 같은 항에 따른 규모 미만으로 채취한 토사

[본조신설 2010.5.31]
[종전 제25조의2는 제25조의3으로 이동 <2010.5.31>]

3. 법 제25조의2제2호가목 또는 나목에 해당하는 자가 토석을 채취하는 과정에서 부수적으로 자연석 또는 지하 암반(토사채취를 하기로 설계된 지하부분 중 토사가 없는 암맥상태의 순수암석층으로 노출되는 것을 말한다)의 석재를 굴취·채취하는 경우
4. 법 제27조제2항에 따라 광물이 함유되어 있는 토석(광물을 채취하는 과정에서 부수적으로 채취한 토석을 포함한다)을 건축용·공예용·조경용·쇄골재용·토목용 등 광업 외의 용도로 사용 또는 판매하기 위하여 굴취·채취하려는 경우

[본조신설 2010.12.7]
[종전 제32조의2는 제32조의3으로 이동 <2010.12.7>]

| 산지관리법 | 산지관리법 시행령 | 산지관리법 시행규칙 |
|---|---|---|
| 제25조의3(토석채취제한지역의 지정 등) ① 공공의 이익증진을 위하여 보전이 특히 필요하다고 인정되는 다음 각 호의 산지는 토석채취가 제한되는 지역(이하 "토석채취제한지역"이라 한다)으로 한다. <개정 2014.1.14, 2016.12.2, 2018.3.20><br>1. 「정부조직법」 제2조 및 제3조에 따른 중앙행정기관 및 특별지방행정기관과 「도로법」 제10조에 따른 도로 등 대통령령으로 정하는 공공시설을 보호하기 위하여 그 행정기관 및 공공시설 경계로부터 대통령령으로 정하는 거리 이내의 산지 | 제32조의3(토석채취제한지역) ①법 제25조의3제1항제1호에 따라 토석의 굴취·채취가 제한되는 산지는 다음 각 호의 어느 하나에 해당되는 산지로 한다. <개정 2007.11.30, 2008.4.3, 2008.7.24, 2008.9.22, 2009. 4.20, 2009.11.2, 2009.11.26, 2010.3.9, 2010.12.7, 2010.12.29, 2014.1.28, 2014.7.14, 2015.11.11, 2016.12.30, 2018.1.16, 2019.3.12, 2019.7.2, 2020.5.26><br>1. 「산림자원의 조성 및 관리에 관한 법률」 제19조제1항에 따라 지정된 수형목(우량나무) 및 「산림보호법」 제13조제1항에 따라 지정된 보호수의 수간(樹幹)하단부로부터 30미터 이내의 산지<br>2. 다음 각 목의 어느 하나에 해당하는 시설의 경계로부터 100미터 | |

| | | |
|---|---|---|
| | 이내의 산지<br>가.「철도의 건설 및 철도시설 유지관리에 관한 법률」제2조제1호 및 제2호에 따른 철도 및 고속철도<br>나.「궤도운송법」제2조제1호에 따른 궤도<br>다.「도로법」제39조에 따라 구간의 전부 또는 일부의 사용을 개시한 도로<br>라.「전원개발촉진법」제2조에 따른 전원설비<br>마.「하천법」제7조제1항에 따른 하천<br>바.「물환경보전법」제2조제14호에 따른 호소<br>사.「농어촌정비법」제2조제6호에 따른 저수지<br>아. 제각<br>자.「산림문화·휴양에 관한 법률」제2조제2호·제3호 및 제5 | |

| 산지관리법 | 산지관리법 시행령 | 산지관리법 시행규칙 |
|---|---|---|
| | 호에 따른 자연휴양림·산림욕장 및 치유의 숲<br><br>3. 삭제 <2009.11.26><br><br>4. 다음 각 목의 어느 하나에 해당하는 시설 또는 구역의 경계로부터 500미터 이내의 산지<br><br>  가.「군사기지 및 군사시설 보호법」제2조제2호에 따른 군사시설<br><br>  나.「정부조직법」제2조 및 제3조에 따른 중앙행정기관 및 특별지방행정기관,「법원조직법」제3조에 따른 법원 및 등기소, 각 해당 기관의 소속 기관의 시설<br><br>  다.「지방자치법」제2조 및 제3조에 따른 지방자치단체 및 특별법에 따라 설립된 공법인, 각 해당 기관의 소속 기관의 시설 | |

| | | |
|---|---|---|
| | 라. 「유아교육법」 제2조, 「초·중등교육법」 제2조 및 「고등교육법」 제2조에 따른 학교<br>마. 「의료법」 제3조에 따른 의료기관<br>바. 「문화재보호법」 제2조제5항에 따른 보호구역(보호구역이 지정되지 아니한 문화재의 경우에는 그 문화재) | |
| 2. 「철도산업발전 기본법」 제3조제1호에 따른 철도 등 대통령령으로 정하는 시설의 연변가시지역(沿邊可視地域)을 보호하기 위하여 그 시설의 경계로부터 대통령령으로 정하는 거리 이내의 산지<br>3. 「국유림의 경영 및 관리에 관한 법률」 제16조에 따른 보전국유림(준보전국유림 중 보전국유림으로 보는 경우를 포함한다)의 산지 | ② 법 제25조의3제1항제2호에 따라 토석의 굴취·채취가 제한되는 산지는 다음 각 호의 어느 하나에 해당되는 산지로 한다. <개정 2010.12.7, 2014.12.31><br>1. 고속국도 및 철도 연변가시지역의 경우에는 2천미터 이내의 산지<br>2. 일반국도 연변가시지역의 경우에는 1천미터 이내의 산지<br>3. 지방도 연변가시지역의 경우에는 5백미터 이내의 산지. 다만, 2000년 5월 16일 이전에 지방도 연변 | |

| 산지관리법 | 산지관리법 시행령 | 산지관리법 시행규칙 |
|---|---|---|
| 4. 제9조에 따른 산지전용·일시사용제한지역 및 그 밖에 대통령령으로 정하는 지역의 산지<br>5. 산림생태계의 보호, 산지경관의 보전 및 역사적·문화적 가치가 있어 보호할 필요가 있는 산지로서 산림청장이 지정하여 고시한 지역의 산지<br>② 제1항제5호에 따른 토석채취제한지역의 지정절차에 관하여는 제9조제2 | 가시지역 5백미터 이내의 산지에서 채석허가를 받은 자가 해당 허가지역에 연접하여 계속 채석을 하거나 토사채취를 하려는 경우는 제외한다.<br>4. 「항만법」 제2조제4호에 따른 항만구역 연변가시지역의 산지와 만조 시 해안선으로부터 500미터 이내의 산지<br>③ 법 제25조의3제1항제4호에서 "대통령령으로 정하는 지역의 산지"란 다음 각 호의 산지를 말한다. <개정 2010. 3.9, 2010.12.7, 2010.12.29, 2012. 7.31, 2015.7.20, 2015.11.11, 2020. 5.26><br>1. 「수목원·정원의 조성 및 진흥에 관한 법률」 제2조제1호 및 제1호의2에 따른 수목원 및 정원 안의 산지 |  |

| | |
|---|---|
| 항 및 제3항을 준용한다.<br>[전문개정 2010.5.31]<br>[제25조의2에서 이동, 종전 제25조의3은 제25조의4로 이동 <2010.5.31>] | 2. 「사방사업법」 제2조제4호에 따른 사방지 안의 산지<br>3. 「야생생물 보호 및 관리에 관한 법률」 제27조에 따른 야생생물 특별보호구역 안의 산지<br>4. 「문화재보호법」 제2조제5항에 따른 보호구역(보호구역이 지정되지 아니한 문화재의 경우에는 그 문화재)의 산지<br>5. 「산림자원의 조성 및 관리에 관한 법률」 제19조제1항에 따른 채종림(採種林)과 같은 법 제47조제1항에 따른 시험림 및 「산림보호법」 제7조제1항에 따른 산림보호구역<br>6. 「산림문화·휴양에 관한 법률」 제13조에 따른 자연휴양림의 산지, 같은 법 제20조에 따라 조성된 산림욕장 및 치유의 숲의 산지<br>[본조신설 2007.7.27]<br>[제32조의2에서 이동 , 종전 제32조의3 | |

| 산지관리법 | 산지관리법 시행령 | 산지관리법 시행규칙 |
|---|---|---|
| **제25조의4(토석채취제한지역에서의 행위제한)** 토석채취제한지역에서는 토석채취를 할 수 없다. 다만, 다음 각 호의 어느 하나에 해당하는 경우에는 토석채취를 할 수 있다.<br>1. 천재지변이나 그 밖에 이에 준하는 재해를 복구하기 위하여 토석채취가 필요한 경우<br>2. 도로의 설치 등 대통령령으로 정하는 사업을 위하여 터널이나 갱도를 파 들어가는 과정에서 부수적으로 토석을 채취하여 그 사업에 사용하는 경우<br>3. 공용·공공용 사업을 위하여 필요한 경우 등 대통령령으로 정하는 경우 | 는 제32조의4로 이동 <2010.12.7>]<br><br>**제32조의4(토석채취제한지역에서의 행위제한의 예외)** ① 법 제25조의4제2호에서 대통령령으로 정하는 사업"이란 도로·철도·궤도·운하 또는 수로를 설치하기 위한 사업을 말한다." <개정 2010.12.7><br><br>② 법 제25조의4제3호에서 "공용·공공용사업을 위하여 필요한 경우 등 대통령령으로 정하는 경우"란 다음 각 호의 어느 하나에 해당하는 경우를 말한다. <개정 2008.7.24, 2009.4.20, | |

| | 2009.11.26, 2010.12.7, 2012.5.22, 2014.12.31, 2016.12.30, 2020.6.2〉<br>1. 「공익사업을 위한 토지 등의 취득 및 보상에 관한 법률」 제4조 각 호의 어느 하나에 해당하는 사업에 사용하기 위하여 관계 중앙행정기관의 장(「정부조직법」 제3조에 따른 특별지방행정기관의 장을 포함하며, 국가지원지방도의 건설사업의 경우에는 해당 지방자치단체의 장을 말한다)이 토석채취자, 토석채취구역의 위치·면적, 토석의 종류, 토석채취수량 및 토석채취기간을 명시하여 요청한 것으로서 그 요청이 타당하다고 인정되는 경우<br>2. 산지전용·산지일시사용하는 과정에서 부수적으로 생산되는 토석을 굴취·채취하기 위하여 토석채취허가를 받으려는 경우 | |

| 산지관리법 | 산지관리법 시행령 | 산지관리법 시행규칙 |
|---|---|---|
| | 3. 토석채취에 필요한 부대시설(진입로 또는 관리사무소에 한정한다)을 설치하려는 경우(제32조의3제1항제2호 및 제2항제1호부터 제3호까지의 산지만 해당한다)<br>4. 토석채취허가를 받아 토석의 굴취·채취가 진행 중에 있는 허가지역에 연접하여 새로이 토석을 굴취·채취하려는 경우로서 다음 각 목의 어느 하나에 해당하는 경우(제32조의3제2항제1호부터 제3호까지의 산지만 해당한다)<br>가. 지방도가 일반국도 또는 고속국도로 변경된 경우<br>나. 일반국도가 고속국도로 변경된 경우<br>다. 고속국도, 철도, 일반국도 또는 지방도가 신설된 경우<br>라. 시도 및 군도가 지방도로 변경 | |

| | | |
|---|---|---|
| | 된 경우<br>5. 토석채취허가를 받은 지역(허가 기간이 만료되어 복구하고 있거나 복구가 완료된 지역을 포함한다)에 연접하여 토석을 굴취·채취하려는 경우로서 5만제곱미터 미만의 잔여 산지를 계속 채취함으로써 비탈면 없이 평탄지로 될 수 있는 경우(제32조의3제2항제1호부터 제3호까지의 산지만 해당한다)<br>6. 다음 각 목의 어느 하나에 해당하는 경우<br>  가. 토석채취허가(석재에 한정한다)를 받은 지역(허가기간이 만료되어 복구하고 있거나 복구가 완료된 지역을 포함한다) 지하의 석재를 굴취·채취하려는 경우<br>  나. 토석채취허가(석재에 한정한다) 기간이 만료된 후 그 기간이 | |

| 산지관리법 | 산지관리법 시행령 | 산지관리법 시행규칙 |
|---|---|---|
| | 만료되기 전에 이미 굴취·채취한 석재를 반출하려는 경우<br>다. 토석채취지역의 비탈면을 복구하기 위하여 불가피하게 토석을 추가로 굴취·채취하여야 하는 경우. 다만, 국가 또는 지방자치단체 외의 자가 토석을 굴취·채취하는 경우에는 추가로 굴취·채취한 토석을 토석채취지역의 비탈면 복구대상지 외의 지역으로 반출하지 않는 경우로 한정한다.<br>7. 법 제29조에 따른 채석단지로 지정된 구역에서 토석을 굴취·채취하는 경우 | |
| 4. 공공시설 등의 관리자 또는 소유자의 동의를 받은 경우 등 대통령령으로 정하는 경우<br>5. 제25조제2항에 따라 토사를 채취 | ③ 법 제25조의4제4호에서 "공공시설 등의 관리자 또는 소유자의 동의를 받은 경우 등 대통령령으로 정하는 경우" 란 다음 각 호의 어느 하나에 해당하는 | |

| | |
|---|---|
| 하는 경우<br>[전문개정 2010.5.31]<br>[제25조의3에서 이동 , 종전 제25조의4는 제25조의5로 이동 <2010.5.31>] | 경우를 말한다. <개정 2009.4.20, 2010.12.7, 2016.12.30><br>1. 제32조의3제1항제4호 및 제3항제4호에 해당하는 지역 또는 시설의 경우로서 지역 또는 시설의 관리청 또는 관리자(문화재보호구역의 경우에는 문화재청장, 군사시설인 경우에는 국방부장관 또는 관할부대장)의 동의를 받은 경우<br>2. 여객수송을 목적으로 하지 아니하는 전용철도로부터 100미터 밖에 있는 연변가시지역의 경우(제32조의3제2항제1호의 산지만 해당한다)<br>3. 제각의 경계로부터 100미터 이내의 산지로서 제각의 관리자 또는 소유자의 동의를 받은 경우<br>[본조신설 2007.7.27]<br>[제목개정 2012.5.22]<br>[제32조의3에서 이동 <2010.12.7>] |

| 산지관리법 | 산지관리법 시행령 | 산지관리법 시행규칙 |
|---|---|---|
| **제25조의5(토석채취제한지역 지정의 해제)** ① 산림청장은 제25조의3제1항제5호에 따라 고시한 지역이 다음 각 호의 어느 하나에 해당하는 경우에는 토석채취제한지역의 지정을 해제할 수 있다. <개정 2012.2.22><br>1. 지정사유가 소멸된 경우<br>2. 제8조제1항에 따라 지역·지구 및 구역 등이 지정된 경우로서 해당 목적사업수행을 위하여 불가피한 경우<br>② 제1항에 따른 토석채취제한지역의 지정해제 절차에 관하여는 제9조제2항 및 제3항을 준용한다. <개정 2012.2.22><br>[전문개정 2010.5.31]<br>[제25조의4에서 이동 <2010.5.31>] | **제33조** 삭제 <2007.7.27> | |

| | |
|---|---|
| **제26조(채석 경제성의 평가)** ① 제25조 제1항에 따른 토석채취허가(석재만 해당한다)를 받으려는 자는 대통령령으로 정하는 전문조사기관으로부터 채석 경제성에 관한 평가를 받아 그 결과를 시·도지사 또는 시장·군수·구청장에게 제출하여야 한다. 다만, 토목용 석재를 채취하려는 경우 등 대통령령으로 정하는 경우에는 그러하지 아니하다. | **제34조(채석경제성의 평가)** ① 법 제26조제1항 본문에서 "대통령령으로 정하는 전문조사기관"이란 다음 각 호의 어느 하나에 해당하는 기관을 말한다. <개정 2004.1.9, 2005.8.5, 2008.2.29, 2009.4.20, 2010.12.7, 2013.3.23, 2015.11.11, 2019.7.9><br>1. 국립산림과학원<br>2. 「한국광물자원공사법」에 따른 한국광물자원공사<br>3. 광업부문 또는 건설부문(토질·지질 전문분야에 한정한다)의 엔지니어링활동을 하기 위하여 「엔지니어링산업 진흥법」 제21조제1항에 따라 산업통상자원부장관에게 신고한 엔지니어링사업자<br>4. 「과학기술분야 정부출연연구기관 등의 설립·운영 및 육성에 관한 법률」 별표 각 호의 연구기관중 |

| 산지관리법 | 산지관리법 시행령 | 산지관리법 시행규칙 |
|---|---|---|
| | 지질조사와 광물자원연구사업을 수행하는 법인<br>5. 기술사가 「기술사법」 제6조의 규정에 따라 개설·등록을 한 광업부문 또는 건설부문(토질·지질 전문분야에 한정한다)의 기술사사무소<br>6. 산지보전협회<br>7. 그 밖에 채석경제성 평가를 수행할 수 있는 역량을 갖추었다고 산림청장이 인정하는 기관 또는 단체<br>② 법 제26조제1항 단서에서 "대통령령으로 정하는 경우"란 다음 각 호의 어느 하나에 해당하는 경우를 말한다. <개정 2005.8.5, 2007.7.27, 2010. 12.7, 2012.5.22, 2012.8.22, 2015. 11.11><br>1. 토목용·조경용 석재를 굴취·채 | |

| | | |
|---|---|---|
| | 취하고자 하는 경우<br>2. 토석채취허가(석재에 한정한다)를 받아 석재를 굴취·채취하였던 허가구역의 지하로 석재를 굴취·채취하고자 하는 경우<br>3. 산지전용·산지일시사용을 하는 과정에서 부수적으로 채취한 석재 또는 법 제28조제3항 후단에 따른 자연석을 굴취·채취하려는 경우<br>4. 토석채취허가기간이 만료된 후 그 기간이 만료되기 전에 이미 굴취·채취한 석재를 반출하고자 하는 경우<br>5. 석재를 굴취·채취한 지역의 비탈면 복구를 위하여 불가피하게 석재를 굴취·채취하여야 하는 경우<br>6. 토석채취허가를 받은 토석채취 면적을 100분의 20 범위에서 확대하려는 경우(암반이 노출되어 암 | |

| 산지관리법 | 산지관리법 시행령 | 산지관리법 시행규칙 |
|---|---|---|
| ② 제1항에 따른 전문조사기관의 채석 경제성에 관한 평가의 방법, 기준 등에 관한 사항은 대통령령으로 정한다. [전문개정 2010.5.31]<br><br>**제27조(광구에서의 토석채취 등)** ① 「광업법」제3조제3호의2·제3호의3 및 제4호의 광구에서 제25조제1항에 따른 토석채취허가를 받거나 제30조제1항에 따른 채석단지에서 채석신고를 하려는 자는 광업권자나 조광권자(租鑛權者)의 동의를 받아야 한다. 다만, 대통령령으로 정하는 전문조사기관의 조사결과 다음 각 호의 어느 하나에 해당하는 경우에는 그러하지 아니하다. <개정 2010. | 석의 종류 및 석질 등이 최초 토석채취허가를 받은 산지와 동일하다고 인정되는 경우만 해당한다)<br>③ 법 제26조제2항의 규정에 의한 채석 경제성에 관한 평가의 방법·기준 등은 별표 7과 같다.<br><br>**제35조(광구안에서의 토석채취)** 법 제27조제1항 각 호 외의 부분 단서에서 "대통령령으로 정하는 전문조사기관"이란 제34조제1항제2호부터 제7호까지의 규정에 따른 기관을 말한다. <개정 2007.7.27, 2010.12. 7, 2019.7.9><br>[제목개정 2007.7.27] | |

1.27>
1. 토석을 채취하려는 구역의 광물이 광물로서의 품위기준을 충족하지 못하는 경우
2. 채굴작업과 토석채취 작업이 작업상 서로 지장이 없다고 인정되는 경우

② 「광업법」에 따른 광물을 채굴하기 위하여 채굴계획의 인가를 받은 채굴권자나 조광권자가 그 인가를 받은 광구에서 그 광물이 포함되어 있는 토석을 광업 외의 용도로 사용하거나 판매하기 위하여 채취하려는 경우에는 다음 각 호의 구분에 따라 매매계약을 체결하거나 토석채취허가를 받아야 한다. 다만, 광물 중 대리석용 석회석을 건축용 또는 공예용으로 채취하는 경우에는 그러하지 아니하다. <개정 2010.1.27, 2020.5.26>
1. 국유림의 산지: 제35조제1항에 따른 산림청장과의 토석 매매계약

| 산지관리법 | 산지관리법 시행령 | 산지관리법 시행규칙 |
|---|---|---|
| 2. 제1호 외의 산지: 제25조제1항에 따른 토석채취허가<br>③ 산림청장은 제2항제1호에 따른 매매계약을 체결할 때 그 토석에 포함된 광물에 해당하는 부분은 농림축산식품부령으로 정하는 바에 따라 매매대금에서 공제하여야 한다. <개정 2013. 3.23, 2020.5.26><br>[전문개정 2010.5.31]<br><br>**제28조(토석채취허가의 기준)** ① 시·도지사 또는 시장·군수·구청장은 제25조제1항에 따른 토석채취허가를 할 때에는 그 허가의 신청내용이 다음 각 호(토사채취의 경우 제1호와 제2호만 해당한다)의 기준에 맞는 경우에만 허가하여야 한다. <개정 2012.2.22, 2017.4.18, 2019. 12.3> | | **제28조(토석 매매대금의 공제)** 법 제27조제3항에 따라 토석의 매매대금에서 공제하여야 하는 금액은 「광업법」 제24조제1항에 따라 산업통상자원부장관이 정하여 고시하는 광종별 광체의 규모 및 품위 이상인 광물의 함유량에 해당하는 금액으로 한다. 이 경우 광물의 함유량은 다음 각 호의 어느 하나에 해당하는 기관이 조사한 것에 한한다. <개정 2007.7.27, 2013.3.23><br>1. 「한국광물자원공사법」에 따른 한국광물자원공사<br>2. 「과학기술분야 정부출연연구기관 등의 설립·운영 및 육성에 관한 법률」 별표 제14호에 따른 한국지질자원연구원 |

| | | |
|---|---|---|
| 1. 제25조의4에 따른 토석채취제한 지역에서의 행위제한 사항에 적합할 것<br>2. 산지의 형태, 임목의 구성, 토석채취면적 및 토석채취방법 등이 대통령령으로 정하는 기준에 맞을 것<br>3. 제26조제1항에 따른 전문조사기관의 평가결과 채석의 경제성이 인정될 것<br>4. 토석채취로 인하여 생활환경 등에 영향을 받을 수 있는 지역으로서 대통령령으로 정하는 지역의 경우에는 재해를 방지하기 위한 시설의 설치 등 대통령령으로 정하는 기준을 충족할 것 | **제36조(토석채취허가의 기준 등)** ① 법 제28조제1항제2호에서 "대통령령이 정하는 기준"이란 별표 8의 기준을 말한다.<br><br>② 법 제28조제1항제4호에서 "대통령령으로 정하는 지역"이란 토석의 굴취·채취로 인하여 생활환경 등에 직접적 또는 간접적 영향을 받는 산지로서 다음 각 호의 어느 하나에 해당하는 지역을 말한다. <개정 2012.8.22, 2015.11.11><br>1. 가옥·축산시설·공장 또는 종교시설로부터 300미터 이내의 산지<br>2. 분묘중심점으로부터 30미터 이내의 산지 | [제목개정 2007.7.27]<br><br>**제28조의2(토석채취허가기준의 세부사항)** 영 제36조제1항 및 영 별표 8에 따른 토석채취허가기준 중 입목축적의 조사방법 및 평균경사도의 측정방법에 관하여는 별표 1 비고 제1호부터 제4호까지 및 별표 1의3 비고 제2호를 준용한다.<br>[본조신설 2018.11.12]<br>[종전 제28조의2는 제28조의3으로 이동 <2018.11.12>] |

| 산지관리법 | 산지관리법 시행령 | 산지관리법 시행규칙 |
|---|---|---|
| | ③ 법 제28조제1항제4호에서 "재해를 방지하기 위한 시설의 설치 등 대통령령으로 정하는 기준"이란 다음 각 호의 기준을 말한다. <개정 2008.2.29, 2008.12.24, 2009.4.20, 2009.11.26, 2010.12.7, 2012.7.20, 2013.3.23, 2015.11.11, 2019.7.2> <br> 1. 산지의 경사도, 모암(母巖), 산림상태 등 농림축산식품부령으로 정하는 산사태위험지판정기준표상의 위험요인에 따라 산사태가 발생할 가능성이 높은 것으로 판정된 지역 또는 산사태가 발생한 지역이 아닐 것. 다만, 재해방지시설의 설치를 조건으로 허가하는 경우에는 그러하지 아니하다. <br> 2. 인근지역의 재해발생이 우려되는 경우에는 다음 각 목의 보호조치가 사업계획에 반영될 것 | **제28조의3(산사태위험지의 판정기준)** 영 제36조제3항제1호에 따른 산사태위험지판정기준표는 별표 1의2와 같다. <개정 2011.10.24> <br> [본조신설 2009.11.27] <br> [제28조의2에서 이동 <2018.11.12>] |

|  |  |
|---|---|
|  | 가. 절토·성토한 면(땅깎기·흙쌓기한 면)의 토사유출 및 사면붕괴 방지를 위한 배수시설 등의 설치<br>나. 낙석방지시설의 설치<br>다. 비탈면 안정을 위한 보호공법의 채택<br>라. 방진망 설치 등 비사방지시설의 설치<br>마. 저소음·진동 발파공법의 채택<br>바. 표토와 폐석의 처리대책<br>3. 다음 각 목에 따른 동의를 얻을 것. 다만, 「환경영향평가법」에 따른 환경영향평가 또는 소규모 환경영향평가를 거친 경우를 제외한다.<br>가. 제2항제1호의 경우 해당 가옥·축산시설의 소유자, 주민(실제로 거주하고 있는 「주민등록법」에 따른 세대주를 말한다), 공장의 소유자 및 대표자, 종교 |

| 산지관리법 | 산지관리법 시행령 | 산지관리법 시행규칙 |
|---|---|---|
| | 시설의 대표자 전원(토석채취 허가를 받아 토석을 굴취·채취 하고 있는 산지에 연접하여 토 석채취허가를 받으려는 경우에 는 3분의 2 이상)의 동의<br>나. 제2항제2호의 경우 「장사 등에 관한 법률」 제2조제16호에 따 른 연고자의 동의(연고자가 있 는 경우에 한정한다) | |
| 5. 토석채취에 필요한 장비 등을 대 통령령으로 정하는 기준에 맞게 갖출 것. 다만, 제3항제1호 또는 제2호에 따라 자연석을 채취하려 는 자의 경우에는 그러하지 아니 하다.<br>6. 토석채취허가를 받으려는 구역 외 의 토석을 반입하지 아니할 것. 다만, 토석채취완료지 복구를 위 한 토석 또는 제25조의2제1호에 | ④ 법 제28조제1항제5호 본문에 따라 토석채취허가(석재에 한정한다)를 받 으려는 자가 갖추어야 하는 석재의 굴 취·채취 장비 및 기술인력의 기준은 별표 8의2와 같다. <개정 2018.10.30><br><br>⑤ 법 제28조제1항제6호 단서에서 "대 통령령으로 정하는 거리"란 다음 각 호 의 구분에 따른 거리를 말한다. <신설 2020.6.2> | |

| | | |
|---|---|---|
| 해당하는 토석을 대통령령으로 정하는 거리 이내에서 대통령령으로 정하는 규모 이하로 반입하려는 경우에는 그러하지 아니하다. | 1. 토석채취완료지 복구를 위한 토석: 거리 제한 없음<br>2. 법 제25조의2제1호에 해당하는 토석: 토석채취허가를 받으려는 구역의 경계로부터 직선거리로 60킬로미터 이내<br>⑥ 법 제28조제1항제6호 단서에서 "대통령령으로 정하는 규모"란 다음 각 호의 구분에 따른 규모를 말한다. 〈신설 2020.6.2〉<br>1. 토석채취완료지 복구를 위한 토석: 법 제40조제1항에 따라 승인받은 산지복구설계서에 기재된 토석량<br>2. 법 제25조의2제1호에 해당하는 토석: 법 제25조제1항에 따라 토석채취허가를 받으려는 토석채취량의 100분의 50<br>[전문개정 2007.7.27] | |

| 산지관리법 | 산지관리법 시행령 | 산지관리법 시행규칙 |
|---|---|---|
| ② 시·도지사 또는 시장·군수·구청장은 제25조제1항에 따른 토석채취허가를 할 때 다음 각 호의 어느 하나에 해당하는 경우에는 대통령령으로 정하는 바에 따라 제1항 각 호의 전부 또는 일부를 적용하지 아니할 수 있다.<br>1. 천재지변이나 그 밖에 이에 준하는 재해를 복구하기 위하여 토석채취가 필요한 경우<br>2. 도로 등 대통령령으로 정하는 사업을 위하여 터널이나 갱도를 파들어가는 과정에서 부수적으로 토석을 채취하여 그 사업에 사용하는 경우<br>3. 공용·공공용 사업을 위하여 필요한 경우 등 대통령령으로 정하는 경우 | **제37조(토석채취허가기준의 적용예외 등)** ① 법 제28조제2항제2호에서 "대통령령으로 정하는 사업"이란 도로·철도·궤도·운하 또는 수로를 설치하기 위한 사업을 말한다. <개정 2010.12.7><br><br>② 법 제28조제2항제3호에서 "대통령령으로 정하는 경우"란 다음 각 호의 어느 하나에 해당하는 경우를 말한다. <개정 2008.7.24, 2009.11.26, 2010.12.7, 2015.11.11> | |

| | | |
|---|---|---|
| | 1. 「공익사업을 위한 토지 등의 취득 및 보상에 관한 법률」 제4조 각 호의 어느 하나에 해당하는 사업에 사용하기 위하여 관계 중앙행정기관의 장(「정부조직법」 제3조에 따른 특별지방행정기관의 장을 포함하며, 국가지원지방도의 사업의 경우에는 해당 지방자치단체의 장을 말한다)이 토석채취자, 토석채취구역의 위치·면적, 토석의 종류, 토석채취수량 및 토석채취기간을 명시하여 요청한 것으로서 그 요청이 타당하다고 인정되는 경우<br>2. 산지전용·산지일시사용하는 과정에서 부수적으로 생산되는 토석을 굴취·채취하기 위하여 토석채취허가를 받으려는 경우<br>3. 토석채취허가기간이 만료된 후 그 기간이 만료되기 전에 이미 굴취·채취한 토석을 반출하려는 경우 | |

| 산지관리법 | 산지관리법 시행령 | 산지관리법 시행규칙 |
|---|---|---|
| | 4. 토석채취지역의 비탈면 복구를 위하여 불가피하게 토석을 굴취·채취하여야 하는 경우(굴취·채취한 토석을 해당 토석채취지역 밖으로 반출하지 아니하는 경우에 한정한다)<br><br>③ 법 제28조제2항에 따라 토석채취허가기준의 전부 또는 일부를 적용하지 아니할 수 있는 경우는 다음 각 호와 같다. <개정 2008.7.24, 2015.11.11, 2020.6.2><br>1. 제36조의 기준을 적용하지 아니하는 경우<br>　가. 법 제28조제2항제1호에 해당하는 경우<br>　나. 제1항에 해당하는 사업을 위하여 터널 또는 갱도를 굴진하는 과정에서 부수적으로 토석을 굴취·채취하여 해당 사업에 사용 | |

|  |  |  |
|---|---|---|
|  | 하는 경우<br>다. 제2항제1호 또는 제3호에 해당하는 경우<br>2. 제36조제1항의 기준을 적용하지 아니하는 경우<br>　가. 제2항제2호에 해당하는 경우<br>　나. 제2항제4호에 해당하는 경우<br>3. 제36조제3항제3호가목을 적용하지 아니하는 경우. 이 경우 가목에 해당하는 경우에는 지방산지관리위원회의 심의를 거쳐야 한다.<br>　가. 제2항제2호에 해당하는 경우(「국토의 계획 및 이용에 관한 법률」 제36조에 따른 도시지역의 경우에 한정한다)<br>　나. 제2항제4호에 해당하는 경우<br>4. 제36조제4항을 적용하지 않는 경우<br>　가. 제2항제2호에 해당하는 경우. 다만, 채취한 토석을 직접 가공 |  |

| 산지관리법 | 산지관리법 시행령 | 산지관리법 시행규칙 |
|---|---|---|
| | 하려는 경우는 제외한다.<br>나. 제2항제4호에 해당하는 경우<br>[전문개정 2007.7.27] | |
| ③ 산지에 있는 인공적으로 절개되거나 파쇄되지 아니한 원형상태의 암석 중 대통령령으로 정하는 규모 이상의 암석(이하 "자연석"이라 한다)은 다음 각 호의 어느 하나에 해당하는 경우가 아니면 채취할 수 없다. 이 경우 제1호 및 제2호의 경우에는 제25조제1항에 따른 토석채취허가를 받아야 한다. <개정 2012.2.22, 2019.12.3><br>1. 국가나 지방자치단체가 공용·공공용 사업을 하기 위하여 필요한 경우<br>2. 제14조에 따른 산지전용허가 또는 제15조의2제1항에 따른 산지일시사용허가를 받거나 제15조에 따른 산지전용신고 또는 제15조 | 제38조(자연석의 규모 등) ① 법 제28조제3항 각 호 외의 부분 전단에서 "대통령령으로 정하는 규모 이상의 암석"이란 제32조의2제1호의 자연석을 말한다.    <개정 2007.7.27, 2009.11.26, 2010.12.7, 2012.8.22><br>② 삭제 <2012.8.22> | |

의2제4항에 따른 산지일시사용신고를 한 자(다른 법률에 따라 해당 허가 또는 신고가 의제되는 행정처분을 받은 자를 포함한다)가 산지전용 또는 산지일시사용을 하는 과정에서 부수적으로 나온 자연석을 채취하는 경우

3. 제25조제1항에 따라 토석채취허가를 받은 자(다른 법률에 따라 토석채취허가가 의제되는 행정처분을 받은 자를 포함한다)가 그 채석과정에서 부수적으로 나온 자연석을 채취하는 경우

4. 제30조제1항에 따라 채석신고를 한 자가 그 채석과정에서 부수적으로 나온 자연석을 채취하는 경우

④ 시·도지사 또는 시장·군수·구청장은 제1항에 따른 토석채취허가를 하는 경우 재해방지, 산지경관 보전 등을 위하여 재해방지시설의 설치 등 필요

| 산지관리법 | 산지관리법 시행령 | 산지관리법 시행규칙 |
|---|---|---|
| 한 조건을 붙일 수 있다. <신설 2016. 12.2, 2018.3.20> [전문개정 2010.5.31] | | |
| **제29조(채석단지의 지정·해제)** ① 산림청장 또는 시·도지사는 일정한 지역에 양질의 석재가 상당량 매장되어 있어 이를 집단적으로 채취하는 것이 국토와 자연환경의 보존을 위하여 유익하다고 인정하면 대통령령으로 정하는 바에 따라 직권으로 또는 신청에 의하여 채석단지를 지정하거나 변경지정할 수 있다. 이 경우 산림청장 또는 시·도지사는 관계 행정기관의 장과 협의하여야 한다. <개정 2012. 2. 22., 2014. 3. 24.> | **제39조(채석단지의 지정)** ① 법 제29조제1항에 따라 다음 각 호의 자는 그 구분에 따른 채석단지를 직권 또는 신청에 의하여 지정 또는 변경지정할 수 있다. <신설 2014.9.24> 1. 산림청장 : 면적(굴취·채취가 완료된 면적과 산물처리장 등 부대시설 면적은 제외한다. 이하 이 항에서 같다)이 30만제곱미터 이상인 채석단지 2. 시·도지사 : 면적이 20만제곱미터 이상 30만제곱미터 미만인 채석단지 ② 법 제29조제1항에 따라 채석단지 지정 또는 변경지정을 받으려는 자는 신청서에 농림축산식품부령으로 정하는 | **제29조(채석단지의 지정 등)** ① 영 제39조제2항에 따라 채석단지의 지정 또는 변경지정을 받으려는 자는 별지 제20호서식의 채석단지지정(변경지정)신청서에 다음 각 호의 서류를 첨부하여 산림청장 또는 시·도지사에게 제출하여야 한다. <개정 2005.8.24, 2006.6.30, 2008.7.16, 2009.4.20, 2012.10.26, 2014.9.25> 1. 사업계획서(채석단지구역 현황, 토석채취 방법, 연차별 벌채·토사처리 계획, 연차별 토석 생산·이용 계획 및 피해방지 계획을 포함한다) 1부 2. 「환경영향평가법」 제18조에 따라 통보된 협의내용에 관한 서류 |

| | 서류를 첨부하여 산림청장 또는 시·도지사에게 제출하여야 한다. <개정 2008.2.29, 2012.8.22, 2013.3.23, 2014.9.24> <br> ③ 법 제29조제1항에 따라 산림청장 또는 시·도지사가 직권 또는 신청에 의하여 채석단지를 지정하거나 변경지정하려는 경우에는 제6항의 세부지정기준에 적합한지 여부와 법 제26조제1항에 따른 채석경제성에 관한 평가결과를 검토하여 미리 관계 행정기관의 장과 협의하고, 중앙산지관리위원회 또는 지방산지관리위원회의 심의를 거쳐야 한다. <개정 2005.8.5, 2008.7.24, 2008.12.24, 2009.11.26, 2012.8.22, 2014.9.24> <br> 1. 삭제 <2009.11.26> <br> 2. 삭제 <2009.11.26> <br> 3. 삭제 <2009.11.26> <br> 4. 삭제 <2009.11.26> <br> 5. 삭제 <2009.11.26> | 사본 1부(평가대상이 되는 경우만 해당한다) <br> 3. 채석단지의 지정 또는 변경지정을 받으려는 산지의 지번·지목·면적·소유자 등이 표시된 산지내역서 1부 <br> 4. 제24조제1항제3호·제4호·제6호 및 제8호부터 제12호까지의 서류 <br> 5. 채석단지로 지정 또는 변경지정을 받으려는 산지가 표시된 축척 2만5천분의 1 이상의 지적이 표시된 지형도(「토지이용규제 기본법」 제12조에 따라 국토이용정보체계에 지적이 표시된 지형도의 데이터베이스가 구축되어 있지 아니하거나 지형과 지적의 불일치로 지형도의 활용이 곤란한 경우에는 지적도) 1부 <br> 6. 채석단지로 지정 또는 변경지정을 받으려는 산지의 축척 6천분의 1 |

| 산지관리법 | 산지관리법 시행령 | 산지관리법 시행규칙 |
|---|---|---|
| | 6. 삭제 2009.11.26> <br> ④ 시장·군수·구청장은 제3항에 따른 협의를 요청받으면 정당한 이유가 없는 한 15일 이내에 현지조사 결과와 채석단지 지정 가능 여부에 관한 의견을 산림청장 또는 시·도지사에게 제출하여야 한다. 〈신설 2012.8.22, 2014.9.24〉 <br> ⑤ 법 제29조제2항에서 "대통령령으로 정하는 면적"이란 채석단지로 지정받은 면적의 100분의 10을 말한다. 〈신설 2012.8.22, 2014.9.24〉 | 부터 1천200분의 1까지의 석재분 포도 1부 <br> ② 제1항에 따른 신청서 제출 시 산림청장 또는 시·도지사는 「전자정부법」 제36조제1항에 따른 행정정보의 공동이용을 통하여 토지 등기사항증명서(신청인이 토지의 소유자인 경우만 해당한다)를 확인하여야 한다. 〈개정 2009.4.20, 2011.1.5, 2013.1.23, 2014.9.25〉 |
| ② 제1항에 따른 채석단지의 지정(대통령령으로 정하는 면적 이상에 대한 변경지정을 포함한다)을 신청하려는 자는 제26조에 따라 채석 경제성에 관한 평가를 받아 그 결과를 산림청장 또는 시·도지사에게 제출하여야 한다. 〈개정 2012.2.22, 2014.3.24〉 <br> ③ 제1항에 따른 채석단지의 세부지정기준은 대통령령으로 정한다. <br> ④ 산림청장 또는 시·도지사는 다음 각 호의 어느 하나에 해당하는 경우에는 | ⑥ 법 제29조제3항에 따른 채석단지의 세부지정기준은 다음 각 호와 같다. 〈개정 2005.8.5, 2007.7.27, 2009.4. 20, 2009.11.26, 2012.5.22, 2012. | |

| | |
|---|---|
| 제1항에 따라 지정한 채석단지의 전부 또는 일부에 대하여 그 지정을 해제할 수 있다. 다만, 제1호와 제3호의 경우에는 해제하여야 한다. <개정 2014. 3.24><br>1. 거짓이나 그 밖의 부정한 방법으로 지정을 받은 경우<br>2. 채석이 완료되었거나 석재의 품질·매장량으로 보아 채석단지로 계속 둘 필요가 없다고 인정되는 경우<br>3. 주변산림과 주민생활을 보호하기 위하여 해제가 불가피하다고 인정되는 경우 | 8.22, 2014.9.24, 2014.12.31, 2016. 12.30><br>1. 1개 단지의 면적이 20만제곱미터 이상으로서 석재가 집단적으로 분포할 것. 이 경우 이미 토석채취허가를 받아 석재를 굴취·채취하고 있는 지역 또는 지정된 채석단지를 포함하여 새로운 채석단지를 지정하려는 경우에는 해당 토석채취허가면적 또는 채석단지면적을 포함하여 단지의 면적을 계산하되, 굴취·채취가 완료된 면적과 산물처리장 등 부대시설 면적은 제외한다.<br>2. 경제적으로 석재를 집단적으로 채취할 가치가 높고, 도로 등 기반시설의 조성에 장애가 없을 것<br>3. 수질·먼지·진동·소음 등에 의하여 지역주민의 생활환경을 크게 해치지 아니할 것 |

| 산지관리법 | 산지관리법 시행령 | 산지관리법 시행규칙 |
|---|---|---|
| | 4. 다른 법령에 의한 개발계획이 수립되어 있거나 제한사항이 없을 것<br><br>5. 신청된 지역에 관계 법령에 따라 설정된 권리가 없을 것. 다만, 권리를 설정한 자의 동의를 받은 경우에는 그러하지 아니하다.<br><br>6. 「환경영향평가법」에 따른 평가를 받았을 것(평가 대상이 되는 경우에 한정한다)<br><br>6의2. 법 제25조의3제1항제1호, 제4호 및 제5호에 따른 산지가 아닐 것. 다만, 법 제25조의3제1항제1호 및 제4호에 따른 산지에 해당하는 경우에도 제32조의4제3항제1호에 따라 그 산지에 대하여 관리청 또는 관리자의 동의를 받은 경우에는 그러하지 아니하다.<br><br>7. 법 제28조제1항제2호부터 제5호 | |

| | | |
|---|---|---|
| | 까지 및 같은 조 제2항에 따른 토석채취허가기준에 적합할 것<br>8. 삭제 <2020.6.2><br>⑦ 산림청장 또는 시·도지사는 제3항에 따라 채석단지를 지정하거나 변경지정한 경우에는 농림축산식품부령으로 정하는 바에 따라 채석단지를 관리하여야 한다. <개정 2008.2.29, 2012.8.22, 2013.3.23, 2014.9.24><br>⑧ 제1항부터 제7항까지에서 규정한 사항 외에 채석단지의 지정·변경지정 또는 관리에 필요한 사항은 농림축산식품부령으로 정한다. <개정 2008.2.29, 2012.8.22, 2013.3.23, 2014.9.24> | ③ 산림청장 또는 시·도지사는 영 제39조제7항에 따라 채석단지의 관리를 위하여 시장·군수·구청장에게 채석단지에서의 채석신고현황 등에 대한 실태조사를 요청할 수 있다. <개정 2006.6.30, 2012.10.26, 2014.9.25><br>④ 제3항에 따라 채석단지의 실태조사를 요청받은 시장·군수·구청장은 특별한 사유가 없는 한 15일 이내에 별지 제21호서식의 채석단지실태보고서를 산림청장 또는 시·도지사에게 제출하여야 한다. <개정 2006.6.30, 2007.7.27, 2011.1.5, 2014.9.25> |
| ⑤ 산림청장 또는 시·도지사는 제1항이나 제4항에 따라 채석단지를 지정하거나 해제할 때에는 농림축산식품부 | | ⑤ 산림청장 또는 시·도지사는 법 제29조제5항에 따라 채석단지를 지정 또는 변경지정하거나 해제하는 때에는 그 |

| 산지관리법 | 산지관리법 시행령 | 산지관리법 시행규칙 |
|---|---|---|
| 령으로 정하는 바에 따라 이를 고시하여야 한다. <개정 2013.3.23, 2014.3.24><br><br>[전문개정 2010.5.31]<br><br>**제30조(채석단지에서의 채석신고)** ① 제29조제1항에 따라 지정된 채석단지에서 석재를 채취하려는 자는 제25조제1항에도 불구하고 농림축산식품부령으로 정하는 바에 따라 국유림의 산지에 대하여는 산림청장에게, 국유림이 아닌 산림의 산지에 대하여는 시장·군수·구청장에게 채석신고를 하여야 한다. 신고한 사항 중 농림축산식품부령으로 정하는 사항을 변경하려는 경우에도 같다. <개정 2012.2.22, 2013.3.23> | | 대상산지의 지번·지목 및 면적을 관보에 고시하고, 지정 또는 변경지정 신청인이나 해제대상자 및 법 제29조제1항 후단에 따른 관계 행정기관의 장에게 이를 각각 통지하여야 한다. <개정 2006. 6. 30., 2012. 10. 26., 2014. 9. 25.><br><br>**제30조(채석단지안에서의 채석신고)** ① 법 제30조제1항 각 호 외의 부분 전단에 따라 채석단지에서 석재를 채취하려는 자는 별지 제22호서식의 채석신고서에 다음 각 호의 서류를 첨부하여 시장·군수·구청장 또는 국유림관리소장, 국립수목원장, 국립산림품종관리센터장, 국립산림과학원장, 국립자연휴양림관리소장(이하 이 조에서 "시장·군수·구청장등"이라 한다)에게 제출하여야 한다. 이 경우 시장·군수·구청장등은 「전 |

| | |
|---|---|
| 1. 삭제 <2012.2.22><br>2. 삭제 <2012.2.22><br>② 제1항의 채석신고에 따른 채석기간은 10년의 범위에서 채석신고를 하려는 자가 신고한 기간으로 한다. 다만, 채석신고를 하려는 자가 그 산지의 소유자가 아닌 경우의 채석기간은 그 산지를 사용·수익할 수 있는 기간을 초과할 수 없다.<br>③ 제1항에 따라 채석신고를 한 자가 제2항에 따른 채석기간 이내에 신고한 석재의 수량을 모두 채취하지 못하여 채석기간의 연장이 필요할 때에는 농림축산식품부령으로 정하는 바에 따라 산림청장 또는 시장·군수·구청장에게 채석기간의 연장신고를 하여야 한다. <개정 2012.2.22, 2013.3.23><br>④ 제29조제4항제1호 및 제3호에 따라 채석단지의 전부 또는 일부지역이 지정해제된 경우 그 지역에서의 제2항 또는 제3항에 따른 채석기간은 그 지 | 자정부법」제36조제1항에 따른 행정정보의 공동이용을 통하여 토지등기사항증명서(신고인이 토지의 소유자인 경우만 해당한다)를 확인하여야 한다. <개정 2009.4.20, 2011.1.5, 2013.1.23><br>1. 제24조제1항제1호부터 제4호까지 및 제7호에 따른 서류<br>2. 산림골재채취업에 관한 골재채취업등록증 사본 1부(쇄골재용 채석신고의 경우에 한한다)<br>3. 측량업자등이 측량한 축척 6천분의 1부터 1천200분의 1까지의 연차별 채석구역실측도 1부<br>② 법 제30조제1항 후단에서 "농림축산식품부령으로 정하는 사항"이란 다음 각호의 경우를 말한다. <개정 2007.7.27, 2008.3.3, 2011.1.5, 2013.3.23, 2014.12.31, 2015.11.25, 2018.11.12> |

| 산지관리법 | 산지관리법 시행령 | 산지관리법 시행규칙 |
|---|---|---|
| 정해제 처분이 있는 날까지로 한다. | | 1. 채석방법, 연차별 생산·이용계획, 토사처리계획 등 사업계획의 변경<br>2. 채석신고를 한 자 또는 그 대표자의 명의변경<br>3. 법인명칭의 변경이 없는 법인대표의 변경<br>4. 법인대표의 변경이 없는 법인명칭의 변경<br>5. 채석신고를 한 석재의 용도변경<br>6. 채석신고를 한 면적의 축소<br>7. 채석신고를 한 면적의 변경이 없는 채석량의 증가<br>8. 당초 채석단지로 지정받은 구역 안에서의 채석면적 또는 산물처리장 등 부대시설면적의 확대<br>③ 법 제30조제1항 각 호 외의 부분 후단에 따라 채석신고의 변경신고를 하려는 자는 별지 제23호서식의 채석변경 |

| | | |
|---|---|---|
| | | 신고서를 시장·군수·구청장등에게 제출하여야 한다. 이 경우 시장·군수·구청장등은「전자정부법」제36조제1항에 따른 행정정보의 공동이용을 통하여 토지 등기사항증명서(신고인이 토지의 소유자인 경우만 해당한다)나 법인 등기사항증명서(신고인이 법인인 경우만 해당한다)를 확인하여야 하고, 신고인이 첨부하여야 할 서류에 관하여는 제24조제4항을 준용한다. <개정 2009.4.20, 2011.1.5, 2013.1.23><br>④ 시장·군수·구청장등은 제1항 또는 제3항의 규정에 따라 신고서를 제출받은 때에는 신고를 수리하여야 한다. 다만, 다음 각 호의 어느 하나에 해당하는 경우에는 그러하지 아니하다. <개정 2011.1.5, 2013.1.23><br>1. 신고서의 기재사항에 흠이 있는 경우<br>2. 신고에 필요한 첨부서류를 제출하지 아니한 경우 |

| 산지관리법 | 산지관리법 시행령 | 산지관리법 시행규칙 |
|---|---|---|
| ⑤ 제1항에 따라 채석신고를 하려는 자는 대통령령으로 정하는 기준에 맞게 석재의 채취에 필요한 장비 등을 갖추어야 한다. 다만, 제28조제3항제4호에 따라 자연석을 채취하려는 자의 경우에는 그러하지 아니하다. <개정 2012.2.22, 2019.12.3> | 제40조(채석단지에서의 채석신고) 법 제30조제5항의 규정에 따라 채석단지에서 석재를 굴취·채취하기 위하여 신고를 하고자 하는 자는 제36조제4항에 따른 장비 및 기술인력 등을 갖추어야 한다. <개정 2007.7.27> | 3. 첨부서류에 흠이 있거나 거짓 또는 그 밖의 부정한 방법으로 신고한 사실이 발견된 경우 |
| ⑥ 산림청장 또는 시장·군수·구청장은 제1항에 따른 채석신고·변경신고를 받은 날부터 15일 이내에 또는 제3항에 따른 채석기간의 연장신고를 받은 날부터 10일 이내에 신고수리 여부를 신고인에게 통지하여야 한다. <신설 2019.12.3> | | 3의2. 법 제30조제5항 본문에 따른 장비 등의 기준에 미치지 못한 경우 |
| | | 4. 법 제38조제1항 본문의 규정에 따라 복구비를 예치하여야 하는 자가 그 복구비를 예치하지 아니한 경우 |
| ⑦ 산림청장 또는 시장·군수·구청장이 제6항에서 정한 기간 내에 신고수 | | ⑤ 법 제30조제3항에 따라 채석기간의 연장신고를 하려는 자는 별지 제24호서식의 채석기간연장신고서에 제24조제1항제3호에 따른 서류와 채취하지 못한 채석량에 대하여 일반측량업자등이 측량한 구적도 1부를 첨부하여 채석기간이 만료되기 10일전까지 시장·군수·구청장등에게 제출하여야 한다. 다만, 채석기간이 만료되기 10 |

리 여부 또는 민원 처리 관련 법령에 따른 처리기간의 연장을 신고인에게 통지하지 아니하면 그 기간(민원 처리 관련 법령에 따라 처리기간이 연장 또는 재연장된 경우에는 해당 처리기간을 말한다)이 끝난 날의 다음 날에 신고를 수리한 것으로 본다. <신설 2019.12.3>

[전문개정 2010.5.31]

**제31조(토석채취허가의 취소 등)** ① 산림청장등은 제25조제1항에 따른 토석채취허가를 받았거나 제25조제2항에 따른 토사채취신고 또는 제30조제1항에 따른 채석신고를 한 자가 다음 각 호의 어느 하나에 해당하는 경우에는 허가를 취소하거나 토석채취 또는 채석의 중지, 그 밖에 필요한 조치를 명할 수 있다. 다만, 제1호에 해당하는 경우에는 허가를 취소하거나 토석채취 또는 채석의 중지

일 전까지 채석기간의 연장신고를 하지 못한 때에는 채석기간이 만료되기 전에 본문의 구비서류에 사유를 분명하게 밝혀서 제출하되, 채석기간이 만료된 이후에는 채석기간의 연장신고 수리가 될 때까지 채석을 할 수 없다. <개정 2005.8.24, 2008.7.16, 2009.4.20, 2011.1.5, 2013.1.23>

⑥ 제5항에 따른 신고서 제출 시 시장·군수·구청장등은 「전자정부법」제36조제1항에 따른 행정정보의 공동이용을 통하여 토지 등기사항증명서(신고인이 토지의 소유자인 경우만 해당한다)를 확인하여야 한다. <신설 2009.4.20, 2011.1.5, 2013.1.23>

⑦ 시장·군수·구청장등은 채석기간을 연장함이 타당하다고 인정되는 경우에는 법 제38조제1항 본문에 따른 복구비를 미리 예치하게 한 후 신고를 수리하여야 한다. <개정 2009.4.20, 2011.1.5, 2013.1.23>

| 산지관리법 | 산지관리법 시행령 | 산지관리법 시행규칙 |
|---|---|---|
| 를 명하여야 한다. <개정 2012.2. 22, 2016.12.2, 2019.12.3, 2020. 2.18><br><br>1. 거짓이나 그 밖의 부정한 방법으로 허가를 받거나 신고를 한 경우<br>2. 정당한 사유 없이 허가를 받거나 신고를 한 날부터 6개월 이내에 토석채취를 시작하지 아니하거나 1년 이상 중단한 경우<br>3. 제28조제1항제5호 본문 또는 제30조제5항 본문에 따른 장비 등의 기준을 충족하지 못하게 된 경우<br>4. 허가를 받거나 신고를 한 자(사용인과 고용인을 포함한다)가 허가를 받거나 신고를 한 토석 외의 토석을 채취한 경우<br>5. 제37조제6항 각 호의 어느 하나에 해당하는 필요한 조치 명령을 | | |

| | | |
|---|---|---|
| 이행하지 아니한 경우<br>6. 제38조에 따른 복구비를 예치하지 아니한 경우(제37조제8항에 따른 줄어든 복구비 예치금을 다시 예치하지 아니한 경우를 포함한다)<br>7. 허가를 받은 자가 허가취소를 요청하거나 신고를 한 자가 신고를 철회하는 경우<br>8. 그 밖의 허가조건을 위반한 경우<br>② 제1항에 따른 허가의 취소, 토석채취 또는 채석의 중지, 그 밖에 필요한 조치의 세부기준은 대통령령으로 정한다. <신설 2016.12.2><br>[전문개정 2010.5.31] | **제41조(토석채취허가의 취소 등)** 법 제31조제2항에 따른 토석채취허가의 취소, 토석채취 또는 채석의 중지 등의 세부기준은 별표 8의3과 같다.<br>[본조신설 2017.6.2] | |

| 산지관리법 | 산지관리법 시행령 | 산지관리법 시행규칙 |
|---|---|---|
| **제2절** 삭제 ⟨2007.1.26⟩ | **제2절** 삭제 ⟨2007.7.27⟩ | **제2절** 삭제 ⟨2007.7.27⟩ |
| **제32조** 삭제 ⟨2007.1.26⟩ | **제42조** 삭제 ⟨2007.7.27⟩ | **제31조** 삭제 ⟨2007.7.27⟩ |
| **제33조** 삭제 ⟨2007.1.26⟩ | **제43조** 삭제 ⟨2007.7.27⟩ | **제32조** 삭제 ⟨2007.7.27⟩ |
| **제34조** 삭제 ⟨2007.1.26⟩ | | **제33조** 삭제 ⟨2007.7.27⟩ |
| **제3절 석재 및 토사의 매각** | **제3절 석재 및 토사의 매각** | **제3절 석재 및 토사의 매각** |
| **제35조(국유림의 산지 내의 토석의 매각 등)** ① 산림청장은 국유림의 산지에 있는 토석을 직권으로 또는 신청을 받아 매각하거나 무상양여할 수 있다. 다만, 무상양여는 다음 각 호의 어느 하나에 해당하는 경우로 한정한다. ⟨개정 2018.3.13, 2020.2.18⟩<br>1. 천재지변이나 그 밖의 재해가 있는 경우에 그 재해를 복구하기 위 | **제44조(토석의 매각 등)** ① 법 제35조제1항의 규정에 따라 국유림의 산지에 있는 토석을 매입하고자 하거나 무상양여를 받고자 하는 자는 신청서에 농림축산식품부령이 정하는 서류를 첨부하여 산림청장에게 제출하여야 한다. ⟨개정 2007.7.27, 2008.2.29, 2013.3.23⟩<br>② 삭제 ⟨2007.7.27⟩<br>[제목개정 2007.7.27] | **제34조(토석의 매입·무상양여 신청)** 영 제44조제1항에 따라 국유림의 산지에 있는 토석을 매입하고자 하거나 무상양여를 받으려는 자는 별지 제31호서식의 토석 매입신청서 또는 무상양여신청서에 다음 각 호의 구분에 따른 서류를 첨부하여 지방산림청장·국유림관리소장·국립수목원장·국립산림품종관리센터장·국립산림과학원장 또는 국립자연휴양림관리소장에게 제출하여야 한다. |

하여 필요한 경우
2. 다음 각 목의 어느 하나에 해당하는 경우로서 관계 행정기관의 장의 요청이 있고 그 요청이 타당하다고 산림청장이 인정하는 경우
  가. 「도로법」, 「철도의 건설 및 철도시설 유지관리에 관한 법률」 또는 「전원개발촉진법」에 따른 도로 또는 철도를 설치·개량하거나 전원개발사업을 하는 과정에서 부수적으로 채취한 토석을 그 공사용으로 사용하려는 경우
  나. 광산개발에 따른 광해(광산피해)를 예방하거나 복구하기 위하여 광물의 생산과정에서 채취한 토석을 직접 사용하려는 경우
  다. 국가, 지방자치단체 또는 정부투자기관 등이 공용·공공용 사업을 시행하는 과정에서 채취한

다만, 해당 국유림의 산지가 소재한 관할 시·군 또는 자치구의 재해복구를 위한 무상양여의 경우에는 제2호 나목의 서류를 제출하지 아니할 수 있다. <개정 2007.7.27, 2011.1.5>
1. 매입의 경우
  가. 사업계획서{토석채취허가구역 현황, 채취방법, 장비 및 기술인력 보유현황(석재에 한정한다), 토사처리계획(석재에 한정한다), 연차별 생산·이용계획 및 피해방지계획을 포함한다} 1부
  나. 측량업자등이 측량한 토석채취구역 및 완충구역이 표시된 축척 6천분의 1부터 1천200분의 1까지의 연차별 토석채취구역 실측도 1부
  다. 토석채취량에 대하여 일반측량업자등이 측량한 구적도 1부

| 산지관리법 | 산지관리법 시행령 | 산지관리법 시행규칙 |
|---|---|---|
| 토석을 그 사업용으로 사용하려는 경우<br>② 산림청장은 제1항 각 호 외의 부분 본문에 따라 신청을 받아 토석을 매각하는 경우에는 「국가를 당사자로 하는 계약에 관한 법률」 제7조에 따른 수의계약에 의하여 매각할 수 있다. 〈개정 2012.2.22〉 | | 2. 무상양여의 경우<br>　가. 사업계획서{토석채취허가구역 현황, 채취방법, 장비 및 기술인력 보유현황(석재에 한정한다), 토사처리계획(석재에 한정한다), 연차별 생산·이용계획 및 피해방지계획을 포함한다} 1부<br>　나. 측량업자등이 측량한 토석채취구역 및 완충구역이 표시된 축척 6천분의 1부터 1천200분의 1까지의 연차별 토석채취구역 실측도 1부<br>　다. 법 제35조제1항 각 호의 어느 하나에 해당하는 사유를 증명할 수 있는 서류 1부<br>[제목개정 2007.7.27]<br><br>**제35조(토석의 매각계약 등)** ① 지방산림청장·국유림관리소장·국립수목원장·국립산림품종관리센터장·국 |

립산림과학원장 또는 국립자연휴양림관리소장은 법 제35조제1항에 따라 토석을 매각할 때에는 별지 제32호서식의 토석매각계약서를 작성하여야 한다. <개정 2004.1.13, 2006.1.26, 2007.7.27, 2009.4.20, 2011.1.5>

② 토석의 매각대금은 「감정평가 및 감정평가사에 관한 법률」 제2조제4호에 따른 감정평가업자 중 2인의 감정평가업자가 평가한 매각대금을 산술평균한 금액으로 한다. 다만, 산림청 소관 국유림을 산지전용·산지일시사용하는 과정에서 부수적으로 나온 5만 세제곱미터 미만의 토석(해당 산지전용·산지일시사용허가지역에서 반출하기 위해 누적된 토석채취량을 말한다)을 매각하는 경우에는 1인의 감정평가업자가 평가한 매각대금으로 할 수 있다. <개정 2011.1.5, 2012.10.26, 2016.12.30, 2019.12.31>

| 산지관리법 | 산지관리법 시행령 | 산지관리법 시행규칙 |
|---|---|---|
| ③ 제1항 각 호 외의 부분 본문에 따라 국유림의 산지에 있는 토석의 매입을 신청하거나 무상양여를 받으려는 자는 제26조에 따라 채석 경제성에 관한 평가를 받아 그 결과를 산림청장에게 제출하여야 한다. <개정 2012.2.22><br>④ 제1항에도 불구하고 「광업법」에 따른 채굴계획의 인가를 받은 자가 국유림의 산지에서 채굴한 광물의 분쇄·제련과정에서 부수적으로 발생한 토석을 사용하거나 판매하려는 경우에는 산림청장으로부터 토석을 매입하거나 무상양여를 받지 아니하고 그 토 | | ③ 제2항의 경우 매각대금의 결정을 위한 감정평가의 유효기간 및 재평가에 관하여는 「국유림의 경영 및 관리에 관한 법률 시행령」 제13조제3항부터 제5항까지의 규정을 준용한다. <신설 2019.12.31><br>④ 제2항에 따라 토석의 매각대금을 결정하는 경우에는 법 제35조제3항에 따른 채석 경제성에 관한 평가의 결과를 반영하여 석재량과 토사량을 구분하여 매각대금의 결정을 위한 감정평가를 할 수 있다. <신설 2016.12.30, 2019.12.31><br>⑤ 토석 매각대금의 납부기간은 다음과 같다. <개정 2007.7.27, 2009.11. 27, 2019.12.31><br>1. 500만원 미만 : 납부통지일부터 10일 이내<br>2. 500만원 이상 1천만원 미만 : 납 |

| | |
|---|---|
| 석을 사용하거나 판매할 수 있다. <개정 2010.1.27><br>⑤ 제1항 각 호 외의 부분 본문에 따라 국유림의 산지에 있는 토석을 매각하려는 경우 그 매각기준에 관하여는 제28조제1항 및 제2항을, 국유림의 산지에서의 자연석 채취에 관하여는 같은 조 제3항을 준용한다. <개정 2012.2.22><br>⑥ 제1항에 따른 토석의 매각 또는 무상양여의 기간, 매입하거나 무상양여받은 토석의 반출, 매각계약의 방법, 매각대금의 결정, 매각대금의 납부기간 등에 관한 사항은 농림축산식품부령으로 정한다. <개정 2013.3.23><br>[전문개정 2010.5.31] | 부통지일부터 15일 이내<br>3. 1천만원 이상 : 납부통지일부터 20일 이내<br><br>⑥ 제1항에 따라 토석을 매입하거나 무상양여를 받은 자가 토석을 채취한 때에는 법 제35조제6항에 따라 별지 제32호서식의 토석매각계약서에 기재된 반출기간 이내에 국유림밖으로 반출하여야 한다. 다만, 지방산림청장·국유림관리소장·국립수목원장·국립산림품종관리센터장·국립산림과학원장 또는 국립자연휴양림관리소장이 부득이하다고 인정할 때에는 반출기간을 1회에 한하여 연장할 수 있다. <개 |

| 산지관리법 | 산지관리법 시행령 | 산지관리법 시행규칙 |
|---|---|---|
| **제36조(계약의 해제 또는 무상양여의 취소)** ① 산림청장은 다음 각 호의 어느 하나에 해당하는 경우에는 제35조제1항에 따른 매각계약을 해제하거나 무상양여를 취소할 수 있으며, 토석채취의 중지, 시설물의 철거, 산지로의 복구, 그 밖에 필요한 조치를 명할 수 있다. 다만, 제6호의 경우에는 매각계약을 해제하거나 무상양여를 취소하여야 한다. <개정 2019. 12.3, 2020.2.18><br>1. 토석을 매입한 자가 갖춘 장비 등이 제35조제5항에 따라 준용되는 제28조제1항제5호 본문에 따른 기준을 충족하지 못하게 된 경우<br>2. 토석을 매입하거나 무상양여를 받은 자(사용인과 고용인을 포함한다)가 그 토석 외의 토석을 채취한 경우 | | 정 2004.1.13, 2006.1.26, 2007. 7.27, 2009.4.20, 2009.11.27, 2011.1.5, 2019.12.31><br>⑦ 제6항 단서에 따라 반출기간의 연장을 받으려는 자는 별지 제35호서식의 토석반출기간연장신청서를 지방산림청장·국유림관리소장·국립수목원장·국립산림품종관리센터장·국립산림과학원장 또는 국립자연휴양림관리소장에게 제출하여야 한다. <개정 2004.1.13, 2006.1.26, 2007.7.27, 2009.4. 20, 2009.11.27, 2011.1.5, 2019. 12.31><br>[제목개정 2007.7.27] |

3. 토석을 매입한 자가 지정된 기간 이내에 그 대금을 내지 아니한 경우
4. 제37조제6항 각 호의 어느 하나에 해당하는 필요한 조치 명령을 이행하지 아니한 경우
5. 제38조에 따른 복구비를 예치하지 아니한 경우(제37조제8항에 따른 줄어든 복구비 예치금을 다시 예치하지 아니한 경우를 포함한다)
6. 거짓이나 그 밖의 부정한 방법으로 토석을 매입하거나 무상양여를 받은 경우
7. 정당한 사유 없이 토석을 매입하거나 무상양여를 받은 날부터 6개월 이내에 토석채취를 시작하지 아니하거나 1년 이상 중단한 경우
8. 그 밖에 매각조건 또는 무상양여 조건을 위반한 경우

| 산지관리법 | 산지관리법 시행령 | 산지관리법 시행규칙 |
|---|---|---|
| ② 제1항에 따라 매각계약이 해제되었을 때에는 계약보증금, 이미 납입한 대금과 해당 산지의 매각된 토석은 국가에 귀속한다. 다만, 국가는 토석을 매입한 자가 토석채취를 하지 아니한 상태에서 그 매각계약을 해제하였을 때에는 이미 납입한 대금의 전부 또는 일부를 반환하여야 한다.<br>[전문개정 2010.5.31]<br><br>**제36조의2(한국산림토석협회)** ① 토석자원의 이용 및 개발과 관리를 위하여 정책·제도의 조사·연구와 교육·홍보 등의 사업을 하기 위하여 한국산림토석협회(이하 이 조에서 "협회"라 한다)를 둔다.<br>② 협회는 법인으로 한다.<br>③ 협회는 다음 각 호의 사업을 한다. <신설 2020.5.26> | **제44조의2(한국산림토석협회)** ① 법 제36조의2에 따른 한국산림토석협회(이하 이 조에서 "협회"라 한다)에는 사무국과 전문위원회를 둔다.<br>② 협회에는 임원으로 회장, 부회장, 이사 및 감사를 둔다.<br>③ 협회의 사업, 임원의 정원·임기·선출방법, 회원의 자격, 지부의 설치 등에 필요한 사항은 정관으로 정한다. | |

1. 토석채취·복구에 관한 정책·제도·법령·기술 등의 조사·연구, 교육·홍보 및 국제협력
2. 토석채취지·복구지에 대한 평가 및 사후관리 지원
3. 회원의 이익을 위하여 실시하는 토석 구매·판매 등 공동사업과 경영지도
4. 산림청장 또는 지방자치단체의 장이 위탁한 사업
5. 그 밖에 협회의 설립목적을 달성하기 위하여 정관으로 정하는 사업

④ 협회의 사업에 소요되는 경비는 출자금, 사업수입금 등으로 충당하며, 국가 또는 지방자치단체는 소요경비의 일부를 예산의 범위에서 지원할 수 있다. <개정 2020.5.26>

⑤ 협회의 조직·운영 등에 필요한 사항은 대통령령으로 정한다. <개정 2020.5.26>

④ 협회는 다음 각 호의 서류를 작성하여 매년 2월말까지 산림청장에게 제출하여야 한다.
1. 전년도의 사업실적보고서 및 결산보고서
2. 해당 연도의 사업계획서 및 수지예산서

[본조신설 2012.8.22]

| 산지관리법 | 산지관리법 시행령 | 산지관리법 시행규칙 |
|---|---|---|
| ⑥ 협회에 관하여 이 법에 규정되지 아니한 사항은 「민법」 중 사단법인에 관한 규정을 준용한다. <개정 2020.5.26><br>[본조신설 2012.2.22] | | |

## 제4장 재해 방지 및 복구 등

| 산지관리법 | 산지관리법 시행령 | 산지관리법 시행규칙 |
|---|---|---|
| **제4장 재해 방지 및 복구 등**<br><개정 2010.5.31> | **제4장 재해 방지 및 복구 등**<br><개정 2010.12.7> | **제4장 재해 방지 및 복구 등**<br><개정 2011.1.5> |
| **제37조(재해의 방지 등)** ① 산림청장등은 다음 각 호의 어느 하나에 해당하는 허가 등에 따라 산지전용, 산지일시사용, 토석채취 또는 복구를 하고 있는 산지에 대하여 대통령령으로 정하는 바에 따라 토사유출, 산사태 또는 인근지역의 피해 등 재해 방지나 산지경관 유지 등에 필요한 조사·점검·검사 등을 할 수 있다. <개정 2012.2.22, 2018.3.20><br>1. 제14조에 따른 산지전용허가 | **제45조(재해의 방지 등)** ① 산림청장등은 법 제37조제1항에 따른 조사·점검·검사 등을 위하여 산지전용·산지일시사용·토석채취(이하 "산지전용등"이라 한다) 또는 복구를 하고 있는 자에 대하여 다음 각 호의 행위를 할 수 있다. <개정 2012.8.22, 2018.10.30><br>1. 보고 요구<br>2. 자료제출 요구<br>3. 산지에의 출입 | **제36조(재해의 방지 등)** ① 관할청(지방산림청장은 제외한다. 이하 이 조부터 제40조까지, 제40조의2, 제41조, 제42조, 제42조의2 및 제43조부터 제45조까지에서 같다)이 영 제45조제2항에 따른 조치명령을 하는 경우에는 별지 제36호서식의 조치명령서에 따른다. <개정 2011.1.5><br>② 관할청은 토사유출 방지조치, 시설물 설치·조림·사방 등 재해의 방지에 필요한 조치, 그 밖에 경관 유 |

| | | |
|---|---|---|
| 2. 제15조에 따른 산지전용신고<br>3. 제15조의2에 따른 산지일시사용허가 및 산지일시사용신고<br>4. 제25조제1항에 따른 토석채취허가 또는 같은 조 제2항에 따른 토사채취신고<br>5. 제30조제1항에 따른 채석단지에서의 채석신고<br>6. 제35조제1항에 따른 토석의 매각계약 또는 무상양여처분<br>7. 제39조 및 제44조에 따른 산지복구 명령<br>8. 다른 법률에 따라 제1호부터 제5호까지의 허가 또는 신고가 의제되거나 배제되는 행정처분<br>② 제1항에도 불구하고 「신에너지 및 재생에너지 개발·이용·보급 촉진법」에 따른 신·재생에너지 설비를 설치하기 위하여 제1항제1호 및 제3호(다른 법률에 따라 산지전용허가 또는 산지일시사용허가 | 4. 그 밖에 산림재해 방지 및 산지경관 유지 등을 위하여 산림청장이 필요하다고 인정하는 행위<br><br><br><br><br><br><br><br>② 법 제37조제2항에서 "대통령령으로 정하는 점검기관"이란 산지보전협회와 사방협회(이하 "점검기관"이라 한다)를 말한다. <신설 2020.6.2><br>③ 점검기관은 법 제37조제2항에 따 | 지에 필요한 조치가 완료되고 재해의 위험이 없다고 인정되는 경우에만 산지전용·산지일시사용·토석채취(이하 "산지전용등"이라 한다) 또는 복구를 재개하게 할 수 있다. <개정 2011.1.5><br>③ 삭제 <2011.1.5> |

| 산지관리법 | 산지관리법 시행령 | 산지관리법 시행규칙 |
|---|---|---|
| 가 의제되거나 배제되는 행정처분을 포함한다)에 해당하는 허가를 받은 자는 대통령령으로 정하는 조사절차 및 방법에 따라 대통령령으로 정하는 점검기관에 의뢰하여 조사·점검·검사 등을 정기적으로 실시한 후 그 결과를 산림청장등에게 제출하여야 한다. 이 경우 산림청장은 관계 행정기관의 장에게 신·재생에너지 설비의 설치를 위하여 조사·점검·검사 등에 필요한 자료의 제출 또는 협조를 요청할 수 있으며, 요청을 받은 관계 행정기관의 장은 특별한 사유가 없으면 요청에 따라야 한다. <신설 2019.12.3, 2020.2.18> | 라 서면조사 또는 현장점검의 방법으로 조사·점검·검사 등(이하 "조사등"이라 한다)을 실시해야 한다. <신설 2020.6.2><br>④ 조사등은 「신에너지 및 재생에너지 개발·이용·보급 촉진법」에 따른 신·재생에너지 설비의 공사착공일부터 「전기사업법」 제9조 제4항에 따라 사업 시작을 신고하고 3년이 되는 날까지 공사착공일을 기준으로 1년마다 1회 이상 실시해야 한다. <신설 2020.6.2><br>⑤ 법 제37조제2항에 따라 조사등의 실시를 의뢰받은 점검기관은 조사등이 완료된 날부터 30일 이내에 조사등의 결과를 산지전용허가 또는 산지일시사용허가를 받은 자에게 제출하고, 산지전용허가 또는 산지일시사용허가를 받은 자는 그 결과 | |

③ 산림청장등은 제2항에 따라 제출된 결과를 활용하여 「신에너지 및 재생에너지 개발·이용·보급 촉진법」 제2조제2호가목에 따른 태양에너지발전설비(이하 "산지태양광발전설비"라 한다)에 대한 현황, 산림훼손 실태, 재해방지 조치 및 산지복구 대책을 내용으로 하는 산지태양광발전설비 관리계획을 매년 1월 말까지 수립·시행하여야 한다. <신설 2020.2.18>

④ 제3항에 따른 산지태양광발전설비 관리계획의 수립 및 시행에 필요한 사항은 대통령령으로 정한다. <신설 2020.2.18>

⑤ 산림청장은 제3항에 따라 수립된 산지태양광발전설비 관리계획의 내용 및 시행결과를 취합하여 매년

를 제출받은 날부터 7일 이내에 산림청장등에게 제출해야 한다. <신설 2020.6.2>

⑥ 산림청장등은 법 제37조제3항 본문에 따라 필요한 조치를 명령하는 경우에는 그 조치내용 및 조치기간 등을 구체적으로 정하여 서면으로 통지하여야 한다. <개정 2012.8.22, 2020.6.2>

⑦ 산림청장등은 법 제37조제5항에 따른 복구대행의 비용충당으로 줄어든 복구비에 대해서는 법 제38조

| 산지관리법 | 산지관리법 시행령 | 산지관리법 시행규칙 |
|---|---|---|
| 국회 소관 상임위원회에 보고하여야 한다. <신설 2020.2.18> ⑥ 산림청장등은 제1항 및 제2항에 따른 조사·점검·검사 등을 한 결과에 따라 필요하다고 인정하면 대통령령으로 정하는 바에 따라 제1항 각 호의 어느 하나에 해당하는 허가 등의 처분을 받거나 신고 등을 한 자에게 다음 각 호 중 필요한 조치를 하도록 명령할 수 있다. 다만, 제1항 제1호 또는 제8호에 따른 허가 또는 처분을 받은 자로서「광업법」에 따라 광물의 채굴을 하는 자는「광산안전법」에 따르고,「국토의 계획 및 이용에 관한 법률」에 따라 도시지역 및 계획관리지역에서의 인가·허가 및 승인 등의 행정처분을 받은 자는「국토의 계획 및 이용에 관한 법률」에 따른다. <개정 | 에 따라 다시 예치하게 해야 한다. <개정 2012.8.22, 2020.6.2> | |

2012.2.22, 2016.1.6, 2018.3.20, 2019.12.3, 2020.2.18>

1. 산지전용, 산지일시사용, 토석채취 또는 복구의 일시중단
2. 산지전용지, 산지일시사용지, 토석채취지, 복구지에 대한 녹화피복(綠化被覆) 등 토사유출 방지조치
3. 시설물 설치, 조림(造林), 사방(砂防) 등 재해의 방지에 필요한 조치
4. 그 밖에 산지경관 유지에 필요한 조치

⑦ 산림청장등은 제6항에 따라 토사유출 방지, 산사태 또는 인근 지역의 피해 등 재해의 방지나 산지경관 유지 또는 복구에 필요한 조치를 하도록 명령을 받은 자가 이를 이행하지 아니하면 다음 각 호의 구분에 따른 조치를 할 수 있다. <개정 2012.2.22, 2018.3.20, 2019.12.3, 2020.2.18>

| 산지관리법 | 산지관리법 시행령 | 산지관리법 시행규칙 |
|---|---|---|
| 1. 제38조제1항 본문에 따라 복구비를 예치한 자 : 대행자를 지정하여 복구를 대행하게 하고 그 비용을 예치된 복구비로 충당하는 조치<br>2. 제38조제1항 단서에 해당하는 자 :「행정대집행법」에 따른 대집행<br>⑧ 산림청장등은 제7항제1호에 따라 토사유출의 방지조치, 산사태 또는 인근 지역의 피해 등 재해의 방지나 산지경관 유지에 필요한 조치 또는 복구를 대행하게 하고 그 비용을 예치된 복구비로 충당한 경우 그 비용 충당으로 줄어든 복구비 예치금을 대통령령으로 정하는 바에 따라 다시 예치하게 하여야 한다. <개정 2012.2.22, 2018.3.20, 2019.12.3, 2020.2.18> | ⑧ 산림청장등은 법 제37조제8항에 따른 복구대행의 비용충당으로 줄어든 복구비에 대해서는 법 제38조에 따라 다시 예치하게 해야 한다. <개정 2012.8.22, 2020.6.2, 2020.8.19><br>[전문개정 2010.12.7] | |

[전문개정 2010.5.31]

**제38조(복구비의 예치 등)** ① 제37조제1항 각 호의 어느 하나에 해당하는 허가 등의 처분을 받거나 신고 등을 하려는 자는 농림축산식품부령으로 정하는 바에 따라 미리 토사유출의 방지조치, 산사태 또는 인근 지역의 피해 등 재해의 방지나 산지경관 유지에 필요한 조치 또는 복구에 필요한 비용(이하 "복구비"라 한다)을 산림청장등에게 예치하여야 한다. 다만, 산지전용을 하려는 면적이 660제곱미터 미만인 경우 등 대통령령으로 정하는 경우에는 그러하지 아니하다. <개정 2012.2.22, 2013.3.23, 2018.3.20>

② 산림청장등은 제1항 본문에도 불구하고 제37조제1항제8호에 따른 행정처분을 받으려는 자로 하여금

**제46조(복구비의 예치 등)** ① 법 제38조제1항 단서에서 "산지전용을 하려는 면적이 660제곱미터 미만인 경우 등 대통령령으로 정하는 경우"란 다음 각 호의 어느 하나에 해당하는 경우를 말한다. <개정 2005.8.5, 2007.2.1, 2007.7.27, 2008.7.24, 2009.4.20, 2009.11.26, 2010.12.7, 2011.1.28, 2012.8.22, 2015.11.11, 2016.12.30, 2018. 10.30, 2019.7.2>

1. 산지전용·산지일시사용을 하려는 면적이 660제곱미터 미만인 경우. 다만, 복구비 예치의무를 면제받을 목적으로 해당 산지를 분필하여 그 면적이 660제곱미터 미만으로 된 경우는 제외한다.
2. 국가, 지방자치단체, 공기업·준정부기관, 지방공사 또는 지방공단이 시행하는 다음 각 목의

**제37조(복구비의 예치 등)** ① 법 제38조제1항 본문에 따라 예치하여야 하는 복구비는 산지전용등을 하려는 산지의 면적(영 별표 8 제4호가목에 따른 완충구역은 제외한다)에 제39조에 따른 단위면적당 복구비산정기준에 의한 금액을 곱한 금액으로 한다. 다만, 관할청은 산지의 경관보전 및 재해예방을 위하여 시설물을 설치하거나 식생정착(植生定着)을 위한 특수공법 등으로 녹화를 하여야 할 필요가 있다고 인정되는 경우에는 이에 소요되는 비용을 추가하여 예치하게 할 수 있다. <개정 2004.1.13, 2009.4.20, 2011.1.5, 2014.12.31>

② 관할청은 법 제38조제2항에 따라 해당 행정처분을 받고 실제로 산지전용등을 하는 때에 복구비를 예치

| 산지관리법 | 산지관리법 시행령 | 산지관리법 시행규칙 |
|---|---|---|
| 농림축전용, 산지일시사용 또는 토석채취를 하려는 경우에 산림청장 등에게 복구비를 예치하게 할 수 있다. <개정 2012.2.22, 2013.3.23> | 어느 하나에 해당하는 시설 또는 산업단지(「체육시설의 설치·이용에 관한 법률」 제10조제1항제1호에 따른 골프장은 제외한다)의 설치사업인 경우<br>가. 법 제10조제2호 또는 제3호에 따른 시설<br>나. 법 제12조제1항제8호에 따른 시설<br>다. 법 제12조제2항제5호에 따른 시설<br>라. 「국토의 계획 및 이용에 관한 법률」 제2조제13호에 따른 공공시설<br>마. 제10조제4항제3호에 따른 송전시설(진입로를 포함한다)<br>바. 별표 5 제1호가목부터 하목까지의 규정에 따른 시설(이 호 가목부터 라목까지의 규정에 | 하게 하고자 하는 때에는 그에 관한 사항을 해당 행정처분의 조건으로 할 수 있다. 이 경우 복구비를 예치하지 아니하고는 산지전용등을 할 수 없다. <개정 2004.1.13, 2009. 4.20, 2011.1.5> |

|  |  |
|---|---|
|  | 따른 시설은 제외한다) |
|  | 3. 민간사업자가 시행하여 국가 또는 지방자치단체에 기부채납 또는 무상귀속하게 되는 제2호 각 목의 어느 하나에 해당하는 시설의 설치사업인 경우 |
|  | 4. 임도, 작업로, 임산물 운반로, 산책로·탐방로·등산로 등 숲길, 방화선(防火線) 또는 산림보호시설을 설치하기 위하여 산지일시사용신고를 하는 경우 |
|  | 5. 산지의 형질변경, 입목의 벌채 또는 굴취를 수반하지 아니하는 다음 각 목의 용도로 산지를 일시사용하려는 경우<br>　가. 가축의 방목<br>　나. 「매장문화재 보호 및 조사에 관한 법률」에 따른 매장문화재 지표조사<br>　다. 「임업 및 산촌 진흥촉진에 관한 법률 시행령」 제8조제1항 |

| 산지관리법 | 산지관리법 시행령 | 산지관리법 시행규칙 |
|---|---|---|
| | 에 따른 임산물 소득원의 지원 대상 품목의 재배<br>라. 물건의 적치<br>5의2. 입목의 벌채를 수반하는 경우로서 「임업 및 산촌 진흥촉진에 관한 법률 시행령」 제8조제1항에 따른 임산물 소득원의 지원 대상 품목 중 수실류(樹實類) 또는 약용류의 재배(밤·감·잣 등 교목류(큰키나무류)의 재배에 한정한다)<br>6. 제37조제2항제2호에 따라 토석채취허가를 받으려는 경우 | |
| ③ 산림청장등은 제1항이나 제2항에 따라 복구비를 예치하여야 하는 자의 산지전용, 산지일시사용 또는 토석채취의 기간이 1년 이상인 경우에는 대통령령으로 정하는 바에 따라 복구비를 재산정하여 제1항이나 제 | ② 법 제38조제3항에 따라 산림청장등은 매년 단위면적당 복구비 산정 기준을 정하여 고시한 후 이에 따라 복구비를 재산정하여 예치한 복구비와 재산정한 복구비의 차액을 추가로 예치하게 하여야 한다. 다만, | |

| | | |
|---|---|---|
| 2항에 따라 예치한 복구비가 재산정한 복구비보다 적은 경우에는 그 차액을 추가로 예치하게 하여야 한다. <개정 2012.2.22> | 법 제38조제1항이나 제2항에 따라 복구비를 예치하여야 하는 자가 산지전용 등의 기간 동안 매년 추가로 예치하게 될 금액을 미리 산정하여 복구비를 예치하기를 요청하는 경우에는 산림청장이 정하여 고시하는 기준에 따라 산정한 금액을 예치하게 할 수 있다. <신설 2012.8.22, 2015.11.11> | |
| ④ 산림청장등은 산지전용, 산지일시사용 또는 토석채취의 기간 및 면적 등을 고려하여 대통령령으로 정하는 바에 따라 복구비를 분할하여 예치하게 할 수 있다. <개정 2012.2.22> | ③ 법 제38조제4항에 따라 산림청장 등은 다음 각 호의 요건을 모두 갖춘 경우에는 농림축산식품부령으로 정하는 바에 따라 복구비를 분할하여 예치하게 할 수 있다. <개정 2012.8.22, 2013.3.23><br>1. 복구비를 현금으로 예치하려는 경우일 것<br>2. 산지전용등의 허가신청서 등에 적힌 내용이 다음 각 목의 모두에 해당할 것<br>　가. 산지전용등의 기간이 3년 이상 | **제38조(복구비의 분할예치 등)** ① 영 제46조제3항에 따라 복구비를 분할예치하려는 자는 별지 제37호서식의 복구비분할예치신청서를 관할청에 제출하여야 한다. <개정 2004.1.13, 2009.4.20, 2011.1.5, 2012.10.26><br>② 관할청은 제1항에 따른 복구비분할예치신청서를 검토하여 타당하다고 인정되는 경우에는 예치하여야 하는 연차별 복구비와 예치기한을 신청인에게 통지하여야 한다. |

| 산지관리법 | 산지관리법 시행령 | 산지관리법 시행규칙 |
|---|---|---|
| | 일 것<br>나. 산지전용등을 연차적으로 수행할 것<br>다. 산지전용등을 하려는 산지의 면적이 10만제곱미터 이상일 것 | <개정 2004.1.13, 2009.4.20, 2011.1.5><br>③ 관할청은 복구비를 분할예치하게 하는 경우에는 예치하여야 하는 복구비의 100분의 30에 해당하는 금액을 당해 산지전용등의 착수전에 예치하게 하고, 그 잔액에 대하여는 이행보증금을 예치하게 한 후 3년 이내의 기간동안 3회 이내로 예치하게 하여야 한다. 이 경우 이행보증금의 예치 및 반환에 관하여는 제19조제4항 및 같은 조 제5항을 준용한다.<br>   <개정 2004.1.13, 2009.4.20, 2011.1.5, 2018.11.12><br>④ 제3항 전단의 분할예치기간동안 법 제38조제3항에 따라 복구비를 추가로 예치하여야 하는 경우에는 추가되는 금액을 해당 연도의 분할예치금액에 포함하여 예치하여야 |

⑤ 복구비의 산정기준, 산정방법, 예치 시기 및 절차 등에 관한 사항은 농림축산식품부령으로 정한다. <개정 2013.3.23>
[전문개정 2010.5.31]

한다. 이 경우 추가로 예치하여야 하는 복구비는 분할하여 예치할 수 없다. <신설 2005.8.24, 2007.7.27, 2009.4.20>

**제39조(복구비의 산정기준)** 산림청장은 다음 각호의 비용을 고려하여 법 제38조제5항의 규정에 의한 단위면적당 복구비산정기준을 결정하고 이를 고시하여야 한다. 다만, 산림청장등은 단위면적당 복구비산정기준을 적용하는 것이 현저히 불합리하다고 인정하는 경우에는 그 기준을 달리 적용할 수 있다. <개정 2007.7.27, 2011.1.5, 2014.9.25, 2019.9.24>
1. 옹벽·골막이(작은 계류나 경사지에 빗물에 의해 생긴 골짜기·물길에 축조되는 높이가 낮은 구조물)·사방(砂防)댐 등 토사유출방지시설을 설치하기 위한 비용

| 산지관리법 | 산지관리법 시행령 | 산지관리법 시행규칙 |
|---|---|---|
| | | 2. 훼손된 산지의 경관복원을 위하여 차폐림을 조성하거나 수목 또는 덩굴류 등을 식재하여 녹화(綠化)하기 위한 비용<br><br>3. 산지전용등을 위하여 설치한 시설물의 철거비용<br><br>4. 되메우기용 토석의 운반 및 성토 비용<br><br>4의2. 산지복구공사의 감리에 필요한 비용<br><br>5. 그 밖에 산지전용등을 하기 전의 산림상태로 복구하거나 생태복원을 하기 위하여 필요한 비용<br><br>**제40조(복구비의 예치시기·절차 등)**<br>① 관할청은 법 제38조제1항 본문 및 같은 조 제5항에 따라 복구비를 예치하게 할 때에는 미리 별지 제38호서식의 복구비예치통지서를 송부하여야 한다.   〈개정 2004.1.13, |

| | | |
|---|---|---|
| | | 2009.4.20, 2011.1.5> ② 제1항의 규정에 의한 복구비예치통지서를 받은 자는 그 통지서를 받은 날부터 30일 이내에 복구비를 예치하여야 한다. 이 경우 예치된 복구비는 세입·세출외로 구분하여 회계처리한다. <개정 2014.9.25> ③ 관할청은 제1항에 따라 복구비를 예치하게 할 때에는 「정부보관금취급규칙」 제4조에 따라 현금으로 예치하거나 다음 각 호의 어느 하나에 해당하는 지급보증서 등을 예치하게 하여야 한다. <개정 2004.1.13, 2005.8.24, 2007.1.10, 2009.4.20, 2011.1.5> 1. 제19조제4항제1호부터 제3호까지의 규정에 따른 지급보증서·증권·보증보험증권 2. 제19조제4항제4호의 규정에 의한 보증서(산지전용등의 복구를 보증함이 명시된 보증서만 해당 |

| 산지관리법 | 산지관리법 시행령 | 산지관리법 시행규칙 |
|---|---|---|
| | | 한다) |
| | | 3. 제19조제4항제5호의 규정에 의한 정기예금증서(복구를 하여야 하는 자와 세입·세출외현금출납공무원의 공동명의로 된 예금증서에 한한다) |
| | | 4. 「골재채취법」 제38조에 따른 골재협회가 발행한 보증서(산지전용등의 복구를 보증함이 명시된 보증서만 해당한다) |
| | | 5. 「광산피해의 방지 및 복구에 관한 법률」 제39조제1항제5호에 따라 한국광해관리공단이 발행하는 보증서(광해지역의 복구를 보증함이 명시된 보증서만 해당한다) |
| | | ④ 제3항의 규정에 의한 지급보증서 등으로 복구비를 예치하는 경우 그 지급보증서 등의 보증기간은 산지 |

| | | 전용등의 기간에 다음 각호의 1에 해당하는 기간을 가산한 기간으로 한다.<br>1. 산지전용등의 면적이 1만제곱미터 미만인 경우 : 6월 이상 8월 미만<br>2. 산지전용등의 면적이 1만제곱미터 이상 2만제곱미터 미만인 경우 : 8월 이상 10월 미만<br>3. 산지전용등의 면적이 2만제곱미터 이상 5만제곱미터 미만인 경우 : 10월 이상 12월 미만<br>4. 산지전용등의 면적이 5만제곱미터 이상인 경우 : 12월 이상<br>⑤ 법 제37조제1항 각 호에 따른 허가등의 처분을 받거나 신고 등을 한 자의 지위를 승계받은 자(이하 이 항 및 제6항에서 "승계인"이라 한다)가 제2항에 따라 예치한 복구비에 관한 권리를 승계한 경우에는 승계인이 예치한 것으로 보며, 예치한 복구비 |
|---|---|---|

| 산지관리법 | 산지관리법 시행령 | 산지관리법 시행규칙 |
|---|---|---|
| | | 의 양도·양수가 불가능하거나 복구비에 관한 권리를 승계하지 아니한 경우에는 승계인이 제2항에 따른 복구비를 예치하여야 한다. <개정 2016.12.30><br><br>⑥ 제5항에 따라 승계인이 복구비를 예치하는 경우에는 다음 각 호에 따른 명의변경의 신고 수리 전에 미리 복구비를 예치하여야 한다. <신설 2016.12.30, 2018.11.12><br>1. 제10조제4항제1호에 따른 산지전용허가를 받은 자의 명의 변경<br>2. 제13조제3항제1호에 따른 산지전용신고인의 명의 변경<br>3. 제15조의2제2항제1호에 따른 산지일시사용허가를 받은 자의 명의 변경<br>4. 제15조의3제4항제1호에 따른 |

| | | |
|---|---|---|
| | | 산지일시사용신고인의 명의 변경<br>5. 제24조제3항제2호 및 제4호에 따른 토석채취허가를 받은 자 등의 명의 변경<br>6. 제24조의2제2항제2호 및 제4호에 따른 토사채취신고를 한 자 등의 명의 변경<br>7. 제30조제2항제2호 및 제4호에 따른 채석신고를 한 자 등의 명의 변경 |
| **제39조(산지전용지 등의 복구)** ① 제37조제1항 각 호의 어느 하나에 해당하는 허가 등의 처분을 받거나 신고 등을 한 자는 다음 각 호의 어느 하나에 해당하는 경우에 산지를 복구하여야 한다. <개정 2016.12.2, 2019.12.3><br>1. 제14조제1항에 따른 산지전용허가를 받았거나 제15조제1항 | | |

| 산지관리법 | 산지관리법 시행령 | 산지관리법 시행규칙 |
|---|---|---|
| 에 따른 산지전용신고를 한 자가 산지의 형질을 변경한 경우<br>2. 제25조제1항에 따른 토석채취 허가를 받았거나 제30조제1항에 따른 채석단지에서의 채석신고(토석매각을 포함한다)를 한 자가 토석을 채취한 경우<br>3. 제15조의2제1항에 따른 산지일시사용허가를 받았거나 같은 조 제4항에 따른 산지일시사용신고를 한 자가 산지의 형질을 변경한 경우<br>4. 그 밖의 사유로 산지의 복구가 필요한 경우<br>② 산림청장등은 산지전용, 산지일시사용 또는 토석채취가 오랜 기간 동안 이루어지거나 산지경관 또는 산림재해의 복구 등이 필요한 경우에는 대통령령으로 정하는 바에 따라 | **제46조의2(중간복구)** ① 산림청장등은 법 제39조제2항 각 호 외의 부분 본문에 따라 다음 각 호의 어느 하나에 해당하는 경우에는 산지를 복구하여야 하는 자에게 중간복구를 명할 수 | **제40조의2(중간복구 등)** 관할청이 영 제46조의2에 따라 중간복구명령을 할 때에는 별지 제38호의2서식의 중간복구명령서에 따른다.<br>[전문개정 2011.1.5] |

중간복구를 명할 수 있다. 다만, 산림청장등은 다음 각 호의 어느 하나에 해당하는 자가 신청하는 경우에는 그 산지전용 또는 토석채취를 완료한 부분에 대하여 스스로 중간복구를 하려는 경우에는 중간복구를 하게 할 수 있다. <개정 2012.2.22, 2014.3.24, 2016.12.2, 2017.12.26, 2018.3.20>

1. 제14조에 따른 산지전용허가(대통령령으로 정하는 면적 이상의 산지전용허가로 한정한다)를 받은 자로서 다음 각 목의 준공검사 또는 준공인가 신청을 한 자
 가. 「관광진흥법」 제58조의2에 따른 관광지등 조성사업의 준

있다. 이 경우 중간복구명령은 농림축산식품부령으로 정하는 바에 따라 구체적인 조치내용·기간 등을 정하여 서면으로 하여야 한다. <개정 2008.2.29, 2010.12.7, 2012.8.22, 2013.3.23, 2014.9.24, 2018.10.30>

1. 법 제37조제1항 각 호의 어느 하나에 해당하는 허가나 신고 등의 기간이 3년 이상인 경우
2. 연변가시지역의 보호 등 산지경관 보호가 필요한 경우
3. 산사태 등 산림재해가 우려되는 경우

② 법 제39조제2항제1호 각 목 외의 부분에서 "대통령령으로 정하는 면적"이란 30만제곱미터를 말한다. <신설 2014. 9. 24.>

[본조신설 2007.7.27]

**제40조의3(산지복구의 범위)** 법 제39조에 따른 산지복구의 범위는 다음 각 호와 같다. <개정 2016.12.30>
1. 법 제39조제1항제1호의 경우
 가. 산지전용의 목적사업을 완료하는 경우: 절토·성토 비탈면에 대한 복구 조치
 나. 산지전용의 목적사업을 완료하지 아니하는 경우: 허가 또는 신고 대상 산지 전체에 대한 복구 조치
2. 법 제39조제1항제2호부터 제4호까지의 경우: 허가 또는 신고 대상 산지 전체에 대한 복구 조치

[본조신설 2015.11.25]

| 산지관리법 | 산지관리법 시행령 | 산지관리법 시행규칙 |
|---|---|---|
| 공검사<br>　나.「혁신도시 조성 및 발전에 관<br>　　한 특별법」제17조에 따른 혁<br>　　신도시개발사업의 준공검사<br>　다.「산업입지 및 개발에 관한 법<br>　　률」제37조에 따른 산업단지<br>　　개발사업의 준공인가<br>　2. 제25조제1항에 따른 토석채취<br>　　허가를 받은 자<br>　3. 제30조제1항에 따른 채석신고<br>　　를 한 자<br>　4. 제35조제1항에 따른 토석의 매<br>　　각계약을 체결하거나 무상양여<br>　　를 받은 자<br>③ 산림청장등은 제1항 또는 제2항에<br>　따라 복구하여야 하는 산지(이하 "<br>　복구대상산지"라 한다)가 다음 각<br>　호의 어느 하나에 해당하는 경우 제<br>　37조제1항 각 호의 어느 하나에 해 | | 제41조(복구의무의 면제 등) ① 법 제<br>　39조제3항에 따라 복구의무를 면제<br>　받으려는 자는 별지 제39호서식의<br>　복구의무면제신청서에 다음 각 호의<br>　서류를 첨부하여 관할청에 제출하여 |

당하는 허가 등의 처분을 받거나 신고 등을 한 자(복구대상산지에 대하여 새로 제37조제1항 각 호의 어느 하나에 해당하는 허가 등의 처분을 받거나 신고 등을 한 자가 있는 경우에는 종전에 허가 등의 처분을 받거나 신고 등을 한 자를 말한다)에 대하여 제1항 또는 제2항에 따른 복구의무의 전부 또는 일부를 면제할 수 있다. <개정 2016.12.2>
1. 복구대상산지에 대하여 제42조제1항에 따른 복구준공검사 전에 새로 제37조제1항 각 호의 어느 하나에 해당하는 허가 등의 처분을 받거나 신고 등을 하려는 자가 복구비를 예치(제38조제1항 단서에 따라 복구비를 예치하지 아니하는 경우를 포함한다)한 경우
2. 그 밖에 복구할 토지가 없는 경우 등 대통령령으로 정하는 경우

**제47조(복구의무의 면제)** 법 제39조제3항제2호에서 "복구할 토지가 없는

야 한다. <개정 2004.1.13, 2005. 8.24, 2006.6.30, 2007.7.27, 2009. 4.20, 2011.1.5, 2013.1.23, 2014. 12.31>
1. 측량업자등이 측량한 축척 6천분의 1부터 1천200분의 1까지의 복구의무면제를 받고자 하는 산지의 실측도(산지의 형질변경, 입목의 벌채 또는 굴취를 수반하지 아니하는 「임업 및 산촌 진흥촉진에 관한 법률 시행령」 제8조제1항에 따른 임산물 소득원의 지원 대상 품목의 재배를 위하여 산지를 일시사용한 경우에는 해당 사업 구역이 표시된 임야도 사본) 1부
2. 법 제39조제3항의 규정에 따라 복구의무가 면제되는 사유를 증명할 수 있는 서류 1부
3. 삭제 <2018.11.12>

| 산지관리법 | 산지관리법 시행령 | 산지관리법 시행규칙 |
|---|---|---|
| ④ 산지전용, 산지일시사용 또는 토석채취를 한 산지를 복구할 때에는 토석(「폐기물관리법」제2조제1호에 따른 폐기물이 포함되지 아니한 토석을 말한다. 다만, 「폐기물관리법」에서 정하는 유해성기준과 「토양환경보전법」에서 정하는 임야지역 오염기준에 적합하고 「폐기물관리법」에 따른 재활용 용도 및 방법에 따라 채석지역 내 하부복구지·저지대 등의 채움재로 재활용이 가능한 경우에는 같은 법에 따라 재활용할 수 있다)으로 성토한 후 표면을 수목의 생육에 적합하도록 흙으로 덮어야 한다. <개정 2012.2.22><br>⑤ 제1항에 따른 산지복구의 범위와 제3항에 따른 복구의무면제의 신청 절차 등에 관한 사항은 농림축산식 | 경우 등 대통령령으로 정하는 경우"란 다음 각 호의 어느 하나에 해당하는 경우를 말한다. <개정 2005.8.5, 2007.2.1, 2007.7.27, 2008.7.24, 2009.4.20, 2010.12.7, 2011.1.28, 2012.8.22, 2015.11.11, 2016.12.30, 2017.6.2, 2018.10.30, 2019.7.2><br>1. 법 제39조제1항에 따라 복구하여야 하는 지역으로서 산림경영 또는 산림공익과 관련되는 임도, 작업로, 산책로·등산로·탐방로 등 숲길로 활용할 수 있는 산지인 경우. 다만, 절토·성토한 면에 해당하는 산지를 제외한다.<br>2. 삭제 <2007.7.27><br>3. 지목변경을 목적으로 산지전용한 지역으로서 절토·성토 비탈면 등 복구할 대상지가 없는 경우<br>4. 산지의 형질변경(입목의 벌채 또 | ② 제1항에 따른 신청서 제출 시 관할청은 「전자정부법」 제36조제1항에 따른 행정정보의 공동이용을 통하여 토지 등기사항증명서(신청인이 토지의 소유자인 경우만 해당한다)를 확인하여야 한다. <개정 2009.4.20, 2011.1.5, 2013.1.23><br>③ 제1항에 따른 복구의무면제신청서를 제출받은 관할청은 복구의무가 면제되는 면적을 확정하고, 신청인에게 복구의무면제사항을 통지하여야 한다. <개정 2004.1.13, 2006.6.30, 2009.4.20, 2011.1.5><br>④ 관할청은 제3항에 따라 복구의무면제가 확정된 면적에 대하여는 복구비를 반환하여야 한다. <개정 2006.6.30, 2009.4.20, 2011.1.5> |

| | |
|---|---|
| 품부령으로 정한다. <개정 2013. 3.23><br>[전문개정 2010.5.31] | 는 굴취·채취를 포함한다)을 수반하지 아니하는 다음 각 호의 용도로 산지를 일시사용한 경우<br>가. 가축의 방목<br>나. 「매장문화재 보호 및 조사에 관한 법률」에 따른 매장문화재 지표조사<br>다. 「임업 및 산촌 진흥촉진에 관한 법률 시행령」 제8조제1항에 따른 임산물 소득원의 지원 대상 품목의 재배<br>라. 물건의 적치<br>4의2. 입목의 벌채를 수반하는 경우로서 「임업 및 산촌 진흥촉진에 관한 법률 시행령」 제8조제1항에 따른 임산물 소득원의 지원 대상 품목 중 수실류 또는 약용류의 재배(밤·감·잣 등 교목류의 재배에 한정한다)<br>5. 산지전용허가 또는 산지일시사용허가를 받거나 산지전용신고 또 |

| 산지관리법 | 산지관리법 시행령 | 산지관리법 시행규칙 |
|---|---|---|
| | 는 산지일시사용신고를 한 자가 법 제41조 각 호에 따른 조치 전에 다시 산지전용허가 또는 산지일시사용허가를 받거나 산지전용신고 또는 산지일시사용신고를 하여 수리된 경우로서 목적사업을 위하여 형질을 변경한 산지를 복구하는 것이 불합리하다고 인정되는 경우. 이 경우 복구의무의 면제는 한 차례만 인정된다.<br>6. 토석채취허가를 받아 토석을 굴취·채취한 지역과 연접한 지역에 토석채취허가를 받은 경우로서 이미 조성한 사업부지 등을 계속 사업부지로 사용하여 복구하는 것이 불합리하다고 인정되는 경우<br>7. 산지전용·일시사용하는 과정에서 부수적으로 생산되는 토석을 | |

| | |
|---|---|
| | 채취하기 위하여 토석채취허가를 받아 토석채취가 먼저 종료된 경우로서 산지전용·일시사용이 종료되기 전에 복구하는 것이 불합리하다고 인정되는 경우. 이 경우 면제되는 복구의무는 법 제39조제1항제2호에 따른 토석채취허가에 대한 복구의무로 한정한다. |
| **제40조(복구설계서의 승인 등)** ① 제39조제1항 또는 제2항에 따라 산지를 복구하여야 하는 자(이하 "복구의무자"라 한다)는 대통령령으로 정하는 기간 이내에 산림청장등에게 산지복구기간 등이 포함된 산지복구설계서(이하 "복구설계서"라 한다)를 제출하여 승인을 받아야 한다. 승인받은 복구설계서를 변경하려는 경우에도 같다. <개정 2012.2.22, 2016.12.2> ② 제1항에도 불구하고 제14조에 따른 산지전용허가, 제15조의2제1항 | **제48조(복구설계서의 승인)** 법 제40조제1항 전단에서 "대통령령으로 정하는 기간"이란 다음 각 호의 어느 하나에 해당하는 기간을 말한다. <개정 2007.7.27, 2010.12.7, 2015.11.11, 2018.10.30, 2020.6.2> 1. 산지전용등의 기간이 만료되기 전에 복구공사를 하기 위하여 복구설계서의 승인을 받으려는 경우에는 복구공사에 착수하기 전의 기간 2. 산지전용등의 기간이 만료된 이 |

| 산지관리법 | 산지관리법 시행령 | 산지관리법 시행규칙 |
|---|---|---|
| 에 따른 산지일시사용허가를 받으려는 자 또는 제15조에 따른 산지전용신고, 제15조의2제4항에 따른 산지일시사용신고를 하려는 자는 해당 허가를 신청하거나 신고를 할 때에 복구설계서를 산림청장등에게 제출할 수 있다. 이 경우 산림청장등이 산지전용허가·산지일시사용허가를 하거나 산지전용신고·산지일시사용신고를 수리한 경우에는 해당 복구설계서는 제1항에 따라 산림청장등의 승인을 받은 것으로 본다. <신설 2016.12.2, 2019.12.3><br>③ 산림청장등은 복구의무자가 제1항에 따른 기간 이내에 복구설계서를 제출할 수 없는 불가피한 사유가 있다고 인정하면 농림축산식품부령으로 정하는 바에 따라 그 기간을 연장할 수 있다. <개정 2012.2.22, | 후 복구공사를 하기 위하여 복구설계서의 승인을 받으려는 경우에는 산지전용등의 기간이 만료되기 전의 기간<br>3. 법 제37조제3항에 따른 조치명령 또는 법 제39조제2항에 따른 중간복구명령을 받은 경우(법 제44조제3항에 따라 준용되는 경우를 포함한다)에는 그 조치명령 등을 받은 날부터 30일 이내의 기간 | |

| | |
|---|---|
| 2013.3.23, 2016.12.2〉<br>④ 복구설계서의 작성기준, 승인신청 절차, 승인기준 등에 관한 사항은 농림축산식품부령으로 정한다. 〈개정 2013.3.23, 2016.12.2〉<br>[전문개정 2010.5.31] | **제42조(복구설계서의 작성기준 등)** ① 법 제40조제4항에 따른 복구설계서의 작성기준은 다음 각 호와 같다. 〈개정 2005.8.24, 2007.7.27, 2008.7.16, 2009.4.20, 2011.1.5, 2012.10.26, 2016.12.30, 2017.6.2, 2018.11.29〉<br>1. 복구설계서는 허가 또는 신고대상 전체 면적에 대하여 작성하되, 복구대상 산지에 대해서는 산지복구에 적합한 사방공법 등을 적용하여 설계하여야 하며, 시공에 착오가 없도록 상세히 작성할 것<br>2. 복구설계서에는 다음 각 목에 관한 사항이 포함될 것<br>　가. 산지의 소재지를 확인할 수 있는 축척 2만5천분의 1 이상의 지적이 표시된 지형도(「토지이용규제 기본법」 제12조에 따라 국토이용정보체계에 지적 |

| 산지관리법 | 산지관리법 시행령 | 산지관리법 시행규칙 |
|---|---|---|
| | | 이 표시된 지형도의 데이터베이스가 구축되어 있지 아니하거나 지형과 지적의 불일치로 지형도의 활용이 곤란한 경우에는 지적도)<br>나. 복구대상지의 전경사진<br>다. 공사예정 공정표<br>라. 설계적용기준<br>마. 시방서(일반·특별)<br>바. 공사표준도<br>사. 복구하여야 하는 산지의 지번·지목·면적 등이 표시된 산지내역서<br>아. 공사비 총괄표 및 공사원가계산서<br>자. 현황도·평면도·종단도·횡단도·구조물도 및 토공량(土工量)계산서가 포함된 설계도<br>차. 복구설계서를 작성한 자의 사 |

| | | |
|---|---|---|
| | | 업자등록증 사본(복구설계와 관련된 사업자등록증이어야 한다) 및 자격증 사본<br>카. 산지복구공사를 감리하는 자(이하 "감리자"라 한다)의 사업자등록증·자격증 및 감리용역계약서 사본(법 제40조의2에 따라 감리를 받아야 하는 산지복구공사인 경우에 한정한다)<br>3. 복구설계서는 법 제45조에 따른 복구전문기관 또는 산림기술용역업자 소속 산림기술자로서 「산림기술 진흥 및 관리에 관한 법률 시행령」 별표 5 설계란의 산지복구사업의 배치기준에 해당하는 사람이 작성할 것<br>② 법 제40조제1항에 따라 복구설계서의 승인을 받으려는 자는 영 제48조 각 호에 따른 기간 이내에 별지 제40호서식의 복구설계서 승인신청서에 복구설계서를 첨부하여 관 |

| 산지관리법 | 산지관리법 시행령 | 산지관리법 시행규칙 |
|---|---|---|
| | | 할청에 제출하여야 한다. 다만, 복구설계서를 대신하여 다음 각 호의 구분에 따른 서류를 제출할 수 있다. <개정 2011.1.5, 2012.10.26, 2017.6.2> 1. 영 별표 3의3 제3호가목 및 제4호가목에 해당하는 경우: 임도설계도서 2. 영 별표 3의3 제3호나목 및 제4호나목·다목에 해당하는 경우: 산림청장이 고시한 시방서작성기준에 따라 작성된 시방서 및 노선구역도 3. 660제곱미터 미만의 산지전용·산지일시사용인 경우(광물의 채굴은 제외한다): 복구대상산지의 종단도 및 횡단도와 복구공종·공법 및 겨냥도 등이 포함된 복구개요서 |

③ 관할청은 제2항에 따라 복구설계서 승인신청서를 제출받은 때에는 해당 복구설계서가 별표 6에 따른 복구설계서 승인기준에 적합한 경우에 한하여 이를 승인하여야 한다. 다만, 산지의 지형여건 또는 사업의 성격상 복구설계서 승인기준을 완화하여 적용할 합리적인 사유가 있다고 판단되어 중앙산지관리위원회 또는 지방산지관리위원회의 심의를 거친 경우에는 이를 완화하여 적용할 수 있다. <개정 2004.1.13, 2009.4.20, 2011.1.5, 2017.6.2, 2018.11.12>

④ 법 제40조제3항에 따라 복구설계서의 승인을 얻어야 하는 자가 불가피한 사유로 인하여 영 제48조 각 호에 따른 기간 이내에 복구설계서를 제출할 수 없는 경우에는 별지 제41호서식의 복구설계서 제출기간 연장신청서에 연장사유를 증명할

| 산지관리법 | 산지관리법 시행령 | 산지관리법 시행규칙 |
|---|---|---|
|  |  | 수 있는 서류를 첨부하여 관할청에 제출하여야 한다. <개정 2004.1. 13, 2009.4.20, 2011.1.5, 2017.6. 2> |
|  |  | ⑤ 관할청은 제4항에 따라 복구설계 서제출기간의 연장신청이 있는 경우로서 연장신청사유 등을 검토하여 타당하다고 인정되는 때에는 1월 이내의 범위에서 그 기간을 연장할 수 있다. <개정 2004.1.13, 2009. 4.20, 2011.1.5> |
|  |  | ⑥ 제3항에 따라 복구설계서의 승인을 얻은 자는 그 복구설계서에 따른 복구공사를 시행하는 중 설계변경이 필요한 경우에는 별지 제40호서식에 따른 복구설계서 변경승인신청서에 변경설계서를 첨부하여 관할청에 제출하여야 한다. 이 경우 복구공사기간 변경의 경우에는 최초 |

| | | |
|---|---|---|
| | | 복구설계서 승인 시의 복구공사기간을 초과하지 아니하는 범위에서 추가로 연장(제40조제3항 각 호에 따른 지급보증서 등으로 복구비를 예치한 경우에는 지급보증서 등의 보증기간 내로 한정한다)하여 변경할 수 있으나 다음 각 호의 어느 하나에 해당되는 경우에는 그러하지 아니하다. <개정 2004.1.13, 2007.7.27, 2009.4.20, 2011.1.5, 2012.10.26, 2015.11.25, 2016.12.30, 2017.6.2> <br> 1. 수목·초본류 및 덩굴류 등의 식재 등 기후 여건상 복구공사기간의 연장이 불가피하다고 인정되는 경우 <br> 2. 광물의 채굴 지역 또는 토석채취 지역의 지하 부분에 대한 성토 작업을 위하여 복구공사기간의 연장이 불가피하다고 인정되는 경우로서 법 제22조에 따른 중앙산 |

| 산지관리법 | 산지관리법 시행령 | 산지관리법 시행규칙 |
|---|---|---|
| | | 지관리위원회 또는 지방산지관리 위원회의 심의를 거친 경우<br>⑦ 복구설계서의 변경승인에 관하여는 제3항을 준용한다. <신설 2007. 7.27> |
| **제40조의2(산지복구공사의 감리 등)** ① 복구의무자(제41조에 따른 대행자 또는 대집행을 하는 자를 포함한다. 이하 이 조에서 같다)는 대통령령으로 정하는 면적 이상의 산지를 복구하는 공사에 대하여 다음 각 호의 어느 하나에 해당하는 자의 감리를 받아야 한다. 다만, 다른 법률에 따라 산지복구공사 감리를 하는 경우에는 그러하지 아니하다. <개정 2013.5. 22, 2017.4.18><br>1. 「기술사법」에 따른 산림분야의 기술사사무소<br>2. 「엔지니어링산업 진흥법」에 따 | **제48조의2(산지복구공사의 감리대상)** 법 제40조의2제1항 각 호 외의 부분 본문에서 "대통령령으로 정하는 면적"이란 다음 각 호의 구분에 따른 허가, 신고 또는 지정 면적을 말한다. 이 경우 복구의무자가 연접한 산지에 대하여 목적사업의 동일성이 인정되는 다수의 허가 또는 지정을 받거나 신고를 한 경우에는 목적사업의 동일성이 인정되는 범위에서 해당 복구의무자가 허가 또는 지정받거나 신고한 산지의 면적을 합산하여 그 면적을 산정한다. <개정 2020.6.2> | **제42조의2(산지복구공사의 감리)** ① 법 제40조의2제1항에 따른 산지복구공사에 대한 감리의 범위는 다음 각 호와 같다.<br>1. 시공계획 및 공사관리의 적정성 검토<br>2. 시공자가 관계 법령 및 설계도서에 따라 적합하게 시공하는지 여부 확인<br>3. 공사현장에서의 재해예방대책 및 안전관리 확인<br>4. 설계변경의 적정성 검토 및 확인<br>5. 그 밖에 공사감리계약으로 정하는 사항 |

| | | |
|---|---|---|
| 른 산림전문분야 엔지니어링사업자<br>3. 「산림조합법」 또는 「건설기술 진흥법」에 따라 산지복구공사의 감리를 할 수 있는 자<br>② 제1항에 따라 산지복구공사를 감리하는 자(이하 "감리자"라 한다)는 산지복구공사의 감리를 할 때 이 법 또는 그 밖의 관계 법령에 위반된 사항을 발견하거나 제40조에 따라 승인된 복구설계서대로 공사가 되지 아니하면 지체 없이 복구의무자에게 시정할 것을 통지하고 7일 이내에 산림청장등에게 그 내용을 보고하여야 한다. <개정 2012.2.22><br>③ 복구의무자는 제2항에 따른 시정통지를 받으면 즉시 위반사항을 시정한 후 감리자의 확인을 받아야 한다.<br>④ 복구의무자는 제2항에 따른 감리자의 시정통지에 이의가 있으면 공 | 1. 산지전용·산지일시사용 허가를 받은 경우: 1만제곱미터<br>2. 산지전용·산지일시사용 신고를 한 경우로서 법 제15조제1항제3호 또는 제15조의2제4항제3호에 해당하는 경우: 1만제곱미터<br>3. 석재에 대한 토석채취허가를 받은 경우: 5만제곱미터<br>4. 토사에 대한 토석채취허가를 받은 경우: 1만제곱미터<br>5. 채석단지 지정을 받은 경우: 20만제곱미터<br>[전문개정 2015.11.11] | ② 삭제 <2018.11.29><br>③ 관할청은 산지복구공사의 감리를 위하여 필요하다고 인정하는 경우에는 감리자에게 필요한 자료를 요청하거나 감리현황을 보고하게 할 수 있다. |

| 산지관리법 | 산지관리법 시행령 | 산지관리법 시행규칙 |
|---|---|---|
| 사를 중지하고 산림청장등에게 이의신청을 할 수 있다. <개정 2012.2.22><br><br>⑤ 산지복구공사의 감리 기준과 절차, 감리자의 선정기준 및 감리자에 대한 관리·감독, 그 밖에 필요한 사항은 농림축산식품부령으로 정한다. <개정 2013.3.23><br>[본조신설 2010.5.31]<br><br>**제41조(복구의 대집행 등)** 산림청장등은 복구의무자가 제40조제1항에 따른 기간까지 복구설계서를 산림청장등에게 제출하지 아니하거나 같은 조 제1항 또는 제2항에 따라 승인받은 복구설계서의 복구기간 이내에 복구를 완료하지 아니하면 다음 각 호의 구분에 따른 조치를 할 수 있다. <개정 2012.2.22, 2016.12.2><br>1. 제38조제1항 본문에 따라 복구비 | | ④ 법 제40조의2제5항에 따른 산지복구공사의 감리자 배치기준, 감리의 업무수행 방법 등에 관하여는 「산림기술 진흥 및 관리에 관한 법률」에서 정하는 바에 따른다. <개정 2018.11.29><br>[본조신설 2011.1.5] |

를 예치한 자: 대행자를 지정하여 복구를 대행하게 하고 그 비용을 예치된 복구비로 충당하는 조치
2. 제38조제1항 단서에 해당하는 자: 「행정대집행법」에 따른 대집행

[전문개정 2010.5.31]

**제41조의2(재생에너지 발전사업자에 대한 조치)** ① 「신에너지 및 재생에너지 개발·이용·보급 촉진법」 제2조제2호가목 및 나목에 해당하는 재생에너지 설비를 산지에 설치하여 「전기사업법」 제31조에 따른 전력거래를 하려는 발전사업자는 제39조제2항에 따른 중간복구명령(이에 따른 복구준공검사를 포함한다)이 있는 경우에 전력거래 전에 이를 완료하여야 한다.
② 산림청장등은 제1항에 따른 발전

| 산지관리법 | 산지관리법 시행령 | 산지관리법 시행규칙 |
|---|---|---|
| 사업자가 중간복구(이에 따른 복구준공검사를 포함한다)를 완료하지 아니하고 전력거래를 하는 경우에는 산업통상자원부장관에게 「전기사업법」 제31조의2제2항에 따른 사업정지를 명하도록 요청할 수 있다. <개정 2020.3.31><br>[본조신설 2019.12.3] | | |
| **제42조(복구준공검사)** ① 산림청장등은 복구의무자가 복구를 완료하거나 제41조에 따른 대행 또는 대집행에 의하여 복구가 완료되면 복구준공검사를 하여야 한다. <개정 2012.2.22><br>② 산림청장등은 제1항에 따른 복구준공검사를 받으려는 자로 하여금 복구준공검사 후에 발생하는 하자를 보수하도록 하기 위하여 농림축산식품부령으로 정하는 바에 따라 하자보수보증금을 미리 예치하게 | **제49조(하자보수보증금의 예치면제)** 법 제42조제2항 단서에서 "대통령령으로 정하는 경우"란 다음 각 호의 어느 하나에 해당하는 경우를 말한다. <개정 2008.7.24, 2010.12.7><br>1. 국가·지방자치단체, 공기업·준정부기관, 지방공사 또는 지방공단이 복구준공검사를 받으려는 경우<br>2. 하자보수보증의 금액이 1백만원 미만인 경우 | **제43조(복구준공검사)** ① 법 제42조제1항에 따라 복구준공검사를 받으려는 자는 별지 제42호서식의 복구준공검사신청서를 관할청에 제출하여야 한다. 다만, 지목변경을 목적으로 산지전용한 지역으로서 「공간정보의 구축 및 관리 등에 관한 법률」 제78조에 따른 등록전환 시 측량 오차를 바로잡기 위한 면적의 증감이나 경계의 변경이 필요한 경우에는 변경되는 산지면적에 대하여 법 제 |

하여야 한다. 다만, 제38조제1항 단서에 따라 복구비를 예치하지 아니하는 경우와 그 밖에 대통령령으로 정하는 경우에는 하자보수보증금의 예치를 면제할 수 있다. <개정 2012.2.22, 2013.3.23>

③ 제1항에 따른 복구준공검사의 신청절차 등과 제2항에 따른 하자보수보증금의 금액, 예치방법, 예치기간 등에 관한 사항은 농림축산식품부령으로 한다. <개정 2013.3.23>
[전문개정 2010.5.31]

14조제1항 단서 또는 법 제15조제1항 각 호 외의 부분 후단에 따른 변경신고를 한 후 복구준공검사신청서를 제출하여야 한다. <개정 2004.1.13, 2009.4.20, 2011.1.5, 2016.12.30>

② 제1항에 따른 복구준공검사신청을 받은 경우에는 법 제40조제1항 또는 제2항에 따라 승인한 복구설계서에 따라 적합하게 복구되었는지 여부를 검사하고, 그 결과를 신청인에게 서면으로 알려야 한다. <개정 2009.4.20, 2017.6.2>

**제44조(하자보수보증금의 예치 등)** ① 법 제42조제3항에 따른 하자보수보증금은 법 제40조제1항 또는 제2항에 따라 승인을 얻은 복구설계서에 계상된 복구공사비 총액의 100분의 4에 해당하는 금액으로 한다. <개정 2017. 6. 2.>

| 산지관리법 | 산지관리법 시행령 | 산지관리법 시행규칙 |
|---|---|---|
| | | ② 관할청은 제43조제1항에 따라 복구준공검사를 신청하는 자에게 그 복구준공검사의 완료일전까지 법 제42조제2항 본문에 따른 하자보수보증금을 예치하게 하여야 한다. 이 경우 하자보수보증금의 예치에 관하여는 제40조를 준용한다. <개정 2004.1.13, 2009.4.20, 2011.1.5> ③ 제1항에 따른 하자보수보증금의 예치기간은 해당 복구공사의 복구준공검사만료일부터 5년간으로 한다. 다만, 「국토의 계획 및 이용에 관한 법률」 제36조제1항제1호에 따른 도시지역에서 법 제14조·제15조 및 제15조의2에 따른 산지전용·산지일시사용 후 복구준공검사를 신청하는 자의 경우에는 그 복구준공검사만료일부터 3년간으로 한다. <개정 2009.4.20, 2011.1.5> |

④ 관할청은 제3항에 따른 하자보수보증금의 예치기간중에 복구공사의 하자가 발생한 때에는 하자보수보증금을 예치한 자에게 일정 기간 이내에 하자의 보수를 하게 하여야 한다. 이 경우 그 기간 이내에 하자를 보수하지 아니하는 경우에는 관할청은 대행자를 지정하여 하자를 보수하게 하고 그 비용을 하자보수보증금으로 충당한다. <개정 2004.1.13, 2009.4.20, 2011.1.5>

⑤ 관할청은 제3항에 따른 예치기간이 만료된 때에는 그 만료일부터 1월 이내에 예치된 하자보수보증금 또는 그 잔액을 반환하여야 한다. 이 경우 하자보수보증금 또는 그 잔액의 반환에 관하여는 제45조를 준용한다. <개정 2004.1.13, 2009.4.20, 2011.1.5>

| 산지관리법 | 산지관리법 시행령 | 산지관리법 시행규칙 |
|---|---|---|
| **제43조(복구비의 반환)** ① 산림청장등은 다음 각 호의 어느 하나에 해당할 때에는 복구면적을 기준으로 예치된 복구비의 전부 또는 일부를 그 예치자에게 반환하여야 한다. <개정 2012.2.22><br><br>1. 제39조제3항에 따른 복구의무면제가 확정되었을 때<br>2. 제42조에 따른 복구준공검사가 완료되었을 때<br>3. 제44조제1항에 따른 시설물 철거 명령이나 산지복구의 명령(같은 항 제3호부터 제5호까지의 경우만 해당한다)을 이행하거나 같은 조 제2항에 따른 대집행이 완료되었을 때<br>4. 산지전용허가 등의 처분을 받은 자가 목적사업을 시작하지 아니한 채 산지전용허가 등의 효력이 | | **제45조(예치된 복구비의 반환)** ① 관할청은 법 제43조에 따라 복구비를 그 예치자에게 반환하는 경우에는 다음 각 호의 구분에 따른다. 다만, 기온이 나무심기에 적합하지 아니한 경우 그 밖의 사유로 복구가 일부 완료되지 아니한 경우에는 그 복구를 완료할 때까지 해당 복구에 필요한 복구비를 반환하지 아니할 수 있다. <개정 2004.1.13, 2005.8.24, 2009.4.20, 2011.1.5><br><br>1. 현금으로 예치된 경우: 「정부보관금 취급규칙」 제4조에 따라 금융기관에 예치하여 발생한 이자와 예치금을 반환한다.<br>2. 보증보험증권·증권·정기예금증서 또는 지급보증서 등으로 예치된 경우: 보증보험증권·증권·정기예금증서 또는 지급보증서 |

소멸되었을 때

② 산림청장등은 제1항에 따라 예치된 복구비를 반환할 때 제41조제1호 또는 제44조제2항 후단에 따라 대행 비용이나 대집행 비용을 예치된 복구비에서 충당한 경우에는 그 충당한 비용을 공제한 후 반환하여야 한다. <개정 2012.2.22>

③ 제1항과 제2항에 따른 복구비의 반환에 필요한 사항은 농림축산식품부령으로 정한다. <개정 2013.3.23>

[전문개정 2010.5.31]

**제44조(불법산지전용지의 복구 등)** ① 산림청장등은 다음 각 호의 어느 하나에 해당하는 경우에는 그 행위를 한 자에게 시설물을 철거하거나 형질변경한 산지를 복구하도록 명령할 수 있다. <개정 2012.2.22>

1. 제21조제1항에 따른 용도변경승

등을 반환한다.

② 관할청은 법 제43조제2항에 따라 대행비용이나 대집행비용을 예치된 복구비에서 충당하고 난 후 잔액이 있는 경우에는 다음 각 호의 구분에 따라 이를 반환하여야 한다. <개정 2004.1.13, 2009.4.20, 2011.1.5>

1. 현금·증권·정기예금증서로 예치된 경우 : 복구비를 예치한 자에게 반환
2. 제1호외의 보증보험증권·지급보증서 등으로 예치된 경우 : 보증보험증권·지급보증서 등의 발행인에게 반환

| 산지관리법 | 산지관리법 시행령 | 산지관리법 시행규칙 |
|---|---|---|
| 인을 받지 아니하고 용도변경한 경우<br>2. 제37조제1항 각 호의 어느 하나에 해당하는 허가 등의 처분을 받지 아니하거나 신고 등을 하지 아니하고 산지전용 또는 산지일시사용을 하거나 토석을 채취한 경우<br>3. 제37조제1항 각 호의 어느 하나에 해당하는 허가나 매각계약 등이 제20조·제31조 또는 제36조제1항에 따라 취소되거나 해제된 경우<br>4. 제37조제1항 각 호의 어느 하나에 해당하는 신고를 한 자가 제20조·제31조 또는 제36조제1항에 따른 조치명령을 위반한 경우<br>5. 제37조제1항제8호에 따른 행정 | | |

처분이 취소된 경우
② 산림청장등은 제1항에 따른 명령을 받은 자가 이를 이행하지 아니하면 「행정대집행법」에 따라 대집행할 수 있다. 이 경우 제1항제3호부터 제5호까지의 경우 중 그 행위자가 제38조제1항 본문에 따라 복구비를 예치한 경우에는 그 복구비를 대집행 비용으로 충당할 수 있다. <개정 2012.2.22>
③ 제1항에 따라 복구를 하는 경우 복구비의 예치에 관하여는 제38조를, 복구의무의 면제 및 면제신청에 관하여는 제39조제3항 및 제5항을, 복구 방식에 관하여는 제39조제4항을, 복구설계서의 승인 등에 관하여는 제40조를, 복구공사의 감리에 관하여는 제40조의2를, 복구공사의 준공검사와 하자보수보증금의 예치 및 면제에 관하여는 제42조를 각각 준용한다. <개정 2017.4.18>

| 산지관리법 | 산지관리법 시행령 | 산지관리법 시행규칙 |
|---|---|---|
| [전문개정 2010.5.31]<br><br>**제44조의2(불법전용산지 등의 조사)** ① 산림청장등은 다음 각 호의 사항을 조사하기 위하여 산지전용허가·산지일시사용허가를 받았거나 산지전용신고·산지일시사용신고를 한 자, 토석채취허가를 받았거나 토석채취신고 또는 채석신고를 한 자에게 업무에 관한 사항을 보고하게 하거나 관련 자료의 제출 및 현지조사를 요구할 수 있으며, 관계 공무원에게 그 허가를 받았거나 신고를 한 자의 사업장, 해당 산지, 그 밖의 필요한 장소에 출입하여 장부·서류나 그 밖의 물건을 검사하게 하거나 관계인에게 질문하게 할 수 있다. <개정 2012.2.22, 2016.12.2><br><br>1. 산지가 불법으로 전용되었는지 여부 | | |

| | |
|---|---|
| 2. 제20조제1항 각 호의 어느 하나에 따른 허가취소 등의 사유에 해당하는지 여부<br>3. 제31조제1항 각 호의 어느 하나에 따른 허가취소 등의 사유에 해당하는지 여부<br>② 산림청장등은 제1항 각 호에 대하여 전국적인 일제조사가 필요하다고 인정하는 경우에는 기간을 정하여 대통령령으로 정하는 산지전문기관에게 이를 대행하게 하거나 위탁할 수 있다. <개정 2012.2.22><br>③ 산림청장등은 제1항·제2항에 따른 조사 결과에 따라 제20조, 제31조 및 제44조 등의 필요한 조치를 할 수 있다. <개정 2012.2.22><br>④ 제1항·제2항에 따라 출입·점검·조사를 하는 자는 그 권한을 표시하는 증표를 지니고 이를 관계인에게 내보여야 한다.<br>[본조신설 2010.5.31] | **제49조의2(불법전용산지 등의 조사)** 법 제44조의2제2항에서 "대통령령으로 정하는 산지전문기관"이란 산지보전협회를 말한다.<br>[본조신설 2010.12.7] |

| 산지관리법 | 산지관리법 시행령 | 산지관리법 시행규칙 |
|---|---|---|
| **제45조(복구전문기관의 지정·육성)** ① 산림청장은 산지의 효율적인 복구를 위하여 다음 각 호의 어느 하나에 해당하는 업무를 수행하는 자를 산지복구전문기관 또는 단체(이하 "복구전문기관"이라 한다)로 지정하여 육성할 수 있다.<br>1. 형질변경된 산지의 복구 설계·감리<br>2. 형질변경된 산지의 자연생태계 복원 및 자연친화적인 복구 방법의 조사·연구 및 개발<br>3. 형질변경된 산지의 복구<br>4. 그 밖에 형질변경된 산지의 복구에 관하여 산림청장이 정하는 업무<br>② 복구전문기관은 「산림조합법」에 따른 산림조합중앙회 및 그 밖에 대통령령으로 정하는 요건·절차 | **제50조(복구전문기관의 지정 등)** ① 법 제45조제2항에서 "대통령령으로 정하는 요건"이란 다음 각 호의 요건을 | |

| | | |
|---|---|---|
| 에 따라 지정된 법인(「상법」에 따른 법인은 제외한다)으로 한다.<br>③ 산림청장은 복구전문기관의 업무수행을 위하여 필요한 자금의 전부 또는 일부를 지원할 수 있다.<br>[전문개정 2010.5.31] | 말한다. <개정 2005.8.5, 2006.8.4, 2008.2.29, 2008.7.24, 2009.4.20, 2010.12.7, 2013.3.23, 2018.11.27><br>1. 「국가기술자격법」에 따른 산림기술사·토목기사 및 「산림기술 진흥 및 관리에 관한 법률 시행령」 별표 3에 따른 산림공학기술자 각 1명 이상일 것. 다만, 법 제45조제1항제1호 및 같은 항 제2호에 따른 업무만을 수행하려는 법인인 경우에는 산림기술사 및 산림공학기술자 각 1명 이상으로 한다.<br>2. 농림축산식품부령이 정하는 장비를 갖출 것<br><br>② 제1항 각호의 요건을 갖춘 자가 법 제45조제2항의 규정에 따라 복구전 | **제46조(복구장비기준)** 영 제50조제1항 제2호에서 "농림축산식품부령이 정하는 장비"라 함은 별표 7에서 정하는 장비를 말한다. <개정 2008.3.3, 2013.3.23><br><br>**제47조(복구전문기관의 지정·육성)** ① 영 제50조제2항의 규정에 의한 복구 |

| 산지관리법 | 산지관리법 시행령 | 산지관리법 시행규칙 |
|---|---|---|
| | 문기관으로 지정받고자 하는 경우에는 복구전문기관신청서에 농림축산식품부령이 정하는 서류를 첨부하여 산림청장에게 제출하여야 한다. &lt;개정 2008.2.29, 2013.3.23&gt; | 전문기관 지정신청서는 별지 제43호서식에 의한다.<br>② 영 제50조제2항에서 "농림축산식품부령이 정하는 서류"라 함은 다음 각호의 서류를 말한다. &lt;개정 2008.3.3, 2009.11.27, 2013.3.23, 2015.11.25&gt;<br>1. 기술인력의 보유사실을 증명할 수 있는 자격증 사본(국가기술 자격증이 아닌 경우에 한하며, 국가기술 자격증인 경우 담당공무원이 「전자정부법」 제36조제1항에 따른 행정정보의 공동이용을 통하여 확인하여야 하며, 신청인이 확인에 동의하지 아니하는 경우에는 그 사본을 첨부하여야 한다) 및 재직증명 서류 각 1부<br>2. 복구장비의 보유사실을 증명할 수 있는 장비등록증 또는 임대계 |

| | | |
|---|---|---|
| | ③ 산림청장은 제2항의 규정에 따라 복구전문기관지정을 신청받은 경우에는 제1항의 규정에 의한 지정요건에 적합한지를 검토하여 그 지정 여부를 결정하여야 한다. | 약서 사본 1부<br>③ 산림청장은 영 제50조제3항의 규정에 따라 복구전문기관으로 지정하는 경우에는 별지 제44호서식의 복구전문기관지정서를 신청인에게 교부하여야 한다. |
| **제46조(한국산지보전협회)** ① 산지의 보전 및 산림자원 육성을 위한 정책·제도의 조사·연구 및 교육·홍보 등의 사업을 하기 위하여 한국산지보전협회(이하 "협회"라 한다)를 둔다.<br>② 협회는 법인으로 한다.<br>③ 협회는 다음 각 호의 사업을 수행한다. <신설 2012.2.22><br>　1. 산지의 보전 및 산림자원육성을 위한 정책·제도의 조사·연구<br>　2. 제44조의2제1항에 따른 조사, 산지전용·토석채취 허가를 받거나 신고한 산지에 대한 사후관리 | | **제48조(한국산지보전협회의 조직·운영 등)** ① 법 제46조제1항에 따른 한국산지보전협회(이하 "협회"라 한다)에는 사무국과 전문위원회를 둔다. <개정 2011.1.5><br>② 협회는 특별시·광역시 및 도에 지부를 둘 수 있다.<br>③ 협회에는 임원으로 회장·이사 및 감사를 둔다. <개정 2014.9.25><br>**제49조(협회의 정관)** 협회의 사업, 임원의 정원·임기·선출방법, 회원자격 등에 필요한 사항은 정관으로 정한다. <개정 2009.4.20> |

| 산지관리법 | 산지관리법 시행령 | 산지관리법 시행규칙 |
|---|---|---|
| 지원<br><br>3. 산지의 보전 및 산림자원육성에 관한 교육·홍보<br><br>4. 산지 개발·복구 등에 관한 자문<br><br>5. 산지의 훼손에 대한 감시활동<br><br>6. 국내외 산지보전 관련 단체와의 교류 및 협력<br><br>7. 산림청장 또는 지방자치단체의 장이 위탁하는 사업<br><br>8. 그 밖에 협회의 설립목적을 달성하기 위하여 정관으로 정하는 사업<br><br>④ 협회의 사업에 드는 경비는 회비나 사업수입금 등으로 충당하며, 국가나 지방자치단체는 경비의 일부를 예산의 범위에서 지원할 수 있다. <개정 2012.2.22><br><br>⑤ 협회의 사업·조직·운영 등에 필요한 사항은 농림축산식품부령으 | | **제50조** 삭제 <2014.12.31> |

| | | |
|---|---|---|
| 로 정한다. <개정 2012. 2. 22., 2013. 3. 23.><br>⑥ 협회에 관하여 이 법에 규정되지 아니한 사항은 「민법」 중 사단법인에 관한 규정을 준용한다. <개정 2012.2.22><br>[전문개정 2010.5.31] | | |
| **제5장 보 칙**<br><개정 2010.5.31><br>**제46조의2(포상금)** 산림청장(국유림의 산지만 해당한다) 또는 시장·군수·구청장(국유림이 아닌 산림의 산지만 해당한다)은 제14조제1항 본문, 제15조제1항 전단, 제15조의2제1항 본문(변경허가는 제외한다), 같은 조 제4항 전단 및 제25조제1항 본문(변경허가는 제외한다)을 위반한 자를 산림행정관서나 수사기관에 신고하거나 고발한 사람에게 대통령 | **제5장 보 칙**<br><br>**제50조의2(포상금의 지급)** ① 법 제46조의2에 따른 포상금은 별표 8의4의 포상금지급기준에 따라 예산의 범위에서 이를 지급하여야 한다. <개정 2017.6.2><br>② 제1항에 따른 포상금은 법 제46조의2에 따른 신고 또는 고발의 대상이 되는 자가 행정기관에 의하여 발각되기 전에 주무관청이나 수사기관에 고발 또는 신고한 자에 대하여 | **제5장 보 칙**<br><br>**제50조의2(포상금의 지급)** ① 영 제50조의2에 따라 포상금을 지급받으려는 자는 그 사건에 대하여 검사가 공소제기·기소중지 또는 기소유예를 하거나 사법경찰관이 수사중지(피의자중지로 한정한다)를 한 후에 별지 제44호의2서식의 포상금지급신청서를 관할청(시·도지사 및 지방산림청장은 제외한다)에 제출해야 한다. <개정 2009. 4.20, 2011.1.5, 2020.12.31><br>② 관할청은 제1항에 따른 신청이 있 |

| 산지관리법 | 산지관리법 시행령 | 산지관리법 시행규칙 |
|---|---|---|
| 령으로 정하는 바에 따라 포상금을 지급할 수 있다. <개정 2012.2.22, 2019.12.3><br>[전문개정 2010.5.31] | 해당 고발 또는 신고사건에 대하여 검사가 공소제기·기소중지 또는 기소유예를 하거나 사법경찰관이 수사중지(피의자중지로 한정한다)를 한 경우에 한정하여 지급한다. <개정 2020.12.29><br>③ 제1항에 따른 포상금을 2인 이상의 자가 함께 받게 되는 경우의 배분방법, 그 밖의 포상금의 지급방법 및 절차 등에 필요한 사항은 농림축산식품부령으로 정한다. <개정 2008.2.29, 2013.3.23><br>[본조신설 2007.7.27] | 는 때에는 그 사건에 관한 검사 또는 사법경찰관의 처리 내용을 조회한 후 포상금 지급 여부를 결정하고 이를 해당 신청인에게 통지해야 한다. <개정 2009.4.20, 2011.1.5, 2020.12.31><br>③ 관할청은 제2항에 따라 포상금 지급을 결정한 때에는 그 날부터 2개월 이내에 해당 신청인에게 포상금을 지급하여야 한다. <개정 2009.4.20, 2011.1.5><br>④ 관할청은 하나의 사건에 대하여 신고 또는 고발한 자가 2명 이상인 경우에는 그 공로를 참작하여 포상금을 적절하게 배분하여 지급하여야 한다. 다만, 포상금을 지급받을 자가 배분방법에 관하여 미리 합의하여 포상금의 지급을 신청하는 경우에는 그 합의된 방법에 따라 지급한다. <개정 2009.4.20, 2011.1.5> |

| | | ⑤ 관할청은 자체조사 등으로 법 제46조의2에 따른 위반사실을 알게 된 때에는 지체 없이 그 사실을 기록하여야 한다. <개정 2009.4.20, 2011.1.5>
⑥ 법 제46조의2에 따른 신고 또는 고발을 접수하거나 제5항에 따라 위반사실을 기록한 후에 같은 위반사실을 신고 또는 고발한 자에 대하여는 포상금을 지급하지 아니한다. <개정 2011.1.5>
[본조신설 2007.7.27] |
|---|---|---|
| **제46조의3(현장관리업무담당자의 지정 및 교육)** ① 다음 각 호의 어느 하나에 해당하는 자는 토석채취사업장의 안전 확보 및 산림피해 방지 등의 업무를 담당하는 사람(이하 "현장관리업무담당자"라 한다)을 지정하여야 하고, 이를 산림청장등에게 신고하여야 한다. 현장관리업무담당자를 | **제50조의3(현장관리업무담당자의 업무 범위 등)** ① 법 제46조의3제1항에 따른 현장관리업무담당자(이하 "현장관리업무담당자"라 한다)의 업무 범위는 다음 각 호와 같다.
1. 토석채취사업장의 안전 확보에 관한 사항
2. 토석채취사업장의 산림피해 방지 | |

| 산지관리법 | 산지관리법 시행령 | 산지관리법 시행규칙 |
|---|---|---|
| 변경하는 경우에도 또한 같다.<br>1. 제25조제1항에 따라 토석채취허가를 받은 자<br>2. 제30조제1항에 따라 채석신고를 한 자<br>3. 제35조제1항에 따라 토석을 매입하거나 무상양여 받은 자 | 에 관한 사항<br>3. 토석채취사업장의 자연재해예방을 위한 조치에 관한 사항<br>4. 토석채취사업장의 중간복구계획 등 토석채취 피해 저감에 관한 사항<br>5. 토석채취에 종사하는 사람의 안전교육 및 재해방지교육에 관한 사항<br>6. 그 밖에 토석채취사업장의 안전 및 재해방지에 관한 사항<br>② 현장관리업무담당자의 지정 및 변경 신고기한은 다음 각 호와 같다.<br>1. 현장관리업무담당자를 지정한 경우: 토석채취허가를 받은 날, 채석신고를 한 날 또는 토석을 매입하거나 무상양여 받은 날부터 30일 이내<br>2. 현장관리업무담당자를 변경한 경 | |

| | | |
|---|---|---|
| ② 현장관리업무담당자는 둘 이상의 토석채취사업장의 업무를 겸할 수 없다. 다만, 동일한 사업자가 연접하여 토석채취허가를 받는 등 대통령령으로 정하는 경우에는 그러하지 아니하다. <신설 2017.4.18> | 우 : 현장관리업무담당자를 변경한 날부터 30일 이내<br>③ 법 제46조의3제1항 각 호에 해당하는 자가 현장관리업무담당자를 지정 또는 변경한 경우에는 농림축산식품부령으로 정하는 신고서에 현장관리업무담당자의 재직증명서를 첨부하여 산림청장등에게 신고하여야 한다.<br>④ 법 제46조의3제2항 단서에서 "동일한 사업자가 연접하여 토석채취허가를 받는 등 대통령령으로 정하는 경우"란 다음 각 호의 어느 하나에 해당하는 경우를 말한다. <신설 2017.10.17><br>1. 동일한 사업자가 연접하여 법 제25조제1항에 따라 토석채취허가를 받은 경우<br>2. 동일한 사업자가 같은 채석단지에서 법 제30조제1항에 따른 채석신고를 2건 이상 한 경우 | **제50조의3(현장관리업무담당자의 지정 및 변경 신고)** 영 제50조의3제3항에 따른 현장관리업무담당자 지정 또는 변경 신고서는 별지 제44호의3서식에 따른다.<br>[본조신설 2015.9.30] |

| 산지관리법 | 산지관리법 시행령 | 산지관리법 시행규칙 |
|---|---|---|
| | 3. 동일한 사업자가 연접하여 법 제35조제1항에 따라 토석을 매입하거나 무상양여 받은 경우<br>[본조신설 2015.9.25] | |
| ③ 현장관리업무담당자는 대통령령으로 정하는 기관에서 토석채취사업장의 안전 확보 및 산림피해 방지 등의 업무 수행에 필요한 교육을 받아야 한다. 다만, 산림청장은 「광업법」 제42조제1항에 따른 채굴계획의 인가를 받은 자가 제27조제2항에 따라 매매계약을 체결하거나 토석채취허가를 받은 경우로서 「광산안전법」 제7조에 따라 교육을 이수한 경우 등 대통령령으로 정하는 경우에는 본문에 따른 교육의 전부 또는 일부를 면제할 수 있다. <개정 2017.4.18, 2020.5.26> | 제50조의4(현장관리업무담당자 교육기관) 법 제46조의3제3항에서 "대통령령으로 정하는 기관"이란 다음 각 호의 어느 하나에 해당하는 기관을 말한다. <개정 2017.10.17><br>1. 법 제36조의2에 따른 한국산림토석협회<br>2. 산지보전협회<br>3. 그 밖에 산림청장이 현장관리업무담당자에 대한 교육기관으로 인정하여 고시하는 법인<br>[본조신설 2015.9.25]<br>제50조의5(현장관리업무담당자 교육기간 등) ① 현장관리업무담당자는 법 | |

④ 제1항에 따른 현장관리업무담당자의 업무 지정기준, 지정 및 변경 신고기한, 신고방법 등과 제3항에 따른 교육의 기간·내용·비용 및 그 밖에 교육에 필요한 사항은 대통령령으로 정한다. <개정 2017.4.18>

[본조신설 2015.3.27]

[시행일 : 2020.11.27] 제46조의3제3항

**제47조(타인 토지 출입 등)** ① 산림청장 등은 소속 공무원으로 하여금 기본계획 및 지역계획의 수립을 위한 산지기본조사, 산지지역조사, 보전산지의 지정·변경 또는 지정해제, 산지전용·일시사용제한지역의 지정·해제 등 산지의 보전·이용 등에 관한 사항을 조사하게 하기 위하여 필요한 경우에는 타인의 토지에 출입하게 하거나 그 토지를 일시 사용하게 할 수 있으며, 부득이한 경우에는 입목·대나무 또는 그 밖의 장애물

제46조의3제1항에 따라 지정 또는 변경된 날부터 6개월 이내에 직무를 수행하는 데 필요한 신규교육을 34시간 이상 받아야 한다.

② 제1항에 따른 신규교육을 받은 현장관리업무담당자가 2년 이내에 다른 토석채취사업장의 현장관리업무담당자로 지정 또는 변경된 경우에는 제1항에 따른 신규교육을 받은 것으로 본다.

③ 제1항에 따른 신규교육을 받거나 제2항에 따라 신규교육을 받은 것으로 보는 현장관리업무담당자는 신규교육을 이수한 날(제2항에 해당하는 현장관리업무담당자는 원래 신규교육을 받은 날)부터 매 2년이 되는 날을 기준으로 전후 6개월 사이에 보수교육을 21시간 이상 받아야 한다.

④ 제1항 및 제3항에 따른 교육에는 다음 각 호의 사항이 포함되어야 한

| 산지관리법 | 산지관리법 시행령 | 산지관리법 시행규칙 |
|---|---|---|
| 을 제거하거나 변경하게 할 수 있다. <개정 2012.2.22, 2020.2.18> ② 제1항에 따라 타인의 토지에 출입하려는 사람과 타인의 토지를 일시 사용하거나 장애물을 제거하거나 변경하려는 사람은 그 출입·사용 또는 제거하거나 변경하려는 날의 3일 전까지 그 토지의 소유자·점유자 또는 관리인에게 그 일시와 장소를 알려야 한다. ③ 일출 전이나 일몰 후에는 해당 토지 점유자의 승낙 없이는 택지나 담 또는 울타리로 둘러싸인 타인의 토지에 출입할 수 없다. ④ 제1항에 따라 조사를 하는 사람은 그 권한을 표시하는 증표를 지니고 이를 관계인에게 보여주어야 한다. ⑤ 제4항에 따른 증표에 관한 사항은 농림축산식품부령으로 정한다. | 다. 1. 토석채취사업장의 재해예방 및 안전관리에 관한 사항 2. 토석채취사업장 환경피해 저감 등에 관한 사항 3. 토석채취지 복구에 관한 제도 및 기술에 관한 사항 4. 토석채취 제도 및 정책에 관한 사항 5. 토석채취 기술에 관한 사항 | **제51조(조사공무원의 증표)** 법 제44조의2제4항 및 제47조제5항에 따른 |

&lt;개정 2013.3.23&gt;
[전문개정 2010.5.31]

**제48조(토지 출입 등에 따른 손실보상)**
① 산림청장등은 제47조제1항에 따른 행위로 인하여 손실을 입은 자가 있으면 그 손실을 보상하여야 한다. &lt;개정 2012.2.22&gt;
② 제1항에 따른 손실보상에 관하여는 산림청장등과 손실을 입은 자가 협의하여야 한다. &lt;개정 2012.2.22&gt;
③ 산림청장등 또는 손실을 입은 자는 제2항에 따른 협의가 성립되지 아니하거나 협의를 할 수 없을 때에는 「공익사업을 위한 토지 등의 취득 및 보상에 관한 법률」 제49조에 따른 관할 토지수용위원회에 재결을 신청할 수 있다. &lt;개정 2012.2.22&gt;
[전문개정 2010.5.31]

증표는 별지 제45호서식에 따른다.
[전문개정 2011.1.5]

| 산지관리법 | 산지관리법 시행령 | 산지관리법 시행규칙 |
|---|---|---|
| **제49조(청문)** 산림청장등은 다음 각 호의 어느 하나의 처분을 하려는 경우에는 청문을 하여야 한다. <개정 2012.2.22, 2016.12.2, 2017.4.18> <br> 1. 제20조에 따라 산지전용허가 또는 산지일시사용허가를 취소하거나 목적사업의 중지를 명하려는 경우 <br> 2. 제29조제4항에 따라 채석단지의 지정을 해제하려는 경우 <br> 3. 제31조제1항에 따라 토석채취허가를 취소하거나 토석채취 또는 채석의 중지를 명하려는 경우 <br> [전문개정 2010.5.31] | | |
| **제50조(수수료)** 다음 각 호의 어느 하나에 해당하는 자는 대통령령으로 정하는 바에 따라 수수료를 내야 한다. 다만, 국가나 지방자치단체가 공용·공공용 시설을 설치하는 경우 등 | **제51조(수수료)** ① 법 제50조의 규정에 의한 수수료는 별표 9와 같다. <br> ② 제1항의 규정에 의한 수수료는 국가행정기관에 납부하는 경우에는 수입인지로 납부하고, 지방자치단 | |

대통령령으로 정하는 경우에는 그러하지 아니하다. <개정 2012.2.22>
1. 제14조에 따른 산지전용허가를 신청하는 자
2. 제15조에 따른 산지전용신고를 하는 자
3. 제15조의2에 따른 산지일시사용허가를 신청하거나 산지일시사용신고를 하는 자
4. 제21조에 따른 용도변경의 승인을 신청하는 자
5. 제25조제1항에 따른 토석채취허가를 신청하거나 같은 조 제2항에 따른 토사채취신고를 하는 자
6. 제29조제2항에 따른 채석단지의 지정을 신청하는 자
6의2. 제40조에 따른 복구설계서의 승인을 받으려는 자
7. 제42조에 따른 복구준공검사를 신청하는 자

[전문개정 2010.5.31]

체에 납부하는 경우에는 당해 지방자치단체의 수입증지로 납부한다. 이 경우 납부한 수수료는 반환하지 아니한다.
③ 국가행정기관 또는 지방자치단체의 장은 정보통신망을 이용하여 전자화폐·전자결제 등의 방법으로 제1항의 규정에 의한 수수료를 납부하게 할 수 있다. <신설 2004.3.17>
④ 법 제50조 각 호 외의 부분 단서에서 "대통령령으로 정하는 경우"란 다음 각 호의 경우를 말한다. <신설 2012.8.22, 2018.10.30, 2020.6.2>
1. 국가, 지방자치단체, 공기업·준정부기관, 지방공사 또는 지방공단이 공용·공공용 시설을 설치하는 경우
2. 농림어업인이 법 제15조의2제4항제4호의 용도로 산지일시사용을 하려는 경우
⑤ 법 제46조의3제1항 각 호의 어느

| 산지관리법 | 산지관리법 시행령 | 산지관리법 시행규칙 |
|---|---|---|
| **제51조(권리·의무의 승계 등)** ① 다음 각 호의 어느 하나에 해당하는 자는 이 법에 따른 변경신고 등을 통하여 제37조제1항 각 호의 어느 하나에 해당하는 처분을 받거나 신고 등을 한 자의 권리·의무를 승계한다.<br>1. 산지의 소유자가 제37조제1항 각 호의 어느 하나에 해당하는 처분을 받거나 신고 등을 한 후 매매·양도·경매 등으로 그 소유권이 변경된 경우: 그 산지의 매수인·양수인 등 변경된 산지소유자<br>2. 제1호 이외의 자가 제37조제1항 각 호의 어느 하나에 해당하는 처분을 받거나 신고 등을 한 후 사망하거나 그 권리·의무를 양도한 경우: 그 상속인 또는 양수인<br>② 제1항 각 호에 해당하는 자가 사유 발생일부터 60일 이내에 변경신고 | 하나에 해당하는 자는 제50조의4에 따른 현장관리업무담당자 교육기관에 교재비, 강의료, 그 밖에 현장관리업무담당자에 대한 교육에 필요한 비용을 납부하여야 한다. <개정 2016.12.30><br>[본조신설 2015.9.25] | |

등을 하지 아니한 경우 해당 허가 등이 취소 또는 철회된 것으로 본다. <개정 2020.2.18>

③ 제1항에 해당하지 아니하는 경우와 제2항에 따라 허가 등이 취소 또는 철회된 것으로 보는 경우에는 다음 각 호의 사항에 대하여 산지의 소유자, 정당한 권원(權原)에 의하여 산지를 사용·수익할 수 있는 자 및 산지의 소유자·점유자의 승계인에 대하여도 그 효력이 있다. <개정 2019.12.3, 2020.2.18>

1. 제37조제6항에 따른 재해방지 조치 의무
2. 제39조에 따른 복구의무
3. 제40조에 따른 복구설계서의 제출 의무
4. 제40조의2에 따른 복구공사의 감리 선임
5. 제44조에 따른 불법전용산지에 대한 복구의무

| 산지관리법 | 산지관리법 시행령 | 산지관리법 시행규칙 |
|---|---|---|
| [전문개정 2017.4.18]<br><br>**제52조(권한의 위임 등)** ① 이 법에 따른 산림청장의 권한은 대통령령으로 정하는 바에 따라 그 일부를 그 소속 기관의 장, 시·도지사 또는 시장·군수·구청장에게 위임할 수 있다.<br>② 산림청장은 이 법에 따른 사업을 대통령령으로 정하는 바에 따라 「산림조합법」에 따른 산림조합 중앙회, 산림조합 또는 협회로 하여금 대행하게 할 수 있다. <개정 2016.12.2><br>[전문개정 2010.5.31]<br><br>**제52조의2(벌칙 적용에서 공무원 의제)**<br>① 다음 각 호의 어느 하나에 해당하는 사람은 「형법」 제129조부터 제132조까지의 규정에 따른 벌칙을 적용할 때에는 공무원으로 본다. | **제52조(권한의 위임 등)** ① 산림청장은 법 제52조제1항에 따라 다음 각 호의 권한을 그 소관에 따라 산림청장의 소관이 아닌 국유림, 공유림 또는 사유림의 산지인 경우에는 시·도지사에게, 산림청장의 소관인 국유림의 산지인 경우에는 지방산림청장에게 각각 위임한다. <개정 2004.1.9, 2005.8.5, 2006.1.26, 2007.2.1, 2007.7.27, 2008.7.24, 2009.4.20, 2009.11.26, 2010.12.7, 2013.12.17><br>1. 법 제6조제3항제2호에 따른 공익용산지인 보전산지의 지정해제<br>1의2. 법 제6조제3항제3호에 따른 3만제곱미터 이상 100만제곱미터 미만의 보전산지 지정해제<br>2. 삭제 <2012.8.22><br>3. 삭제 <2012.8.22> | |

| | |
|---|---|
| 1. 제3조의4제3항에 따라 산지기본조사를 위탁받아 산지기본조사(제3조의4제1항제2호에 관한 조사에 한정한다)를 수행하는 협회 등 기관의 임직원<br>2. 제3조의5제2항에 따라 산지관리정보체계의 구축·운영을 위탁받은 산지전문기관의 임직원<br>② 산지관리위원회의 위원 중 공무원이 아닌 위원은 「형법」이나 그 밖의 법률에 따른 벌칙을 적용할 때에는 공무원으로 본다.<br>[본조신설 2016.12.2]<br>[종전 제52조의2는 제52조의3으로 이동 <2016.12.2>] | 3의2. 삭제 <2012.8.22><br>4. 삭제 <2012.8.22><br>5. 삭제 <2012.8.22><br>② 삭제 <2010.12.7><br>③ 산림청장은 법 제52조제1항에 따라 다음 각 호의 권한을 지방산림청장에게 위임한다. <개정 2004.1.9, 2005.8.5, 2006.1.26, 2007.7.27, 2009.4.20, 2010.12.7, 2012. 8.22, 2013.12.17, 2017.6.2, 2020.6.2><br>1. 법 제8조제1항에 따른 산지면적(법 제8조제1항 후단에 따른 변경협의의 경우에는 이미 협의한 산지의 면적을 제외한 변경하려는 산지의 면적을 말한다)이 50만제곱미터 이상 200만제곱미터 미만(보전산지의 경우에는 3만제곱미터 이상 100만제곱미터 미만)인 산림청장 소관인 국유림의 산지에 대한 지역등의 지정협의·결정협의 및 변경협의 |

| 산지관리법 | 산지관리법 시행령 | 산지관리법 시행규칙 |
|---|---|---|
| | 2. 산지전용 면적 및 산지일시사용 면적이 50만제곱미터 이상 200만제곱미터 미만(보전산지의 경우에는 3만제곱미터 이상 100만제곱미터 미만)인 산림청장 소관인 국유림의 산지에 대한 다음 각 목의 권한<br>가. 법 제14조에 따른 산지전용허가 및 협의<br>나. 법 제15조의2제1항 및 제8항에 따른 산지일시사용허가 및 협의<br>다. 삭제 <2017.6.2><br>라. 삭제 <2017.6.2><br>마. 삭제 <2017.6.2><br>2의2. 법 제14조에 따른 산지전용허가에 대한 변경허가, 변경신고의 수리, 변경협의 및 법 제17조제2항에 따른 산지전용기간의 연장 | |

| | | 허가(해당 지방산림청장이 법 제14조에 따라 산지전용허가·협의한 산지에 대한 변경허가, 변경신고의 수리, 변경협의 및 산지전용기간의 연장허가에 한정한다) |
|---|---|---|
| | | 2의3. 법 제15조의2제1항·제5항 및 제8항에 따른 산지일시사용허가에 대한 변경허가, 변경신고의 수리, 기간연장 허가 및 변경협의(해당 지방산림청장이 법 제15조의2제1항·제8항에 따라 산지일시사용허가·협의한 산지에 대한 변경허가, 변경신고의 수리, 기간연장 허가 및 변경협의에 한정한다) |
| | | 2의4. 법 제20조에 따른 산지전용허가·산지일시사용허가의 취소, 목적사업의 중지, 시설물의 철거, 산지로의 복구, 그 밖에 필요한 조치의 명령(해당 지방산림청장이 법 제14조에 따라 산지전용허가 |

| 산지관리법 | 산지관리법 시행령 | 산지관리법 시행규칙 |
|---|---|---|
| | ·협의하거나 법 제15조의2제1항·제8항에 따라 산지일시사용허가·협의한 산지에 대한 산지전용허가·산지일시사용허가의 취소, 목적사업의 중지, 시설물의 철거, 산지로의 복구, 그 밖에 필요한 조치의 명령에 한정한다)<br>2의5. 법 제21조제1항에 따른 용도변경의 승인(해당 지방산림청장이 법 제14조에 따라 산지전용허가·협의하거나 법 제15조의2제1항·제8항에 따라 산지일시사용허가·협의한 산지에 대한 용도변경의 승인에 한정한다)<br>3. 법 제18조의4제1항에 따른 관계전문기관의 지정 또는 조사협의체의 구성 및 조사·검토 결과의 반영<br>4. 법 제27조제2항제1호에 따른 광 | |

구에서의 토석의 매각
5. 법 제35조의 규정에 의한 국유림의 산지안에서 토석채취면적이 10만제곱미터 이상의 토석의 매각·무상양여
6. 법 제36조의 규정에 의한 국유림의 산지안에서 토석채취면적이 10만제곱미터 이상의 토석의 매각계약의 해제 및 무상양여의 취소
7. 삭제 <2013.12.17>
8. 위임된 사항에 관한 법 제49조에 따른 청문
9. 위임된 사항에 관한 법 제57조에 따른 과태료의 부과·징수

④ 산림청장은 법 제52조제1항에 따라 다음 각 호의 권한을 그 소관에 따라 산림청장의 소관이 아닌 국유림, 공유림 또는 사유림의 산지인 경우에는 시장·군수·구청장에게, 산림청장의 소관인 국유림의 산지

| 산지관리법 | 산지관리법 시행령 | 산지관리법 시행규칙 |
|---|---|---|
| | 인 경우에는 국유림관리소장에게 각각 위임한다. 다만, 울릉군 지역에 있는 국유림의 산지에 대한 다음 각 호의 권한은 남부지방산림청장에게 위임한다. <개정 2004.1.9, 2005.8.5, 2007.2.1, 2007.7.27, 2009.4.20, 2010.12.7, 2012.5.22, 2012.8.22, 2015.11.11, 2018.10.30><br>1. 법 제6조제3항 각 호 외의 부분 후단에 따른 산지특성평가의 실시<br>2. 법 제6조제3항제3호에 따른 3만 제곱미터 미만의 보전산지 지정 해제<br>3. 삭제 <2012.8.22><br>4. 삭제 <2012.8.22><br>5. 삭제 <2012.8.22><br>6. 삭제 <2012.8.22><br>7. 삭제 <2012.8.22><br>8. 삭제 <2012.8.22> | |

9. 삭제 <2012.8.22>
10. 삭제 <2012.8.22>
11. 삭제 <2012.8.22>
12. 삭제 <2012.8.22>
13. 삭제 <2012.8.22>
14. 삭제 <2012.8.22>
15. 삭제 <2012.8.22>
16. 삭제 <2012.8.22>

⑤ 산림청장은 법 제52조제1항에 따라 산림청장의 소관이 아닌 국유림, 공유림 또는 사유림의 산지에 대한 다음 각 호의 권한을 시장·군수·구청장에게 위임한다. <신설 2013.12.17>

1. 법 제19조 및 제19조의2에 따른 대체산림자원조성비의 부과·징수·감면 및 환급
2. 법 제37조에 따른 조사·점검·검사, 복구에 필요한 조치명령, 복구대행 및 대집행, 비용충당 및 예치금의 예치

| 산지관리법 | 산지관리법 시행령 | 산지관리법 시행규칙 |
|---|---|---|
| | 3. 법 제38조에 따른 복구비의 예치<br>4. 법 제39조제2항 및 제3항에 따른 중간복구명령 및 복구의무의 면제<br>5. 법 제40조에 따른 복구설계서의 승인, 변경승인 및 복구설계서 제출기간의 연장<br>6. 법 제40조의2제4항에 따른 이의 신청의 접수<br>7. 법 제41조에 따른 복구대행·비용충당 및 대집행<br>8. 법 제42조에 따른 복구준공검사, 하자보수보증금의 예치명령 및 예치면제<br>9. 법 제43조에 따른 복구비의 반환<br>10. 법 제44조제1항 및 제2항에 따른 시설물의 철거 또는 산지의 복구 명령, 복구 대집행 및 비용충당 (법 제44조제3항에 따라 준용되 | |

| | | |
|---|---|---|
| | 는 권한을 포함한다) 11. 법 제44조의2제1항 및 제3항에 따른 불법전용산지의 조사 및 그 조사결과에 따른 필요한 조치의 명령 12. 법 제46조의2에 따른 포상금의 지급 13. 법 제47조에 따른 타인 토지의 출입, 일시사용, 장애물의 제거 및 변경 14. 법 제48조에 따른 손실보상 15. 위임된 사항에 관한 법 제49조에 따른 청문 16. 위임된 사항에 관한 법 제57조에 따른 과태료의 부과·징수 ⑥ 산림청장은 법 제52조제1항에 따라 산림청장의 소관인 국유림의 산지에 대한 다음 각 호의 권한을 국유림관리소장에게 위임한다. 다만, 울릉군 지역에 있는 국유림의 산지에 대한 다음 각 호의 권한은 남부지방 | |

| 산지관리법 | 산지관리법 시행령 | 산지관리법 시행규칙 |
|---|---|---|
|  | 산림청장에게 위임한다. <개정 2010.12.7, 2012.5.22, 2012.8.22, 2013.12.17, 2014.9. 24, 2014.12.31, 2015.9.25, 2017.6.2, 2018.10.30, 2020.6.2><br><br>1. 법 제8조제1항에 따른 산지면적 (법 제8조제1항 후단에 따른 변경협의의 경우에는 이미 협의한 산지의 면적을 제외한 변경하려는 산지의 면적을 말한다)이 50만제곱미터 미만(보전산지의 경우에는 3만제곱미터 미만)인 지역등의 지정협의·결정협의 및 변경협의<br><br>2. 법 제13조 및 제13조의2에 따른 산지전용·일시사용제한지역의 산지매수<br><br>3. 산지전용 면적 및 산지일시사용 면적이 50만제곱미터 미만(보전 |  |

| | | |
|---|---|---|
| | 산지의 경우에는 3만제곱미터 미만)인 산지에 대한 다음 각 목의 권한<br>가. 법 제14조에 따른 산지전용허가 및 협의<br>나. 법 제15조의2제1항 및 제8항에 따른 산지일시사용허가 및 협의<br>다. 삭제 <2017.6.2><br>라. 삭제 <2017.6.2><br>마. 삭제 <2017.6.2><br>바. 삭제 <2017.6.2><br>3의2. 법 제14조에 따른 산지전용허가에 대한 변경허가, 변경신고의 수리, 변경협의 및 법 제17조제2항에 따른 산지전용기간의 연장허가[해당 국유림관리소장(울릉군 지역에 있는 국유림의 산지인 경우에는 남부지방산림청장을 말한다)이 법 제14조에 따라 산지전용허가·협의한 산지에 대 | |

| 산지관리법 | 산지관리법 시행령 | 산지관리법 시행규칙 |
|---|---|---|
| | 한 변경허가, 변경신고의 수리, 변경협의 및 산지전용기간의 연장허가에 한정한다]<br><br>3의3. 법 제15조의2제1항·제5항 및 제8항에 따른 산지일시사용허가에 대한 변경허가, 변경신고의 수리, 기간연장 허가 및 변경협의[해당 국유림관리소장(울릉군 지역에 있는 국유림의 산지인 경우에는 남부지방산림청장을 말한다)이 법 제15조의2제1항·제8항에 따라 산지일시사용허가·협의한 산지에 대한 변경허가, 변경신고의 수리, 기간연장 허가 및 변경협의에 한정한다]<br><br>3의4. 법 제15조에 따른 산지전용신고·변경신고의 수리, 협의 및 법 제17조제2항에 따른 산지전용기간의 변경신고 | |

| | |
|---|---|
| | 3의5. 법 제15조의2제4항·제5항 및 제8항에 따른 산지일시사용신고·변경신고의 수리, 산지일시사용기간의 변경신고의 수리 및 협의
3의6. 법 제20조에 따른 산지전용허가·산지일시사용허가의 취소, 목적사업의 중지, 시설물의 철거, 산지로의 복구, 그 밖에 필요한 조치의 명령[해당 국유림관리소장(울릉군 지역에 있는 국유림의 산지인 경우에는 남부지방산림청장을 말한다)이 법 제14조에 따라 산지전용허가·협의, 법 제15조에 따라 산지전용신고의 수리·협의, 법 제15조의2에 따라 산지일시사용허가·협의 또는 산지일시사용신고의 수리·협의한 산지에 대한 산지전용허가·산지일시사용허가의 취소, 목적사업의 중지, 시설물의 철거, 산지 |

| 산지관리법 | 산지관리법 시행령 | 산지관리법 시행규칙 |
|---|---|---|
| | 로의 복구, 그 밖에 필요한 조치의 명령에 한정한다] <br> 3의7. 법 제21조제1항에 따른 용도변경의 승인[해당 국유림관리소장(울릉군 지역에 있는 국유림의 산지인 경우에는 남부지방산림청장을 말한다)이 법 제14조에 따라 산지전용허가·협의, 법 제15조에 따라 산지전용신고의 수리·협의, 법 제15조의2에 따라 산지일시사용허가·협의 또는 산지일시사용신고의 수리·협의한 산지에 대한 용도변경의 승인에 한정한다] <br> 4. 법 제19조 및 제19조의2에 따른 대체산림자원조성비의 부과·징수·환급 및 감면 <br> 5. 법 제30조에 따른 채석단지에서의 채석신고·변경신고 및 채석 | |

|  |  |  |
|---|---|---|
|  | 기간의 연장신고<br>6. 법 제35조에 따른 국유림의 산지에서 토석채취면적이 10만제곱미터 미만인 토석의 매각·무상양여<br>7. 법 제36조에 따른 국유림의 산지에서 토석채취면적이 10만제곱미터 미만인 토석의 매각계약의 해제 및 무상양여의 취소<br>8. 법 제37조에 따른 조사·점검·검사, 복구에 필요한 조치명령, 복구대행 및 대집행, 비용충당 및 예치금의 예치<br>9. 법 제38조에 따른 복구비의 예치<br>10. 법 제39조제2항 및 제3항에 따른 중간복구명령 및 복구의무의 면제<br>11. 법 제40조에 따른 복구설계서의 승인, 변경승인 및 복구설계서 제출기간의 연장 |  |

| 산지관리법 | 산지관리법 시행령 | 산지관리법 시행규칙 |
|---|---|---|
| | 12. 법 제40조의2제4항에 따른 이의신청의 접수<br>13. 법 제41조에 따른 복구대행·비용충당 및 대집행<br>14. 법 제42조에 따른 복구준공검사, 하자보수보증금의 예치명령 및 예치면제<br>15. 법 제43조에 따른 복구비의 반환<br>16. 법 제44조제1항 및 제2항에 따른 시설물의 철거 또는 산지의 복구명령, 복구대집행 및 비용충당 (법 제44조제3항에 따라 준용되는 권한을 포함한다)<br>17. 법 제44조의2제1항 및 제3항에 따른 불법전용산지의 조사 및 그 조사결과에 따른 필요한 조치의 명령<br>18. 법 제46조의2에 따른 포상금의 지급 | |

| | | |
|---|---|---|
| | 18의2. 법 제46조의3에 따른 현장관리업무담당자의 지정 또는 변경 신고의 접수<br>19. 법 제47조에 따른 타인 토지의 출입, 토지의 일시사용, 장애물의 제거 및 변경<br>20. 법 제48조에 따른 손실보상<br>21. 위임된 사항에 관한 법 제49조에 따른 청문<br>22. 위임된 사항에 관한 법 제57조에 따른 과태료의 부과·징수<br>⑦ 산림청장은 제1항 및 제3항부터 제6항까지의 규정에도 불구하고 법 제52조제1항의 규정에 따라 국립수목원장·국립산림품종관리센터장·국립산림과학원장 또는 국립자연휴양림관리소장 소관의 국유림에 대한 다음 각 호의 사항에 관한 권한을 그 소관에 따라 국립수목원장·국립산림품종관리센터장·국립산림과학원장 또는 국립자연휴 | |

| 산지관리법 | 산지관리법 시행령 | 산지관리법 시행규칙 |
|---|---|---|
| | 양림관리소장에게 위임한다. <개정 2004.1.9, 2005.8.5, 2007.2.1, 2007.7.27, 2009.4.20, 2009.11.26, 2010.12.7, 2013. 12.17, 2015.11.11, 2017.6.2, 2018.10.30, 2020.6.2><br><br>1. 법 제6조제3항 각 호 외의 부분 후단에 따른 산지특성평가의 실시<br><br>1의2. 법 제6조제3항제3호의 규정에 해당하는 경우의 보전산지 지정해제<br><br>2. 법 제8조제1항에 따른 산지면적 (법 제8조제1항 후단에 따른 변경협의의 경우에는 이미 협의한 산지의 면적을 제외한 변경하려는 산지의 면적을 말한다)이 200만제곱미터 미만(보전산지의 경우에는 100만제곱미터 미만)인 산지에 대한 지역등의 지정협의 | |

|  |  |  |
|---|---|---|
|  | ・결정협의 및 변경협의<br>2의2. 법 제13조 및 제13조의2에 따른 산지전용・일시사용제한지역의 산지매수<br>3. 산지전용 면적 및 산지일시사용 면적이 200만제곱미터 미만(보전산지의 경우에는 100만제곱미터 미만)인 산지에 대한 다음 각 목의 권한<br>  가. 법 제14조에 따른 산지전용허가 및 협의<br>  나. 법 제15조에 따른 산지전용신고・변경신고의 수리 및 협의<br>  다. 법 제15조의2제1항부터 제5항까지 및 제8항에 따른 산지일시사용허가 및 협의, 산지일시사용신고・변경신고의 수리, 산지일시사용기간의 변경신고의 수리 및 협의<br>  라. 법 제17조제2항에 따른 산지전용기간 변경신고의 수리 |  |

| 산지관리법 | 산지관리법 시행령 | 산지관리법 시행규칙 |
|---|---|---|
| | 마. 삭제 <2017.6.2><br>바. 삭제 <2017.6.2><br>3의2. 법 제14조에 따른 산지전용허가에 대한 변경허가, 변경신고의 수리, 변경협의 및 법 제17조제2항에 따른 산지전용기간의 연장허가(해당 국립수목원장·국립산림품종관리센터장·국립산림과학원장 또는 국립자연휴양림관리소장이 법 제14조에 따라 산지전용허가·협의한 산지에 대한 변경허가, 변경신고의 수리, 변경협의 및 산지전용기간의 연장허가에 한정한다)<br>3의3. 법 제15조의2제1항·제5항 및 제8항에 따른 산지일시사용허가에 대한 변경허가, 변경신고의 수리, 기간연장 허가 및 변경협의 (해당 국립수목원장·국립산림 | |

품종관리센터장·국립산림과학원장 또는 국립자연휴양림관리소장이 법 제15조의2제1항·제8항에 따라 산지일시사용허가·협의한 산지에 대한 변경허가, 변경신고의 수리, 기간연장 허가 및 변경협의에 한정한다)

3의4. 법 제20조에 따른 산지전용허가·산지일시사용허가의 취소, 목적사업의 중지, 시설물의 철거, 산지로의 복구, 그 밖에 필요한 조치의 명령(해당 국립수목원장·국립산림품종관리센터장·국립산림과학원장 또는 국립자연휴양림관리소장이 법 제14조에 따라 산지전용허가·협의, 법 제15조에 따라 산지전용신고의 수리·협의, 법 제15조의2에 따라 산지일시사용허가·협의 또는 산지일시사용신고의 수리·협의한 산지에 대한 산지전용허가·산

| 산지관리법 | 산지관리법 시행령 | 산지관리법 시행규칙 |
|---|---|---|
| | 지일시사용허가의 취소, 목적사업의 중지, 시설물의 철거, 산지로의 복구, 그 밖에 필요한 조치의 명령에 한정한다)<br><br>3의5. 법 제21조제1항에 따른 용도변경의 승인(해당 국립수목원장·국립산림품종관리센터장·국립산림과학원장 또는 국립자연휴양림관리소장이 법 제14조에 따라 산지전용허가·협의, 법 제15조에 따라 산지전용신고의 수리·협의, 법 제15조의2에 따라 산지일시사용허가·협의 또는 산지일시사용신고의 수리·협의한 산지에 대한 용도변경의 승인에 한정한다)<br><br>3의6. 법 제18조의4제1항에 따른 관계전문기관의 지정 또는 조사협의체의 구성 및 조사·검토 결과 | |

| | |
|---|---|
| | 의 반영<br>4. 법 제19조 및 법 제19조의2의 규정에 의한 대체산림자원조성비의 부과·징수·환급 및 감면<br>4의2. 법 제30조에 따른 채석단지에서의 채석신고·변경신고 및 채석기간의 연장신고<br>5. 법 제35조에 따른 국유림의 산지에서 토석의 매각·무상양여<br>5의2. 법 제36조에 따른 국유림의 산지에서 토석의 매각계약의 해제 및 무상양여의 취소<br>6. 제6항제6호부터 제16호까지의 권한<br>7. 법 제46조의2에 따른 포상금의 지급<br>8. 삭제 &lt;2010.12.7&gt;<br>9. 삭제 &lt;2010.12.7&gt;<br>10. 위임된 사항에 관한 법 제57조의 규정에 의한 과태료의 부과·징수 | |

| 산지관리법 | 산지관리법 시행령 | 산지관리법 시행규칙 |
|---|---|---|
| | ⑧ 시·도지사, 시장·군수·구청장, 지방산림청장, 국유림관리소장, 국립수목원장, 국립산림품종관리센터장, 국립산림과학원장 또는 국립자연휴양림관리소장은 제1항부터 제7항까지의 규정에 따라 위임받은 권한을 행사한 때에는 그 결과를 농림축산식품부령으로 정하는 바에 따라 산림청장에게 보고하여야 한다. <개정 2004.1.9, 2005.8.5, 2006.1.26, 2008.7.24, 2009.4.20, 2013.3.23> | **제51조의2(보고)** 영 제52조제8항에 따라 관할청(산림청장은 제외한다)은 매반기가 끝나는 달의 다음 달 10일까지 산림청장에게 별지 제46호서식, 별지 제46호의2서식, 별지 제47호서식부터 별지 제49호서식까지의 서식으로 산지전용 현황, 산지일시사용 현황, 토석채취허가 현황, 토석채취 용도별 현황, 복구 현황을 보고하여야 한다. <개정 2009.4.20, 2011.1.5, 2015.11.25><br>[본조신설 2008.7.16] |
| **제52조의3(규제의 재검토)** 정부는 제12조에 따른 보전산지에서의 행위제한에 대하여 2010년 12월 31일을 기준으로 하여 5년마다 그 타당성을 검토하여 제한행위의 폐지, 완화 또는 유지 등의 조치를 하여야 한다.<br>[본조신설 2010.5.31] | **제52조의2(규제의 재검토)** ① 산림청장은 다음 각 호의 사항에 대하여 다음 각 호의 기준일을 기준으로 5년마다 (매 5년이 되는 해의 기준일과 같은 날 전까지를 말한다) 그 타당성을 검토하여 개선 등의 조치를 하여야 한다. <개정 2014.12.9, 2018.10.30, | **제51조의3(규제의 재검토)** ① 산림청장은 다음 각 호의 사항에 대하여 다음 각 호의 기준일을 기준으로 3년마다 (매 3년이 되는 해의 기준일과 같은 날 전까지를 말한다) 그 타당성을 검토하여 개선 등의 조치를 하여야 한다. |

| | | |
|---|---|---|
| [제52조의2에서 이동 <2016.12.2>] | 2020.3.3><br>1. 제20조제6항 및 별표 4의2 제1호 각 목에 따른 산지전용허가 면적 제한의 예외에 신·재생에너지시설의 설치를 포함시킬지 여부: 2014년 1월 1일<br>2. 제32조제3항에 따른 구역의 경계표시 및 복구비의 예치: 2020년 1월 1일<br>② 삭제 <2020.3.3><br>[전문개정 2013.12.30]<br><br>**제52조의3(고유식별정보의 처리)** 산림청장등(제52조에 따라 산림청장의 권한을 위임받은 자를 포함한다)은 다음 각 호의 사무를 수행하기 위하여 불가피한 경우 「개인정보 보호법 시행령」 제19조제1호에 따른 주민등록번호가 포함된 자료를 처리할 수 있다. <개정 2012.8.22, 2016.12.30> | 1. 삭제 <2019.12.2><br>2. 삭제 <2019.12.2><br>3. 제8조에 따른 임업용산지에서의 행위제한: 2017년 1월 1일<br>4. 제10조제2항에 따른 산지전용허가·변경허가 신청 및 변경신고 시 제출서류의 범위: 2017년 1월 1일<br>5. 삭제 <2019.12.2><br>6. 삭제 <2019.12.2><br>7. 제26조제1항에 따른 토석채취기간의 연장허가 신청 및 토사채취기간의 변경신고 기한: 2017년 1월 1일<br>8. 제28조에 따른 광물의 함유량 조사기관: 2017년 1월 1일<br>9. 삭제 <2019.12.2><br>10. 제46조 및 별표 7에 따른 복구장비기준: 2017년 1월 1일<br>② 산림청장은 다음 각 호의 사항에 대하여 다음 각 호의 기준일을 기준 |

| 산지관리법 | 산지관리법 시행령 | 산지관리법 시행규칙 |
|---|---|---|
| | 1. 법 제14조에 따른 산지전용허가, 변경허가, 변경신고 및 협의에 관한 사무<br>2. 법 제15조에 따른 산지전용신고, 변경신고 및 협의에 관한 사무<br>3. 제21조에 따른 대체산림자원조성비 납부에 관한 사무<br>4. 제46조에 따른 복구비 예치에 관한 사무<br>[본조신설 2012.1.6] | 으로 5년마다(매 5년이 되는 해의 기준일과 같은 날 전까지를 말한다) 그 타당성을 검토하여 개선 등의 조치를 하여야 한다.<신설 2019.12.2><br>1. 제6조에 따른 산지전용·일시사용제한지역에서의 허용행위: 2020년 1월 1일<br>2. 제7조에 따른 농림어업인의 범위: 2020년 1월 1일<br>3. 제16조 및 별표 2에 따른 산지전용기간의 결정기준: 2020년 1월 1일<br>4. 제25조 및 별표 4에 따른 토석·토사 채취기간의 결정기준: 2020년 1월 1일<br>5. 제44조제1항에 따른 하자보수보증금의 금액: 2020년 1월 1일<br>[전문개정 2016.12.30] |

| | | |
|---|---|---|
| **제6장 벌 칙**<br><개정 2010.5.31><br><br>**제53조(벌칙)** 보전산지에 대하여 다음 각 호의 어느 하나에 해당하는 자는 5년 이하의 징역 또는 5천만원 이하의 벌금에 처하고, 보전산지 외의 산지에 대하여 다음 각 호의 어느 하나에 해당하는 자는 3년 이하의 징역 또는 3천만원 이하의 벌금에 처한다. 이 경우 징역형과 벌금형을 병과(倂科)할 수 있다. <개정 2012.2.22, 2016.12.2><br>1. 제14조제1항 본문을 위반하여 산지전용허가를 받지 아니하고 산지전용을 하거나 거짓이나 그 밖의 부정한 방법으로 산지전용허가를 받아 산지전용을 한 자<br>2. 제15조의2제1항 본문을 위반하여 산지일시사용허가를 받지 아니하고 산지일시사용을 하거나 | **제6장 벌 칙**<br><br>**제53조(과태료의 부과)** 법 제57조제1항 및 제2항에 따른 과태료의 부과기준은 별표 10과 같다. <개정 2015.9.25><br>[전문개정 2008.7.24] | **제6장 벌 칙**<br><br>**제52조** 삭제 <2008.7.16> |

| 산지관리법 | 산지관리법 시행령 | 산지관리법 시행규칙 |
|---|---|---|
| 거짓이나 그 밖의 부정한 방법으로 산지일시사용허가를 받아 산지일시사용을 한 자<br>2의2. 제16조제1항제1호를 위반하여 산지전용 또는 산지일시사용의 목적사업을 시행하기 위하여 다른 법률에 따른 인가·허가·승인 등의 행정처분이 필요한 경우 그 행정처분을 받지 아니하고 산지전용 또는 산지일시사용을 한 자<br>3. 제25조제1항 본문을 위반하여 토석채취허가를 받지 아니하고 토석채취를 하거나 거짓이나 그 밖의 부정한 방법으로 토석채취허가를 받아 토석채취를 한 자<br>4. 제28조제3항을 위반하여 자연석을 채취한 자<br>5. 제35조제1항에 따라 매입하거나 | | |

무상양여받지 아니하고 국유림의 산지에서 토석채취를 한 자
[전문개정 2010.5.31]

**제54조(벌칙)** 보전산지에 대하여 다음 각 호의 어느 하나에 해당하는 자는 3년 이하의 징역 또는 3천만원 이하의 벌금에 처하고, 보전산지 외의 산지에 대하여 다음 각 호의 어느 하나에 해당하는 자는 2년 이하의 징역 또는 2천만원 이하의 벌금에 처한다. <개정 2012.2.22, 2016.12.2>

1. 제14조제1항 본문을 위반하여 변경허가를 받지 아니하고 산지전용을 하거나 거짓이나 그 밖의 부정한 방법으로 변경허가를 받아 산지전용을 한 자
2. 제15조의2제1항 본문을 위반하여 변경허가를 받지 아니하고 산지일시사용을 하거나 거짓이나 그 밖의 부정한 방법으로 변경허

| 산지관리법 | 산지관리법 시행령 | 산지관리법 시행규칙 |
|---|---|---|

가를 받아 산지일시사용을 한 자

3. 제19조제2항제1호 후단을 위반
하여 대체산림자원조성비를 내
지 아니하고 산지전용을 하거나
산지일시사용을 한 자

3의2. 제20조제2항에 따른 산지전
용 또는 산지일시사용 중지명령
을 위반한 자

4. 제25조제1항 본문을 위반하여 변
경허가를 받지 아니하고 토석채
취를 하거나 거짓이나 그 밖의 부
정한 방법으로 변경허가를 받아
토석채취를 한 자

5. 제31조제1항에 따른 토석채취 또
는 채석의 중지명령을 위반한 자

[전문개정 2010.5.31]

**제55조(벌칙)** 보전산지에 대하여 다음
각 호의 어느 하나에 해당하는 자는
2년 이하의 징역 또는 2천만원 이하

의 벌금에 처하고, 보전산지 외의 산지에 대하여 다음 각 호의 어느 하나에 해당하는 자는 1년 이하의 징역 또는 1천만원 이하의 벌금에 처한다. <개정 2016.12.2, 2019.12.3, 2020.2.18>

1. 제15조제1항 전단에 따라 산지전용신고를 하지 아니하고 산지전용을 하거나 거짓이나 그 밖의 부정한 방법으로 산지전용신고를 하고 산지전용한 자
2. 제15조의2제4항 전단에 따라 산지일시사용신고를 하지 아니하고 산지일시사용을 하거나 거짓이나 그 밖의 부정한 방법으로 산지일시사용신고를 하고 산지일시사용을 한 자
3. 거짓이나 그 밖의 부정한 방법으로 제18조의2제1항 또는 제3항에 따른 산지전용타당성조사를 한 자 또는 그 조사결과를 허위로

| 산지관리법 | 산지관리법 시행령 | 산지관리법 시행규칙 |
|---|---|---|
| 통보하거나 변조하여 제출한 자<br>4. 제21조제1항을 위반하여 승인을 받지 아니하고 산지전용된 토지를 다른 용도로 사용한 자<br>5. 제25조제2항 전단을 위반하여 토사채취신고를 하지 아니하고 토사를 채취하거나 거짓이나 그 밖의 부정한 방법으로 토사채취신고를 하고 토사채취를 한 자<br>6. 제30조제1항 전단을 위반하여 채석신고를 하지 아니하고 채석단지에서 채석을 하거나 거짓이나 그 밖의 부정한 방법으로 채석신고를 하고 채석단지 안에서 채석을 한 자<br>7. 제37조제6항 각 호에 따른 조치명령을 위반한 자<br>8. 제39조제4항을 위반하여 폐기물이 포함된 토석 또는 폐기물로 산 |  |  |

지를 복구한 자
9. 제40조의2제1항(제44조제3항에서 준용하는 경우를 포함한다)·제2항을 위반하여 감리를 받지 아니하거나 거짓으로 감리한 자
10. 제44조제1항에 따른 시설물의 철거명령이나 형질변경한 산지의 복구명령을 위반한 자

[전문개정 2010.5.31]

**제56조(양벌규정)** 법인의 대표자나 법인 또는 개인의 대리인, 사용인, 그 밖의 종업원이 그 법인 또는 개인의 업무에 관하여 제53조부터 제55조까지의 어느 하나에 해당하는 위반행위를 하면 그 행위자를 벌하는 외에 그 법인 또는 개인에게도 해당 조문의 벌금형을 과(科)한다. 다만, 법인 또는 개인이 그 위반행위를 방지하기 위하여 해당 업무에 관하여 상당한 주의와 감독을 게을리하지 아

| 산지관리법 | 산지관리법 시행령 | 산지관리법 시행규칙 |
|---|---|---|

니한 경우에는 그러하지 아니하다.
[전문개정 2010.5.31]

**제57조(과태료)** ① 제40조제1항 전단
(제44조제3항에서 준용하는 경우를
포함한다)에 따른 기간 이내에 복구
설계서를 산림청장등에게 제출하지
아니한 자에게는 1천만원 이하의 과
태료를 부과한다.

② 다음 각 호의 어느 하나에 해당하
는 자에게는 500만원 이하의 과태
료를 부과한다. <개정 2019.12.3,
2020.2.18>

1. 제14조제1항 단서, 제15조제1항
   각 호 외의 부분 후단, 제15조의2
   제1항 단서 및 같은 조 제4항 각
   호 외의 부분 후단, 제25조제1항
   각 호 외의 부분 단서 및 같은 조
   제2항 후단 또는 제30조제1항 후
   단을 위반하여 변경신고를 하지

| | | | |
|---|---|---|---|
| 아니한 자<br>2. 제18조의5제3항에 따른 연대서명부를 거짓으로 작성하여 이의신청을 한 자<br>3. 제40조의2제2항(제44조제3항에서 준용하는 경우를 포함한다)을 위반하여 시정통지의 내용을 보고하지 아니한 자<br>4. 제44조의2제1항·제2항을 위반하여 업무보고나 자료제출 및 현지조사를 거부·방해 또는 기피한 자<br>5. 제46조의3제1항을 위반한 자<br>6. 제46조의3제3항을 위반한 자<br>③ 제1항 및 제2항에 따른 과태료는 대통령령으로 정하는 바에 따라 산림청장등이 부과·징수한다.<br>[전문개정 2020.2.18] | | | |

| 산지관리법 | 산지관리법 시행령 | 산지관리법 시행규칙 |
|---|---|---|
| 부 칙<br><법률 제6841호, 2002.12.30> | 부 칙<br><대통령령 제18108호, 2003.9.29> | 부 칙<br><농림부령 제1450호, 2003.10.22> |
| 제1조(시행일) 이 법은 공포후 9월이 경과한 날부터 시행한다.<br>제2조(보전임지 등에 관한 경과조치) ① 이 법 시행 당시 종전의 산림법 제16조제1항 및 제17조제1항의 규정에 의하여 지정·고시된 보전임지 중 생산임지는 제4조제1항제1호 가목 및 제5조의 규정에 의하여 지정·고시된 임업용산지로, 공익임지는 제4조제1항제1호 나목 및 제5조의 규정에 의하여 지정·고시된 공익용산지로 본다.<br>② 이 법 시행 당시 종전의 산림법 제16조의2제2항의 규정에 의하여 작성된 산림이용기본도는 제4조제2항의 규정에 의하여 산지이용구분도가 작성될 때까지는 이를 이 법에 | 제1조(시행일) 이 영은 2003년 10월 1일부터 시행한다.<br>제2조(임업용산지안에서의 행위제한에 관한 적용례) ① 제12조제3항 및 제4항의 규정은 이 영 시행후 최초로 임업용산지의 산지전용허가가 신청되는 것부터 적용한다.<br>② 이 영 시행전에 농림어업인이 농림어업을 경영할 목적으로 주택 및 그 부대시설을 건축하기 위하여 종전의 산림법 제16조제1항의 규정에 의한 생산임지를 전용한 면적(이 영 시행전의 전용허가신청에 의하여 이 영 시행후 전용된 면적을 포함한다)에 대하여는 제12조제4항의 규정을 적용하지 아니한다. | 제1조(시행일) 이 규칙은 공포한 날부터 시행한다.<br>제2조(복구비의 분할예치에 관한 적용례) 제38조의 규정은 이 규칙 시행후 최초로 법 제37조제1항 각호의 1에 해당하는 허가 등을 신청하거나 신고 등을 하는 분부터 적용한다.<br>제3조(산지이용구분대장의 비치·작성에 관한 경과조치) 산림청장은 법 제4조제2항의 규정에 의하여 산지이용구분도가 작성될 때까지는 국유림관리소장 또는 시장·군수·구청장으로 하여금 제2조제7항에 규정에 의한 산지이용구분대장에 갈음하여 종전의 산림법시행규칙 제20조의 규정에 의한 보전임지지정대장을 작성·비치하도록 할 수 있다. |

의한 산지이용구분도로 본다.

**제3조(허가 등의 신청에 관한 경과조치)** 이 법 시행 당시 다음 각호의 1에 해당하는 허가·협의 등이 신청된 것에 대하여는 종전의 산림법에 의한다.
1. 종전의 산림법 제18조제1항 및 제2항의 규정에 의한 보전임지의 전용허가
2. 종전의 산림법 제18조제3항의 규정에 의한 지역·지구·구역 등의 지정 등에 관한 협의
3. 종전의 산림법 제87조제1항의 규정에 의한 토석의 매각 또는 무상양여 등
4. 종전의 산림법 제90조의 규정에 의한 산림의 형질변경허가 또는 형질변경신고
5. 종전의 산림법 제90조의2의 규정에 의한 채석허가
6. 종전의 산림법 제90조의5의 규정에 의한 채석단지안에서의 채석신고

**제3조(보전임지의 전용 등에 관한 경과조치)** 이 영 시행당시 다음 각호의 1에 해당하는 허가·협의 등이 신청된 경우 그 허가·협의 등의 기준 및 제한에 관하여는 종전의 산림법시행령에 의한다.
1. 종전의 산림법 제18조제1항 및 제2항의 규정에 의한 보전임지의 전용허가
2. 종전의 산림법 제18조제3항의 규정에 의한 지역·지구·구역 등의 지정 등에 관한 협의
3. 종전의 산림법 제87조제1항의 규정에 의한 토석의 매각 또는 무상양여 등
4. 종전의 산림법 제90조의 규정에 의한 산림의 형질변경허가 또는 형질변경신고
5. 종전의 산림법 제90조의2의 규정에 의한 채석허가
6. 종전의 산림법 제90조의5의 규정

**제4조(산지전용허가기준에 관한 경과조치)** 제18조제1항의 규정에 의한 면적을 계산함에 있어서 다음 각호의 면적은 이를 합산하지 아니한다.
1. 이 규칙 시행전에 종전의 산림법 제90조의 규정에 의하여 산림의 형질변경허가를 하거나 형질변경신고를 하여 전용된 면적(이 규칙 시행전의 형질변경허가 또는 형질변경신고에 의하여 이 규칙 시행후 산지전용된 면적을 포함한다)
2. 이 규칙 시행전에 종전의 산림법 제90조의 규정에 의한 형질변경허가 또는 형질변경신고가 의제되는 행정처분을 받고 전용된 면적(관계 행정기관의 장이 종전의 산림법 제90조의 규정에 의한 형질변경허가 또는 형질변경신고가 의제되는 행정처분에 관하여 이 규칙 시행전에 관할청과 협의한

| 산지관리법 | 산지관리법 시행령 | 산지관리법 시행규칙 |
|---|---|---|
| 7. 종전의 산림법 제90조의6의 규정에 의한 토사채취허가 또는 토사채취신고<br><br>**제4조(처분 등에 관한 경과조치)** ① 이 법 시행 당시 종전의 산림법에 의하여 다음 표의 왼쪽 칸의 허가 등을 받거나 신고를 한 자와 이 법 시행일 이후 부칙 제3조의 규정에 의하여 다음 표의 왼쪽 칸의 허가 등을 받거나 신고를 한 자는 이 법에 의한 다음 표의 오른쪽 칸의 허가 등을 받거나 신고를 한 자로 본다. | 에 의한 채석단지안에서의 채석신고<br>7. 종전의 산림법 제90조의6의 규정에 의한 토사채취허가 또는 토사채취신고<br><br>**제4조(대체산림자원조성비에 관한 경과조치)** ① 이 영 시행당시 종전의 산림법시행령 제24조의2제5항의 규정에 따라 산림청장이 고시한 대체조림비의 부과기준단가는 제24조제4항의 규정에 따라 산림청장이 고시한 대체산림자원조성비의 단위면적당 금액으로 본다.<br>② 이 영 시행전에 보전임지의 전용허가 또는 산림의 형질변경허가(다른 법률의 규정에 의하여 보전임지전용허가 또는 산림의 형질변경허가가 의제되는 인가·허가 등을 포함한다)를 신청하였거나 산림형질변 | 전용면적을 포함한다)<br>**제5조(복구비산정기준에 관한 경과조치)** 이 규칙 시행당시 종전의 산림법 시행규칙 제98조제1항의 규정에 따라 산림청장이 정한 복구비용예치기준은 제39조의 규정에 따라 산림청장이 결정하여 고시한 단위면적당 복구비 산정기준으로 본다.<br>**제6조(다른 법령의 개정)** ① 산림법시행규칙중 다음과 같이 개정한다.<br>제9조의15제1호 및 제2호중 "형질변경"을 각각 "산지전용"으로 한다.<br>제11조중 "제94조제2항 내지 제4항"을 "제94조제2항 및 제4항"으로 한다.<br>제19조, 제19조의2 및 제19조의3, 제19조의5 내지 제19조의7, 제19조의9, 제19조의10, 제19조의12, 제19조의13 및 제20조를 각각 삭제한다. |

| 종전의 산림법에<br>의한 허가 등 | 이 법에 의한<br>허가 등 |
|---|---|
| 1.종전의 산림법 제18조제1항 및 제2항의 규정에 의한 보전임지의 전용허가 | 1. 제14조 또는 제15조의 규정에 의한 산지전용허가 또는 산지전용신고 |
| 2.종전의 산림법 제18조제3항의 규정에 의한 지역·지구·구역등의 지정 등에 관한 협의 | 2. 제8조의 규정에 의한 지역·지구·구역 등의 지정 등에 관한 협의 |

| 종전의 산림법에 의한 허가 등 | 이 법에 의한 허가 등 |
|---|---|
| 3. 종전의 산림법 제18조의2의 규정에 의한 전용산림의 용도변경 승인 | 3. 제21조의 규정에 의한 용도변경변경 승인 |
| 4. 종전의 산림법 제87조제1항의 규정에 의한 토석의 매각 또는 무상양여 등 | 4. 제35조의 규정에 의한 석재 및 토사의 매각 또는 무상양여 |
| 5. 종전의 산림법 제90조의 규정에 의한 산림의 형질변경허가 또는 형질변경신고 | 5. 제14조·제15조 또는 제17조의 규정에 의한 산지용허가 또는 산지전용신고 |
| 6. 종전의 산림법 제90조의2의 규정에 의한 채석허가 | 6. 제25조의 규정에 의한 채석허가 |
| 7. 종전의 산림법 제90조의3제1항의 규정에 의한 토석의 매매계약 및 채석허가 | 7. 제27조제2항의 규정에 의한 석재의 매매계약 및 채석허가 |
| 8. 종전의 산림법 제90조의5의 규정에 의한 채석단지안에서의 채석신고 | 8. 제30조의 규정에 의한 채석단지에서의 채석신고 |
| 9. 종전의 산림법 제90조의6의 규정에 의한 토사채취허가 또는 토사채취신고 | 9. 제32조의 규정에 의한 토사채취허가 또는 토사채취신고 |

② 이 법 시행 당시 종전의 산림법 제90조의2의 규정에 의하여 채석허가 경신고를 한 것에 관한 대체조림비의 감면은 종전의 규정에 의한다.

**제5조(지방도 연변가시지역에서의 채석허가 및 토사채취허가에 관한 경과조치)** 2000년 5월 16일 이전에 지방도 연변가시지역 500미터안의 지역에서 채석허가 또는 토사채취허가를 받은 자가 당해 허가지역에 연접하여 계속 채석을 하고자 하거나 토사채취를 하고자 하는 경우에는 제36조제3항제4호 다목(제43조제3항에서 규정하는 경우를 포함한다)의 규정을 적용하지 아니한다. <개정 2005.8.5>

**제6조(다른 법령의 개정)** ① 산림법시행령중 다음과 같이 개정한다.

제4조제1항 각호외의 부분 단서중 "제2호·제2호의2·제5호·제12호·제14호 내지 제27호"를 "제5호·제12호 및 제14호 내지 제24호"로 하고, 동항제1호의2·제2호 및 제2호의 제27조제3항 및 제38조중 "산림의 형질변경"을 각각 "산지의 형질변경"으로 한다.

제48조제1항중 "입목벌채·토지형질변경(임도시설·광업시추·온천수시추와 개발에 따른 통수시설 및 소규모 토사채취의 경우에 한한다)"를 "입목벌채"로 하고, 동조제4항을 삭제한다.

제58조제4항을 삭제한다.

제60조제1항제9호중 "산림의 형질변경"을 "산지의 형질변경"으로 한다.

제73조·제74조 및 제76조 내지 제79조를 각각 삭제한다.

제5장제1절의 제목 "산림의 형질변경 등"을 "입목의 벌채 등"으로 한다.

제87조제1항제5호중 "법 제18조제1항의 규정에 의한 전용허가를 받거나 동조제3항의 규정에 의한 협의"를 "산지관리법 제14조제1항의 규정에 의한 산지전용허가를 받거나 동조제

| 산지관리법 | 산지관리법 시행령 | 산지관리법 시행규칙 |
|---|---|---|
| 를 받은 자는 이 법 시행후 1년안에 제25조제2항의 규정에 의한 장비 등을 갖추어야 한다.<br><br>**제5조(대체조림비의 납입에 관한 경과 조치)** ① 이 법 시행 당시 종전의 산림법 제20조의2제1항 및 제2항의 규정에 의하여 대체조림비를 납입한 자는 제19조제1항 및 제2항의 규정에 의하여 대체산림자원조성비를 납부한 자로 본다.<br><br>② 이 법 시행 당시 종전의 산림법 제20조의2제1항 및 제2항의 규정에 의하여 대체조림비를 납입하여야 하는 자는 제19조제1항 및 제2항의 규정에 의하여 대체산림자원조성비를 납부하여야 하는 자로 본다.<br><br>③ 이 법 시행 당시 종전의 산림법 제20조의2제3항의 규정에 의하여 대체조림비를 환급받을 수 있는 자는 | 의2를 각각 삭제하며, 동항제11호 다목중 "제2호의 규정에 의하여 전용협의를 한 요존국유림"을 "요존국유림"으로 하고, 동항제25호 및 제27호를 각각 삭제한다.<br>제4조제3항제1호·제2호·제15호 및 제16호를 각각 삭제하고, 동조제4항제2호 및 제3호를 각각 다음과 같이 한다.<br>2. 법 제90조제1항 본문 및 제2항의 규정에 의한 입목벌채, 임산물의 굴취·채취의 허가<br>3. 법 제90조제1항 단서 및 제3항의 규정에 의한 입목벌채, 임산물의 굴취·채취(임업시험 또는 연구를 위한 임산물의 굴취·채취에 한한다)신고의 수리<br>제22조, 제22조의2 내지 제22조의4, 제23조, 제24조, 제24조의2 내지 | 2항의 규정에 의한 협의"로 한다.<br>제87조의2중 "법 제90조제8항 단서"를 "법 제90조제5항 단서"로 한다.<br>제88조, 제88조의2 내지 제88조의4, 제89조, 제90조, 제90조의2, 제91조 및 제92조를 각각 삭제한다.<br>제94조제2항 본문중 "법 제90조제4항제9호"를 "법 제90조제4항제8호"로 하고, 동조제3항을 삭제하며, 동조제4항 본문중 "법 제90조제4항제9호"를 "법 제90조제4항제8호"로 하고, 동항제1호중 "제88조의3제1항제9호의 규정에 의하여 형질변경신고"를 "산지관리법 제15조의 규정에 의하여 산지전용신고"로 하며, 동항제8호를 삭제한다.<br>제95조, 제95조의2 내지 제95조의10, 제96조, 제97조, 제97조의2, 제97조의4 내지 제97조의9, 제98조, 제98 |

제19조제4항의 규정에 의하여 대체산림자원조성비를 환급받을 수 있는 자로 본다.

**제6조(산림형질변경제한지역 및 채석허가 등의 제한에 관한 경과조치)** ① 이 법 시행 당시 종전의 산림법 제90조제8항제1호의 규정에 의하여 산림의 형질변경을 하여서는 아니될 지역으로 시·도지사 또는 지방산림관리청장이 고시한 지역(이 법 제9조제1항제1호 및 제2호의 규정에 해당하는 지역에 한한다)은 제9조의 규정에 의하여 산림청장이 지정·고시한 산지전용제한지역으로 본다.

② 이 법 시행 당시 종전의 산림법 제90조의2제6항제1호의 규정에 의하여 채석허가를 하여서는 아니될 지역으로 시·도지사가 고시한 지역(이 법 제28조제1항제2호 및 제33조제1항제2호의 규정에 해당하는 지역에 한한다)은 제28조제1항제2

제24조의4, 제24조의9, 제24조의10 및 제24조의12를 각각 삭제한다.
제32조제2항제5호중 "산림형질변경"을 "산지의 형질변경"으로 한다.
제44조제1항제1호중 "산림의 형질변경"을 각각 "산지의 형질변경"으로 한다.
제60조제1항제2호중 "산림형질변경"을 "산지의 형질변경"으로 한다.
제78조 및 제80조 내지 제82조를 각각 삭제한다.
제5장제1절의 제목 "산림의 형질변경 등"을 "입목의 벌채 등"으로 한다.
제91조의4 내지 제91조의12를 각각 삭제한다.
제93조제3항을 삭제하고, 동조제4항중 "제1항 내지 제3항"을 "제1항 및 제2항"으로, "임산물을 적재 또는 운송하거나 장비를 사용하여 불법으로 산림형질변경을 하는 경우"를 "임산물을 적재 또는 운송하는 경우

조의2 내지 제98조의5, 제99조, 제99조의2 및 제99조의3을 각각 삭제한다.
제99조의4제1항중 "운전면허·해기사면허 및 건설기계조종사면허의 취소 또는 효력정지나 당해 자동차·선박 및 장비"를 "운전면허 및 해기사면허의 취소 또는 효력정지나 당해 자동차 및 선박"으로 한다.
별표 1의 산림사업의 종류란 제4호중 "법 제91조제5항의 규정에 의한 형질변경된 산림의 복구"를 "산지관리법 제41조의 규정에 의한 산지의 복구"로 한다.
별표 7 및 별표 8, 별표 8의2 내지 별표 8의4, 별표 9 및 별표 9의2를 각각 삭제한다.
별표 9의3중 건설기계·조종사면허란을 삭제한다.
별지 제17호서식, 별지 제18호서식, 별지 제20호서식, 별지 제20호의3서

| 산지관리법 | 산지관리법 시행령 | 산지관리법 시행규칙 |
|---|---|---|
| 호 및 제33조제1항제2호의 규정에 의하여 산림청장이 지정·고시한 지역으로 본다.<br>**제7조(시설물의 철거 또는 원상회복을 위한 조치명령 등에 관한 경과조치)**<br>① 이 법 시행 당시 종전의 산림법 제90조제11항의 규정에 의한 시설물의 철거 또는 원상회복명령을 받은 자는 제44조의 규정에 의하여 시설물의 철거 또는 복구명령을 받은 자로 본다.<br>② 이 법 시행 당시 종전의 산림법 제87조제2항·제90조의4제1항·제90조의5제4항 및 제90조의6제4항의 규정에 의하여 재해방지 등을 위한 시설물의 설치, 채석의 중단 또는 토사채취의 중단 등의 조치명령을 받은 자는 제37조의 규정에 의하여 석재 및 토사의 굴취·채취의 중단 | "로 한다.<br>제95조제5항중 "산림법 제90조제1항 단서"를 "산지관리법 제15조제1항"으로, "산림형질변경신고"를 "산지전용신고"로 한다.<br>제112조를 삭제한다.<br>② 산림청과그소속기관직제중 다음과 같이 개정한다.<br>제9조제2항제12호중 "산림"을 "산지"로 하고, 동항제13호중 "보전임지"를 "보전산지"로 하며, 동항제14호중 "대체조림비"를 "대체산림자원조성비"로 하고, 동항제15호중 "산림형질변경"을 "산지전용"으로 한다.<br>제10조제2항제22호중 "산림형질변경"을 "산지의 형질변경"으로 한다.<br>③ 임업 및산촌진흥촉진에관한법률시행령중 다음과 같이 개정한다.<br>제19조제1항제2호중 "산림형질변경" | 식 내지 별지 제20호의6서식 및 별지 제20호의9서식 내지 별지 제20호의12서식을 각각 삭제한다.<br>별지 제48호서식의 제11조제1항 및 별지 제48호의2서식의 제11조제1항 중 "산림의 형질변경"을 각각 "산지의 형질변경"으로 한다.<br>별지 제61호서식, 별지 제62호서식 및 별지 제63호서식 내지 별지 제63호의3서식을 각각 삭제한다.<br>별지 제69호서식 앞쪽의 제목란을 다음과 같이 한다.<br><table><tr><td>입목벌채신고서</td><td>처리기간<br>5일</td></tr></table><br>별지 제69호서식 앞쪽의 제8항란을 다음과 같이 한다.<br><table><tr><td>⑧ 벌채면적</td><td></td><td>ha</td></tr></table><br>별지 제69호서식 앞쪽의 제13항란중 "벌채·형질변경기간"을 "벌채기간" |

또는 재해방지나 복구에 필요한 조치명령을 받은 자로 본다.

**제8조(복구비의 예치 등에 관한 경과조치)** ① 이 법 시행 당시 종전의 산림법 제91조제1항 및 제2항의 규정에 의하여 예치한 복구비용 또는 예치하여야 하는 복구비용은 제38조제1항 및 제2항의 규정에 의하여 예치한 복구비 또는 예치하여야 하는 복구비로 본다.

② 이 법 시행 당시 종전의 산림법 제91조제3항의 규정에 의하여 복구를 하여야 하는 자는 제39조의 규정에 의하여 복구를 하여야 하는 자로 본다.

③ 이 법 시행 당시 종전의 산림법 제91조제4항의 규정에 의하여 승인을 얻은 복구설계서는 제40조의 규정에 의하여 승인을 얻은 복구설계서로 본다.

을 "산지의 형질변경"으로 한다.

④ 개발이익환수에관한법률시행령중 다음과 같이 개정한다.

별표 1 제10호의 사업명란중 "산림법에 의한 산림형질변경허가 또는 보전임지전용허가"를 "산지관리법에 의한 산지전용허가"로 한다.

별표 2 제10호의 사업명란중 "산림법에 의한 산림형질변경허가 또는 보전임지전용허가"를 "산지관리법에 의한 산지전용허가"로 한다.

⑤ 건축법시행령중 다음과 같이 개정한다.

제3조제2항제3호중 "산림법 제90조의 규정에 의한 산림형질변경허가"를 "산지관리법 제14조의 규정에 의한 산지전용허가"로 한다.

제8조제4항제10호를 다음과 같이 한다.

10. 산지관리법 제8조, 동법 제10조, 동법 제12조, 동법 제14조 및 동

으로 하고, 동쪽 제15항란을 삭제하며, 구비서류란을 다음과 같이한다.

| 구비서류 : 없음 | 수수료 |
| --- | --- |
| | 없음 |

별지 제71호서식, 별지 제72호서식 내지 별지 제72호의5서식, 별지 제72호의7서식 내지 별지 제72호의9서식, 별지 제73호의2서식, 별지 제73호의3서식, 별지 제74호서식, 별지 제74호의2서식 내지 별지 제74호의5서식, 별지 제74호의7서식, 별지 제75호서식(1) 내지 별지 제75호서식(3), 별지 제75호의2서식(1) 내지 별지 제75호의2서식(3), 별지 제75호의3서식(1), 별지 제75호의3서식(2), 별지 제75호의4서식 및 별지 제76호서식을 각각 삭제한다.

② 산림청과그소속기관직제시행규칙중 다음과 같이 개정한다.

제4조제4항제3호중 "보전임지"를 "보

| 산지관리법 | 산지관리법 시행령 | 산지관리법 시행규칙 |
|---|---|---|
| **제9조(하자보수보증금의 예치에 관한 경과조치)** 이 법 시행 당시 종전의 산림법 제91조의2제2항의 규정에 의하여 예치한 하자보수보증금 또는 예치하여야 하는 보수보증금은 제42조제2항의 규정에 의하여 예치한 하자보수보증금 또는 예치하여야 하는 하자보수보증금으로 본다.<br><br>**제10조(벌칙에 관한 경과조치)** 이 법 시행전의 행위에 대한 벌칙의 적용에 있어서는 종전의 산림법의 규정에 의한다.<br><br>**제11조(다른 법률의 개정)** ① 산림법중 다음과 같이 개정한다.<br>제2조제1항제8호·제16조·제16조의2·제17조·제18조·제18조의2·제19조·제20조·제20조의2·제20조의4 및 제55조의3제2호·제8호 내지 제10호를 각각 삭제한다. | 법 제18조와 산림법 제62조, 동법 제70조 및 동법 제90조<br>⑥ 국토의계획 및이용에관한법률시행령중 다음과 같이 개정한다.<br>제25조제3항제5호중 "산림법에 의한 보전임지"를 "산지관리법에 의한 보전산지"로 한다.<br>제59조제2항 후단중 "산림안에서의 개발행위"를 "산지안에서의 개발행위"로, "산림법 제91조제1항의 규정에 의한 복구비용을"을 "산지관리법 제38조의 규정에 의한 복구비를"로 한다.<br>⑦ 농어촌정비법시행령중 다음과 같이 개정한다.<br>제71조제3호중 "산림법에 의한 보전임지"를 "산지관리법에 의한 보전산지"로 한다.<br>⑧ 농지법시행령중 다음과 같이 개정 | 전산지"로 하고, 동항제4호중 "대체조림비"를 "대체산림자원조성비"로 하며, 동항제5호중 "산림형질변경"을 "산지전용"으로 한다.<br>제5조제5항제3호중 "산림형질변경"을 "산지의 형질변경"으로 한다.<br>③ 농지법시행규칙중 다음과 같이 개정한다.<br>제44조의2 본문중 "준보전임지"를 "준보전산지"로 한다.<br><br>**제7조(다른 법령과의 관계)** 이 규칙 시행당시 다른 법령에서 종전의 산림법시행규칙 및 그 규정을 인용하고 있는 경우 이 규칙중 그에 해당하는 규정이 있는 때에는 이 규칙 또는 이 규칙의 해당 규정을 인용한 것으로 본다. |

제75조제3항중 "산림의 형질변경"을 "산지관리법의 규정에 의한 산지전용"으로 하고, 동조제5항·제87조·제90조의2 내지 제90조의6·제91조 및 제91조의2를 각각 삭제한다.
제90조를 다음과 같이 한다.
제90조(입목벌채 등의 허가와 신고) ① 산림안에서 입목의 벌채, 임산물(산지관리법 제2조제3호·제4호의 규정에 의한 석재 및 토사를 제외한다. 이하 이 조에서 같다)의 굴취·채취를 하고자 하는 자는 농림부령이 정하는 바에 따라 시장·군수 또는 지방산림관리청장의 허가를 받아야 한다. 다만, 농림부령이 정하는 경우에는 시장·군수 또는 지방산림관리청장에게 신고하여야 한다.
② 제1항 본문의 규정에 의하여 입목의 벌채 또는 임산물의 굴취·채취의 허가를 받은 자가 허가받은 사항

한다.
별표 2 제15호의2중 "산림법 제16조제1항제2호의 규정에 의한 준보전임지"를 "산지관리법 제4조제1항제2호의 규정에 의한 준보전산지"로 한다.
⑨ 부동산중개업법시행령중 다음과 같이 개정한다.
별표의 2차시험의 시험내용란중 "산림법"을 "산림법·산지관리법"으로 한다.
⑩ 상속세 및증여세법시행령중 다음과 같이 개정한다.
제16조제1항제3호중 "산림법의 규정에 의한 보전임지중 영림계획"을 "산지관리법에 의한 보전산지중 산림법에 의한 영림계획"으로 한다.
⑪ 석탄산업법시행령중 다음과 같이 개정한다.
제41조제4항제6호를 다음과 같이 한다.

| 산지관리법 | 산지관리법 시행령 | 산지관리법 시행규칙 |
|---|---|---|
| 중 농림부령이 정하는 사항을 변경하고자 하는 때에는 농림부령이 정하는 바에 따라 시장·군수 또는 지방산림관리청장의 변경허가를 받아야 한다.<br>③ 제1항 단서의 규정에 의하여 입목의 벌채 또는 임산물의 굴취·채취의 신고를 한 자가 신고한 사항중 농림부령이 정하는 사항을 변경하고자 하는 때에는 농림부령이 정하는 바에 따라 시장·군수 또는 지방산림관리청장에게 변경신고를 하여야 한다.<br>④ 제1항의 규정에 불구하고 다음 각호의 1에 해당하는 경우에는 제1항의 규정에 의한 허가 또는 신고없이 입목의 벌채 또는 임산물의 굴취·채취를 할 수 있다.<br>1. 제11조 또는 제73조제4항의 규 | 6. 산지관리법 제38조의 규정에 의한 복구비<br>⑫ 전통사찰보존법시행령중 다음과 같이 개정한다.<br>제2조제1항제3호 마목중 "산림법 제17조의 규정에 의한 보전임지"를 "산지관리법 제4조제1항제1호의 규정에 의한 보전산지"로 한다.<br>⑬ 지방세법시행령중 다음과 같이 개정한다.<br>제194조의15제2항제1호 본문중 "동법 제17조의 규정에 의한 보전임지"를 "산지관리법 제4조제1항제1호의 규정에 의한 보전산지"로, "동법의 규정에 의한 영림계획인가"를 "산림법에 의한 영림계획인가"로 한다.<br>⑭ 지적법시행령중 다음과 같이 개정한다.<br>제13조제1항중 "산림법"을 "산지관 | |

정에 의하여 영림계획에 따라 사업을 하는 경우
2. 제31조제3항의 규정에 의한 휴양림조성계획의 승인을 얻은 산림의 경우
3. 수목원조성 및 진흥에관한법률 제7조의 규정에 의한 수목원조성계획의 승인을 얻은 산림의 경우
4. 산림청장 소속의 시험연구기관이 소관 국유림에서 시험·연구에 필요한 사업을 하는 경우
5. 문화재청장이 소관 국유림에서 문화재보호를 위한 사업을 하는 경우
6. 산지관리법 제14조 또는 제15조의 규정에 의하여 산지전용허가를 받았거나 산지전용신고를 한 자가 산지전용에 수반되는 입목의 벌채 또는 임산물의 굴취·채취를 하고자 하는 경우

리법"으로 한다.
⑮ 폐광지역개발지원에관한특별법시행령중 다음과 같이 개정한다.
제11조의 제목중 "산림법"을 "산지관리법"으로 하고, 동조제3항 본문중 "보전임지에 대하여는 산림법시행령 제24조제2항 및 제3항의 규정에 불구하고 산림법 제18조제1항의 규정에 의한 보전임지 전용허가"를 "보전산지에 대하여는 산지관리법시행령 제20조제4항 및 별표 4의 규정에 불구하고 산지관리법 제14조의 규정에 의한 산지전용허가"로 한다.
제26조제4항제5호중 "산림법"을 "산지관리법"으로 한다.
⑯ 환경정책기본법시행령중 다음과 같이 개정한다.
별표 2의 제2호 라목란을 다음과 같이 한다.

| 라. 산지관리법 적용지역 | (1) 산지관리법 제4조 제1항제1호 나목의 | 사업의 허가 전 |

| 산지관리법 | 산지관리법 시행령 | 산지관리법 시행규칙 |
|---|---|---|
| 7. 다음 각목의 1에 해당하는 자가 석재 또는 토사의 굴취·채취에 수반되는 입목의 벌채 또는 임산물의 굴취·채취를 하고자 하는 경우<br><br>가. 산지관리법 제25조제1항의 규정에 의하여 채석허가를 받거나 제30조제1항의 규정에 의하여 채석신고를 한 자<br><br>나. 산지관리법 제32조제1항의 규정에 의하여 토사채취허가를 받거나 동조제2항의 규정에 의하여 토사채취신고를 한 자<br><br>다. 산지관리법 제35조의 규정에 의하여 국유림의 산지에서의 석재·토사의 매각 또는 무상양여를 받은 자<br><br>8. 그밖에 국민생활의 편의를 위한 경미한 행위로서 농림부령이 정 | 규정에 의한 공익용 산지에서의 사업계획면적이 1만제곱미터 이상인 것<br>(2) 공익용산지외의 산지에서의 사업계획 면적이 5만제곱미터 이상인 것 [사업의 허가 전]<br><br>별표 2의 비고란 제4호를 다음과 같이 한다.<br>4. 제2호 라목은 산지관리법 제14조, 동법 제25조 또는 동법 제32조의 규정에 의한 산지전용허가·채석허가 또는 토사채취허가(이하 이 호에서 "산지전용허가등"이라 한다)만을 받아 시행하는 사업에 한하여 적용하고, 개발사업지역안에서 산지전용허가등과 함께 건축법 등 다른 법률에 의한 허가를 받아 시행하는 사업의 경우에는 제2호 가목 내지 다목 및 마목 내지 아목 | |

하는 경우
⑤ 국토 및 자연의 보전, 문화재 및 국가의 중요한 시설의 보호 그밖에 공익상 산림의 보호가 필요한 지역으로서 대통령령이 정하는 지역에 해당하는 경우에는 입목의 벌채를 하여서는 아니된다. 다만, 농림부령이 정하는 경미한 사항의 경우에는 그러하지 아니하다.
제93조중 "제90조·제90조의2·제90조의3·제90조의5 및 제90조의6의 규정"을 "제90조의 규정"으로 한다.
제94조중 "부정임산물을 적재 또는 운송하거나 장비를 사용하여 불법으로 산림형질변경을 하는 경우에는"을 "부정임산물을 적재 또는 운송하는 경우에는"으로 한다.
제96조중 "제90조제1항·제90조의2·제90조의3·제90조의5 및 제90조의6의 규정"을 "제90조제1항의 규정"을 적용한다.
별표 3 바목의 행정계획의 종류란중 "산림법 제90조의4"를 "산지관리법 제29조"로 한다.
⑰ 환경·교통·재해등에관한영향평가법시행령중 다음과 같이 개정한다.
별표 1 제1호 타목의 대상사업의 범위란중 "산림법 제2조제1항제1호의 규정에 의한 산림"을 "산지관리법 제2조제1호의 규정에 의한 산지"로 하고, 동란의 (3)중 "산림의 형질변경 면적"을 "산지전용면적"으로 하며, 동목(3)의 평가서 제출시기 또는 협의요청시기란중 "산림법 제90조제1항의 규정에 의한 형질변경허가전"을 "산지관리법 제14조의 규정에 의한 산지전용허가전"으로 한다.
별표 1 제1호 더목의 대상사업의 범위란 (2)중 "산림법 제2조제1항제1호의 규정에 의한 산림"을 "산지관리법 제2조제1호의 규정에 의한 산지"로,

| 산지관리법 | 산지관리법 시행령 | 산지관리법 시행규칙 |
|---|---|---|
| 규정"으로 한다.<br>제117조제2호를 다음과 같이 한다.<br> 2. 주근(柱根)을 채취한 때<br> 제118조를 다음과 같이 한다.<br> 제118조(입목벌채의 죄 등) ① 다음<br> 각호의 1에 해당하는 자는 5년 이<br> 하의 징역 또는 1천500만원 이하<br> 의 벌금에 처한다. 이 경우 징역형<br> 과 벌금형을 병과할 수 있다.<br> 1. 산림소유자 또는 입목·죽을 소유<br> ·사용·수익할 수 있는 권리가<br> 있는 자가 이 법에 위반하여 입목<br> ·죽(조림된 묘목을 포함한다)을<br> 벌채한 자<br> 2. 정당한 사유없이 타인의 산림에<br> 공작물을 설치한 자<br> 3. 제62조제1항의 규정을 위반한 자<br> 4. 제90조제1항부터 제3항까지의<br> 규정을 위반한 자 | "산림훼손면적"을 "산지훼손면적"으<br>로 하고, 동목(2)의 평가서 제출시기<br>또는 협의요청시기란중 "산림법 제<br>90조제1항의 규정에 의한 산림형질<br>변경허가전 또는 동법 제90조의2의<br>규정에 의한 채석허가전, 제90조의6<br>제1항의 규정에 의한 토사채취허가<br>전"을 "산지관리법 제14조의 규정에<br>의한 산지전용허가전, 동법 제25조<br>의 규정에 의한 채석허가전 또는 동<br>법 제32조의 규정에 의한 토사채취<br>허가전"으로 한다.<br>별표 1 제3호 라목의 대상사업의 범위<br>란중 "산림법 제2조제1항제1호의 규<br>정에 의한 산림"을 "산지관리법 제2<br>조제1호의 규정에 의한 산지"로 하<br>고, 동란의 (2)중 "산림형질변경면적<br>"을 "산지훼손면적"으로 하며, 동목<br>(2)의 평가서 제출시기 또는 협의요 | |

5. 입목・죽, 목재 또는 주근에 표시한 기호・인장을 변경 또는 삭제한 자
6. 정당한 사유없이 산림안에서 입목・죽을 손상하거나 고사하게 한 자

② 제1항제1호・제2호 또는 제6호의 규정에 위반한 자로서 그 피해가격이 원산지가격으로 1만원 미만인 때에는 그 정상에 따라 구류 또는 과료에 처할 수 있다.

③ 상습으로 제1항의 죄를 범한 자는 10년 이하의 징역에 처한다.

제121조를 다음과 같이 한다.

제121조(벌칙) 제36조제3항의 규정에 의하여 수입추천 신청을 할 때 정한 용도외의 용도로 수입임산물을 사용한 자에 대하여는 2년 이하의 징역 또는 1천만원 이하의 벌금에 처한다.

청시기란중 "산림법 제90조제1항의 규정에 의한 산림형질변경허가전, 동법 제90조의2의 규정에 의한 채석허가전 또는 제90조의6제1항의 규정에 의한 토사채취허가전"을 "산지관리법 제14조의 규정에 의한 산지전용허가전, 동법 제25조의 규정에 의한 채석허가전 또는 동법 제32조의 규정에 의한 토사채취허가전"으로 한다.

⑱ 행정권한의위임및위탁에관한규정 중 다음과 같이 개정한다.

제31조제5항중 "입목의 벌채, 산림의 형질변경 또는 임산물의 굴취・채취의 허가 또는 신고, 허가의 취소, 시설물의 철거 또는 원상회복을 위하여 필요한 조치를 명하는 권한"을 "입목의 벌채 또는 임산물의 굴취・채취의 허가 또는 신고에 관한 권한"으로 한다.

| 산지관리법 | 산지관리법 시행령 | 산지관리법 시행규칙 |
|---|---|---|
| 제122조제1항을 다음과 같이 한다.<br>① 제103조제3항의 규정에 의한 명령을 위반한 자는 200만원 이하의 벌금에 처한다.<br>② 수목원조성 및진흥에관한법률중 다음과 같이 개정한다.<br>제8조제9호를 다음과 같이 하고, 동조에 제10호를 다음과 같이 신설한다.<br>9. 산지관리법 제14조·제15조의 규정에 의한 산지전용허가 및 산지전용신고<br>10. 산림법 제57조의 규정에 의한 보안림 지정해제 및 동법 제62조제1항·제90조제1항의 규정에 의한 입목벌채 등의 허가·신고<br>③ 사방사업법중 다음과 같이 개정한다.<br>제9조제3항 후단중 "산림법 제90 | 제7조(다른 법령과의 관계) 이 영 시행당시 다른 법령에서 종전의 산림법시행령 및 그 규정을 인용하고 있는 경우 이 영중 그에 해당하는 규정이 있는 때에는 이 영 또는 이 영의 해당규정을 인용한 것으로 본다. | |

조제1항·제90조의2제1항 및 제90조의6제1항"을 "산지관리법 제14·제15조·제25조제1항·제32조제1항 및 산림법 제90조제1항"으로 한다.

제14조제3항중 "산림법 제90조제1항·제90조의2제1항 또는 제90조의6제1항"을 "산지관리법 제14조·제15조·제25조제1항·제32조제1항 및 산림법 제90조제1항"으로 한다.

제19조제2항중 "산림법 제91조의 규정에 의하여 산림의 복구비용을"을 "산지관리법 제38조의 규정에 의한 복구비를"로 한다.

제24조중 "산림법 제90조제1항·제90조의2제1항 및 제90조의6제1항"을 "산지관리법 제14조·제15조·제25조제1항·제32조제1항 및 산림법 제90조제1항"으로 한다.

| 산지관리법 | 산지관리법 시행령 | 산지관리법 시행규칙 |
|---|---|---|
| ④ 개발이익환수에관한법률중 다음 과 같이 개정한다.<br> 제7조제2항제5호중 "산림법 제16 조제1항제2호의 규정에 의한 준보 전임지"를 "산지관리법 제4조제1 항제2호의 규정에 의한 준보전산 지"로 한다.<br>⑤ 개발제한구역의지정 및관리에관 한특별조치법중 다음과 같이 개 정한다.<br> 제13조제1항제1호를 다음과 같이 한다.<br> 1. 산지관리법 제14조·제15조의 규정에 의한 산지전용허가 및 산 지전용신고와 산림법 제90조제1 항의 규정에 의한 입목벌채 등의 허가·신고<br>⑥ 건축법중 다음과 같이 개정한다.<br> 제8조제6항제5호를 다음과 같이 한 | | |

다.
　　5. 산지관리법 제14조·제15조의 규정에 의한 산지전용허가 및 산지전용신고(도시계획구역안인 경우에 한한다)

⑦ 고속철도건설촉진법중 다음과 같이 개정한다.

제8조제1항제11호를 다음과 같이 한다.

　　11. 산지관리법 제14조·제15조의 규정에 의한 산지전용허가 및 산지전용신고, 동법 제25조제1항의 규정에 의한 채석허가, 산림법 제57조의 규정에 의한 보안림의 지정해제, 동법 제62조제1항·제90조제1항의 규정에 의한 입목벌채 등의 허가

⑧ 과학관육성법중 다음과 같이 개정한다.

제8조제6호를 다음과 같이 한다.

　　6. 산지관리법 제14조·제15조의

| 산지관리법 | 산지관리법 시행령 | 산지관리법 시행규칙 |
|---|---|---|
| 규정에 의한 산지전용허가 및 산지전용신고<br>⑨ 관광진흥법중 다음과 같이 개정한다.<br>제15조제1항제2호 및 제55조제10호를 각각 다음과 같이 한다.<br>2. 산지관리법 제14조·제15조의 규정에 의한 산지전용허가 및 산지전용신고와 산림법 제62조제1항·제90조제1항의 규정에 의한 입목벌채 등의 허가·신고<br>10. 산지관리법 제14조·제15조의 규정에 의한 산지전용허가 및 산지전용신고와 산림법 제62조제1항·제90조제1항의 규정에 의한 입목벌채 등의 허가·신고<br>⑩ 광업법중 다음과 같이 개정한다.<br>제47조의2제1항제2호중"동법 제90조의 규정에 의한 입목의벌채, | | |

산림의 형질변경 또는 임산물의 굴취·채취의 허가"를"동법 제90조제1항의 규정에 의한 입목 벌채 또는 임산물의 굴취·채취의 허가 및 산지관리법 제14조·제15조의 규정에 의한 산지전용허가 및 산지전용신고(산지를 형질변경하여 채광한 후 복구하는 경우에 한한다)"로 한다.

⑪ 공공철도건설촉진법중 다음과 같이 개정한다.

제6조제1항제11호를 다음과 같이 한다.

11. 산지관리법 제14조·제15조의 규정에 의한 산지전용허가 및 산지전용신고, 산림법 제57조의 규정에 의한 보안림의 지정해제, 동법 제62조의 규정에 의한 보안림안에서의 벌채 등의 허가 및 동법 제90조제1항의 규정에 의한 입목벌채 등의 허가

| 산지관리법 | 산지관리법 시행령 | 산지관리법 시행규칙 |
|---|---|---|
| ⑫ 산업집적활성화 및공장설립에관한법률중 다음과 같이 개정한다. 제13조의2제1항제2호를 다음과 같이 하고, 제13조의5제1항중 "산림법 제91조"를 "산지관리법 제39조"로 한다.<br>  2. 산지관리법 제14조·제15조의 규정에 의한 산지전용허가 및 산지전용신고, 동법 제21조의 규정에 의한 산지전용된 토지의 용도변경 승인 및 산림법 제90조제1항의 규정에 의한 입목벌채 등의 허가·신고<br>⑬ 공유수면매립법중 다음과 같이 개정한다. 제16조제1항제4호를 다음과 같이 한다.<br>  4. 산지관리법 제14조·제15조의 규정에 의한 산지전용허가 및 산 | | |

지전용신고, 산림법 제57조의 규정에 의한 보안림의 지정해제 및 동법 제62조제1항·제90조제1항의 규정에 의한 입목벌채 등의 허가

⑭ 교통체계효율화법중 다음과 같이 개정한다.

제16조제4호를 다음과 같이 한다.

4. 산지관리법 제14조·제15조의 규정에 의한 산지전용허가 및 산지전용신고, 산림법 제62조의 규정에 의한 보안림안에서의 입목·죽 벌채 등의 허가 및 동법 제90조제1항의 규정에 의한 입목벌채 등의 허가

⑮ 국토의계획 및이용에관한법률중 다음과 같이 개정한다.

제6조제3호중 "산림법에 의한 보전임지"를 "산지관리법에 의한 보전산지"로 한다.

제8조제3항제1호 가목을 다음과 같

| 산지관리법 | 산지관리법 시행령 | 산지관리법 시행규칙 |
|---|---|---|
| 이 한다.<br>가. 산지관리법 제4조제1항제1호의 규정에 의한 보전산지<br>제42조제2항중 "산림법에 의하여 보전임지"를 "산지관리법에 의하여 보전산지"로 하고, 동조제3항중 "보전임지"를 "보전산지"로 한다.<br>제56조제3항중 "개발행위에 관하여는 산림법"을 "개발행위에 관하여는 산지관리법"으로 한다.<br>제61조제1항제10호를 다음과 같이 한다.<br>10. 산지관리법 제14조·제15조의 규정에 의한 산지전용허가 및 산지전용신고, 동법 제25조의 규정에 의한 채석허가, 동법 제32조의 규정에 의한 토사채취허가·신고 및 산림법 제90조제1항 | | |

의 규정에 의한 입목벌채 등의 허가·신고
제76조제5항제3호중 "보전임지"를 "보전산지"로, "산림법"을 "산지관리법"으로 한다.
제81조제5항제1호 및 제2호를 각각 다음과 같이 한다.
1. 산지관리법 제14조·제15조의 규정에 의한 산지전용허가 및 산지전용신고
2. 산림법 제90조제1항의 규정에 의한 입목벌채 등의 허가·신고

제82조제2항제3호중 "산림법"을 "산림법 또는 산지관리법"으로 한다.

제92조제1항제13호를 다음과 같이 한다.
13. 산지관리법 제14조·제15조의 규정에 의한 산지전용허가 및 산지전용신고, 동법 제25조의 규정에 의한 채석허가, 동법 제32

| 산지관리법 | 산지관리법 시행령 | 산지관리법 시행규칙 |
|---|---|---|
| 조의 규정에 의한 토사채취허가·신고 및 산림법 제90조제1항의 규정에 의한 입목벌채 등의 허가·신고<br>⑯ 기업활동규제완화에관한특별조치법중 다음과 같이 개정한다.<br>제15조제1호를 다음과 같이 한다.<br>　1. 산지관리법 제14조·제15조의 규정에 의한 산지전용허가 및 산지전용신고와 산림법 제90조제1항의 규정에 의한 입목벌채 등의 허가·신고<br>제19조를 다음과 같이 한다.<br>제19조(산지전용허가에 관한 특례) 산지관리법 제14조 및 제15조의 규정에 의한 산지전용중 공업용지의 조성을 위한 15만제곱미터 미만의 산지전용의 허가의 권한은 동법 제52조의 규정에 불구하고 시 | | |

·도지사가 이를 행사한다. 이 경우 산지관리법 제14조·제15조·제20조 그 밖에 산지전용과 관련되는 규정중 산림청장은 이를 시·도지사로 본다.

⑰ 농산물가공산업육성법중 다음과 같이 개정한다.

제5조제4항제2호를 다음과 같이 한다.

  2. 산지관리법 제14조·제15조의 규정에 의한 산지전용허가 및 산지전용신고와 산림법 제90조제1항의 규정에 의한 입목벌채 등의 허가

⑱ 농어촌구조개선특별회계법중 다음과 같이 개정한다.

제4조의2제1항제1호를 다음과 같이 한다.

  1. 산지관리법 제19조의 규정에 의한 대체산림자원조성비 및 산림법 제37조제2항의 규정에 의한

| 산지관리법 | 산지관리법 시행령 | 산지관리법 시행규칙 |
|---|---|---|
| 　수입이익금<br>⑲ 농어촌도로정비법중 다음과 같이<br>　개정한다.<br>　제12조제1항제4호를 다음과 같이<br>　한다.<br>　4. 산지관리법 제14조·제15조의<br>　　규정에 의한 산지전용허가 및 산<br>　　지전용신고와 산림법 제62조제<br>　　1항·제90조제1항의 규정에 의<br>　　한 입목벌채 등의 허가<br>⑳ 농어촌정비법중 다음과 같이 개<br>　정한다.<br>　제87조제1항제5호를 다음과 같이<br>　한다.<br>　5. 산지관리법 제14조·제15조의<br>　　규정에 의한 산지전용허가 및 산<br>　　지전용신고, 산림법 제62조제1<br>　　항·제90조제1항의 규정에 의<br>　　한 입목벌채 등의 허가 및 동법 | | |

제73조의 규정에 의한 불요존국유림과 산림청장이 관리하지 아니하는 국유림내의 입목·죽의 벌채승인 또는 동의
㉑ 농어촌주택개량촉진법중 다음과 같이 개정한다.
제6조제1항제3호를 다음과 같이 한다.
3. 산지관리법 제14조·제15조의 규정에 의한 산지전용허가 및 산지전용신고(산림법의 규정에 의한 산림유전자원보호림·채종림 및 시험림의 경우를 제외한다)와 산림법 제62조제1항·제90조제1항의 규정에 의한 입목벌채 등의 허가
㉒ 농지법중 다음과 같이 개정한다.
제36조제1항제4호중"산림법에 의한 산림의 형질변경 허가를 받지 아니하거나 신고"를"산지관리법 제14조·제15조의 규정에 의한 산지

| 산지관리법 | 산지관리법 시행령 | 산지관리법 시행규칙 |
|---|---|---|
| 전용허가를 받지 아니하거나 산지<br>전용신고"로 한다.<br>㉓ 댐건설 및주변지역지원등에관한<br>법률중 다음과 같이 개정한다.<br>제9조제1항제3호를 다음과 같이 한<br>다.<br> 3. 산지관리법 제14조·제15조의<br> 규정에 의한 산지전용허가 및 산<br> 지전용신고, 동법 제25조의 규<br> 정에 의한 채석허가 및 산림법 제<br> 62조제1항·제90조제1항의 규<br> 정에 의한 입목벌채 등의 허가<br>㉔ 도로법중 다음과 같이 개정한다.<br>제25조의2제1항제4호를 다음과 같<br>이 한다.<br> 4. 산지관리법 제8조의 규정에 의<br> 한 보전산지에서의 구역 등의 지<br> 정, 동법 제14조·제15조의 규<br> 정에 의한 산지전용허가 및 산지 | | |

전용신고, 동법 제32조의 규정에 의한 토사채취허가 및 산림법 제62조제1항·제90조제1항의 규정에 의한 입목벌채 등의 허가

㉕ 도시개발법중 다음과 같이 개정한다.

제19조제1항제9호를 다음과 같이 한다.

9. 산지관리법 제14조·제15조의 규정에 의한 산지전용허가 및 산지전용신고, 동법 제25조의 규정에 의한 채석허가, 동법 제32조의 규정에 의한 토사채취허가 및 산림법 제62조제1항·제90조제1항의 규정에 의한 입목벌채 등의 허가

제69조중 "산림법"을 "산지관리법"으로, 대체산림비"를 "대체산림자원조성비"로 한다.

㉖ 도시 및 주거환경정비법중 다음과 같이 개정한다.

| 산지관리법 | 산지관리법 시행령 | 산지관리법 시행규칙 |
|---|---|---|
| 제32조제1항제6호를 다음과 같이 한다.<br><br>6. 산지관리법 제14조·제15조의 규정에 의한 산지전용허가 및 산지전용신고와 산림법 제62조제1항·제90조의 규정에 의한 허가. 다만, 산림법에 의한 산림유전자원보호림·채종림 및 시험림의 경우를 제외한다.<br>㉗ 도시철도법중 다음과 같이 개정한다.<br>제23조제1항제8호를 다음과 같이 한다.<br><br>8. 산지관리법 제14조·제15조의 규정에 의한 산지전용허가 및 산지전용신고와 산림법 제90조의 규정에 의한 입목벌채 등의 허가·신고<br>㉘ 무역거래기반조성에관한법률중 | | |

다음과 같이 개정한다.
　제11조제2호를 다음과 같이 한다.
　　2. 산지관리법 제19조의 규정에 의한 대체산림자원조성비
㉙ 문화산업진흥기본법중 다음과 같이 개정한다.
　제27조제1항제1호를 다음과 같이 한다.
　　1. 산지관리법 제19조의 규정에 의한 대체산림자원조성비
㉚ 박물관 및미술관진흥법중 다음과 같이 개정한다.
　제20조제1항제6호를 다음과 같이 한다.
　　6. 산지관리법 제14조·제15조의 규정에 의한 산지전용허가 및 산지전용신고, 산림법 제57조의 규정에 의한 보안림의 지정해제, 동법 제62조제1항·제90조제1항의 규정에 의한 입목벌채 등의 허가·신고

| 산지관리법 | 산지관리법 시행령 | 산지관리법 시행규칙 |
|---|---|---|
| ㉛ 벤처기업육성에관한특별조치법<br>중 다음과 같이 개정한다.<br>제22조제1항제3호를 다음과 같이<br>한다.<br> 3. 산지관리법 제19조의 규정에 의<br> 한 대체산림자원조성비<br>㉜ 사회간접자본시설에대한민간투<br>자법중 다음과 같이 개정한다.<br>제56조제1항중 "산림"을 "산지"로, "<br>산림법"을 "산지관리법"으로, "대<br>체조림비"를 "대체산림자원조성비<br>"로 한다.<br>㉝ 산업기술단지지원에관한특례법<br>중 다음과 같이 개정한다.<br>제16조제1항제3호를 다음과 같이<br>한다.<br> 3. 산지관리법 제19조의 규정에 의<br> 한 대체산림자원조성비<br>㉞ 산업입지 및 개발에관한법률중 | | |

다음과 같이 개정한다.
제21조제1항제10호를 다음과 같이 한다.
　10. 산지관리법 제14조·제15조의 규정에 의한 산지전용허가 및 산지전용신고와 산림법 제62조제1항·제90조제1항의 규정에 의한 입목벌채 등의 허가
㉟ 소기업 및소상공인지원을위한특별조치법중 다음과 같이 개정한다.
제4조제2항제3호를 다음과 같이 한다.
　3. 산지관리법 제19조의 규정에 의한 대체산림자원조성비
㊱ 소하천정비법중 다음과 같이 개정한다.
제10조의2제1항제6호를 다음과 같이 한다.
　6. 산지관리법 제14조·제15조의 규정에 의한 산지전용허가 및 산

| 산지관리법 | 산지관리법 시행령 | 산지관리법 시행규칙 |
|---|---|---|
| 지전용신고와 산림법 제62조제1항·제90조제1항의 규정에 의한 입목벌채 등의 허가<br>㊲ 송유관안전관리법중 다음과 같이 개정한다.<br>제4조제1항제11호를 다음과 같이 한다.<br>11. 산지관리법 제14조·제15조의 규정에 의한 산지전용허가 및 산지전용신고, 산림법 제62조제1항의 규정에 의한 보안림에서의 행위허가 및 동법 제90조제1항의 규정에 의한 입목벌채 등의 허가<br>㊳ 수도권신공항건설촉진법중 다음과 같이 개정한다.<br>제8조제1항제12호를 다음과 같이 한다.<br>12. 산지관리법 제14조·제15조 | | |

의 규정에 의한 산지전용허가 및 산지전용신고, 산림법 제62조제1항의 규정에 의한 보안림구역안에서의 입목벌채 등의 허가 및 동법 제90조제1항의 규정에 의한 입목벌채 등의 허가

㊴ 수도법중 다음과 같이 개정한다.
제31조제1항제8호를 다음과 같이 한다.

  8. 산지관리법 제14조·제15조의 규정에 의한 산지전용허가 및 산지전용신고와 산림법 제62조제1항·제90조제1항의 규정에 의한 입목벌채 등의 허가. 다만, 산림법에 의한 산림유전자원보호림·채종림 및 시험림의 경우를 제외한다.

㊵ 수산물품질관리법중 다음과 같이 개정한다.
제17조제2항제2호를 다음과 같이 한다.

| 산지관리법 | 산지관리법 시행령 | 산지관리법 시행규칙 |
|---|---|---|
| 2. 산지관리법 제14조·제15조의 규정에 의한 산지전용허가 및 산지전용신고와 산림법 제90조제1항의 규정에 의한 입목벌채 등의 허가·신고<br>㊶ 신항만건설촉진법중 다음과 같이 개정한다.<br>제9조제2항제11호를 다음과 같이 한다.<br>11. 산지관리법 제14조·제15조의 규정에 의한 산지전용허가 및 산지전용신고, 산림법 제57조의 규정에 의한 보안림지정의 해제, 동법 제62조제1항의 규정에 의한 보안림안에서의 입목벌채 등의 허가 및 동법 제90조제1항의 규정에 의한 입목벌채 등의 허가<br>㊷ 연안관리법중 다음과 같이 개정한다. | | |

| | | |
|---|---|---|
| 제18조제1항제5호를 다음과 같이 한다.<br>　5. 산지관리법 제14조・제15조의 규정에 의한 산지전용허가 및 산지전용신고, 산림법 제57조의 규정에 의한 보안림의 지정해제, 동법 제62조제1항・제90조제1항의 규정에 의한 입목벌채 등의 허가・신고<br>㊸ 옥외광고물등관리법중 다음과 같이 개정한다.<br>　제3조제1항제3호를 다음과 같이 한다.<br>　3. 산지관리법에 의한 보전산지<br>㊹ 유통단지개발촉진법중 다음과 같이 개정한다.<br>　제13조제1항제3호를 다음과 같이 한다.<br>　3. 산지관리법 제14조・제15조의 규정에 의한 산지전용허가 및 산지전용신고, 산림법 제62조제1 | | |

| 산지관리법 | 산지관리법 시행령 | 산지관리법 시행규칙 |
|---|---|---|
| 항의 규정에 의한 벌채 등의 허가, 동법 제73조의 규정에 의한 국유림안에서의 벌채승인 또는 동의 및 동법 제90조제1항의 규정에 의한 입목벌채 등의 허가 제38조중 "산림법"을 산지관리법"으로, "대체조림비"를 "대체산림자원조성비"로 한다.<br>㊺ 유통산업발전법중 다음과 같이 개정한다.<br>제18조제1항제2호를 다음과 같이 한다.<br>2. 산지관리법 제14조·제15조의 규정에 의한 산지전용허가 및 산지전용신고, 산림법 제62조제1항의 규정에 의한 벌채 등의 허가 및 동법 제73조의 규정에 의한 국유림안에서의 벌채승인 또는 동의 및 동법 제90조제1항의 규 | | |

정에 의한 입목벌채 등의 허가
㊻ 자연공원법중 다음과 같이 개정한다.

제21조제7호를 다음과 같이 한다.
7. 산지관리법 제14조·제15조의 규정에 의한 산지전용허가 및 산지전용신고, 산림법 제62조(제52조에서 준용하는 경우를 포함한다)·제90조제1항의 규정에 의한 입목벌채 등의 허가 및 동법 제73조제2항의 규정에 의한 입목·죽의 벌채 승인 또는 허가

㊼ 장사등에관한법률중 다음과 같이 개정한다.

제13조제5항중 "산림법 제90조의 규정에 의한 입목벌채등의 허가"를 "산지관리법 제14조·제15조의 규정에 의한 산지전용허가 및 산지전용신고와 산림법 제90조제1항의 규정에 의한 입목벌채 등의 허가"로 한다.

| 산지관리법 | 산지관리법 시행령 | 산지관리법 시행규칙 |
|---|---|---|
| ㊽ 전원개발에관한특례법중 다음과 같이 개정한다.<br>제6조제1항제11호를 다음과 같이 한다.<br>  11. 산지관리법 제14조·제15조의 규정에 의한 산지전용허가 및 산지전용신고, 산림법 제62조제1항·제90조제1항의 규정에 의한 입목벌채 등의 허가 및 동법 제75조의 규정에 의한 국유림의 대부 또는 사용의 허가<br>㊾ 전통사찰보존법중 다음과 같이 개정한다.<br>제6조제1항제4호중 "산림법 제17조의 규정에 의한 보전임지"를 "산지관리법 제5조의 규정에 의한 보전산지"로 하고, 동조제3항제4호를 다음과 같이 한다.<br>  4. 산지관리법 제14조·제15조의 |  |  |

규정에 의한 산지전용허가 및 산지전용신고와 산림법 제90조제1항의 규정에 의한 입목벌채 등의 허가

㊿ 접경지역지원법중 다음과 같이 개정한다.

제9조제1항제1호를 다음과 같이 한다.

1. 산지관리법 제14조·제15조의 규정에 의한 산지전용허가 및 산지전용신고와 산림법 제90조제1항의 규정에 의한 입목벌채 등의 허가·신고

㉛ 제주도개발특별법중 다음과 같이 개정한다.

제60조제1항제2호를 다음과 같이 한다

2. 산지관리법 제14조·제15조의 규정에 의한 산지전용허가 및 산지전용신고, 산림법 제57조의 규정에 의한 보안림의 지정해제,

| 산지관리법 | 산지관리법 시행령 | 산지관리법 시행규칙 |
| --- | --- | --- |
| 동법 제62조제1항의 규정에 의한 보안림구역안에서의 행위의 허가, 동법 제73조의 규정에 의한 국유림안에서의 벌채 승인 또는 동의 및 동법 제90조제1항의 규정에 의한 입목벌채 등의 허가<br>제66조중 "산림법"을 "산지관리법"으로, "대체조림비"를 "대체산림자원조성비"로 한다.<br>(52) 주택건설촉진법중 다음과 같이 개정한다.<br>제33조제4항제9호를 다음과 같이 한다.<br>9. 산지관리법 제14조·제15조의 규정에 의한 산지전용허가 및 산지전용신고와 산림법 제62조제1항·제90조제1항의 규정에 의한 허가. 다만, 산림법에 의한 산림유전자원보호림·채종림 및 | | |

| | | |
|---|---|---|
| 시험림의 경우를 제외한다.<br>㉝ 중소기업진흥 및제품구매촉진에 관한법률중 다음과 같이 개정한다.<br>제59조제1항제10호를 다음과 같이 한다.<br>  10. 산지관리법 제14조·제15조의 규정에 의한 산지전용허가 및 산지전용신고와 산림법 제62조제1항·제90조제1항의 규정에 의한 입목벌채 등의 허가<br>㉞ 중소기업창업지원법중 다음과 같이 개정한다.<br>제22조제1항제6호를 다음과 같이 한다.<br>  6. 산지관리법 제14조·제15조의 규정에 의한 산지전용허가 및 산지전용신고와 산림법 제90조제1항의 규정에 의한 입목벌채 등의 허가·신고 | | |

| 산지관리법 | 산지관리법 시행령 | 산지관리법 시행규칙 |
| --- | --- | --- |
| ㉞ 지방세법중 다음과 같이 개정한다.<br>제263조제2항중 "산림법에 의하여 지정된 보전임지"를 "산지관리법에 의하여 지정된 보전산지"로 한다.<br>㉟ 지방소도읍육성지원법중 다음과 같이 개정한다.<br>제9조제1항제2호를 다음과 같이 한다.<br>2. 산지관리법 제14조·제15조의 규정에 의한 산지전용허가 및 산지전용신고, 산림법 제62조제1항·제90조제1항의 규정에 의한 입목벌채 등의 허가 및 동법 제73조의 규정에 의한 불요존국유림과 산림청장이 관리하지 아니하는 국유림내의 입목·죽의 벌채 승인<br>㊱ 지역균형개발 및지방중소기업육 | | |

성에관한법률중 다음과 같이 개정한다.

제18조제1항제3호를 다음과 같이 한다.

3. 산지관리법 제14조 및 제15조의 규정에 의한 산지전용허가 및 산지전용신고, 산림법 제62조·제90조제1항의 규정에 의한 입목벌채 등의 허가 및 동법 제73조의 규정에 의한 불요존국유림과 산림청장이 관리하지 아니하는 국유림내의 입목·죽의 벌채 승인

㊽ 청소년기본법중 다음과 같이 개정한다.

제38조제1항제6호를 다음과 같이 한다.

6. 산지관리법 제14조·제15조의 규정에 의한 산지전용허가 및 산지전용신고와 산림법 제62조제1항의 규정에 의한 보안림구역

| 산지관리법 | 산지관리법 시행령 | 산지관리법 시행규칙 |
|---|---|---|
| 안에서의 행위의 허가<br>제45조제1항제10호를 다음과 같이<br>한다.<br>　10. 산지관리법 제14조·제15조<br>　　의 규정에 의한 산지전용허가 및<br>　　산지전용신고, 산림법 제62조제<br>　　1항의 규정에 의한 보안림구역<br>　　안에서의 행위의 허가 및 동법 제<br>　　90조제1항의 규정에 의한 입목<br>　　벌채 등의 허가<br>㉟ 체육시설의설치·이용에관한법<br>　률중 다음과 같이 개정한다.<br>제31조제1항제2호를 다음과 같이<br>한다.<br>　2. 산지관리법 제14조·제15조의<br>　　규정에 의한 산지전용허가 및 산<br>　　지전용신고, 산림법 제90조제1<br>　　항의 규정에 의한 입목벌채 등의<br>　　허가. 다만, 사업계획 구역내 형 | | |

질변경을 하지 아니하고 보전하는 산지의 경우에는 그러하지 아니하다.

⑳ 초지법중 다음과 같이 개정한다.
제3조제2항중 "산림법에 의한 보전임지"를 "산지관리법에 의한 보전산지"로 한다.
제20조제3호를 다음과 같이 한다.
3. 산지관리법 제14조·제15조의 규정에 의한 산지전용허가 및 산지전용신고(국유림의 효율적 관리를 위하여 그 입지·임상 및 면적 등을 고려하여 대통령령이 정하는 국유림을 제외한다), 산림법 제8조의 규정에 의한 영림계획변경의 인가, 제62조제1항(제52조에서 준용하는 경우를 포함한다) 및 제90조제1항의 규정에 의한 입목벌채 등의 허가

㉑ 택지개발촉진법중 다음과 같이 개정한다.

| 산지관리법 | 산지관리법 시행령 | 산지관리법 시행규칙 |
|---|---|---|
| 제11조제1항제12호를 다음과 같이 한다.<br>12. 산지관리법 제14조·제15조의 규정에 의한 산지전용허가 및 산지전용신고와 산림법 제62조제1항·제90조제1항의 규정에 의한 입목벌채 등의 허가·신고<br>㉢ 폐광지역개발지원에관한특별법 중 다음과 같이 개정한다.<br>제10조 제목중 "산림법"을 "산지관리법 등"으로 하고, 동조제1항중 "산림법 제18조제4항의 규정에 의한 보전임지의 전용에 관한 허가 또는 협의의 범위 및 기준"을 "산지관리법 제18조제1항의 규정에 의한 산지전용허가기준"으로 하며, 동조제2항중 "보전임지의 전용허가"를 "보전산지의 산지전용허가"로 한다. | | |

제12조제1항제1호중 "동법 제90조의2의 규정에 의한 채석허가"를 "산지관리법 제25조의 규정에 의한 채석허가"로 한다.

㉓ 폐기물처리시설설치촉진 및주변지역지원등에관한법률중 다음과 같이 개정한다.

제12조제1항제12호를 다음과 같이 한다.

12. 산지관리법 제14조·제15조의 규정에 의한 산지전용허가 및 산지전용신고와 산림법 제62조제1항·제90조제1항의 규정에 의한 입목벌채 등의 허가

㉔ 하수도법중 다음과 같이 개정한다.

제13조의2제1항제8호를 다음과 같이 한다.

8. 산지관리법 제14조·제15조의 규정에 의한 산지전용허가 및 산지전용신고와 산림법 제90조제

| 산지관리법 | 산지관리법 시행령 | 산지관리법 시행규칙 |
|---|---|---|
| 1항의 규정에 의한 입목벌채 등의 허가. 다만, 산림법에 의한 산림유전자원보호림·채종림·보안림 및 시험림의 경우를 제외한다<br>⑥⑤ 하천법중 다음과 같이 개정한다.<br>제32조제1항제13호를 다음과 같이 한다.<br>13. 산지관리법 제14조·제15조의 규정에 의한 산지전용허가 및 산지전용신고, 동법 제25조의 규정에 의한 채석허가, 산림법 제57조의 규정에 의한 보안림의 지정해제, 동법 제62조제1항의 규정에 의한 보안림안에서의 입목벌채 등의 허가 및 동법 제90조제1항의 규정에 의한 입목벌채 등의 허가<br>⑥⑥ 학교시설사업촉진법중 다음과 같 | | |

이 개정한다.

제5조제9호를 다음과 같이 한다.

 9. 산지관리법 제14조·제15조의 규정에 의한 산지전용허가 및 산지전용신고, 산림법 제57조의 규정에 의한 보안림의 지정해제, 동법 제62조제1항의 규정에 의한 보안림안에서의 벌채 등의 허가 및 동법 제90조제1항의 규정에 의한 입목벌채 등의 허가·신고

㊿ 한강수계상수원수질개선 및주민지원등에관한법률중 다음과 같이 개정한다.

제15조제1항제11호를 다음과 같이 한다.

 11. 산지관리법 제14조·제15의 규정에 의한 산지전용허가 및 산지전용신고, 동법 제25조의 규정에 의한 채석허가, 산림법 제57조의 규정에 의한 보안림의 지

| 산지관리법 | 산지관리법 시행령 | 산지관리법 시행규칙 |
|---|---|---|
| 정해제 및 동법 제62조제1항·제90조제1항의 규정에 의한 입목벌채 등의 허가<br>⑱ 한국가스공사법중 다음과 같이 개정한다.<br>제16조의3제13호를 다음과 같이 한다.<br>13. 산지관리법 제14조·제15조의 규정에 의한 산지전용허가 및 산지전용신고, 산림법 제62조제1항 의 규정에 의한 보안림구역안에서의 행위허가 및 동법 제90조제1항의 규정에 의한 입목벌채 등의 허가<br>⑲ 한국수자원공사법중 다음과 같이 개정한다.<br>제18조제1항제10호를 다음과 같이 한다.<br>10. 산지관리법 제14조·제15조 | | |

의 규정에 의한 산지전용허가 및 산지전용신고, 동법 제25조의 규정에 의한 채석허가, 산림법 제57조의 규정에 의한 보안림의 지정해제 및 동법 제62조제1항·제90조제1항의 규정에 의한 입목벌채 등의 허가

⑦⓪ 한국토지공사법중 다음과 같이 개정한다.

제19조제1항제11호를 다음과 같이 한다.

11. 산지관리법 제14조·제15조의 규정에 의한 산지전용허가 및 산지전용신고와 산림법 제62조제1항·제90조제1항의 규정에 의한 입목벌채 등의 허가

⑦① 항공법중 다음과 같이 개정한다.
제96조제1항제12호를 다음과 같이 한다.

12. 산지관리법 제14조·제15조의 규정에 의한 산지전용허가 및

| 산지관리법 | 산지관리법 시행령 | 산지관리법 시행규칙 |
|---|---|---|
| 산지전용신고, 산림법 제62조제1항의 규정에 의한 보안림구역 안에서의 입목벌채 등의 허가 및 동법 제90조제1항의 규정에 의한 입목벌채 등의 허가<br>⑫ 항만법중 다음과 같이 개정한다.<br>제11조제1항제9호를 다음과 같이 한다.<br>　9. 산지관리법 제14조·제15조의 규정에 의한 산지전용허가 및 산지전용신고, 산림법 제62조제1항의 규정에 의한 보안림안에서의 벌채 등의 허가 및 동법 제90조제1항의 규정에 의한 입목벌채 등의 허가<br>⑬ 화물유통촉진법중 다음과 같이 개정한다.<br>제37조제1항제8호를 다음과 같이 한다. | | |

8. 산지관리법 제14조·제15조의 규정에 의한 산지전용허가 및 산지전용신고, 산림법 제62조제1항의 규정에 의한 보안림안에서의 행위허가 및 동법 제90조제1항의 규정에 의한 입목벌채 등의 허가

㉔ 경제자유구역의지정 및 운영에관한법률중 다음과 같이 개정한다.

제11조제1항제2호중 "산림법 제18조의 규정에 의한 보전임지의 전용허가, 동법"을 "산지관리법 제14조·제15조의 규정에 의한 산지전용허가 및 산지전용신고, 산림법"으로, "제90조"를 "제90조제1항"으로 한다.

제15조제2항중 "산림법"을 "산지관리법"으로, "대체조림비"를 "대체산림자원조성비"로 한다.

제27조제1항제14호중 "제90조·제90의2·제90조의6"을 "제90조,

| 산지관리법 | 산지관리법 시행령 | 산지관리법 시행규칙 |
|---|---|---|

산지관리법 제14조·제15조·제25조 및 제32조"로, "산림형질변경"을 "산지전용"으로 한다.

**제12조(다른 법률과의 관계)** 이 법 시행 당시 다른 법률에서 종전의 산림법 및 그 규정을 인용하고 있는 경우 이 법중 그에 해당하는 규정이 있는 때에는 종전의 규정에 갈음하여 이 법 또는 이 법의 해당 규정을 인용한 것으로 본다.

## 부 칙
### <법률 제7167호, 2004.2.9>
(야생동·식물보호법)

**제1조(시행일)** 이 법은 공포후 1년이 경과한 날부터 시행한다.

**제2조 내지 제28조** 생략

**제29조(다른 법률의 개정)** ① 내지 ⑦생략
⑧ 산지관리법중 다음과 같이 개정한다.
제4조제1항 나목(4)를 다음과 같이 한다.

## 부 칙
### <대통령령 제18213호, 2004.1.9>
(산림청과그소속기관직제)

**제1조(시행일)** 이 영은 공포한 날부터 시행한다.

**제2조(다른 법령의 개정)** ① 생략
② 산지관리법시행령중 다음과 같이 개정한다.
제34조제1항제1호를 다음과 같이 한다.

## 부 칙
### <농림부령 제1452호, 2004.1.13>
(산림청과그소속기관직제시행규칙)

**제1조(시행일)** 이 규칙은 공포한 날부터 시행한다.

**제2조(다른 법령의 개정)** ① 생략
② 산지관리법시행규칙중 다음과 같이 개정한다.
제18조제2항, 제34조 각호외의 부분, 제35조제1항, 동조제4항 단서 및 제

(4) 야생동·식물보호법 제27조의 규정에 의한 야생동·식물특별보호구역 및 동법 제33조의 규정에 의한 시·도야생동·식물보호구역 및 야생동·식물보호구역의 산지

⑨ 내지 ⑮생략

**제30조** 생략

부 칙
<법률 제7284호, 2004.12.31>
(신에너지 및 재생에너지개발·이용·보급촉진법)

**제1조(시행일)** 이 법은 공포후 6월이 경과한 날부터 시행한다.

1. 국립산림과학원
제52조제1항 각호외의 부분 단서·동조제3항 각호외의 부분 단서·동조제4항 각호외의 부분 단서·동조제6항·동조제7항 각호외의 부분 및 동조제8항중 "임업연구원장"을 각각 "국립산림과학원장"으로 한다.

③ 내지 ⑧ 생략

**제3조** 생략

부 칙
<대통령령 제18312호, 2004.3.17>
(전자적민원처리를 위한 가석방자관리규정등 중개정령)

이 영은 공포한 날부터 시행한다.

부 칙
<대통령령 제18457호, 2004.6.29>
(전원개발촉진법시행령)

**제1조(시행일)** 이 영은 2004년 7월 1일부터 시행한다. <단서 생략>

5항, 제36조제1항 각호외의 부분 및 제2항·제3항, 제37조제1항 단서 및 제2항 전단, 제38조제1항·제2항 및 동조제3항 전단, 제40조제1항 및 동조제3항 각호외의 부분, 제41조제1항 각호외의 부분 및 제2항, 제42조제2항 전단, 동조제3항 내지 제5항 및 동조제6항 전단, 제43조제1항, 제44조제2항·제4항 및 제5항 전단, 제45조제1항 각호외의 부분 본문 및 제2항 각호외의 부분중 "임업연구원장"을 각각 "국립산림과학원장"으로 한다.

별지 제3호서식 앞쪽, 별지 제4호서식 앞쪽, 별지 제5호서식 앞쪽, 별지 제8호서식 앞쪽, 별지 제10호서식 앞쪽, 별지 제12호서식 앞쪽, 별지 제13호서식 앞쪽, 별지 제15호서식, 별지 제31호서식 제1쪽, 별지 제35호서식 앞쪽, 별지 제36호서식, 별지 제37호서식 앞쪽, 별지 제38호서식, 별

| 산지관리법 | 산지관리법 시행령 | 산지관리법 시행규칙 |
|---|---|---|
| **제2조 및 제3조** 생략<br>**제4조(다른 법률의 개정)** ① 및 ② 생략<br>③ 산지관리법중 다음과 같이 개정한다.<br>제10조제7호중 "대체에너지개발 및 이용·보급촉진법에 의한 대체에너지"를 "신에너지 및재생에너지개발·이용·보급촉진법에 의한 신·재생에너지"로 한다.<br>④ 내지 ⑧ 생략<br>**제5조** 생략<br><br>**부 칙**<br>**〈법률 제7297호, 2004.12.31〉**<br>**(자연환경보전법)**<br>**제1조(시행일)** 이 법은 공포후 1년이 경과한 날부터 시행한다.<br>**제2조 내지 제7조** 생략<br>**제8조(다른 법률의 개정)** ① 생략<br>② 산지관리법중 다음과 같이 개정한다. | **제2조** 생략<br>**제3조(다른 법령의 개정)** ① 내지 ⑥ 생략<br>⑦ 산지관리법시행령중 다음과 같이 개정한다.<br>제44조제2항제2호 가목중 "전원개발에관한특례법"을 "전원개발촉진법"으로 한다.<br>별표1 제3호중 "전원개발에관한특례법"을 "전원개발촉진법"으로 한다.<br>⑧ 내지 ⑮ 생략<br>**제4조** 생략 | 지 제39호서식 앞쪽, 별지 제40호서식 앞쪽, 별지 제41호서식 앞쪽, 별지 제42호서식 앞쪽 및 별지 제45호서식 뒤쪽중 "임업연구원장"을 각각 "국립산림과학원장"으로 한다.<br>별지 제3호서식 뒤쪽, 별지 제4호서식 뒤쪽, 별지 제8호서식 뒤쪽, 별지 제10호서식 뒤쪽, 별지 제12호서식 뒤쪽, 별지 제13호서식 뒤쪽, 별지 제31호서식 제3쪽, 별지 제35호서식 뒤쪽, 별지 제37호서식 뒤쪽, 별지 제39호서식 뒤쪽, 별지 제40호서식 뒤쪽, 별지 제41호서식 뒤쪽 및 별지 제42호서식 뒤쪽중 "임업연구원"을 각각 "국립산림과학원"으로 한다.<br>③ 내지 ⑥ 생략 |

제4조제1항제1호 나목(10)중 "생태계보전지역"을 "생태·경관보전지역"으로 한다.

③ 내지 ⑥ 생략

**제9조** 생략

부 칙
<법률 제7335호, 2005.1.14>
(부동산가격공시 및감정평가에관한법률)

**제1조(시행일)** 이 법은 공포한 날부터 시행한다.

**제2조 내지 제10조** 생략

**제11조(다른 법률의 개정)** ① 내지 ⑧생략

⑨ 산지관리법중 다음과 같이 개정한다.
제13조제2항 전단중 "지가공시 및토지등의평가에관한법률"을 "부동산가격공시 및감정평가에관한법률"로, "동법 제10조의 규정에 의하여"를 "동법 제9조의 규정에 의하여"로 한다.

⑩ 내지 ㉔ 생략

**제12조** 생략

부 칙
<대통령령 제18740호, 2005.3.18>
(청소년활동진흥법 시행령)

**제1조(시행일)** 이 영은 공포한 날부터 시행한다.

**제2조 및 제3조** 생략

**제4조(다른 법령의 개정)** ① 내지 ⑦ 생략

⑧ 산지관리법시행령 일부를 다음과 같이 개정한다.
제12조제8항제3호중 "청소년기본법 제3조제5호"를 "「청소년활동진흥법」 제10조제1호"로 한다.
별표 1의 제3호중 "청소년기본법 제3조제6호"를 "「청소년활동진흥법 시행령」 제47조제1항"으로 한다.

| 산지관리법 | 산지관리법 시행령 | 산지관리법 시행규칙 |
|---|---|---|
| | 별표 5의 제4호 나목 대상시설란 (8) 중 "청소년기본법 제3조제5호"를 "「청소년활동진흥법」 제10조제1호"로 한다.<br>⑨ 내지 ⑫생략<br>제5조 생략<br><br>**부　칙**<br>〈대통령령 제18911호, 2005.6.30〉<br>**(근로자직업능력 개발법 시행령)**<br>**제1조(시행일)** 이 영은 2005년 7월 1일부터 시행한다.<br>**제2조 내지 제4조** 생략<br>**제5조(다른 법령의 개정)** ① 내지 ⑧ 생략<br>⑨ 산지관리법시행령 일부를 다음과 같이 개정한다.<br>제12조제8항제5호중 "근로자직업훈련촉진법 제15조제1항"을 "「근로자직업능력 개발법」 제27조제1항" | |

으로 한다.

⑩ 내지 ⑰ 생략

제6조 생략

부 칙
<대통령령 제18931호, 2005.6.30>
(철도건설법 시행령)

제1조 (시행일) 이 영은 2005년 7월 1일부터 시행한다.

제2조 및 제3조 생략

제4조(다른 법령의 개정) ① 내지 ③ 생략
④ 산지관리법시행령 일부를 다음과 같이 개정한다.
　제44조제2항제2호 가목중 "공공철도건설촉진법"을 "「철도건설법」"으로 한다.
⑤ 내지 ⑧ 생략

부 칙
<대통령령 제18932호, 2005.6.30>
(철도사업법 시행령)

| 산지관리법 | 산지관리법 시행령 | 산지관리법 시행규칙 |
|---|---|---|
| | **제1조(시행일)** 이 영은 2005년 7월 1일부터 시행한다.<br>**제2조 내지 제4조** 생략<br>**제5조(다른 법령의 개정)** ① 내지 ⑤ 생략<br>⑥ 산지관리법시행령 일부를 다음과 같이 개정한다.<br>별표 5 제1호 라목중 "철도법 제2조제1항"을 "「철도사업법」 제2조제1호"로 한다.<br>⑦ 내지 ⑪생략 | |
| **부 칙**<br>〈법률 제7677호, 2005.8.4〉<br>(국유림의 경영 및 관리에 관한 법률)<br>**제1조(시행일)** 이 법은 공포 후 1년이 경과한 날부터 시행한다.<br>**제2조 내지 제6조** 생략<br>**제7조(다른 법률의 개정)** ① 생략<br>② 산지관리법 일부를 다음과 같이 개정 | **부 칙**<br>〈대통령령 제18994호, 2005.8.5〉<br>**제1조(시행일)** 이 영은 공포한 날부터 시행한다.<br>**제2조(채석허가기준에 관한 적용례)** 별표 8 제5호 및 동표 비고 제1호의 개정규정은 이 영 시행후 채석허가를 신청하는 것부터 적용한다. | **부 칙**<br>〈농림부령 제1505호, 2005.8.24〉<br>① (시행일) 이 규칙은 공포한 날부터 시행한다.<br>② (허가 등의 신청에 관한 경과조치) 이 규칙 시행당시 다음 각 호의 어느 하나에 해당하는 허가·신고 등이 신청되거나 접수된 것에 대하여는 종전의 규 |

한다.

제25조제5항제3호중 "산림법 제72조제1항 본문의 규정에 의하여 산림청장이 관리·처분"을 "「국유림의 경영 및 관리에 관한 법률」제4조제1항 본문의 규정에 의하여 산림청장이 경영관리"로 한다.

③ 내지 ⑥ 생략

제8조 생략

## 부 칙
<법률 제7678호, 2005.8.4>
(산림자원의 조성 및 관리에 관한 법률)

**제1조(시행일)** 이 법은 공포 후 1년이 경과한 날부터 시행한다.

**제2조 내지 제10조** 생략

**제11조 (다른 법률의 개정)** ① 내지 ㉜ 생략

㉝ 산지관리법 일부를 다음과 같이 개정한다.

제4조제1항제1호 가목(1)을 다음과

**제3조(허가 등의 신청에 관한 경과조치)** 이 영 시행당시 다음 각 호의 어느 하나에 해당하는 허가·신고·협의 등이 신청되거나 접수된 것에 대하여는 종전의 규정에 의한다.

1. 법 제8조의 규정에 의한 지역·지구·구역 등의 지정 등에 관한 협의
2. 법 제14조의 규정에 의한 산지전용허가
3. 법 제15조의 규정에 의한 산지전용신고
4. 법 제21조의 규정에 의한 용도변경승인
5. 법 제25조의 규정에 의한 채석허가
6. 법 제27조의 규정에 의한 석재의 매매계약 및 채석허가
7. 법 제32조의 규정에 의한 토사채취허가 또는 토사채취신고
8. 법 제35조의 규정에 의한 석재 및 토사의 매각 또는 무상양여

정에 의한다.

1. 법 제14조의 규정에 의한 산지전용허가
2. 법 제15조의 규정에 의한 산지전용신고
3. 법 제25조의 규정에 의한 채석허가
4. 법 제29조의 규정에 의한 채석단지의 지정
5. 법 제30조의 규정에 의한 채석신고
6. 법 제32조의 규정에 의한 토사채취허가 또는 토사채취신고

| 산지관리법 | 산지관리법 시행령 | 산지관리법 시행규칙 |
|---|---|---|
| 같이 한다.<br>(1) 「산림자원의 조성 및 관리에 관한 법률」에 의한 채종림(採種林) 및 시험림의 산지, 「국유림의 경영 및 관리에 관한 법률」에 의한 요존 국유림(要存國有林)<br>제4조제1항제1호 나목(1)중 "산림법"을 "「산림자원의 조성 및 관리에 관한 법률」"로, "자연휴양림"을 "「산림문화·휴양에 관한 법률」에 의한 자연휴양림"으로 한다.<br>㉞ 내지 ㉧ 생략<br>**제12조** 생략 | **제4조(채석경제성의 평가전문조사기관에 관한 경과조치)** 이 영 시행당시 종전의 규정에 의하여 응용이학분야의 엔지니어링활동주체 또는 기술사 사무소에서 실시중인 채석경제성의 평가는 제34조제1항제3호 및 제5호의 개정규정에 불구하고 이 영에 의한 채석경제성의 평가전문조사기관에 의하여 평가된 것으로 본다.<br>**제5조(과태료에 관한 경과조치)** 이 영 시행전의 행위에 대한 과태료의 적용에 있어서는 종전의 규정에 의한다.<br><br>부 칙<br>〈대통령령 제19292호, 2006.1.26〉<br>(산림청과 그 소속기관 직제)<br>**제1조(시행일)** 이 영은 공포한 날부터 시행한다.<br>**제2조(다른 법령의 개정)** ① 내지 ③ 생략 | <br><br><br><br><br><br><br><br><br><br><br>부 칙<br>〈농림부령 제1514호, 2006.1.26〉<br>(산림청과 그 소속기관 직제 시행규칙)<br>**제1조(시행일)** 이 규칙은 공포한 날부터 시행한다.<br>**제2조(다른 법령의 개정)** ① 내지 ③생략 |

| | ④ 산지관리법 시행령 일부를 다음과 같이 개정한다.<br><br>제7조제3항 및 제4항중 "지방산림관리청장"을 각각 "지방산림청장"으로 하고, 동조제3항중 "지방산림관리청국유림관리소장"을 "지방산림청국유림관리소장"으로 하며, 제9조제4항·제52조제1항·제3항 및 제8항중 "지방산림관리청장"을 각각 "지방산림청장"으로 한다.<br><br>⑤ 내지 ⑦ 생략<br><br>**제3조** 생략 | ④ 산지관리법 시행규칙 일부를 다음과 같이 개정한다.<br><br>제2조제2항중 "지방산림관리청국유림관리소장"을 "지방산림청국유림관리소장"으로 하고, 동조제5항중 "지방산림관리청장"을 "지방산림청장"으로 하며, 제10조제4항, 제18조제2항, 제34조 각 호 외의 부분 본문 및 제35조제1항·동조제4항 단서 및 동조제5항 중 "지방산림관리청장"을 각각 "지방산림청장"으로 한다.<br><br>별지 제1호서식중 "지방산림관리청"을 "지방산림청"으로 하고, 별지 제3호서식 앞쪽, 별지 제4호서식 앞쪽, 별지 제5호서식 앞쪽, 별지 제8호서식 앞쪽, 별지 제10호서식 앞쪽, 별지 제12호서식 앞쪽, 별지 제13호서식 앞쪽, 별지 제15호서식, 별지 제35호서식 앞쪽 및 별지 제45호서식 뒤쪽중 "지방산림관리청장, 지방산림관리청국유림관리소장"을 각각 " |
|---|---|---|

| 산지관리법 | 산지관리법 시행령 | 산지관리법 시행규칙 |
|---|---|---|
| | | 지방산림청장, 지방산림청국유림관리소장"으로 한다.<br>별지 제3호서식 뒤쪽, 별지 제4호서식 뒤쪽, 별지 제8호서식 뒤쪽, 별지 제10호서식 뒤쪽, 별지 제12호서식 뒤쪽, 별지 제13호서식 뒤쪽, 별지 제31호서식 제3쪽 및 별지 제35호서식 뒤쪽중 "지방산림관리청, 지방산림관리청국유림관리소"를 각각 "지방산림청, 지방산림청국유림관리소"로 하고, 별지 제31호서식 제1쪽중 "지방산림관리청장·지방산림관리청국유림관리소장"을 "지방산림청장·지방산림청국유림관리소장"으로 한다.<br>별지 제7호서식 앞쪽, 별지 제9호서식 앞쪽, 별지 제36호서식, 별지 제37호서식 앞쪽, 별지 제38호서식, 별지 제39호서식 앞쪽, 별지 제40호서식 앞쪽, 별지 제41호서식 앞쪽 및 별지 |

| | | |
|---|---|---|
| | 부 칙<br><대통령령 제19373호, 2006.3.8><br>(지역균형개발 및 지방중소기업 육성에 관한 법률)<br><br>**제1조(시행일)** 이 영은 2006년 3월 9일부터 시행한다. <단서 생략><br>**제2조 내지 제4조** 생략<br>**제5조(다른 법령의 개정)** ① 내지 ③ 생략<br>④ 산지관리법 시행령 일부를 다음과 같 | 제42호서식 앞쪽중 "지방산림관리청 국유림관리소장"을 각각 "지방산림청국유림관리소장"으로 한다.<br>별지 제7호서식 뒤쪽, 별지 제9호서식 뒤쪽, 별지 제37호서식 뒤쪽, 별지 제39호서식 뒤쪽, 별지 제40호서식 뒤쪽, 별지 제41호서식 뒤쪽 및 별지 제42호서식 뒤쪽중 "지방산림관리청국유림관리소"를 각각 "지방산림청국유림관리소"로 한다.<br>⑤ 내지 ⑦ 생략<br><br>부 칙<br><농림부령 제1521호, 2006.4.3><br>이 규칙은 공포한 날부터 시행한다. |

| 산지관리법 | 산지관리법 시행령 | 산지관리법 시행규칙 |
|---|---|---|
| | 이 개정한다.<br>별표 1 제3호의 협의대상지역등란중 "동법 제34조의 규정에 의한 복합단지의 실시계획승인"을 "동법 제38조의5에 따른 지역종합개발사업 실시계획의 승인"으로 한다.<br>⑤ 내지 ⑩ 생략<br><br> 부 칙<br>〈대통령령 제19563호, 2006.6.29〉<br>(제주특별자치도 설치 및 국제자유도시 조성을 위한 특별법 시행령) <br>**제1조(시행일)** 이 영은 2006년 7월 1일부터 시행한다.<br>**제2조 내지 제6조** 생략<br>**제7조(다른 법령의 개정)** ① 내지 ㉕ 생략<br>㉖ 산지관리법 시행령 일부를 다음과 같이 개정한다.<br>별표 5 제2호 아목을 다음과 같이 한다. | 부 칙<br>〈농림부령 제1529호, 2006.6.30〉<br>(행정정보의 공동이용 및 문서감축을 위한 「국유임산물매각규칙」 등 일부개정령) <br>이 규칙은 공포한 날부터 시행한다. |

| | |
|---|---|
| 아. 「제주특별자치도 설치 및 국제자유도시 조성을 위한 특별법」 제217조에 따라 지정된 제주투자진흥지구 안에서 동법 시행령 제36조제1항 각 호의 어느 하나에 해당하는 사업을 영위하기 위하여 설치하는 시설 및 동법 제229조에 따라 시행승인을 얻은 개발사업 중 「체육시설의 설치·이용에 관한 법률」 제10조제1항제1호에 따른 골프장업의 시설 | 50 | 50 |

㉗ 내지 ㉜ 생략

**제8조** 생략

| | |
|---|---|
| 부 칙<br><대통령령 제19639호, 2006.8.4><br>(산림자원의 조성 및 관리에 관한<br>법률 시행령)<br>**제1조(시행일)** 이 영은 2006년 8월 5일부터 시행한다.<br>**제2조 내지 제4조** 생략 | 부 칙<br><농림부령 제1534호, 2006.8.4><br>(산림자원의 조성 및 관리에 관한 법률<br>시행규칙)<br>**제1조(시행일)** 이 규칙은 2006년 8월 5일부터 시행한다.<br>**제2조 내지 제4조** 생략 |

| 산지관리법 | 산지관리법 시행령 | 산지관리법 시행규칙 |
|---|---|---|
| | **제5조(다른 법령의 개정)** ① 내지 ⑯생략 ⑰ 산지관리법 시행령 일부를 다음과 같이 개정한다. 제4조제1항제3호중 "「산림법」 제71조제1항제1호"를 "「국유림의 경영 및 관리에 관한 법률」 제16조제1항제1호"로 한다. 제10조제2항제3호중 "「산림법」 제67조제1항"을 "「산림자원의 조성 및 관리에 관한 법률」 제47조제1항"으로 한다. 제12조제11항제11호중 "「산림법」 제3조"를 "「산림자원의 조성 및 관리에 관한 법률」 제4조"로 한다. 제14조제1항중 "「산림법」"을 "「산림자원의 조성 및 관리에 관한 법률」 및 「산림문화·휴양에 관한 법률」"로 한다. 제36조제6호중 "「산림법」 제31조 | **제5조(다른 법령의 개정)** 산지관리법 시행규칙 일부를 다음과 같이 개정한다. 제24조제1항제10호중 "「산림법 시행규칙」 제9조의19의 규정에 의한 임도의 설계·시설기준"을 "「산림자원의 조성 및 관리에 관한 법률 시행규칙」 제3조제2항에 따른 임도의 설계·시설기준"으로 한다. 제31조제1항제9호중 "「산림법 시행규칙」 제9조의19의 규정에 의한 임도의 설계·시설기준"을 "「산림자원의 조성 및 관리에 관한 법률 시행규칙」 제3조제2항에 따른 임도의 설계·시설기준"으로 한다. 별표 3 제1호의 첨부서류란(다)중 "「산림법 시행규칙」 제9조의19의 규정에 의한 임도의 설계·시설기준"을 "「산림자원의 조성 및 관리에 관한 법률 시행규칙」 제3조제2항에 따른 |

| | | |
|---|---|---|
| | 제1항, 동법 제49조제1항, 동법 제56조제1항, 동법 제67조제1항 및 동법 제71조제1항제1호"를 "「산림문화·휴양에 관한 법률」 제13조제1항, 「국유림의 경영 및 관리에 관한 법률」 제16조제1항제1호, 「산림자원의 조성 및 관리에 관한 법률」 제19조제1항·제43조제1항 및 제47조제1항"으로, 동조제8호중 "「산림법」 제49조제1항"을, "「산림자원의 조성 및 관리에 관한 법률」 제19조제1항"으로 한다.<br>제50조제1항제1호 본문중 "산림법 제2조제7호의 규정에 의한 산림토목기술자"를 "「산림자원의 조성 및 관리에 관한 법률」 제30조에 따른 산림공학기술자"로 한다.<br>별표 3 제11호의 설치조건란(2)중 "「산림법」 제90조의 규정에 의한 허가를 받거나 신고를 하여 간벌한 경우"를 "「산림자원의 조성 및 관리에 | 임도의 설계·시설기준"으로 한다.<br>**제6조** 생략 |

| 산지관리법 | 산지관리법 시행령 | 산지관리법 시행규칙 |
|---|---|---|
|  | 관한 법률」 제36조제1항·제4항에 따른 허가를 받거나 신고를 하여 간벌한 경우"로 한다.<br>별표 4 제3호의 세부기준란중 "「산림법」 제49조의 규정에 따라 지정된 수형목(秀型木) 및 동법 제67조의 규정에 따라 지정된 보호수"를 "「산림자원의 조성 및 관리에 관한 법률」 제19조제1항에 따라 지정된 수형목(秀型木) 및 동법제47조제1항에 따라 지정된 보호수"로 한다.<br>별표 8 비고의 제3호 가목중 "「산림법」 제31조제1항, 동법 제49조제1항, 동법 제56조제1항 및 동법 제67조제1항의 규정에 의한 자연휴양림·채종림·보안림·시험림"을, "「산림문화·휴양에 관한 법률」 제13조제1항에 따른 자연휴양림, 「산림자원의 조성 및 관리에 관한 법 |  |

률」 제19조제1항에 따른 채종림, 동법 제43조제1항에 따른 보안림, 동법 제47조제1항에 따른 시험림"으로 한다.

⑱ 내지 ㉟ 생략

**제6조** 생략

부 칙<br>〈법률 제8283호, 2007.1.26〉

**제1조(시행일)** 이 법은 공포 후 6개월이 경과한 날부터 시행한다.

**제2조(구역 등의 지정 등에 관한 적용례)** 제8조의 개정규정은 이 법 시행 후 최초로 산림청장에게 협의를 신청하는 것부터 적용한다.

**제3조(보전산지 안에서의 행위제한 및 적용특례에 관한 적용례)** 제12조의 개정규정은 이 법 시행 후 최초로 산지전용을 신청하는 것부터 적용한다.

**제4조(산지전용허가 및 산지전용신고에 관한 적용례)** 제14조 및 제15조의 개

부 칙<br>〈농림부령 제1545호, 2007.1.10〉

① **(시행일)** 이 규칙은 공포한 날부터 시행한다.

② **(산지전용허가기준에 관한 적용례)** 제18조의 개정규정은 이 규칙 시행 후 최초로 산지전용허가를 신청하는 것부터 적용한다.

| 산지관리법 | 산지관리법 시행령 | 산지관리법 시행규칙 |
|---|---|---|
| 정규정은 이 법 시행 후 최초로 산지전용허가를 신청하거나 산지전용을 신고하는 것부터 적용한다.<br><br>**제5조(대체산림자원조성비의 환급에 관한 적용례)** 제19조 및 제19조의2의 개정규정은 이 법 시행 후 최초로 제19조 제1항 각 호의 규정에 따른 산지전용 허가·신고 또는 행정처분을 신청하는 것부터 적용한다.<br><br>**제6조(용도변경 승인 등에 관한 적용례)** 제21조의 개정규정은 이 법 시행 후 최초로 산지전용허가를 신청하거나 산지전용을 신고하는 것부터 적용한다.<br><br>**제7조(산지의 지목변경 제한에 관한 적용례)** 제21조의2의 개정규정은 이 법 시행 후 최초로 산지전용허가를 신청하거나 산지전용을 신고하는 것부터 적용한다. | | |

제8조(토석채취허가 등에 관한 적용례) 제25조, 제25조의2 내지 제25조의4, 제26조 내지 제29조, 제31조 내지 제34조의 개정규정은 이 법 시행 후 최초로 토석채취허가를 신청하거나 토사채취를 신고하는 것부터 적용한다.

제9조(국유림의 산지 안의 토석의 매각 등에 관한 적용례) 제35조의 개정규정은 이 법 시행 후 최초로 국유림의 산지 안의 토석매각 또는 무상양여를 신청하는 것부터 적용한다.

제10조(벌칙 및 과태료에 관한 경과조치) 이 법 시행 전의 행위에 대한 벌칙 및 과태료의 적용에서는 종전의 규정에 따른다.

제11조(다른 법률의 개정) ① 경제자유구역의지정 및운영에관한법률 일부를 다음과 같이 개정한다.

제27조제1항제14호 중 "산지관리법 제14조·제15조·제25조 및 제32조의 규정에 의한 산지전용·채석

| 산지관리법 | 산지관리법 시행령 | 산지관리법 시행규칙 |
|---|---|---|
| 및 토사채취 허가 등"을 " 「산지관리법」 제14조·제15조 및 제25조의 규정에 따른 산지전용·토석채취허가 등"으로 한다.<br>② 국토의 계획 및 이용에 관한 법률 일부를 다음과 같이 개정한다.<br>제61조제1항제10호 및 제92조제1항제13호 중 "동법 제25조의 규정에 의한 채석허가, 동법 제32조의 규정에 의한 토사채취허가·신고"를 각각 "동법 제25조제1항의 규정에 따른 토석채취허가, 동법 제25조제2항의 규정에 따른 토사채취신고"로 한다.<br>③ 기업도시개발특별법 일부를 다음과 같이 개정한다.<br>제13조제1항제18호 중 "채석허가 및 동법 제32조의 규정에 의한 토사채취허가"를 "토석채취허가"로 한다.<br>④ 농어촌정비법 일부를 다음과 같이 개 | | |

정한다. <개정 2007.4.11>

　제92조제1항제4호 중 "제32조에 따른 토사채취허가"를 "제25조에 따른 토석채취허가(토사에 한한다)"로 한다.

⑤ 댐건설 및주변지역지원등에관한법률 일부를 다음과 같이 개정한다.

　제9조제1항제3호 중 "채석허가"를 "토석채취허가(석재에 한한다)"로 한다.

⑥ 도로법 일부를 다음과 같이 개정한다.

　제25조의2제1항제4호 중 "동법 제32조의 규정에 의한 토사채취허가"를 "동법 제25조의 규정에 따른 토석채취허가(토사에 한한다)"로 한다.

⑦ 도시개발법 일부를 다음과 같이 개정한다.

　제19조제1항제9호 중 "채석허가, 동법 제32조의 규정에 의한 토사채취허가"를 "토석채취허가"로 한다.

⑧ 사방사업법 일부를 다음과 같이 개정한다.

| 산지관리법 | 산지관리법 시행령 | 산지관리법 시행규칙 |
|---|---|---|
| 제9조제3항 후단 · 제14조제3항 및 제24조 중 "제25조제1항 · 제32조제1항"을 각각 "제25조제1항"으로 한다.<br>⑨ 산림자원의 조성 및 관리에 관한 법률 일부를 다음과 같이 개정한다.<br>제30조제3항제5호 중 "산지전용, 채석, 토사채취"를 "산지전용 및 토석채취"로 한다.<br>⑩ 신행정수도 후속대책을 위한 연기 · 공주지역 행정중심복합도시 건설을 위한 특별법 일부를 다음과 같이 개정한다.<br>제22조제1항제22호 중 "채석허가 및 동법 제32조의 규정에 의한 토사채취허가"를 "토석채취허가"로 한다.<br>⑪ 자연재해대책법 일부를 다음과 같이 개정한다.<br>제49조제4항제15호 중 "채석허가 및 동법 제32조의 규정에 의한 토사채취 | | |

| | | |
|---|---|---|
| 허가 등"을 "토석채취허가 등"으로 한다.<br>⑫ 주한미군기지이전에따른평택시등의지원등에관한특별법 일부를 다음과 같이 개정한다.<br>　제5조제1항제10호 중 "채석허가"를 "토석채취허가(석재에 한한다)"로 한다.<br>⑬ 폐광지역개발 지원에 관한 특별법 일부를 다음과 같이 개정한다.<br>　제12조제1항제1호 중 "채석허가"를 "토석채취허가(석재에 한한다)"로 한다.<br>⑭ 하천법 일부를 다음과 같이 개정한다.<br>　제32조제1항제13호 중 "채석허가"를 "토석채취허가(석재에 한한다)"로 한다.<br>⑮ 한강수계 상수원 수질개선 및 주민지원 등에 관한 법률 일부를 다음과 같이 개정한다. | | |

| 산지관리법 | 산지관리법 시행령 | 산지관리법 시행규칙 |
|---|---|---|
| 제15조제1항제11호 중 "채석허가"를 "토석채취허가(석재에 한한다)"로 한다. ⑯ 한국수자원공사법 일부를 다음과 같이 개정한다. 제18조제1항제10호 중 "채석허가"를 "토석채취허가(석재에 한한다)"로 한다. **제12조(다른 법령과의 관계)** 이 법 시행 당시 다른 법령에서 종전의 규정에 따른 채석허가 또는 토사채취허가를 인용하고 있는 경우에는 그에 갈음하여 이 법의 규정에 의한 토석채취허가를 인용한 것으로 본다. 부 칙 〈법률 제8351호, 2007.4.11〉 (농어촌정비법) **제1조(시행일)** 이 법은 공포한 날부터 시 | 부 칙 〈대통령령 제19864호, 2007.2.1〉 **제1조(시행일)** 이 영은 공포한 날부터 시행한다. | 부 칙 〈농림부령 제1566호, 2007.7.27〉 **제1조(시행일)** 이 규칙은 공포한 날부터 시행한다. |

행한다. 다만, ···<생략>··· 부칙 제14조제16항 및 제18항의 개정규정은 2007년 7월 27일부터 ···<생략>··· 시행한다.

**제2조부터 제13조까지 생략**

**제14조 (다른 법률의 개정)** ① 부터 ⑮ 까지 생략

⑯ 법률 제8283호 산지관리법 일부개정법률 일부를 다음과 같이 개정한다.
부칙 제11조제4항을 다음과 같이 한다.

④ 농어촌정비법 일부를 다음과 같이 개정한다.
제92조제1항제4호 중 "제32조에 따른 토사채취허가"를 "제25조에 따른 토석채취허가(토사에 한한다)"로 한다.

⑰ 부터 ㊵ 까지 생략

**제15조 생략**

**제2조(중앙산지관리위원회의 심의에 관한 적용례)** 제27조제3호 및 제32조제2항의 개정규정은 이 영 시행 후 최초로 채석허가를 신청하는 것부터 적용한다.

**제3조(복구비의 예치 등에 관한 적용례)** 제46조의 개정규정은 이 영 시행 후 최초로 산지전용허가를 신청하거나 산지전용신고를 하는 것부터 적용한다.

**제4조(산지전용신고의 범위 등에 관한 적용례)** 별표 3 제11호의 개정규정은 이 영 시행 후 최초로 산지전용신고를 하는 것부터 적용한다.

**제5조(산지전용허가기준 등에 관한 적용례)** 별표 4 제6호 및 제7호의 개정규정은 이 영 시행 후 최초로 산지전용허가를 신청하는 것부터 적용한다.

**제6조(대체산림자원조성비의 감면에 관한 적용례)** 별표 5 제1호·제2호 및 제4호의 개정규정은 이 영 시행 후 최초로 산지전용허가를 신청하는 것부터

**제2조(산지전용허가의 신청 등에 관한 적용례)** 제10조의 개정규정은 이 규칙 시행 후 최초로 산지전용허가의 신청 등을 하는 것부터 적용한다.

**제3조(산지전용신고에 관한 적용례)** 제13조제3항의 개정규정은 이 규칙 시행 후 최초로 산지전용신고를 하는 것부터 적용한다.

**제4조(토석채취허가의 신청 등에 관한 적용례)** 제24조 및 제24조의2의 개정규정은 이 규칙 시행 후 최초로 토석채취허가의 신청 등을 하는 것부터 적용한다.

**제5조(복구설계서의 작성기준 등에 관한 적용례)** 제42조의 개정규정은 이 규칙 시행 후 최초로 복구설계서의 승인을 신청하는 것부터 적용한다.

**제6조(다른 법령과의 관계)** 이 규칙 시행 당시 다른 법령에서 종전의 「산지관리법 시행규칙」 및 그 규정을 인용하고 있는 경우 이 규칙 중 그에 해당하는

| 산지관리법 | 산지관리법 시행령 | 산지관리법 시행규칙 |
|---|---|---|
| | 적용한다.<br>**제7조** 삭제 <2010.12.7><br>**제8조(채석허가에 필요한 장비 등의 기준에 관한 적용례)** 별표 6 비고란 제4호의 개정규정은 이 영 시행 후 최초로 채석허가를 신청하는 것부터 적용한다. | 규정이 있는 때에는 이 규칙 또는 이 규칙의 해당 규정을 인용한 것으로 본다. |
| **부 칙**<br><법률 제8355호, 2007.4.11><br>(광업법)<br>**제1조(시행일)** 이 법은 공포한 날부터 시행한다.<br>**제2조부터 제4조까지** 생략<br>**제5조(다른 법률의 개정)** ① 부터 ⑨ 까지 생략<br>⑩ 산지관리법 일부를 다음과 같이 개정한다.<br>제27조제1항 각 호 외의 부분 본문 중 | **부 칙**<br><대통령령 제20205호, 2007.7.27><br>**제1조(시행일)** 이 영은 공포한 날부터 시행한다.<br>**제2조(지역등의 지정 등에 관한 적용례)** 제6조, 제7조 및 별표 2의 개정규정은 이 영 시행 후 최초로 산림청장에게 협의를 신청하는 것부터 적용한다.<br>**제3조(보전산지 안에서의 행위제한에 관한 적용례)** 제12조 및 제13조의 개정규정은 이 영 시행 후 최초로 산지전용 | |

| | | |
|---|---|---|
| "광업법 제5조의 규정에 의한"을 "「광업법」 제3조제3호 및 같은 조 제4호"로 한다.<br>⑪ 부터 ⑳ 까지 생략<br>**제6조** 생략 | 허가를 신청하거나 산지전용신고를 하는 것부터 적용한다.<br>**제4조(산지전용허가 및 산지전용신고에 관한 적용례)** 제15조, 제17조, 별표 3 및 별표 4의 개정규정은 이 영 시행 후 최초로 산지전용허가를 신청하거나 산지전용신고를 하는 것부터 적용한다.<br>**제5조(산지전용기간의 연장허가 등에 관한 적용례)** 제19조의 개정규정은 이 영 시행 후 최초로 산지전용기간의 연장허가 등을 신청하는 것부터 적용한다.<br>**제6조(대체산림자원조성비의 환급·감면에 관한 적용례)** 제25조의2 및 별표 5의 개정규정은 이 영 시행 후 최초로 산지전용허가·신고 또는 산지전용허가나 산지전용신고가 의제되거나 배제되는 행정처분을 신청하는 것부터 적용한다. 다만, 별표 5 제4호나목(15)의 개정규정은 이 영 시행 후「공공기 | |

| 산지관리법 | 산지관리법 시행령 | 산지관리법 시행규칙 |
|---|---|---|
| | 관 지방이전에 따른 혁신도시 건설 및 지원에 관한 특별법」 제14조에 따라 최초로 산지전용허가가 의제되는 것부터 적용한다.<br>**제7조(용도변경의 승인 등에 관한 적용례)** 제26조의 개정규정은 이 영 시행 후 최초로 용도변경승인을 신청하는 것부터 적용한다.<br>**제8조(토석채취허가 등에 관한 적용례)** 제32조, 제32조의2, 제32조의3, 제34조부터 제37조까지, 제39조, 별표 7, 별표 8, 별표 8의2, 별표 9 및 별표 10의 개정규정은 이 영 시행 후 최초로 토석채취허가를 신청하거나 토사채취 신고를 하는 것부터 적용한다.<br>**제9조(복구설계서의 승인에 관한 경과조치)** 이 영 시행 당시 종전의 규정에 따라 산지전용허가 등이 신청되거나 접수된 것에 대한 복구설계서의 제출기 | |

간에 대하여는 제48조의 개정규정에도 불구하고 종전의 규정에 따른다.

**제10조(다른 법령의 개정)** ① 「산림자원의 조성 및 관리에 관한 법률 시행령」 일부를 다음과 같이 개정한다.

제43조제8호 각 목 외의 부분 중 "석재 또는 토사"를 "토석"으로 하고, 같은 호 가목 중 "채석허가"를 "토석채취허가"로 하며, 같은 호 나목 중 "「산지관리법」 제32조제1항에 따라 토사채취허가를 받거나 동조제2항"을 "「산지관리법」 제25조제2항"으로 하고, 같은 호 다목 중 "석재·토사"를 "토석"으로 한다.

② 폐광지역개발 지원에 관한 특별법 시행령 일부를 다음과 같이 개정한다.

제11조제3항 본문 중 "「산지관리법」 제14조"를 "「산지관리법」 제15조"로 한다.

| 산지관리법 | 산지관리법 시행령 | 산지관리법 시행규칙 |
|---|---|---|
| | **제11조(다른 법령과의 관계)** 이 영 시행 당시 다른 법령에서 종전의 「산지관리법 시행령」 및 그 규정을 인용하고 있는 경우 이 영 중 그에 해당하는 규정이 있는 때에는 이 영 또는 이 영의 해당 규정을 인용한 것으로 본다. | |
| **부 칙**<br>**〈법률 제8504호, 2007.7.13〉**<br>이 법은 공포한 날부터 시행한다. | **부 칙**<br>**〈대통령령 제20244호, 2007.9.6〉**<br>**(폐기물관리법 시행령)**<br>**제1조(시행일)** 이 영은 공포한 날부터 시행한다. 〈단서 생략〉<br>**제2조부터 제5조까지 생략**<br>**제6조(다른 법령의 개정)** ① 부터 ④ 까지 생략<br>⑤ 산지관리법 시행령 일부를 다음과 같이 개정한다.<br>제12조제5항제1호나목 (3)중 "「폐기물관리법 시행령」 별표 2 제1호라목 | **부 칙**<br>**〈농림부령 제422호, 2007.9.27〉**<br>**(광업법 시행규칙)**<br>**제1조(시행일)** 이 규칙은 공포한 날부터 시행한다.<br>**제2조(다른 법령의 개정)** ① 및 ② 생략<br>③ 산지관리법 시행규칙 일부를 다음과 같이 개정한다.<br>제18조제3항제5호 중 "제45조제1항의 규정"을 "제40조제1항"으로 한다.<br>제28조 전단 중 "제29조제1항의 규정"을 "제24조제1항"으로 한다. |

| | | |
|---|---|---|
| | "을 "「폐기물관리법 시행령」별표 3 제1호라목"으로 하고, 제13조제3항제2호 중 "「폐기물관리법」제2조제7호"를 "「폐기물관리법」제2조제8호"로 한다.<br>⑥ 부터 ⑰ 까지 생략<br>제7조 생략 | ④ 및 ⑤ 생략<br>제3조 생략 |
| 부　칙<br>〈법률 제8754호, 2007.12.21〉<br>이 법은 공포한 날부터 시행한다. | 부　칙<br>〈대통령령 제20383호, 2007.11.15〉<br>(대기환경보전법 시행령)<br>제1조(시행일) 이 영은 공포한 날부터 시행한다. 〈단서 생략〉<br>제2조부터 제9조까지 생략<br>제10조(다른 법령의 개정) ① 부터 ③ 까지 생략<br>④ 산지관리법 시행령 일부를 다음과 같이 개정한다.<br>제12조제6항제5호 중 "「대기환경보전법」제36조의2제2항제2호의 규정에 의한"을 "「대기환경보전법」 | |

| 산지관리법 | 산지관리법 시행령 | 산지관리법 시행규칙 |
|---|---|---|
| | 제58조제2항제2호에 따른"으로 한다. <br> ⑤ 부터 ⑫ 까지 생략 <br> **제11조** 생략 <br><br> **부 칙** <br> **〈대통령령 제20428호, 2007.11.30〉** <br> **(수질 및 수생태계 보전에 관한 법률 시행령)** <br> **제1조(시행일)** 이 영은 공포한 날부터 시행한다. <br> **제2조부터 제5조까지** 생략 <br> **제6조(다른 법령의 개정)** ① 부터 ⑦ 까지 생략 <br> ⑧ 산지관리법 시행령 일부를 다음과 같이 개정한다. <br> 제12조제10항제3호 본문 중 「수질환경보전법」"을 "「수질 및 수생태계 보전에 관한 법률」"로 하고, 같은 | |

| | | |
|---|---|---|
| | 항 제4호 중 "「수질환경보전법」"을 "「수질 및 수생태계 보전에 관한 법률」"로, "별표 8"을 "별표 13"으로 하며, 제32조의2제1항제2호바목 중 "「수질환경보전법」 제2조제7호"를 "「수질 및 수생태계 보전에 관한 법률」 제2조제13호"로 한다.<br>⑨ 부터 ㉒ 까지 생략<br>**제7조** 생략<br><br>부 칙<br>〈대통령령 제20506호, 2007.12.31〉<br>(전자적 업무처리의 활성화를 위한 국유재산법 시행령 등 일부개정령)<br>이 영은 공포한 날부터 시행한다. | |
| 부 칙<br>〈법률 제8852호, 2008.2.29〉<br>(정부조직법)<br>**제1조(시행일)** 이 법은 공포한 날부터 시행한다. 다만, ···〈생략〉···, | 부 칙<br>〈대통령령 제20696호, 2008.2.29〉<br>(산림청과 그 소속기관 직제)<br>**제1조(시행일)** 이 영은 공포한 날부터 시행한다. | 부 칙<br>〈농림수산식품부령 제3호, 2008.3.3〉<br>(산림청과 그 소속기관 직제 시행규칙)<br>**제1조(시행일)** 이 규칙은 공포한 날부터 시행한다. |

| 산지관리법 | 산지관리법 시행령 | 산지관리법 시행규칙 |
|---|---|---|
| 부칙 제6조에 따라 개정되는 법률 중 이 법의 시행 전에 공포되었으나 시행일이 도래하지 아니한 법률을 개정한 부분은 각각 해당 법률의 시행일부터 시행한다.<br><br>**제2조부터 제5조**까지 생략<br><br>**제6조(다른 법률의 개정)** ① 부터 ⑬ 까지 생략<br><br>⑭ 산지관리법 일부를 다음과 같이 개정한다.<br><br>제4조제3항, 제7조제3항, 제10조제10호, 제12호제1항제13호·제2항제6호, 제14조제1항, 제15조제1항 본문·제7호·제8호·제3항, 제17조제1항제1호·제2호, 제19조제2항제2호, 제20조 각 호외의 부분, 제21조제1항 각 호외의 부분, 제25조제1항 단서·제2항 전단 및 후단·제3항·제4항, 제27조제3항, 제29 | **제2조** 생략<br><br>**제3조(다른 법령의 개정)** ① 부터 ⑦ 까지 생략<br><br>⑧ 산지관리법 시행령 일부를 다음과 같이 개정한다.<br><br>제12조제7항 중 "문화관광부장관"을 "문화체육관광부장관"으로 하고, 같은 조 제9항제1호 중 "과학기술부장관"을 "교육과학기술부장관"으로 한다.<br><br>제28조제5항제1호 중 "농림부·환경부·건설교통부"를 "농림수산식품부·환경부·국토해양부"로 한다.<br><br>제34조제1항제3호 중 "과학기술부장관"을 "지식경제부장관"으로 한다.<br><br>제6조제1항, 제8조제4항제1호, 제12조제3항·제6항제4호·제6항제5호·제13항, 제13조제3항제1호, 제14조의2제1항, 제15조제1항·제3 | **제2조** 생략<br><br>**제3조(다른 법령의 개정)** ① 부터 ⑤ 까지 생략<br><br>⑥ 산지관리법 시행규칙 일부를 다음과 같이 개정한다.<br><br>제28조 각 호 외의 부분 중 "산업자원부장관"을 "지식경제부장관"으로 한다.<br><br>제4조제2항 각 호 외의 부분 본문, 제6조제1항·제2항 본문, 제7조 각 호 외의 부분, 제8조제1항·제2항 본문·제4항·제5항, 제9조제1항·제2항 본문·제3항 각 호 외의 부분, 제9조의2제2항, 제10조제2항 각 호 외의 부분 본문·제4항 각 호 외의 부분, 제12조제2항 본문, 제13조제2항 각 호 외의 부분 본문·제3항 각 호 외의 부분, 제14조제1항 본문·제2항, 제16조, 제17조제2항, 제18조제 |

조제5항, 제30조제1항 전단 및 후단·제3항, 제32조제1항 후단·제2항 전단 및 후단·제3항·제4항, 제35조제6항, 제38조제1항 본문·제2항·제5항, 제39조제4항, 제40조제2항·제3항, 제42조제2항·제3항, 제43조제3항, 제46조제4항, 제47조제5항 중 "농림부령"을 각각 "농림수산식품부령"으로 한다.

⑮ 부터 ㊗ 까지 생략

**제7조** 생략

항 본문, 제16조제1항, 제17조제1항, 제19조제1항 본문·제3항 본문, 제21조제2항 각 호 외의 부분, 제24조제2항 단서, 제32조제1항·제3항, 제36조제3항제1호 본문, 제39조제1항·제4항·제5항, 제44조제1항, 제45조제1항, 제46조제2항 각 호 외의 부분, 제46조의2 각 호 외의 부분 후단, 제50조제1항제2호·제2항, 제50조의2제3항 및 제53조제4항 중 "농림부령"을 각각 "농림수산식품부령"으로 한다.

별표 1 제3호의 협의대상지역등란 중 "건설교통부장관"을 "국토해양부장관"으로 한다.

별표 4 제7호의 세부기준란 중 "산업자원부장관"을 "지식경제부장관"으로 한다.

⑨ 부터 ⑫ 까지 생략

1항, 제24조제3항 각 호 외의 부분, 제24조의2제2항 각 호 외의 부분, 제25조, 제30조제2항 각 호 외의 부분, 제46조 및 제47조제2항 각 호 외의 부분 중 "농림부령"을 각각 "농림수산식품부령"으로 한다.

별표 5 제3호 중 "재정경제부장관"을 "기획재정부장관"로 한다.

⑦ 부터 ⑩ 까지 생략

| 산지관리법 | 산지관리법 시행령 | 산지관리법 시행규칙 |
|---|---|---|
| 부 칙<br>〈법률 제8976호, 2008. 3.21〉<br>(도로법)<br><br>제1조(시행일) 이 법은 공포한 날부터 시행한다. 〈단서 생략〉<br>제2조부터 제8조까지 생략<br>제9조(다른 법률의 개정) ① 부터 ㊶ 까지 생략<br>㊷ 산지관리법 일부를 다음과 같이 개정한다.<br>　제25조의2제1항제1호 중 "「도로법」제11조"를 "「도로법」제8조"로 한다.<br>㊸ 부터 ㊾까지 생략<br>제10조 생략 | 부 칙<br>〈대통령령 제20763호, 2008.4.3〉<br>(하천법 시행령)<br><br>제1조(시행일) 이 영은 2008년 4월 7일부터 시행한다.<br>제2조 생략<br>제3조(다른 법령의 개정) ① 부터 ⑦ 까지 생략<br>⑧ 산지관리법 시행령 일부를 다음과 같이 개정한다.<br>　제32조의2제1항제2호마목을 다음과 같이 한다.<br>　마.「하천법」제7조제1항에 따른 하천<br>⑨ 부터 ⑳ 까지 생략<br>제4조 생략<br><br>부 칙<br>〈대통령령 제20854호, 2008.6.20〉 | 부 칙<br>〈농림수산식품부령 제27호, 2008.7.16〉<br><br>제1조(시행일) 이 규칙은 공포한 날부터 시행한다.<br>제2조(복구설계서 승인기준에 관한 적용례) 별표 6의 개정규정은 이 규칙 시행 후 복구설계서의 승인 및 변경승인을 신청하는 것부터 적용한다. |

(농업·농촌 및 식품산업 기본법 시행령)

**제1조(시행일)** 이 영은 2008년 6월 22일부터 시행한다.

**제2조부터 제4조까지** 생략

**제5조(다른 법령의 개정)** ① 부터 ⑭ 까지 생략

⑮ 산지관리법 시행령 일부를 다음과 같이 개정한다.

제12조제5항제1호 각 목 외의 부분 중 "「농업·농촌기본법 시행령」 제4조의 규정에 의한 생산자단체"를 "「농업·농촌 및 식품산업 기본법 시행령」 제4조에 따른 생산자단체"로 한다.

⑯ 부터 ㉒ 까지 생략

**제6조** 생략

### 부 칙
<대통령령 제20936호, 2008.7.24>

**제1조(시행일)** 이 영은 공포한 날부터 시행한다.

| 산지관리법 | 산지관리법 시행령 | 산지관리법 시행규칙 |
|---|---|---|
| | 제2조(산지전용제한지역지정의 해제에 관한 적용례) 제11조제1호의 개정규정은 이 영 시행 후 최초로 산림청장에게 산지전용제한지역지정의 해제를 요청한 것부터 적용한다.<br><br>제3조(산지관리위원회 위원의 결격사유에 관한 적용례) 제31조의4제1항 및 제2항의 개정규정은 이 영 시행 후 최초로 중앙산지관리위원회 또는 지방산지관리위원회의 위원이 되는 자부터 적용한다.<br><br>제4조(토석채취허가의 절차 및 심사 등에 관한 적용례) 제32조제2항의 개정규정은 이 영 시행 후 최초로 토석채취허가 또는 변경허가의 신청을 받거나 변경신고를 하는 것부터 적용한다.<br><br>제5조(복구비의 예치 면제에 관한 적용례) 제46조제1항제2호의 개정규정은 이 영 시행 후 최초로 법 제37조제1항 | |

각 호의 어느 하나에 해당하는 허가 등의 처분을 신청하거나 신고 등을 하는 공용·공공용 시설의 설치사업부터 적용한다.

**제6조(하자보수보증금의 예치 면제에 관한 적용례)** 제49조제1호의 개정규정은 이 영 시행 후 최초로 복구준공검사를 신청하는 것부터 적용한다.

**제7조(산지에서의 지역등의 협의에 관한 적용례)** 별표 2의 개정규정은 이 영 시행 후 최초로 협의를 요청하는 것부터 적용한다.

**제8조(신고대상 시설 및 행위의 범위 등에 관한 적용례)** 별표 3의 개정규정은 이 영 시행 후 최초로 산지전용신고 또는 변경신고를 하는 것부터 적용한다.

**제9조(대체산림자원조성비 감면대상 및 감면비율에 관한 적용례)** 별표 5의 개정규정은 이 영 시행 후 최초로 법 제19조제1항 각 호에 따른 산지전용허가·신고 또는 행정처분을 신청하는

| 산지관리법 | 산지관리법 시행령 | 산지관리법 시행규칙 |
|---|---|---|
| | 것부터 적용한다.<br><br>**제10조(권한의 위임 등에 관한 경과조치)** 이 영 시행 당시 보전산지의 지정해제, 산지전용허가, 토석채취허가 등이 신청되어 그 절차가 진행 중인 것에 대하여는 제52조의 개정규정에도 불구하고 종전의 규정에 따른다.<br><br> **부 칙**<br>**〈대통령령 제21025호, 2008.9.22〉**<br>**(군사기지 및 군사시설 보호법 시행령)** <br>**제1조(시행일)** 이 영은 공포한 날부터 시행한다.<br>**제2조 및 제3조** 생략<br>**제4조(다른 법령의 개정)** ① 부터 ⑬ 까지 생략<br>⑭ 산지관리법 시행령 일부를 다음과 같이 개정한다.<br>제32조의2제1항제4호가목을 다음과 | |

같이 한다.
　가.「군사기지 및 군사시설 보호법」
　　　제2조제2호에 따른 군사시설
⑮ 부터 ㉖ 까지 생략

**부　칙**
**〈대통령령 제21098호, 2008.10.29〉**
**(건축법 시행령)**

**제1조(시행일)** 이 영은 공포한 날부터 시행한다. 〈단서 생략〉

**제2조 및 제3조** 생략

**제4조(다른 법령의 개정)** ① 부터 ⑫ 까지 생략
⑬ 산지관리법 시행령 일부를 다음과 같이 개정한다.
　제26조제1항제1호가목 중 "「건축법」 제18조의 규정에 의한"을 "「건축법」 제22조에 따른"으로 한다.
⑭ 부터 ㊳ 까지 생략

| 산지관리법 | 산지관리법 시행령 | 산지관리법 시행규칙 |
|---|---|---|
| | **부 칙**<br>**〈대통령령 제21185호, 2008.12.24〉**<br>(환경영향평가법 시행령)<br><br>**제1조(시행일)** 이 영은 2009년 1월 1일부터 시행한다. 〈단서 생략〉<br>**제2조 및 제3조** 생략<br>**제4조(다른 법령의 개정)** ① 부터 ⑦ 까지 생략<br>⑧ 산지관리법 시행령 일부를 다음과 같이 개정한다.<br>　제36조제3항제3호 각 목 외의 부분 단서 중 "「환경·교통·재해 등에 관한 영향평가법」에 따른 영향평가"를 "「환경영향평가법」에 따른 환경영향평가"로 한다.<br>　제39조제2항제4호를 다음과 같이 한다.<br>　4.「환경영향평가법」에 따른 평가 결과(환경영향평가대상사업에 해 | |

당하는 경우에만 해당한다)

⑨ 부터 ㉒ 까지 생략

**제5조** 생략

## 부  칙
<대통령령 제21214호, 2008.12.31>
(행정안전부와 그 소속기관 직제)

**제1조(시행일)** 이 영은 공포한 날부터 시행한다. <단서 생략>

**제2조부터 제4조**까지 생략

**제5조(다른 법령의 개정)** ① 부터 ⑩④ 까지 생략

⑩⑤ 산지관리법 시행령 일부를 다음과 같이 개정한다.

별표 4 제4호 적용범위 공통의 세부기준란 및 같은 표 제7호 적용범위 공통의 세부기준란 사목 중 "농림부령이"를 각각 "농림수산식품부령으로"로 한다.

별표 8 비고란 1 중 "건설교통부장관"을 "국토해양부장관"으로 한다.

| 산지관리법 | 산지관리법 시행령 | 산지관리법 시행규칙 |
|---|---|---|
| | ⑩ 부터 ⑰ 까지 생략<br><br>**부  칙**<br>**〈대통령령 제21181호, 2008.12.24〉**<br>(방사성폐기물 관리법 시행령)<br><br>**제1조(시행일)** 이 영은 2009년 1월 1일부터 시행한다.<br>**제2조 및 제3조** 생략<br>**제4조(다른 법령의 개정)** ① 및 ② 생략<br>③ 산지관리법 시행령 일부를 다음과 같이 개정한다.<br>별표 5의 제4호나목에 (16)란을 다음과 같이 신설한다. | |

| (16) 「방사성폐기물 관리법」 제2조제3호에 따른 방사성 폐기물 관리시설 | 50 | 50 |
|---|---|---|

④ 부터 ⑥ 까지 생략

**제5조** 생략

## 부 칙
### <법률 제9401호, 2009.1.30>
### (국유재산법)

**제1조(시행일)** 이 법은 공포 후 6개월이 경과한 날부터 시행한다. <단서 생략>

**제2조부터 제9조까지 생략**

**제10조(다른 법률의 개정)** ① 부터 ㊸ 까지 생략

㊹ 산지관리법 일부를 다음과 같이 개정한다.

제13조제3항 중 "「국유재산법」 제12조"를 "「국유재산법」 제9조"로 한다.

㊺ 부터 ㊏ 까지 생략

**제11조 생략**

## 부 칙
### <대통령령 제21427호, 2009.4.20>

**제1조(시행일)** 이 영은 공포한 날부터 시행한다.

**제2조(산지전용허가기준의 적용범위 등에 관한 적용례)** 별표 4 제7호 및 비고란 제3호의 개정규정은 이 영 시행 후 최초로 산지전용허가를 신청하는 분부터 적용한다.

**제3조(대체산림자원조성비 감면대상 및 감면비율에 관한 적용례)** 별표 5 제4호나목(17)란·(18)란의 개정규정은 이 영 시행 후 최초로 법 제19조제1항 각 호에 따른 산지전용허가·신고 또는 행정처분을 신청하는 분부터 적용한다.

**제4조(채석단지의 세부지정기준에 관한 경과조치)** 이 영 시행 당시 채석단지의 지정절차가 진행 중인 것에 대하여는 제39조제3항의 개정규정에도 불구하

## 부 칙
### <농림수산식품부령 제67호, 2009.4.20>

**제1조(시행일)** 이 규칙은 공포한 날부터 시행한다.

**제2조(임업용산지에서의 행위제한에 관한 적용례)** 제8조제1항의 개정규정은 이 규칙 시행 후 최초로 산지전용허가를 신청하거나 산지전용신고를 하는 것부터 적용한다.

**제3조(산지전용신고에 관한 적용례)** 제13조제2항의 개정규정은 이 규칙 시행 후 최초로 산지전용신고를 하는 것부터 적용한다.

**제4조(산지전용허가기준에 관한 적용례)** 제18조제3항제4호 및 제6호의 개정규정은 이 규칙 시행 후 최초로 산지전용허가를 신청하는 것부터 적용한다.

**제5조(복구설계서 제출면제 범위 및 승인기준에 관한 적용례)** 제42조제1항 및 별표 6의 개정규정은 이 규칙 시행 후

| 산지관리법 | 산지관리법 시행령 | 산지관리법 시행규칙 |
|---|---|---|
| | 고 종전의 규정에 따른다.<br>**제5조(권한의 위임에 관한 경과조치)** 이 영 시행 당시 토석의 매각·무상양여, 토석의 매각계약의 해제 및 무상양여의 취소 등의 절차가 진행 중인 것에 대하여는 제52조제3항·제6항 및 제7항의 개정규정에도 불구하고 종전의 규정에 따른다. | 최초로 복구설계서 승인 및 변경승인을 신청하는 것부터 적용한다.<br>**제6조(하자보수보증금의 예치에 관한 적용례)** 제44조제3항의 개정규정은 이 규칙 시행 후 최초로 산지전용허가를 신청하거나 산지전용신고를 하는 것부터 적용한다. |
| **부 칙**<br>〈법률 제9722호, 2009.5.27〉<br>이 법은 공포 후 6개월이 경과한 날부터 시행한다. | **부 칙**<br>〈대통령령 제21528호, 2009.6.9〉<br>**(전통사찰의 보존 및 지원에 관한 법률 시행령)**<br>**제1조(시행일)** 이 영은 공포한 날부터 시행한다.<br>**제2조(다른 법령의 개정)** ① 부터 ⑤ 까지 생략<br>⑥ 산지관리법 시행령 일부를 다음과 같이 개정한다.<br>별표 1 제2호의 협의대상지역등란 및 | **부 칙**<br>〈농림수산식품부령 제95호, 2009.11.27〉<br>**제1조(시행일)** 이 규칙은 2009년 11월 28일부터 시행한다.<br>**제2조(산지전용허가기준 등의 적합 여부 확인 등에 관한 적용례)** 제18조의2부터 제18조의5까지의 신설 규정은 이 규칙 시행 후 최초로 산지관리법 제8조제1항에 따른 협의를 신청하거나 같 |

| | | |
|---|---|---|
| | 별표 5 제4호나목(18)의 대상시설란 중 "「전통사찰보존법」"을 각각 "「전통사찰의 보존 및 지원에 관한 법률」"로 한다.<br>⑦ 및 ⑧ 생략<br>**제3조** 생략<br><br>**부 칙**<br><대통령령 제21626호, 2009.7.7><br>(규제일몰제 적용을 위한 옥외광고물 등 관리법 시행령 등 일부개정령)<br><br>이 영은 공포한 날부터 시행한다.<br><br>**부 칙**<br><대통령령 제21774호, 2009.10.8><br>(농어업경영체 육성 및 지원에 관한 법률 시행령)<br>**제1조(시행일)** 이 영은 공포한 날부터 시행한다.<br>**제2조(다른 법령의 개정)** ① 부터 ⑩ 까지 생략 | 은 법 제14조에 따라 산지전용허가(다른 법률에 따라 산지전용허가가 의제되는 행정처분을 포함한다)를 신청하는 것부터 적용한다.<br><br><br><br><br><br>**부 칙**<br><농림수산식품부령 제103호, 2009.12.15><br>(농어촌정비법 시행규칙)<br>**제1조(시행일)** 이 규칙은 공포한 날부터 시행한다. <단서 생략><br>**제2조 및 제3조** 생략<br>**제4조(다른 법령의 개정)** ① 부터 ③ 까지 생략 |

| 산지관리법 | 산지관리법 시행령 | 산지관리법 시행규칙 |
|---|---|---|
|  | ⑪ 산지관리법 시행령 일부를 다음과 같이 개정한다.<br>제12조제5항제1호 각 목 외의 부분 중 "같은 법 제28조에 따른 영농조합법인, 같은 법 제29조에 따른 농업회사법인 또는 「수산업법」 제10조에 따른 영어조합법인"을 "「농어업경영체 육성 및 지원에 관한 법률」 제16조에 따른 영농조합법인과 영어조합법인 또는 같은 법 제19조에 따른 농업회사법인"으로 한다.<br>⑫ 부터 ⑮ 까지 생략<br><br>**부 칙**<br>〈대통령령 제21807호, 2009.11.2〉<br>(궤도운송법 시행령)<br>**제1조(시행일)** 이 영은 공포한 날부터 시행한다.<br>**제2조(다른 법령의 개정)** ① 부터 ⑫ 까지 | ④ 산지관리법 시행규칙 일부를 다음과 같이 한다.<br>제18조제3항제4호 중 "농수산업 생산기반"을 "농업생산기반"으로, "농어촌생활환경정비사업"을 "생활환경정비사업"으로 한다.<br>**제5조** 생략 |

생략

⑬ 산지관리법 시행령 일부를 다음과 같이 개정한다.

제10조제1항제1호 "삭도 또는 궤도시설"을 "궤도시설"로 한다.

제12조제1항제4호를 다음과 같이 한다.

　4. 「궤도운송법」에 따른 궤도 제32조의2제1항제2호나목을 다음과 같이 한다.

　　나. 「궤도운송법」 제2조제1호에 따른 궤도

⑭부터 ㉕까지 생략

**제3조** 생략

**부　칙**
<대통령령 제21850호, 2009.11.26>

**제1조(시행일)** 이 영은 2009년 11월 28일부터 시행한다.

**제2조(다른 법령의 인용에 따른 경과조치)** 2009년 12월 9일까지는 별표 1 제

| 산지관리법 | 산지관리법 시행령 | 산지관리법 시행규칙 |
|---|---|---|
| | 3호 중 "「농어촌정비법」 제94조에 따른 한계농지 등 정비지구"는 "「농어촌정비법」 제80조에 따른 한계농지정비지구"로 보고, 별표 5 제2호가목 중 "「농어촌정비법」 제94조에 따른 한계농지 등 정비지구에 같은 법 제92조 각 호의"는 "「농어촌정비법」 제80조에 따른 한계농지정비지구에 같은 법 제78조 각 호의"로 본다.<br><br>**부 칙**<br>**〈대통령령 제21881호, 2009.12.14〉**<br>**(측량·수로조사 및 지적에 관한 법률 시행령)**<br>**제1조(시행일)** 이 영은 공포한 날부터 시행한다. 〈단서 생략〉<br>**제2조부터 제5조까지** 생략<br>**제6조(다른 법령의 개정)** ① 부터 ㉔ 까지 생략 | 펼침 부 칙 〈농림수산식품부령 제137호, 2010. 8. 5.〉 (어업면허의 관리 등에 관한 규칙) 부칙보기<br><br>제1조(시행일) 이 규칙은 공포한 날부터 시행한다.<br>제2조(다른 법령의 개정) ① 생략<br>② 산지관리법 시행규칙 일부를 다음과 같이 개정한다.<br>제7조제3호 중 "「수산업법」 제2호제11호"를 "「수산업법」 제2조제12호"로 한다. |

㉕ 산지관리법 시행령 일부를 다음과 같이 개정한다.

제6조제2항제2호 중 "「지적법」 제19조"를 "「측량·수로조사 및 지적에 관한 법률」 제79조"로 한다.

제12조제11항제8호 중 "「지적법」 제38조제1항의 규정에 의한 지적측량기준점표지 및 「측량법」 제3조제1항의 규정에 의한 측량표(測量標)"를 "「측량·수로조사 및 지적에 관한 법률」 제8조에 따른 측량기준점표지"로 한다.

㉖ 부터 ㊱ 까지 생략

**제7조** 생략

**부 칙**
<대통령령 제21882호, 2009.12.14>
(항만법 시행령)

**제1조(시행일)** 이 영은 공포한 날부터 시행한다. <단서 생략>

**제2조부터 제5조**까지 생략

| 산지관리법 | 산지관리법 시행령 | 산지관리법 시행규칙 |
|---|---|---|
| | **제6조(다른 법령의 개정)** ① 부터 ⑨ 까지 생략<br><br>⑩ 산지관리법 시행령 일부를 다음과 같이 개정한다.<br>별표 5 제1호차목의 대상시설란 중 "「항만법」 제2조제6호"를 "「항만법」 제2조제5호"로 한다.<br><br>⑪ 부터 ㉗ 까지 생략<br><br>**제7조** 생략<br><br><br>**부 칙**<br>〈대통령령 제21887호, 2009.12.15〉<br>(농어촌정비법 시행령)<br><br>**제1조(시행일)** 이 영은 공포한 날부터 시행한다. 〈단서 생략〉<br><br>**제2조부터 제10조까지** 생략<br><br>**제11조(다른 법령의 개정)** ① 부터 ⑲ 까지 생략<br><br>⑳ 산지관리법 시행령 일부를 다음과 같 | |

이 개정한다.

제11조제2호 중 "「농어촌정비법」 제2조제7호에 따른 농어촌생활환경정비사업"을 "「농어촌정비법」 제2조제10호에 따른 생활환경정비사업"으로 한다.

제12조제5항제2호 중 "「농어촌정비법」 제68조 및 같은 법 제69조"를 "「농어촌정비법」 제82조 및 같은 법 제83조"로, "농어촌관광휴양단지"를 "농어촌 관광휴양단지"로 한다.

별표 1 제3호의 협의대상지역등란 중 "「농어촌정비법」 제80조에 따른 한계농지정비지구"를 "「농어촌정비법」 제94조에 따른 한계농지등 정비지구"로 한다.

별표 5 제2호가목의 대상시설란 중 "「농어촌정비법」 제2조제4호의 규정에 의한"을 "「농어촌정비법」 제2조제4호에 따른"으로, "「농어촌정비법」 제80조의 규정에 의한 한계농

| 산지관리법 | 산지관리법 시행령 | 산지관리법 시행규칙 |
|---|---|---|
| | 지정비지구에 같은 법 제78조 각호의 1의 규정에 의한"을 " 「농어촌정비법」 제94조에 따른 한계농지등 정비지구에 같은 법 제92조 각 호의 어느 하나에 따른"으로 한다.<br>㉑ 부터 ㊳ 까지 생략<br>제12조 생략 | |
| **부 칙**<br>〈법률 제9982호, 2010.1.27〉<br>(광업법)<br>제1조(시행일) 이 법은 공포 후 1년이 경과한 날부터 시행한다.<br>제2조부터 제9조까지 생략<br>제10조(다른 법률의 개정) ① 부터 ⑤ 까지 생략<br>⑥ 산지관리법 일부를 다음과 같이 개정한다.<br>제27조제1항제2호 중 "채광작업"을 " | **부 칙**<br>〈대통령령 제22073호, 2010.3.9〉<br>(산림보호법 시행령)<br>제1조(시행일) 이 영은 2010년 3월 10일부터 시행한다.<br>제2조(다른 법령의 개정) ① 부터 ⑤ 까지 생략<br>⑥ 산지관리법 시행령 일부를 다음과 같이 개정한다.<br>제10조제2항제3호 중 "「산림자원의 조성 및 관리에 관한 법률」 제47조 | |

채굴작업"으로 하고, 같은 조 제2항 각 호 외의 부분 본문 중 "채광하기"를 "채굴하기"로, "채광계획인가"를 "채굴계획의 인가"로, "광업권자"를 "채굴권자"로 한다.

제35조제4항 중 "채광계획인가"를 "채굴계획의 인가"로 한다.

제37조제1항 각 호 외의 부분 단서 중 "채광"을 "채굴"로 한다.

⑦ 부터 ⑩ 까지 생략

## 부 칙
<법률 제10001호, 2010.2.4>
(매장문화재 보호 및 조사에 관한 법률)

**제1조(시행일)** 이 법은 공포 후 1년이 경과한 날부터 시행한다.

**제2조부터 제4조까지 생략**

**제5조(다른 법률의 개정)** ① 산지관리법 일부를 다음과 같이 개정한다.
제15조제1항제10호를 다음과 같이 한다.

제1항의 규정"을 "「산림보호법」 제13조제1항"으로 한다.

제32조의2제1항제1호 중 "같은 법 제47조제1항"을 "「산림보호법」 제13조제1항"으로 한다.

제32조의2제3항제5호를 다음과 같이 한다.

5. 「산림자원의 조성 및 관리에 관한 법률」 제19조제1항에 따른 채종림(採種林)과 같은 법 제47조제1항에 따른 시험림 및 「산림보호법」 제7조제1항에 따른 산림보호구역

⑦ 부터 ⑬ 까지 생략

**제3조** 생략

| 산지관리법 | 산지관리법 시행령 | 산지관리법 시행규칙 |
|---|---|---|
| 10. 「매장문화재 보호 및 조사에 관한 법률」에 따른 매장문화재 지표조사<br>② 부터 ⑤ 까지 생략<br>**제6조** 생략<br><br> **부 칙**<br>&lt;법률 제10331호, 2010.5.31&gt; <br>**제1조(시행일)** 이 법은 공포 후 6개월이 경과한 날부터 시행한다. 다만, 제18조의2, 제18조의4제1항 각 호 외의 부분 단서, 제40조의2, 제44조제3항(제40조의2와 관련된 부분에 한한다), 제55조제3호・제9호, 제56조(제55조제3호 및 제9호와 관련된 사항에 한한다), 제57조제1항제3호의 개정규정은 2011년 7월 1일부터 시행한다.<br>**제2조(불법전용산지에 관한 임시특례)** ①<br>  이 법 시행 당시 적법한 절차를 거치지 | **부 칙**<br>&lt;대통령령 제22513호, 2010.12.7&gt; <br>**제1조(시행일)** 이 영은 공포한 날부터 시행한다. 다만, 제20조의2부터 제20조의4까지 및 제48조의2의 개정규정은 2011년 7월 1일부터 시행한다.<br>**제2조(불법전용산지에 관한 임시특례)** ①<br>  법률 제10331호 산지관리법 일부개정법률(이하 이 조에서 "개정법률"이라 한다) 부칙 제2조제1항제2호에 따른 공용・공공용 시설은 다음 각 호와 같다.<br>  1. 법 제10조제2호 및 제3호의 시설 | |

아니하고 산지를 5년 이상 계속하여 다음 각 호의 어느 하나에 해당하는 용도로 이용 또는 관리하고 있는 자는 그 사실을 이 법 시행일부터 1년 이내에 농림수산식품부령으로 정하는 바에 따라 시장·군수·구청장에게 신고하여야 한다.
1. 국방·군사시설
2. 대통령령으로 정하는 공용·공공용 시설 또는 농림어업용 시설(농림어업인이 주된 주거용으로 사용하고 있는 시설을 포함한다)

② 시장·군수·구청장은 제1항에 따라 신고된 산지가 이 법 또는 다른 법률에 따른 산지전용의 행위제한 및 허가기준이나 대통령령으로 정하는 기준에 적합한 산지인 경우에는 심사를 거쳐 산지전용허가 등 지목 변경에 필요한 처분을 할 수 있다.

③ 제2항에 따른 처분을 하는 경우에는 이 법을 적용한다. 다만, 산지를 전용

2. 법 제12조제1항제8호의 시설
3. 법 제12조제2항제5호의 시설
4. 「국토의 계획 및 이용에 관한 법률」 제2조제13호에 따른 공공시설

② 개정법률 부칙 제2조제1항제2호에 따른 농림어업용 시설은 다음 각 호와 같다.
1. 법 제10조제4호 및 제5호의 시설
2. 법 제12조제1항제2호부터 제5호까지의 시설
3. 「농어업재해대책법」 제2조제10호부터 제12호까지의 시설
4. 「농지법」에 따른 농작물의 경작 또는 다년생식물의 재배에 이용되는 시설(토지를 포함한다)
5. 「초지법」에 따른 다년생개량목초 및 사료작물의 재배에 이용되는 시설(토지를 포함한다)

③ 개정법률 부칙 제2조제2항에서 "대통령령으로 정하는 기준에 적합한 산

| 산지관리법 | 산지관리법 시행령 | 산지관리법 시행규칙 |
|---|---|---|
| 한 시점의 규정이 신고자에게 유리한 경우에는 산지전용 시점의 규정을 적용한다.<br>④ 시장·군수·구청장은 제2항에 따른 산지전용허가 등을 하고자 하는 산지가 산지전용이 제한되는 산지이거나 다른 법률에 따른 인가·허가·승인 등의 행정처분이 필요한 산지인 경우에는 미리 관계 행정기관의 장과 협의를 하여야 한다.<br>⑤ 제2항에 따른 심사의 방법 및 처분절차 등에 관한 사항은 대통령령으로 정한다.<br>**제3조(산지관리기본계획의 수립 등에 관한 적용례)** 제3조의2의 개정규정에 따라 처음으로 수립하는 산지관리기본계획은 2012년 12월 31일까지 수립하여야 한다. 다만, 다른 법률에 따른 계획과 연계를 위하여 필요하면 그 계 | 지"란 다음 각 호의 기준을 모두 충족하는 산지를 말한다.<br>1. 법 제44조제1항에 따른 시설물의 철거명령 또는 형질변경된 산지의 복구명령을 받은 산지가 아닐 것<br>2. 법 제15조제2항에 따른 산지전용신고기준 또는 법 제18조에 따른 산지전용허가기준에 부합할 것. 다만, 해당 기준을 적용하는 것이 현저히 불합리하다고 인정하는 경우에는 산림청장이 정하여 고시하는 바에 따라 그 기준을 일부 완화하여 적용할 수 있다.<br>3. 신고하는 산지가 자기 소유의 산지일 것(제2항에 따른 시설을 사용하고 있는 경우만 해당한다)<br>4. 「농지법」에 따른 농지취득자격이 있는 자가 사용하고 있을 것(제2항 제4호의 시설을 사용하고 있는 경 | |

획기간을 조정할 수 있다.

**제4조(산지전용타당성조사에 관한 적용례)** 제18조의2의 개정규정은 그 개정규정 시행 후 최초로 산지전용허가나 산지일시사용허가를 신청하는 분부터 적용한다.

**제5조(산지의 복구 시 성토 및 산지복구공사 감리 등에 관한 적용례)** ① 제39조제4항의 개정규정은 이 법 시행 후 최초로 복구설계서를 제출하는 분부터 적용한다.

② 제40조의2의 개정규정은 그 개정규정 시행 후 최초로 복구설계서를 제출하는 분부터 적용한다.

**제6조(지방이양에 따른 경과조치)** 이 법 시행 당시 종전의 제15조, 제17조, 제20조, 제21조, 제25조, 제26조, 제28조, 제30조, 제31조, 제37조부터 제40조까지, 제41조부터 제44조까지, 제47조부터 제49조까지 및 제57조에 따라 신청, 신고 등이 접수된 사항에 대하

우만 해당한다)

④ 시장·군수·구청장은 개정법률 부칙 제2조에 따라 불법전용산지의 신고를 받은 경우에는 항공사진 판독, 현지조사 및 관계자 의견청취 등의 방법으로 심사할 수 있다.

⑤ 시장·군수·구청장은 제4항에 따라 그 심사를 완료한 경우에는 그 신고한 자에게 심사결과를 서면으로 통지하여야 한다. 이 경우 그 심사결과에 따라 지목변경이 필요한 경우에는 그 지목변경에 필요한 처분을 함께 통지하여야 한다.

⑥ 그 밖에 불법전용산지의 신고·심사 및 통지 등에 관한 세부절차는 산림청장이 정하여 고시한다.

**제3조(지역등의 지정·결정 협의에 관한 적용례)** ① 제6조제1항 후단 및 별표 2의 개정규정은 이 영 시행 후 최초로 산림청장에게 지역등의 지정·결정을 위한 협의를 요청하는 것부터 적용한

| 산지관리법 | 산지관리법 시행령 | 산지관리법 시행규칙 |
|---|---|---|
| 여는 종전의 규정에 따른다.<br><br>**제7조(산지일시사용허가·신고에 관한 경과조치)** ① 이 법 시행 당시 종전의 제14조 및 제15조에 따라 산지전용허가를 받거나 산지전용신고가 수리된 사항이 제15조의2제1항 및 제2항의 개정규정에 해당되는 경우에는 산지일시사용허가를 받거나 산지일시사용신고가 수리된 것으로 본다.<br>② 이 법 시행 당시 종전의 제14조 및 제15조에 따라 산지전용신청 또는 신고가 접수된 사항이 제15조의2제1항 및 제2항의 개정규정에 해당되는 경우에는 산지일시사용신청 또는 신고가 접수된 것으로 본다.<br><br>**제8조(산지전용·일시사용제한지역에 관한 경과조치)** 이 법 시행 당시 종전의 제9조제1항에 따라 지정된 산지전용제한지역은 제9조제1항의 개정규 | 다.<br>② 이 영 시행 당시 지정 또는 결정된 지역등의 면적을 변경하지 아니하고 산지전용면적을 10퍼센트 미만으로 하는 사항에 대하여 산림청장과의 협의를 진행 중인 경우에는 종전의 규정에 따른다.<br><br>**제4조(산지전용허가기준에 관한 적용례)** 별표 4의 개정규정은 이 영 시행 후 최초로 산지전용허가를 신청하는 것부터 적용한다.<br><br>**제5조(산지전용신고 등의 경계표시에 관한 적용례)** 제17조제1항 후단의 개정규정(제18조의3제1항에 따라 준용되는 경우를 포함한다)은 이 영 시행 후 최초로 산지전용신고 또는 산지일시사용신고를 하는 것부터 적용한다.<br><br>**제6조(대체산림자원조성비의 분할납부 및 감면에 관한 적용례)** 제21조제2항 | |

정에 따라 산지전용·일시사용제한지역으로 지정된 것으로 본다.

**제9조(산지의 지목변경 제한에 관한 경과조치)** 이 법 시행 당시 종전의 규정에 따라 산지전용신고를 한 자의 지목변경 제한에 관하여는 제21조의2의 개정규정에도 불구하고 종전의 규정에 따른다.

**제10조(「매장문화재 보호 및 조사에 관한 법률」에 따른 매장문화재 지표조사에 관한 경과조치)** 제15조의2제2항제6호의 개정규정 중 "「매장문화재 보호 및 조사에 관한 법률」에 따른 매장문화재 지표조사"는 2011년 2월 4일까지는 "「문화재보호법」에 따른 문화재 지표조사"로 본다.

**제11조(「광업법」 제3조제3호의2·제3호의3에 관한 경과조치)** 제27조제1항 각 호 외의 부분 본문 중 "「광업법」 제3조제3호의2·제3호의3"은 2011년 1월 27일까지는 "「광업법」 제3조

제6호 및 별표 5의 개정규정은 이 영 시행 후 최초로 산지전용허가 또는 산지일시사용허가를 신청하거나 다른 법률에 따라 산지전용허가 또는 산지일시사용허가가 의제·배제되는 행정처분을 위하여 협의를 요청하는 것부터 적용한다.

**제7조(산지일시사용신고에 관한 경과조치)** 이 영 시행 당시 제12조제5항제1호라목의 개정규정에 따른 시설을 설치하기 위하여 산지일시사용신고 절차가 진행 중인 경우에는 해당 개정규정에도 불구하고 종전의 규정에 따른다.

**제8조(권한의 위임에 따른 경과조치)** 이 영 시행 당시 제52조제1항·제3항 및 제7항의 개정규정에 따라 위임사무가 변경된 부분에 대한 행정절차가 진행 중인 경우에는 그 개정규정에도 불구하고 종전의 규정에 따른다.

| 산지관리법 | 산지관리법 시행령 | 산지관리법 시행규칙 |
|---|---|---|
| 제3호"로 본다.<br>**제12조(다른 법률의 개정)** ① 2011대구세계육상선수권대회, 2014인천아시아경기대회 및 2015광주하계유니버시아드대회 지원법 일부를 다음과 같이 개정한다.<br>제28조제1항제5호 중 "산지전용신고"를 "산지전용신고 및 제15조의2에 따른 산지일시사용허가·신고"로 한다.<br>② 2012여수세계박람회 지원특별법 일부를 다음과 같이 개정한다.<br>제30조제1항제20호 중 "산지전용신고"를 "산지전용신고, 같은 법 제15조의2에 따른 산지일시사용허가·신고"로 한다.<br>③ 개발제한구역의 지정 및 관리에 관한 특별조치법 일부를 다음과 같이 개정한다. | **제9조(다른 법령의 개정)** ① 국유림의 경영 및 관리에 관한 법률 시행령 일부를 다음과 같이 개정한다.<br>제12조제1항제2호 중 "산지전용제한지역"을 "산지전용·일시사용제한지역"으로 한다.<br>제17조제1항제2호 중 "산지전용"을 "산지전용·산지일시사용"으로, "동법 제18조에 따른 산지의 전용기준"을 "같은 법 제15조의2 또는 제18조에 따른 산지전용·일시사용기준"으로 한다.<br>② 산림자원의 조성 및 관리에 관한 법률 시행령 일부를 다음과 같이 개정한다.<br>제42조제2항제1호 중 "「산지관리법」 제14조제1항에 따른 산지전용허가를 받거나 동조제2항에 따른 협의를 거쳐 허가·인가 등의 처분을 | |

제14조제1항제1호 중 "산지전용신고"를 "산지전용신고, 같은 법 제15조의2에 따른 산지일시사용허가·신고"로 한다.

④ 건축법 일부를 다음과 같이 개정한다.

제10조제6항제2호 본문 및 제11조제5항제5호 본문 중 "산지전용신고"를 각각 "산지전용신고, 같은 법 제15조의2에 따른 산지일시사용허가·신고"로 한다.

⑤ 경제자유구역의 지정 및 운영에 관한 특별법 일부를 다음과 같이 개정한다.

제11조제1항제2호 중 "산지전용신고"를 "산지전용신고, 같은 법 제15조의2에 따른 산지일시사용허가·신고"로 하고, 제27조제8호 중 "「산지관리법」 제14조, 제15조, 제17조"를 "「산지관리법」 제14조, 제15조, 제15조의2, 제17조"로 한다.

받은 면적 중 그 허가나 처분시의"를 "「산지관리법」 제14조·제15조·제15조의2에 따른 산지전용허가·산지전용신고·산지일시사용허가 또는 산지일시사용신고(다른 법령에 따라 허가 또는 신고가 의제되거나 배제되는 행정처분을 받아 산지전용·산지일시사용하는 경우를 포함한다)에 따른"으로 한다.

제43조제7호 중 "「산지관리법」 제14조 또는 제15조에 따라 산지전용허가를 받았거나 산지전용신고를 한 자"를 "「산지관리법」 제14조·제15조의2제1항에 따른 산지전용허가·산지일시사용허가를 받거나 같은 법 제15조·제15조의2제2항에 따른 산지전용신고·산지일시사용신고를 한 자(다른 법령에 따라 허가 또는 신고가 의제되거나 배제되는 행정처분을 받은 자를 포함한다)"로 한다.

| 산지관리법 | 산지관리법 시행령 | 산지관리법 시행규칙 |
|---|---|---|
| ⑥ 공공기관 지방이전에 따른 혁신도시 건설 및 지원에 관한 특별법 일부를 다음과 같이 개정한다.<br>제14조제1항제21호 중 "산지전용신고"를 "산지전용신고, 같은 법 제15조의2에 따른 산지일시사용허가·신고"로 한다.<br>⑦ 법률 제10272호 공유수면 관리 및 매립에 관한 법률 일부를 다음과 같이 개정한다.<br>제39조제1항제9호 중 "산지전용신고"를 "산지전용신고, 같은 법 제15조의2에 따른 산지일시사용허가·신고"로 한다.<br>⑧ 과학관육성법 일부를 다음과 같이 개정한다.<br>제8조제6호 중 "산지전용신고"를 "산지전용신고, 같은 법 제15조의2에 따른 산지일시사용허가·신고"로 한다. | ③ 지역특화발전특구에 대한 규제특례법 시행령 일부를 다음과 같이 개정한다.<br>제12조제1항제1호 및 제2호 중 "「산지관리법 시행령」제20조제4항"을 각각 "「산지관리법 시행령」제20조제6항"으로 한다.<br>④ 폐광지역 개발 지원에 관한 특별법 시행령 일부를 다음과 같이 개정한다.<br>제11조제2항 본문 중 "「산지관리법 시행령」제12조·제13조·제20조제4항 및 별표 4에도 불구하고「산지관리법」제14조에 따른 산지전용허가를"을 "「산지관리법 시행령」제12조·제13조·제18조의2·제20조제4항·별표 3의2 및 별표 4에도 불구하고「산지관리법」제14조·제15조의2에 따른 산지전용허가·산지일시사용허가를"로 한다. | |

⑨ 관광진흥법 일부를 다음과 같이 개정한다.

제16조제1항제2호 및 제58조제1항제10호 중 "산지전용신고"를 각각 "산지전용신고, 같은 법 제15조의2에 따른 산지일시사용허가·신고"로 한다.

⑩ 광업법 일부를 다음과 같이 개정한다.

제43조제1항제9호 중 "산지전용신고"를 "산지전용신고, 같은 법 제15조의2에 따른 산지일시사용허가·신고"로 한다.

⑪ 국가통합교통체계효율화법 일부를 다음과 같이 개정한다.

제52조제1항제13호 및 제80조제1항제7호 중 "산지전용신고"를 각각 "산지전용신고, 같은 법 제15조의2에 따른 산지일시사용허가·신고"로 한다.

⑫ 국유림의 경영 및 관리에 관한 법률 일부를 다음과 같이 개정한다.

제21조제2항 중 "산지전용신고와"를 "

## 부 칙
**〈대통령령 제22556호, 2010.12.28〉**
(광업법 시행령)

**제1조(시행일)** 이 영은 2011년 1월 28일부터 시행한다.

**제2조** 생략

**제3조(다른 법령의 개정)** ① 생략

② 산지관리법 시행령 일부를 다음과 같이 개정한다.

제10조제4항 중 "굴진채광((굴진채광)"을 "굴진채굴(掘進採掘)"로 한다.

제19조제2항제1호 전단 중 "채광"을 "채굴"로 하고, 같은 호 후단 중 "광업권"을 "채굴권"으로 한다.

③ 부터 ⑥ 까지 생략

## 부 칙
**〈대통령령 제22560호, 2010.12.29〉**
(문화재보호법 시행령)

**제1조(시행일)** 이 영은 2011년 2월 5일부터 시행한다.

| 산지관리법 | 산지관리법 시행령 | 산지관리법 시행규칙 |
|---|---|---|
| 산지전용신고, 같은 법 제15조의2에 따른 산지일시사용허가·신고 및"으로 한다.<br>⑬ 국토의 계획 및 이용에 관한 법률 일부를 다음과 같이 개정한다.<br>제61조제1항제10호·제81조제5항제1호 및 제92조제1항제13호 중 "산지전용신고"를 각각 "산지전용신고, 같은 법 제15조의2에 따른 산지일시사용허가·신고"로 한다.<br>⑭ 금강수계 물관리 및 주민지원 등에 관한 법률 일부를 다음과 같이 개정한다.<br>제26조제1항제11호 중 "산지전용신고"를 "산지전용신고, 같은 법 제15조의2에 따른 산지일시사용허가·신고"로 한다.<br>⑮ 기업도시개발 특별법 일부를 다음과 같이 개정한다. | **제2조부터 제4조까지** 생략<br>**제5조(다른 법령의 개정)** ① 부터 ⑤ 까지 생략<br>⑥ 산지관리법 시행령 일부를 다음과 같이 개정한다.<br>제32조의3제1항제4호바목 중 "「문화재보호법」 제2조제3항"을 "「문화재보호법」 제2조제4항"으로 한다.<br>제32조의3제3항제4호 중 "「문화재보호법」 제2조제3항"을 "「문화재보호법」 제2조제4항"으로 한다.<br>⑦ 부터 ⑮ 까지 생략<br>**제6조** 생략 |  |

제13조제1항제18호 중 "산지전용신고"를 "산지전용신고, 같은 법 제15조의2에 따른 산지일시사용허가·신고"로 한다.

⑯ 기업활동 규제완화에 관한 특별조치법 일부를 다음과 같이 개정한다.
제19조를 다음과 같이 한다
제19조(산지전용허가에 관한 특례) 「산지관리법」 제14조, 제15조 및 제15조의2에 따른 산지전용 및 산지일시사용 중 공업용지의 조성을 위한 15만제곱미터 미만의 산지전용 및 산지일시사용의 허가의 권한은 같은 법 제52조에도 불구하고 광역시장 또는 도지사(특별자치도지사를 포함한다. 이하 "시·도지사"라 한다)가 이를 행사한다. 이 경우 「산지관리법」 제14조·제15조·제15조의2·제20조, 그 밖에 산지전용 및 산지일시사용과 관련되는 규정 중 "산림청장"은 "시·도지사"로 본다.

| 산지관리법 | 산지관리법 시행령 | 산지관리법 시행규칙 |
|---|---|---|
| ⑰ 낙동강수계 물관리 및 주민지원 등에 관한 법률 일부를 다음과 같이 개정한다.<br>　제28조제1항제11호 중 "산지전용신고"를 "산지전용신고, 같은 법 제15조의2에 따른 산지일시사용허가·신고"로 한다.<br>⑱ 농어촌도로 정비법 일부를 다음과 같이 개정한다.<br>　제12조제1항제4호 중 "산지전용신고"를 "산지전용신고, 같은 법 제15조의2에 따른 산지일시사용허가·신고"로 한다.<br>⑲ 농어촌정비법 일부를 다음과 같이 개정한다.<br>　제106조제2항제17호 중 "산지전용신고"를 "산지전용신고, 같은 법 제15조의2에 따른 산지일시사용허가·신고"로 한다. | | |

⑳ 농어촌주택개량촉진법 일부를 다음과 같이 개정한다.

제6조제1항제3호 중 "산지관리법 제14조·제15조의 규정에 의한 산지전용허가 및 산지전용신고"를 "「산지관리법」 제14조·제15조 및 제15조의2에 따른 산지전용허가·산지전용신고 및 산지일시사용허가·신고"로 한다.

㉑ 법률 제9762호 농업생산기반시설 및 주변지역 활용에 관한 특별법 일부를 다음과 같이 개정한다.

제15조제1항제19호 중 "산지전용신고"를 "산지전용신고, 같은 법 제15조의2에 따른 산지일시사용허가·신고"로 한다.

㉒ 법률 제9760호 농업인등의 농외소득 활동 지원에 관한 법률 일부를 다음과 같이 개정한다.

제11조제1항제11호 중 "산지전용신고"를 "산지전용신고, 같은 법 제15조의

| 산지관리법 | 산지관리법 시행령 | 산지관리법 시행규칙 |
|---|---|---|
| 2에 따른 산지일시사용허가·신고"로 한다.<br><br>㉓ 대덕연구개발특구 등의 육성에 관한 특별법 일부를 다음과 같이 개정한다. 제29조제1항제2호 중 "「산지관리법」 제14조 및 같은 법 제15조의 규정에 따른 산지전용허가 및 산지전용신고"를 "「산지관리법」 제14조·제15조 및 제15조의2에 따른 산지전용허가·산지전용신고 및 산지일시사용허가·신고"로 한다.<br><br>㉔ 댐건설 및 주변지역지원 등에 관한 법률 일부를 다음과 같이 개정한다. 제9조제1항제3호 중 "산지전용신고"를 "산지전용신고, 같은 법 제15조의2에 따른 산지일시사용허가·신고"로 한다.<br><br>㉕ 도로법 일부를 다음과 같이 개정한다. | | |

제25조제1항제4호 중 "산지전용신고"를 "산지전용신고, 같은 법 제15조의2에 따른 산지일시사용허가·신고"로 한다.

㉖ 도시개발법 일부를 다음과 같이 개정한다.

제19조제1항제9호 중 "산지전용신고"를 "산지전용신고, 같은 법 제15조의2에 따른 산지일시사용허가·신고"로 한다.

㉗ 도시 및 주거환경정비법 일부를 다음과 같이 개정한다.

제32조제1항제6호 본문 중 "산지전용신고"를 "산지전용신고, 같은 법 제15조의2에 따른 산지일시사용허가·신고"로 한다.

㉘ 도시철도법 일부를 다음과 같이 개정한다.

제23조제1항제5호 중 "산지전용신고"를 "산지전용신고, 같은 법 제15조의2에 따른 산지일시사용허가·신고"

| 산지관리법 | 산지관리법 시행령 | 산지관리법 시행규칙 |
|---|---|---|
| 로 한다.<br>㉙ 도청이전을 위한 도시건설 및 지원에 관한 특별법 일부를 다음과 같이 개정한다.<br>　제16조제1항제17호 중 "산지전용신고"를 "산지전용신고, 같은 법 제15조의 2에 따른 산지일시사용허가·신고"로 한다.<br>㉚ 법률 제10267호 동·서·남해안권 발전 특별법 일부개정법률 일부를 다음과 같이 개정한다.<br>　제15조제1항제15호 중 "산지전용신고"를 "산지전용신고, 같은 법 제15조의 2에 따른 산지일시사용허가·신고"로 한다.<br>㉛ 마리나항만의 조성 및 관리 등에 관한 법률 일부를 다음과 같이 개정한다.<br>　제16조제1항제13호 중 "산지전용의 신고"를 "산지전용신고, 같은 법 제15 | | |

조의2에 따른 산지일시사용허가·신고"로 한다.

㉜ 무인도서의 보전 및 관리에 관한 법률 일부를 다음과 같이 개정한다.

제18조제1항제4호 중 "산지전용신고"를 "산지전용신고, 같은 법 제15조의2에 따른 산지일시사용허가·신고"로 한다.

㉝ 물류시설의 개발 및 운영에 관한 법률 일부를 다음과 같이 개정한다.

제21조제1항제11호 및 제30조제1항제15호 중 "산지전용신고"를 각각 "산지전용신고, 같은 법 제15조의2에 따른 산지일시사용허가·신고"로 한다.

㉞ 박물관 및 미술관 진흥법 일부를 다음과 같이 개정한다.

제20조제1항제6호 중 "산지전용신고"를 "산지전용신고, 같은 법 제15조의2에 따른 산지일시사용허가·신고"로 한다.

| 산지관리법 | 산지관리법 시행령 | 산지관리법 시행규칙 |
|---|---|---|
| ㉟ 보금자리주택건설 등에 관한 특별법 일부를 다음과 같이 개정한다.<br>제18조제1항제20호 및 제35조제4항 제12호 본문 중 "산지전용신고"를 각 각 "산지전용신고, 같은 법 제15조의 2에 따른 산지일시사용허가·신고" 로 한다.<br>㊱ 사방사업법 일부를 다음과 같이 개정 한다.<br>제9조제3항 후단·제14조제3항 및 제 24조 중 "「산지관리법」 제14조· 제15조·제25조제1항"을 각각 " 「산지관리법」 제14조·제15조· 제15조의2·제25조제1항"으로 한 다.<br>㊲ 산림자원의 조성 및 관리에 관한 법 률 일부를 다음과 같이 개정한다.<br>제36조제1항 전단 중 "「산지관리법」 제2조제3호·제4호"를 "「산지관리 | | |

법」 제2조제4호·제5호"로 하고, 같은 조 제6항 중 "「산지관리법」 제15조에 따른 산지전용신고"를 "「산지관리법」 제15조의2에 따른 산지일시사용신고"로 한다.

㊳ 산업입지 및 개발에 관한 법률 일부를 다음과 같이 개정한다.

제21조제1항제10호 중 "산지전용신고"를 "산지전용신고, 같은 법 제15조의2에 따른 산지일시사용허가·신고"로 한다.

㊴ 법률 제10252호 산업집적활성화 및 공장설립에 관한 법률 일부개정법률 일부를 다음과 같이 개정한다.

제13조의2제1항제2호, 제33조의2제1항제5호 및 제45조의4제1항제5호 중 "산지전용신고"를 "산지전용신고, 같은 법 제15조의2에 따른 산지일시사용허가·신고"로 한다.

㊵ 새만금사업 촉진을 위한 특별법 일부를 다음과 같이 개정한다.

| 산지관리법 | 산지관리법 시행령 | 산지관리법 시행규칙 |
|---|---|---|
| 제15조제1항제24호 중 "산지전용신고"를 "산지전용신고, 같은 법 제15조의2에 따른 산지일시사용허가·신고"로 한다. ㉕ 법률 제10223호 소하천정비법 일부개정법률 일부를 다음과 같이 개정한다. 제10조의2제1항제5호 중 "산지전용신고"를 "산지전용신고, 같은 법 제15조의2에 따른 산지일시사용허가·신고"로 한다. ㉒ 송유관 안전관리법 일부를 다음과 같이 개정한다. 제4조제1항제11호 중 "산지전용신고"를 "산지전용신고, 같은 법 제15조의2에 따른 산지일시사용허가·신고"로 한다. ㉓ 수도권신공항건설 촉진법 일부를 다음과 같이 개정한다. | | |

제8조제1항제12호 중 "산지전용신고"를 "산지전용신고, 같은 법 제15조의2에 따른 산지일시사용허가·신고"로 한다.

㊹ 수도법 일부를 다음과 같이 개정한다.

제46조제1항제7호 본문 중 "산지전용신고"를 "산지전용신고, 같은 법 제15조의2에 따른 산지일시사용허가·신고"로 한다.

㊺ 수산물품질관리법 일부를 다음과 같이 개정한다.

제17조제2항제2호 중 "산지전용신고"를 "산지전용신고, 같은 법 제15조의2에 따른 산지일시사용허가·신고"로 한다.

㊻ 식품산업진흥법 일부를 다음과 같이 개정한다.

제16조제3항제7호 중 "산지전용신고"를 "산지전용신고, 같은 법 제15조의2에 따른 산지일시사용허가·신고"

| 산지관리법 | 산지관리법 시행령 | 산지관리법 시행규칙 |
|---|---|---|
| 로 한다.<br>㊼ 신발전지역 육성을 위한 투자촉진 특별법 일부를 다음과 같이 개정한다.<br>제15조제1항제15호 중 "산지전용신고"를 "산지전용신고, 같은 법 제15조의2에 따른 산지일시사용허가·신고"로 한다.<br>㊽ 신항만건설촉진법 일부를 다음과 같이 개정한다.<br>제9조제2항제11호 중 "산지전용신고"를 "산지전용신고, 같은 법 제15조의2에 따른 산지일시사용허가·신고"로 한다.<br>㊾ 신행정수도 후속대책을 위한 연기·공주지역 행정중심복합도시 건설을 위한 특별법 일부를 다음과 같이 개정한다.<br>제22조제1항제22호 중 "산지전용신고"를 "산지전용신고, 같은 법 제15조의 | | |

2에 따른 산지일시사용허가·신고"로 한다.

(50) 아시아문화중심도시 조성에 관한 특별법 일부를 다음과 같이 개정한다.

제33조제1항제2호 중 "산지전용신고"를 "산지전용신고, 같은 법 제15조의2에 따른 산지일시사용허가·신고"로 한다.

(51) 어촌·어항법 일부를 다음과 같이 개정한다.

제8조제16호 중 "허가 또는 신고"를 "허가 또는 신고, 같은 법 제15조의2에 따른 산지일시사용허가·신고"로 한다.

(52) 연안관리법 일부를 다음과 같이 개정한다.

제26조제1항제5호 중 "「산지관리법」 제14조 및 제15조에 따른 산지전용허가 및 산지전용신고"를 "「산지관리법」제14조·제15조 및 제15조의2에 따른 산지전용허가·산지전

| 산지관리법 | 산지관리법 시행령 | 산지관리법 시행규칙 |
|---|---|---|
| 용신고 및 산지일시사용허가 · 신고" 로 한다.<br>㊼ 영산강 · 섬진강수계 물관리 및 주민 지원 등에 관한 법률 일부를 다음과 같이 개정한다.<br>제26조제1항제11호 중 "산지전용신고 "를 "산지전용신고, 같은 법 제15조의 2에 따른 산지일시사용허가 · 신고" 로 한다.<br>㊽ 유비쿼터스도시의 건설 등에 관한 법률 일부를 다음과 같이 개정한다.<br>제15조제1항제13호 중 "전용허가 또 는 신고"를 "전용허가 또는 신고, 같은 법 제15조의2에 따른 산지일시사용 허가 · 신고"로 한다.<br>㊾ 유통산업발전법 일부를 다음과 같이 개정한다.<br>제30조제1항제2호 중 "산지전용신고" 를 "산지전용신고, 같은 법 제15조의 | | |

2에 따른 산지일시사용허가·신고"로 한다.

㊾ 자연공원법 일부를 다음과 같이 개정한다.

제21조제7호 중 "산지전용신고"를 "산지전용신고, 같은 법 제15조의2에 따른 산지일시사용허가·신고"로 한다.

㊿ 자연재해대책법 일부를 다음과 같이 개정한다.

제49조제4항제15호 중 "산지전용신고"를 "산지전용신고, 같은 법 제15조의2에 따른 산지일시사용허가·신고"로 한다.

○58 장사 등에 관한 법률 일부를 다음과 같이 개정한다.

제14조제5항 본문 중 "산지전용신고"를 "산지전용신고, 같은 법 제15조의2에 따른 산지일시사용허가·신고"로 한다.

○59 법률 제9887호 재래시장 및 상점가 육성을 위한 특별법 일부개정법률 일

| 산지관리법 | 산지관리법 시행령 | 산지관리법 시행규칙 |
|---|---|---|
| 부를 다음과 같이 개정한다.<br>제40조제1항제6호 본문 중 "산지전용신고"를 "산지전용신고, 같은 법 제15조의2에 따른 산지일시사용허가·신고"로 한다.<br>⑥⓪ 재해위험 개선사업 및 이주대책에 관한 특별법 일부를 다음과 같이 개정한다.<br>제17조제1항제15호 중 "산지전용신고"를 "산지전용신고, 같은 법 제15조의2에 따른 산지일시사용허가·신고"로 한다.<br>⑥① 저수지·댐의 안전관리 및 재해예방에 관한 법률 일부를 다음과 같이 개정한다.<br>제21조제13호 중 "산지전용신고"를 "산지전용신고, 같은 법 제15조의2에 따른 산지일시사용허가·신고"로 한다. | | |

⑥² 전원개발촉진법 일부를 다음과 같이 개정한다.

제6조제1항제10호 중 "「산지관리법」 제14조·제15조·제25조에 따른 산지전용허가·산지전용신고 및 토석채취허가"를 "「산지관리법」 제14조·제15조 및 제15조의2에 따른 산지전용허가·산지전용신고 및 산지일시사용허가·신고, 같은 법 제25조에 따른 토석채취허가"로 한다.

⑥³ 전통사찰의 보존 및 지원에 관한 법률 일부를 다음과 같이 개정한다.

제9조제5항제4호 중 "산지전용신고"를 "산지전용신고, 같은 법 제15조의2에 따른 산지일시사용허가·신고"로 한다.

⑥⁴ 접경지역지원법 일부를 다음과 같이 개정한다.

제9조제1항제1호 중 "산지전용신고"를 "산지전용신고, 같은 법 제15조의2에 따른 산지일시사용허가·신고"

| 산지관리법 | 산지관리법 시행령 | 산지관리법 시행규칙 |
|---|---|---|
| 로 한다.<br>㉖ 제주특별자치도 설치 및 국제자유도<br>시 조성을 위한 특별법 일부를 다음과<br>같이 개정한다.<br>제230조제1항제2호 중 "산지전용신고<br>"를 "산지전용신고, 같은 법 제15조의<br>2에 따른 산지일시사용허가·신고"<br>로 한다.<br>제244조제1항 중 "제15조, 제17조"를<br>"제15조, 제15조의2, 제17조"로 하<br>고, 같은 조 제2항 중 "제15조제1항·<br>제3항, 제25조"를 "제15조제1항·제<br>3항, 제15조의2, 제25조"로, "같은 항<br>제2호·제4호"를 "같은 항 제2호·<br>제3호"로 하며, 같은 조 제3항 각 호<br>외의 부분 및 같은 항 제3호 중 "제18<br>조제3항"을 각각 "제18조제4항"으로<br>하고, 같은 항 제1호 및 제2호 중 "산<br>지전용제한지역"을 각각 "산지전용 | | |

・일시사용제한지역"으로 한다.

⑥⑥ 주택법 일부를 다음과 같이 개정한다.

제17조제1항제12호 본문 중 "산지전용신고"를 "산지전용신고, 같은 법 제15조의2에 따른 산지일시사용허가・신고"로 한다.

⑥⑦ 주한미군 공여구역주변지역 등 지원 특별법 일부를 다음과 같이 개정한다.

제29조제1항제7호 중 "산지전용신고"를 "산지전용신고, 같은 법 제15조의2에 따른 산지일시사용허가・신고"로 한다.

⑥⑧ 주한미군기지 이전에 따른 평택시 등의 지원 등에 관한 특별법 일부를 다음과 같이 개정한다.

제5조제1항제10호 중 "산지전용신고"를 "산지전용신고, 같은 법 제15조의2에 따른 산지일시사용허가・신고"로 한다.

⑥⑨ 중소기업진흥에 관한 법률 일부를

| 산지관리법 | 산지관리법 시행령 | 산지관리법 시행규칙 |
|---|---|---|
| 다음과 같이 개정한다.<br>제81조제1항제9호 중 "산지전용신고"를 "산지전용신고, 같은 법 제15조의2에 따른 산지일시사용허가·신고"로 한다.<br>⑩ 중소기업창업 지원법 일부를 다음과 같이 개정한다.<br>제35조제1항제6호 중 "산지전용신고"를 "산지전용신고, 같은 법 제15조의2에 따른 산지일시사용허가·신고"로 한다.<br>⑪ 지능형 로봇 개발 및 보급 촉진법 일부를 다음과 같이 개정한다.<br>제36조제1항제2호 중 "산지전용신고"를 "산지전용신고, 같은 법 제15조의2에 따른 산지일시사용허가·신고"로 한다.<br>⑫ 지방소도읍육성지원법 일부를 다음과 같이 개정한다. | | |

제9조제1항제2호 중 "산지전용신고"를 "산지전용신고, 같은 법 제15조의2에 따른 산지일시사용허가·신고"로 한다.

㉓ 지역균형개발 및 지방중소기업 육성에 관한 법률 일부를 다음과 같이 개정한다.

제18조제1항제3호 중 "산지전용신고"를 "산지전용신고, 같은 법 제15조의2에 따른 산지일시사용허가·신고"로 한다.

㉔ 지역특화발전특구에 대한 규제특례법 일부를 다음과 같이 개정한다.

제40조제1항제2호 중 "산지전용신고"를 "산지전용신고, 같은 법 제15조의2에 따른 산지일시사용허가·신고"로 한다.

㉕ 철도건설법 일부를 다음과 같이 개정한다.

제11조제1항제14호 중 "산지전용신고"를 "산지전용신고, 같은 법 제15조의

| 산지관리법 | 산지관리법 시행령 | 산지관리법 시행규칙 |
|---|---|---|
| 2에 따른 산지일시사용허가·신고"로 한다.<br>⑯ 청소년활동진흥법 일부를 다음과 같이 개정한다.<br>제33조제1항제5호 및 제52조제1항제10호 중 "산지전용신고"를 각각 "산지전용신고, 같은 법 제15조의2에 따른 산지일시사용허가·신고"로 한다.<br>⑰ 체육시설의 설치·이용에 관한 법률 일부를 다음과 같이 개정한다.<br>제28조제1항제2호 본문 중 "산지전용신고"를 "산지전용신고, 같은 법 제15조의2에 따른 산지일시사용허가·신고"로 한다.<br>⑱ 초지법 일부를 다음과 같이 개정한다.<br>제20조제1항제3호 중 "산지관리법 제14조·제15조의 규정에 의한 산지전용허가 및 산지전용신고"를 "「산지 | | |

관리법」 제14조·제15조 및 제15
조의2에 따른 산지전용허가·산지전
용신고 및 산지일시사용허가·신고"
로 한다.

⑲ 태권도 진흥 및 태권도공원 조성 등
에 관한 법률 일부를 다음과 같이 개정
한다.
제15조제1항제1호 중 "산지전용신고"
를 "산지전용신고, 같은 법 제15조의
2에 따른 산지일시사용허가·신고"
로 한다.

⑳ 택지개발촉진법 일부를 다음과 같이
개정한다.
제11조제1항제12호 중 "산지전용신고
"를 "산지전용신고, 같은 법 제15조의
2에 따른 산지일시사용허가·신고"
로 한다.

㉑ 폐기물처리시설 설치촉진 및 주변지
역지원 등에 관한 법률 일부를 다음과
같이 개정한다.
제12조제1항제11호 중 "산지전용신고

| 산지관리법 | 산지관리법 시행령 | 산지관리법 시행규칙 |
|---|---|---|
| "를 "산지전용신고, 같은 법 제15조의 2에 따른 산지일시사용허가·신고"로 한다.<br>⑧② 하천법 일부를 다음과 같이 개정한다.<br>제32조제1항제15호 중 "산지전용신고"를 "산지전용신고, 같은 법 제15조의 2에 따른 산지일시사용허가·신고"로 한다.<br>⑧③ 학교시설사업 촉진법 일부를 다음과 같이 개정한다.<br>제5조제7호 중 "산지전용신고"를 "산지전용신고, 같은 법 제15조의2에 따른 산지일시사용허가·신고"로 한다.<br>⑧④ 한강수계 상수원수질개선 및 주민지원 등에 관한 법률 일부를 다음과 같이 개정한다.<br>제15조제1항제11호 중 "산지전용신고"를 "산지전용신고, 같은 법 제15조의 |  |  |

| | |
|---|---|
| 2에 따른 산지일시사용허가·신고"로 한다.<br>⑧ 한국가스공사법 일부를 다음과 같이 개정한다.<br>　제16조의3제12호 중 "산지전용신고"를 "산지전용신고, 같은 법 제15조의2에 따른 산지일시사용허가·신고"로 한다.<br>⑧ 한국수자원공사법 일부를 다음과 같이 개정한다.<br>　제18조제1항제11호 중 "산지전용신고"를 "산지전용신고, 같은 법 제15조의2에 따른 산지일시사용허가·신고"로 한다.<br>⑧ 항공법 일부를 다음과 같이 개정한다.<br>　제96조제1항제10호 중 "산지전용신고"를 "산지전용신고, 같은 법 제15조의2에 따른 산지일시사용허가·신고"로 한다. | |

| 산지관리법 | 산지관리법 시행령 | 산지관리법 시행규칙 |
|---|---|---|
| ⑧⑧ 항만공사법 일부를 다음과 같이 개정한다.<br>제23조제1항제10호 중 "산지전용신고"를 "산지전용신고, 같은 법 제15조의2에 따른 산지일시사용허가·신고"로 한다.<br>⑧⑨ 항만법 일부를 다음과 같이 개정한다.<br>제85조제1항제14호 중 "산지전용신고"를 "산지전용신고, 같은 법 제15조의2에 따른 산지일시사용허가·신고"로 한다.<br>**제13조(다른 법령과의 관계)** 이 법 시행 당시 다른 법령에서 종전의 규정을 인용하고 있는 경우 이 법 중 그에 해당하는 규정이 있는 때에는 종전의 규정을 갈음하여 이 법의 해당 규정을 인용한 것으로 본다. | | |

부 칙
<대통령령 제22649호, 2011.1.28>
(매장문화재 보호 및 조사에 관한 법률 시행령)

제1조(시행일) 이 영은 2011년 2월 5일부터 시행한다.

제2조부터 제6조까지 생략

제7조(다른 법령의 개정) ① 생략

② 산지관리법 시행령 일부를 다음과 같이 개정한다.

제18조의2제2항제3호 중 "「문화재보호법」"을 "「매장문화재 보호 및 조사에 관한 법률」"로 한다.

제46조제1항제5호나목 중 "「문화재보호법」"을 "「매장문화재 보호 및 조사에 관한 법률」"로, "문화재"를 "매장문화재"로 한다.

제47조제4호나목 중 "「문화재보호법」"을 "「매장문화재 보호 및 조사에 관한 법률」"로, "문화재"를 "매장문화재"로 한다.

부 칙
<농림수산식품부령 제162호, 2011.1.5>

제1조(시행일) 이 규칙은 공포한 날부터 시행한다. 다만, 제4조제2항제6호, 제10조제2항제2호, 제18조, 제39조제4호의2 및 제42조의2의 개정규정은 2011년 7월 1일부터 시행한다.

제2조(불법전용산지에 관한 임시특례) 법률 제10331호 산지관리법 일부개정법률 부칙 제2조제1항에 따라 불법전용산지를 신고하려는 자는 별지 제50호서식의 불법전용산지신고서에 다음 각 호의 서류를 첨부하여 시장·군수·구청장에게 제출하여야 한다.

1. 「측량·수로조사 및 지적에 관한 법률」 제24조에 따른 지적측량수행자가 측량한 신고대상 산지의 분할측량성과도 또는 등록전환측량성과도 1부

2. 신고대상 산지를 5년 이상 계속하여 다른 용도로 이용 또는 관리하고 있

| 산지관리법 | 산지관리법 시행령 | 산지관리법 시행규칙 |
|---|---|---|

| | | |
|---|---|---|
| | | 는 사실을 입증하기 위한 서류(공과금 영수증 또는 공부의 사본 등 해당 서류가 있는 경우만 해당한다) |

**산지관리법 시행령 칸:**

| 자.「매장문화재 보호 및 조사에 관한 법률」에 따른 매장문화재 지표조사 | 산지전용·일시사용제한지역이 아닌 산지 | 「매장문화재 보호 및 조사에 관한 법률」 제6조에 따른 매장문화재 지표조사일 것 |
|---|---|---|

별표 3의3 제8호자목을 다음과 같이 한다.

③ 및 ④ 생략

**제8조** 생략

**부 칙**

**<대통령령 제22881호, 2011.4.6>**

**제1조(시행일)** 이 영은 공포한 날부터 시행한다. 다만, 별표 2 비고 제2호 및 별표 4 비고 제2호의 개정규정은 공포 후 6개월이 경과한 날부터 시행한다.

**제2조(지방산지관리위원회 보궐위원의 임기에 관한 적용례)** 제31조제7항의 개정규정은 이 영 시행 후 최초로 위촉

**산지관리법 시행규칙 칸:**

3. 별지 제51호서식에 따른 산지이용확인서 1부(신고대상 산지의 소재지 리·동에 5년 이상 계속하여 거주하고 있는 자 중 통·반·리장 1명을 포함한 3명 이상이 확인하여야 한다)

4. 「측량·수로조사 및 지적에 관한 법률」 제80조에 따른 토지이동신청서 1부

5. 「농지법」 제50조에 따른 농지원부 등본 등 농지취득자격이 있는 자가 사용하고 있는 사실을 입증하기 위한 서류(신고대상 산지가 「농지법」에 따른 농작물의 경작 또는 다년생식물의 재배에 이용되는 시설·토지인 경우만 해당한다)

| | | |
|---|---|---|
| | 되는 보궐위원부터 적용한다.<br>**제3조(보전산지 면적비율에 관한 적용례)**<br>① 별표 2 비고 제5호의 개정규정은 이 영 시행 후 최초로 지역등의 지정·결정을 위하여 산림청장에게 협의가 요청되는 것부터 적용한다.<br>② 별표 4 제2호라목의 개정규정은 이 영 시행 당시 지역등의 지정·결정을 위한 협의가 진행 중인 경우에도 적용한다.<br>**제4조(수수료 납부에 관한 적용례)** 별표 9 비고의 개정규정은 이 영 시행 후 최초로 산지전용, 산지일시사용, 용도변경 및 산지복구준공검사를 신청하는 것부터 적용한다.<br><br>**부 칙**<br>〈대통령령 제22977호, 2011.6.24〉<br>(기초연구진흥 및 기술개발지원에 관한 법률 시행령)<br>**제1조(시행일)** 이 영은 공포한 날부터 시 | 6. 「산림자원의 조성 및 관리에 관한 법률 시행령」 제30조제1항에 따른 산림공학기술자 또는 「국가기술자격법」에 따른 산림기사·토목기사·측량 및 지형공간정보기사 이상의 자격증 소지자가 조사·작성한 표고 및 평균경사도조사서 1부(신고대상 산지가 2003년 10월 1일 이후에 전용된 경우만 해당한다)<br>7. 산지소유자의 동의서 1부(국방·군사시설 또는 공용·공공용 시설을 관리하고 있는 자가 신고하는 경우만 해당한다)<br>**제3조(지역등의 지정·결정 협의서류에 관한 적용례)** 제4조제2항제6호의 개정규정은 2011년 7월 1일 이후 최초로 산지에서의 지역등의 지정·결정에 관한 협의를 요청하는 것부터 적용한다. |

| 산지관리법 | 산지관리법 시행령 | 산지관리법 시행규칙 |
|---|---|---|
| | 행한다.<br>**제2조** 생략<br>**제3조(다른 법령의 개정)** ① 부터 ㉓ 까지 생략<br>㉔ 산지관리법 시행령 일부를 다음과 같이 개정한다.<br>제12조제9항제1호 중 "「기술개발촉진법」 제7조제1항제2호의 규정에 의한"을 "「기초연구진흥 및 기술개발지원에 관한 법률」 제14조제1항제2호에 따른"으로 한다.<br>㉕ 부터 ㉘ 까지 생략 | **제4조(협의대상 지역등의 경계표시에 관한 적용례)** 제4조제3항의 개정규정은 이 규칙 시행 후 최초로 지역등의 지정·결정에 관한 협의를 요청하는 것부터 적용한다.<br>**제5조(채석단지에서의 채석신고에 관한 적용례)** 제30조제4항제3호의2의 개정규정은 이 규칙 시행 후 최초로 채석신고 또는 채석신고의 변경신고가 접수되는 것부터 적용한다.<br>**제6조(복구비의 산정기준에 관한 적용례)** 제39조제4호의2의 개정규정은 2011년 7월 1일 이후에 최초로 복구비를 예치하여야 하는 것부터 적용한다.<br>**제7조(복구설계서 승인에 관한 적용례)** 제42조제1항제3호 및 제2항의 개정규정은 이 규칙 시행 후 최초로 복구설계서 승인을 신청하는 것부터 적용한다. |

| | | |
|---|---|---|
| | | 제8조(허가구역 등의 경계 표시에 관한 경과조치) 이 규칙 시행 당시 산지전용허가·변경허가 또는 변경신고에 따른 구역의 경계 표시에 관하여는 제10조제7항의 개정규정에도 불구하고 종전의 규정에 따른다.<br>제9조(토석의 매각대금 결정방법에 관한 경과조치) 이 규칙 시행 당시 매각계약 절차가 진행 중인 토석의 매각대금 결정방법은 제35조제2항의 개정규정에도 불구하고 종전의 규정에 따른다.<br>제10조(구적도에 관한 경과조치) 이 규칙 시행 당시 토석채취, 토사채취, 채석단지에서의 채석 또는 토석의 매입 및 무상양여절차와 관련하여 종전의 규정에 따라 제출한 구적도는 이 규칙의 개정규정에 따라 측량된 구적도로 본다.<br>제11조(다른 법령의 개정) ① 국유림의 경영 및 관리에 관한 법률 시행규칙 일부를 다음과 같이 개정한다.<br>제23조제1항제6호를 다음과 같이 한 |

| 산지관리법 | 산지관리법 시행령 | 산지관리법 시행규칙 |
|---|---|---|
| | | 다.<br>6. 「산지관리법 시행규칙」 제10조, 제13조, 제15조의2 및 제15조의3 에 따른 산지전용·산지일시사용 의 검토에 필요한 서류(산지전용· 산지일시사용이 수반되는 경우만 해당하며, 제1호부터 제5호까지의 서류와 중복되는 서류는 생략한다)<br>② 산림자원의 조성 및 관리에 관한 법 률 시행규칙 일부를 다음과 같이 개정 한다.<br>제10조제1항제4호 중 "「산지관리법 시행규칙」 제13조제2항 각 호의 서 류"를 "「산지관리법 시행규칙」 제15 조의3제2항에 따른 서류"로 하고, 같 은 조 제8항제1호 중 "「산지관리법 시행규칙」 제15조에 따른 산지전용 신고"를 "「산지관리법」 제15조의3 에 따른 산지일시사용신고"로 한다. |

제44조제1항제3호 중 "「산지관리법 시행규칙」 제13조제2항 각 호의 서류"를 "「산지관리법 시행규칙」 제15조의3제2항에 따른 서류"로 하고, 같은 조 제2항제5호 중 "「산지관리법 시행규칙」 제15조에 따른 산지전용신고"를 "「산지관리법」 제15조의3에 따른 산지일시사용신고"로 한다.

부　칙
<법률 제10977호, 2011.7.28>
(야생생물 보호 및 관리에 관한 법률)

제1조(시행일) 이 법은 공포 후 1년이 경과한 날부터 시행한다.

제2조부터 제9조까지 생략

제10조(다른 법률의 개정) ① 부터 ⑦ 까지 생략

⑧ 산지관리법 일부를 다음과 같이 개정한다.
　제4조제1항제1호나목4)를 다음과 같이 한다.

부　칙
<대통령령 제23297호, 2011.11.16>
(산업입지 및 개발에 관한 법률 시행령)

제1조(시행일) 이 영은 공포한 날부터 시행한다. <단서 생략>

제2조(다른 법령의 개정) ① 부터 ⑫ 까지 생략

⑬ 산지관리법 시행령 일부를 다음과 같이 개정한다.
　제21조제2항제1호 중 "「산업입지 및 개발에 관한 법률」 제2조제5호"를 "「산업입지 및 개발에 관한 법률」

부　칙
<농림수산식품부령 제212호, 2011.10.24>

제1조(시행일) 이 규칙은 공포한 날부터 시행한다.

제2조(복구설계 승인기준에 관한 적용례) 별표 6 제3호가목 후단의 개정규정은 이 규칙 시행 후 최초로 광물의 채굴을 위한 산지일시사용허가의 신청이나 토석채취허가의 신청 또는 채석단지의 지정을 신청하여 해당 허가나 지정을 받은 광물의 채굴·토석채취지의 경우부터 적용한다.

| 산지관리법 | 산지관리법 시행령 | 산지관리법 시행규칙 |
|---|---|---|
| 4) 「야생생물 보호 및 관리에 관한 법률」 제27조에 따른 야생생물 특별보호구역 및 같은 법 제33조에 따른 야생생물 보호구역의 산지<br><br>⑨ 부터 ⑳ 까지 생략<br>**제11조** 생략 | 제2조제8호"로 한다.<br>⑭ 부터 ⑳ 까지 생략<br><br>**부　칙**<br>〈대통령령 제23356호, 2011.12.8〉<br>(영유아보육법 시행령)<br>**제1조(시행일)** 이 영은 2011년 12월 8일 부터 시행한다. 〈단서 생략〉<br>**제2조(다른 법령의 개정)** ① 부터 ㉘ 까지 생략<br>㉙ 산지관리법 시행령 일부를 다음과 같이 개정한다.<br>제12조제8항제4호나목 중 "직장보육시설"을 "직장어린이집"으로 한다.<br>㉚ 부터 ㉞ 까지 생략<br><br>**부　칙**<br>〈대통령령 제23488호, 2012.1.6〉<br>(민감정보 및 고유식별정보 처리 근거 마련을 위한 과세자료의 제출 및 관리에 | |

관한 법률 시행령 등 일부개정령)

**제1조(시행일)** 이 영은 공포한 날부터 시행한다. <단서 생략>

**제2조** 생략

### 부 칙
<대통령령 제23529호, 2012.1.25>
(국방·군사시설 사업에 관한 법률 시행령)

**제1조(시행일)** 이 영은 2012년 1월 26일부터 시행한다.

**제2조(다른 법령의 개정)** ① 부터 ④ 까지 생략

⑤ 산지관리법 시행령 일부를 다음과 같이 개정한다.

별표 5 제1호바목의 대상시설란 중 "「국방·군사시설 사업에 관한 법률」 제2조제1항"을 "「국방·군사시설 사업에 관한 법률」 제2조제1호"로 한다.

⑥ 부터 ⑭ 까지 생략

**제3조** 생략

| 산지관리법 | 산지관리법 시행령 | 산지관리법 시행규칙 |
|---|---|---|
| **부 칙**<br>**〈법률 제11352호, 2012.2.22〉**<br><br>**제1조(시행일)** 이 법은 공포 후 6개월이 경과한 날부터 시행한다. 다만, 제39조제4항의 개정규정은 공포한 날부터 시행한다.<br><br>**제2조(산지전용기간에 관한 적용례)** 제17조제1항제1호 단서 및 제2호 단서의 개정규정은 이 법 시행 후 최초로 산지전용허가 또는 산지전용신고를 신청하는 것부터 적용한다.<br><br>**제3조(대체산림자원조성비의 분할납부 및 환급에 관한 적용례)** ① 제19조제2항 각 호 외의 부분 단서의 개정규정은 이 법 시행 후 최초로 산지전용허가 또는 산지일시사용허가를 신청하는 것부터 적용한다.<br><br>② 제19조의2제4호의 개정규정은 이 법 시행 후 최초로 목적사업을 완료하 | **부 칙**<br>**〈대통령령 제23797호, 2012.5.22〉**<br><br>**제1조(시행일)** 이 영은 공포한 날부터 시행한다. 다만, 별표 3의2 제2호가목3) 및 같은 표 비고란 제5호의 개정규정은 공포 후 6개월이 경과한 날부터 시행한다.<br><br>**제2조(채석단지의 지정에 관한 적용례)** 제39조제3항의 개정규정은 이 영 시행 후 최초로 채석단지 지정을 신청하거나 채석단지를 직권으로 지정하는 경우부터 적용한다.<br><br>**제3조(산지전용·일시사용제한지역에서의 허용행위에 관한 적용례)** 별표 3의2 제2호가목3)의 개정규정은 이 영 시행 후 최초로 산지일시사용허가를 신청하거나 산지일시사용신고를 하는 경우부터 적용한다. | |

지 못하고 산지일시사용기간이 만료되는 것부터 적용한다.

**제4조(산지전용·산지일시사용 중지명령에 관한 적용례)** 제20조제2항의 개정규정은 이 법 시행 후 최초로 같은 조 제1항의 개정규정 각 호의 사유에 해당하는 행정처분부터 적용한다.

**제5조(분과위원회의 심의에 관한 적용례)** 제22조제3항 후단의 개정규정은 이 법 시행 후 최초로 분과위원회에서 심의하는 사항부터 적용한다.

**제6조(복구비 예치에 관한 적용례)** 제38조제3항의 개정규정은 이 법 시행 후 최초로 복구비를 재산정하는 것부터 적용한다.

**제7조(불법산지전용지의 복구 등에 관한 적용례)** 제44조제1항제4호의 개정규정은 이 법 시행 후 최초로 조치명령을 위반한 자부터 적용한다.

**제8조(청문에 관한 적용례)** 제49조제1호 및 제3호의 개정규정은 이 법 시행 후

**제4조(대체산림자원조성비의 감면에 관한 적용례)** 별표 5 비고란 제7호의 개정규정은 이 영 시행 후 최초로 산지전용허가 또는 산지일시사용허가를 신청하거나 다른 법률에 따라 산지전용허가 또는 산지일시사용허가가 의제·배제되는 행정처분을 위하여 협의를 요청하는 경우부터 적용한다.

**제5조(토석채취허가 등에 관한 적용례)** 별표 8 제1호가목 및 같은 표 제8호의 개정규정은 이 영 시행 후 최초로 토석채취허가를 신청하거나 채석단지 지정을 신청하거나 채석단지를 직권으로 지정하는 경우부터 적용한다.

부    칙
〈대통령령 제23966호, 2012.7.20〉
(환경영향평가법 시행령)

**제1조(시행일)** 이 영은 2012년 7월 22일부터 시행한다. 〈단서 생략〉

**제2조부터 제4조까지 생략**

| 산지관리법 | 산지관리법 시행령 | 산지관리법 시행규칙 |
|---|---|---|
| 최초로 목적사업의 중지 또는 채석의 중지를 명하는 것부터 적용한다.<br><br>**제9조(수수료 납부에 관한 적용례)** 제50조제6호의2의 개정규정은 이 법 시행 후 최초로 복구설계서의 승인을 신청하는 것부터 적용한다.<br><br>**제10조(권한 변경에 관한 경과조치)** 이 법 시행 당시 다음 각 호의 어느 하나에 해당하는 절차가 진행 중인 경우에는 권한 변경에 관한 해당 규정의 개정규정에도 불구하고 종전의 규정에 따른다.<br><br>1. 제18조의4의 개정규정에 따른 산지전용허가기준 등의 충족 여부 확인<br>2. 제19조 및 제19조의2의 개정규정에 따른 대체산림자원조성비의 부과·징수 및 환급<br>3. 제25조제2항·제4항 및 제5항의 개정규정에 따른 토사채취신고(변 | **제5조(다른 법령의 개정)** ① 부터 ⑮ 까지 생략<br><br>⑯ 산지관리법 시행령 일부를 다음과 같이 개정한다.<br>제36조제3항제3호 각 목 외의 부분 중 "「환경정책기본법」에 따른 사전환경성검토"를 "「환경영향평가법」에 따른 소규모 환경영향평가"로 한다.<br><br>⑰ 부터 ㊳ 까지 생략<br>**제6조** 생략<br><br><br>**부 칙**<br>〈대통령령 제24001호, 2012.7.31〉<br>**(야생생물 보호 및 관리에 관한 법률 시행령)**<br>**제1조(시행일)** 이 영은 공포한 날부터 시행한다.<br>**제2조(다른 법령의 개정)** ① 부터 ④ 까지 생략 | |

경신고를 포함한다), 토사채취기간의 변경신고 및 토사채취신고의 의제를 위한 협의 절차
4. 제30조의 개정규정에 따른 채석신고, 그 변경신고 및 채석기간의 연장신고
5. 제31조의 개정규정에 따른 허가의 취소, 채석의 중지 및 그 밖에 필요한 조치의 명령

**제11조(산지일시사용의 변경허가 및 변경신고에 관한 경과조치)** ① 이 법 시행 당시 산지일시사용의 변경허가 절차가 진행 중인 경우에는 제15조의2 제1항 단서의 개정규정에도 불구하고 종전의 규정에 따른다.
② 이 법 시행 당시 산지일시사용의 변경신고에 대한 절차가 진행 중인 경우에는 제15조의2제2항 각 호 외의 부분 후단의 개정규정에도 불구하고 종전의 규정에 따른다.

⑤ 산지관리법 시행령 일부를 다음과 같이 개정한다.
제32조의3제3항제3호 중 "「야생동·식물보호법」 제27조에 따른 야생동·식물특별보호구역"을 "「야생생물 보호 및 관리에 관한 법률」 제27조에 따른 야생생물 특별보호구역"으로 한다.
⑥ 부터 ⑨ 까지 생략
**제3조** 생략

## 부 칙
〈대통령령 제24020호, 2012.8.3〉
(사회복지사업법 시행령)

**제1조(시행일)** 이 영은 2012년 8월 5일부터 시행한다. 〈단서 생략〉
**제2조** 생략
**제3조(다른 법령의 개정)** ① 부터 ④ 까지 생략
⑤ 산지관리법 시행령 일부를 다음과 같이 개정한다.

| 산지관리법 | 산지관리법 시행령 | 산지관리법 시행규칙 |
|---|---|---|

**제12조(산지전용허가기준 등에 관한 경과조치)** 이 법 시행 당시 산지전용허가 절차가 진행 중인 경우에는 제18조제4항의 개정규정(보전산지가 산지전용허가대상 산지에 포함되는 부분만 해당한다)에도 불구하고 종전의 규정에 따른다.

**제13조(벌칙에 관한 경과조치)** 이 법 시행 전의 행위에 대하여 벌칙을 적용할 때에는 종전의 규정에 따른다.

**제14조(다른 법률의 개정)** ① 공공기관 지방이전에 따른 혁신도시 건설 및 지원에 관한 특별법 일부를 다음과 같이 개정한다.

제14조제1항제21호를 다음과 같이 한다.

21. 「산지관리법」 제14조에 따른 산지전용허가, 같은 법 제15조에 따른 산지전용신고, 같은 법 제15조

제12조제8항제2호 중 "「사회복지사업법」 제2조제3호의 규정에 의한"을 "「사회복지사업법」 제2조제4호에 따른"으로 한다.

⑥ 부터 ⑫ 까지 생략

**부　칙**
**<대통령령 제24059호, 2012.8.22>**

**제1조(시행일)** 이 영은 2012년 8월 23일부터 시행한다.

**제2조(복구비의 예치 등에 관한 적용례)** 제46조제1항제1호 단서의 개정규정은 이 영 시행 후 법 제37조제1항 각 호의 어느 하나에 해당하는 허가 등의 처분을 받거나 신고 등을 하려는 경우부터 적용한다.

**제3조(복구의무의 면제에 관한 적용례)** 제47조의 개정규정은 이 영 시행 후 복구의무 면제를 신청하는 경우부터 적

**부　칙**
**<농림수산식품부령 제314호, 2012.10.26>**

**제1조(시행일)** 이 규칙은 공포한 날부터 시행한다.

**제2조(채석단지의 지정신청에 관한 적용례)** 제29조제1항의 개정규정은 이 규칙 시행 후 채석단지의 지정을 신청하는 경우부터 적용한다.

**제3조(복구설계서의 작성기준에 관한 적용례)** 제42조제1항의 개정규정은 이 규칙 시행 후 복구설계서의 승인을 신청하는 경우부터 적용한다.

| 의2에 따른 산지일시사용허가·신고 및 같은 법 제25조에 따른 토석채취허가<br>② 기업도시개발 특별법 일부를 다음과 같이 개정한다.<br>제13조제1항제16호를 다음과 같이 한다.<br>　16.「산지관리법」제6조에 따른 보전산지의 변경·해제, 같은 법 제11조에 따른 산지전용·일시사용제한지역 지정의 해제, 같은 법 제14조에 따른 산지전용허가, 같은 법 제15조에 따른 산지전용신고, 같은 법 제15조의2에 따른 산지일시사용허가·신고 및 같은 법 제25조에 따른 토석채취허가<br>③ 농어촌정비법 일부를 다음과 같이 개정한다.<br>제106조제2항제17호 중 "같은 법 제11조에 따른 산지전용제한지역"을 "같은 법 제11조에 따른 산지전용· | 용한다.<br>**제4조(수수료 면제에 관한 적용례)** 제51조제4항의 개정규정은 이 영 시행 후 법 제50조 각 호의 어느 하나에 해당하는 행위를 하는 경우부터 적용한다.<br>**제5조(대체산림자원조성비 감면에 관한 적용례)** 별표 5의 개정규정은 이 영 시행 후 산지전용허가 또는 산지일시사용허가를 신청하거나 다른 법률에 따라 산지전용허가 또는 산지일시사용허가가 의제·배제되는 행정처분을 위하여 협의를 요청하는 경우부터 적용한다.<br>**제6조(채석경제성평가의 방법·기준에 관한 적용례)** 별표 7의 개정규정은 이 영 시행 후 시·도지사 또는 시장·군수·구청장에게 제출하는 채석경제성평가에 관한 결과부터 적용한다.<br>**제7조(산지에서의 지역등 협의기준 등에 관한 경과조치)** 이 영 시행 당시 산지에서의 지역등 협의, 산지일시사용신 | **제4조(산지복구공사를 감리하는 자의 선정기준에 관한 적용례)** 제42조의2제2항의 개정규정은 이 규칙 시행 후 산지복구공사를 실시하는 경우부터 적용한다.<br>**제5조(산지전용의 변경신고에 관한 경과조치)** 이 규칙 시행 당시 산지전용의 변경신고 절차가 진행 중인 경우에는 제10조제4항의 개정규정에도 불구하고 종전의 규정에 따른다. |

| 산지관리법 | 산지관리법 시행령 | 산지관리법 시행규칙 |
|---|---|---|
| 일시사용제한지역"으로 한다.<br>④ 도청이전을 위한 도시건설 및 지원에 관한 특별법 일부를 다음과 같이 개정한다.<br>제16조제1항제17호 중 "같은 법 제11조에 따른 산지전용제한지역"을 "같은 법 제11조에 따른 산지전용·일시사용제한지역"으로 한다.<br>⑤ 신행정수도 후속대책을 위한 연기·공주지역 행정중심복합도시건설을 위한 특별법 일부를 다음과 같이 개정한다.<br>제22조제1항제22호를 다음과 같이 한다.<br>22.「산지관리법」 제6조에 따른 보전산지의 변경·해제, 같은 법 제11조에 따른 산지전용·일시사용제한지역 지정의 해제, 같은 법 제14조에 따른 산지전용허가, 같은 | 고, 산지전용허가 및 토석채취허가 절차가 진행 중인 경우에는 별표 2, 별표 3의3 제6호, 별표 4, 별표 8, 별표 8의2의 개정규정에도 불구하고 종전의 규정에 따른다.<br>**제8조(과태료에 관한 경과조치)** ① 이 영 시행 전의 위반행위에 대하여 과태료 부과기준을 적용할 때에는 별표 10의 개정규정에도 불구하고 종전의 규정에 따른다.<br>② 이 영 시행 전의 위반행위로 받은 과태료 부과처분은 별표 10의 개정규정에 따른 위반행위의 횟수의 산정에 포함하지 아니한다. | |

법 제15조에 따른 산지전용신고, 같은 법 제15조의2에 따른 산지일시사용허가·신고 및 같은 법 제25조에 따른 토석채취허가

⑥ 임업 및 산촌 진흥촉진에 관한 법률 일부를 다음과 같이 개정한다.

제20조제3호 중 "「산지관리법」 제12조제1항제1호부터 제12호까지"를 "「산지관리법」 제12조제1항제1호부터 제13호까지"로 한다.

⑦ 토지이용규제 기본법 일부를 다음과 같이 개정한다.

별표 연번 130 및 131을 각각 다음과 같이 한다.

| 130 | 「산지관리법」 제9조 | 산지전용·일시사용제한지역 |
|---|---|---|
| 131 | 「산지관리법」 제25조의3 | 토석채취제한지역 |

**부 칙**
〈농림수산식품부령 제336호, 2013.1.23〉
(법령서식 개선 등을 위한 국유림의 경영 및 관리에 관한 법률 시행규칙 등 일부개정령)

이 규칙은 공포한 날부터 시행한다.

| 산지관리법 | 산지관리법 시행령 | 산지관리법 시행규칙 |
|---|---|---|

**부 칙**
〈법률 제11690호, 2013.3.23〉
(정부조직법)

제1조(시행일) ① 이 법은 공포한 날부터 시행한다.

② 생략

제2조부터 제5조까지 생략

제6조(다른 법률의 개정) ① 부터 ㉞ 까지 생략

㉟ 산지관리법 일부를 다음과 같이 개정한다.

제3조의4제4항, 제4조제3항, 제5조제1항 본문, 제10조제10호라목, 제12조제1항제14호라목, 같은 조 제2항제6호라목, 제14조제1항 단서, 제15조제1항 각 호 외의 부분 후단, 같은 조 제3항, 제15조의2제1항 단서, 같은 조 제2항 각 호 외의 부분 후단, 같은 항 제12호, 제17조제1항제1호

---

**부 칙**
〈대통령령 제24452호, 2013.3.23〉
(산림청과 그 소속기관 직제)

제1조(시행일) 이 영은 공포한 날부터 시행한다.

제2조 생략

제3조(다른 법령의 개정) ① 부터 ⑧ 까지 생략

⑨ 산지관리법 시행령 일부를 다음과 같이 개정한다.

제6조제1항 각 호 외의 부분, 제8조제4항제1호, 제12조제3항, 같은 조 제6항제4호, 같은 조 제7항, 제13조제3항제1호, 제14조의2제1항, 제15조제1항 각 호 외의 부분, 같은 조 제3항 본문, 제16조제1항, 제17조제1항 전단·후단, 제18조의4제1항제1호·제2호, 제19조제1항 본문, 같은 조 제3항 본문, 제20조의3제1항, 같은

---

**부 칙**
〈농림축산식품부령 제24호, 2013.3.23〉
(산림청과 그 소속기관 직제 시행규칙)

제1조(시행일) 이 규칙은 공포한 날부터 시행한다.

제2조 생략

제3조(다른 법령의 개정) ① 부터 ⑦ 까지 생략

⑧ 산지관리법 시행규칙 일부를 다음과 같이 개정한다.

제4조제2항 각 호 외의 부분 본문, 제6조제1항, 제7조 각 호 외의 부분, 제8조제1항·제4항·제5항, 제9조제1항, 같은 조 제3항 각 호 외의 부분, 제10조제2항 각 호 외의 부분 본문, 같은 조 제4항 각 호 외의 부분, 제12조제2항 본문, 제13조제2항 본문, 같은 조 제3항 각 호 외의 부분, 제15조의2제2항 각 호 외의 부분, 제15조의

본문, 같은 항 제2호 본문, 제18조의4제2항, 제18조의5제3항·제4항, 제19조제2항 각 호 외의 부분 단서, 같은 항 제2호 후단, 제20조제1항 각 호 외의 부분 본문, 제21조제1항 각 호 외의 부분, 제25조제1항 각 호 외의 부분 단서, 같은 조 제2항 전단·후단, 같은 조 제3항제1호·제2호, 같은 조 제4항, 제27조제3항, 제29조제5항, 제30조제1항 전단·후단, 같은 조 제3항, 제35조제6항, 제38조제1항 본문, 같은 조 제2항·제5항, 제39조제5항, 제40조제2항·제3항, 제40조의2제5항, 제42조제2항 본문, 같은 조 제3항, 제43조제3항, 제46조제5항 및 제47조제5항 중 "농림수산식품부령"을 각각 "농림축산식품부령"으로 한다.

㉟ 부터 ⑩ 까지 생략

**제7조** 생략

조 제2항제2호, 같은 항 제3호, 제20조의4, 제21조제2항 각 호 외의 부분, 제24조제2항 단서, 제32조제1항·제3항, 같은 조 제6항 전단, 제36조제3항제1호 본문, 제39조제1항·제6항·제7항, 제44조제1항, 제46조제3항 각 호 외의 부분, 제46조의2 각 호 외의 부분 후단, 제50조제1항제2호, 같은 조 제2항, 제50조의2제3항 및 제52조제8항 중 "농림수산식품부령"을 각각 "농림축산식품부령"으로 한다.

제12조제9항제1호 중 "교육과학기술부장관"을 "미래창조과학부장관"으로 한다.

제28조제5항제1호 중 "농림수산식품부·환경부·국토해양부"를 "농림축산식품부·환경부·국토교통부"로 한다.

제34조제1항제3호 중 "지식경제부장관"을 "산업통상자원부장관"으로 한

3제3항 각 호 외의 부분, 같은 조 제5항 각 호 외의 부분, 제15조의4제1항, 제16조, 제17조제2항, 제18조제2항 각 호 외의 부분, 같은 조 제3항, 같은 조 제4항 각 호 외의 부분, 제18조의3제2항, 제24조제3항 각 호 외의 부분, 제24조의2제2항 각 호 외의 부분, 제25조, 제30조제2항 각 호 외의 부분, 제46조 및 제47조제2항 각 호 외의 부분 중 "농림수산식품부령"을 각각 "농림축산식품부령"으로 한다.

제28조 각 호 외의 부분 전단 중 "지식경제부장관"을 "산업통상자원부장관"으로 한다.

⑨ 부터 ⑪ 까지 생략

| 산지관리법 | 산지관리법 시행령 | 산지관리법 시행규칙 |
|---|---|---|
| | 다.<br>별표 1 제3호의 협의대상지역등란 중 "국토해양부장관"을 "국토교통부장관"으로 한다.<br>별표 2 비고 제2호 중 "농림수산식품부령"을 "농림축산식품부령"으로 한다.<br>별표 3의2 제1호가목3)나) 중 "지식경제부장관"을 "산업통상자원부장관"으로 하고, 같은 표 비고 제5호 중 "농림수산식품부령"을 "농림축산식품부령"으로 한다.<br>별표 4 제1호다목1) 본문 및 같은 표 비고 제2호 중 "농림수산식품부령"을 각각 "농림축산식품부령"으로 한다.<br>⑩ 부터 ⑫ 까지 생략 | |

부 칙
<대통령령 제24474호, 2013.3.23>
(과학기술기본법 시행령)

제1조(시행일) 이 영은 공포한 날부터 시행한다.

제2조(다른 법령의 개정) ① 부터 ⑫ 까지 생략

⑬ 산지관리법 시행령 일부를 다음과 같이 개정한다.

제12조제9항제3호 중 "국가과학기술위원회"를 "국가과학기술심의회"로 한다.

⑭ 부터 ⑱ 까지 생략

부 칙
<법률 제11794호, 2013.5.22>
(건설기술 진흥법)

제1조(시행일) 이 법은 공포 후 1년이 경과한 날부터 시행한다.

제2조부터 제24조까지 생략

제25조(다른 법률의 개정) ① 부터 ⑫ 까

부 칙
<대통령령 제24638호, 2013.6.28>
(부가가치세법 시행령)

제1조(시행일) 이 영은 2013년 7월 1일부터 시행한다. <단서 생략>

제2조부터 제15조까지 생략

제16조(다른 법령의 개정) ① 부터 ⑮ 까

부 칙
<농림축산식품부령 제52호, 2013.10.31>

제1조(시행일) 이 규칙은 공포한 날부터 시행한다.

제2조(산지전용허가를 받은 사항의 변경신고에 관한 적용례) 제10조제4항제4호의 개정규정은 이 규칙 시행 후 산지

| 산지관리법 | 산지관리법 시행령 | 산지관리법 시행규칙 |
| --- | --- | --- |
| 지 생략<br>⑬ 산지관리법 일부를 다음과 같이 개정한다.<br>제40조의2제1항제3호 중 "「건설기술관리법」"을 "「건설기술 진흥법」"으로 한다.<br>⑭ 부터 ㉕ 까지 생략<br>**제26조** 생략 | 지 생략<br>⑯ 산지관리법 시행령 일부를 다음과 같이 개정한다.<br>별표 5 제2호카목1) 및 2) 외의 부분 중 "「부가가치세법」 제5조"를 "「부가가치세법」 제8조"로 한다.<br>⑰ 부터 ㊲ 까지 생략<br>**제17조** 생략 | 전용허가를 받은 사항을 변경하는 경우부터 적용한다.<br>**제3조(입목축적 조사 시 표준지 선정기준에 관한 적용례)** 별표 1의 개정규정은 이 규칙 시행 후 산지에서의 지역등의 지정ㆍ결정에 관한 협의를 위하여 입목축적을 조사하는 경우부터 적용한다.<br>**제4조(평균경사도 측정방법에 관한 적용례)** 별표 1의3의 개정규정은 이 규칙 시행 후 산지전용허가기준의 충족 여부를 판단하기 위하여 평균경사도를 측정하는 경우부터 적용한다. |
| **부 칙**<br>**<법률 제11998호, 2013.8.6>**<br>**(지방세외수입금의 징수 등에 관한 법률)**<br>**제1조(시행일)** 이 법은 공포 후 1년이 경과한 날부터 시행한다.<br>**제2조** 생략 | **부 칙**<br>**<대통령령 제25009호, 2013.12.17>**<br>**제1조(시행일)** 이 영은 공포한 날부터 시행한다.<br>**제2조(산지에서의 지역등의 지정ㆍ결정** | **부 칙**<br>**<농림축산식품부령 제66호, 2013.12.31>**<br>**(행정규제기본법 개정에 따른 규제 재검토기한 설정을 위한 국유림의 경영 및 관리에 관한 법률 시행규칙 등 일부개정령)**<br>이 규칙은 2014년 1월 1일부터 시행한 |

제3조(다른 법률의 개정) ① 부터 ㉙ 까지 생략
㉚ 산지관리법 일부를 다음과 같이 개정한다.
제19조제8항 중 "국세 체납처분 또는 지방세 체납처분의 예에 따라 징수할 수 있다"를 "국세 체납처분의 예 또는 「지방세외수입금의 징수 등에 관한 법률」에 따라 징수할 수 있다"로 한다.
㉛ 부터 ㉼ 까지 생략

을 위한 협의 통보에 관한 적용례) 제7조제3항 및 제4항의 개정규정은 이 영 시행 당시 산지에서의 지역등의 지정·결정을 위한 협의 절차가 진행 중인 경우에 대해서도 적용한다.

**제3조(산지에서의 지역등의 지정·결정을 위한 협의기준 등에 관한 적용례)** 별표 2 비고 제4호, 별표 3의2 제1호, 같은 표 비고 제3호, 별표 4 제1호마목 11) 및 같은 표 비고 제5호의 개정규정은 이 영 시행 당시 산지에서의 지역등의 지정·결정을 위한 협의, 산지전용허가 또는 산지일시사용허가 절차가 진행 중인 경우에 대해서도 적용한다.

부 칙
<대통령령 제25050호, 2013.12.30>
(행정규제기본법 개정에 따른 규제 재검토기한 설정을 위한 주택법 시행령 등 일부개정령)

이 영은 2014년 1월 1일부터 시행한다.

다.

| 산지관리법 | 산지관리법 시행령 | 산지관리법 시행규칙 |
|---|---|---|
| | 〈단서 생략〉 | |
| **부 칙**<br>〈법률 제12248호, 2014.1.14〉<br>(도로법)<br>**제1조(시행일)** 이 법은 공포 후 6개월이 경과한 날부터 시행한다.<br>**제2조부터 제23조까지 생략**<br>**제24조(다른 법률의 개정)** ① 부터 ㊱ 까지 생략<br>㊼ 산지관리법 일부를 다음과 같이 개정한다.<br>제25조의3제1항제1호 중 "「도로법」 제8조"를 "「도로법」 제10조"로 한다.<br>㊿ 부터 ⑫ 까지 생략<br>**제25조 생략** | **부 칙**<br>〈대통령령 제25127호, 2014.1.28〉<br>(수질 및 수생태계 보전에 관한 법률 시행령)<br>**제1조(시행일)** 이 영은 2014년 1월 31일부터 시행한다. 〈단서 생략〉<br>**제2조 생략**<br>**제3조(다른 법령의 개정)** ① 및 ② 생략<br>③ 산지관리법 시행령 일부를 다음과 같이 개정한다.<br>제32조의3제1항제2호바목 중 "「수질 및 수생태계 보전에 관한 법률」 제2조제13호"를 "「수질 및 수생태계 보전에 관한 법률」 제2조제14호"로 한다.<br>④ 및 ⑤ 생략 | |

## 부 칙
<법률 제12412호, 2014.3.11>
(농어촌구조개선 특별회계법)

**제1조(시행일)** 이 법은 공포한 날부터 시행한다. <단서 생략>

**제2조(다른 법률의 개정)** ① 및 ② 생략

③ 산지관리법 일부를 다음과 같이 개정한다.

제19조제3항 본문 중 "「농어촌구조개선특별회계법」"을 "「농어촌구조개선 특별회계법」"으로 한다.

④ 부터 ⑥ 까지 생략

**제3조** 생략

## 부 칙
<법률 제12513호, 2014.3.24>

이 법은 공포 후 6개월이 경과한 날부터 시행한다.

## 부 칙
<대통령령 제25249호, 2014.3.11>
(국가균형발전 특별법 시행령)

**제1조(시행일)** 이 영은 공포한 날부터 시행한다. <단서 생략>

**제2조 및 제3조** 생략

**제4조(다른 법령의 개정)** ① 부터 ⑥ 까지 생략

⑦ 산지관리법 시행령 일부를 다음과 같이 개정한다.

별표 5 제3호파목의 대상시설란 중 "「국가균형발전 특별법」 제2조제10호"를 "「국가균형발전 특별법」 제2조제9호"로 한다.

별표 8의2의 비고 제5호 중 "「국가균형발전 특별법」 제2조제10호"를 "「국가균형발전 특별법」 제2조제9호"로 한다.

⑧ 부터 ⑫ 까지 생략

| 산지관리법 | 산지관리법 시행령 | 산지관리법 시행규칙 |
|---|---|---|
| 부 칙<br><법률 제12738호, 2014.6.3><br>(공간정보의 구축 및 관리 등에 관한 법률)<br>**제1조(시행일)** 이 법은 공포 후 1년이 경과한 날부터 시행한다. <단서 생략><br>**제2조(다른 법률의 개정)** ① 부터 ㉝ 까지 생략<br>㉞ 산지관리법 일부를 다음과 같이 개정한다.<br>제2조제1호 각 목 외의 부분 단서 중 "「측량·수로조사 및 지적에 관한 법률」 제67조제1항"을 "「공간정보의 구축 및 관리 등에 관한 법률」 제67조제1항"으로 한다.<br>㉟ 부터 ㉥ 까지 생략<br>**제3조** 생략 | 부 칙<br><대통령령 제25448호, 2014.7.7><br>(도시철도법 시행령)<br>**제1조(시행일)** 이 영은 2014년 7월 8일부터 시행한다.<br>**제2조** 생략<br>**제3조(다른 법령의 개정)** ① 부터 ⑭ 까지 생략<br>⑮ 산지관리법 시행령 일부를 다음과 같이 개정한다.<br>별표 5 제1호자목 중 "「도시철도법」 제3조제1호"를 "「도시철도법」 제2조제2호"로 한다.<br>⑯ 부터 ㉘ 까지 생략<br>**제4조** 생략<br><br>부 칙<br><대통령령 제25456호, 2014.7.14><br>(도로법 시행령) | 부 칙<br><농림축산식품부령 제96호, 2014.7.2><br>(개인정보 보호를 위한 국유림의 경영 및 관리에 관한 법률 시행규칙 등 일부개정령)<br>이 규칙은 공포한 날부터 시행한다. |

제1조(시행일) 이 영은 2014년 7월 15일부터 시행한다.

제2조부터 제4조까지 생략

제5조(다른 법령의 개정) ① 부터 ㉓ 까지 생략

㉔ 산지관리법 시행령 일부를 다음과 같이 개정한다.

제32조의3제1항제2호다목을 다음과 같이 한다.

다. 「도로법」 제10조에 따른 도로

별표 4의2 제4호아목 중 "「도로법」 제8조"를 "「도로법」 제10조"로 한다.

㉕ 부터 ㊿ 까지 생략

제6조 생략

부　칙
〈대통령령 제25550호, 2014.8.12〉

제1조(시행일) 이 영은 공포한 날부터 시행한다.

제2조(산지일시사용허가·신고에 관한

부　칙
〈농림축산식품부령 제100호, 2014.8.14〉

제1조(시행일) 이 규칙은 공포한 날부터 시행한다.

제2조(산지일시사용신고 첨부서류에 관

| 산지관리법 | 산지관리법 시행령 | 산지관리법 시행규칙 |
|---|---|---|
|  | 경과조치) 이 영 시행 전에 풍력발전시설 및 그 진입로의 설치를 위하여 법 제15조의2제1항 본문에 따라 산지일시사용허가를 받았거나 법 제15조의2제2항에 따라 산지일시사용신고를 한 자에 대해서는 별표 3의2 제2호가목·나목 및 별표 3의3 제3호가목·나목의 개정규정에도 불구하고 종전의 규정에 따른다. | 한 경과조치) 이 규칙 시행 전에 법 제15조의2제2항에 따라 풍력발전시설의 진입로 설치를 위하여 산지일시사용신고 또는 변경신고를 한 자에 대해서는 제15조의3제2항 및 별지 제7호의4서식의 개정규정에도 불구하고 종전의 규정에 따른다.<br><br>**제3조(산지일시사용신고가 의제되는 행정처분을 하기 위하여 제출하여야 하는 첨부서류에 관한 경과조치)** 이 규칙 시행 전에 법 제15조의2제4항에 따라 산지일시사용신고가 의제되는 행정처분을 하기 위하여 산림청장 등에게 협의를 요청한 관계 행정기관의 장에 대해서는 별지 제7호의5서식의 개정규정에도 불구하고 종전의 규정에 따른다. |

| | | |
|---|---|---|
| | 부 칙<br><대통령령 제25625호, 2014.9.24> | 부 칙<br><농림축산식품부령 제110호, 2014.9.25> |
| | 제1조(시행일) 이 영은 2014년 9월 25일부터 시행한다.<br>제2조(대체산림자원조성비 분할납부에 관한 적용례) 제21조제2항 각 호 외의 부분의 개정규정은 이 영 시행 전에 산림청 등 관할청이 대체산림자원조성비의 분할납부 신청을 접수한 경우에 대해서도 적용한다.<br>제3조(채석단지의 지정에 관한 경과조치) 이 영 시행 전에 종전의 제39조에 따라 산림청장이 직권 또는 신청에 의하여 지정 또는 변경지정 한 채석단지로서 그 면적이 20만제곱미터 이상 30만제곱미터 미만인 채석단지는 제39조의 개정규정에 따라 시·도지사가 지정 또는 변경지정 한 것으로 본다. | 제1조(시행일) 이 규칙은 2014년 9월 25일부터 시행한다.<br>제2조(대체산림자원조성비 분할납부에 관한 적용례) 제19조제3항의 개정규정은 이 규칙 시행 전에 산림청 등 관할청이 대체산림자원조성비의 분할납부 신청을 접수한 경우에 대해서도 적용한다.<br>제3조(채석단지 지정·변경지정 신청에 관한 경과조치) 이 규칙 시행 전에 종전의 제29조제1항에 따라 채석단지의 지정 또는 변경지정 신청을 한 자(면적이 20만제곱미터 이상 30만제곱미터 미만인 채석단지의 지정 또는 변경지정 신청을 한 자로 한정한다)는 제29조제1항의 개정규정에 따라 시·도지사에게 채석단지의 지정 또는 변경지정 신청을 한 것으로 본다. |

| 산지관리법 | 산지관리법 시행령 | 산지관리법 시행규칙 |
|---|---|---|
| | | **제4조(산지전용타당성조사 신청의 처리 기간에 관한 경과조치)** 이 규칙 시행 전에 법 제18조의2제1항에 따른 산지 전용타당성조사를 신청한 자의 처리 기간에 대해서는 별지 제9호의2서식 의 개정규정에도 불구하고 종전의 규 정에 따른다. |
| | **부 칙**<br>〈대통령령 제25751호, 2014.11.19〉<br>(행정자치부와 그 소속기관 직제)<br>**제1조(시행일)** 이 영은 공포한 날부터 시 행한다. 다만, 부칙 제5조에 따라 개정 되는 대통령령 중 이 영 시행 전에 공포 되었으나 시행일이 도래하지 아니한 대통령령을 개정한 부분은 각각 해당 대통령령의 시행일부터 시행한다.<br>**제2조부터 제4조까지 생략**<br>**제5조(다른 법령의 개정)** ① 부터 ㉘ 까지 | **부 칙**<br>〈농림축산식품부령 제118호, 2014.12.24〉<br>(규제 재검토기한 설정 등 규제정비를 위한 국유림의 경영 및 관리에 관한 법률 시행규칙 등 일부개정령)<br>이 규칙은 2015년 1월 1일부터 시행한 다. |

| | | |
|---|---|---|
| | 생략<br>㉘㉒ 산지관리법 시행령 일부를 다음과 같이 개정한다.<br>제28조제5항제1호 중 "소방방재청"을 "국민안전처"로 한다.<br>㉘㉓ 부터 ㉘㉘ 까지 생략<br><br>**부 칙**<br>〈대통령령 제25840호, 2014.12.9〉<br>(규제 재검토기한 설정 등 규제정비를 위한 건축법 시행령 등 일부개정령)<br>**제1조(시행일)** 이 영은 2015년 1월 1일부터 시행한다.<br>**제2조**부터 **제16조**까지 생략<br><br>**부 칙**<br>〈대통령령 제25952호, 2014.12.31〉<br>**제1조(시행일)** 이 영은 공포한 날부터 시행한다.<br>**제2조(산지에서의 지역등의 지정·결정에 관한 협의 통보에 관한 경과조치)** | **부 칙**<br>〈농림축산식품부령 제121호, 2014.12.31〉<br>이 규칙은 공포한 날부터 시행한다. |

| 산지관리법 | 산지관리법 시행령 | 산지관리법 시행규칙 |
|---|---|---|
| | 이 영 시행 전에 산림청장등이 법 제8조제11항에 따라 관계 행정기관의 장으로부터 산지에서의 지역등의 지정 또는 결정에 관한 협의를 요청받은 경우에는 제7조제2항 및 제4항의 개정규정에도 불구하고 종전의 규정에 따른다. | |

**부 칙**
&lt;법률 제13256호, 2015.3.27&gt;

**제1조(시행일)** 이 법은 공포 후 6개월이 경과한 날부터 시행한다. 다만, 제19조제2항제1호 및 제2호의 개정규정은 공포한 날부터 시행한다.

**제2조(현장관리업무담당자의 지정에 관한 경과조치)** 이 법 시행 당시 제46조의3제1항 각 호의 개정규정의 어느 하나에 해당하게 된 자는 이 법 시행 후 3개월 이내에 현장관리업무담당자를

**부 칙**
&lt;대통령령 제26302호, 2015.6.1&gt;
**(공간정보의 구축 및 관리 등에 관한 법률 시행령)**

**제1조(시행일)** 이 영은 2015년 6월 4일부터 시행한다.

**제2조(다른 법령의 개정)** ① 부터 ㉝ 까지 생략

㉞ 산지관리법 시행령 일부를 다음과 같이 개정한다.

제2조제5호 중 「측량·수로조사 및 지적에 관한 법률」을 「공간정보

| | | |
|---|---|---|
| 지정하여야 한다. | 의 구축 및 관리 등에 관한 법률」"로 한다.<br>제6조제2항제2호 중 "「측량·수로조사 및 지적에 관한 법률」"을 "「공간정보의 구축 및 관리 등에 관한 법률」"로 한다.<br>제12조제13항제8호 중 "「측량·수로조사 및 지적에 관한 법률」"을 "「공간정보의 구축 및 관리 등에 관한 법률」"로 한다.<br>㉟ 부터 ㊴ 까지 생략<br>**제3조** 생략<br><br>**부 칙**<br>〈대통령령 제26416호, 2015.7.20〉<br>(수목원·정원의 조성 및 진흥에 관한 법률 시행령)<br><br>**제1조(시행일)** 이 영은 2015년 7월 21일부터 시행한다.<br>**제2조(다른 법령의 개정)** ① 부터 ⑧ 까지 생략 | |

| 산지관리법 | 산지관리법 시행령 | 산지관리법 시행규칙 |
|---|---|---|
| | ⑨ 산지관리법 시행령 일부를 다음과 같이 개정한다.<br>제10조제1항제8호 중 "「수목원조성 및 진흥에 관한 법률」"을 "「수목원·정원의 조성 및 진흥에 관한 법률」"로 한다.<br>제32조의3제3항제1호 중 "「수목원 조성 및 진흥에 관한 법률」 제2조제1호에 따른 수목원"을 "「수목원·정원의 조성 및 진흥에 관한 법률」 제2조제1호 및 제1호의2에 따른 수목원 및 정원"으로 한다.<br>⑩ 부터 ⑬ 까지 생략<br>**제3조** 생략<br><br>부 칙<br>〈대통령령 제26561호, 2015.9.25〉<br>이 영은 2015년 9월 28일부터 시행한다. | 부 칙<br>〈농림축산식품부령 제164호, 2015.9.30〉<br>이 규칙은 공포한 날부터 시행한다. |

부 칙
<대통령령 제26627호, 2015.11.11>

제1조(시행일) 이 영은 공포한 날부터 시행한다. 다만, 제12조제2항제1호, 제17조제2항제3호 및 별표 3 제4호라목의 개정규정은 2016년 1월 21일부터 시행하고, 제20조의2제1항의 개정규정은 2016년 1월 1일부터 시행한다.

제2조(산지복구공사의 감리대상에 관한 적용례) 제48조의2의 개정규정은 이 영 시행 이후 법 제40조제1항에 따라 산지복구설계서의 승인을 신청하는 경우부터 적용한다.

제3조(산지전용신고 대상시설 설치 기준에 관한 적용례) 별표 3 비고 제5호의2의 개정규정은 이 영 시행 이후 법 제15조에 따른 산지전용신고를 하는 경우부터 적용한다.

제4조(산지일시사용허가 대상시설 설치 기준에 관한 적용례) 별표 3의2 비고 제6호의2의 개정규정은 이 영 시행 이

부 칙
<농림축산식품부령 제173호, 2015.11.25>

제1조(시행일) 이 규칙은 공포한 날부터 시행한다.

제2조(산지전용허가 신청서류에 관한 적용례) 제10조제2항제6호, 제8호 및 제10호의 개정규정은 이 규칙 시행 이후 산지전용허가를 신청하는 경우부터 적용한다.

제3조(쇄골재용 석재에 대한 토석채취연장기간에 관한 적용례) 제26조제6항의 개정규정은 이 규칙 시행 이후 쇄골재용 석재에 대하여 토석채취허가를 받는 경우부터 적용한다.

제4조(산지전용허가의 세부사항에 관한 적용례) 별표 1의3 제5호 및 같은 표 비고 제4호의 개정규정은 이 규칙 시행 이후 산지전용허가를 신청하는 경우부터 적용한다.

| 산지관리법 | 산지관리법 시행령 | 산지관리법 시행규칙 |
|---|---|---|
| | 후 법 제15조의2제1항에 따른 산지일시사용허가를 신청하는 경우부터 적용한다.<br><br>**제5조(대체산림자원조성비 감면대상에 관한 적용례 등)** ① 별표 5 제1호의 개정규정은 이 영 시행 이후 법 제19조제5항제1호에 따른 산지전용 또는 산지일시사용을 신청하는 경우부터 적용한다.<br><br>② 이 영 시행 전에 법 제19조제5항제3호에 따른 산지전용 또는 산지일시사용을 신청한 경우에는 별표 5 제3호의 개정규정에도 불구하고 종전의 규정에 따른다.<br><br>**제6조(산지전용타당성조사 대상에 관한 경과조치)** 부칙 제1조 단서에 따른 시행일 전에 법 제8조제1항 전단에 따른 협의를 신청하거나 법 제14조 또는 제15조의2에 따른 산지전용허가 또는 | |

산지일시사용허가(다른 법률에 따라 산지전용허가 또는 산지일시사용허가가 의제되는 행정처분을 포함한다)를 신청한 경우에는 제20조의2제1항의 개정규정에도 불구하고 종전의 규정에 따른다.

**제7조(대체산림자원조성비의 환급에 관한 경과조치)** 이 영 시행 전에 법 제14조 또는 제15조의2에 따른 산지전용허가 또는 산지일시사용허가를 신청하거나 다른 법률에 따라 산지전용허가 또는 산지일시사용허가가 의제·배제되는 행정처분을 위하여 협의를 요청한 경우에는 제25조의2제6항제3호의 개정규정에도 불구하고 종전의 규정에 따른다.

**제8조(토석채취허가의 기준에 관한 경과조치)** 이 영 시행 전에 법 제25조제1항에 따른 토석채취허가를 신청한 경우에는 제36조제2항제1호, 같은 조 제3항제3호가목 및 제37조제2항제4호의

| 산지관리법 | 산지관리법 시행령 | 산지관리법 시행규칙 |
|---|---|---|
| | 개정규정에도 불구하고 종전의 규정에 따른다.<br>**제9조(산지전용허가기준에 관한 경과조치)** 이 영 시행 전에 법 제14조에 따른 산지전용허가를 신청한 경우에는 별표 4 제2호나목 및 같은 표 비고 제3호의 개정규정에도 불구하고 종전의 규정에 따른다.<br><br> 부　칙<br>〈대통령령 제26754호, 2015.12.22〉<br>(수산업 · 어촌 발전 기본법 시행령) <br>**제1조(시행일)** 이 영은 2015년 12월 23일부터 시행한다.<br>**제2조(다른 법령의 개정)** ① 부터 ㉖ 까지 생략<br>㉗ 산지관리법 시행령 일부를 다음과 같이 개정한다.<br>제12조제5항제1호 각 목 외의 부분 중 | 부　칙<br>〈농림축산식품부령 제184호, 2015.12.30〉<br>(법령서식 일괄 개정을 위한 국유림의 경영 및 관리에 관한 법률 시행규칙 등 일부개정령) <br>이 규칙은 공포한 날부터 시행한다. |

"「농어업・농어촌 및 식품산업 기본법」 제3조제4호에 따른 생산자단체"를 "「농업・농촌 및 식품산업 기본법」 제3조제4호에 따른 생산자단체, 「수산업・어촌 발전 기본법」 제3조제5호에 따른 생산자단체"로 한다.

㉘ 부터 ㊷ 까지 생략

**제3조** 생략

부　칙
<대통령령 제26922호, 2016.1.22>
(제주특별자치도 설치 및 국제자유도시 조성을 위한 특별법 시행령)

**제1조(시행일)** 이 영은 2016년 1월 25일부터 시행한다.

**제2조 및 제3조** 생략

**제4조(다른 법령의 개정)** ① 부터 ㉕ 까지 생략

㉖ 산지관리법 시행령 일부를 다음과 같이 개정한다.

부　칙
<법률 제13729호, 2016.1.6>
(광산안전법)

**제1조(시행일)** 이 법은 공포 후 1년이 경과한 날부터 시행한다.

**제2조부터 제5조까지** 생략

**제6조(다른 법률의 개정)** ① 부터 ⑤ 까지 생략

⑥ 산지관리법 일부를 다음과 같이 개정한다.

제37조제2항 각 호 외의 부분 단서 중

| 산지관리법 | 산지관리법 시행령 | 산지관리법 시행규칙 |
|---|---|---|
| "「광산보안법」" 을 "「광산안전법」"으로 한다.<br>⑦ 부터 ⑩ 까지 생략<br>**제7조** 생략 | 별표 5 제2호하목 중 "「제주특별자치도 설치 및 국제자유도시 조성을 위한 특별법」 제217조"를 "「제주특별자치도 설치 및 국제자유도시 조성을 위한 특별법」 제162조"로, "같은 법 제229조"를 "같은 법 제147조"로 한다.<br>㉗ 부터 ㊻ 까지 생략<br>**제5조 및 제6조** 생략 | |
| **부 칙**<br>**<법률 제13796호, 2016.1.19>**<br>**(부동산 가격공시에 관한 법률)**<br>**제1조(시행일)** 이 법은 2016년 9월 1일부터 시행한다.<br>**제2조** 생략<br>**제3조(다른 법률의 개정)** ① 부터 ⑭ 까지 생략<br>⑮ 산지관리법 일부를 다음과 같이 개정 | **부 칙**<br>**<대통령령 제27235호, 2016.6.21>**<br>**제1조(시행일)** 이 영은 공포한 날부터 시행한다.<br>**제2조(광물 채굴을 위한 산지일시사용기간 연장 절차에 관한 경과조치)** 이 영 시행 전에 광물의 채굴을 위한 산지일시사용기간의 연장을 신청한 경우로서 이 영 시행 당시 종전의 제18조의4 | **부 칙**<br>**<농림축산식품부령 제213호, 2016.6.8>**<br>**제1조(시행일)** 이 규칙은 공포한 날부터 시행한다.<br>**제2조(산지전용허가기준의 세부사항에 관한 적용례)** 별표 1의3 제3호가목4)의 개정규정은 이 규칙 시행 후 산지전용허가를 신청하는 경우부터 적용한다. |

| | |
|---|---|
| 한다.<br>제13조제2항 전단 중 "「부동산 가격공시 및 감정평가에 관한 법률」"을 "「부동산 가격공시에 관한 법률」"로, "같은 법 제9조"를 "같은 법 제8조"로 한다.제19조제9항 중 "「부동산 가격공시 및 감정평가에 관한 법률」"을 "「부동산 가격공시에 관한 법률」"로 한다.<br>⑯ 부터 ㉗ 까지 생략<br>**제4조** 생략 | 제3항 각 호 외의 부분 본문에 따라 중앙산지관리위원회 또는 지방산지관리위원회의 심의가 진행 중인 경우에는 제18조의4제3항의 개정규정에도 불구하고 종전의 규정에 따른다.<br><br>**부 칙**<br>〈대통령령 제27299호, 2016.6.30〉<br>(행정규제 정비를 위한 개발제한구역의 지정 및 관리에 관한 특별조치법 시행령 등 일부개정령)<br>**제1조(시행일)** 이 영은 2016년 7월 1일부터 시행한다. 〈단서 생략〉<br>**제2조** 생략<br>**제3조(「산지관리법 시행령」 개정에 관한 적용례)** 「산지관리법 시행령」 별표 4 제2호다목1)의 개정규정은 이 영 시행 이후 법 제14조에 따른 산지전용허가를 신청하는 경우부터 적용한다.<br>**제4조부터 제15조까지** 생략 | |

| 산지관리법 | 산지관리법 시행령 | 산지관리법 시행규칙 |
|---|---|---|
| | **부 칙**<br>〈대통령령 제27444호, 2016.8.11〉<br>(주택법 시행령)<br><br>**제1조(시행일)** 이 영은 2016년 8월 12일부터 시행한다.<br>**제2조부터 제6조까지** 생략<br>**제7조(다른 법령의 개정)** ① 부터 ㊱ 까지 생략<br>㊲ 산지관리법 시행령 일부를 다음과 같이 개정한다.<br>제12조제10항제6호가목 중 "「주택법」 제16조"를 "「주택법」 제15조"로 한다.<br>㊳ 부터 ㉟ 까지 생략<br>**제8조** 생략<br><br>**부 칙**<br>〈대통령령 제27464호, 2016.8.29〉<br>(2018 평창 동계올림픽대회 및 동계패럴림픽대회 지원 등에 관한 특별법 시행령) | |

**제1조(시행일)** 이 영은 2016년 8월 30일부터 시행한다.

**제2조 및 제3조** 생략

**제4조(다른 법령의 개정)** ① 및 ② 생략

③ 산지관리법 시행령 일부를 다음과 같이 개정한다.

별표 5 제1호파목의 대상시설란 중 "「2018 평창 동계올림픽대회 및 장애인동계올림픽대회 지원 등에 관한 특별법」 제2조제2호"를 "「2018 평창 동계올림픽대회 및 동계패럴림픽대회 지원 등에 관한 특별법」 제2조제2호"로 하고, 같은 표 제2호더목의 대상시설란 중 "「2018 평창 동계올림픽대회 및 장애인동계올림픽대회 지원 등에 관한 특별법」 제49조"를 "「2018 평창 동계올림픽대회 및 동계패럴림픽대회 지원 등에 관한 특별법」 제49조"로 한다.

④ 및 ⑤ 생략

**제5조** 생략

| 산지관리법 | 산지관리법 시행령 | 산지관리법 시행규칙 |
| --- | --- | --- |
| **부 칙**<br>**<법률 제14357호, 2016.12.2>**<br>**(국유림의 경영 및 관리에 관한 법률)**<br>**제1조(시행일)** 이 법은 공포 후 6개월이 경과한 날부터 시행한다.<br>**제2조(다른 법률의 개정)** ① 생략<br>② 산지관리법 일부를 다음과 같이 개정한다.<br>제4조제1항제1호가목2) 중 "요존국유림(要存國有林)"을 "보전국유림"으로 한다.<br>제25조의3제1항제3호 중 "요존국유림(불요존국유림 중 요존국유림으로 보는 경우를 포함한다)"을 "보전국유림(준보전국유림 중 보전국유림으로 보는 경우를 포함한다)"으로 한다.<br>③ 생략 | **부 칙**<br>**<대통령령 제27471호, 2016.8.31>**<br>**(부동산 가격공시에 관한 법률 시행령)**<br>**제1조(시행일)** 이 영은 2016년 9월 1일부터 시행한다.<br>**제2조(다른 법령의 개정)** ① 부터 ㉒ 까지 생략<br>㉓ 산지관리법 시행령 일부를 다음과 같이 개정한다.<br>제24조제4항 각 호 외의 부분 전단 중 "「부동산 가격공시 및 감정평가에 관한 법률」"을 "「부동산 가격공시에 관한 법률」"로 한다.<br>㉔ 부터 ㊲ 까지 생략<br>**제3조** 생략<br><br>**부 칙**<br>**<대통령령 제27506호, 2016.9.22>**<br>**(기초연구진흥 및 기술개발지원에 관한 법률 시행령)** | |

| | | |
|---|---|---|
| | 제1조(시행일) 이 영은 2016년 9월 23일부터 시행한다.<br>제2조 및 제3조 생략<br>제4조(다른 법령의 개정) ① 부터 ⑪ 까지 생략<br>⑫ 산지관리법 시행령 일부를 다음과 같이 개정한다.<br>제12조제9항제1호 중 "「기초연구진흥 및 기술개발지원에 관한 법률」 제14조제1항제2호에 따른"을 "「기초연구진흥 및 기술개발지원에 관한 법률」 제14조의2제1항에 따라 인정받은"으로 한다.<br>⑬ 부터 ㉔ 까지 생략 | |
| 부 칙<br>〈법률 제14361호, 2016.12.2〉<br>제1조(시행일) 이 법은 공포 후 6개월이 경과한 날부터 시행한다. | 부 칙<br>〈대통령령 제27725호, 2016.12.30〉<br>제1조(시행일) 이 영은 공포한 날부터 시행한다.<br>제2조(산지의 면적에 대한 허가기준에 관 | 부 칙<br>〈농림축산식품부령 제235호, 2016.12.30〉<br>제1조(시행일) 이 규칙은 공포한 날부터 시행한다. |

| 산지관리법 | 산지관리법 시행령 | 산지관리법 시행규칙 |
|---|---|---|
| **제2조(산지전용타당성조사의 범위 등에 관한 적용례)** ① 제18조의2제1항의 개정규정은 이 법 시행 이후 변경협의를 하거나 산지전용 변경허가 또는 산지일시사용 변경허가를 신청하는 경우부터 적용한다.<br>② 제18조의2제4항의 개정규정은 이 법 시행 당시 산지전문기관이 산지전용타당성조사를 수행하고 있는 경우부터 적용한다.<br>**제3조(불법전용산지에 관한 임시특례)** ① 이 법 시행 당시 적법한 절차를 거치지 아니하고 산지(제2조제1호의 개정규정에 따른 산지로 한정한다)를 2016년 1월 21일 기준으로 3년 이상 계속하여 전(田), 답(畓), 과수원의 용도로 이용하였거나 관리하였던 자로서 제2항에 따른 산지전용허가 등 지목 변경에 필요한 처분을 받으려는 자는 그 사 | **한 적용례)** 별표 4의2 비고 제2호의 개정규정은 이 영 시행 이후 법 제14조에 따라 산지전용허가 또는 변경허가를 신청하는 경우부터 적용한다. 이 경우 별표 4의2 비고 제2호의 개정규정에 따라 합산하는 산지의 면적은 이 영 시행 이후 산지전용허가 또는 변경허가를 신청한 산지의 면적으로 한정한다.<br>**제3조(대체산림자원조성비의 면제에 관한 적용례)** 별표 5 비고 제6호의2의 개정규정은 이 영 시행 전에 법률 제13252호 국유림의 경영 및 관리에 관한 법률 일부개정법률 부칙 제2조제2항에 따라 지목변경에 필요한 산지전용허가를 한 경우에도 적용한다.<br>**제4조(경계표시에 관한 경과조치)** 이 영 시행 전에 법 제14조에 따라 산지전용허가 또는 변경허가를 신청하거나 변경신고를 한 경우의 경계표시에 관하 | **제2조(재해위험성 검토의견서 제출 대상 산지면적 기준에 관한 적용례)** 제10조제2항제1호차목의 개정규정은 이 규칙 시행 이후 법 제14조에 따라 산지전용허가 또는 변경허가를 신청하는 경우부터 적용한다. 이 경우 제10조제2항제1호차목의 개정규정에 따라 합산하는 산지의 면적은 이 규칙 시행 이후 산지전용허가 또는 변경허가를 신청한 산지의 면적으로 한정한다.<br>**제3조(승계인의 복구비 예치에 관한 적용례)** 제40조제6항의 개정규정은 이 규칙 시행 이후 같은 항 각 호의 개정규정에 따른 명의변경의 신고를 하는 경우부터 적용한다.<br>**제4조(복구준공검사의 신청에 관한 적용례)** 제43조제1항 단서의 개정규정은 이 규칙 시행 이후 복구준공검사신청서를 제출하는 경우부터 적용한다. |

실을 이 법 시행일부터 1년 이내에 농림축산식품부령으로 정하는 바에 따라 시장·군수·구청장에게 신고하여야 한다.

② 시장·군수·구청장은 제1항에 따라 신고된 산지가 이 법 또는 다른 법률에 따른 산지전용의 행위제한, 허가기준 및 대통령령으로 정하는 기준에 적합한 경우에는 심사를 거쳐 산지전용허가 등 지목 변경에 필요한 처분을 할 수 있다. 이 경우 시장·군수·구청장은 해당 산지의 지목 변경을 위하여 다른 법률에 따른 인가·허가·승인 등의 행정처분이 필요한 경우에는 미리 관계 행정기관의 장과 협의하여야 한다.

③ 제2항에 따른 심사의 방법 및 처분절차 등 필요한 사항은 농림축산식품부령으로 정한다.

**제4조(산지전용허가 등의 효력에 관한 경과조치)** 이 법 시행 전에 받은 제14조여는 제15조의 개정규정에도 불구하고 종전의 규정에 따른다.

| 산지관리법 | 산지관리법 시행령 | 산지관리법 시행규칙 |
|---|---|---|
| 제1항에 따른 산지전용허가 또는 제15조의2제1항에 따른 산지일시사용허가와 이 법 시행 전에 한 제15조제1항에 따른 산지전용신고 또는 제15조의2제2항에 따른 산지일시사용신고의 효력에 대해서는 제16조제1항의 개정규정에도 불구하고 종전의 규정에 따른다.<br>**제5조(산지전용지 등의 복구에 관한 경과조치)** 이 법 시행 전에 제37조제1항 각 호의 어느 하나에 해당하는 허가 등의 처분을 받거나 신고 등을 한 경우 산지전용지 등의 복구에 관해서는 제39조제1항의 개정규정에도 불구하고 종전의 규정에 따른다.<br>**제6조(벌칙에 관한 경과조치)** 이 법 시행 전의 행위에 대하여 벌칙을 적용할 때에는 종전의 규정에 따른다.<br>**제7조(다른 법률의 개정)** ① 골재채취법 일부를 다음과 같이 개정한다. | | |

제19조제5항 중 "채석의 중지"를 "토석채취 또는 채석의 중지"로 한다.
② 제주특별자치도 설치 및 국제자유도시 조성을 위한 특별법 일부를 다음과 같이 개정한다.
제280조제1항 중 "제40조제1항·제2항"을 "제40조제1항부터 제3항까지"로 하고, 같은 조 제2항 중 "제21조제1항 각 호 외의 부분"을 "제21조제1항 각 호 외의 부분 본문"으로, "제25조제1항 본문·단서"를 "제25조제1항 각 호 외의 부분 본문·단서"로, "제40조제1항 전단, 같은 조 제2항·제3항"을 "제40조제1항 전단, 같은 조 제3항·제4항"으로 한다.

**부 칙**
**〈대통령령 제27767호, 2017.1.6〉**
(광산안전법 시행령)

**제1조(시행일)** 이 영은 2017년 1월 7일부터 시행한다.

| 산지관리법 | 산지관리법 시행령 | 산지관리법 시행규칙 |
|---|---|---|
| | 제2조 및 제3조 생략<br><br>제4조(다른 법령의 개정) ① 부터 ⑤ 까지 생략<br><br>⑥ 산지관리법 시행령 일부를 다음과 같이 개정한다.<br><br>제13조제3항제4호 중 "「광산보안법」 제2조제5호의 규정에 의한"을 "「광산안전법」 제2조제5호에 따른"으로 한다.<br><br>⑦ 부터 ⑩ 까지 생략<br><br>제5조 생략 | |
| **부 칙**<br>〈법률 제14773호, 2017.4.18〉<br>**제1조(시행일)** 이 법은 공포 후 6개월이 경과한 날부터 시행한다. 다만, 제40조의2제1항, 제44조제3항 및 제51조의 개정규정은 공포한 날부터 시행한다.<br>**제2조(권리·의무의 승계 등에 관한 적용** | **부 칙**<br>〈대통령령 제28064호, 2017.5.29〉<br>**(국유림의 경영 및 관리에 관한 법률 시행령)**<br>**제1조(시행일)** 이 영은 2017년 6월 3일부터 시행한다.<br>**제2조(다른 법령의 개정)** ① 산지관리법 시행령 일부를 다음과 같이 개정한다. | |

| | | |
|---|---|---|
| 례) 제51조의 개정규정은 같은 개정규정 시행 이후 권리·의무의 승계사유가 발생한 경우부터 적용한다.<br>**제3조(다른 법률의 개정)** 제주특별자치도 설치 및 국제자유도시 조성을 위한 특별법 일부를 다음과 같이 개정한다.<br>제280조제2항 중 "제8조제1항 전단·후단, 같은 조 제2항"을 "제8조제1항·제2항"으로 한다. | 제4조제1항제3호 중 "요존국유림(要存國有林)"을 "보전국유림"으로 한다.<br>② 부터 ④ 까지 생략<br><br>**부 칙**<br>〈대통령령 제28088호, 2017.6.2〉<br>**제1조(시행일)** 이 영은 2017년 6월 3일부터 시행한다.<br>**제2조(불법전용산지에 관한 임시특례)** 법률 제14361호 산지관리법 일부개정법률 부칙 제3조제2항 전단에서 "대통령령으로 정하는 기준에 적합한 경우"란 다음 각 호의 기준을 모두 충족하는 경우를 말한다.<br>1. 법 제44조제1항에 따른 시설물의 철거명령 또는 형질변경된 산지의 복구명령을 받아 법 제42조에 따른 복구준공검사가 완료되지 아니한 산지일 것<br>2. 법률 제14361호 산지관리법 일부개 | **부 칙**<br>〈농림축산식품부령 제266호, 2017.6.2〉<br>**제1조(시행일)** 이 규칙은 2017년 6월 3일부터 시행한다.<br>**제2조(대체산림자원조성비의 분할납부 신청에 관한 적용례)** 제19조제4항제2호의 개정규정은 이 규칙 시행 이후 제19조제1항에 따라 대체산림자원조성비의 분할납부를 신청하는 경우부터 적용한다.<br>**제3조(불법전용산지에 관한 임시특례)** ① 법률 제14361호 산지관리법 일부개정법률 부칙 제3조제1항에 따라 불법전용산지를 신고하려는 자는 별지 제50호서식의 불법전용산지 신고서에 다음 각 호의 서류를 첨부하여 시장·군수 |

| 산지관리법 | 산지관리법 시행령 | 산지관리법 시행규칙 |
|---|---|---|
| | 정법률 부칙 제3조제1항에 따라 신고하는 산지가 자기 소유의 산지일 것<br>3. 「농지법」에 따른 농지취득자격이 있는 자가 사용하고 있을 것<br>4. 「임업 및 산촌 진흥촉진에 관한 법률 시행령」 제8조제1항에 따른 임산물 소득원의 지원 대상 품목을 재배하고 있지 아니한 산지일 것<br>**제3조(토석채취허가 취소 등에 관한 경과조치)** 이 영 시행 전의 위반행위로 받은 행정처분은 별표 8의3의 개정규정에 따른 위반행위의 횟수 산정에 포함하지 아니한다. | · 구청장에게 제출하여야 한다.<br>1. 「공간정보의 구축 및 관리 등에 관한 법률」 제24조에 따른 지적측량 수행자가 측량한 신고대상 산지의 분할측량성과도 또는 등록전환측량성과도 1부<br>2. 신고대상 산지를 2016년 1월 21일 기준으로 3년 이상 계속하여 전(田)·답(畓)·과수원의 용도로 이용 또는 관리하고 있는 사실을 입증하기 위한 서류(공과금 영수증 또는 공부의 사본 등 해당 서류가 있는 경우만 해당한다)<br>3. 별지 제51호서식에 따른 산지이용확인서 1부(신고대상 산지의 소재지 리·동에 5년 이상 계속하여 거주하고 있는 자 중 통·반·리장 1명을 포함한 3명 이상이 확인하여야 한다. 다만, 5년 이상 계속하여 |

| | | |
|---|---|---|
| | | 거주하고 있는 통·반·리장이 없는 경우에는 신고대상 산지의 소재지 리·동에 5년 이상 거주하고 있는 자의 확인으로 갈음할 수 있다)<br>4.「공간정보의 구축 및 관리 등에 관한 법률 시행규칙」 제80조에 따른 토지이동신청서 1부<br>5.「농지법」 제50조에 따른 농지원부 등본 등 농지취득자격이 있는 자가 이용 또는 관리하고 있는 사실을 입증하기 위한 서류<br>6.「산림자원의 조성 및 관리에 관한 법률 시행령」 제30조제1항에 따른 산림공학기술자 또는 「국가기술자격법」에 따른 산림기사·토목기사·측량 및 지형공간정보기사 이상의 자격증 소지자가 조사·작성한 표고 및 평균경사도조사서 1부<br>② 시장·군수·구청장은 제1항에 따라 불법전용산지의 신고를 받은 경우에는 법률 제14361호 산지관리법 일부 |

| 산지관리법 | 산지관리법 시행령 | 산지관리법 시행규칙 |
|---|---|---|
| | | 개정법률 부칙 제3조제2항에 따라 항공사진 판독, 현지조사 및 관계자 의견 청취 등의 방법으로 심사할 수 있다.<br>③ 시장·군수·구청장은 제2항에 따라 그 심사를 완료한 경우에는 그 신고한 자에게 심사결과를 서면으로 통지하여야 한다. 이 경우 시장·군수·구청장은 제2항에 따른 심사 결과 지목변경에 필요한 처분을 하는 것이 적합하다고 인정되는 경우에는 「공간정보의 구축 및 관리 등에 관한 법률 시행규칙」 제84조제1항에 따른 지목변경 신청에 필요한 증명 서류를 함께 발급하여야 한다.<br>④ 제1항부터 제3항까지에서 규정한 사항 외에 불법전용산지의 신고·심사 및 통지 등에 관한 세부절차는 산림청장이 정하여 고시한다. |

## 부 칙
〈대통령령 제28211호, 2017.7.26〉
(행정안전부와 그 소속기관 직제)

**제1조(시행일)** 이 영은 공포한 날부터 시행한다. 다만, 부칙 제8조에 따라 개정되는 대통령령 중 이 영 시행 전에 공포되었으나 시행일이 도래하지 아니한 대통령령을 개정한 부분은 각각 해당 대통령령의 시행일부터 시행한다.

**제2조부터 제7조까지** 생략

**제8조(다른 법령의 개정)** ① 부터 ⑳ 까지 생략

㉑ 산지관리법 시행령 일부를 다음과 같이 개정한다.

제12조제9항제1호 중 "미래창조과학부장관"을 "과학기술정보통신부장관"으로 하고, 제28조제5항제1호 중 "농림축산식품부·환경부·국토교통부 및 국민안전처"를 "행정안전부·농림축산식품부·환경부 및 국토교통부"로 한다.

| 산지관리법 | 산지관리법 시행령 | 산지관리법 시행규칙 |
|---|---|---|
| | ⑫ 부터 ⑱ 까지 생략<br><br>**부 칙**<br>〈대통령령 제28362호, 2017.10.17〉<br>이 영은 2017년 10월 19일부터 시행 한다.<br><br>**부 칙**<br>〈대통령령 제28553호, 2017.12.29〉<br>**제1조(시행일)** 이 영은 2018년 4월 19일 부터 시행한다. 〈단서 생략〉<br>**제2조부터 제5조까지** 생략<br>**제6조(다른 법령의 개정)** ① 부터 ④ 까지 생략<br>  ⑤ 산지관리법 시행령 일부를 다음과 같이 개정한다.<br>  제4조제3항제5호 중 "역사문화환경보존지구 및 생태계보존지구"를 "역사문화환경보호지구 및 생태계보호지 | |
| **부 칙**<br>〈법률 제15309호, 2017.12.26〉<br>(혁신도시 조성 및 발전에 관한 특별법)<br>**제1조(시행일)** 이 법은 공포 후 3개월이 경과한 날부터 시행한다. 〈단서 생략〉<br>**제2조** 생략<br>**제3조(다른 법률의 개정)** ① 부터 ⑦ 까지 생략<br>  ⑧ 산지관리법 일부를 다음과 같이 개정한다.<br>  제39조제2항제1호나목을 다음과 같이 한다. | | |

| | |
|---|---|
| 나. 「혁신도시 조성 및 발전에 관한 특별법」 제17조에 따른 혁신도시 개발사업의 준공검사<br>⑨ 부터 ⑲ 까지 생략<br>**제4조** 생략 | 구"로 한다.<br>제13조제7항제5호 중 "역사문화환경보존지구 및 생태계보존지구"를 "역사문화환경보호지구 및 생태계보호지구"로 한다.<br><br>**부 칙**<br>〈대통령령 제28583호, 2018.1.16〉<br>(물환경보전법 시행령)<br><br>**제1조(시행일)** 이 영은 2018년 1월 18일부터 시행한다.<br>**제2조(다른 법령의 개정)** ① 부터 ⑲ 까지 생략<br>⑳ 산지관리법 시행령 일부를 다음과 같이 개정한다.<br>제12조제10항제3호 본문 및 같은 항 제4호 본문·단서 중 "「수질 및 수생태계 보전에 관한 법률」"을 각각 "「물환경보전법」"으로 한다.<br>제32조의3제1항제2호바목 중 "「수질 및 수생태계 보전에 관한 법률」" |

| 산지관리법 | 산지관리법 시행령 | 산지관리법 시행규칙 |
|---|---|---|
| | 을 "「물환경보전법」"으로 한다.<br>㉑ 부터 ㊶ 까지 생략<br><br>**부 칙**<br>〈대통령령 제28628호, 2018.2.9〉<br>(도시 및 주거환경정비법 시행령)<br>**제1조(시행일)** 이 영은 2018년 2월 9일부터 시행한다.<br>**제2조부터 제15조까지** 생략<br>**제16조(다른 법령의 개정)** ① 부터 ⑮ 까지 생략<br>⑯ 산지관리법 시행령 일부를 다음과 같이 개정한다.<br>별표 1 제3호의 협의대상지역등란 중 "「도시 및 주거환경 정비법」 제4조"를 "「도시 및 주거환경정비법」 제8조"로 한다.<br>⑰ 부터 ㉝ 까지 생략<br>**제17조** 생략 | |

부 칙
<대통령령 제28686호, 2018.2.27>
(혁신도시 조성 및 발전에 관한 특별법 시행령)

제1조(시행일) 이 영은 2018년 3월 27일부터 시행한다. <단서 생략>

제2조(다른 법령의 개정) ① 부터 ⑫ 까지 생략

⑬ 산지관리법 시행령 일부를 다음과 같이 개정한다.

별표 5 제3호더목의 대상시설란 본문 중 "「공공기관 지방이전에 따른 혁신도시 건설 및 지원에 관한 특별법」"을 "「혁신도시 조성 및 발전에 관한 특별법」"으로 한다.

⑭ 부터 ㉕ 까지 생략

제3조 생략

부 칙
<법률 제15460호, 2018.3.13>
(철도의 건설 및 철도시설 유지관리에 관한 법률)

부 칙
<대통령령 제28799호, 2018.4.17>
(국가과학기술자문회의법 시행령)

제1조(시행일) 이 영은 2018년 4월 17일

| 산지관리법 | 산지관리법 시행령 | 산지관리법 시행규칙 |
|---|---|---|
| **제1조(시행일)** 이 법은 공포 후 1년이 경과한 날부터 시행한다.<br><br>**제2조(다른 법률의 개정)** ① 부터 ⑩ 까지 생략<br><br>⑪ 산지관리법 일부를 다음과 같이 개정한다.<br><br>제35조제1항제2호가목 중 "「철도건설법」"을 "「철도의 건설 및 철도시설 유지관리에 관한 법률」"로 한다.<br><br>⑫ 부터 ⑳ 까지 생략<br><br>**제3조** 생략<br><br> **부 칙**<br>〈법률 제15504호, 2018.3.20〉 <br>이 법은 공포한 날부터 시행한다. 다만, 제19조, 제19조의2, 제20조제3항 및 제21조제1항제1호의 개정규정은 공포 후 6개월이 경과한 날부터 시행한다. | 부터 시행한다.<br><br>**제2조부터 제5조까지** 생략<br><br>**제6조(다른 법령의 개정)** ① 부터 ⑫ 까지 생략<br><br>⑬ 산지관리법 시행령 일부를 다음과 같이 개정한다.<br><br>제12조제9항제3호 중 "「과학기술기본법」 제9조제1항의 규정에 의한 국가과학기술심의회"를 "「국가과학기술자문회의법」에 따른 국가과학기술자문회의"로 한다.<br><br>별표 4의2 제1호차목 중 "「과학기술기본법」 제9조제1항에 따른 국가과학기술심의회"를 "「국가과학기술자문회의법」에 따른 국가과학기술자문회의"로 한다.<br><br>별표 5 제2호아목의 대상시설란 중 "「과학기술기본법」 제9조제1항에 따른 국가과학기술심의회"를 "「국 | |

| | | |
|---|---|---|
| | 가과학기술자문회의법」에 따른 국가과학기술자문회의"로 한다.<br>⑭ 부터 ⑰ 까지 생략<br>제7조 생략<br><br>부 칙<br>〈대통령령 제29264호, 2018.10.30〉<br><br>**제1조(시행일)** 이 영은 공포한 날부터 시행한다.<br>**제2조(복구비의 예치 면제에 관한 적용례)** 제46조제1항제2호마목의 개정규정은 이 영 시행 이후 송전시설을 설치하기 위하여 법 제14조에 따른 산지전용허가를 신청하는 경우부터 적용한다.<br>**제3조(수수료 면제에 관한 적용례)** 제51조제4항제1호의 개정규정은 이 영 시행 이후 법 제50조 각 호에 따른 허가·승인·지정·검사를 신청하거나 신고하는 경우부터 적용한다.<br>**제4조(대체산림자원조성비 감면계획 수립에 관한 특례)** ① 산림청장은 2019 | 부 칙<br>〈농림축산식품부령 제340호, 2018.11.12〉<br><br>이 규칙은 공포한 날부터 시행한다. |

| 산지관리법 | 산지관리법 시행령 | 산지관리법 시행규칙 |
|---|---|---|
| | 년 12월 31일까지 중앙산지관리위원회의 심의를 거쳐 제23조제3항의 개정규정에 따른 감면계획을 수립하여야 한다. 이 경우 산림청장은 2019년 4월 1일까지 감면계획안을 관계 중앙행정기관의 장에게 통보하여야 한다.<br>② 제23조제3항의 개정규정에 따른 감면계획의 수립 주기는 2020년 1월 1일부터 시작한다.<br>**제5조(송전시설에 관한 경과조치)** ① 이 영 시행 전에 송전시설을 설치하기 위하여 법 제15조의2에 따른 산지일시사용허가 또는 변경허가(이하 이 조에서 "산지일시사용허가등"이라 한다)를 신청한 경우에는 같은 날에 법 제14조에 따른 산지전용허가 또는 변경허가(이하 이 조에서 "산지전용허가등"이라 한다)를 신청한 것으로 본다.<br>② 이 영 시행 전에 송전시설을 설치하기 | |

위하여 산지일시사용허가등을 받은 자는 산지전용허가등을 받은 것으로 본다.

③ 제2항에 따라 산지전용허가등을 받은 것으로 보는 자는 다음 각 호의 구분에 따른 기간(종전의 산지일시사용허가등의 기간이 다음 각 호의 구분에 따른 기간보다 빨리 종료되는 경우에는 종전의 산지일시사용허가등의 기간을 말한다) 안에 법 제40조에 따른 산지복구설계서를 제출하여 승인을 받아야 한다.

1. 이 영 시행 당시 송전시설의 설치가 이미 완료된 경우: 2020년 12월 31일
2. 이 영 시행 당시 송전시설의 설치가 진행 중인 경우: 목적사업이 완료된 날부터 2년

**제6조(산지전용허가기준 등에 관한 경과조치)** 이 영 시행 전에 산지전용허가·변경허가, 산지일시사용허가·변경허

| 산지관리법 | 산지관리법 시행령 | 산지관리법 시행규칙 |
|---|---|---|
| | 가를 신청하거나 산지전용신고·변경신고, 산지일시사용신고·변경신고를 한 경우에는 별표 3, 별표 3의2, 별표 3의3, 별표 4 및 별표 4의2의 개정규정에도 불구하고 종전의 규정에 따른다.<br><br>부 칙<br>〈대통령령 제29310호, 2018.11.27〉<br>(산림기술 진흥 및 관리에 관한 법률 시행령)<br>제1조(시행일) 이 영은 2018년 11월 29일부터 시행한다.<br>제2조 및 제3조 생략<br>제4조(다른 법령의 개정) ①부터 ③까지 생략<br>④ 산지관리법 시행령 일부를 다음과 같이 개정한다.<br>제20조의3제2항제1호 중 "「산림자원의 조성 및 관리에 관한 법률 시행령」 제30조제1항에 따른 기술특급 | 부 칙<br>〈농림축산식품부령 제344호, 2018.11.29〉<br>(산림기술 진흥 및 관리에 관한 법률 시행규칙)<br>제1조(시행일) 이 규칙은 2018년 11월 29일부터 시행한다.<br>제2조 생략<br>제3조(다른 법령의 개정) ① 부터 ⑤ 까지 생략<br>⑥ 산지관리법 시행규칙 일부를 다음과 같이 개정한다.<br>제4조제2항제4호 각 목 외의 부분 중 "「산림자원의 조성 및 관리에 관한 법률 시행령」 제30조제1항에 따른 |

| | |
|---|---|
| 및 기술1급의 산림경영기술자"를 "「산림기술 진흥 및 관리에 관한 법률 시행령」 별표 3에 따른 기술고급 이상의 산림경영기술자"로 하고, 같은 항 제2호 중 "「산림자원의 조성 및 관리에 관한 법률 시행령」 별표 2에 따른 산림공학기술자"를 "「산림기술 진흥 및 관리에 관한 법률 시행령」 별표 3에 따른 산림공학기술자"로 한다.<br>제50조제1항제1호 본문 중 "「산림자원의 조성 및 관리에 관한 법률 시행령」 별표 2에 따른 산림공학기술자"를 "「산림기술 진흥 및 관리에 관한 법률 시행령」 별표 3에 따른 산림공학기술자"로 한다.<br>⑤ 및 ⑥ 생략<br>**제5조** 생략 | 기술2급 이상의 산림경영기술자가"를 "「산림기술 진흥 및 관리에 관한 법률」 제2조제6호에 따른 산림기술용역업자(이하 "산림기술용역업자"라 한다) 또는 같은 조 제7호가목 및 다목에 따른 산림사업시행업자(이하 "산림사업시행업자"라 한다) 소속 산림기술자로서「산림기술 진흥 및 관리에 관한 법률 시행령」 별표 5의 산림 조사사업의 배치기준에 해당하는 사람이"로 한다.<br>제4조제2항제5호가목 중 "「산림자원의 조성 및 관리에 관한 법률 시행령」 제30조제1항"을 "산림기술 진흥 및 관리에 관한 법률 시행령」 별표 3"으로 한다.<br>제10조제2항제1호바목1)부터 3)까지 외의 부분 중 "「산림자원의 조성 및 관리에 관한 법률 시행령」 제30조제1항에 따른 기술2급 이상의 산림경영기술자가"를 "산림기술용역업자 |

| 산지관리법 | 산지관리법 시행령 | 산지관리법 시행규칙 |
|---|---|---|
| | | 또는 산림사업시행업자 소속 산림기술자로서 「산림기술 진흥 및 관리에 관한 법률 시행령」 별표 5의 산림 조사사업의 배치기준에 해당하는 사람이"로 한다. 제10조제2항제1호아목1) 중 "「산림자원의 조성 및 관리에 관한 법률 시행령」 제30조제1항"을 "산림기술 진흥 및 관리에 관한 법률 시행령」 별표 3"으로 한다. 제10조제2항제1호차목 중 "「산림자원의 조성 및 관리에 관한 법률 시행령」 제30조에 따른 산림공학기술자가"를 "산림기술용역업자 소속 산림기술자로서 「산림기술 진흥 및 관리에 관한 법률 시행령」 별표 5의 재해위험성 검토사업의 배치기준에 해당하는 사람이"로 한다. 제18조제4항제2호 중 "「산림자원의 |

| | | |
|---|---|---|
| | | 조성 및 관리에 관한 법률 시행령」 제30조제1항에 따른 기술1급 이상의 산림경영기술자"를 "「산림기술 진흥 및 관리에 관한 법률 시행령」 별표 3에 따른 기술중급 이상의 산림공학기술자"로 한다.<br>제24조제1항제8호 중 "「산림자원의 조성 및 관리에 관한 법률 시행령」 제30조제1항에 따른 기술2급 이상의 산림경영기술자가"를 "산림기술용역업자 또는 산림사업시행업자 소속 산림기술자로서 「산림기술 진흥 및 관리에 관한 법률 시행령」 별표 5의 산림 조사사업의 배치기준에 해당하는 사람이"로 한다.<br>제24조제1항제12호가목 중 "「산림자원의 조성 및 관리에 관한 법률 시행령」 제30조제1항"을 "산림기술 진흥 및 관리에 관한 법률 시행령」 별표 3"으로 한다.<br>제42조제1항제2호카목 중 "산지복구 |

| 산지관리법 | 산지관리법 시행령 | 산지관리법 시행규칙 |
|---|---|---|
| | | 공사 감리자"를 "산지복구공사를 감리하는 자(이하 "감리자"라 한다)"로 하고, 같은 항 제3호 중 "「산림자원의 조성 및 관리에 관한 법률 시행령」제30조제1항에 따른 산림공학기술자가"를 "산림기술용역업자 소속 산림기술자로서「산림기술 진흥 및 관리에 관한 법률 시행령」별표 5 설계란의 산지복구사업의 배치기준에 해당하는 사람이"로 한다.<br>제42조의2제2항을 삭제하고, 같은 조 제4항을 다음과 같이 한다.<br>④ 법 제40조의2제5항에 따른 산지복구공사의 감리자 배치기준, 감리의 업무 수행 방법 등에 관하여는「산림기술 진흥 및 관리에 관한 법률」에서 정하는 바에 따른다.<br>별지 제2호서식 뒤쪽 첨부서류란의 제4호 각 목 외의 부분 중 "「산림자원 |

의 조성 및 관리에 관한 법률 시행령」 제30조제1항에 따른 기술2급 이상의 산림경영기술자가"를 "산림기술용역업자 또는 산림사업시행업자 소속 산림기술자로서「산림기술 진흥 및 관리에 관한 법률 시행령」별표 5의 산림 조사사업의 배치기준에 해당하는 사람이"로 한다.

별지 제2호서식 뒤쪽 첨부서류란의 제5호가목 중 "「산림자원의 조성 및 관리에 관한 법률 시행령」 제30조제1항"을 "산림기술 진흥 및 관리에 관한 법률 시행령」별표 3"으로 한다.

별지 제3호서식 뒤쪽 첨부서류란 제1호바목1)부터 3)까지 외의 부분 중 "「산림자원의 조성 및 관리에 관한 법률 시행령」 제30조제1항에 따른 기술2급 이상의 산림경영기술자가"를 "산림기술용역업자 또는 산림사업시행업자 소속 산림기술자로서 「산림기술 진흥 및 관리에 관한 법

| 산지관리법 | 산지관리법 시행령 | 산지관리법 시행규칙 |
|---|---|---|
| | | 률 시행령」별표 5의 산림 조사사업의 배치기준에 해당하는 사람이"로 한다.<br>별지 제3호서식 뒤쪽 첨부서류란 제1호아목1) 중 "「산림자원의 조성 및 관리에 관한 법률 시행령」제30조제1항"을 "산림기술 진흥 및 관리에 관한 법률 시행령」별표 3"으로 한다.<br>별지 제3호서식 뒤쪽 첨부서류란 제1호차목 중 "「산림자원의 조성 및 관리에 관한 법률 시행령」제30조에 따른 산림공학기술자가"를 "산림기술용역업자 소속 산림기술자로서 「산림기술 진흥 및 관리에 관한 법률 시행령」별표 5의 재해위험성 검토사업의 배치기준에 해당하는 사람이"로 한다.<br>별지 제6호서식 뒤쪽 첨부서류란 제1호바목1)부터 3)까지 외의 부분 중 " |

| | | |
|---|---|---|
| | | 「산림자원의 조성 및 관리에 관한 법률 시행령」 제30조제1항에 따른 기술2급 이상의 산림경영기술자가"를 "산림기술용역업자 또는 산림사업시행업자 소속 산림기술자로서 「산림기술 진흥 및 관리에 관한 법률 시행령」 별표 5의 산림 조사사업의 배치기준에 해당하는 사람이"로 한다.<br>별지 제6호서식 뒤쪽 첨부서류란 제1호아목1) 중 "「산림자원의 조성 및 관리에 관한 법률 시행령」 제30조제1항"을 "산림기술 진흥 및 관리에 관한 법률 시행령」 별표 3"으로 한다.<br>별지 제6호서식 뒤쪽 첨부서류란 제1호차목 중 "「산림자원의 조성 및 관리에 관한 법률 시행령」 제30조에 따른 산림공학기술자가"를 "산림기술용역업자 소속 산림기술자로서 「산림기술 진흥 및 관리에 관한 법률 시행령」 별표 5의 재해위험성 검토사업의 배치기준에 해당하는 사람 |

| 산지관리법 | 산지관리법 시행령 | 산지관리법 시행규칙 |
|---|---|---|
| | | 이"로 한다.<br>별지 제7호의2서식 뒤쪽 첨부서류란 제1호바목 중 "「산림자원의 조성 및 관리에 관한 법률 시행령」 제30조제1항에 따른 기술2급 이상의 산림경영기술자가"를 "산림기술용역업자 또는 산림사업시행업자 소속 산림기술자로서 「산림기술 진흥 및 관리에 관한 법률 시행령」 별표 5의 산림 조사사업의 배치기준에 해당하는 사람이"로 한다.<br>별지 제7호의2서식 뒤쪽 첨부서류란 제1호아목1) 중 "「산림자원의 조성 및 관리에 관한 법률 시행령」 제30조제1항"을 "산림기술 진흥 및 관리에 관한 법률 시행령」 별표 3"으로 한다.<br>별지 제7호의5서식 뒤쪽 첨부서류란 제1호바목 중 "「산림자원의 조성 및 |

| | | 관리에 관한 법률 시행령」제30조제1항에 따른 기술2급 이상의 산림경영기술자"를 "산림기술용역업자 또는 산림사업시행업자 소속 산림기술자로서「산림기술 진흥 및 관리에 관한 법률 시행령」별표 5의 산림 조사사업의 배치기준에 해당하는 사람이"로 한다.<br>별지 제7호의5서식 뒤쪽 첨부서류란 제1호아목1) 중 "「산림자원의 조성 및 관리에 관한 법률 시행령」제30조제1항"을 "산림기술 진흥 및 관리에 관한 법률 시행령」별표 3"으로 한다.<br>별지 제16호서식 뒤쪽 첨부서류란 제1호사목 중 "「산림자원의 조성 및 관리에 관한 법률 시행령」제30조제1항에 따른 기술2급 이상의 산림경영기술자"를 "산림기술용역업자 또는 는 산림사업시행업자 소속 산림기술자로서「산림기술 진흥 및 관리에 관 |

| 산지관리법 | 산지관리법 시행령 | 산지관리법 시행규칙 |
|---|---|---|
| | | 한 법률 시행령」 별표 5의 산림 조사사업의 배치기준에 해당하는 사람이"로 한다.<br>별지 제16호서식 뒤쪽 첨부서류란 제1호카목1) 중 "「산림자원의 조성 및 관리에 관한 법률 시행령」 제30조제1항"을 "산림기술 진흥 및 관리에 관한 법률 시행령」 별표 3"으로 한다.<br>별지 제19호의2서식 뒤쪽 첨부서류란 제1호사목 중 "「산림자원의 조성 및 관리에 관한 법률 시행령」 제30조제1항에 따른 기술2급 이상의 산림경영기술자가"를 "산림기술용역업자 또는 산림사업시행업자 소속 산림기술자로서 「산림기술 진흥 및 관리에 관한 법률 시행령」 별표 5의 산림 조사사업의 배치기준에 해당하는 사람이"로 한다.<br>별지 제19호의2서식 뒤쪽 첨부서류란 |

| | | |
|---|---|---|
| | | 제1호카목1) 중 "「산림자원의 조성 및 관리에 관한 법률 시행령」제30조제1항"을 "산림기술 진흥 및 관리에 관한 법률 시행령」 별표 3"으로 한다.<br>별지 제20호서식 뒤쪽 첨부서류란 제7호 중 "「산림자원의 조성 및 관리에 관한 법률 시행령」제30조제1항에 따른 기술2급 이상의 산림경영기술자가"를 "산림기술용역업자 또는 산림사업시행업자 소속 산림기술자로서 「산림기술 진흥 및 관리에 관한 법률 시행령」 별표 5의 산림 조사사업의 배치기준에 해당하는 사람이"로 한다.<br>별지 제20호서식 뒤쪽 첨부서류란 제11호1) 중 "「산림자원의 조성 및 관리에 관한 법률 시행령」제30조제1항"을 "산림기술 진흥 및 관리에 관한 법률 시행령」 별표 3"으로 한다.<br>별지 제40호서식 유의사항란 중 "「산 |

| 산지관리법 | 산지관리법 시행령 | 산지관리법 시행규칙 |
|---|---|---|
| | | 림자원의 조성 및 관리에 관한 법률 시행령」 제30조제1항에 따른 산림공학기술자"를 "산림기술용역업자 소속 산림기술자로서 「산림기술 진흥 및 관리에 관한 법률 시행령」 별표 3에 따른 산림공학기술자"로 한다.<br>**제4조** 생략<br><br>**부 칙**<br>〈농림축산식품부령 제342호, 2018.12.4〉<br>이 규칙은 공포한 날부터 시행한다. |
| | **부 칙**<br>〈대통령령 제29329호, 2018.12.4〉<br>**제1조(시행일)** 이 영은 공포한 날부터 시행한다.<br>**제2조(태양에너지발전시설에 관한 경과조치)** 이 영 시행 전에 태양에너지발전시설을 설치하기 위하여 다음 각 호의 어느 하나에 해당하는 경우에는 제18조의2제2항제1호 및 별표 3의2 제2호 나목의 개정규정에도 불구하고 종전의 | |

| | | |
|---|---|---|
| | 규정에 따른다.<br>1. 법 제8조에 따라 지역·지구·구역 등의 지정 등에 관한 협의를 요청한 경우<br>2. 법 제14조제1항에 따라 산지전용허가·변경허가를 신청하거나 변경신고를 한 경우<br>3. 법 제14조제2항에 따라 산지전용허가가 의제되는 행정처분을 하기 위하여 협의를 요청한 경우<br>**제3조(대체산림자원조성비의 감면에 관한 경과조치)** 이 영 시행 전에 태양에너지발전시설을 설치하기 위하여 다음 각 호의 어느 하나에 해당하는 경우에는 별표 5 제2호라목의 개정규정에도 불구하고 종전의 규정에 따른다.<br>1. 법 제8조에 따라 지역·지구·구역 등의 지정 등에 관한 협의를 요청한 경우<br>2. 법 제14조제1항에 따라 산지전용허가·변경허가를 신청하거나 변경 | |

| 산지관리법 | 산지관리법 시행령 | 산지관리법 시행규칙 |
|---|---|---|
| | 신고를 한 경우<br>3. 법 제14조제2항에 따라 산지전용허<br>가가 의제되는 행정처분을 하기 위<br>하여 협의를 요청한 경우<br><br>**부 칙**<br>**〈대통령령 제29395호, 2018.12.18〉**<br>**(지방분권 강화를 위한 20개 법령의<br>일부개정에 관한 대통령령)**<br><br>이 영은 공포한 날부터 시행한다. 〈단서<br>생략〉<br><br>**부 칙**<br>**〈대통령령 제29617호, 2019.3.12〉**<br>**(철도의 건설 및 철도시설 유지관리에<br>관한 법률 시행령)**<br><br>**제1조(시행일)** 이 영은 2019년 3월 14일<br>부터 시행한다.<br>**제2조 및 제3조** 생략 | |

**제4조(다른 법령의 개정)** ① 부터 ⑭ 까지 생략

⑮ 산지관리법 시행령 일부를 다음과 같이 개정한다.

제32조의3제1항제2호가목 중 "「철도건설법」"을 "「철도의 건설 및 철도시설 유지관리에 관한 법률」"로 한다.

별표 5 제1호라목의 대상시설란 중 "「철도건설법」"을 "「철도의 건설 및 철도시설 유지관리에 관한 법률」"로 한다.

⑯ 부터 ㉝ 까지 생략

## 부 칙
<대통령령 제29950호, 2019.7.2>
(어려운 법령용어 정비를 위한 210개 법령의 일부개정에 관한 대통령령)

이 영은 공포한 날부터 시행한다. <단서 생략>

| 산지관리법 | 산지관리법 시행령 | 산지관리법 시행규칙 |
|---|---|---|

**부 칙**
**〈대통령령 제29972호, 2019.7.9〉**
**(유연한 분류체계 등 규제혁신을 위한 31개 법령의 일부개정에 관한 대통령령)**

이 영은 공포한 날부터 시행한다.

---

**부 칙**
**〈농림축산식품부령 제394호, 2019.9.24〉**
**(어려운 법령용어 정비를 위한 산림청 소관 10개 법령의 일부개정에 관한 농림축산식품부령)**

이 규칙은 공포한 날부터 시행한다.

**부 칙**
**〈농림축산식품부령 제401호, 2019.12.3〉**
**(규제 재검토기한 설정 등을 위한 산림조합법 시행규칙 등 4개 부령 일부개정령)**

이 규칙은 공포한 날부터 시행한다.

**부 칙**
**〈농림축산식품부령 제402호, 2019.12.31〉**

제1조(시행일) 이 규칙은 공포한 날부터 시행한다.

제2조(배전시설 등의 산지일시사용기간에 관한 경과조치) 이 규칙 시행 전에 신청한 산지일시사용허가 또는 산지일

---

**부 칙**
**〈법률 제16710호, 2019.12.3〉**

제1조(시행일) 이 법은 공포 후 6개월이 경과한 날부터 시행한다. 다만, 제10조 제7호나목, 제41조의2의 개정규정은 공포한 날부터 시행한다.

제2조(산지전용·일시사용제한지역에서의 행위제한에 관한 적용례) 이 법 시행 전에 산림청장등에게 태양에너지 설비를 설치하기 위하여 다음 각 호의 어느 하나에 해당하는 협의·허가·신고를 신청한 경우에는 제10조제7호나목의 개정규정에도 불구하고 종전의 규정에

따른다.
1. 제8조에 따른 지역·지구·구역 등의 지정 등에 관한 협의
2. 제15조의2에 따른 산지일시사용허가, 변경허가 또는 변경신고

**제3조(재생에너지 발전사업자에 대한 적용례)** 제41조의2의 개정규정은 같은 개정규정의 시행 후 다음 각 호의 어느 하나에 해당하는 협의·허가·신고를 신청하는 경우부터 적용한다.
1. 제8조에 따른 지역·지구·구역 등의 지정 등에 관한 협의
2. 제15조의2에 따른 산지일시사용허가, 변경허가 또는 변경신고

부 칙
<법률 제17017호, 2020.2.18>

이 법은 공포 후 6개월이 경과한 날부터 시행한다. 다만, 제2조제1호·제2호, 제35조제1항제2호나목, 제47조제1항, 제51조제2항, 제57조 및 법률 제16710

부 칙
<대통령령 제30503호, 2020.3.3>

**제1조(시행일)** 이 영은 공포한 날부터 시행한다.

**제2조(제조업을 영위하려는 창업 중소기업의 대체산림자원조성비 면제기간에**

시사용기간의 연장허가에 대해서는 별표 1의4 제5호의 개정규정에도 불구하고 종전의 규정에 따른다.

| 산지관리법 | 산지관리법 시행령 | 산지관리법 시행규칙 |
|---|---|---|
| 호 산지관리법 일부개정법률 제57조의 개정규정은 공포한 날부터 시행한다. | 관한 적용례) 별표 5 제2호바목의 개정규정은 이 영 시행 전에 창업한 「중소기업기본법」 제2조에 따른 중소기업에 대해서도 적용한다. | |

부 칙
&lt;법률 제17091호, 2020.3.24&gt;
(지방행정제재·부과금의 징수
등에 관한 법률)

제1조(시행일) 이 법은 공포한 날부터 시행한다. &lt;단서 생략&gt;

제2조 및 제3조 생략

제4조(다른 법률의 개정) ① 부터 ㊻ 까지 생략

㊼ 산지관리법 일부를 다음과 같이 개정한다.

　제19조제9항 중 "「지방세외수입금의 징수 등에 관한 법률」"을 "「지방행정제재·부과금의 징수 등에 관한 법률」"로 한다.

㊽ 부터 ⑩2 까지 생략

제5조 생략

부 칙
<법률 제17170호, 2020.3.31>
(전기사업법)

**제1조(시행일)** 이 법은 공포 후 6개월이 경과한 날부터 시행한다. <단서 생략>

**제2조(다른 법률의 개정)** 산지관리법 일부를 다음과 같이 개정한다.

제41조의2제2항 중 "「전기사업법」 제12조"를 "「전기사업법」 제31조의2제2항"으로 한다.

부 칙
<법률 제17321호, 2020.5.26>

이 법은 공포한 날부터 시행한다. 다만, 제46조의3제3항의 개정규정은 공포 후 6개월이 경과한 날부터 시행한다.

부 칙
<대통령령 제30704호, 2020.5.26>
(문화재보호법 시행령)

**제1조(시행일)** 이 영은 2020년 5월 27일부터 시행한다.

**제2조(다른 법령의 개정)** ① 부터 ⑦ 까지

| 산지관리법 | 산지관리법 시행령 | 산지관리법 시행규칙 |
|---|---|---|
| | 생략<br><br>⑧ 산지관리법 시행령 일부를 다음과 같이 개정한다.<br>제32조의3제1항제4호바목 및 같은 조 제3항제4호 중 "「문화재보호법」 제2조제4항"을 각각 "「문화재보호법」 제2조제5항"으로 한다.<br>별표 1 제2호나목 중 "「문화재보호법」 제2조제4항"을 "「문화재보호법」 제2조제5항"으로 한다.<br>⑨ 부터 ⑱ 까지 생략<br><br>**부 칙**<br>〈대통령령 제30741호, 2020.6.2〉<br>**제1조(시행일)** 이 영은 2020년 6월 4일부터 시행한다. 다만, 제20조제7항, 제32조제2항, 제32조의4제2항, 제36조제5항·제6항, 제37조제3항, 제39조제6항, 별표 2, 별표 3의2, 별표 8의2 및 | |

별표 10의 개정규정은 공포한 날부터 시행한다.

**제2조(태양에너지발전시설의 산지일시사용허가 설치지역 등에 관한 적용례)** 별표 3의2 제2호나목의 개정규정은 이 영 시행 이후 법 제15조의2제1항 본문에 따라 산지일시사용허가를 신청하는 경우부터 적용한다.

부 칙
<대통령령 제30876호, 2020.7.28>
(항만법 시행령)

**제1조(시행일)** 이 영은 2020년 7월 30일부터 시행한다.

**제2조부터 제13조까지** 생략

**제14조(다른 법령의 개정)** ① 부터 ⑧ 까지 생략

⑨ 산지관리법 시행령 일부를 다음과 같이 개정한다.

별표 1 제3호서목 중 "항만공사"를 "항만개발사업"으로, "법 제42조"를 "법

| 산지관리법 | 산지관리법 시행령 | 산지관리법 시행규칙 |
|---|---|---|
| | 제45조"로 한다.<br>⑩ 부터 ㉛ 까지 생략<br>제15조 생략<br><br>**부 칙**<br>〈대통령령 제30950호, 2020.8.19〉<br>이 영은 2020년 8월 19일부터 시행한다.<br>다만, 제2조제2호, 별표 8의4 및 별표 9의 개정규정은 공포한 날부터 시행한다.<br><br>**부 칙**<br>〈대통령령 제31181호, 2020.11.24〉<br>제1조(시행일) 이 영은 공포한 날부터 시행한다. 다만, 제50조의4 및 제50조의5제5항 및 제6항의 개정규정은 2020년 11월 27일부터 시행한다.<br>제2조(산지전용·일시사용제한지역 및 보전산지 안에서의 허용행위 등에 관 | |

**한 적용례)** 제10조제8항, 제12조제12항 및 제13조제5항의 개정규정은 이 영 시행 이후 산지전용허가 또는 산지일시사용허가를 신청하거나 산지전용신고 또는 산지일시사용신고를 하는 경우 또는 다른 법률에 따라 산지전용허가·산지일시사용허가 또는 산지전용신고·산지일시사용신고가 의제되는 행정처분을 하기 위해 협의를 요청하는 경우부터 적용한다.

**제3조(수수료 면제에 관한 적용례)** 제51조제4항제2호의 개정규정은 이 영 시행 이후 법 제50조 각 호의 어느 하나에 해당하는 행위를 하는 경우부터 적용한다.

**제4조(대체산림자원조성비 감면 기한 변경에 따른 적용례)** 2019년 1월 1일부터 이 영 시행 전까지 산지전용허가 또는 산지일시사용허가를 신청하거나 다른 법률에 따라 산지전용허가 또는 산지일시사용허가가 의제·배제되는

| 산지관리법 | 산지관리법 시행령 | 산지관리법 시행규칙 |
|---|---|---|
| | 행정처분을 하기 위해 협의를 요청한 경우에 대해서는 별표 5 제3호러목의 개정규정을 적용하지 않는다.<br><br>**제5조(대체산림자원조성비 감면에 관한 적용례)** 별표 5 제3호머목부터 어목까지의 개정규정은 이 영 시행 이후 산지전용허가 또는 산지일시사용허가를 신청하거나 다른 법률에 따라 산지전용허가 또는 산지일시사용허가가 의제·배제되는 행정처분을 하기 위해 협의를 요청하는 경우부터 적용한다.<br><br>**제6조(대체산림자원조성비 감면에 관한 경과조치)** 이 영 시행 전에 매장문화재의 발굴을 위해 법 제15조의2에 따른 산지일시사용허가를 받았거나 산지일시사용허가를 신청한 경우에는 별표 5 비고 제7호의 개정규정에도 불구하고 종전의 규정에 따른다. | |

부 칙
<대통령령 제31337호, 2020.12.29>
(사법경찰관의 수사종결제도 도입에 따른 22개 대통령령의 일부개정에 관한 대통령령)

제1조(시행일) 이 영은 2021년 1월 1일부터 시행한다.

제2조(일반적 적용례) 이 영은 이 영 시행 당시 사법경찰관이 수사 중인 사건에 대해서도 적용한다.

부 칙
<대통령령 제31380호, 2021.1.5>
(어려운 법령용어 정비를 위한 473개 법령의 일부개정에 관한 대통령령)

이 영은 공포한 날부터 시행한다. <단서 생략>

[본문생략]
제1조부터 제228조까지 생략
제229조(「산지관리법 시행령」의 개정) 산지관리법 시행령 일부를 다음과 같

부 칙
<농림축산식품부령 제464호, 2020.12.31>

제1조(시행일) 이 규칙은 2021년 1월 1일부터 시행한다.

제2조(포상금의 지급에 관한 적용례) 제50조의2제1항 및 제2항의 개정규정은 이 규칙 시행 당시 사법경찰관이 수사 중인 사건에 대해서도 적용한다.

| 산지관리법 | 산지관리법 시행령 | 산지관리법 시행규칙 |
|---|---|---|
| | 이 개정한다.<br>제12조제13항제6호 각 목 외의 부분 중 "「축산법」 제2조제1호의 규정에 의한"을 "「축산법」 제2조제1호에 따른"으로, "각목"을 "각 목"으로 하고, 같은 호 다목 중 "죽"을 "대나무"로 한다.<br>제20조의3제5항 중 "노임단가"를 "임금단가"로, "고지하여야"를 "고지해야"로 한다.<br>별표 4 제2호가목의 세부기준란 중 "죽이"를 "대나무가"로 하고, 같은 표 제3호가목의 도로의 세부기준란 2) 본문 중 "절취고(切取高)"를 "토양을 잘라내는 높이"로 한다.<br>**제230조부터 제473조까지** 생략 | |

## ◆ 산지관리법 시행령 별표 ◆

**[영별표 1]** <개정 2020.7.28>

### 산림청장등과 협의하여야 하는 지역등의 범위(제7조제1항 관련)

1. 보전목적 및 개발목적으로 이용하기 위한 지역등의 지정 또는 결정
    가. 「국토의 계획 및 이용에 관한 법률」 제2조제15호부터 제17호까지의 규정에 따른 용도지역, 용도지구 및 용도구역
    나. 「연안관리법」 제2조제3호에 따른 연안육역
    다. 그 밖에 다른 법률에 따라 보전목적 및 개발목적으로 이용하기 위하여 지정 또는 결정되는 지역 등
2. 보전목적으로 이용하기 위한 지역등의 지정 또는 결정
    가. 「고도 보존 및 육성에 관한 특별법」 제10조에 따른 역사문화환경 보존육성지구 및 역사문화환경 특별보존지구
    나. 「문화재보호법」 제2조제5항에 따른 보호구역
    다. 「소하천정비법」 제2조제2호에 따른 소하천구역 및 같은 법 제4조에 따른 소하천예정지
    라. 「수도법」 제7조에 따른 상수원보호구역
    마. 「습지보전법」 제8조에 따른 습지보호지역, 습지주변관리지역 및 습지개선지역
    바. 「전통사찰의 보존 및 지원에 관한 법률」 제6조에 따른 전통사찰보존구역
    사. 「지하수법」 제2조제3호에 따른 지하수보전구역
    아. 「토양환경보전법」 제17조에 따른 토양보전대책지역
    자. 「환경정책기본법」 제38조에 따른 환경보전을 위한 특별대책지역
    차. 그 밖에 다른 법률에 따라 보전목적으로 이용하기 위하여 지정 또는 결정되는 지역 등
3. 개발목적으로 이용하기 위한 지역등의 지정 또는 결정
    가. 「경제자유구역의 지정 및 운영에 관한 특별법」 제2조제1호에 따른 경제자유구역
    나. 「공항시설법」 제2조제6호에 따른 공항·비행장개발예정지역
    다. 「관광진흥법」 제2조제6호, 제7호 및 제11호에 따른 관광지, 관광단지 및 관광특구
    라. 「농어촌정비법」 제94조에 따른 한계농지등 정비지구
    마. 「댐건설 및 주변지역지원 등에 관한 법률」 제7조에 따른 댐건설기본계획에 포함된 사업시행지
    바. 「도시 및 주거환경정비법」 제2조제1호에 따른 정비구역
    사. 「도시개발법」 제2조제1항제1호에 따른 도시개발구역

아. 「문화산업진흥 기본법」 제2조제18호에 따른 문화산업단지
자. 「물류시설의 개발 및 운영에 관한 법률」 제2조제6호에 따른 물류단지
차. 「산업입지 및 개발에 관한 법률」 제2조제8호에 따른 산업단지
카. 「산업집적활성화 및 공장설립에 관한 법률」 제2조제7호에 따른 지식기반산업집적지구
타. 「석탄산업법」 제39조의8에 따른 탄광지역진흥사업 추진대상지역
파. 「신항만건설 촉진법」 제5조에 따른 신항만건설 예정지역
하. 「유통산업발전법」 제29조에 따른 공동집배송센터
거. 「자유무역지역의 지정 및 운영에 관한 법률」 제2조제1호에 따른 자유무역지역
너. 「전원개발촉진법」 제11조에 따른 전원개발사업 예정구역
더. 「지역 개발 및 지원에 관한 법률」 제2조제2호에 따른 지역개발사업구역
러. 「청소년활동 진흥법」 제47조에 따른 청소년수련지구
머. 「택지개발촉진법」 제2조제3호에 따른 택지개발지구
버. 「폐광지역 개발 지원에 관한 특별법」 제3조에 따른 폐광지역진흥지구
서. 「항만법」 제9조에 따른 항만개발사업을 시행하는 지역 및 같은 법 제45조에 따른 항만배후단지
어. 그 밖에 다른 법률에 따라 개발목적으로 이용하기 위하여 지정 또는 결정되는 지역 등


[영별표 2] <개정 2020.6.2>

## 산지에서의 지역 등의 협의기준(제7조제2항 관련)

1. 산림경영을 위하여 장기간 투자된 보전산지이거나 임업 및 산촌의 진흥을 위하여 필요한 보전산지는 특정 용도로 이용하려는 지역등의 지정·결정의 목적에 필요한 최소한의 면적이어야 한다.
2. 집단적인 조림성공지 및 형질이 우량한 천연림으로서 지속가능한 산림경영을 위하여 필요하다고 인정되는 보전산지는 가능한 한 특정 용도로 이용하기 위한 지역등으로 지정·결정되어서는 아니 된다.
3. 분수령(分水嶺: 물이 나뉘는 산맥이나 산마루)·하천·소계류·소능선 등 자연경계의 밖에 위치하는 지역으로서 지역등의 지정·결정의 목적과 직접적으로 관련되지 아니하는 산지는 그 지정·결정의 범위를 최소화하여야 한다.
4. 보전산지에 대하여 산지의 보전과 유사한 목적으로 다른 법률에 따라 지역등으로 지정·결정하려는 경우에는 그 지정·결정의 범위가 최소화되도록 하여야 한다.

5. 법 제9조에 따른 산지전용·일시사용제한지역이 편입되어서는 아니 된다. 다만, 법 제10조 각 호에 따른 행위와 관련된 협의의 경우에는 그러하지 아니하다.
6. 전용하려는 산지의 경우에는 법 제12조에 따른 행위제한에 위반되어서는 아니 된다.
7. 지역등의 지정으로 인하여 주변 산림경영에 지장을 초래하여서는 아니 된다.
8. 기반시설의 설치를 수반하여 지역등을 지정하려는 경우 주변 산림경영을 위한 기반시설과 연계하여야 한다.
9. 불가피하게 원형보전되는 산지에 대하여는 다음 각 목의 대책을 수립하여야 한다.
  가. 소나무재선충병 등 산림병해충의 예방 및 방제를 위한 대책
  나. 산불·산사태 등 산림재해를 방지하기 위한 대책
  다. 삭제 <2010.12.7>
10. 지역등으로 지정·결정하려는 산지의 평균경사도가 다음 각 목의 구분에 따른 요건에 적합할 것
  가. 「체육시설의 설치·이용에 관한 법률」 제10조제1항제1호에 따른 스키장업의 시설을 설치하는 경우: 35도 이하일 것
  나. 「신에너지 및 재생에너지 개발·이용·보급 촉진법」 제2조제2호가목에 따른 태양에너지 설비를 설치하는 경우: 15도 이하일 것
  다. 그 밖의 시설을 설치하는 경우: 25도 이하일 것
11. 지역등으로 지정·결정하려는 산지의 헥타르당 입목축적이 산림기본통계(산림청장이 고시하는 산림기본통계를 말한다. 이하 같다)상의 관할 시·군·자치구의 헥타르당 입목축적의 150퍼센트 이하일 것. 다만, 산불발생·솎아베기 또는 인위적인 벌채를 실시한 후 5년이 지나지 아니한 때에는 그 산불발생·솎아베기 또는 벌채 전의 입목축적으로 환산하여 적용한다. 다만, 산림기본통계의 발표 다음 연도부터 다시 새로운 산림기본통계가 발표되기 전까지는 산림청장이 고시하는 시·도별 평균생장률을 적용하여 해당 연도의 관할 시·군·구의 헥타르당 입목축적을 구하며, 산불발생·솎아베기 또는 인위적인 벌채를 실시한 후 5년이 지나지 않은 때에도 해당 시·도별 평균생장률을 적용하여 그 산불발생·솎아베기 또는 벌채 전의 입목축적을 환산한다.
12. 지역등으로 지정·결정하려는 경우 기본계획 및 지역계획의 내용에 어긋나지 아니하여야 한다.
13. 지역등으로 지정·결정하려는 산지의 면적이 30만제곱미터 이상인 경우로서 해당 산지를 전용 또는 일시사용하려는 경우에는 해당 사업계획부지에 대한 보전산지의 면적비율은 매년 산림청장이 발표하는 임업통계연보상의 해당 시·군·구의 산지면적에 대한 보전산지의 면적비율(보전산지의 면적 비율이 100분의 50 이하인 경우에는 100분의 50)을 초과하여서는 아니 된다. 다만, 다음 각 목의 어느 하나에 해당하는 경우에는 그러하지 아니하다.
  가. 스키장, 집단묘지(공설묘지 및 법인묘지에 한정한다), 대중골프장, 송·배선 철탑

또는 풍력발전시설을 설치하기 위한 경우
나. 지역등으로 지정하여 전용하려는 산지의 평균 입목축적이 산림기본통계상 해당 시·군·구의 평균 입목축적 이하인 지역에「산업입지 및 개발에 관한 법률」제2조제8호에 따른 산업단지 또는「관광진흥법」제2조제7호에 따른 관광단지를 조성하는 경우
다. 지역등으로 지정하여 전용하려는 산지의 평균경사도가 15도 미만이고 평균입목축적(산불발생·솎아베기 또는 인위적인 벌채를 실시한 후 5년이 지나지 아니한 때에는 그 산불발생·솎아베기 또는 벌채전의 입목축적으로 환산하여 적용한다)이 산림기본통계상 해당 시·군·구의 평균입목축적의 75퍼센트 미만인 경우에는 해당 사업계획부지의 100분의 10의 범위에서 보전산지를 추가하여 편입할 수 있다.
14. 개발이 수반되는 지역등으로 지정·결정하려는 경우에는 주변의 개발상황을 고려해야 하고 기반시설과 연계되어야 한다.

※ 비고
1. 다음 각 목의 어느 하나에 해당하는 경우에는 제10호·제11호 및 제13호를 적용하지 아니한다.
   가. 사업시행자가 지정되지 아니하거나 주민제안에 의하여 개발계획이 수립되지 아니하는 경우
   나. 국가, 지방자치단체, 공기업·준정부기관, 지방공사 또는 지방공단이 시행하는 공용·공공용시설의 설치에 필요한 경우
   다. 관계 법령 또는 인·허가 등의 조건에 따라 민간사업자가 설치하여 국가 또는 지방자치단체에 기부채납 또는 무상귀속하게 되는 공용·공공용 시설
2. 제1호부터 제14호까지의 기준 적용에 필요한 세부사항은 농림축산식품부령으로 정한다.
3. 지역등을 지정·결정하려는 산지의 지형여건 또는 사업수행상 제2호, 제10호 또는 제11호의 기준을 적용하는 것이 불합리하다고 인정되는 경우에는 별표 4 비고 제4호 또는 제5호에 따라 산지전용허가기준을 완화할 수 있는 범위에서 중앙산지관리위원회 또는 지방산지관리위원회의 심의를 거쳐 이를 완화할 수 있다.
4. 삭제 <2013.12.17>
5. 산림청장은 제13호에 따른 보전산지 면적비율과 관련하여 전체산지면적 또는 보전산지 면적의 변경으로 보전산지 면적비율이 증가된 경우에는 임업통계연보상의 보전산지 면적비율에도 불구하고 그 증가된 보전산지 면적비율을 적용할 수 있다.

[영별표 3] <개정 2018.12.18>

## 산지전용신고의 대상시설·행위의 범위, 설치지역 및 설치조건(제18조관련)

1. 산림경영을 위한 영구시설과 그 부대시설의 경우

| 대상시설·행위의 범위 | 설치지역 | 설치조건 |
|---|---|---|
| 가. 임산물 생산시설 또는 집하시설 | 산지전용·일시사용제한지역이 아닌 산지 | 임업인이 설치하는 시설로서 부지면적이 1만제곱미터 미만일 것 |
| 나. 임산물 가공·건조·보관시설, 임업용기자재(비료·농약 등) 보관시설, 임산물 전시·판매시설 | | 임업인이 설치하는 시설로서 부지면적이 3천제곱미터 미만일 것 |

2. 「임업 및 산촌진흥 촉진에 관한 법률」에 따른 산촌개발사업으로 설치하는 영구시설과 그 부대시설의 경우

| 대상시설·행위의 범위 | 설치지역 | 설치조건 |
|---|---|---|
| 가. 임산물 생산·저장·판매·가공·이용시설 | 산지전용·일시사용제한지역이 아닌 산지 | 부지면적이 1만제곱미터 미만일 것 |
| 나. 산림의 홍보·전시·교육시설 | | |
| 다. 산림휴양·치유시설 | | |
| 라. 산촌주민의 소득증대시설 | | |

3. 임업시험연구를 위한 영구시설과 그 부대시설의 경우

| 대상시설·행위의 범위 | 설치지역 | 설치조건 |
|---|---|---|
| 가. 국가 또는 지방자치단체가 임업시험연구를 위하여 설치하는 시설 | 제한없음 | 부지면적이 1만제곱미터 미만일 것 |
| 나. 「고등교육법」 제2조에 따 | | |

| | | |
|---|---|---|
| 른 학교(산림과 관련된 학과·학부가 설치된 학교만 해당한다)가 임업시험연구 또는 산림과 관련된 교육목적 달성을 위하여 설치하는 시설 | | |

4. 산림 관계 법령에 따라 조성하는 산림공익시설과 그 부대시설의 경우

| 대상시설·행위의 범위 | 설치지역 | 설치조건 |
|---|---|---|
| 가. 자연휴양림 | 제한 없음 | 「산림문화·휴양에 관한 법률」 제14조제3항에 따른 시설의 종류 및 기준 등에 적합할 것 |
| 나. 수목원 | | 「수목원·정원의 조성 및 진흥에 관한 법률」 제2조제1호에 따른 기준에 적합할 것 |
| 다. 산림생태원 | | 「산림보호법」 제18조제5항에 따른 기준에 적합할 것 |
| 라. 산림욕장, 치유의 숲, 숲속 야영장 또는 산림레포츠시설 | | 「산림문화·휴양에 관한 법률」 제20조제4항에 따른 시설의 종류 및 기준 등에 적합할 것 |
| 마. 유아숲체험원 | | 「산림교육 활성화에 관한 법률」 제12조제1항의 기준에 적합할 것 |
| 바. 산림교육센터 | | 「산림교육 활성화에 관한 법률」 제13조제3항의 지정기준에 적합할 것 |
| 사. 산림복지단지 | | 「산림복지 진흥에 관한 법률」 제31조에 따른 생태적 산지이용기준에 적합할 것 |

5. 농림어업인의 주택시설과 그 부대시설의 경우

| 대상시설·행위의 범위 | 설치지역 | 설치조건 |
|---|---|---|

| 대상시설·행위의 범위 | 설치지역 | 설치조건 |
|---|---|---|
| 가. 농림어업인의 주택시설과 그 부대시설 | 산지전용·일시사용제한지역이 아닌 산지 | 농림어업인이 농림어업을 직접 경영하면서 실제로 거주하기 위하여 자기소유 산지에 설치하는 시설로서 부지면적이 330제곱미터 미만일 것(이 경우 자기 소유의 기존 임도를 활용하여 설치 가능하며, 부지면적의 산정방법은 제12조제4항을 준용한다) |

6. 「건축법」에 따른 건축허가 또는 건축신고 대상이 되는 영구시설과 그 부대시설의 경우

| 대상시설·행위의 범위 | 설치지역 | 설치조건 |
|---|---|---|
| 가. 농림축수산물의 창고·집하장·가공시설 | 공익용산지가 아닌 산지 | 농림어업인등이 농림어업의 경영을 목적으로 설치하는 시설일 것. 이 경우 부지면적은 다음의 구분에 따른다.<br> 1) 5천제곱미터 이상의 농지에 농업경영을 하거나 3만제곱미터 이상의 산지에 산림경영을 하는 경우: 3천제곱미터 미만<br> 2) 5천제곱미터 미만의 농지에 농업경영을 하거나 3만제곱미터 미만의 산지에 산림경영을 하는 경우: 1천제곱미터 미만<br> 3) 수산물의 창고·집하장 또는 그 가공시설인 경우: 1천제곱미터 미만 |
| 나. 농기계수리시설 및 농기계 창고 | | 농림어업인등이 농림어업의 경영을 목적으로 설치하는 시설일 것. 이 경우 부지면적은 다음의 구분에 따른다.<br> 1) 5천제곱미터 이상의 농지에 농업경영을 하거나 3만제곱미터 이상의 산지에 산림경영을 하는 경우: 3천제곱미 |

| | | 터 미만<br>2) 5천제곱미터 미만의 농지에 농업경영을 하거나 3만제곱미터 미만의 산지에 산림경영을 하는 경우: 1천제곱미터 미만 |
|---|---|---|
| 다. 누에 등 곤충사육시설 및 관리시설 | | 농림어업인등이 농림어업의 경영을 목적으로 설치하는 시설로서 부지면적이 3천제곱미터 미만일 것 |

※ 비고

1. 설치지역은 이 법령 또는 다른 법령에 따라 해당 시설·행위가 허용되는 지역이어야 한다.
2. 「수목원·정원의 조성 및 진흥에 관한 법률」 제19조에 따라 지정된 국립수목원완충지역에서 할 수 있는 시설 및 행위는 제3호 및 제4호만 해당한다.
3. 제1호에서 "임업인"이란 「임업 및 산촌 진흥촉진에 관한 법률 시행령」 제2조제1호의 임업인(「산림자원의 조성 및 관리에 관한 법률」에 따라 산림경영계획의 인가를 받아 산림을 경영하고 있는 자를 말한다), 같은 조 제2호·제3호의 임업인을 말하며, 법인은 제외한다.
4. 제5호에서 "농림어업인"이란 「농지법」 제2조제2호에 따른 농업인, 「임업 및 산촌 진흥촉진에 관한 법률 시행령」 제2조제1호의 임업인(「산림자원의 조성 및 관리에 관한 법률」에 따라 산림경영계획의 인가를 받아 산림을 경영하고 있는 자를 말한다), 같은 조 제2호·제3호의 임업인 및 「수산업법」 제2조제12호에 따른 어업인을 말하며, 법인은 제외한다.
5. 제6호에서 "농림어업인등"이란 농림어업인, 「농업·농촌 및 식품산업 기본법」 제3조제4호에 따른 생산자단체, 「수산업·어촌 발전 기본법」 제3조제5호에 따른 생산자단체, 「농어업경영체 육성 및 지원에 관한 법률」 제16조에 따른 영농조합법인과 영어조합법인 및 같은 법 제19조에 따른 농업회사법인을 말한다.
5의2. 제1호부터 제6호까지에 따른 산지전용신고 대상시설을 설치하려는 경우에는 법 제40조제3항에 따른 복구설계서의 승인기준에 적합하여야 한다.
6. 산지전용신고 대상시설·행위의 범위, 설치지역 및 설치조건을 적용하는 데 필요한 세부적인 사항은 산림청장이 정하여 고시한다.

[영별표 3의2] <개정 2020.11.24>

## 산지일시사용허가의 대상시설·행위의 범위, 설치지역 및 설치조건·기준(제18조의2제3항 관련)

1. 광물의 채굴 및 광해방지사업의 경우

| 대상시설·행위의 범위 | 설치지역 | 설치조건·기준 |
|---|---|---|
| 가. 노천채굴 | 산지전용·일시사용제한지역 및 토석채취제한지역이 아닌 산지. 다만, 고령토의 굴취·채취(그 굴취·채취로 인하여 경관이 훼손되거나 재해가 발생할 우려가 없고, 산지일시사용 후 발생하는 절토·성토면의 수직높이가 15미터 이하인 경우로 한정한다)는 제32조의3제2항제1호부터 제3호까지의 토석채취제한지역인 산지에서도 할 수 있다. | 1) 별표 4 제1호 및 제2호의 기준에 적합할 것. 다만, 별표 4 제1호마목3)·4)·6)·10), 제2호다목1)·4) 및 제2호라목1)·2)의 기준은 적용하지 아니한다.<br>2) 일시사용하려는 산지의 평균경사도가 35도 미만이고, 일시사용하려는 산지를 100㎡의 지역으로 분할하여 각 분할지역의 경사도를 측정하였을 때 경사도가 35도 이상인 지역이 전체 지역의 35% 이하일 것<br>3) 일시사용하려는 산지의 면적이 3만제곱미터 이상일 것. 다만 다음의 경우에는 그러하지 아니하다.<br> 가) 광물을 채굴하고 있는 지역에 연접하여 채굴하려는 경우<br> 나) 산업통상자원부장관이 특별히 필요하다고 인정하여 직접 요청하는 경우로서 안전채광 및 채광 후 복구에 지장이 없다고 인정하는 경우<br>4) 광물이 포함되어 있는 토석을 채취하여 석재의 용도로 사용할 우려가 없을 것 |
| 나. 굴진채굴 | 제한없음 | 1) 별표 4 제1호 및 제2호의 기준에 적합할 것. 다만, 별표 4 제1호마목3)·4)·6)·10), 제2호다목1)·4) 및 제2호라목1)·2)의 기준은 적용하지 아니한다.<br>2) 광물이 포함되어 있는 토석을 채취하여 석재의 용도로 사용할 우려가 없을 것<br>3) 일시사용하려는 산지의 총면적이 2만제곱미터 미만일 것 |
| 다. 광해방지사업 | | 1) 별표 4 제1호·제2호의 기준에 적합할 것. 다만, 별표 4 제1호마목은 호 라목 |

| | | 3)·4)·6)·7)·10), 제2호다목1)·4) 및 같 1)·2)의 기준은 적용하지 아니한다.<br>2) 「광산피해의 방지 및 복구에 관한 법률」에 따라 이루어질 것 |
|---|---|---|

2. 배전시설·전기통신송신시설 · 태양에너지발전시설·풍력발전시설·풍황계측시설·궤도시설, 매장문화재 발굴의 경우

| 대상시설·행위의 범위 | 설치지역 | 설치조건·기준 |
|---|---|---|
| 가. 배전시설·전기통신송신시설·풍황계측시설 | 제한없음 | 1) 별표 4 제1호·제2호의 기준에 적합할 것. 다만, 별표 4 제1호마목3)·6)·10) 및 같은 표 제2호다목1) 및 같은 호 라목1)의 기준은 적용하지 아니한다.<br>2) 일시사용하려는 산지면적이 660제곱미터 이상인 경우에는 일시사용하려는 산지의 평균경사도는 다음의 기준을 모두 충족하여야 한다. 이 경우 일시사용하려는 산지가 분리되어 있는 경우에는 각각의 분리된 산지 중 면적이 660제곱미터 이상인 산지에 대해서도 다음의 기준을 모두 충족하여야 한다.<br>가) 일시사용하려는 산지의 평균경사도가 25도 이하일 것<br>나) 일시사용하려는 산지를 면적 100제곱미터의 지역으로 분할하여 각 지역의 경사도를 측정하는 경우 경사도가 25도 이상인 지역의 면적이 전체 지역 면적의 100분의 40 이하일 것<br>3) 자재 등은 산림청장이 따로 정하여 고시하는 기준에 따라 삭도·모노레일·헬기 등으로 운반되도록 사업계획이 수립될 것. 다만, 별표 3의3 제3호가목에 적합하게 진입로를 설치하는 경우에는 그러하지 아니하다.<br>4) 삭제 <2018.10.30> |
| 나. 태양에너지발전시설 | 준보전산지 | 1) 별표 4 제1호 및 제2호의 기준에 적합할 것. 다만, 별표 4 제1호마목8)·11)· |

| | | 15) 및 같은 표 제2호다목1)의 기준은 적용하지 않는다.<br>2) 일시사용하려는 산지의 평균경사도가 15도 이하일 것<br>3) 산림청장등이 재해가 발생할 우려가 있다고 인정하는 경우에는 사방시설, 사방댐 등 재해방지시설의 설치계획을 사업계획서에 반영할 것<br>4) 폐기되는 태양에너지발전설비의 처리계획 및 토양오염 방지계획을 사업계획서에 반영할 것<br>5) 토사유출을 방지하고, 산지경관의 변화가 최소화되도록 태양에너지발전시설 하단 주변의 서식환경에 적합한 수목·초본류 및 덩굴류(칡은 제외한다) 식재계획을 수립할 것<br>6) 사업계획에 편입된 산지면적이 3만제곱미터 이하일 것. 다만, 「국토의 계획 및 이용에 관한 법률」 제2조제4호에 따른 도시·군관리계획에 따라 도시·군계획시설 등을 설치하는 경우는 제외한다.<br>7) 법 제37조제2항 전단에 따른 조사·점검·검사 등의 실시계획을 사업계획서에 포함할 것 |
|---|---|---|
| 다. 풍력발전시설 | 제한없음 | 1) 별표 4 제1호·제2호의 기준에 적합할 것. 다만, 별표 4 제1호마목3)·6)·7)·10) 및 제2호라목1)의 기준은 적용하지 아니한다.<br>2) 산지경관 영향 모의실험을 실시하여 경관훼손을 줄이는 대책을 수립할 것 |

|  |  | 3) 「산림보호법」 제45조의5에 따른 산사태위험지도상 1등급지가 편입되지 아니할 것<br>4) 산림청장등이 재해우려가 있다고 인정하는 경우에는 사방시설, 사방댐 등 재해방지시설 설치계획을 사업계획서에 반영할 것<br>5) 사업구역에 편입된 산지가 속하는 사면의 가장 높은 봉우리의 중심점으로부터 수평거리 50미터 이상 떨어져 있을 것. 다만, 해발고 300미터 이하의 산지는 그러하지 아니하다.<br>6) 진입로를 포함하여 사업계획에 편입된 산지면적(기존 임도구간이 편입될 경우 그 구간의 면적은 제외한다)이 10만 제곱미터 이하일 것. 다만, 「국토의 계획 및 이용에 관한 법률」 제2조제4호에 따른 도시·군관리계획에 따라 도시·군계획시설 등을 설치하는 경우는 제외한다.<br>7) 법 제37조제2항 전단에 따른 조사·점검·검사 등의 실시계획을 사업계획서에 포함할 것 |
|---|---|---|
| 라. 궤도시설 | 국가 또는 지방자치단체 외의 자가 설치하는 경우에는 산지전용·일시사용제한지역이 아닌 산지 | 1) 별표 4 제1호 및 제2호의 기준에 적합할 것. 다만, 별표 4 제1호마목3)·6)·10) 및 제2호라목1)·2)의 기준은 적용하지 않는다.<br>2) 궤도시설 설치를 위한 자재 등의 운반에 관하여는 가목3)을 적용한다. |
| 마. 매장문화재의 발굴 | 제한없음 | 별표 4 제1호 각 목의 기준에 적합할 것. 다만, 별표 4 제1호마목3)·6) 및 10)의 기준은 적용하지 않는다. |

※ 비고

1. 설치지역은 이 법령 또는 다른 법령에 따라 해당 시설 또는 행위가 허용되는 지역이어야 한다.
2. 제1호에 따른 광물의 채굴 및 광해방지사업의 대상시설·행위의 범위에는 폐석적치, 산물의 선별·가공·처리를 위한 시설·행위를 포함한다.
3. 삭제 <2013.12.17>
4. 산지일시사용허가기준 중에서 산지의 지형여건 또는 사업수행상 위 기준을 적용하는 것이 불합리하다고 인정되는 경우에는 중앙산지관리위원회 또는 지방산지관리위원회의 심의를 거쳐 그 기준을 완화하여 적용할 수 있다.
5. 산지일시사용허가 대상시설·행위의 범위, 설치지역 및 설치조건·기준을 적용하는 데 필요한 세부사항은 농림축산식품부령으로 정한다.
6. 산지일시사용허가의 대상시설·행위의 범위, 설치지역 및 설치조건·기준을 적용할 때 산지의 면적에 관한 허가기준은 별표 4의2를 준용한다.
6의2. 제1호 및 제2호에 따른 산지일시사용허가 대상시설을 설치하거나 대상행위를 하려는 경우에는 법 제40조제4항에 따른 복구설계서 승인기준에 적합하여야 한다.
7. 대통령령 제22513호 산지관리법 시행령 일부개정령 시행 당시 토석채취제한지역에서 종전의 규정에 따라 노천채굴을 위한 산지일시사용허가를 받아 산지일시사용기간이 만료되지 않은 자가 그 허가받은 지역에 연접하여 노천채굴을 하려는 경우에는 해당 연접지역이 토석채취제한지역이더라도 그 지역을 토석채취제한지역이 아닌 산지로 보아 제1호가목의 기준에 따라 산지일시사용허가를 할 수 있다.

[영별표 3의3] <개정 2020.3.3>

## 산지일시사용신고의 대상시설·행위의 범위, 설치지역 및 설치조건(제18조의3제4항 관련)

1. 「건축법」에 따른 건축허가 또는 건축신고 대상이 아닌 간이농림어업용 시설과 농림수산물 간이처리시설의 경우

| 대상시설·행위의 범위 | 설치지역 | 설치조건 |
| --- | --- | --- |
| 가. 산림경영관리사 | 산지전용·일시사용제한지역이 아닌 산지 | 1) 임업인이 설치하는 시설로서 부지면적이 2백제곱미터 미만일 것<br>2) 주거용이 아닌 경우로서 작업대기 및 휴식공간이 바닥면적의 100분의 25 이하일 것 |
| 나. 농업용·축산업용 관리사, 농막 | 공익용산지가 아닌 산지 | 1) 농림어업인이 설치하는 시설로서 부지면적이 2백제곱미터 미만일 것<br>2) 주거용이 아닌 경우로서 작업대기 및 휴식공간이 바닥면적의 100분의 25 이하일 것 |
| 다. 산림작업인부 대피소 등 산림작업에 필요한 시설(주거목적이 아닌 경우만 해당한다) | | 부지면적이 2백제곱미터 미만일 것 |
| 라. 가목부터 다목까지 외의 간이농림어업용 시설과 농림수산물 간이처리시설 | | |
| 마. 별표 3 제1호 및 제6호의 시설 중 산지일시사용 목적으로 설치하는 시설 | | |

2. 석재·지하자원 탐사시설 또는 시추시설의 설치(지질·토양조사를 위한 시설의 설치를 포함한다)의 경우

| 대상시설·행위의 범위 | 설치지역 | 설치조건 |
| --- | --- | --- |

| 가. 석재의 탐사시설 또는 시추시설의 설치 | 산지전용·일시사용제한지역 및 토석채취제한지역이 아닌 산지 | 산정부 표고의 100분의 70 이하이고, 평균경사도가 35도 미만인 산지에 설치할 것. 다만, 연구·조사를 위한 경우에는 그러하지 아니하다. |
|---|---|---|
| 나. 지하자원의 탐사시설 또는 시추시설의 설치 | 제한없음 | 평균 경사도가 35도 미만인 산지에 설치할 것. 다만, 연구·조사를 위한 경우에는 그러하지 아니하다. |
| 다. 지질·토양의 조사·탐사시설 | 해당 시설을 설치할 수 있는 지역 | 산정부 표고의 100분의 50 이하이고, 평균경사도가 25도 미만인 산지에 설치할 것. 다만, 연구·조사를 위한 경우에는 그러하지 아니하다. |

3. 산지전용 및 산지일시사용을 위하여 임시로 설치하는 진입로의 경우

| 대상시설·행위의 범위 | 설치지역 | 설치조건 |
|---|---|---|
| 가. 송전시설·배전시설·전기통신송신시설·풍황계측시설 및 궤도시설을 위한 진입로 | 해당 시설을 설치할 수 있는 지역 | 1) 「산림자원의 조성 및 관리에 관한 법률」 제9조에 따른 산림관리기반시설 중 임도시설의 타당성평가와 설계 및 시설기준에 적합할 것<br>2) 시설되는 진입로가 임도의 용도로 지속적인 활용이 가능하다고 인정될 것<br>※ 1)·2)의 조건·기준에도 불구하고 산림청장이 필요하다고 인정하는 경우에는 별도의 조건·기준을 고시할 수 있다.<br>3) 복구준공검사일부터 3년이 되는 날까지 산지보전협회가 수행하는 현장점검을 받도록 현장점검계획을 수립하여 이를 사업계획서에 반영할 것(송전시설을 위한 진입로로 한정한다) |
| 나. 풍력발전시설을 위한 진입 | 해당 시설을 | 1) 산지경관 영향 모의실험을 실시하 |

| | | |
|---|---|---|
| 로 | 설치할 수 있는 지역 | 여 경관훼손을 줄이는 대책을 수립할 것<br>2) 「산림보호법」 제45조의5에 따른 산사태위험지도상 1등급지가 편입되지 아니할 것. 다만, 재해방지시설을 설치하는 경우에는 그러하지 아니하다.<br>3) 연장거리는 10킬로미터 이하일 것. 이 경우 기존 임도구간은 제외한다.<br>4) 길어깨·옆도랑의 너비는 각각 0.5미터 이상 1미터 이하로 하고, 절토·성토한 비탈면을 제외한 도로의 유효너비는 4미터 이하일 것. 다만, 대피소, 차돌림곳, 곡선부 등의 유효너비는 그러하지 아니하다.<br>5) 횡단면도상 노폭(비탈면을 포함한다)의 원지반 경사가 35도를 넘는 구간이 전체 진입로의 100분의 10 이하일 것<br>6) 설계속도는 40㎞/h 이하일 것<br>7) 종단기울기는 20퍼센트 이하일 것 (발전시설 사이의 연결로는 제외한다)<br>8) 공사착공일부터 「전기사업법」 제9조제4항에 따라 사업 시작을 신고하고 3년이 되는 날까지 산지보전협회가 수행하는 현장점검을 받도록 현장점검계획을 수립하여 이를 사업계획서에 반영할 것 |
| 다. 가목 및 나목 외의 진입로 | 해당 시설을 설치할 수 있는 지역 | 해당 시설의 설치에 필요한 최소한의 면적일 것 |

4. 임도, 작업로, 임산물 운반로, 숲길, 그 밖에 이와 유사한 산길을 조성하는 경우

| 대상시설·행위의 범위 | 설치지역 | 설치조건 |
|---|---|---|

| 가. 임도 | 제한없음 | 「산림자원의 조성 및 관리에 관한 법률」 제9조제4항에 따른 산림관리기반시설 중 임도시설의 타당성평가와 설계 및 시설기준에 적합할 것 |
|---|---|---|
| 나. 작업로 및 임산물 운반로(산림경영과 관련된 궤도를 포함한다) | | 너비가 3미터 이내일 것. 다만, 다음의 경우에는 3미터를 초과할 수 있다.<br>1) 배향곡선지(背向曲線地: S자 형태의 지형)·차량대피소 및 차를 돌리기 위한 장소 등 부득이한 경우<br>2) 토석운반로를 설치하는 경우 |
| 다. 「산림문화·휴양에 관한 법률」에 따라 조성하는 산책로·탐방로·등산로·둘레길 등 숲길, 그 밖에 이와 유사한 산길 | 산지전용·일시사용제한지역이 아닌 산지 | 너비가 1.5미터 이내일 것. 다만, 다음의 어느 하나에 해당하는 경우로서 산림청장이 인정하는 경우에는 그 목적에 필요한 최소한의 범위에서 1.5미터를 초과할 수 있다.<br>1) 「교통약자의 이동편의 증진법」 제2조제1호에 따른 교통약자의 보행을 돕기 위해 필요한 경우<br>2) 휴식·대피를 위한 장소를 설치하기 위해 필요한 경우 |

5. 산지전용 및 산지일시사용을 위하여 임시로 설치하는 부대시설의 경우

| 대상시설·행위의 범위 | 설치지역 | 설치조건 |
|---|---|---|
| 현장사무소, 주차장, 화장실, 창고, 숙소, 식당, 정화시설, 재해방지시설, 울타리 및 자재적치·운반시설 | 해당 시설을 설치할 수 있는 지역 | 해당 시설의 설치에 필요한 최소한의 면적일 것 |

6. 산나물, 약초, 약용수종(藥用樹種), 조경수·야생화 등 관상산림식물 재배의 경우

| 대상시설·행위의 범위 | 설치지역 | 설치조건 |
|---|---|---|
| 가. 「임업 및 산촌 진흥촉진 | 산지전용·일시 | 농림어업인등이 재배하려는 경우에 |

| | | |
|---|---|---|
| 에 관한 법률 시행령」 제8조제1항에 따른 임산물 소득원의 지원 대상 품목(관상수는 제외한다)의 재배(성토 또는 절토 등을 통하여 지표면으로부터 높이 또는 깊이 50센티미터 이상 형질변경을 수반하는 경우에 한정한다) | 사용제한지역이 아닌 산지 | 는 다음의 요건을 모두 갖추고, 한국임업진흥원이 재배하려는 경우에는 1)의 요건을 갖출 것<br>1) 평균경사도가 25도 미만일 것<br>2) 재배면적이 5만제곱미터 미만일 것<br>3) 「산림자원의 조성 및 관리에 관한 법률」 제13조에 따라 산림경영계획의 인가를 받았을 것. 다만, 입목의 벌채・굴취가 수반되는 경우에는 산림경영계획에 입목의 벌채・굴취에 관한 사항이 포함되어야 한다. |
| 나. 「임업 및 산촌 진흥촉진에 관한 법률 시행령」 제8조제1항에 따른 임산물 소득원의 지원 대상인 관상수의 재배(성토 또는 절토 등을 통하여 지표면으로부터 높이 또는 깊이 50센티미터 이상 형질변경을 수반하는 경우에 한정한다) | 산지전용・일시사용제한지역이 아닌 산지 | 농림어업인등이 재배하려는 경우로서 다음의 요건을 모두 갖출 것<br>1) 평균경사도가 25도 미만일 것<br>2) 재배면적이 3만제곱미터 미만일 것. 다만, 재배지역이 법 제4조제1항제1호나목에 따른 공익용산지인 경우에는 1만제곱미터 미만이어야 한다.<br>3) 「산림자원의 조성 및 관리에 관한 법률」 제13조에 따라 산림경영계획의 인가를 받았을 것. 다만, 입목의 벌채・굴취가 수반되는 경우에는 산림경영계획에 입목의 벌채・굴취에 관한 사항이 포함되어야 한다. |

7. 산불의 예방 및 진화 등 재해응급대책과 관련된 시설의 경우

| 대상시설・행위의 범위 | 설치지역 | 설치조건 |
|---|---|---|
| 가. 산불감시탑・방화선・간이무선통신시설・간이저수조・간이헬기장 그 밖에 이와 유사한 시설 | 제한없음 | 해당 시설의 설치에 필요한 최소한의 면적일 것 |

| | | |
|---|---|---|
| 나. 병해충의 구제 및 예방을 위한 시설 | | |
| 다. 재해예방 및 복구를 위한 시설 | | |

8. 그 밖의 경우

| 대상시설·행위의 범위 | 설치지역 | 설치조건 |
|---|---|---|
| 가. 가축의 방목(해당 방목지에서 가축의 방목을 위하여 필요한 목초 종자의 파종을 포함한다) | 공익용산지가 아닌 산지 | 제12조제13항제6호 및 제6호의2에 적합할 것 |
| 나. 물건의 적치 | 공익용산지가 아닌 산지 | 제12조제13항제9호에 적합할 것 |
| 다. 법 제26조에 따른 채석경제성평가를 위하여 시추하는 시설 | 산지전용·일시사용제한지역 및 토석채취제한지역이 아닌 산지 | 산정부 표고의 100분의 70 이하이고, 평균경사도가 35도 미만인 산지에 설치할 것 |
| 라. 농업용수 개발시설 | 공익용산지가 아닌 산지 | 농림어업인등이 농림어업의 경영을 목적으로 설치하는 시설로서 부지면적 5제곱미터 미만이고, 1일 양수능력이 100톤 이하일 것 |
| 마. 「장사 등에 관한 법률」에 따른 수목장림의 설치 | 산지전용·일시사용제한지역이 아닌 산지 | 「장사 등에 관한 법률 시행령」 제11조 및 제21조제2항에 따른 공설수목장림의 설치·조성기준 및 사설수목장림의 설치기준에 적합할 것 |
| 바. 「사방사업법」에 따른 사방시설의 설치 | 제한없음 | 「사방사업법」 제7조의3에 따른 사방사업 타당성평가의 기준에 적합할 것 |
| 사. 「산림보호법」 제13조에 따라 지정된 보호수 및 야생 동·식물의 보호시설 | 제한없음 | 해당 시설의 설치에 필요한 최소한의 면적일 것 |

| 아. 문화재·전통사찰과 관련된 비석, 기념탑, 그 밖에 이와 유사한 시설 | 제한없음 | 해당 시설의 설치에 필요한 최소한의 면적일 것 |
|---|---|---|
| 자. 「매장문화재 보호 및 조사에 관한 법률」에 따른 매장문화재 지표조사 | 제한없음 | 「매장문화재 보호 및 조사에 관한 법률」 제6조에 따른 매장문화재 지표조사일 것 |
| 차. 무선전기통신 송수신시설 | 제한 없음 | 「전기통신사업법」 제2조제8호에 따른 전기통신사업자가 설치하는 100㎡ 이하의 시설 |
| 카. 법 제10조제9호의3에 따른 유해의 조사발굴 | 제한없음 | 유해발굴을 위한 최소한의 면적일 것 |

※ 비고
1. 설치지역은 이 법령 또는 다른 법령에 따라 해당 시설 또는 행위가 허용되는 지역이어야 한다.
2. 「수목원 조성 및 진흥에 관한 법률」 제19조에 따라 지정된 국립수목원완충지역에서 할 수 있는 시설 및 행위는 제3호나목, 제4호, 제5호, 제7호, 제8호마목부터 자목까지의 규정만 해당한다.
3. 토석채취를 위한 부대시설(산물처리장·진입로 및 관리사무소를 말한다)의 설치는 산지일시사용에 해당한다.
4. 제1호에서 "임업인"이란 「임업 및 산촌 진흥촉진에 관한 법률 시행령」 제2조제1호의 임업인(「산림자원의 조성 및 관리에 관한 법률」에 따라 산림경영계획의 인가를 받아 산림을 경영하고 있는 자를 말한다), 같은 조 제2호·제3호의 임업인을 말한다.
5. 제1호 및 제6호에서 "농림어업인"이란 「농지법」 제2조제2호에 따른 농업인, 「임업 및 산촌 진흥촉진에 관한 법률 시행령」 제2조제1호의 임업인(「산림자원의 조성 및 관리에 관한 법률」에 따라 산림경영계획의 인가를 받아 산림을 경영하고 있는 자를 말한다), 같은 조 제2호·제3호의 임업인 및 「수산업법」 제2조제12호에 따른 어업인을 말한다.
5의2. 제4호다목의 대상시설을 국가 또는 지방자치단체가 설치하는 경우에는 설치지역을 제한하지 않는다.
6. 제6호 및 제8호에서 "농림어업인등"이란 농림어업인, 「농업·농촌 및 식품산업 기본법」 제3조제4호에 따른 생산자단체, 「수산업·어촌 발전 기본법」 제3조제5호에 따른 생산자단체, 「농어업경영체 육성 및 지원에 관한 법률」 제16조에 따른 영농조합법인과 영어조합법인 및 같은 법 제19조에 따른 농업회사법인을 말한다.
7. 산지일시사용신고 대상시설·행위의 범위, 설치지역 및 설치조건을 적용하는 데 필요한 세부사항은 산림청장이 정하여 고시한다.
8. 대상시설을 설치하거나 대상행위를 하려는 경우에는 법 제40조제4항에 따른 복구설계서의 승인기준에 적합하여야 한다.

[영별표 4] <개정 2018.10.30, 2021.1.5>

## 산지전용허가기준의 적용범위와 사업별·규모별 세부기준(제20조제6항 관련)

1. 산지전용 시 공통으로 적용되는 허가기준

| 허가기준 | 세부기준 |
|---|---|
| 가. 인근 산림의 경영·관리에 큰 지장을 주지 아니할 것 | 산지전용으로 인하여 임도가 단절되지 아니할 것. 다만, 단절되는 임도를 대체할 수 있는 임도를 설치하거나 산지전용 후에도 계속하여 임도에 대체되는 기능을 수행할 수 있는 경우에는 그러하지 아니하다. |
| 나. 희귀 야생동·식물의 보전 등 산림의 자연생태적 기능유지에 현저한 장애가 발생되지 아니할 것 | 개체수나 자생지가 감소되고 있어 계속적인 보호·관리가 필요한 야생동·식물이 집단적으로 서식하는 산지 또는 「산림자원의 조성 및 관리에 관한 법률」 제19조제1항에 따라 지정된 수형목(秀型木) 및 「산림보호법」 제13조에 따라 지정된 보호수가 생육하는 산지가 편입되지 아니할 것. 다만, 원형으로 보전하거나 생육에 지장이 없도록 이식하는 경우에는 그러하지 아니하다. |
| 다. 토사의 유출·붕괴 등 재해발생이 우려되지 않을 것 | 1) 산지의 경사도, 모암(母巖), 산림상태 등 농림축산식품부령으로 정하는 산사태위험지판정기준표상의 위험요인에 따라 산사태가 발생할 가능성이 높은 것으로 판정된 지역 또는 산사태가 발생한 지역이 아닐 것. 다만, 재해방지시설의 설치를 조건으로 허가하는 경우에는 그렇지 않다.<br>2) 하천·소하천·구거의 선형은 자연 그대로 유지되도록 계획을 수립할 것. 다만, 재해방지시설의 설치를 조건으로 허가하는 경우에는 그렇지 않다.<br>3) 배수시설은 배수를 하천 또는 다른 배수시설까지 안전하게 분산 유도할 수 있도록 계획을 수립할 것. 다만, 배수량이 토사유출 또는 붕괴를 발생시킬 우려가 없는 경우에는 그렇지 않다.<br>4) 성토비탈면은 토양의 붕괴·침식·유출 및 비탈면의 고정과 안정을 유도하기 위한 공법을 적용할 것<br>5) 돌쌓기, 옹벽 등 재해방지시설을 그 절토·성토면 |

| | |
|---|---|
| | 에 설치하는 경우에는 해당 재해방지시설의 높이를 고려하여 그 재해방지시설과 건축물을 수평으로 적절히 이격할 것 |
| 라. 산림의 수원함양 및 수질보전 기능을 크게 해치지 아니할 것 | 전용하려는 산지는 상수원보호구역 또는 취수장(상수원보호구역 미고시 지역의 경우를 말한다)으로부터 상류방향 유하거리 10킬로미터 밖으로서 하천 양안 경계로부터 500미터 밖에 위치하여 상수원·취수장 등의 수량 및 수질에 영향을 미치지 아니할 것. 다만, 다음의 어느 하나에 해당하는 시설을 설치하는 경우에는 그러하지 아니하다.<br>1)「하수도법」제2조제9호·제10호·제13호에 따른 공공하수처리시설·분뇨처리시설·개인하수처리시설<br>2)「가축분뇨의 관리 및 이용에 관한 법률」제2조제8호에 따른 처리시설<br>3) 도수로·침사지 등 산림의 수원함양 및 수질보전을 위한 시설 |
| 마. 사업계획 및 산지전용면적이 적정하고 산지전용방법이 자연경관 및 산림훼손을 최소화하고 산지전용 후의 복구에 지장을 줄 우려가 없을 것 | 1) 산지전용행위와 관련된 사업계획의 내용이 구체적이고 타당하여야 하며, 허가신청자가 허가받은 후 지체 없이 산지전용의 목적사업 시행이 가능할 것<br>2) 목적사업의 성격, 주변경관, 설치하려는 시설물의 배치 등을 고려할 때 전용하려는 산지의 면적이 과다하게 포함되지 아니하도록 하되, 공장 및 건축물의 경우는 다음의 기준을 고려할 것<br>  가) 공장:「산업집적활성화 및 공장설립에 관한 법률」제8조에 따른 공장입지의 기준<br>  나) 건축물:「국토의 계획 및 이용에 관한 법률」제77조에 따른 건축물의 건폐율<br>3) 가능한 한 기존의 지형이 유지되도록 시설물이 설치될 것<br>4) 산지전용으로 인한 비탈면은 토질에 따라 적정한 경사도와 높이를 유지하여 붕괴의 위험이 없을 것<br>5) 산지전용으로 인하여 주변의 산림과 단절되는 등 산림생태계가 고립되지 아니할 것. 다만, 생태통로 등을 설치하는 경우에는 그러하지 아니하다. |

6) 전용하려는 산지의 표고(標高)가 높거나 설치하려는 시설물이 자연경관을 해치지 아니할 것
7) 전용하려는 산지의 규모가 별표 4의2의 기준에 적합할 것
8) 「장사 등에 관한 법률」에 따른 화장장·납골시설·공설묘지·법인묘지·장례식장 또는 「폐기물관리법」에 따른 폐기물처리시설을 도로 또는 철도로부터 보이는 지역에 설치하는 경우에는 차폐림을 조성할 것
9) 사업계획부지 안에 원형으로 존치되거나 조성되는 산림 또는 녹지에 대하여 적정한 관리계획이 수립될 것
10) 다음의 어느 하나에 해당하는 도로를 이용하여 산지전용을 할 것. 다만, 개인묘지의 설치나 광고탑 설치 사업 등 그 성격상 가)부터 바)까지의 규정에 따른 도로를 이용할 필요가 없는 경우로서 산림청장이 산지구분별로 조건과 기준을 정하여 고시하는 경우는 제외한다.
   가) 「도로법」, 「사도법」, 「농어촌도로 정비법」 또는 「국토의 계획 및 이용에 관한 법률」(이하 "도로관계법"이라 한다)에 따라 고시·공고된 후 준공검사가 완료되었거나 사용개시가 이루어진 도로
   나) 도로관계법에 따라 고시·공고된 후 공사가 착공된 도로로서 준공검사가 완료되지 않았으나 도로관리청 또는 도로관리자가 이용에 동의하는 도로
   다) 이 법에 따른 산지전용허가 또는 도로관계법 외의 다른 법률에 따른 허가 등을 받아 준공검사가 완료되었거나 사용개시가 이루어진 도로로서 가)에 따른 도로와 연결된 도로
   라) 이 법에 따른 산지전용허가 또는 도로관계법 외의 다른 법률에 따른 허가 등을 받아 공사가 착공된 후 준공검사가 완료되지 않았으나 실제로 차량 통행이 가능한 도로로서 다음의 요건을 모두 갖춘 도로
    (1) 가)에 따른 도로와 연결된 도로일 것
    (2) 산지전용허가를 받은 자 또는 도로관리자가 도로 이용에 동의할 것

| | |
|---|---|
| | 마) 지방자치단체의 장이 공공의 목적으로 사용하기 위하여 토지 소유자의 동의를 얻어 설치한 도로<br>바) 도로 설치 계획이 포함된 산지전용허가를 받은 자가 계획상 도로의 이용에 동의하는 경우 해당 계획상 도로(「산업집적활성화 및 공장설립에 관한 법률」에 따른 공장설립 승인을 받으려는 경우에만 해당한다)<br>11) 「건축법 시행령」 별표 1 제1호에 따른 단독주택을 축조할 목적으로 산지를 전용하는 경우에는 자기 소유의 산지일 것(공동 소유인 경우에는 다른 공유자 전원의 동의가 있는 등 해당 산지의 처분에 필요한 요건과 동일한 요건을 갖출 것)<br>12) 「사방사업법」 제3조제2호에 따른 해안사방사업에 따라 조성된 산림이 사업계획부지안에 편입되지 아니할 것. 다만, 원형으로 보전하거나 시설물로 인하여 인근의 수목생육에 지장이 없다고 인정되는 경우에는 그러하지 아니한다.<br>13) 분묘의 중심점으로부터 5미터 안의 산지가 산지전용예정지에 편입되지 아니할 것. 다만, 다음의 어느 하나에 해당하는 조치를 할 것을 조건으로 허가하는 경우에는 그러하지 아니하다.<br>가) 해당 산지의 산지전용에 대하여 「장사 등에 관한 법률」 제2조제16호에 따른 연고자의 동의를 받을 것(연고자가 있는 경우에 한정한다)<br>나) 연고자가 없는 분묘의 경우에는 「장사 등에 관한 법률」 제27조 또는 제28조에 따라 분묘를 처리할 것<br>14) 산지전용으로 인하여 해안의 경관 및 해안산림 생태계의 보전에 지장을 초래하지 아니할 것<br>15) 농림어업인이 자기 소유의 산지에서 직접 농림어업을 경영하면서 실제로 거주하기 위하여 건축하는 주택 및 부대시설을 설치하는 경우에는 자기 소유의 기존 임도를 활용하여 시설할 수 있다. |

2. 산지전용면적에 따라 적용되는 허가기준

| 허가기준 | 전용면적 | 세부기준 |
|---|---|---|
| 가. 집단적인 조림성공지 등 우량한 산림이 많이 포함되지 아니할 것 | 30만제곱미터 이상의 산지전용에 적용 | 집단으로 조성되어 있는 조림성공지 또는 우량한 입목·대나무가 집단적으로 생육하는 천연림의 편입을 최소화할 것 |
| 나. 토사의 유출·붕괴 등 재해발생이 우려되지 아니할 것 | 2만제곱미터이상의 산지 전용에 적용 | 1) 산지전용을 하려는 산지 및 그 주변 지역에 산사태가 발생할 가능성이 높지 않을 것. 다만, 산림청장은 산지전용을 하려는 자에게 재해방지시설을 설치할 것을 조건으로 산지전용허가를 할 수 있다.<br>2) 산지전용으로 인하여 홍수 시 하류지역의 유량 상승에 현저한 영향을 미치거나 토사유출이 우려되지 아니할 것. 다만, 홍수조절지, 침사지 또는 사방시설을 설치하는 경우에는 그러하지 아니하다. |
| 다. 산지의 형태 및 임목의 구성 등의 특성으로 인하여 보호할 가치가 있는 산림에 해당되지 아니할 것 | 660제곱미터이상의 산지전용에 적용. 다만, 비고 제1호에 해당하는 시설에는 적용하지 아니한다. | 1) 전용하려는 산지의 평균경사도는 다음의 기준을 모두 충족하여야 한다. 다만, 산지 외의 토지로 둘러싸인 면적이 1만제곱미터 미만인 일단의 산지를 산지전용으로 비탈면 없이 평탄지로 조성하려는 경우와 법 제8조에 따라 산지에서의 구역 등의 지정을 위한 협의 과정에서 평균경사도 기준을 이미 검토한 경우(법 제8조에 따른 협의 과정에서 평균경사도 기준을 검토한 후 전용하려는 산지면적을 100분의 10 미만의 범위에서 변경하는 경우를 포함한다)에는 평균경사도 산정대상에서 제외할 수 있다.<br>가) 전용하려는 산지의 평균경사도가 25도(「체육시설의 설치·이용에 관한 법률」 제10조제1항제1호에 따른 스키장업의 시설을 설치하는 경우에는 35도) 이하일 것<br>나) 전용하려는 산지를 면적 100제곱미터의 지역으로 분할하여 각 지역의 경사도를 측정하는 경우 경사도가 25도 이상인 지역의 면적이 전체 지역 면적의 100분의 40 이하일 것. 다만, 스키장업의 시설을 설치하는 경우에는 그렇지 않다. |

|  |  |  |
|---|---|---|
|  |  | 2) 전용하려는 산지의 헥타르당 입목축적이 산림기본통계상의 관할 시·군·구의 헥타르당 입목축적(산림기본통계의 발표 다음 연도부터 다시 새로운 산림기본통계가 발표되기 전까지는 산림청장이 고시하는 시·도별 평균생장률을 적용하여 해당 연도의 관할 시·군·구의 헥타르당 입목축적으로 구하며, 산불발생·솎아베기·벌채를 실시한 후 5년이 지나지 않은 때에도 해당 시·도별 평균생장률을 적용하여 그 산불발생·솎아베기 또는 벌채 전의 입목축적을 환산한다)의 150% 이하일 것. 다만, 법 제8조에 따른 산지에서의 구역 등의 지정협의를 거친 경우로서 입목축적조사기준이 검토된 경우에는 입목축적에 대한 검토를 생략할 수 있다.<br>3) 전용하려는 산지 안에 생육하고 있는 50년생 이상인 활엽수림의 비율이 50퍼센트 이하일 것<br>4) 삭제 <2015.11.11> |
| 라. 사업계획 및 산지전용면적이 적정하고 산지전용방법이 자연경관 및 산림훼손을 최소화하고 산지전용 후의 복구에 지장을 줄 우려가 없을 것 | 30만제곱미터 이상의 산지전용에 적용 | 1) 사업계획에 편입되는 보전산지의 면적이 해당 목적사업을 고려할 때 과다하지 아니할 것. 다만, 법 제8조에 따른 산지에서의 구역 등의 지정 협의를 거친 경우로서 사업계획면적에 대한 보전산지의 면적비율이 이미 검토된 경우에는 해당 산지의 보전산지 면적비율에 대한 검토를 생략할 수 있다.<br>2) 시설물이 설치되거나 산지의 형질이 변경되는 부분 사이에 적정면적의 산림을 존치하고 수림(樹林)을 조성할 것<br>3) 산지전용으로 인한 토사의 이동량은 해당 목적사업 달성에 필요한 최소한의 양일 것<br>4) 전용하려는 산지에 대한 산지경관 영향 모의실험을 실시하여 경관훼손 저감대책을 수립할 것(「자연환경보전법」 제28조제2항에 따른 심의를 거친 경우는 제외한다)<br>5) 삭제 <2016. 12. 30.> |

3. 산지전용대상 사업에 따라 적용되는 허가기준

| 허가기준 | 적용대상 사업 | 세부기준 |
|---|---|---|
| 가. 사업계획 및 산지전용면적이 적정하고 산지전용방법이 자연경관 및 산림훼손을 최소화하고 산지전용 후의 복구에 지장을 줄 우려가 없을 것 | 공장 | 공장부지 면적(「환경영향평가법」에 따른 협의 시 원형대로 보전하도록 한 지역을 포함한다)이 1만제곱미터(둘 이상의 공장을 함께 건축하거나 기존 공장부지에 접하여 건축하는 경우와 둘 이상의 부지가 너비 8미터 미만의 도로에 서로 접하는 경우에는 그 면적의 합계를 말한다) 이상일 것. 다만, 다음의 어느 하나에 해당하는 경우에는 그러하지 아니하다.<br>1) 「국토의 계획 및 이용에 관한 법률」 제36조에 따른 관리지역 안에서 농공단지 내에 입주가 허용되는 업종의 공장을 설치하기 위하여 전용하려는 경우<br>2) 「산업집적활성화 및 공장설립에 관한 법률」 제9조제2항에 따라 고시한 공장설립이 가능한 지역 안에서 공장을 설치하기 위하여 전용하려는 경우<br>3) 「국토의 계획 및 이용에 관한 법률」 제36조에 따른 주거지역, 상업지역, 공업지역, 계획관리지역, 생산녹지지역, 자연녹지지역에서 공장을 설치하기 위하여 전용하려는 경우 |
| | 도로 | 1) 산지전용·일시사용제한지역, 백두대간보호지역, 산림보호구역, 자연휴양림, 수목원, 채종림에는 터널 또는 교량으로 도로를 시설할 것. 다만, 지형여건상 우회 노선을 선정하기 어렵거나 터널·교량을 설치할 수 없는 경우 등 불가피한 경우에는 그러하지 아니하다.<br>2) 도로를 시설하기 위하여 산지전용을 하는 경우로서 능선방향 단면의 토양을 잘라내는 높이가 해당 도로의 표준터널 단면 유효높이의 3배 이상일 경우에는 지형여건에 따라 터널 또는 개착터널을 설치하여 주변 산림과 단절되지 아니하도록 할 것. 다만, 지형여건 또는 사업수행상 불가피하다고 인정되는 경우에는 그러하지 아니하다.<br>3) 해안에 인접한 산지에 도로를 시설하는 경우 |

| | | |
|---|---|---|
| | | 에는 해당 도로시설로 인하여 해안의 유실 또는 해안 형태의 변화를 초래하지 아니할 것 |
| | 송전시설 | 1) 산지전용·일시사용제한지역, 백두대간보호지역, 생태·경관보전지역, 산림유전자원보호구역 및 자연휴양림에서 송전탑을 설치하려는 경우에는 산지경관 영향 모의실험을 실시하여 산지경관 훼손을 줄이는 대책을 수립할 것(「자연환경보전법」 제28조제2항에 따른 심의를 거친 경우는 제외한다)<br>2) 복구준공검사일부터 3년이 되는 날까지 산지보전협회가 수행하는 현장점검을 받도록 현장점검계획을 수립하여 이를 사업계획서에 반영할 것<br>3) 전용하려는 산지면적이 660제곱미터 이상인 경우에는 전용하려는 산지의 평균경사도는 다음의 기준을 모두 충족할 것. 이 경우 전용하려는 산지가 분리되어 있는 경우에는 각각의 분리된 산지 중 면적이 660제곱미터 이상인 산지에 대해서도 다음의 기준을 모두 충족하여야 한다.<br>　가) 전용하려는 산지의 평균경사도가 25도 이하일 것<br>　나) 전용하려는 산지를 면적 100제곱미터의 지역으로 분할하여 각 지역의 경사도를 측정하는 경우 경사도가 25도 이상인 지역의 면적이 전체 지역 면적의 100분의 40 이하일 것 |

비고

1. 제2호 다목의 전용면적란 단서에 따라 해당 허가기준을 적용하지 아니하는 시설
   가. 국방·군사시설 및 재해복구시설
   나. 국가 또는 지방자치단체가 시행하거나 국가 또는 지방자치단체 외의 자가 국가 또는 지방자치단체의 위탁을 받아 시행하는 제46조제1항제2호 각 목의 어느 하나에 해당하는 시설
   다. 관계 법령 또는 인·허가 등의 조건에 따라 민간사업자가 시행하여 국가 또는 지방자

치단체에 기부채납 또는 무상귀속하게 되는 공용·공공용 시설

2. 제1호부터 제3호까지의 기준을 적용하는 데 필요한 세부적인 사항은 농림축산식품부령으로 정한다.

3. 해당 산지를 분할하여 660제곱미터 미만으로 산지전용하고자 사업계획을 수립한 것으로 인정되는 경우에는 제2호다목의 전용면적란의 규정에 불구하고 같은 목 세부기준란의 1)부터 3)까지를 적용할 수 있다.

4. 산지의 지형여건 또는 사업수행 상 제20조제7항에 따라 조례로써 완화된 허가기준(제2호가목 및 같은 호 다목1)·2)에 따른 허가기준만 해당한다)보다 더 완화된 기준을 적용하는 것이 타당하다고 인정되는 경우에는 산지전용타당성조사 후 지방산지관리위원회의 심의를 거쳐 당초 허가기준의 100분의 10의 범위에서 추가로 완화된 기준을 정할 수 있다.

5. 산지의 지형여건 또는 사업수행 상 제2호가목 및 같은 호 다목1)·2)에 따른 허가기준보다 더 완화된 기준을 적용하는 것이 타당하다고 인정되는 경우에는 산지전용타당성조사 후 중앙산지관리위원회 또는 지방산지관리위원회의 심의를 거쳐 해당 기준의 100분의 10의 범위에서 완화된 기준을 정할 수 있다.

6. 제2호라목4)의 산지경관 영향 모의실험의 대상시설·규모 및 방법·절차·기준 등에 관하여 필요한 사항은 산림청장이 정하여 고시한다.

7. 제3호가목의 송전시설에 대해서는 제1호마목3)·6)·10), 제2호다목1) 및 같은 호 라목1)의 기준은 적용하지 않는다.

[영별표 4의2] <개정 2018.10.30>

## 산지의 면적에 관한 허가기준(제20조제6항 관련)

1. 법 제18조제5항에 따라 산지전용허가는 다음 각 호의 어느 하나에 해당하는 경우를 제외하고는 허가면적을 3만제곱미터 이상으로 할 수 없다.
   가. 국방·군사시설을 설치하는 경우
   나. 국가, 지방자치단체, 공기업·준정부기관, 지방공사 또는 지방공단이 공용·공공용 시설을 설치하는 경우
   다. 국가 또는 지방자치단체에 무상귀속되는 공용·공공용 시설을 설치하는 경우
   라. 「국토의 계획 및 이용에 관한 법률」 제2조제4호에 따른 도시·군관리계획에 따라 도시·군계획시설 등을 설치하는 경우
   마. 「농어촌정비법」 제2조제4호의 농어촌정비사업에 따라 농업생산기반을 조성·확충하기 위한 농업생산기반 정비사업 또는 생활환경을 개선하기 위한 생활환경 정비사업을 하는 경우
   바. 「광업법」에 따라 광물을 채굴하거나 「초지법」 제5조에 따라 초지를 조성하려는 경우
   사. 「국토의 계획 및 이용에 관한 법률」 제36조제1항제1호 및 제2호에 따른 주거지역·상업지역·공업지역·녹지지역 및 계획관리지역에서 산지전용을 하는 경우
   아. 공장의 증·개축, 「건축법 시행령」 별표 1 제1호에 따른 660제곱미터 미만의 본인 거주 목적의 단독주택(본인 소유의 산지에 건축하는 경우만 해당한다) 및 같은 표 제3호에 따른 제1종근린생활시설을 설치하는 경우
   자. 법 제10조제10호, 제12조제1항제14호 및 같은 조 제2항제6호에 따라 임시로 시설을 설치하는 경우
   차. 제12조제13항제9호에 따라 1년 이내의 기간 동안 물건을 적치하는 경우
   카. 「국가과학기술자문회의법」에 따른 국가과학기술자문회의에서 심의한 연구개발사업에 따라 인공위성 발사 등을 위하여 설치하는 우주센터시설
2. 삭제 <2015.11.11>
3. 삭제 <2015.11.11>
4. 삭제 <2015.11.11>

※ 비고
   1. 산림청장등은 위 기준을 적용하는 것이 현저히 불합리하다고 인정되는 경우에는 중앙산지관리위원회 또는 지방산지관리위원회의 심의를 거쳐 그 기준을 완화하여 적용할 수 있다.

2. 다음 각 목의 어느 하나에 해당하는 경우 제1호에 따른 허가면적은 목적사업의 동일성이 인정되는 범위에서 해당 산지전용허가(변경허가를 포함한다. 이하 이 호에서 같다)를 신청하거나 산지전용허가를 받은 산지 중 연접한 산지의 면적을 합산하여 산정한다.
   가. 동일인이 다수의 산지전용허가를 신청한 경우
   나. 산지전용허가를 받은 자가 해당 산지전용허가의 기간 중에 산지전용허가를 다시 신청한 경우


[영별표 4의3] <개정 2016.12.30>

## 산지전용타당성조사 조사항목·기준·방법(제20조의3제2항 관련)

1. 법 제8조제1항에 따른 협의를 신청하는 경우

| 구 분 | 조사항목 | 조사기준 | 조사방법 |
|---|---|---|---|
| 가. 필요성 | 사업의 타당성 | 1) 사업목적과 산지의 보전·이용계획의 연계성<br>2) 사업계획의 구체성 및 실현가능성<br>3) 협의면적규모의 적정성 | 자료분석·현지조사 |
| 나. 적합성 | 보전산지 등의 편입 | 별표 2 제1호·제2호·제4호 및 제5호의 기준 | 자료분석 |
| | 보전산지에서의 행위제한 | 별표 2 제6호의 기준 | 자료분석 |
| | 인근 산림 경영·관리에 대한 영향 | 별표 2 제7호 및 제8호의 기준 | 자료분석·현지조사 |
| | 산지의 평균 경사도 | 별표 2 제10호의 기준 | 자료분석 |
| | 산지의 헥타르당 입목축적 | 별표 2 제11호의 기준 | 자료분석·현지조사 |
| | 기본계획 및 | 별표 2 제12호의 기준 | 자료분석 |

| | 지역계획과의 적합성 | | |
|---|---|---|---|
| | 보전산지 편입비율 | 별표 2 제13호의 기준 | 자료분석 |
| 다. 환경성 | 분수령·하천·소계류·소능선 등의 편입 | 별표 2 제3호의 기준 | 자료분석·현지조사 |
| | 형질우량 산림의 원형보존 | 별표 2 제9호의 기준 | 자료분석·현지조사 |

2. 법 제14조에 따른 산지전용허가(다른 법률에 따라 산지전용허가가 의제되는 행정처분을 포함한다)를 받으려는 경우

| 구 분 | 조사항목 | 조사기준 | 조사방법 |
|---|---|---|---|
| 가. 필요성 | 사업의 타당성 | 1) 사업목적과 산지전용계획의 연계성<br>2) 사업계획의 구체성 및 실현가능성 | 자료분석·현지조사 |
| 나. 적합성 | 행위제한 | 행위제한 저촉 여부 | 자료분석 |
| | 인근 산림 경영·관리에 대한 영향 | 별표 4 제1호가목의 세부기준 | 자료분석·현지조사 |
| | 우량한 산림의 편입 | 별표 4 제2호가목의 세부기준 | 자료분석·현지조사 |
| | 재해발생 우려 | 별표 4 제1호다목 및 제2호나목의 세부기준 | 자료분석·현지조사 |
| | 산림의 수원함양 및 수질보전 기능 | 별표 4 제1호라목의 세부기준 | 자료분석·현지조사 |

| | 보호할 가치가 있는 산림의 편입 | 별표 4 제2호다목의 세부기준 | 자료분석·현지조사 |
|---|---|---|---|
| | 사업계획 및 전용면적·방법의 적정성 | 별표 4 제1호마목 및 제2호라목의 세부기준 | 자료분석·현지조사 |
| | 공장·도로 | 별표 4 제3호의 세부기준 | 자료분석·현지조사 |
| 다. 환경성 | 산림의 자연생태적 기능 유지 | 별표 4 제1호나목의 세부기준 | 자료분석 |

3. 법 제15조의2에 따른 산지일시사용허가(다른 법률에 따라 산지일시사용허가가 의제되는 행정처분을 포함한다)를 받으려는 경우

| 구 분 | 조사항목 | 조사기준 | 조사방법 |
|---|---|---|---|
| 가. 필요성 | 사업의 타당성 | 1) 사업목적과 일시사용계획의 연계성<br>2) 사업계획의 구체성 및 실현가능성 | 자료분석·현지조사 |
| 나. 적합성 | 행위제한 | 행위제한 저촉 여부 | 자료분석 |
| | 인근 산림 경영·관리에 대한 영향 | 별표 4 제1호가목의 세부기준 | 자료분석·현지조사 |
| | 우량한 산림의 편입 | 별표 4 제2호가목의 세부기준 | 자료분석·현지조사 |
| | 재해발생 우려 | 별표 4 제1호다목 및 제2호나목의 세부기준 | 자료분석·현지조사 |
| | 산림의 수원 함양 및 수질 보전 기능 | 별표 4 제1호라목의 세부기준 | 자료분석·현지조사 |

|  | 보호할 가치가 있는 산림의 편입 | 별표 4 제2호다목의 세부기준 | 자료분석·현지조사 |
|---|---|---|---|
|  | 사업계획 및 전용면적·방법의 적정성 | 별표 4 제1호마목 및 제2호라목의 세부기준 | 자료분석·현지조사 |
|  | 대상시설·행위별 지역·조건·기준 | 별표 3의2 산지일시사용허가·협의의 대상시설·행위별 지역·조건·기준 중 별표 4와 중복되지 아니하는 조건·기준 | 자료분석·현지조사 |
| 다. 환경성 | 산림의 자연생태적 기능 유지 | 별표 4 제1호나목의 세부기준 | 자료분석 |

※ 비고
1. 제1호부터 제3호까지의 조사항목·기준·방법을 적용할 때 별표 2, 별표 3의2 및 별표 4의 조건·기준에서 예외로 하거나 배제하고 있는 사항은 조사항목에서 제외한다.
2. 삭제 <2016. 6. 21>


[영별표 5] <개정 2020.11.24>

## 대체산림자원조성비 감면대상 및 감면비율(제23조제1항 관련)

1. 국가나 지방자치단체가 공용 또는 공공용의 목적으로 산지전용 또는 산지일시사용을 하는 경우(법 제19조제5항제1호 관련)

| 대상시설 | 감면비율(퍼센트) | |
|---|---|---|
|  | 보전산지 | 준보전산지 |
| 가. 「도로법」에 따른 도로(휴게시설과 대기실은 제외한다) | 100 | 100 |
| 나. 「댐건설 및 주변지역지원 등에 관한 법률」 제2조제1호에 따른 댐 | 100 | 100 |

| | | |
|---|---|---|
| 다. 삭제 <2020.11.24> | | |
| 라. 「철도의 건설 및 철도시설 유지관리에 관한 법률」 제2조제1호 및 제2호에 따른 철도 및 고속철도 | 100 | 100 |
| 마. 공용청사, 재해방지시설, 국립묘지, 공설묘지, 생태통로 등 야생 동·식물보호시설, 공원시설, 폐기물처리시설 및 법 제12조제1항제3호에 따른 산림공익시설 | 100 | 100 |
| 바. 「국방·군사시설 사업에 관한 법률」 제2조제1호에 따른 국방·군사시설 | 100 | 100 |
| 사. 저수지·소류지·수로 등 농지개량시설 | 100 | 100 |
| 아. 「문화재보호법」에 따른 문화재의 보존·정비 및 활용시설 | 100 | 100 |
| 자. 「도시철도법」 제2조제2호에 따른 도시철도 | 100 | 100 |
| 차. 「수도법」 제3조제5호에 따른 수도 | 100 | 100 |
| 카. 「농어촌도로 정비법」 제2조에 따른 농어촌도로(휴게시설과 대기실은 제외한다) | 100 | 100 |
| 타. 「국토의 계획 및 이용에 관한 법률」 제2조제7호에 따라 도시관리계획으로 결정된 시설 중 도로 | 100 | 100 |
| 파. 삭제 <2020. 11. 24.> | | |
| 하. 「박물관 및 미술관 진흥법」 제3조에 따른 국립·공립 박물관 또는 국립·공립 미술관과 「도서관법」 제2조제4호에 따른 공립 공공도서관 | 100 | 100 |
| 거. 국가 또는 지방자치단체가 설치하는 제46조제1항제2호 가목부터 라목까지의 시설 중 가목부터 하목까지에 해당하지 아니하는 공용·공공용 시설 | 50 | 50 |

2. 중요 산업시설을 설치하기 위하여 산지전용 또는 산지일시사용을 하는 경우(법 제19조제5항제2호 관련)

| 대상시설 | 감면비율(퍼센트) | |
|---|---|---|
| | 보전산지 | 준보전산지 |
| 가. 「농어촌정비법」 제2조제4호에 따른 농어촌정비사업을 위한 시설(「농어촌정비법」 제94조에 따른 한계농지 등 정비지구에 같은 법 제92조 각 호의 어느 하나에 따른 시설을 설치하는 경우에는 「수도권정비계획법」 제2조제1호 또는 「지방자치법」 제2조제1항제1호에 따른 수도권 또는 광역시에 속하지 아니하는 읍·면지역에 설치하는 경우만 해당한다) | 100 | 100 |
| 나. 「특정연구기관육성법」 제2조에 따른 특정연구기관이 교육 또는 연구목적으로 설치하는 시설 | 100 | 100 |
| 다. 「벤처기업육성에 관한 특별조치법」 제18조에 따라 지정받는 벤처기업집적시설 | 100 | 100 |
| 라. 「신에너지 및 재생에너지 개발·이용·보급 촉진법」 제2조제3호에 따른 신에너지 및 재생에너지 설비. 다만, 「신에너지 및 재생에너지 개발·이용·보급 촉진법」 제2조제2호가목에 따른 태양에너지를 이용한 재생에너지설비는 제외한다. | 100 | 100 |
| 마. 관계 법령 또는 인·허가 등의 조건에 따라 국가 또는 지방자치단체에 기부채납(법령에 따라 국가 또는 지방자치단체에 무상귀속되는 경우를 포함한다)되는 산업시설(다른 감면 대상 시설과 중복되는 경우를 포함한다) | 100 | 100 |
| 바. 「중소기업기본법」 제2조에 따른 중소기업이 그 창업일부터 7년 이내에 「중소기업창업 지원법」 제33조에 따라 사업계획의 승인을 받아 설립하는 공장 | 100 | 100 |
| 사. 「중소기업 진흥에 관한 법률」 제62조의10제2항 및 제3항에 따라 「산업집적활성화 및 공장설립에 관한 법률」 제2조제1호에 따른 공장의 건축면적 또는 이에 준하는 사업장의 면적이 1천제곱미터 미만인 소기업이 「수도권정비계획 | 100 | 100 |

| | | |
|---|---|---|
| 법」 제2조제1호에 따른 수도권 외의 지역에서 신축·증축 또는 이전하려는 공장과 소기업을 100분의 50 이상 유치하기 위하여 조성하는 「산업입지 및 개발에 관한 법률」 제2조제8호에 따른 국가산업단지, 일반산업단지, 도시첨단산업단지 또는 농공단지 | | |
| 아. 「국가과학기술자문회의법」에 따른 국가과학기술자문회의에서 심의한 연구개발사업에 따라 인공위성 발사 등을 위하여 설치하는 우주센터시설 | 100 | 100 |
| 자. 「산업입지 및 개발에 관한 법률」 제2조제8호에 따른 산업단지(「수도권정비계획법」 제2조제1호에 따른 수도권에 소재하는 산업단지 및 「체육시설의 설치·이용에 관한 법률」 제10조제1항제1호에 따른 골프장은 제외한다) | 0 | 100 |
| 차. 「관광진흥법」 제2조제6호에 따른 관광지(규모가 50만 제곱미터 이상인 관광지만 해당한다) 및 같은 조 제7호에 따른 관광단지(「수도권정비계획법」 제2조제1호에 따른 수도권에 소재하는 관광단지 및 「체육시설의 설치·이용에 관한 법률」 제10조제1항제1호에 따른 골프장은 제외한다) | 0 | 100 |
| 카. 「물류시설의 개발 및 운영에 관한 법률」 제2조제3호 및 제6호에 따른 물류터미널사업(창고업으로서 「부가가치세법」 제8조에 따라 등록한 사업은 제외한다) 및 물류단지 | | |
|   1) 국가·지방자치단체, 공기업·준정부기관, 지방공사 또는 지방공단이 시행하는 경우 | 0 | 100 |
|   2) 그 밖의 사업자가 시행하는 경우 | 0 | 50 |
| 타. 공기업·준정부기관·지방공사·지방공단 또는 「사회기반시설에 대한 민간투자법」 제2조제8호에 따른 사업시행자가 설치하는 다음의 시설<br>  1) 「공항시설법」 제2조제7호에 따른 공항시설<br>  2) 「수도법」 제3조제5호에 따른 수도 및 「물의 재이용 | 50 | 50 |

촉진 및 지원에 관한 법률」 제2조제4호에 따른 중수도
3) 「하수도법」 제2조제3호에 따른 하수도 및 「물의 재이용 촉진 및 지원에 관한 법률」 제2조제7호에 따른 하·폐수처리수 재이용시설
4) 「하천법」 제2조제3호에 따른 하천시설
5) 「어촌·어항법」 제2조제5호에 따른 어항시설
6) 「폐기물관리법」 제2조제8호에 따른 폐기물처리시설
7) 「전기통신기본법」 제2조제2호에 따른 전기통신설비
8) 「전원개발촉진법」 제2조제1호에 따른 전원설비
9) 「도시가스사업법」 제2조제5호에 따른 가스공급시설
10) 「자원의 절약과 재활용촉진에 관한 법률」 제2조제10호에 따른 재활용시설
11) 「체육시설의 설치·이용에 관한 법률」 제5조에 따른 전문체육시설 및 같은 법 제6조에 따른 생활체육시설
12) 「청소년활동 진흥법」 제10조제1호에 따른 청소년수련시설

| | | |
|---|---|---|
| 파. 「경제자유구역의 지정 및 운영에 관한 특별법」 제9조에 따른 실시계획의 승인을 받아 경제자유구역에 설치하는 시설. 다만, 「택지개발촉진법」 제2조제1호에 따른 택지와 「체육시설의 설치·이용에 관한 법률」 제10조제1항제1호에 따른 골프장업은 제외한다. | 50 | 50 |
| 하. 「제주특별자치도 설치 및 국제자유도시 조성을 위한 특별법」 제162조에 따라 지정된 제주투자진흥지구에 설치하는 시설 및 같은 법 제147조에 따라 시행승인을 얻은 개발사업 중 「체육시설의 설치·이용에 관한 법률」 제10조제1항제1호에 따른 골프장업의 시설 | 50 | 50 |
| 거. 「기업도시개발 특별법」 제12조에 따라 실시계획의 승인을 받아 기업도시개발구역에 설치하는 시설. 다만, 「택지개발촉진법」 제2조제1호에 따른 택지와 「체육시설의 설치·이용에 관한 법률」 제10조제1항제1호에 따른 골프장은 제외한다. | 0 | 50 |
| 너. 「폐광지역 개발 지원에 관한 특별법 시행령」 제11조제1항제2호 및 제3호에 따른 사업을 위한 시설 | 0 | 50 |

| 대상시설 | | |
|---|---|---|
| 더. 「2018 평창 동계올림픽대회 및 동계패럴림픽대회 지원 등에 관한 특별법」 제49조에 따른 실시계획의 승인을 받아 동계올림픽 특별구역에 설치하는 시설. 다만, 「택지개발촉진법」 제2조제1호에 따른 택지와 「체육시설의 설치·이용에 관한 법률」 제10조제1항제1호에 따른 골프장은 제외한다. | 50 | 100 |
| 러. 「주한미군기지 이전에 따른 평택시 등의 지원 등에 관한 특별법」 제17조에 따른 평택시개발사업과 같은 법 제23조에 따른 국제화계획지구 개발사업 | 0 | 50 |

3. 광물의 채굴 또는 그 밖에 산지전용 또는 산지일시사용을 하는 경우(법 제19조제5항 제3호 관련)

| 대상시설 | 감면비율(퍼센트) | |
|---|---|---|
| | 보전산지 | 준보전산지 |
| 가. 농림어업인등 또는 한국임업진흥원이 설치하는 주택 및 그 부대시설, 「농어촌도로 정비법」 제4조제2항제3호에 따른 농도 및 「임업 및 산촌진흥촉진에 관한 법률 시행령」 제8조제1항에 따른 임산물 소득원의 지원 대상 품목의 재배시설 | 100 | 100 |
| 나. 「유아교육법」 제2조, 「초·중등교육법」 제2조 및 「고등교육법」 제2조에 따른 각급 학교의 시설용지 | 100 | 100 |
| 다. 「박물관 및 미술관 진흥법」 제18조에 따라 설립계획의 승인을 얻은 사립박물관 또는 사립미술관(비영리법인이 설치하는 미술관만 해당한다)과 「도서관법」 제2조제4호에 따른 사립 공공도서관 | 100 | 100 |
| 라. 「광산피해의 방지 및 복구에 관한 법률」 제11조에 따른 광해방지사업을 위한 시설 | 100 | 100 |
| 마. 농림어업인등 또는 「산림조합법」 제2조에 따른 산림조합 및 산림조합중앙회가 설치하는 다음의 시설<br>1) 야생조수의 인공사육시설<br>2) 양어장·양식장·실외낚시터시설<br>3) 농림어업용 온실·버섯재배시설 | 100 | 100 |

| | | | |
|---|---|---|---|
| | 4) 축산시설(가축사육시설 및 창고 등 부대시설을 말한다) | | |
| 바. | 「전통사찰의 보존 및 지원에 관한 법률」 제4조에 따라 지정하여 등록된 전통사찰이 불사를 위하여 설치하는 시설과 진입로·현장사무소 등 부대시설 | 100 | 100 |
| 사. | 관계 법령 또는 인·허가 등의 조건에 따라 국가 또는 지방자치단체에 기부채납(법령에 따라 국가 또는 지방자치단체에 무상귀속되는 경우를 포함한다)되는 공용·공공용시설 및 재해방지시설(다른 감면 대상 시설과 중복되는 경우를 포함한다) | 100 | 100 |
| 아. | 「초지법」에 따라 조성된 초지 | 50 | 100 |
| 자. | 광물의 채굴 | 0 | 100 |
| 차. | 비영리법인이 「농어촌정비법」 제2조제1호에 따른 농어촌에서 「의료법」 제33조에 따라 개설하는 의료기관 | 0 | 100 |
| 카. | 비영리법인이 「사회복지사업법」 제34조에 따라 설치하는 사회복지시설 및 그 복지시설에 입소 중 사망하는 자를 위하여 설치하는 봉안시설(「장사 등에 관한 법률」 제15조에 따른 사설봉안시설을 말한다) | 0 | 100 |
| 타. | 「공공주택 특별법 시행령」 제2조제1호부터 제3호까지의 규정에 따른 임대주택 | 0 | 100 |
| 파. | 「국가균형발전 특별법」 제2조제9호에 따른 공공기관이 같은 법 제18조에 따라 지방으로 이전하는 공공기관의 사옥 | 0 | 100 |
| 하. | 「청소년활동진흥법」 제10조제1호에 따른 청소년수련시설 | 50 | 50 |
| 거. | 「방사성폐기물 관리법」 제2조제3호에 따른 방사성폐기물 관리시설 | 50 | 50 |
| 너. | 「신행정수도 후속대책을 위한 연기·공주지역 행정중심복합도시 건설을 위한 특별법」 제21조에 따라 행정중심복합도시예정지역에 설치하는 시설. 다만, 「택지개발촉진법」 제2조제1호에 따른 택지로 조성하는 경우는 제외한다. | 0 | 50 |

| | | |
|---|---|---|
| 더. 「혁신도시 조성 및 발전에 관한 특별법」 제12조에 따라 실시계획의 승인을 받아 혁신도시개발구역에 설치하는 시설. 다만, 「택지개발촉진법」 제2조제1호에 따른 택지로 조성하는 경우는 제외한다. | 0 | 50 |
| 러. 「지역 개발 및 지원에 관한 법률」 제2조제2호에 따른 지역개발사업구역(같은 법 제2조제5호에 따른 낙후지역으로 한정한다)에 설치하는 다음의 어느 하나에 해당하는 시설로서, 2017년 1월 1일부터 2024년 12월 31일까지 법 제14조에 따른 산지전용허가, 법 제15조의2에 따른 산지일시사용허가 또는 법 제19조제1항제3호에 따른 행정처분을 신청한 시설. 다만, 「체육시설의 설치·이용에 관한 법률」 제10조제1항제1호에 따른 골프장업의 시설은 제외한다.<br>1) 「자연공원법」 제2조제10호에 따른 공원시설 및 「도시공원 및 녹지 등에 관한 법률」 제2조제4호에 따른 공원시설<br>2) 「체육시설의 설치·이용에 관한 법률」 제10조제1항제1호에 따른 체육시설업의 시설 | 0 | 50 |
| 머. 「한국도로공사법」에 따른 한국도로공사가 설치하는 「도로법」에 따른 도로(휴게시설과 대기실은 제외한다) | 100 | 100 |
| 버. 「한국수자원공사법」에 따른 한국수자원공사가 설치하는 「댐건설 및 주변지역지원 등에 관한 법률」 제2조제1호에 따른 댐 | 100 | 100 |
| 서. 「한국철도공사법」에 따른 한국철도공사가 설치하는 「철도의 건설 및 철도시설 유지관리에 관한 법률」 제2조제1호 및 제2호에 따른 철도 및 고속철도 | 100 | 100 |
| 어. 「매장문화재 보호 및 조사에 관한 법률」에 따른 매장문화재 발굴조사(제1호·제2호 및 제3호가목부터 서목까지의 규정에 따른 산지전용 또는 산지일시사용의 목적사업 수행을 위해 실시하는 조사로 한정한다) | 100 | 100 |

※ 비고
1. 제1호거목의 공용·공공용시설 중 제2호·제3호 각 목의 어느 하나에 해당하는 시설을 설치하는 경우에 그 시설에 부과하는 대체산림자원조성비 감면비율은 다음의 감면비율 중 가장 높은 감면비율을 적용한다.
   가. 제1호거목의 공용·공공용 시설에 적용하는 감면비율

나. 제2호·제3호 각 목의 해당시설에 적용하는 감면비율
1의2. 제2호자목에도 불구하고「수도권정비계획법」제2조제1호에 따른 수도권에 「산업입지 및 개발에 관한 법률」제2조제8호에 따른 산업단지를 설치하기 위하여 2018년 6월 30일까지 준보전산지에 법 제14조에 따른 산지전용허가, 법 제15조의2에 따른 산지일시사용허가 또는 법 제19조제1항제3호에 따른 행정처분을 신청한 경우에는 대체산림자원조성비의 100퍼센트를 감면한다. 다만,「택지개발촉진법」 제2조제1호에 따른 택지로 조성하는 경우와「체육시설의 설치·이용에 관한 법률」 제10조제1항제1호에 따른 골프장업의 시설을 설치하기 위한 경우는 제외한다.
2. 제2호자목·차목·카목·파목·하목·거목 및 제3호너목·더목·러목의 지역·지구·구역에 제2호·제3호 각 목의 어느 하나에 해당하는 시설을 설치하는 경우에 그 시설에 부과하는 대체산림자원조성비 감면비율은 다음의 감면비율 중 가장 높은 감면비율을 적용한다.
　가. 해당 시설을 설치하는 지역·지구·구역에 적용하는 감면비율
　나. 제2호·제3호 각 목의 해당시설에 적용하는 감면비율
3. 제3호가목에서 "농림어업인이 설치하는 주택 및 그 부대시설"이란 농림어업인이 농림어업을 직접 경영하면서 실제 거주하기 위하여 자기 소유의 산지에 660제곱미터 미만으로 설치하는 시설을 말한다.
4. 제3호마목에서 "농림어업인등"이란 농림어업인,「농업·농촌 및 식품산업 기본법」 제3조제4호에 따른 생산자단체,「수산업·어촌 발전 기본법」 제3조제5호에 따른 생산자단체,「농어업경영체 육성 및 지원에 관한 법률」 제16조에 따른 영농조합법인과 영어조합법인 또는 같은 법 제19조에 따른 농업회사법인을 말한다.
5. 비고 제4호에서 "농림어업인"이란「농지법」제2조제2호에 따른 농업인,「임업 및 산촌진흥촉진에 관한 법률 시행령」제2조제1호의 임업인(「산림자원의 조성 및 관리에 관한 법률」에 따라 산림경영계획의 인가를 받아 산림을 경영하고 있는 자를 말한다), 같은 조 제2호·제3호의 임업인 및「수산업법」제2조제12호에 따른 어업인을 말한다.
6. 법률 제14361호 산지관리법 일부개정법률 부칙 제3조 불법전용산지에 관한 임시특례 규정에 따라 산지전용허가 등 지목변경에 필요한 처분을 한 경우에는 그 산지에 대한 대체산림자원조성비를 면제한다.
6의2. 법률 제13252호 국유림의 경영 및 관리에 관한 법률 일부개정법률 부칙 제2조제2항에 따라 지목변경에 필요한 산지전용허가를 한 경우에는 그 산지에 대한 대체산림자원조성비를 면제한다.
7. 삭제 <2020.11.24>

[영별표 6] 삭제 <2007.7.27>
[영별표 7] <개정 2019.7.2>

## 채석경제성평가의 방법·기준 등(제34조제3항관련)

1. 채석경제성평가의 방법·내용
 가. 지질조사의 방법·내용
  (1) 조사방법
    지질조사는 노두(露頭)조사·전기비저항탐사·초음파 등의 방법으로 조사한다.
  (2) 조사내용
   (가) 암석의 종류 및 그 발달분포와 특성
   (나) 석재의 굴취·채취 대상 암체(巖體)의 노두 및 풍화변질대(風化變質帶)의 발달상
   (다) 지질구조 및 열극(裂隙) 발달특성
   (라) 그 밖에 지질조사에 필요한 사항
 나. 시추탐사의 방법·내용
  (1) 시추방법
    시추탐사의 시추공은 「산업표준화법」에 따른 한국산업규격(이하 "한국산업규격"이라 한다)상의 시추용 다이어몬드 코어비트 등을 이용하여 지하굴착(땅파기) 방법으로 시추하며, 회수된 코어는 5㎝ 이상이어야 한다.
  (2) 시추내용
    토석채취허가(석재에 한정한다)를 받으려는 자는 허가신청면적별로 다음의 시추공수 및 시추총연심도(試錐總連深度)에 따라 시추하여야 한다. 다만, 다음의 시추공수 및 시추총연심도에 따라 시추하여 채석경제성평가를 완료한 이후 해당 허가신청면적이 법 또는 다른 법률에 따라 축소된 경우에는 추가 시추를 생략할 수 있다.

| 허가신청 면적 | 시추공수 | 시추총연심도 |
|---|---|---|
| 1만㎡ 이상 2만㎡ 미만 | 3개공 이상 | 150m 이상 |
| 2만㎡ 이상 3만㎡ 미만 | 5개공 이상 | 300m 이상 |
| 3만㎡ 이상 10만㎡ 미만 | 6개공 이상 | 350m 이상 |
| 10만㎡ 이상 | 6개공에 10만㎡를 초과하는 허가신청면적 3만㎡마다 최소 1개공씩을 추가로 합산한 개수 이상 | 350m에 10만㎡를 초과하는 허가신청면적 3만㎡마다 최소 50m씩을 추가로 합산한 연심도 이상 |

(3) 종전에 토석채취허가(석재에 한정한다)를 받아 석재를 굴취·채취하였던 허가구역에 연접하여 석재를 굴취·채취하려는 경우로서 토석채취허가(석재에 한정한다)를 받으려는 사업지가 연접된 종전의 토석채취허가(석재에 한정한다)면적을 초과하지 아니하고 암반이 노출되어 암석의 종류 및 석질 등이 동일하다고 인정되는 경우에는 토석채취허가(석재에 한정한다) 시 채석경제성평가를 위한 시추탐사를 생략할 수 있다.

다. 매장량·석질분석의 방법·내용
  (1) 분석방법
      건축용석재 또는 공예용석재에 대해서는「산업표준화법」제12조에 따른 한국산업표준의 석재자원 매장량 계산기준(KS E 2003), 쇄골재용석재에 대해서는「산업표준화법」제12조에 따른 한국산업표준의 석회석 매장량 계산기준(KS E 2801)에 따른다.
  (2) 분석내용
    (가) 암석의 공학적 물성
    (나) 가채매장량

라. 경제성 분석·평가의 방법·내용
  (1) 분석·평가 방법
      편익/비용분석 또는 내부수익률(IRR)분석 등의 방법에 의한다.
  (2) 분석·평가내용
    (가) 생산비·생산원가 분석
    (나) 경제성분석
    (다) 경제성평가

2. 채석경제성평가의 기준
  가. 암석의 공학정 물성기준(物性基準)
    (1) 건축용 또는 공예용

| 비중 | 흡수율 | 압축강도 |
|---|---|---|
| 2 이상 | 5% 이하 | 500kg/㎠ 이상 |

   (2) 쇄골재용

| 비중 | 흡수율 | 마모율 | 황산나트륨 시험 시 손실중량비(안정성) |
|---|---|---|---|
| 2.45 이상 | 3% 이하 | 40% 이하 | 12% 이하 |

나. 가채매장량 기준
　(1) 건축용석재 : 84,000세제곱미터 이상
　(2) 공예용석재 : 7,400세제곱미터 이상(오석 등의 경우 200세제곱미터 이상)
　(3) 쇄골재용석재 : 320,000세제곱미터 이상
다. 경제성 분석·평가기준
　(1) 편익/비용비율 : 1 이상
　(2) 내부수익률(IRR) : 사회적 할인율 이상

3. 채석경제성평가보고서의 내용
　가. 사업개요(채석방법 등 개발방법을 포함한다)
　나. 현지조사
　　(1) 지형 현황측량
　　(2) 지질조사
　다. 석재품질과 매장량
　　(1) 암석의 공학적 물성
　　(2) 가채매장량
　　(3) 그 밖의 관련자료(매장량 및 산출구획, 시추공 위치·방향 및 시추단면선, 석재의 굴취·채취기준면을 포함한다)
　라. 경제성 분석
　　(1) 생산비·생산원가 분석
　　(2) 경제성분석
　　(3) 경제성평가결과
　마. 그 밖에 채석경제성에 참고되는 사항

비고
1. 제1호라목, 제2호다목 및 제3호라목에 따라 경제성 분석을 하는 경우 그 분석기간은 법 제25조제3항에 따른 채취기간으로 한다.
2. 용어의 정의
　가. "건축용석재"란 건물의 내·외장재, 계단 또는 도로의 시설재 등으로 가공되는 석재를 말한다.
　나. "공예용석재"란 조각·비석·난석(蘭石) 등으로 가공되는 석재를 말한다.
　다. "쇄골재용 석재"란 자갈·골재로 가공되는 석재를 말한다.

[영별표 8] <개정 2020.3.3>

## 토석채취허가기준(제36조제1항 관련)

| 구분 | 허가기준 |
|---|---|
| 1. 산지의 형태 | 가. 지형<br>　토석을 굴취·채취(이하 이 표에서 "채취등"이라 한다)하려는 지역(이하 이 표에서 "채취지역"이라 한다)은 해당 산지의 표고(標高: 산자락 하단부를 기준으로 한 산정부의 높이를 말한다. 이하 같다)의 100분의 70 이하일 것. 다만, 다음의 어느 하나에 해당하는 경우에는 그렇지 않다.<br>　　1) 채취등을 함으로써 일단의 면적이 절개사면 없이 평탄지로 될 수 있는 경우<br>　　2) 해당 산지의 표고가 300m 미만인 경우<br>　　3) 제8호라목에 따른 사업계획을 수립한 경우<br>나. 경사도<br>　채취지역의 평균 경사도는 35도 이하이어야 하고, 채취등을 완료한 후 절개사면의 기울기(비탈면의 높이에 대한 수평거리의 비율을 말한다)는 다음의 기준에 적합할 것. 다만, 채취등을 함으로써 절개사면 없이 평탄지로 될 수 있는 경우에는 그러하지 아니하다.<br>　1) 건축용 석재인 경우에는 1 : 0.4 이하<br>　2) 건축용 석재가 아닌 석재의 굴취·채취인 경우에는 1 : 0.5 이하<br>　3) 토사의 굴취·채취인 경우에는 1 : 1.0 이하<br>다. 삭제 <2012.5.22><br>라. 삭제 <2012.5.22> |
| 2. 입목의 구성 | 가. 입목의 축적<br>　채취지역의 헥타르당 입목축적이 산림기본통계상의 관할 시·군·자치구의 헥타르당 입목축적의 150퍼센트 이하일 것. 다만, 산불발생·솎아베기 또는 인위적인 벌채를 실시한 후 5년이 지나지 아니한 때에는 그 산불발생·솎아베기 또는 벌채전의 입목축적으로 환산하여 적용한다. 다만, 산림기본통계의 발표 다음 연도부터 다시 새로운 산림기본통계가 발표되기 전까지는 산림청장이 고시하는 시·도별 평균생장률을 적용하여 해당 연도의 관할 시·군·구의 헥타르당 입목축적을 구하며, 산불발생·솎아베기·벌채를 실시한 후 5년이 지나지 않은 때에도 해당 시·도별 평균생장률을 적용하여 그 산불발생·솎아베기 또는 벌채 전의 입목축적을 환산한다.<br>나. 입목의 분포<br>　채취지역 안에 생육하고 있는 50년생 이상인 활엽수림의 비율이 50퍼센트 이하일 것 |

| | | |
|---|---|---|
| 3. 허가면적 | 채취하려는 일단의 면적이 5만제곱미터 이상일 것. 다만, 다음 각 목의 어느 하나에 해당하는 경우에는 그렇지 않다.<br>　가. 허가를 받아 채취를 하고 있는 지역에 연접된 산지의 전체면적이 5만제곱미터 미만인 경우<br>　나. 잔여산지를 계속 채취함으로써 비탈면 없이 평탄지로 될 수 있는 경우<br>　다. 채취지역의 비탈면 복구를 위하여 불가피하게 석재를 채취하여야 하는 경우(법 제40조제3항에 따른 복구설계서의 승인기준을 충족하기 위하여 필요한 최소한의 면적에 한정한다)<br>　라. 산지전용·일시사용을 하는 과정에서 부수적으로 석재를 채취하는 경우<br>　마. 토석채취허가를 받은 지역에 연접하여 토석채취허가를 받으려는 경우 이미 토석채취허가를 받은 면적의 100분의 20 범위에서 채취면적을 확대하려는 경우(1회에 한정한다)<br>　바. 토석채취에 필요한 부대시설(산물처리장·진입로 및 관리사무소를 말한다)을 설치하거나 변경하려는 경우<br>　사. 지하채취 등 토석채취허가를 받은 면적의 변경 없이 토석채취량이 증가되는 경우<br>　아. 토석채취허가를 토사채취 용도로 받은 경우<br>　자. 토석채취허가를 받은 면적을 축소하려는 경우 | |
| 4. 완충구역의 설정 등 | 가. 완충구역의 설정<br>　채취등으로 인한 인접지의 붕괴방지를 위하여 제3호가목부터 라목까지 및 바목에 해당하는 경우를 제외하고는 허가구역의 경계로부터 안쪽으로 너비 10미터의 완충구역을 설정하여야 한다. 이 경우 같은 구역에서는 채취등을 하여서는 아니 된다.<br>나. 토사유출방지시설<br>　채취등으로 인한 토사유출 방지를 위하여 물이 고이는 지역에 침사지를 설치하여야 한다. | |
| 5. 토석채취방법 | 가. 표토를 제거하기 위한 경우를 제외하고는 채취지역의 상부에서부터 하부로 계단식으로 채취등을 하거나 비탈면 없이 평탄지가 되도록 채취등을 하여야 한다. 이 경우 계단식으로 채취등을 하는 때에는 하나의 계단에 대한 채취등이 완료된 후 다음 계단에 대하여 채취등을 하여야 한다.<br>나. 지하로 채취등을 하는 경우에는 복구계획서에 반영된 되메우기에 적정한 흙의 조달계획이 타당하고 실현가능하여야 한다.<br>다. 진동·소음·먼지가 최소화되도록 채취할 것<br>라. 표토는 연차별 사업계획에 따라 채취하여야 하며, 복구에 필요한 표토 및 토사는 외부로 반출하지 않을 것 | |

| | | |
|---|---|---|
| 6. 주변 산림의 경영 및 관리 | 채취등으로 인하여 임도가 단절되지 아니할 것. 다만, 단절되는 임도를 대체할 수 있는 임도를 설치하거나 채취등을 한 이후에도 계속하여 임도에 대체되는 기능을 수행할 수 있는 경우에는 그러하지 아니하다. | |
| 7. 사업계획 및 산림훼손 방지 | 가. 채취등과 관련된 사업계획의 내용이 구체적이고 타당하여 허가신청자가 허가받은 후 지체 없이 채취등이 가능할 것<br>나. 연차별 입목벌채계획 및 토석채취·생산·반출계획이 구체적이고 타당할 것<br>다. 목적사업의 성격, 주변경관, 설치하려는 시설물의 배치 등을 고려할 때 부대시설 면적이 과다하게 포함되지 않을 것<br>라. 분진, 토사유출, 산사태 등을 방지하기 위한 피해방지계획이 타당할 것. 이 경우 토석채취 완료지에 대한 중간 복구계획 등 피해방지계획도 포함해야 한다.<br>마. 「사방사업법」제3조제2항에 따른 해안사방사업에 따라 조성된 산림이 사업계획부지 안에 편입되지 아니할 것. | |
| 8. 경관훼손 및 재해방지 | 가. 채취면적이 7만제곱미터 이상인 경우에는 산지경관 영향 모의실험을 실시하여 채취지역의 표고를 낮추는 등 경관훼손을 줄이는 대책을 수립할 것. 다만, 토석을 굴취·채취했던 허가구역의 지하에서 토석을 추가로 굴취·채취하는 경우는 제외한다.<br>나. 가공시설을 도로·가옥 또는 공장 등에서 보이는 지역에 설치하는 경우에는 차폐림(遮蔽林)을 조성하여 소음·분진 방지 및 경관보전 대책을 수립할 것. 다만, 암반 지형 등으로 인해 차폐림을 조성할 수 없는 경우에는 차폐시설로 대신할 수 있다.<br>다. 토석채취 후 복구대상 비탈면의 수직높이가 15미터 이상인 경우에는 수직높이 15미터 이하의 간격으로 비탈면의 너비를 제외한 너비 5미터 이상의 소단(小段: 비탈면의 경사를 완화시키기 위해 중간에 좁은 폭으로 설치하는 평탄한 부분을 말한다)이 조성되도록 채취할 것. 이 경우 복구대상 비탈면의 수직높이가 60미터 이상인 경우에는 수직높이 60미터 이하의 간격으로 비탈면의 너비를 제외한 너비 10미터 이상의 소단을 추가로 조성하는 등 재해방지 대책을 수립할 것<br>라. 경관훼손을 방지하기 위해 능선 너머 반대사면의 하단부까지 채취하려는 경우에는 채취 후 발생하는 비탈면이 가장 최소화되도록 다음의 요건을 모두 충족하도록 사업계획을 수립할 것<br>  1) 채취로 인한 채취지역의 절개사면 수직높이가 20미터 이하일 것<br>  2) 채취지역이 외부에서 보이지 않도록 산지의 상부에서부터 하부로 계단식으로 채취할 것 | |

※ 비고
1. 당초 허가신청시의 사업계획과 달리 제5호에 따라 계단식으로 채취등을 하지 아니하거나 채취지역의 하부를 발파하여 복구가 어려운 비탈면이 발생한 경우에는 법 제31조에 따라 허가취소 등의 조치를 할 수 있다. 이 경우 쇄골재를 채취하는 때에는 「골재채취법」 제19조제1항에 따라 국토교통부장관에게 해당 골재채취업의 등록취소 또는 영업정지를 명하도록 요청할 수 있다.
2. 제1호 및 제2호의 기준을 적용하는 데 필요한 세부적인 사항은 농림축산식품부령으로 정한다.
3. 다음 각 목의 어느 하나에 해당하지 아니하는 보전국유림으로서 이를 통과하지 아니하고는 토석을 운반할 수 없는 경우에는 채취등을 하려는 면적의 100분의 10의 범위에서 보전국유림 안에 운반로를 설치할 수 있다.
   가. 「산림문화·휴양에 관한 법률」 제13조제1항에 따른 자연휴양림, 「산림자원의 조성 및 관리에 관한 법률」 제19조제1항에 따른 채종림, 같은 법 제43조제1항에 따른 보안림, 동법 제47조제1항에 따른 시험림
   나. 「수목원·정원의 조성 및 진흥에 관한 법률」 제2조제1호 및 제1호의2에 따른 수목원 및 정원
   다. 「사방사업법」 제2조제4호에 따른 사방지
4. 토석을 굴취·채취하려는 산지의 지형여건 또는 사업의 성격상 위 기준을 적용하는 것이 불합리하다고 인정되는 경우에는 다음 각 목의 경우에 한하여 중앙산지관리위원회 또는 지방산지관리위원회의 심의를 거쳐 완화하여 적용할 수 있다.
   가. 제1호가목(산지의 표고)
   나. 제3호(토석채취면적)
5. 산정부 및 산자락하단부의 결정방법은 다음 각 목과 같다.
   가. "산정부"란 사업구역에 편입된 산지가 속하는 사면의 가장 높은 봉우리를 말한다. 다만, 복합사면의 경우 사업구역의 경계선으로부터 1km 이내에 있는 가장 높은 지점을 말한다.
   나. "산자락하단부"란 사업구역에 편입된 산지가 속하는 사면의 임상도(林相圖, 산림 내 수목의 상황을 파악할 수 있도록 작성된 도면을 말한다. 이하 같다)상 임경지(林境地)의 가장 높은 지점을 말한다.
   다. "임경지"란 축척 1/5,000 이상의 임상도에 표시된 산지와 다른 토지와의 경계를 말한다. 다만, 다음의 어느 하나에 해당하는 토지와의 경계는 이를 임경지로 보지 않는다.
      1) 도로·철도 등 선형으로 이루어진 토지
      2) 면적 3ha 미만의 농지·초지 등 산지가 아닌 토지(이하 "농지·초지등"이라 한다)
   라. 임상도가 없는 지역 또는 현지와 임상도가 불일치하는 지역의 경우에는 산지에 의해 단절되지 않고 연속해 연결된 농지·초지등(산지전용허가·신고를 받아 다른 용도로 이용되고 있는 토지 또는 구거·도로와 연속해 연결된 농지·초지등은 제외한다)의 가장 높은 지점을 산자락하단부로 본다.

[영별표 8의2] <개정 2020.6.2>

## 석재의 굴취·채취 장비 및 기술인력(제36조제4항 관련)

1. 토목용·조경용 석재의 굴취·채취를 위한 장비 및 기술인력
   가. 천공기(穿孔機): 무한궤도식인 것 1대 이상
   나. 굴착기: 바켓용량이 0.7세제곱미터 이상인 것 1대 이상
   다. 로우더(Loader): 바켓용량이 0.7세제곱미터 이상인 것 1대 이상
   라. 운반장비: 15톤 이상의 트럭 1대 이상
   마. 기술인력: 굴착기·로우더 및 운반장비에 대한 각각의 운전 또는 조종에 관한 면허나 자격을 가진 자 1인 이상
2. 건축용·공예용 석재의 굴취·채취를 위한 장비 및 기술인력
   가. 천공기: 무한궤도식인 것 1대 이상
   나. 굴착기: 바켓용량이 0.7세제곱미터 이상인 것 1대 이상
   다. 로우더: 바켓용량이 0.7세제곱미터 이상인 것 1대 이상
   라. 운반장비: 15톤 이상인 트럭 1대 이상
   마. 석재절단기: 1대 이상[분당 0.8세제곱미터 이상, 와이어소(Wire-saw) 또는 젯버너(Zet-burner)
   바. 기술인력: 굴착기·로우더 및 운반장비에 대한 각각의 운전 또는 조종에 관한 면허나 자격을 가진 자 1명 이상
3. 쇄골재용 석재의 굴취·채취를 위한 장비 및 기술인력
   「골재채취법」에 따른 산림골재채취업의 등록을 한 자로서 같은 법 시행령 제19조제2항에 따른 장비 및 기술인력 등을 갖춘 자

※ 비고
1. 「건설기계관리법」의 적용을 받는 장비는 같은 법에 따라 등록된 것이어야 한다.
2. 장비는 자기 소유의 장비이어야 한다. 다만, 신청인이 다음 각 목의 어느 하나에 해당하는 자와 계약을 체결하여 장비를 사용하는 경우로서 계약서 사본을 제출하는 경우에는 그렇지 않다.
   가. 「여신전문금융업법」 제3조에 따른 시설대여업을 등록한 자
   나. 「건설기계관리법」 제21조에 따라 건설기계사업을 등록한 자
3. 비고 제2호 각 목 외의 부분 단서에 따라 계약을 체결하여 장비를 사용하는 경우에는 해당 연도 12월 31일까지 장비사용 현황과 그 증빙서류를 제출하여야 한다.

4. 건축용 또는 공예용 채석을 하는 경우로서 무동력도구(엔진·기관·공기압축기 등 기계적 동력을 사용하지 아니하는 도구를 말한다)만을 이용하여 석재의 굴취·채취를 하는 경우에는 제2호에 따른 장비 및 기술인력기준을 적용하지 아니한다.
5. 「국가균형발전 특별법」 제2조제9호에 따른 공공기관(중앙행정기관과 그 소속기관을 제외한다)이 제32조의2제1호, 제2호 또는 제4호에 따라 토석채취허가(석재에 한정한다)를 신청한 경우로서 제1호부터 제3호까지의 규정에서 정하고 있는 장비 및 기술인력을 가진 자와 석재의 굴취·채취에 관한 계약을 체결한 경우에는 제1호부터 제3호까지의 규정을 적용하지 아니할 수 있다.
6. 산지전용·일시사용하는 과정에서 부수적으로 나온 토석을 채취하기 위하여 토석채취허가를 받으려는 경우에는 제1호다목 및 마목을 적용하지 않을 수 있다.


[영별표 8의3] <개정 2020.8.19>

### 토석채취허가의 취소, 토석채취 또는 채석의 중지 등의 세부기준(제41조 관련)

1. 일반기준
  가. 위반행위의 횟수에 따른 행정처분의 기준은 최근 6개월간 같은 위반행위로 행정처분을 받은 경우에 적용한다. 이 경우 기간의 계산은 위반행위에 대하여 행정처분을 받은 날과 그 처분 후 다시 같은 위반행위를 하여 적발된 날을 기준으로 한다.
  나. 가목에 따라 가중된 행정처분을 하는 경우 가중처분의 적용 차수는 그 위반행위 전 행정처분 차수(가목에 따른 기간 내에 행정처분이 둘 이상 있었던 경우에는 높은 차수를 말한다)의 다음 차수로 한다.
  다. 위반행위가 둘 이상인 경우로서 그에 해당하는 각각의 처분기준이 다른 경우에는 그 중 무거운 처분기준에 따른다.
  라. 처분권자는 다음의 가중사유 또는 감경사유를 고려하여 처분을 가중하거나 감경할 수 있다. 이 경우 그 처분이 토석채취 또는 채석의 중지인 경우에는 그 처분기준의 2분의 1 범위에서 가중하거나 감경할 수 있고, 허가취소(법 제31조제1항제1호 또는 제7호에 해당하여 허가취소하는 경우는 제외한다)인 경우에는 6개월 이상의 토석채취 또는 채석중지 처분으로 감경할 수 있다.
    1) 가중사유
      가) 위반행위가 사소한 부주의나 오류가 아닌 고의나 중대한 과실에 의한 것으로 인정되는 경우
      나) 위반의 내용·정도가 중대하여 공중에 미치는 피해가 크다고 인정되는 경우

2) 감경사유

가) 위반행위가 고의나 중대한 과실이 아닌 사소한 부주의나 오류에 의한 것으로 인정되는 경우

나) 위반의 정도가 경미하여 단기간 내에 시정할 수 있다고 인정되거나 위반 상태를 시정하거나 해소하기 위한 위반행위자의 노력이 인정되는 경우

다) 위반행위자가 해당 위반행위로 인하여 검사로부터 기소유예 처분을 받거나 법원으로부터 선고유예 판결을 받은 경우

2. 개별기준

| 위반행위 | 근거 법조문 | 행정처분기준 | | | |
|---|---|---|---|---|---|
| | | 1차 위반 | 2차 위반 | 3차 위반 | 4차 이상 위반 |
| 가. 거짓이나 그 밖의 부정한 방법으로 허가를 받거나 신고를 한 경우 | 법 제31조 제1항제1호 | | | | |
| 1) 거짓이나 그 밖의 부정한 방법으로 허가를 받은 경우 | | 허가취소 | | | |
| 2) 거짓이나 그 밖의 부정한 방법으로 신고를 한 경우 | | 신고한 기간 동안의 토석채취 또는 채석 중지 | | | |
| 나. 정당한 사유 없이 허가를 받거나 신고를 한 날부터 6개월 이내에 토석채취를 시작하지 않거나 1년 이상 중단한 경우 | 법 제31조 제1항제2호 | | | | |
| 1) 정당한 사유 없이 허가를 받은 날부터 6개월 이내에 토석채취를 시작하지 않거나 1년 이상 중단한 경우 | | 토석채취 또는 채석 중지 1개월 | 토석채취 또는 채석 중지 2개월 | 허가취소 | |
| 2) 정당한 사유 없이 신고를 한 날부터 6개월 이내에 토석채취를 시작하지 않거나 1년 이상 중단한 경우 | | 토석채취 또는 채석 중지 1개월 | 토석채취 또는 채석 중지 2개월 | 신고한 기간 동안의 토석채취 또는 채석중지 | |

| | | | | | |
|---|---|---|---|---|---|
| 다. 법 제28조제1항제5호 본문 또는 제30조제5항 본문에 따른 장비 등의 기준을 충족하지 못하게 된 경우 | 법 제31조 제1항제3호 | | | | |
| 1) 법 제28조제1항제5호 본문에 따른 장비 등의 기준을 충족하지 못하게 된 경우 | | 토석채취중지 1개월 | 토석채취중지 2개월 | 토석채취중지 3개월 | 허가취소 |
| 2) 법 제30조제5항 본문에 따른 장비 등의 기준을 충족하지 못하게 된 경우 | | 채석중지 1개월 | 채석중지 2개월 | 채석중지 3개월 | 신고한 기간 동안의 채석중지 |
| 라. 허가를 받거나 신고를 한 자(사용인과 고용인을 포함한다)가 허가를 받거나 신고를 한 토석 외의 토석을 채취한 경우 | 법 제31조 제1항제4호 | | | | |
| 1) 허가를 받은 자(사용인과 고용인을 포함한다)가 허가를 받은 토석 외의 토석을 채취한 경우 | | 토석채취중지 1개월 | 토석채취중지 2개월 | 토석채취중지 3개월 | 허가취소 |
| 2) 신고를 한 자(사용인과 고용인을 포함한다)가 신고를 한 토석 외의 토석을 채취한 경우 | | 토석채취 또는 채석중지 1개월 | 토석채취 또는 채석중지 2개월 | 토석채취 또는 채석중지 3개월 | 신고한 기간 동안의 토석채취 또는 채석중지 |
| 마. 법 제37조제6항 각 호의 어느 하나에 해당하는 필요한 조치 명령을 이행하지 않은 경우 | 법 제31조 제1항 제5호 | | | | |
| 1) 법 제25조제1항에 따른 토석채취허가를 받은 자가 법 제37조제6항 각 호의 어느 하나에 해당하는 필요한 조치 명령을 이행하지 않은 경우 | | 토석채취중지 1개월 | 토석채취중지 2개월 | 허가취소 | |
| 2) 법 제25조제2항에 따른 토사채취신고 또는 법 제30조제1항에 따른 채석신고를 한 자가 법 제37조제6항 각 호의 어느 하나 | | 토석채취 또는 채석중지 1개월 | 토석채취 또는 채석중지 2개월 | 신고한 기간 동안의 토석채취 또는 채석중지 | |

| | | | | | |
|---|---|---|---|---|---|
| | 에 해당하는 필요한 조치 명령을 이행하지 않은 경우 | | | | |
| 바. 법 제38조에 따른 복구비를 예치하지 않은 경우(법 제37조제8항에 따른 줄어든 복구비 예치금을 다시 예치하지 않은 경우를 포함한다) | 법 제31조 제1항제6호 | | | | |
| 1) 법 제25조제1항에 따른 토석채취허가를 받은 자가 법 제38조에 따른 복구비를 예치하지 않은 경우(법 제37조제8항에 따른 줄어든 복구비 예치금을 다시 예치하지 않은 경우를 포함한다) | | 토석채취 중지 1개월 | 토석채취 중지 2개월 | 허가취소 | |
| 2) 법 제25조제2항에 따른 토사채취신고 또는 법 제30조제1항에 따른 채석신고를 한 자가 법 제38조에 따른 복구비를 예치하지 않은 경우(법 제37조제8항에 따른 줄어든 복구비 예치금을 다시 예치하지 않은 경우를 포함한다) | | 토석채취 또는 채석 중지 1개월 | 토석채취 또는 채석 중지 2개월 | 신고한 기간 동안의 토석채취 또는 채석중지 | |
| 사. 허가를 받은 자가 허가취소를 요청하거나 신고를 한 자가 신고를 철회하는 경우 | 법 제31조 제1항 제7호 | | | | |
| 1) 허가를 받은 자가 허가취소를 요청하는 경우 | | 허가취소 | | | |
| 2) 신고를 한 자가 신고를 철회하는 경우 | | 신고한 기간 동안의 토석채취 또는 채석 중지 | | | |
| 아. 그 밖의 허가조건을 위반한 경우 | 법 제31조 제1항 제8호 | 토석채취 중지 1개월 | 토석채취 중지 2개월 | 토석채취중지 3개월 | 허가취소 |

[영별표 8의4] <개정 2020.8.19>

## 포상금지급기준(제50조의2제1항 관련)

| 구 분 | 포상금 지급기준(건당) |
|---|---|
| 1. 법 제14조제1항 본문 또는 법 제15조의2제1항 본문을 위반하여 허가를 받지 아니하고 산지전용·산지일시사용을 하거나 거짓이나 그 밖의 부정한 방법으로 허가를 받아 산지전용·산지일시사용을 한 자를 신고 또는 고발한 경우 | 50만원 |
| 2. 법 제15조제1항 전단 또는 법 제15조의2제4항 전단에 따라 신고를 하지 아니하고 산지전용·산지일시사용을 하거나 거짓이나 그 밖의 부정한 방법으로 신고를 하고 산지전용·산지일시사용을 한 자를 신고 또는 고발한 경우 | 30만원 |
| 3. 법 제25조제1항 본문을 위반하여 토석채취허가를 받지 아니하고 토석을 굴취·채취하거나 거짓이나 그 밖의 부정한 방법으로 토석채취허가를 받아 토석을 굴취·채취한 자를 신고 또는 고발한 경우 | 50만원 |


[영별표 9] <개정 2020.8.19>

## 수수료(제51조제1항 관련)

| 구분 | 금액 |
|---|---|
| 1. 법 제14조 및 제15조의2제1항에 따른 산지전용허가 및 산지일시사용허가 | 가. 허가를 신청하는 산지면적이 1만제곱미터 이하인 경우: 2만원<br>나. 허가를 신청하는 산지면적이 1만제곱미터를 초과하는 경우: 2만원에 1천제곱미터를 초과할 때마다 2천원을 가산한 금액 |
| 2. 법 제15조 및 제15조의2제4항에 따른 산지전용신고 및 산지일시사용신고 | 가. 신고하는 산지면적이 1만제곱미터 이하인 경우: 5천원<br>나. 신고하는 산지면적이 1만제곱미터를 초과하는 경우: 5천원에 2천제곱미터를 초과할 때마다 1천원을 가산한 금액 |
| 3. 법 제21조에 따른 용도변경승인 | 5천원 |

| 4. 법 제25조제1항에 따른 토석채취허가 | 가. 허가를 신청하는 산지면적이 1만제곱미터 이하인 경우: 2만원<br>나. 허가를 신청하는 산지면적이 1만제곱미터를 초과하는 경우: 2만원에 1천제곱미터를 초과할 때마다 2천원을 가산한 금액 |
|---|---|
| 5. 법 제25조제2항에 따른 토사채취신고 | 5천원 |
| 6. 법 제29조제2항에 따른 채석단지의 지정 (신청에 따른 지정에 한정한다) | 가. 지정을 신청하는 산지면적이 1만제곱미터 이하인 경우: 2만원<br>나. 지정을 신청하는 산지면적이 1만제곱미터를 초과하는 경우: 2만원에 1천제곱미터를 초과할 때마다 2천원을 가산한 금액 |
| 7. 법 제40조에 따른 복구설계서의 승인 | 가. 승인을 신청하는 산지면적이 1만제곱미터 이하인 경우: 2만원<br>나. 승인을 신청하는 산지면적이 1만제곱미터를 초과하는 경우: 2만원에 1천제곱미터를 초과할 때마다 2천원을 가산한 금액 |
| 8. 법 제42조에 다른 복구준공검사 | 5천원 |

[영별표 10] <개정 2020.6.2>

## 과태료의 부과기준(제53조 관련)

1. 일반기준
   가. 위반행위의 횟수에 따른 과태료의 가중된 부과기준은 최근 1년간 같은 위반행위로 과태료 부과처분을 받은 경우에 적용한다. 이 경우 기간의 계산은 위반행위에 대하여 과태료 부과처분을 받은 날과 그 처분 후 다시 같은 위반행위를 하여 적발된 날을 기준으로 한다.
   나. 가목에 따라 가중된 부과처분을 하는 경우 가중처분의 적용 차수는 그 위반행위 전 부과처분 차수(가목에 따른 기간 내에 과태료 부과 처분이 둘 이상 있었던 경우에는 높은 차수를 말한다)의 다음 차수로 한다.
   다. 부과권자는 다음의 어느 하나에 해당하는 경우에는 제2호의 개별기준에 따른 과태료 부과금액의 2분의 1 범위에서 그 금액을 줄일 수 있다. 다만, 과태료를 체납하고 있는 위반행위자의 경우에는 그 금액을 줄일 수 없다.

1) 위반행위자가 「질서위반행위규제법 시행령」 제2조의2제1항 각 호의 어느 하나에 해당하는 경우
2) 위반행위가 사소한 부주의나 오류로 인한 것으로 인정되는 경우
3) 위반행위자가 법 위반상태를 해소하기 위하여 노력하였다고 인정되는 경우
4) 그 밖에 위반행위의 동기와 결과, 위반 정도 등을 고려하여 과태료 금액을 줄일 필요가 있다고 인정되는 경우

라. 부과권자는 다음의 어느 하나에 해당하는 경우에는 제2호의 개별기준에 따른 과태료 부과금액의 2분의 1 범위에서 그 금액을 늘릴 수 있다. 다만, 법 제57조에 따른 과태료 금액의 상한을 넘을 수 없다.
1) 위반의 내용 및 정도가 중대하여 이로 인한 피해가 크다고 인정되는 경우
2) 법 위반 상태의 기간이 6개월 이상인 경우
3) 그 밖에 위반행위의 동기와 결과, 위반 정도 등을 고려하여 과태료 금액을 늘릴 필요가 있다고 인정되는 경우

2. 개별기준

| 위반행위 | 근거 법조문 | 과태료 금액(단위: 만원) | | |
|---|---|---|---|---|
| | | 1차 위반 | 2차 위반 | 3차 이상 위반 |
| 가. 법 제14조제1항 단서에 따른 산지전용허가변경신고를 하지 않은 경우 | 법 제57조 제2항제1호 | 50 | 100 | 200 |
| 나. 법 제15조제1항 각 호 외의 부분 후단에 따른 산지전용변경신고를 하지 않은 경우 | 법 제57조 제2항제1호 | 50 | 100 | 200 |
| 다. 법 제15조의2제1항 단서에 따른 경미한 사항에 대한 산지일시사용허가변경신고를 하지 않은 경우 | 법 제57조 제2항제1호 | 25 | 50 | 100 |
| 라. 법 제15조의2제4항 각 호 외의 부분 후단에 따른 산지일시사용변경신고를 하지 않은 경우 | 법 제57조 제2항제1호 | 50 | 100 | 200 |
| 마. 법 제18조의5제3항에 따른 연대서명부를 거짓으로 작성하여 이의신청한 경우 | 법 제57조 제2항제2호 | 50 | 100 | 200 |

| | | | | |
|---|---|---|---|---|
| 바. 법 제25조제1항 각 호 외의 부분 단서에 따른 토석채취허가변경 신고를 하지 않은 경우 | 법 제57조 제2항제1호 | 50 | 100 | 200 |
| 사. 법 제25조제2항 후단에 따른 토사채취변경신고를 하지 않은 경우 | 법 제57조 제2항제1호 | 50 | 100 | 200 |
| 아. 법 제30조제1항 후단에 따른 채석변경신고를 하지 않은 경우 | 법 제57조 제2항제1호 | 50 | 100 | 200 |
| 자. 법 제40조제1항 전단(법 제44조제3항에서 준용하는 경우를 포함한다)에 따른 기간 이내에 복구설계서를 산림청장등에게 제출하지 않은 경우로서 산지전용허가 등을 받은 면적이<br>1) 1천$m^2$ 미만인 경우<br>2) 1천$m^2$ 이상 1만$m^2$ 미만인 경우<br>3) 1만$m^2$ 이상 10만$m^2$ 미만인 경우<br>4) 10만$m^2$ 이상인 경우 | 법 제57조 제1항 | 25<br>50<br>150<br>250 | 50<br>100<br>300<br>500 | 100<br>200<br>600<br>1,000 |
| 차. 법 제40조의2제2항(법 제44조제3항에서 준용하는 경우를 포함한다)을 위반하여 시정통지의 내용을 보고하지 않은 경우 | 법 제57조 제2항제3호 | 50 | 100 | 200 |
| 카. 법 제44조의2제1항·제2항을 위반하여 업무보고 및 자료제출이나 현지조사를 거부·방해 또는 기피한 경우 | 법 제57조 제2항제4호 | 50 | 100 | 200 |
| 타. 법 제46조의3제1항 전단을 위반하여 현장관리업무담당자를 지정하지 않거나 지정 신고를 하지 않은 경우 | 법 제57조 제2항제5호 | 200 | 300 | 500 |
| 파. 법 제46조의3제1항 후단을 위반하여 현장관리업무담당자 변경 신고를 하지 않은 경우 | 법 제57조 제2항제5호 | 100 | 200 | 300 |
| 하. 법 제46조의3제3항을 위반하여 현장관리업무담당자가 업무 수행에 필요한 교육을 받지 않은 경우 | 법 제57조 제2항제6호 | 50 | 100 | 200 |

# ◉ 산지관리법 시행규칙 [별표 및 별지서식] ◉

[규칙별표 1] <개정 2015.11.25>

## 산지에서의 지역등의 협의기준의 세부사항(제4조의2 관련)

| 구분 | 세부사항 |
|---|---|
| 보전산지의 이용 기준 | 집단적인 조림성공지 및 형질이 우량한 천연림으로서 지속가능한 산림경영을 위해 필요하다고 인정되는 보전산지는 다른 법률에 따라 산지를 특정용도로 이용하기 위해 지역등으로 지정 또는 결정을 협의하려면 다음 각 목의 기준을 충족해야 한다.<br>가. 2만㎡ 이상 집단화된 보전산지가 지역등의 지정·결정을 위한 협의 대상에 포함될 경우에는 ha당 입목축적이 산림기본통계(산림청장이 고시하는 산림기본통계를 말한다. 이하 같다)상 관할 시·군·구(자치구를 말한다. 이하 같다)의 ha당 평균입목축적의 150% 이하이어야 한다. 다만, 국가, 지방자치단체, 공기업, 준정부기관, 지방공사 및 지방공단이 시행하는 공용·공공용 사업인 경우에는 그렇지 않다.<br>나. 산림기본통계의 발표 다음 연도부터 다시 새로운 산림기본통계가 발표되기 전까지는 산림청장이 고시하는 시·도별 평균생장률을 적용하여 해당 연도의 관할 시·군·자치구의 헥타르당 입목축적을 구한다.<br>다. 산불발생, 솎아베기 또는 인위적인 벌채를 실시한 후 5년이 지나지 않은 경우에는 산림청장이 고시하는 시·도별 평균생장률을 적용하여 산불발생, 솎아베기 또는 벌채 전의 입목축적으로 환산하고, 그 입목축적에 산림청장이 고시하는 시·도별 평균생장률을 적용하여 조사·작성한 시점까지의 생장량을 반영해야 한다. |

※ 비고
1. 위 표에 따른 입목축적의 조사는 다음 각 목에 따른다.
   가. 조사방법은 표준지조사를 원칙으로 한다. 다만, 다음 1) 또는 2)의 어느 하나에 해당하는 경우에는 전수조사의 방법으로 입목축적을 조사할 수 있다.
     1) 협의 신청 산지의 면적이 2,000㎡ 미만인 경우
     2) 협의 신청 산지가 불규칙적이거나 분산된 형태 등으로 이루어져 있어 표준지조사 방법으로 입목축적을 조사할 수 없는 경우
   나. 조사대상은 가슴높이지름(사람의 가슴높이에서 측정한 나무줄기의 지름을 말한

다. 이하 같다)이 6㎝ 이상인 입목으로 한다. 이 경우 가슴높이지름의 측정은 2㎝ 범위를 하나의 직경단위로 묶어 짝수로 표시하는 2㎝ 괄약(括約)조사 방법을 적용한다.

　다. 수고(樹高)는 나무 종류별・가슴높이지름별로 측정하여 평균수고를 산출한다.
　라. 입목축적은 다음의 방법으로 산출한다.
　　1) 전수조사의 경우: 입목축적 = 입목간재적표(立木幹材積表)상의 단목재적(單木材積) × 나무 종류별 조사본수
　　2) 표준지조사의 경우: 입목축적 = 표준지 재적합계 × (협의 신청 산지의 면적/표준지의 총 면적)
2. 제1호가목 본문에 따른 표준지는 다음 각 목의 기준에 모두 적합해야 한다.
　가. 표준지의 면적
　　1) 1개 표준지의 면적: 수평투영면적(하늘에서 내려다보이는 수평 면적을 말한다) 400㎡ 이상
　　2) 전체 표준지의 합산면적: 협의 신청 산지의 수평투영면적 5% 이상
　나. 표준지의 개수
　　1) 협의신청 산지의 면적이 2,000㎡ 이상 20,000㎡ 미만인 경우: 3개 이상
　　2) 협의신청 산지의 면적이 20,000㎡ 이상 50,000㎡ 미만인 경우: 5개 이상
　　3) 협의 신청 산지의 면적이 50,000㎡ 이상 100,000㎡ 미만인 경우: 10개 이상
　　4) 협의 신청 산지의 면적이 100,000㎡ 이상 200,000㎡ 미만인 경우: 15개 이상
　　5) 협의 신청 산지의 면적이 200,000㎡ 이상인 경우: 20개 이상
　다. 표준지의 선정
　　1) 협의 신청 산지가 도로・철도 등의 건설을 위한 경우로서 선형(線形)인 경우 표준지는 선형 중심선을 기준으로 등간격추출법에 따라 선정한다.
　　2) 협의 신청 산지가 선형이 아닌 경우 표준지는 등간격추출법에 따라 선정하며, 표준지 선정을 위한 격자의 시점・거리 등은 다음과 같다.
　　　가) 격자의 시점(始點)은 조사대상지의 서쪽 경계 접선과 북쪽 경계 접선의 교점(交點)으로 한다.
　　　나) 격자간 거리는 조사대상지의 면적을 표준지의 개수로 나눈 값의 제곱근(소수점 첫째자리에서 반올림) 이내로 하되, 미터(m) 단위로 조정할 수 있다.
3. 협의 과정에서 협의 신청 산지의 면적이 축소되거나 증가되는 경우 당초 격자의 시점 및 거리를 적용하여 변경면적에 표준지를 추가로 선정할 수 있다. 이 경우 제2호가목 및 나목에 따른 기준을 충족하지 못하는 때에는 새롭게 표준지를 선정하여야 한다.
4. 협의 신청 산지가 훼손되어 벌채 전의 입목축적으로 환산하는 등의 방법을 통하여 입목축적조사를 할 수 없는 경우와 협의 신청 산지에 지뢰가 매설되어 있는 등의

사유로 입목축적조사를 할 수 없는 경우에는 협의 신청 산지와 입목의 구성이 유사한 인근 지역에서 입목축적조사를 할 수 있다.

[규칙별표 1의2] <개정 2018.11.12>

## 산사태위험지판정기준표(제5조 및 제28조의3 관련)

| 구분 | | 위험요인별 점수 | | | | |
|---|---|---|---|---|---|---|
| | | 1 | 2 | 3 | 4 | 5 |
| 경사길이(m) | | 50 이하 | 51 ~ 100 | 101 ~ 200 | 201 이상 | |
| | 점수 | 0 | 19 | 36 | 74 | |
| 모암 | | 퇴적암 (이암, 혈암, 석회암, 사암 등) | 화성암 (화강암류 기타) | 변성암 (천매암, 점판암 기타) | 변성암 (편마암류 및 편암류) | 화성암 (반암류와 안산암류) |
| | 점수 | 0 | 5 | 12 | 19 | 56 |
| 경사위치 | | 0-1/10 | 2-6/10 | 7-10/10 | | |
| | 점수 | 0 | 9 | 26 | | |
| 임상 | | ·침엽수림 (치수림, 소경목)·무입목지 | ·침엽수림 (중경목, 대경목) ·활엽수림, 혼효림(치수림) | ·활엽수림, 혼효림 (소, 중, 대경목) | | |
| | 점수 | 18 | 26 | 0 | | |
| 사면형 | | 상승사면 | 평형사면 | 하강사면 | 복합사면 | |
| | 점수 | 0 | 5 | 12 | 23 | |
| 토심(cm) | | 20 이하 | 21 ~ 100 | 101 이상 | | |
| | 점수 | 0 | 7 | 21 | | |
| 경사도(°) | | 25 이하 | 26 ~ 40 | 41이상 | | |
| | 점수 | 16 | 9 | 0 | | |
| 조사자의 점수보정 | | ※ 보정인자<br>1. 조사자 또는 마을사람들이 산사태발생 위험지역이라고 생각함(+10)<br>2. 조사자 또는 마을사람들이 산사태발생 위험성이 전혀 없다고 생각함(-10)<br>3. 인위적 산림훼손지로 방치하거나 불완전한 방재 시설지(+20)<br>4. 과수원 및 초지단지, 유실수조림지 등 지피식생이 불완전한 산지(+20)<br>5. 산지가 도심지에 위치하여 산사태 발생시 피해 확산 위험이 있는 지역(+10) | | | | |

※ 비 고
1. 위 표에서 사용되는 용어의 정의 및 적용기준은 다음과 같다.
   가. "경사길이"란 산사태위험판정 대상 사면과 연결되는 수계로부터 각 능선부의 가장 높은 지점까지의 거리를 말한다.
   나. "모암(母巖)"이란 「과학기술분야 정부출연연구기관 등의 설립·운영 및 육성에 관한 법률」 별표 제14호에 따른 한국지질자원연구원에서 작성한 축척 5만분의 1 이상의 지질도에 의한 암석성인(巖石成因)별 모암을 말한다.
   다. "경사위치"란 산사태위험판정 대상 사면의 계곡과 능선 간의 수직적인 백분율을 말한다.
   라. "침엽수림"이란 해당 산지에 침엽수가 75% 이상 생육하고 있는 산림을 말한다.
   마. "활엽수림"이란 해당 산지에 활엽수가 75% 이상 생육하고 있는 산림을 말한다.
   바. "혼효림"이란 해당 산지에 침엽수 또는 활엽수가 각각 25% 초과 75% 미만으로 생육하고 있는 산림을 말한다.
   사. "치수림(稚樹林)"이란 가슴높이지름 6㎝ 미만의 입목이 50% 이상 생육하고 있는 산림을 말한다.
   아. "사면형"이란 사면의 종단면형을 말한다.
   자. "상승사면"이란 사면으로 올라갈수록 경사가 완만해지는 완경사면을 말한다.
   차. "평형사면"이란 사면에서의 경사가 일정한 사면을 말한다.
   카. "하강사면"이란 사면으로 올라갈수록 경사가 급해지는 급경사면을 말한다.
   타. "복합사면"이란 2개 이상의 사면형이 존재하는 사면을 말한다.
   파. "토심(土深)"이란 모암으로부터 지표면까지의 토사의 깊이 또는 수목의 뿌리가 비교적 용이하게 침투할 수 있는 토양의 깊이를 말한다.
   하. "경사도"란 사면의 각도로서 평균경사도를 말한다.
2. 산사태위험도는 위 표 각 호의 위험요인에 해당하는 점수의 합계로 하며, 다음 각 목의 구분에 따른다.
   가. 180점 이상인 경우 : 산사태 발생 가능성이 대단히 높은 지역
   나. 120점 이상 180점 미만인 경우 : 산사태 발생 가능성이 높은 지역
   다. 61점 이상 120점 미만인 경우 : 산사태 발생 가능성이 낮은 지역
   라. 60점 미만인 경우 : 산사태 발생 가능성이 없는 지역

[규칙별표 1의3] <개정 2019.12.31>

## 산지전용허가기준의 세부사항(제10조의2 관련)

| 관련 조문 | 세부사항 |
|---|---|
| 1. 영 별표 4 제1호 마목3) | 가. 산지의 형질변경으로 발생되는 복구대상 비탈면(목적사업의 수행을 위하여 산지전용·산지일시사용되는 산지가 아닌 산지의 비탈면을 말한다. 이하 표에서 "비탈면"이라 한다)의 수평투영면적은 산지전용면적의 50%를 초과해서는 안된다. 다만, 국방·군사시설, 사방시설, 하천, 제방, 저수지, 방송·통신시설, 도로, 철도, 스키장, 우주센터시설 등의 시설을 위한 산지전용인 경우에는 그렇지 않다.<br>나. 도로를 설치하기 위해 산지전용을 하는 경우에는 비탈면을 안정시키기 위한 보호공의 설치, 경관훼손을 줄이기 위한 녹화공법의 채택 또는 터널·교량의 설치 등을 통해 비탈면 발생을 최소화해야 한다. |
| 2. 영 별표 4 제1호 마목4) | 가. 비탈면의 기울기(비탈면의 높이에 대한 수평거리의 비율을 말한다)는 비탈면의 붕괴를 방지하기 위해 토질에 따라 다음의 요건을 충족해야 한다. 다만, 지질조사를 실시한 결과 안전한 것으로 인정되거나 옹벽·파일(말뚝)·앵커 등 재해방지시설을 설치하여 안전한 것으로 인정되는 경우에는 그렇지 않다.<br>　1) 경암인 경우의 기울기는 1: 0.5 이하일 것<br>　2) 풍화암인 경우의 기울기는 1: 0.8 이하일 것<br>　3) 토사인 경우의 기울기는 1: 1.0 이하일 것<br>　4) 성토지의 자갈·토층(土層)인 경우의 기울기는 1: 1.0 이하일 것<br>　5) 계단식 산지전용(가능한 기존의 지형을 유지하기 위해 산지의 경사면을 따라 계단을 조성하고 산지전용하는 것을 말한다. 이하 같다)인 경우의 기울기는 토질에 관계없이 1: 1.4 이하일 것<br>나. 비탈면으로 인해 재해 등이 우려되는 경우에는 다음에 해당하는 보호조치가 사업계획에 반영되야 한다.<br>　1) 충분한 규모의 배수시설의 설치<br>　2) 비사(飛沙)나 낙석을 방지하는 시설의 설치<br>다. 비탈면의 수직높이는 15m 이하가 되도록 사업계획에 반영해야 한다. 다만, 다음의 어느 하나에 해당하는 경우에는 그렇지 않다.<br>　1) 다른 법령에서 절토·성토면의 수직높이를 특별히 정하고 있는 경우 |

2) 계단식 산지전용인 경우. 이 경우 계단의 수직높이가 각각 15미터 이하이어야 하며, 계단에 조성되는 사업부지의 너비[소단(小段 : 비탈면의 경사를 완화시키기 위해 중간에 좁은 폭으로 설치하는 평탄한 부분을 말한다. 이하 같다)의 너비를 제외한다]는 계단의 긴 변을 기준으로 직각으로 계단의 너비를 재었을 때 15미터 이상이 되는 부분의 길이가 계단의 긴 변 길이의 100분의 90 이상이어야 한다(예시 참조).

[예시]

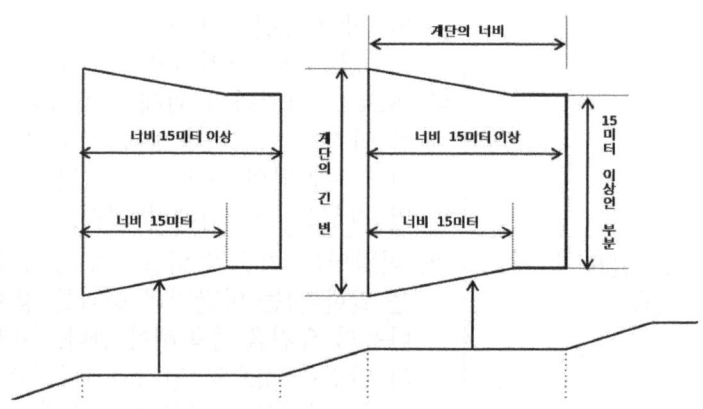

3) 「도로법」에 따른 도로, 「국토의 계획 및 이용에 관한 법률」 제2조제4호에 따른 도시·군관리계획으로 결정된 시설 중 도로, 「농어촌도로정비법」 제2조에 따른 농어촌도로인 경우
4) 「과학기술기본법」 제9조제1항에 따른 국가과학기술위원회에서 심의한 연구개발사업에 따라 인공위성 발사 등을 위하여 설치하는 우주센터시설
5) 철도
6) 댐, 저수지

라. 비탈면(옹벽을 포함한다)의 수직높이가 5m 이상인 경우에는 5m 이하의 간격으로 너비 1m 이상의 소단을 설치하도록 사업계획에 반영해야 한다. 다만, 다음의 어느 하나에 해당하는 경우로서 「국가기술자격법」에 따른 건축분야 건축구조 기술사, 토목분야의 토목구조 기술사, 토질 및 기초 기술사, 지질 및 지반 기술사, 토목시공 기술사 또는 「기술사법」에 따른 산림분야 기술사가 소단을 설치하지 않아도 안전하다고 인정하는 경우 및 도로·철도·댐·저수지에 대해서는 그러하지 아니하다.
    1) 비탈면이 암반으로 이루어져 있는 경우

|  |  |
|---|---|
|  | 2) 비탈면에 건축물의 벽체를 붙여 설치하는 경우<br><br>마. 목적사업이 「건축법 시행령」 별표 1에 따른 단독주택, 공동주택, 수련시설, 숙박시설 또는 공장의 신축인 경우에는 아래 [예시]와 같이 형질변경되는 부지의 최대폭의 2배 거리만큼 산정부 방향으로 수평투영한 지점에 해당하는 원지반까지의 경사도가 25° 이하여야 한다. 다만, 형질변경되는 부지 상부 비탈면의 모암(母巖) 또는 산림의 상태가 안정적이어서 토사유출이나 산사태가 발생할 가능성이 낮은 경우에는 그렇지 않다.<br><br>[예시]<br>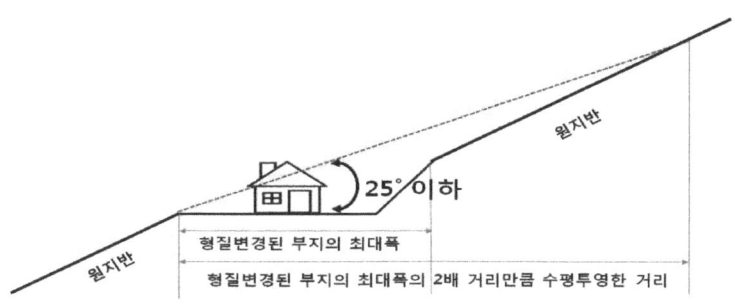 |
| 3. 영 별표 4 제1호 마목6) | 가. 산지의 경관을 보전하기 위해 전용하려는 산지는 해당 산지의 표고(標高: 산자락하단부를 기준으로 한 산정부의 높이를 말한다. 이하 같다)의 50% 미만에 위치해야 한다. 다만, 다음의 어느 하나에 해당하는 경우에는 그렇지 않다.<br>1) 국방·군사시설, 도로, 철도, 댐, 사방시설, 하천, 제방, 저수지, 기상관측시설, 방송·통신시설, 공원시설, 스키장, 전망대시설, 수도시설, 「2018 평창 동계올림픽대회 및 장애인동계올림픽대회 지원 등에 관한 특별법」 제2조제2호에 따른 대회직접관련시설, 지방자치단체에서 직접 시행하는 천체관측시설이나 문화재 보존·복원·복구 시설 등의 설치를 위한 산지전용인 경우<br>2) 해당 산지의 표고가 100m 미만인 경우<br>3) 해발고 300m 미만의 산지(해당 시·군·구의 산림률이 전국 평균 이상인 지역만 해당한다)<br>4) 종전의 「산림법」(법률 제6841호로 개정되기 전의 것을 말한다)에 따라 보전임지의 전용허가 또는 산림의 형질변경허가를 받거나 산림의 형질변경신고를 하고 건축된 농림어업인의 주택 또는 사찰·교회·성당 등 종교시설과 그 부대시설을 종전 연면적의 100분의 130 미만의 |

| | | |
|---|---|---|
| | | 범위에서 증축하거나 개축하는 경우<br>나. 산지를 전용하여 설치하는 건축물의 높이는 스카이라인, 주변 수목높이 등을 고려하여 최소화되도록 해야 한다. |
| 4. 영 별표 4 제2호 가목 | | 가. 2만㎡ 이상 집단화된 보전산지가 산지전용허가 대상에 포함될 경우에는 ha당 입목축적이 산림기본통계상 관할 시·군·구의 ha당 평균입목축적의 150% 이하이어야 한다. 다만, 국가·지방자치단체·공기업·준정부기관·지방공사·지방공단이 시행하는 공용·공공용 사업인 경우에는 그렇지 않다.<br>나. 산림기본통계의 발표 다음 연도부터 다시 새로운 산림기본통계가 발표되기 전까지는 산림청장이 고시하는 시·도별 평균생장률을 적용하여 해당 연도의 관할 시·군·자치구의 헥타르당 입목축적을 구한다.<br>다. 산불발생, 솎아베기 또는 인위적인 벌채를 실시한 후 5년이 지나지 않은 경우에는 산림청장이 고시하는 시·도별 평균생장률을 적용하여 산불발생, 솎아베기 또는 벌채 전의 입목축적으로 환산하고, 그 입목축적에 산림청장이 고시하는 시·도별 평균생장률을 적용하여 조사·작성한 시점까지의 생장량을 반영해야 한다. |
| 5. 영 별표 4 제2호나목1) | | 가. 전용하려는 산지에 대하여 별표 1의2의 산사태위험지판정기준표에 따라 산사태위험도를 조사한 결과 산사태위험도가 높은 지역 및 그 주변의 사면 및 계곡에 대하여 산사태위험성 평가를 추가로 실시한 결과 산사태 또는 토석류 발생 가능성이 높지 않아야 한다.<br>나. 전용사업의 목적이 저수지 수몰지 또는 댐 수몰지 조성 등과 같이 재해위험성 고려 필요성이 낮은 경우에는 산사태위험성 평가를 실시하지 않는다. |
| 6. 영 별표 4 제2호라목1) | | 가. 해당 사업계획부지에 대한 보전산지의 면적비율은 매년 산림청장이 발표하는 임업통계연보상의 해당 시·군·구의 보전산지 면적비율(보전산지의 면적비율이 50% 이하인 경우에는 50%)을 초과해서는 안된다.<br>나. 관할 시·군·구의 행정구역 면적에 대한 산지면적의 비율이 전국 평균 이하인 경우로서 해당 사업계획부지 안에 편입하려는 산지의 평균경사도가 15° 미만이고 ha당 입목축적(산불 발생, 솎아베기 또는 인위적인 벌채를 실시한 후 5년이 지나지 않은 때에는 그 산불 발생, 솎아베기 또는 벌채 전의 입목축적으로 환산하여 적용한다)이 산림기본통계상 |

| | |
|---|---|
| | 해당 시·군·구의 ha당 평균입목축적의 75% 미만인 경우에는 가목에 따른 보전산지 면적비율에 추가해 해당 사업계획부지의 10%의 범위에서 보전산지를 추가해 편입할 수 있다.<br>다. 가목 및 나목에도 불구하고 다음의 어느 하나에 해당하는 경우에는 보전산지 편입 비율을 적용하지 않는다.<br>　1) 국가 또는 지방자치단체가 시행하는 공용·공공용 시설의 설치를 위해 필요한 경우<br>　2) 관계 법령 또는 인·허가 조건에 따라 민간사업자가 시행해 국가 또는 지방자치단체에 기부채납 또는 무상귀속하게 되는 공용·공공용 시설<br>　3) 스키장, 집단묘지(공설묘지 및 법인묘지만 해당한다), 「체육시설의 설치·이용에 관한 법률」 제14조에 따른 대중골프장을 설치하기 위한 경우<br>　4) 관할 시·군·구의 평균입목축적 이하인 지역에 「산업입지 및 개발에 관한 법률」 제2조제8호에 따른 산업단지 또는 「관광진흥법」 제2조제7호에 따른 관광단지를 조성하는 경우 |
| 7. 영 별표 4 제2호라목2) | 가. 골프장의 경우에는 사업계획부지에 편입되는 산지의 20% 이상을 원형으로 존치하고 홀과 홀 간에 원형으로 산림을 존치하거나 수목을 식재(植栽)하여 녹지를 조성해야 한다.<br>나. 스키장의 경우에는 슬로프와 슬로프의 사이에 산지를 원형으로 존치해야 한다.<br>다. 가목 및 나목 외의 체육시설, 관광지, 택지의 경우에는 사업계획부지에 편입되는 산지의 20% 이상을 시설물의 사이와 사업계획부지의 경계부에 원형으로 존치하거나 수목을 식재하여 녹지를 조성해야 한다. 다만, 다른 법률에서 사업계획부지에 편입되는 산지의 원형존치율 또는 수목 식재를 통한 녹지의 조성 등을 규정하고 있는 경우에는 그 법률의 규정에 따른다. |

※ 비 고
1. 위 표에 따른 산정부 및 산자락하단부의 결정방법은 다음 각 목에 따른다.
　가. "산정부"란 사업구역 내 전용하려는 산지가 속하는 사면의 가장 높은 봉우리를 말한다. 다만, 복합사면의 경우 사업구역의 경계선으로부터 1km 이내에 있는 가장 높은 지점을 말한다.
　나. "산자락하단부"란 사업구역 내 전용하려는 산지가 속하는 사면의 임상도상 임경지(林境地)의 가장 높은 지점을 말한다.

다. "임경지"란 축척 1/5,000 이상 임상도에 표시된 산지와 그 외의 토지와의 경계를 말한다. 다만, 다음의 어느 하나에 해당하는 토지와의 경계는 이를 임경지로 보지 않는다.
  1) 도로·철도 등 선형으로 이루어진 토지
  2) 면적 3ha 미만의 농지·초지 등 산지가 아닌 토지(이하 "농지·초지등"이라 한다)
라. 임상도가 없는 지역 또는 현지와 임상도가 불일치하는 지역의 경우에는 산지에 의해 단절되지 않고 연속해 연결된 농지·초지등(산지전용허가·신고를 받아 다른 용도로 이용되고 있는 토지 또는 구거·도로와 연속해 연결된 농지·초지등은 제외한다)의 가장 높은 지점을 산자락하단부로 본다.
2. 위 표에 따른 평균경사도의 측정방법은 다음 각 목에 따른다.
가. 평균경사도는 수치지형도(축척 1/50,000 이상 1/1,000 이하 지형도의 수치전산파일을 말한다. 이하 같다)를 이용하여 측정한다. 다만, 수치지형도가 없거나, 자연재난 및 토석채취 등 개발행위로 인해 지형이 급격히 변화하여 해당 지역의 수치지형도가 현실과 맞지 않은 경우에는 「수치지도 작성 작업규칙」에 따라 작성한 수치지형도를 이용해 평균경사도를 측정한다.
나. 평균경사도 측정을 위한 격자는 10m×10m의 크기로 설정하고, 격자의 시점은 측정대상지의 서쪽 경계 접선과 북쪽 경계 접선의 교점으로 한다.
다. 수치지형도에 공간분석 프로그램을 이용하여 불규칙삼각망을 생성한 후 격자 내 삼각면의 경사도에 면적비율을 적용하여 측정대상지의 평균경사도를 산출한다.
3. 위 표에 따른 입목축적의 조사 방법 등은 별표 1 비고 제1호부터 제4호까지를 준용한다.
4. 위 표에 따른 산사태 위험성 평가는 다음 각 목의 순서에 따라 실시한다.
가. 다음의 구분에 따라 산사태위험판정조사 대상지역(수평투영면적을 기준으로 100제곱미터 이상이어야 한다)을 선정하여 별표 1의2의 산사태위험판정기준표에 따른 조사를 실시할 것.
  1) 전용하려는 산지의 면적이 2만제곱미터인 경우: 4개소
  2) 전용하려는 산지의 면적이 2만제곱미터를 초과하는 경우: 4곳에 그 초과면적 5만제곱미터마다 2개소를 추가
나. 다음의 구분에 따라 산사태위험판정조사 대상지역과 그 주변 사면 및 계곡을 포함하는 지역을 재해위험조사표준지로 선정하여 「산림보호법」 제45조의7 및 같은 법 시행규칙 제37조의2에 따른 산사태 발생 우려지역에 대한 조사방법에 따라 조사를 실시할 것. 이 경우 가목에 따른 산사태위험판정조사 결과 산사태위험도가 높은 지역 순서대로 재해위험조사표준지를 선정하여야 한다.
  1) 전용하려는 산지의 면적이 2만제곱미터인 경우: 2개소
  2) 전용하려는 산지의 면적이 2만제곱미터를 초과하는 경우: 2곳에 그 초과면적 5만제곱미터마다 1개소를 추가
다. 나목에 따른 조사재해위험조사표준지 중 사면에 대해서는 산사태 취약여부를, 계곡에 대해서는 토석류 취약여부를 추가로 조사하여야 한다.

[규칙별표 1의4] <개정 2019.12.31>

## 산지일시사용기간의 결정기준(제15조의4제1항 관련)

| 구분 | 산지일시사용면적 | 산지일시사용기간 |
|---|---|---|
| 1. 「광업법」에 따른 광물을 채굴하는 경우 | 산지일시사용면적과 관계 없음 | 10년 이내 |
| 2. 태양에너지발전시설 또는 풍력발전시설을 설치하는 경우. 이 경우 진입로를 포함한다. | 산지일시사용면적과 관계 없음 | 10년 이내 |
| 3. 「임업 및 산촌 진흥촉진에 관한 법률 시행령」 제8조 제1항에 따른 임산물 소득원의 지원 대상 품목을 재배하는 경우 | 산지일시사용면적과 관계없음 | 10년 이내 |
| 4. 산불의 예방 및 진화 등 재해응급대책과 관련된 시설을 설치하는 경우 | 산지일시사용면적과 관계없음 | 10년 이내 |
| 5. 배전시설, 전기통신송신시설, 무선전기통신 송수신 시설을 설치하는 경우 | 산지일시사용면적과 관계없음 | 10년 이내 |
| 6. 제1호부터 제5호까지의 규정에 해당하지 않는 경우 | 10,000제곱미터 미만 | 3년 이내 |
| | 10,000제곱미터 이상 20,000제곱미터 미만 | 4년 이내 |
| | 20,000제곱미터 이상 30,000제곱미터 미만 | 5년 이내 |
| | 30,000제곱미터 이상 | 10년 이내 |

비고 : 1. 위 표에도 불구하고 다른 법령에서 목적사업의 시행에 필요한 기간을 정한 경우에는 그 기간을 산지일시사용기간으로 할 수 있다.
2. 제2호에 따른 풍력발전시설의 공사착공일부터 「전기사업법」 제9조에 따른 사업의 개시 전까지의 공사기간은 산지일시사용기간에서 제외한다.

[규칙별표 2] <개정 2011.1.5>
## 산지전용기간의 결정기준(제16조 관련)

| 산지전용면적 | 산지전용기간 |
|---|---|
| 1. 10,000제곱미터 미만 | 3년 이내 |
| 2. 10,000제곱미터 이상 20,000제곱미터 미만 | 4년 이내 |
| 3. 20,000제곱미터 이상 30,000제곱미터 미만 | 5년 이내 |
| 4. 30,000제곱미터 이상 | 10년 이내 |

비고: 위 표에도 불구하고 다른 법령에서 목적사업의 시행에 필요한 기간을 정한 경우에는 그 기간을 산지전용기간으로 할 수 있다.

[규칙별표 3] <개정 2016.12.30>
## 토석채취변경신고의 첨부서류(제24조제4항관련)

| 변경사항 | 첨부서류 |
|---|---|
| 1. 토석채취방법, 연차별 생산·이용계획, 토사처리계획(석재에 한정한다)등 사업계획의 변경 | 가. 계단식의 토석채취방법, 연차별 생산·이용계획 및 토사처리계획(석재에 한정한다)에 관한 사업계획서 1부<br>나. 측량업자등가 측량한 축척 6천분의 1부터 1천200분의 1까지의 연차별 토석채취구역실측도 1부(연차별 생산·이용계획이 변경되는 경우에 한정한다)<br>다. 「산림자원의 조성 및 관리에 관한 법률 시행규칙」 별표 2에 따른 임도의 설계·시설기준 등에 준하여 작성한 진입로설계서 1부(진입로 설계가 변경되는 경우에 한정한다) |
| 2. 토석채취허가를 받은 자 및 그 대표자의 명의 변경 | 가. 허가받으려는 산지의 소유권 또는 사용·수익권을 증명할 수 있는 서류 1부<br>나. 토석채취허가를 받은 자 및 그 대표자의 명의변경을 증명할 수 있는 서류 1부<br>다. 이미 허가받은 자의 명의변경동의서 1부<br>라. 법 제38조제1항 본문에 따라 예치된 복구비의 권리승계를 증명할 수 있는 서류 1부 |
| 3. 법인명칭의 변경이 없는 법인대표의 변경 | 없음 |

| | |
|---|---|
| 4. 법인대표의 변경이 없는 법인명칭의 변경 | 가. 허가받으려는 산지의 소유권 또는 사용·수익권을 증명할 수 있는 서류 1부<br>나. 삭제 <2009.4.20><br>다. 산림골재채취업에 관한 골재채취업등록증 사본 1부(쇄골재용 석재의 굴취·채취 및 골재용 토사채취의 경우에 한정한다)<br>라. 법 제38조제1항 본문에 따라 예치된 복구비의 권리승계를 증명할 수 있는 서류 1부 |
| 5. 토석채취허가를 받은 석재의 용도변경 | 가. 산림골재채취업에 관한 골재채취업등록증 사본 1부(쇄골재용 석재의 굴취·채취 및 골재용 토사채취의 경우에 한정한다)<br>나. 채석경제성평가보고서 1부(법 제26조제1항 본문에 따라 채석경제성평가를 받아야 하는 용도로 변경하는 경우에 한정한다) |
| 6. 토석채취허가를 받은 면적의 축소 | 가. 측량업자등가 측량한 축척 6천분의 1부터 1천200분의 1까지의 연차별 채석구역실측도 1부(연차별 생산·이용계획이 변경되는 경우에 한정한다)<br>나. 복구공종·공법 및 겨냥도가 포함된 복구계획서 1부 |
| 7. 삭제 <2016.12.30> | |


[규칙별표 4] <개정 2012.10.26>

## 토석·토사 채취기간의 결정기준(제25조관련)

| 기준<br>용도 | 토석채취량 | 기간 |
|---|---|---|
| 건축용·조경용 석재 | 84,000세제곱미터 미만 | 3년 이상 5년 미만 |
| | 84,000세제곱미터 이상 140,000세제곱미터 미만 | 5년 이상 7년 미만 |
| | 140,000세제곱미터 이상 200,000세제곱미터 미만 | 7년 이상 9년 미만 |
| | 200,000세제곱미터 이상 | 9년 이상 10년 이하 |
| 공예용 석재 | 7,400세제곱미터 미만 | 3년 이상 5년 미만 |
| | 7,400세제곱미터 이상 15,000세제곱미터 미만 | 5년 이상 7년 미만 |
| | 15,000세제곱미터 이상 22,000세제곱미터 | 7년 이상 8년 미만 |

|  |  |  |
|---|---|---|
|  | 미만 | |
|  | 22,000세제곱미터 이상 30,000세제곱미터 미만 | 8년 이상 9년 미만 |
|  | 30,000세제곱미터 이상 | 9년 이상 10년 이하 |
| 쇄골재용 석재 | 320,000세제곱미터 미만 | 3년 이상 5년 미만 |
|  | 320,000세제곱미터 이상 535,000세제곱미터 미만 | 5년 이상 7년 미만 |
|  | 535,000세제곱미터 이상 750,000세제곱미터 미만 | 7년 이상 9년 미만 |
|  | 750,000세제곱미터 이상 | 9년 이상 10년 이하 |
| 그 밖의 토석이나 토사 | - | 10년 이내(객토용 토사의 경우 1년 이내) |

※ 비고
산지전용·산지일시사용과정에서 부수적으로 석재를 굴취·채취하는 경우에는 그 채석기간은 산지전용·산지일시사용기간 이내로 하여야 한다.


[규칙별표 5] 삭제<2011.1.5>
[규칙별표 6] <개정 2019.9.24>

## 복구설계서 승인기준(제42조제3항관련)

1. 공통사항
   가. 최초의 소단(小段)의 앞부분은 수목을 존치하거나 식재하여 녹화하여야 하고, 각 소단에는 평균 두께 60센티미터 이상 흙(토질이 척박하거나 폐석적치지인 경우에는 수목의 활착(活着, survival, 나무를 옮겨 심은 뒤에 그 나무가 살아남음) 및 생육에 지장이 없도록 충분한 객토를 실시하여야 한다)을 덮고 수목·초본류(草本類) 및 덩굴류(칡은 제외한다) 등을 식재하여 비탈면(목적사업의 수행을 위하여 산지전용·산지일시사용되는 산지가 아닌 산지의 비탈면을 말한다. 이하 이 표에서 같다)이 덮이도록 하여야 한다. 다만, 비탈면의 녹화가 가능한 경우에는 그러하지 아니하다.
   나. 복구대상지역안에 있는 건축물·공작물의 철거 또는 이전계획이 복구설계서에 반영되어야 한다. 다만, 당해 복구대상 지역을 다른 용도로 사용하기 위하여 인·허가 등의 행정처분을 받은 경우에는 그러하지 아니하다.
   다. 삭제 <2018.11.12>
   라. 고속국도·일반국도·철도·관광휴양지·명승지·공원 주변 등 경관조성 또는 생태복원이 필요한 지역의 비탈면에 대하여는 차폐공법·특수공법 등으로 가리거나 녹화하여야 한다.

마. 복구설계서에 따라 복구공사를 할 수 있도록 적정한 공사비가 복구설계서에 계상되어야 한다.
바. 토사유출의 우려가 있는 경우에는 하류에 토사유출을 방지하기 위한 침사지(沈砂池) 등을 설치하여야 한다.
사. 배수량이 적고 토사유출 또는 붕괴의 우려가 없는 경우를 제외하고는 하천 또는 다른 배수시설 등으로 배수되도록 배수시설을 설치하여야 하며, 배수로 인하여 수질이 오염되지 아니하도록 하여야 한다.
아. 복구를 위한 식재하는 나무의 종류는 복구대상지의 임상과 토질에 적합하게 선정되어야 한다.
자. 산지전용, 산지일시사용 또는 토석채취를 한 산지를 복구하는 경우에는 주변의 자연배수 수준의 기준면까지 토석으로 성토한 후 수목의 생육에 적합하도록 60센티미터 이상 흙으로 덮어야 한다.

2. 산지전용·산지일시사용의 경우(광물의 채굴·도로·임도·철도·댐·저수지는 제외한다)
 가. 비탈면의 수직높이는 15미터 이하이어야 한다. 다만, 다음의 어느 하나에 해당하는 경우에는 그러하지 아니하다.
  (1) 다른 법령에서 비탈면의 높이를 정하고 있는 경우
  (2) 계단식 산지전용·산지일시사용(가능한 기존의 지형을 유지하기 위하여 산지의 경사면을 따라 계단을 조성하고 산지전용·산지일시사용하는 것을 말한다)인 경우. 이 경우 다음의 요건 모두를 충족하여야 한다.
   (가) 계단의 수직높이가 각각 15미터 이하일 것
   (나) 계단에 조성되는 사업부지의 너비(소단의 너비는 제외한다)는 계단의 긴 변을 기준으로 직각으로 계단의 너비를 재었을 때 15미터 이상이 되는 부분의 길이가 계단의 긴 변 길이의 100분의 90 이상일 것(예시 참조)

[예시]

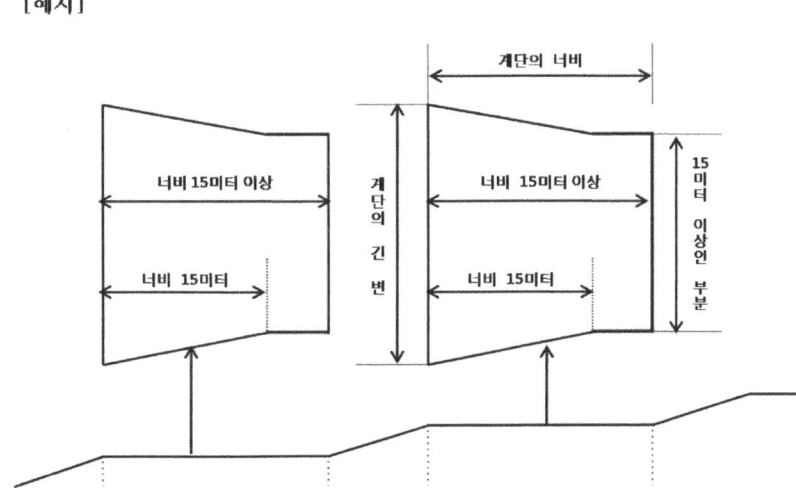

(3) 「과학기술기본법」 제9조제1항에 따른 국가과학기술위원회에서 심의한 연구개발사업에 따라 인공위성 발사 등을 위하여 설치하는 우주센터시설
나. 삭제 <2009.4.20>
다. 비탈면(옹벽을 포함한다)의 수직높이가 5미터 이상인 경우에는 5미터 이하의 간격으로 너비 1미터 이상의 소단을 설치하여야 한다. 다만, 다음의 어느 하나에 해당하는 경우로서 「국가기술자격법」에 따른 건축분야 건축구조 기술사, 토목분야의 토목구조 기술사, 토질 및 기초 기술사, 지질 및 지반 기술사, 토목시공 기술사 또는 「기술사법」에 따른 산림분야 기술사가 소단을 설치하지 않아도 안전하다고 인정하는 경우에는 그러하지 아니하다.
  1) 비탈면이 암반으로 이루어져 있는 경우
  2) 비탈면에 건축물의 벽체를 붙여 설치하는 경우
라. 비탈면의 기울기(비탈면의 높이에 대한 수평거리의 비율을 말한다. 이하 같다)는 비탈면의 붕괴를 방지하기 위하여 토질에 따라 다음의 요건(계단식 산지전용·산지일시사용인 경우에는 토질에 관계없이 1 : 1.4 이하)을 충족하여야 한다. 다만, 지질조사를 실시한 결과 안전한 것으로 인정되거나 옹벽·파일·앵커 등 재해방지시설을 설치하여 안전한 것으로 인정되는 경우에는 이를 완화하여 적용할 수 있으며, 가목(1)에 해당하는 경우에는 이를 적용하지 아니한다.
  (1) 경암인 경우의 기울기는 1 : 0.5 이하 일 것
  (2) 풍화암인 경우의 기울기는 1 : 0.8 이하 일 것
  (3) 토사인 경우의 기울기는 1 : 1.0 이하 일 것
  (4) 성토지의 석력·토층인 경우의 기울기는 1 : 1.0 이하 일 것
마. 비탈면에 구조물을 설치하는 경우에는 토압(土壓)에 대하여 안전한 구조로 하여야 하며, 돌쌓기, 옹벽 등 재해방지시설을 그 절토·성토면에 설치하는 경우에는 해당 재해방지시설의 높이를 감안하여 그 재해방지시설과 건축물을 수평으로 적절히 이격하여야 한다.

3. 광물의 채굴·토석채취지의 경우
  가. 비탈면의 수직높이가 15미터 이상인 경우에는 수직높이 15미터 이하의 간격으로서 비탈면의 너비를 제외한 너비 5미터 이상의 소단을 조성하여야 한다. 이 경우 장대비탈면(비탈면의 수직높이가 60미터 이상인 경우를 말한다)이 발생하는 경우에는 비탈면의 수직높이 60미터 이하의 간격으로 비탈면의 너비를 제외한 너비 10미터 이상의 소단을 조성하는 등 재해를 줄이기 위한 대책을 수립하여야 한다.
  나. 소단에 발생하는 각각의 비탈면의 각도는 75도 이하이어야 한다. 다만, 건축용 석재를 직면체로 석재를 굴취·채취하는 등 불가피한 경우에는 그러하지 아니하다.
  다. 광물의 채굴·석재의 굴취·채취인 경우에 비탈면을 제외한 각각의 소단바닥에 대한 수목식재는 제1호가목의 규정에 불구하고 평균깊이 1미터 이상 너비 3미터 이

상인 구덩이를 파거나 돌을 쌓는 등 등 토사유출을 방지하기 위한 시설을 설치하고 흙을 객토한 후 수목을 식재하여 수목이 생육함에 따라 비탈면이 차폐될 수 있도록 하여야 한다. 이 경우 배수에 차질이 없어야 하며, 토질이 척박하거나 폐석적치지인 경우에는 수목의 활착 및 생육에 지장이 없도록 충분한 객토를 실시하여야 한다.
라. 비탈면의 평균 기울기는 토석의 종류에 따라 다음의 요건을 충족하여야 한다.
 (1) 건축용석재의 굴취·채취의 경우에는 1 : 0.4 이하일 것
 (2) 광물의 채굴 및 건축용석재가 아닌 석재의 굴취·채취의 경우에는 1 : 0.5 이하일 것
 (3) 토사채취의 경우에는 1 : 1.0 이하일 것
마. 삭제 <2011.1.5>
바. 폐석처리장은 사방공법으로 복구하되, 60센티미터 이상 흙을 덮어야 한다.
사. 도로·철도 연변가시지역으로서 2킬로미터 이내의 지역에 대하여는 경관유지를 위하여 높이 1미터 이상의 나무를 2미터 이내의 간격으로 식재하여 차폐조림을 하여야 한다.
아. 폐석 등이 많이 적치된 지역은 비탈면의 정지작업을 철저히 하고 객토를 많이 하여 수목의 활착·생육에 지장이 없도록 하여야 한다.
 자. 복구를 위한 식재수종은 아까시나무, 오리나무 등 척박지에 잘 자라는 수종으로 선정하여야 한다.

 ※ 비 고
1. 제1호부터 제3호까지의 기준을 적용함에 있어 도면·도표 등으로 표시할 필요가 있는 사항은 산림청장이 정하여 고시할 수 있다.
2. 삭제 <2018.11.12>
3. 제2호에서 "도로"란 「도로법」에 따른 도로, 「국토의 계획 및 이용에 관한 법률」 제2조제4호에 따른 도시·군관리계획으로 결정된 시설 중 도로, 「농어촌도로정비법」 제2조에 따른 농·어촌도로를 말한다.
4. 제2호의 소단의 폭은 장비의 소통 및 복구를 위하여 필요하다고 인정되는 때에는 3미터 이상으로 할 수 있다.

[규칙별표 7] <개정 2019. 9. 24>

## 복구전문기관이 보유하여야 하는 장비(제46조관련)

| 구분 | 장비기준 |
|---|---|
| 측량장비 | · 트렌시트(Transit), 세오돌라이트(Theodolite) 1조 이상 또는 위성 위치측정시스템(GPS) 수신기 2조 이상<br>· 레벨(Level)측량기 1조 이상 |
| 복구장비 | · 공기압축기(분당 21세제곱미터 이상) 1대 이상<br>· 발전기(100킬로와트 이상) 1대 이상<br>· 믹서·취부(取付)기(16마력당 0.3세제곱미터 이상) 1대 이상<br>· 물탱크(5,500리터 이상) 1대 이상<br>· 굴삭기(바켓용량 0.7세제곱미터 이상) 1대 이상 |
| 운반장비 | · 8톤 이상 덤프트럭 |

비 고
1. 「건설기계관리법」의 적용을 받는 장비는 동법에 따라 등록된 것이어야 한다.
2. 장비는 자기소유이어야 한다. 다만, 신청인이 「여신전문금융업법」 제3조의 규정에 의한 시설대여업을 영위하는 자와 계약을 체결하여 장비를 사용하는 경우로서 계약서 사본을 제출하는 경우에는 그러하지 아니하다.

[별지 제1호서식] 삭제 <2011.10.24>
[별지 제2호서식] <개정 2019.9.24>

## 지역·지구 및 구역 등의 지정·결정 [ ]협의 [ ]변경협의 요청서

(앞쪽)

※ [ ]에는 해당되는 곳에 √표를 하고, 색상이 어두운 란은 요청인이 적지 않습니다.

| 접수번호 | | 접수일 | | 처리일 | | 처리기간 30일 | |
|---|---|---|---|---|---|---|---|
| 협의요청기관의 장 | | | | | | | |
| 지정·결정 목적 | | | | | | | |
| 근거 법령 | | | | | | | |
| 협의대상 산지 | 소재지 | | | | | 번지 외 필지 | |
| | 구 분 | 계(㎡) | 보전산지(㎡) | | | 준보전산지(㎡) | |
| | | | 임업용산지 | | 공익용산지 | | |
| | 계 | | | | | | |
| | 국유지 | | | | | | |
| | 공유지 | | | | | | |
| | 사유지 | | | | | | |
| 변경사항 | 변경 전 | | 변경 후 | | | 사 유 | |
| | | | | | | | |
| | | | | | | | |

「산지관리법」 제8조제1항, 같은 법 시행령 제6조제1항 및 같은 법 시행규칙 제4조제1항에 따라 위와 같이 산지에서의 지역·지구 및 구역 등의 지정·결정을 위한 [ ]협의 [ ]변경협의를 요청합니다.

년 월 일

**산림청장, 시·도지사, 시장·군수·구청장**
**지방산림청장, 지방산림청국유림관리소장**   귀하
**국립수목원장, 국립산림품종관리센터장**
**국립산림과학원장, 국립자연휴양림관리소장**

\* 첨부서류, 수수료, 유의사항: 뒤쪽 참조

210㎜×297㎜(백상지 80g/㎡)

(뒤쪽)

| 첨부서류 | 1. 지역등의 지정 또는 결정의 목적·필요성 및 산지의 이용계획에 관한 서류 1부<br>2. 지역등을 지정 또는 결정하려는 산지의 지번·지목·면적·소유자·산지의 구분 등이 표시된 산지명세서 1부(지역등의 지정 또는 결정으로 인하여 보전산지의 변경지정 또는 해제가 수반되지 않는 경우에는 이를 제외할 수 있습니다)<br>3. 지정 또는 결정하려는 지역등이 표시된 축척 2만5천분의 1 이상의 지적이 표시된 지형도(「토지이용규제 기본법」제12조에 따라 국토이용정보체계에 지적이 표시된 지형도의 데이터베이스가 구축되어 있지 않거나 지형과 지적의 불일치로 지형도의 활용이 곤란한 경우에는 지적도) 1부<br>4. 산림기술용역업자 또는 산림사업시행업자 소속 산림기술자로서 「산림기술 진흥 및 관리에 관한 법률 시행령」 별표 5의 산림 조사사업의 배치기준에 해당하는 사람이 조사·작성한 것으로서 다음 각 목의 요건을 갖춘 산림조사서 1부(수목이 있는 경우에 한정합니다)<br>  가. 숲의 종류·모양·나이, 나무의 종류, 평균나무높이, 입목축적이 포함될 것<br>  나. 산불발생·솎아베기·벌채 후 5년이 지나지 않았을 때에는 그 산불발생·솎아베기·벌채 전의 입목축적으로 환산하여 조사·작성한 시점까지의 생장율을 반영한 입목축적이 포함될 것<br>  다. 협의신청일 전 2년 이내에 조사·작성되었을 것<br>5. 다음 각 목의 어느 하나에 해당하는 사람이 조사·작성한 평균경사도조사서(수치지형도를 이용하여 산출한 경우에는 원본이 저장된 디스크 등 저장장치를 포함합니다) 1부<br>  가. 「산림기술 진흥 및 관리에 관한 법률 시행령」별표 3에 따른 산림공학기술자<br>  나. 「국가기술자격법」에 따른 산림기사·토목기사·측량 및 지형공간정보기사 이상의 자격을 취득한 사람<br>  다. 「국가기술자격법」에 따른 산림산업기사·토목산업기사·측량 및 지형공간정보산업기사 자격을 취득한 후 해당 분야에서 10년 이상 종사한 경력이 있는 사람<br>6. 「산지관리법」제18조의2에 따른 산지전용타당성조사에 관한 결과서 1부. 이 경우 해당 결과서는 협의신청일 전 2년 이내에 완료된 산지전용타당성조사의 결과서를 말합니다. | 수수료<br>없 음 |
|---|---|---|

### 유의사항

1. 제4호, 제5호 및 제6호의 첨부서류는 사업시행자가 지정되거나 주민제안에 의하여 시행되는 사업으로서 개발계획이 포함된 경우에 한정합니다.
2. 변경협의를 요청하는 경우에는 제6호의 첨부서류(산지전용타당성조사서에 관한 결과서)는 제출하지 않습니다.

[별지 제2호의2서식] <개정 2013.1.23>

# 산지매수청구서

(앞쪽)

※ 색상이 어두운 란은 청구인이 적지 않습니다.

| 접수번호 | | 접수일 | | 처리일 | | 처리기간 | 3년 |
|---|---|---|---|---|---|---|---|
| 청구인<br>(산지소유자) | 성명(법인명) | | | 생년월일(법인등록번호) | | | |
| | 주소 | | | 전화번호 | | | |

매수를 청구하는 산지의 표시 및 이용현황

| 번호 | 소재지 | 지번 | 지목 | 면적(㎡) | 이용현황 |
|---|---|---|---|---|---|
| 1 | | | | | |
| 2 | | | | | |
| 3 | | | | | |

매수를 청구하는 산지에 설정된 소유권 외의 권리에 관한 사항

| 번호 | 권리의 종류 | 권리내용 | 권리자의 성명 및 주소 |
|---|---|---|---|
| 1 | | | |
| 2 | | | |
| 3 | | | |

| 매수청구<br>사유 | |
|---|---|

「산지관리법」 제13조의2제1항, 같은 법 시행령 제14조의2제1항 및 같은 법 시행규칙 제9조의2제1항에 따라 위와 같이 산지의 매수를 청구합니다.

년   월   일

청구인
(서명 또는 인)

**산림청장** 귀하

| 첨부서류 | 없음 | 수수료 |
|---|---|---|
| 담당 공무원<br>확인사항 | 토지이용계획확인서, 토지대장 및 토지 등기사항증명서(신청인이 토지의 소유자인 경우만 해당합니다) | 없 음 |

210mm×297mm(백상지 80g/㎡)

(뒤쪽)

## 처 리 절 차

이 신청서는 아래와 같이 처리됩니다.

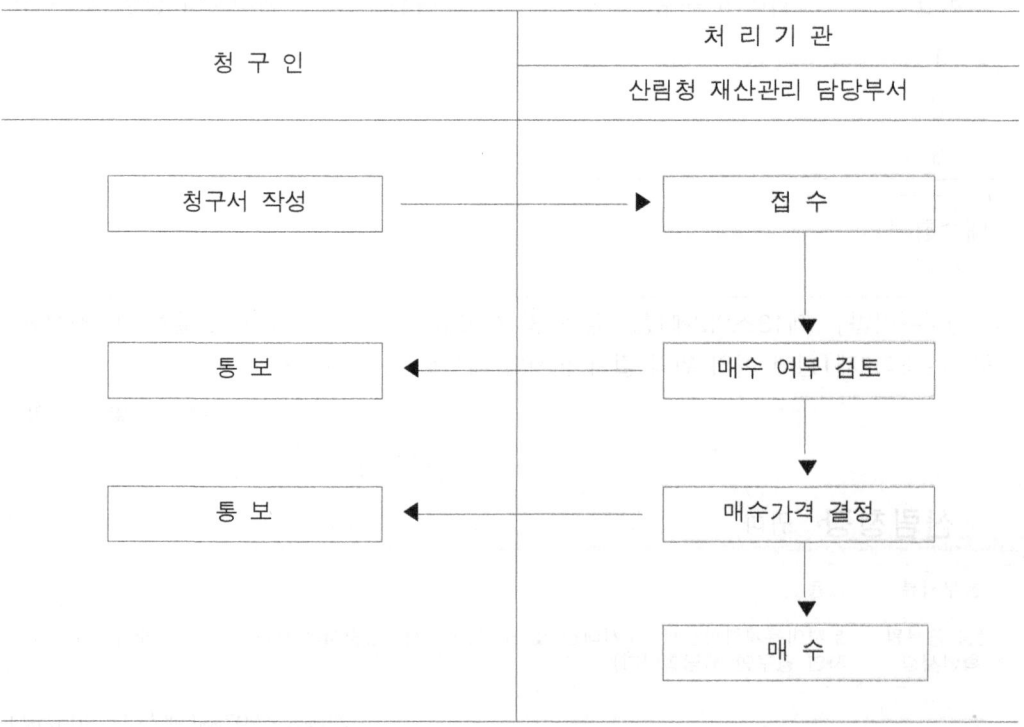

[별지 제3호서식] <개정 2019.9.24>

# 산지전용 [ ] 허가 / [ ] 변경허가 신청서

(앞쪽)

※ [ ]에는 해당되는 곳에 √표를 하고, 색상이 어두운 란은 신청인이 적지 않습니다.

| 접수번호 | 접수일 | 처리일 | 처리기간 25일 |
|---|---|---|---|

| 신청인 | 성명 | | 주민등록번호 | |
|---|---|---|---|---|
| | 주소 | | 전화번호 | |
| | 해당 산지에 대한 권리관계 | | | |

| 산지 소유자 | 성명 | 생년월일 |
|---|---|---|
| | 주소 | 전화번호 |

| 전용대상 산지 | 소재지 | 지번 | 지목 | 면적(㎡) | | | |
|---|---|---|---|---|---|---|---|
| | | | | 계 | 임업용 산지 | 공익용 산지 | 준보전 산지 |
| | | | | | | | |
| | | | | | | | |
| | | | | | | | |

| 부산물 생산현황 | 벌채 나무의 종류 및 수량 | | | 굴취 나무의 종류 및 수량 | | | 토석 | | |
|---|---|---|---|---|---|---|---|---|---|
| | 나무의 종류 | 본수 | 나무부피 | 나무의종류 | 본수 | 나무부피 | 계 | 석재 | 토사 |
| | | 본 | ㎥ | | 본 | ㎥ | ㎥ | ㎥ | ㎥ |

| 전용목적 | | 전용기간 | |
|---|---|---|---|

| 변경사항 | 변경 전 | 변경 후 | 사 유 |
|---|---|---|---|
| | | | |

「산지관리법」 제14조제1항, 같은 법 시행령 제15조제1항 및 같은 법 시행규칙 제10조제1항·제2항에 따라 위와 같이 산지전용 [ ]허가 [ ]변경허가를 신청합니다.

년 월 일

신청인 (서명 또는 인)

**산림청장**
**시·도지사, 시장·군수·구청장** 귀하
**지방산림청장, 지방산림청국유림관리소장**

* 첨부서류, 담당 공무원 확인사항, 수수료, 행정정보 공동이용 동의서: 뒤쪽 참조

## 처리절차

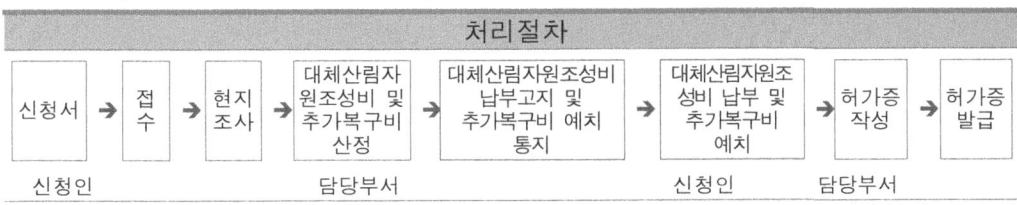

210mm×297mm(백상지 80g/㎡)

(뒤쪽)

| | |
|---|---|
| 첨부서류 | 1. 산지전용허가신청<br>가. 사업계획서(산지전용의 목적, 사업기간, 산지전용을 하려는 산지의 이용계획, 입목·죽의 벌채를 통한 이용 또는 처리 계획, 토사처리 계획 및 피해방지계획 등이 포함되어야 합니다) 1부<br>나. 「산지관리법」 제18조의2에 따른 산지전용타당성조사에 관한 결과서 1부. 이 경우 해당 결과서는 허가신청일 전 2년 이내에 완료된 산지전용타당성조사의 결과서를 말합니다.<br>다. 산지전용을 하려는 산지의 소유권 또는 사용·수익권을 증명할 수 있는 서류 1부(토지 등기사항증명서로 확인할 수 없는 경우에 한정하고, 사용·수익권을 증명할 수 있는 서류에는 사용·수익권의 범위 및 기간이 명시되어야 합니다)<br>라. 산지전용예정지가 표시된 축척 2만5천분의 1 이상의 지적이 표시된 지형도(「토지이용규제 기본법」 제12조에 따라 국토이용정보체계에 지적이 표시된 지형도의 데이터베이스가 구축되어 있지 않거나 지형과 지적의 불일치로 지형도의 활용이 곤란한 경우에는 지적도) 1부<br>마. 「공간정보의 구축 및 관리 등에 관한 법률」 제44조제3항에 따른 측량업의 등록을 한 자 또는 「국가공간정보 기본법」 제12조에 따라 설립된 한국국토정보공사(이하 "측량업자등"이라 합니다)가 측량한 축척 6천분의 1부터 1천200분의 1까지의 산지전용예정지실측도 1부<br>바. 산림기술용역업자 또는 산림사업시행업자 소속 산림기술자로서 「산림기술 진흥 및 관리에 관한 법률 시행령」 별표 5의 산림 조사사업의 배치기준에 해당하는 사람이 조사·작성한 것으로서 다음 각 목의 요건을 갖춘 산림조사서 1부(수목이 있는 경우에 한정합니다). 다만, 「산지관리법 시행규칙」 제4조제2항제4호에 따라 산림조사서를 제출한 경우와 전용하려는 산지의 면적(동일인이 다수의 산지전용허가를 신청한 경우에는 목적사업의 동일성이 인정되는 범위에서 허가를 신청한 산지의 면적을 합산하여 산정한 면적을 말합니다)이 660㎡ 미만인 경우에는 제출하지 않습니다.<br>  1) 숲의 종류·모양·나이, 나무의 종류, 평균나무높이, 입목축적이 포함될 것<br>  2) 산불발생·솎아베기·벌채 후 5년이 지나지 않았을 때에는 그 산불발생·솎아베기·벌채 전의 입목축적을 환산하여 조사·작성한 시점까지의 생장율을 반영한 입목축적이 포함될 것<br>  3) 허가신청일 전 2년 이내에 조사·작성되었을 것<br>사. 복구대상산지의 종단도 및 횡단도와 복구공종·공법 및 경사도가 포함된 복구계획서 1부(복구해야 할 산지가 있는 경우에 한정하며, 「산지관리법」 제40조제2항 전단에 따라 복구설계서를 제출하려는 경우에는 복구계획서를 갈음하여 「산지관리법 시행규칙」 별지 제40호서식의 복구설계서 승인신청서에 복구설계서를 첨부하여 제출할 수 있습니다)<br>아. 다음의 어느 하나에 해당하는 사람이 조사·작성한 표고조사서 및 평균경사도조사서(수치지형도를 이용하여 표고 및 평균경사도를 산출한 경우에는 원본이 저장된 디스크 등 저장장치를 포함합니다) 1부. 다만, 「산지관리법 시행규칙」 제4조제2항제5호에 따라 평균경사도조사서를 제출한 경우와 전용하려는 산지의 면적(동일인이 다수의 산지전용허가를 신청한 경우에는 목적사업의 동일성이 인정되는 범위에서 허가를 신청한 산지의 면적을 합산하여 산정한 면적을 말합니다)이 660제곱미터 미만인 경우에는 평균경사도조사서를 제출하지 않습니다.<br>  1) 「산림기술 진흥 및 관리에 관한 법률 시행령」 별표 3에 따른 산림공학기술자<br>  2) 「국가기술자격법」에 따른 산림기사·토목기사·측량 및 지형공간정보기사 이상의 자격을 취득한 사람<br>  3) 「국가기술자격법」에 따른 산림산업기사·토목산업기사·측량 및 지형공간정보산업기사 자격을 취득한 후 해당 분야에서 10년 이상 종사한 경력이 있는 사람<br>자. 「농지법」 제49조에 따른 농지원부 사본 1부(신청인이 「산지관리법 시행규칙」 제7조제1호에 따른 농업인임을 증명해야 하는 경우만 해당합니다)<br>차. 산림기술용역업자 소속 산림기술자로서 「산림기술 진흥 및 관리에 관한 법률 시행령」 별표 5의 재해위험성 검토사업의 배치기준에 해당하는 사람이 조사·작성한 「산지관리법 시행규칙」 별지 제4호의2서식에 따른 재해위험성 검토의견 1부[산지전용허가를 받으려는 산지의 면적이 2만제곱미터 이상인 경우에 한정하며, 산지전용허가를 신청한 자가 동일한 집수구역(集水區域: 빗물이 자연적으로 「물환경보전법」 제2조제9호에 따른 공공수역으로 흘러드는 지역으로서 주변의 능선을 잇는 선으로 둘러싸인 구역을 말합니다) 내에서 다수의 산지전용허가를 신청한 경우에는 해당 산지전용허가를 신청한 자가 허가를 신청한 산지 중 연접한 산지의 면적을 합산하여 산정한 면적이 2만제곱미터 이상인 경우에도 제출해야 합니다]<br>카. 「소나무재선충병 방제특별법」 제13조의2에 따른 재선충병방제계획서 1부(같은 법 제9조에 따른 반출금지구역이 포함된 산지를 전용하려는 경우에 한정합니다)<br>2. 산지전용변경허가신청<br>가. 그 변경사실을 증명할 수 있는 서류(토지 등기사항증명서로 확인할 수 없는 경우만 해당합니다)<br>나. 제1호목, 아목 및 차목의 서류(산지전용면적의 변경으로 제1호바목, 아목 또는 차목에 따라 서류를 제출하여야 하는 경우에 해당하게 된 경우에 한정합니다) |
| 담당 공무원<br>확인사항 | 1. 토지 등기사항증명서(신청인이 토지의 소유자인 경우만 해당합니다)<br>2. 축산업등록증(신청인이 농업인임을 증명해야 하는 경우만 해당합니다) |
| 수수료 | 1. 산지전용허가신청<br>  가. 허가를 신청하는 산지면적이 1만㎡ 이하인 경우: 2만원<br>  나. 허가를 신청하는 산지면적이 1만㎡를 초과하는 경우: 2만원에 그 초과면적 1천제곱미터마다 2천원을 가산한 금액<br>2. 산지전용변경허가신청: 없음 |

### 행정정보 공동이용 동의서

본인은 이 건 업무처리와 관련하여 담당 공무원이 「전자정부법」 제36조제1항에 따른 행정정보의 공동이용을 통하여 위의 담당 공무원 확인 사항 중 제2호의 축산업등록증을 확인하는 것에 동의합니다. ※ 신청인이 확인에 동의하지 않는 경우에는 축산업등록증 사본을 첨부해야 합니다.

신청인 (서명 또는 인)

[별지 제4호서식] <개정 2016.12.30>

# 산지전용허가 변경신고서

※ 색상이 어두운 란은 신고인이 적지 않습니다.

| 접수번호 | | 접수일 | | 처리일 | | 처리기간 25일 | | |
|---|---|---|---|---|---|---|---|---|
| 신고인 | 성명 | | | | 생년월일 | | | |
| | 주소 | | | | 전화번호 | | | |
| | 해당 산지에 대한 권리관계 | | | | | | | |
| 산 지 소유자 | 성명 | | | | 생년월일 | | | |
| | 주소 | | | | 전화번호 | | | |

| 전용대상 산지 | 소재지 | 지번 | 지목 | 면적(㎡) | | | |
|---|---|---|---|---|---|---|---|
| | | | | 계 | 임업용 산지 | 공익용 산지 | 준보전 산지 |
| | | | | | | | |

| 부산물 생산현황 | 벌채 수종 및 수량 | | | 굴취 수종 및 수량 | | | 토석 | | |
|---|---|---|---|---|---|---|---|---|---|
| | 수종 | 본수 | 재적 | 수종 | 본수 | 재적 | 계 | 석재 | 토사 |
| | | 본 | ㎡ | | 본 | ㎡ | ㎡ | ㎡ | ㎡ |

| 전용목적 | | 전용기간 | |
|---|---|---|---|

| 변경사항 | 변경 전 | 변경 후 | 사 유 |
|---|---|---|---|
| | | | |
| | | | |

「산지관리법」 제14조제1항, 같은 법 시행령 제15조제1항 및 같은 법 시행규칙 제10조 제1항·제2항에 따라 위와 같이 산지전용허가의 변경신고를 합니다.

년 월 일

신청인 (서명 또는 인)

**산림청장**
**시·도지사, 시장·군수·구청장** 귀하
**지방산림청장, 지방산림청국유림관리소장**

| 첨부서류 | 1. 변경사실을 증명할 수 있는 서류(토지 등기사항증명서로 확인할 수 없는 경우만 해당합니다) 2. 농지원부 사본 1부(신고인이 「산지관리법 시행규칙」 제7조제1호에 따른 농업인임을 증명하여야 하는 경우만 해당합니다) | 수수료 없 음 |
|---|---|---|
| 담당 공무원 확인사항 | 토지 등기사항증명서(신고인이 토지의 소유자인 경우만 해당합니다) | |

## 처리절차

신고서 → 접수 → 현지조사 → 추가복구비 산정 → 추가복구비 예치 통지 → 추가복구비 예치 → 신고수리 결정 → 신고수리

신고인 / 담당부서 / 신고인 / 담당부서

210mm×297mm(백상지 80g/㎡)

[별지 제4호의2서식] <신설 2015.11.25>

# 재해위험성 검토의견서

| 재해위험 조사표준지 | 연번 | | | 유역면적(ha) | | |
|---|---|---|---|---|---|---|
| 일반 현황 | 조사 및 검토자 | 소속 | | 자격증명 | | 직 | |
| | | | | 자격번호 | | 성명 | (인) |
| | 조사일자 | | | 연락처 | | | |
| | 위치 | 행정구역 | | | | | |
| | | GPS | | | | | |
| 보호 대상 | 보호시설 | Yes ☐ / No ☐ | 보호시설 개소수 | | 인가 | Yes ☐ / No ☐ | 인가수 |
| | 계류상부 주요보호시설(상세) | | | | | | |
| | 계류하부 주요보호시설(상세) | | | | | | |
| | 계류상부 인가(상세) | | | | | | |
| | 계류하부 인가(상세) | | | | | | |
| 판정표 등급 | 토석류 발생 우려지역 | | | 산사태 발생 우려지역 | | | |
| | 점수합계 | | 등급 | 점수합계 | | 등급 | |

| 검토 의견 | 위험지역 선정사유 | 토석류 발생 우려지역 | |
|---|---|---|---|
| | | 산사태 발생 우려지역 | |
| | 특이사항 | | |
| | 종합의견 | | |

| 재해방지 시설설치 의견(전용면적 2ha 이상) | 재해방지시설 설치 필요 유무 | Yes | ☐ | | | | |
|---|---|---|---|---|---|---|---|
| | | No | ☐ | | | | |
| | 재해방지시설 설치사업 종류 | 계류보전 | ☐ | 사방댐 | ☐ | 산지사방 | ☐ |
| | 재해방지시설 설치사업 선정사유 | | | | | | |

[별지 제5호서식] <개정 2019.9.24>

# 산지전용허가증

| 발급번호 | | | | 발급일 | | | | |
|---|---|---|---|---|---|---|---|---|
| 허가를 받은 자 | 성명 | | | | 생년월일 | | | |
| | 주소 | | | | (전화번호:         ) | | | |

| 전용대상 산지 | 소재지 | 지번 | 지목 | 면적(㎡) | | | |
|---|---|---|---|---|---|---|---|
| | | | | 계 | 임업용 산지 | 공익용 산지 | 준보전 산지 |
| | | | | | | | |

| 부산물 생산현황 | 벌채 나무의 종류 및 수량 | | | 굴취 나무의 종류 및 수량 | | | 토석 | | |
|---|---|---|---|---|---|---|---|---|---|
| | 나무의 종류 | 본수 | 나무부피 | 나무의종류 | 본수 | 나무부피 | 계 | 석재 | 토사 |
| | | 본 | ㎥ | | 본 | ㎥ | ㎥ | ㎥ | ㎥ |

| 전용목적 | |
|---|---|
| 전용기간 | |

「산지관리법」 제14조제1항·제17조제2항, 같은 법 시행령 제15조제3항·제19조제3항 및 같은 법 시행규칙 제11조·제17조제4항에 따라 위와 같이 산지전용을 허가합니다.

년    월    일

**산림청장**
**시·도지사, 시장·군수·구청장**   직인
**지방산림청장, 지방산림청국유림관리소장**

## 유의사항

1. 허가증을 발급받기 전에는 산지전용행위를 할 수 없습니다.
2. 허가를 받은 자는 산지전용 목적사업이 완료되거나 그 산지전용기간 등이 만료된 경우에는 산지를 복구해야 하며 복구가 완료된 경우에는 복구준공검사를 받아야 합니다.
3. 허가를 받은 자는 산지전용으로 인하여 발생할 수 있는 재해에 대비하여 사전 예방조치를 해야 합니다.
4. 산지를 복구해야 하는 자는 산지전용허가기간 내에 복구설계서의 승인을 받으려는 경우에는 복구공사 착수 전에, 산지전용허가기간 만료 후에 복구설계서의 승인을 받으려는 경우에는 산지전용허가기간이 만료되기 10일 전까지 허가관청에 복구설계서를 제출하여 승인을 받아야 하며, 승인을 받은 복구설계서대로 복구를 해야 합니다.
5. 전용된 산지의 복구비는 허가를 받은 자가 부담해야 합니다.
6. 허가를 받은 자는 산지전용기간 중이라도 「산지관리법」 제37조제2항에 따라 재해의 방지나 복구에 필요한 조치 명령을 받은 경우에는 이에 따라야 합니다. 만일 명령을 따르지 않으면 대행자를 지정하여 복구를 대행하게 하고 그 비용을 예치된 복구비(「산지관리법 시행규칙」 제40조제3항에 따른 보증서 등을 포함합니다)로 충당하거나 「행정대집행법」에 따라 대집행합니다.
7. 허가를 받은 자는 산지전용기간 만료 전이라도 목적사업이 완료된 부분에 대하여 「산지관리법」 제39조제2항에 따라 중간복구 명령을 받은 경우에는 이에 따라야 합니다. 만일 명령을 따르지 않으면 대행자를 지정하여 복구를 대행하게 하고 그 비용을 예치된 복구비(「산지관리법 시행규칙」 제40조제3항에 따른 보증서 등을 포함합니다)로 충당하거나 「행정대집행법」에 따라 대집행합니다.
8. 다음 각 목의 어느 하나에 해당하는 경우에는 「산지관리법」 제20조제1항에 따라 산지전용허가를 취소할 수 있습니다. 다만, 가목의 경우에는 허가를 취소합니다.
   가. 거짓이나 그 밖의 부정한 방법으로 허가를 받은 경우
   나. 허가의 목적 또는 조건을 위반하거나 허가 없이 사업계획이나 사업규모를 변경한 경우
   다. 「산지관리법」 제19조에 따른 대체산림자원조성비를 내지 않거나 같은 법 제38조에 따른 복구비를 예치하지 않은 경우(같은 법 제37조제4항에 따른 줄어든 복구비 예치금을 다시 예치하지 않은 경우를 포함합니다)
   라. 「산지관리법」 제37조제2항 각 호의 어느 하나에 해당하는 필요한 조치 명령에 따른 재해 방지 또는 복구를 위한 명령을 이행하지 않은 경우
   마. 허가를 받은 자가 「산지관리법」 제20조 각 호 외의 부분 본문·단서에 따른 목적사업의 중지 등을 위반한 경우
   바. 허가를 받은 자가 허가취소를 요청한 경우
9. 산지전용기간의 연장허가를 받으려는 경우에는 허가기간이 만료되기 10일 전까지 「산지관리법 시행규칙」 제17조에 따라 산지전용기간연장허가 신청서를 허가관청에 제출해야 합니다.
10. 전용된 산지의 입구에 다음과 같이 산지전용허가 현황에 관한 표지판을 설치하되, 그 규격은 가로 90센티미터, 세로 60센티미터, 높이 90센티미터 이상으로 해야 합니다.

| 산지전용허가 현황 |
|---|
| 1. 허가번호: |
| 2. 소 재 지: |
| 3. 허가내용(허가면적, 목적, 허가기간 등) |
| 4. 허가를 받은 자:             (연락처:              ) |
| 5. 허가자: |

[별지 제6호서식] <개정 2019.9.24>

# 산지전용(허가·신고) [ ] 협의  [ ] 변경협의 요청서

(앞쪽)

※ [ ]에는 해당되는 곳에 √표를 하고, 색상이 어두운 란은 요청인이 적지 않습니다.

| 접수번호 | 접수일 | 처리일 | 처리기간 30일 |
|---|---|---|---|
| 협의 구분 | [ ] 산지전용허가 | | [ ] 산지전용신고 |
| 협의요청기관의 장 | | | |
| 산지전용 목적 | | | |
| 근거 법령 | | | |

| 전용대상 산지 | 소재지 | | | | 번지 외 필지 |
|---|---|---|---|---|---|
| | 구분 | 계(㎡) | 보전산지(㎡) | | 준보전산지 (㎡) |
| | | | 임업용산지 | 공익용산지 | |
| | 계 | | | | |
| | 국유지 | | | | |
| | 공유지 | | | | |
| | 사유지 | | | | |

| 변경사항 | 변경 전 | 변경 후 | 사유 |
|---|---|---|---|
| | | | |
| | | | |

「산지관리법」 제14조제2항·제15조제4항, 같은 법 시행령 제16조제1항 및 같은 법 시행규칙 제12조에 따라 위와 같이 산지전용(허가·신고) [ ]협의 [ ]변경협의를 요청합니다.

년    월    일

**산림청장**
**시·도지사, 시장·군수·구청장** 귀하
**지방산림청장, 지방산림청국유림관리소장**

* 첨부서류, 수수료, 유의사항: 뒤쪽 참조

210mm×297mm(백상지 80g/㎡)

(뒤쪽)

| | |
|---|---|
| 첨부서류 | 1. 산지전용허가에 관한 협의<br>　가. 사업계획서(산지전용의 목적, 사업기간, 산지전용을 하려는 산지의 이용계획, 입목·죽의 벌채를 통한 이용 또는 처리 계획, 토사처리계획 및 피해방지계획 등이 포함되어야 합니다) 1부<br>　나. 「산지관리법」 제18조의2에 따른 산지전용타당성조사에 관한 결과서 1부. 이 경우 해당 결과서는 협의요청일 전 2년 이내에 완료된 산지전용타당성조사의 결과서를 말합니다.<br>　다. 산지전용을 하려는 산지의 소유권 또는 사용·수익권을 증명할 수 있는 서류 1부(토지 등기사항증명서로 확인할 수 없는 경우에 한정하고, 사용·수익권을 증명할 수 있는 서류에는 사용·수익권의 범위 및 기간이 명시되어야 합니다).<br>　라. 산지전용예정지가 표시된 축척 2만5천분의 1 이상의 지적이 표시된 지형도(「토지이용규제 기본법」 제12조에 따라 국토이용정보체계에 지적이 표시된 지형도의 데이터베이스가 구축되어 있지 않거나 지형과 지적의 불일치로 지형도의 활용이 곤란한 경우에는 지적도) 1부<br>　마. 「공간정보의 구축 및 관리 등에 관한 법률」 제44조제3항에 따른 측량업의 등록을 한 자 또는 「국가공간정보 기본법」 제12조에 따라 설립된 한국국토정보공사(이하 "측량업자등"이라 합니다)가 측량한 축척 6천분의 1부터 1천 200분의 1까지의 산지전용예정지실측도 1부<br>　바. 산림기술용역업자 또는 산림사업시행업자 소속 산림기술자로서 「산림기술 진흥 및 관리에 관한 법률 시행령」 별표 5의 산림 조사사업의 배치기준에 해당하는 사람이 조사·작성한 것으로서 다음 각 목의 요건을 갖춘 산림조사서 1부(수목이 있는 경우에 한정합니다). 다만, 「산지관리법 시행규칙」 제4조제2항제4호에 따라 산림조사서를 제출하는 경우와 전용하려는 산지의 면적(동일인이 다수의 산지전용허가를 신청한 경우에는 목적사업의 동일성이 인정되는 범위에서 허가를 신청한 산지의 면적을 합산하여 산정한 면적을 말합니다)이 660제곱미터 미만인 경우에는 제출하지 않습니다.<br>　　1) 숲의 종류·모양·나이, 나무의 종류, 평균나무높이, 입목축적이 포함될 것<br>　　2) 산불발생·솎아베기·벌채 후 5년이 지나지 않았을 때에는 그 산불발생·솎아베기·벌채 전의 입목축적을 환산하여 조사·작성한 시점까지의 생장율을 반영한 입목축적이 포함될 것<br>　　3) 협의요청일 전 2년 이내에 조사·작성되었을 것<br>　사. 복구대상산지의 종단도 및 횡단도와 복구공종·공법 및 겨냥도가 포함된 복구계획서 1부(복구해야 할 산지가 있는 경우에 한정하며, 「산지관리법」 제40조제2항 전단에 따라 복구설계서를 제출하려는 경우에는 복구계획서를 갈음하여 「산지관리법 시행규칙」 별지 제40호서식의 복구설계서 승인신청서에 복구설계서를 첨부하여 제출할 수 있습니다).<br>　아. 다음의 어느 하나에 해당하는 사람이 조사·작성한 표고조사서 및 평균경사도조사서(수치지형도를 이용하여 표고 및 평균경사도를 산출한 경우에는 원본이 저장된 디스크 등 저장장치를 포함합니다) 1부. 다만, 「산지관리법 시행규칙」 제4조제2항제5호에 따라 평균경사도조사서를 제출하는 경우와 전용하려는 산지의 면적(동일인이 다수의 산지전용허가를 신청한 경우에는 목적사업의 동일성이 인정되는 범위에서 허가를 신청한 산지의 면적을 합산하여 산정한 면적을 말합니다)이 660제곱미터 미만인 경우에는 평균경사도조사서를 제출하지 않습니다.<br>　　1) 「산림기술 진흥 및 관리에 관한 법률 시행령」 별표 3에 따른 산림공학기술자<br>　　2) 「국가기술자격법」에 따른 산림기사·토목기사·측량 및 지형공간정보기사 이상의 자격을 취득한 사람<br>　　3) 「국가기술자격법」에 따른 산림산업기사·토목산업기사·측량 및 지형공간정보산업기사 자격을 취득한 후 해당 분야에서 10년 이상 종사한 경력이 있는 사람<br>　자. 「농지법」 제49조에 따른 농지원부 사본 1부(「산지관리법 시행규칙」 제7조제1호에 따른 농업인임을 증명해야 하는 경우만 해당합니다)<br>　차. 산림기술용역업자 소속 산림기술자로서 「산림기술 진흥 및 관리에 관한 법률 시행령」 별표 5의 재해위험성 검토사업의 배치기준에 해당하는 사람이 조사·작성한 「산지관리법 시행규칙」 별지 제4호의2서식에 따른 재해위험성검토의견서 1부[산지전용허가를 받으려는 산지의 면적이 2만제곱미터 이상인 경우에 한정하며, 산지전용허가를 신청한 자가 동일한 집수구역(集水區域: 빗물이 자연적으로 「물환경보전법」 제2조제9호에 따른 공공수역으로 흘러드는 지역으로서 주변의 능선을 잇는 선으로 둘러싸인 구역을 말합니다) 내에서 다수의 산지전용허가를 신청한 경우에는 해당 산지전용허가를 신청한 자가 허가를 신청한 산지 중 연접한 산지의 면적을 합산하여 산정한 면적이 2만제곱미터 이상인 경우에도 제출해야 합니다]<br>　카. 「소나무재선충병 방제특별법」 제13조의2에 따른 재선충병방제계획서 1부(같은 법 제9조에 따른 반출금지구역이 포함된 산지를 전용하려는 경우에 한정합니다)<br>2. 산지전용신고에 관한 협의: 제1호가목, 다목부터 마목까지, 사목 및 자목의 서류<br>3. 산지전용 변경협의<br>　가. 그 변경사실을 증명할 수 있는 서류<br>　나. 제1호바목, 아목 및 차목의 서류(산지전용면적의 변경으로 제1호바목, 아목 또는 차목에 따라 서류를 제출하여야 하는 경우에 해당하게 된 경우에 한정합니다) |
| 수수료 | 1. 산지전용허가에 관한 협의<br>　가. 허가를 신청하는 산지면적이 1만제곱미터 이하인 경우: 2만원<br>　나. 허가를 신청하는 산지면적이 1만제곱미터를 초과하는 경우: 2만원에 그 초과면적 1천제곱미터마다 2천원을 가산한 금액<br>2. 산지전용신고에 관한 협의<br>　가. 신고하는 산지면적이 1만제곱미터 이하인 경우: 5천원<br>　나. 신고하는 산지면적이 1만제곱미터를 초과하는 경우: 5천원에 그 초과면적 2천제곱미터마다 1천원을 가산한 금액<br>3. 산지전용 변경협의: 없음 |

## 유의사항

「공익사업을 위한 토지 등의 취득 및 보상에 관한 법률」 제19조에 따라 토지 등을 수용 또는 사용하는 경우에는 제1호다목의 첨부서류는 제외합니다.

740

[별지 제7호서식] <개정 2019.9.24>

# 산지전용 [ ] 신고서
# [ ] 변경신고서

(앞쪽)

※ [ ]에는 해당되는 곳에 √표를 하고, 색상이 어두운 란은 신고인이 적지 않습니다.

| 접수번호 | | 접수일 | | 처리일 | | | 처리기간 10일 | | |
|---|---|---|---|---|---|---|---|---|---|
| 신고인 | 성명 | | | | | | 주민등록번호 | | |
| | 주소 | | | | | | 전화번호 | | |
| | 해당 산지에 대한 권리관계 | | | | | | | | |
| 소재지 | | | | | | 지적 | | | m² |
| 전용면적 | 계 | | 임업용산지 | | 공익용산지 | | | 준보전산지 | |
| | m² | | m² | | m² | | | m² | |
| 부산물 생산현황 | 벌채수량 | | | 굴취수량 | | | 토석 | | |
| | 나무의 종류 | 본수 | 나무부피 | 나무의 종류 | 본수 | 나무부피 | 계 | 석재 | 토사 |
| | | 본 | m³ | | 본 | m³ | m³ | m³ | m³ |
| 전용목적 | | | | | | | | | |
| 전용기간 | | | | | | | | | |
| 변경사항 | 변경 전 | | | 변경 후 | | | 사 유 | | |
| | | | | | | | | | |

「산지관리법」 제15조제1항·제17조제2항, 같은 법 시행령 제17조제1항·제19조제1항 및 같은 법 시행규칙 제13조제1항·제17조제1항에 따라 위와 같이 산지전용 [ ]신고 [ ]변경신고를 합니다.

년 월 일

신고인 (서명 또는 인)

**산림청장**
**시·도지사, 시장·군수·구청장** 귀하
**지방산림청장, 지방산림청국유림관리소장**

* 작성방법 및 첨부서류, 담당공무원 확인사항, 수수료, 행정정보 공동이용 동의서: 뒤쪽 참조

## 처리절차

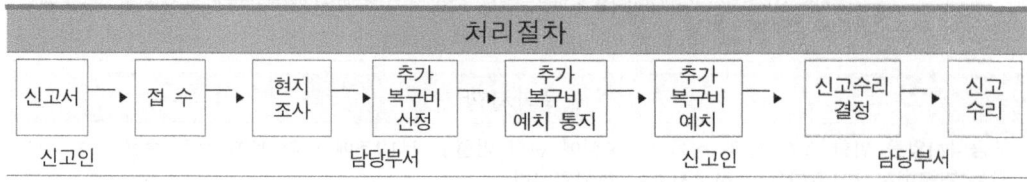

210mm×297mm(백상지 80g/m²)

(뒤쪽)

| 작성 방법 및 첨부서류 | 1. 산지전용신고서: 「산지관리법」 제15조제1항에 따라 산지전용신고 또는 변경신고를 하려는 경우 다음 각 목의 구분에 따른 서류를 첨부하여 제출합니다.<br>　가. 산지전용신고의 경우<br>　　1) 사업계획서(산지전용의 목적, 사업기간, 산지전용을 하려는 산지의 이용계획, 입목 죽의 벌채를 통한 이용 또는 처리 계획, 토사처리계획 및 피해방지계획 등이 포함되어야 합니다) 1부<br>　　2) 산지전용을 하려는 산지의 소유권 또는 사용 수익권을 증명할 수 있는 서류 1부(토지 등기사항증명서로 확인할 수 없는 경우에 한정하고, 사용 수익권을 증명할 수 있는 서류에는 사용 수익권의 범위 및 기간이 명시되어야 합니다)<br>　　3) 산지전용예정지가 표시된 축척 2만5천분의 1 이상의 지적이 표시된 지형도(「토지이용규제 기본법」 제12조에 따라 국토이용정보체계에 지적이 표시된 지형도의 데이터베이스가 구축되어 있지 않거나 지형과 지적의 불일치로 지형도의 활용이 곤란한 경우에는 지적도) 1부<br>　　4) 「공간정보의 구축 및 관리 등에 관한 법률」 제44조제3항에 따른 측량업의 등록을 한 자 또는 「국가공간정보 기본법」 제12조에 따라 설립된 한국국토정보공사(이하 "측량업자등"이라 합니다)가 측량한 축척 6천분의 1부터 1천200분의 1까지의 산지전용예정지실측도 1부<br>　　5) 복구대상산지의 종단도 및 횡단도와 복구공종 공법 및 겨냥도가 포함된 복구계획서 1부(복구해야 할 산지가 있는 경우에 한정하며, 「산지관리법」 제40조제2항 전단에 따라 복구설계서를 제출하려는 경우에는 복구계획서를 갈음하여 「산지관리법 시행규칙」 별지 제40호서식의 복구설계서 승인신청서에 복구설계서를 첨부하여 제출할 수 있습니다)<br>　　6) 「농지법」 제49조에 따른 농지원부 사본 1부(신고인이 「산지관리법 시행규칙」 제7조제1호에 따른 농업인임을 증명해야 하는 경우만 해당합니다)<br>　　7) 「소나무재선충병 방제특별법」 제13조의2에 따른 재선충병방제계획서 1부(같은 법 제9조에 따른 반출금지구역이 포함된 산지를 전용하려는 경우에 한정합니다)<br>　나. 변경신고의 경우: 변경사실을 증명할 수 있는 서류(토지 등기사항증명서로 확인할 수 없는 경우만 해당합니다)<br>2. 산지전용변경신고서: 「산지관리법」 제17조제2항에 따라 산지전용기간의 변경신고를 하려는 경우 산지의 소유권 또는 사용 수익권을 증명할 수 있는 서류(토지 등기사항증명서로 확인할 수 없는 경우만 해당합니다)를 첨부하여 제출합니다. |
|---|---|
| 담당 공무원 확인사항 | 1. 토지 등기사항증명서(신고인이 토지의 소유자인 경우만 해당합니다)<br>2. 축산업등록증(신고인이 농업인을 증명해야 하는 경우만 해당합니다) |
| 수수료 | 1. 산지전용신고서<br>　가. 산지전용신고의 경우<br>　　1) 신고하는 산지면적이 1만제곱미터 이하인 경우: 5천원<br>　　2) 신고하는 산지면적이 1만제곱미터를 초과하는 경우: 5천원에 그 초과면적 2천제곱미터마다 1천원을 가산한 금액<br>　나. 변경신고의 경우: 없음<br>2. 산지전용변경신고서: 없음 |

### 행정정보 공동이용 동의서(산지전용신고의 경우만 해당합니다)

본인은 이 건 업무처리와 관련하여 담당 공무원이 「전자정부법」 제36조제1항에 따른 행정정보의 공동이용을 통하여 위의 담당 공무원 확인 사항 중 제2호의 축산업등록증을 확인하는 것에 동의합니다. * 신고인이 확인에 동의하지 않는 경우에는 축산업등록증 사본을 첨부해야 합니다.

신청인　　　　　　　　　　(서명 또는 인)

[별지 제7호의2서식] <개정 2019.9.24>

# 산지일시사용 [ ]허가신청서 [ ]변경허가신청서 [ ]기간연장허가신청서

(앞쪽)

| 접수번호 | 접수일자 | 처리일자 | 처리기간 25일<br>* 기간연장허가신청서 5일 |
|---|---|---|---|

| 신청인 | 성명 | | 생년월일 | |
| | 주소 | | 전화번호 | |
| | 해당 산지에 대한 권리관계 | | | |

| 산 지<br>소유자 | 성명 | | 생년월일 | |
| | 주소 | | 전화번호 | |

| 일시사용<br>산지내역 | 소재지 | 지번 | 지목 | 면적(㎡) | | | |
| | | | | 계 | 임업용<br>산 지 | 공익용<br>산 지 | 준보전<br>산 지 |
| | 계 | | | | | | |
| | | | | | | | |

| 일시사용<br>목 적 | |
|---|---|

| 일시사용<br>기 간 | 당초(신규) | 변경 |
|---|---|---|

| 변경사항 | 변경 전 | 변경 후 | 사 유 |
|---|---|---|---|

「산지관리법」 제15조의2제1항 및 같은 법 시행규칙 제15조의2·제15조의4제2항에 따라 위와 같이 산지일시사용 [ ]허가 [ ]변경허가 [ ]기간연장허가를 신청합니다.

년 월 일

신청인 (서명 또는 인)

산림청장, 시·도지사, 시장·군수·구청장,
지방산림청장, 지방산림청국유림관리소장, 국립수목원장,
국립산림품종관리센터장, 국립산림과학원장, 국립자연휴양림관리소장 귀하

* 신청인 제출서류, 담당 공무원 확인사항, 수수료, 행정정보 공동이용 동의서, 유의사항 : 뒤쪽 참조

처리절차

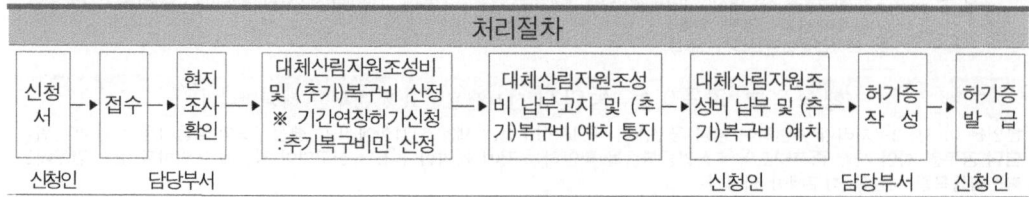

210mm×297mm[백상지(80g/㎡) 또는 중질지(80g/㎡)]

| | |
|---|---|
| 신청인<br>제출서류 | 1. 산지일시사용허가<br>가. 사업계획서(산지일시사용의 목적, 사업기간, 일시사용하려는 산지의 이용계획, 입목처리계획, 토석처리계획 및 피해방지계획 등이 포함되어야 합니다) 1부<br>나. 「산지관리법」 제18조의2에 따른 산지전용타당성조사에 관한 결과서 1부. 이 경우 해당 결과서는 허가신청일 전 2년 이내에 완료된 산지전용타당성조사의 결과서를 말합니다.<br>다. 일시사용하려는 산지의 소유권 또는 사용·수익권을 증명할 수 있는 서류(토지등기부등본으로 확인할 수 없는 경우에 한정하고, 사용·수익권을 증명할 수 있는 서류에는 사용·수익권의 범위 및 기간이 명시되어야 합니다) 1부<br>라. 산지일시사용예정지가 표시된 축척 2만5천분의 1 이상의 지적이 표시된 지형도(「토지이용규제 기본법」 제12조에 따라 국토이용정보체계에 지적이 표시된 지형도의 데이터베이스가 구축되어 있지 아니하거나 지형과 지적의 불일치로 지형도의 활용이 곤란한 경우에는 지적도) 1부<br>마. 「공간정보의 구축 및 관리 등에 관한 법률」 제44조제3항에 따른 측량업의 등록을 한 자 또는 「국가공간정보 기본법」 제12조에 따라 설립된 한국국토정보공사가 측량한 축척 6천분의 1부터 1천200분의 1까지의 산지일시사용예정지실측도 1부<br>바. 산림기술용역업자 또는 산림사업시행업자 소속 산림기술자로서 「산림기술 진흥 및 관리에 관한 법률 시행령」 별표 5의 산림 조사사업의 배치기준에 해당하는 사람이 조사·작성한 산림조사서(숲의 종류, 임상, 나무의 종류, 숲의 나이, 평균나무높이, 입목축적을 포함하고, 허가신청일 전 2년 이내에 조사·작성된 것으로서 수목이 있는 경우에 한정하며, 「산지관리법 시행규칙」 제4조제2항제4호에 따라 산림조사서를 제출한 경우와 일시사용하려는 산지의 면적(동일인이 다수의 산지일시사용허가를 신청한 경우에는 목적사업의 동일성이 인정되는 범위에서 허가를 신청한 산지의 면적을 합산하여 산정한 면적을 말합니다)이 660제곱미터 미만인 경우에는 제출하지 아니합니다) 1부.<br>사. 복구대상산지의 종단도 및 횡단도와 복구공종·공법 및 견취도가 포함된 복구계획서 1부(복구하여야 할 산지가 있는 경우에 한정하며, 「산지관리법」 제40조제2항 전단에 따라 복구설계서를 제출하려는 경우에는 복구계획서를 갈음하여 「산지관리법 시행규칙」 별지 제40호서식의 복구설계서 승인신청서에 복구설계서를 첨부하여 제출할 수 있습니다.<br>아. 다음의 어느 하나에 해당하는 사람이 조사·작성한 표고조사서 및 평균경사도조사서(수치지형도를 이용하여 표고 및 평균경사도를 산출한 경우에는 원본이 저장된 디스크 등 저장장치를 포함합니다) 1부. 다만, 「산지관리법 시행규칙」 제4조제2항제5호에 따라 평균경사도조사서를 제출한 경우와 일시사용하려는 산지의 면적(동일인이 다수의 산지일시사용허가를 신청한 경우에는 목적사업의 동일성이 인정되는 범위에서 허가를 신청한 산지의 면적을 합산하여 산정한 면적을 말합니다)이 660제곱미터 미만인 경우에는 평균경사도조사서를 제출하지 않습니다.<br>  1) 「산림기술 진흥 및 관리에 관한 법률 시행령」 별표 3에 따른 산림공학기술자<br>  2) 「국가기술자격법」에 따른 산림기사·토목기사·측량 및 지형공간정보기사 이상의 자격을 취득한 사람<br>  3) 「국가기술자격법」에 따른 산림산업기사·토목산업기사·측량 및 지형공간정보산업기사 자격을 취득한 후 해당 분야에서 10년 이상 종사한 경력이 있는 사람<br>자. 「농지법」 제49조에 따른 농지원부 사본(「산지관리법 시행규칙」 제7조제1호에 따른 농업인임을 증명하여야 하는 경우만 해당합니다) 1부<br>차. 「소나무재선충병 방제특별법」 제13조의2에 따른 재선충병방제계획서 1부(같은 법 제9조에 따른 반출금지구역이 포함된 산지를 일시사용하려는 경우에 한정합니다)<br>2. 산지일시사용 변경허가: 변경사실을 증명할 수 있는 서류 각 1부(토지등기부등본으로 확인할 수 없는 경우만 해당합니다)<br>3. 산지일시사용기간 연장허가: 산지의 소유권 또는 사용·수익권을 증명할 수 있는 서류 1부(토지등기부등본으로 확인할 수 없는 경우만 해당합니다) |
| 담당 공무원<br>확인사항 | 1. 토지등기부등본(신청인이 토지의 소유자인 경우만 해당합니다)<br>2. 축산업등록증(신청인이 농업인을 증명하여야 하는 경우만 해당합니다) |
| 수 수 료 | 1. 산지일시사용허가<br>  가. 허가신청면적이 1만제곱미터 이하인 경우: 2만원<br>  나. 허가신청면적이 1만제곱미터를 초과하는 경우: 2만원에 그 초과면적 1천제곱미터마다 2천원을 가산한 금액<br>2. 산지일시사용 변경허가: 없음<br>2. 산지일시사용기간 연장허가: 없음 |

### 행정정보 공동이용 동의서

본인은 이 건 업무처리와 관련하여 담당 공무원이 「전자정부법」 제36조제1항에 따른 행정정보의 공동이용을 통하여 위의 담당 공무원 확인 사항 중 제2호의 축산업등록증을 확인하는 것에 동의합니다.
* 신고인이 확인에 동의하지 않는 경우에는 축산업등록증 사본을 첨부해야 합니다.

신청인 (서명 또는 인)

### 유의사항

산지일시사용대상 산지내역은 별지로 작성하여 제출할 수 있습니다.

744

[별지 제7호의3서식] <개정 2015.12.30>

# 산지일시사용허가증

| 발급번호 | | | | 발급일자 | | | |
|---|---|---|---|---|---|---|---|
| 허가를 받는 사람 | 성명 | | | | 생년월일 | | |
| | 주소 | | | | | | |

| 일시사용 산지내역 | 소재지 | 지번 | 지목 | 면적(㎡) | | | |
|---|---|---|---|---|---|---|---|
| | | | | 계 | 임업용 산지 | 공익용 산지 | 준보전 산지 |
| | | | | | | | |
| | | | | | | | |
| | | | | | | | |
| 일시사용 목 적 | | | | | | | |
| 일시사용 기 간 | | | | | | | |

「산지관리법」 제15조의2제1항 · 제3항 및 같은 법 시행규칙 제15조의2 · 제15조의4 제2항에 따라 위와 같이 산지일시사용 [ ]허가 [ ]변경허가 [ ]기간연장허가를 합니다.

년    월    일

**산림청장, 시 · 도지사, 시장 · 군수 · 구청장,
지방산림청장, 지방산림청국유림관리소장, 국립수목원장,
국립산림품종관리센터장, 국립산림과학원장, 국립자연휴양림관리소장**

직인

## 유의사항

1. 허가증을 교부받기 전에는 산지일시사용행위를 할 수 없습니다.
2. 허가를 받은 사람은 산지일시사용 목적사업이 완료되거나 그 산지일시사용기간 등이 만료된 때에는 산지를 복구하여야 하며 복구가 완료된 때에는 복구준공검사를 받아야 합니다.
3. 허가를 받은 사람은 산지일시사용으로 인하여 발생할 재해에 대비하여 사전 예방조치를 하여야 합니다.
4. 산지를 복구하여야 하는 사람이 산지일시사용허가기간 이내에 복구설계서의 승인을 받으려면 복구공사를 착수하기 전에, 산지일시사용허가의 기간이 만료된 이후에 복구설계서의 승인을 받으려면 산지일시사용허가기간 만료 전 10일 이내에 허가권자에게 복구설계서를 제출하여 승인을 받아야 하며, 승인을 받은 복구설계서대로 복구를 하여야 합니다.
5. 산지일시사용된 산지의 복구비는 허가받은 사람이 부담하여야 복구하여야 합니다.
6. 허가를 받은 사람은 산지일시사용기간 중이라도 재해예방 등을 위하여 「산지관리법」 제37조에 따라 재해의 방지나 경관유지에 필요한 조치 또는 복구에 필요한 조치를 하도록 명령을 받은 경우에는 이에 따라야 합니다.
7. 재해의 방지나 경관유지에 필요한 조치 또는 복구에 필요한 조치를 하도록 명령을 받은 후 기간 내에 조치를 이행하지 아니한 때에는 예치된 복구비(「산지관리법 시행규칙」 제40조제3항에 따른 지급보증서 등을 포함합니다)로 대집행합니다.
8. 허가를 받은 사람은 산지일시사용기간 만료 전이라도 산지일시사용이 장기간에 걸쳐 이루어지거나 경관 또는 산림재해의 복구 등이 필요하여 「산지관리법」 제39조제2항에 따라 중간복구명령을 받은 경우에는 이에 따라야 합니다.
9. 중간복구명령을 지정된 기간 이내에 이행하지 아니한 경우에는 예치된 복구비(「산지관리법 시행규칙」 제40조제3항에 따른 지급보증서 등을 포함합니다)로 대집행합니다.
10. 다음 각 호의 사유에 해당하는 경우에는 허가를 취소할 수 있습니다.
    가. 거짓이나 그 밖의 부정한 방법으로 허가를 받은 경우
    나. 허가의 목적 또는 조건을 위반하거나 허가 없이 사업계획이나 사업규모를 변경한 경우
    다. 「산지관리법」 제19조에 따른 대체산림자원조성비를 내지 아니하였거나 같은 법 제38조에 따른 복구비를 예치하지 아니한 경우(「산지관리법」 제37조제4항에 따른 줄어든 복구비 예치금을 다시 예치하지 아니한 경우를 포함합니다)
    라. 「산지관리법」 제37조제2항 각 호의 어느 하나에 해당하는 필요한 조치명령에 따른 재해방지 또는 복구를 위한 명령을 이행하지 않은 경우
    마. 허가를 받은 사람이 「산지관리법」 제20조에 따른 목적사업의 중지 등의 조치명령을 위반한 경우
    바. 허가를 받은 사람이 허가취소를 요청한 경우
    사. 그 밖의 허가조건을 위반한 경우
11. 산지일시사용기간의 연장허가를 받으려면 허가기간이 만료되기 10일 전까지 허가권자에게 「산지관리법 시행규칙」 제15조의4제2항에 따른 산지일시사용기간연장허가 신청을 위한 서류를 제출하여야 합니다.

210mm×297mm[백상지 80g/㎡]

[별지 제7호의4서식] <개정 2016.12.30, 2017.6.2>

# 산지일시사용 [ ]신고서 [ ]변경신고서 [ ]기간연장신고서

(앞쪽)

| 접수번호 | 접수일자 | 처리일자 | 처리기간 10일<br>* 기간연장신고서 5일 |
|---|---|---|---|

| 신고인 | 성명 | | 생년월일 | | |
|---|---|---|---|---|---|
| | 주소 | | 전화번호 | | |
| | 해당 산지에 대한 권리관계 | | | | |

| 산 지<br>소유자 | 성명 | | 생년월일 | | |
|---|---|---|---|---|---|
| | 주소 | | 전화번호 | | |

| 일시사용<br>산지내역 | 소재지 | 지번 | 지목 | 면적(㎡) | | | |
|---|---|---|---|---|---|---|---|
| | | | | 계 | 임업용<br>산 지 | 공익용<br>산 지 | 준보전<br>산 지 |
| | 계 | | | | | | |
| | | | | | | | |
| | | | | | | | |

| 일시사용<br>목  적 | |
|---|---|

| 일시사용<br>기  간 | 당초(신규) | 변경 |
|---|---|---|

| 변경사항 | 변경 전 | 변경 후 | 사  유 |
|---|---|---|---|
| | | | |

「산지관리법」 제15조의2제2항·제3항 및 같은 법 시행규칙 제15조의3제1항·제15조의4제2항에 따라 위와 같이 산지일시사용 [ ]신고 [ ]변경신고 [ ]기간연장신고를 합니다.

년    월    일

신고인
(서명 또는 인)

산림청장, 시장·군수·구청장, 지방산림청국유림관리소장, 국립수목원장,
국립산림품종관리센터장, 국립산림과학원장, 국립자연휴양림관리소장    귀하

* 신청인 제출서류, 담당 공무원 확인사항, 수수료, 행정정보 공동이용 동의서: 뒤쪽 참조

| 처리절차 |
|---|

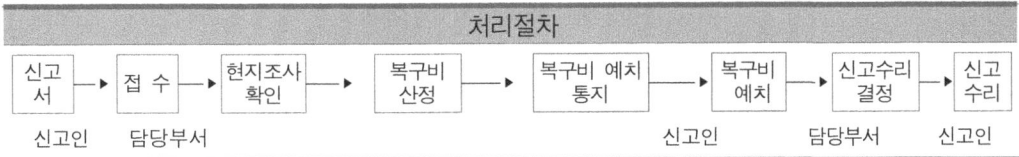

210mm×297mm[백상지(80g/㎡) 또는 중질지(80g/㎡)]

(뒤쪽)

| | |
|---|---|
| 신청인<br>제출서류 | 1. 산지일시사용신고<br>　가. 사업계획서(산지일시사용의 목적, 사업기간, 일시사용하려는 산지의 이용계획, 입목처리계획, 토석처리계획 및 피해방지계획 등이 포함되어야 합니다) 1부<br>　나. 일시사용하려는 산지의 소유권 또는 사용·수익권을 증명할 수 있는 서류 1부(토지 등기사항증명서로 확인할 수 없는 경우에 한정하고, 사용·수익권을 증명할 수 있는 서류에는 사용·수익권의 범위 및 기간이 명시되어야 합니다)<br>　다. 산지일시사용예정지가 표시된 축척 2만5천분의 1 이상의 지적이 표시된 지형도(「토지이용규제 기본법」 제12조에 따라 국토이용정보체계에 지적이 표시된 지형도의 데이터베이스가 구축되어 있지 아니하거나 지형과 지적의 불일치로 지형도의 활용이 곤란한 경우에는 지적도) 1부<br>　라. 「공간정보의 구축 및 관리 등에 관한 법률」 제44조제3항에 따른 측량업의 등록을 한 자 또는 「국가공간정보 기본법」 제12조에 따라 설립된 한국국토정보공사가 측량한 축척 6천분의 1부터 1천200분의 1까지의 산지일시사용예정지실측도 1부. 다만, 다음의 경우에는 그 구분에 따른 서류를 대신 제출할 수 있습니다.<br>　　1) 「산지관리법 시행령」 별표 3의3 제3호가목 및 제4호가목에 해당하는 경우: 임도설계도서<br>　　2) 「산지관리법 시행령」 별표 3의3 제3호나목 및 제4호나목·다목에 해당하는 경우: 해당 노선이 표시된 임야도 사본<br>　　3) 「산지관리법 시행령」 별표 3의3 제2호 및 제5호부터 제8호까지에 해당하는 경우: 해당 사업구역이 표시된 임야도 사본<br>　　4) 영 별표 3의3 제1호가목 및 나목에 해당하는 경우로서 해당 토지와 연접한 토지의 경계로부터 20미터 이상 떨어져 있는 경우: 해당 사업구역이 표시된 임야도 사본<br>　마. 복구대상산지의 종단도 및 횡단도(풍력발전시설 진입로의 경우에는 20미터 간격으로 원지반의 경사도가 표시된 진입로의 횡단도를 말합니다)와 복구공종·공법 및 견취도가 포함된 복구계획서 1부(복구하여야 할 산지가 있는 경우에 한정하며, 「산지관리법 시행령」 별표 3의3 제4호나목 및 다목에 해당하는 경우에는 종단도 및 횡단도를 생략하고 제출할 수 있습니다. 다만, 「산지관리법」 제40조제2항 전단에 따라 복구설계서를 제출하려는 경우에는 복구계획서를 갈음하여 「산지관리법 시행규칙」 별지 제40호서식의 복구설계서 승인신청서에 복구설계서를 첨부하여 제출할 수 있습니다) 1부<br>　바. 「농지법」 제49조에 따른 농지원부 사본 1부(「산지관리법 시행규칙」 제7조제1호에 따른 농업인임을 증명하여야 하는 경우만 해당합니다)<br>　사. 「소나무재선충병 방제특별법」 제13조의2에 따른 재선충병방제계획서 1부(같은 법 제9조에 따른 반출금지구역이 포함된 산지를 전용하려는 경우에 한정합니다)<br>　아. 그 밖에 산지일시사용신고의 행위별 조건 및 기준 등의 검토 관련 서류(산지일시사용신고의 행위별 조건 및 기준 등을 추가로 검토할 필요가 있는 경우만 해당합니다)<br>2. 산지일시사용변경신고: 변경사실을 증명할 수 있는 서류 각 1부(토지등기부등본으로 확인할 수 없는 경우만 해당합니다)<br>3. 산지일시사용기간 연장신고: 산지의 소유권 또는 사용·수익권을 증명할 수 있는 서류 1부(토지등기부등본으로 확인할 수 없는 경우만 해당합니다) |
| 담당 공무원<br>확인사항 | 1. 토지등기부등본(신고인이 토지의 소유자인 경우만 해당합니다)<br>2. 축산업등록증(신고인이 농업인을 증명하여야 하는 경우만 해당합니다) |
| 수 수 료 | 1. 산지일시사용신고<br>　가. 신고하려는 산면적이 1만제곱미터 이하인 경우: 5천원<br>　나. 신고하려는 산면적이 1만제곱미터를 초과하는 경우: 5천원에 그 초과면적 2천제곱미터마다 1천원을 가산한 금액<br>2. 산지일시사용변경신고: 없음<br>3. 산지일시사용기간연장신고: 없음 |

### 행정정보 공동이용 동의서

본인은 이 건 업무처리와 관련하여 담당 공무원이 「전자정부법」 제36조제1항에 따른 행정정보의 공동이용을 통하여 위의 담당 공무원 확인 사항 중 제2호의 축산업등록증을 확인하는 것에 동의합니다.
* 신고인이 확인에 동의하지 않는 경우에는 축산업등록증 사본을 첨부해야 합니다.

신청인　　　　　　　　　　　　(서명 또는 인)

[별지 제7호의5서식] <개정 2019.9.24>

# 산지일시사용 [허가·신고] [　]협의요청서 [　]변경협의요청서

(앞쪽)

| 접수번호 | | 접수일자 | | 처리일자 | | 처리기간 | 30일 |
|---|---|---|---|---|---|---|---|
| 협의 구분 | | [ ] 산지일시사용허가　　[ ] 산지일시사용신고 ||||||
| 협의요청 기관장 | |||||||
| 산지일시사용 목적 | |||||||
| 근거법령 | |||||||

| 일시사용 산지내역 | 소재지 | | | | | 번지 외　필지 | |
|---|---|---|---|---|---|---|---|
| | 구분 | 계 | 보전산지(㎡) | | 준보전산지 (㎡) | | |
| | | | 임업용산지 | 공익용산지 | | | |
| | 계 | | | | | | |
| | 국유지 | | | | | | |
| | 공유지 | | | | | | |
| | 사유지 | | | | | | |

| 변경사항 | 변경 전 | 변경 후 | 사 유 |
|---|---|---|---|
| | | | |
| | | | |

「산지관리법」 제15조의2제4항 및 같은 법 시행규칙 제15조의5에 따라 위와 같이 산지일시사용 [허가·신고] [　]협의 [　]변경협의를 요청합니다.

년　　월　　일

요청인　　　　　　　　　　　　　　(서명 또는 인)

**산림청장, 시·도지사, 시장·군수·구청장,
지방산림청장, 지방산림청국유림관리소장, 국립수목원장,　　　귀하
국립산림품종관리센터장, 국립산림과학원장, 국립자연휴양림관리소장**

* 첨부서류, 수수료, 유의사항: 뒤쪽 참조

210mm×297mm[백상지(80g/㎡) 또는 중질지(80g/㎡)]

(뒤쪽)

| | |
|---|---|
| 첨부서류 | 1. 산지일시사용허가에 관한 협의<br>　가. 사업계획서(산지일시사용의 목적, 사업기간, 일시사용하려는 산지의 이용계획, 입목처리계획, 토석처리계획 및 피해방지계획 등이 포함되어야 합니다) 1부<br>　나. 「산지관리법」 제18조의2에 따른 산지전용타당성조사에 관한 결과서 1부. 이 경우 해당 결과서는 허가신청일 전 2년 이내에 완료된 산지전용타당성조사의 결과서를 말합니다.<br>　다. 일시사용하려는 산지의 소유권 또는 사용·수익권을 증명할 수 있는 서류(토지 등기사항증명서로 확인할 수 없는 경우에 한정하고, 사용·수익권을 증명할 수 있는 서류에는 사용·수익권의 범위 및 기간이 명시되어야 합니다) 1부<br>　라. 산지일시사용예정지가 표시된 축척 2만5천분의 1 이상의 지적이 표시된 지형도(「토지이용규제 기본법」 제12조에 따라 국토이용정보체계에 지적이 표시된 지형도의 데이터베이스가 구축되어 있지 아니하거나 지형과 지적의 불일치로 지형도의 활용이 곤란한 경우에는 지적도) 1부<br>　마. 「공간정보의 구축 및 관리 등에 관한 법률」 제44조제3항에 따른 측량업의 등록을 한 자 또는 「국가공간정보 기본법」 제12조에 따라 설립된 한국국토정보공사가 측량한 축척 6천분의 1부터 1천200분의 1까지의 산지일시사용예정지 실측도 1부<br>　바. 산림기술용역업자 또는 산림사업시행업자 소속 산림기술자로서 「산림기술 진흥 및 관리에 관한 법률 시행령」 별표 5의 산림 조사사업의 배치기준에 해당하는 사람이 조사·작성한 산림조서(숲의 종류, 임상, 나무의 종류, 숲의 나이, 평균나무높이, 입목축적을 포함하고, 허가신청일 전 2년 이내에 조사·작성된 것으로서 수목이 있는 경우에 한정합니다) 1부<br>　사. 복구대상산지의 종단도 및 횡단도와 복구공종·공법 및 견취도가 포함된 복구계획서 1부(복구하여야 할 산지가 있는 경우에 한정하며, 「산지관리법」 제40조제2항 전단에 따라 복구설계서를 제출하려는 경우에는 복구계획서를 갈음하여 「산지관리법 시행규칙」 별지 제40호서식의 복구설계서 승인신청서에 복구설계서를 첨부하여 제출할 수 있습니다)<br>　아. 다음의 어느 하나에 해당하는 사람이 조사·작성한 표고조사서 및 평균경사도조사서(수치지형도를 이용하여 표고 및 평균경사도를 산출한 경우에는 원본이 저장된 디스크 등 저장장치를 포함합니다) 1부. 다만, 「산지관리법 시행규칙」 제4조제2항제5호에 따라 평균경사도조사서를 제출한 경우와 일시사용하려는 산지의 면적(동일인이 다수의 산지일시사용허가를 신청한 경우에는 목적사업의 동일성이 인정되는 범위에서 허가를 신청한 산지의 면적을 합산하여 산정한 면적을 말합니다)이 660제곱미터 미만인 경우에는 평균경사도조사서를 제출하지 않습니다.<br>　　1) 「산림기술 진흥 및 관리에 관한 법률 시행령」 별표 3에 따른 산림공학기술자<br>　　2) 「국가기술자격법」에 따른 산림기사·토목기사·측량 및 지형공간정보기사 이상의 자격을 취득한 사람<br>　　3) 「국가기술자격법」에 따른 산림산업기사·토목산업기사·측량 및 지형공간정보산업기사 자격을 취득한 후 해당 분야에서 10년 이상 종사한 경력이 있는 사람<br>　자. 「농지법」 제49조에 따른 농지원부 사본(「산지관리법 시행규칙」 제7조제1호에 따른 농업인임을 증명하여야 하는 경우만 해당합니다) 1부<br>　차. 「소나무재선충병 방제특별법」 제13조의2에 따른 재선충병방제계획서 1부(같은 법 제9조에 따른 반출금지구역이 포함된 산지를 일시사용하려는 경우에 한정합니다) |
| | 2. 산지일시사용신고에 관한 협의<br>　가. 사업계획서(산지일시사용의 목적, 사업기간, 일시사용하려는 산지의 이용계획, 입목처리계획, 토석처리계획 및 피해방지계획 등이 포함되어야 합니다) 1부<br>　나. 일시사용하려는 산지의 소유권 또는 사용·수익권을 증명할 수 있는 서류 1부(토지 등기사항증명서로 확인할 수 없는 경우에 한정하며, 사용·수익권을 증명할 수 있는 서류에는 사용·수익권의 범위 및 기간이 명시되어야 합니다)<br>　다. 산지일시사용예정지가 표시된 축척 2만5천분의 1 이상의 지적이 표시된 지형도(「토지이용규제 기본법」 제12조에 따라 국토이용정보체계에 지적이 표시된 지형도의 데이터베이스가 구축되어 있지 아니하거나 지형과 지적의 불일치로 지형도의 활용이 곤란한 경우에는 지적도) 1부<br>　라. 「공간정보의 구축 및 관리 등에 관한 법률」 제44조제3항에 따른 측량업의 등록을 한 자 또는 「국가공간정보 기본법」 제12조에 따라 설립된 한국국토정보공사가 측량한 축척 6천분의 1부터 1천200분의 1까지의 산지일시사용예정지 실측도 1부. 다만, 「산지관리법 시행규칙」 제15조의3제3항에 따라 산지일시사용예정지실측도를 대신하여 임도설계도서 등을 제출할 수 있습니다)<br>　마. 복구대상산지의 종단도 및 횡단도(풍력발전시설 진입로의 경우에는 20미터 간격으로 원지반의 경사도가 표시된 진입로의 횡단도를 말합니다)와 복구공종·공법 및 견취도가 포함된 복구계획서 1부(복구하여야 할 산지가 있는 경우에 한정하며, 「산지관리법 시행령」 별표 3의3 제4호나목 및 다목에 해당하는 경우에는 종단도 및 횡단도를 생략하고 제출할 수 있습니다. 다만, 「산지관리법」 제40조제2항 전단에 따라 복구설계서를 제출하려는 경우에는 복구계획서를 갈음하여 「산지관리법 시행규칙」 별지 제40호서식의 복구설계서 승인신청서에 복구설계서를 첨부하여 제출할 수 있습니다)<br>　바. 「농지법」 제49조에 따른 농지원부 사본 1부(「산지관리법 시행규칙」 제7조제1호에 따른 농업인임을 증명하여야 하는 경우만 해당됩니다)<br>　사. 「소나무재선충병 방제특별법」 제13조의2에 따른 재선충병방제계획서 1부(같은 법 제9조에 따른 반출금지구역이 포함된 산지를 일시사용하려는 경우에 한정합니다)<br>　아. 그 밖에 산지일시사용신고의 행위별 조건 및 기준 등의 검토 관련 서류(산지일시사용신고의 행위별 조건 및 기준 등을 추가로 검토할 필요가 있는 경우만 해당합니다) |
| | 3. 산지일시사용 변경협의: 변경협의와 관련된 서류 |
| 수수료 | 1. 산지일시사용허가에 관한 협의<br>　가. 허가신청면적이 1만제곱미터 이하인 경우: 2만원<br>　나. 허가신청면적이 1만제곱미터를 초과하는 경우: 2만원에 그 초과면적 1천제곱미터마다 2천원을 가산한 금액<br>2. 산지일시사용신고에 관한 협의<br>　가. 신고하려는 산지면적이 1만제곱미터 이하인 경우: 5천원<br>　나. 신고하려는 산지면적이 1만제곱미터를 초과하는 경우: 5천원에 그 초과면적 2천제곱미터마다 1천원을 가산한 금액<br>3. 산지일시사용 변경협의: 없음 |

### 유의사항

「공익사업을 위한 토지 등의 취득 및 보상에 관한 법률」 제19조에 따라 토지등을 수용 또는 사용하는 경우에는 산지의 소유권 또는 사용·수익권을 증명할 수 있는 서류는 제출하지 않습니다.

[별지 제8호서식] <개정 2013.1.23>

# 산지전용기간 연장허가신청서

※ 색상이 어두운 란은 신청인이 적지 않습니다.

| 접수번호 | | 접수일 | | 처리일 | | | 처리기간 | 5일 | |
|---|---|---|---|---|---|---|---|---|---|
| 신청인 | 성명 | | | | | 생년월일 | | | |
| | 주소 | | | | | 전화번호 | | | |
| | 해당 산지에 대한 권리관계 | | | | | | | | |
| 산 지 소유자 | 성명 | | | | | 생년월일 | | | |
| | 주소 | | | | | 전화번호 | | | |
| 소재지 및 전용면적 | | 소재지 | | 지번 | 지목 | 전용면적(㎡) | | | |
| | | | | | | 계 | 임업용 산지 | 공익용 산지 | 준보전 산지 |
| | | | | | | | | | |
| 전용목적 | | | | | | | | | |
| 전용 연월일 및 번호 | | | | | | | | | |
| 전용기간 | | | | | | | | | |
| 연장기간 | | | | | | | | | |
| 연장사유 | | | | | | | | | |

「산지관리법」 제17조제2항, 같은 법 시행령 제19조제1항 및 같은 법 시행규칙 제17조제1항에 따라 위와 같이 산지전용기간의 연장허가를 신청합니다.

년 월 일

신청인 (서명 또는 인)

**산림청장**
**시·도지사, 시장·군수·구청장** 귀하
**지방산림청장, 지방산림청국유림관리소장**

| 첨부서류 | 산지의 소유권 또는 사용·수익권을 증명할 수 있는 서류(토지 등기사항증명서로 확인할 수 없는 경우만 해당합니다) | 수수료 없음 |
|---|---|---|
| 담당 공무원 확인사항 | 토지 등기사항증명서(신청인이 토지의 소유자인 경우만 해당합니다) | |

### 처리절차

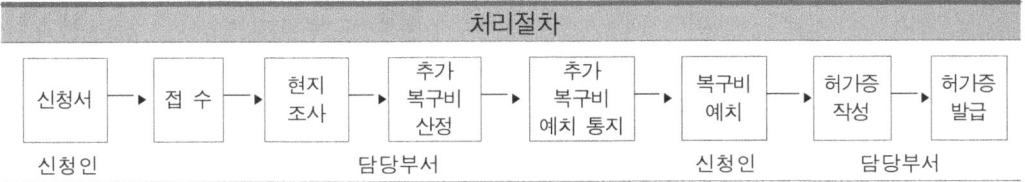

210mm×297mm(백상지 80g/㎡)

[별지 제9호서식] 삭제 <개정 2013.1.23>

[별지 제9호의2서식] <개정 2015.12.30, 2017.6.2>

## 산지전용타당성조사신청서

| 접수번호 | | 접수일자 | | 처리일자 | | 처리기간 수수료 납부일부터90일 | | |
|---|---|---|---|---|---|---|---|---|
| 신청구분 | [ ] 지역·지구 등 협의 | | | [ ] 산지전용허가 | | | [ ] 산지일시사용허가 | |

| 신청인 | 성명 | | | | 생년월일 | | | |
|---|---|---|---|---|---|---|---|---|
| | 주소 | | | | 전화번호 | | | |
| | 해당 산지에 대한 권리관계 | | | | | | | |

| 산지내역 | 소재지 | 지번 | 지목 | 면적(㎡) | | | |
|---|---|---|---|---|---|---|---|
| | | | | 계 | 임업용 산지 | 공익용 산지 | 준보전 산지 |
| | | | | | | | |
| | | | | | | | |
| | | | | | | | |

| 신청목적 | |
|---|---|

「산지관리법」 제18조의2제1항 및 같은 법 시행규칙 제18조제1항에 따라 위와 같이 산지전용타당성조사를 신청합니다.

년    월    일

신청인                    (서명 또는 인)

## 한국산지보전협회장 귀하

| 첨부서류 | 1. 지역등의 지정·결정을 위한 협의<br>　가. 지역등의 지정 또는 결정의 목적·필요성 및 산지의 이용계획에 관한 서류 1부<br>　나. 지역등을 지정 또는 결정하고자 하는 산지의 지번·지목·면적·소유자·산지의 구분 등이 표시된 산지내역서 1부(지역등의 지정 또는 결정으로 인하여 보전산지의 변경지정 또는 해제가 수반되지 아니하는 경우에는 이를 제외할 수 있다)<br>　다. 지정 또는 결정하고자 하는 지역등이 표시된 축척 2만5천분의 1 이상의 지적이 표시된 지형도(「토지이용규제 기본법」 제12조에 따라 국토이용정보체계의 지적이 표시된 지형도의 데이터베이스가 구축되어 있지 아니하거나 지형과 지적의 불일치로 지형도의 활용이 곤란한 경우에는 지적도) 1부<br>2. 산지전용허가·산지일시사용허가<br>　가. 사업계획서(산지전용·산지일시사용의 목적, 사업기간, 전용·일시사용을 하고자 하는 산지의 이용계획, 입목처리계획, 토석처리계획 및 피해방지계획 등이 포함되어야 합니다) 1부<br>　나. 산지전용·산지일시사용예정지가 표시된 축척 2만5천분의 1 이상의 지적이 표시된 지형도(「토지이용규제 기본법」 제12조에 따라 국토이용정보체계에 지적이 표시된 지형도의 데이터베이스가 구축되어 있지 아니하거나 지형과 지적의 불일치로 지형도의 활용이 곤란한 경우에는 지적도) 1부<br>　다. 「공간정보의 구축 및 관리 등에 관한 법률」 제44조제3항에 따른 측량업의 등록을 한 자 또는 「국가공간정보 기본법」 제12조에 따라 설립된 한국국토정보공사가 측량한 축척 6천분의 1부터 1천200분의 1 산지전용·산지일시사용예정지실측도 1부<br>　라. 복구대상산지의 종단도 및 횡단도와 복구공종·공법 및 견취도가 포함된 복구계획서 1부(복구하여야 할 산지가 있는 경우에 한정하며, 「산지관리법」 제40조제2항 전단에 따라 복구설계서를 제출하려는 경우에는 복구계획서를 갈음하여 복구설계서를 제출할 수 있습니다) |
|---|---|

210mm×297mm[백상지(80g/㎡) 또는 중질지(80g/㎡)]

[별지 제9호의3서식] <개정 2015.12.30>

## 산지전용타당성조사 결과 공개서

| 신청구분 | [ ] 지역·지구 등 협의 | | [ ] 산지전용허가 | [ ] 산지일시사용허가 |
|---|---|---|---|---|
| 산지내역 | | | 번지 외 | 필지 |
| | 계 | 임업용산지 | 공익용산지 | 준보전산지 |
| | m² | m² | m² | m² |
| 신청목적 | | | | |

조 사 결 과

| 입목축적 | 해당 산지의 ha당 입목축적(A) | 해당 시·군·구의 ha당 입목축적(B) | 기준 적합여부 |
|---|---|---|---|
| | m² | m² | |
| 평 균 경사도 | 해당 산지의 평균경사도 | 기준 경사도 | 기준 적합여부 |
| | 도 | 도 | |
| 표 고 조사서 | 해당 산지 최상단부의 표고 | 산정부 표고 | 기준 표고 | 기준 적합여부 |
| | m | m | | |

기타사항

종합의견

「산지관리법」 제18조의3 및 같은 법 시행규칙 제18조제5항에 따라 위와 같이 산지전용타당성조사 결과를 공개합니다.

년    월    일

한 국 산 지 보 전 협 회 장   [직인]

210mm×297mm[백상지 80g/m²]

[별지 제9호의4서식] <개정 2015.12.30>

# 이의신청서

| 접수번호 | | 접수일자 | | 처리일자 | | 처리기간 | 60일 |
|---|---|---|---|---|---|---|---|
| 신청인 | 대표자 성명 | | | | 생년월일 | | |
| | 주소 | | | | 전화번호 | | |
| 이의신청 대상사업 | 사업명(사업목적) | | | | | | |
| | 사업자성명(법인명) | | | | | | |
| | 사업자주소 | | | | | | |
| | 사업소재지 | | | | | | |

이의신청 사유 및 구체적 내용

「산지관리법」 제18조의5 및 같은 법 시행규칙 제18조의3제2항에 따라 위와 같이 이의신청서를 제출합니다.

년    월    일

신청인                            (서명 또는 인)

**산림청장, 시·도지사, 시장·군수·구청장,**
**지방산림청장, 지방산림청국유림관리소장, 국립수목원장,**    귀하
**국립산림품종관리센터장, 국립산림과학원장, 국립자연휴양림관리소장**

| 첨부서류 | 1. 이의신청 사유 및 구체적 내용을 입증할 수 있는 서류 1부<br>2. 허가·협의의 대상인 사업구역의 경계로부터 반경 500미터 안에 소재하는 가옥의 소유자, 주민(실제로 거주하고 있는 「주민등록법」에 따른 세대주를 말합니다), 공장의 소유자·대표자 및 종교시설의 대표자 전체 인원의 과반수의 연대서명을 받은 연대서명서(서명인의 성명, 생년월일 및 주소 등이 기재되어 있어야 합니다) 1부 | 수수료<br>없 음 |
|---|---|---|

## 처리절차

이의신청서 (이의신청인) → 접수 (담당부서) → 전문기관 지정 / 조사협의체 위원추천 요청 (담당부서) → 위원추천 3명 / 3명 / 3명 (이의신청인 / 담당부서 / 지역등의 지정·결정협의 또는 산지전용허가·협의, 산지일시사용허가 협의를 받은자) → 조사협의체 위원 위촉 (9명) (담당부서) → 조사·검토결과 확정 → 조사검토결과 통보 (이의신청인, 지역등의 지정·결정협의 또는 산지전용허가·협의, 산지일시사용허가·협의를 받은자)

210mm×297mm[백상지(80g/㎡) 또는 중질지(80g/㎡)]

[별지 제10호서식] <개정 2018.11.12>

# 대체산림자원조성비 분할납부신청서

※ 색상이 어두운 란은 신청인이 적지 않습니다.

| 접수번호 | | 접수일 | | 처리일 | | 처리기간 10일 | |
|---|---|---|---|---|---|---|---|
| 신청인 | 성명 | | | | 생년월일 | | |
| | 주소 | | | | 전화번호 | | |

| 부과내용 | 구 분 | 면 적(㎡) | 금 액(원) |
|---|---|---|---|
| | 계 | | |
| | 보전산지 | | |
| | 준보전산지 | | |

| 신청사항 | 납부기한 | 1차 | 2차 | 3차 |
|---|---|---|---|---|
| | | 년 월 일 | 년 월 일 | 년 월 일 |
| | 대체산림자원조성비(원) | | | |
| | 사 유 | | | |

「산지관리법」 제19조제2항, 같은 법 시행령 제21조제2항 및 같은 법 시행규칙 제19조제1항에 따라 위와 같이 대체산림자원조성비의 분할납부를 신청합니다.

년 월 일

신청인 (서명 또는 인)

산림청장, 시·도지사, 시장·군수·구청장
지방산림청장, 지방산림청국유림관리소장, 국립수목원장  귀하
국립산림품종관리센터장, 국립산림과학원장, 국립자연휴양림관리소장

| 첨부서류 | 없 음 | 수수료 없 음 |
|---|---|---|

## 처리절차

신청서 → 접 수 → 검토·확인 → 분할납부 결정 → 분할납부 통지 → 대체산림 자원조성비예치
신청인         담당부서                           신청인

210mm×297mm(백상지 80g/㎡)

[별지 제11호서식] <개정 2014.7.2>

# 대체산림자원조성비 납부고지 및 수납대장

| 고지번호 | 고지월일 | 납부기간 | 납부월일 | 납부자 | | | 부과면적 (㎡) | | 부과금액 (원) | | 부과단가 (원) | 감면율 (%) | 전용목적 |
|---|---|---|---|---|---|---|---|---|---|---|---|---|---|
| | | | | 주소 | 성명 | 생년월일 | 보전산지 | 준보전산지 | 보전산지 | 준보전산지 | | | |
| | | | | | | | | | | | | | |
| | | | | | | | | | | | | | |
| | | | | | | | | | | | | | |
| | | | | | | | | | | | | | |
| | | | | | | | | | | | | | |
| | | | | | | | | | | | | | |
| | | | | | | | | | | | | | |
| | | | | | | | | | | | | | |
| | | | | | | | | | | | | | |

210mm×297mm(백상지 80g/㎡)

[별지 제12호서식] <개정 2018.11.12>

# 대체산림자원조성비 납부기간연장신청서

※ 색상이 어두운 란은 신청인이 적지 않습니다.

| 접수번호 | | 접수일 | | 처리일 | | 처리기간 10일 | |
|---|---|---|---|---|---|---|---|
| 신청인 | 성명 | | | | 생년월일 | | |
| | 주소 | | | | 전화번호 | | |
| 허가사항 | 전용목적 | | | | | | |
| | 납부기간 | | | 고지번호 | | | |
| | 대체산림자원조성비 | 계 | | 보전산지 | | 준보전산지 | |
| | | | 원 | | 원 | | 원 |
| 신청사항 | 연장사유 | | | | | | |
| | 연장기간 | | | | | | |

「산지관리법」 제19조제10항, 같은 법 시행령 제24조제2항 및 같은 법 시행규칙 제21조제1항에 따라 위와 같이 대체산림자원조성비의 납부기간 연장을 신청합니다.

년    월    일

신청인                     (서명 또는 인)

**산림청장, 시·도지사, 시장·군수·구청장
지방산림청장, 지방산림청국유림관리소장, 국립수목원장    귀하
국립산림품종관리센터장, 국립산림과학원장, 국립자연휴양림관리소장**

| 첨부서류 | 대체산림자원조성비 납부재원 조달계획서와 그 사실을 증명할 수 있는 서류 | 수수료 없음 |
|---|---|---|

## 처리절차

| 신청서 | → | 접 수 | → | 검토·확인 | → | 납부기간연장 결정 | → | 납부기간연장 통지 | → | 대체산림자원조성비 납부 |
|---|---|---|---|---|---|---|---|---|---|---|
| 신청인 | | | | | | 담당부서 | | | | 신청인 |

210mm×297mm(백상지 80g/㎡)

[별지 제13호서식] <개정 2016.12.30>

# 용도변경승인신청서

(앞쪽)

※ 색상이 어두운 란은 신청인이 적지 않습니다.

| 접수번호 | | 접수일 | | 처리일 | | 처리기간 | 20일 |
|---|---|---|---|---|---|---|---|
| 신청인 | 성명 | | | | 생년월일 | | |
| | 주소 | | | | 전화번호 | | |
| 허가<br>(신고)<br>사항 | 허가(신고)번호 | | | | 허가(신고)일 | | |
| | 소재지 | | | | | | |

| 변경신청<br>사항 | 구 분 | 변경 전 | 변경신청 | 비 고 |
|---|---|---|---|---|
| | 면적(㎡) | | | |
| | 용도(목적) | | | |
| | 명의 | | | |

### 신청토지의 지번별 내용

| 소재지 | | | 지번 | 지목 | 면적(㎡) | 용도변경<br>전(㎡) | 변경신청<br>(㎡) |
|---|---|---|---|---|---|---|---|
| 시·군 | 읍·면 | 리·동 | | | | | |
| | | | | | | | |
| | | | | | | | |

「산지관리법」 제21조제1항 및 같은 법 시행규칙 제23조제1항에 따라 위와 같이 용도변경의 승인을 신청합니다.

년    월    일

신청인                    (서명 또는 인)

산림청장, 시·도지사, 시장·군수·구청장
지방산림청장, 지방산림청국유림관리소장, 국립수목원장    귀하
국립산림품종관리센터장, 국립산림과학원장, 국립자연휴양림관리소장

| 첨부서류 | 뒤쪽 참조 |
|---|---|

210mm×297mm(백상지 80g/㎡)

(뒤쪽)

| 첨부서류 | 1. 용도변경의 목적 등을 기재한 사업계획서 1부<br>2. 「공간정보의 구축 및 관리 등에 관한 법률」 제44조제3항에 따른 측량업의 등록을 한 자 또는 「국가공간정보 기본법」 제12조에 따라 설립된 한국국토정보공사가 측량한 축척 6천분의 1부터 1천200분의 1까지의 용도변경예정지가 표시된 실측도 1부(산지전용・산지일시사용의 허가 신청 또는 산지전용・산지일시사용의 신고를 하는 경우에 제출한 예정지실측도의 축척과 같은 축척으로 하되, 그 허가를 받았거나 신고를 한 산지와 용도변경예정지의 경계 및 면적이 동일한 경우에는 제출하지 않을 수 있습니다)<br>3. 피해방지시설의 설치계획 등이 포함된 피해방지계획서 1부(용도변경으로 인하여 토사유출・폐수배출 또는 악취발생 등이 우려되는 경우만 해당합니다) | 수수료<br>5천원 |
|---|---|---|

### 처리절차

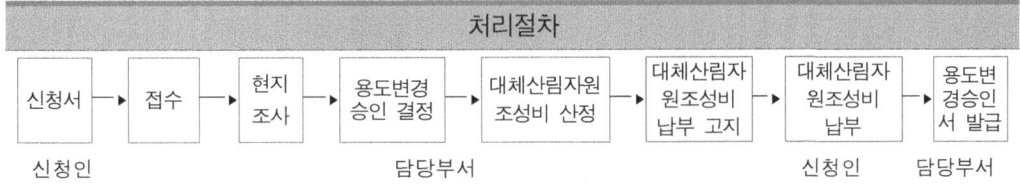

신청서 → 접수 → 현지조사 → 용도변경 승인 결정 → 대체산림자원 조성비 산정 → 대체산림자원 조성비 납부 고지 → 대체산림자원 조성비 납부 → 용도변경승인서 발급

신청인 / 담당부서 / 신청인 / 담당부서

[별지 제14호서식] <개정 2014.7.2>

| 승인번호 | 승인일자 | 신청인 | | | 산지소재지 | | | | | | 용도변경 전 | | | 용도변경 후 | | |
|---|---|---|---|---|---|---|---|---|---|---|---|---|---|---|---|---|
| | | 성명 | 생년월일 | 주소 | 시·군 | 읍·면 | 리·동 | 지번 | 지목 | 지적 (㎡) | 면적 (㎡) | 용도 (목적) | 명의 | 면적 (㎡) | 용도 (목적) | 명의 |

용도변경승인대장

210mm×297mm(백상지 80g/㎡)

[별지 제15호서식] <개정 2013.1.23>

# 용도변경승인서

| 신청인 | 성명 | | 생년월일 | |
|---|---|---|---|---|
| | 주소 | | 전화번호 | |

| 승인사항 | 허가(신고)번호 | | 허가(신고)일 | |
|---|---|---|---|---|
| | 산지 소재지 | | | |
| | 구분 | 변경 전 | 변경승인 | 비고 |
| | 면적(㎡) | | | |
| | 용도 | | | |
| | 명의 | | | |

### 승인토지의 지번별 내용

| 소재지 | | | 지번 | 지목 | 면적<br>(㎡) | 용도변경<br>전(㎡) | 변경승인<br>(㎡) |
|---|---|---|---|---|---|---|---|
| 시·군 | 읍·면 | 리·동 | | | | | |
| | | | | | | | |
| | | | | | | | |

「산지관리법」제21조제1항 및 같은 법 시행규칙 제23조제2항에 따라 위와 같이 용도변경을 승인합니다.

년    월    일

산림청장, 시·도지사, 시장·군수·구청장
지방산림청장, 지방산림청국유림관리소장, 국립수목원장
국립산림품종관리센터장, 국립산림과학원장,
국립자연휴양림관리소장

직인

210mm×297mm(백상지 80g/㎡)

[별지 제16호서식] <개정 2019.9.24>

# 토석채취 [ ] 허가 / [ ] 변경허가 / [ ] 기간연장허가 신청서

※ [ ]에는 해당되는 곳에 √표를 하고, 색상이 어두운 란은 신청인이 적지 않습니다. (앞쪽)

| 접수번호 | 접수일 | 처리일 | 처리기간<br>토석채취허가(변경허가) 30일<br>토석채취기간연장허가 10일 |
|---|---|---|---|

| 신청인 | 성명 | | 생년월일 | |
|---|---|---|---|---|
| | 주소 | | 전화번호 | |
| | 해당 산지에 대한 권리관계 | | | |

| 산지<br>소유자 | 성명 | | 생년월일 | |
|---|---|---|---|---|
| | 주소 | | 전화번호 | |

| 산지소재지 | |
|---|---|

| 산지편입<br>면적 | 토석채취장 | 부대시설 | | | | | 완충구역 |
|---|---|---|---|---|---|---|---|
| | | 계 | 산물처리장 | 진입로 | 관리사무소 | 그 밖의<br>시설 | |
| | ㎡ | ㎡ | ㎡ | ㎡ | ㎡ | ㎡ | ㎡ |

| 반출기간 | | 벌채기간 | |
|---|---|---|---|

| 토석채취<br>계 획 | 용도 | 토석의 종류 | 신청량 | | 채취방법 |
|---|---|---|---|---|---|
| | | | 매장량 | 가채매장량 | |
| | | | ㎡ | ㎡ | |

| 입목벌채 | 벌채구역면적 | 나무의 종류 | 본수 | 재적 |
|---|---|---|---|---|
| | ㎡ | | 본 | ㎡ |

| 변경사항 | 변경 전 | 변경 후 | 사 유 |
|---|---|---|---|
| | | | |

「산지관리법」 제25조제1항·제4항, 같은 법 시행령 제32조제1항 및 같은 법 시행규칙 제24조제1항·제26조제1항에 따라 위와 같이 토석채취 [ ]허가 [ ] 변경허가 [ ]기간연장허가를 신청합니다.

년 월 일

신청인 (서명 또는 인)

**시·도지사, 시장·군수·구청장** 귀하

| 첨부서류 | 뒤쪽 참조 |
|---|---|

210mm×297mm(백상지 80g/㎡)

(뒤쪽)

| 첨부서류 | 1. 토석채취허가신청<br>  가. 사업계획서{토석채취허가구역현황, 채취방법, 장비 및 기술인력 보유현황(석재에 한정합니다), 토사처리계획(석재에 한정합니다), 연차별 생산·이용계획 및 피해방지계획을 포함합니다} 1부<br>  나. 허가받으려는 산지의 소유권 또는 사용·수익권을 증명할 수 있는 서류(토지 등기사항증명서로 확인할 수 없는 경우에 한정하고, 사용·수익권을 증명할 수 있는 서류에는 사용·수익권의 범위 및 기간이 명시되어야 합니다) 1부<br>  다. 2인 이상이 공동으로 신청하는 경우에는 그 대표자임을 증명할 수 있는 서류 1부<br>  라. 산림골재채취업에 관한 골재채취업등록증 사본(쇄골재용 석재의 굴취·채취 및 골재용 토사채취의 경우에 한정합니다) 1부<br>  마. 「공간정보의 구축 및 관리 등에 관한 법률」 제44조제3항에 따른 측량업의 등록을 한 자 또는 「국가공간정보 기본법」 제12조에 따라 설립된 한국국토정보공사가 측량한 토석채취허가구역 및 「산지관리법 시행령」 별표 8 제4호에 따른 완충구역이 표시된 축척 6천분의 1부터 1천200분의 1까지의 연차별 토석채취구역실측도 1부<br>  바. 토석채취량에 대하여 「공간정보의 구축 및 관리 등에 관한 법률」 제44조제1항제1호에 따른 측지측량업 또는 같은 법 시행령 제34조제1항제1호 및 제2호에 따른 공공측량업 및 일반측량업으로 등록한 자가 측량한 구적도(求積圖) 1부<br>  사. 산림기술용역업자 또는 산림사업시행업자 소속 산림기술자로서 「산림기술 진흥 및 관리에 관한 법률 시행령」 별표 5의 산림 조사사업의 배치기준에 해당하는 사람이 조사·작성한 산림조사서(숲의 종류, 임상, 나무의 종류, 숲의 나이, 평균나무높이, 입목축적을 포함하고, 허가신청일 전 2년 이내에 작성된 것으로서 수목이 있는 경우에 한정합니다) 1부<br>  아. 복구공종·공법 및 겨냥도가 포함된 복구계획서 1부<br>  자. 「산림자원의 조성 및 관리에 관한 법률 시행규칙」 별표 2에 따른 임도의 설계·시설기준 등에 준하여 작성한 진입로설계서 1부<br>  차. 채석경제성평가보고서(「산지관리법」 제26조제1항에 따라 채석경제성평가를 받아야 하는 경우에 한정합니다) 1부<br>  카. 다음의 어느 하나에 해당하는 사람이 조사·작성한 표고조사서 및 평균경사도조사서(수치지형도를 이용하여 표고 및 평균경사도를 산출한 경우에는 원본이 저장된 디스크 등 저장장치를 포함합니다) 1부.<br>    1) 「산림기술 진흥 및 관리에 관한 법률 시행령」 별표 3에 따른 산림공학기술자<br>    2) 「국가기술자격법」에 따른 산림기사·토목기사·측량및지형공간정보기사 이상의 자격을 취득한 사람<br>    3) 「국가기술자격법」에 따른 산림산업기사·토목산업기사·측량및지형공간정보산업기사 자격을 취득한 후 해당 분야에서 10년 이상 종사한 경력이 있는 사람<br>2. 토석채취변경허가신청: 변경사실을 증명할 수 있는 서류(토지 등기사항증명서로 확인할 수 없는 경우만 해당합니다)<br>3. 토석채취기간연장허가신청<br>  가. 허가받으려는 산지의 소유권 또는 사용·수익권을 증명할 수 있는 서류(토지 등기사항증명서로 확인할 수 없는 경우에 한정하고, 사용·수익권을 증명할 수 있는 서류에는 사용·수익권의 범위 및 기간이 명시되어야 합니다) 1부<br>  나. 채취하지 못한 토석량에 대하여 「공간정보의 구축 및 관리 등에 관한 법률」 제44조제1항제1호에 따른 측지측량업 또는 같은 법 시행령 제34조제1항제1호 및 제2호에 따른 공공측량업 및 일반측량업으로 등록한 자가 측량한 구적도 1부<br>  다. 사업구역의 경계부터 반경 300m 안에 있는 가옥의 소유자, 주민(실제로 거주하고 있는 「주민등록법」에 따른 세대주를 말합니다), 공장의 소유자·대표자 및 종교시설의 대표자 전체 인원의 3분의 2 이상의 동의서(시·도지사 또는 시장·군수·구청장이 토석채취기간을 연장할 경우 인근지역 주민의 피해 등 재해발생이 예상되어 주민 등의 동의가 필요하다고 인정하는 경우에 한정하고, 「환경영향평가법」에 따른 환경영향평가 또는 소규모 환경영향평가를 거친 경우에는 동의서를 제출하지 않습니다) |
|---|---|
| 수수료 | 1. 토석채취허가신청<br>  가. 허가를 신청하는 산지면적이 1만제곱미터 이하인 경우: 2만원<br>  나. 허가를 신청하는 산지면적이 1만제곱미터를 초과하는 경우: 2만원에 그 초과면적 1천제곱미터마다 2천원을 가산한 금액<br>2. 토석채취변경허가신청: 없음<br>3. 토석채취기간연장허가신청: 없음 |
| 담당<br>공무원<br>확인사항 | 토지 등기사항증명서(신청인이 토지의 소유자인 경우만 해당합니다) |

## 처리절차

신청서 → 접수 → 현지조사 → 추가복구비 산정 → 추가복구비 예치 통지 → 추가복구비 예치 → 허가증 작성 → 허가증 발급

신청인 / 담당부서 / 신청인 / 담당부서

[별지 제17호서식] <개정 2019.9.24>

# 토석채취변경신고서

(앞쪽)

※ 색상이 어두운 란은 신고인이 적지 않습니다.

| 접수번호 | | 접수일 | | 처리일 | | 처리기간 | 15일 |
|---|---|---|---|---|---|---|---|

| 신고인 | 성명 | | 생년월일 | |
|---|---|---|---|---|
| | 주소 | | 전화번호 | |
| | 해당 산지에 대한 권리관계 | | | |

| 산 지 소유자 | 성명 | 생년월일 |
|---|---|---|
| | 주소 | 전화번호 |

| 산지소재지 | |
|---|---|

| 산지편입 면적 | 토석채취장 | 부대시설 | | | | | 완충구역 |
|---|---|---|---|---|---|---|---|
| | | 계 | 산물처리장 | 진입로 | 관리사무소 | 그 밖의 시설 | |
| | ㎡ | ㎡ | ㎡ | ㎡ | ㎡ | ㎡ | ㎡ |

| 토석채취 및 반출기간 | | 입목벌채 (굴취)기간 | |
|---|---|---|---|

| 토석채취 계 획 | 용도 | 토석의 종류 | 신고량 | | 채취방법 |
|---|---|---|---|---|---|
| | | | 매장량 | 가채매장량 | |
| | | | ㎡ | ㎡ | |

| 입목벌채 | 벌채구역면적 | 나무의 종류 | 본수 | 나무부피 |
|---|---|---|---|---|
| | ㎡ | | 본 | ㎡ |

| 변경사항 | 변경 전 | 변경 후 | 사 유 |
|---|---|---|---|
| | | | |

「산지관리법」 제25조제1항, 같은 법 시행령 제32조제1항 및 같은 법 시행규칙 제24조제4항에 따라 위와 같이 토석채취변경신고를 합니다.

년    월    일

신고인             (서명 또는 인)

**시·도지사, 시장·군수·구청장**  귀하

* 첨부서류, 담당 공무원 확인사항, 수수료, 처리절차: 뒤쪽 참조

210㎜×297㎜(백상지 80g/㎡)

(뒤쪽)

| 첨부서류 | 1. 토석채취방법, 연차별생산·이용계획, 토사처리계획(석재에 한정합니다) 등 사업계획의 변경<br>　가. 계단식의 토석채취방법, 연차별 생산·이용계획 및 토사처리계획(석재에 한정합니다)에 관한 사업계획서 1부<br>　나. 「공간정보의 구축 및 관리 등에 관한 법률」 제44조제3항에 따른 측량업의 등록을 한 자 또는 「국가공간정보 기본법」 제12조에 따라 설립된 한국국토정보공사(이하 "측량업자 등"이라 합니다)가 측량한 축척 6천부의 1부터 1천200분의 1까지의 연차별 토석채취구역실측도 1부(연차별 생산·이용계획이 변경되는 경우에 한정합니다)<br>　다. 「산림자원의 조성 및 관리에 관한 법률 시행규칙」 별표 2에 따른 임도의 설계·시설기준 등에 준하여 작성한 진입로설계서 1부(진입로 설계가 변경되는 경우에 한정합니다)<br>2. 토석채취허가를 받은 자 및 그 대표자의 명의 변경<br>　가. 허가받으려는 산지의 소유권 또는 사용·수익권을 증명할 수 있는 서류 1부<br>　나. 토석채취허가를 받은 자 및 그 대표자의 명의변경을 증명할 수 있는 서류 1부<br>　다. 이미 허가받은 자의 명의변경동의서 1부<br>　라. 「산지관리법」 제38조제1항 본문에 따라 예치된 복구비의 권리승계를 증명할 수 있는 서류 1부<br>3. 법인명칭의 변경이 없는 법인대표의 변경: 없음<br>4. 법인대표의 변경이 없는 법인명칭의 변경<br>　가. 허가받으려는 산지의 소유권 또는 사용·수익권을 증명할 수 있는 서류 1부<br>　나. 산림골재채취업에 관한 골재채취업등록증 사본 1부(쇄골재용 석재의 굴취·채취 및 골재용 토사채취의 경우에 한정합니다)<br>　다. 「산지관리법」 제38조제1항 본문에 따라 예치된 복구비의 권리승계를 증명할 수 있는 서류 1부<br>5. 토석채취허가를 받은 석재의 용도변경<br>　가. 산림골재채취업에 관한 골재채취업등록증 사본 1부(쇄골재용 석재의 굴취·채취 및 골재용 토사채취의 경우에 한정합니다)<br>　나. 채석경제성평가보고서 1부(「산지관리법」 제26조제1항 본문에 따라 채석경제성평가를 받아야 하는 용도로 변경하는 경우에 한정합니다)<br>6. 토석채취허가를 받은 면적의 축소<br>　가. 측량업자등이 측량한 축척 6천분의 1부터 1천200분의 1까지의 연차별 채석구역실측도 1부(연차별 생산·이용계획이 변경되는 경우에 한정합니다)<br>　나. 복구공종·공법 및 겨냥도가 포함된 복구계획서 1부<br>7. 삭제 <2016. 12. 30.> | 수수료<br>없 음 |
|---|---|---|
| 담당 공무원<br>확인사항 | 1. 토지 등기사항증명서(신고인이 토지의 소유자인 경우만 해당합니다)<br>2. 법인 등기사항증명서(신고인이 법인인 경우만 해당합니다) | |

처리절차

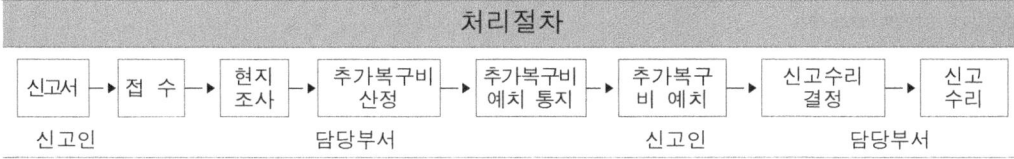

[별지 제18호서식] <개정 2013.1.23>

# 토석채취허가증

| 발급번호 | | 발급일 | |
|---|---|---|---|
| 허가를 받은 자 | 성명 | | 생년월일 |
| | 주소 | | |
| 산지소재지 | | | |

| 허가내용 | 산지편입 면적 | 토석채취장 | 부대시설 ||||| 완충구역 |
|---|---|---|---|---|---|---|---|---|
| | | | 계 | 산물처리장 | 진입로 | 관리사무소 | 그 밖의 시설 | |
| | | m² | m² | m² | m² | m² | m² | m² |
| | 채취계획 | 용도 | 토석의 종류 | 신청량 ||| 채취방법 |
| | | | | 매장량 | 가채매장량 | |
| | | | | m² | m² | |
| | 채취기간 | | | | | |

「산지관리법」 제25조제1항, 같은 법 시행령 제32조제3항 및 같은 법 시행규칙 제24조제8항·제26조제4항에 따라 위와 같이 토석채취를 허가·연장허가 합니다.

년    월    일

**시·도지사**
**시장·군수·구청장** [직인]

## 허가조건

1. 허가를 받은 자는 지체 없이 작업에 착수하고 착수일을 적은 작업착수서를 시·도지사 또는 시장·군수·구청장(이하 "시·도지사등"이라 합니다)에게 제출해야 합니다.
2. 허가를 받은 자는 허가기간 중 작업을 중지하거나 재개하였을 때에는 즉시 그 사유를 적은 작업중지서 또는 작업재개서를 시·도지사등에게 제출해야 합니다.
3. 허가기간이 1년 이상인 경우에는 2차년도 이후의 복구비를 시·도지사등이 매년 발급하는 복구비예치통지서에 따라 예치한 후 토석을 채취해야 합니다.
4. 허가를 받은 자는 허가기간 만료 전이라도 시·도지사등이 목적사업 완료 부분에 대하여 중간복구 명령을 한 경우에는 이에 따라야 합니다.
5. 예치된 복구비는 복구설계서에 따라 복구를 완료하면 시·도지사등이 복구상황을 확인하고 완전히 복구되었다고 인정될 때 반환하며, 기간 내에 복구를 하지 않으면 예치된 복구비로 대집행할 수 있습니다.
6. 허가를 받은 자는 토석채취로 인하여 발생할 재해에 대하여 예방조치를 취해야 합니다.
7. 허가를 받은 자는 허가구역 및 그 인접한 산지의 피해사실을 발견하였을 때에는 즉시 그 사실을 시·도지사등에게 신고해야 합니다.
8. 허가를 받은 자는 허가구역 인근의 잘 보이는 곳에 적색으로 위험표시를 해야 합니다.
9. 허가장소 입구에 다음과 같은 표지판을 설치하되, 그 규격은 가로 90cm, 세로 60cm, 높이 90cm 이상으로 해야 합니다.

    **토석채취 허가현황**
    1. 허가번호:
    2. 소 재 지:
    3. 허가내용(허가면적, 채취용도, 토석의 종류 및 수량, 채취기간 등)
    4. 허가를 받은 자:              (연락처:              )
    5. 허가자:

10. 채취한 토석의 반출은 허가기간 내에 완료해야 하며 반출을 완료하였을 때 또는 허가기간이 만료되었을 때에는 즉시 채취 및 반출 토석의 종류와 수량을 적은 문서와 이 허가증을 첨부한 반출종료서를 시·도지사등에게 제출해야 합니다.

210mm×297mm(백상지 80g/m²)

[별지 제18호의2서식] <개정 2019.9.24>

# 토사채취신고서

(앞쪽)

※ [ ]에는 해당되는 곳에 √표를 하고, 색상이 어두운 란은 신고인이 적지 않습니다.

| 접수번호 | | 접수일 | | 처리일 | | 처리기간 | 15일 |
|---|---|---|---|---|---|---|---|
| 신고인 | 성명 | | | | 생년월일 | | |
| | 주소 | | | | 전화번호 | | |
| | 해당 산지에 대한 권리관계 | | | | | | |
| 산 지 소유자 | 성명 | | | | 생년월일 | | |
| | 주소 | | | | 전화번호 | | |
| 산지 소재지 | | | | | | | |

| 산지편입 면적 | 토석채취장 | 부대시설 | | | | | 완충구역 |
|---|---|---|---|---|---|---|---|
| | | 계 | 산물처리장 | 진입로 | 관리사무소 | 그 밖의 시설 | |
| | ㎡ | ㎡ | ㎡ | ㎡ | ㎡ | ㎡ | ㎡ |

| 토사채취 및 반출기간 | | 입목벌채 (굴취)기간 | |
|---|---|---|---|
| | | | |

| 토석채취 계 획 | 용도 | 토석의 종류 | 신고량 | | 채취방법 |
|---|---|---|---|---|---|
| | | | 매장량 | 가채매장량 | |
| | | | ㎡ | ㎡ | |

| 입목벌채 | 벌채구역면적 | 나무의 종류 | 본수 | 나무부피 |
|---|---|---|---|---|
| | ㎡ | | 본 | ㎡ |

「산지관리법」 제25조제2항 및 같은 법 시행규칙 제24조의2제1항에 따라 위와 같이 토사채취 신고를 합니다.

년 월 일

신고인 (서명 또는 인)

**시장·군수·구청장** 귀하

* 첨부서류, 담당 공무원 확인사항, 수수료: 뒤쪽 참조

210㎜×297㎜(백상지 80g/㎡)

(뒤쪽)

| 첨부서류 | 1. 사업계획서(토사채취신고구역현황, 채취방법, 연차별 생산·이용계획 및 피해방지계획을 포함합니다) 1부<br>2. 신고하려는 산지의 소유권 또는 사용·수익권을 증명할 수 있는 서류 1부(토지등기사항증명서로 확인할 수 없는 경우에 한정하고, 사용·수익권을 증명할 수 있는 서류에는 사용·수익권의 범위 및 기간이 명시되어야 합니다)<br>3. 2인 이상이 공동으로 신청하는 경우에는 그 대표자임을 증명할 수 있는 서류 1부<br>4. 토사채취량에 대하여 「공간정보의 구축 및 관리 등에 관한 법률」 제44조제1항제1호에 따른 측지측량업 또는 같은 법 시행령 제34조제1항제1호 및 제2호에 따른 공공측량업 및 일반측량업으로 등록한 자가 측량한 구적도(求積圖) 1부 | 수수료<br>5천원 |
|---|---|---|
| 담당 공무원<br>확인사항 | 토지 등기사항증명서(신고인이 토지의 소유자인 경우만 해당합니다) | |

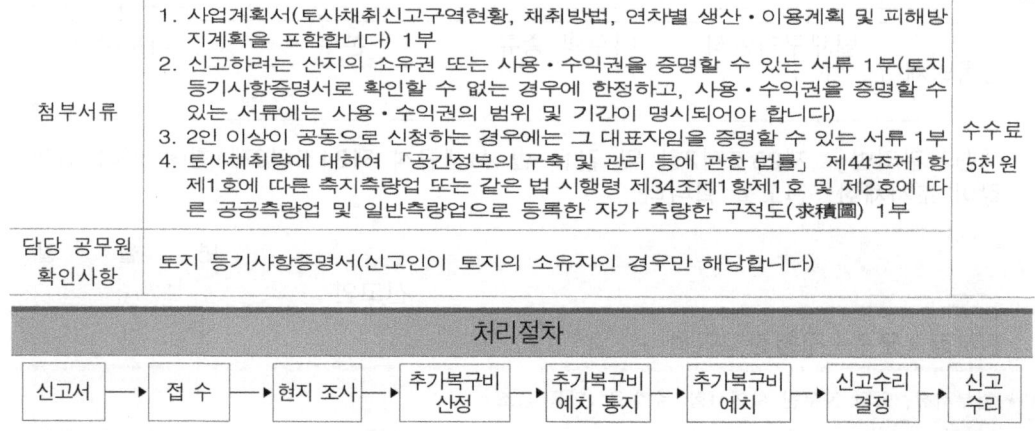

[별지 제18호의3서식] <개정 2012.10.26>

# 토사채취변경신고서

※ [ ]에는 해당되는 곳에 √표를 하고, 색상이 어두운 란은 신청인이 적지 않습니다. (앞쪽)

| 접수번호 | 접수일자 | 처리일자 | 처리기간 15일 |
|---|---|---|---|

| 신고인 | 성명 | | 생년월일 | |
|---|---|---|---|---|
| | 주소 | | 전화번호 | |
| | 해당 산지에 대한 권리관계 | | | |

| 산지소유자 | 성명 | | 생년월일 | |
|---|---|---|---|---|
| | 주소 | | 전화번호 | |

| 산지소재지 | |
|---|---|

| 산지편입 면적 | 토사채취장 | 부대시설 | | | | | 완충구역 |
|---|---|---|---|---|---|---|---|
| | | 계 | 산물처리장 | 진입로 | 관리사무소 | 기타 | |
| | m² | m² | m² | m² | m² | m² | m² |

| 토사채취 및 반출기간 | | 입목벌채 (굴취)기간 | |
|---|---|---|---|

| 토사채취 계획 | 용도 | 토사의 종류 | 신청량 | | 채취방법 |
|---|---|---|---|---|---|
| | | | 매장량 | 가채매장량 | |
| | | | m² | m² | |

| 변경사항 | 변경 전 | 변경 후 | 사 유 |
|---|---|---|---|
| | | | |
| | | | |

「산지관리법」 제25조제4항, 같은 법 시행규칙 제24조의2제3항 또는 제26조제1항에 따라 위와 같이 토사채취신고의 변경신고 또는 토사채취기간의 변경신고를 합니다.

년 월 일

신고인 (서명 또는 인)

**시장·군수·구청장** 귀하

\* 첨부서류, 담당공무원 확인사항, 수수료: 뒤쪽 참조

### 처리절차

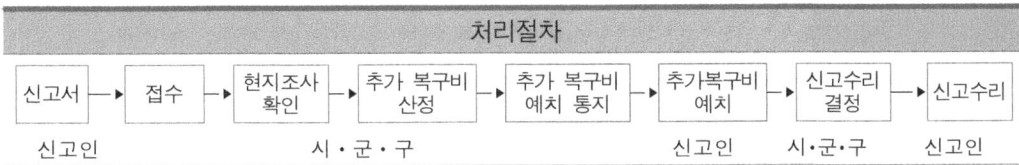

210mm×297mm(백상지 80g/m²)

(뒤쪽)

| 첨부서류 | 1. 토사채취방법, 연차별 생산·이용계획 등 사업계획의 변경<br>  가. 계단식의 토사채취방법, 연차별 생산·이용 계획에 관한 사업계획서 1부<br>  나. 측량업자등이 측량한 축적 6천분의 1부터 1천200분의 1까지의 연차별 토사채취구역실측도 1부(연차별 생산·이용 계획이 변경되는 경우에 한정합니다)<br>  다. 「산림자원의 조성 및 관리에 관한 법률 시행규칙」 별표 2에 따른 임도의 설계·시설기준 등에 준하여 작성한 진입로설계서 1부(진입로 설계가 변경되는 경우에 한정합니다)<br>2. 토사채취신고를 한 자 및 그 대표자의 명의 변경<br>  가. 신고하려는 산지의 소유권 또는 사용·수익권을 증명할 수 있는 서류 1부(토지 등기사항증명서로 확인할 수 없는 경우에 한정하고, 사용·수익권을 증명할 수 있는 서류에는 사용·수익권의 범위 및 기간이 명시되어야 합니다)<br>  나. 토사채취신고를 한 자 및 그 대표자의 명의 변경을 증명할 수 있는 서류 1부<br>  다. 이미 신고를 한 자의 명의변경동의서 1부<br>  라. 「산지관리법」 제38조제1항 본문에 따라 예치된 복구비의 권리승계를 증명할 수 있는 서류 1부<br>3. 법인 명칭의 변경이 없는 법인 대표의 변경: 없음<br>4. 법인 대표의 변경이 없는 법인 명칭의 변경<br>  가. 신고하려는 산지의 소유권 또는 사용·수익권을 증명할 수 있는 서류 1부(토지 등기사항증명서로 확인할 수 없는 경우에 한정하고, 사용·수익권을 증명할 수 있는 서류에는 사용·수익권의 범위 및 기간이 명시되어야 합니다)<br>  나. 산림골재채취업에 관한 골재채취업등록증 사본(쇄골재용 석재의 굴취·채취 및 골재용 토사채취의 경우에 한정합니다) 1부<br>  다. 「산지관리법」 제38조제1항 본문에 따라 예치된 복구비의 권리승계를 증명할 수 있는 서류 1부<br>5. 토사채취신고를 한 면적의 축소<br>  가. 측량업자등이 측량한 축척 6천분의 1부터 1천200분의 1까지의 연차별 토사채취구역실측도(연차별 생산·이용 계획이 변경되는 경우에 한정합니다) 1부<br>  나. 복구공종·공법 및 겨냥도가 포함된 복구계획서 1부<br>6. 토사채취신고를 한 면적의 변경이 없는 토사채취량의 증가<br>  가. 토사채취량에 대하여 일반측량업자등이 측량한 복구계획서 1부<br>  나. 복구공종·공법 및 겨냥도가 포함된 복구계획서 1부<br>7. 토사채취기간의 연장<br>  가. 신고하려는 산지의 소유권 또는 사용·수익권을 증명할 수 있는 서류 1부(토지 등기사항증명서로 확인할 수 없는 경우에 한정하고, 사용·수익권을 증명할 수 있는 서류에는 사용·수익권의 범위 및 기간이 명시되어야 합니다)<br>  나. 채취하지 못한 토사량에 대하여 일반측량업자등이 측량한 구적도 1부 | 수수료<br>없 음 |
|---|---|---|
| 담당공무원<br>확인사항 | 1. 토지 등기사항증명서(신고인이 토지의 소유자인 경우만 해당합니다)<br>2. 법인 등기사항증명서(신고인이 법인인 경우만 해당합니다) | |

[별지 제19호서식] 삭제 <2013.1.23>
[별지 제19호의2 서식] <개정 2019.9.24>

# 토석채취 등의 협의요청서

※ [ ]에는 해당되는 곳에 √표를 하고, 색상이 어두운 란은 신청인이 적지 않습니다.                    (앞쪽)

| 접수번호 | 접수일자 | 처리일자 | 처리기간 토석채취허가(변경허가): 30일 · 토사채취신고 · 토석채취변경신고 · 토사채취변경신고: 15일 · 토석채취기간연장허가 · 토사채취기간변경신고: 10일 |
|---|---|---|---|

| 협의 요청기관 | 기관명 | | 담당자 전화번호 | |
|---|---|---|---|---|
| | 행정처분 및 근거 법령 | | | |

| 협의 요청된 사업의 주체 | 성명 | | 생년월일 | |
|---|---|---|---|---|
| | 주소 | | 전화번호 | |
| | 해당 산지에 대한 권리관계 | | | |

| 산 지 소유자 | 성명 | | 생년월일 | |
|---|---|---|---|---|
| | 주소 | | 전화번호 | |

| 산지소재지 | |
|---|---|

| 산지편입 면적 | 토석(토사) 채취장 | 부대시설 | | | | | 완충구역 |
|---|---|---|---|---|---|---|---|
| | | 계 | 산물처리장 | 진입로 | 관리사무소 | 기타 | |
| | m² | m² | m² | m² | m² | m² | m² |

| 반출기간 | | 벌채기간 | |
|---|---|---|---|

| 토석(토사) 채취계획 | 용도 | 토석의 종류 | 신청량 | | 채취방법 |
|---|---|---|---|---|---|
| | | | 매장량 | 가채매장량 | |
| | | | m³ | m³ | |

| 입목벌채 | 벌채구역면적 | 나무의 종류 | 본수 | 나무부피 |
|---|---|---|---|---|
| | m² | | 본 | m³ |

「산지관리법」 제25조제5항 및 같은 법 시행규칙 제27조에 따라 위와 같이 토석채취 등의 협의를 요청합니다.

년    월    일

협의요청된 사업의 주체                    (서명 또는 인)

**협의 요청 기관명**            **협의 요청된 지방자치단체**

* 첨부서류, 담당공무원 확인사항, 수수료: 뒤쪽 참조

## 처리절차

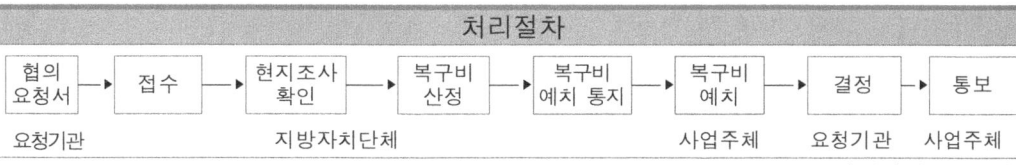

협의요청서 → 접수 → 현지조사 확인 → 복구비 산정 → 복구비 예치 통지 → 복구비 예치 → 결정 → 통보
요청기관    지방자치단체                                사업주체    요청기관  사업주체

210mm×297mm(백상지 80g/m²)

(뒤쪽)

| | |
|---|---|
| 첨부서류 | 1. 토석채취허가(변경허가)<br>  가. 사업계획서[토석채취허가구역 현황, 채취 방법, 장비 및 기술인력 보유 현황(석재에 한정합니다), 토사처리계획(석재에 한정합니다), 연차별 생산·이용 계획 및 피해방지계획을 포함합니다] 1부<br>  나. 허가받으려는 산지의 소유권 또는 사용·수익권을 증명할 수 있는 서류(토지 등기사항증명서로 확인할 수 없는 경우에 한정하고, 사용·수익권을 증명할 수 있는 서류에는 사용·수익권의 범위 및 기간이 명시되어야 합니다) 1부<br>  다. 2명 이상이 공동으로 신청하는 경우에는 그 대표자임을 증명할 수 있는 서류 1부<br>  라. 산림골재채취업에 관한 골재채취업등록증 사본(쇄골재용 석재의 굴취·채취 및 골재용 토사채취의 경우에 한정합니다) 1부<br>  마. 「공간정보의 구축 및 관리 등에 관한 법률」 제44조제3항에 따른 측량업의 등록을 한 자 또는 「국가공간정보 기본법」 제12조에 따라 설립된 한국국토정보공사가 측량한 토석채취허가구역 및 「산지관리법 시행령」 별표 8 제4호에 따른 완충구역이 표시된 축척 6천분의 1부터 1천200분의 1의 연차별 토석채취구역실측도 1부<br>  바. 토석채취량에 대하여 「공간정보의 구축 및 관리 등에 관한 법률」 제44조제1항제1호에 따른 측지측량업 또는 같은 법 시행령 제34조제1항제1호 및 제2호에 따른 공공측량업 및 일반측량업으로 등록한 자가 측량한 구적도(求積圖) 1부<br>  사. 산림기술용역업자 또는 산림사업시행업자 소속 산림기술자로서 「산림기술 진흥 및 관리에 관한 법률 시행령」 별표 5의 산림 조사사업의 배치기준에 해당하는 사람이 조사·작성한 산림조사서(숲의 종류·나이, 평균나무높이, 입목축적을 포함하고, 허가신청일 전 2년 이내에 조사·작성된 것으로서 수목이 있는 경우에 한정합니다) 1부<br>  아. 복구공종·공법 및 겨냥도가 포함된 복구계획서 1부<br>  자. 「산림자원의 조성 및 관리에 관한 법률 시행규칙」 별표 2에 따른 임도의 설계·시설기준 등에 준하여 작성한 진입로설계서 1부<br>  차. 채석경제성평가보고서(「산지관리법」 제26조제1항에 따라 채석경제성평가를 받아야 하는 경우에 한정합니다) 1부<br>  카. 다음의 어느 하나에 해당하는 사람이 조사·작성한 표고조사서 및 평균경사도조사서(수치지형도를 이용하여 표고 및 평균경사도를 산출한 경우에는 원본이 저장된 디스크 등 저장장치를 포함합니다) 1부.<br>    1) 「산림기술 진흥 및 관리에 관한 법률 시행령」 별표 3에 따른 산림공학기술자<br>    2) 「국가기술자격법」에 따른 산림기사·토목기사·측량 및 지형공간정보기사 이상의 자격을 취득한 사람<br>    3) 「국가기술자격법」에 따른 산림산업기사·토목산업기사·측량 및 지형공간정보산업기사 자격을 취득한 후 해당 분야에서 10년 이상 종사한 경력이 있는 사람<br><br>2. 토사채취신고: 제1호가목부터 다목까지 및 바목의 서류<br><br>3. 토석채취변경신고·토사채취변경신고: 「산지관리법 시행규칙」 별표 3의 서류<br><br>4. 토석채취기간연장허가<br>  가. 허가를 받으려는 산지의 소유권 또는 사용·수익권을 증명할 수 있는 서류 1부(토지 등기사항증명서로 확인할 수 없는 경우에 한정하고, 사용·수익권을 증명할 수 있는 서류에는 사용·수익권의 범위 및 기간이 명시되어야 합니다)<br>  나. 굴취·채취하지 못한 토석채취량에 대하여 「공간정보의 구축 및 관리 등에 관한 법률」 제44조제1항제1호에 따른 측지측량업 또는 같은 법 시행령 제34조제1항제1호 및 제2호에 따른 공공측량업 및 일반측량업으로 등록한 자가 측량한 구적도 1부<br>  다. 사업구역의 경계로부터 반경 300m 안에 소재하는 가옥의 소유자, 주민(실제로 거주하고 있는 「주민등록법」에 따른 세대주를 말합니다), 공장의 소유자·대표자 및 종교시설의 대표자 전체인원의 3분의 2 이상의 동의서(시장·군수·구청장이 토석채취기간을 연장할 경우 인근지역 주민의 피해 등 재해발생이 예상되어 주민 등의 동의가 필요하다고 인정하는 경우에 한정하고, 「환경영향평가법」에 따른 환경영향평가 또는 소규모환경영향평가를 거친 경우에는 동의서를 제출하지 않을 수 있습니다)<br><br>5. 토사채취기간변경신고: 제4호가목 및 나목의 서류 |
| 수수료 | 1. 토석채취허가<br>  가. 허가를 신청하는 산지면적이 1만제곱미터 이하인 경우: 2만원<br>  나. 허가를 신청하는 산지면적이 1만제곱미터를 초과하는 경우: 2만원에 그 초과면적 1천제곱미터마다 2천원을 가산한 금액<br>2. 토사채취신고: 5천원<br>3. 토석채취변경허가·토석채취변경신고·토사채취변경신고·토석채취기간연장허가·토사채취기간변경신고: 없음 |
| 담당공무원<br>확인사항 | 토지 등기사항증명서(신청인이 토지의 소유자인 경우만 해당합니다) |

[별지 제20호서식] <개정 2019.9.24>

# 채석단지지정(변경지정)신청서

※ 색상이 어두운 란은 신청인이 적지 않습니다. (앞쪽)

| 접수번호 | 접수일자 | 처리일자 | 처리기간 60일 |
|---|---|---|---|

| 신청인 | 상호(명칭) | | | |
|---|---|---|---|---|
| | 대표자 성명 | | 생년월일 | |
| | 주소 | | 전화번호 | |
| | 해당 산지에 대한 권리관계 | | | |

| 산지소유자 | 성명 | | 생년월일 | |
|---|---|---|---|---|
| | 주소 | | 전화번호 | |

| 산지소재지 | |
|---|---|

| 단지계획 | 단지면적 | 석재의 종류 | 사업개시연도 | 사업완료연도 | 연간 채석량 |
|---|---|---|---|---|---|
| | m² | | | | m² |

| 석재의 종류별 신청량 | 석재의 종류 | 매장량(m³) | 가채매장량(m³) |
|---|---|---|---|
| | | | |
| | | | |

| 변경사항 | 변경 전 | 변경 후 | 사유 |
|---|---|---|---|
| | | | |
| | | | |

「산지관리법」 제29조제1항, 같은 법 시행령 제39조제2항 및 같은 법 시행규칙 제29조제1항에 따라 위와 같이 채석단지의 지정 또는 변경지정을 신청합니다.

년 월 일

신청인 (서명 또는 인)

**산림청장**
**시·도지사** 귀하

* 첨부서류, 담당공무원 확인사항, 수수료: 뒤쪽 참조

## 처리절차

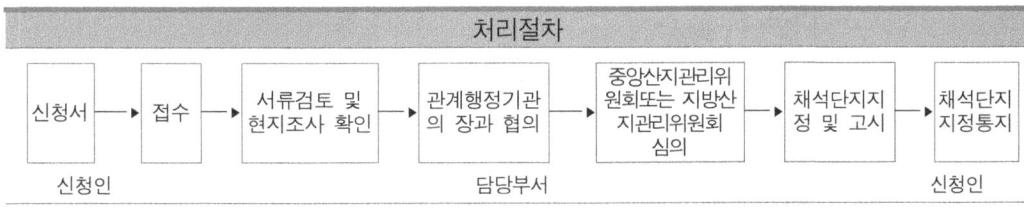

210mm×297mm(백상지 80g/m²)

(뒤쪽)

| | |
|---|---|
| 첨부서류 | 1. 사업계획서(채석단지구역 현황, 토석채취 방법, 연차별 벌채·토사처리 계획, 연차별 토석 생산·이용 계획 및 피해방지계획을 포함합니다) 1부<br>2. 「환경영향평가법」 제18조에 따라 통보된 협의내용에 관한 서류 사본 1부(평가대상이 되는 경우만 해당합니다)<br>3. 채석단지의 지정 또는 변경지정을 받으려는 산지의 지번·지목·면적·소유자 등이 표시된 산지내역서 1부<br>4. 허가받으려는 산지의 소유권 또는 사용·수익권을 증명할 수 있는 서류 1부(토지 등기부 등본으로 확인할 수 없는 경우에 한정하고, 사용·수익권을 증명할 수 있는 서류에는 사용·수익권의 범위 및 기간이 명시되어야 합니다)<br>5. 2명 이상이 공동으로 신청하는 경우에는 그 대표자임을 증명할 수 있는 서류 1부<br>6. 측량업자등이 측량한 토석채취허가구역 및 「산지관리법 시행령」 별표 8 제4호에 따른 완충구역이 표시된 축척 6천분의 1부터 1천200분의 1까지의 연차별 토석채취구역실측도 1부<br>7. 산림기술용역업자 또는 산림사업시행업자 소속 산림기술자로서 「산림기술 진흥 및 관리에 관한 법률 시행령」 별표 5의 산림 조사사업의 배치기준에 해당하는 사람이 조사·작성한 산림조사서(숲의 종류·모양·나이, 나무의 종류, 평균나무높이, 입목축적을 포함하고, 허가신청일 전 2년 이내에 작성된 것으로서 수목이 있는 경우에 한정합니다) 1부<br>8. 복구공종·공법 및 겨냥도가 포함된 복구계획서 1부<br>9. 「산림자원의 조성 및 관리에 관한 법률 시행규칙」 별표 2에 따른 임도의 설계·시설기준 등에 준하여 작성한 진입로설계서 1부<br>10. 채석경제성평가보고서 1부(「산지관리법」 제26조제1항에 따라 채석경제성평가를 받아야 하는 경우에 한정합니다)<br>11. 다음의 어느 하나에 해당하는 사람이 조사·작성한 표고조사서 및 평균경사도조사서(수치지형도를 이용하여 표고 및 평균경사도를 산출한 경우에는 원본이 저장된 디스크 등 저장장치를 포함합니다) 1부.<br>  1) 「산림기술 진흥 및 관리에 관한 법률 시행령」 별표 3에 따른 산림공학기술자<br>  2) 「국가기술자격법」에 따른 산림기사·토목기사·측량 및 지형공간정보기사 이상의 자격을 취득한 사람<br>  3) 「국가기술자격법」에 따른 산림산업기사·토목산업기사·측량 및 지형공간정보산업기사 자격을 취득한 후 해당 분야에서 10년 이상 종사한 경력이 있는 사람<br>12. 채석단지로 지정 또는 변경지정을 받으려는 산지가 표시된 축척 2만5천분의 1 이상의 지적이 표시된 지형도(「토지이용규제 기본법」 제12조에 따라 국토이용정보체계에 지적이 표시된 지형도의 데이터베이스가 구축되어 있지 않거나 지형과 지적의 불일치로 지형도의 활용이 곤란한 경우에는 지적도) 1부<br>13. 채석단지로 지정 또는 변경지정을 받으려는 산지의 축척 6천분의 1부터 1천200분의 1까지의 석재분포도 1부 |
| 수수료 | 1. 지정을 신청하는 산지면적이 1만제곱미터 이하인 경우: 2만원<br>2. 지정을 신청하는 산지면적이 1만제곱미터를 초과하는 경우: 2만원에 그 초과면적 1천제곱미터마다 2천원을 가산한 금액 |
| 담당공무원 확인 사항 | 토지 등기사항증명서(신청인이 토지의 소유자인 경우만 해당합니다) |

[별지 제21호서식] <개정 2015.12.30>

# 행 정 기 관 명

수신자
(경유)
제 목  **채석단지실태보고서(0000년도말 현재)**

「산지관리법 시행규칙」 제29조제4항에 따라 아래와 같이 채석단지실태를 보고합니다.

| 시·군·구 명 | 단지명<br>(번호) | 입주업체 | 석재종류 | 면적(㎡) | 수량(㎡) | 채취실적<br>(㎡) | 복구비<br>예치액(원) | 비고 |
|---|---|---|---|---|---|---|---|---|
| 계<br>( ) | | | | ( ) | ( ) | ( ) | ( ) | |
| | | | | | | | | |
| | | | | | | | | |
| | | | | | | | | |
| | | | | | | | | |
| | | | | | | | | |
| | | | | | | | | |
| | | | | | | | | |
| | | | | | | | | |
| | | | | | | | | |
| | | | | | | | | |
| | | | | | | | | |

| 작성요령 | 1. 각 란의 ( )내 : 당해연도 신고사업지에 대한 실적입니다.<br>2. 각 란의 ( )외 상단 : 계속사업지 + 당해연도 신고사업지의 실적합계입니다.<br>3. 석재의 종류란에는 석재·골재·기타로 구분하여 기재합니다. |
|---|---|

끝.

# 발 신 명 의   [직인]

기안자  (직위/직급) 서명    검토자  (직위/직급)서명    결재권자  (직위/직급)서명
협조자
시행    처리과명-연도별일련번호(시행일)    접수    처리과명-연도별일련번호(접수일)
우    도로명주소    / 홈페이지 주소
전화번호( )    팩스번호( )    / 공무원의 전자우편주소    / 공개구분

210mm×297mm[ 백상지  80g/㎡ ]

[별지 제22호서식] <개정 2015.11.25>

# 채석신고서

(앞쪽)

※ 색상이 어두운 란은 신고인이 적지 않습니다.

| 접수번호 | | 접수일 | | 처리일 | | 처리기간 | 15일 |
|---|---|---|---|---|---|---|---|
| 신고인 | 성명 | | | | 생년월일 | | |
| | 주소 | | | | 전화번호 | | |
| | 해당 산지에 대한 권리관계 | | | | | | |
| 산 지 소유자 | 성명 | | | | 생년월일 | | |
| | 주소 | | | | 전화번호 | | |
| 산지소재지 | | | | | | | |

| 산지편입 면적 | 채석장면적 | 부대시설 | | | | | 완충구역 |
|---|---|---|---|---|---|---|---|
| | | 계 | 산물처리장 | 진입로 | 관리사무소 | 그 밖의 시설 | |
| | m² | m² | m² | m² | m² | m² | m² |

| 채석 및 반출기간 | | 입목벌채 (굴취)기간 | |
|---|---|---|---|

| 채취 계획 | 석재의 용도 | 석재의 종류 | 신고량 | | 채석방법 |
|---|---|---|---|---|---|
| | | | 매장량 | 가채매장량 | |
| | | | m³ | m³ | |

| 입목벌채 | 벌채구역면적 | 수종 | 본수 | 재적 |
|---|---|---|---|---|
| | m² | | 본 | m³ |

「산지관리법」 제30조제1항 및 같은 법 시행규칙 제30조제1항에 따라 위와 같이 채석신고를 합니다.

년 월 일

신고인 (서명 또는 인)

시장·군수·구청장, 지방산림청국유림관리소장, 국립수목원장
국립산림품종관리센터장, 국립산림과학원장, 국립자연휴양림관리소장 귀하

* 첨부서류, 담당 공무원 확인사항, 수수료: 뒤쪽 참조

210mm×297mm(백상지 80g/m²)

(뒤쪽)

| 첨부서류 | 1. 사업계획서(채석단지지정구역현황, 채취방법, 장비 및 기술인력 보유현황, 토사처리계획, 연차별 생산·이용계획 및 피해방지계획을 포함합니다) 1부<br>2. 신고하려는 산지의 소유권 또는 사용·수익권을 증명할 수 있는 서류 1부(토지 등기사항증명서로 확인할 수 없는 경우에 한정하고, 사용·수익권을 증명할 수 있는 서류에는 사용·수익권의 범위 및 기간이 명시되어야 합니다)<br>3. 2인 이상이 공동으로 신청하는 경우에는 그 대표자임을 증명할 수 있는 서류 1부<br>4. 토석채취량에 대하여 「공간정보의 구축 및 관리 등에 관한 법률」 제44조제1항제1호에 따른 측지측량업 또는 같은 법 시행령 제34조제1항제1호 및 제2호에 따른 공공측량업 및 일반측량업으로 등록한 자가 측량한 구적도(求積圖) 1부<br>5. 산림골재채취업에 관한 골재채취업등록증 사본 1부(쇄골재용 채석신고의 경우에 한정합니다)<br>6. 「공간정보의 구축 및 관리 등에 관한 법률」 제44조제3항에 따른 측량업의 등록을 한 자 또는 「국가공간정보 기본법」 제12조에 따라 설립된 한국국토정보공사가 측량한 축척 6천분의 1부터 1천2백분의 1까지의 연차별 채석구역실측도 1부 | 수수료<br>없음 |
|---|---|---|
| 담당 공무원<br>확인사항 | 토지 등기사항증명서(신고인이 토지의 소유자인 경우만 해당합니다) | |

처리절차

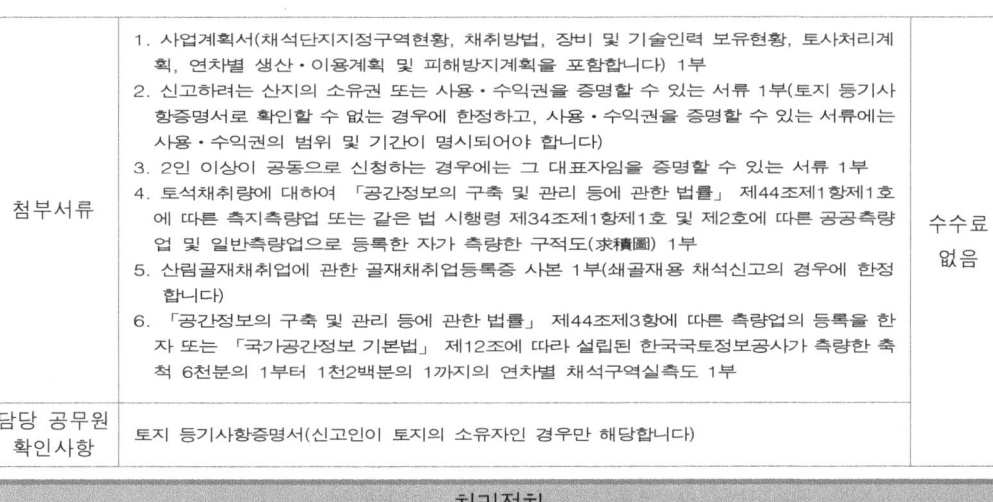

[별지 제23호서식] <개정 2015.11.25>

# 채석변경신고서

(앞쪽)

※ 색상이 어두운 란은 신고인이 적지 않습니다.

| 접수번호 | | 접수일 | | 처리일 | | 처리기간 | 15일 |
|---|---|---|---|---|---|---|---|

| 신고인 | 성명 | | | | 생년월일 | |
|---|---|---|---|---|---|---|
| | 주소 | | | | 전화번호 | |
| | 해당 산지에 대한 권리관계 | | | | | |

| 산지소유자 | 성명 | | | | 생년월일 | |
|---|---|---|---|---|---|---|
| | 주소 | | | | 전화번호 | |

| 산지소재지 | |
|---|---|

| 산지편입 면적 | 채석장면적 | 부대시설 | | | | | 완충구역 |
|---|---|---|---|---|---|---|---|
| | | 계 | 산물처리장 | 진입로 | 관리사무소 | 그 밖의 시설 | |
| | ㎡ | ㎡ | ㎡ | ㎡ | ㎡ | ㎡ | ㎡ |

| 채석 및 반출기간 | | 입목벌채(굴취)기간 | |
|---|---|---|---|

| 채취계획 | 석재의 용도 | 석재의 종류 | 신고량 | | 채석방법 |
|---|---|---|---|---|---|
| | | | 매장량 | 가채매장량 | |
| | | | ㎡ | ㎡ | |

| 입목벌채 | 벌채구역면적 | 수종 | 본수 | 재적 |
|---|---|---|---|---|
| | ㎡ | | 본 | ㎡ |

| 변경사항 | 변경 전 | 변경 후 | 사유 |
|---|---|---|---|
| | | | |

「산지관리법」 제30조제1항 및 같은 법 시행규칙 제30조제3항에 따라 위와 같이 채석변경신고를 합니다.

년 월 일

신고인 (서명 또는 인)

시장·군수·구청장, 지방산림청국유림관리소장, 국립수목원장
국립산림품종관리센터장, 국립산림과학원장, 국립자연휴양림관리소장 귀하

* 첨부서류, 담당 공무원 확인사항, 수수료, 처리절차: 뒤쪽 참조

210mm×297mm(백상지 80g/㎡)

(뒤쪽)

| 첨부서류 | 1. 채석방법, 연차별생산·이용계획, 토사처리계획 등 사업계획의 변경<br>  가. 계단식의 토석채취방법, 연차별 생산·이용계획 및 토사처리계획에 관한 사업계획서 1부<br>  나. 「공간정보의 구축 및 관리 등에 관한 법률」 제44조제3항에 따른 측량업의 등록을 한 자 또는 「국가공간정보 기본법」 제12조에 따라 설립된 한국국토정보공사(이하 "측량업자등"이라 합니다)가 측량한 축척 6천부의 1부터 1천200분의 1까지의 연차별 토석채취구역실측도 1부(연차별 생산·이용계획이 변경되는 경우에 한정합니다)<br>  다. 「산림자원의 조성 및 관리에 관한 법률 시행규칙」 별표 2에 따른 임도의 설계·시설기준 등에 준하여 작성한 진입로설계서 1부(진입로 설계가 변경되는 경우에 한정합니다)<br>2. 채석신고를 한 자 및 그 대표자의 명의 변경<br>  가. 신고하려는 산지의 소유권 또는 사용·수익권을 증명할 수 있는 서류 1부<br>  나. 신고를 한 자 및 그 대표자의 명의변경을 증명할 수 있는 서류 1부<br>  다. 이미 신고한 자의 명의변경동의서 1부<br>  라. 「산지관리법」 제38조제1항 본문에 따라 예치된 복구비의 권리승계를 증명할 수 있는 서류 1부<br>3. 법인명칭의 변경이 없는 법인대표의 변경: 없음<br>4. 법인대표의 변경이 없는 법인명칭의 변경<br>  가. 신고하려는 산지의 소유권 또는 사용·수익권을 증명할 수 있는 서류 1부<br>  나. 산림골재채취업에 관한 골재채취업등록증 사본 1부(쇄골재용 석재의 굴취·채취의 경우에 한정합니다)<br>  다. 「산지관리법」 제38조제1항 본문에 따라 예치된 복구비의 권리승계를 증명할 수 있는 서류 1부<br>5. 채석신고를 한 석재의 용도변경<br>  가. 산림골재채취업에 관한 골재채취업등록증 사본 1부(쇄골재용 석재의 굴취·채취의 경우에 한정합니다)<br>  나. 채석경제성평가보고서 1부(「산지관리법」 제26조제1항 본문에 따라 채석경제성평가를 받아야 하는 용도로 변경하는 경우에 한정합니다)<br>6. 채석신고를 한 면적의 축소<br>  가. 측량업자등이 측량한 축척 6천분의 1부터 1천200분의 1까지의 연차별 채석구역실측도 1부(연차별 생산·이용계획이 변경되는 경우에 한정합니다)<br>  나. 복구공종·공법 및 겨냥도가 포함된 복구계획서 1부<br>7. 채석신고를 한 면적의 변경이 없는 채석량의 증가<br>  가. 토석채취량에 대하여 「공간정보의 구축 및 관리 등에 관한 법률」 제44조제1항제1호에 따른 측지측량업 또는 같은 법 시행령 제34조제1항제1호 및 제2호에 따른 공공측량업 및 일반측량업으로 등록한 자가 측량한 구적도(求積圖) 1부<br>  나. 복구공종·공법 및 겨냥도가 포함된 복구계획서 1부 | 수수료<br>없 음 |
|---|---|---|
| 담당 공무원<br>확인사항 | 1. 토지 등기사항증명서(신고인이 토지의 소유자인 경우만 해당합니다)<br>2. 법인 등기사항증명서(신고인이 법인인 경우만 해당합니다) | |

## 처리절차

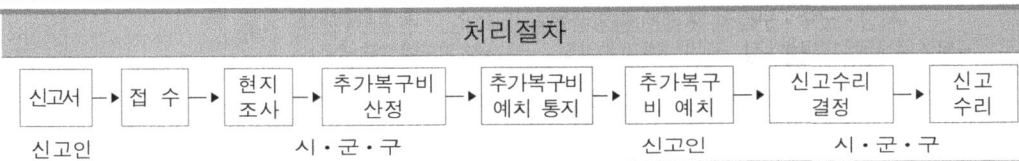

[별지 제24호서식] <개정 2015.11.25>

# 채석기간연장신고서

(앞쪽)

※ 색상이 어두운 란은 신고인이 적지 않습니다.

| 접수번호 | | 접수일 | | 처리일 | | 처리기간 | 10일 |
|---|---|---|---|---|---|---|---|
| 신고인 | 성명 | | | | 생년월일 | | |
| | 주소 | | | | 전화번호 | | |
| | 영업 소재지 | | | | | | |
| | 해당 산지에 대한 권리관계 | | | | | | |

| 산지 소유자 | 성명 | | 생년월일 | |
|---|---|---|---|---|
| | 주소 | | 전화번호 | |

| 산지소재지 | |
|---|---|

| 산지편입 면적 | 채석장면적 | 부대시설 | | | | | 완충구역 |
|---|---|---|---|---|---|---|---|
| | | 계 | 산물처리장 | 진입로 | 관리사무소 | 그 밖의 시설 | |
| | m² | m² | m² | m² | m² | m² | m² |

| 채석 및 반출기간 | | 신고 연월일 및 번호 | |
|---|---|---|---|

| 채취 계획 | 석재의 용도 | 석재의 종류 | 신고량 | | 채석방법 |
|---|---|---|---|---|---|
| | | | 매장량 | 가채매장량 | |
| | | | m² | m² | |

| 변경사항 | 신고기간 | 연장기간 | 사유 |
|---|---|---|---|
| | | | |

「산지관리법」 제30조제3항 및 같은 법 시행규칙 제30조제5항에 따라 위와 같이 채석기간연장신고를 합니다.

년 월 일

신고인 (서명 또는 인)

시장 · 군수 · 구청장, 지방산림청국유림관리소장, 국립수목원장
국립산림품종관리센터장, 국립산림과학원장, 국립자연휴양림관리소장 귀하

* 첨부서류, 담당 공무원 확인사항, 수수료: 뒤쪽 참조

210mm×297mm(백상지 80g/m²)

(뒤쪽)

| 첨부서류 | 1. 신고하려는 산지의 소유권 또는 사용·수익권을 증명할 수 있는 서류 1부(토지 등기사항증명서로 확인할 수 없는 경우에 한정하고, 사용·수익권을 증명할 수 있는 서류에는 사용·수익권의 범위 및 기간이 명시되어야 합니다)<br>2. 채취하지 못한 채석량에 대하여 「공간정보의 구축 및 관리 등에 관한 법률」 제44조제1항제1호에 따른 측지측량업 또는 같은 법 시행령 제34조제1항제1호 및 제2호에 따른 공공측량업 및 일반 측량업으로 등록한 자가 측량한 구적도(求積圖) 1부 | 수수료<br>없 음 |
|---|---|---|
| 담당 공무원<br>확인사항 | 토지 등기사항증명서(신고인이 토지의 소유자인 경우만 해당합니다) | |

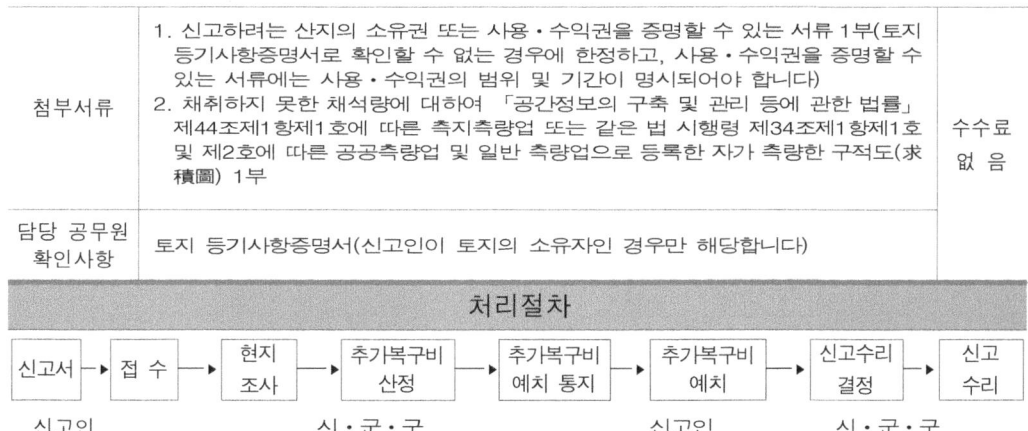

[별지 제25호서식] 삭제<2007.7.27>
[별지 제26호서식] 삭제<2007.7.27>
[별지 제27호서식] 삭제<2007.7.27>
[별지 제28호서식] 삭제<2007.7.27>
[별지 제29호서식] 삭제<2007.7.27>
[별지 제30호서식] 삭제<2007.7.27>

[별지 제31호서식] <개정 2015.11.25>

# 토석 [ ] 매입
# [ ] 무상양여 신청서

(앞쪽)

※ [ ]에는 해당되는 곳에 √표를 하고, 색상이 어두운 란은 신청인이 적지 않습니다.

| 접수번호 | | 접수일 | | 처리일 | | 처리기간 | 30일 |
|---|---|---|---|---|---|---|---|
| 신청인 | 성명 | | | | 생년월일 | | |
| | 주소 | | | | 전화번호 | | |
| 산지 소재지 | | | | | | | |

| 산지편입 면적 | 토석채취장 | 부대시설 | | | | | 완충구역 |
|---|---|---|---|---|---|---|---|
| | | 계 | 산물처리장 | 진입로 | 관리사무소 | 그 밖의 시설 | |
| | ㎡ | ㎡ | ㎡ | ㎡ | ㎡ | ㎡ | ㎡ |

| 토석채취 계획 | 용도 | 토석의 종류 | 신청량 | | 채취방법 |
|---|---|---|---|---|---|
| | | | 매장량 | 가채매장량 | |
| | | | ㎡ | ㎡ | |

| 토석반출기간 | |
|---|---|
| 매매대금 | |
| 채취지역 부근의 사항 | |
| 무상양여를 받을 사유 | |

「산지관리법」 제35조제1항, 같은 법 시행령 제44조제1항 및 같은 법 시행규칙 제34조에 따라 위와 같이 토석의 [ ]매입 [ ]무상양여를 신청합니다.

년 월 일

신청인 (서명 또는 인)

지방산림청장, 지방산림청국유림관리소장
국립수목원장, 국립산림품종관리센터장   귀하
국립산림과학원장, 국립자연휴양림관리소장

* 첨부서류, 수수료: 뒤쪽 참조

210mm×297mm(백상지 80g/㎡)

(뒤쪽)

| 첨부서류 | 1. 매입의 경우<br>  가. 사업계획서{토석채취허가구역현황, 채취방법, 장비 및 기술인력 보유현황(석재에 한정합니다), 토사처리계획(석재에 한정합니다), 연차별 생산·이용계획 및 피해방지계획을 포함합니다} 1부<br>  나. 「공간정보의 구축 및 관리 등에 관한 법률」 제44조제3항에 따른 측량업의 등록을 한 자 또는 「국가공간정보 기본법」 제12조에 따라 설립된 한국국토정보공사가 측량한 토석채취구역 및 완충구역이 표시된 축척 6천분의 1부터 1천200분의 1까지의 연차별 토석채취구역실측도 1부<br>  다. 토석채취량에 대하여 「공간정보의 구축 및 관리 등에 관한 법률」 제44조제1항제1호에 따른 측지측량업 또는 같은 법 시행령 제34조제1항제1호 및 제2호에 따른 공공측량업 및 일반측량업으로 등록한 자가 측량한 구적도(求積圖) 1부<br>2. 무상양여의 경우<br>  가. 사업계획서{토석채취허가구역현황, 채취방법, 장비 및 기술인력 보유현황(석재에 한정합니다), 토사처리계획(석재에 한정합니다), 연차별 생산·이용계획 및 피해방지계획을 포함합니다} 1부<br>  나. 「공간정보의 구축 및 관리 등에 관한 법률」 제44조제3항에 따른 측량업의 등록을 한 자 또는 「국가공간정보 기본법」 제12조에 따라 설립된 한국국토정보공사가 측량한 토석채취구역 및 완충구역이 표시된 축척 6천분의 1부터 1천200분의 1까지의 연차별 토석채취구역실측도 1부. 다만, 해당 국유림의 산지가 소재한 관할 시·군 또는 자치구의 재해복구를 위한 무상양여의 경우에는 이를 제출하지 않을 수 있습니다)<br>  다. 「산지관리법」 제35제1항 각 호의 어느 하나에 해당하는 무상양여 사유를 증명할 수 있는 서류 1부 | 수수료<br>없 음 |
|---|---|---|

### 처리절차

신청서 → 접수 → 현지조사 → 매각·무상양여 결정 → 매각의 경우 -> 계약체결 → 계약서 교부

매각·무상양여 결정 → 무상양여의 경우 -> 무상양여 → 통지

신청인 / 담당부서

[별지 제32호서식] <개정 2014.7.2>

# 토석매각계약서

(앞쪽)

| 토석 소재지 | | | | | | | |
|---|---|---|---|---|---|---|---|
| 채취구역 면적 | 토석채취장 | 부대시설 | | | | | 완충구역 |
| | | 계 | 산물처리장 | 진입로 | 관리사무소 | 그 밖의 시설 | |
| | ㎡ | ㎡ | ㎡ | ㎡ | ㎡ | ㎡ | ㎡ |
| 채취계획 | 용도 | 토석의 종류 | 신청량 | | 채취방법 | | |
| | | | 매장량 | 가채매장량 | | | |
| | | | ㎥ | ㎥ | | | |
| 채취기간 | | | | | | | |
| 매각대금 | | | | | | | |
| 계약 보증금 | | | | | | | |

「산지관리법」 제35조제6항 및 같은 법 시행규칙 제35조제1항에 따라 위의 토석에 대하여 매도인을 "갑"으로 하고 매수인을 "을"로 하여 다음과 같은 토석매각계약을 체결하고 각자 서명날인한 후 1부씩 나누어 보관합니다.

년        월        일

매도인(갑)                              (서 명)        인

매수인(을)
    성명(상호 또는 명칭):                    (서 명)        인
    생년월일(사업자등록번호):
    주   소:

210㎜×297㎜(백상지 80g/㎡)

(뒤쪽)

제1조 "을"은 매각대금을 "갑"이 발행하는 납입고지서에 따라   년  월  일까지 납부하고, 복구비는 "갑"이 별도로 발부하는 통지서에 따라 예치해야 합니다. 다만, 매각대금의 납부는 "갑"이 부득이하다고 인정하는 경우 1회에 한정하여 연기할 수 있습니다.

제2조 계약보증금은 계약 당시 매각대금 총액의 100분의 10 이상으로 하고, 계약보증금은 "을"이 사업을 완료하고 "갑"이 복구준공검사를 한 후 계약위반사항이 없을 때에 반환합니다.

제3조 토석은 "을"이 매각대금을 납부하고 복구비를 예치한 후 인도합니다.

제4조 석재·토사는 "갑"이 "을"에게 토석채취구역 및 완충구역이 표시된 축척 6천분의 1부터 1천200분의 1까지의 연차별 토석채취구역실측도와 토석채취량에 대한 구적도(求積圖)를 교부함으로써 인도된 것으로 봅니다.

제5조 "을"은 토석을 인수받은 후에는 그 토석에 관하여 이의를 제기할 수 없습니다.

제6조 "을"은 토석을 인수받으면 지체 없이 작업에 착수하고 착수일을 적은 작업착수서를 "갑"에게 제출해야 합니다.

제7조 ① "을"은 채취예정지 인근에 여러 개의 적색위험표지를 잘 보이도록 설치해야 합니다.
 ② 채취장소의 입구에는 가로 90cm, 세로 60cm, 높이 90cm 이상의 다음 표지판을 설치해야 합니다.

```
토석매각 현황
1. 계 약 번 호:
2. 소 재 지:
3. 매각내용(면적, 채취용도, 토석의 종류 및 수량, 채취기간)
4. 매 수 인:
5. 매 도 인:
```

제8조 "을"은 토석채취기간 중 작업을 중지하거나 재개한 경우에는 즉시 그 사유를 적은 작업중지서 또는 작업재개서를 "갑"에게 제출해야 합니다.

제9조 "을"은 계약기간 내에 토석을 국유림 외로 반출해야 합니다. 다만, "갑"이 부득이하다고 인정할 때에는 반출기간을 1회에 한정하여 연기하되, 이 경우 "을"은 "갑"이 결정한 산지의 사용료를 별도로 납부해야 합니다.

제10조 ① "을"은 계약기간 만료 전이라도 "갑"이 목적사업 완료 부분에 대하여 중간복구 명령을 한 경우에는 이에 따라야 합니다.
 ② 예치된 복구비는 "을"이 복구설계서에 따라 복구를 완료하면 "갑"이 복구상황을 확인하고 완전히 복구되었다고 인정될 때 반환하며, 기간 내에 복구를 하지 않으면 예치된 복구비로 대집행할 수 있습니다.

제11조 "을"은 토석 채취로 인하여 발생할 피해에 대하여 사전에 예방조치를 취해야 합니다.

제12조 "을"은 채취예정지와 그 부근 임야에 대하여 산림의 훼손이나 그 밖에 임야의 피해사실을 발견하였을 때에는 즉시 그 사실을 "갑"이나 관할관서에 신고해야 합니다.

제13조 "을"은 토석의 반출을 완료하였을 때 또는 계약기간이 만료되었을 때에는 즉시 채취 및 반출 토석의 종류와 수량을 적은 문서와 이 계약서를 첨부한 반출종료서를 "갑"에게 제출해야 합니다.

제14조 ① "갑"은 다음 각 호의 어느 하나에 해당하는 경우 이 계약을 해제할 수 있습니다. 다만, 제6호의 경우에는 계약을 해제합니다.
 1. "을"이 「산지관리법」 제35조제5항에 따라 준용되는 같은 법 제28조제1항제5호 본문에 따른 장비 등의 기준에 미달하게 된 경우
 2. "을"(사용인과 고용인을 포함합니다)이 매입한 토석 외의 토석을 채취한 경우
 3. "을"이 지정된 기간까지 매각대금을 내지 않은 경우
 4. 「산지관리법」 제37조제2항 각 호의 어느 하나에 해당하는 필요한 조치 명령을 이행하지 않은 경우
 5. 「산지관리법」 제38조에 따른 복구비를 예치하지 않은 경우(같은 법 제37조제4항에 따른 줄어든 복구비 예치금을 다시 예치하지 않은 경우를 포함합니다)
 6. 거짓이나 부정한 방법으로 토석을 매입한 경우
 7. 정당한 사유 없이 토석을 매입한 날부터 6개월 이내에 토석채취를 시작하지 않거나 1년 이상 중단한 경우
 8. 그 밖에 매각조건을 위반한 경우
 ② 제1항에 따라 매각계약이 해제되었을 때에는 계약보증금, 이미 납부된 대금 및 해당 산지의 매각된 토석은 국가에 귀속합니다. 다만, "을"이 토석채취를 하지 않은 상태에서 계약이 해제되었을 때에는 이미 납부된 대금의 전부 또는 일부를 반환합니다.

제15조 ① "을"이 매입한 토석을 제3자에게 양도하여 채취하도록 하려는 때에는 다음 각 호의 서류를 "갑"에게 제출하여 "갑"의 동의를 받아야 합니다.
 1. 토석매각계약서 원본 1부
 2. 양도·양수계약서 1부
 3. 양수인("을"이 매입한 토석을 양도받은 사람을 말합니다. 이하 같습니다)이 작성한 사업계획서 1부
 ② 제1항에 따라 "갑"이 양도에 동의한 경우 양수인은 그 명의로 복구비를 예치함으로써 "을"의 지위를 승계하며, "을"이 납부한 매각대금은 양수인이 납부한 것으로 봅니다.
 ③ 양수인이 복구비 예치를 완료한 경우 "갑"은 제1항제1호의 토석매각계약서 원본에 동의 내용을 첨부하여 양수인에게 통지합니다.

제16조 이 계약서의 해석에 이의가 있을 때에는 "갑"의 결정에 따릅니다.

※ 비고: "갑"은 "을"은 필요한 경우 서로 합의 하에 이 계약서의 일부 조항을 가감 또는 변경할 수 있습니다.

[별지 제33호서식] 삭제<개정 2011.1.5>
[별지 제34호서식] 삭제<개정 2011.1.5>
[별지 제35호서식] <개정 2013.1.23>

## 토석반출기간 연장신청서

※ 색상이 어두운 란은 신청인이 적지 않습니다.

| 접수번호 | | 접수일 | | 처리일 | | 처리기간 | 10일 |
|---|---|---|---|---|---|---|---|
| 신청인 | 상호(명칭) | | | | | | |
| | 성명 | | | | 생년월일 | | |
| | 주소 | | | | 전화번호 | | |
| | 영업 소재지 | | | | | | |
| | 해당 산지에 대한 권리관계 | | | | | | |

| 매각(양여)일 및 번호 | |
|---|---|
| 산지 소재지 | |

| 채취현황 | 매각·무상양여 (채취구역) 면적 | 반출현황 | | |
|---|---|---|---|---|
| | | 토석의 종류 | 생산량 | 미반출량 |
| | m² | | m³ | m³ |

| 채취기간 | 최초 | 변경(연장) | 사유 |
|---|---|---|---|

「산지관리법」 제35조제6항 및 같은 법 시행규칙 제35조제6항에 따라 위와 같이 토석반출기간 연장을 신청합니다.

년 월 일

신청인 (서명 또는 인)

지방산림청장, 지방산림청국유림관리소장
국립수목원장, 국립산림품종관리센터장  귀하
국립산림과학원장, 국립자연휴양림관리소장

| 첨부서류 | 없 음 | 수수료 없 음 |
|---|---|---|

### 처리절차

신청서 → 접 수 → 현지조사 → 추가복구비산정 → 추가복구비예치 통지 → 복구비예치 → 반출기간 연장결정 → 통보

신청인 / 담당부서 / / / / 신청인 / 담당부서

210mm×297mm(백상지 80g/m²)

[별지 제36호서식] <개정 2013.1.23>

# 조치명령서

| 명령을 받는 자 | 성명 | | 생년월일 | |
|---|---|---|---|---|
| | 주소 | | 전화번호 | |

| 허가(신고) 내용 | 허가(신고) 번호 | | | |
|---|---|---|---|---|
| | 소재지 | | | |

| 명령사항 | 재해방지면적 | | ㎡ | 필요비용 | |
|---|---|---|---|---|---|
| | 산지전용등의 중단기간 | . . . ~ . . . | | | |
| | 명령이행기간 | . . . ~ . . . | | | |

| 조치내용 | |
|---|---|
| | |

「산지관리법」 제37조제2항, 같은 법 시행령 제45조제2항 및 같은 법 시행규칙 제36조제1항에 따라 위와 같이 재해의 방지 및 복구 등에 필요한 조치를 명합니다.

년    월    일

**시·도지사, 시장·군수·구청장
지방산림청국유림관리소장
국립수목원장, 국립산림품종관리센터장
국립산림과학원장, 국립자연휴양림관리소장**   　직인

210mm×297mm(백상지 80g/㎡)

[별지 제37호서식] <개정 2014.7.2>

# 복구비분할예치신청서

※ 색상이 어두운 란은 신청인이 적지 않습니다.

| 접수번호 | | 접수일 | | 처리일 | | 처리기간 | 10일 |
|---|---|---|---|---|---|---|---|
| 신청인 | 성명 | | | | 생년월일(사업자등록번호) | | |
| | 주소 | | | | 전화번호 | | |

| 복구비 산정내용 | 면적 | | | | | | m² |
|---|---|---|---|---|---|---|---|
| | 복구비용 | | | | | | |

| 신청사항 | 연차별 산지전용등 사업계획 | 총면적 | 1차년도 면적 | 2차년도 면적 | 3차년도 면적 | 4차년도 면적 |
|---|---|---|---|---|---|---|
| | | m² | m² | m² | m² | m² |
| | 분할예치사유 | | | | | |
| | 허가기간 | | | | | |

「산지관리법」 제38조제4항, 같은 법 시행령 제46조제3항 및 같은 법 시행규칙 제38조제1항에 따라 위와 같이 복구비분할예치를 신청합니다.

년 월 일

신청인

(서명 또는 인)

시·도지사, 시장·군수·구청장
지방산림청국유림관리소장
국립수목원장, 국립산림품종관리센터장     귀하
국립산림과학원장, 국립자연휴양림관리소장

| 첨부서류 | 없 음 | 수수료 없 음 |
|---|---|---|

| 처리절차 |
|---|

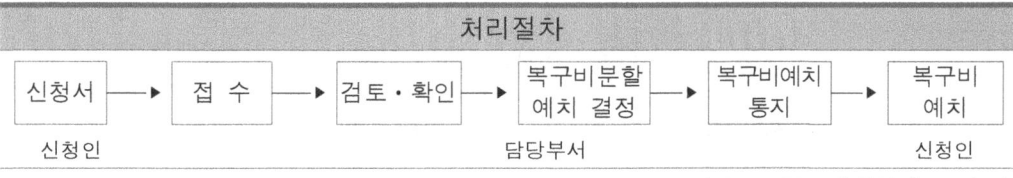

[별지 제38호서식] <개정 2016.12.30>

## 복구비예치통지서

| 발급번호 | | 발급일 | |
|---|---|---|---|
| 위치·면적 | | | |
| 허가신청자<br>(신고자) | 성명 | | 생년월일 |
| | 주소 | | |
| 복구비<br>예치 명세 | 예치총액 | | 원 |
| | 이번에 예치할 금액 | | 원 |
| | 기 예치총액 | | 원 |
| | 보증서 등 보증기간 | . . . 까지 | |
| 납부기일·장소 | 납부기일 | . . . 까지 | |
| | 납부장소 | | |

「산지관리법」 제38조제1항·제5항 및 같은 법 시행규칙 제40조제1항에 따라 위와 같이 복구비를 예치할 것을 통지합니다.

년    월    일

시·도지사, 시장·군수·구청장 지방산림청국유림관리소장
국립수목원장, 국립산림품종관리센터장
국립산림과학원장, 국립자연휴양림관리소장

[직인]

······································································································

## 복구비예치영수증

| 발급번호 | | 발급일 | |
|---|---|---|---|
| 허가신청자<br>(신고자) | 성명 | | 생년월일 |
| | 주소 | | |
| 복구비 예치<br>금액 | | 원 | |

위 금액을 정히 영수합니다.

년    월    일

시·도지사, 시장·군수·구청장 지방산림청국유림관리소장
국립수목원장, 국립산림품종관리센터장
국립산림과학원장, 국립자연휴양림관리소장

[직인]

210mm×297mm(백상지 80g/㎡)

[별지 제38호의2서식] <개정 2013.1.23>

# 중간복구명령서

| 명령을 받는 자 | 성명 | | 생년월일 | |
|---|---|---|---|---|
| | 주소 | | 전화번호 | |

| 허가(신고) 내용 | 허가(신고) 번호 | |
|---|---|---|
| | 소재지 | |

| 명령사항 | 중간복구면적 | m² | 필요비용 | |
|---|---|---|---|---|
| | 산지전용등의 기간 | . . . . ~ . . . . | | |
| | 명령이행기간 | . . . . ~ . . . . | | |

| 조치내용 | |
|---|---|

「산지관리법」 제39조제2항, 같은 법 시행령 제46조의2 및 같은 법 시행규칙 제40조의2에 따라 위와 같이 중간복구를 명합니다.

년    월    일

시・도지사, 시장・군수・구청장
지방산림청국유림관리소장
국립수목원장, 국립산림품종관리센터장
국립산림과학원장, 국립자연휴양림관리소장

직인

210mm×297mm(백상지 80g/m²)

[별지 제39호서식] <개정 2018.11.12>

# 복구의무면제신청서

※ 색상이 어두운 란은 신청인이 적지 않습니다. (앞쪽)

| 접수번호 | | 접수일 | 처리일 | | 처리기간 | 15일 |
|---|---|---|---|---|---|---|
| 신청인 | 성명 | | | 생년월일 | | |
| | 주소 | | | 전화번호 | | |
| | 해당 산지에 대한 권리관계 | | | | | |
| 산지 소재지 | | | | 산지면적 | | ㎡ |
| 최초 산지전용면적 | | | ㎡ | 산지전용 목적 | | |
| 허가(신고·매각·무상양여) 연월일 및 번호 | | | | | | |
| 허가(신고·매각·무상양여)기간 | | .　.　.　~　.　.　. | | | | |
| 복구의무면제 신청면적 | | | | | | |
| 복구의무면제 사유 | | | | | | |

「산지관리법」 제39조제3항, 같은 법 시행령 제47조 및 같은 법 시행규칙 제41조제1항에 따라 위와 같이 복구의무의 면제를 신청합니다.

년　월　일

신청인　　　　　(서명 또는 인)

시·도지사, 시장·군수·구청장
지방산림청국유림관리소장
국립수목원장, 국립산림품종관리센터장　귀하
국립산림과학원장, 국립자연휴양림관리소장

* 첨부서류, 담당 공무원 확인사항, 수수료, 처리절차: 뒤쪽 참조

210㎜×297㎜(백상지 80g/㎡)

(뒤쪽)

| 첨부서류 | 1. 「공간정보의 구축 및 관리 등에 관한 법률」 제44조제3항에 따른 측량업자 또는 「국가공간정보 기본법」 제12조에 따라 설립된 한국국토정보공사가 측량한 축적 6천분의 1부터 1천200분의 1까지의 복구의무를 면제받으려는 산지의 실측도 1부<br>2. 「산지관리법」 제39조제3항에 따라 복구의무가 면제되는 사유를 증명할 수 있는 서류 1부 | 수수료<br>없음 |
|---|---|---|
| 담당 공무원<br>확인사항 | 토지 등기사항증명서(신청인이 토지의 소유자인 경우만 해당합니다) | |

### 처리절차

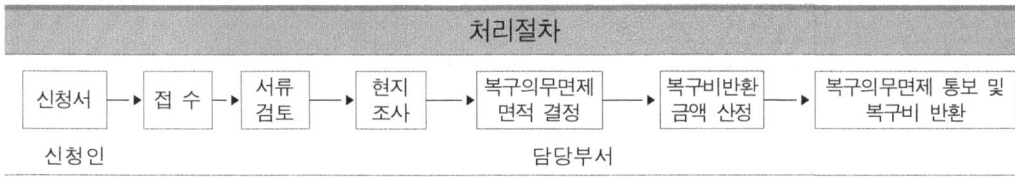

[별지 제40호서식] <개정 2018.11.29>

## 복구설계서 [　]승인신청서 [　]변경승인신청서

※ 색상이 어두운 란은 신청인이 적지 않습니다.

| 접수번호 | | 접수일 | 처리일 | 처리기간 7일 |
|---|---|---|---|---|
| 신청인 | 성명 | | | 생년월일 |
| | 주소 | | | 전화번호 |
| 허가(신고·매각·무상양여) 사항 | 허가(신고·매각·무상양여) 번호 | | 허가(신고·매각·무상양여) 기간 | 허가(신고·매각·무상양여) 내용 |
| | 허가(신고·매각·무상양여) 면적(㎡) | | 복구·복원 예치액(천원) | 복구면적(㎡) |
| 설계내용 | 복구설계서 작성자 | | 복구공사금액 | 복구공사기간 |
| 변경사항 | 변경 전 | | 변경 후 | 사 유 |

「산지관리법」 제40조제1항, 같은 법 시행령 제48조 및 같은 법 시행규칙 제42조제2항·제6항에 따라 위와 같이 복구설계서의 [　]승인 [　]변경승인을 신청합니다.

년　　월　　일

신청인　　　　　　　　　　　　　　　　　　　　　(서명 또는 인)

**시·도지사, 시장·군수·구청장, 지방산림청국유림관리소장, 국립수목원장, 국립산림품종관리센터장, 국립산림과학원장, 국립자연휴양림관리소장**　　귀하

| 첨부서류 | 복구설계서 1부 |
|---|---|
| 수수료 | 1. 복구설계서 승인신청<br>　가. 승인을 신청하는 산지면적이 1만제곱미터 이하인 경우: 2만원<br>　나. 승인을 신청하는 산지면적이 1만제곱미터를 초과하는 경우: 2만원에 그 초과면적 1천제곱미터마다 2천원을 가산한 금액<br>2. 복구설계서 변경승인신청 : 없음 |

### 유의사항

복구설계서는「산지관리법」 제45조에 따른 복구전문기관 또는 산림기술용역업자 소속 산림기술자로서「산림기술 진흥 및 관리에 관한 법률 시행령」 별표 3에 따른 산림공학기술자가 작성한 것이어야 합니다.

### 처리절차

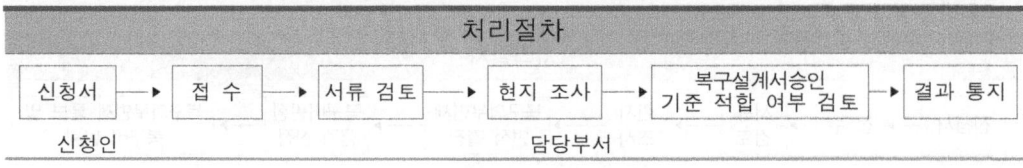

210mm×297mm[백상지(80g/㎡) 또는 중질지(80g/㎡)]

[별지 제41호서식] <개정 2013.1.23, 2017.6.2>

# 복구설계서 제출기간 연장신청서

※ 색상이 어두운 란은 신청인이 적지 않습니다.

| 접수번호 | | 접수일 | 처리일 | 처리기간 5일 |
|---|---|---|---|---|
| 신청인 | 성명 | | 생년월일 | |
| | 주소 | | 전화번호 | |
| 허가사항 | 허가(신고·매각·무상양여) 번호 | | | |
| | 허가(신고·매각·무상양여) 기간 | | | |
| | 복구면적 | | m² | |
| | 최초 제출기간 | | | |
| 신청사항 | 연장기간 | | | |
| | 연장사유 | | | |

「산지관리법」 제40조제3항, 같은 법 시행령 제48조 및 같은 법 시행규칙 제42조제4항에 따라 위와 같이 복구설계서 제출기간의 연장을 신청합니다.

년 월 일

신청인 (서명 또는 인)

시·도지사, 시장·군수·구청장
지방산림청국유림관리소장
국립수목원장, 국립산림품종관리센터장    귀하
국립산림과학원장, 국립자연휴양림관리소장

| 첨부서류 | 연장사유를 증명할 수 있는 서류 | 수수료 없음 |
|---|---|---|

### 처리절차

| 신청서 | → | 접수 | → | 서류 검토 | → | 현지 조사 | → | 예치된 복구비 보증기간 연장 (보증서등의 경우) | → | 보증서 등 제출 | → | 연장 결정 | → | 기간연장 통보 |
|---|---|---|---|---|---|---|---|---|---|---|---|---|---|---|
| 신청인 | | | | | | 담당부서 | | | | 신청인 | | 담당부서 | | |

210mm×297mm(백상지 80g/m²)

[별지 제42호서식] <개정 2013.1.23>

# 복구준공검사신청서

※ 색상이 어두운 란은 신청인이 적지 않습니다.

| 접수번호 | | 접수일 | 처리일 | | 처리기간 | 15일 |
|---|---|---|---|---|---|---|
| 신청인 | 성명 | | | 생년월일 | | |
| | 주소 | | | 전화번호 | | |
| 허가(신고 · 매각 · 무상양여) 사항 | 소재지 | | | 사업목적 | | |
| | 면적 | | | 기간 | | |
| 복구사항 | 착공일 | | | 준공예정일 | | |
| | 면적 | | | 복구에 든 비용 | | |

「산지관리법」 제42조제1항 및 같은 법 시행규칙 제43조제1항에 따라 위와 같이 복구준공검사를 신청합니다.

년   월   일

신청인                                (서명 또는 인)

시 · 도지사, 시장 · 군수 · 구청장
　　지방산림청국유림관리소장
국립수목원장, 국립산림품종관리센터장     귀하
국립산림과학원장, 국립자연휴양림관리소장

| 첨부서류 | 없 음 | 수수료 5천원 |
|---|---|---|

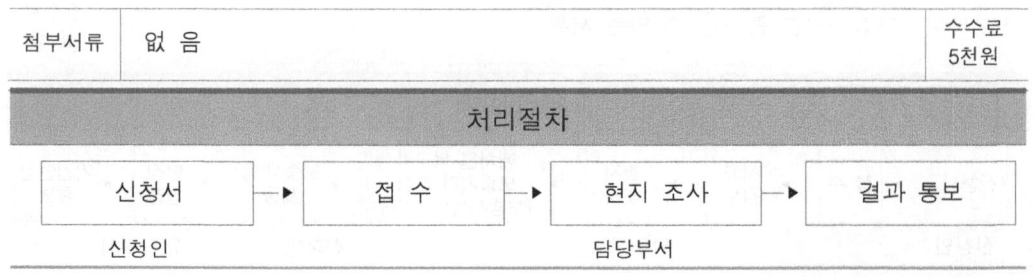

처리절차

신청서 (신청인) → 접수 → 현지 조사 (담당부서) → 결과 통보

210mm×297mm(백상지 80g/m²)

[별지 제43호서식] <개정 2013.1.23>

# 복구전문기관 지정신청서

※ 색상이 어두운 란은 신청인이 적지 않습니다.

| 접수번호 | | 접수일 | | 처리일 | | 처리기간 | 10일 |
|---|---|---|---|---|---|---|---|
| 신청인 | 대표자 성명 | | | 법인명 | | | |
| | 생년월일 | | | 법인등록번호 | | | |
| | 주소 | | | (전화번호: ) | | | |

| 기관 현황 | 장비현황 | | | | | |
|---|---|---|---|---|---|---|
| | 직원현황 | 합계 | 일반직원 | 산림기술사 | 토목기사 | 산림토목기술자 |
| | | 명 | 명 | 명 | 명 | 명 |

「산지관리법」 제45조, 같은 법 시행령 제50조제2항 및 같은 법 시행규칙 제47조제1항에 따라 위와 같이 복구전문기관의 지정을 신청합니다.

년   월   일

신청인 (서명 또는 인)

## 산림청장 귀하

| 첨부서류 | 1. 기술인력의 보유사실을 증명할 수 있는 자격증 사본(국가기술 자격증이 아닌 경우에 한정합니다) 및 재직증명 서류 각 1부<br>2. 복구장비의 보유사실을 증명할 수 있는 장비등록증 또는 임대계약서 사본 1부 | 수수료<br>없음 |
|---|---|---|
| 담당 공무원 확인사항 | 국가기술 자격증 | |

### 행정정보 공동이용 동의서

본인은 이 건 업무처리와 관련하여 담당 공무원이 「전자정부법」 제36조제1항에 따른 행정정보의 공동이용을 통하여 위의 담당 공무원 확인 사항을 확인하는 것에 동의합니다. * 동의하지 않는 경우에는 신청인이 직접 관련 서류를 제출해야 합니다.

신청인 (서명 또는 인)

### 처리절차

신청서 → 접수 → 검토·확인 → 지정 결정 → 지정서 발급

신청인                담당부서

210mm×297mm(백상지 80g/m²)

[별지 제44호서식] <개정 2013.1.23>

발급번호 제        호

# 복구전문기관지정서

기관 또는 법인의 명칭:

법 인 등 록 번 호:

소    재    지:

기관의 대표자 성명:

주        소:

지  정  조  건:

「산지관리법」 제45조, 같은 법 시행령 제50조제3항 및 같은 법 시행규칙 제47조제3항에 따라 위와 같이 복구전문기관으로 지정합니다.

년    월    일

산림청장    [직인]

[별지 제44호의2서식] <개정 2013.1.23>

# 포상금지급신청서

※ 색상이 어두운 란은 신청인이 적지 않습니다.

| 접수번호 | | 접수일 | | 처리일 | | 처리기간 | 15일 |
|---|---|---|---|---|---|---|---|
| 신청인 | 성명 | | | | 생년월일 | | |
| | 주소 | | | | 전화번호 | | |
| | 지급계좌 | | | | | | |

| 신고 또는 고발한 위반행위의 내용 | |
|---|---|
| 위반행위의 유형 | |
| 위반행위의 연월일 | 관련산지의 면적 ㎡ |
| 위반행위의 장소 | |
| 사건처리결과 | |
| 포상금액 | |

「산지관리법」 제46조의2, 같은 법 시행령 제50조의2 및 같은 법 시행규칙 제50조의2제1항에 따라 위와 같이 포상금의 지급을 신청합니다.

년 월 일

신청인 (서명 또는 인)

시장·군수·구청장
지방산림청국유림관리소장
국립수목원장, 국립산림품종관리센터장 귀하
국립산림과학원장, 국립자연휴양림관리소장

| 첨부서류 | 포상금 배분에 관한 합의서(하나의 사건에 대하여 신고 또는 고발한 자가 2명 이상인 경우에 포상금을 지급받을 자가 그 배분방법에 관하여 미리 합의하여 포상금을 신청하는 경우만 해당합니다) | 수수료 없음 |
|---|---|---|

## 처리절차

신청서 → 접 수 → 검토·확인 → 지급 결정 → 포상금 지급

신청인　　　　　　　　　담당부서

210mm×297mm(백상지 80g/㎡)

[별지 제44호의3서식] <신설 2015.9.30>

## 현장관리업무담당자 지정(변경) 신고서

※ 색상이 어두운 란은 신청인이 적지 않습니다.

| 접수번호 | | 접수일 | | 처리일 | | 처리기간 | 즉시 |
|---|---|---|---|---|---|---|---|
| 허가현황 | 회사명 | | | 사업장명 | | | |
| | 사업주 또는 대표자 | | | 전화번호 | | | |
| | 소재지 | | | | | | |
| | 허가기간 | | | 상시 근로자 수(명) | | | |
| | 허가면적(㎡) | | | | | | |
| 현장관리 업무담당자 | 성명 | | | 생년월일 | | | |
| | 주소 | | | 전화번호 | | | |
| | 입사년월일 | | | 업무담당자 지정 연월일 | | | |
| | 주요경력 | | 기관명 | | | 기간 | |
| | | | | | | | |
| | | | | | | | |
| | 현장관리교육 이수현황 | | | | | | |

「산지관리법」 제46조의3, 같은 법 시행령 제50조의3제3항 및 같은 법 시행규칙 제50조의3에 따라 위와 같이 신고합니다.

년    월    일

신고인

(서명 또는 인)

**시·도지사, 시장·군수·구청장**
**동부지방산림청장, 국유림관리소장**   귀하

| 첨부서류 | 재직증명서(1개월 이내 작성한 증명서에 한정합니다) 1부 | 수수료 없음 |
|---|---|---|

※ 현장관리업무담당자 교육기관에서 시행한 교육을 이수한 경우에는 교육수료증을 함께 제출할 수 있습니다.

210mm×297mm(백상지 80g/㎡)

[별지 제45호서식] <개정 2015.12.30>

(앞쪽)

제  호

## 산지관리조사원증

사  진
3cm ×4cm
(모자 벗은 상반신으로 뒤 그림
없이 6개월 이내 촬영한 것)

성   명
기 관 명

60mm×90mm[백상지 80g/㎡]

(색상: 연노랑색)

(뒤쪽)

## 산지관리조사원증

소속/직급:
성   명:
생년월일:
유효기간:

　위 사람은 「산지관리법」 제44조의2 및 제47조에 따라 산지관리조사원으로 임명된 자임을 증명합니다.

년  월  일

기 관 장 명 의  직인

1. 이 증은 다른 사람에게 대여 또는 양도할 수 없습니다.
2. 이 증을 습득한 경우에는 가까운 우체통에 넣어 주십시오.
※ 연락처 ☎ :

[별지 제46호서식] <개정 2015.12.30> (앞쪽)

## 산지전용 현황

기관명: 　　　　　　　　　　　　　　　　　　　　　　　　　　　　　　년　월 현재

| 용도별 | | 합 계(A+B+C) | | | | | 전용협의(A) | | | | | 전용허가(B) | | | | | 전용신고(C) | | | | |
|---|---|---|---|---|---|---|---|---|---|---|---|---|---|---|---|---|---|---|---|---|---|
| | | 건수 | 면적(m²) | | | 복구비(천원) | 건수 | 면적(m²) | | | 복구비(천원) | 건수 | 면적(m²) | | | 복구비(천원) | 건수 | 면적(m²) | | | 복구비(천원) |
| | | | 소계 | 보전 | 준보전 | | | 소계 | 보전 | 준보전 | | | 소계 | 보전 | 준보전 | | | 소계 | 보전 | 준보전 | |
| 합계 | 금회 | | | | | | | | | | | | | | | | | | | | |
| | 누계 | | | | | | | | | | | | | | | | | | | | |
| 농지 | 금회 | | | | | | | | | | | | | | | | | | | | |
| | 누계 | | | | | | | | | | | | | | | | | | | | |
| 초지 | 금회 | | | | | | | | | | | | | | | | | | | | |
| | 누계 | | | | | | | | | | | | | | | | | | | | |
| 공장 | 소계 | 금회 | | | | | | | | | | | | | | | | | | | |
| | | 누계 | | | | | | | | | | | | | | | | | | | |
| | 산업단지 | 금회 | | | | | | | | | | | | | | | | | | | |
| | | 누계 | | | | | | | | | | | | | | | | | | | |
| | 일반공장 | 금회 | | | | | | | | | | | | | | | | | | | |
| | | 누계 | | | | | | | | | | | | | | | | | | | |
| | 그 밖의 공장 | 금회 | | | | | | | | | | | | | | | | | | | |
| | | 누계 | | | | | | | | | | | | | | | | | | | |
| 택지 | 소계 | 금회 | | | | | | | | | | | | | | | | | | | |
| | | 누계 | | | | | | | | | | | | | | | | | | | |
| | 택지·도시개발 | 금회 | | | | | | | | | | | | | | | | | | | |
| | | 누계 | | | | | | | | | | | | | | | | | | | |
| | 농가주택 | 금회 | | | | | | | | | | | | | | | | | | | |
| | | 누계 | | | | | | | | | | | | | | | | | | | |
| | 일반주택 | 금회 | | | | | | | | | | | | | | | | | | | |
| | | 누계 | | | | | | | | | | | | | | | | | | | |
| | 그 밖의 주택 | 금회 | | | | | | | | | | | | | | | | | | | |
| | | 누계 | | | | | | | | | | | | | | | | | | | |
| 도로시설 | 금회 | | | | | | | | | | | | | | | | | | | | |
| | 누계 | | | | | | | | | | | | | | | | | | | | |
| 교육시설 | 금회 | | | | | | | | | | | | | | | | | | | | |
| | 누계 | | | | | | | | | | | | | | | | | | | | |
| 종교시설 | 금회 | | | | | | | | | | | | | | | | | | | | |
| | 누계 | | | | | | | | | | | | | | | | | | | | |
| 국방·군사시설 | 금회 | | | | | | | | | | | | | | | | | | | | |
| | 누계 | | | | | | | | | | | | | | | | | | | | |
| 전기·통신시설 | 금회 | | | | | | | | | | | | | | | | | | | | |
| | 누계 | | | | | | | | | | | | | | | | | | | | |
| 묘지시설 | 금회 | | | | | | | | | | | | | | | | | | | | |
| | 누계 | | | | | | | | | | | | | | | | | | | | |
| 축사·창고 | 금회 | | | | | | | | | | | | | | | | | | | | |
| | 누계 | | | | | | | | | | | | | | | | | | | | |
| 골프장 | 금회 | | | | | | | | | | | | | | | | | | | | |
| | 누계 | | | | | | | | | | | | | | | | | | | | |
| 스키장 | 금회 | | | | | | | | | | | | | | | | | | | | |
| | 누계 | | | | | | | | | | | | | | | | | | | | |
| 체육시설 | 금회 | | | | | | | | | | | | | | | | | | | | |
| | 누계 | | | | | | | | | | | | | | | | | | | | |
| 관광시설 | 금회 | | | | | | | | | | | | | | | | | | | | |
| | 누계 | | | | | | | | | | | | | | | | | | | | |
| 공용·공공용시설 | 금회 | | | | | | | | | | | | | | | | | | | | |
| | 누계 | | | | | | | | | | | | | | | | | | | | |
| 그 밖의 시설 | 금회 | | | | | | | | | | | | | | | | | | | | |
| | 누계 | | | | | | | | | | | | | | | | | | | | |

210mm×297mm[백상지 80g/㎡]

(뒤쪽)

### 작성요령

1. 조사대상: 조림, 숲가꾸기, 벌채, 토석 등 임산물의 채취 및 산지일시사용 외의 용도로 사용하거나 이를 위하여 산지의 형질을 변경하는 모든 산지전용 현황
2. 작성요령
    가. 농지: 「농지법」에 따른 농지
    나. 초지: 「초지법」에 따른 초지
    다. 공장
       1) 산업단지: 「산업입지 및 개발에 관한 법률」에 따른 산업단지, 농공단지
       2) 일반공장: 「산업집적활성화 및 공장설립에 관한 법률」에 따른 공장
       3) 그 밖의 공장: 가목 및 나목 외의 공장
    라. 택지
       1) 택지·도시개발: 「택지개발촉진법」에 따른 택지개발사업 및 「도시개발법」에 따른 도시개발사업
       2) 농가주택: 농림어업인이 농림어업의 경영을 위하여 실제 거주할 목적으로 건축하는 주택 및 부대시설
       3) 일반주택: 「주택법」 및 「건축법」에 따른 주택
       4) 그 밖의 주택: 1)부터 3)까지의 규정 외의 택지조성관련 사업에 따른 주택
    마. 도로시설: 「도로법」, 「농어촌도로정비법」, 「사도법」, 「국토의 계획 및 이용에 관한 법률」 등에 따른 법정 도로
    바. 교육시설: 「유아교육법」, 「초·중등교육법」, 「고등교육법」에 따른 학교시설, 그 밖의 교육·연구시설 부지 등
    사. 종교시설: 종교단체 또는 그 소속 단체에서 설치하는 사찰·교회·성당 등 종교의식에 직접적으로 사용되는 시설과 그 부대시설
    아. 국방·군사시설: 「국방·군사시설 사업에 관한 법률」에 따른 국방·군사시설
    자. 전기·통신시설: 「전원개발촉진법」에 따른 전원개발사업, 풍력·태양광 발전사업, 국가통신시설 또는 「전기통신기본법」에 따른 전기통신설비
    차. 묘지시설: 「장사 등에 관한 법률」에 따른 묘지·화장시설·봉안시설 등
    카. 축사·창고: 농림축수산물의 창고, 축산시설 등
    타. 골프장: 「체육시설의 설치·이용에 관한 법률」에 따른 골프장
    파. 스키장: 「체육시설의 설치·이용에 관한 법률」에 따른 스키장
    하. 체육시설: 타목 및 파목 외의 체육시설
    거. 관광시설: 「관광진흥법」에 따른 관광지 및 관광단지와 관광숙박업을 위하여 설치하는 시설 등
    너. 공용·공공용시설: 가목부터 거목까지 외의 공용·공공용 시설
    더. 그 밖의 시설: 가목부터 너목까지 외의 시설

[별지 제46호의2서식] <개정 2015.12.30>

# 산지일시사용 현황

기관명 :　　　　　　　　　　　　　　　　　　　　　　　　　　　　　　년　월 현재

| 용도별 | | | 합 계(A+B+C) | | | | | 산지일시사용협의(A) | | | | | 산지일시사용허가(B) | | | | | 산지일시사용신고(C) | | | | |
|---|---|---|---|---|---|---|---|---|---|---|---|---|---|---|---|---|---|---|---|---|---|---|
| | | | 건수 | 면적(m²) | | | 복구비(천원) | 건수 | 면적(m²) | | | 복구비(천원) | 건수 | 면적(m²) | | | 복구비(천원) | 건수 | 면적(m²) | | | 복구비(천원) |
| | | | | 소계 | 보전 | 준보전 | | | 소계 | 보전 | 준보전 | | | 소계 | 보전 | 준보전 | | | 소계 | 보전 | 준보전 | |
| 합 계 | | 금회 | | | | | | | | | | | | | | | | | | | | |
| | | 누계 | | | | | | | | | | | | | | | | | | | | |
| 광물의 채굴 | 소계 | 금회 | | | | | | | | | | | | | | | | | | | | |
| | | 누계 | | | | | | | | | | | | | | | | | | | | |
| | 노천채굴 | 금회 | | | | | | | | | | | | | | | | | | | | |
| | | 누계 | | | | | | | | | | | | | | | | | | | | |
| | 굴진채굴 | 금회 | | | | | | | | | | | | | | | | | | | | |
| | | 누계 | | | | | | | | | | | | | | | | | | | | |
| 광해방지사업 | | 금회 | | | | | | | | | | | | | | | | | | | | |
| | | 누계 | | | | | | | | | | | | | | | | | | | | |
| 농림어업용시설 | | 금회 | | | | | | | | | | | | | | | | | | | | |
| | | 누계 | | | | | | | | | | | | | | | | | | | | |
| 진입로 임도·숲길 등 | | 금회 | | | | | | | | | | | | | | | | | | | | |
| | | 누계 | | | | | | | | | | | | | | | | | | | | |
| 산림관상식물재배 | | 금회 | | | | | | | | | | | | | | | | | | | | |
| | | 누계 | | | | | | | | | | | | | | | | | | | | |
| 그 밖의 시설 | | 금회 | | | | | | | | | | | | | | | | | | | | |
| | | 누계 | | | | | | | | | | | | | | | | | | | | |

### 작 성 요 령

1. 조사대상: 산지를 복구할 것을 조건으로 조림, 숲가꾸기, 벌채 및 토석 등 임산물의 채취 외의 용도로 일정 기간 사용하거나 이를 위하여 산지의 형질을 변경하는 모든 산지일시사용 현황
2. 작성요령
   가. 광물의 채굴: 채굴 및 부속시설 용지
   나. 광해방지사업:「광산피해의 방지 및 복구에 관한 법률」에 따른 사업
   다. 농림어업용시설:「산지관리법 시행령」 별표 3의3 제1호의 시설
   라. 진입로, 임도·숲길 등:「산지관리법 시행령」 별표 3의3 제3호 및 제4호에 따른 진입로·임도·작업로 및 임산물 운반로·숲길·산길 등
   마. 산림관상식물재배:「산지관리법 시행령」 별표 3의3 제6호에 해당하는 경우
   바. 그 밖의 시설: 가목부터 마목까지 외의 시설

210mm×297mm[백상지 80g/m²]

[별지 제47호서식] <개정 2015.12.30>

## 토석채취허가 현황

단위(면적: 천㎡, 수량: 천㎥, 금액: 천원)

| 구분 | 허가현황 | | | | | |
|---|---|---|---|---|---|---|
| | 건수 | 개소수(채취장) | 면적 | 수량 | 채취실적 | 매각대금 | 복구비예치액 |
| 누계 | | | | | | | |
| 신규 | | | | | | | |

## 토석채취허가 세부내역

단위(면적: 천㎡, 수량: 천㎥, 금액: 천원)

| 일련번호 | 토석구분 | 주된행정처분 | 허가(신고) 현황 | | | | | | | |
|---|---|---|---|---|---|---|---|---|---|---|
| | | | 소재지 | 지번 | 용도 | 면적 | 수량 | 허가기간 | 수허가자 | 복구비예치액 |
| 계 | | | | | | | | | | |
| 1 | | | | | | | | | | |

※ 작성요령
 1) 누계: 해당 연도말 현재 허가기간이 만료되지 아니한 허가현황, 해당 허가사항을 포함하여 작성하시기 바랍니다.
 2) 신규: 해당 연도에 신규로 허가한 현황을 작성하시기 바랍니다.

210mm×297mm[백상지 80g/㎡]

[별지 제48호서식] <개정 2015.12.30>

## 토석채취 용도별 현황

단위(면적: 천㎡, 수량: 천㎡, 금액: 천원)

| 구분 | 소유 구분 | | 허가상황 | | | 채취실적 | 복구비 예치액 |
|---|---|---|---|---|---|---|---|
| | | | 건수 | 면적 | 수량 | | |
| 합계 | 계 | 누계 | | | | | |
| | | 신규 | | | | | |
| | 국유림 | 누계 | | | | | |
| | | 신규 | | | | | |
| | 공유림 | 누계 | | | | | |
| | | 신규 | | | | | |
| | 사유림 | 누계 | | | | | |
| | | 신규 | | | | | |
| 쇄골재용 | 계 | 누계 | | | | | |
| | | 신규 | | | | | |
| | 국유림 | 누계 | | | | | |
| | | 신규 | | | | | |
| | 공유림 | 누계 | | | | | |
| | | 신규 | | | | | |
| | 사유림 | 누계 | | | | | |
| | | 신규 | | | | | |
| 토목용 | 계 | 누계 | | | | | |
| | | 신규 | | | | | |
| | 국유림 | 누계 | | | | | |
| | | 신규 | | | | | |
| | 공유림 | 누계 | | | | | |
| | | 신규 | | | | | |
| | 사유림 | 누계 | | | | | |
| | | 신규 | | | | | |
| 건축·공예·조경 | 계 | 누계 | | | | | |
| | | 신규 | | | | | |
| | 국유림 | 누계 | | | | | |
| | | 신규 | | | | | |
| | 공유림 | 누계 | | | | | |
| | | 신규 | | | | | |
| | 사유림 | 누계 | | | | | |
| | | 신규 | | | | | |
| 기타 | 계 | 누계 | | | | | |
| | | 신규 | | | | | |
| | 국유림 | 누계 | | | | | |
| | | 신규 | | | | | |
| | 공유림 | 누계 | | | | | |
| | | 신규 | | | | | |
| | 사유림 | 누계 | | | | | |
| | | 신규 | | | | | |

※작성요령
1) 누계: 해당 연도말 현재 허가기간이 만료되지 아니한 허가현황, 해당 허가사항을 포함하여 작성하시기 바랍니다.
2) 신규: 해당 연도에 신규로 허가한 현황을 작성하시기 바랍니다.

210mm×297mm[백상지 80g/㎡]

[별지 제49호서식] <개정 2015.12.30>

# 복 구 현 황

(단위 : 면적-천㎡, 금액-천원)

| 구분 | 복구비예치 | | | | | 복구실적 | | | | | |
|---|---|---|---|---|---|---|---|---|---|---|---|
| | 건수 | 면적 | 예치금 | | | 건수 | 면적 | 복구비 | 하자보수보증금 | | |
| | | | 계 | 현금 | 지급보증서 | | | | 계 | 현금 | 지급보증서 |
| 계 | | | | | | | | | | | |
| 산지전용지 | | | | | | | | | | | |
| 채광지 | | | | | | | | | | | |
| 토석채취지 | | | | | | | | | | | |

※ 작성요령
1. 조사 대상 : 법 제37조제1항 각 호의 어느 하나에 해당하는 허가 등의 처분을 받거나 신고 등을 한 대상지에 대하여 산지전용, 채광지, 토석채취지로 구분하여 작성하시기 바랍니다.

2. 작성방법
   1) 해당 연도 실적을 반기별로 작성하되, 하반기는 상반기 실적을 포함하여 누계로 작성하시기 바랍니다.
   2) 산지전용지 중 채광지는 따로 구분하여 작성하시기 바랍니다.
   3) 복구비예치의 경우 건수는 신규허가를 기준으로 반영하고, 기존허가의 변경허가, 기간연장허가, 복구비 재산정 등에 따른 변동이 있을 경우 건수는 반영하지 말고 변동된 면적과 금액만 추가로 반영하여 작성하시기 바랍니다.

210mm×297mm[백상지 80g/㎡]

[별지 제50호서식] 삭제<2018.11.12>
[별지 제51호서식] 삭제<2018.11.12>

# 산지관리법 관련
## 〈행정규칙〉

● 〈행정규칙〉

- 2016년도 대체산림자원조성비의 단위면적당 금액 …809
- 2020년도 대체산림자원조성비 부과기준 …810
- 2020년도 1만당 복구비 산정기준 금액 …811
- 산지전용허가기준 등의 적합성 조사·검토를 위한 관계전문기관의 지정 …812
- 불법전용산지의 신고·심사 및 통지 등에 관한 세부절차 …813
- 불법전용산지 지목변경에 필요한 세부절차 규정 …816
- 산지전용 타당성조사의 수수료 산정기준·고지·납부·환급 및 운영 등에 관한 규정 …821
- 산지전용시 기준도로를 이용할 필요가 없는 시설 및 기준 …830
- 매년 추가로 예치할 복구비를 미리 산정하는 기준 …832
- 송전시설 등의 자재운반방법 결정기준 및 임시진입로 설계·시공기준 …833
- 임산물 운재로 및 작업로 시설지 복구를 위한 시방서 작성기준 …837
- 입목 재적의 시·도별 평균생장률 적용기준 …847
- 조사협의체 운영 지침 …848
- 중앙산지관리위원회 운영세칙 …850
- 채석단지 지정 고시 …855
- 보전산지 지정 및 지형도면 고시 …856
- 보전산지 변경지정 고시 …857
- 산지전용허가기준 등의 적합성 조사·검토를 위한 관계전문기관 지정 …861
- 산지전용·일시사용제한지역 해제 및 지형도면 …862
- 광업업무처리지침 …863
- 세종특별자치시 산지전용허가기준에 관한 조례 …969

# 2016년도 대체산림자원조성비의 단위면적당 금액

산림청 고시 제2016 -8호, 2016. 1. 19

「산지관리법」 제19조 제6항, 제9항 및 같은 법 시행령 제24조 제4항에 의하여 2016년도 대체산림자원조성비의 단위면적당 금액을 다음과 같이 고시합니다.

<2016년도 대체산림자원조성비의 단위면적당 금액>

o 단위면적당 금액
 - 준보전산지 : 3,740원/㎡
 - 보전산지  : 4,860원/㎡
 - 산지전용제한지역 : 7,480원/㎡

부    칙

① (시 행 일) 이 고시는 고시한 날부터 시행한다.
② (적 용 례) 이 고시 시행 전에 신청된 산지전용허가신고 및 협의(다른 법령의 규정에 의하여 산지전용허가 또는 신고가 의제 또는 배제되는 행정처분을 받고자 신청된 경우를 포함한다)에 대한 대체산림자원조성비의 단위면적당 금액은 산림청 고시 제2015-9 (2015.1.28)호에 의한다.

# 2020년도 대체산림자원조성비 부과기준

산림청 고시 제2020 -25호, 2020. 4. 9

「산지관리법」 제19조 제8항, 제10항 및 같은 법 시행령 제24조 제4항에 하여 2020년도 대체산림자원조성비 부과기준을 다음과 같이 고시합니다.

### <2020년도 대체산림자원조성비 부과기준>

1. 대체산림자원조성비 부과금액 계산방법

 o 대체산림자원조성비 부과금액 = 산지전용허가·산지일시사용허가 면적 × (단위면적당 금액 + 해당 산지 개발공시지가의 1000분의 10)

2. 단위면적당 금액

 o 준보전산지 : 6,860원/㎡
 o 보전산지 : 8,910원/㎡
 o 산지전용·일시사용제한지역 : 13,720원/㎡

3. 개별공시지가 일부 반영비율 : 개별공시지가의 1000분의 10

 o 개별공시지가의 1000분의 10에 해당하는 금액은 최대 6,860원/㎡ 으로 한정한다.

### 부 칙

이 고시는 고시한 날부터 시행한다.

## 2020년도 1만당 복구비 산정기준 금액

산림청 고시 제2020-15호, 2020. 2. 21

「산지관리법」 제38조 및 같은 법 시행규칙 제39조 규정에 의하여 2020년도 복구비 산정기준 금액을 다음과 같이 고시합니다.

### 2020년도 1만$m^2$ 복구비 산정기준 금액

1. 산지전용(일시사용)허가·신고지 (광물의 채굴지는 제외한다)
   - 경사도 10도미만 : 66,483천원
   - 경사도 10도이상 20도미만 : 195,762천원
   - 경사도 20도이상 30도미만 : 258,057천원
   - 경사도 30도이상 : 336,469천원

2. 토석채취(매각)지 및 광물채굴지
   - 경사도 10도미만 : 175,801천원
   - 경사도 10도이상 20도미만 : 338,779천원
   - 경사도 20도이상 30도미만 : 441,947천원
   - 경사도 30도이상 : 540,867천원

3. 『산지관리법』 제40조의2에 따른 산지복구공사감리 대상인 경우에는 복구비 산정 금액에『엔지니어링사업대가의 기준』별표1에 의한 "공사감리" 요율을 곱한 금액을 추가로 예치하여야 한다.

4. 「산지관리법 시행규칙」 제37조제1항단서, 제39조단서에 따라 복구비를 추가하는 경우(재해예방시설 설치, 특수공법 녹화, 시설물 철거, 되메우기, 생태복원 비용 등)에는 실제 예상비용을 별도로 계상하여 예치하게 할 수 있다.

부    칙 <제2020-15호, 2020.2.21>

이 고시는 고시한 날부터 시행한다.

# 산지전용허가기준 등의 적합성 조사·검토를 위한 관계전문기관의 지정

산림청 고시 제2011-14호, 2011. 1. 19 제정
산지관리과, 042-481-4298

1. 특수법인 한국산지보전협회

2. 사단법인 한국산림기술사사무소협의회

3. 사단법인 한국산지환경조사연구회

## 부 칙 <제2011-14호, 2011.1.19>

**제1조(시행일)** 이 고시는 고시한 날부터 시행한다.

**제2조(다른 규정의 폐지)** 「조사·검토 관계전문기관 지정(산림청 고시 제2009-152호, 2009. 12. 29)」은 이를 폐지한다.

# 불법전용산지의 신고ㆍ심사 및 통지 등에 관한 세부절차

산림청 고시 제2017-58호, 2017. 6. 2 제정
산지관리과, 042-481-4298

**제1조(목적)** 이 규정은 「산지관리법 시행규칙」 부칙<제266호, 2017.6.3.> 제3조에 따라 불법전용산지에 대한 신고ㆍ심사 및 통지 등에 관한 세부절차를 정하는데 그 목적이 있다.

**제2조(정의)** 이 고시에서 사용하는 용어의 정의는 다음과 같다.
1. "불법전용산지"란 「산지관리법」 시행 당시 적법한 절차를 거치지 아니하고 산지(법 제2조제1호의 개정규정에 따른 산지로 한정한다)를 2016년 1월 21일 기준으로 3년 이상 계속하여 전(田), 답(畓), 과수원의 용도로 이용하였거나 관리하였던 경우를 말한다.
2. "적법한 절차"란 다음의 어느 하나에 해당하는 허가ㆍ신고를 말한다.
   가. 「산지관리법」에 따른 산지전용허가 또는 산지전용신고
   나. 종전의 「산림법」에 따른 보전임지전용허가, 산림형질변경허가 또는 산림형질변경신고
   다. 종전의 「도시계획법」에 따른 토지형질변경허가
   라. 그 밖의 관계 법률에서 정하는 토지형질변경에 관한 허가ㆍ신고
3. "3년 이상 계속"이란 불법전용산지를 3년 이상 전(田)ㆍ답(畓)ㆍ과수원으로만 이용하였거나 관리하였던 것을 말한다.

**제3조(불법전용산지의 항공사진 판독 및 현지조사)** ① 「산지관리법」 부칙 제3조제1항에 따른 산지전용허가 등 지목 변경에 필요한 처분을 받으려는 자(이하 "신고자"라 한다)가 「산지관리법 시행규칙」 제3조제1항에 따라 제출한 신고서를 제출 받은 시장ㆍ군수ㆍ구청장은 2016년 1월 21일 이전에 제작된 항공사진을 판독하여 불법전용산지가 신고한 용도로 계속하여 사용하고 있는지 여부와 신고 면적의 부합 여부를 확인하여야 한다.
② 제1항에 따라 항공사진을 판독한 이후에는 불법전용산지의 현장을 확인하고 이해관계자 의견청취 등의 방법으로 신고 내용의 사실관계를 확인하여야 한다.

**제4조(불법전용산지에 대한 심사 등)** ①시장·군수·구청장은 제3조에 따른 불법전용산지의 항공사진 판독 및 현지조사를 완료한 이후에는 「산지관리법 시행령」 부칙 제2조 각호의 기준 충족 여부를 검토하여야 하며, 기준 모두를 충족하는 경우에 한하여 관계 행정기관의 장과 인가·허가·승인 등의 행정처분에 필요한 협의를 하여야 한다.

②시장·군수·구청장은 신고자에게 제1항에 따른 인가·허가·승인 등의 협의에 필요한 서류와 제출된 서류에 대한 보완이 필요한 경우 보완서류 제출을 요청할 수 있으며, 이 경우 반드시 제출기한을 명시하여야 한다.

③제2항에 따른 서류 제출을 요청 받은 신고자는 특별한 사정이 없는 한 관련서류를 제출기한까지 시장·군수·구청장에게 제출하여야 한다.

④시장·군수·구청장은 제2항에 따라 요청한 서류제출이 없을 경우 지목 변경에 필요한 처분을 할 수 없음을 신고자에게 서면으로 통지하여야 한다.

⑤「산지관리법 시행규칙」 부칙 제3조제3항에 따른 심사결과의 통지는 신고를 접수한 날부터 30일 이내에 하여야 한다. 다만, 관계 행정기관의 장과 협의에 소요된 기간은 처리기간에 산입하지 아니한다.

⑥제5항에 따른 심사결과 지목변경이 필요한 경우에는 「공간정보의 구축 및 관리 등에 관한 법률 시행규칙」 제84조제1항에 따른 지목변경 신청에 필요한 증명 서류를 함께 발급하여야 한다.

**제6조(벌칙 및 공소시효)** 불법전용산지 조성행위가 「형사소송법」 제249조제1항의 기간 이내의 발생한 경우에는 「산지관리법」 제53조부터 제55조까지 규정을 별도 적용하여 처분하여야 한다.

**제7조(행정사항)** 시장·군수·구청장은 별지 서식의 불법전용산지에 대한 처리 결과를 시·도지사를 거쳐 2018년 6월 말까지 산림청장에게 보고하여야 한다.

**제8조(유효기간)** 이 고시는 「훈령예규 등의 발령 및 관리에 관한 규정」에 따라 이 고시를 발령한 후의 법령이나 현실여건의 변화 등을 검토하여야 하는 2018년 6월 2일까지 효력을 가진다.

## 부 칙 <제2017-58호, 2017.6.2>

**제1조(시행일)** 이 고시는 2017년 6월 3일부터 시행한다.

**제2조(적용례)** 이 고시는 2018년 6월 2일까지 신청을 접수한 것에 한하여 적용한다.

[별지 서식] <신설 2017.6.2>

# 불법전용산지에 대한 처리 결과

o 기관명

| 신청자 | | 소재지 | 지번 | 지적 | 양성화 현황 | | | | 불법 이용 기간 | 변경 지목 |
|---|---|---|---|---|---|---|---|---|---|---|
| | | | | | 면적(㎡) | | | | | |
| 성명 | 주소 | | | | 계 | 임업용 산지 | 공익용 산지 | 준보전 산지 | | |
| | | | | | | | | | | |
| | | | | | | | | | | |
| | | | | | | | | | | |
| | | | | | | | | | | |
| | | | | | | | | | | |
| | | | | | | | | | | |
| | | | | | | | | | | |
| | | | | | | | | | | |
| | | | | | | | | | | |
| | | | | | | | | | | |
| | | | | | | | | | | |
| | | | | | | | | | | |
| | | | | | | | | | | |
| | | | | | | | | | | |
| | | | | | | | | | | |

210mm×297mm [백상지 (80g/㎡)]

# 불법전용산지의 지목변경에 필요한 세부절차 규정

산림청 고시 제2011-55호, 2011. 8. 17
산지관리과, 042-481-4142

**제1조(목적)** 이 규정은 법률 제10331호 「산지관리법」(이하 "개정법률"이라 한다) 부칙 제2조 및 「개정법률 시행령」(이하 "개정시행령"이라 한다) 부칙 제2조제3항제2호 및 제2조제6항에 따라 불법전용산지에 대한 산지전용허가 기준의 완화 및 지목변경에 필요한 신고·심사·통지 그 밖의 세부절차를 정하는데 그 목적이 있다.

**제2조(정의)** 개정법률 부칙 제2조제1항에서 사용하는 용어의 정의는 다음과 같다.
1. "불법전용산지"란 개정법률 시행 당시 적법한 절차를 거치지 아니하고 5년이상 계속하여 개정법률 부칙 제2조제1항 각 호의 어느 하나에 해당하는 용도로 이용·관리하고 있는 산지를 말한다.
2. "적법한 절차"란 다음의 어느 하나에 해당하는 허가·신고를 말한다.
   가. 「산지관리법」에 따른 산지전용허가 또는 산지전용신고
   나. 종전의 「산림법」에 따른 보전임지전용허가, 산림형질변경허가 또는 산림형질변경신고
   다. 종전의 「도시계획법」에 따른 토지형질변경허가
   라. 그 밖의 관계 법률에서 정하는 토지형질변경에 관한 허가·신고
3. "5년 이상 계속"이란 불법전용산지를 신고일 현재 개정법률 부칙 제2조제1항 각 호의 어느 하나에 해당하는 용도로 사용하고 있으며, 개정법률 시행일 이전 5년 동안 개정법률 부칙 제2조제1항 각 호외의 용도로 사용한 사실이 없는 것을 말한다.
4. "이용 또는 관리하고 있는 자"란 불법전용산지의 관리자(국방·군사시설, 공용·공공용 시설을 이용 또는 관리하고 있는 자를 말한다) 또는 소유자를 말한다.
5. "국방·군사시설"이란 「국방·군사시설 사업에 관한 법률」 제2조 각 호의 어느 하나에 해당하는 시설을 말한다.

6. "공용·공공용 시설"이란 개정시행령 부칙 제2조제1항 각 호의 시설을 말한다.
7. "농림어업용 시설"이란 개정시행령 부칙 제2조제2항 각 호의 시설을 말한다.
8. "농림어업인"이란 다음의 어느 하나에 해당하는 자를 말한다.
   가. 농업인 :「농지법」제2조제2호에 따른 농업인
   나. 임업인 :「임업 및 산촌 진흥 촉진에 관한 법률 시행령」제2조제1호의 임업인(「산림자원의 조성 및 관리에 관한 법률」에 따라 산림경영계획의 인가를 받아 산림을 경영하고 있는 자를 말한다), 같은 조 제2호 및 제3호의 임업인
   다. 어업인 :「수산업법」제2조제12호에 따른 어업인

**제3조 (적용범위)** ①이 규정은 개정법률 부칙 제2조에 따라 불법전용산지의 지목을 변경하려는 경우에 적용한다.
②불법전용산지를 개정법률 제15조의2에 따른 산지일시사용허가 또는 산지일시사용신고 대상이 되는 용도로 이용·관리하고 있는 경우에는 이 규정을 적용하지 아니한다. 다만, 종전의 「산지관리법」제21조의2 제2호에 따라 지목을 변경할 수 있는 산지전용신고의 용도로 이용·관리하고 있는 경우에는 이 규정을 적용한다.

**제4조(불법전용산지의 신고를 할 수 있는 자)** 개정법률 부칙 제2조제1항 및 「개정법률 시행규칙」(이하 "개정시행규칙"이라 한다) 제2조에 따라 불법전용산지의 신고를 할 수 있는 자는 다음과 같다.
1. 국방·군사시설 : 국방부장관, 신고하려는 산지에 있는 국방·군사시설을 직접 이용·관리하고 있는 기관의 장 또는 그 부대장
2. 공용·공공용시설 : 신고하려는 산지에 있는 시설물을 직접 이용·관리하고 있는 기관의 장
3. 농림어업용 시설(농림어업인이 주된 주거용으로 사용하고 있는 시설을 포함한다) : 신고하려는 산지의 소유자(개정시행령 부칙 제2조제2항제4호의 용도로 이용·관리하고 있는 자는 「농지법」제6조에 따른 농지취득자격이 있어야 한다. 이 경우 공유지분의 산지인 경우에는 공유자 모두가 농지취득자격이 있는 경우에 한하여 공유지분으로 신고할 수 있다.)
   <개정 2011.8. >

**제5조 (불법전용산지의 신고 및 현지조사)** ①불법전용산지의 지목을 변경하려는 자는 개정시행규칙 부칙 제2조에 따라 불법전용산지신고서에 관련 서류를 첨부하여 시장·군수·구청장에게 제출하여야 한다. 다만, 농림어업용시설(농림어업인이 주된 주거용으로 사용하고 있는 시설을 포함한다)로 사용하고 있는 산림청 소관 국유림의 경우에는 그 산지를 관할하는 국립수목원장·산림인력개발원장·국립산림품종관리센터장·국립산림과학원 연구소장·국립자연휴양림관리소장·산림항공관리소장·국유림관리소장 또는 산림청소관 국유림을 위탁관리하고 있는 제주특별자치도의 행정시장(이하 "국유림관리청"이라 한다)가 현지를 조사하고 그 결과를 함께 첨부하여 시장·군수·구청장에게 제출하여야 한다.

②제1항의 신고를 접수한 시장·군수·구청장은 신고된 산지에 대하여 현지조사를 하여야 한다. 다만, 제1항 단서에 따라 국유림관리청이 현지조사를 한 경우에는 그러하지 아니하다.

③제1항 단서 및 제2항에 따라 현지조사를 하는 자는 신고자·이해관계인이 현장입회를 할 수 있도록 조치하여야 한다. 다만, 신고자·이해관계인이 현장입회를 하지 아니한 경우에는 신고자·이해관계인의 현장입회 없이 현지조사를 할 수 있다.

④개정시행령 부칙 제2조제4항에 따라 항공사진을 판독하는 경우에는 2005년 11월 30일 이후에 제작된 항공사진을 판독하여 신고 된 용도로 계속하여 사용하고 있는지 여부 및 신고 된 면적과 부합하는지 확인하여야 한다.

**제6조(산림청 소관 국유림에 대한 협의 등)** ①제5조제1항에 따라 산림청 소관 국유림을 국방·군사시설 또는 공용·공공용시설로 이용·관리하고 있는 자로부터 불법전용산지의 신고를 접수한 시장·군수·구청장은 그 산지를 관할하는 국유림관리청에 지목변경에 관한 협의를 요청하여야 한다.

②제1항의 협의를 요청받은 국유림관리청은 현지조사를 실시하고 그 결과에 따라 지목변경에 관한 협의 여부를 시장·군수·구청장에게 통보하여야 한다.

③시장·군수·구청장은 국유림관리청으로부터 산림청 소관 국유림의 지목변경에 협의한다는 통보가 있는 경우에는 따로 현지조사를 아니하고 그 불법전용산지의 지목변경에 필요한 처분을 할 수 있다.

**제7조 (불법전용산지에 대한 심사 등)** ①시장·군수·구청장은 제5조제1항에

따라 신고를 받은 때에는 개정시행령 부칙 제2조제3항 각 호의 기준에 모두 충족되는지 검토하여야 한다.

②시장·군수·구청장은 다음 각 호의 어느 하나에 해당하는 경우에는 제1항에 불구하고「산지관리법」제15조제2항에 따른 산지전용신고기준 또는 같은 법 제18조에 따른 산지전용허가기준을 적용하지 아니할 수 있다.
1. 국방·군사시설 또는 공용·공공용시설인 경우
2. 불법전용한 시점이 2003년 9월 30일 이전인 경우
3. 농림어업인이 주된 주거용으로 사용하고 있는 시설로서「건축법」에 따라 건축물대장에 등재된 건축물의 경우

③제5조제1항에 따른 신고를 접수한 시장·군수·구청장은 그 신고내용이 다른 법률에 따른 산지전용의 행위제한 및 허가기준에 적합한지 여부에 대하여 관계 행정기관의 장에게 협의를 요청하여야 한다.

④제3항에 따라 협의요청을 받은 관계 행정기관의 장은 10일 이내에 지목변경에 관한 협의 여부를 시장·군수·구청장에게 통보하여야 한다.

⑤시장·군수·구청장은 신고를 접수한 산지에 대하여「전자정부법」제36조제1항에 따라 행정정보의 공동이용을 통하여 토지등기부등본 및 축산업등록증(농업인을 증명하여야 하는 경우에 한정한다)을 확인하여야 한다.

⑥개정시행령 부칙 제2조제5항에 따른 심사결과의 통지는 신고를 접수한 날부터 30일 이내에 하여야 한다. 다만, 관계 행정기관의 장과의 협의에 소요된 기간은 처리기간에 산입하지 아니한다.

**제8조 (이의 신청 등)** ①개정시행령 부칙 제2조제5항에 따른 심사결과의 통지에 대하여 이의가 있는 자는 통지를 받은 날부터 60일 이내에 시장·군수·구청장에게 서면으로 이의신청을 할 수 있다.

②제1항에 따른 이의 신청을 받은 시장·군수·구청장은 이의 신청의 내용을 검토하고 그 결과를 신청인에게 서면으로 통보하여야 한다.

**제9조 (지목변경 등의 조치)** 시장·군수·구청장이 개정법률 부칙 제2조제2항에 따라 산지전용허가 등 지목변경에 필요한 처분을 한 때에는 지체없이 지목변경 등의 조치를 하여야 한다.

**제10조 (행정사항)** 시장·군수·구청장은 별지 서식의 불법전용산지에 대한 처리 결과를 시·도지사를 거쳐 2012년 1월 말까지 산림청장에게 보고하여야 한다.

## 부 칙

제1조 (시행일) 이 규정은 고시한 날부터 시행한다.


[별지 서식]

# 불법전용산지에 대한 처리 결과

o 기관명

| 신청자 | | 소재지 | 지번 | 지적 | 양성화 현황 | | | | 불법이용 기간 | 변경 지목 |
| --- | --- | --- | --- | --- | --- | --- | --- | --- | --- | --- |
| | | | | | 면적(㎡) | | | | | |
| 성명 | 주소 | | | | 계 | 임업용 산지 | 공익용 산지 | 준보전 산지 | | |
| | | | | | | | | | | |
| | | | | | | | | | | |
| | | | | | | | | | | |
| | | | | | | | | | | |
| | | | | | | | | | | |
| | | | | | | | | | | |
| | | | | | | | | | | |
| | | | | | | | | | | |
| | | | | | | | | | | |
| | | | | | | | | | | |

# 산지전용타당성조사의 수수료 산정기준·고지·납부·환급 및 운영 등에 관한 규정

산림청 고시 제2019-24호, 2019. 3. 25 일부개정

**제1조(목적)** 이 규정은 「산지관리법 시행령」 제20조의3제5항에 따른 산지전용타당성조사제도의 수수료 산정기준·고지·납부·환급 및 운영 등에 필요한 사항을 규정함을 목적으로 한다.

**제2조(적용범위)** 이 규정은 「산지관리법」 제18조의2에 따라 실시하는 산지전용타당성조사의 수수료(이하 "수수료"라 한다) 산정을 위하여 적용한다.

**제3조(산정방식)** ① 수수료는 「엔지니어링산업 진흥법」 제31조제2항의 「엔지니어링사업대가의 기준」의 실비정액가산방식을 적용하여 산정한다.
② 수수료 산정의 구성비목은 직접인건비, 직접경비, 제경비 및 기술료로 한다.
③ 제2항에 따른 구성비목 중 직접인건비 및 직접경비는 「산지관리법 시행령」 제20조의3제2항의 [별표 4의3]에서 정한 조사항목, 조사기준 및 조사방법에 근거하여 산정한다.
④ 부가가치세는 「부가가치세법」에 따라 별도 계상한다.

**제4조(직접인건비)** ① 직접인건비는 산지전용타당성조사에 직접 종사하는 기술인력의 급료, 제수당, 상여금, 퇴직적립금, 산재보험금 등을 포함한 것으로서 기술인력의 등급별 노임단가는 한국엔지니어링진흥협회가 통계법에 따라 조사·공표한 임금실태조사보고서의 최근 노임단가 중 건설 및 기타분야 노임단가를 적용한다.
② 소요기술 인력은 [별표 1]의 소요인력 산정기준과 [별표 2]의 조사대상 면적에 따른 소요인력 할증표를 적용하여 산정한다. 다만, 입목축적 조사항목에는 할증을 적용하지 아니한다.
③ 소요기술 인력의 등급구분은 엔지니어링대가기준에서 정한 기술자의 등급 및 자격기준을 적용한다.

**제5조(적용 특례)** 수수료 산정에 [별표 1]의 소요인력 산정기준을 적용할 수

없는 다음 각 호의 어느 하나에 해당하는 경우에는 산지전용타당성조사에 실제로 필요한 적정 소요인력으로 조사비용을 산정하거나 조사완료 후 정산할 수 있다.
1. 조사항목 중 지형여건, 조사규모 및 다른 법률과의 관계 등에 따라 조사항목 일부가 제외되는 경우
2. 기타 [별표 1]에 규정된 소요인력 산정기준으로는 부실한 조사가 예상되는 경우

**제6조(직접경비)** 직접경비는 조사항목별 조사비, 여비, 제출도서의 인쇄비 및 재료비 등 산지전용타당성조사업무 수행에 필요한 실제소요 경비로 다음 각 호와 같이 산정한다.
1. 조사항목별 조사비(「산지관리법 시행령」 제20조의3제2항의 [별표 4의 3]의 조사항목별 조사기준에 대하여 자료 분석·검토·조사에 소요되는 비용)는 실비를 적용
2. 여비는 「공무원여비규정」의 기준을 적용
3. 제출도서의 인쇄비는 조달청 경인쇄요금을 적용
4. 재료비 및 기타경비는 그 실비를 적용

**제7조(제경비)** 제경비는 직접인건비 및 직접경비에 포함되지 아니하는 관리직원의 급여, 사무실비, 사무용 소모품비, 비품비, 기계·기구의 수선 및 감가상각비, 회의비, 공과금, 운영활동비용 등을 포함한 것으로서 직접인건비의 110퍼센트 내지 120퍼센트를 적용할 수 있다.

**제8조(기술료)** 기술료는 기술의 사용 및 축적을 위한 비용으로서 조사연구비, 기술개발비, 기술훈련비 등을 포함한 것으로서 직접인건비에 제경비를 합한 금액의 20퍼센트 내지 40퍼센트를 적용할 수 있다.

**제9조(수수료의 고지)** ① 한국산지보전협회와 사방협회는 산지전용타당성조사를 접수한 날로부터 10일 이내에 별지 제1호서식에 따른 산지전용타당성조사 수수료 고지서(이하 "고지서"라 한다)를 신청자에게 발급하여야 한다.
② 제1항에 따라 발급한 수수료 고지서가 오류, 계산착오 등의 사유로 인하여 정정이 필요할 경우에는 그 사유를 명시하여 신청자에게 정정 발급하여야 한다.

**제10조(수수료의 납부 등)** ① 신청자는 고지서를 발급받은 날로부터 14일 이

내에 수수료를 한국산지보전협회 또는 사방협회에 납부하여야 한다.
② 제1항에도 불구하고 신청자가 부득이한 사유로 인하여 그 기간의 연장을 신청한 때에는 연장신청의 사유 등을 검토하여 타당하다고 인정될 경우 1차에 한하여 당초 고지한 납부기간의 범위 안에서 그 기간을 연장할 수 있다.
③ 제2항에 따라 납부기간의 연장을 결정한 경우에는 신청자에게 이를 통지하여야 한다.
④ 신청자가 수수료를 제1항 내지 제3항에 따른 기한 내 납부하지 아니할 경우에는 제출된 산지전용타당성조사신청서 및 첨부서류를 신청한 자에게 반려할 수 있다.

**제11조(수수료의 환급)** ① 한국산지보전협회와 사방협회는 천재지변 등 부득이한 사유로 산지전용타당성조사를 실행하지 못하게 된 경우에는 신청한 자에게 수수료의 전부 또는 일부를 환급하여야 한다.
② 제1항에 따라 산지전용타당성조사 수수료 환급금(이하 "환급금"이라 한다)이 발생할 때에는 지체 없이 신청자에게 통지하고 이를 환급하여야 한다.
③ 제2항에 따라 환급금을 환급할 때에는 환급금에 수수료를 납부한 날로부터 환급금을 결정하는 날까지의 기간에 시중은행의 1년 만기 정기예금 평균 수신금리를 곱하여 계산한 환급가산금을 함께 환급하여야 한다. 다만, 산지전용타당성조사를 실시하기 이전에 신청자의 환급요청이 있는 경우에는 제2항에 따른 환급금만 반환한다.

**제12조(부가비용의 계상)** 조사 또는 결과통보서 작성과정 등에 재조사 또는 추가적인 조사가 필요하여 신청자와 협의한 경우에는 그에 필요한 비용을 추가로 계상할 수 있다. 다만, 조사자의 과실로 인한 경우에는 그러하지 아니하다.

**제13조(산지전용타당성조사 관계서류 보관 등)** ① 한국산지보전협회와 사방협회는 「산지관리법」 제18조의2제3항에 따라 산지전용타당성조사 결과를 허가권자 또는 협의권자와 신청한 자에게 통보한 경우 다음 각 호의 서류를 통보일로부터 3년간 보관하여야 한다.
1. 입목축적조사서, 재적조서, 매목조사야장, 표본점배치 위치도, 수고조사서, 수고조사야장 등 산림조사서를 작성한 근거서류

2. 평균경사도조사서 및 도면을 작성한 근거서류(원본파일CD 포함)
3. 표고분석조사서 및 도면을 작성한 근거서류(원본파일CD 포함)
4. 그 밖에 산지전용타당성조사의 결과서를 작성한 근거서류

② 한국산지보전협회와 사방협회는 국회 국정감사 자료 제출이나 민원인의 정보공개청구 등의 사유로 허가권자 또는 협의권자가 요구할 경우에는 제1항 각호의 서류를 제출할 수 있다.

**제14조(한국산지보전협회와 사방협회의 의무)** 한국산지보전협회와 사방협회는 다음 각 호의 사항을 반드시 준수하여야 한다.
1. 산지전용타당성조사 업무와 관련하여 취득한 사항은 관계 법률의 규정 또는 허가권자 또는 협의권자의 승인을 받지 아니하고는 다른 사람에게 알리거나 공표할 수 없다.
2. 산지전용타당성조사를 수행한 자는 중앙산지관리위원회 또는 지방산지관리위원회의 요구가 있을 경우 참석하여 의견 등을 개진할 수 있다.

**제15조(다른 업무에의 적용)** 법 제18조의4에 따른 관계전문기관 등이 시행하는 산지전용허가기준 등의 충족여부를 확인하기 위한 조사에 소요되는 비용을 산정하는 경우에도 이 기준을 적용할 수 있다.

**제16조(재검토 기한)** 산림청장은 고시에 대하여 2019년 7월 1일을 기준으로 매 3년이 되는 시점(매 3년째의 6월 30일까지를 말한다)마다 그 타당성을 검토하여 개선 등의 조치를 하여야 한다.

부 칙 <제2011-42호, 2011.6.30>

이 고시는 2011년 7월 1일부터 시행한다.

부 칙 <제2016-16호, 2016.1.29>

이 고시는 고시한 날부터 시행한다.

부 칙 <제2019-24호, 2019.3.25>

이 고시는 고시한 날부터 시행한다.

[별표 1]

## 소요인력 산정기준(제4조제2항 관련)

### 1. 법 제8조제1항에 따른 협의를 신청하는 경우

| 조사항목 | 소요인력 | | | | 소요 일수 |
|---|---|---|---|---|---|
| | 특급 | 고급 | 중급 | 초급 | |
| 1. 타당성조사 대상지 개황조사 및 조사계획 | 1 | - | - | 1 | 1 |
| 2. 항목별 타당성 조사 | | | | | |
| 가. 필요성 | | | | | |
| ○ 사업의 타당성 | - | 1 | - | - | 0.5 |
| 나. 적합성 | | | | | |
| ○ 보전산지 등의 편입 | - | - | 1 | - | 0.5 |
| ○ 보전산지에서의 행위제한 | - | 1 | - | - | 0.5 |
| ○ 인근 산림 경영·관리에의 영향 | - | - | 1 | - | 1 |
| ○ 산지의 평균경사도 | - | - | 1 | - | 0.5 |
| ○ 산지의 헥타르당 입목축적 | - | - | 1 | 2 | 현지조사 + 내업(3일) |
| ○ 보전산지 편입비율 | - | - | 1 | - | 0.5 |
| 다. 환경성 | | | | | |
| ○ 분수령·하천·소계류·소능선 등의 편입 | - | 1 | - | - | 0.5 |
| ○ 형질우량 산림의 원형보존 | - | 1 | - | - | 0.5 |
| 3. 종합평가 및 결론 | 1 | 1 | - | 1 | 4 |

※ 비고
 1. 산지의 헥타르당 입목축적의 소요일수는 실제 소요된 현지조사일수(3인1조로 1일 5개 표준지(400㎡) 조사 기준)와 산림조사서 작성을 위한 내업일수(3일)를 합한 일수로 한다.
 2. 조사대상 산지의 지형여건, 조사규모 및 다른 법률과의 관계 등에 따라 일부 조사

항목은 제외할 수 있음

2. 법 제14조에 따른 산지전용허가(다른 법률에 따라 산지전용허가가 의제되는 행정처분을 포함한다) 및 법 제15조의2에 따른 산지일시사용허가(다른 법률에 따라 산지일시사용허가가 의제되는 행정처분을 포함한다)를 받으려는 경우

| 조사항목 | 소요인력 | | | | 소요 일수 |
|---|---|---|---|---|---|
| | 특급 | 고급 | 중급 | 초급 | |
| 1. 타당성조사 대상지 개황조사 및 조사계획 | 1 | - | - | 1 | 1 |
| 2. 항목별 타당성 조사 | | | | | |
| 가. 필요성 | | | | | |
| ○ 사업의 타당성 | - | 1 | - | - | 0.5 |
| 나. 적합성 | | | | | |
| ○ 행위제한 | - | 1 | - | - | 0.5 |
| ○ 인근 산림 경영·관리에 대한 영향 | - | 1 | - | - | 1 |
| ○ 우량한 산림의 편입 | - | - | 1 | - | 0.5 |
| ○ 재해발생 우려 | 0.33 | 0.69 | 0.94 | 0.88 | 1개소당 |
| ○ 산림의 수원 함양 및 수질보전 기능 | - | - | 1 | - | 0.5 |
| ○ 보호할 가치가 있는 산림의 편입 | | | | | |
| - 산지전용지의 평균경사도 | - | - | 1 | - | 0.5 |
| - 산지전용지의 헥타르당 입목축적 | - | - | 1 | 2 | 현지조사<br>+<br>내업(3일) |
| - 50년생 이상의 활엽수림 편입비율 | - | - | 1 | - | 0.2 |
| ○ 사업계획 및 전용면적·방법의 적정성 | | | | | |
| - 사업계획 내용의 구체성, 타당성, 목적사업 시행 가능성<br>- 산지전용면적의 적정성 | - | 1 | - | - | 0.5 |
| - 기존지형 유지관련 시설물 설치계획의 적정성 | - | 1 | - | - | 0.5 |
| - 토질에 따른 경사도·높이 등 사면처리 계획 | - | 1 | - | - | 0.5 |
| - 산지전용으로 인한 산림생태계 조치계획 | - | - | - | 1 | 0.2 |
| - 산지전용지의 표고분석도 | - | - | 1 | - | 0.5 |
| - 차폐림 조성계획 | - | - | 1 | - | 0.2 |

| | | | | | | |
|---|---|---|---|---|---|---|
| - 원형 및 조성 녹지에 대한 관리계획 | | - | 1 | - | 1 | 0.2 |
| - 해안사방사업에 따라 조성된 산림의 편입여부 | | - | - | - | 1 | 0.1 |
| - 분묘의 편입 | | - | - | 1 | - | 0.5 |
| - 해안경관 및 해안산림생태계 | | - | - | 1 | - | 0.1 |
| - 보전산지 등의 편입 | | - | - | 1 | - | 0.2 |
| - 수림대 조성 | | - | - | 1 | - | 0.2 |
| - 토석이동량의 적정성 | | 1 | - | - | - | 0.5 |
| - 조망분석 및 산지경관 영향시뮬레이션을 통한 경관훼손 저감대책 | 검토 | - | 1 | 1 | - | 2 |
| | 수립 | 3.0 | 19.5 | 22.9 | 12.0 | 1 |
| ○ 대상시설·행위별 역·조건·기준 | | - | - | 1 | - | 0.5 |
| 다. 환경성 | | | | | | |
| ○ 산림의 자연생태적 기능유지 | | 1 | - | - | 1 | 0.5 |
| 3. 종합평가 및 결론 | | 1 | 1 | - | 1 | 4 |

※ 비고
1. 산지의 헥타르당 입목축적의 소요일수는 실제 소요된 현지조사일수(3인1조로 1일 5개 표준지(400㎡) 조사 기준)와 산림조사서 작성을 위한 내업일수(3일)를 합한 일수로 한다.
2. 조사대상 산지의 지형여건, 조사규모 및 다른 법률과의 관계 등에 따라 일부 조사항목은 제외할 수 있음
3. 재해발생 우려의 소요인력은 1개소를 기준으로 한 소요인력으로 실제 조사개소를 곱하여 소요인력을 산출한다.
4. 조망분석 및 산지경관 영향시뮬레이션을 통한 경관훼손 저감대책을 검토만 하는 경우에는 검토의 소요인력을 적용하고, 직접 수립하는 경우에는 수립의 소요인력을 적용한다.

[별표 2]

## 조사대상면적에 따른 소요인력 할인·할증표
(제4조제2항 관련)

(단위 : 인일)

| 규 모 | 특급기술자 | 고급기술자 | 중급기술자 | 초급기술자 |
|---|---|---|---|---|
| 0.3배 이하 | 0.23 | 0.23 | 0.25 | 0.25 |
| 0.3배 초과~0.5배 | 0.30 | 0.30 | 0.32 | 0.33 |
| 0.5배 초과~0.7배 | 0.53 | 0.53 | 0.55 | 0.55 |
| 0.7배 초과~1배 미만 | 0.82 | 0.84 | 0.83 | 0.85 |
| 기준면적(30ha) ~ 1.5배 | 1.00 | 1.00 | 1.00 | 1.00 |
| 1.5배 초과 ~ 2.0배 | 1.07 | 1.07 | 1.12 | 1.12 |
| 2.0배 초과 ~ 3.0배 | 1.21 | 1.21 | 1.31 | 1.31 |
| 3.0배 초과 ~ 5.0배 | 1.42 | 1.42 | 1.61 | 1.61 |
| 5.0배 초과 ~ 7.0배 | 1.58 | 1.58 | 1.84 | 1.84 |
| 7.0배 초과 ~ 10배 | 1.76 | 1.76 | 2.11 | 2.11 |
| 10배 초과 ~ 15배 | 2.00 | 2.00 | 2.49 | 2.49 |
| 15배 초과 ~ 20배 | 2.18 | 2.18 | 2.79 | 2.79 |
| 20배 초과 ~ 25배 | 2.34 | 2.34 | 3.05 | 3.05 |
| 25배 초과 ~ 30배 | 2.48 | 2.48 | 3.28 | 3.28 |
| 30배 초과 | 2.60 | 2.60 | 3.49 | 3.49 |

※ 비고
 1. 할인·할증표의 적용기준이 되는 면적은 30만제곱미터이다.
 2. 조사항목 중 헥타르당 입목축적 및 재해발생 우려는 할인·할증을 적용하지 아니한다.

[별지 제1호서식]

## 산지전용타당성조사 수수료 고지서

| | 산지전용타당성조사 수수료 ₩ | | 원 |
|---|---|---|---|
| 고지서번호 | | | |

| 신청구분 | [ ] 지역·지구 등 협의, [ ] 산지전용허가, [ ] 산지일시사용허가 | |
|---|---|---|
| 신청인 | 성 명 | |
| | 주 소 (전화번호 : ) | |
| 산지소재지 | | 조사대상 산지면적 ha |

☐ 세부내역

| 항목 | 수량 | 단위 | 단가 | 금액 |
|---|---|---|---|---|
| 가. 직접인건비 | | | | |
|   특급기술자 | | 인·일 | | |
|   고급기술자 | | 인·일 | | |
|   중급기술자 | | 인·일 | | |
|   초급기술자 | | 인·일 | | |
| 나. 직접경비 | | | | |
| 다. 제경비[직접인건비×110~120%] | | | | |
| 라. 기술료[(직접인건비+ 제경비)×20~40%] | | | | |
| 마. 부가가치세 | | | | |
| 합 계 | | | ₩ | 원 |

「산지전용타당성조사의 수수료 산정기준·고지·납부·환급 및 운영 등에 관한 규정」 제9조제1항에 따라 산지전용타당성조사 수수료 고지서를 붙임과 같이 발급합니다.

붙임 : 은행지로납입고지서 1부. 끝.

년 월 일

한국산림보전협회 회장 직인

# 산지전용시 기존도로를 이용할 필요가 없는 시설 및 기준

산림청고시 제2018-25호, 2018.2.28 개정

**제1조(목적)** 이 고시는 「산지관리법 시행령」 제20조제6항의 [별표 4] 제1호 마목10에 따른 산지전용 시 기존도로를 이용할 필요가 없는 경우의 조건과 기준을 규정함을 목적으로 한다.

□ 산지별 세부기준 및 조건

| 대상산지 | 세부기준 및 조건 |
|---|---|
| 1. 보전산지 · 준보전산지 | 가. 도로 없이 설치할 수 있는 시설 : 사설묘지(개인, 가족, 종중·문중), 사설자연장지(개인, 가족, 종중·문중), 광고탑, 기념탑, 전망대(국가나 지방자치단체가 시행하는 시설에 한함), 농지(전용하려는 산지 전체가 농지로 둘러싸여 있는 1만제곱미터 이하의 산지를 개간하는 경우에 한함), 헬기장, 국방·군사시설 등 그 밖에 이와 유사한 시설<br>나. 현황도로를 이용하여 설치할 수 있는 시설 : 농지, 초지<br>다. 「공간정보의 구축 및 관리 등에 관한 법률」 제67조에 따른 지목이 "도로"로서 차량 진출입이 가능한 도로를 이용하는 경우<br>라. 하천점용허가 또는 공유수면의 점용·사용허가 등을 받아 차량진출입이 가능한 시설물을 설치하여 진입도로로 이용하는 경우<br>마. 문화재·전통사찰의 증·개축·보수 및 복원을 위해 차량 진출입이 가능한 토지를 이용하는 경우 |
| 2. 공익용산지 | 「산지관리법」 제12조제3항에 따라 해당법률의 행위제한을 적용하는 경우로서 해당 법률에서 도로로 인정하는 경우 |
| 3. 준보전산지 | 차량진출입이 가능한 기존 마을안길, 농로 등 현황도로를 이용하여 시설하는 경우에는 기존도로를 이용하지 아니할 수 있다. |

※ 비고
1. "현황도로"란 다음 각 목의 어느 하나에 해당하는 도로를 말한다. 다만, 임도를 제외한다.
    가. 현황도로로 이미 다른 인허가가 난 경우
    나. 이미 2개 이상의 주택의 진출입로로 사용하고 있는 도로
    다. 지자체에서 공공목적으로 포장한 도로

라. 차량진출입이 가능한 기존 마을안길, 농로
2. 「도로법」에 의한 도로 등 법률상 도로가 없는 도서지역의 산지는 제3호의 세부기준 및 조건을 준용한다.

**제2조(재검토 기한)** 산림청장은 이 고시에 대하여 「훈령·예규 등의 발령 및 관리에 관한 규정」에 따라 2018년 7월 1일 기준으로 매 3년이 되는 시점(매 3년째의 6월 30일까지를 말한다)마다 그 타당성을 검토하여 개정 등의 조치를 하여야 한다.

부   칙 <2015.4.10>

**제1조(시행일)** 이 고시는 고시한 날부터 시행한다.
**제2조(적용례)** 이 고시 시행 후 최초로 산지전용허가신고 및 협의(다른 법령에 따라 산지전용허가 또는 산지전용신고가 의제 또는 배제되는 행정처분을 받고자 신청된 경우를 포함한다)를 신청하는 것부터 적용한다.

부   칙 <2015.6.4>

**제1조(시행일)** 이 고시는 고시한 날부터 시행한다.
**제2조(적용례)** 이 고시 시행 후 최초로 산지전용허가신고 및 협의(다른 법령에 따라 산지전용허가 또는 산지전용신고가 의제 또는 배제되는 행정처분을 받고자 신청된 경우를 포함한다)를 신청하는 것부터 적용한다.

부   칙 <2018.2.28>

이 고시는 고시한 날부터 시행한다.

## 매년 추가로 예치할 복구비를 미리 산정하는 기준

산림청고시(안) 제2014-25호, 2014.3.5

「산지관리법시행령」 제46조제2항에 의하여 산지전용 등의 기간동안 매년 추가로 예치하여야할 복구비를 미리 산정하는 기준을 다음과 같이 고시합니다.

### <매년 추가로 예치할 복구비를 미리 산정하는 기준>

산지전용·산지일시사용·토석채취 기간에 따른 산정기준

o 허가(신고) 기간 1년 이상 2년 미만 : 복구비용 산정액에 100분의 10을 가산한 금액
o 허가(신고) 기간 2년 이상 3년 미만 : 복구비용 산정액에 100분의 20를 가산한 금액
o 허가(신고) 기간 3년 이상 : 복구비용 산정액에 100분의 30을 가산한 금액

※ 허가권자는 매년 복구비를 재산정하여 매년 추가로 예치할 복구비를 미리 산정하는 기준에 따라 예치된 복구비를 초과하는 경우에는 그 차액을 추가로 예치하여야 한다.

부 칙

이 고시는 고시한 날부터 시행한다.

## 송전시설 등의 자재운반방법 결정기준 및 임시진입로 설계·시공기준

```
제    정  2010.12.10.  고시  제2010-108호
개    정  2013.12.10.  고시  제2013- 78호
개    정  2014. 6.20.  고시  제2014- 55호
개    정  2016.12.12.  고시  제2016-121호
개    정  2018. 4.12.  고시  제2018-43호
```

**제1조(목적)** 이 고시는 산지일시사용허가 및 산지일시사용신고 대상시설 중 「산지관리법 시행령」제18조의2제3항 및 별표 3의2 제2호가목, 별표 3의3 제3호가목에 따라 설치되는 송전시설·전기통신송신시설의 자재운반 방법을 결정하는 기준과 임시로 설치하는 진입로의 설계 및 시공 기준을 규정함을 목적으로 한다.

**제2조(자재운반 방법의 결정기준)** ① 다음 각 호의 어느 하나에 해당하는 경우에는 헬기로 자재를 운반하여야 한다. 다만, 제2항제2호·제3호에 해당하는 경우에는 그러하지 아니하다.
1. 송전시설·전기통신송신시설을 설치하려는 산지사면의 평균경사가 25°이상인 경우
2. 「야생동·식물보호법」에 따른 멸종위기 야생동·식물의 주된 서식지·도래지 및 주요 생태축 또는 생태통로가 통과되는 지역 등 생태자연도 1등급에 해당하는 경우
3. 문화재보호구역, 생태·경관보전지역 등 관계 법령에서 진입로·삭도 및 모노레일시설 설치가 제한되는 경우

② 다음 각 호의 어느 하나에 해당하는 경우에는 삭도·모노레일을 설치하여 자재를 운반할 수 있다.
1. 송전시설·전기통신송신시설을 설치하려는 산지사면의 평균경사가 15°초과 25°미만인 경우
2. 주거 밀집지역, 교육·육아시설, 축사, 과수원 등과 인접한 지역으로서 헬기를 운항할 경우 소음 및 바람 등의 피해가 우려되는 경우
3. 군사시설보호구역 등 헬기운항이 어려운 지역 또는 제한되는 경우

4. 「백두대간보호법」에 의한 핵심구역 등 관계 법령에서 진입로 설치를 제한하고 있는 경우

③ 다음 각 호의 어느 하나에 해당하는 경우에는 진입로를 설치하여 자재를 운반할 수 있다.
1. 산지관리법 시행령 별표 3의3 제3호가목에 해당할 경우
2. 송전시설·전기통신송신시설을 설치하려는 산지사면의 평균경사가 15° 이하인 경우
3. 설치하려는 진입로의 거리가 100미터 이하인 경우
4. 진입로 설치로 훼손되는 산지의 면적이 660제곱미터이하인 경우
5. 산지에 이미 설치되어 있는 운재로·작업로 등을 보수하여 진입로로 사용할 수 있는 경우

④ 산지의 일부가 각각 다른 자재운반 방법의 결정기준에 해당하는 경우에는 두 가지 이상의 자재운반 방법을 적용할 수 있다. 이 경우 해당 자재운반 방법의 결정기준에 적합하여야 한다.

⑤ 자재운반 방법의 결정기준을 위한 산지사면 결정방법 및 평균경사도 측정방법은 별표와 같다.

**제3조(설계 및 시공기준)** 송전시설·전기통신송신시설 진입로는 다음 각 호의 기준에 적합하게 설계·시공되어야 한다.
1. 제2조제3항제1호에 해당하여 진입로를 설치하는 경우에는 임도의 설계기준 및 시설기준에 적합하여야 한다.
2. 산지경관훼손을 최소화하고 산사태 등 재해가 발생하지 않도록 현지여건에 맞는 공법으로 설계·시공하여야 한다.
3. 집중호우로 인하여 진입로가 유실 또는 수로화 되는 일이 없도록 설계·시공되어야 한다.
4. 노면 유수관리를 위해 적정 횡단구배를 유지토록 하고, 경사가 급한 노면에는 유수 집중을 방지할 수 있도록 일정한 간격으로 노면배수시설을 설치하며, 침식우려가 있는 옆도랑은 낙차공 등 유수완화시설을 설치하여야 한다.
5. 절·성토사면은 사면 안정각을 유지시키고, 돌·철강재 또는 콘크리트(경관유지가 가능한 공법으로 설치하는 경우에 한정한다)로 현지와 부합되는 보호공작물을 설치하여야 하며, 녹생토·코아네트·새심기·파종 등의 공법으로 피복하여야 한다.

6. 노면형성을 위하여 절토한 토석은 전량 사토장에 운반처리하고, 사토장은 토사유출 또는 무너짐을 방지할 수 있도록 사방공법 등으로 처리하여야 한다.
7. 노면과 성토면에는 다짐시공을 철저히 하여 붕괴되거나 침출수로 인한 누로(淚路)가 발생하지 않도록 조치하여야 하며, 나무뿌리·나뭇가지 등은 유실 또는 경관이 저해하지 않도록 안전한 장소에 운반하여 처리하여야 한다.
8. 옆도랑·암거·개거·배수관등의 규격은 반드시 설계기준으로 하고, 배수관 등의 유출부에는 콘크리트수로·찰쌓기수로·낙차공 등 보호시설물을 견고하게 설치하여야 하며, 진입로의 하단부 계류에는 계통적으로 사방댐·골막이 등 토사유출방지 시설을 설치하여야 한다.
9. 진입로와 기설임도가 교차하여 유수가 모이는 부분 등 피해에 취약한 구간에는 보호시설을 설치하고, 성토면에는 옹벽 등의 공작물을 시설하는 등 견고하게 보강하여야 한다.

**제4조(복구)** 송전시설·전기통신송신시설을 위한 삭도·모노레일 부지 및 진입로의 복구는 「산지관리법 시행규칙」 제42조제3항 및 별표 6에 따른 복구설계서 승인기준에 적합하여야 한다.

**제5조(재검토기한)** 산림청장은 이 고시에 대하여 「훈령·예규 등의 발령 및 관리에 관한 규정」에 따라 2017년 1월 1일 기준으로 매 3년이 되는 시점(매 3년째의 12월 31일까지를 말한다)마다 그 타당성을 검토하여 개선 등의 조치를 하여야 한다.

부 칙 <제2010-108호, 2010.12.10>

제1조(시행일) 이 규정은 고시한 날부터 시행한다.

부 칙 <제2013-78호, 2013.12.10>

제1조(시행일) 이 규정은 고시한 날부터 시행한다.

부 칙 <제2014-55호, 2014.6.20>

제1조(시행일) 이 규정은 고시한 날부터 시행한다.

부 칙 <제2016-121호, 2016.12.12>

이 고시는 고시한 날부터 시행한다.

부  칙 <제2018-43호, 2018.4.12>

이 고시는 고시한 날부터 시행한다.

[별표]

## 산지사면 결정방법 및 평균경사도 측정 방법
(제2조제5항 관련)

1. 자재운반 방법의 결정기준을 위한 산지사면 결정방법 및 평균경사도 측정 방법은 다음 각 목에 따른다.

    가. "산지사면"이란 송전시설 등이 설치되는 부지 상단부를 제외한 사면으로서 10m 해상도의 수치표고모델을 이용하여 계산된 집수량이 0인 격자의 중심점(다수의 격자가 추출된 경우 가로방향 중심)으로 연결된 선과 국립산림과학원이 제작한 축척 1/5,000의 임상도에 임경지의 경계로 이루어진 산지의 구역을 말한다. 단, 설치하려는 시설이 능선에 위치하여 사면을 판단하기 어려운 경우에는 자재운반에 사용되는 사면을 해당사면으로 한다.

    나. 평균경사도는 수치지형도(축척 1/5,000 지형도의 수치전산파일을 말한다. 이하 같다)를 이용하여 측정한다. 다만, 수치지형도가 현실과 맞지 않거나 수치지형도가 없는 지역은 「측량·수로조사 및 지적에 관한 법률 시행규칙」 제21조제4항에 따라 측량을 하여 수치지형도를 작성한 후 이를 이용하여 평균경사도를 측정한다.

    다. 평균경사도 측정을 위한 격자는 10m×10m의 크기로 설정하고, 격자의 시점은 측정대상지의 서쪽 경계 접선과 북쪽 경계 접선의 교점으로 한다.

    라. 수치지형도에 공간분석 프로그램을 이용하여 불규칙삼각망을 생성한 후 격자 내 삼각면의 경사도에 면적비율을 적용하여 측정대상지의 평균경사도를 산출한다.

2. 제3항 제3호에서 설치하려는 진입로 거리를 기존도로로부터 산정하는 경우, 기존도로의 범위는 「도로법」 상 도로, 「농어촌도로정비법」 상 농어촌도로, 「산림자원의 조성 및 관리에 관한 법률」 상 임도에 한한다.

# 임산물 운반로 및 작업로 시설지 복구를 위한 시방서 작성기준

```
제    정 2005.12.12. 산림청고시 제2005-108호
전부개정 2009. 8.24. 산림청고시 제2009-79호
개    정 2013. 5.22. 산림청고시 제2013-34호
개    정 2016. 9.20. 산림청고시 제2016-85호
```

**제1조(목적)** 이 고시는 「산지관리법 시행규칙」 제42조제2항의 규정에 따라 임산물 운반로 및 작업로의 시설지 복구를 위하여 적용하여야 할 공종 등에 대한 시방서의 작성기준과 작성방법을 규정함을 목적으로 한다.

**제2조(용어의 정의)** 이 규정에서 사용하는 용어의 정의는 다음과 같다.
  1. "임산물 운반로"라 함은 산림에서 생산된 임산물(토석을 제외한다)을 운반하기 위하여 일시적으로 산림 내에 설치하는 통로를 말한다.
  2. "작업로"라 함은 임산물의 생산·관리를 위하여 산림 내에 설치하는 통로를 말하며, 임도 및 임산물 운반로를 제외한다.

**제3조(임산물 운반로 시방서 작성기준)** ①임산물 운반로 시설지에 대한 복구공종의 적용기준은 별표 1과 같다.
  ②간벌작업지 등 지형 또는 산림의 여건상 불필요하다고 인정되는 경우에는 씨뿌리기 공종 또는 나무심기 공종을 제외할 수 있으며, 국가 또는 지방자치단체로부터의 조림비 보조가 계획되어 있는 경우에는 나무심기 공종을 제외할 수 있다.

**제4조(작업로 시방서 작성기준)** ①작업로 시설지에 대한 복구공종의 적용기준은 별표 2와 같다.
  ②지형 또는 산림의 여건상 녹화가 불필요하다고 인정되는 경우에는 새심기, 씨뿌리기, 비탈덮기 등의 공종을 제외할 수 있다.

**제5조(복구공종별 공법)** 복구공종별 복구공법은 별표 3과 같다.

**제6조(임산물 운반로 및 작업로 시방서 작성방법 등)** ① 임산물 운반로 및 작업로 시방서는 다음 각 호를 포함하여 작성하여야 한다.
  1. 제3조 및 제4조의 규정에 의한 임산물 운반로 및 작업로 대상, 적용기준,

복구공종 중 해당되는 사항
 2. 별표 3의 규정에 의한 복구공종별 공법 중 해당되는 사항
②시방서에는 노선구역도를 첨부하여야 한다.
③노선구역도는 별표 4를 참고하여 다음 각 호를 포함하여 작성하여야 한다.
 1. 노선 및 복구대상 구역을 표시한 임야도(1/6,000)
 2. 복구대상 구역별로 복구공종 및 수량을 표시한 견취도
④임산물 운반로 및 작업로 시방서는 별지 제1호서식 및 별지 제2호서식에 의한다.
⑤임산물 운반로 및 작업로 시방서는 산지를 복구하여야 하는 자가 직접 작성하여 제출할 수 있다.

**제7조(재검토기한)** 산림청장은 이 고시에 대하여 「훈령·예규 등의 발령 및 관리에 관한 규정」(대통령훈령 제334호)에 따라 2017년 1월 1일 기준으로 매3년이 되는 시점(매 3년째의 12월 31일까지를 말한다)마다 그 타당성을 검토하여 개선 등의 조치를 하여야 한다.

부　　칙 <제2005-108호, 2005.12.12>

**제1조 (시행일)** 이 규정은 고시한 날부터 시행한다.

부　　칙 <제2009-79호, 2009. 8.24>

**제1조 (시행일)** 이 규정은 고시한 날부터 시행한다.
**제2조 (다른 규정의 폐지)** 운재로 및 작업로 시설지 복구를 위한 시방서 작성기준(산림청 고시 제2005-108호, 2005.12.12.)은 이를 폐지한다

부　　칙 <제2013-34호, 2013. 5.22>

이 규정은 고시한 날부터 시행한다.

부　　칙 <제2016-85호, 2016. 9.20>

이 고시는 고시한 날부터 시행한다.

[별표 1]

## 임산물운반로 시설지 복구공종 적용기준

<table>
<tr><th colspan="3">대 상</th><th colspan="2">적용기준</th><th colspan="3">복구공종</th></tr>
<tr><td colspan="3" rowspan="3">노 면</td><td colspan="2">폭</td><td>땅고르기</td><td colspan="2">횡단배수로</td></tr>
<tr><td colspan="2">2m 미만</td><td>×</td><td colspan="2">○</td></tr>
<tr><td colspan="2">2m이상~3m이하</td><td>○</td><td colspan="2">○</td></tr>
<tr><td rowspan="5">절·성토 사면</td><td colspan="2" rowspan="1">높 이</td><td></td><td>씨뿌리기</td><td>나무심기</td><td>사면다짐</td></tr>
<tr><td rowspan="2">절토</td><td>2m미만</td><td></td><td>×</td><td>×</td><td>×</td></tr>
<tr><td>2m이상</td><td></td><td>○</td><td>○</td><td>○</td></tr>
<tr><td rowspan="2">성토</td><td>2m미만</td><td></td><td>×</td><td>×</td><td>○</td></tr>
<tr><td>2m이상</td><td></td><td>○</td><td>○</td><td>○</td></tr>
<tr><td colspan="2">기 타</td><td colspan="6">1. 재해의 예방 등 필요할 경우 현지 여건에 적합한 공종을 가감하여 반영하되, 사방기술교본(정부간행물등록번호 11-1400000-006673-14, 2014. 12 산림청 발간)의 공법을 적용할 수 있다.<br>2. 경사가 급하여 토사유출·산사태 등의 피해가 우려되는 곳에는 임산물 운반로를 시설하여서는 아니된다.</td></tr>
</table>

[별표 2]

## 작업로 시설지 복구공종 적용기준

<table>
<tr><th colspan="3">대 상</th><th colspan="2">적용기준</th><th colspan="3">복구공종</th></tr>
<tr><td colspan="3" rowspan="3">노 면</td><td colspan="2">폭</td><td>땅고르기</td><td colspan="2">횡단배수로</td></tr>
<tr><td colspan="2">2m 미만</td><td>×</td><td colspan="2">○</td></tr>
<tr><td colspan="2">2m이상~3m이하</td><td>○</td><td colspan="2">○</td></tr>
<tr><td rowspan="5">절·성토 사 면</td><td colspan="2">높 이</td><td></td><td>산돌쌓기, 통나무쌓기, 통나무울(짱)얽기 중 1</td><td>새심기, 씨뿌리기, 비탈덮기 중 1</td><td>사면다짐</td></tr>
<tr><td rowspan="2">절토</td><td>2m미만</td><td></td><td>×</td><td>×</td><td>×</td></tr>
<tr><td>2m이상</td><td></td><td>○</td><td>○</td><td>○</td></tr>
<tr><td rowspan="2">성토</td><td>2m미만</td><td></td><td>×</td><td>○</td><td>○</td></tr>
<tr><td>2m이상</td><td></td><td>○</td><td>○</td><td>○</td></tr>
<tr><td colspan="2">기 타</td><td colspan="6">1. 재해의 예방 등 필요할 경우 현지 여건에 적합한 공종을 가감하여 반영하되, 사방기술교본(정부간행물등록번호 11-1400000-006673-14, 2014. 12 산림청 발간)의 공법을 적용할 수 있다.<br>2. 경사가 급하여 토사유출·산사태 등의 피해가 우려되는 곳에는 작업로를 시설하여서는 아니 된다.</td></tr>
</table>

[별표 3]

# 복구공종별 복구공법(제5조관련)

1. 산돌쌓기

   비탈면에 대한 안정을 도모할 수 있도록 하되, 1m 이하의 높이로 시공하여야 한다. 다만, 비탈면의 높이가 3m 이상인 경우 2단으로 하여야 한다.

2. 통나무 쌓기

   가. 1.0m정도의 말뚝을 1.0m 내외의 간격으로 박고 이것에 붙여서 횡목을 놓아 그 위에 길이 0.7~1.0m내외의 공목을 0.5~1.0m내외의 간격으로 설치하며 이것을 횡목에 고정시켜야 한다.

   나. 그 사이에 토사와 자갈 등으로 채우고 다지기를 한다.

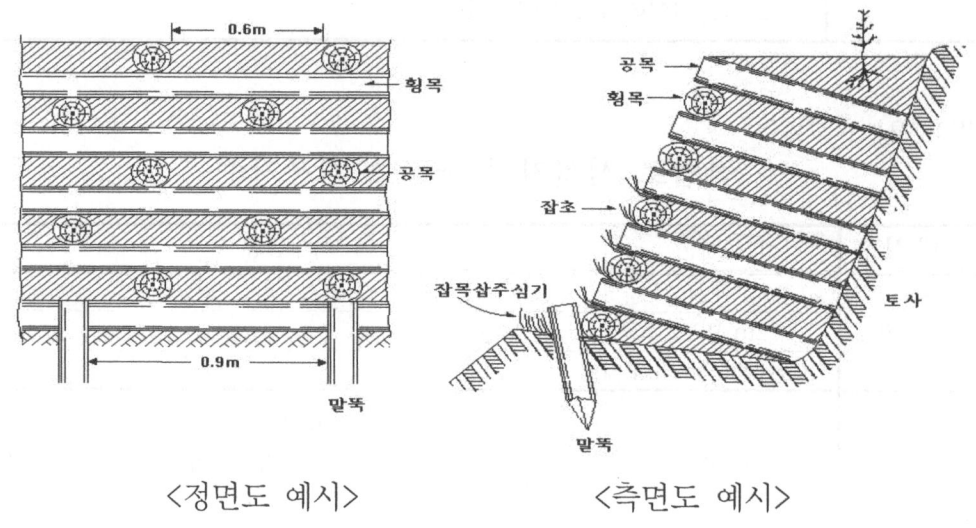

<정면도 예시>        <측면도 예시>

3. 통나무 울(짱)얽기

   가. 직경 10cm 이상 원목을 층으로 걸침하고 연철선 등을 사용하여 말뚝에 고정시킨다.

   나. 노면을 기준으로 절·성토사면을 향하여 계단식으로 단끊기를 한다. 다만 성토면의 경우 노면경계에서 30~50cm 하단지점 부터 설치한다.

다. 결침 사이는 가는 잔가지나 우죽, 돌 등을 채우고 되메우기 하여야 한다.
라. 말뚝박기는 지표면과 수직되게 한다.

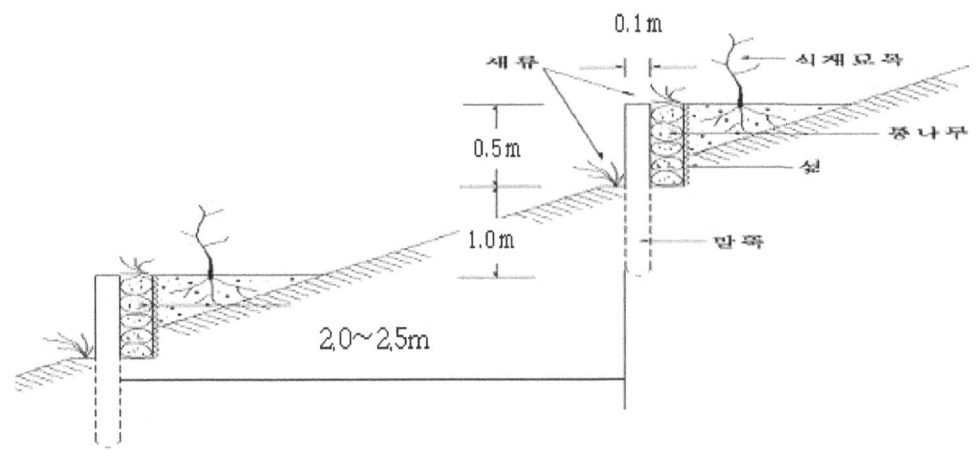

<통나무울짱얽기 예시>

4. 새심기

   가. 새류(새, 솔새, 개솔새, 억새 등)의 풀포기를 시공지 조건에 따라 점심기, 줄심기, 흩어심기 중 적당한 공법을 선택하여 적용할 수 있다.

   나. 점심기 주간(株間)간격, 줄심기 줄간격 및 흩어심기 간격은 20~30cm 내외로 하고, 흩어심기의 경우 에는 서로 어긋나게 배식 하여야 한다.

<점심기, 줄심기, 흩어심기 예시>

5. 비탈덮기

   짚, 거적, 섶, 망, 합성재 등을 사용할 수 있다.

6. 씨뿌리기

   가. 줄뿌리기

   (1) 비탈면에 높이 30~50cm 내외 마다 나비 15~20cm 내외의 수평계단을 설치하고, 계단 안에 약 10cm정도의 파종구(깊이 약 2~3cm)를 파며 그 구덩이에 시비와 객토 등을 하고 그 위에 파종할 수 있다.

   (2) 파종 후 잘 밟아주고 다시 약간의 흙으로 덮어주고, 그 위에 짚이나 산풀을 덮어준다.

   나. 흩어뿌리기

   (1) 비탈면에는 뾰족한 괭이로 작은 구멍을 만들거나 수평으로 작은 골을 판다.

   (2) 종자는 양성(陽性)이나 음성(陰性)의 초본류와 목본류를 발아 촉진 처리 후 적당히 조합할 수 있다.

   (3) 종자, 비료와 비토를 혼합한 종비토를 비탈면에 골고루 흩어 뿌리고 짚으로 얇게 덮은 후 새끼줄로 고정시킬 수 있다.

   다. 점뿌리기

   자갈이나 석벽(石壁) 때문에 줄뿌리기 등이 곤란한 지역에 점뿌리기를 할 수 있다.

7. 나무심기

   가. 나무심는 구덩이는 대체로 깊이와 지름을 20cm 이상으로 파고 객토한 후 심어야 한다.

   나. 식재본수는 ha당 4,000~6,000본을 기준으로 하며, 척박한 임지에서도 생장이 양호한 수종을 선택하여 식재할 수 있다.

   다. 보식은 계속 2본 이상 고사한 경우 실행하고 사후관리를 철저히 해야 한다.

8. 횡단배수로

   가. 횡단배수로는 강우 시 배수를 용이하게 하기 위하여 작업로 노면을 횡단

하여 시설하는 배수로로서 노면의 물 흐름 방향과 사각(斜角)을 이루도록 하되, 깊이 20cm ,너비 20cm 내외의 떼수로 등을 시설하며, 설치간격은 20m를 원칙으로 하되 지역여건 등에 따라 설치간격을 40m 까지 조정할 수 있다. 단, 계곡부에 배수로를 설치할 경우에는 물 흐름 방향과 같도록 시설한다.

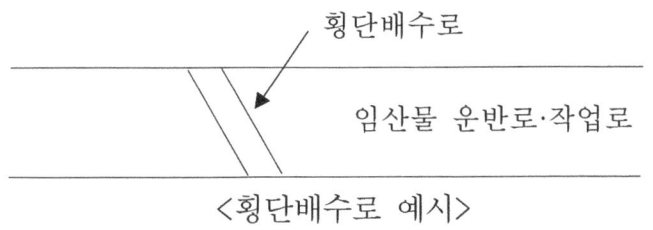

<횡단배수로 예시>

나. 수로를 시설하는 대신 직경 20cm 이상의 간벌목 등을 이용하여 작업로에 횡단하여 당해 간벌목의 1/2 내외의 깊이로 묻어 배수로를 대신할 수 있다.

[별표 4]

# 노선구역도(제6조제3항관련)

<임야도 예시>

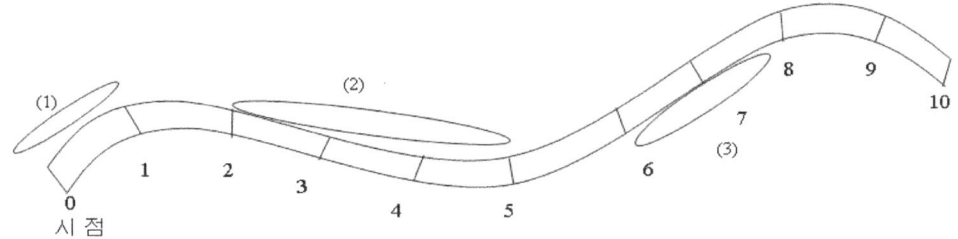

| 노선길이 | 복구대상구역 | 구간간격 | 비 고 |
|---|---|---|---|
| 0.5 km | (1) - (3) | 50 m | |

## <견취도 예시(1)>

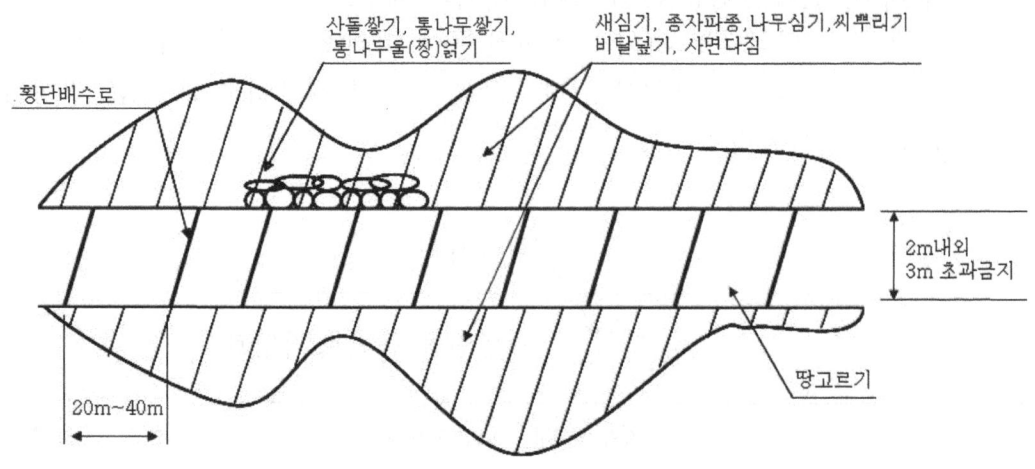

| 복구대상구역 | 복구 공종 | 수량 |
|---|---|---|
| (1) | 산돌쌓기<br>씨뿌리기<br>사면다짐<br>횡단배수로 | 15m<br>20㎡<br>50㎡<br>2개소 |

[별지 제1호서식]

## 임산물 운반로 시방서

| 대 상 | 적용기준 | | 복구공종 | | | |
|---|---|---|---|---|---|---|
| 노 면 | 폭 | | 땅고르기 | | 횡단배수로 | |
| | 2m 미만 | | | | | |
| | 2m이상~3m이하 | | | | | |
| 절·성토 사면 | 높 이 | | 씨뿌리기 | 나무심기 | 사면다짐 | |
| | 절토 | 2m미만 | | | | |
| | | 2m이상 | | | | |
| | 성토 | 2m미만 | | | | |
| | | 2m이상 | | | | |
| 복구공종별 복구공법 | | | | | | |
| 기 타 | | | | | | |

[별지 제2호서식]

## 작업로 시방서

| 대 상 | 적용기준 | | 복구공종 | | |
|---|---|---|---|---|---|
| 노 면 | 폭 | | 땅고르기 | 횡단배수로 | |
| | 2m 미만 | | | | |
| | 2m이상~3m이하 | | | | |
| 절·성토 사 면 | 높 이 | | 산돌쌓기, 통나무쌓기, 통나무울(짱)얹기중 1 | 새심기, 씨뿌리기, 비탈덮기 중 1 | 사면다짐 |
| | 절토 | 2m미만 | | | |
| | | 2m이상 | | | |
| | 성토 | 2m미만 | | | |
| | | 2m이상 | | | |
| 복구공종별 복구공법 | | | | | |
| 기 타 | | | | | |

# 입목 재적의 시·도별 평균생장률 적용기준

산림청 고시 제2016-106호, 2016.11.23

「산지관리법 시행령」 제7조 제2항 관련 [별표2] 제11호, 제20조 제6항 관련 [별표4] 제2호 다목2), 제36조 제1항 관련 [별표8] 제2호 가목의 규정에 따라 산림기본통계의 발표 다음 연도부터 다시 새로운 산림기본통계가 발표되기 전까지 적용하는 입목의 시·도별 평균생장률 적용기준을 아래와 같이 고시합니다.

## 시·도별 평균생장률

| 구 분 | 생장률(%) | 비고 |
|---|---|---|
| **전 국** | **3.1** | |
| 경 기 도 | 2.5 | 서울, 인천 |
| 강 원 도 | 2.7 | |
| 충청북도 | 3.2 | |
| 충청남도 | 3.8 | 대전, 세종 |
| 전라북도 | 3.1 | |
| 전라남도 | 2.8 | 광주 |
| 경상북도 | 3.6 | 대구 |
| 경상남도 | 3.3 | 부산, 울산 |
| 제 주 도 | 4.3 | |

주) 1. 특별시·광역시는 인접 시도에 포함
    2. 제6차 국가산림자원조사('11~'15)의 조사자료 기반
    3. 2021년에 발표할 **2020년 산림기본통계 공표시**까지 활용

### 부 칙

① 이 고시는 고시한 날로부터 적용한다.
② 산림청 고시 2012-85호(2012. 12. 7)는 폐지한다.

# 조사협의체 운영지침

산림청 고시 제2009-151호, 2009. 12. 29

「산지관리법 시행규칙」 제18조의5제7항에 따라 산지전용허가기준 등의 적합여부 확인과 관련한 「조사협의체 운영지침」을 다음과 같이 고시합니다.

**제1조(목적)** 이 지침은 산지전용 허가기준 등의 적합 여부를 확인하기 위해 「산지관리법 시행규칙」 제18조의5제7항에 따른 조사협의체의 운영에 관한 세부적인 사항을 규정함을 목적으로 한다.

**제2조(조사협의체 위원의 의무)** 조사협의체 위원(이하 "위원"이라 한다)은 다음 각 호의 사항을 반드시 준수하여야 한다.
  1. 위원의 업무와 관련하여 취득한 사항은 관할청의 승인을 받지 않고는 다른 사람에게 알리거나 공표할 수 없다.
  2. 위원은 전문가의 양심에 따라 사실대로 객관적으로 조사하여야 하며 보고서 작성에 적극 협조하여야 한다.
  3. 위원은 조사협의체가 원활히 운영될 수 있도록 의사결정 절차를 준수하며, 결정된 사항을 존중하여야 한다.

**제3조(위원장의 역할)** 위원장은 조사협의체를 대표하며, 조사협의체의 업무를 총괄하고 다음 각 호의 업무를 수행한다.
  1. 위원장은 위원으로서의 역할을 수행함과 동시에 조사협의체의 조사회의 등 제반과정을 주관한다.
  2. 위원장은 업무수행에 필요한 경우에는 위원별로 업무를 분장할 수 있다.
  3. 위원장은 조사협의체 운영에 필요한 경우에는 위원 중에서 간사를 지명할 수 있다.

**제4조(의사결정)** ①위원장은 조사협의체의 권한을 넘는 조사가 필요하거나 위원의 변동 등 중요한 사항에 대하여는 관할청과 사전에 협의하여야 한다.
  ②위원장은 조사협의체 운영에 필요하다고 인정하는 경우에는 관련공무원에게 자료 및 의견진술 등을 요청할 수 있다.

제5조(조사·검토 범위) 구체적인 조사·검토 범위에 대하여는 관할청과 사전에 협의하여 결정한다.

제6조(조사협의체 운영기간 종료) 관할청은 「산지관리법 시행규칙」 제18조의5제2항의 소송 또는 감사결과 등에 따라 조사협의체 운영이 더 이상 필요가 없다고 판단될 경우에는 조사협의체 운영을 조기에 종료할 수 있다.

제7조(보고서 작성) 보고서에는 조사·검토 사항에 대해 산지전용 허가기준의 적합 여부 등을 중심으로 기술하되, 조사개요·조사방법·조사결과 등이 포함되도록 작성하여야 한다.

제8조(비용 등) ①관할청은 위원에 대하여 수당 및 여비(숙박비를 포함한다)를 지급할 수 있다.

②여비는 관계규정에 따라 실제로 현지조사에 참여한 일수에 대하여 실비로 지급하며, 수당은 여비와는 별도로 실제로 조사·회의에 참여한 일수에 대하여 1일 20만원을 기준으로 지급한다.

③해당 산지를 관할하는 시장·군수·구청장 또는 국유림관리소장은 조사협의체 구성·운영에 따른 행정업무 및 조사협의체의 조사·회의에 필요한 회의장소, 차량, 현지안내, 숙박 등을 최대한 지원하여야 한다.

부　　칙

이 지침은 고시한 날부터 시행한다.

# 중앙산지관리위원회 운영세칙

산림청훈령 제1400호, 2019. 4.15 일부개정
산림청(산지정책과), 042-481-4142

**제1조(목적)** 이 운영세칙은 「산지관리법」 제22조의 규정에 의한 중앙산지관리위원회의 운영에 관하여 필요한 사항을 정함을 목적으로 한다.

**제2조(공무원인 위원)** 「산지관리법 시행령」(이하 "시행령"이라 한다) 제28조 제5항의 규정에 의한 중앙산지관리위원회(이하 "위원회"라 한다)의 공무원인 위원은 관련 업무를 담당하는 다음 각 호의 중앙행정기관의 고위공무원단에 속하는 공무원으로 한다.
  1. 농림축산식품부
  2. 산업통상자원부
  3. 환경부
  4. 국토교통부
  5. 행정안전부
  6. 문화재청

**제3조(민간위원)** ① 시행령 제28조제5항의 규정에 의한 산지의 보전·이용, 환경, 국토·도시계획, 방재 등에 관한 학식과 경험이 풍부한 다음 각 호의 1에 해당하는 자로서 각 분야별로 1인 이상으로 한다.
  1. 「고등교육법」 제2조제1호의 규정에 의한 대학에서 조교수 이상의 직에 있거나 있었던 자
  2. 박사학위를 취득한 후 3년 이상 연구 또는 실무경험이 있는 자
  3. 석사학위를 취득한 후 9년 이상 연구 또는 실무경험이 있는 자
  4. 「국가기술자격법」에 의한 기술사 자격을 취득한 후 3년 이상 실무경험이 있는 자
  5. 그 밖에 산림청장이 제1호 내지 제4호에 해당하는 자와 동등한 학식과 경험이 있다고 인정하는 자

② 민간위원은 관계중앙행정기관, 행정안전부, 학계, 시민단체, 여성단체 등에서 추천받은 소관분야의 전문가 중에서 산림청장이 위촉한다. 이 경우 민간위원

위촉 후보자는 위촉 사전진단서를 작성 제출하여야하며, 산림청장은 사전진단서 결과에 따라 직무 적합성 여부를 확인한 후 위촉하여야 한다.

③ 민간위원은 3회에 한하여 연임할 수 있으며, 민간위원이 해외출장·질병 등으로 6월 이상 위원회의 직무를 수행할 수 없는 사유가 발생한 경우 산림청장은 당사자의 동의 없이 해당 위원을 교체할 수 있다.

④ 위원의 결원으로 중도에 위촉된 위원의 임기는 전임자의 잔여기간으로 한다.

**제4조(위원회의 개최준비)** ① 시행령 제29조제1항의 규정에 따라 위원회의 회의를 개최하고자 하는 경우에는 회의 개최일 7일전까지 회의 일시·장소 및 주제를 각 위원에게 미리 통보하여야 한다. 다만, 회의를 긴급히 소집할 필요에 의한 경우에는 그러하지 아니하다.

② 심의안건 및 심의 상 필요한 자료는 회의 개최일 3일전까지 배포한다. 다만, 제1항 단서에 해당하는 경우에는 그러하지 아니하다.

③ 심의안건에는 당해 심의를 거치도록 법령 및 관계규정에서 정한 사항에 따라 심의 대상 및 범위를 명확히 하여야 한다.

**제5조(회의의 개최)** ① 위원회의 회의는 매월 둘째주, 넷째주 금요일에 정기적으로 개최함을 원칙으로 한다.

② 제1항에도 불구하고 위원장은 필요에 따라 정기 개최일을 조정하거나 정기 개최일 외에 회의를 수시로 개최할 수 있다.

**제6조(분과위원회 구성 및 업무)** ① 중앙산지관리위원회에 제1분과위원회와 제2분과위원회를 둔다.

② 제1분과위원회의 정부위원은 위원장·산림복지국장, 환경부·국토교통부·행정안전부 고위공무원단에 속하는 공무원으로 하고, 민간위원은 20명 내외로 하며 그 소관업무는 다음과 같다.

1. 산지관리기본계획의 수립 및 변경
2. 「산지관리법」(이하 "법"이라 한다) 제5조 및 제6조에 따른 보전산지의 지정·변경·해제
3. 법 제19조제6항에 따른 대체산림자원조성비 감면대상 및 감면비율의 타당성 등에 관한 사항
4. 법 제9조 및 제11조에 따른 산지전용·일시사용 제한지역의 지정·해제
5. 그 밖에 중앙산지관리위원회에서 위임하는 사항

③ 제2분과위원회의 정부위원은 위원장·산림복지국장, 농림축산식품부·산업

통상자원부·문화재청 고위공무원단에 속하는 공무원으로 구성하고, 민간위원은 20명 내외로 하며 그 소관업무는 다음과 같다.
1. 법 제8조에 따른 산지에서의 구역 등의 지정 협의
2. 법 제15조의2제1항에 따라 산림청장이 하는 산지일시사용허가 중 50만 제곱미터이상의 보전산지가 포함되는 허가
3. 법 제18조제3항에 따른 산지전용허가의 타당성
4. 법 제25조에 따른 토석채취허가의 타당성
5. 법 제29조에 따른 채석단지의 지정
6. 제12조제14항에 따른 임업용산지에서의 부지면적 제한 완화
7. 별표4 비고 제5호에 따른 허가기준 완화
8. 별표4의2 비고에 따른 면적에 관한 허가기준 완화
9. 그 밖에 중앙산지관리위원회에서 위임하는 사항

④ 분과위원회의 심의는 중앙산지관리위원회의 심의로 본다. 다만, 제2항제3호 및 제3항제3호의 경우에는 중앙산지관리위원회의 심의로 보도록 하는 경우에 한한다.

**제7조(위원의 의무)** ① 위원회의 위원은 회의 소집의 통보를 받을 때에는 특별한 사유가 없는 한 위원회에 출석하여야 한다. 다만, 공무원인 위원이 위원회에 출석할 수 없는 특별한 사유가 있는 때에는 당해 행정기관의 소속 공무원을 대리 참석하게 할 수 있다.
② 회의에 출석한 위원은 회의 전에 참석명부에 서명하여야 하며, 간사는 각 위원의 회의출석률을 연 1회 산림청장 및 위원장에게 보고하여야 한다.
③ 위원은 위원회의 활동으로 알게 된 정보 등을 다른 사람에게 누설하거나 자신의 이익을 위하여 이용하여서는 아니 된다. 이 경우 민간위원은 위원으로 위촉되는 때에 이에 대한 서약서를 산림청장에게 제출하여야 한다.
④ 산림청장은 제2항에 따른 회의출석률이 저조하거나 제3항에 따른 의무를 위반한 위원을 해촉하고 당해 위원은 재위촉할 수 없다.

**제8조** 삭제

**제9조(회의의 진행)** ① 위원회의 회의는 공개하지 아니한다.
② 위원장은 회의개시 예정시간으로부터 30분이 경과하여도 위원의 성원이 되지 아니할 때에는 회의의 유회를 선포할 수 있다.
③ 간사는 안건의 심의에 앞서 전회 위원회의 결과를 보고하여야 한다.

④ 심의안건에 대한 제안취지 및 현황설명은 간사가 유인물 또는 챠트로 한다.
⑤ 위원회는 심의 시에 제4조제3항의 규정에 의한 심의의 대상 및 범위에서 안건을 심의하여 회의가 효율적으로 진행될 수 있도록 하여야 한다.

**제10조(의견청취)** ① 위원장은 안건 심의 상 입안자 또는 관계 전문기관의 의견을 청취할 필요가 있을 때에는 관계인을 출석시켜 의견을 청취하거나 필요한 자료의 제출을 요구할 수 있다.
② 위원장은 제1항의 규정에 의하여 출석한 관계인이 해당 안건에 대한 의견 진술이나 자료제출이 끝났을 때에는 퇴장시킬 수 있다.

**제11조(위원장의 의사 진행권 등)** ① 위원장은 위원 또는 출석한 자의 발언이나 행동이 중복되거나 안건과 관계없는 사항 또는 소란 등 의사진행에 지장이 있을 경우에는 이를 중지시키거나 해당 위원 등을 퇴장시킬 수 있다.
② 회의에 참석하지 아니하였거나 회의 중에 퇴장 또는 이탈한 위원은 위원회에서 의결된 사항에 대하여 이의를 제기할 수 없다.

**제12조(상정안건 심의)** ① 위원회는 위원회에 상정된 안건에 대하여 대면 또는 서면으로 심의하고 다음 각 호의 어느 하나에 따라 의결한다.
  1. 안건을 원안대로 의결하는 경우에는 "원안 의결"로 한다.
  2. 안건의 내용을 일부 수정 또는 보완하는 것을 전제로 하여 의결하는 경우에는 "조건부 의결"로 한다.
  3. 안건 내용을 일부 수정 또는 보완하여 차기 위원회에 다시 심의할 필요가 있을 경우 "심의보류" 로 한다.
  4. 안건을 심의한 결과 안건의 내용에 중대한 하자 등이 있어 원안 의결이나 조건부 의결을 할 수 없는 경우 "부결"로 한다.
② 위원장은 위원회의 심의내용 등 심의결과를 심의안건 제출자에게 통보하여야 한다.

**제13조(회의록 등)** ① 서기는 위원회의 회의시마다 다음 각 호의 사항을 회의록으로 작성·보관하여야 한다.
  1. 개회·폐회일시 및 장소
  2. 출석위원 서명
  3. 심의사항
  4. 회의진행상황
  5. 위원 발언요지

6. 심의결과
7. 그 밖에 필요하다고 인정하는 사항

② 서기는 위원회에 출석하는 위원에 대하여는 서명 또는 날인을 받아 제1항의 규정에 의한 회의록과 함께 보관하여야 한다.

**제14조(현지조사)** 안건의 심의를 위하여 산림청장 또는 위원장이 필요하다고 인정할 때에는 위원회로 하여금 현지조사를 실시하게 할 수 있다.

**제15조(위원회의 운영)** ① 위원회의 회의는 위원이 출석하는 회의(화상회의를 포함한다)로 개최하여야 한다.

② 제1항에도 불구하고 위원장은 다음 각 호의 사유가 있는 경우에는 서면에 의하여 심의를 할 수 있다.
1. 안건의 내용이 경미한 경우
2. 긴급한 사유로 위원이 출석하는 회의를 개최할 시간적 여유가 없는 경우
3. 천재지변이나 그 밖의 부득이한 사유로 인하여 위원의 출석에 의한 의사정족수를 채우기 어려운 경우

**제16조(간사 및 서기)** ① 시행령 제30조제4항의 규정에 의한 위원회의 간사는 산림청의 산지관리업무를 담당하는 과장이 된다.

② 간사는 위원회에 참석하여 발언할 수 있다.

③ 제13조의 규정에 의한 서기는 산림청 산지정책과 담당사무관이 된다.

**제17조(서식)** 위원회에 상정하는 안건은 별지서식에 의한다.

**제18조(보칙)** 이 운영세칙에서 정한 것 외에 위원회의 운영에 관하여 필요한 사항은 위원장이 정한다.

### 부 칙 <제980호, 2009.3.27>
이 운영세칙은 2009. 4. 1부터 시행한다.

### 부 칙 <제1348호, 2017.12.22>
이 훈령은 발령한 날부터 시행한다.

### 부 칙 <제1400호, 2019.4.15>
이 운영세칙은 발령한 날부터 시행한다.

# 채석단지 지정 고시

산림청고시 제2010-50호, 2010. 4.30 제정
산림청(산지정책과), 042-481-4296

1. 채석단지 지정
   - 소 재 지 : 경상남도 거제시 동부면 부춘리 산62-2외 3필지
   - 신 청 자 : 거제 SM(주) 대표 황 성 민
   - 지정면적 : 250,488㎡(신규)
   - 근거법률 : 산지관리법 제29조 제1항

2. 채석단지 지정 세부내역

(면적 : ㎡)

| 소재지 | 지번 | 지목 | 지적 | 단지편입 면적 | 비고 |
|---|---|---|---|---|---|
| 합계 | 4필 | | 476,392 | 250,488 | |
| 경상남도 거제시 동부면 부춘리 | 산62-2 | 임야 | 231,669 | 98,569 | |
| | 산71-1 | | 33,072 | 2,657 | |
| | 산72 | | 179,405 | 147,840 | |
| | 산73-1 | | 32,246 | 1,422 | |

## 보전산지 지정 및 지형도면 고시

산림청고시 제2012-46호, 2012. 6.19 제정
산림청(산지관리과), 042-481-4126

1. 관계도면 : 생략 (열람 장소에 있는 도면과 같으며, 지형도면은 본 도면으로 갈음)

    가. 보전(공익용)산지

| 대표적인 행정구역의 명칭 | | 도면의 명칭 | 도엽의 번호 | 구역의 표시 |
|---|---|---|---|---|
| 강원 | 영월 | 영월018 | NJ52-10-24-018 | 공익용산지 |
| 강원 | 영월 | 영월014 | NJ52-10-24-014 | 공익용산지 |

※ 「토지이용규제기본법」 제8조 및 「산지관리법」 제5조에 의한 지형도면 등은 산지정보시스템(http://www.forestland.go.kr) 및 토지이용규제정보시스템(http://luris.mltm.go.kr)에서 열람이 가능합니다.

2. 열람장소

    보전산지 지정 표시 관계 도서는 해당 지방자치단체 산지관리부서에 비치하고 있습니다.

### 부 칙 <제2012-46호, 2012.6.19>

① 이 고시는 고시한 날로부터 시행한다.
② 보전산지 지정 도면과 토지조서가 상이할 경우 도면을 기준으로 한다.

## 보전산지 변경지정 고시

산림청고시 제2012-47호, 2012. 6.19 제정
산림청(산지관리과), 042-481-4298

「산지관리법」 제6조 및 같은 법 시행령 제5조에 따라 공익용산지를 임업용산지로 변경지정하고 「토지이용규제 기본법」 제8조 및 같은 법 시행령 제7조에 따라 지형도면 등을 고시합니다.

### 보전산지 변경지정 및 지형도면 고시

1. 관계도면 : 생략 (열람 장소에 있는 도면과 같으며, 지형도면은 본 도면으로 갈음)

가. 공익용산지 → 임업용산지

| 대표적인행정구역의 명칭 | | 도면의 명칭 | 도엽의 번호 | 구역의 표시 |
|---|---|---|---|---|
| 경기 | 남양주 | 포천099 | NJ52-9-5-099 | 임업용산지 |
| 경기 | 파주 | 문산057 | NJ52-9-4-057 | 임업용산지 |
| 경기 | 가평 | 일동089 | NJ52-9-6-089 | 임업용산지 |
| 경기 | 가평 | 일동083 | NJ52-9-6-083 | 임업용산지 |
| 경기 | 가평 | 일동082 | NJ52-9-6-082 | 임업용산지 |
| 경기 | 가평 | 일동018 | NJ52-9-6-018 | 임업용산지 |
| 강원 | 춘천 | 춘천006 | NJ52-9-7-006 | 임업용산지 |
| 강원 | 강릉 | 구정014 | NJ52-10-12-014 | 임업용산지 |
| 강원 | 강릉 | 구정013 | NJ52-10-12-013 | 임업용산지 |
| 강원 | 강릉 | 구정003 | NJ52-10-12-003 | 임업용산지 |
| 강원 | 강릉 | 구정004 | NJ52-10-12-004 | 임업용산지 |

| 대표적인행정구역의 명칭 | | 도면의 명칭 | 도엽의 번호 | 구역의 표시 |
| --- | --- | --- | --- | --- |
| 강원 | 강릉 | 구정005 | NJ52-10-12-005 | 임업용산지 |
| 강원 | 강릉 | 강릉094 | NJ52-10-5-094 | 임업용산지 |
| 강원 | 강릉 | 강릉095 | NJ52-10-5-095 | 임업용산지 |
| 강원 | 강릉 | 강릉084 | NJ52-10-5-084 | 임업용산지 |
| 강원 | 강릉 | 강릉093 | NJ52-10-5-093 | 임업용산지 |
| 강원 | 강릉 | 강릉092 | NJ52-10-5-092 | 임업용산지 |
| 강원 | 강릉 | 구정002 | NJ52-10-12-002 | 임업용산지 |
| 강원 | 강릉 | 구정012 | NJ52-10-12-012 | 임업용산지 |
| 강원 | 강릉 | 구정025 | NJ52-10-12-025 | 임업용산지 |
| 강원 | 강릉 | 구정015 | NJ52-10-12-015 | 임업용산지 |
| 강원 | 강릉 | 구정024 | NJ52-10-12-024 | 임업용산지 |
| 강원 | 강릉 | 구정045 | NJ52-10-12-045 | 임업용산지 |
| 강원 | 영월 | 영월028 | NJ52-10-24-028 | 임업용산지 |
| 강원 | 영월 | 영월018 | NJ52-10-24-018 | 임업용산지 |
| 강원 | 영월 | 영월014 | NJ52-10-24-014 | 임업용산지 |
| 강원 | 인제 | 어론005 | NJ52-10-2-005 | 임업용산지 |
| 강원 | 인제 | 어론004 | NJ52-10-2-004 | 임업용산지 |
| 강원 | 인제 | 어론014 | NJ52-10-2-014 | 임업용산지 |
| 강원 | 인제 | 인제096 | NJ52-6-23-096 | 임업용산지 |
| 강원 | 인제 | 인제086 | NJ52-6-23-086 | 임업용산지 |
| 강원 | 인제 | 인제087 | NJ52-6-23-087 | 임업용산지 |
| 강원 | 인제 | 설악093 | NJ52-6-24-093 | 임업용산지 |
| 강원 | 양양 | 속초076 | NJ52-6-25-076 | 임업용산지 |
| 강원 | 양양 | 속초085 | NJ52-6-25-085 | 임업용산지 |
| 강원 | 양양 | 속초074 | NJ52-6-25-074 | 임업용산지 |
| 강원 | 양양 | 연곡008 | NJ52-10-4-008 | 임업용산지 |
| 강원 | 양양 | 연곡006 | NJ52-10-4-006 | 임업용산지 |
| 강원 | 양양 | 속초098 | NJ52-6-25-098 | 임업용산지 |

| 대표적인행정구역의 명칭 | 도면의 명칭 | 도엽의 번호 | 구역의 표시 |
|---|---|---|---|
| 강원 | 양양 | 강릉021 | NJ52-10-5-021 | 임업용산지 |
| 강원 | 양양 | 연곡040 | NJ52-10-4-040 | 임업용산지 |
| 강원 | 양양 | 속초043 | NJ52-6-25-043 | 임업용산지 |
| 강원 | 양양 | 속초053 | NJ52-6-25-053 | 임업용산지 |
| 강원 | 양양 | 속초054 | NJ52-6-25-054 | 임업용산지 |
| 강원 | 양양 | 속초055 | NJ52-6-25-055 | 임업용산지 |
| 강원 | 양양 | 속초045 | NJ52-6-25-045 | 임업용산지 |
| 충남 | 태안 | 서산062 | NJ52-13-2-062 | 임업용산지 |
| 전북 | 무주 | 무주038 | NI52-1-7-038 | 임업용산지 |
| 전남 | 순천 | 구례090 | NI52-1-27-090 | 임업용산지 |
| 전남 | 순천 | 구례089 | NI52-1-27-089 | 임업용산지 |
| 전남 | 순천 | 하동092 | NI52-1-28-092 | 임업용산지 |
| 전남 | 순천 | 광양002 | NI52-6-3-002 | 임업용산지 |
| 전남 | 순천 | 구례093 | NI52-1-27-093 | 임업용산지 |
| 전남 | 순천 | 구례083 | NI52-1-27-083 | 임업용산지 |
| 전남 | 순천 | 구례082 | NI52-1-27-082 | 임업용산지 |
| 전남 | 순천 | 순천043 | NI52-6-2-043 | 임업용산지 |
| 전남 | 순천 | 순천035 | NI52-6-2-035 | 임업용산지 |
| 전남 | 순천 | 순천036 | NI52-6-2-036 | 임업용산지 |
| 전남 | 광양 | 하동086 | NI52-1-28-086 | 임업용산지 |
| 전남 | 광양 | 하동098 | NI52-1-28-098 | 임업용산지 |
| 전남 | 영암 | 영암100 | NI52-5-7-100 | 임업용산지 |
| 전남 | 영암 | 영암090 | NI52-5-7-090 | 임업용산지 |
| 경북 | 의성 | 길안031 | NJ52-14-19-031 | 임업용산지 |
| 경북 | 의성 | 길안041 | NJ52-14-19-041 | 임업용산지 |
| 경북 | 의성 | 길안011 | NJ52-14-19-011 | 임업용산지 |
| 경북 | 의성 | 길안012 | NJ52-14-19-012 | 임업용산지 |
| 경북 | 의성 | 길안021 | NJ52-14-19-021 | 임업용산지 |

| 대표적인행정구역의 명칭 | | 도면의 명칭 | 도엽의 번호 | 구역의 표시 |
|---|---|---|---|---|
| 경북 | 의성 | 길안066 | NJ52-14-19-066 | 임업용산지 |
| 경북 | 의성 | 길안046 | NJ52-14-19-046 | 임업용산지 |
| 경북 | 의성 | 안계006 | NJ52-14-17-006 | 임업용산지 |
| 경북 | 청도 | 청도033 | NI52-2-11-033 | 임업용산지 |
| 경남 | 김해 | 밀양095 | NI52-2-19-095 | 임업용산지 |

※ 「토지이용규제기본법」 제8조 및 「산지관리법」 제6조에 의한 지형도면 등은 산지정보시스템(http://www.forestland.go.kr) 및 토지이용규제정보시스템 (http://luris.mltm.go.kr)에서 열람이 가능합니다.

2. 열람장소

보전산지 변경지정 표시 관계 도·서는 해당 지방자치단체 산지관리부서에 비치하고 있습니다.

## 부 칙 <제2012-47호, 2012. 6.19>

① 이 고시는 고시한 날로부터 시행한다.
② 보전산지 변경지정 도면과 토지조서가 상이할 경우 도면을 기준으로 한다.

# 산지전용허가기준 등의 적합성 조사·검토를 위한 관계전문기관 지정

산림청고시 제2011-14호, 2011. 1.19 제정
산림청(산지정책과), 042-481-4298

「산지관리법」 제18조의4제1항 및 「산지관리법 시행규칙」 제18조의2제2항 제3호에 따른 산지전용허가기준 등의 충족여부 확인을 위하여 조사·검토할 수 있는 관계전문기관을 다음과 같이 지정·고시합니다.

## 「산지전용허가기준 등의 적합성 조사·검토를 위한 관계전문기관 지정」

1. 특수법인 한국산지보전협회

2. 사단법인 한국산림기술사사무소협의회

3. 사단법인 한국산지환경조사연구회

## 부 칙

**제1조(시행일)** 이 고시는 고시한 날부터 시행한다.

**제2조(다른 규정의 폐지)** 「조사·검토 관계전문기관 지정(산림청 고시 제2009-152호, 2009.12.29)」은 이를 폐지한다.

## 산지전용 · 일시사용제한지역 해제 및 지형도면

산림청고시 제2012-40호, 2012. 5.17 제정
산림청(산지정책과), 042-481-4298

1. 관계도면 : 생략 (열람 장소에 있는 도면과 같으며, 지형도면은 본 도면으로 갈음)

| 대표적인행정구역의 명칭 | 도면의 명칭 | 도엽의 번호 | 구역의 표시 |
|---|---|---|---|
| 경남 | 산청 | 산청064 | NI52-2-15-064 | |

※ 「토지이용규제기본법」 제8조 및 「산지관리법」 제11조에 의한 지형도면 등은 산지정보시스템(http://www.forestland.go.kr) 및 토지이용규제정보시스템 (http://luris.mltm.go.kr)에서 열람이 가능합니다.

2. 열람장소

산지전용일시사용제한지역 해제 표시 관계 도서는 해당 지방자치단체 산지관리부서에 비치하고 있습니다.

부 칙 <제2012-40호, 2012.5.17>

① 이 고시는 고시한 날로부터 시행한다.
② 산지전용·일시사용제한지역 해제 도면과 토지조서가 상이할 경우 도면을 기준으로 한다.

## 광업업무처리지침

산업통상자원부고시 제2020-114호, 2020. 7.17 일부개정
산업통상자원부(석탄광물산업과), 044-203-5257

### 제1장 통 칙
### 제1절 총 칙

**제1조(목적)** 이 지침은 광업법(이하 "법"이라 한다), 광업법시행령(이하 "영"이라 한다), 광업법시행규칙(이하 "규칙"이라 한다) 및 광업등록령(이하 "등록령"이라 한다)에서 위임된 사항과 그 시행에 관하여 필요한 사항을 규정함을 목적으로 한다.

**제2조(업무관할구역)** ① 1개 광구 또는 1개 광산단위가 2개 이상의 시·도에 걸쳐있는 경우에는 영 제57조의 규정에 의한 광업사무소가 위치한 시·도를 주된 관할관청으로 본다. 다만, 이를 구분하기가 불분명한 경우에는 산업통상자원부장관의 결정으로 정하는 시·도를 주된 관할관청으로 한다.
② 주된 관할관청은 관련 시·도로부터 광구도사본을 징구하여 이를 비치·정리하고, 그 처리내용을 관련 시·도에 통보하도록 한다.

**제3조** 삭제 <2011.1.28>

**제4조(특수광물의 출원법인)** 삭제 <99.12.24>

**제5조(허가 및 인정기준)** ① 법 제15조와 제41조에 따른 탐사권 허가기준과 채굴권 허가 기준(탐사실적 인정기준)은 별표 1,2로 한다.
② 영 별표 2의 규정에 의한 광업의 투자실적은 세금계산서 등 증빙서류에 의하여 확인되어야 한다.
③ 영 별표 3의 규정에 의하여 산업통상자원부장관이 정하는 광물의 생산실적은 별표 5와 같다.
④ 삭제 <2002.9.10>
⑤ 삭제 <2011.1.28>

**제5조의2(광산평가기준 작성기관)** 규칙 제19조제2항제2호의 규정에 따라 산업통상자원부장관이 지정하는 기관이라 함은 "한국광물자원공사"를 말한다.

### 제2절 광업지적 등

**제6조(광업지적)** ① 광업지적은 경도선과 위도선으로 둘러싸인 4변형으로 하며, 그 각 모서리점의 위치는 경도 15분, 위도 10분의 차가 있는 것으로 한다. 다만, 산업통상자원부장관은 다음 각 호의 어느 하나에 해당하는 자의 의견을 들어 국립해양조사원 발행 해도(도면)에 그 구역과 각 모서리점의 위치를 정하여 광업지적을 설정할 수 있다.
  1. 한국지질자원연구원
  2. 한국해양과학기술원
② 제1항의 광업지적의 명칭은 별표 6과 같다.
③ 법 제13조의 광업지적의 단위구역은 경도 1분, 위도 1분의 차가 있는 구역으로 분할하되, 경도선에서 1분의 차로 15등분하고 위도선에서 1분의 차로 10등분하여 정하며 별표 7과 같이 번호를 부여한다.
④ 법 제14조제2항의 규정에 의한 소단위구역에는 별표 8과 같이 번호를 부여한다.

**제7조(단위구역의 변의 길이 및 면적)** ① 법 제13조제3항의 단위구역을 형성하는 변의 길이(해당구역의 경위도선)는 세계측지계(GRS80) 기준에 따라 계산한다. 다만, 당해구역의 위도선은 상하변길이의 평균치로 하여 산출된 별표 10을 각 변의 길이로 한다.
② 법 제13조제3항의 단위구역의 면적은 제1항의 변의 길이에 둘러싸인 직각 4변형으로 하여 별표 10으로 한다. 이 경우에 면적단위는 헥타르로 하며 헥타르 이하는 절사한다.

**제7조의2(소단위구역 광구설정 등)** ① 삭제<2016.7.7>
② 영 제6조의 규정에 의하여 단위구역의 면적이 필요하지 아니한 광종의 광구는 제6조제4항의 규정에 의한 소단위구역 중 제20조제1항에 의한 광물의 종류별 광체의 규모 및 품위기준 이상의 광물부존이 확인되지 아니하는 소단위구역을 제외하고 설정한다.

제8조(지형도와 광업지적간의 관계 등) ① 위도 15분 단위로 된 국토지리정보원 발행 5만분의1 지형도(도면)와 위도 10분 단위로 된 광업지적간 광업지적명과 단위구역번호의 상호관계 및 그 위치는 별표 11과 같다.
② 국토지리정보원의 5만분의1 지형도(도면)가 발행되지 아니한 지적에 있어서는 그 지적의 발행과 동시에 본 고시를 적용한다.

### 제3절 광물의 종류별 광업권의 존속기간 및 연장기간

제9조 삭제 <2011.1.28>

제10조(채굴권연장허가시의 채굴권 연장기간) ① 채굴권존속기간의 연장허가 신청일로부터 소급하여 3년간 영 별표 3에서 규정한 생산실적이 있는 채굴권의 존속기간의 연장기간은 20년으로 한다.
② 영 제4조제1항제1호 단서의 경우에 채굴권의 존속기간을 연장할 때에는 그 연장기간은 10년으로 한다.

## 제2장 광업권 등록업무
### 제1절 광상설명서

제11조(광상설명서의 기재사항) ① 영 제9조제4항의 규정에 의한 광상설명서의 기재사항은 별표 13과 같다. 다만, 광업출원인은 영 제11조제1항에 따라 이미 현장조사를 하여 목적광물의 부존이 확인된 보고서 또는 문헌(지질도 포함)이 작성되어 있는 때에는 이를 법 제15조제2항의 광상에 관한 설명서로 제출할 수 있다.
② 광업출원인이 제1항 단서의 규정에 따라 광상에 관한 설명서를 제출하는 경우에 그 보고서나 문헌에 의하여 제20조제1항에서 규정하고 있는 기준품위 이상의 목적광물이 부존하고 있음이 확인되지 아니할 때에는 영 제9조제3항에서 규정하고 있는 광상설명서 작성자가 현장조사하여 채취한 시료를 제12조제5항에서 규정하고 있는 공인기관이 분석하여 작성한 품위확인서와 그 시료채취지점이 명시된 축적 6천분의1 또는 5천분의1 도면을 첨부하여야 한다.

제12조(광상설명서 기재요령) ① 영 제9조제4항 및 제11조제1항 본문의 규정

에 의하여 광상설명서를 작성함에 있어 시료는 제20조제1항에서 규정하고 있는 연장 및 부존면적의 범위안에서 가능한 한 같은 간격으로 다음과 같이 하여 채취하고, 그 채취지점을 지질광상도에 표시하여야 한다.

| 구분 | 시료채취개소 | |
|---|---|---|
| | 품위분석용 | 광물감정용 |
| 1. 신규출원시 | 3개소 이상 | 1개소 이상 |
| 2. 광물확인시 | | |
| 가. 등록광종 | 1개소이상 | 1개소 이상 |
| 나. 광물확인 추가광종 | 3개소 이상 | 1개소 이상 |

② 광물의 광체규모 및 품위 중 분석품위를 요하는 광종에 대하여는 공인기관의 분석품위를 다음과 같이 환산하여 기재한다.
 1. 육지 및 해저에 부존하는 사광상광물은 채취개소(3개소이상)별로 분석하여 면적비례로 품위를 가중평균
 2. 감토층내에서 부존하는 사광상광물은 채취개소(3개소이상) 별로 분석하여 층후비례로 품위를 가중평균
 3. 기타 금속 및 비금속광물은 채취개소(3개소이상)별로 분석하여 맥폭 비례로 품위를 가중평균
③ 광물의 광체규모 및 품위 중 감정을 요하는 광종에 대하여는 1개이상의 시료를 채취하여 이를 공인기관이 감정한 결과 주구성광물에 한하여 기재한다.
④ 광량의 산출은 산업통상자원부장관이 별도로 고시하는 광량산출기준에 의한다(채굴권설정을 출원하는 경우만 해당한다).
⑤ 광물의 품위분석이나 감정에 대한 공인기관은 다음 각 호와 같다.
 1. 한국지질자원연구원
 2. 한국광물자원공사
 3. 대한석탄공사
 4. 한국화학융합시험연구원
 5. 한국광해관리공단
 6. 한국귀금속분석감정원

7. 한국세라믹기술원

**제12조의2(소단위구역 광상설명서 작성)** 영 제6조의 규정에 의하여 단위구역의 면적이 필요하지 아니한 광종의 광상설명서 작성은 소단위구역별로 광물 부존상태를 조사하여 제11조 및 제12조 규정에 의거 각각 작성하여야 한다. 다만, 광물의 부존위치가 소단위구역 경계에 걸쳐 있을 때에는 1개 노두에 대한 광상설명서만 작성한다.

**제13조(광상설명서 작성자)** ① 영 제9조제3항제1호 및 영 제11조제1항제1호의 규정에 따라 산업통상자원부장관이 인정하는 기관은 다음 각호와 같다.
1. 한국지질자원연구원
2. 한국광물자원공사
3. 대한석탄공사
4. 삭제 <2002.9.10>

② 영 제9조제3항제5호의 규정에 의하여 산업통상자원부장관이 인정하는 자는 공업직(자원직류만 해당한다) 공무원으로 광업행정업무에 통산 10년 이상 종사하였던 자로서 광업권설정 및 등록업무에 5년 이상 근무한 자를 말한다.

**제13조의2(광상설명서 작성자 확인)** ① 영 제9조제3항제2호부터 제5호까지에 해당하는 자가 광상설명서 작성업무를 하고자 다음 각호의 증빙서류를 첨부하여 제출한 때에는 광업등록사무소장은 광상설명서 작성자임을 확인하여야 한다.
1. 자격증명서류
2. 경력증명서류
3. 사진 2매 [신고일로부터 3월전까지 촬영한 탈모상반신 명함판(5㎝×7㎝)]
4. 삭제 <2008.12.31>
5. 삭제 <2008.12.31>

② 제1항의 규정에 의하여 광상설명서 작성자임을 확인할 때에는 광업등록사무소장은 광상설명서 작성자 명부 등에 이를 등재하고 광상설명서 작성자 확인증을 교부하여야 한다. 이 경우 개인정보 보호법 제17조에 따라 광

상설명서 작성업무를 하고자 하는 자의 동의를 받아 확인증에 기재된 정보를 제3자에게 제공할 수 있다.

③ 광상설명서 작성자는 제2항의 규정에 의한 광상설명서 작성자 확인증 내용이 변경되어 변경된 내용의 확인을 받고자할 때에는 광업등록사무소장으로부터 광상설명서 작성자 확인증을 재교부 받아야 한다.

④ 제2항의 규정에 의하여 광상설명서 작성자 확인증을 교부받은 자는 3년마다 확인증을 재 교부받아야 한다. 이 경우 제1항의 규정에 의한 구비서류를 징구할 수 있다.

**제13조의3(광상설명서의 성실작성 등)** ① 광상설명서 작성자는 광상설명서를 성실하게 작성하여야 한다.

② 광상설명서 작성자는 광상설명서 작성에 필요한 조사를 직접 하여야 하고 광상설명서 작성에 관한 사항을 타인에게 대리하여 작성하여서는 아니된다.

③ 광상설명서 작성자는 광상설명서 작성 시 채취한 시료를 6개월 이상 보관하여야 한다.

**제14조(보고서·문헌의 사용기간)** 영 제11조제1항 및 제11조제1항 단서에서 규정하고 있는 지질과 광상에 관한 보고서나 문헌의 종류별 사용기간은 각각 다음 각호에 의한다. 다만, 사광상에 묻혀있는 광물에 대한 보고서나 문헌의 사용기간은 제1호 또는 제2호에 불구하고 그 작성일로부터 5년으로 한다.

1. 지질도 : 그 작성일로부터 영구
2. 국가·지방자치단체 또는 제13조제1항에서 정하고 있는 기관의 보고서 : 그 작성일로부터 10년
3. 광량보고서, 기술사 조사보고서, 광상설명서(제19조의 규정에 의한 광산평가조사서를 포함한다) : 그 작성일로부터 5년

### 제2절 현장조사

**제15조(현장조사)** 법 제15조제5항 본문의 규정에 의한 현장조사는 출원순서 또는 지역별로 광업등록사무소장이 정한 시기와 순위에 따라 행한다.

**제16조(현장조사의 대상)** 광업등록사무소장은 영 제11조제1항제1호부터 제3호까지의 규정에 의하여 목적광물의 부존여부가 확인되지 아니한 경우에는 현장조사를 하여야 한다. 이 경우 그 목적광물에 대한 보고서·문헌 또는 광상설명서의 내용이 불확실하거나 분쟁의 소지가 있어 사실 확인이 필요한 경우에도 현장조사를 할 수 있다.

**제17조(현장조사를 아니할 수 있는 광종)** ① 영 제11조제2항의 규정에 의하여 산업통상자원부장관이 정하는 현장조사를 아니할 수 있는 광물의 종류는 별표3과 같다. 다만, 사광상에 묻혀있는 토륨광·탄탈륨광·니오비움광·지르코늄광·희토류(세륨, 란타늄, 이트륨, 프라세오디뮴, 네오디뮴, 프로메튬, 사마륨, 유로퓸, 가돌리늄, 테르븀, 디스프로슘, 홀뮴, 에르븀, 툴륨, 이터븀, 루테튬, 스칸듐을 함유하는 토석을 말한다)·티탄철광은 예외로 한다.

② 삭제 <2002.9.10>

### 제3절 공익 및 광종별 광체의 규모·품위

**제18조(공익으로 인한 불허가)** 광업등록사무소장은 광업권설정의 출원구역이 규칙 제11조제1항 각호의 1에 해당되는 경우에는 광업권 설정을 허가하지 아니한다. 다만, 광업권설정의 출원구역의 일부지역이 규칙 제11조제1항 각호의 1의 지역과 중복되는 경우에는 그 중복되는 지역을 직권으로 감구한 후 허가할 수 있다.

**제18조의2(공익 협의)** ①광업등록사무소장은 규칙 제11조제2항의 규정에 따라 광업권설정의 출원구역이 다음 각 호에 해당될 경우에는 관할 관리청과 협의한다. 다만, 제3호, 제4호 및 제9호의 규정은 영 별표 1에서 정한 사광상에 묻혀있는 광물에 한한다.

1. 자연공원법 제4조부터 제6조까지의 규정에서 정한 공원구역 또는 공원보호구역
2. 개발제한구역의지정및관리에관한특별조치법 제3조의 규정에 의한 개발제한구역
3. 하천법 제7조에서 지정한 하천구역
4. 소하천정비법 제3조에서 정한 소하천구역

5. 골재채취법 제22조 및 제34조에 의한 골재채취허가지역 또는 골재채취단지의 지정지역
6. 산지관리법 제25조 및 제29조의 규정에 의한 토석채취허가지역 또는 채석단지의 지정지역
7. 항만법 제2조제4호 및 제6조제1항제8호에서 정한 항만구역 또는 항만개발예정지역
8. 어촌·어항법 제17조의 규정에 의하여 지정한 어항구역
9. 수산업법 제8조의 규정에 의한 어업면허지역
10. 관광진흥법 제52조의 규정에 의한 관광지 및 관광단지
11. 제1호부터 제10호까지의 규정 외에 다른 법령에 공익 협의하도록 규정되어 있는 지역

② 제1항제1호의 경우에는 광업등록사무소장은 광업권설정출원인으로부터 제19조의 규정에 의한 광산평가조사서를 제출받아 관할관리청과 협의한다.

③ 제1항제2호의 경우에는 광업등록사무소장은 광업권설정출원인으로부터 제19조의 규정에 의한 광산평가조사서를 제출받아 관할관리청과 협의한다. 다만, 광산평가조사서의 내용이 "개발제한구역의지정및관리에관한특별조치법시행규칙 제6조 별표 3"또는 제20조제1항에서 정하고 있는 광종별 광체의 규모 및 품위 기준에 미달되는 때에는 당해 광업권설정은 이를 허가하지 아니한다., "별표"상의 "금"에는 "사금"을 포함한다.

④ 광업등록사무소장은 제1항부터 제3항까지의 규정에 의한 협의결과가 타당할 때에는 관할관리청의 의견에 따라 처리한다. 다만, 제1항부터 제3항까지의 규정에 의한 협의결과 관할관리청의 의견이 광업권설정을 제한하여야 할 사유로서 미흡할 경우에는 2차에 걸쳐 협의하고, 그 협의결과가 타당하지 아니할 때에는 광업등록사무소장의 결정에 따라 처리한다.

⑤ 광업등록사무소장은 광업권설정의 출원구역의 일부지역이 제1항 각호의 지역과 중복되는 경우에는 그 중복되는 지역에 대하여 제1항부터 제3항까지의 규정에 의한 협의결과 관할관리청이 광업권설정허가를 제한하는 의견을 제시할 때에는 그 중복되는 지역을 감구한다.

**제18조의3(공원구역등의 협의처리)** 삭제 <2002.9.10>

**제18조의4(유효기간)** ① 규칙 제11조제2항의 규정에 의거 광업등록사무소장이 관할 관리청과 협의할 경우에는 공익협의 유효기간을 명시한다.

② 동일지적에 대한 공익협의결과의 유효기간은 공원구역 또는 개발제한구역의 경우 3년이내, 기타구역의 경우 1년 이내로 한다. 다만, 관할 관리청이 이 유효기간에 대하여 특별히 의견을 제시한 때에는 그 관할 관리청의 의견에 따른다.

③ 공익협의는 동일지역으로서 협의한 유효기간이 공원구역 또는 개발제한구역의 경우 3년, 기타구역의 경우 1년을 경과하지 아니한 때에는 이를 생략할 수 있다.

**제18조의5(조건부 허가)** 광업등록사무소장은 법 제25조의 규정에 따라 공익사업을 관할하는 관리청과 협의하여 일정한 조건을 부쳐 광업권설정을 허가할 수 있다.

**제19조(광산평가조사서)** ① 제18조의2제2항 및 제3항의 규정에 의한 광산평가조사서는 제11조제1항 본문의 규정에 의한 광상설명서의 기재사항에 광상조사 내용으로 연간 추정생산량 및 가행연수를 추가하여 작성한다.

② 제1항에 규정된 연간 추정생산량 및 가행연수 산출시 광량과 실수율은 다음 각 호에 의한다.

1. 광량계산은 제12조제4항의 '광량산출기준'에 따라 산출하여야 한다.
2. 광석의 실수율은 채광 70%, 선광 및 제련은 다음과 같이하여 실수율을 계산한다.
   가. 선 광
      수선은 70%, 물리선광은 80%, 부유선광은 90%이내
   나. 제 련
      건식제련은 90%, 습식제련은 70%이내

③ 광산평가조사서는 영 제9조제3항의 규정에 의한 광상설명서로 갈음한다.

④ 제3항의 규정에 의한 광산평가조사서의 제출기간은 광업권설정출원일로부터 6월 이내로 한다.

⑤ 광산평가조사서의 작성자는 영 제9조제3항에 해당하는 자에 한한다.

**제20조(광물의 종류별 광체의 규모 및 품위)** ① 법 제24조제1항의 규정에 의

한 광물의 종류별 광체의 규모 및 품위는 별표 1, 2와 같다.
② 광업등록사무소장은 제1항에서 정하고 있는 광물의 종류별 광체의 규모 및 품위에 미달하는 때에는 광업권의 설정을 허가하지 아니한다.
③ 제1항의 경우 같은 광상으로서 금속광종은 주광종의 품위가 제1항의 기준에 달하고 이에 수반되는 광종의 품위는 수치로 검출되어야 한다. 그러나, 비금속광종은 같은 광상에 묻혀있는 개개의 광종별 광체의 규모 및 품위에 적합하여야 한다.

### 제4절 광구의 경계측량

**제21조(광구경계측량의 대행방법)** ① 법 제33조제5항에 따라 광구경계측량의 대행방법은 다음과 같이 한다.
1. 법 제33조제2항의 규정에 의하여 광구경계측량을 신청하고자 하는 자는 광업등록사무소장이 지정·공시한 측량업자중에서 1인을 추천한다.
2. 광구경계측량신청인(이하 "신청인"이라 한다)은 추천한 측량업자와 측량실시에 관한 제반사항을 협의한 후 광구경계측량신청서에 별지 제8호서식에 의한 광구경계측량협의서를 첨부하여 광업등록사무소장에게 신청한다. 다만, 신청인은 자기광구나 인접광구의 광구도 경정이 필요한 때에는 제50조의 규정에 따른 광구도 경정등록을 한 후 광업등록사무소장에게 광구경계측량을 신청한다.
3. 광업등록사무소장은 신청인이 추천한 측량업자에 대하여 인접광구의 광업권자 기타 이해관계인의 이의가 없는 한 추천된 측량업자를 측량대행업자로 선정하여야 한다.

② 인접광구의 광업권자 기타 이해관계인은 제1항에 따라 선정된 측량대행업자가 신청인과의 친인척관계등 명백한 사유로 공정한 측량조사를 실시하기가 곤란하다고 판단될 경우에는 그 사유서나 제반증빙서류를 첨부하여 영 제29조제2항에 따른 출석통지서를 받은 날로부터 7일이내에 광업등록사무소장에게 측량대행업자의 교체를 요구할 수 있다.
③ 광업등록사무소장은 제2항의 규정에 의하여 교체신청을 받은 때에는 이를 검토하여 상당한 이유가 있다고 인정될 경우에만 신청인·인접광구의 광업권자 기타 이해관계인의 입회하에 제22조제1항에서 정한 지정측량대행

업자중에서 공개추첨으로 측량대행업자를 결정한다.

**제22조(측량대행업자의 지정등)** ① 광업등록사무소장은 법 제33조 제3항의 규정에 의한 측량업등록을 한 자 중에서 제23조에서 정한 기준에 따라 광구경계측량대행업자를 지정하고 이를 공시하여야 한다.
② 광업등록사무소장은 제1항의 측량대행업자를 지정할 때에는 미리 공간산업협회에 추천을 의뢰할 수 있다.
③ 광업등록사무소장은 측량대행업자가 고의 또는 과실로 인하여 측량을 부정확하게 함으로써 신청인 기타 이해관계인에게 현저한 손해를 가한 때에는 측량대행업자의 지정을 취소할 수 있다.
④ 광업등록사무소장은 제21조제1항에서 정한 지정측량대행업자가 직접 경계측량을 실시하지 아니하고 타인에게 이를 대행케 하였을 때에는 측량대행업자의 지정을 취소하고 이를 당해 관계기관에 통보한다.

**제23조(측량대행업자의 지정기준 및 기간)** ① 광업등록사무소장이 제22조제1항에 의한 측량대행업자를 지정할 때의 지정기준은 다음 각 호와 같다.
1. 공간정보의 구축 및 관리 등에 관한 법률 제44조제2항의 규정에 따라 측량업자의 등록을 한 자
2. 광구경계측량에 필요한 시설 및 장비를 보유하고 있는 자
② 제1항에서 규정한 측량대행업자의 지정기간은 2년으로 한다.

**제24조(광구경계측량방법)** ① 측량대행업자는 공간정보의 구축 및 관리 등에 관한 법률 제6조 및 같은법 제13조에 의한 경위도상의 좌표와 세계측지계에 따른 측량방법에 따라 측량을 실시한다.
② 측량대행업자는 제25조에서 정하는 바에 따라 광구경계측량실측도 및 광구경계측량결과보고서를 작성하여, 광구경계 측량실측도는 신청인 및 인접광구의 광업권자 기타 이해관계인에게 통보하고 광구경계측량결과보고서는 광업등록사무소장에게 제출하여야 한다.

**제25조(광구경계측량실측도 등 작성요령)** ① 광구경계측량실측도에 게기할 사항은 다음 각 호와 같다.
1. 광구소재지
2. 광업지적번호

3. 측량광구의 광업권(조광권 포함)의 표시
  4. 신청인 및 피신청인
  5. 측량실시기간
  6. 기점·측량·방위·축척·진북선·지형등 측량성과
  7. 갱도 또는 시설물의 표시
  8. 측량대행업체 및 측량사
② 제1항제4호부터 제7호까지는 광구경계실측도 의견서란에 기입한다.
③ 제1항제8호는 광구경계측량실측도 하단에 기입하고 서명 날인한다.
④ 광구경계측량결과보고서에 작성할 사항은 다음 각 호와 같다.
  1. 입회일시
  2. 입회장소
  3. 입회인
  4. 측량사유
  5. 측량방법
  6. 측량대행업자의 주소·성명·면허번호
  7. 보고서 작성일자
  8. 이해관계인의 측량결과확인서
  9. 광구경계측량실측도
  10. 측량소견
  11. 기타사항

### 제5절 등록절차

**제26조(등록원인증명교부서면의 범위)** 등록령 제40조제2항의 규정에 의하여 등록권리자에게 교부하여야 할 등록원인을 증명하는 서면의 범위는 다음과 같다.
  1. 매매에 의한 광업권 이전등록
  2. 저당권 및 근저당권의 설정·변경 및 말소에 관한 등록(가등록 포함)

### 제6절 탐사

**제27조(탐사계획의 신고)** ① 광업등록사무소장은 법 제40조 및 규칙 제20조제

1항, 제2항에 의하여 탐사계획의 신고를 받은 때에는 다음 각 호에 대하여 다음과 같이하여 검토 조치한다.
1. 광산명은 동일명칭의 광산이 있는지를 확인하고, 동일광종으로 동일명칭의 광산명이 있어 업무처리에 지장을 가져올 우려가 있다고 판단될 경우에는 이를 보완 조치한다.
2. 수수료는 건당 67,000원을 수입인지로 첨부하도록 한다.
3. 첨부서류는 신고서부본의 첨부여부(굴진탐사의 경우에는 굴진예정갱도를 표시한 광구도 포함) 및 탐사실적 인정에 대비하여 동 내용이 제5조제1항에서 정하고 있는 탐사실적 인정기준에 적합한지를 확인하여 부적합하다고 인정할 때에는 이를 보완 조치한다.

② 삭제 <2011.1.28>

③ 광업등록사무소장은 법 제40조에 따른 탐사신고를 받은 때에는 광업권자에게 다음의 예고를 한다. "본 고시 제5조에서 정한 일정량의 탐사를 실시한 후 탐사실적 제출기간이 끝나기 전(탐사실적 제출기간을 연장받은 경우에는 그 연장기간이 끝나기 3개월 전)까지 탐사실적 인정신청서를 제출하여 그 실적을 인정받아야 하며 동기간내에 탐사실적의 인정을 받지 못한 때에는 탐사권이 취소됩니다."

④ 광업등록사무소장은 탐사계획신고의 수리상황을 당해 광산보안사무소장에게 통보하여야 한다.

⑤ 제1항 내지 제4항의 규정은 탐사계획의 변경신고에도 이를 준용한다. 이 경우에 탐사계획의 변경신고는 탐사실적의 인정기간에 영향을 미치지 아니한다.

**제27조의2(굴진탐사의 예외적 허용)** 법 제40조의2 단서에서 말하는 불가피한 사유란 다음 각 호를 말한다.
1. 이미 굴착된 갱도에서 탐사하려고 하는 경우
2. 탐사대상 광체가 토층이거나 연약지반이어서 광체의 수직범위 확인이 어려운 경우
3. 노천으로 개발되는 광체의 수직범위를 확인하기 위해 시굴갱도의 굴착이 필요한 경우

4. 개발행위 허가기관에서 자연환경 보존 등의 이유로 굴진탐사를 권고한 경우
5. 기타 굴진탐사를 제외한 탐사방법을 실시하였음에도 법 제24조제1항에 따른 광체의 규모에 도달하지 못한 경우

**제28조(탐사실적의 인정)** ① 광업등록사무소장은 법 제41조제1항부터 제3항까지 규정에 따라 탐사실적인정신청서를 받은 때에는 이를 다음 각 호와 같이 검토 처리한다.
1. 광산명은 신고당시와 동일한지 여부를 확인한다.
2. 탐사의 종류는 신고당시의 탐사종류와 동일여부를 확인한다. 다만, 종류가 다를 때에도 정당한 사유가 있을 때에는 이를 인정토록 한다.
3. 규칙 제20조의3 제1항에 명시된 내용을 확인하여 탐사실적이 제5조제1항에서 정한 탐사실적의 인정기준에 적합한지 여부를 검토하고, 동기준에 미달된 경우에는 불허가 조치한다.
4. 탐사기간은 법 제41조제2항 및 영 제37조에서 규정한 기간 내인지 여부를 확인한다.
5. 탐사실적인정신청서 제출일이 영 제37조에서 정하고 있는 기간 내인지 여부를 확인하고 동기간이 경과된 후에 제출된 것은 불수리 조치한다.
6. 수수료에 있어서는 규칙 제30조에 의거 건당 수수료 67,000원을 수입인지로 첨부하도록 한다.

② 탐사실적의 인정(확인)은 영 제9조제3항제1호의 기관 또는 동항 제2호부터 제5호까지의 해당자중 광업등록사무소장으로부터 확인받은 광상설명서 작성자나 광업분야 기술사를 고용하고 있는 광업자원부문의 기술용역단체가 행한 탐사실적보고서에 의한다. 다만, 석탄광 또는 석탄·흑연광에 대한 탐사실적인정은 제13조제1항제1호부터 제3호까지에 해당하는 공인기관의 탐사실적보고서에 의하여 인정된 시추나 굴진탐사에 한한다.

③ 광업등록사무소장은 규칙 제20조의3에 따른 탐사실적인정서를 신청인에게 교부할 때에도 동 인정서의 인정조건란에 법 제42조 및 법 제35조의 규정내용을 기재한다.

**제29조(탐사실적보고서 등 작성방법)** 제28조제2항, 규칙 제20조의3제1항 및

동항 제2호에서 정하고 있는 탐사실적보고서와 광량보고서의 기재사항은 각각 별표 14, 별표 15와 같다.

**제30조(구법에 의한 탐광실적인정과의 관계)** 삭제 <99.12.24>

**제31조** 삭제 <2011.1.28>

## 제3장 시·도 위임사무
### 제1절 채굴

**제32조(채굴계획서의 내용 및 작성요령)** ① 규칙 제21조제2항에서 정한 채굴계획서 또는 변경계획서에는 다음 각 호의 사항이 포함되어야 한다.
1. 광산의 연혁
2. 광산의 지질 및 광상개요
    가. 광산의 위치 및 교통
    나. 지질개요
    다. 광상개요
    라. 광량과 품위
3. 광량
4. 채굴방법과 계획
    가. 채굴방법
    나. 채굴계획
5. 선광 및 제련방법과 계획
    가. 선광·제련의 방법
    나. 선광·제련의 계통도
6. 생산계획
    가. 삭제 <2008.12.31>
    나. 삭제 <2008.12.31>
    다. 삭제 <2008.12.31>
7. 주요 시설계획
8. 광산보안시설계획
    가. 저광장 및 폐석 적치장의 위치와 구조

나. 갱내수 및 폐수등의 처리시설과 구조
　다. 광산보안시설 및 장비확보계획
　라. 지반침하 또는 사면붕괴 등에 대한 광해방지를 위한 사전 대책 및 계획
② 제1항에서 규정한 사항 중 다음 각 호의 1에 해당하는 사항의 기재요령은 다음과 같다. 다만, 채굴계획 변경계획서의 경우는 당초 계획에서 변경되는 사항에 한하여 그 변경내용 및 사유를 기재하여야 한다.
1. 광산위치 및 교통
　　행정구역, 경위도상의 좌표, 가까운 거리의 철도역 및 교통편을 약술한다.
2. 지질개요
　　광구내의 구성암석, 분포상황 및 지질구조 등을 기술한다.
3. 광상개요
　　광상을 배태하고 있는 모암, 광상성인 및 명칭을 설명하고, 노두 및 확인되는광체의 규모(경사·주향·연장·맥폭 및 심도 등)와 광석, 광물명 등을 기술한다.
4. 광량과 품위
　　광량과 품위는 별지 제9호 서식에 의하여 작성하며, 광량은 규칙 제8조제2항 제1호에 의한 매장량 보고서와 한국산업규격(KS규정)광종별 광량계산기준 등을 적용하고, 품위확인은 제12조제5항에서 정한 공인기관의 시험성적표에 의한다.
5. 채굴방법과 계획
　　수굴과 기계채광, 노천굴과 갱내채광 등 적용코자 하는 채굴방법 및 계획을 기술하여야 한다.
6. 선광 및 제련방법(선광 또는 자가 제련계획이 있는 광산에 한함)
　가. 선광방법은 수선, 물리선광(비중·자력·정전기선광), 부유선광 등 적용되는 선광법 등을 구분하여 기술하며 선광할 원광의 평균 품위와 선광된 정광별 품위를 표시하여야 한다.
　나. 자가제련을 계획하는 경우에는 건식 및 습식 등 사용되는 제련 방법을 구분하여 기술하여야 한다. 다만, 금·은에 대한 습식제련의 경우는 청화법 또는 혼홍법을 약술하고 도광기의 금광품위와 제련제품별 품위 등을

기재하여야 한다.
7. 선광 및 제련계통도
   선광 또는 제련계통도를 선광할 원광석에 정광(제품)까지의 처리과정 중 중요한 계통은 도표화하여 작성하여야 하며 월간 선광할 원광석과 정광의 품위수량을 표시한다.
8. 생산계획
   채굴개시 후 5년 동안의 연차적인 채굴·선광 및 생산계획을 별지 제10호 서식에 의거 작성한다.
9. 삭제 〈2008.12.31〉
10. 삭제 〈2008.12.31〉
11. 주요 시설계획
   가. 주요광업시설은 채굴·동력·선광·복지후생·기타시설(갱도 제외)로 구분하여 별지 제16호서식에 의해 작성한다.
   나. 삭제 〈2008.12.31〉
12. 저광장 및 폐석적치장의 위치와 구조
   가. 저광장과 폐석적치장은 산사태나 홍수에 대한 예방과 광산보안법 시행규칙 제197조에 의한 적절한 시설을 설치하여야 한다.
   나. 급경사지역이나 산간계곡 중심부를 피하며 가급적 평탄한 곳을 택하여야 한다.
   다. 폐석적치장 주위는 석축·콘크리트 기타의 방법으로 유실 방지를 위한 구축물을 축조하도록 설계되어야 한다.
   라. 폐석장은 구조를 표시한 평면도와 단면도를 첨부한다.
13. 갱내수 및 폐수등의 처리시설과 구조
   가. 인축과 영농에 피해가 있는 갱내수나 선광·제련의 폐수는 반드시 침전지(침전조)와 이를 중화 및 여과하는 시설을 갖추어야 한다. 다만, 피해가 없는 오탁한 물인 때에는 침전지를 통하여 폐기할 수 있다.
   나. 갱내수와 폐수는 배수구를 구축하거나 배관에 의하여 침전지(조)로 유도하여야 한다.
14. 광산보안시설 및 장비확보 계획
   광산보안법에 따라 광산에 적합한 시설 및 장비확보계획을 별지 제17

호 서식 및 제18호 서식에 따라 작성한다.

**제33조(채굴계획인가 또는 변경인가)** ① 시·도지사는 영 제38조제1항에 따라 채굴계획인가신청서 또는 변경인가신청서를 받은 때에는 다음 각 호의 내용에 대하여 타당성을 검토하여 인가여부를 결정한다. 이 경우 시·도지사는 채굴계획서 내용에 대하여 광산보안사무소, 한국광물자원공사, 한국광해관리공단, 한국지질자원연구원 등에 자문을 구할 수 있다.
1. 광산명
    제27조제1항제1호의 검토요령을 준용한다.
2. 수수료
    채굴계획인가의 경우는 건당 52,000원을, 변경인가의 경우는 건당 26,000원의 수수료를 시·도의 수입증지로 첨부했는지 확인한다.
3. 구비서류
    가. 채굴계획서
        제32조에 따라 채굴계획서가 작성되었는지 여부를 검토
    나. 측량실측도 3부
        채굴위치 및 저광장, 폐석적치장등의 광산보안시설 및 기타 시설 배치의 예정지역을 표시(광구의 구역, 광구소재지, 지형, 등록번호, 광종명, 광구 및 산림형질변경의 면적등 포함)한 축적 6천분의 1 또는 5천분의 1 도면을 첨부하였는지 확인한다. 또한, 인가후 채굴 위치 또는 시설배치 등의 변경을 하고자 할 때에는 미리 변경도면을 제출하도록 하여야 한다.
    다. 삭제<2016.7.7>
② 시·도지사는 다음 각 호의 사유로 채굴계획변경인가신청을 받은 경우에는 각 사유별로 다음 사항을 추가하여 검토한다.
1. 광구통합
    가. 제51조에 규정한 광산단위에 적합한지 여부
    나. 법 제70조에 따라 토지가 사용 되었거나 사용될 예정인 광구 또는 광물생산실적이 있는 광구(이하 "중심광구") 및 그에 연접하는 광구(이하 "연접광구")를 구분하여 기재하였는지 여부

2. 채굴방법 변경
   채굴방법변경이 타당한지 여부
3. 광산분리
   변경인가신청 당시의 채굴단계에서 광산분리가 타당한지 여부
③ 광업등록사무소장은 다음 각 호의 행위를 한 때에는 이를 시·도지사에게 통지하여야 하며, 시·도지사는 그에 따라 채굴 계획인가대장을 확인하여 채굴계획인가내용을 변경하고 그 사실을 관계인에게 통지하여야 한다.
1. 광종명 추가등록
2. 광구 증·감등록
3. 광구의 분할·합병등록
④ 시·도지사는 영 제38조제2항에서 규정한 바에 따라 석탄 또는 석탄·흑연광에 대한 채굴계획의 인가나 변경인가를 하고자 할 때에는 제13조제1항제1호부터 제3호까지에 해당하는 공인기관의 탐사보고서에 의하여 석탄산업장기계획상의 다음 경제적 개발가치기준 이상인 채굴계획서에 한하여 채굴계획의 인가나 변경인가를 하여야 한다. 다만, 조광권의 존속기간만료 또는 광업권과 조광권의 혼동으로 소멸되어 폐광대책비를 지급한 구역의 석탄 또는 석탄·흑연광구의 경우에는 그 광구에 채굴계획인가나 변경인가를 할 수 없다.

(경제적 개발가치 기준)

| 광종명 | | 석탄 또는 석탄·흑연광 |
|---|---|---|
| 품위(열량) | | 4,000Kcal/kg 이상 |
| 광체의 규모 | 맥폭 | 50cm 이상 |
| | 연장 | 100m 이상 |
| 가채매장량 | | 50만톤 이상 |

⑤ 시·도지사는 법 제43조에 따라 복합협의된 것으로 간주되는 허가·해제 또는 협의 사항이 있는 경우에는 채굴계획인가조건란에 그 사항을 명시하여 채굴계획인가서 또는 변경 인가서를 신청인에게 교부하고, 그 사실을 광업등록사무소장 및 당해 광산보안사무소장에게 통지하여야 한다. 다만, 타법상의 허가·해제 또는 협의를 받은 것으로 간주되는 사항중 복구비의 예치 등 선행조건이 있는 경우에는 채굴계획인가서 또는 변경인가서를 교부하기

이전에 이를 이행토록 한 후 이행사실을 확인하고 그 인가서를 교부토록 한다.

**제34조(채굴계획인가 또는 변경인가의 대상면적)** ① 채굴계획인가나 변경인가의 대상면적은 대상광구의 면적과 같은 것으로 한다. 다만, 법 제43조제2항의 규정에 의거 소관관청과 협의에서 제외된 지역 또는 협의내용을 변경하여 채굴하고자 하는 경우에는 개별법령에 따라 별도의 허가를 받아 광물을 채굴하여야 한다.
② 제1항 단서의 경우에는 채굴계획인가서의 인가조건란에 별지 제19호서식과 같이 기재한다.
③ 규칙 제22조제2항의 규정에 의한 측량실측도는 법 제43조의 규정에 의한 소관관청과의 협의대상면적을 산정하는 데에 한하여 사용한다.

**제35조(채굴계획인가 또는 변경인가의 유효기간)** 채굴계획의 인가나 변경인가는 채굴권이 존속하는 한 그 효력은 계속 유효한 것으로 한다. 다만, 법 제43조제1항 각호에 해당하는 허가·해제 또는 협의사항이 있어 그 허가·해제 또는 협의사항의 유효기간이 채굴계획인가의 유효기간과 다를 때에는 이를 채굴계획인가(변경인가)서의 인가조건란에 기재한다.

**제35조의2(채굴계획의 변경명령)** ① 시·도지사는 다음 각 호의 사유가 있는 경우에는 법 제42조제5항의 규정에 의한 채굴계획의 변경을 명할 수 있다.
 1. 채굴계획서의 내용과 다른 시설이나 방법으로 광물을 채굴하거나, 채굴위치를 변경하여 공익을 현저히 해한다고 인정되는 경우
 2. 광산개발로 인한 광해로 재해가 발생하였거나 그 위험이 현저하여 방치시 극심한 피해가 우려되는 경우
② 시·도지사는 제1항의 규정에 의하여 채굴계획 변경명령을 받은 광업권자가 그 명령을 이행하지 아니한 경우 그 이행에 필요한 상당한 기간을 정하여 2회 이상 시정·촉구하여야 한다.
③ 시·도지사는 제1항 및 제2항의 규정에 의거 채굴계획 변경명령을 한 때에는 그 내용을 당해 광산보안사무소장에게 지체 없이 통보하여야 한다.

**제35조의3(채굴계획 인가서 재발급)** 시·도지사는 다음 각 호의 경우 규칙 제21조제4항에 따라 발급한 채굴계획 (변경)인가서를 재발급 할 수 있다. 이 경

우, 인가조건 란에 재발급 사유를 기재하여야 한다.
1. 광업권자의 변동이 있는 경우
2. 광종이 추가된 경우

**제36조(타법률과의 관계)** 삭제 <2008.12.31>

**제37조(채굴재개의 신고)** 시·도지사는 법 제42조의2제3항에 의거 채굴재개신고를 받은 때에는 광업등록사무소장 및 당해 광산보안사무소장에게 이 뜻을 통보하여야 한다.

**제38조(채굴 등에 대한 지도·점검 방법)** ① 시·도지사는 법 제45조에 따른 채굴행위 지도·점검 시 필요한 경우 관련 시·군과 합동점검을 할 수 있다.
② 시·도지사는 지도·점검에 필요한 경우 채굴권자에게 관련서류를 요청할 수 있다.

**제39조(채굴 중단인가)** ① 법 제42조의2의 규정에 따라 채굴중단인가를 받을 수 있는 광산은 법 제42조제1항에 따라 채굴계획인가를 받은 광산에 한한다.
② 제1항의 채굴중단인가의 기간은 2년 단위로 신청인이 원하는 기간으로 하되, 채굴권 또는 조광권의 1회 존속기간중 통산하여 6년을 초과할 수 없다.
③ 시·도지사는 채굴중단인가 신청서를 접수한 때에는 위해 및 광해방지 예방조치여부를 확인후 인가를 결정하고, 인가를 한 때에는 그 내용을 광업등록사무소장 및 당해 광산보안사무소장에게 통보하여야 한다.

## 제2절 조광권

**제40조(조광권의 존속기간 및 연장기간)** 영 제41조제1항의 규정에 의하여 당해 광물의 채굴 및 취득에 지장이 없는 기간은 5년 이상으로 한다. 조광권의 존속기간을 연장할 경우에도 또한 같다.

**제41조(특정광상의 기준 및 조사방법)** ① 영 제42조제2항의 특정광상의 기준은 별표 17과 같다.
② 영 제42조제2항의 특정광상조사방법은 다음 각 호의 조사내용을 포함한

종합적인 조사방법에 의한다.
1. 당해 광구의 개발연혁·지형·교통, 인접 광구와의 관계, 광상의 부존 및 개발상태등 특정광상의 판단근거(단, 자연배수수준 갱도는 조광권을 설정하고자 하는 지역의 최저 지방고를 기준으로 한다)
2. 광산보안상 또는 광산의 종합개발상 지장유무

**제42조(광산의 종합개발에 지장이 없는 범위)** ① 영 제43조 후단 및 제41조제2항제2호에서 규정하고 있는 "광산의 종합개발에 지장이 없는 범위"는 다음 각 호의 1의 요건을 충족하는 경우에 한한다. 다만, 제33조제4항 단서의 규정에 해당하는 광구에 대해서는 조광권을 다시 설정할 수 없다.
1. 광업권자가 기존 조광권자와 조광권의 연장계약을 체결하는 경우
2. 제13조제1항제1호부터 제3호까지에 해당하는 공인기관의 조사 결과 영 제41조제3항에 따라 수립된 석탄산업장기계획상의 경제적 개발가치기준(제33조제4항의 다음 경제적 개발가치기준을 준용한다) 이상인 석탄 또는 석탄·흑연광

② 제1항제2호의 기준은 조광권존속기간의 연장인가의 경우에도 이를 준용한다.

**제43조(조광권자의 재무능력)** ① 영 제44조제6호에서 "산업통상자원부장관이 정하는 재무능력이 있음을 증명하는 서류"는 총 소요 자금, 시설자금(채광·선광·부대시설별로 기입), 운영자금, 재원부담(자기부담·융자 또는 은행 대부 등으로 구분하고 비율을 기입)을 구분하여 작성한다. 다만, 석탄 또는 석탄·흑연광의 경우는 조광권의 소멸당시 또는 동 존속기간만료당시 노무관리에 대한 책임보증을 위하여 한국광해관리공단에 예치한 다음 각 호에 해당하는 서류를 말한다.
1. 5억원이상의 현금을 예치한 영수증 사본
2. 예치일을 기준하여 평가액이 5억원인상인 국·공채나 상장유가증권을 예치한 영수증 사본
3. 조광권 존속기간을 계약기간으로 하고 한국광해관리공단을 피보험자로 하여 5억원 이상을 예탁한 인·허가 보증보험증권의 수령증

② 제1항 단서의 규정에 의하여 한국광해관리공단에 예치한 현금, 국·공채,

상장유가증권 또는 인·허가 보증보험증권의 예치방법·환가처분등 기타 필요한 사항은 한국광해관리공단이사장이 필요시 정하는 바에 따른다.

**제44조(조광권의 설정인가등)** ① 시·도지사는 영 제44조에 따라 조광권의 설정인가신청서를 받은 때에는 다음 각 호와 같이 검토하여 인가 여부를 결정한다.
1. 조광권설정인가신청서
    가. 광산명
        제27조제1항제1호의 검토요령을 준용하여 처리한다.
    나. 신청단위
        신청단위는 광구단위로 하되, 특정광상의 경우는 영 제43조 본문에서 정하고 있는 바에 따라 이를 검토한다.
    다. 존속기간
        우선 광업권의 존속기간내에 있는지 여부를 확인하고 특정광상의 경우는 제40조의 규정내용에 적합한지 여부를 검토한다.
2. 조광권설정계약서
    가. 조광료율
        영 제46조에서 정한 사항에 해당되는지를 검토한다.
    나. 기타 계약내용 중 광업법 및 광산보안관계법령상의 제반규정내용과 배치되는지를 검토하고, 배치되는 내용이 있을 경우에는 이를 보완토록 한다.
3. 개발계획서
    제33조제1항에서 정하고 있는 채굴계획인가시의 인가요령을 준용하여 검토한다.
4. 조광권설정구역의 광상의 평면도 및 단면도
    영 제42조제1항, 영 제43조 및 제41조에서 정한 바에 따라 이를 검토·조치한다.
5. 삭제 <99.12.24>
6. 삭제 <2015.7.31>
7. 조광권자의 재무능력을 인정하는 서류
    제43조제1항에서 정한 바에 따라 이를 검토한다.

8. 수수료

광구단위별로 건당 23,000원의 수수료를 해당 수입증지로 첨부토록 한다.

② 시·도지사는 영 제41조제2항에 따라 조광권의 존속기간연장인가신청을 받은 때에는 영 제41조제3항, 제41조부터 제43조까지 및 전항에서 규정한 사항을 준용하여 이를 검토하고, 해당사항 중 광업등록사무소장 또는 당해 광산보안사무소장과 관련이 있는 사항에 대하여는 관련관청과 이를 협의·확인하여 조광권의 연장인가여부를 결정한다.

③ 제2항의 규정에 의하여 조광권을 연장받고자 하는 자에 대한 광산보안법 제5조, 동법 제15조 및 동법 제15조의2의 규정내용 위반여부를 시·도지사로부터 확인요청 받은 당해 광산보안사무소장은 이를 확인하여 시·도지사에게 지체 없이 통보하여야 한다.

④ 시·도지사는 조광권의 설정 또는 연장인가를 한 때에는 조광권의 설정 또는 연장인가서를 신청인에게 교부하고 이 사실을 지체없이 광업등록사무소장 및 당해 광산보안사무소장에게 통지한다.

**제45조(조광권취소등의 통지)** 시·도지사는 법 제57조, 영 제47조 등에 따라 조광권의 취소등 해당조치를 취한 때에는 광업권자, 조광권자, 광업등록사무소장 및 당해 광산보안사무소장에게 이 뜻을 통지하여야 한다.

## 제3절 광물생산보고서의 접수 등

**제46조(광물생산보고서의 검토요령)** 시·도지사는 법 83조 및 영 제59조의 규정에 의하여 광물생산보고서(이하 "보고서"라 한다)를 접수한 때에는 별표 18과 같이하여 검토한다.

**제47조(광물생산종합보고서등의 작성·제출)** ① 시·도지사는 제46조의 규정에 따라 접수된 보고서를 법 제3조에서 정한 법정광물의 순서에 따라 이를 정리한다.

② 별지 제19호서식에 의한 광물생산종합보고서 및 별지 제20호 서식에 의한 광산별 광물생산집계표를 제1항의 정리된 보고서 앞에 편철한 후 표지를 대고 제본하여 산업통상자원부장관에게 이를 제출한다.

**제48조(보고서의 관리)** ① 시·도지사는 영 제59조의 규정에 따라 채굴권자 또는 조광권자가 제출한 보고서를 제46조에 따라 검토한 결과 다음 각호의 해당사항이 있을 때에는 당해 채굴권자 또는 조광권자에게 보완 또는 시정토록 한다.
1. 제46조에서 정한 별표의 규정내용에 따르지 아니하고 제반 보고 사항을 누락하거나 보고기일을 지키지 아니할 때
2. 채굴권자의 보고내용이 사실과 다르다고 판단될 때
3. 법 제42조에 따라 채굴계획인가를 받은 광산으로서 매월 보고서를 제출하지 아니할 때

② 시·도지사는 제1항에 따라 수차 보완 또는 시정토록 하였으나 계속 시정하지 아니한 채굴권자에 대하여는 증빙자료를 첨부하여 법 제104조의 규정에 따라서 조치한다.

## 제4장 보 칙

**제49조(출석요구서의 송달방법)** 영 제12조·영 제18조제1항·영 제28조제2항·영 제29조제2항 및 영 제69조제2항 등에서 규정한 출석 요구서의 통지는 배달증명 등 특수우편물 송달방법에 의한다.

**제50조(광구도의 경정신청)** 영 제23조의 규정에 의하여 자기광구나 인접광구의 광구도를 경정 신청하고자 하는 자는 제22조제1항의 측량대행업자가 작성한 경위거계산표, 경정광구계산도, 국토지리정보원 발행 삼각점성과표 각 1부 및 경정광구도 3부를 첨부하여 광업등록사무소장에게 광구도 경정등록을 신청한다.

**제51조(광산단위)** ① 영 제58조에서 규정하고 있는 광산단위는 각각의 광구의 광업권자(조광권자 포함) 성명(법 제30조 또는 법 제61조의 규정에 의한 공동광업권자 또는 공동조광권자의 경우에는 그 공동광업권자 또는 공동조광권자 각각의 성명을 말한다)과 광종명(법 제15조제3항 단서, 법 제29조 또는 영 제9조제5항의 규정에 의한 같은 광상에 묻혀있는 광물인 경우에는 이를 포함한다.)이 같고, 각각의 광구간 거리가 4km 이내로 하고 광구가 공유수면 관리 및 매립에 관한 법률 제2조 제1호에 따른 공유수면인 경우에는

각각의 광구간 거리를 18km 이내로 한다. 다만, 광구 감소처분으로 분리된 광구는 광구 감소전 광구단위로 적용한다. 다만, 광구 감소처분으로 분리된 광구는 광구 감소전 광구단위로 적용한다.

② 제1항에서 광업권자 또는 조광권자가 같고, 갱도 또는 채광 작업장을 같이 사용하는 다른 광종의 경우에도 광산단위로 정할 수 있다.

**제52조(병역법과의 관계)** 시·도지사나 광업등록사무소장은 광업법상 각종 인·허가를 할 경우 병역법 제76조제2항에 따라 주민등록초본이나 병적증명서 등에 의해 병역기피 또는 군무이탈 여부를 확인하고 해당자에 대하여는 불허가 또는 불인가 조치한다.

**제53조(형사소송법과의 관계)** 시·도지사나 광업등록사무소장은 영 제71조의 위임업무를 처리함에 있어 법 제102조 또는 법 제103조의 규정에 해당된다고 판단될 때에는 형사소송법 제234조제2항에 따라 당해 사법관서에 고발 조치한다.

**제54조(재검토기한)** 산업통상자원부장관은 「훈령·예규 등의 발령 및 관리에 관한 규정」에 따라 이 고시에 대하여 2021년 1월 1일 기준으로 매 3년이 되는 시점(매 3년째의 12월 31일까지를 말한다)마다 그 타당성을 검토하여 개선 등의 조치를 하여야 한다.

부　칙 <제2002-112호, 2002.11.26>

제1조(시행일) 이 지침은 고시한 날부터 시행한다.

부　칙 <제2008-215호, 2008.12.26>

제1조(시행일) 이 지침은 고시한 날부터 시행한다.

부　칙<제2009-193호, 2009.8.21>
(학술연구용품 국내제작 곤란물품 추천업무 처리규정 등 일괄개정 고시)

이 고시는 2009년 8월 24일부터 시행한다.

부　칙 <제2010-242호, 2010.12.28>

제1조(시행일) 이 지침은 2011. 1. 28일부터 시행한다.

**부　칙** <제2011-11호, 2011.1.17>

제1조(시행일) 이 지침은 2011. 1. 28일부터 시행한다.

**부　칙** <제2012-67호, 2012.3.26>

(재검토기한 및 유효기간 연장 등을 위한 학술연구용품 국내제작곤란물품 추천업무 처리규정 등 일괄개정 고시)

이 고시는 2012년 4월 1일부터 시행한다.

**부　칙** <제2012-187호, 2012.7.31>

제1조(시행일) 이 지침은 2012.8.1.일부터 시행한다. 단 제5조제1항에 따른 별표1.탐사권허가기준 개정 규정은 2012.11.1.일이후 신청되는 광업권설정출원부터 적용한다.

**부　칙** <제2015-162호, 2015.7.31>

제1조(시행일) 이 지침은 2015년 7월 31일부터 시행한다.

**부　칙** <제2016-135호, 2016.7.7>

제1조(시행일) 이 지침은 2016년 7월 7일부터 시행한다.

**부　칙** <제2017-50호, 2017.4.6>

제1조(시행일) 이 지침은 2017년 4월 6일부터 시행한다.

**부　칙** <제2019-199호, 2019.11.29>

제1조(시행일) 이 지침은 2019년 11월 29일부터 시행한다.

**부　칙** <제2020-114호, 2020.7.17>

제1조(시행일) 이 지침은 2020년 7월 17일부터 시행한다.

[별표 1] 탐사권 허가 기준

## 탐사권 : 광물의 종류별 광체의 규모 및 품위

| 순번 | 광종명 | 품 위 | 광체의 규모 | | | 맥폭이 기준미만이거나 이상인 경우 아래공식에 의하여 품위기준을 설정(맥폭의 적용범위 : 기준의 70%이내) |
|---|---|---|---|---|---|---|
| | | | 맥 폭 | 연 장 | 부존면적 | |
| 1 | 금 광 | ○ Au : 2g/t이상 | 30cm이상 | 10m이상 | - | 품위(g/t)×맥폭(m)=0.6이상 |
| 2 | 은 광 | ○ Ag : 80g/t이상 | 30 〃 | 10 〃 | - | 품위(g/t)×맥폭(m)=24이상 |
| 3 | 백 금 광 | ○ Pt : 3g/t이상 | 30 〃 | 10 〃 | - | 품위(g/t)×맥폭(m)=0.9이상 |
| 4 | 동 광 | ○ Cu : 1%이상 | 30 〃 | 10 〃 | - | 품위(%)×맥폭(m)=0.3이상 |
| 5 | 연 광 | ○ Pb : 1.5%이상 | 30 〃 | 10 〃 | - | 품위(%)×맥폭(m)=0.45이상 |
| 6 | 아 연 광 | ○ Zn : 1.5%이상 | 30 〃 | 10 〃 | - | 품위(%)×맥폭(m)=0.45이상 |
| 7 | 창 연 광 | ○ Bi : 1%이상 | 60 〃 | 10 〃 | - | 품위(%)×맥폭(m)=0.6이상 |
| 8 | 주 석 광 | ○ Sn : 0.5%이상 | 60 〃 | 10 〃 | - | 품위(%)×맥폭(m)=0.3이상 |
| 9 | 안티몬 광 | ○ Sb : 2%이상 | 60 〃 | 10 〃 | - | 품위(%)×맥폭(m)=1.2이상 |
| 10 | 수 은 광 | ○ Hg : 0.07%이상 | 60 〃 | 10 〃 | - | - |
| 11 | 철 광 | ○ Fe : 20%이상<br>○ 철광으로써 감정 | 100 〃 | 20 〃 | - | 품위(%)×맥폭(m)=20이상 |
| 12 | 크롬철광 | ○ $Cr_2O_3$ : 8%이상 | 30 〃 | 20 〃 | | - |
| 13 | 티탄철광 | (암석광상)<br>○ $TiO_2$ : 5%이상 | 30 〃 | 10 〃 | - | - |
| | | (사광상)<br>○ 원시중의 티타늄 품위<br> $TiO_2$ : 1%이상 | - | - | 15,000 ㎥이상 | - |
| 14 | 유화철광 | ○ 광물감정<br>○ S : 5%이상<br>(단, 유화철 및 자류철에 한함) | 30cm이상 | 10m이상 | - | - |
| 15 | 망 간 광 | ○ Mn : 10%이상 | 60 〃 | 10 〃 | - | - |
| 16 | 니 켈 광 | ○ Ni : 0.1%이상 | 30 〃 | 10 〃 | - | - |
| 17 | 코 발 트 광 | ○ Co : 0.5%이상 | 30 〃 | 10 〃 | - | 품위(%)×맥폭(m)=0.15이상 |
| 18 | 텅스텐광 | ○ $WO_3$ : 0.2%이상 | 30 〃 | 10 〃 | - | 품위(%)×맥폭(m)=0.06이상 |

| 순번 | 광종명 | 품 위 | 광 체 의 규 모 | | | 맥폭이 기준미만이거나 이상인 경우 아래공식에 의하여 품위기준을 설정(맥폭의 적용범위 : 기준의 70%이내) |
| --- | --- | --- | --- | --- | --- | --- |
| | | | 맥폭 | 연장 | 부존면적 | |
| 19 | 몰리브덴광 | ○ $MoS_2$ : 0.3%이상 | 30cm이상 | 5m이상 | - | 품위(%)×맥폭(m)=0.09이상 |
| 20 | 비 소 광 | ○ As : 4%이상 | 60 〃 | 10 〃 | - | - |
| 21 | 인 광 | (인회석광상)<br>○ $P_2O_5$ : 7%이상<br>(구아노광상)<br>○ $P_2O_5$ : 1%이상 | 100 〃<br><br><br>- | 20 〃<br><br><br>- | -<br><br><br>1,500㎡이상 | - |
| 22 | 붕 소 광 | ○ $B_2O_3$ : 5%이상 | 30cm이상 | 10m이상 | - | - |
| 23 | 보크사이트 | ○ $Al_2O_3$ : 30%이상 | 100 〃 | 10 〃 | - | - |
| 24 | 마그네사이트 | ○ MgO : 33%이상 | 100 〃 | 10 〃 | - | - |
| 25 | 석 탄 | ○ 열량 4,000 Kcal/kg 이상<br>(단, 토탄제외) | 50 〃 | 100 〃 | - | - |
| 26 | 흑 연 | (토상흑연광상)<br>○ 고정탄소(F.C) : 50%이상<br>(인상흑연광상)<br>○ 광물감정(편암 또는 편마암질)<br>○ 고정탄소(F.C) : 2%이상 | 50 〃<br><br><br><br>30 〃<br><br>- | 100 〃<br><br><br><br>20 〃<br><br>- | -<br><br><br><br>-<br><br>- | - |
| 27 | 금 강 석 | ○ 광물감정 | - | - | - | - |
| 28 | 석 유<br>- 석 유<br>- 천연핏치<br>- 가연성 천연가스 | | | | | 탐사권 허가기준에 대해서는 관련 법률에 따른다. |
| 29 | 운 모<br>- 운 모<br><br>- 견 운 모<br>- 질 석 | ○ 광물감정<br>(운모편암 제외)<br>○ 광물감정<br>○ 광물감정 | 50cm이상<br><br>30 〃<br>100 〃 | 20m이상<br><br>10 〃<br>20 〃 | -<br><br>-<br>- | -<br><br>-<br>- |

| 순번 | 광종명 | 품위 | 광체의 규모 | | | 맥폭이 기준미만이거나 이상인 경우 아래공식에 의하여 품위기준을 설정(맥폭의 적용범위 : 기준의 70%이내) |
| --- | --- | --- | --- | --- | --- | --- |
| | | | 맥폭 | 연장 | 부존면적 | |
| 30 | 유 황 | ○ 광물감정 | - | - | - | - |
| 31 | 석 고 | ○ 광물감정 | - | - | - | - |
| 32 | 납 석 | ○ Al$_2$O$_3$ : 16%이상<br>○ S.K : 7이상<br>○ 광물감정 | 100cm이상 | 30m이상 | - | - |
| 33 | 활 석 | ○ 광물감정 | 30 〃 | 10 〃 | - | - |
| 34 | 홍주석<br>(규선석) | ○ Al$_2$O$_3$ : 20%이상<br>○ S.K : 7이상<br>○ 광물감정 | 50 〃 | 20 〃 | - | - |
| | (남정석) | ○ Al$_2$O$_3$ : 20%이상<br>○ S.K : 7이상<br>○ 광물감정 | 50 〃 | 20 〃 | - | - |
| 35 | 형 석 | ○ CaF$_2$ : 15%이상 | 30 〃 | 10 〃 | - | - |
| 36 | 명반석 | ○ Al$_2$O$_3$ : 25% 이상<br>○ K$_2$O+Na$_2$O : 5% 이상<br>○ 광물감정 | 200 〃 | 20 〃 | - | - |
| 37 | 중정석 | ○ BaSO$_4$ : 10%이상 | 100 〃 | 20 〃 | - | - |
| 38 | 하 석 | ○ 광물감정 | - | - | - | - |
| 39 | 규조토 | ○ 광물감정(규조각) | - | - | 120㎡ 이상 | - |
| 40 | 장 석 | ○ K$_2$O+Na$_2$O=7%이상<br>(단, 2개 성분중 1개 성분이 4% 이상)<br>○ Fe$_2$O$_3$ : 1.5%미만 | 2m이상 | 30m이상 | - | - |

| 순번 | 광종명 | 품 위 | 광 체 의 규 모 ||| 맥폭이 기준미만이거나 이상인 경우 아래공식에 의하여 품위기준을 설정(맥폭의 적용범위 : 기준의 70%이내) |
|---|---|---|---|---|---|---|
| | | | 맥 폭 | 연 장 | 부존면적 | |
| 41 | 불 석 | ㅇ 광물감정 | - | - | 400㎡이상 | - |
| 42 | 사 문 석 | ㅇ 광물감정 | 50㎝이상 | 10m이상 | - | - |
| 43 | 수 정 | ㅇ 광물감정 | 15 〃 | - | - | - |
| 44 | 연 옥 | ㅇ 광물감정 | 30 〃 | - | - | - |
| 45 | 고 령 토 | | | | | |
| | - 고령토 | ㅇ 광물감정<br>ㅇ S.K : 7이상<br>ㅇ $Fe_2O_3$ : 3%미만<br>ㅇ 산출상태 : 분상 | -<br>- | -<br>- | 400㎡이상<br>- | - |
| | - 도 석 | ㅇ 현미경 감정<br>- 조성광물 : 미립의 석영, 견운모 (고령토, 납석, 몬모릴로나이트, 장석)<br>- 조직 : 괴상, 치밀의 반상 또는 유상조직<br>※ 미립광물 : X-선 감정 (JCPDS DATA 참조)<br>ㅇ $Fe_2O_3$ : 1.5%미만 | 2m이상<br><br><br><br>- | 30m이상<br><br><br><br>- | -<br><br><br><br>- | -<br><br><br><br>- |
| | - 벤 토 나 이 트 | ㅇ 몬모릴로나이트 함량 50%이상<br>ㅇ 팽윤도 : 2.5이상 | 1m이상 | 10m이상 | - | - |
| | - 산성백토 | ㅇ 몬모릴로나이트 함량 50% 이상<br>ㅇ PH : 7이하 | 1 〃 | 10 〃 | - | - |
| | - 와목점토 | ㅇ $Fe_2O_3$ : 2% 이하<br>ㅇ S.K : 7이상<br>ㅇ 조립질의 석영립 함유 점토 | -<br>- | -<br>- | 400㎡이상<br>- | - |

| 순번 | 광종명 | 품 위 | 광체의 규모 ||| 맥폭이 기준미만이거나 이상인 경우 아래공식에 의하여 품위기준을 설정(맥폭의 적용범위 : 기준의 70%이내) |
|---|---|---|---|---|---|---|
| | | | 맥폭 | 연장 | 부존면적 | |
| | - 목절점토 | ○ $Fe_2O_3$=4%이하<br>○ S.K : 7이상<br>○ 유기물 함유 점토 | -<br><br>- | -<br><br>- | 1,000㎡ 이상<br><br>- | - |
| | - 반토혈암 | ○ 현미경 감정<br>- 조성광물 : 고령토<br>  (고알루미나광물 함유)<br>- 조직 : 층상으로 고화된 점토질 암석<br>※ 미립광물 : X-선 감정<br>  (JCPDS DATA 참조)<br>○ S.K : 7이상 | - | - | 1,000㎡ 이상 | |
| 46 | 석 회 석<br>- 석 회 석<br>- 백 운 석<br>- 규 회 석 | ○ CaO : 40%이상<br>○ MgO : 12%이상<br>○ 광물감정 | 25m이상<br>5 〃<br>100cm〃 | 100m이상<br>100 〃<br>30 〃 | -<br>-<br>- | - |
| 47 | 사 금 | ○ Au : 0.1g/㎥이상 | - | - | 15,000 ㎡ 이상 | - |
| 48 | 규 석 | (Pegmatite 및 석영맥광상)<br>○ $SiO_2$ : 95%이상<br>(규암층 광상)<br>○ $SiO_2$ : 90%이상 | <br><br>2m이상<br><br>5 〃 | <br><br>30m이상<br><br>100 〃 | <br><br>-<br><br>- | <br><br>-<br><br>- |

| 순번 | 광종명 | 품 위 | 광 체 의 규 모 ||| 맥폭이 기준미만이거나 이상인 경우 아래공식에 의하여 품위기준을 설정 (맥폭의 적용범위 : 기준의 70%이내) |
|---|---|---|---|---|---|---|
| | | | 맥 폭 | 연 장 | 부존면적 | |
| 49 | 규 사 | ○ $SiO_2$ : **87%이상** | - | - | 25,000㎡ 이상 | - |
| 50 | 우라늄광 | (화성광상)<br>○ $U_3O_8$ : 0.02%이상<br>(퇴적광상)<br>○ $U_3O_8$ : 0.02%이상 | 30cm이상<br><br>100 〃 | 100m이상<br><br>100 〃 | -<br><br>- | -<br><br>- |
| 51 | 리 튬 광 | ○ $Li_2O$ : 0.1%이상 | 10 〃 | 5 〃 | - | - |
| 52 | 카드뮴광 | ○ Cd : 0.1%이상 | 10 〃 | 5 〃 | - | 품위(%)×맥폭(m)=<br>0.01이상 |
| 53 | 토 륨 광 | (암석광상)<br>○ $ThO_2$ : 0.01%이상<br><br>(사광상)<br>○ 원사중의 토륨품위<br>  $ThO_2$: 0.025%이상 | 10cm이상<br><br><br>- | 5m이상<br><br><br>- | -<br><br><br>15,000㎡ 이상 | 품위(%)×맥폭(m)=<br>0.001이상<br><br>- |
| 54 | 베릴륨광 | ○ BeO : 0.1%이상 | 10cm이상 | 5m이상 | - | - |
| 55 | 탄탈륨광 | ○ $Ta_2O_5$ : 0.1%이상 | 10 〃 | 5 〃 | - | - |
| 56 | 니오비움광 | ○ $Nb_2O_5$ : 0.1%이상 | 10cm이상 | 5m이상 | - | - |
| 57 | 지르코늄광 | (암석광상)<br>○ 지르코늄 : 0.01%이상<br>(사광상)<br>○ 원사중의 지르코늄 품위<br>  Zr : 0.1%이상 | 100 〃<br><br><br>- | 5 〃<br><br><br>- | -<br><br><br>15,000㎡ 이상 | -<br><br><br>- |

| 순번 | 광종명 | 품 위 | 광체의 규모 ||| 맥폭이 기준미만이거나 이상인 경우 아래공식에 의하여 품위기준을 설정 (맥폭의 적용범위 : 기준의 70%이내) |
| | | | 맥 폭 | 연 장 | 부존 면적 | |
|---|---|---|---|---|---|---|
| 58 | 바나듐광 | (화성광상)<br>○ $V_2O_5$ : 0.2%이상<br>(퇴적광상)<br>○ $V_2O_5$ : 0.2%이상 | 30cm이상<br><br><br>100 〃 | 100m이상<br><br><br>100 〃 | -<br><br><br>- | -<br><br><br>- |
| 59 | **희토류광** | | | | | |
| | - 암석광상 | ○ TREO : 0.05% 이상<br>* TREO : 총희토류 산화물 (Total Rare Earth Oxide) | 100 〃 | 5 〃 | - | |
| | - 사광상 | ○ 원사중의 총희토류 산화물 품위 TREO : 0.1% 이상<br>* TREO : 총희토류 산화물 (Total Rare Earth Oxide) | - | - | 15,000㎡ 이상 | |

[별표 2] 채굴권 허가 기준(탐사실적 인정기준)

## 채굴권 : 광물의 종류별 광체의 규모 및 품위

| 순번 | 광종명 | 기준품위(A) | 단위 | 기준량(B) | 허가기준 | 금속/비금속 |
|---|---|---|---|---|---|---|
| 1 | 금 광 | 금속 | Kg | 16 | 출원구역 품위×출원구역 매장광량 > B | 금속 |
| 2 | 은 광 | 금속 | Kg | 889 | 출원구역 품위×출원구역 매장광량 > B | 금속 |
| 3 | 백 금 광 | 금속 | Kg | 7 | 출원구역 품위×출원구역 매장광량 > B | 금속 |
| 4 | 동 광 | 금속 | 톤 | 30 | 출원구역 품위×출원구역 매장광량 > B | 금속 |
| 5 | 연 광 | 금속 | 톤 | 224 | 출원구역 품위×출원구역 매장광량 > B | 금속 |
| 6 | 아 연 광 | 금속 | 톤 | 134 | 출원구역 품위×출원구역 매장광량 > B | 금속 |
| 7 | 창 연 광 | 금속 | 톤 | 13 | 출원구역 품위×출원구역 매장광량 > B | 금속 |
| 8 | 주 석 광 | 금속 | 톤 | 28 | 출원구역 품위×출원구역 매장광량 > B | 금속 |
| 9 | 안티몬 광 | 금속 | 톤 | 76 | 출원구역 품위×출원구역 매장광량 > B | 금속 |
| 10 | 수 은 광 | 금속 | 톤 | 23 | 출원구역 품위×출원구역 매장광량 > B | 금속 |
| 11 | 철 광 | 금속 | 톤 | 3,013 | 출원구역 품위×출원구역 매장광량 > B | 금속 |
| 12 | 크 롬 철 광 | 탐사권 허가품위 | 톤 | 713 | 출원구역 품위×출원구역 매장광량 > A×B | 금속 |
| 13 | 티 탄 철 광 | 금속 | 톤 | 405 | 출원구역 품위×출원구역 매장광량 > A×B | 금속 |
| 14 | 유 화 철 광 | 금속 | 톤 | 139 | 탐사권 허가품위로 기준량(B) 이상 | 금속 |
| 15 | 망 간 광 | 금속 | 톤 | 76 | 출원구역 품위×출원구역 매장광량 > B | 금속 |
| 16 | 니 켈 광 | 금속 | 톤 | 16 | 출원구역 품위×출원구역 매장광량 > B | 금속 |
| 17 | 코 발 트 광 | 금속 | 톤 | 6 | 출원구역 품위×출원구역 매장광량 > B | 금속 |
| 18 | 텅스텐광 | 금속 | 톤 | 15 | 출원구역 품위×출원구역 매장광량 > B | 금속 |
| 19 | 몰리브덴광 | 금속 | 톤 | 7 | 출원구역 품위×출원구역 매장광량 > B | 금속 |
| 20 | 비 소 광 | 금속 | 톤 | 226 | 출원구역 품위×출원구역 매장광량 > B | 금속 |

| 순번 | 광종명 | 기준품위(A) | 단위 | 기준량(B) | 허가기준 | 금속/비금속 |
|---|---|---|---|---|---|---|
| 21 | 인 광 | 탐사권 허가품위 | 톤 | 인회석광상43,320 구아노광상 303,231 | 출원구역 품위×출원구역 매장광량 > A×B | 비금속 |
| 22 | 붕 소 광 | 탐사권 허가품위 | 톤 | 562 | 출원구역 품위×출원구역 매장광량 > A×B | 비금속 |
| 23 | 보크사이트 | 금속 | 톤 | 1,094 | 출원구역 품위×출원구역 매장광량 > B | 금속 |
| 24 | 마그네사이트 | 금속 | 톤 | 1,411 | 출원구역 품위×출원구역 매장광량 > B | 금속 |
| 25 | 석 탄 | 탐사권 허가품위 | 톤 | 3,775 | 출원구역 품위×출원구역 매장광량 > A×B | 비금속 |
| 26 | 흑 연 | 탐사권 허가품위 | 톤 | 759 | 출원구역 매장광량 > 기준량(B) | 비금속 |
| 27 | 금 강 석 | 탐사권 허가품위 | 톤 | 2 | 출원구역 매장광량 > 기준량(B) | 비금속 |
| 28 | 석 유 | - | | | 채굴권 허가기준은 관련 법률에 따른다. | 에너지 |
| 29 | 운 모 | 탐사권 허가품위 | 톤 | 4,375 | 출원구역 매장광량 > 기준량(B) | 비금속 |
| 30 | 유 황 | 탐사권 허가품위 | 톤 | 1,346 | 출원구역 매장광량 > 기준량(B) | 비금속 |
| 31 | 석 고 | 탐사권 허가품위 | 톤 | 6,311 | 출원구역 매장광량 > 기준량(B) | 비금속 |
| 32 | 납 석 | 탐사권 허가품위 | 톤 | 10,405 | 출원구역 품위×출원구역 매장광량 > A×B | 비금속 |
| 33 | 활 석 | 탐사권 허가품위 | 톤 | 3,598 | 출원구역 매장광량 > 기준량(B) | 비금속 |
| 34 | 홍 주 석 | 탐사권 허가품위 | 톤 | 799 | 출원구역 품위×출원구역 매장광량 > A×B | 비금속 |
| 35 | 형 석 | 탐사권 허가품위 | 톤 | 6,706 | 출원구역 품위×출원구역 매장광량 > A×B | 비금속 |
| 36 | 명 반 석 | 탐사권 허가품위 | 톤 | 4,096 | 출원구역 품위×출원구역 매장광량 > A×B | 비금속 |
| 37 | 중 정 석 | 탐사권 허가품위 | 톤 | 2,092 | 출원구역 품위×출원구역 매장광량 > A×B | 비금속 |
| 38 | 하 석 | 탐사권 허가품위 | 톤 | 559 | 출원구역 매장광량 > 기준량(B) | 비금속 |
| 39 | 규 조 토 | 탐사권 허가품위 | 톤 | 29,615 | 출원구역 품위×출원구역 매장광량 > A×B | 비금속 |
| 40 | 장 석 | 탐사권 허가품위 | 톤 | 12,419 | 출원구역 품위×출원구역 매장광량 > A×B | 비금속 |
| 41 | 불 석 | 탐사권 허가품위 | 톤 | 29,615 | 출원구역 매장광량 > 기준량(B) | 비금속 |
| 42 | 사 문 석 | 탐사권 허가품위 | 톤 | 20,263 | 출원구역 매장광량 > 기준량(B) | 비금속 |

| 순번 | 광종명 | 기준품위(A) | 단위 | 기준량(B) | 허가기준 | 금속/비금속 |
|---|---|---|---|---|---|---|
| 43 | 수정 | 탐사권 허가품위 | 톤 | 6 | 출원구역 매장광량 > 기준량(B) | 비금속 |
| 44 | 연옥 | 탐사권 허가품위 | 톤 | 6 | 출원구역 매장광량 > 기준량(B) | 비금속 |
| 45 | 고령토 | 탐사권 허가품위 | 톤 | 22,647 | 출원구역 매장광량 > 기준량(B) | 비금속 |
| 46 | 석회석 | 탐사권 허가품위 | 톤 | 35,000 | 출원구역 품위×출원구역 매장광량 > A×B | 비금속 |
| 47 | 사금 | 금속 | Kg | 15 | 출원구역 품위×출원구역 매장광량 > B | 금속 |
| 48 | 규석 | 탐사권 허가품위 | 톤 | 20,263 | 출원구역 품위×출원구역 매장광량 > A×B | 비금속 |
| 49 | 규사 | 탐사권 허가품위 | 톤 | 101,250 | 출원구역 품위×출원구역 매장광량 > A×B | 비금속 |
| 50 | 우라늄광 | 금속 | 톤 | 2 | 출원구역 품위×출원구역 매장광량 > B | 에너지 |
| 51 | 리튬광 | 금속 | 톤 | 0.2 | 출원구역 품위×출원구역 매장광량 > B | 금속 |
| 52 | 카드뮴광 | 금속 | 톤 | 56 | 출원구역 품위×출원구역 매장광량 > B | 금속 |
| 53 | 토륨광 | 금속 | 톤 | 4 | 출원구역 품위×출원구역 매장광량 > B | 에너지 |
| 54 | 베릴륨광 | 금속 | 톤 | 0.02 | 출원구역 품위×출원구역 매장광량 > B | 금속 |
| 55 | 탄탈륨광 | 금속 | 톤 | 0.5 | 출원구역 품위×출원구역 매장광량 > B | 금속 |
| 56 | 니오비움광 | 금속 | 톤 | 6 | 출원구역 품위×출원구역 매장광량 > B | 금속 |
| 57 | 지르코늄광 | 금속 | 톤 | 68 | 출원구역 품위×출원구역 매장광량 > B | 금속 |
| 58 | 바나듐광 | 금속 | 톤 | 25 | 출원구역 품위×출원구역 매장광량 > B | 금속 |
| 59 | 희토류광 | TREO<br>* TREO : 총희토류 산화물 (Total Rare Earth Oxide) | 톤 | 335 | 출원구역 품위×출원구역 매장광량 > B | 금속 |

[적용기준]

1. 별표 2의 모든 광종에 대해 기준량(B)은 탐사권 허가기준 품위 이상이어야 한다.
2. 매장광량은 제12조제4항의 '광량산출기준'에 따른다.
3. 같은 광상에 묻혀 있는 광물(공존광물)중 금속광물의 경우 한 개의 광물이 채굴권 허가기준을 충족하면 다른 공존광물도 채굴권 허가기준을 충족하는 것으로 본다. 또한 채굴권 허가를 받은 후 새로운 금속광물의 채굴을 추가적으로 허가를 받으려고 하는 경우에도 같다.

[별표 3]

## 현장조사를 아니할 수 있는 광종(제17조)

금광, 은광, 백금광, 동광, 연광(鉛鑛), 아연광, 창연광(蒼鉛鑛), 주석광(朱錫鑛), 안티몬광, 수은광, 철광, 크롬철광, 티탄철광, 유화철광(硫化鐵鑛), 망간광, 니켈광, 코발트광, 텅스텐광, 몰리브덴광, 비소광(砒素鑛), 인광(燐鑛), 붕소광(硼素鑛), 보크사이트, 마그네사이트, 금강석, 유황, 석고(石膏), 납석(蠟石), 활석(滑石), 홍주석[홍주석. 규선석(硅線石) 및 남정석(藍晶石)을 포함한다], 형석(螢石), 명반석(明礬石), 중정석(重晶石), 하석(霞石), 사문석(蛇紋石), 수정(水晶), 연옥(軟玉), 석회석[백운석(白雲石) 및 규회석(硅灰石)을 포함한다], 규석, 우라늄광, 리튬광, 카드뮴광, 토륨광, 베릴륨광, 니오비움광, 지르코늄광, 바나듐광 및 희토류광[세륨, 란타늄, 이트륨을 함유하는 토석을 말한다.], 탄탈륨광

[별표 4] 삭제 2011.1.28

[별표 5]

## 광종별 생산실적 기준(제5조제3항관련)

| 번호 | 광 종 | 기준품위 | 생 산 량 | 비 고 |
|---|---|---|---|---|
| 1 | 백금광 | (Pt 99.9%) | 0.6kg | 금속광의 경우 생산된 광산물의 품위가 기준품위와 상이할 때에는 당해 기준품위로 환산하여 생산량을 산출한다. |
| 2 | 창연광 | (Bi 70%) | 4톤 | |
| 3 | 석광 | (Sn 50%) | 2톤 | |
| 4 | 안티모니광 | (Sb 60%) | 20톤 | |
| 5 | 망간광 | (Mn 40%) | 300톤 | |
| 6 | 모리브뎅광 | ($MoS_2$ 90%) | 2톤 | |
| 7 | 사금 | (Au 99.9%) | 1.4kg | |
| 8 | 사철 | (Fe 56%) | 900톤 | |
| 9 | 규석 | ($SiO_2$ 95%이상) | 2,000톤 | |
| 10 | 규사 | ($SiO_2$ 87%이상) | 2,000톤 | |
| 11 | 장석 | ($K_2O+Na_2O$ = 7%이상) | 260톤 | |
| 12 | 인광 | ○인회석 ($P_2O_5$ 7%이상) ○구아노 ($P_2O_5$ 1%이상) | 120톤 | |

| 번호 | 광 종 | 기준품위 | 생 산 량 | 비 고 |
|---|---|---|---|---|
| 13 | 인상흑연 | (F.C 75%이상) | 50톤 | |
| 14 | 운모 | - | 300톤 | |
| 15 | 석면 | - | 100톤 | |
| 16 | 불석 | - | 700톤 | |
| 17 | 사문석 | - | 2,000톤 | |
| 18 | 규회석 | - | 1,000톤 | |
| 19 | 기타 광종 | 법 제83조 및 영 제59조의 규정에 의한 생산량에 당해광물의 시장가격을 곱하여 산출한 금액이 1,400만원 이상 | | 기타 광종은 1-18호 광종 및 영 별표 3에서 규정한 법정광물을 제외한 나머지 광물을 뜻한다. |

[별표 6]

## 광업지적의 명칭(제6조제2항관련)

| 광업지적명 | 광업지적명 | 광업지적명 | 광업지적명 |
|---|---|---|---|
| 울릉도 | 기계 | 속초 | 설악산 |
| 울대구임죽울평영영청포연감울방월산묵삼고 | 보룡원 진변진해해덕해항일포산진내우호척리사 | 양북오하정예옥풍영안의군대대경청영간창 | 현창창평영영단상예낙선구왜현창남장현도계 |
| | 포 | 초양분대진부선미동기주동성위율구산도성점 | 리촌동창월춘양곡천동산미관풍녕지성동동 |

| 광업지적명 | 광업지적명 | 광업지적명 | 광업지적명 |
|---|---|---|---|
| 영 양 | 김 해 | 고 성 | 기 산 |
| 청 송 | 가 덕 | 가 평 | 청 평 |
| 도 평 | 내 평 | 용 두 리 | 양 수 리 |
| 만 대 리 | 홍 천 | 이 포 | 양 평 |
| 인 제 | 양 덕 원 | 여 주 | 이 천 |
| 자 은 | 원 주 | 장 호 원 | 안 성 |
| 풍 암 | 문 막 | 음 성 | 진 천 |
| 갑 천 | 목 계 | 증 평 | 병 천 |
| 안 흥 | 충 주 | 미 원 | 청 주 |
| 신 림 | 괴 산 | 보 은 | 유 성 |
| 제 천 | 용 유 리 | 옥 천 | 대 전 |
| 황 강 리 | 청 산 | 무 주 | 금 산 |
| 문 경 | 영 동 | 장 기 리 | 용 담 |
| 함 창 | 설 천 | 장 계 | 진 안 |
| 상 주 | 무 풍 | 함 양 | 지 례 |
| 옥 산 동 | 거 창 | 의 령 | 구 정 |
| 김 천 | 마 산 | 진 동 | 합 천 |
| 영 천 | 진 해 | 충 무 | 삼 가 |
| 자 인 | 거 제 | 미 륵 도 | 진 주 |
| 유 천 | 율 포 | 연 화 도 | 사 천 |
| 밀 양 | 매 물 도 | 이 포 리 | 삼 천 포 |

| 광업지적명 | 광업지적명 | 광업지적명 | 광업지적명 |
|---|---|---|---|
| 미욕문양연포의뚝둔수오평천안산단진남서돌소산 / 조도리등구천천부도전원산택안의청성교해상산도리양리 | 화춘문고서안남발아예대운화하광여개예광백김 / 천천산양울양안양양산흥봉개동양수도내리도도화포리 | 통김인대장당해홍대오남구괴순대고외선거철용영 / 진포천부도항진미성천수원례목천강흥나르죽문원유흥도도성천수원레목천강흥나르죽문원유흥 | 풍대서안원호연광공논강삼전갈순창동복보소거평 / 도산산도도도도정주산경례주담창평복내성도도도 |

| 광업지적명 | 광업지적명 | 광업지적명 | 광업지적명 |
|---|---|---|---|
| 삭 녕 | 청 산 도 | 추 자 군 도 | 보 길 도 |
| 마 전 리 | 여 서 도 | 무 학 | 장 수 도 |
| 이 곡 | 개 성 | 강 화 | 주 문 도 |
| 모 항 | 부 남 군 도 | 온 수 리 | 덕 적 도 |
| 거 아 도 | 분 계 | 표 선 | 선 갑 도 |
| 내 파 수 도 | 비 금 도 | 제 주 | 십이동파도 |
| 외 연 도 | 우 이 도 | 하 효 리 | 하 왕 등 도 |
| 청 양 | 내 병 도 | 서 귀 포 | 안 마 도 |
| 부 여 | 남 포 | 회 도 | 송 이 도 |
| 함 열 | 서 천 | 방 축 도 | 임 자 도 |
| 이 리 | 군 산 | 장 자 도 | 자 은 도 |
| 김 제 | 부 안 | 위 도 | 기 좌 도 |
| 정 읍 | 줄 포 | 법 성 포 | 하 의 도 |
| 신 흥 | 고 창 | 가 음 도 | 지 산 |
| 송 정 | 영 광 | 망 운 | 하 조 도 |
| 광 주 | 나 주 | 무 안 | 용 매 도 |
| 능 주 | 영 산 포 | 목 포 | 우 도 |
| 장 흥 | 영 암 | 우 수 영 | 굴 업 도 |
| 강 진 | 해 남 | 진 도 | 백 아 도 |
| 고 금 도 | 남 창 | 서 잉 도 | 가 덕 도 |
| 신 지 도 | 노 화 도 | 횡 간 도 | 흑 도 |

| 광업지적명 | 광업지적명 | 광업지적명 | 광업지적명 |
|---|---|---|---|
| 궁 시 도<br>황 도<br>어 청 도<br>대 비 치 도<br>거 차 군 도<br>병 풍 도<br>부 포<br>대 연 평 도<br>격렬비열도<br>교 맥 도<br>용 호 도<br>대 흑 산 도<br>변 서 도<br>하 태 도<br>만 재 도<br>창 인 도<br>홍 도<br>간 서 도<br>소 흑 산 도<br>마 합 도<br>소 청 도<br>백 령 도 | 대 청 도<br>성 산<br>애 월<br>한 림<br>모 슬 포<br>간 성 특<br>삼 척 특<br>감 포 특<br>안 마 도 특<br>가 덕 도 특<br>한 림 특<br>율 포 특<br>독 도 | | |

[별표 7]

## 광업지적의 단위구역별 번호표시(제6조제3항관련)

○ ○ 지 적

N

| 141 | 131 | 121 | 111 | 101 | 91 | 81 | 71 | 61 | 51 | 41 | 31 | 21 | 11 | 1 |
|---|---|---|---|---|---|---|---|---|---|---|---|---|---|---|
| 142 | 132 | 122 | 112 | 102 | 92 | 82 | 72 | 62 | 52 | 42 | 32 | 22 | 12 | 2 |
| 143 | 133 | 123 | 113 | 103 | 93 | 83 | 73 | 63 | 53 | 43 | 33 | 23 | 13 | 3 |
| 144 | 134 | 124 | 114 | 104 | 94 | 84 | 74 | 64 | 54 | 44 | 34 | 24 | 14 | 4 |
| 145 | 135 | 125 | 115 | 105 | 95 | 85 | 75 | 65 | 55 | 45 | 35 | 25 | 15 | 5 |
| 146 | 136 | 126 | 116 | 106 | 96 | 86 | 76 | 66 | 56 | 46 | 36 | 26 | 16 | 6 |
| 147 | 137 | 127 | 117 | 107 | 97 | 87 | 77 | 67 | 57 | 47 | 37 | 27 | 17 | 7 |
| 148 | 138 | 128 | 118 | 108 | 98 | 88 | 78 | 68 | 58 | 48 | 38 | 28 | 18 | 8 |
| 149 | 139 | 129 | 119 | 109 | 99 | 89 | 79 | 69 | 59 | 49 | 39 | 29 | 19 | 9 |
| 150 | 140 | 130 | 120 | 110 | 100 | 90 | 80 | 70 | 60 | 50 | 40 | 30 | 20 | 10 |

S

N 진북선

예 { 충주지적    1호
    황강리지적 141호

[별표 8]

## 소단위구역 표시(제6조제4항관련)

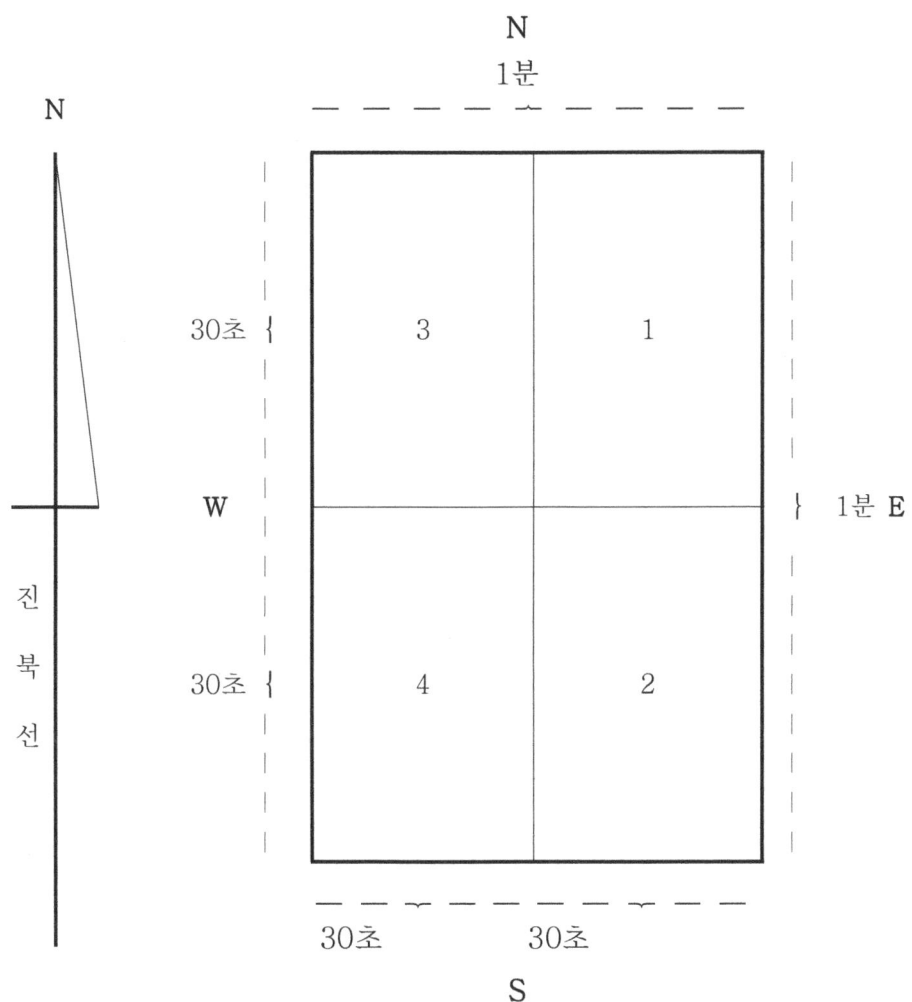

[별표 9] 삭제

[별표 10]

## 단위구역의 변의 길이 및 면적(제7조관련)

| 분 | 경도의 길이(m) | 위도의 길이(m) | 면적(ha) | 분 | 경도의 길이(m) | 위도의 길이(m) | 면적(ha) |
|---|---|---|---|---|---|---|---|
| 33 | | | | | | | |
| 0 | 1,558 | 1,848 | 287 | 13 | 1,554 | 1,848 | 287 |
| 1 | 1,557 | " | " | 14 | 1,553 | " | " |
| 2 | 1,557 | " | " | 15 | 1,553 | " | " |
| 3 | 1,557 | " | " | 16 | 1,553 | " | " |
| 4 | 1,556 | " | " | 17 | 1,553 | " | 286 |
| 5 | 1,556 | " | " | 18 | 1,552 | 1,849 | " |
| 6 | 1,556 | " | " | 19 | 1,552 | " | " |
| 7 | 1,556 | " | " | 20 | 1,552 | " | " |
| 8 | 1,555 | " | " | 21 | 1,551 | " | " |
| 9 | 1,555 | " | " | 22 | 1,551 | " | " |
| 10 | 1,555 | " | " | 23 | 1,551 | " | " |
| 11 | 1,554 | " | " | 24 | 1,550 | " | " |
| 12 | 1,554 | " | " | 25 | 1,550 | " | " |

광업업무처리지침  909

| 분 | 경도의 길이(m) | 위도의 길이(m) | 면적 (ha) | 분 | 경도의 길이(m) | 위도의 길이(m) | 면적 (ha) |
|---|---|---|---|---|---|---|---|
| 26 | 1,550 | 1,849 | 286 | 44 | 1,545 | 1,849 | 285 |
| 27 | 1,550 | " | " | 45 | 1,544 | " | " |
| 28 | 1,549 | " | " | 46 | 1,544 | " | " |
| 29 | 1,549 | " | " | 47 | 1,544 | " | " |
| 30 | 1,549 | " | " | 48 | 1,543 | " | " |
| 31 | 1,548 | " | " | 49 | 1,543 | " | " |
| 32 | 1,548 | " | " | 50 | 1,543 | " | " |
| 33 | 1,548 | " | " | 51 | 1,542 | " | " |
| 34 | 1,548 | " | " | 52 | 1,542 | " | " |
| 35 | 1,547 | " | " | 53 | 1,542 | " | " |
| 36 | 1,547 | " | 285 | 54 | 1,542 | " | 284 |
| 37 | 1,547 | " | " | 55 | 1,541 | " | " |
| 38 | 1,546 | " | " | 56 | 1,541 | " | " |
| 39 | 1,546 | " | " | 57 | 1,541 | " | " |
| 40 | 1,545 | " | " | 58 | 1,540 | " | " |
| 41 | 1,545 | " | " | 59 | 1,540 | " | " |
| 42 | 1,545 | " | " | 60 | 1,540 | " | " |
| 43 | 1,545 | " | " | | | | |

| 분 | 경도의 길이(m) | 위도의 길이(m) | 면적 (ha) | 분 | 경도의 길이(m) | 위도의 길이(m) | 면적 (ha) |
|---|---|---|---|---|---|---|---|
| 34 0 | 1,540 | 1,849 | 284 | 15 | 1,535 | 1,849 | 283 |
| 1 | 1,540 | 〃 | 〃 | 16 | 1,535 | 〃 | 〃 |
| 2 | 1,539 | 〃 | 〃 | 17 | 1,535 | 〃 | 〃 |
| 3 | 1,539 | 〃 | 〃 | 18 | 1,534 | 〃 | 〃 |
| 4 | 1,539 | 〃 | 〃 | 19 | 1,534 | 〃 | 〃 |
| 5 | 1,538 | 〃 | 〃 | 20 | 1,534 | 〃 | 〃 |
| 6 | 1,538 | 〃 | 〃 | 21 | 1,533 | 〃 | 〃 |
| 7 | 1,538 | 〃 | 〃 | 22 | 1,533 | 〃 | 〃 |
| 8 | 1,537 | 〃 | 〃 | 23 | 1,533 | 〃 | 〃 |
| 9 | 1,537 | 〃 | 〃 | 24 | 1,532 | 〃 | 〃 |
| 10 | 1,537 | 〃 | 〃 | 25 | 1,532 | 〃 | 〃 |
| 11 | 1,536 | 〃 | 〃 | 26 | 1,532 | 〃 | 〃 |
| 12 | 1,536 | 〃 | 283 | 27 | 1,532 | 〃 | 〃 |
| 13 | 1,536 | 〃 | 〃 | 28 | 1,531 | 〃 | 〃 |
| 14 | 1,536 | 〃 | 〃 | 29 | 1,531 | 〃 | 〃 |

| 분 | 경도의 길이(m) | 위도의 길이(m) | 면적(ha) | 분 | 경도의 길이(m) | 위도의 길이(m) | 면적(ha) |
|---|---|---|---|---|---|---|---|
| 30 | 1,531 | 1,849 | 282 | 46 | 1,526 | 1,849 | 282 |
| 31 | 1,530 | " | " | 47 | 1,525 | " | " |
| 32 | 1,530 | " | " | 48 | 1,525 | " | 281 |
| 33 | 1,530 | " | " | 49 | 1,525 | " | " |
| 34 | 1,529 | " | " | 50 | 1,525 | " | " |
| 35 | 1,529 | " | " | 51 | 1,524 | " | " |
| 36 | 1,529 | " | " | 52 | 1,524 | " | " |
| 37 | 1,529 | " | " | 53 | 1,524 | " | " |
| 38 | 1,528 | " | " | 54 | 1,523 | " | " |
| 39 | 1,528 | " | " | 55 | 1,523 | " | " |
| 40 | 1,528 | " | " | 56 | 1,523 | " | " |
| 41 | 1,527 | " | " | 57 | 1,522 | " | " |
| 42 | 1,527 | " | " | 58 | 1,522 | " | " |
| 43 | 1,527 | " | " | 59 | 1,522 | " | " |
| 44 | 1,526 | " | " | 60 | 1,521 | " | " |
| 45 | 1,526 | " | " | | | | |

| 분 | 경도의 길이(m) | 위도의 길이(m) | 면적(ha) | 분 | 경도의 길이(m) | 위도의 길이(m) | 면적(ha) |
|---|---|---|---|---|---|---|---|
| 35 | | | | | | | |
| 0 | 1,521 | 1,849 | 281 | 15 | 1,517 | 1,849 | 280 |
| 1 | 1,521 | " | " | 16 | 1,517 | " | " |
| 2 | 1,521 | " | " | 17 | 1,516 | " | " |
| 3 | 1,521 | " | " | 18 | 1,516 | " | " |
| 4 | 1,520 | " | " | 19 | 1,516 | " | " |
| 5 | 1,520 | " | " | 20 | 1,515 | " | " |
| 6 | 1,520 | " | 280 | 21 | 1,515 | " | " |
| 7 | 1,519 | " | " | 22 | 1,515 | " | " |
| 8 | 1,519 | " | " | 23 | 1,514 | " | " |
| 9 | 1,519 | " | " | 24 | 1,514 | " | 279 |
| 10 | 1,518 | " | " | 25 | 1,514 | " | " |
| 11 | 1,518 | " | " | 26 | 1,513 | " | " |
| 12 | 1,518 | " | " | 27 | 1,513 | " | " |
| 13 | 1,517 | " | " | 28 | 1,513 | " | " |
| 14 | 1,517 | " | " | 29 | 1,512 | " | " |

| 분 | 경도의 길이(m) | 위도의 길이(m) | 면적(ha) | 분 | 경도의 길이(m) | 위도의 길이(m) | 면적(ha) |
|---|---|---|---|---|---|---|---|
| 30 | 1,512 | 1,849 | 279 | 46 | 1,507 | 1,849 | 278 |
| 31 | 1,512 | " | " | 47 | 1,507 | " | " |
| 32 | 1,512 | " | " | 48 | 1,507 | " | " |
| 33 | 1,511 | " | " | 49 | 1,506 | " | " |
| 34 | 1,511 | " | " | 50 | 1,506 | " | " |
| 35 | 1,511 | " | " | 51 | 1,506 | " | " |
| 36 | 1,510 | " | " | 52 | 1,505 | " | " |
| 37 | 1,510 | " | " | 53 | 1,505 | " | " |
| 38 | 1,510 | " | " | 54 | 1,505 | " | " |
| 39 | 1,509 | " | " | 55 | 1,504 | " | " |
| 40 | 1,509 | " | " | 56 | 1,504 | " | " |
| 41 | 1,509 | " | 278 | 57 | 1,504 | " | " |
| 42 | 1,508 | " | " | 58 | 1,503 | " | " |
| 43 | 1,508 | " | " | 59 | 1,503 | " | 277 |
| 44 | 1,508 | " | " | 60 | 1,503 | " | " |
| 45 | 1,507 | " | " | | | | |

| 분 | 경도의 길이(m) | 위도의 길이(m) | 면적(ha) | 분 | 경도의 길이(m) | 위도의 길이(m) | 면적(ha) |
|---|---|---|---|---|---|---|---|
| 36 0 | 1,503 | 1,849 | 277 | 15 | 1,498 | 1,849 | 277 |
| 1 | 1,502 | " | " | 16 | 1,498 | " | 276 |
| 2 | 1,502 | " | " | 17 | 1,497 | " | " |
| 3 | 1,502 | " | " | 18 | 1,497 | " | " |
| 4 | 1,501 | " | " | 19 | 1,497 | " | " |
| 5 | 1,501 | " | " | 20 | 1,496 | " | " |
| 6 | 1,501 | " | " | 21 | 1,496 | " | " |
| 7 | 1,501 | " | " | 22 | 1,496 | " | " |
| 8 | 1,500 | " | " | 23 | 1,495 | " | " |
| 9 | 1,500 | " | " | 24 | 1,495 | " | " |
| 10 | 1,500 | " | " | 25 | 1,495 | " | " |
| 11 | 1,499 | " | " | 26 | 1,494 | " | " |
| 12 | 1,499 | " | " | 27 | 1,494 | " | " |
| 13 | 1,499 | " | " | 28 | 1,494 | " | " |
| 14 | 1,498 | " | " | 29 | 1,494 | " | " |

| 분 | 경도의 길이(m) | 위도의 길이(m) | 면적(ha) | 분 | 경도의 길이(m) | 위도의 길이(m) | 면적(ha) |
|---|---|---|---|---|---|---|---|
| 30 | 1,493 | 1,849 | 276 | 46 | 1,488 | 1,850 | 275 |
| 31 | 1,493 | " | " | 47 | 1,488 | " | " |
| 32 | 1,493 | " | " | 48 | 1,487 | " | " |
| 33 | 1,492 | " | 275 | 49 | 1,487 | " | " |
| 34 | 1,492 | " | " | 50 | 1,487 | " | 274 |
| 35 | 1,492 | 1,850 | " | 51 | 1,486 | " | " |
| 36 | 1,491 | " | " | 52 | 1,486 | " | " |
| 37 | 1,491 | " | " | 53 | 1,486 | " | " |
| 38 | 1,491 | " | " | 54 | 1,485 | " | " |
| 39 | 1,490 | " | " | 55 | 1,485 | " | " |
| 40 | 1,490 | " | " | 56 | 1,485 | " | " |
| 41 | 1,490 | " | " | 57 | 1,485 | " | " |
| 42 | 1,489 | " | " | 58 | 1,484 | " | " |
| 43 | 1,489 | " | " | 59 | 1,484 | " | " |
| 44 | 1,489 | " | " | 60 | 1,484 | " | " |
| 45 | 1,488 | " | " | | | | |

| 분 | 경도의 길이(m) | 위도의 길이(m) | 면적(ha) | 분 | 경도의 길이(m) | 위도의 길이(m) | 면적(ha) |
|---|---|---|---|---|---|---|---|
| 37 | | | | | | | |
| 0 | 1,484 | 1,850 | 274 | 15 | 1,479 | 1,850 | 273 |
| 1 | 1,483 | " | " | 16 | 1,478 | " | " |
| 2 | 1,483 | " | " | 17 | 1,478 | " | " |
| 3 | 1,483 | " | " | 18 | 1,478 | " | " |
| 4 | 1,482 | " | " | 19 | 1,477 | " | " |
| 5 | 1,482 | " | " | 20 | 1,477 | " | " |
| 6 | 1,482 | " | " | 21 | 1,477 | " | " |
| 7 | 1,481 | " | 273 | 22 | 1,476 | " | " |
| 8 | 1,481 | " | " | 23 | 1,476 | " | " |
| 9 | 1,481 | " | " | 24 | 1,476 | " | 272 |
| 10 | 1,480 | " | " | 25 | 1,475 | " | " |
| 11 | 1,480 | " | " | 26 | 1,475 | " | " |
| 12 | 1,480 | " | " | 27 | 1,475 | " | " |
| 13 | 1,479 | " | " | 28 | 1,474 | " | " |
| 14 | 1,479 | " | " | 29 | 1,474 | " | " |

| 분 | 경도의 길이(m) | 위도의 길이(m) | 면적 (ha) | 분 | 경도의 길이(m) | 위도의 길이(m) | 면적 (ha) |
|---|---|---|---|---|---|---|---|
| 30 | 1,474 | 1,850 | 272 | 46 | 1,469 | 1,850 | 271 |
| 31 | 1,473 | 〃 | 〃 | 47 | 1,468 | 〃 | 〃 |
| 32 | 1,473 | 〃 | 〃 | 48 | 1,468 | 〃 | 〃 |
| 33 | 1,473 | 〃 | 〃 | 49 | 1,468 | 〃 | 〃 |
| 34 | 1,472 | 〃 | 〃 | 50 | 1,467 | 〃 | 〃 |
| 35 | 1,472 | 〃 | 〃 | 51 | 1,467 | 〃 | 〃 |
| 36 | 1,472 | 〃 | 〃 | 52 | 1,467 | 〃 | 〃 |
| 37 | 1,471 | 〃 | 〃 | 53 | 1,466 | 〃 | 〃 |
| 38 | 1,471 | 〃 | 〃 | 54 | 1,466 | 〃 | 〃 |
| 39 | 1,471 | 〃 | 〃 | 55 | 1,466 | 〃 | 〃 |
| 40 | 1,470 | 〃 | 〃 | 56 | 1,465 | 〃 | 〃 |
| 41 | 1,470 | 〃 | 271 | 57 | 1,465 | 〃 | 270 |
| 42 | 1,470 | 〃 | 〃 | 58 | 1,465 | 〃 | 〃 |
| 43 | 1,469 | 〃 | 〃 | 59 | 1,464 | 〃 | 〃 |
| 44 | 1,469 | 〃 | 〃 | 60 | 1,464 | 〃 | 〃 |
| 45 | 1,469 | 〃 | 〃 | | | | |

| 분 | 경도의 길이(m) | 위도의 길이(m) | 면적(ha) | 분 | 경도의 길이(m) | 위도의 길이(m) | 면적(ha) |
|---|---|---|---|---|---|---|---|
| 38 | | | | | | | |
| 0 | 1,464 | 1,850 | 270 | 15 | 1,459 | 1,850 | 269 |
| 1 | 1,464 | 〃 | 〃 | 16 | 1,459 | 〃 | 〃 |
| 2 | 1,463 | 〃 | 〃 | 17 | 1,458 | 〃 | 〃 |
| 3 | 1,463 | 〃 | 〃 | 18 | 1,458 | 〃 | 〃 |
| 4 | 1,463 | 〃 | 〃 | 19 | 1,458 | 〃 | 〃 |
| 5 | 1,462 | 〃 | 〃 | 20 | 1,457 | 〃 | 〃 |
| 6 | 1,462 | 〃 | 〃 | 21 | 1,457 | 〃 | 〃 |
| 7 | 1,462 | 〃 | 〃 | 22 | 1,457 | 〃 | 〃 |
| 8 | 1,461 | 〃 | 〃 | 23 | 1,456 | 〃 | 〃 |
| 9 | 1,461 | 〃 | 〃 | 24 | 1,456 | 〃 | 〃 |
| 10 | 1,461 | 〃 | 〃 | 25 | 1,456 | 〃 | 〃 |
| 11 | 1,460 | 〃 | 〃 | 26 | 1,455 | 〃 | 〃 |
| 12 | 1,460 | 〃 | 〃 | 27 | 1,455 | 〃 | 〃 |
| 13 | 1,460 | 〃 | 〃 | 28 | 1,455 | 〃 | 〃 |
| 14 | 1,459 | 〃 | 269 | 29 | 1,454 | 〃 | 〃 |

| 분 | 경도의 길이(m) | 위도의 길이(m) | 면적 (ha) | 분 | 경도의 길이(m) | 위도의 길이(m) | 면적 (ha) |
|---|---|---|---|---|---|---|---|
| 30 | 1,454 | 1,850 | 268 | 46 | 1,449 | 1,850 | 267 |
| 31 | 1,454 | 〃 | 〃 | 47 | 1,448 | 〃 | 〃 |
| 32 | 1,453 | 〃 | 〃 | 48 | 1,448 | 〃 | 〃 |
| 33 | 1,453 | 〃 | 〃 | 49 | 1,447 | 〃 | 〃 |
| 34 | 1,453 | 〃 | 〃 | 50 | 1,447 | 〃 | 〃 |
| 35 | 1,452 | 〃 | 〃 | 51 | 1,447 | 〃 | 〃 |
| 36 | 1,452 | 〃 | 〃 | 52 | 1,446 | 〃 | 〃 |
| 37 | 1,452 | 〃 | 〃 | 53 | 1,446 | 〃 | 〃 |
| 38 | 1,451 | 〃 | 〃 | 54 | 1,446 | 〃 | 〃 |
| 39 | 1,451 | 〃 | 〃 | 55 | 1,445 | 〃 | 〃 |
| 40 | 1,451 | 〃 | 〃 | 56 | 1,445 | 〃 | 〃 |
| 41 | 1,450 | 〃 | 〃 | 57 | 1,445 | 〃 | 〃 |
| 42 | 1,450 | 〃 | 〃 | 58 | 1,444 | 〃 | 〃 |
| 43 | 1,450 | 〃 | 〃 | 59 | 1,444 | 〃 | 〃 |
| 44 | 1,449 | 〃 | 〃 | 60 | 1,444 | 〃 | 〃 |
| 45 | 1,449 | 〃 | 〃 | | | | |

[별표 11]

## 도엽명과 광업지적명의 관계(제8조제1항본문관련)

| 도엽명(1/5만) | 광업지적명 | 위　　도 | 경　　도 |
|---|---|---|---|
| 감　포 | 구 룡 포 | 35°-50´부터<br>36°-00´까지 | 129°-30´부터<br>129°-45´까지 |
| | 감 포 특 | 35°-45´ 〃<br>35°-50´ 〃 | 〃<br>〃 |
| 대　보 | 대　　보 | 36°-00´ 〃<br>36°-10´ 〃 | 〃<br>〃 |
| 방 어 진 | 방 어 진 | 35°-20´ 〃<br>35°-30´ 〃 | 129°-15´부터<br>129°-30´까지 |
| | 월　　내 | 35°-15´ 〃<br>35°-20´ 〃 | 〃<br>〃 |
| 울　산 | 감　　포 | 35°-40´ 〃<br>35°-45´ 〃 | 〃<br>〃 |
| | 울　　산 | 35°-30´ 〃<br>35°-40´ 〃 | 〃<br>〃 |
| 불 국 사 | 연　　일 | 35°-50´ 〃<br>36°-00´ 〃 | 〃<br>〃 |
| | 감　　포 | 35°-45´ 〃<br>35°-50´ 〃 | 〃<br>〃 |
| 포　항 | 청　　하 | 36°-10´ 〃<br>36°-15´ 〃 | 〃<br>〃 |
| | 포　　항 | 36°-00´ 〃<br>36°-10´ 〃 | 〃<br>〃 |
| 영　덕 | 영　　덕 | 36°-20´ 〃<br>36°-30´ 〃 | 〃<br>〃 |
| | 청　　하 | 36°-15´ 〃<br>36°-20´ 〃 | 〃<br>〃 |
| 병　곡 | 평　　해 | 36°-40´ 〃<br>36°-45´ 〃 | 〃<br>〃 |
| | 영　　해 | 36°-30´ 〃<br>36°-40´ 〃 | 〃<br>〃 |

| 도엽명(1/5만) | 광업지적명 | 위　　도 | 경　　도 |
|---|---|---|---|
| 울　진 | 울　진 | 36°-50′부터<br>37°-00′까지 | 129°-15′부터<br>129°-30′까지 |
| | 평　해 | 36°-45′ 〃<br>36°-50′ 〃 | 〃<br>〃 |
| 죽　변 | 임원진 | 37°-10′ 〃<br>37°-15′ 〃 | 〃<br>〃 |
| | 죽　변 | 37°-00′ 〃<br>37°-10′ 〃 | 〃<br>〃 |
| 매　원 | 삼척특 | 37°-20′ 〃<br>37°-30′ 〃 | 〃<br>〃 |
| | 임원진 | 37°-15′ 〃<br>37°-20′ 〃 | 〃<br>〃 |
| 부　산 | 동　래 | 35°-10′ 〃<br>35°-15′ 〃 | 129°-00′부터<br>129°-15′까지 |
| | 부　산 | 35°-00′ 〃<br>35°-10′ 〃 | 〃<br>〃 |
| 양　산 | 양　산 | 35°-20′ 〃<br>35°-30′ 〃 | 〃<br>〃 |
| | 동　래 | 35°-15′ 〃<br>35°-20′ 〃 | 〃<br>〃 |
| 언　양 | 모　량 | 35°-40′ 〃<br>35°-45′ 〃 | 〃<br>〃 |
| | 언　양 | 35°-30′ 〃<br>35°-40′ 〃 | 〃<br>〃 |
| 경　주 | 경　주 | 35°-50′ 〃<br>36°-00′ 〃 | 〃<br>〃 |
| | 모　량 | 35°-45′ 〃<br>35°-50′ 〃 | 〃<br>〃 |
| 기　계 | 도　평 | 36°-10′ 〃<br>36°-15′ 〃 | 〃<br>〃 |
| | 기　계 | 36°-00′ 〃<br>36°-10′ 〃 | 〃<br>〃 |

| 도엽명(1/5만) | 광업지적명 | 위 도 | 경 도 |
|---|---|---|---|
| 청 송 | 청 송 | 36°-20´부터<br>36°-30´까지 | 129°-00´부터<br>129°-15´까지 |
| | 도 평 | 36°-15´ 〃<br>36°-20´ 〃 | 〃<br>〃 |
| 영 양 | 도계동 | 36°-40´ 〃<br>36°-45´ 〃 | 〃<br>〃 |
| | 영 양 | 36°-30´ 〃<br>36°-40´ 〃 | 〃<br>〃 |
| 소 천 | 현 동 | 36°-50´ 〃<br>37°-00´ 〃 | 〃<br>〃 |
| | 도계동 | 36°-45´ 〃<br>36°-50´ 〃 | 〃<br>〃 |
| 장 성 | 고사리 | 37°-10´ 〃<br>37°-15´ 〃 | 〃<br>〃 |
| | 장 성 | 37°-00´ 〃<br>37°-10´ 〃 | 〃<br>〃 |
| 삼 척 | 삼 척 | 37°-20´ 〃<br>37°-30´ 〃 | 〃<br>〃 |
| | 고사리 | 37°-15´ 〃<br>37°-20´ 〃 | 〃<br>〃 |
| 묵 호 | 산성우 | 37°-40´ 〃<br>37°-45´ 〃 | 〃<br>〃 |
| | 묵 호 | 37°-30´ 〃<br>37°-40´ 〃 | 〃<br>〃 |
| 김 해 | 김 해 | 35°-10´ 〃<br>35°-15´ 〃 | 128°-45´부터<br>129°-00´까지 |
| | 가 덕 | 35°-00´ 〃<br>35°-10´ 〃 | 〃<br>〃 |
| 밀 양 | 밀 양 | 35°-20´ 〃<br>35°-30´ 〃 | 〃<br>〃 |
| | 김 해 | 35°-15´ 〃<br>35°-20´ 〃 | 〃<br>〃 |

| 도엽명(1/5만) | 광업지적명 | 위　　도 | 경　　도 |
|---|---|---|---|
| 동　곡 | 자　인 | 35°-40´부터<br>35°-45´까지 | 128°-45´부터<br>129°-00´까지 |
| | 유　천 | 35°-30´ 〃<br>35°-40´ 〃 | 〃<br>〃 |
| 영　천 | 영　천 | 35°-50´ 〃<br>36°-00´ 〃 | 〃<br>〃 |
| | 자　인 | 35°-45´ 〃<br>35°-50´ 〃 | 〃<br>〃 |
| 화　북 | 구 산 동 | 36°-10´ 〃<br>36°-15´ 〃 | 〃<br>〃 |
| | 신　녕 | 36°-00´ 〃<br>36°-10´ 〃 | 〃<br>〃 |
| 길　안 | 천　지 | 36°-20´ 〃<br>36°-30´ 〃 | 〃<br>〃 |
| | 구 산 동 | 36°-15´ 〃<br>36°-20´ 〃 | 〃<br>〃 |
| 예　안 | 예　안 | 36°-40´ 〃<br>36°-45´ 〃 | 〃<br>〃 |
| | 중 평 동 | 36°-30´ 〃<br>36°-40´ 〃 | 〃<br>〃 |
| 춘　양 | 춘　양 | 36°-50´ 〃<br>37°-00´ 〃 | 〃<br>〃 |
| | 예　안 | 36°-45´ 〃<br>36°-50´ 〃 | 〃<br>〃 |
| 태　백 | 호　명 | 37°-10´ 〃<br>37°-15´ 〃 | 〃<br>〃 |
| | 서　벽 | 37°-00´ 〃<br>37°-10´ 〃 | 〃<br>〃 |
| 임　계 | 임　계 | 37°-20´ 〃<br>37°-30´ 〃 | 〃<br>〃 |
| | 호　명 | 37°-15´ 〃<br>37°-20´ 〃 | 〃<br>〃 |

| 도엽명(1/5만) | 광업지적명 | 위 도 | 경 도 |
|---|---|---|---|
| 구 정 | 강 릉 | 37°-40´부터<br>37°-45´까지 | 128°-45´부터<br>129°-00´까지 |
| | 석 병 산 | 37°-30´ 〃<br>37°-40´ 〃 | 〃<br>〃 |
| 강 릉 | 주 문 진 | 37°-50´ 〃<br>38°-00´ 〃 | 〃<br>〃 |
| | 강 릉 | 37°-45´ 〃<br>37°-50´ 〃 | 〃<br>〃 |
| 매 물 | 율 포 | 34°-40´ 〃<br>34°-45´ 〃 | 128°-30´부터<br>128°-45´까지 |
| | 매 물 도 | 34°-30´ 〃<br>34°-40´ 〃 | 〃<br>〃 |
| 거 제 | 거 제 | 34°-50´ 〃<br>35°-00´ 〃 | 〃<br>〃 |
| | 율 포 | 34°-45´ 〃<br>34°-50´ 〃 | 〃<br>〃 |
| 마 산 | 마 산 | 35°-10´ 〃<br>35°-15´ 〃 | 〃<br>〃 |
| | 진 해 | 35°-00´ 〃<br>35°-10´ 〃 | 〃<br>〃 |
| 창 원 | 영 산 | 35°-20´ 〃<br>35°-30´ 〃 | 128°-30´부터<br>128°-45´까지 |
| | 마 산 | 35°-15´ 〃<br>35°-20´ 〃 | 〃<br>〃 |
| 청 도 | 경 산 | 35°-40´ 〃<br>35°-45´ 〃 | 〃<br>〃 |
| | 청 도 | 35°-30´ 〃<br>35°-40´ 〃 | 〃<br>〃 |

| 도엽명(1/5만) | 광업지적명 | 위　　도 | 경　　도 |
|---|---|---|---|
| 대　　구 | 대　　구 | 35°-50´부터<br>36°-00´까지 | 128°-30´부터<br>128°-45´까지 |
| | 경　　산 | 35°-45´ 〃<br>35°-50´ 〃 | 〃<br>〃 |
| 군　　위 | 군　　위 | 36°-10´ 〃<br>36°-15´ 〃 | 〃<br>〃 |
| | 대　　율 | 36°-00´ 〃<br>36°-10´ 〃 | 〃<br>〃 |
| 의　　성 | 의　　성 | 36°-20´ 〃<br>36°-30´ 〃 | 〃<br>〃 |
| | 군　　위 | 36°-15´ 〃<br>36°-20´ 〃 | 〃<br>〃 |
| 안　　동 | 영　　주 | 36°-40´ 〃<br>36°-45´ 〃 | 〃<br>〃 |
| | 안　　동 | 36°-30´ 〃<br>36°-40´ 〃 | 〃<br>〃 |
| 영　　주 | 풍　　기 | 36°-50´ 〃<br>37°-00´ 〃 | 〃<br>〃 |
| | 영　　주 | 36°-45´ 〃<br>36°-50´ 〃 | 〃<br>〃 |
| 예　　미 | 예　　미 | 37°-10´ 〃<br>37°-15´ 〃 | 〃<br>〃 |
| | 옥　　동 | 37°-00´ 〃<br>37°-10´ 〃 | 〃<br>〃 |
| 정　　선 | 정　　선 | 37°-20´ 〃<br>37°-30´ 〃 | 〃<br>〃 |
| | 예　　미 | 37°-15´ 〃<br>37°-20´ 〃 | 〃<br>〃 |
| 도　　암 | 오 대 산 | 37°-40´ 〃<br>37°-45´ 〃 | 〃<br>〃 |
| | 하 진 부 | 37°-30´ 〃<br>37°-40´ 〃 | 〃<br>〃 |

| 도엽명(1/5만) | 광업지적명 | 위 도 | 경 도 |
|---|---|---|---|
| 연 곡 | 복 분 리 | 37°-50´부터<br>38°-00´까지 | 128°-30´부터<br>128°-45´까지 |
| | 오 대 산 | 37°-45´ 〃<br>37°-50´ 〃 | 〃<br>〃 |
| 속 초 | 속 초 | 38°-10´ 〃<br>38°-15´ 〃 | 〃<br>〃 |
| | 양 양 | 38°-00´ 〃<br>38°-10´ 〃 | 〃<br>〃 |
| 오 호 | 간 성 특 | 38°-20´ 〃<br>38°-30´ 〃 | 〃<br>〃 |
| | 속 초 | 38°-15´ 〃<br>38°-20´ 〃 | 〃<br>〃 |
| 욕 지 | 미 륵 도 | 34°-40´ 〃<br>34°-45´ 〃 | 128°-15´부터<br>128°-30´까지 |
| | 연 화 도 | 34°-30´ 〃<br>34°-40´ 〃 | 〃<br>〃 |
| 통 영 | 충 무 | 34°-50´ 〃<br>35°-00´ 〃 | 〃<br>〃 |
| | 미 륵 도 | 34°-45´ 〃<br>34°-50´ 〃 | 〃<br>〃 |
| 함 안 | 의 령 | 35°-10´ 〃<br>35°-15´ 〃 | 〃<br>〃 |
| | 진 동 | 35°-00´ 〃<br>35°-10´ 〃 | 〃<br>〃 |
| 남 지 | 남 지 | 35°-20´ 〃<br>35°-30´ 〃 | 〃<br>〃 |
| | 의 령 | 35°-15´ 〃<br>35°-20´ 〃 | 〃<br>〃 |
| 창 녕 | 현 풍 | 35°-40´ 〃<br>35°-45´ 〃 | 〃<br>〃 |
| | 창 녕 | 35°-30´ 〃<br>35°-40´ 〃 | 〃<br>〃 |

| 도엽명(1/5만) | 광업지적명 | 위 도 | 경 도 |
|---|---|---|---|
| 왜 관 | 왜 관 | 35°-50´부터<br>36°-00´까지 | 128°-15´부터<br>128°-30´까지 |
| | 현 풍 | 35°-45´ 〃<br>35°-50´ 〃 | 〃<br>〃 |
| 구 미 | 선 산 | 36°-10´ 〃<br>36°-15´ 〃 | 〃<br>〃 |
| | 구 미 | 36°-00´ 〃<br>36°-10´ 〃 | 〃<br>〃 |
| 안 계 | 낙 동 | 36°-20´ 〃<br>36°-30´ 〃 | 〃<br>〃 |
| | 선 산 | 36°-15´ 〃<br>36°-20´ 〃 | 〃<br>〃 |
| 예 천 | 상 금 곡 | 36°-40´ 〃<br>36°-45´ 〃 | 〃<br>〃 |
| | 예 천 | 36°-30´ 〃<br>36°-40´ 〃 | 〃<br>〃 |
| 단 양 | 단 양 | 36°-50´ 〃<br>37°-00´ 〃 | 〃<br>〃 |
| | 상 금 곡 | 36°-45´ 〃<br>36°-50´ 〃 | 〃<br>〃 |
| 영 월 | 영 월 | 37°-10´ 〃<br>37°-15´ 〃 | 〃<br>〃 |
| | 영 춘 | 37°-00´ 〃<br>37°-10´ 〃 | 〃<br>〃 |
| 평 창 | 평 창 | 37°-20´ 〃<br>37°-30´ 〃 | 〃<br>〃 |
| | 영 월 | 37°-15´ 〃<br>37°-20´ 〃 | 〃<br>〃 |
| 봉 평 | 창 촌 | 37°-40´ 〃<br>37°-45´ 〃 | 〃<br>〃 |
| | 창 동 | 37°-30´ 〃<br>37°-40´ 〃 | 〃<br>〃 |

| 도엽명(1/5만) | 광업지적명 | 위 도 | 경 도 |
|---|---|---|---|
| 현 리 | 현 리 | 37°-50´부터<br>38°-00´까지 | 128°-15´부터<br>128°-30´까지 |
| | 창 촌 | 37°-45´ 〃<br>37°-50´ 〃 | 〃<br>〃 |
| 설 악 | 창 암 점 | 38°-10´ 〃<br>38°-15´ 〃 | 〃<br>〃 |
| | 설 악 산 | 38°-00´ 〃<br>38°-10´ 〃 | 〃<br>〃 |
| 간 성 | 간 성 | 38°-20´ 〃<br>38°-30´ 〃 | 〃<br>〃 |
| | 창 암 점 | 38°-15´ 〃<br>38°-20´ 〃 | 〃<br>〃 |
| 고 성 | 고 성 | 38°-30´ 〃<br>38°-40´ 〃 | 〃<br>〃 |
| 두 미 | 미 조 | 34°-40´ 〃<br>34°-45´ 〃 | 128°-00´부터<br>128°-15´까지 |
| | 욕 지 도 | 34°-30´ 〃<br>34°-40´ 〃 | 〃<br>〃 |
| 사 천 | 삼 천 포 | 34°-50´ 〃<br>35°-00´ 〃 | 〃<br>〃 |
| | 미 조 | 34°-45´ 〃<br>34°-50´ 〃 | 〃<br>〃 |
| 진 주 | 진 주 | 35°-10´ 〃<br>35°-15´ 〃 | 〃<br>〃 |
| | 사 천 | 35°-00´ 〃<br>35°-10´ 〃 | 〃<br>〃 |
| 삼 가 | 삼 가 | 35°-20´ 〃<br>35°-30´ 〃 | 〃<br>〃 |
| | 진 주 | 35°-15´ 〃<br>35°-20´ 〃 | 〃<br>〃 |

| 도엽명(1/5만) | 광업지적명 | 위 도 | 경 도 |
|---|---|---|---|
| 합 천 | 구 정 | 35°-40´부터<br>35°-45´까지 | 128°-00´부터<br>128°-15´까지 |
| | 합 천 | 35°-30´ 〃<br>35°-40´ 〃 | 〃<br>〃 |
| 가 야 | 지 례 | 35°-50´ 〃<br>36°-00´ 〃 | 〃<br>〃 |
| | 구 정 | 35°-45´ 〃<br>35°-50´ 〃 | 〃<br>〃 |
| 김 천 | 옥 산 동 | 36°-10´ 〃<br>36°-15´ 〃 | 〃<br>〃 |
| | 김 천 | 36°-00´ 〃<br>36°-10´ 〃 | 〃<br>〃 |
| 상 주 | 상 주 | 36°-20´ 〃<br>36°-30´ 〃 | 〃<br>〃 |
| | 옥 산 동 | 36°-15´ 〃<br>36°-20´ 〃 | 〃<br>〃 |
| 문 경 | 문 경 | 36°-40´ 〃<br>36°-45´ 〃 | 〃<br>〃 |
| | 함 창 | 36°-30´ 〃<br>36°-40´ 〃 | 〃<br>〃 |
| 덕 산 | 황 강 리 | 36°-50´ 〃<br>37°-00´ 〃 | 〃<br>〃 |
| | 문 경 | 36°-45´ 〃<br>36°-50´ 〃 | 〃<br>〃 |
| 제 천 | 신 림 | 37°-10´ 〃<br>37°-15´ 〃 | 〃<br>〃 |
| | 제 천 | 37°-00´ 〃<br>37°-10´ 〃 | 〃<br>〃 |
| 안 흥 | 안 흥 | 37°-20´ 〃<br>37°-30´ 〃 | 〃<br>〃 |
| | 신 림 | 37°-15´ 〃<br>37°-20´ 〃 | 〃<br>〃 |

| 도엽명(1/5만) | 광업지적명 | 위 도 | 경 도 |
|---|---|---|---|
| 청 일 | 풍 암 | 37°-40´부터<br>37°-45´까지 | 128°-00´부터<br>128°-15´까지 |
| | 갑 천 | 37°-30´ 〃<br>37°-40´ 〃 | 〃<br>〃 |
| 어 론 | 자 은 | 37°-50´ 〃<br>38°-00´ 〃 | 〃<br>〃 |
| | 풍 암 | 37°-45´ 〃<br>37°-50´ 〃 | 〃<br>〃 |
| 인 제 | 만 대 리 | 38°-10´ 〃<br>38°-15´ 〃 | 〃<br>〃 |
| | 인 제 | 38°-00´ 〃<br>38°-10´ 〃 | 〃<br>〃 |
| 서 화 | 이 포 리 | 38°-20´ 〃<br>38°-30´ 〃 | 〃<br>〃 |
| | 만 대 리 | 38°-15´ 〃<br>38°-20´ 〃 | 〃<br>〃 |
| 소 리 | 소 리 도 | 34°-20´ 〃<br>34°-30´ 〃 | 127°-45´부터<br>128°-00´까지 |
| 돌 산 | 서 상 | 34°-40´ 〃<br>34°-45´ 〃 | 〃<br>〃 |
| | 돌 산 도 | 34°-30´ 〃<br>34°-40´ 〃 | 〃<br>〃 |
| 남 해 | 남 해 | 34°-50´ 〃<br>35°-00´ 〃 | 〃<br>〃 |
| | 서 상 | 34°-45´ 〃<br>34°-50´ 〃 | 〃<br>〃 |
| 곤 양 | 단 성 | 35°-10´ 〃<br>35°-15´ 〃 | 〃<br>〃 |
| | 진 교 | 35°-00´ 〃<br>35°-10´ 〃 | 〃<br>〃 |

| 도엽명(1/5만) | 광업지적명 | 위　　도 | 경　　도 |
|---|---|---|---|
| 산　　청 | 산　　청 | 35°-20´부터<br>35°-30´까지 | 127°-45´부터<br>128°-00´까지 |
| | 단　　성 | 35°-15´ 〃<br>35°-20´ 〃 | 〃<br>〃 |
| 거　　창 | 거　　창 | 35°-40´ 〃<br>35°-45´ 〃 | 〃<br>〃 |
| | 안　　의 | 35°-30´ 〃<br>35°-40´ 〃 | 〃<br>〃 |
| 무　　풍 | 무　　풍 | 35°-50´ 〃<br>36°-00´ 〃 | 〃<br>〃 |
| | 거　　창 | 35°-45´ 〃<br>35°-50´ 〃 | 〃<br>〃 |
| 영　　동 | 영　　동 | 36°-10´ 〃<br>36°-15´ 〃 | 〃<br>〃 |
| | 설　　천 | 36°-00´ 〃<br>36°-10´ 〃 | 〃<br>〃 |
| 관　　기 | 청　　산 | 36°-20´ 〃<br>36°-30´ 〃 | 〃<br>〃 |
| | 영　　동 | 36°-15´ 〃<br>36°-20´ 〃 | 〃<br>〃 |
| 속　　리 | 괴　　산 | 36°-40´ 〃<br>36°-45´ 〃 | 〃<br>〃 |
| | 용 유 리 | 36°-30´ 〃<br>36°-40´ 〃 | 〃<br>〃 |
| 충　　주 | 괴　　산 | 36°-45´ 〃<br>36°-50´ 〃 | 〃<br>〃 |
| | 충　　주 | 36°-50´ 〃<br>37°-00´ 〃 | 〃<br>〃 |
| 엄　　정 | 문　　막 | 37°-10´ 〃<br>37°-15´ 〃 | 〃<br>〃 |
| | 목　　계 | 37°-00´ 〃<br>37°-10´ 〃 | 〃<br>〃 |

| 도엽명(1/5만) | 광업지적명 | 위 도 | 경 도 |
|---|---|---|---|
| 원 주 | 원 주 | 37°-20′부터<br>37°-30′까지 | 127°-45′부터<br>128°-00′까지 |
| | 문 막 | 37°-15′ 〃<br>37°-20′ 〃 | 〃<br>〃 |
| 홍 천 | 홍 천 | 37°-40′ 〃<br>37°-45′ 〃 | 〃<br>〃 |
| | 양덕원 | 37°-30′ 〃<br>37°-40′ 〃 | 〃<br>〃 |
| 내 평 | 내 평 | 37°-50′ 〃<br>38°-00′ 〃 | 〃<br>〃 |
| | 홍 천 | 37°-45′ 〃<br>37°-50′ 〃 | 〃<br>〃 |
| 양 구 | 문등리 | 38°-10′ 〃<br>38°-15′ 〃 | 〃<br>〃 |
| | 양 구 | 38°-00′ 〃<br>38°-10′ 〃 | 〃<br>〃 |
| 방 산 | 문등리 | 38°-15′ 〃<br>38°-20′ 〃 | 〃<br>〃 |
| 광 도 | 광 도 | 34°-15′ 〃<br>34°-20′ 〃 | 127°-30′부터<br>127°-45′까지 |
| | 예내리 | 34°-20′ 〃<br>34°-30′ 〃 | 〃<br>〃 |
| 여 수 | 여 수 | 34°-40′ 〃<br>34°-45′ 〃 | 〃<br>〃 |
| | 개 도 | 34°-30′ 〃<br>34°-40′ 〃 | 〃<br>〃 |
| 광 양 | 광 양 | 34°-50′ 〃<br>35°-00′ 〃 | 〃<br>〃 |
| | 여 수 | 34°-45′ 〃<br>34°-50′ 〃 | 〃<br>〃 |

| 도엽명(1/5만) | 광업지적명 | 위 도 | 경 도 |
|---|---|---|---|
| 하 동 | 화 개 | 35°-10´부터<br>35°-15´까지 | 127°-30´부터<br>127°-45´까지 |
| | 하 동 | 35°-00´ 〃<br>35°-10´ 〃 | 〃<br>〃 |
| 운 봉 | 운 봉 | 35°-20´ 〃<br>35°-30´ 〃 | 〃<br>〃 |
| | 화 개 | 35°-15´ 〃<br>35°-20´ 〃 | 〃<br>〃 |
| 함 양 | 장 계 | 35°-40´ 〃<br>35°-45´ 〃 | 〃<br>〃 |
| | 함 양 | 35°-30´ 〃<br>35°-40´ 〃 | 〃<br>〃 |
| 무 주 | 장 기 리 | 35°-50´ 〃<br>36°-00´ 〃 | 〃<br>〃 |
| | 장 계 | 35°-45´ 〃<br>35°-50´ 〃 | 〃<br>〃 |
| 이 원 | 옥 천 | 36°-10´ 〃<br>36°-15´ 〃 | 〃<br>〃 |
| | 무 주 | 36°-00´ 〃<br>36°-10´ 〃 | 〃<br>〃 |
| 보 은 | 보 은 | 36°-20´ 〃<br>36°-30´ 〃 | 〃<br>〃 |
| | 옥 천 | 36°-15´ 〃<br>36°-20´ 〃 | 〃<br>〃 |
| 미 원 | 증 평 | 36°-40´ 〃<br>36°-45´ 〃 | 〃<br>〃 |
| | 미 원 | 36°-30´ 〃<br>36°-40´ 〃 | 〃<br>〃 |
| 음 성 | 음 성 | 36°-50´ 〃<br>37°-00´ 〃 | 〃<br>〃 |
| | 증 평 | 36°-45´ 〃<br>36°-50´ 〃 | 〃<br>〃 |

| 도엽명(1/5만) | 광업지적명 | 위　　도 | 경　　도 |
|---|---|---|---|
| 장 호 원 | 여　　주 | 37°-10´부터<br>37°-15´까지 | 127°-30´부터<br>127°-45´까지 |
| | 장 호 원 | 37°-00´ 〃<br>37°-10´ 〃 | 〃<br>〃 |
| 여　　주 | 이　　포 | 37°-20´ 〃<br>37°-30´ 〃 | 〃<br>〃 |
| | 여　　주 | 37°-15´ 〃<br>37°-20´ 〃 | 〃<br>〃 |
| 용　　두 | 가　　평 | 37°-40´ 〃<br>37°-45´ 〃 | 〃<br>〃 |
| | 용 두 리 | 37°-30´ 〃<br>37°-40´ 〃 | 〃<br>〃 |
| 춘　　천 | 춘　　천 | 37°-50´ 〃<br>38°-00´ 〃 | 〃<br>〃 |
| | 가　　평 | 37°-45´ 〃<br>37°-50´ 〃 | 〃<br>〃 |
| 화　　천 | 산 양 리 | 38°-10´ 〃<br>38°-15´ 〃 | 〃<br>〃 |
| | 화　　천 | 38°-00´ 〃<br>38°-10´ 〃 | 〃<br>〃 |
| 금　　성 | 산 양 리 | 38°-15´ 〃<br>38°-20´ 〃 | 〃<br>〃 |
| 거　　문 | 선 죽 도 | 34°-10´ 〃<br>34°-15´ 〃 | 127°-15´부터<br>127°-30´까지 |
| | 거 문 도 | 34°-00´ 〃<br>34°-10´ 〃 | 〃<br>〃 |
| 손　　죽 | 외 나 르 도 | 34°-20´ 〃<br>34°-30´ 〃 | 〃<br>〃 |
| | 손 죽 도 | 34°-15´ 〃<br>34°-20´ 〃 | 〃<br>〃 |

| 도엽명(1/5만) | 광업지적명 | 위　　도 | 경　　도 |
|---|---|---|---|
| 고　　흥 | 대 강 리 | 34°-40´부터<br>34°-45´까지 | 127°-15´부터<br>127°-30´까지 |
| | 고　　흥 | 34°-30´ 〃<br>34°-40´ 〃 | 〃<br>〃 |
| 순　　천 | 순　　천 | 34°-50´ 〃<br>35°-00´ 〃 | 〃<br>〃 |
| | 대 강 리 | 34°-45´ 〃<br>34°-50´ 〃 | 〃<br>〃 |
| 구　　례 | 구　　례 | 35°-10´ 〃<br>35°-15´ 〃 | 〃<br>〃 |
| | 괴　　목 | 35°-00´ 〃<br>35°-10´ 〃 | 〃<br>〃 |
| 남　　원 | 남　　원 | 35°-20´ 〃<br>35°-30´ 〃 | 〃<br>〃 |
| | 구　　례 | 35°-15´ 〃<br>35°-20´ 〃 | 〃<br>〃 |
| 임　　실 | 진　　안 | 35°-40´ 〃<br>35°-45´ 〃 | 〃<br>〃 |
| | 오　　수 | 35°-30´ 〃<br>35°-40´ 〃 | 〃<br>〃 |
| 진　　안 | 용　　담 | 35°-50´ 〃<br>36°-00´ 〃 | 〃<br>〃 |
| | 진　　안 | 35°-45´ 〃<br>35°-50´ 〃 | 〃<br>〃 |
| 금　　산 | 대　　전 | 36°-10´ 〃<br>36°-15´ 〃 | 〃<br>〃 |
| | 금　　산 | 36°-00´ 〃<br>36°-10´ 〃 | 〃<br>〃 |
| 대　　전 | 유　　성 | 36°-20´ 〃<br>36°-30´ 〃 | 〃<br>〃 |
| | 대　　전 | 36°-15´ 〃<br>36°-20´ 〃 | 〃<br>〃 |

| 도엽명(1/5만) | 광업지적명 | 위 도 | 경 도 |
|---|---|---|---|
| 청 주 | 병 천 | 36°-40′부터<br>36°-45′까지 | 127°-15′부터<br>127°-30′까지 |
| | 청 주 | 36°-30′ 〃<br>36°-40′ 〃 | 〃<br>〃 |
| 진 천 | 진 천 | 36°-50′ 〃<br>37°-00′ 〃 | 〃<br>〃 |
| | 병 천 | 36°-45′ 〃<br>36°-50′ 〃 | 〃<br>〃 |
| 안 성 | 이 천 | 37°-10′ 〃<br>37°-15′ 〃 | 〃<br>〃 |
| | 안 성 | 37°-00′ 〃<br>37°-10′ 〃 | 〃<br>〃 |
| 이 천 | 양 평 | 37°-20′ 〃<br>37°-30′ 〃 | 〃<br>〃 |
| | 이 천 | 37°-15′ 〃<br>37°-20′ 〃 | 〃<br>〃 |
| 양 수 | 청 평 | 37°-40′ 〃<br>37°-45′ 〃 | 〃<br>〃 |
| | 양 수 리 | 37°-30′ 〃<br>37°-40′ 〃 | 〃<br>〃 |
| 일 동 | 기 산 | 37°-50′ 〃<br>38°-00′ 〃 | 〃<br>〃 |
| | 청 평 | 37°-45′ 〃<br>37°-50′ 〃 | 〃<br>〃 |
| 갈 말 | 김 화 | 38°-10′ 〃<br>38°-15′ 〃 | 〃<br>〃 |
| | 지 포 리 | 38°-00′ 〃<br>38°-10′ 〃 | 〃<br>〃 |
| 김 화 | 김 화 | 38°-15′ 〃<br>38°-20′ 〃 | 〃<br>〃 |
| 초 도 | 평 일 도 | 34°-10′ 〃<br>34°-15′ 〃 | 127°-00′부터<br>127°-15′까지 |

광업업무처리지침 937

| 도엽명(1/5만) | 광업지적명 | 위 도 | 경 도 |
|---|---|---|---|
| 거 금 | 거 금 도 | 34°-20´부터<br>34°-30´까지 | 127°-00´부터<br>127°-15´까지 |
| | 평 일 도 | 34°-15´ 〃<br>34°-20´ 〃 | 〃<br>〃 |
| 회 천 | 보 성 | 34°-40´ 〃<br>34°-45´ 〃 | 〃<br>〃 |
| | 소 록 도 | 34°-30´ 〃<br>34°-40´ 〃 | 〃<br>〃 |
| 복 내 | 복 내 | 34°-50´ 〃<br>35°-00´ 〃 | 〃<br>〃 |
| | 보 성 | 34°-45´ 〃<br>34°-50´ 〃 | 〃<br>〃 |
| 독 산 | 창 평 | 35°-10´ 〃<br>35°-15´ 〃 | 〃<br>〃 |
| | 동 복 | 35°-00´ 〃<br>35°-10´ 〃 | 〃<br>〃 |
| 순 창 | 순 창 | 35°-20´ 〃<br>35°-30´ 〃 | 〃<br>〃 |
| | 창 평 | 35°-15´ 〃<br>35°-20´ 〃 | 〃<br>〃 |
| 갈 담 | 전 주 | 35°-40´ 〃<br>35°-45´ 〃 | 〃<br>〃 |
| | 갈 담 | 35°-30´ 〃<br>35°-40´ 〃 | 〃<br>〃 |
| 전 주 | 삼 례 | 35°-50´ 〃<br>36°-00´ 〃 | 〃<br>〃 |
| | 전 주 | 35°-45´ 〃<br>35°-50´ 〃 | 〃<br>〃 |
| 논 산 | 논 산 | 36°-10´ 〃<br>36°-15´ 〃 | 〃<br>〃 |
| | 강 경 | 36°-00´ 〃<br>36°-10´ 〃 | 〃<br>〃 |

| 도엽명(1/5만) | 광업지적명 | 위　　도 | 경　　도 |
|---|---|---|---|
| 공　　주 | 공　　주 | 36°-20´부터<br>36°-30´까지 | 127°-00´부터<br>127°-15´까지 |
| | 논　　산 | 36°-15´ 〃<br>36°-20´ 〃 | 〃<br>〃 |
| 전　　의 | 천　　안 | 36°-40´ 〃<br>36°-45´ 〃 | 〃<br>〃 |
| | 광　　정 | 36°-30´ 〃<br>36°-40´ 〃 | 〃<br>〃 |
| 평　　택 | 평　　택 | 36°-50´ 〃<br>37°-00´ 〃 | 〃<br>〃 |
| | 천　　안 | 36°-45´ 〃<br>36°-50´ 〃 | 〃<br>〃 |
| 용　　인 | 수　　원 | 37°-10´ 〃<br>37°-15´ 〃 | 〃<br>〃 |
| | 오　　산 | 37°-00´ 〃<br>37°-10´ 〃 | 〃<br>〃 |
| 수　　원 | 둔　　전 | 37°-20´ 〃<br>37°-30´ 〃 | 〃<br>〃 |
| | 수　　원 | 37°-15´ 〃<br>37°-20´ 〃 | 〃<br>〃 |
| 성　　동 | 의 정 부 | 37°-40´ 〃<br>37°-45´ 〃 | 〃<br>〃 |
| | 뚝　　도 | 37°-30´ 〃<br>37°-40´ 〃 | 〃<br>〃 |
| 포　　천 | 포　　천 | 37°-50´ 〃<br>38°-00´ 〃 | 〃<br>〃 |
| | 의 정 부 | 37°-45´ 〃<br>37°-50´ 〃 | 〃<br>〃 |
| 철　　원 | 철　　원 | 38°-10´ 〃<br>38°-15´ 〃 | 〃<br>〃 |
| | 연　　천 | 38°-00´ 〃<br>38°-10´ 〃 | 〃<br>〃 |

| 도엽명(1/5만) | 광업지적명 | 위 도 | 경 도 |
|---|---|---|---|
| 내 문 | 철 원 | 38°-15´부터<br>38°-20´까지 | 127°-00´부터<br>127°-15´까지 |
| 청 산 | 신 지 도 | 34°-10´ 〃<br>34°-15´ 〃 | 126°-45´부터<br>127°-00´까지 |
| | 청 산 도 | 34°-00´ 〃<br>34°-10´ 〃 | 〃<br>〃 |
| 신 지 | 고 금 도 | 34°-20´ 〃<br>34°-30´ 〃 | 〃<br>〃 |
| | 신 지 도 | 34°-15´ 〃<br>34°-20´ 〃 | 〃<br>〃 |
| 장 흥 | 장 흥 | 34°-40´ 〃<br>34°-45´ 〃 | 〃<br>〃 |
| | 강 진 | 34°-30´ 〃<br>34°-40´ 〃 | 〃<br>〃 |
| 청 풍 | 능 주 | 34°-50´ 〃<br>35°-00´ 〃 | 〃<br>〃 |
| | 장 흥 | 34°-45´ 〃<br>34°-50´ 〃 | 〃<br>〃 |
| 광 주 | 송 정 | 35°-10´ 〃<br>35°-15´ 〃 | 〃<br>〃 |
| | 광 주 | 35°-00´ 〃<br>35°-10´ 〃 | 〃<br>〃 |
| 담 양 | 신 흥 | 35°-20´ 〃<br>35°-30´ 〃 | 〃<br>〃 |
| | 송 정 | 35°-15´ 〃<br>35°-20´ 〃 | 〃<br>〃 |
| 정 읍 | 김 제 | 35°-40´ 〃<br>35°-45´ 〃 | 〃<br>〃 |
| | 정 읍 | 35°-30´ 〃<br>35°-40´ 〃 | 〃<br>〃 |

| 도엽명(1/5만) | 광업지적명 | 위　　도 | 경　　도 |
|---|---|---|---|
| 익　산 | 이　리 | 35°-50´부터<br>36°-00´까지 | 126°-45´부터<br>127°-00´까지 |
| | 김　제 | 35°-45´ 〃<br>35°-50´ 〃 | 〃 |
| 한　산 | 부　여 | 36°-10´ 〃<br>36°-15´ 〃 | 〃 |
| | 함　열 | 36°-00´ 〃<br>36°-10´ 〃 | 〃 |
| 청　양 | 청　양 | 36°-20´ 〃<br>36°-30´ 〃 | 〃 |
| | 부　여 | 36°-15´ 〃<br>36°-20´ 〃 | 〃 |
| 예　산 | 예　산 | 36°-40´ 〃<br>36°-45´ 〃 | 〃 |
| | 대　흥 | 36°-30´ 〃<br>36°-40´ 〃 | 〃 |
| 아　산 | 아　산 | 36°-50´ 〃<br>37°-00´ 〃 | 〃 |
| | 예　산 | 36°-45´ 〃<br>36°-50´ 〃 | 〃 |
| 남　양 | 남　양 | 37°-10´ 〃<br>37°-15´ 〃 | 〃 |
| | 발　안 | 37°-00´ 〃<br>37°-10´ 〃 | 〃 |
| 안　양 | 안　양 | 37°-20´ 〃<br>37°-30´ 〃 | 〃 |
| | 남　양 | 37°-15´ 〃<br>37°-20´ 〃 | 〃 |
| 서　울 | 고　양 | 37°-40´ 〃<br>37°-45´ 〃 | 〃 |
| | 서　울 | 37°-30´ 〃<br>37°-40´ 〃 | 〃 |

| 도엽명(1/5만) | 광업지적명 | 위 도 | 경 도 |
|---|---|---|---|
| 문 산 | 문 산 | 37°-50´부터<br>38°-00´까지 | 126°-45´부터<br>127°-00´까지 |
| | 고 양 | 37°-45´ 〃<br>37°-50´ 〃 | 〃<br>〃 |
| 왕 징 | 삭 녕 | 38°-10´ 〃<br>38°-15´ 〃 | 〃<br>〃 |
| | 마 전 리 | 38°-00´ 〃<br>38°-10´ 〃 | 〃<br>〃 |
| 소 안 | 노 화 도 | 34°-10´ 〃<br>34°-15´ 〃 | 126°-30´부터<br>126°-45´까지 |
| | 보 길 도 | 34°-00´ 〃<br>34°-10´ 〃 | 〃<br>〃 |
| 완 도 | 남 창 | 34°-20´ 〃<br>34°-30´ 〃 | 〃<br>〃 |
| | 노 화 도 | 34°-15´ 〃<br>34°-20´ 〃 | 〃<br>〃 |
| 해 남 | 영 암 | 34°-40´ 〃<br>34°-45´ 〃 | 〃<br>〃 |
| | 해 남 | 34°-30´ 〃<br>34°-40´ 〃 | 〃<br>〃 |
| 영 암 | 영 산 포 | 34°-50´ 〃<br>35°-00´ 〃 | 〃<br>〃 |
| | 영 암 | 34°-45´ 〃<br>34°-50´ 〃 | 〃<br>〃 |
| 나 주 | 영 광 | 35°-10´ 〃<br>35°-15´ 〃 | 〃<br>〃 |
| | 나 주 | 35°-00´ 〃<br>35°-10´ 〃 | 〃<br>〃 |

| 도엽명(1/5만) | 광업지적명 | 위　　도 | 경　　도 |
|---|---|---|---|
| 고　　창 | 고　　창 | 35°-20´부터<br>35°-30´까지 | 126°-30´부터<br>126°-45´까지 |
| | 영　　광 | 35°-15´ 〃<br>35°-20´ 〃 | 〃<br>〃 |
| 부　　안 | 부　　안 | 35°-40´ 〃<br>35°-45´ 〃 | 〃<br>〃 |
| | 줄　　포 | 35°-30´ 〃<br>35°-40´ 〃 | 〃<br>〃 |
| 군　　산 | 군　　산 | 35°-50´ 〃<br>36°-00´ 〃 | 〃<br>〃 |
| | 부　　안 | 35°-45´ 〃<br>35°-50´ 〃 | 〃<br>〃 |
| 서　　천 | 남　　포 | 36°-10´ 〃<br>36°-15´ 〃 | 〃<br>〃 |
| | 서　　천 | 36°-00´ 〃<br>36°-10´ 〃 | 〃<br>〃 |
| 보　　령 | 대　　천 | 36°-20´ 〃<br>36°-30´ 〃 | 〃<br>〃 |
| | 남　　포 | 36°-15´ 〃<br>36°-20´ 〃 | 〃<br>〃 |
| 홍　　성 | 해　　미 | 36°-40´ 〃<br>36°-45´ 〃 | 〃<br>〃 |
| | 홍　　성 | 36°-30´ 〃<br>36°-40´ 〃 | 〃<br>〃 |
| 당　　진 | 당　　진 | 36°-50´ 〃<br>37°-00´ 〃 | 〃<br>〃 |
| | 해　　미 | 36°-45´ 〃<br>36°-50´ 〃 | 〃<br>〃 |
| 대　　부 | 대 부 도 | 37°-10´ 〃<br>37°-15´ 〃 | 〃<br>〃 |
| | 장 고 항 | 37°-00´ 〃<br>37°-10´ 〃 | 〃<br>〃 |

| 도엽명(1/5만) | 광업지적명 | 위 도 | 경 도 |
|---|---|---|---|
| 인 천 | 인 천 | 37°-20´부터<br>37°-30´까지 | 126°-30´부터<br>126°-45´까지 |
| | 대 부 도 | 37°-15´ 〃<br>37°-20´ 〃 | 〃<br>〃 |
| 김 포 | 통 진 | 37°-40´ 〃<br>37°-45´ 〃 | 〃<br>〃 |
| | 김 포 | 37°-30´ 〃<br>37°-40´ 〃 | 〃<br>〃 |
| 개 성 | 개 성 | 37°-50´ 〃<br>38°-00´ 〃 | 〃<br>〃 |
| | 통 진 | 37°-45´ 〃<br>37°-50´ 〃 | 〃<br>〃 |
| 추 자 | 추자군도 | 33°-50´ 〃<br>34°-00´ 〃 | 126°-15´부터<br>126°-30´까지 |
| 죽 굴 | 서 잉 도 | 34°-10´ 〃<br>34°-15´ 〃 | 〃<br>〃 |
| | 횡 간 도 | 34°-00´ 〃<br>34°-10´ 〃 | 〃<br>〃 |
| 진 도 | 진 도 | 34°-20´ 〃<br>34°-30´ 〃 | 〃<br>〃 |
| | 서 잉 도 | 34°-15´ 〃<br>34°-20´ 〃 | 〃<br>〃 |
| 화 원 | 목 포 | 34°-40´ 〃<br>34°-45´ 〃 | 〃<br>〃 |
| | 우 수 영 | 34°-30´ 〃<br>34°-40´ 〃 | 〃<br>〃 |
| 목 포 | 무 안 | 34°-50´ 〃<br>35°-00´ 〃 | 〃<br>〃 |
| | 목 포 | 34°-45´ 〃<br>34°-50´ 〃 | 〃<br>〃 |

| 도엽명(1/5만) | 광업지적명 | 위 도 | 경 도 |
|---|---|---|---|
| 와 도 | 가 음 도 | 35°-10´부터<br>35°-15´까지 | 126°-15´부터<br>126°-30´까지 |
| | 망 운 | 35°-00´ 〃<br>35°-10´ 〃 | 〃<br>〃 |
| 법 성 | 법 성 포 | 35°-20´ 〃<br>35°-30´ 〃 | 〃<br>〃 |
| | 가 음 도 | 35°-15´ 〃<br>35°-20´ 〃 | 〃<br>〃 |
| 위 도 | 장 자 도 | 35°-40´ 〃 〃<br>35°-45´ 〃 | 〃<br>〃 |
| | 위 도 | 35°-30´ 〃<br>35°-40´ 〃 | 〃<br>〃 |
| 신 시 | 방 축 도 | 35°-50´ 〃<br>36°-00´ 〃 | 〃<br>〃 |
| | 장 자 도 | 35°-45´ 〃<br>35°-50´ 〃 | 〃<br>〃 |
| 연 도 | 호 도 | 36°-10´ 〃<br>36°-15´ 〃 | 〃<br>〃 |
| | 연 도 | 36°-00´ 〃<br>36°-10´ 〃 | 〃<br>〃 |
| 고 남 | 원 산 도 | 36°-20´ 〃<br>36°-30´ 〃 | 〃<br>〃 |
| | 호 도 | 36°-15´ 〃<br>36°-20´ 〃 | 〃<br>〃 |
| 신 온 | 서 산 | 36°-40´ 〃<br>36°-45´ 〃 | 〃<br>〃 |
| | 안 면 도 | 36°-30´ 〃<br>36°-40´ 〃 | 〃<br>〃 |
| 서 산 | 대 산 | 36°-50´ 〃<br>37°-00´ 〃 | 〃<br>〃 |
| | 서 산 | 36°-45´ 〃<br>36°-50´ 〃 | 〃<br>〃 |

| 도엽명(1/5만) | 광업지적명 | 위 도 | 경 도 |
|---|---|---|---|
| 난　지 | 영 흥 도 | 37°-10´부터<br>37°-15´까지 | 126°-15´부터<br>126°-30´까지 |
| | 풍　도 | 37°-00´ 〃<br>37°-10´ 〃 | 〃<br>〃 |
| 용　유 | 용 유 도 | 37°-20´ 〃<br>37°-30´ 〃 | 〃<br>〃 |
| | 영 흥 도 | 37°-15´ 〃<br>37°-20´ 〃 | 〃<br>〃 |
| 강　화 | 강　화 | 37°-40´ 〃<br>37°-45´ 〃 | 〃<br>〃 |
| | 온 수 리 | 37°-30´ 〃<br>37°-40´ 〃 | 〃<br>〃 |
| 교　동 | 강　화 | 37°-45´ 〃<br>37°-50´ 〃 | 〃<br>〃 |
| 관　매 | 하 조 도 | 34°-10´ 〃<br>34°-15´ 〃 | 126°-00´부터<br>126°-15´까지 |
| 조　도 | 지　산 | 34°-20´ 〃<br>34°-30´ 〃 | 〃<br>〃 |
| | 하 조 도 | 34°-15´ 〃<br>34°-20´ 〃 | 〃<br>〃 |
| 하　의 | 기 좌 도 | 34°-40´ 〃<br>34°-45´ 〃 | 〃<br>〃 |
| | 하 의 도 | 34°-30´ 〃<br>34°-40´ 〃 | 〃<br>〃 |
| 자　은 | 자 은 도 | 34°-50´ 〃<br>35°-00´ 〃 | 〃<br>〃 |
| | 기 좌 도 | 34°-45´ 〃<br>34°-50´ 〃 | 〃<br>〃 |
| 임　자 | 송 이 도 | 35°-10´ 〃<br>35°-15´ 〃 | 〃<br>〃 |
| | 임 자 도 | 35°-00´ 〃<br>35°-10´ 〃 | 〃<br>〃 |

| 도엽명(1/5만) | 광업지적명 | 위 도 | 경 도 |
|---|---|---|---|
| 안 마 | 안마도 | 35°-20´부터<br>35°-30´까지 | 126°-00´부터<br>126°-15´까지 |
| | 송이도 | 35°-15´ 〃<br>35°-20´ 〃 | 〃<br>〃 |
| 모 괴 | 하왕등도 | 35°-30´ 〃<br>35°-40´ 〃 | 〃<br>〃 |
| 외 연 | 외연도 | 36°-10´ 〃<br>36°-15´ 〃 | 〃<br>〃 |
| 근 흥 | 모 항 | 36°-40´ 〃<br>36°-45´ 〃 | 〃<br>〃 |
| | 거아도 | 36°-30´ 〃<br>36°-40´ 〃 | 〃<br>〃 |
| 만 리 포 | 이 곡 | 36°-50´ 〃<br>37°-00´ 〃 | 〃<br>〃 |
| | 모 항 | 36°-45´ 〃<br>36°-50´ 〃 | 〃<br>〃 |
| | 가덕도 | 36°-50´ 〃<br>37°-00´ 〃 | 125°-45´부터<br>126°-00´까지 |
| | 가덕도특 | 36°-50´ 〃<br>37°-00´ 〃 | 125°-30´부터<br>125°-45´까지 |
| 덕 적 | 덕적도 | 37°-10´ 〃<br>37°-15´ 〃 | 126°-00´부터<br>126°-15´까지 |
| | 선갑도 | 37°-00´ 〃<br>37°-10´ 〃 | 〃<br>〃 |
| 선 미 | 덕적도 | 37°-15´부터<br>37°-20´까지 | 〃<br>〃 |

| 도엽명(1/5만) | 광업지적명 | 위　　도 | 경　　도 |
|---|---|---|---|
| 볼　음 | 무　　학 | 37°-40′ 〃<br>37°-45′ 〃 | 126°-00′부터<br>126°-15′까지 |
| | 주 문 도 | 37°-30′ 〃<br>37°-40′ 〃 | 〃<br>〃 |
| | 우　　도 | 37°-30′ 〃<br>37°-40′ 〃 | 125°-45′부터<br>126°-00′까지 |
| 연　안 | 무　　학 | 37°-45′ 〃<br>37°-50′ 〃 | 126°-00′부터<br>126°-15′까지 |
| 맹　골 | 거차군도 | 34°-10′ 〃<br>34°-15′ 〃 | 125°-45′부터<br>126°-00′까지 |
| | 병 풍 도 | 34°-00′ 〃<br>34°-10′ 〃 | 〃<br>〃 |
| 눌　옥 | 내 병 도 | 34°-20′ 〃<br>34°-30′ 〃 | 〃<br>〃 |
| | 거차군도 | 34°-15′ 〃<br>34°-20′ 〃 | 〃<br>〃 |
| 도　초 | 비 금 도 | 34°-40′ 〃<br>34°-45′ 〃 | 〃<br>〃 |
| | 우 이 도 | 34°-30′ 〃<br>34°-40′ 〃 | 〃<br>〃 |
| 비　금 | 분　　계 | 34°-50′ 〃<br>35°-00′ 〃 | 〃<br>〃 |
| | 비 금 도 | 34°-45′ 〃<br>34°-50′ 〃 | 〃<br>〃 |
| 부　남 | 부남군도 | 35°-00′ 〃<br>35°-10′ 〃 | 〃<br>〃 |
| | 대비치도 | 35°-10′ 〃<br>35°-15′ 〃 | 〃<br>〃 |

| 도엽명(1/5만) | 광업지적명 | 위 도 | 경 도 |
|---|---|---|---|
| 어 청 | 황 도 | 36°-10′ 〃<br>36°-15′ 〃 | 125°-45′부터<br>126°-00′까지 |
| | 어청도 | 36°-00′ 〃<br>36°-10′ 〃 | 〃<br>〃 |
| 백 아 | 굴업도 | 37°-10′부터<br>37°-15′까지 | 125°-45′부터<br>126°-00′까지 |
| | 백아도 | 37°-00′ 〃<br>37°-10′ 〃 | 〃<br>〃 |
| 태 도 | 하태도 | 34°-20′ 〃<br>34°-30′ 〃 | 125°-15′부터<br>125°-30′까지 |
| | 만재도 | 34°-15′ 〃<br>34°-20′ 〃 | 〃<br>〃 |
| 대 흑 산 | 대흑산도 | 34°-36′ 〃<br>34°-46′ 〃 | 〃<br>〃 |
| | 변서도 | 34°-30′ 〃<br>34°-36′ 〃 | 〃<br>〃 |
| 석 도 | 격렬비열도 | 36°-30′ 〃<br>36°-40′ 〃 | 125°-30′부터<br>125°-45′까지 |
| 연 평 | 부 포 | 37°-40′ 〃<br>37°-45′ 〃 | 〃<br>〃 |
| | 대연평도 | 37°-30′ 〃<br>37°-40′ 〃 | 〃<br>〃 |
| 소 흑 산 | 간서도 | 34°-10′ 〃<br>34°-15′〃 | 125°-00′부터<br>125°-15′까지 |
| | 소흑산도 | 34°-00′ 〃<br>34°-10′ 〃 | 〃<br>〃 |
| 홍 도 | 홍 도 | 34°-36′ 〃<br>34°-45′ 〃 | 〃<br>〃 |

| 도엽명(1/5만) | 광업지적명 | 위 도 | 경 도 |
|---|---|---|---|
| 소 청 | 마 합 도 | 37°-50′부터<br>38°-00′까지 | 124°-45′부터<br>125°-00′까지 |
| | 소 청 도 | 37°-45′부터<br>37°-50′까지 | 〃<br>〃 |
| 백 령 | 백 령 도 | 37°-50′ 〃<br>38°-00′ 〃 | 124°-30′부터<br>124°-45′까지 |
| | 대 청 도 | 37°-45′ 〃<br>37°-50′ 〃 | 〃<br>〃 |
| 울 릉 | 울 릉 도 | 37°-25′ 〃<br>37°-35′ 〃 | 130°-45′부터<br>131°-00′까지 |
| | 독 도 | 37°-10′ 〃<br>37°-20′ 〃 | 131°-45′부터<br>132°-00′까지 |
| 성 산 | 성 산 | 33°-25′ 〃<br>33°-35′ 〃 | 126°-45′부터<br>127°-00′까지 |
| | 표 선 | 33°-24′ 〃<br>33°-25′ 〃 | 126°-45′부터<br>126°-55′까지 |
| 제 주 | 제 주 | 33°-25′ 〃<br>33°-35′ 〃 | 126°-30′부터<br>126°-45′까지 |
| | 하 효 리 | 33°-24′ 〃<br>33°-25′ 〃 | 126°-30′부터<br>126°-40′까지 |
| | 표 선 | 33°-24′ 〃<br>33°-25′ 〃 | 126°-40′부터<br>126°-45′까지 |
| 한 림 | 애 월 | 33°-25′ 〃<br>33°-35′ 〃 | 126°-15′부터<br>126°-30′까지 |
| | 한 림 | 33°-24′ 〃<br>33°-25′ 〃 | 126°-15′부터<br>126°-25′까지 |
| | 하 효 리 | 33°-24′ 〃<br>33°-25′ 〃 | 126°-25′부터<br>126°-30′까지 |
| | 회 도 | 33°-35′ 〃<br>33°-39′ 〃 | 126°-15′부터<br>126°-30′까지 |

| 도엽명(1/5만) | 광업지적명 | 위 도 | 경 도 |
|---|---|---|---|
| 표 선 | 표 선 | 33°-15′ 〃<br>33°-24′ 〃 | 126°-40′부터<br>126°-55′까지 |
| 서 귀 | 하 효 리 | 33°-15′ 〃<br>33°-24′ 〃 | 126°-25′부터<br>126°-40′까지 |
| | 서 귀 포 | 33°- 9′ 〃<br>33°-15′ 〃 | 〃<br>〃 |
| 모 슬 포 | 한 림 | 33°-15′ 〃<br>33°-24′ 〃 | 126°-10′부터<br>126°-25′까지 |
| | 모 슬 포 | 33°- 9′ 〃<br>33°-15′ 〃 | 126°-10′부터<br>126°-25′까지 |
| 횡 도 | 대비치도 | 35°-15′ 〃<br>35°-20′ 〃 | 125°-45′부터<br>126°-00′까지 |
| | 안마도특 | 35°-20′ 〃<br>35°-30′ 〃 | 〃<br>〃 |
| 지형도 미발간 지역 | 감 포 특 | 35°-40′ 〃<br>35°-45′ 〃 | 129°-30′부터<br>129°-45′까지 |
| | 월 내 | 35°-10′ 〃<br>35°-15′ 〃 | 129°-15′부터<br>129°-30′까지 |
| | 산 성 우 | 37°-45′ 〃<br>37°-50′ 〃 | 129°-00′부터<br>129°-15′까지 |
| | 율 포 특 | 34°-40′ 〃<br>34°-50′ 〃 | 128°-45′부터<br>129°-00′까지 |
| | 동 두 말 | 34°-50′ 〃<br>35°-00′ 〃 | 〃<br>〃 |
| | 광 도 | 34°-10′ 〃<br>34°-15′ 〃 | 127°-30′부터<br>127°-45′까지 |
| | 백 도 | 34°-00′ 〃<br>34°-10′ 〃 | 〃<br>〃 |
| | 여 서 도 | 33°-50′ 〃<br>34°-00′ 〃 | 126°-45′부터<br>127°-00′까지 |
| | 삭 녕 | 38°-15′ 〃<br>38°-20′ 〃 | 〃<br>〃 |
| | 장 수 도 | 33°-50′ 〃<br>34°-00′ 〃 | 126°-30′부터<br>126°-45′까지 |

| 도엽명(1/5만) | 광업지적명 | 위　도 | 경　도 |
|---|---|---|---|
| 지형도 미발간 지역 | 십이동파도 | 35°-50′ 〃<br>36°-00′ 〃 | 126°-00′부터<br>126°-15′까지 |
| | 외 연 도 | 36°-15′ 〃<br>36°-20′ 〃 | 〃<br>〃 |
| | 내파수도 | 36°-20′ 〃<br>36°-30′ 〃 | 〃<br>〃 |
| | 대비치도 | 35°-15′ 〃<br>35°-20′ 〃 | 125°-45′부터<br>126°-00′까지 |
| | 안마도특 | 35°-20′ 〃<br>35°-30′ 〃 | 〃<br>〃 |
| | 황　　도 | 36°-15′ 〃<br>36°-20′ 〃 | 〃<br>〃 |
| | 궁 시 도 | 36°-30′ 〃<br>36°-40′ 〃 | 〃<br>〃 |
| | 흑　　도 | 36°-40′ 〃<br>36°-50′ 〃 | 〃<br>〃 |
| | 가 덕 도 | 36°-50′ 〃<br>37°-00′ 〃 | 〃<br>〃 |
| | 굴 업 도 | 37°-15′ 〃<br>37°-20′ 〃 | 〃<br>〃 |
| | 우　　도 | 37°-30′ 〃<br>37°-40′ 〃 | 〃<br>〃 |
| | 용 매 도 | 37°-40′ 〃<br>37°-50′ 〃 | 〃<br>〃 |
| | 교 맥 도 | 34°-30′ 〃<br>34°-40′ 〃 | 125°-30′부터<br>125°-45′까지 |
| | 가덕도특 | 36°-50′ 〃<br>37°-00′ 〃 | 〃<br>〃 |
| | 부　　포 | 37°-45′ 〃<br>37°-50′ 〃 | 〃<br>〃 |

| 도엽명(1/5만) | 광업지적명 | 위 도 | 경 도 |
|---|---|---|---|
| 지형도 미발간 지역 | 만 재 도 | 34°-10′ 〃<br>34°-15′ 〃 | 125°-15′부터<br>125°-30′까지 |
| | 용 호 도 | 37°-40′ 〃<br>37°-50′ 〃 | 125°-15′부터<br>125°-30′까지 |
| | 간 서 도 | 34°-15′ 〃<br>34°-20′ 〃 | 125°-00′부터<br>125°-15′까지 |
| | 홍 도 | 34°-45′ 〃<br>34°-46′ 〃 | 〃<br>〃 |
| | 창 인 도 | 37°-40′ 〃<br>37°-50′ 〃 | 125°-00′부터<br>125°-15′까지 |
| | 소 청 도 | 37°-40′ 〃<br>37°-45′ 〃 | 124°-45′부터<br>125°-00′까지 |
| | 대 청 도 | 〃<br>〃 | 124°-30′부터<br>124°-45′까지 |
| | 한 림 | 33°-24′ 〃<br>33°-25′ 〃 | 126°-10′부터<br>126°-15′까지 |
| | 회 도 | 33°-39′ 〃<br>33°-45′ 〃 | 126°-15′부터<br>126°-30′까지 |
| | 한 림 특 | 33°-15′ 〃<br>33°-25′ 〃 | 125°-55′부터<br>126°-10′까지 |
| | 모 슬 포 | 33°- 5′ 〃<br>33°- 9′ 〃 | 126°-10′부터<br>126°-25′까지 |
| | 서 귀 포 | 〃<br>〃 | 126°-25′부터<br>126°-40′까지 |
| | | | |
| | | | |

## 신도면과 구도면의 단위구역번호 관계예시 (제8조제1항 본문 관련)

신도면 : 서울 { 고양지적<br>서울지적

### 서 울
(서울지적, 고양지적)

| 146 | 136 | 126 | 116 | 106 | 96 | 86 | 76 | 66 | 56 | 46 | 36 | 26 | 16 | 6 |
|---|---|---|---|---|---|---|---|---|---|---|---|---|---|---|
| 147 | 137 | 127 | 117 | 107 | 97 | 87 | 77 | 67 | 57 | 47 | 37 | 27 | 17 | 7 |
| 148 | 138 | 128 | 118 | 108 | 98 | 88 | 78 | 68 | 58 | 48 | 38 | 28 | 18 | 8 |
| 149 | 139 | 129 | 119 | 109 | 99 | 89 | 79 | 69 | 59 | 49 | 39 | 29 | 19 | 9 |
| 150 | 140 | 130 | 120 | 110 | 100 | 90 | 80 | 70 | 60 | 50 | 40 | 30 | 20 | 10 |(고양지적)
| 141 | 131 | 121 | 111 | 101 | 91 | 81 | 71 | 61 | 51 | 41 | 31 | 21 | 11 | 1 |(서울지적)
| 142 | 132 | 122 | 112 | 102 | 92 | 82 | 72 | 62 | 52 | 42 | 32 | 22 | 12 | 2 |
| 143 | 133 | 123 | 113 | 103 | 93 | 83 | 73 | 63 | 53 | 43 | 33 | 23 | 13 | 3 |
| 144 | 134 | 124 | 114 | 104 | 94 | 84 | 74 | 64 | 54 | 44 | 34 | 24 | 14 | 4 |
| 145 | 135 | 125 | 115 | 105 | 95 | 85 | 75 | 65 | 55 | 45 | 35 | 25 | 15 | 5 |
| 146 | 136 | 126 | 116 | 106 | 96 | 86 | 76 | 66 | 56 | 46 | 36 | 26 | 16 | 6 |
| 147 | 137 | 127 | 117 | 107 | 97 | 87 | 77 | 67 | 57 | 47 | 37 | 27 | 17 | 7 |
| 148 | 138 | 128 | 118 | 108 | 98 | 88 | 78 | 68 | 58 | 48 | 38 | 28 | 18 | 8 |
| 149 | 139 | 129 | 119 | 109 | 99 | 89 | 79 | 69 | 59 | 49 | 39 | 29 | 19 | 9 |
| 150 | 140 | 130 | 120 | 110 | 100 | 90 | 80 | 70 | 60 | 50 | 40 | 30 | 20 | 10 |

진북선

( )는 구도면 지적명으로서 광업지적명임.

예 { 고양지적 제150호<br>서울지적 제 1호

[별표 12] 삭제 <2011.1.28>

[별표 13]

# 광상설명서 기재사항(제11조제1항 본문관련)

1. 출 원 사 항
 가. 출원지적
 나. 출원소재지
 다. 출원광종명
 라. 출원년월일 및 출원접수번호
 마. 출원인(대표자) 주소 및 성명

2. 광상조사내용
 가. 위치 및 교통
 나. 지질개요
 다. 광상개요
 라. 노두부존상황
    주향, 경사, 맥폭, 연장, 부존면적
 마. 분석품위 및 감정결과
 바. 등록광종과의 상호 지질 광상 관계

3. 기 타 사 항
 가. 출원이전에 탐사실적이 있는 경우 탐사기간, 탐사종류 및 실적, 기존 갱도현황
 나. 출원이전에 생산실적이 있는 경우 평균생산품위, 생산기간, 총생산량

4. 종 합 의 견

5. 첨    부
 가. 지질광상도 및 시료채취도(축적 5,000분의1 또는 6,000분의1 도면에 작성)
 나. 공인분석 및 감정기관의 분석결과 또는 감정결과표 원본 또는 사본(원본

대조필)
다. 광업출원지역의 노두부분을 중심으로 한 원경(마을, 도로 등에서 노두 위치를 확인할 수 있는 사진)과 근경(노두 확인이 가능하도록 찍은 사진) 사진(규격 8㎝×11㎝이상, 천연색, 3매이상 연속된 장면을 촬영한 것)
라. 영 제8조제3항 각호의 자격을 증명하는 서류 1부.

6. 조사일자, 광상설명서 작성자 성명, 날인


[별표 14]

## 탐사실적보고서 기재사항(제29조관련)

| 구분 | 기재사항 | 비 고 |
|---|---|---|
| 시 추 탐 사<br>(시 정 포 함) | 1. 탐사내용 개요<br>2. 시추위치도 및 주상도<br>   (설명 포함)<br>3. 분석표 | ○ 제12조제4항의 광량산출 기준에 의해 분석 |
| 물 리 탐 사 | 1. 탐사내용 개요<br>2. 탐사위치도 및 측점도<br>3. 물리탐사이상도 (설명 포함) | |
| 지화학탐사 | 1. 탐사내용 개요<br>2. 탐사위치도, 측점도 및 측점별 분석표<br>3. 지화학탐사 이상도 (설명 포함) | |
| 굴 진 탐 사 | 1. 탐사내용 개요<br>2. 탐사위치도<br>3. 갱내도(갱도굴진량포함)<br>   (설명포함)<br>4. 분석표 | ○ 석탄, 석탄·흑연광의 경우 맥폭·연장을 표시<br>○ 탄층별 3개소 이상 시료 채취 분석결과를 첨부<br>○ 제12조제4항의 광량산출기준에 의해 분석 |

[별표 15]

# 매장량 보고서 기재사항(제29조관련)

1. 서 언
   가. 조사자(기관) 및 조사기간
   나. 보고서 작성 경위(목적)
   다. 광업권 이력
   라. 포기한 소단위구역, 포기한 광종

2. 탐사권 유무 표시

3. 지질
   가. 일반지질

4. 광상
   가. 광상유형
   나. 광상규모
   다. 광황(광체의 부존형태, 불순대 등)

5. 품위
   가. 시료채취방법
   나. 분석방법(분석방법, 분석기관 등)
   다. 품위현황(분석결과표)

6. 광량
   가. 광량산출기준(원칙 : 제12조제4항의 광량산출기준)
   나. 광량산출방법
   다. 광량의 종류(확정, 추정)
   라. 광량산출표(광량계산표)

7. 요약
   붙 임 :  1. 지질도
          2. 매장량산출도(광량계산도)

[별표 16] 삭제 <2008. 8>

[별표 17]

## 특정광상의 기준(제41조관련)

| 특정광상 | 기　　　　　준 |
|---|---|
| 재채굴지역의 광상 | ○ 당해 광상의 자연배수수준 갱도 상부구역으로서 가행 대상심도가 150m이상 지역. 다만, 배수수준의 상부가 150m이내일 경우에는 예외 |
| 주가행광상과의 분리된 광상등 | ○ 동일 광구내 2개이상의 광상이 발달되어 있고, 현 개발갱도또는 채굴지와 300m이상 별도로 분리되어 있는 광상으로서 별도 개발이 경제적이고 합리적이라고 인정되는 광상<br>○ 동일 광상으로서 단층 또는 습곡작용등으로 개발중인 광상에 개설된 갱도나 채굴지와 500m이상 상거하여 지형상 동시개발이 불가능한 지역 |

[별표 18]

## 광산물생산보고서의 검토요령(제46조관련)

| 구 분 | 기재사항별 | 검 토 요 령 |
|---|---|---|
| 1. 광업권의 표시 | ① 광산명 | 1. 채굴계획의 인가 또는 탐사계획신고(구 광업법의 사업안인가, 이하 같다)시 광산명과 동일한지 여부<br>2. 광산명이 변경되었을 경우에는 구 광산명을 (　　)내에 표시하였는지 여부 |
| | ② 광종명 | ○채굴계획인가시 광종명과 동일한지 여부 |
| | ③ 등록번호 | ○채굴계획인가시 등록번호와 동일한지 여부 |
| | ④ 광구소재지 | ○도·군·면(리)까지 기입여부 |
| | ⑤ 채굴권자<br>(조광권자)<br>또는 대리인 | ○채굴권자(조광권자) 또는 대리인(법 제97조)성명의 기입여부 |

| | | |
|---|---|---|
| | ⑥ 본사 또는 서울사무소의 주소 | ○우편물이 도달될 수 있는 본사 또는 서울사무소의 주소가 기입되었는지 여부 |
| | ⑦ 주민등록번호 | ○⑤호에 기재된 자(광업권자 또는 대리인)의 생년월일 또는 법인등록번호 기입여부 |
| | ⑧ 전화번호 | ○본사·서울사무소 또는 연락처의 전화번호 기입 여부 |
| 2. 노무 및 급여상황 | ⑨ 사무직원<br>⑩ 기술직원<br>⑪ 갱내부<br>⑫ 갱외부<br>⑬ 기타<br>⑭ 남<br>⑮ 여<br>⑯ 계 | ○월말기준 광산현장인원의 기입여부 |
| | ⑰ 가동공수 | ○월말까지 총가동한 공수의 기입여부 |
| | ⑱ 작업일수 | ○월말까지의 작업일수 기입여부<br>○갑·을·병반 모두 휴무한 날을 공휴일로 하며, 공휴중 출근자는 가동공수에만 가산 |
| | ⑲ 가동률 | ○가동률(%) = $\dfrac{\text{가동공수}}{\text{재적인원} \times \text{작업일수}} \times 100$<br>으로 계산되었는지 여부 |
| | ⑳ 급여액 | ○⑨, ⑩, ⑪, ⑫, ⑬의 당해 월급여액의 천원단위로 기입되었는지 여부(상여금 명목의 급여 지급월의 경우에는 상여금액도 포함) |
| | ㉑ 합계 | ○⑭, ⑮, ⑯, ⑰, ⑱, ⑳호의 합계와 ⑨, ⑩, ⑪, ⑫, ⑬호의 합계의 기입 여부 |
| 3. 생산상황 | ㉒ 광종명 | ○②호에 기재된 광종중 당월 생산된 광물을 광종별로 기입하였는지 여부 |
| | ㉓ 채굴량 | ○당월 채굴한 광석량 및 단위의 기입여부 |

| 구 분 | 기재사항별 | 검 토 요 령 |
|---|---|---|
| | ㉔ 품 위 | ○생산품위가 제20조제1항에 정하고 있는 경제적 가치 기준품위 이상과 경제적 가치기준품위 이하로 구분하여 기재하였는지를 검토하고 동 고시상 광물감정으로 되어 있는 광종은 광물감정결과서 상 광물명 기입여부, 일부 광종에 대하여는 다음 요령에 의하며 기재 하였는지를 검토하여야 한다. |

| 광종명 | 검 토 요 령 |
|---|---|
| 운 모 | 백운모, 흑운모, 금운모, 견운모, 질석 등 광물명 기입여부 |
| 활 석 | 백색도 및 마모도 기재여부 |
| 규조토 | SiO₂함유량 기재여부 |
| 고령토 | 도석, 벤토나이트, 산성백토, 목절점토, 와목점토, 반토혈암은 광물명을 기입하였는지 여부, 고령토는 KS규격에 의한 다음의 기호나 품위를 기입하였는지 여부<br>W.A = SK35이상, Fe₂O₃ 0.7%이하<br>W.B = SK33이상, Fe₂O₃ 0.95%이하<br>W.C = SK32이상, Fe₂O₃ 1.2%이하<br>W.D = SK30이상, Fe₂O₃ 1.5%이하<br>P.A = SK35이상, Fe₂O₃ 1.1%이하<br>P.B = SK34이상, Fe₂O₃ 1.7%이하<br>P.C = SK34이상, Fe₂O₃ 2.5%이하<br>P.S = SK35이상, Fe₂O₃ 0.8%이하 |
| 규회석 | SiO₂ 함유량 기재여부 |
| 사문석 | MgO 함유량 기재여부 |
| 불 석 | 염기치환용량(Cation exchange Capacity) 기입여부 Meg/100g |
| 수 정 | 자수정·황수정·연수정·청수정등의 수정명 기입여부 |
| 유 황 | S 함유량 기재여부 [질량분율 %] |
| 석 고 | 건조기준 SO₃ 함유량 기재여부 |

| 구 분 | 기재사항별 | 검 토 요 령 |
|---|---|---|
| | ㉕ 처리광량<br>㉖ 종 별<br>㉗ 수 량<br>㉘ 품 위<br><br>㉙ 함유량<br>㉚ 실수율 | ○㉓호의 채굴량중 당월 선광량의 기입여부<br>○선광후 정광명의 기입여부<br>○㉖호에 표시된 정광의 양 및 단위 기입여부<br>○㉖호 정광에 함유된 금속의 품위기재여부, 단 비금속의 경우는 등급별 표시여부<br>　예) 고령토 P.A, P.B, P.C, W.A, W.B, W.C<br>○㉗호 수량 및 품위중 금속량의 기재여부<br>○㉗ 또는 ㉙의 실수율 기입여부<br>　㉕　　　㉗ |

| 구 분 | 기재사항별 | 검 토 요 령 |
|---|---|---|
| 4. 처분상황 | ㉛ 광산물<br>㉜ 품위<br>㉝ 생산단가<br><br>㉞ 판매량<br>㉟ 단가<br>㊱ 판매액<br>㊲ 판매처<br>㊳ 월말재고량<br>㊴ 산원역두 | ㅇ㉖호의 광종 또는 판매제품명 기입여부<br>ㅇ㉖호의 판매제품의 품위 기입여부<br>ㅇ처분시까지 소요된 제품톤당 생산단가표시여부(이 경우 본사 일반관리비, 조작비 및 영업외비용 등이 포함되어 산출되어야 함)<br>ㅇ㉛호에 표시된 제품별 당월판매량의 기입여부<br>ㅇ㉛호에 표시된 광산물 판매단가 표시여부<br>ㅇ광산물 당월판매액이 천원단위로 표시되었는지 여부<br>ㅇ판매처 상호의 기재여부<br>ㅇ당월 보유하고 있는 총재고량의 기재여부<br>ㅇ㊳호 재고량이 산원과 역두로 구분하여 기재되었는지 여부 |
| 5. 비고 | ㊵ 비고 | ㅇ그 밖의 설명이 필요한 내용 기재 |

■광업업무처리지침 [별지 제1호 서식] <개정 2016. . .>

## 광상설명서 작성자[　　]확인 신청서
## [　　]갱신

※ 바탕색이 어두운 난은 신청인이 적지 않으며, □에는 해당되는 곳에 √표를 합니다.

| 접수번호 | | 접수일자 | | | 처리기간 | 2일 |
|---|---|---|---|---|---|---|

| 신청인 | 성명(한자) | (　　　　) | 생년월일 | |
|---|---|---|---|---|
| | 주소 | | | (전화번호:　　　　) |

| 신청<br>내용 | 상호 | | | | | |
|---|---|---|---|---|---|---|
| | 소재지 | | | | (전화번호:　　　　) | |
| | 학력 | 최종학교명 | | | | |
| | | 졸업년도 | | 전공과목 | | |
| | 자격 | □ 국토개발분야 지질 및 지반기술사<br>□ 광업자원분야기술사　□ 광산보안기사<br>□ 응용지질기사　□ 광산보안산업기사<br>□ 기타 자격내용 | | | 자격증 | 발행기관 |
| | | | | | | 자격번호 |
| | | | | | | 취득년월일 |

「광업법 시행령」 제9조제3항에 따라 광상설명서 작성자 요건을 갖춘 자임을 확인하고자 신청합니다.

년　　월　　일

신청인　　　　　　　　(서명 또는 인)

**광업등록사무소장** 귀하

| 첨부서류 | 1. 자격증명서류<br>2. 경력증명서류<br>3. 사진2매(신고일로부터 3월전까지 촬영한 탈모상반신 명함판 (5cm x 7cm)) | 수수료<br>없음 |
|---|---|---|

### 개인정보 제3자 제공 동의서

본인은 이 건 업무처리와 관련하여 광업등록사무소장이 성명, 상호, 전화번호(핸드폰 포함), 유효기간 등의 개인정보를 홈페이지, 민원실 비치 등을 통하여 제3자에게 제공하는 것에 대하여 동의합니다.(동의하지 않는 경우 제3자에게 제공 안함)

신청인　　　　　　　　(서명 또는 인)

### 처 리 절 차

신청서 작성 → 접수 → 자격증 등 서류검토 → 결재 → 작성자 확인증 발급 → 작성자명부, 교부대장 작성

신청인　　　　　　　　처리기관 : 광업등록사무소

■ 광업업무처리지침 [별지 제2호 서식]

# 광상설명서 작성자 명부

o 확인증 발급번호 : 제        호

| 발급년월일 | | 유효기간 | | | 취소년월일 | |
|---|---|---|---|---|---|---|
| 성  명 | | (한자        ) | | 생년월일 | | |
| 주  소 | | | | (전화 :            ) | | |

| 사 진<br>(5㎝×7㎝) | 최종학력 | 졸업년도 | 학교명 | 전공과목 |
|---|---|---|---|---|
| | | | | |
| | 경력 | 기 간 | 근무처 | 직 위 |
| | | | | |
| | | | | |
| | | | | |

| 자격 | 자격종목 | 자격증번호 | 취득일자 |
|---|---|---|---|
| | | | |
| | | | |
| | | | |

| 행정처분 | 일 자 | 처분내용 | 비고 |
|---|---|---|---|
| | | | |
| | | | |

| 변동사항 | 일 자 | 변동내용 | 비고 |
|---|---|---|---|
| | | | |
| | | | |

210mm×297mm(백상지 80g/㎡)

■광업무처리지침 [별지 제3호 서식]

# 광상설명서 작성자 확인증 교부대장

| 발급<br>번호 | 성 명 | 생년월일 | 주 소 | 발급<br>일자 | 담당<br>자확<br>인인 | 비고 |
|---|---|---|---|---|---|---|
| | | | | | | |
| | | | | | | |
| | | | | | | |
| | | | | | | |
| | | | | | | |
| | | | | | | |
| | | | | | | |
| | | | | | | |
| | | | | | | |
| | | | | | | |
| | | | | | | |
| | | | | | | |
| | | | | | | |
| | | | | | | |
| | | | | | | |
| | | | | | | |
| | | | | | | |
| | | | | | | |
| | | | | | | |
| | | | | | | |

210mm×297mm(백상지 80g/㎡)

■광업업무처리지침 [별지 제4호 서식]

| 발급번호 제 호 ||||||
|---|---|---|---|---|---|
| <p align="center">**광 상 설 명 서 작 성 자 확 인 증**</p> ||||||
| 사 진<br>(5cm×7cm) | 상호 또는<br>명 칭 | | | 생년월일 | |
| | 성 명 | | | | |
| | 주 소 | | | (전화번호) | |
| 확인일자 | . . . || 유효기간<br>(3년 이내) | ||

    위 신청인은 광업법시행령 제9조 제3항의 규정에 따라 광상설명서 작성 요건을 갖춘 자임을 확인합니다.

년     월     일

**산업통상자원부**<br>**광업등록사무소장**   [직인]

210mm×297mm( 백상지 80g/㎡ )

■광업업무처리지침 [별지 제5호서식] 삭제
■광업업무처리지침 [별지 제6호서식] 삭제
■광업업무처리지침 [별지 제7호서식] 삭제
■광업업무처리지침 [별지 제8호서식]

## 광구경계측량협의서

| 신청인 | ① 상호 또는 명칭 | | ② 설립연월일 | . . . |
|---|---|---|---|---|
| | ③ 성 명 | | ④ 주민등록번호 | |
| | ⑤ 주 소 | | (전화 : | ) |
| 광업권의 표시 | ⑥ 광구 소재지 | | | |
| | ⑦ 광업권의 등록번호 | 등록제 호 | ⑧ 광업지적 | 지적 제 호 |
| | ⑨ 광종명 | 광 | ⑩ 면 적 | 헥타르 |
| 측량대행자 | ⑪ 주 소 | | | |
| | ⑫ 상호 또는 명칭 | | | |

　광업법 제33조제2항 및 동법시행령 제29조제1항의 규정에 의거 위 광구에 대한 광구경계측량신청에 대하여 신청인과 측량대행업자 사이에 실지측량을 실시할 것을 합의하였으므로 협의서를 제출합니다.

년 월 일

신 청 인 　　　　(서명 또는 날인)
측량대행업자 　　　(서명 또는 날인)


산업통상자원부
광업등록사무소장 　귀하

190mm×268mm (신문용지 54g/㎡)

■광업업무처리지침[별지 제9호서식]

| 구분 | 맥폭 | 연장 | 심도 | 비중 | 매장량(톤) | 평균품위 | 비고 |
|---|---|---|---|---|---|---|---|
| 확정량 | | | | | | | |
| 추정량 | | | | | | | |
| 예상량 | | | | | | | |
| 계 | | | | | | | |

■광업업무처리지침[별지 제10호서식]

| 연차별 | 원광석 선광제련계획 | | | | | 비고 |
|---|---|---|---|---|---|---|
| | 채굴계획량 | 평균품위 | 정광석명 | 평균품위 | 생산량 | |
| | | | | | | |

■광업업무처리지침[별지 제11호서식] 삭제
■광업업무처리지침[별지 제12호서식] 삭제
■광업업무처리지침[별지 제13호서식] 삭제
■광업업무처리지침[별지 제14호서식] 삭제

■광업업무처리지침[별지 제15호서식] 허가명

| 허 가 명 | 소 재 지 | 면 적 | 기 간 |
|---|---|---|---|
| | | | |

■광업업무처리지침[별지 제16호서식] 주요광업시설

| 구분 | 주요시설기재명 | 규격 및 용량 | 단위 | 수 량 | 추정금액 | 비 고 |
|---|---|---|---|---|---|---|
| | | | | | | |

■광업업무처리지침[별지 제17호서식] 주요시설

| 용 도 | 시 설 명 |
|---|---|
| | |

■광업업무처리지침[별지 제18호서식] 주요장비

| 용 도 | 장 비 명 |
|---|---|
| | |

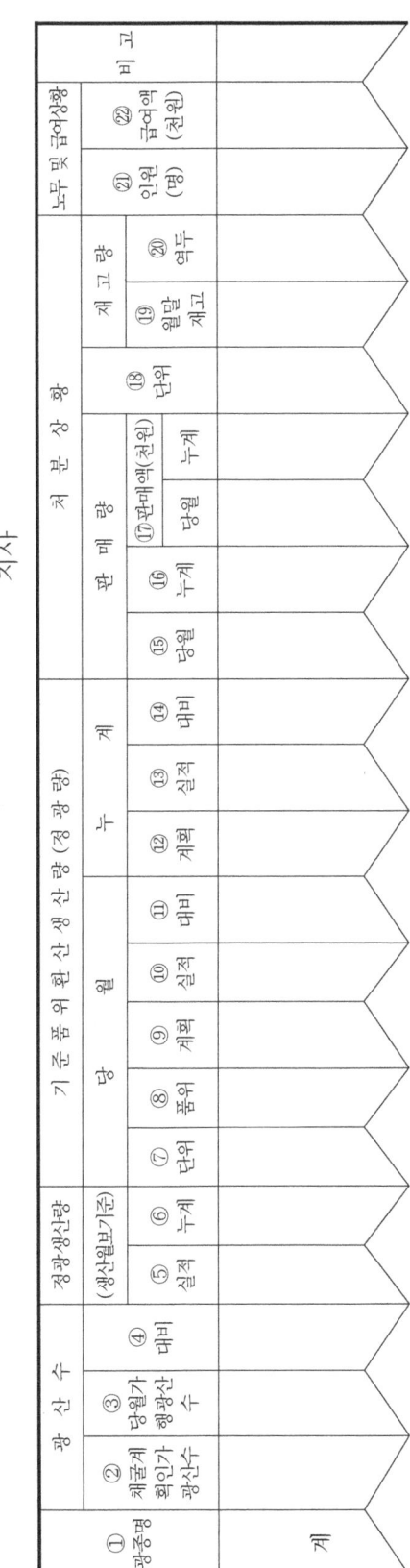

■ 광업업무처리지침 [별지 제20호서식]

## (   ) 월분 광산별 광물생산집계표

산지관리법 관련 <행정규칙> 968

시장  (        )
지사  (        )    (서명 또는 날인)

| 광업권표시 | | | 생산월보 ㉕에 의한 생산량 | | | 기준품위환산에 의한 생산량 | | | | 판매량 (⑬판매액(천원)) | | 처분상황 | | 재고량 | | 노무 및 급여 상황 | | | | | | 비고 |
|---|---|---|---|---|---|---|---|---|---|---|---|---|---|---|---|---|---|---|---|---|---|---|
| ① 광종명 | ② 광산명 | ③ 등록번호 | ④ 품위 | ⑤ 당월실적 | ⑥ 당월누계 | ⑦ 단위 | ⑧ 품위 | ⑨ 당월실적 | ⑩ 당월누계 | ⑪ 당월누계 | ⑫ 당월누계 | ⑭ 단위 | | ⑮ 월말재고 | ⑯ 역두 | ⑰ 사무직 | ⑱ 기술직 | ⑲ 경내 | ⑳ 경의 | ㉑ 기타 | ㉒ 계 | ㉓ 합계 | ㉔ 급여액 (천원) |
| | | | | | | | | | | | | | | | | | | | | | | | |
| ㉕ 계 | | | | | | | | | | | | | | | | | | | | | | | |

* 작성요령

① 광종명 : 광업법 제조로 구성에 의한 법정광물순으로 기재함.
② 광산명 : 광구계획(사업)한 인가시(변경포함)의 광산명을 기재함.
③ 등록번호 : 광구등록번호를 기재하되 4개이상인 경우는 외 (   )개로 함.
④ 품 위 : 광물생산보고서 ㉘의 품위를 기재함.
⑤ 당월실적 : 광물생산보고서 ㉕의 정광량을 기재함.
⑥ 누 계 : 당해연도 생산량 누계를 기재함.
⑦ 단 위 : 생산된 광물의 단위를 기재함.
⑧ 품 위 : 별첨 기준품위환산표에 의한 품위를 기재함.
⑨ 당월실적 : ⑤를 기준품위 환산표에 의거 환산한 양을 기재함.
⑩ 누 계 : ⑥을 기준품위 환산표에 의거 환산한 양을 기재함.
⑪ 당 월 : 당월판매량을 기재함.
⑫ 누 계 : 판매량 누계를 기재함.

⑬ 판매액 : 판매액을 기재함.
⑭ 단 위 : 판매량의 단위를 기재함.
⑮ 월말재고량 : 생산월보의 ㉘을 기재함.
⑯ 역 두 : 생산월보의 ㉙을 기재함.
⑰ 사무직 : " ⑨의 ⑯을 기재함.
⑱ 기술직 : " ⑩의 ⑯을 기재함.
⑲ 경 내 : " ⑳의 ⑯을 기재함.
⑳ 경 의 : " ㉑의 ⑯을 기재함.
㉑ 기 타 : " ㉒의 ⑯을 기재함.
㉒ 계 : ⑲ + ⑳ + ㉑을 기재함.
㉓ 합 계 : 생산월보의 ⑳의 ⑯을 기재함.
㉔ 급여액 : 생산월보의 ㉑의 ⑳을 기재함.
㉕ 계 : 광종별 합계를 기재함.

* 기준품위환산생산량 산출방법

금, 은, 동, 연, 아연 철 및 많은 텅크스텐 모리브데이외의 광종은 기준품위환산표/별첨참조에 의한 생산량을 산출하지 아니하고 광산에서 보고한 정광량을 기재한다.
예 1) 광물생산보고서의 정광량 ㉘란에 100으로 기재되어 있고 품위가 Cu 20%일 경우 Cu 20%의 100톤을 보고서의 20%의 환산율 0.760을 승하여 계산함.
0.760×100=76톤
2) $Fe_2O_3$ 중 Fe함량 : 70%
Mo를 $MoS_2$ 환산하면 : 166.8%
* 광물의 분자량 참조
3) 금(Au), 은(Ag)광은 광산에서 채련하여 금 은상 등에 판매하는 경우는 금속량(Au 99.9%, Ag 99.9%)을 기재하고 한국금결제련공사에 납품하는 경우는 광산에서 보고한 품위 및 정광량을 기재한다.
(금, 은 개근에 제외)

## 세종특별자치시 산지전용허가기준에 관한 조례

세종특별자치시조례 제1620호, 2020.12.18 제정 [시행 2020.12.18]
세종특별자치시(산림공원과), 044-300-4413

제1조(목적) 이 조례는 「산지관리법」 제18조 및 같은 법 시행령 제20조에서 위임된 사항과 그 시행에 필요한 사항을 규정하고, 세종특별자치시의 산지전용허가기준을 강화하여 행정수도의 도시 특성에 맞도록 산지의 과도한 개발을 방지하고, 산지경관 및 산림자원을 보전하는 것을 목적으로 한다.

제2조(산지전용허가의 세부기준) ① 산지의 경관을 보전하기 위해 전용하려는 산지는 해당 산지의 표고의 40퍼센트 미만에 위치해야 한다. 다만, 「산지관리법 시행규칙」(이하 "시행규칙"이라 한다) 별표 1의3 제3호가목 단서의 경우에는 그렇지 않다.

② 30만제곱미터 이상의 산지전용에 대해 2만제곱미터 이상 집단화된 보전산지가 산지전용허가 대상에 포함될 경우에는 헥타르당 입목축적이 산림기본통계상 세종특별자치시(이하 "시"라 한다)의 헥타르당 평균입목축적의 100퍼센트 이하여야 한다. 다만, 시행규칙 별표 1의3 제4호가목 단서의 경우에는 그렇지 않다.

③ 전용하려는 산지의 평균경사도는 다음 각 호의 기준을 모두 충족하여야 한다. 다만, 산지 외의 토지로 둘러싸인 면적이 1만제곱미터 미만인 일단의 산지를 산지전용으로 비탈면 없이 평탄지로 조성하려는 경우와 「산지관리법」(이하 "법"이라 한다) 제8조에 따라 산지에서의 구역 등의 지정을 위한 협의 과정에서 평균경사도 기준을 이미 검토한 경우(법 제8조에 따른 협의 과정에서 평균경사도 기준을 검토한 후 전용하려는 산지면적을 100분의 10 미만의 범위에서 변경하는 경우를 포함한다)에는 평균경사도 산정대상에서 제외할 수 있다.

1. 전용하려는 산지의 평균경사도가 17.5도(「체육시설의 설치·이용에 관한 법률」 제10조제1항제1호에 따른 스키장업의 시설을 설치하는 경우에는 35도)

미만일 것. 다만, 농업용 창고, 농가 주택으로 전용하려는 경우에는 20도 미만으로 한다.

2. 전용하려는 산지를 면적 100제곱미터의 지역으로 분할하여 각 지역의 경사도를 측정하는 경우 경사도가 25도 이상인 지역의 면적이 전체 지역 면적의 100분의 40 이하일 것. 다만, 스키장업의 시설을 설치하는 경우에는 그렇지 않다.

④ 전용하려는 산지의 헥타르당 입목축적이 산림기본통계상의 시의 헥타르당 입목축적(산림기본통계의 발표 다음 연도부터 다시 새로운 산림기본통계가 발표되기 전까지는 산림청장이 고시하는 시·도별 평균생장률을 적용하여 해당 연도의 시의 헥타르당 입목축적으로 구하며, 산불발생·솎아베기·벌채를 실시한 후 5년이 지나지 않은 때에도 시의 평균생장률을 적용하여 그 산불발생·솎아베기 또는 벌채 전의 입목축적을 환산한다)의 100퍼센트 이하이여야 한다. 다만, 법 제8조에 따른 산지에서의 구역 등의 지정을 위한 협의 과정에서 입목축적조사기준이 검토된 경우에는 입목축적에 대한 검토를 생략할 수 있다.

⑤ 제3항 및 제4항의 허가기준은 660제곱미터 이상의 산지전용에 적용한다. 다만, 「산지관리법 시행령」 별표 4 비고 제1호에 해당하는 시설에는 적용하지 않는다.

제3조(산지관리위원회의 설치 및 자문) ① 세종특별자치시장(이하 "시장"이라 한다)은 법 제22조제2항에 따라 세종특별자치시 산지관리위원회(이하 "산지관리위원회"라 한다)를 둔다.

② 시장은 산지전용허가 시 목적사업의 성격, 주변의 경관 또는 설치하려는 시설물의 배치 등을 고려할 때 전용하려는 면적의 적정성 등에 대해 산지관리위원회의 자문을 받을 수 있다.

## 부 칙 <제1620호, 2020.12.18>

**제1조(시행일)** 이 조례는 공포한 날부터 시행한다.
**제2조(산지전용허가의 세부기준에 관한 적용례)** 제2조는 이 조례 시행 후 산지전용허가를 신청하는 경우부터 적용한다.

# 산지관리법 관련

(판례모음, 법령해석례 모음, 행정심판례 모음, 헌재결정례 모음)

산지관리법 관련 [판례, 법령해석례, 행정심판례, 헌재결정례] 모음  973

# <목 차>

## [판례 모음, 법령해석례 모음, 행정심판례 모음, 헌재결정례 모음]

**[판례 모음]** ··········································································································· 979

● 도시관리계획 입안제안신청 반려처분 취소(대법원) ······························· 979
● 도시관리계획 입안제안신청 반려처분 취소(울산지방법원) ···················· 984
● 산림자원의 조성 및 관리에 관한 법률 위반(창원지법) ··························· 995
● 손실보상금(대법원) ·································································································· 1001
● 형질변경지 복구명령 취소(대법원) ················································································· 1005

**[법령해석례 모음]** ······································································································ 1009

● 2010년12월7일부터 시행된 「산지관리법 시행령」 제32조의4제2항제4호다목의 규정을 2010년12월7일 전에 철도가 신설된 경우에도 적용할 수 있는지 여부(「산지관리법 시행령」 제32조의3 등 관련) ······································· 1009
● 개발제한구역 내의 임야인 산지에 개발제한구역 지정 전에 조성된 묘지의 지목을 변경하려는 경우 산지전용허가를 받아야 하는지 여부(「산지관리법」 제14조 등 관련) ········································································································· 1013
● 개발행위허가 시 의제되는 산지전용허가의 산지전용기간 연장허가 신청방법(「산지관리법 시행령」 제19조제1항 등 관련) ······································· 1017
● 경매로 토지소유주가 변경된 경우, 산지전용허가 변경신고시 명의변경동의서가 반드시 필요한지(「산지관리법 시행규칙」 제10조 등 관련) ········ 1020
● 계단식 산지전용의 경우 사업부지 안의 계단의 턱 부분이 복구대상인지(「산지관리법」 제39조 등 관련) ············································································· 1022
● 공공측량업 및 일반측량업으로 등록한 자의 의미(「산지관리법 시행규칙」 제24조 등 관련) ········································································································ 1025
● 국토해양부 공고 제2009-1080호「건설공사 비탈면 설계기준」이 비탈면의 높이를 정하고 있는 다른 법령인지(「산지관리법 시행규칙」 별표 6 제2호가목(1) 등 관련) ···································································································· 1027
● 「경관법」 제30조제1항제8호에 따른 경관위원회의 심의 대상의 범위(「경관법」 제5조 등 관련) ························································································· 1030

◉ 「공공주택 특별법」에 따른 특별관리지역에서 전, 답 등 다른 용도로 전용된 산지에 대하여 임시특별 규정의 적용 여부 ································· 1034
◉ 농림지역 중 보전산지에서 산지전용허가를 받아 건축물을 설치한 후 보전산지 지정이 해제된 경우에 해당 건축물의 용도를 공장으로 변경할 수 있는지 (「국토의 계획 및 이용에 관한 법률」 제76조 등 관련) ················ 1037
◉ 농림지역인 산림에서의 광물 채굴로서 「산지관리법」에 따른 산지일시사용허가의 대상인 경우 도시계획위원회의 심의를 거쳐야 하는지 여부(「국토의 계획 및 이용에 관한 법률」 제59조 등 관련) ································ 1040
◉ 다른 법률에 따라 산지전용허가가 의제되는 행정처분을 받은 자가 산지의 형질을 변경한 경우에도 산지복구 의무가 있는지 엽부(「산지관리법」 제39조 등 관련) ······················································································ 1043
◉ 대체산림자원조성비 감면 대상 범위(「산지관리법」 제19조제5항제2호 등 관련) ································································································ 1046
◉ 대체산림자원조성비를 환급해야 하는 "복구준공검사를 하기 전에 이 법에 따라 대체산림자원조성비가 감면되는 용도로의 사용이 확정된 경우"의 범위 (「산지관리법 시행령」 제25조의2 등 관련) ································· 1049
◉ 도시지역 산림에서 토지의 형질변경에 대한 적용 법령(「국토의 계획 및 이용에 관한 법률」 제56조제3항 및 「산지관리법」 제14조 등 관련) ······ 1054
◉ 목적사업 부지내의 절·성토 비탈면이 「산지관리법 시행규칙」 별표 1의3제2호의 산지전용허가 세부기준이 적용되는 복구대상 비탈면인지 여부(「산지관리법 시행규칙」 별표 1의3제1호가목 등) ································· 1056
◉ 민간인 통제선 이북지역의 보전산지에서의 행위제한에 관한 특례의 적용 범위 (「민간인 통제선 이북지역의 산지관리에 관한 특별법」 제21조 등 관련) ···································································································· 1060
◉ 보전산지(임업용산지)에서 건축물이 없는 시설(개간 등)을 설치하려는 경우에도 기존 도로를 이용하여야 하는지 등(「산지관리법」 제12조제1항제15호 등 관련) ·············································································· 1063
◉ 복구대상산지의 종단도 및 횡단도 변경을 수반하는 산지이용계획(부지조성계획)의 변경이 산지전용변경신고 대상인지(「산지관리법」 제14조제1항 등 관련) ································································································ 1067
◉ 불법산지전용을 한 자가 산지복구명령을 받고 사망하였으나 망인의 상속인이 해당 산지를 점유한 적이 없었다면 상속인에게 산지복구의무가 없는지 여부

산지관리법 관련 [판례, 법령해석례, 행정심판례, 헌재결정례] 모음  975

(「산지관리법」제51조 등 관련) ·································································· 1070
◉ 비탈면 복구를 위해 불가피하게 토석채취제한지역의 토석을 예외적으로 굴취
· 채취하는 경우의 의미「산지관리법 시행령」제32조의4제2항제6호다목
등 관련) ································································································ 1073
◉ 사실상의 도로가 산지에서 제외되는 도로에 해당하는지 여부(「산지관리법
」제2조제1항 관련) ·················································································· 1076
◉ 산지전용 · 일시사용하는 과정에서 부수적으로 나온 토석을 채취하려는 경우
산지전용허가 등을 받은 자와 토석채취허가를 받아야 하는 자가 동일해야
하는지 여부(「산지관리법」제25조의2 등 관련) ······································· 1078
◉ 산지전용허가 의제되는 주된 인허가 신청시 산지전용허가에 적용되는 허가기
준으로서의 접도(接道)요건 충족 여부(「산지관리법 시행령」별표 4 제1항
마목10) 등 관련) ······················································································ 1081
◉ 산지전용허가가 기준 상 비탈면 대신 옹벽만을 설치하는 경우 소단을 설치해
야 하는지(「산지관리법 시행규칙」별표 1의3 등 관련) ·························· 1085
◉ 산지전용허가를 받지 않고 사실상의 도로로 이용하고 있는 토지의 지목을
임야에서 도로로 변경하려는 경우, 산지전용허가를 받아야 하는지 여부(「산
지관리법」제21조의3 등 관련) ································································· 1088
◉ 「산지관리법 시행령」별표 3 비고 제4호의 임업인에 법인이 포함되어「산지
관리법」제15조제1항제2호에 따른 시설을 설치하는 용도로 산지전용신고
를 할 수 있는지 여부(「산지관리법 시행령」별표 3 비고 제4호 등 관련)
································································································································ 1091
◉ 「산지관리법 시행령」별표 3의3제4호다목의 그 밖에 이와 유사한 산길의
의미(「산지관리법 시행령」별표 3의3 등 관련) ······································· 1094
◉ 「산지관리법 시행령」별표 4 제1호마목10)에 따른 기존 도로를 이용할 필요
가 없는 경우로서 산림청장이 별도로 고시한 조건과 기준을 갖춘 경우의
의미(「산지관리법 시행령」별표 4 등 관련) ············································ 1096
◉ 「산지관리법」상 산지복구의무 면제사유가 있는 경우,「산지관리법」제38
조에 따른 복구비 예치의무를 면제할 수 있는지 여부(「산지관리법」제39조
제3항 등 관련) ························································································ 1099
◉ 「산지관리법」제25조제1항에 따라 토석채취허가 받은 사항을 변경하는 경
우 변경신고로 갈음 할 수 있는 범위(「산지관리법」제25조제1항 등 관련)
································································································································ 1102

- 순환토사가 산지 복구할 때 성토용 토석이 될 수 있는 지 등(「산지관리법」 제39조제4항 관련) ·················································································· 1106
- 임업용산지에서 영구적인 진입로를 설치하기 위한 요건(「산지관리법」 제12조제1항제15호 등 관련) ·································································· 1112
- 「임산물단속에관한법률」 시행전에 임야에 설치한 묘지에 대해 현행 「산지관리법」에 따른 요건을 갖추어야 묘지로 지목변경 할 수 있는지 여부(「공간정보의 구축 및 관리에 관한 법률 시행규칙」 제84조제2항 등 관련) ································································································································· 1114
- 지방자치단체가 시행하는 매장문화재의 발굴이 대체산림자원조성비 부과 및 복구비 예치 문제 대상인지 여부(「산지관리법 시행령」 별표 5 등 관련) ································································································································· 1117
- 토지사용승낙의무이행의 확정판결문 및 확정증명원을 산지의 사용·수익권을 증명할 수 있는 서류를 볼수 있는지 여부(「산지관리법 시행규칙」 제10조제2항제1호다목 등 관련) ···························································· 1121
- 「특정건축물 정리에 관한 특별조치법」에 따라 사용승인서를 발급받은 경우 농지전용허가나 산지전용허가를 받은 것으로 볼 수 있는지 여부(「특정건축물 정리에 관한 특별조치법」 제5조 관련) ····················································· 1124
- 형질변경되는 부지의 경사도 적용 대상(「산지관리법 시행규칙」 별표 4 등 관련) ································································································································· 1126

## [행정심판례 모음] ·························································································· 1129

- 건축허가 취소처분 등 취소 청구 ······················································· 1129
- 건축허가신청 불허가처분 취소 청구 ················································ 1134
- 농지원부등재신청 거부처분 취소 등 청구 ······································ 1152
- 산지전용허가신청 반려처분 취소청구 ·············································· 1155
- 산지전용신고 불수리처분 취소청구 ·················································· 1173
- 산지전용협의 및 개발행위허가 불가 건축신고 반려처분 취소 청구 · 1178
- 토석채취기간연장 불허가처분 취소청구 ·········································· 1182
- 토석채취허가신청 반려처분 취소청구 ·············································· 1200
- 토지 원상회복 명령처분 취소 심판 청구 ········································ 1211
- 행위허가 불가처분 취소 ······································································ 1214

산지관리법 관련 [판례, 법령해석례, 행정심판례, 헌재결정례] 모음   977

[헌재결정례 모음] ································································· 1219
◉ 구「산지관리법 시행규칙」제42조제3항 위헌 확인 ···················· 1219
◉ 구「산지관리법」제36조제2항 위헌 소원 ································· 1220
◉「산지관리법」제15조의2 제3항 위헌 확인 ······························· 1231
◉「산지관리법」제29조제3항 위헌 소원 ···································· 1232
◉「산지관리법」제56조 위헌 제청 ············································ 1241
◉「산지관리법」제56조 위헌 제청 ············································ 1253
◉「출입국관리법」제99조의3 위헌 제청 ····································· 1265

# [판례 모음]

## 도시관리계획입안제안신청반려처분취소

[대법원 2010.7.22. 선고 2020두5745. 판결]

### 【판시사항】

[1] 군수가 도시관리계획 구역 내 토지 등을 소유하고 있는 주민의 납골시설에 관한 도시관리계획의 입안제안을 반려한 처분이, 항고소송의 대상이 되는 행정처분에 해당한다고 본 원심판단을 수긍한 사례

[2] '도시계획시설의 결정·구조 및 설치기준에 관한 규칙' 제142조 제3호가 규정하는 '일반의 사용에 제공하는 사설봉안시설'의 의미

[3] 기독교인 등을 위한 종교적 성격의 납골시설은 도시계획시설의 결정·구조 및 설치기준에 관한 규칙 제142조 제3호에서 정한 '일반의 사용에 제공하는 봉안시설'에 해당하는 것으로 볼 수 없어 도시계획시설로 결정할 수 있는 봉안시설에 해당하지 않음에도, 이와 달리 본 원심판결에 법리오해의 위법이 있다고 한 사례

### 【판결요지】

[1] 구 국토의 계획 및 이용에 관한 법률(2009.2.6. 법률 제9442호로 개정되기 전의 것) 제139조 제2항 및 이에 근거하여 제정된 지방자치단체 조례에 따라 광역시장으로부터 납골시설 등에 대한 도시관리계획 입안권을 위임받은 군수는 관할구역 도시관리계획의 입안권자이므로, 도시관리계획 구역 내 토지 등을 소유하고 있는 주민의 납골시설에 관한 도시관리계획의 입안제안을 반려한 군수의 처분은 항고소송의 대상이 되는 행정처분에 해당한다고 한 사례.

[2] 구 국토의 계획 및 이용에 관한 법률(2009.2.6. 법률 제9442호로 개정되기 전의 것) 제43조 제1항, 같은 법 시행령 제35조 제1항 등 관련 법령의 내용을 종합해 보면, 사설봉안시설의 경우에는 '일반의 사용에 제공하는 봉안시설'에 해당하는 경우에만 도시계획시설로 결정할 수 있고, 나아가 기반시설이 도시계획시설로 결정되는 경우 그 도시계획시설사업의 시행자는 사업에 필요한 토지나 건축물 등을 수용 또는 사용할 수 있는 권한을 부여받고(구 국토의 계획 및 이용에 관한 법률 제95조 제1항), 산지전용허가의 면적제한에 관한 일부 규정의 적용도 면제받는 등(산지관리법 시행규칙 제18조 제3항 제3호)의 권한과 혜택을 부여받게 되는 점, 도시계획시설의 결정·구조

및 설치기준에 관한 규칙 제142조 제1호와 제2호가 국가나 시·도지사, 시장·군수·구청장이 설치·운영하는 공익성이 높은 봉안시설을 도시계획시설 결정의 대상으로 규정하고 있는 점 등에 비추어 보면, 같은 규칙 제142조 제3호가 규정하는 '일반의 사용에 제공하는 사설봉안시설'은 종교 등에 따른 차별 없이 일반인이 자유롭게 이용할 수 있는 봉안시설을 의미하는 것으로 해석하는 것이 타당하다.

[3] 시설의 대부분을 기독교인이나 그 가족 등의 사용에 제공하는 것으로 예정되어 있고 기독교인이 아닌 일반인의 사용에 제공하는 것으로 예정된 시설은 2.4~5.4%에 불과한 경우 사실상 기독교인들을 위한 종교적 납골시설의 성격을 가지고 있는 것으로, 그 납골시설은 도시계획시설의 결정·구조 및 설치기준에 관한 규칙 제142조 제3호에서 정한 '일반의 사용에 제공하는 봉안시설'에 해당하는 것으로 볼 수 없어, 산지관리법 시행규칙 제18조 제3항 제3호에 의하여 산지전용허가 면적제한 규정이 적용되지 않는 도시계획시설로 결정할 수 있는 봉안시설에 해당하지 않음에도, 이와 달리 판단한 원심에 법리오해의 위법이 있다고 한 사례.

**【참조조문】**

[1] 행정소송법 제2조 제1항 제1호, 구 국토의 계획 및 이용에 관한 법률(2009.2.6. 법률 제9442호로 개정되기 전의 것) 제139조 제2항

[2] 구 국토의 계획 및 이용에 관한 법률(2009.2.6. 법률 제9442호로 개정되기 전의 것) 제43조 제1항, 제2항, 구 국토의 계획 및 이용에 관한 법률 시행령(2009.11.2. 대통령령 제21807호로 개정되기 전의 것) 제35조 제1항, 구 국토의 계획 및 이용에 관한 법률 시행규칙(2009.8.19. 국토해양부령 제160호로 개정되기 전의 것) 제6조 제1항 제9호, 제2항 제5호, 도시계획시설의 결정·구조 및 설치기준에 관한 규칙 제142조 제3호

[3] 도시계획시설의 결정·구조 및 설치기준에 관한 규칙 제142조 제3호, 산지관리법 시행규칙 제18조 제3항 제3호

**【전문】**

**【원고, 피상고인】**
재단법인 두○ (소송대리인 변호사 한○○)

**【피고, 상고인】**
울산광역시 울주군수 (소송대리인 정부법무공단 담당변호사 구○○외 7인)

**【원심판결】**
부산고법 2010.2.5. 선고 2009누5565 판결

## 【주 문】

원심판결을 파기하고, 사건을 부산고등법원에 환송한다.

## 【이 유】

상고이유를 판단한다.

### 1. 상고이유 제1점 및 제2점에 대하여

원심판결 이유에 의하면, 원심은 제1심판결 이유를 인용하여 그 판시와 같은 사실을 인정한 다음, 구 국토의 계획 및 이용에 관한 법률(2009.2.6. 법률 제9442호로 개정되기 전의 것, 이하 '국토계획법'이라고 한다) 중 그 판시와 같은 조항들과 헌법상 개인의 재산권 보장의 취지에 비추어 보면, 피고는 관할구역인 이 사건 신청부지에 대한 도시관리계획의 입안권자이고, 원고는 도시관리계획구역 내 토지 등을 소유하고 있는 주민으로서 이 사건 납골시설에 관한 도시관리계획의 입안을 요구할 수 있는 법규상 또는 조리상의 신청권이 있다고 할 것이어서, 이러한 원고의 입안제안을 반려한 피고의 이 사건 처분은 항고소송의 대상이 되는 행정처분에 해당하고, 한편 도시관리계획의 입안제안과 결정은 구분되는 것으로 원고가 이후 이 사건 도시관리계획 결정의 목적을 이루지 못한다 하더라도 이 사건 소의 이익 유무와는 무관하다고 판단하였다.

관련 법리와 기록, 그리고 국토계획법 제139조 제2항 및 이에 근거하여 울산광역시장의 납골시설 등에 대한 도시관리계획 입안권을 구청장·군수에게 위임하고 있는 구 울산광역시 도시계획조례(2009.11.5. 조례 제1091호로 개정되기 전의 것) 제58조 제1항의 규정 등에 비추어 보면, 원심의 위와 같은 사실인정과 판단은 정당한 것으로 수긍할 수 있고, 나아가 상고이유의 주장대로 이 사건 납골시설이 도시계획시설로 결정될 수 없는 시설에 해당한다 하더라도, 이는 본안에 관한 판단에서 고려되어야 할 사항일 뿐, 그로 인하여 피고의 이 사건 처분을 항고소송의 대상이 되는 행정처분으로 볼 수 없다거나 이 사건 소의 이익이 없다고 볼 수는 없다. 또한, 피고가 이 사건 신청부지에 대한 도시관리계획의 입안권자라는 원심의 판단이 정당한 이상, 피고가 위 도시관리계획의 입안권자가 아니므로 이 사건 도시관리계획 입안제안을 반려한 피고의 이 사건 처분이 결과적으로 적법하다는 상고이유의 주장도 받아들일 수 없다.

원심판결에는 상고이유로 주장하는 바와 같은 입안신청권, 처분 및 소의 이익에 관한 법리오해나 도시관리계획의 입안권자에 대한 심리미진, 법리오해 등의 위법이 없다.

### 2. 상고이유 제4점에 대하여

국토계획법 제43조 제1항은 "기반시설을 설치하고자 하는 때에는 그 시설의 종류·명칭·

위치·규모 등을 미리 도시관리계획으로 결정하여야 한다. 다만, 용도지역·기반시설의 특성 등을 감안하여 대통령령이 정하는 경우에는 그러하지 아니하다"고 규정하고, 같은 법 시행령 제35조 제1항은 " 법 제43조 제1항 단서에서 '대통령령이 정하는 경우'라 함은 다음 각 호의 경우를 말한다"고 하면서, 제2호 (다)목에서 "도시지역 및 지구단위계획구역 외의 지역에서 국토해양부령이 정하는 기반시설을 설치하고자 하는 경우"를 규정하고 있고, 같은 법 시행규칙(2009.8.19. 국토해양부령 제160호로 개정되기 전의 것) 제6조(도시관리계획으로 결정하지 아니하여도 설치 할 수 있는 시설) 제2항 제5호, 제1항 제9호는 위 국토해양부령이 정하는 기반시설 중 하나로 "납골시설 중 특별시장·광역시장·시장·군수 또는 구청장 외의 자가 설치하는 시설"을 규정하고 있다. 한편, 국토계획법 제43조 제2항에 근거한 도시계획시설의 결정·구조 및 설치기준에 관한 규칙(이하 '도시계획시설규칙'이라고 한다) 제142조는 "이 절에서 '봉안시설'이란 다음 각 호의 시설을 말한다"고 하면서, 다음 각 호로 "국가가 설치·운영하는 봉안시설"( 제1호), " 장사 등에 관한 법률 제13조 제1항에 따른 공설봉안시설"( 제2호), " 장사 등에 관한 법률 제15조 제1항에 따른 사설봉안시설 중 일반의 사용에 제공하는 봉안시설"( 제3호)을 규정하고 있다.

이와 같은 법령의 내용을 종합해 보면, 사설봉안시설의 경우에는 '일반의 사용에 제공하는 봉안시설'에 해당하는 경우에만 도시계획시설로 결정할 수 있다고 할 것이고, 나아가 기반시설이 도시계획시설로 결정되는 경우 그 도시계획시설사업의 시행자는 사업에 필요한 토지나 건축물 등을 수용 또는 사용할 수 있는 권한을 부여받고( 국토계획법 제95조 제1항), 산지전용허가의 면적제한에 관한 일부 규정의 적용도 면제받는 등( 산지관리법 시행규칙 제18조 제3항 제3호)의 권한과 혜택을 부여받게 되는 점, 도시계획시설규칙 제142조 제1호와 제2호가 국가나 시·도지사, 시장·군수·구청장이 설치·운영하는 공익성이 높은 봉안시설을 도시계획시설 결정의 대상으로 규정하고 있는 점 등에 비추어 보면, 도시계획시설규칙 제142조 제3호가 규정하는 '일반의 사용에 제공하는 사설봉안시설'은 종교 등에 따른 차별 없이 일반인이 자유롭게 이용할 수 있는 봉안시설을 의미하는 것으로 해석함이 상당하다 할 것이다 .

원심은 제1심판결 이유를 인용하여, 원고가 이 사건 납골시설의 부지로 삼은 이 사건 신청부지는 그 면적이 107,495㎡에 이르는데, 산지관리법 및 동법 시행령의 관련규정과 동법 시행규칙 제18조 제1항의 규정에 의하면 전용하고자 하는 산지의 규모가 3만㎡ 이하이어야만 산지전용허가가 가능하므로 이 사건 신청부지에 대하여는 산지전용허가 자체가 허용될 수 없고, 따라서 이 사건 납골시설의 설치를 내용으로 하는 원고의 도시관리계획 입안제안을 반려한 이 사건 처분은 적법하다는 피고의 주장에 대하여, 산지관리법 시행규칙 제18조 제3항 제3호에 의하면 국토계획법에 의한 도시관리계획에 따라 도시계획시설 등을 설치하기 위하여 산지를 전용하는 경우에는 같은 조 제1항에 따른 면적제한을 적용받지 않는다는 이유로 피고의 위 주장을 배척하면서, 같은 취지의 이 사건 처분 사유는 합리성이 없고 따라서 이 사건 처분은 재량권을 일탈·남용한 것으로 위법하다고 판단하였다.

그러나 원심판결 이유와 기록에 의하면, 이 사건 납골시설은 원고가 울산기독교장로총연합회 추모공원추진위원회와 체결한 '추모공원 조성사업 기본협약'에 기해 추진하는 것으로, 그 시설의 대부분을 울산과 그에 인접한 부산, 대구, 포항, 경주, 영천 등지의 기독교인이나 그 가족 등의 사용에 제공하는 것으로 예정되어 있고, 기독교인이 아닌 일반인의 사용에 제공하는 것으로 예정된 시설은 전체의 2.4~5.4%에 불과하여, 사실상 기독교인들을 위한 종교 납골시설의 성격을 가지고 있는 사실을 알 수 있는바, 앞서 본 법리에 의할 때, 이와 같은 성격의 이 사건 납골시설은 도시계획시설규칙 제142조 제3호 소정의 '일반의 사용에 제공하는 봉안시설'에 해당하는 것으로 볼 수 없어 도시계획시설로 결정할 수 있는 봉안시설에 해당하지 않는다고 할 것임에도, 이와 달리 원심이 이 사건 납골시설이 도시계획시설로 결정 가능한 시설임을 전제로, 도시계획시설을 설치하기 위해 산지를 전용하는 경우에는 위와 같은 산지전용허가 면적제한 규정이 적용되지 않는다는 이유로 피고의 위 주장을 배척하고 이 사건 처분이 재량권을 일탈·남용하여 위법하다고 판단한 데에는, 도시계획시설의 결정 대상 등에 관한 법리를 오해하여 판결에 영향을 미친 위법이 있다. 이 점을 지적하는 상고이유의 주장은 이유 있다.

## 3. 결 론

그러므로 나머지 상고이유에 대한 판단을 생략한 채 원심판결을 파기하고, 사건을 다시 심리·판단하게 하기 위하여 원심법원에 환송하기로 하여, 관여 대법관의 일치된 의견으로 주문과 같이 판결한다.

대법관 신○○(재판장) 박○○ 차○○(주심)

[판례 모음]

# 도시관리계획입안제한신청반려처분취소

[울산지방법원 2009.9.9, 선고 2009구합199, 판결]

【전문】
【원 고】
재단법인 두○ (소송대리인 변호사 한○○외 1인)

【피 고】
울산광역시 울주군수 (소송대리인 법무법인 법고을 담당변호사 김○○외 1인)

【변론종결】
2009.7.22.

【주 문】
1. 피고가 2008.11.10. 원고에 대하여 한 도시관리계획입안제안신청반려처분을 취소한다.
2. 소송비용은 피고가 부담한다.

【청구취지】
주문과 같다.

【이 유】
1. 처분의 경위

가. 소외 1 주식회사의 폐기물 처리사업 진행 경과
(1) 소외 1 주식회사는 울산시 울주구(현 울산광역시 울주군) 두서면 활천리 (이하 1 생략) 외 6필지 일대에 폐기물처리업을 위한 매립장 건설을 위하여 허가권자인 경상남도지사에게 일반폐기물 처리사업계획서를 제출하였고, 1995.5.30. 경상남도지사로부터 일반폐기물 처리사업계획 적정통보를 받았다.
(2) 소외 1 주식회사는 1996.7.18. 경상남도지사로부터 공공시설입지승인을 받고, 울산시장(울산시는 1997.7.15. 울산광역시설치등에관한법률에 의하여 폐지되고, 울산광역시가 그 사무와 재산을 승계하였다. 이하 구분 없이 '울산광역시장'이라 한다)에게 대체조림비, 산지전용부담금 등을 납부하였으며, 1996.12.30. 공사기간을 3년으로 한 개발행위신고를 마친 후 착공계와 사도개설허가를 받고, 이를

위한 보전임지전용허가 및 산림형질변경허가를 각각 받은 다음 1997.5.29.경부터 폐기물처리장 진출입로 설치공사를 시작하였다.
(3) 그러나 그 이전인 1995. 7.경부터 위 폐기물 매립예정지 주변의 울산광역시 울주군 두서면과 두동면 주민들로 구성된 '두북향토보존회'(이하 '두북보존회'라 한다)가 계속하여 반대민원을 제기하였고, 이로 인해 소외 1 주식회사는 1998. 6.8. 울산광역시장에게 폐기물 사업계획 적정통보를 받은 날로부터 3년 내에 폐기물처리업 허가를 신청하지 못하게 되었다며 그 허가신청기간을 연장하여 줄 것을 요청하였고, 울산광역시장은 1998.8.3. 소외 1 주식회사의 허가신청기간을 1998.12.29.까지 6개월 연장하였다.
(4) 그 후에도 주민들의 공사방해로 공사를 제대로 진행하지 못하여 연장받은 허가신청 기간의 만기가 다가오자, 소외 1 주식회사는 1998.12.21. 다시 울산광역시장에게 허가신청기간을 1999.12.29.로 연장하여 줄 것을 신청하였으나, 울산광역시장은 1998.12.28. 재연장승인은 불가하다는 회신을 하였다.
(5) 이에 소외 1 주식회사는 울산광역시장을 상대로 이 법원 99구113호로 일반폐기물매립업허가신청기간 연장거부처분등취소의 소를 제기하여 1999.12.1. 이 법원으로부터 "울산광역시장이 1998.12.28. 소외 1 주식회사에 대하여 한 일반폐기물 최종처리업 허가신청기간 연장거부처분을 취소한다"는 내용의 전부승소 판결을 선고받았고, 울산 광역시장은 이에 불복하여 부산고등법원 2000누31호로 항소를 제기하였으나 2000.10.20. 항소기각판결을 선고받았으며, 위 판결은 그 무렵 확정되었다.

나. 원고 재단법인의 설립 경과
(1) 한편, 소외 1 주식회사는 2002.1.11. 두북보존회와 사이에 " 소외 1 주식회사는 폐기물사업을 포기하는 대신 두북보존회는 소외 1 주식회사나 울산광역시가 화장장, 납골 관련사업을 하는데에 동의하고, 두북보존회는 납골 관련사업에 대한 소속 마을 주민들의 동의서 원본을 소외 1 주식회사에 제출하여야 하고, 소외 1 주식회사는 합의 후 마을 대표 19명에 대한 부동산가압류집행을 해제한다"는 내용의 합의서(갑 제5호증)를 작성하였다.
(2) 이후 소외 1 주식회사 대표이사였던 소외 2는 울산 울주군 두서면 활천리 (이하 1 생략) 및 같은 리 (이하 2 생략) 일원의 임야 약 194,578㎡ 지상에 납골공원시설의 조성 및 운영사업관리, 납골묘, 납골탑, 납골당 등 납골관련 시설물의 제작·설치 및 운영관리사업, 납골묘역의 공원화를 위한 조림·토건 등의 사업을 목적으로 하는 가칭 재단법인 두레의 설립을 추진하기 위하여 설립발기인을 소외 2, 소외 1 주식회사, 소외 3으로 정하고, 재단법인의 정관 및 이사회 회의록, 임원명단 등을 갖추어 2005.6.4. 울산광역시장에게 재단법인설립허가신청을 하였으나, 울산광역시장은 2005.10.12. 위 재단법인설립허가신청을 불허하였다.

(3) 이에 소외 2는 울산광역시장을 상대로 이 법원 2005구합3237호로 재단법인설립 허가신청 불허가처분취소의 소를 제기하여 2008.5.10. 이 법원으로부터 "울산광역시장이 2005.10.12. 소외 2에 대하여 한 재단법인설립불허가처분을 취소한다"는 내용의 전부승소 판결을 선고받았고, 울산광역시장은 이에 불복하여 부산고등법원 2006누2510호로 항소를 제기하였으나 2006.12.8. 항소기각판결을 선고받았으며, 위 판결은 그 무렵 확정되었다.

(4) 소외 2는 2007. 5.경 울산 울주군 두서면 활천리 산 98 일원의 임야 194,578㎡ 지상에 납골묘 8,000기를 설치하는 내용의 '울산추모공원' 조성사업계획서를 울산광역시장에게 제출하였고, 울산광역시장은 2007.7.2. 소외 2에 대하여 사업종류를 '납골시설 설치·운영관리사업 및 부대사업의 설치·운영관리사업'으로 하는 재단법인 설립허가를 통보하였다.

(5) 원고는 2007.7.13. 그 설립등기를 경료하였다.

다. 도시관리계획(납골시설)결정 입안제안 신청의 경과

(1) 그 후 원고는 2008.5.21. 울산 울주군 두서면 활천리 (이하 2 생략) 일원의 임야 107,495㎡ 지상에 사업기간을 '2007년부터 2030년까지', 납골안치구수를 '92,000위'로 하는 납골시설 및 진입도로에 관한 도시관리계획 입안제안서를 피고에게 제출하였으나, 피고는 2008.7.16. "울산광역시의 납골시설 수급계획이 2020년까지는 충분할 것으로 사료되며, 원고가 신청한 92,000위는 울산광역시 장사시설 중·장기수급계획상의 수요량을 초과한다. 그 밖에 진입도로의 경우 원고가 확보한 면적이 0%에 불과하여 부적합하며, 토지적성평가·환경성검토 등 판단근거자료와 주민의견서를 미첨부하였다"는 이유 등을 부가하여 위 도시관리계획 입안제안서를 반려하였다.

(2) 원고는 2008.9.10. 피고의 위 반려 이유에 따라 판단근거자료와 주민의견서를 보완하되, 그 사업기간을 일부 변경하여, 울산 울주군 두서면 활천리 (이하 2 생략) 일원의 임야 107,495㎡(이하 '이 사건 신청부지'라 한다) 지상에 사업기간을 '2007년부터 2050년까지', 납골안치구수를 '92,000위'로 하는 납골시설(이하 '이 사건 납골시설'이라 한다)에 관한 도시관리계획 입안제안서를 다시 피고에게 제출하였다(이하 '이 사건 도시관리계획 입안제안'이라 한다). 한편, 원고는 피고의 위 반려 이유 중 장사시설 수급계획 부분에 대하여는 이를 다투는 취지의 답변서를 제출하는 형식으로 보완에 갈음하였다.

(3) 이에 대하여 피고는 2008.11.10. "① 2004.12. 수립한 '울산광역시 장사시설 중·장기 수급계획'에 의하면 2020년까지 총 45,286위의 납골시설이 필요할 것으로 예측되고, 2008.11. 현재 울산광역시 관내에는 2020년까지 총 45,347위의 납골시설 설치가 추진 중인바, 원고의 이 사건 납골시설은 '울산광역시 장사시설 중·장기

수급계획'의 수급분석 수량을 초과하고, ② 장사문화가 납골시설보다는 자연장지, 수목장 등 자연친화적으로 나아가는 방향이며, ③ 이 사건 신청부지는 산지이용구분상 보전산지로서 소나무 및 참나무 등이 밀생하고 있는 경사가 다소 급한 혼효림으로 주변 경관이 수려한 지역인바, 납골시설을 위한 산지전용은 억제되어야 한다"는 이유를 부가하여 위 도시관리계획 입안제안서를 반려하는 이 사건 처분을 하였다.

[인정근거] 다툼 없는 사실 및 갑 제1, 3, 5, 10호증, 갑 제2호증의 1, 2, 9, 갑 제4, 9, 11호증의 각 1, 2, 을 제1호증의 1, 2, 을 제2호증의 1, 2, 3, 4, 을 제6호증의 각 기재, 변론 전체의 취지

## 2. 이 사건 처분의 적법 여부

### 가. 당사자들의 주장

피고는 위 처분사유 및 관련법령에 비추어 이 사건 처분이 적법하다고 주장하고, 이에 대하여 원고는 다음과 같은 사유를 들어 취소되어야 한다고 주장한다.

(1) 울산광역시장은 소외 1 주식회사와 두북보존회 사이의 위 2002.1.11.자 합의 당시 소외 1 주식회사에게 납골시설사업을 신청하라고 적극적으로 제의하였고, 이후 재단법인 설립허가를 함으로써 납골시설을 전제로 한 원고의 이 사건 도시관리계획 입안제안을 받아들이겠다는 공적인 견해표명을 하였다. 원고는 이를 신뢰하여 이 사건 신청부지의 소유권을 확보하고, 울산기독교장로총연합회 추모공원추진위원회와 사이에 사업시행협약을 체결하는 등 구체적인 사업준비행위를 하였는바, 이 사건 처분은 신뢰보호원칙을 위배한 위법이 있다.

(2) 피고가 이 사건 처분사유로 내세우고 있는 것은 모두 합리성과 타당성이 없으며, 더욱이 도시관리계획 입안제안 단계에서 적정 여부를 판단할 사항도 아닌바, 이 사건 처분은 재량권을 일탈하거나 남용한 위법이 있다.

### 나. 관련 법령

별지 기재와 같다.

### 다. 판단

(1) 신뢰보호의 원칙 위배 여부

(가) 먼저 울산광역시장이 소외 1 주식회사에게 납골시설 설치사업을 신청하라는 취지의 공적인 견해표명을 하였는지에 관하여 보건대, 앞서 본 사실관계 및 갑 제5, 6호증의 기재에 변론 전체의 취지를 종합하여 보면, ① 두북보존회 대표들은 2002.1.7. 회의를 개최하여 " 소외 1 주식회사의 폐기물사업부지에 납골당 및 화장장 설치를 유치하도록 한다"는 내용의 결의를 한 사실, ② 이어 2002.1.11. 울산광역시 담당공무원 등이 참석한 가운데, 소외 1 주식회사와

두북보존회 사이에 " 소외 1 주식회사는 폐기물사업을 포기하는 대신 두북보존회는 소외 1 주식회사나 울산광역시가 화장장, 납골 관련사업을 하는데에 동의하고, 두북보존회는 납골 관련사업에 대한 소속 마을 주민들의 동의서 원본을 소외 1 주식회사에 제출하여야 하고, 소외 1 주식회사는 합의 후 마을 대표 19명에 대한 부동산가압류집행을 해제한다"는 내용의 합의가 성립된 사실을 인정할 수 있으나, 위 2002.1.11.자 합의서(갑 제5호증)에는 울산광역시장 내지 담당공무원의 서명날인이 없어 울산광역시장이 위 합의의 당사자라고 인정할 수 없으며, 달리 울산광역시장이 위 합의 당시 소외 1 주식회사로 하여금 폐기물처리사업을 포기하는 대신 납골시설사업을 신청하라고 권유하거나 제의하는 취지의 공적인 견해표명을 하였음을 인정할 증거가 없다.

(나) 다음으로 울산광역시장이 재단법인 설립허가를 함으로써 원고에게 이 사건 도시관리계획 입안제안에 관한 공적인 견해표명을 하였는지에 관하여 보건대, 앞서 본 사실관계 및 갑 제10호증, 갑 제11호증의 1, 2의 각 기재에 변론 전체의 취지를 종합하여 보면, 울산광역시장은 재단법인설립허가신청 불허가취소소송에서 패소판결이 확정된 이후 2007.5.경 소외 2로부터 납골묘 8,000기를 설치하는 내용의 '울산추모공원' 조성사업계획서를 제출받고, 이를 검토한 후 2007.7.2. 소외 2에 대하여 사업종류를 '납골시설 설치·운영관리사업 및 부대사업의 설치·운영관리사업'으로 하는 재단법인 설립허가를 통보하였던 사실을 인정할 수 있으나, 다른 한편, 재단법인 설립허가 여부에 대한 근거규정은 민법인 반면, 이 사건 처분과 같은 도시관리계획 입안제안의 반려 여부에 대한 근거규정은 국토의 계획 및 이용에 관한 법률(이하 '국토계획법'이라 한다)인 점 등을 감안하면, 재단법인 설립허가처분을 하였다 하여 납골시설을 전제로 한 원고의 이 사건 도시관리계획 입안제안을 받아들이겠다는 공적인 견해표명을 하였다고 보기 어렵고, 달리 이를 인정할 증거가 없다.

(다) 따라서 이 사건 처분이 신뢰보호원칙에 위배된다는 취지의 원고의 이 부분 주장은 이유 없다.

(2) 재량권 일탈·남용 여부

(가) 행정주체가 구체적인 도시계획을 입안·결정함에 있어서 비교적 광범위한 계획재량을 갖고 있지만, 여기에는 도시계획에 관련된 자들의 이익을 공익과 사익 사이에서는 물론, 공익 상호간과 사익 상호간에도 정당하게 비교·교량하여야 한다는 제한이 있는 것이므로, 행정주체가 도시계획을 입안·결정함에 있어서 이익형량을 전혀 하지 아니하거나 이익형량의 고려대상에 마땅히 포함시켜야 할 사항을 누락한 경우 또는 이익형량을 하였으나 정당성·객관성이 결여된 경우에는 그 행정계획결정은 재량권을 일탈·남용한 위법한 처분이라 할 수 있고, 또한 비례의 원칙(과잉금지의 원칙)상 그 행정목적을 달성하기 위한 수단을

목적달성에 유효·적절하고 또한 가능한 한 최소침해를 가져오는 것이어야 하며 아울러 그 수단의 도입으로 인한 침해가 의도하는 공익을 능가하여서는 아니된다 할 것이다( 대법원 1998. 4. 24. 선고 97누1501 판결, 대법원 1997. 9. 26. 선고 96누10096 판결 등 참조).

이하 위와 같은 도시계획결정에 관한 법리에 비추어 이 사건 처분에 재량권을 일탈·남용한 위법이 있는지 피고가 들고 있는 이 사건 처분사유에 따라 살펴보기로 한다.

(나) '울산광역시 장사시설 중·장기 수급계획'에 따른 수요예상량 초과

1) 살피건대, 을 제5, 6, 7호증의 각 기재에 의하면, 울산광역시는 2004.12.경 '울산광역시 장사시설 중·장기 수급계획'(을 제5호증, 이하 '2004.12.자 장사시설 수급계획'이라 한다)을 수립하여 이를 추진하고 있는바, 위 계획에 따르면 2004년에서 2020년 사이 약 45,286위(2004년부터 2010년까지 10,859위, 2011년부터 2020년까지 34,427위)의 납골시설이 필요한 것으로 예상되고, 이 사건 변론종결일 현재 울산광역시 관내에서 추진 중인 납골시설로는 2012. 4. 개관예정인 울산하늘공원 20,000위, 재단법인 울산영락공원 22,976위, 천룡사 2,371위 등이 있어 2020년까지 총 45,347위의 납골시설이 확보될 수 있어, 피고로서는 추가로 납골시설을 목적으로 하는 도시관리계획(납골시설)결정은 필요하지 않다고 판단할 여지가 있기는 하다.

2) 그러나 갑 제2호증의 4, 5, 6, 9, 갑 제16, 17호증, 을 제7호증의 각 기재와 이 법원의 울산기독교장로총연합회 및 주식회사 하나은행에 대한 각 사실조회결과에 변론 전체의 취지를 종합하면, 원고는 이 사건 도시관리계획 입안제안 당시 이 사건 신청부지 15필지 107,495㎡ 중 9필지 96,980㎡에 관하여 원고 내지 원고 대표이사인 소외 3 명의로 소유권이전등기를 마치는 등 면적 대비 약 90.2%(국가 소유의 4필지 398㎡를 포함할 경우 약 90.5%)를 확보한 사실, 소외 울산기독교장로총연합회는 2008. 1. 15. 기독교인을 위한 납골시설 조성사업을 적극 추진하기로 하고, 이를 위해 원고와 협력하기로 결의하였던 사실, 이에 원고는 2008.5.15. 소외 주식회사 하나은행, 울산기독교장로총연합회 추모공원추진위원회와 사이에 "원고는 추모공원 사업관련 인가취득 및 토지매입과 시공사 선정 및 공사도급계약 체결을, 주식회사 하나은행은 자금관리 및 조달, 봉안증서 관리를, 울산기독교장로총연합회는 추모공원 납골시설의 우선 청약권리 및 의무"를 각 업무협력의 범위로 하는 '추모공원 조성사업 기본협약서'(갑 제2호증의 4)를 체결하였던 사실, 이사건 납골시설 1위당 청약대금은 130만 원 정도이며, 주식회사 하나은행과 울산기독교장로총연합회는 유효기간(2년) 만료 이후에도 위 협약을 계속 연장할 의사가 있는 사실, 울산기독교장로총연합회 추모공원추진위원회는 2009.4.경 기독교인을 위한 납골시설

수요량을 교회별로 조사하였는바, 울산 소재 교회에서는 모두 22,188위의 납골시설 수요가, 울산 인접지역인 부산, 대구, 포항, 경주, 영천 소재 교회에서는 모두 117,650위의 납골시설 수요가 있는 것으로 각 예상되었던 사실, 한편, 울산광역시의 종합장사시설(화장장 포함)인 '울산하늘공원' 조성사업은 2008.10.경 실시계획의 인가를 받고, 2009.4.경에야 비로소 공사에 착공한 사실 등을 인정할 수 있고, 장사에 관한 법률 제5조 제2항, 같은 법 시행령 제4조 제3항에 의하면, 시·도지사는 관할 구역의 장사시설의 수급에 관한 중·장기계획을 5년마다 수립하여야 하는바, 울산광역시장은 2004.12.자 장사시설 수급계획 수립 이후 5년이 경과한 2009.12.경 다시 '울산광역시 장사시설 중·장기 수급계획'을 수립할 예정인 점은 경험칙상 분명하다.

3) 위 인정사실과 함께 이 사건 납골시설은 사실상 기독교인을 대상으로 한 종교 납골시설로서 수요자 측면에 있어 일반 납골시설과 크게 구별되는 점, 이 사건 도시관리계획 입안제안에 따른 사업기간은 '2007년부터 2050년까지'인바, 2004.12.자 장사시설 수급계획에 따른 수요예측기간인 '2004년부터 2020년까지'와는 그 대상기간에 있어 큰 차이를 보이고 있는 점, '울산하늘공원' 조성사업은 2009.4.경에야 비로소 공사에 착공하였으며, 나머지 재단법인 울산영락공원, 천룡사의 납골시설 조성사업은 그 진행상황을 확인할 만한 자료조차 없는바, 2004.12.자 장사시설 수급계획에 따른 2020년까지의 납골시설 수요예상량을 충분히 공급할 수 있다고 단정하기 어려운 점, 특히 2004.12.자 장사시설 수급계획 이후 화장을 선호하는 추세가 증가하는 등 수급계획의 기초에 상당한 변화가 발생하였고, 이로 인해 2009.12.경 다시 '울산광역시 장사시설 중·장기 수급계획'이 수립될 예정인 점 등에 비추어 보면, 피고가 이미 허가된 시설의 공급예정인 납골시설에 관한 추정적 판단만으로 2004.12.자 장사시설 수급계획에 따른 수요예상량을 초과한다는 이유로 이 사건 처분을 한 것은 합리성과 타당성이 있다고 보기 어렵다.

(다) 장사문화의 변화

살피건대, 최근 납골시설 설치에 따른 자연훼손과 석조시설물의 영속성에 대한 반성으로 수목장 등 자연친화적인 장사문화가 점차 확산되어 가고 있는 사정은 주지의 사실이나, 위와 같은 장사문화의 변화 추이를 구체적으로 계량화한 자료, 특히 울산광역시민들 중 수목장 등 자연장에 동의하는 비율이 어느 정도인지 확인할 근거자료 없는 이상 만연히 장사문화의 변화에 따른 납골시설의 수요감소가 예상된다는 이유를 들어 이 사건 처분을 한 것은 합리성과 타당성이 있다고 보기 어렵다.

(라) 자연경관훼손 우려

살피건대, 갑 제2호증의 9, 을 제12호증, 을 제13호증의 1 내지 16의 각 기재에 의하면, 이 사건 신청부지는 소나무류와 참나무류 등이 밀생하고 있으며, 1ha당 평균축적이 95.11㎡로서 울산광역시 울주군 관내 임지의 평균축적율의 138.20%에 이르고 있는 사실을 인정할 수 있으나, 다른 한편, 갑 제2호증의 9의 기재와 갑 제13호증의 1 내지 7, 을 제3호증의 1의 영상에 변론 전체의 취지를 종합하면, 원고는 이 사건 도시관리계획 입안제안을 하면서 비교적 양호한 입목이 산재해 있는 능선부는 녹지로 원형보존하겠다는 취지의 사전환경성검토서를 첨부한 사실, 이 사건 신청부지는 인근 마을과 주된 통행로에서 일정 거리 이상 떨어진 곳에 위치하고 있어 일부 수목을 제거하더라도 그 피해가 상대적으로 적은 지역인 사실 등을 인정할 수 있고, 이에 더하여 이 사건 신청부지는 아래에서 보는 바와 같이 산지전용허가가 가능한 지역인 점에 비추어 보면, 이 사건 신청부지에 이 사건 납골시설을 설치함으로써 자연경관이 훼손될 우려가 있다는 이유를 들어 이 사건 처분을 한 것은 합리성이 없다.

(마) 산지전용허가 제한

1) 우선 이 사건 신청부지가 산지관리법 제4조 제1항 제1호 가목에서 규정한 보전산지 중 '임업용 산지'에 해당하는 사실은 당사자 사이에 다툼이 없는바, 피고는 ① 이 사건 신청부지는 107,495㎡에 이르는데, 산지관리법 제12조, 제18조, 같은 법 시행령 제20조 제4항 및 이에 근거한 [별표 4] 산지전용허가기준의 적용범위와 사업별·규모별 세부기준 제7호 사목, 같은 법 시행규칙 제18조 제1항에 의하면, 임업용 산지는 전용하고자 하는 산지의 규모가 30,000㎡ 이하이어야만 산지전용허가가 가능하고, ② 이 사건 신청부지의 평균 경사도는 25.29도인데, 위 [별표 4] 제6호 가목에 의하면, 전용하고자 하는 산지의 평균경사도가 25도 이하이어야만 산지전용허가가 가능하므로, 이 사건 신청부지는 이 사건 납골시설 설치를 위한 산지전용허가 자체가 허용될 수 없는 지역이라는 취지로 주장한다.

2) 위 ①주장에 관하여 살피건대, 이 사건 신청부지는 107,495㎡로서 임업용 산지의 전용허가가 가능한 면적 30,000㎡를 초과하고 있는 사실은 당사자 사이에 다툼이 없으나, 산지관리법 시행규칙 제18조 제3항 제3호에 의하면, 국토계획법에 의한 도시관리계획에 따라 도시계획시설 등을 설치하기 위하여 산지전용하는 경우에는 같은 조 제1항에 따른 면적제한을 적용받지 아니하는바, 피고의 위 주장은 나아가 살펴볼 필요 없이 이유 없다.

3) 위 ②주장에 관하여 살피건대, 갑 제2호증의 9, 을 제15호증의 1, 2의 각 기재에 의하면, 이 사건 신청부지의 평균 경사도가 25.29도인 사실을 인정할 수 있으나, 다른 한편, 위 [별표 4] 제6호 가목 단서에 의하면, 산지관리법 제8조에 따른 산지에서의 구역 등의 지정 협의를 거친 경우로서 평균경사도기준이 검토된 경우에는 평균경사도의 산정 대상에서 제외할 수 있고, 산지관리법 제8조 제1항, 제14조 제2항, 같은 법 시행령 제7조 제2항 및 이에 근거한

[별표 2] 산지에서의 지역 등의 협의기준 비고 3.에 의하면, 관계 행정기관의 장이 다른 법률에 의하여 산지전용허가가 의제되는 행정처분을 하기 위하여 산림청장에게 협의를 요청할 수 있고, 이때 지역 등을 지정하여 전용하려는 산지의 지형여건 또는 사업수행상 위 [별표 2]에서 정한 협의기준을 적용하는 것이 불합리하다고 인정되는 경우에는 중앙산지관리위원회 또는 지방산지관리위원회의 심의를 거쳐 완화할 수 있는바, 위 법령의 규정내용과 이 사건 신청부지의 평균경사도 초과치가 극히 적은 점, 부지조성단계에서 성토작업이 이루어질 경우 위와 같은 문제점을 해결할 수 있는 점 등에 비추어 보면, 피고의 위 주장은 이유 없다.

{이에 대하여 피고는 다시, 산지관리법 제8조 제1항, 같은 법 시행령 제7조 제1항 및 이에 근거한 [별표 1] 산지에서의 지역 등의 협의의 범위에 의하면, 이 사건 신청부지는 협의대상지역에 포함되지 않는다는 취지로 다투나, 위 [별표 1] 3호에 의하면, 다른 법률에 따라 개발목적으로 이용하기 위해 지정 또는 결정되는 지역 역시 협의대상지역에 포함되는바, 피고의 위 주장은 이유 없다.}

4) 따라서 이 사건 신청부지는 산지전용허가가 허용될 수 없는 지역에 해당한다는 이유로 이 사건 처분을 한 것은 합리성이 없다.

(바) 그 밖의 피고 주장 사유

1) 다음으로 피고는 ① 이 사건 신청부지 15필지 중 9필지(면적 대비 80%)는 국토계획법 제27조 제3항에 따라 국토해양부장관이 제정한 「토지의 적성평가에 관한 지침」 3-2-5절에서 규정한 종합적성등급 중 중간적성등급(B등급)으로 평가되는데, 위 지침에 의하면, 종합적성등급 중 중간적성등급(B등급)에 해당하는 도시관리계획 입안구역은 다른 지역에 입지가 사실상 곤란한 경우 또는 토지수급상 공급이 부족한 경우에 한하여 도시계획위원회의 심의를 거쳐 도시관리계획을 입안할 수 있는바, 이 사건 경우 납골시설이 다른 지역에 입지가 사실상 곤란하거나 공급이 부족한 경우라고 볼 수 없으므로, 이 사건 신청부지는 납골시설에 관한 도시관리계획을 입안할 수 없는 지역이고,

② 이 사건 신청부지 중 울산 울주군 (이하 2 생략) 토지는 이미 도시계획시설(도로)의 설치장소로 결정되었는데, 국토계획법 제64조에 의하면, 도시계획시설의 설치장소로 결정된 지상에 대하여는 당해 도시계획시설이 아닌 건축물의 건축이나 공작물의 설치를 허가하여서는 아니되므로, 이 사건 신청부지는 새로운 도시계획시설인 납골시설을 입안할 수 없는 지역이며,

③ 국토계획법 제43조 제2항에 따라 국토해양부장관이 제정한 「도시계획시설의 결정·구조 및 설치기준에 관한 규칙」 제5조에 의하면, 도시계획시설은 당해 지역 기능의 유지 및 증진에 기여할 수 있도록 장래의 수요를 고려하여 적정한 규모로

결정하여야 하며, 부당하게 과대하거나 과소한 규모로 결정하여서는 아니되는바, 이 사건 납골시설이 2004.12.자 장사시설 수급계획에 따른 수요예상량을 훨씬 초과한 이상, 이를 위한 이 사건 도시관리계획 입안제안은 부적법하고,

④ 국토계획법 제19조 제3항 및 같은 법 시행령 제16조에 따라 국토해양부장관이 제정한 「도시기본계획수립지침」 5-5-4절에 의하면, 기반시설은 도시기본계획에서 수량 및 생활권별 입지계획을 정하고, 특히 납골시설 등 장래의 인구변화에 따라 수급계획이 필요한 시설에 대하여는 도시기본계획에 그 내용을 기술하도록 하며, 나아가 국토계획법 제25조 제1항에 의하면, 도시관리계획은 도시기본계획에 부합되어야 하는바, 이 사건 납골시설은 울산광역시 도시기본계획에서의 수량이나 생활권별 입지내용 계획에 전혀 반영되어 있지 아니하므로, 이 사건 도시관리계획 입안제안은 부적법하며,

⑤ 이 사건 신청부지는 도로법 제49조 및 고속국도법 제8조에 따라 지정·고시된 접도구역인데, 장사 등에 관한 법률 제17조, 같은 법 시행령 제22조 제4항은 묘지·봉안시설 등의 설치 제한지역으로 위 접도구역을 열거하고 있으므로, 이 사건 도시관리계획 입안제안은 부적법하다는 취지로 주장한다. 우선 위와 같은 사유들은 피고가 이 사건 처분을 함에 있어 처분사유로 삼지 않은 것이고, 당초 처분사유와 기본적 사실관계의 동일성도 인정되지 않는다는 점을 밝혀둔다.

2) 위 ①주장에 관하여 살피건대, 갑 제2호증의 9, 을 제10호증의 기재에 의하면, 이 사건 신청부지 15필지 중 9필지는 토지종합적성등급 중 중간적성등급(B등급)을, 나머지 6필지는 개발적성등급(C등급)으로 각 평가된 사실을 인정할 수 있으나, 다른 한편, 「토지의 적성평가에 관한 지침」 3-2-5절 (2)의 다목에 의하면, 도시계획시설 중 보건위생시설과 환경기초시설의 경우에는, 중간적성등급(B등급)에 해당하더라도 입안권자는 도시계획위원회의 심의를 거쳐 도시관리계획을 입안할 수 있으며, 국토계획법 제2조 제6호에 의하면, 납골시설은 보건위생시설에 해당하는바, 위 지침에 의하더라도 이 사건 신청부지는 납골시설에 관한 도시관리계획을 입안할 수 있는 지역에 해당한다 할 것이므로, 피고의 위 주장은 이유 없다.

3) 위 ②주장에 관하여 살피건대, 을 제3호증의 2, 을 제4호증의 기재에 의하면, 이 사건 신청부지 중 울산 울주군 (이하 2 생략) 토지는 울산광역시 도시외곽순환도로 건설을 위한 도시계획시설(광로 3-5호선)의 설치장소로 결정된 사실을 인정할 수 있으나, 다른 한편, 국토계획법 제43조 제2항에 따라 국토해양부장관이 제정한 「도시계획시설의 결정·구조 및 설치기준에 관한 규칙」 제3조 제1항 및 제4조 제1항에 의하면, 토지를 합리적으로 이용하기 위하여 필요한 경우에는 둘 이상의 도시계획시설을 같은 토지에 함께 결정할 수 있으며,

도시계획시설이 위치하는 지역의 적정하고 합리적인 토지이용을 촉진하기 위하여 필요한 경우에는 도시계획시설이 위치하는 공간의 일부만을 구획하여 도시계획시설결정을 할 수 있는바, 위 법령의 규정내용과 이 사건 변론종결일 현재까지 위 계획도로의 구체적인 노선 등이 확정되지 아니한 점, 이 사건 신청부지가 새로운 도시계획시설인 납골시설을 중복하여 입안할 수 없는 형상 내지 지역적 특수성을 가지고 있음을 인정할 만한 자료가 없는 점 등에 비추어 보면, 피고의 위 주장은 이유 없다.

4) 위 ③주장에 관하여 살피건대, 그 주장취지는 이 사건 처분사유 중 2004. 12.자 장사시설 수급계획에 따른 수요예상량을 초과하고 있다는 부분과 동일한바, 위 처분사유가 합리성과 타당성이 없다는 점은 앞서 본 바와 같으므로, 피고의 위 주장은 나아가 살펴볼 필요 없이 이유 없다.

5) 위 ④주장에 관하여 살피건대, 도시기본계획은 도시의 기본적인 공간구조와 장기발전방향을 제시하는 종합계획으로서 그 계획에는 토지이용계획, 환경계획, 공원녹지계획 등 장래의 도시개발의 일반적인 방향이 제시되지만, 그 계획은 도시계획입안의 지침이 되는 것에 불과하여 행정청과 일반 국민에 대한 직접적인 구속력은 없는 것이므로( 대법원 2007. 4. 12. 선고 2005두1893 판결, 대법원 2002. 10. 11. 선고 2000두8226 판결 등 참조), 피고의 위 주장 역시 나아가 살펴볼 필요 없이 이유 없다.

6) 위 ⑤주장에 관하여 살피건대, 이 사건 신청부지가 도로법 제49조와 고속국도법 제8조에 따라 지정·고시된 접도구역에 해당한다는 점을 인정할 만한 증거가 없으므로, 피고의 위 주장은 이유 없다.

(사) 소결론

이상에서 살펴본 바와 같이 피고가 이 사건 처분사유로 내세우고 있는 것은 모두 합리성과 타당성이 없고, 이 사건 신청부지에 이 사건 납골시설을 설치하는 것을 금지하거나 제한하는 근거법령이 전혀 없으며, 나아가 피고가 주장하는 여러 사정을 감안한다 하더라도 이 사건 도시관리계획 입안제안을 반려할 만한 특별한 공익적 사정이 있다고 보기도 어렵다 할 것이므로, 결국 이 사건 처분은 이익형량을 함에 있어 정당성·객관성을 결여하여 재량권을 일탈·남용한 위법이 있다 할 것이다.

## 3. 결 론

그렇다면, 원고의 이 사건 청구는 이유 있으므로 이를 인용하기로 하여 주문과 같이 판결한다.

판사 김○○(재판장) 정○○ 연○○

## 산림자원의 조성 및 관리에 관한 법률 위반

[창원지법 2015.12.9. 선고 2015노7985, 판결 : 상고]

**【판시사항】**

피고인이 임야에서 고사리를 재배하기 위해 관할 시청에 입목벌채를 수반하는 내용의 산지일시사용신고서를 접수하였다가 반려처분을 받았음에도 입목을 벌채하였다고 하여 구 산림자원의 조성 및 관리에 관한 법률 위반으로 기소된 사안에서, 피고인은 시장의 허가 없이 입목을 벌채한 것이라고 한 사례

**【판결요지】**

피고인이 임야에서 고사리를 재배하기 위해 관할 시청에 입목벌채를 수반하는 내용의 산지일시사용신고서를 접수하였다가 반려처분을 받았음에도 입목을 벌채하였다고 하여 구 산림자원의 조성 및 관리에 관한 법률(2014.3.11 법률 제12415호로 개정되기 전의 것) 위반으로 기소된 사안에서, 산지일시사용신고는 수리를 요하는 신고로서, 시장(市長)은 수리 요건 해당 여부를 실질적으로 심사할 권한이 있고, 반려처분에 중대하고 명백한 하자가 없으므로, 피고인은 시장의 허가 없이 입목을 벌채한 것이라고 한 사례.

**【참조조문】**

산림자원의 조성 및 관리에 관한 법률 제13조, 제36조 제1항, 제5항, 구 산림자원의 조성 및 관리에 관한 법률(2014.3.11 법률 제12415호로 개정되기 전의 것) 제36조 제1항, 제5항, 제74조 제1항 제3호, 구 산림자원의 조성 및 관리에 관한 법률 시행령(2014. 9.11 대통령령 제25599호로 개정되기 전의 것) 제43조 제7호, 산지관리법 제2조 제3호, 제15조의2 제2항, 제3항, 산지관리법 시행령 제17조 제1항, 제18조의3 제1항, 제3항, 제4항 [별표 3의3], 구 산지관리법 시행규칙(2014.8.14 농림축산식품부령 제100호로 개정되기 전의 것) 제10조 제2항 제1호, 행정절차법 제40조

**【전문】**
**【피 고 인】**
**【항 소 인】** 피고인
**【검 사】** 김○○ 외 1인

[판례 모음]

【변 호 인】
법무법인 청○ 담당변호사 노○○ 외 1인

【원심판결】
창원지법 밀양지원 2015.3.26. 선고 2014고정226 판결

【주 문】
피고인의 항소를 기각한다.

【이 유】

1. 항소이유의 요지

산림자원의 조성 및 관리에 관한 법률(이하 '산림자원법'이라 한다) 제36조 제5항, 산림자원법 시행령 제43조 제7호에 의하면, 산지관리법 제15조의2 제2항에 따른 산지일시사용신고를 한 자가 산지전용에 수반되는 입목벌채 등을 하는 경우에는 산림자원법 제36조 제1항에 따른 관할관청의 허가 없이 입목벌채 등을 할 수 있다.

한편 산지관리법 제15조의2 제2항, 산지관리법 시행령 제18조의3 제4항 및 [별표 3의3] 제6호에 의하면, 산나물 등 재배의 경우에는 대상 산지 입목의 벌채·굴채가 수반되지 아니하는 경우에만 산지일시사용신고를 할 수 있으나, 대상 산지가 평균경사도가 25° 미만이고 재배면적이 3만$m^2$ 미만이며, 산림자원법 제13조에 따라 산림경영계획의 인가를 받은 경우에는 입목의 벌채·굴채가 수반되는 경우에도 산지일시사용신고를 할 수 있다. 그리고 산지관리법 제15조의2 제2항에 규정된 산지일시사용신고는 행정절차법 제40조에 정한 수리를 요하지 않는 신고이다.

피고인은 고사리 재배를 위하여 산림경영계획(변경)인가를 받았고 신고에 필요한 형식상의 요건을 갖추어 산지일시사용신고를 하였으므로, 밀양시장이 위 산지일시사용신고에 대하여 반려처분을 하였다고 하더라도 피고인이 한 산지일시사용신고는 위와 같은 통지로써 그 신고의무는 이행된 것이다.

따라서 피고인은 관할관청의 허가가 없었더라도 산림자원법 제36조 제5항, 산림자원법 시행령 제43조 제7호에 따라 임의로 입목벌채 등을 할 수 있었다.

2. 판단

가. 관련 법령

별지 '관련 법령' 기재와 같다.

나. 인정 사실

원심 및 이 법원이 적법하게 채택하여 조사한 증거들을 종합하면, 아래와 같은 사실을 인정할 수 있다.

1) 피고인은 2012.12.12 그 형인 공소외인 소유인 밀양시 (주소 1 생략), (주소 2 생략), (주소 3 생략) 임야 3필지에 관하여 밀양시장으로부터 "기간: 2012.12.~2022.11.30, 시업종 : 천연림 보육"인 공소외인 명의의 산림경영계획 인가를 받고(위 산림경영계획인가서나 그 인가조서에는 입목의 벌채 등에 관한 기재는 없고, 산림계획인가서에는 "벌채가 필요한 산림사업을 실행하고자 하는 경우에는 시장, 군수, 구청장에게 신고하여야 합니다."라고 기재되어 있다), 2013.5.2에는 위 산림경영계획의 시업종에 고사리 식재를 추가하는 내용의 변경인가를 받았다.

2) 피고인은 2013.9.24 밀양시청에 위 (주소 1 생략), (주소 2 생략), (주소 3 생략) 임야 3필지와 이에 추가하여 밀양시 (주소 4 생략) 임야(합계 면적: 29,978㎡)에 관하여 "목적 : 고사리 재배, 기간 : 신고일로부터 24개월"인 공소외인 명의의 산지일시사용신고서를 접수하였다. 위 산지일시사용신고서에 첨부된 사업계획서에는 "작업방법 : 신고지 내 입목 등 지장물을 제거하고 고사리(도라지)를 식재하여 재배코자 함.", "입목처리계획: 소나무류는 신고지 밖으로 반출 없이 신고지에서 부패 촉진토록 처리하고, 그 이외의 입목은 땔감용 또는 화목용 반출할 계획임."이라고 기재되어 있다.

3) 밀양시장은 공소외인 명의의 산지일시사용신고에 대하여 '산지일시사용신고의 사업계획과 산림경영계획 인가받은 사항이 상이하므로 산림경영계획 인가받은 사항과 같은 입목의 벌채, 굴취 계획이 반영된 사업계획서를 보완하여 제출할 것'을 2차례에 걸쳐 요구하였으나, 보완 거부 취지가 기재된 공소외인 명의의 답변서가 제출되자 2013.10.31 산지일시사용신고 반려처분을 하였다.

4) 피고인은 2013.12.경 위 (주소 4 생략), (주소 1 생략), (주소 2 생략), (주소 3 생략) 임야 4필지 지상에 있는 입목 652본을 벌채하였다.

다. 이 사건의 쟁점

피고인이 이 사건 당시 구 산림자원법(2014.3.11 법률 제12415호로 개정되기 전의 것, 이하 같다) 제36조 제1항의 입목벌채를 위한 허가를 받은 사실이 없고, 밀양시장이 공소외인 명의의 산지일시사용신고를 반려한 이상, 이 사건의 쟁점은 산지관리법 제15조의2 제2항, 산지관리법 시행령 제18조의3 제4항 및 [별표 3의3] 제6호에 따른 산지일시사용신고가 수리를 요하는 신고여서 위와 같이 수리되지 아니한 이상 그 신고가 없다고 볼 것인지, 아니면 위 신고가 요건을 갖춘 통지만으로 그 신고의무를 다하게 되는 자기완결적 신고여서 위와 같은 신고접수만으로 그 신고가 있다고 볼 것인지 여부이다.

라. 관련 법리
1) 산지관리법 제15조의2 제2항, 제20조, 산지관리법 시행령 제18조의3 제3항 및 [별표 3의3] 규정의 형식과 내용에 비추어 보면, 농림어업인이 평균경사도 30° 미만, 부지면적 30,000㎡ 미만인 산지에서 관상수를 재배하기 위하여 산지로 복구할 것을 조건으로 일정 기간 동안 산지를 사용하거나 이를 위하여 산지의 형질을 변경하는 내용의 산지일시사용신고를 한 경우, 그 신고 내용이 거짓이거나 그 밖의 부정한 방법으로 신고를 한 경우 등이 아닌 한 군수 등은 그 신고를 수리하여야 하고, 그와 같은 산지일시사용신고를 수리함에 있어 군수 등에게 어떠한 재량이 있다고 볼 수 없다(대법원 2012.9.27. 선고 2011두31987 판결 참조). 위와 같은 법리는 이후 별지 관련 법령 기재와 같이 개정된 산지관리법, 산지관리법 시행령, [별표 3의3] 제6호와 고사리 등과 같은 산나물 재배의 경우에도 동일하게 적용된다.
2) 산지일시사용신고와 관련된 법률 규정 중 상당수는 공익에 관한 것으로 행정청의 전문적이고 종합적인 심사가 요구되는데, 만약 그 신고만으로 일체의 요건 심사가 배제된다고 한다면, 중대한 공익상의 침해나 이해관계인의 피해를 야기하고 관련 법률에서 정한 인가나 신고제도를 통하여 사인의 행위를 사전에 감독하고자 하는 규율체계 전반을 무너뜨릴 우려가 있다. 또한 산지일시사용신고를 하려는 자는 관련 법령에서 제출하도록 의무화하고 있는 구비서류를 제출하여야 하는데, 이는 위 신고를 수리하는 행정청으로 하여금 관련 법률에 규정된 요건에 관하여도 심사를 하도록 하기 위한 것으로 볼 수밖에 없다. 따라서 산지일시사용신고는 특별한 사정이 없는 한 행정청이 그 실체적 요건에 관한 심사를 한 후 수리하여야 하는 이른바 '수리를 요하는 신고'로 보는 것이 옳다(대법원 2011.1.20. 선고 2010두14954 전원합의체 판결의 취지 참조).

마. 이 법원의 판단
1) 이 사건 산지일시사용신고의 법적 성질
가) 수리를 요하지 않는 신고와 수리를 요하는 신고의 구별은 분명하지 않은 경우가 많고, 양자를 구별하는 기준에 대해 견해의 대립이 있으나, 수리를 요하지 않는 신고와 수리를 요하는 신고를 구별할 수 있게 해 주는 통일적이고 단일한 절대적 기준은 존재하지 않는다. 관건은 입법권자가 개개의 법령에서 신고를 규율하면서 어떠한 개념과 범주에 의거하였는지 또는 어떠한 법적 효과를 부여하고자 하였는지를 탐구하는 데 있다. 따라서 관계 법령의 규율 취지와 내용, 방식 등을 종합적으로 파악하여 판단을 내릴 수밖에 없다. 이렇게 볼 때, 관계 법령상 행정청에 신고의 수리 여부에 관한 결정권을 명시적으로 부여하고 있다고 볼 것인지를 판단하는 것이 급선무이자 가장 중요한 기준이 된다.

반면, 그와 같은 명문의 규정이 없는 경우에는 ① 법률에 수리에 관한 명시적 규정이 있는지 여부, ② 신고와 등록을 동시에 대비시켜 규정해 놓았는지 여부, ③ 법률연혁상 등록제에서 신고제로 개정된 규정인지 여부, ④ 신고행위의 효력시기에 관한 규정 유무, ⑤ 시설요건에 관한 규정을 두고 시설의 설치신고를 요구하는 경우인지 여부, ⑥ 지위양수자의 신고규정 유무, ⑦ 수리의 요건으로서 형식적 요건 외에 실질적 심사규정을 두고 있는지 여부, ⑧ 행정벌 규정이 무신고행위에 대한 제재인지, 아니면 신고의무불이행을 제재하는 것인지 여부 등과 같은 여러가지 요소들이 얼마나, 어떻게 나타나고 있는지를 종합적으로 고려하여 판단하여야 한다.

결국, 해당 법령의 관계 규정들을 종합적으로 검토해 볼 때, 신고만으로 해당 행위를 개시하도록 허용한 뒤 일정한 사유가 있는 경우 사후적으로 감독적 통제를 하려는 것인지, 아니면 신고가 있더라도 그것만으로 해당 행위를 허용하는 것이 아니라 행정청이 최종적인 허용 여부를 통제할 수 있도록 하려는 것인지에 따라, 전자는 자기완결적 신고로, 후자는 수리를 요하는 신고로 판단하여야 한다.

나) 이 사건 산지일시사용신고는 입목의 벌채를 수반하고 있어 산지관리법 시행령 제18조의3 제4항 및 [별표 3의3] 제6호에 따라 신고인이 농림어업인이고, 대상 산지가 평균경사도 30° 미만, 재배면적이 3만㎡ 미만이며, 산림자원법 제13조에 따라 산림경영계획의 인가를 받은 경우에만 산지일시사용신고를 할 수 있다. 산지일시사용신고서에는 산지관리법 시행령 제18조의3 제1항, 제17조 제1항 전단, 구 산지관리법 시행규칙(2014.8.14 농림축산식품부령 제100호로 개정되기 전의 것) 제10조 제2항 제1호 등에 따라 사업계획서(산지전용의 목적, 사업기간, 산지전용을 하고자 하는 산지의 이용계획, 토사처리계획 및 피해방지계획 등이 포함되어야 한다) 등이 첨부되어야 한다.

다) 앞서 본 관련 법령이나 법리, 산지일시사용신고에 사업계획서 등이 첨부되는 등의 사정들을 종합하면, 이 사건 산지일시사용신고는 수리를 요하는 신고에 해당하고, 밀양시장은 위 수리 요건에 해당하는지 여부를 실질적으로 심사할 권한이 있다(위 2011두31987 판결에 의하면, 산지일시사용신고가 수리를 요하는 신고로서 그 수리처분이 기속행위라는 취지임은 문언상 명백하다. 또한 산지관리법 제16조 제1항, 제2항은, 제15조의2 제2항에 따른 산지일시사용신고의 효력은 다른 법률에 따른 인가 등의 행정처분이 필요한 경우에는 그 행정처분을 받을 때까지 발생하지 아니하고, 제1항에 따른 목적사업의 시행에 필요한 행정처분에 대한 거부처분이나 그 행정처분의 취소처분이 확정된 경우에는 제15조의2 제2항에 따른 산지일시사용신고는 수리되지 아니한 것으로 본다고 규정하고 있는데,

이는 산지관리법 시행령 제18조의3 제4항 및 [별표 3의3] 제6호에 따라 산림경영계획인가가 필요한 이 사건 산지일시사용신고에 그대로 적용되므로, 어느 모로 보나 이 사건 산지일시사용신고가 수리를 요하는 신고임은 명백하다).

2) 밀양시장의 산지일시사용신고 반려처분이 당연무효인지 여부

밀양시장의 산지일시사용신고 반려처분에 일부 하자가 있었다고 하더라도, 그 하자가 중대하고 명백하여 당연무효라고 보아야 할 사유가 있는 경우를 제외하고는 아무도 그 하자를 이유로 위 처분의 효과를 부정하지 못하는데(대법원 1994. 11.11. 선고 94다28000 판결, 대법원 2007.3.16. 선고 2006다83802 판결, 대법원 2009.3.12. 선고 2008도7957 판결 등 참조), 밀양시장의 위 반려처분에 중대하고 명백한 하자가 있음을 인정할 만한 사정은 보이지 아니한다(피고인과 변호인이 주장하는 사유를 중대하고 명백한 하자라고 볼 수도 없다).

3) 단순한 신고능력의 형사법적 효력

나아가 이 사건 산지일시사용신고가 실질적으로 행정법상 모든 신고기준을 충족하고 있는 경우라도 신고의 수리를 받지 아니하고 한 행위가 형사법에서 어떠한 효력을 가질 수 있는지에 대하여 살피건대, 밀양시장의 위 반려처분이 위법하다면 피고인은 적법한 쟁송절차에 따라 그 효력을 다투어 이를 시정하여야 할 것이고 그러한 반려처분이 위법하다고 하여 이 사건 무허가벌채 행위가 정당화된다고 볼 수는 없다(대법원 1994.10.11. 선고 94도1188 판결 참조).

바. 소결론

따라서 수리를 요하는 신고인 이 사건 산지일시사용신고가 수리되지 아니한 이상 산지일시사용신고가 이루어진 것으로 볼 수 없고, 이에 따라 피고인은 구 산림자원법 제36조 제5항, 구 산림자원법 시행령(2014.9.11. 대통령령 제25599호로 개정되기 전의 것) 제43조 제7호에 따라 허가 없이 입목벌채 등을 할 수 있는 자가 아닌바, 결국 피고인은 구 산림자원법 제36조 제1항에 따른 밀양시장의 허가 없이 입목을 벌채한 것이므로 피고인의 위 사실오인 주장은 이유 없다.

## 3. 결 론

그렇다면 피고인의 항소는 이유 없으므로 형사소송법 제364조 제4항에 따라 이를 기각하기로 하여 주문과 같이 판결한다.

[[별 지] 관련 법령: 생략]

판사 권○○(재판장) 최○○ 정○○

# 손실보상금

[대법원 2017. 4.7, 선고 2016두61808, 판결]

## 【판시사항】

산지전용기간이 만료될 때까지 목적사업을 완료하지 못한 경우, 사업시행으로 토지의 형상이 변경된 부분은 공익사업을 위한 토지 등의 취득 및 보상에 관한 법률에 의한 보상에서 불법 형질변경된 토지로 보아 형질변경될 당시의 토지이용상황을 기준으로 보상금을 산정하여야 하는지 여부(적극) / 산지복구의무가 면제될 사정이 있는 경우, 형질변경이 이루어진 상태가 토지에 대한 보상의 기준이 되는 '현실적인 이용상황'인지 여부(적극)

## 【판결요지】

공익사업을 위한 토지 등의 취득 및 보상에 관한 법률(이하 '토지보상법'이라 한다) 제67조, 제70조, 공익사업을 위한 토지 등의 취득 및 보상에 관한 법률 시행규칙(이하 '토지보상법 시행규칙'이라 한다) 제24조, 산지관리법 제39조 제1항 제1호, 제3항, 제4항, 산지관리법 시행규칙 제40조의3 제1호의 규정과 입법 취지 등을 종합해 보면, 산지전용기간이 만료될 때까지 목적사업을 완료하지 못한 때에는 사업시행으로 토지의 형상이 변경된 부분은 원칙적으로 그 전체가 산지 복구의무의 대상이 되므로, 토지보상법에 의한 보상에서도 불법 형질변경된 토지로서 형질변경될 당시의 토지이용상황이 보상금 산정의 기준이 된다. 그러나 산지전용 허가 대상 토지 일대에 대하여 행정청이 택지개발촉진법 등 법률에 근거하여 개발행위제한조치를 하고 산지 외의 다른 용도로 사용하기로 확정한 면적이 있어서 산지전용 목적사업을 완료하지 못한 경우와 같이 산지복구의무가 면제될 사정이 있는 경우에는, 형질변경이 이루어진 현상 상태가 그 토지에 대한 보상기준이 되는 '현실적인 이용상황'이라고 보아야 한다. 그것이 토지수용의 경우에 정당하고 적정한 보상을 하도록 한 헌법과 토지보상법의 근본정신에 부합하고, 토지보상법 시행규칙 제23조가 토지에 관한 공법상 제한이 당해 공익사업의 시행을 직접 목적으로 하여 가하여진 경우에는 제한이 없는 상태를 상정하여 평가한다고 정한 취지에도 부합한다.

## 【참조조문】

헌법 제23조 제3항, 공익사업을 위한 토지 등의 취득 및 보상에 관한 법률 제67조, 제70조, 공익사업을 위한 토지 등의 취득 및 보상에 관한 법률 시행규칙 제23조, 제24조, 산지관리법 제39조 제1항 제1호, 제3항, 제4항, 산지관리법 시행규칙 제40조의3 제1호

【전문】

【원고, 상고인】

【피고, 피상고인】

한국토지주택공사 (소송대리인 법무법인 민○ 담당변호사 윤○○ 외 3인)

【원심판결】

서울고법 2016. 11. 4. 선고 2016누32321 판결

【주 문】

원심판결을 파기하고, 사건을 서울고등법원에 환송한다.

【이 유】

상고이유(상고이유서 제출기간이 경과한 후 제출한 상고이유보충서 등의 기재는 상고이유를 보충하는 범위 내에서)를 판단한다.

1. 「공익사업을 위한 토지 등의 취득 및 보상에 관한 법률」(이하 '토지보상법'이라고 한다)에 의하면, 토지에 관한 보상액의 산정은 수용 등 재결 당시의 현실적인 이용상황과 일반적인 이용방법에 의한 객관적 상황을 고려하여 산정하되, '일시적인 이용상황'은 고려하지 않는다(제67조, 제70조). 그리고 「토지보상법 시행규칙」에서는 불법으로 형질변경된 토지에 대하여는 형질변경될 당시의 이용상황을 상정하여 평가하도록 규정하고 있다(제24조).

한편 산지관리법에 의하면, 산지전용허가에서 정한 산지전용의 목적사업을 완료하였거나 산지전용기간이 만료된 경우에는 산지를 복구하여야 한다. 다만 산지관리법 또는 다른 법률에 따라 산지 외의 다른 용도로 사용이 확정된 면적이 있는 등의 경우에는 복구의무의 전부 또는 일부가 면제될 수 있다(제39조 제1항 제1호, 제3항, 제4항). 그리고 산지복구의 범위와 관련하여 2015. 11. 25. 농림축산식품부령 제173호로 개정된 「산지관리법 시행규칙」은, 산지전용의 목적사업을 완료한 경우에는 절토·성토된 부분의 비탈면에 대한 복구 조치를 하여야 하고, 목적사업을 완료하지 아니한 경우에는 산지전용 등 허가 또는 신고 대상 산지 전체에 대한 복구 조치를 하여야 한다고 규정하고 있다(제40조의3 제1호). 이는 위 개정에 의하여 신설된 조항이기는 하지만, 산지전용허가 제도의 취지와 목적 등을 고려하면 그렇게 규정되기 전에도 마찬가지로 해석되던 것을 명문화하여 명확하게 한 것이라고 할 수 있다.

위와 같은 토지보상법과 산지관리법 등 관련 법령의 규정과 입법 취지 등을 종합해 보면, 산지전용기간이 만료될 때까지 그 목적사업을 완료하지 못한 때에는 그 사업시행

으로 토지의 형상이 변경된 부분은 원칙적으로 그 전체가 산지 복구의무의 대상이 되므로, 토지보상법에 의한 보상에서도 불법 형질변경된 토지로서 형질변경될 당시의 토지이용상황이 보상금 산정의 기준이 된다. 그러나 산지전용 허가 대상 토지 일대에 대하여 행정청이 택지개발촉진법 등 법률에 근거하여 개발행위제한조치를 하고 산지 외의 다른 용도로 사용하기로 확정한 면적이 있어서 산지전용 목적사업을 완료하지 못한 경우와 같이 산지복구의무가 면제될 사정이 있는 경우에는, 형질변경이 이루어진 현상 상태가 그 토지에 대한 보상기준이 되는 '현실적인 이용상황'이라고 보아야 한다. 그것이 토지수용의 경우에 정당하고 적정한 보상을 하도록 한 헌법과 토지보상법의 근본정신에 부합하고, 토지보상법 시행규칙 제23조가 토지에 관한 공법상 제한이 당해 공익사업의 시행을 직접 목적으로 하여 가하여진 경우에는 제한이 없는 상태를 상정하여 평가한다고 정한 취지에도 부합한다.

2. 원심은, 이 사건 수용재결 당시에 제1심판결 별지 목록 순번 1~7 기재 각 토지(이하 통틀어 '이 사건 각 토지'라고 하고, 개별 필지를 가리킬 때에는 '이 사건 제1토지' 등으로 약칭한다)의 형상이 외형상 대지로 변경되었다고 인정하기에 부족하고, 산지전용기간의 만료로 산지로 복구할 의무가 있었으며, 그 지상에 구조물이 축조되지 아니하여 산지로 복구하는 것이 어렵지 않았으므로, 이 사건 각 토지가 '대지'로 형질변경된 것으로 볼 수 없고, 그 지목인 '임야'를 기준으로 수용보상액을 산정하여야 한다고 판단하였다.

3. 그러나 다음과 같은 이유로 원심의 판단은 수긍하기 어렵다.
    가. 원심판결 이유와 적법하게 채택된 증거를 종합하면, 아래와 같은 사실관계 등을 알 수 있다.
    1) 원고들을 포함한 6인(이하 '원고 등'이라고 한다)은 공동으로 2005.4.11. 파주시장으로부터 지목이 '임야'였던 이 사건 각 토지에 관하여 전용목적을 '소매점, 사무실, 주택', 산지전용기간을 2006.4.30.까지로 한 산지전용허가를 받고, 2006.5.8. 산지전용기간을 2007.4.30.까지 연장하는 산지전용변경허가를 받았다.
    2) 그 무렵 원고 등은 이 사건 각 토지에 진입로를 개설하여 콘크리트포장을 하고, 절토·성토를 한 후 옹벽을 설치하는 공사를 시행하여 건물 건축에 적합한 대지로 평탄화하였다. 파주시장은 2007.1.1. 기준 개별공시지가결정에서 이 사건 제1~4토지의 이용상황을 '주거나지'(주거용 나지)로, 이 사건 제5, 6토지의 이용상황을 도로로, 이 사건 제7토지의 이용상황을 임야로 평가하였다. 그런데 국토해양부가 발간하는 「개별공시지가 조사·산정 지침」은 '주거나지'를 '주변의 토지이용상황이 주택대지로서 그 토지에 건축물이 없거나 일시적으로 타용도로 이용되고 있으나, 가까운 장래에 주택용지로 이용·개발될 가능성이 높은 토지'라고 정의하고 있다.
    3) 한편 파주시장은 2006.10.27 피고가 택지개발지구 지정을 제안한 '파주운정3 택지개발사업'(이하 '이 사건 사업'이라고 한다)과 관련하여 이 사건 각 토지를 포함한 파주시

교하읍 일대 7,007,000㎡에 관하여 '택지개발예정지구 지정 추진지역 각종 개발행위 허가제한 고시'(이하 '이 사건 개발행위 허가제한 고시'라고 한다)를 하였다. 이는 경작을 위한 토지의 형질변경 또는 관상용 식물의 가식, 농림·수산물의 생산에 직접 이용되는 간이공작물의 설치를 제외하고는, 건축물의 신축·개축·증축 등 택지개발사업 시행에 지장을 초래할 우려가 있는 개발행위(고시일 전에 인허가를 받고 실제 공사에 착수한 행위는 제외)의 허가를 제한한다는 내용이었다.

4) 원고 등은 이 사건 개발행위 허가제한 고시로 인하여 산지전용기간 내에 건축허가절차를 거치지 못함에 따라 이 사건 각 토지에서 건축행위를 하지 못하였고, 그 상태가 그대로 유지되던 중 위 파주시 교하읍 일대가 2007.6.28 이 사건 사업의 택지개발예정지구로 결정·고시되고, 2008.12.31. 택지개발지구로 결정·고시되어, 이 사건 각 토지는 이 사건 사업의 시행을 위하여 2013.7.16. 수용되었다.

5) 파주시장이 위 산지전용기간 만료일(2007.4.30) 후 위와 같이 수용되기 전까지 원고 등에 대하여 이 사건 각 토지에 관하여 산지로 복구하라는 등의 명령을 한 바는 없다.

나. 위와 같은 사정을 앞에서 본 법리에 비추어 살펴보면, 우선 원고 등은 적법한 산지전용허가를 받아 이 사건 제1~4토지를 건물의 건축을 위한 대지로, 이 사건 제5, 6토지를 진입로로 조성하는 공사를 시행함으로써 개별공시지가결정에서 '주거나지' 또는 도로로 평가할 만큼 산지였던 본래의 형상이 변경되고 원상회복하기 어려울 정도가 되어 늦어도 2007. 1. 1. 기준으로는 임야에서 대지 및 도로로 사실상의 형질변경이 이루어졌다고 볼 것이다. 또한 원고 등이 산지전용허가를 받은 사업목적은 그 허가서 기재대로 주택 등의 건축을 위한 것이라고 보아야 할 것이지만, 산지전용기간 내에 건축행위로 나아가지 못한 것은 이 사건 사업의 시행을 직접 목적으로 2006. 10. 27. 이 사건 개발행위 허가제한 고시가 이루어져 새로운 건축허가를 받을 수 없도록 제한된 데 따른 것이었으므로, 위 형질변경은 산지복구의무의 대상이 되지 않는다고 할 것이다. 그러므로 원고 등이 산지전용의 목적사업을 완료하지 못한 채로 산지전용기간이 만료되었지만, 그 토지의 수용에 따른 보상금 산정기준인 현실적 이용상황은 형질변경이 마쳐진 상태, 즉 이 사건 제1~4토지는 대지, 이 사건 제5, 6토지는 도로로 보아야 마땅하다.

다. 그럼에도 원심은 이 사건 각 토지에 대한 손실보상액은 형질변경 전의 지목인 임야를 기준으로 평가·산정하여야 한다고 판단하였다. 이러한 원심 판단에는 토지수용보상금의 산정 등에 관한 법리를 오해하여 필요한 심리를 다하지 아니함으로써 판결에 영향을 미친 잘못이 있다. 이 점을 지적하는 상고이유 주장은 이유 있다.

4. 그러므로 원심판결을 파기하고, 사건을 다시 심리·판단하게 하기 위하여 원심법원에 환송하기로 하여, 관여 대법관의 일치된 의견으로 주문과 같이 판결한다.

대법관 권○○(재판장) 박○○(주심) 박○○ 김○○

## 형질변경지 복구명령 취소

[대법원 2005.8.19, 선고 2003두9817, 판결]

### 【판시사항】

[1] 구 산림법령상 채석허가를 받은 자가 사망한 경우, 상속인이 그 지위를 승계하는지 여부(적극)
[2] 산림을 무단형질변경한 자가 사망한 경우, 당해 토지의 소유권 또는 점유권을 승계한 상속인이 그 복구의무를 부담하는지 여부(적극)

### 【판결요지】

[1] 구 산림법(2001.5.24. 법률 제6477호로 개정되기 전의 것) 제90조의2 제1항, 구 산림법 시행규칙(2001.11.10. 농림부령 제1405호로 개정되기 전의 것) 제95조의2는 채석허가를 받은 자(이하 '수허가자'라 한다)의 지위를 승계한 자는 단독으로 관할 행정청에의 명의변경신고를 통하여 수허가자의 명의를 변경할 수 있는 것으로 규정하고, 같은 법 제4조는 법에 의하여 행한 처분 등은 토지소유자 및 점유자의 승계인에 대하여도 그 효력을 미치도록 규정하고 있는 점, 채석허가는 수허가자에 대하여 일반적·상대적 금지를 해제하여 줌으로써 채석행위를 자유롭게 할 수 있는 자유를 회복시켜 주는 것일 뿐 권리를 설정하는 것이 아니라 하더라도, 대물적 허가의 성질을 아울러 가지고 있는 점 등을 감안하여 보면, 수허가자가 사망한 경우 특별한 사정이 없는 한 수허가자의 상속인이 수허가자로서의 지위를 승계한다고 봄이 상당하다.
[2] 구 산림법(2001.5.24. 법률 제6477호로 개정되기 전의 것) 제90조 제11항, 제12항이 산림의 형질변경허가를 받지 아니하거나 신고를 하지 아니하고 산림을 형질변경한 자에 대하여 원상회복에 필요한 조치를 명할 수 있고, 원상회복명령을 받은 자가 이를 이행하지 아니한 때에는 행정대집행법을 준용하여 원상회복을 할 수 있도록 규정하고 있는 점에 비추어, 원상회복명령에 따른 복구의무는 타인이 대신하여 행할 수 있는 의무로서 일신전속적인 성질을 가진 것으로 보기 어려운 점, 같은 법 제4조가 법에 의하여 행한 처분·신청·신고 기타의 행위는 토지소유자 및 점유자의 승계인 등에 대하여도 그 효력이 있다고 규정하고 있는 것은 산림의 보호·육성을 통하여 국토의 보전 등을 도모하려는 법의 목적을 감안하여 법에 의한 처분 등으로 인한 권리와 아울러 그 의무까지 승계시키려는 취지인 점 등에 비추어 보면, 산림을 무단형질변경한 자가 사망한 경우 당해 토지의 소유권 또는 점유권을 승계한 상속인은 그 복구의무를 부담한다고 봄이 상당하고, 따라서 관할 행정청은 그 상속인에 대하여 복구명령을 할 수 있다고 보아야 한다.

### 【참조조문】

[1] 구 산림법(2001.5.24. 법률 제6477호로 개정되기 전의 것) 제4조 (현행 산지관리법 제51조 참조)
　　제90조의2 제1항 (현행 산지관리법 제25조 참조)
　　구 산림법 시행규칙(2001.11.10. 농림부령 제1405호로 개정되기 전의 것) 제95조의2 (현행 산지관리법 시행규칙 제24조 참조)

[2] 구 산림법(2001.5.24. 법률 제6477호로 개정되기 전의 것) 제4조 (현행 산지관리법 제51조 참조)
　　제90조 제11항 (현행 산지관리법 제44조 제1항 참조)
　　제12항 (현행 산지관리법 제44조 제2항 참조)

### 【전문】
### 【원고, 상고인겸 피상고인】
조○○ 외 4인

### 【피고, 피상고인】
춘천시장 (소송대리인 변호사 김○○)

### 【피고, 상고인】
춘천국유림관리소장

### 【원심판결】
서울고법 2003.7.29. 선고 2002누14265, 4272 판결

### 【주문】
원심판결 중 피고 춘천국유림관리소장 패소 부분을 파기하고 이 부분 사건을 서울고등법원에 환송한다. 원고들의 상고를 모두 기각한다. 상고기각 부분의 상고비용은 원고들이 부담한다.

### 【이유】
1. 원고들의 상고이유에 대한 판단

　가. 원고들이 채석허가를 받은 자의 지위를 승계하는지 여부

　　구 산림법(2001.5.24. 법률 제6477호로 개정되기 전의 것, 이하 '법'이라 한다) 제90조의2 제1항, 구 산림법 시행규칙(2001.11.10. 농림부령 제1405호로 개정되기 전의 것) 제95조의2는 채석허가를 받은 자(이하 '수허가자'라 한다)의 지위를 승계한 자는 단독으로

관할 행정청에의 명의변경신고를 통하여 수허가자의 명의를 변경할 수 있는 것으로 규정하고, 법 제4조는 법에 의하여 행한 처분 등은 토지소유자 및 점유자의 승계인에 대하여도 그 효력을 미치도록 규정하고 있는 점, 채석허가는 수허가자에 대하여 일반적·상대적 금지를 해제하여 줌으로써 채석행위를 자유롭게 할 수 있는 자유를 회복시켜 주는 것일 뿐 권리를 설정하는 것이 아니라 하더라도, 대물적 허가의 성질을 아울러 가지고 있는 점 등을 감안하여 보면, 수허가자가 사망한 경우 특별한 사정이 없는 한 수허가자의 상속인이 수허가자로서의 지위를 승계한다고 봄이 상당하다.

원심은, 원고들이 이 사건 수허가자인 망 우종주(이하 '망인'이라 한다)의 상속인으로서 망인이 사망함에 따라 수허가자로서의 지위를 승계하였으므로, 산림법령에 의하여 채석허가기간의 만료에 따른 형질변경된 산림의 복구의무를 부담한다고 판단하였다.

앞서 본 법리를 기록에 비추어 살펴보면, 원심의 위와 같은 판단은 정당한 것으로 수긍이 가고, 거기에 상고이유와 같은 산림법령에 따른 수허가자로서의 지위 승계 등에 관한 법리를 오해한 위법이 있다고 할 수 없다.

나. 실권의 법리 위배 여부

실권의 법리는 권리자가 권리행사의 기회를 가지고 있음에도 불구하고, 장기간에 걸쳐 그의 권리를 행사하지 아니하였기 때문에 의무자인 상대방이 이미 그의 권리를 행사하지 아니할 것으로 믿을 만한 정당한 사유가 있게 되거나 행사하지 아니할 것으로 추인케 할 경우에 새삼스럽게 그 권리를 행사하는 것이 신의성실의 원칙에 반하는 결과가 될 때 그 권리행사를 허용하지 않는 것을 의미한다( 대법원 1988. 4.27. 선고 87누915 판결 참조).

원심은, 그 채택 증거를 종합하여 판시와 같은 사실을 인정한 다음, 그 사실관계에 의하면, 피고 춘천시장은 채석허가기간 만료 후 망인에 대하여 복구명령을 하였으나, 망인의 사망으로 그 명령서가 반송되자, 망인의 상속인인 원고 조옥순에게 복구계획서를 제출할 것을 지시하였고, 망인의 상속인인 우봉제 등으로부터 수차례 복구연기요청을 받고 복구계획을 연기하였을 뿐 장기간에 걸쳐 권리를 행사하지 않았다고 볼 수 없을 뿐만 아니라 원고들에게 피고 춘천시장이 복구명령을 하지 아니할 것으로 믿을 만한 정당한 사유가 있었다고 볼 수 없다는 이유로, 피고 춘천시장이 원고들에게 한 이 사건 복구명령이 실권의 법리에 위배된다고 할 수 없다고 판단하였다.

앞서 본 법리를 기록에 비추어 살펴보면, 원심의 위와 같은 판단은 정당한 것으로 수긍이 가고, 거기에 상고이유에서 주장하는 바와 같은 실권의 법리 등에 관한 법리오해의 위법이 없다.

## 2. 피고 춘천국유림관리소장의 상고이유에 대한 판단

가. 원심은, 무단형질변경에 따른 산림법상 복구의무는 공법상의 의무로서 무단형질변경을 한 자의 상속인이라고 하여 그 복구의무까지 당연히 상속한다고는 할 수 없고, 법 제4조에 의하더라도 법에 의하여 행한 처분 및 기타의 행위가 토지소유자 및 점유자 등의 승계인에 대하여도 그 효력이 있다는 것일 뿐 이로써 무단형질변경에 따른 복구의무가 무단형질변경을 한 자의 상속인에게 승계된다고 할 수도 없으며, 달리 무단형질변경을 한 자의 상속인에 대하여 복구명령을 할 아무런 법령상의 근거도 없으므로, 피고 춘천국유림관리소장은 망인이 무단형질변경을 하였다는 이유로 그 상속인인 원고들에게 법 제90조 제11항에 의한 복구명령을 할 수 없다고 판단하였다.

나. 그러나 이와 같은 원심의 판단은 다음과 같은 이유에서 수긍할 수 없다.

법 제90조 제11항, 제12항이 산림의 형질변경허가를 받지 아니하거나 신고를 하지 아니하고 산림을 형질변경한 자에 대하여 원상회복에 필요한 조치를 명할 수 있고, 원상회복명령을 받은 자가 이를 이행하지 아니한 때에는 행정대집행법을 준용하여 원상회복을 할 수 있도록 규정하고 있는 점에 비추어, 원상회복명령에 따른 복구의무는 타인이 대신하여 행할 수 있는 의무로서 일신전속적인 성질을 가진 것으로 보기 어려운 점, 법 제4조가 법에 의하여 행한 처분·신청·신고 기타의 행위는 토지소유자 및 점유자의 승계인 등에 대하여도 그 효력이 있다고 규정하고 있는 것은 산림의 보호·육성을 통하여 국토의 보전 등을 도모하려는 법의 목적을 감안하여 법에 의한 처분 등으로 인한 권리와 아울러 그 의무까지 승계시키려는 취지인 점 등에 비추어 보면, 산림을 무단형질변경한 자가 사망한 경우 당해 토지의 소유권 또는 점유권을 승계한 상속인은 그 복구의무를 부담한다고 봄이 상당하고, 따라서 관할 행정청은 그 상속인에 대하여 복구명령을 할 수 있다고 보아야 할 것이다.

그럼에도 불구하고, 이와 견해를 달리하여 무단형질변경을 한 망인의 상속인인 원고들에 대하여 복구명령을 할 수 없다고 한 원심판결에는 산림을 무단형질변경한 자의 상속인에 대하여 복구명령을 할 수 있는지 여부에 관한 법리를 오해한 위법이 있다고 할 것이다.

이 점을 지적하는 상고이유의 주장은 이유 있다.

## 3. 결 론

그러므로 원심판결 중 피고 춘천국유림관리소장 패소 부분을 파기하여 이 부분 사건을 원심법원에 환송하고, 원고들의 상고를 모두 기각하며, 상고기각 부분의 상고비용은 패소자들이 부담하는 것으로 하여 관여 대법관의 일치된 의견으로 주문과 같이 판결한다.

대법관 이○○(재판장) 유○○(주심) 배○○ 김○○

## [법령해석례 모음]

> 2010년12월7일부터 시행된 「산지관리법 시행령」 제32조의4제2항제4호다목의 규정을 2010년12월7일 전에 철도가 신설된 경우에도 적용할 수 있는지 여부(「산지관리법 시행령」 제32조의3 등 관련)

[법제처 19-0019, 2019.5.14, 환경부]

### 【질의요지】

「산지관리법」 제25조의4제3호 및 같은 법 시행령 제32조의4제2항제4호다목에 따르면 토석채취허가를 받아 토석의 굴취·채취가 진행 중인 허가지역에 연접하여 새로이 토석을 굴취·채취하려는 경우, 그 연접지역이 토석채취제한지역인 철도 연변가시지역(沿邊可視地域) 2천미터 이내의 산지(각주: 「산지관리법」 제25조의3제1항제2호 및 같은 법 시행령 제32조의3제2항제1호 참조)이더라도 "철도가 신설된 경우"에 해당한다면 토석을 굴취·채취할 수 있는바, 당초의 토석채취허가를 받을 당시에 없었던 철도가 2010년 12월 7일(각주: 「산지관리법 시행령」 제32조의4제2항제4호다목 규정의 시행일을 말함.) 전에 신설된 경우에도 같은 영 제32조의4제2항제4호다목을 적용할 수 있는지?

### <질의 배경>

환경부에서 「산지관리법 시행령」 제32조의4제2항제4호다목의 시행일인 2010년 12월 7일 전에 철도가 신설된 경우에도 위 규정을 적용할 수 있는지 여부에 대하여 산림청에 질의하였고, 산림청에서 적용할 수 있다고 회신하자 이에 의문이 있어 법령해석을 요청함.

### 【회답】

이 사안의 경우 2010년 12월 7일 전에 철도가 신설된 경우에도 「산지관리법 시행령」 제32조의4제2항제4호다목을 적용할 수 있습니다.

### 【이유】

「산지관리법」 제25조의4제3호 및 같은 법 시행령 제32조의4제2항제4호다목에서는 토석채취허가를 받아 토석의 굴취·채취가 진행 중에 있는 허가지역에 연접하여 새로이 토석을 굴취·채취하려는 경우로서 철도가 신설된 경우에 해당한다면 해당 산지가 같은 영 제32조의3제2항제1호의 산지에 해당하더라도 토석을 채취할 수 있다고 규정하고 있고, 「산지관리법 시행령」 제32조의4제2항제4호다목 신설 당시 위 규정의 적용을 제한하는 별도의 경과조치를 두지 않았으므로, 이 사안과 같이 토석채취허가를 받아 토석의 굴취·채취가 진행 중에 있는 허가지역에 연접하여 새로이 토석을 굴취·채취하려는 경우로서 그 허가지역과 연접한 지역에 철도가 신설되어 토석채취제한지역이 된 경우에는 「산지관리법 시행령」 제32조의4제2항제4호다목을 적용할 수 있습니다.

그리고 「산지관리법 시행령」 제32조의4제2항제4호의 규정 취지는 토석채취허가지역과 연접한 지역이 당초의 토석채취허가를 받을 당시에는 토석채취제한지역이 아니었으나 당초의 허가 이후 철도 등이 신설되어 토석채취제한지역이 된 경우, 당초 토석채취허가지역과 연접한 지역에 대해서는 비록 그 지역이 토석채취제한지역이지만 예외적으로 토석의 굴취·채취를 허용하기 위한 것이므로,[주석: 법제처 2011.12.15. 회신 11-0665 해석례 참조]

같은 호 다목에서 "철도가 신설된 경우"란 당초의 토석채취허가 이후 철도가 신규로 개설되어 당초의 토석채취허가지역과 연접한 지역이 토석채취제한지역이 된 경우를 의미하는 것으로 보는 것이 입법 취지에도 부합합니다.

한편 「산지관리법 시행령」 제32조의4제2항제4호다목 규정의 시행일 전에 철도가 신설된 경우에 「산지관리법 시행령」 제32조의4제2항제4호다목을 적용하는 것은 법령을 시행일 전으로 소급하여 적용하는 것으로서 허용되지 않는다는 의견이 있으나, 2010년 12월 7일 전에 철도가 신설된 경우에 위 규정이 적용될 수 있다고 보더라도 「산지관리법 시행령」 제32조의4제2항제4호다목에 따라 토석채취제한지역에서 토석의 굴취·채취가 가능해지는 시기는 그 철도가 신설된 때로 소급되는 것이 아니라 해당 규정의 시행일인 2010년 12월 7일 이후가 된다는 점에서 그러한 의견은 타당하지 않습니다.

〈관계 법령〉

「산지관리법」

제25조(토석채취허가 등) ① 국유림이 아닌 산림의 산지에서 토석을 채취(가공하거나 산지 이외로 반출하는 경우를 포함한다)하려는 자는 대통령령으로 정하는 바에 따라 다음 각 호의 구분에 따라 시·도지사 또는 시장·군수·구청장에게 토석채취허가를 받아야 하며, 허가받은 사항을 변경하려는 경우에도 같다. 다만, 농림축산식품부령으로 정하는 경미한 사항을 변경하려는 경우에는 시·도지사 또는 시장·군수·구청장에게 신고하는 것으로 갈음할 수 있다. 〈개정 2012.

2.22, 2013.3.23, 2017.4.18>
1. 토석채취 면적이 10만제곱미터 이상인 경우: 시·도지사의 허가
2. 토석채취 면적이 10만제곱미터 미만인 경우: 시장·군수·구청장의 허가
② ~ ⑥ (생 략)

제25조의3(토석채취제한지역의 지정 등) ① 공공의 이익증진을 위하여 보전이 특히 필요하다고 인정되는 다음 각 호의 산지는 토석채취가 제한되는 지역(이하 "토석채취제한지역"이라 한다)으로 한다. <개정 2014.1.14, 2016.12.2, 2018.3.20>
1. (생 략)
2. 「철도산업발전 기본법」 제3조제1호에 따른 철도 등 대통령령으로 정하는 시설의 연변가시지역(沿邊可視地域)을 보호하기 위하여 그 시설의 경계로부터 대통령령으로 정하는 거리 이내의 산지
3. ~ 5. (생 략)
② (생 략)
[전문개정 2010.5.31]
[제25조의2에서 이동, 종전 제25조의3은 제25조의4로 이동 <2010.5.31>]

제25조의4(토석채취제한지역에서의 행위제한) 토석채취제한지역에서는 토석채취를 할 수 없다. 다만, 다음 각 호의 어느 하나에 해당하는 경우에는 토석채취를 할 수 있다.
1. ~ 2. (생 략)
3. 공용·공공용 사업을 위하여 필요한 경우 등 대통령령으로 정하는 경우
4. ~ 5. (생 략)
[전문개정 2010.5.31]
[제25조의3에서 이동 , 종전 제25조의4는 제25조의5로 이동 <2010.5.31>]

「산지관리법 시행령」

제32조의3(토석채취제한지역) ① (생 략)
② 법 제25조의3제1항제2호에 따라 토석의 굴취·채취가 제한되는 산지는 다음 각 호의 어느 하나에 해당되는 산지로 한다. <개정 2010.12.7, 2014.12.31>
1. 고속국도 및 철도 연변가시지역의 경우에는 2천미터 이내의 산지
2. 일반국도 연변가시지역의 경우에는 1천미터 이내의 산지
3. 지방도 연변가시지역의 경우에는 5백미터 이내의 산지. 다만, 2000년 5월 16일 이전에 지방도 연변가시지역 5백미터 이내의 산지에서 채석허가를 받은 자가 해당 허가지역에 연접하여 계속 채석을 하거나 토사채취를 하려는 경우는 제외한다.

4. (생 략)
 ③ (생 략)
[본조신설 2007.7.27]
[제32조의2에서 이동 , 종전 제32조의3는 제32조의4로 이동 <2010.12.7>]
제32조의4(토석채취제한지역에서의 행위제한의 예외) ① (생 략)
 ② 법 제25조의4제3호에서 "공용·공공용사업을 위하여 필요한 경우 등 대통령령으로 정하는 경우"란 다음 각 호의 어느 하나에 해당하는 경우를 말한다. <개정 2008.7.24, 2009.4.20, 2009.11.26, 2010.12.7, 2012.5.22, 2014.12.31, 2016.12.30>
  1. ~ 3. (생 략)
  4. 토석채취허가를 받아 토석의 굴취·채취가 진행 중에 있는 허가지역에 연접하여 새로이 토석 굴취·채취하려는 경우로서 다음 각 목의 어느 하나에 해당하는 경우(제32조의3제2항제1호부터 제3호까지의 산지만 해당한다)
   가. 지방도가 일반국도 또는 고속국도로 변경된 경우
   나. 일반국도가 고속국도로 변경된 경우
   다. 고속국도, 철도, 일반국도 또는 지방도가 신설된 경우
   라. 시도 및 군도가 지방도로 변경된 경우
  5. ~ 7. (생 략)
 ③ (생 략)
[본조신설 2007.7.27]
[제목개정 2012.5.22]
[제32조의3에서 이동 <2010.12.7>]

# 개발제한구역 내의 임야인 산지에 개발제한구역 지정 전에 조성된 묘지의 지목을 변경하려는 경우 산지전용허가를 받아야 하는지 여부(「산지관리법」 제14조 등 관련)

[법제처 16-0430, 2016.10.24, 민원인]

## 【질의요지】

「공간정보의 구축 및 관리 등에 관한 법률 시행령」 제67조제2항에서는 토지소유자가 지목변경을 신청할 때에는 지목변경 사유를 적은 신청서에 국토교통부령으로 정하는 서류를 첨부하여 지적소관청에 제출하도록 규정하고 있고, 같은 법 시행규칙 제84조제1항에서는 지목변경 신청서에 관계법령에 따라 토지의 형질변경 등의 공사가 준공되었음을 증명하는 서류의 사본(제1호), 토지 또는 건축물의 용도가 변경되었음을 증명하는 서류의 사본(제3호) 등을 첨부하도록 규정하고 있으며,

「산지관리법」 제14조제1항에서는 산지전용을 하려는 자는 산림청장의 허가를 받아야 한다고 규정하고 있고, 같은 법 제12조제2항에서는 공익용산지(산지전용·일시사용제한지역은 제외함. 이하 같음)에서는 같은 항 각 호의 어느 하나에 해당하는 행위를 하기 위하여 산지전용 또는 산지일시사용을 하는 경우를 제외하고는 산지전용 또는 산지일시사용을 할 수 없다고 규정하고 있으며, 같은 조 제3항에서는 제2항에도 불구하고 공익용산지 중 「개발제한구역의 지정 및 관리에 관한 특별조치법」(이하 "개발제한구역법"이라 함)에 따른 개발제한구역의 산지[「산지관리법」 제4조제1항제1호나목8)] 등에서의 행위제한에 대하여는 해당 법률을 각각 적용한다고 규정하고 있는바,

공익용산지로 지정된 개발제한구역 내의 임야인 산지에 개발제한구역 지정 전에 조성된 개인묘지의 지목을 임야에서 묘(墓)로 변경하려는 경우에 개발제한구역법 제12조제1항제6호에 따라 토지분할 허가를 받은 경우라 하더라도 「산지관리법」 제14조에 따른 산지전용허가를 받아야 하는지?

## <질의 배경>

○ 민원인은 개발제한구역으로 지정되기 전에 해당 구역 내에 설치된 개인묘지의 지목을 임야에서 묘지로 변경하려는 자로서 개발제한구역법에 따른 토지분할 허가가 있는 경우 별도로 산지전용허가를 받을 필요는 없는 것이 아닌지 「산지관리법」의 소관부처인 산림청에 질의하였는데, 산림청으로부터 토지분할 허가와는 별도로 산지전용허가를 받아야 한다는 답변을 받자 이에 이의가 있어 직접 법제처에 법령해석을 요청함.

## 【회답】

공익용산지로 지정된 개발제한구역 내의 임야인 산지에 개발제한구역 지정 전에 조성된 개인묘지의 지목을 임야에서 묘로 변경하려는 경우에는 개발제한구역법 제12조제1항제6호에 따라 토지분할 허가를 받은 경우라 하더라도 「산지관리법」 제14조에 따른 산지전용허가를 받아야 합니다.

## 【이유】

「공간정보의 구축 및 관리 등에 관한 법률」 제81조에서는 토지소유자는 지목변경을 할 토지가 있으면 대통령령으로 정하는 바에 따라 그 사유가 발생한 날부터 60일 이내에 지적소관청에 지목변경을 신청하여야 한다고 규정하고 있고, 같은 법 시행령 제67조제1항제2호에서는 토지나 건축물의 용도가 변경된 경우를 지목변경을 신청할 수 있는 경우로 규정하고 있으며, 같은 조 제2항에서는 토지소유자가 지목변경을 신청할 때에는 지목변경 사유를 적은 신청서에 국토교통부령으로 정하는 서류를 첨부하여 지적소관청에 제출하도록 규정하고 있고, 같은 법 시행규칙 제84조제1항에서는 지목변경 신청서에 관계법령에 따라 토지의 형질변경 등의 공사가 준공되었음을 증명하는 서류의 사본(제1호), 토지 또는 건축물의 용도가 변경되었음을 증명하는 서류의 사본(제3호) 등을 첨부하도록 규정하고 있으며, 개발제한구역법 제12조제1항 단서 및 같은 항 제6호에서는 개발제한구역에서 대통령령으로 정하는 범위의 토지 분할을 하려는 자는 특별자치시장·특별자치도지사·시장·군수·구청장의 허가를 받아 그 행위를 할 수 있다고 규정하고 있습니다.

그리고, 「산지관리법」 제4조제1항제1호에서는 보전산지를 임업용산지(가목)과 공익용산지(나목)으로 규정하고 있고, 같은 법 제12조에서는 보전산지에서의 행위제한에 관하여 규정하면서 같은 조 제1항에서는 임업용산지에서의 행위제한을 규정하고 있으며, 같은 조 제2항에서는 공익용산지에서는 같은 항 각 호의 어느 하나에 해당하는 행위를 하기 위하여 산지전용 또는 산지일시사용(이하 "산지전용등"이라 함)을 하는 경우를 제외하고는 산지전용등을 할 수 없다고 규정하고 있고, 같은 조 제3항에서는 같은 조 제2항에도 불구하고 공익용산지 중 같은 항 각 호의 어느 하나에 해당하는 산지에서의 행위제한에 대하여는 해당 법률을 각각 적용한다고 규정하면서 같은 항 제1호에서는 「산지관리법」 제4조제1항제1호나목4)부터 14)까지의 산지를 규정하고 있습니다.

또한, 「산지관리법」 제44조제1항에서는 산림청장, 시·도지사 또는 시장·군수·구청장은 산지전용허가 등을 하지 아니하고 산지전용등을 한 경우에는 그 행위를 한 자에게 시설물을 철거하거나 형질변경한 산지를 복구하도록 명령할 수 있다고 규정하고 있고, 같은 법 제53조제1호에서는 산지전용허가를 받지 아니하고 산지전용을 한 자는 7년

이하의 징역 또는 5천만원 이하의 벌금에 처한다고 규정하고 있는바,

이 사안은 공익용산지로 지정된 개발제한구역 내의 임야인 산지에 개발제한구역 지정 전에 조성된 개인묘지의 지목을 임야에서 묘로 변경하려는 경우에 개발제한구역법 제12조제1항제6호에 따라 토지분할 허가를 받은 경우라 하더라도「산지관리법」제14조에 따른 산지전용허가를 받아야 하는지에 관한 것이라 하겠습니다.

먼저, 하나의 법령에서 규율하려는 대상이나 사항이 다른 법령에서 규율하고 있는 것과 중복되거나 상호 연관되는 경우, 명시적으로 다른 법령을 배제한다거나 우선 적용한다는 등의 규정이 없는 한, 각 법령의 규정사항은 모두 적용된다고 보아야 할 것인바, 개발제한구역 내의 임야인 산지에 개발제한구역 지정 전에 조성된 개인묘지를 다른 토지와 분할하고, 지목을 임야에서 묘로 변경하는 경우라면, 개발제한구역에서의 토지분할에 대해 규정하고 있는 개발제한구역법, 지목변경 신청에 관해 규정하고 있는「공간정보의 구축 및 관리 등에 관한 법률」, 임야인 산지의 전용허가 등에 대해 규정하고 있는「산지관리법」등의 관련 규정이 모두 적용된다고 할 것입니다.

그런데,「산지관리법」제4조제1항제1호나목8)에서는 개발제한구역법에 따른 개발제한구역의 산지를 대상으로 산림청장이 지정하는 산지를 "공익용산지" 중 하나로 규정하고 있고, 같은 법 제12조에서는 보전산지에서의 산지전용등의 행위제한을 규정하면서 같은 조 제2항에서는 보전산지 중 공익용산지에서는 같은 항 각 호에 규정된 시설에 한정하여 그 설치 등을 위한 산지전용등을 허용하고 있으며, 같은 조 제3항에서는 같은 조 제2항에도 불구하고 개발제한구역법에 따른 개발제한구역의 산지[「산지관리법」제4조제1항제1호나목8)] 등에서의 행위제한에 대하여는 해당 법률을 각각 적용하도록 규정하고 있는데, 이 규정은 같은 조 제2항에서 허용하고 있는 공익용산지에서 산지전용허가 등을 받아 설치할 수 있는 시설 외에 개별 법령에서 설치를 허용하거나 금지하고 있는 시설이 있다면 그 법령에 따르도록 한 규정일 뿐이고, 같은 조 제2항에서 규정한 사항 외에「산지관리법」제14조, 제21조의2 등의 산지전용허가, 지목변경금지 등의 규정을 모두 배제하는 규정은 아니라고 할 것입니다.

한편,「공간정보의 구축 및 관리 등에 관한 법률 시행령」제67조제2항에서는 지목변경을 신청할 때에는 지목변경사유를 적은 신청서에 토지 또는 건축물의 용도가 변경되었음을 증명하는 서류의 사본 등을 첨부하여 지적소관청에 제출하도록 규정하고 있고,「공간정보의 구축 및 관리 등에 관한 법률 시행규칙」제84조제2항에서는 개발행위허가·농지전용허가·보전산지전용허가 등 지목변경과 관련된 규제를 받지 아니하는 토지의 지목변경이나 전·답·과수원 상호 간의 지목변경인 경우에는 서류의 첨부를 생략할 수 있다고 규정하고 있는바, 지목변경과 관련된 규제를 받는 토지의 지목변경인 경우에는 그 지목변경과 관련된 규제를 정하고 있는 관계 법령에 따라 지목변경이 가능한

요건을 갖추었음을 증명할 수 있는 서류가 첨부되어야 할 것이고, 그 서류는 토지 또는 건축물의 용도가 적법하게 변경되었음을 증명하는 서류의 사본이라고 할 것이므로, 「산지관리법」상 산지(임야 등)의 지목을 변경하기 위해서는 개발제한구역법에 따른 개발행위허가를 받았음을 증명하는 서류뿐만이 아니라 「산지관리법」에 따른 산지전용허가를 받았음을 증명하는 서류의 사본을 첨부하여 지목변경을 신청하여야 할 것(법제처 2009.4.28. 회신 09-0066 회신례 참조)입니다.

따라서, 공익용산지로 지정된 개발제한구역 내의 임야인 산지에 개발제한구역 지정 전에 조성된 개인묘지의 지목을 임야에서 묘로 변경하려는 경우에는 개발제한구역법 제12조제1항제6호에 따라 토지분할 허가를 받은 경우라 하더라도 「산지관리법」 제14조에 따른 산지전용허가를 받아야 한다고 할 것입니다.

## 개발행위허가 시 의제되는 산지전용허가의 산지전용기간 연장허가 신청방법 (「산지관리법 시행령」 제19조제1항 등 관련)

[법제처 20-0095, 2020.4.27, 강원도 양양군]

### 【질의요지】

「국토의 계획 및 이용에 관한 법률」(이하 "국토계획법"이라 함) 제56조제1항 및 제61조제1항제10호에 따라 「산지관리법」 제14조에 따른 산지전용허가가 의제되는 개발행위허가를 받은 자가 산지전용기간 만료 전에 국토계획법 제61조제2항에 따라 개발행위기간 연장을 위한 개발행위 변경허가 및 의제되는 산지전용기간 연장허가를 개발행위 허가권자에게 신청하였으나, 개발행위 허가권자가 산지전용기간 만료 후에 산림청장등(각주: 산림청장, 시·도지사 또는 시장·군수·구청장을 말하며(「산지관리법」 제8조제1항 및 같은 법 시행령 제6조제2항 참조), 이하 같음. )에게 산지전용기간 연장허가 협의를 요청한 경우 산지전용허가가 의제되는 개발행위허가를 받은 자가 산지전용기간 만료 전에 산지전용기간 연장허가를 신청한 것으로 볼 수 있는지?

### <질의 배경>

강원도 양양군에서는 위 질의요지에 대한 산림청의 회신내용에 이견이 있어 법제처에 법령해석을 요청함.

### 【회답】

이 사안의 경우 산지전용허가가 의제되는 개발행위허가를 받은 자가 산지전용기간 만료 전에 산지전용기간 연장허가를 신청한 것으로 볼 수 있습니다.

### 【이유】

「산지관리법 시행령」 제19조제1항에서는 산지전용기간의 연장허가를 받으려는 자는 산지전용기간 만료 10일 전까지 산림청장등에게 산지전용기간 연장허가를 신청하도록 하면서(본문), 산지전용기간 만료 10일 전까지 신청하지 못한 때에는 그 사유를 명시하여 산지전용기간 만료 전에 신청하되, 산지전용기간이 만료된 후에는 산지전용기간의 연장허가를 받을 수 없다(단서)고 규정하고 있습니다.

그리고 국토계획법 제61조제1항에서는 개발행위허가 또는 변경허가를 할 때에 미리 관계 행정기관의 장과 협의를 한 사항에 대해서는 각 호의 인·허가등을 받은 것으로 본다고 하면서 같은 항 제10호에서는 「산지관리법」 제14조에 따른 산지전용허가를 규정하고 있는데, 「산지관리법」 제17조제2항 및 같은 법 시행령 제19조에서 산지전용기간 연장허가에 관하여 별도의 규정을 둔 것은 산지전용허가의 기간만을 연장하려는 경우 일반적인 산지전용의 변경허가보다 간소한 절차에 의하도록 하려는 것임을 고려하면, 개발행위허가를 받은 자가 개발행위 변경허가를 신청할 때 산지전용기간 연장허가에 관하여 산지관리법령에 따른 관련 서류를 함께 제출하고 개발행위 허가권자가 산림청장등과 협의를 하면 개발행위 변경허가 시 산지전용기간 연장허가도 의제됩니다.(각주: 대법원 2015.10.29. 선고 2013다218248 판결례 참조 )

그런데 국토계획법에서는 개발행위 허가권자가 언제까지 관계 행정기관의 장에게 협의 요청을 해야 하는지에 대해서는 구체적으로 규정하고 있지 않은바, 법령에서 인·허가 의제 제도를 둔 취지가 인·허가 의제사항과 관련하여 주된 인·허가의 관할 행정청으로 그 창구를 단일화하고 절차를 간소화하며 비용과 시간을 절감함으로써 국민의 권익을 보호하려는 것(각주: 대법원 2011.1.20. 선고 2010두14954 판결례 참조)임을 고려하면, 산지전용허가가 의제되는 개발행위허가를 받은 자가 산지전용기간 만료 전에 개발행위 허가권자에게 개발행위 변경허가 및 산지전용기간 연장허가를 신청한 경우에는 단일한 창구인 개발행위 허가권자에게 신청한 날을 기준으로 산지전용기간 연장허가의 신청 기간 준수 여부를 판단하는 것이 타당합니다.

또한 「산지관리법 시행령」 제19조제1항에서 산지전용기간 연장허가를 산림청장등에게 신청하도록 한 것은 산지관리법령에 따른 산지전용 허가권자가 산림청장등임을 규정한 것이지, 산지전용허가가 의제되는 경우까지 포함하여 산림청장등에게 직접 산지전용기간 연장허가를 신청해야 한다는 의미가 아니므로, 이 사안과 같이 산지전용허가가 의제되는 개발행위허가를 받은 자가 주된 인·허가권자에게 산지전용기간 연장허가를 포함하여 개발행위 변경허가를 신청했다면 산지관리법령에 따라 산림청장등에게 신청한 것으로 보아야 합니다.

만약 이와 달리 「산지관리법 시행령」 제19조제1항에 따른 기간 내에 산지전용기간 연장허가를 신청했음에도 불구하고 개발행위 허가권자가 산림청장등에게 협의를 요청한 시점을 기준으로 판단한다면, 관계 행정기관들 간의 내부 업무절차에 따라 허가를 신청한 자의 법적 지위가 불안정해진다는 점도 이 사안을 해석할 때 고려하여야 합니다.

### 산지관리법
제17조(산지전용허가 등의 기간) ① (생 략)
　② 제14조에 따른 산지전용허가를 받거나 제15조에 따른 산지전용신고를 한 자가 제1항에 따른 산지전용기간 이내에 전용하려는 목적사업을 완료하지 못하여 그 기

간을 연장할 필요가 있으면 대통령령으로 정하는 바에 따라 산림청장등으로부터 산지전용기간의 연장 허가를 받거나 산림청장 또는 시장·군수·구청장에게 산지전용기간의 변경신고를 하여야 한다.

**산지관리법 시행령**

제19조(산지전용기간의 연장허가 등) ① 법 제17조제2항에 따라 산지전용기간의 연장허가를 받거나 산지전용기간의 변경신고를 하려는 자는 각각 산지전용기간연장허가신청서 또는 산지전용변경신고서에 농림축산식품부령으로 정하는 서류를 첨부하여 산지전용기간이 만료되기 10일전까지 산림청장등에게 제출하여야 한다. 다만, 산지전용기간이 만료되기 10일전까지 산지전용기간의 연장허가를 신청하지 못하거나 변경신고를 하지 못한 때에는 산지전용기간이 만료되기 전에 산지전용기간연장허가신청서 또는 산지전용변경신고서에 사유를 명시하여 제출하되, 산지전용기간이 만료된 후에는 산지전용기간의 연장허가를 받거나 변경신고가 수리될 때까지 산지전용을 할 수 없다.

②·③ (생 략)

<관계 법령>

[법령해석례 모음]

## 경매로 토지소유주가 변경된 경우, 산지전용허가 변경신고 시 명의변경동의서가 반드시 필요한지(「산지관리법 시행규칙」 제10조 등 관련)

[법제처 14-0848, 2015.2.2, 산림청]

**【질의요지】**

경매로 산지의 소유권을 취득한 자가 「산지관리법」 제14조제1항 단서에 따라 산지전용변경신고를 하려는 경우, 같은 법 시행령 제15조제1항 및 같은 법 시행규칙 제10조제2항에 따라 제출해야 하는 서류 외에 기존 산지전용허가를 받은 자의 명의변경동의서를 반드시 제출해야 하는지?

**※ 질의배경**

○ 경매 등으로 산지전용허가를 받은 토지를 새로이 취득한 소유자가 산지전용허가자의 명의를 변경하려는 경우 종전에 산지전용허가를 받은 자의 명의변경동의서가 필요한지에 대하여 산림청 내부에서 견해 대립이 있어 법제처에 이 건 법령해석을 요청함.

**【회답】**

경매로 산지의 소유권을 취득한 자가 「산지관리법」 제14조제1항 단서에 따라 산지전용변경신고를 하려는 경우, 같은 법 제15조제1항 및 같은 법 시행규칙 제10조제2항에 따라 제출해야 하는 서류 외에 기존 산지전용허가를 받은 자의 명의변경동의서를 반드시 제출해야 하는 것은 아닙니다.

**【이유】**

「산지관리법」 제14조제1항 및 같은 법 시행규칙 제10조제4항제1호에서는 산지전용허가 사항 중 산지전용허가를 받은 자의 명의를 변경하는 경우에는 변경신고를 하도록 하고 있고, 같은 법 시행령 제15조제1항 및 같은 법 시행규칙 제10조제2항에서는 변경허가신청이나 변경신고를 하는 경우에는 그 변경사실을 증명할 수 있는 서류만 제출한다고 규정하면서, 같은 항 각 호에서는 변경신고 시 제출해야 하는 서류를 열거하고 있는바,

이 사안은 경매로 산지의 소유권을 취득한 자가 「산지관리법」 제14조제1항 단서에 따라 산지전용변경신고를 하려는 경우, 같은 법 제15조제1항 및 같은 법 시행규칙 제10조제2항에 따라 제출해야 하는 서류 외에 기존 산지전용허가를 받은 자의 명의변경동의서도 제출해야 하는지에 관한 것이라 하겠습니다.

먼저, 「민원사무 처리에 관한 법률」 제5조제2항에서는 행정기관은 법령의 규정 또는 위임이 있는 경우를 제외하고는 민원사무처리의 절차 등을 강화하여서는 아니 된다고 규정하고 있고, 같은 법 제10조제3항에서는 행정기관의 장은 민원사항을 접수·처리함에 있어서 민원인에게 소정의 구비서류 외의 서류를 추가로 요구하여서는 아니된다고 규정하고 있는바, 위 규정들에 비추어 볼 때, 행정기관은 민원사무 처리에 필요한 서류가 있다면 법령에 명시적인 규정을 두어야 할 것이고, 법령에 규정되지 않은 추가 서류를 제출하도록 의무를 부여하는 것은 원칙적으로 허용되지 않는다고 할 것입니다.

다만, 법령에 규정된 제출서류 외의 서류를 추가로 제출하도록 요구하는 것이 민원인에게 새로운 부담을 주는 것이라 하더라도, 그 서류를 추가로 제출하지 않는 것이 오히려 민원인에게 불리한 결과를 초래하는 극히 예외적인 경우에 한하여 법령에 규정되어 있지 않은 서류를 요구할 수는 있다고 할 것입니다(법제처 2014.10.10. 회신 14-0492 해석례 참조).

그런데, 이 사안의 경우 산지의 소유권을 새로 취득한 자의 권리가 기존 산지전용허가를 받은 자의 명의변경동의 여부에 따라 달라지는 것이 아니고, 소유자 변경은 토지 등기사항증명서만으로 충분히 확인할 수 있는 상황에서, 경매로 산지의 소유권을 취득한 자가 「산지관리법」 제14조제1항 단서에 따라 산지전용변경신고를 하려는 경우 기존 산지전용허가를 받은 자의 명의변경동의서를 제출하도록 하는 것이 위에서 말하는 극히 예외적인 경우에 해당한다고 보기는 어렵다고 할 것입니다.

따라서, 경매로 산지의 소유권을 취득한 자가 「산지관리법」 제14조제1항 단서에 따라 산지전용변경신고를 하려는 경우, 같은 법 제15조제1항 및 같은 법 시행규칙 제10조제2항에 따라 제출해야 하는 서류 외에 기존 산지전용허가를 받은 자의 명의변경동의서를 반드시 제출해야 하는 것은 아닙니다.

## 계단식 산지전용의 경우 사업부지 안의 계단의 턱 부분이 복구대상인지(「산지관리법」 제39조 등 관련)

[법제처 16-0326  2016.7.18, 민원인]

**【질의요지】**

「산지관리법」 제39조제1항제1호에서는 산지전용허가를 받은 자가 산지복구를 해야 하는 경우의 하나로 산지전용의 목적을 완료한 경우를 규정하고 있고, 같은 조 제5항에서는 산지복구의 범위를 농림축산식품부령으로 정한다고 규정하고 있으며, 같은 법 시행규칙 제40조의3제1호가목에서는 산지전용의 목적사업을 완료한 경우 절토·성토 비탈면에 대한 복구조치를 산지복구의 범위로 규정하고 있는바,

계단식 산지전용 허가를 받아 목적사업이 완료된 경우 사업부지 안의 절토·성토로 형성된 각 계단의 턱 부분이 「산지관리법 시행규칙」 제40조의3제1호가목에 따른 복구범위에 해당하는 절토·성토 비탈면인지?

**<질의 배경>**

○ 민원인은 「산지관리법」에 따른 계단식 산지전용의 경우 그 사업부지 내 절토·성토로 형성된 각 계단의 턱이 산지의 형질변경으로 인한 복구대상 비탈면인지를 산림청에 질의했는데, 산림청으로부터 절토·성토로 형성된 각 계단의 턱도 산지의 형질변경으로 발생되는 복구대상 비탈면에 해당한다는 답변을 받자, 이에 이견이 있어 직접 법제처에 법령해석을 요청함.

**【회답】**

계단식 산지전용 허가를 받아 목적사업이 완료된 경우 사업부지 안의 절토·성토로 형성된 각 계단의 턱 부분은 「산지관리법 시행규칙」 제40조의3제1호가목에 따른 복구범위에 해당하는 절토·성토 비탈면입니다.

**【이유】**

「산지관리법」 제39조제1항제1호에서는 산지전용허가를 받은 자가 산지전용의 목적을 완료한 경우를 산지복구를 해야 하는 경우의 하나로 규정하고 있고, 같은 조 제5항에서는 산지복구의 범위를 농림축산식품부령으로 정한다고 규정하고 있으며, 같은 법 시행규칙 제40조의3제1호가목에서는 산지전용의 목적사업을 완료한 경우 절토·성토 비탈면에

대한 복구조치를 산지복구의 범위로 규정하고 있습니다.

한편, 산지 복구설계서의 승인기준을 정하고 있는 「산지관리법 시행규칙」 별표 6 제2호가목(2)에서는 가능한 기존의 지형을 유지하기 위해 산지의 경사면을 따라 계단을 조성하고 산지전용하는 것을 계단식 산지전용으로 규정하고 있는바,

이 사안은 계단식 산지전용 허가를 받아 목적사업이 완료된 경우 사업부지 안의 절토·성토로 형성된 각 계단의 턱 부분이 「산지관리법 시행규칙」 제40조의3제1호가목에 따른 복구범위에 해당하는 절토·성토 비탈면인지에 관한 것이라 하겠습니다.

먼저, 산지관리법령에서는 산지전용허가를 받은 자가 산지전용의 목적사업을 완료한 후 복구준공검사를 받기 전에는 지목변경이 제한되는 등 여전히 산지에 해당하므로 산지복구를 해야 하고(법 제21조의2제1호 및 제39조제1항제1호), 그 산지복구의 범위를 목적사업 부지 내·외를 구별함 없이 절토·성토 비탈면으로 규정하고 있으며(법 제39조제5항 및 시행규칙 제40조의3제1호가목), 절토·성토 비탈면은 복구의무 면제 대상에서도 제외하고 있으므로(법제처 2012.2.17. 회신 11-0750 해석례 참조), 목적사업의 시설 자체가 비탈면을 당연히 예정하고 있는 예외적인 경우(예를 들면 스키장의 슬로프 등)를 제외하고는 산지전용허가를 받은 자가 산지전용의 목적사업을 완료한 경우에는 목적사업 부지 내의 절토·성토 비탈면은 산지복구의 대상이 된다고 할 것이고, 계단식 산지전용 경우에도 복구 시 기울기나 높이에 대한 예외를 인정하고 있을 뿐 산지복구의 범위에 대해서는 다른 내용의 규정을 두고 있지 않으므로(시행규칙 별표 6 제2호가목 및 라목 등), 계단식 산지전용이 아닌 경우와 달리 볼 이유가 없다고 할 것입니다.

다음으로, 「산지관리법 시행규칙」 별표 6 제2호가목에서는 "비탈면"의 수직높이나 기울기 등을 규정하면서 "절토·성토 비탈면"이라고 표현하고 있지 않으나 해당 별표가 복구설계서 승인기준에 대해 규정하고 있다는 점에 비추어 보면, 해당 별표에서 사용되고 있는 "비탈면"은 산지복구의 범위에 해당하는 "절토·성토 비탈면"을 의미한다고 할 것입니다.

그런데, 「산지관리법 시행규칙」 별표 6 제2호가목 (1)에서 (3)까지 외의 부분 본문에서는 비탈면의 수직높이를 15미터 이하로 제한하면서도, 같은 목(2)에서는 계단식 산지전용의 경우 계단에 조성되는 사업부지가 일정한 너비가 되고 계단의 수직높이가 각각 15미터 이하일 것을 충족하면 비탈면의 수직높이에 대한 예외를 인정하고 있는바, 계단식 산지전용의 경우 비탈면의 수직 높이 기준에 대한 예외를 인정하고 있다는 점에서 계단식 산지전용의 경우 사업부지 안의 각각의 계단도 복구의 대상이 되는 비탈면에 해당한다고 할 것입니다.

또한, 「산지관리법 시행규칙」 별표 6에서는 복구설계서 기준으로 광물의 채굴·토석 채취의 경우에는 소단의 설치로 계단식이 된 전체 비탈면에 대해 비탈면의 평균 기울기라는 용어를 사용하여 전체 비탈면의 기울기를 제한하고 있는데 반해, 계단식 산지전용의 경우에는 비탈면의 평균 기울기가 아니라 그냥 비탈면의 기울기로 표현함으로써 각 계단의 기울기를 제한하고 있는 점에 비추어 보면, 계단식 산지전용의 경우 사용된 "비탈면의 기울기"는 "각 계단의 기울기", 즉 "계단"은 "비탈면"에 해당한다고 할 것이고, 그렇다면 계단식 산지전용의 경우 절토·성토로 형성된 각 계단의 턱 부분은 「산지관리법 시행규칙」 제40조의3제1호가목에 따른 복구범위에 해당하는 절토·성토 비탈면에 해당한다고 할 것입니다.

이상과 같은 점을 종합해 볼 때, 계단식 산지전용 허가를 받아 목적사업이 완료된 경우 사업부지 안의 절토·성토로 형성된 각 계단의 턱 부분은 「산지관리법 시행규칙」 제40조의3제1호가목에 따른 복구범위에 해당하는 절토·성토 비탈면이라고 할 것입니다.

## 공공측량업 및 일반측량업으로 등록한 자의 의미(「산지관리법 시행규칙」 제24조 등 관련)

[법제처 18-0532, 2018.11.26, 산림청]

### 【질의요지】

「산지관리법 시행규칙」 제24조제1항제7호에서 규정하고 있는 「공간정보의 구축 및 관리 등에 관한 법률 시행령」 제34조제1항제1호 및 제2호에 따른 "공공측량업 및 일반측량업으로 등록한 자"에 공공측량업과 일반측량업 중 어느 하나만 등록한 자도 포함되는지?

### <질의 배경>

산림청과 민원인은 「산지관리법 시행규칙」 제24조제1항제7호의 "공공측량업 및 일반측량업으로 등록한 자"의 범위에 공공측량업과 일반측량업 중 하나만 등록한 자도 포함되는지 해석상 의문이 있어 법제처에 법령해석을 요청함.

### 【회답】

이 사안의 경우 공공측량업과 일반측량업 중 어느 하나만 등록한 자도 포함됩니다.

### 【이유】

"및"이란 "그리고", "그 밖에", "또"의 뜻으로 문장에서 같은 종류의 성분을 연결할 때 쓰는 말인데 "및"이 문장에서 같은 종류의 성분을 연결하는 경우에는 열거된 성분들 모두를 공동으로 언급하는 의미뿐만 아니라 단순히 열거된 성분들을 각자 나열하는 의미로 쓰일 수도 있는바, 문장의 전체적인 문맥을 고려하여 "그리고"와 "그 밖의"의 의미 중 어느 것을 의미하는지 개별적으로 판단할 필요가 있습니다.(각주: 법제처 2016. 3.7. 회신 15-0867 해석례 및 국립국어원 표준국어대사전 참조 )

그런데 측량업의 업종에 관한 「공간정보의 구축 및 관리 등에 관한 법률」(이하 "공간정보관리법"이라 함) 제44조제1항과 그 위임에 따른 같은 법 시행령 제34조제1항에서는 측량업을 공공측량업(제1호), 일반측량업(제2호) 등으로 구분하여 규정하면서 같은 영 별표 7에서는 공공측량업의 업무 내용에 일반측량업 업무 범위에 해당하는 사항을 모두 포함하도록 규정하고 있고, 같은 영 별표 8에서도 공공측량업 등록기준인 기술인력 및 장비 항목에 일반측량업의 등록기준에 해당하는 사항을 모두 포함시키거나(기술인력 항목 측면) 보다 강화된 기준을 적용(장비 항목 측면)하고 있으므로 공공측량업의 등록을 한 자는 일반측량업 업무까지 할 능력을 갖추고 있는데, 「산지관리법 시행규칙」 제24조제1항제7호의 "공공측량업 및 일반측량업으로 등록한 자"의 의미를 공공측량업과 일반측량업 모두를 등록한 자로 볼 경우 법령에 따라 일반측량업 업무 범위까지 할 수 있는 공공측량업자가 같은 항 제7호의 구적도(求積圖)(각주: 구적은 넓이나 부피를 계산하는 일을 의미하므로(국립국어원 표준국어대사전 참조) 구적도란 넓이나 부피를 계산한 도면을 말함. )를 작성하기 위해서는 일반측량업 등록을 반드시 해야 하는 불합리한 결과를 초래하게 됩니다.

그리고「산지관리법 시행규칙」제24조제1항제7호의 입법 연혁을 살펴보면 구「산지관리법 시행규칙」(각주: 2011.1.5. 농림수산식품부령 제162호로 일부개정되기 전의 것을 말하며, 이하 같음.) 제24조제1항제7호에서 "측량업자가 측량한 구적도"라고 규정한 것을 이후 측지측량업 또는 "공공측량업 및 일반측량업으로 등록한 자"로 개정하였는데, 구「산지관리법 시행규칙」의 "측량업자"란 지적측량업자와 구「측량법」(각주: 2009. 6.9. 법률 제9774호「측량·수로조사 및 지적에 관한 법률」부칙 제2조로 폐지되기 전의 것을 말함. ) 제2조제10호의 측량업자를 의미하고 구 측량법령에서는 공공측량업과 일반측량업을 별도로 구분하고 있지 않았으나 2009년 12월 14일 대통령령 제21881호로 제정되어 같은 날 시행된「측량·수로조사 및 지적에 관한 법률 시행령」에서 공공측량업과 일반측량업으로 구분되었으므로 구 산지관리법령에서는 공공측량업과 일반측량업의 구분 없이 측량업자이면 구적도를 작성할 수 있었다는 점에 비추어 볼 때 "공공측량업 및 일반측량업으로 등록한 자"로 개정한 취지가 공공측량업과 일반측량업을 모두 등록한 자만을 의미하는 것이라면 이러한 내용에 관하여 개정 법령에서 경과조치 등 부칙을 두거나 그러한 입법 취지가 관련 입법 자료에 나타나야 하지만 그와 같이 볼만한 부칙 규정이나 입법 자료가 없다는 점도 이 사안을 해석할 때 고려해야 합니다.

〈관계 법령〉

○「산지관리법 시행규칙」

제24조(토석채취허가의 신청 등) ① 영 제32조제1항에 따라 토석채취허가 또는 변경허가를 받으려는 자는 별지 제16호서식의 토석채취허가(변경허가)신청서에 토석채취허가 신청의 경우는 다음 각 호의 서류를, 변경허가신청의 경우는 그 변경사실을 증명할 수 있는 서류(토지 등기사항증명서로 확인할 수 없는 경우만 해당한다)를 첨부하여 시·도지사 또는 시장·군수·구청장에게 제출하여야 한다.

  1. ~ 6. (생 략)

  7. 토석채취량에 대하여「공간정보의 구축 및 관리 등에 관한 법률」제44조제1항제1호에 따른 측지측량업 또는 같은 법 시행령 제34조제1항제1호 및 제2호에 따른 공공측량업 및 일반측량업으로 등록한 자(이하 "일반측량업자등"이라 한다)가 측량한 구적도(求積圖) 1부

  8. ~ 12. (생 략)

 ② ~ ⑨ (생 략)

## 국토해양부 공고 제2009-1080호 「건설공사 비탈면 설계기준」이 비탈면의 높이를 정하고 있는 다른 법령인지 (「산지관리법 시행규칙」 별표6 제2호가목(1) 등 관련)

[법제처 16-0142, 2016.6.23, 민원인]

### 【질의요지】

「산지관리법 시행규칙」 별표 6 제2호가목(1)부터 (3)까지의 규정 외의 부분 본문에서는 비탈면의 수직 높이는 15미터 이하이어야 한다고 규정하고 있고, 같은 목 (1)부터 (3)까지의 규정 외의 부분 단서 및 같은 목 (1)에서는 다만, 다른 법령에서 비탈면의 높이를 정하고 있는 경우에 해당하는 경우에는 그러하지 아니하다고 규정하고 있으며, 구 「건설공사 비탈면 설계기준」(국토해양부공고 제2009-1080호) 제2장 2.1 (4)에서는 "비탈면의 형성은 사업 대상지역 경계에서 장기적으로 안정화될 수 있는 비탈면의 높이와 경사를 결정하는 것"이라고 규정하고 있는바,

구 「건설공사 비탈면 설계기준」(국토해양부공고 제2009-1080호) 제2장 2.1 (4)가 「산지관리법 시행규칙」 별표 6 제2호가목(1)에 따른 "다른 법령에서 비탈면의 높이를 정하고 있는 경우"에 해당하는지?

### <질의 배경>

○ 민원인은 구 「건설공사 비탈면 설계기준」(2009.12.30. 일부개정된 국토해양부 공고 제2009-1080호)이 「산지관리법 시행규칙」 별표 6 제2호가목(1)에 따른 "다른 법령"에 해당하는지 산림청에 질의하였는데, 산림청으로부터 "다른 법령"에 해당하지 않는다는 답변을 받자 이에 이견이 있어 직접 법제처에 법령해석을 요청함.

### 【회답】

구 「건설공사 비탈면 설계기준」(국토해양부공고 제2009-1080호) 제2장 2.1 (4)는 「산지관리법 시행규칙」 별표 6 제2호가목(1)에 따른 "다른 법령에서 비탈면의 높이를 정하고 있는 경우"에 해당하지 않습니다.

### 【이유】

「산지관리법」 제40조제1항 전단에서는 산지를 복구하여야 하는 자는 대통령령으로 정하는 기간 이내에 산림청장 등에게 산지복구기간 등이 포함된 산지복구설계서(이하

"복구설계서"라 함)를 제출하여 승인을 받아야 한다고 규정하고 있고, 같은 조 제3항에서는 복구설계서의 작성기준, 승인신청 절차, 승인기준 등에 관한 사항은 농림축산식품부령으로 정한다고 규정하고 있으며, 같은 법 시행규칙 제42조제3항에서는 관할청은 복구설계서승인신청서를 제출받은 때에는 해당 복구설계서가 같은 규칙 별표 6에 따른 복구설계서승인기준에 적합한 경우에 한하여 이를 승인하여야 한다고 규정하고 있고, 같은 규칙 별표 6 제2호가목(1)부터 (3)까지의 규정 외의 부분 본문에서는 비탈면의 수직 높이는 15미터 이하이어야 한다고 규정하고 있으며, 같은 목 (1)부터 (3)까지의 규정 외의 부분 단서 및 같은 목 (1)에서는 다만, 다른 법령에서 비탈면의 높이를 정하고 있는 경우에 해당하는 경우에는 그러하지 아니하다고 규정하고 있습니다.

한편, 구 「건설기술관리법」(2009.12.29. 법률 제9848호로 일부개정되어 같은 날 시행된 것을 말하며, 이하 "구 「건설기술관리법」"이라 함) 제34조제1항에서는 국토교통부장관이나 그 밖에 대통령령으로 정하는 자는 건설공사의 기술·환경성 향상 및 품질확보와 적정한 공사관리를 위하여 건설공사 설계기준(제1호) 등에 관한 기준을 정할 수 있다고 규정하고 있고, 구 「건설공사 비탈면 설계기준」(국토해양부공고 제2009-1080호)(이하 "구 「건설공사 비탈면 설계기준」"이라 함) 제2장 2.1 (4)에서는 "비탈면의 형성은 사업 대상지역 경계에서 장기적으로 안정화될 수 있는 비탈면의 높이와 경사를 결정하는 것"이라고 규정하고 있는바,

이 사안은 구 「건설공사 비탈면 설계기준」 제2장 2.1 (4)가 「산지관리법 시행규칙」 별표 6 제2호가목(1)에 따른 "다른 법령에서 비탈면의 높이를 정하고 있는 경우"에 해당하는지에 관한 것이라 하겠습니다.

먼저, 구 「건설공사 비탈면 설계기준」은 국토해양부장관(현 국토교통부 장관)은 구 「건설기술관리법」 제34조제1항제1호의 위임을 받아 건설공사 설계기준 중 하나인 비탈면 설계기준을 정한 것입니다. 그런데, 같은 설계기준 1.1에서는 같은 설계기준이 건설공사 시 만들어지는 쌓기 또는 깎기비탈면 등에 대한 일반적인 설계기준과 설계방법 제시를 목적으로 한다고 규정하고 있고, 같은 설계기준 1.2 (3)에서는 같은 설계기준이 비탈면의 안정성을 확보하기 위한 가장 기본적이고 일반적인 내용만을 다루고 있다고 규정하고 있는바, 이와 같은 해당 설계기준의 목적과 내용에 비추어 볼 때 구 「건설공사 비탈면 설계기준」은 구 「건설기술관리법」 제34조제1항제1호의 위임한계를 벗어나지 않는 것으로서 해당 규정과 결합하여 법규명령으로서의 효력을 갖는 이른바 "법령보충적 행정규칙"이라 할 것이므로, 「산지관리법 시행규칙」 별표 6 제2호가목(1)에 따른 "법령"에는 해당한다고 할 것입니다.

그런데, 「산지관리법 시행규칙」 별표 6 제2호가목(1)부터 (3)까지의 규정 외의 부분 본문에서 비탈면의 높이를 15미터 이하로 규정한 것은 비탈면의 높이 설정과 관련하여

중요한 요소인 장기적인 안정성 등을 고려하여 그 높이를 구체적으로 정한 것이므로, 같은 목 (1)부터 (3)까지의 규정 외의 부분 단서 및 같은 목 (1)에 따라 같은 목 (1)부터 (3)까지의 규정 외의 부분 본문과 달리 "비탈면의 높이를 정하고 있는 경우"에 해당하기 위해서는 장기적인 안정성 등을 고려하여 비탈면의 높이를 구체적으로 15미터 이하와 달리 정하고 있는 경우라야 할 것인바, 구「건설공사 비탈면 설계기준」제2장 2.1 (4)의 전문에서는 "비탈면의 형성은 사업 대상지역 경계에서 장기적으로 안정화될 수 있는 비탈면의 높이와 경사를 결정하는 것"이라고 규정하여 비탈면의 구체적인 높이가 아니라 장기적인 안정성이라는 비탈면 높이 설정에 관한 일반적인 고려사항만을 제시하고 있으므로 이를「산지관리법 시행규칙」별표 6 제2호가목(1)에 따른 "다른 법령에서 비탈면의 높이를 정하고 있는 경우"에 해당한다고 볼 수는 없다고 할 것입니다.

따라서, 구「건설공사 비탈면 설계기준」제2장 2.1 (4)은「산지관리법 시행규칙」별표 6 제2호가목(1)에 따른 "다른 법령에서 비탈면의 높이를 정하고 있는 경우"에 해당하지 않는다고 할 것입니다.

[법령해석례 모음]

## 「경관법」 제30조제1항제8호에 따른 경관위원회의 심의 대상의 범위(「경관법」 제5조 등 관련)

[법제처 20-0143, 2020.7.13, 전라남도 해남군]

### 【질의요지】

「경관법」제30조제1항제8호 및 같은 법 시행령 제24조제3호에 따라 지방자치단체 조례에서 풍황계측시설 설치 사업을 경관위원회 심의 대상으로 규정한 경우로서 「산지관리법」 제15조의2 및 같은 법 시행령 제18조의2제2항제1호에 따라 산지일시사용허가를 받아 풍황계측시설을 설치하는 경우에도 경관위원회의 심의를 거쳐야 하는지?

### <질의 배경>

전라남도 해남군에서는 위 질의요지에 대해 국토교통부에 문의하였고, 경관위원회의 심의를 거쳐야 한다는 회신을 받자 이에 이견이 있어 법제처에 법령해석을 요청함.

### 【회답】

이 사안의 경우 경관위원회의 심의를 거쳐야 합니다.

### 【이유】

입법목적을 달리하는 법률들이 일정한 행위에 관한 요건을 각각 규정하고 있는 경우 어느 법률이 다른 법률에 우선하여 배타적으로 적용된다고 해석되지 않는 이상 그 행위에 관하여 각 법률의 규정에 따른 요건을 모두 갖추어야 할 것입니다.(각주: 대법원 1995.1.12. 선고 94누3216 판결례 및 대법원 2014.3.27. 선고 2013도11969 판결례 참조)

그런데 「경관법」은 국토의 경관을 체계적으로 관리하기 위하여 경관의 보전·관리 및 형성에 필요한 사항을 정함으로써 아름답고 쾌적하며 지역특성이 나타나는 국토환경과 지역환경을 조성하는 데 이바지함을 목적(제1조)으로 하는 법률인 반면, 「산지관리법」은 산지(山地)를 합리적으로 보전하고 이용하여 임업의 발전과 산림의 다양한 공익기능의 증진을 도모함으로써 국민경제의 건전한 발전과 국토환경의 보전에 이바지함을 목적(제1조)으로 하는 법률로서, 「경관법」과 「산지관리법」은 서로 입법목적이나 규정사항을 달리하므로 일반적으로 어느 법률이 다른 법률에 우선하여 배타적으로 적용되는 관계에 있다고 볼 수 없습니다.(각주: 법제처 2019.8.7. 회신 19-0201 해석례 참조)

그리고 「경관법」 제2조제1호에서는 자연, 인공 요소 및 주민의 생활상(生活相) 등으로 이루어진 일단(一團)의 지역환경적 특징을 나타내는 것을 "경관"으로 정의하고 있고, 「산지관리법」 제2조제6호에서는 산세 및 산줄기 등의 지형적 특징과 산지에 부속된 자연 및 인공 요소가 어우러져 심미적·생태적 가치를 지니며, 자연과 인공의 조화를 통하여 형성되는 경치를 "산지경관"으로 정의하고 있는바, 「경관법」에 따른 경관은 「산지관리법」에 따른 산지경관보다 일반적이고 광범위한 개념으로 양 개념에 서로 중첩되는 부분이 있을 수 있더라도 동일한 것은 아닙니다.

한편 「산지관리법」 제15조의2 및 같은 법 시행령 제18조의2제2항제1호에 따르면 풍황계측시설은 산지일시사용허가를 받아 설치할 수 있는 시설로서 같은 영 별표 3의2 제2호가목1)에서 그 설치조건과 기준으로 같은 영 별표 4 제1호 및 제2호의 산지전용허가기준에 적합해야 한다고 하면서 "전용하려는 산지의 표고(標高)가 높거나 설치하려는 시설물이 자연경관을 해치지 않아야 한다"는 기준은 적용되지 않도록 규정하고 있는데, 이는 산지일시사용허가를 받아 설치하려는 시설물에 대해서는 자연경관을 해치는지 여부를 산지전용허가기준에 비해 완화하여 적용하려는 것(각주: 2009.11.16. 의안번호 제1806582호로 발의된 산지관리법 일부개정법률안(정부안)에 대한 국회 농림축산식품해양수산위원회 심사보고서 참조 )일 뿐, 경관에 관하여 규율한 「경관법」을 배제하려는 취지로 「산지관리법」에서 특별히 정한 것으로 볼 수는 없습니다.

그렇다면 이 사안의 경우 「산지관리법」에 따라 산지일시사용허가를 받아 풍황계측시설을 설치하더라도 「경관법」에 따른 경관위원회의 심의를 거쳐야 한다고 보는 것이 입법목적과 규정사항을 달리하는 두 법령을 조화롭게 해석하는 것입니다.

아울러 「경관법」 제30조제1항제8호 및 같은 법 시행령 제24조제3호에서 지방자치단체의 조례로 경관위원회의 심의 대상을 정할 수 있도록 한 것은 지방자치단체가 관할구역 내 경관을 더욱 체계적으로 보전·관리할 수 있도록 권한을 부여한 것이라는 점도 이 사안을 해석할 때 고려해야 합니다.

<관계 법령>
경관법

제5조(다른 법률과의 관계) 경관의 보전·관리 및 형성 등에 관하여 다른 법률에 특별한 규정이 있는 경우를 제외하고는 이 법에서 정하는 바에 따른다.
제30조(경관위원회의 기능) ① 경관위원회의 심의를 거쳐야 할 사항은 다음 각 호와 같다.
 1. ~ 7. (생 략)
 8. 그 밖에 경관에 중요한 영향을 미치는 사항으로서 대통령령으로 정하는 사항
② (생 략)

### 경관법 시행령

제24조(경관위원회의 심의 대상) 법 제30조제1항제8호에서 "대통령령으로 정하는 사항"이란 다음 각 호의 사항을 말한다. 이 경우 제3호는 시·도지사등 소속으로 설치하는 경관위원회인 경우만 해당한다.

  1. · 2. (생 략)

  3. 그 밖에 해당 지방자치단체의 조례로 정하는 사항

### 산지관리법

제15조의2(산지일시사용허가·신고) ① 「광업법」에 따른 광물의 채굴, 「광산피해의 방지 및 복구에 관한 법률」에 따른 광해방지사업, 그 밖에 대통령령으로 정하는 용도로 산지일시사용을 하려는 자는 대통령령으로 정하는 산지의 종류 및 면적 등의 구분에 따라 산림청장등의 허가를 받아야 하며, 허가받은 사항을 변경하려는 경우에도 또한 같다. (단서 생략)

② (생 략)

③ 제1항 및 제2항에 따른 산지일시사용허가·신고의 절차, 기준, 조건, 기간·기간연장, 대상시설, 행위의 범위, 설치지역 및 설치조건 등에 필요한 사항은 대통령령으로 정한다.

④ · ⑤ (생 략)

### 산지관리법 시행령

제18조의2(산지일시사용허가) ① (생 략)

② 법 제15조의2제1항 본문에서 "대통령령으로 정하는 용도"란 다음 각 호의 어느 하나에 해당하는 용도를 말한다.

  1. 배전시설·전기통신송신시설·태양에너지발전시설·풍력발전시설 및 풍황계측시설의 설치

  2. ~ 4. (생 략)

③ 법 제15조의2제3항에 따른 산지일시사용허가의 대상시설·행위의 범위, 설치지역 및 설치조건·기준은 별표 3의2와 같다.

[별표 3의2]

산지일시사용허가의 대상시설·행위의 범위, 설치지역 및 설치조건·기준(제18조의2제3항 관련)

  1. (생 략)

  2. 배전시설·전기통신송신시설·태양에너지발전시설·풍력발전시설·풍황계측시설·궤도시설, 매장문화재 발굴의 경우

대상시설·행위의 범위

설치지역
설치조건·기준
  가. 배전시설·전기통신송신시설·풍황계측시설
    제한없음
    1) 별표 4 제1호·제2호의 기준에 적합할 것. 다만, 별표 4 제1호마목3)·6)·10) 및 같은 표 제2호다목1) 및 같은 호 라목1)의 기준은 적용하지 아니한다.
    2)·3) (생 략)
    4) 삭제
  나. ~ 마. (생 략)
 비고 1. ~ 7. (생 략)

[별표 4]
산지전용허가기준의 적용범위와 사업별·규모별 세부기준(제20조제6항 관련)
1. 산지전용 시 공통으로 적용되는 허가기준
   허가기준
   세부기준
   가. ~ 라. (생 략)
   마. 사업계획 및 산지전용면적이 적정하고 산지전용방법이 자연경관 및 산림훼손을 최소화하고 산지전용 후의 복구에 지장을 줄 우려가 없을 것
     1) ~ 5) (생 략)
     6) 전용하려는 산지의 표고(標高)가 높거나 설치하려는 시설물이 자연경관을 해치지 아니할 것
     7) ~ 15) (생 략)
2.·3. (생 략)
   비고 1. ~ 7. (생 략)

## 「공공주택 특별법」에 따른 특별관리지역에서 전, 답 등 다른 용도로 전용된 산지에 대하여 임시특별 규정의 적용 여부

[법제처 18-0186, 2018.6.12, 경기도 광명시]

**【질의요지】**

적법한 절차를 거치지 않고 2016년 1월 21일 기준으로 3년 이상 계속하여 전, 답 또는 과수원의 용도로 이용되었거나 관리된 산지가 「공공주택 특별법」에 따른 특별관리지역에 있는 경우에도 2016년 12월 2일 법률 제14361호로 개정된 「산지관리법」 부칙 제3조제1항의 불법전용 산지에 대한 임시특례 규정이 적용되는지?

**<질의 배경>**

경기도 광명시에서 「산지관리법」 부칙 제3조제1항이 적용될 수 있는지에 대한 담당부서 간 이견이 발생함에 따라, 「산지관리법」과 「공공주택 특별법」의 법령 소관 부처인 산림청과 국토교통부에 각각 문의하였으나, 서로 다른 답변을 회신받음에 따라 법제처에 법령해석을 요청함.

**【회답】**

이 사안의 경우 관계 행정기관의 장이 협의에 응할지 및 그에 따라 실제 지목 변경에 필요한 처분을 할 수 있는지 여부는 별론으로 하고, 2016년 12월 2일 법률 제14361호로 개정된 「산지관리법」 부칙 제3조제1항이 적용됩니다.

**【이유】**

2016년 12월 2일 법률 제14361호로 개정된 「산지관리법」(이하 "구 「산지관리법」"이라 함) 부칙 제3조제1항에서는 같은 법 시행 당시 적법한 절차를 거치지 않고 2016년 1월 21일을 기준으로 3년 이상 계속하여 산지를 전, 답, 과수원 등의 용도로 이용·관리했던 자가 산지전용허가 등 지목 변경에 필요한 처분을 받으려는 경우 그 사실을 같은 법 시행일부터 1년 이내에 시장·군수·구청장에게 신고하도록 하였는데, 이는 기존의 산지 이용·관리자의 재산권을 보호하고 불법전용산지를 정리하기 위한 것입니다.(각주: 의안번호 2000405호 산지관리법 일부개정법률안 국회 농림축산식품해양수산위원회 심사보고서 참조)

그리고 구「산지관리법」부칙 제3조제2항에서는 시장·군수·구청장은 신고된 산지가 같은 법 또는 다른 법률에 따른 허가기준 등에 적합한 경우에는 심사를 거쳐 지목 변경에 필요한 처분을 할 수 있고(전단) 지목 변경을 위해 "다른 법률"에 따른 인가·허가 등의 행정처분이 필요한 경우에는 미리 관계 행정기관의 장과 협의하도록 규정하고 있는바(후단), 시장·군수·구청장은 이 사안과 같이 해당 산지가「공공주택 특별법」에 따른 특별관리지역에 위치하여 지목 변경에 필요한 처분을 할 때에 같은 법에 따른 별도의 인가·허가 등의 행정처분이 필요한 경우 미리 관계 행정기관의 장과 협의하여 지목 변경에 필요한 처분을 할 것인지 여부를 판단하면 될 것이지, 해당 산지가 같은 법에 따른 특별관리지역에 위치한다는 이유만으로 구「산지관리법」부칙 제3조제1항에 따른 신고조차 할 수 없다고 볼 수는 없습니다.

또한 불법전용산림에 관한 임시특례를 규정한 1994년 12월 22일 법률 제4816호로 개정된「산림법」부칙 제9조에서는 다른 법률에 따른 제한을 받는 산림에 대해서는 관계 행정기관의 장과 미리 협의해야 한다고 규정하면서「도시계획법」에 따른 도시계획구역 안의 산림에 대해서는 임시특례를 적용하지 않는다는 명시적인 규정을 두었던 반면, 구「산지관리법」부칙 제3조에서는 이와 같은 적용제외 규정을 두고 있지 않다는 점도 이 사안을 해석할 때에 고려할 필요가 있습니다.

### <관계 법령>

「산지관리법」(2016년 12월 2일 법률 제14361호로 개정된 것)

#### 부 칙

제3조(불법전용산지에 관한 임시특례) ① 이 법 시행 당시 적법한 절차를 거치지 아니하고 산지(제2조제1호의 개정규정에 따른 산지로 한정한다)를 2016년 1월 21일 기준으로 3년 이상 계속하여 전(田), 답(畓), 과수원의 용도로 이용하였거나 관리하였던 자로서 제2항에 따른 산지전용허가 등 지목 변경에 필요한 처분을 받으려는 자는 그 사실을 이 법 시행일부터 1년 이내에 농림축산식품부령으로 정하는 바에 따라 시장·군수·구청장에게 신고하여야 한다.
② 시장·군수·구청장은 제1항에 따라 신고된 산지가 이 법 또는 다른 법률에 따른 산지전용의 행위제한, 허가기준 및 대통령령으로 정하는 기준에 적합한 경우에는 심사를 거쳐 산지전용허가 등 지목 변경에 필요한 처분을 할 수 있다. 이 경우 시장·군수·구청장은 해당 산지의 지목 변경을 위하여 다른 법률에 따른 인가·허가·승인 등의 행정처분이 필요한 경우에는 미리 관계 행정기관의 장과 협의하여야 한다.
③ 제2항에 따른 심사의 방법 및 처분 절차 등 필요한 사항은 농림축산식품부령으로 정한다.

[법령해석례 모음]

「산지관리법 시행령」(2017년 6월 2일 대통령령 제28088호로 개정된 것)

**부 칙**

제2조(불법전용산지에 관한 임시특례) 법률 제14361호 산지관리법 일부개정법률 부칙 제3조제2항 전단에서 "대통령령으로 정하는 기준에 적합한 경우"란 다음 각 호의 기준을 모두 충족하는 경우를 말한다.
  1. 법 제44조제1항에 따른 시설물의 철거명령 또는 형질변경된 산지의 복구명령을 받아 법 제42조에 따른 복구준공검사가 완료되지 아니한 산지일 것
  2. 법률 제14361호 산지관리법 일부개정법률 부칙 제3조제1항에 따라 신고하는 산지가 자기 소유의 산지일 것
  3. 「농지법」에 따른 농지취득자격이 있는 자가 사용하고 있을 것
  4. 「임업 및 산촌 진흥촉진에 관한 법률 시행령」 제8조제1항에 따른 임산물 소득원의 지원 대상 품목을 재배하고 있지 아니한 산지일 것

「농지법 시행령」

제2조(농지의 범위) ① (생 략)
  ② 법 제2조제1호 가목 단서에서 "「초지법」에 따라 조성된 토지 등 대통령령으로 정하는 토지"란 다음 각 호의 토지를 말한다.
  1. 「공간정보의 구축 및 관리 등에 관한 법률」에 따른 지목이 전・답, 과수원이 아닌 토지(지목이 임야인 토지는 제외한다)로서 농작물 경작지 또는 제1항 각 호에 따른 다년생식물 재배지로 계속하여 이용되는 기간이 3년 미만인 토지
  2. 「공간정보의 구축 및 관리 등에 관한 법률」에 따른 지목이 임야인 토지로서 「산지관리법」에 따른 산지전용허가(다른 법률에 따라 산지전용허가가 의제되는 인가・허가・승인 등을 포함한다)를 거치지 아니하고 농작물의 경작 또는 다년생식물의 재배에 이용되는 토지
  3. 「초지법」에 따라 조성된 초지
  ③ (생 략)

## 농림지역 중 보전산지에서 산지전용허가를 받아 건축물을 설치한 후 보전산지 지정이 해제된 경우에 해당 건축물의 용도를 공장으로 변경할 수 있는지(「국토의 계획 및 이용에 관한 법률」 제76조 등 관련)

[법제처 14-0853, 2015.2.2, 민원인]

### 【질의요지】

농림지역 중 보전산지에서 산지전용허가를 받아 건축물을 설치한 후 보전산지 지정이 해제된 경우에, 「산지관리법」 제21조제1항제1호 및 같은 법 시행령 제26조제1항제1호에 따라 용도변경 승인을 받으면 해당 건축물의 용도를 「건축법 시행령」 별표 1 제17호의 공장으로 변경하는 것이 허용되는지?

### ※ 질의배경

○ 민원인은 농림지역 중 보전산지에서 산지전용허가를 득하여 건축한 종교시설을 공장으로 용도변경하고자 국토교통부와 산림청에 질의하였는데, 국토교통부에서는 농림지역의 건축제한 규정에 따라 공장으로의 용도변경은 허용되지 않는다고 회신하였고, 산림청에서는 산지전용허가를 받아 건축한 시설물의 용도를 변경하기 위해서는 「산지관리법」에 따라 용도변경 승인을 받아야 한다고 회신하는 등 소관 법령의 적용에 대하여 회신함.
○ 이에 민원인은 「산지관리법」에 따른 용도변경 승인을 받으면 용도변경이 될 것이라 판단하여, 법제처에 법령해석을 요청함.

### 【회답】

보전산지가 그 지정이 해제되어 준보전산지가 되면 「산지관리법」뿐만 아니라 「국토의 계획 및 이용에 관한 법률」도 적용되므로, 농림지역 중 보전산지에서 산지전용허가를 받아 건축물을 설치한 후 보전산지 지정이 해제된 경우에 「산지관리법」 제21조제1항제1호 및 같은 법 시행령 제26조제1항제1호에 따라 용도변경 승인을 받더라도, 해당 건축물의 용도를 「건축법 시행령」 별표 1 제17호의 공장으로 변경하는 것은 허용되지 않는다고 할 것입니다.

### 【이유】

「국토의 계획 및 이용에 관한 법률」(이하 "국토계획법"이라 한다) 제6조에서는 국토를 도시지역·관리지역·농림지역 등의 용도지역으로 구분하고 있고, 같은 조 제3호에서는 농림지역을 "도시지역에 속하지 아니하는 「농지법」에 따른 농업진흥지역 또는 「산지관리법」에 따른 보전산지 등으로서 농림업을 진흥시키고 산림을 보전하기 위하여 필요한 지역"이라 규정하고 있으며, 국토계획법 제76조제1항에서는 용도지역에서의 건축물이나 그 밖의 시설의 용도·종류 및 규모 등의 제한에 관한 사항을 대통령령으로 정하도록 위임하고 있고, 같은 조 제4항에서는 건축물이나 그 밖의 시설의 용도·종류 및 규모 등을 변경하는 경우 변경 후의 건축물이나 그 밖의 시설의 용도·종류 및 규모 등은 제1항에 맞아야 한다고 규정하고 있습니다.

한편, 「산지관리법」 제21조제1항제1호에서는 산지전용허가를 받은 자가 산지전용 목적사업에 사용된 토지를 대통령령으로 정하는 기간 이내에 다른 목적으로 사용하려는 경우 농림축산식품부령으로 정하는 바에 따라 산림청장등의 승인을 받아야 한다고 규정하고 있는바,

이 사안은 농림지역 중 보전산지에서 산지전용허가를 받아 건축물을 설치한 후 보전산지 지정이 해제된 경우에, 「산지관리법」 제21조제1항제1호 및 같은 법 시행령 제26조제1항제1호에 따른 용도변경 승인을 받으면 해당 건축물의 용도를 「건축법 시행령」 별표 1 제17호의 공장으로 변경하는 것이 허용되는지에 관한 것이라 하겠습니다.

먼저, 입법목적을 달리하는 법률들이 일정한 행위에 관한 요건을 각각 규정하고 있는 경우에는 어느 법률이 다른 법률에 우선하여 배타적으로 적용된다고 해석되지 않는 이상 어떤 행위가 둘 이상의 법률의 요건에 모두 해당한다면 둘 이상의 법률이 모두 적용된다고 할 것인데(대법원 2010.9.9. 선고 2008두22631 판결례 참조), 국토계획법은 국토의 이용·개발과 보전을 위한 계획의 수립 및 집행 등에 필요한 사항을 정하여 공공복리를 증진시키는 것을 목적으로 하는 법률이고, 「산지관리법」은 산지를 합리적으로 보전하고 이용하여 임업의 발전과 산림의 다양한 공익기능의 증진을 도모함으로써 국토환경의 보전에 이바지함을 목적으로 하는 법률로서, 국토계획법과 「산지관리법」은 입법목적, 규정사항 등을 달리하고 있으며, 두 법률은 원칙적으로 상호 배타적으로 적용되는 관계에 있지 않습니다.

다만, 국토계획법 제76조에서는 용도지역 및 용도지구에서의 건축물의 건축 제한 등에 대하여 규정하면서, 같은 조 제5항제3호에서 "농림지역 중 보전산지"인 경우에는 같은 조 제1항부터 제4항까지의 규정에도 불구하고 「산지관리법」에서 정하는 바에 따른다고 규정하고 있는바, 농림지역 중 보전산지에서의 건축물의 건축 제한 등에 관해서는 「산지관리법」이 우선 적용된다고 할 것입니다.

그런데, 이 사안의 경우에는 「산지관리법」 제4조제1항에서 산지를 보전산지와 준보전산지로 구분하면서 준보전산지를 "보전산지 외의 산지"라고 규정하고 있으므로, 보전산

지 지정이 해제되면 해당 산지는 준보전산지가 되는바, 국토계획법 제76조제5항제3호에서는 "보전산지"에 대해서만 「산지관리법」에서 정하는 바에 따른다고 규정하고 있으므로, 준보전산지에 대해서는 「산지관리법」이 우선 적용되지 않고 국토계획법에 따른 건축물의 건축 제한 규정도 함께 적용된다고 할 것입니다.

한편, 국토계획법 시행령 제71조제1항제20호 및 별표 21에서는 농림지역 안에서 건축할 수 있는 건축물을 열거하고 있는데, 「건축법 시행령」 별표 1 제17호에 따른 공장은 여기에 포함되어 있지 않습니다.

나아가, 「산지관리법 시행령」 제26조제5항제2호에 따르면 산지전용허가에 따른 용도변경은 산지전용허가기준에 적합하여야 하는바, 같은 법 제18조에서 그 기준으로 준보전산지의 경우에는 산림의 수원 함양 및 수질보전 기능을 크게 해치지 아니할 것, 사업계획 및 산지전용면적이 적정하고 산지전용방법이 자연경관 및 산림 훼손을 최소화하며 산지전용 후의 복구에 지장을 줄 우려가 없을 것 등을 규정하고 있는바, 「산지관리법」에서 이러한 기준에 따라 용도변경 승인을 받도록 규정한 것은 건축물의 용도변경을 용이하게 해주기 위한 것이라기보다는, 오히려 산지의 보전 및 훼손 방지를 위해 건축물의 용도 변경을 엄격하게 제한하려는 취지라 할 것입니다.

이상과 같은 점을 종합해 볼 때, 보전산지가 그 지정이 해제되어 준보전산지가 되면 「산지관리법」뿐만 아니라 국토계획법도 적용되므로, 농림지역 중 보전산지에서 산지전용허가를 받아 건축물을 설치한 후 보전산지 지정이 해제된 경우에 「산지관리법」 제21조제1항제1호 및 같은 법 시행령 제26조제1항제1호에 따라 용도변경 승인을 받더라도, 해당 건축물의 용도를 「건축법 시행령」 별표 1 제17호의 공장으로 변경하는 것은 허용되지 않는다고 할 것입니다.

[법령해석례 모음]

## 농림지역인 산림에서의 광물 채굴로서 「산지관리법」에 따른 산지일시사용허가의 대상인 경우 도시계획위원회의 심의를 거쳐야 하는지 여부(「국토의 계획 및 이용에 관한 법률」 제59조 등 관련)

[법제처 20-0395, 2020.11.5, 민원인]

### 【질의요지】

「산지관리법」 제15조의2제1항에 따라 농림지역의 산림에서 부피 3만세제곱미터 이상의 광물 채굴(각주:「광업법」에 따른 광물의 채굴로서「산지관리법」제25조에 따른 토석채취허가 대상이 아니고, 국토계획법 제59조제2항 각 호의 개발행위에 해당하지 않는 경우를 전제함. )을 위한 산지일시사용허가(각주:「산지관리법 시행령」제18조의2제3항 및 별표 3의2 제1호에 따른 설치지역 및 설치조건·기준을 충족하는 경우를 전제함.)를 하려는 경우 해당 행정기관의 장은「국토의 계획 및 이용에 관한 법률」(이하 "국토계획법"이라 함) 제59조제1항 및 같은 법 시행령 제57조제1항제2호에 따라 중앙도시계획위원회나 지방도시계획위원회(이하 "도시계획위원회"라 함)의 심의를 거쳐야 하는지?

### <질의 배경>

민원인은 광물 채굴을 하고 있는 광업권자로서 위 질의요지에 대해 국토교통부에 문의하였으나 도시계획위원회 심의를 거쳐야 한다는 회신을 받자 이에 이견이 있어 법제처에 법령해석을 요청함.

### 【회답】

이 사안의 경우 산지일시사용허가를 하려는 행정기관의 장은 국토계획법 제59조제1항 및 같은 법 시행령 제57조제1항제2호에 따라 도시계획위원회의 심의를 거쳐야 합니다.

### 【이유】

법령의 문언 자체가 비교적 명확한 개념으로 구성되어 있다면 원칙적으로 더 이상 다른 해석방법은 활용할 필요가 없거나 제한될 수밖에 없다고 할 것인데,(각주: 대법원 2009. 4.23. 선고 2006다81035 판결례 참조 ) 국토계획법 제59조제1항에서는 관계 행정기관의 장은 같은 법 제56조제1항제3호(토석의 채취)에 해당하는 행위로서 대통령령으로 정하는 행위를 같은 법에 따라 허가 또는 변경허가를 하거나 다른 법률에 따라 인가·허가·승인 또는 협의를 하려면 도시계획위원회의 심의를 거쳐야 한다고 규정하고 있고, 그 위임에 따른 같은 법 시행령 제57조제1항제2호에서는 부피 3만세제곱미터 이상의 토석채취를 규정하고 있는바, 부피 3만세제곱미터 이상의 토석채취에 해당하는 이상 그 행위를 위한 허가 등이 어느 법률에 따라 이루어지는지와 상관없이 그 허가 등을 하는 관계 행정기관의 장은 도시계획위원회의 심의를 거쳐야 하는 것이 문언상 분명합니다.

그리고 국토계획법 제56조제1항에서는 토지의 형질 변경(각주: 경작을 위한 경우로서 국토계획법 시행령 제51조제2항에 따른 토지의 형질 변경은 제외함. )(제2호) 및 토석의 채취(제3호) 등 각 호의 어느 하나에 해당하는 행위로서 대통령령으로 정하는 행위(이하 "개발행위"라 함)를 하려는 자는 시장 또는 군수(각주: 특별시장·광역시장·특별자치시장·특별자치도지사·시장 또는 군수를 말하며, 이하 같음. )의 허가(이하 "개발행위허가"라 함)를 받아야 한다고 규정하고 있고, 같은 조 제3항에서는 농림지역의 산림에서 토석을 채취하는 개발행위에 관하여는 「산지관리법」에 따른다고 규정하고 있는데, 이는 개발행위를 하려는 경우 같은 법에 따른 개발행위허가를 받아야 하는 것이 원칙이나 일정한 토지의 형질 변경 또는 토석 채취 행위에 대해서는 지역 및 행위의 특수성 등을 고려하여 「산지관리법」 등의 허가 등 기준에 따라 해당 개발행위의 허용 여부를 판단하도록 하려는 것이지, 해당 개발행위에 대해 국토계획법에 따른 절차의 적용을 모두 배제하려는 취지는 아닙니다.

따라서 이 사안과 같이 농림지역의 산림에서 부피 3만세제곱미터 이상의 광물 채굴을 하려는 경우 국토계획법 제56조제3항에 따라 「산지관리법」 제15조의2제1항의 산지일시사용허가를 받아야 하더라도, 해당 산지일시사용허가를 하는 행정기관의 장은 국토계획법 제59조제1항 및 같은 법 시행령 제57조제1항제2호에 따라 도시계획위원회의 심의를 거쳐야 합니다.

아울러 국토계획법 제59조에 따른 도시계획위원회의 심의제도는 관계 행정기관의 장으로 하여금 국토계획법 또는 다른 법률에 따른 개발행위에 대한 허가 등을 신중하게 결정하도록 함으로써 난개발을 방지하고 국토를 계획적으로 관리하는 데에 그 제도적 취지(각주: 대법원 2015.10.29. 선고 2012두28728 판결례 참조 )가 있다는 점도 이 사안을 해석할 때 고려해야 합니다.

**국토의 계획 및 이용에 관한 법률**

제56조(개발행위의 허가) ① 다음 각 호의 어느 하나에 해당하는 행위로서 대통령령으로 정하는 행위(이하 "개발행위"라 한다)를 하려는 자는 특별시장·광역시장·특별자치시장·특별자치도지사·시장 또는 군수의 허가(이하 "개발행위허가"라 한다)를 받아야 한다. 다만, 도시·군계획사업(다른 법률에 따라 도시·군계획사업을 의제한

사업을 포함한다)에 의한 행위는 그러하지 아니하다.
1. 건축물의 건축 또는 공작물의 설치
2. 토지의 형질 변경(경작을 위한 경우로서 대통령령으로 정하는 토지의 형질 변경은 제외한다)
3. 토석의 채취
4. 토지 분할(건축물이 있는 대지의 분할은 제외한다)
5. 녹지지역·관리지역 또는 자연환경보전지역에 물건을 1개월 이상 쌓아놓는 행위
② (생 략)
③ 제1항에도 불구하고 제1항제2호 및 제3호의 개발행위 중 도시지역과 계획관리지역의 산림에서의 임도(林道) 설치와 사방사업에 관하여는 「산림자원의 조성 및 관리에 관한 법률」과 「사방사업법」에 따르고, 보전관리지역·생산관리지역·농림지역 및 자연환경보전지역의 산림에서의 제1항제2호(농업·임업·어업을 목적으로 하는 토지의 형질 변경만 해당한다) 및 제3호의 개발행위에 관하여는 「산지관리법」에 따른다.
④ (생 략)

제59조(개발행위에 대한 도시계획위원회의 심의) ① 관계 행정기관의 장은 제56조제1항제1호부터 제3호까지의 행위 중 어느 하나에 해당하는 행위로서 대통령령으로 정하는 행위를 이 법에 따라 허가 또는 변경허가를 하거나 다른 법률에 따라 인가·허가·승인 또는 협의를 하려면 대통령령으로 정하는 바에 따라 중앙도시계획위원회나 지방도시계획위원회의 심의를 거쳐야 한다.
②·③ (생 략)

**국토의 계획 및 이용에 관한 법률 시행령**

제57조(개발행위에 대한 도시계획위원회의 심의 등) ① 법 제59조제1항에서 "대통령령으로 정하는 행위"란 다음 각 호의 행위를 말한다. (단서 생략)
1.·1의2. (생 략)
2. 부피 3만세제곱미터 이상의 토석채취
②·③ (생 략)
④ 관계 행정기관의 장은 제1항 각 호의 행위를 법에 따라 허가하거나 다른 법률에 따라 허가·인가·승인 또는 협의를 하고자 하는 경우에는 법 제59조제1항에 따라 다음 각 호의 구분에 따라 중앙도시계획위원회 또는 지방도시계획위원회의 심의를 거쳐야 한다.
1. ~ 3. (생 략)
⑤ ~ ⑦ (생 략)

<관계 법령>

## 다른 법률에 따라 산지전용허가가 의제되는 행정처분을 받은 자가 산지의 형질을 변경한 경우에도 산지복구 의무가 있는지 여부(「산지관리법」 제39조 등 관련)

[법제처 17-0559, 2017.11.16, 민원인]

### 【질의요지】

다른 법률에 따라 산지전용허가가 의제되는 행정처분을 받은 자도 산지의 형질을 변경한 경우 「산지관리법」 제39조제1항에 따른 산지복구 의무가 있는지(「산지관리법」 제39조제3항 또는 다른 법률에 따라 산지복구 의무가 면제되는 경우는 제외함)?

<질의 배경>

민원인은 국토교통부장관 승인 사업을 시행하는 한국철도시설공단으로부터 인·허가 용역을 의뢰받은 용역사로서, 다른 법률에 따라 산지전용허가가 의제되는 행정처분을 받은 자도 산지복구 의무가 있다는 산림청의 회신에 이견이 있어 법제처에 법령해석을 요청함.

### 【회답】

다른 법률에 따라 산지전용허가가 의제되는 행정처분을 받은 자도 산지의 형질을 변경한 경우 「산지관리법」 제39조제1항에 따른 산지복구 의무가 있습니다(「산지관리법」 제39조제3항 또는 다른 법률에 따라 산지복구 의무가 면제되는 경우는 제외함).

### 【이유】

「산지관리법」 제14조제1항 본문에서는 산지전용을 하려는 자는 그 용도를 정하여 산림청장, 특별시장·광역시장·특별자치시장·도지사·특별자치도지사 또는 시장·군수·구청장(자치구의 구청장을 말함)의 허가를 받아야 한다고 규정하고 있고, 같은 법 제37조제1항제8호에서는 다른 법률에 따라 산지전용허가가 의제되는 행정처분의 경우를 규정하고 있으며, 같은 법 제39조제1항 각 호 외의 부분에서는 같은 법 제37조제1항 각 호의 어느 하나에 해당하는 허가 등의 처분을 받은 자는 같은 항 각 호의 어느 하나에 해당하는 경우 산지를 복구하여야 한다고 규정하고 있고, 같은 항 제1호에서는 같은 법 제14조제1항에 따른 산지전용허가를 받은 자가 산지의 형질을 변경한 경우 산지를 복구해야 한다고 규정하고 있는바,

이 사안은 다른 법률에 따라 산지전용허가가 의제되는 행정처분을 받은 자도 산지의 형질을 변경한 경우 「산지관리법」 제39조제1항에 따른 산지복구 의무가 있는지에 관한 것이라 하겠습니다(「산지관리법」 제39조제3항 또는 다른 법률에 따라 산지복구 의무가 면제되는 경우는 제외하며, 이하 같음).

먼저, 법령을 해석할 때에는 법률에 사용된 문언의 통상적인 의미에 충실하게 해석하는 것을 원칙으로 하면서도 법률의 입법 취지와 목적, 그 제정·개정 연혁, 법질서 전체와의 조화, 다른 법령과의 관계 등을 고려하는 체계적·논리적 해석방법을 추가적으로 동원해야 할 것입니다(대법원 2013.1.17. 선고 2011다83431 전원합의체 판결례 참조).

그런데, 「산지관리법」은 산지를 합리적으로 보전하고 이용하여 임업의 발전과 산림의 다양한 공익기능의 증진을 도모함으로써 국민경제의 건전한 발전과 국토환경의 보전에 이바지함을 목적으로 하고 있고(「산지관리법」 제1조), 다른 법률에 따라 산지전용허가가 의제되는 행정처분의 경우에도 「산지관리법」 상 산지전용허가기준에 따른 심사를 받으며(「산지관리법」 제14조제2항 및 같은 법 시행령 제16조제2항), 복구대상산지의 종단도 및 횡단도와 복구공종·공법 및 겨냥도가 포함된 복구계획서를 제출해야 하고(「산지관리법」 제14조제2항, 같은 법 시행령 제16조제1항 및 「산지관리법 시행규칙」 제12조제2항), 토사유출의 방지조치, 산사태 또는 인근 지역의 피해 등 재해의 방지나 경관 유지에 필요한 조치 또는 복구에 필요한 비용을 미리 예치하여야 한다는 점(「산지관리법」 제38조제1항)을 고려할 때, 다른 법률에 따라 산지전용허가가 의제되는 행정처분을 받은 경우에도 산지복구 의무를 부담할 것을 「산지관리법」 체계상 전제하고 있다고 할 것이고, 산지복구 의무에 대해 다른 법률에 따라 산지전용허가가 의제된 경우와 「산지관리법」에 따라 산지전용허가를 받은 경우가 구분된다고 보기도 어려울 것입니다.

또한, 행정작용은 법률의 규정에 부합하게 이루어져야 한다는 원칙에 비추어 볼 때, 의제되는 인·허가에 관해서 규정하고 있는 법률(이 사안의 경우 「산지관리법」)에 그 인·허가(이 사안의 경우 산지전용허가)를 전제로 요구되는 별개의 다른 절차나 사항(이 사안의 경우 산지복구 의무)을 규정하고 있는 경우 그러한 다른 절차나 사항에 대해서 의제를 배제한다는 명시적인 규정이 없는 한, 해당 절차나 사항을 이행하여야 할 것인바, 다른 법률에 따라 산지전용허가가 의제되는 행정처분을 받은 경우 그 법률 또는 「산지관리법」에서 산지복구 의무가 면제되는 것으로 본다는 의제 규정을 두고 있지 않은 이상, 「산지관리법」 제39조제1항에 따라 산지복구를 해야 한다고 보는 것이 타당하다고 할 것입니다(법제처 2012.2.17. 회신 11-0750 해석례 참조).

한편, 산지전용허가가 의제되었다는 이유로 「산지관리법」 상의 산지전용허가와 관련한 모든 규정이 적용된다고 보기 어렵고, 같은 법 제39조제1항제1호에서 "제14조제1항에 따른 산지전용허가"라고 규정한 것을 고려할 때, 다른 법률에 따라 산지전용허가가 의제되는 경우에는 산지복구 의무를 배제하려는 입법 의도가 있었다고 볼 수 있으므로, 다른 법률에 따라 산지전용허가가 의제되는 행정처분을 받은 자가 산지의 형질을 변경한 경우에는 산지복구 의무가 없다는 의견이 있을 수 있습니다.

그러나, 「산지관리법」 제39조제1항 각 호 외의 부분에서 다른 법률에 따라 산지전용허가가 의제되는 행정처분을 받은 자를 그 대상에 포함하고 있고, 같은 법 제14조제1항에서 포괄적으로 "산지전용을 하려는 자"라고 규정한 것은 산지전용 행위를 하려는 자를 모두 포함하려는 취지로 볼 수 있으며, 2010년 5월 31일 법률 제10331호로 일부개정되어 2010년 12월 1일 시행되기 전의 「산지관리법」 제39조제1항에서 "제37조제1항 각 호의 1에 해당하는 허가 등의 처분을 받거나 신고 등을 한 자는 당해 허가 등의 처분을 받거나 신고 등을 하여 행하는 산지전용의 목적사업, 토석의 굴취·채취가 완료되거나 그 산지전용기간 등이 만료된 때에 산지를 복구하여야 한다"고 규정하여 다른 법률에 따라 산지전용허가가 의제되는 처분을 받은 경우(제37조제1항제8호)에도 산지복구의무가 있다는 취지로 규정하고 있던 것을 이후 현행 규정과 같이 개정한 취지는 산지일시사용 제도가 도입된 내용을 규정하면서 길고 복잡한 문장을 간결하게 하기 위한 것이고 (2010.5.31. 법률 제10331호로 일부개정되어 2010.12.1. 시행된 「산림보호법」 개정이유서 참조), 그 밖에 다른 법률에 따라 산지전용허가가 의제되는 경우에는 산지복구 의무를 면제하기 위한 취지에서 개정하였다고 볼만한 아무런 자료가 없으며, 아울러 「산지관리법」 제39조에서 산지복구가 요구되는 경우(제1항)와 산지복구 의무를 면제할 필요가 있는 경우(제3항)를 명확하게 별도로 구분하고 있는 점 등을 종합적으로 고려할 때, 그러한 의견은 타당하지 않다고 할 것입니다.

따라서, 다른 법률에 따라 산지전용허가가 의제되는 행정처분을 받은 자도 산지의 형질을 변경한 경우 「산지관리법」 제39조제1항에 따른 산지복구 의무가 있다고 할 것입니다.

[법령해석례 모음]

## 대체산림자원조성비 감면 대상 범위(「산지관리법」 제19조제5항제2호 등 관련)

[법제처 14-0501, 2014.12.5, 강원도]

### 【질의요지】

한국가스공사가 「한국가스공사법」 제16조의2에 따라 가스사업 실시계획의 승인을 받은 사업구역에 「도시가스사업법」 제2조제5호에 따른 가스공급시설을 설치하는 경우, 「산지관리법」 제19조제5항에 따라 대체산림자원조성비가 감면되는 범위가 가스사업 실시계획의 승인을 받은 사업구역 내에서 산지전용 또는 산지일시사용되는 면적 전체인지, 아니면 위 사업구역 내에서 산지전용 또는 산지일시사용되는 면적 중 가스공급시설이 위치한 면적에 한정되는지?

### ※ 질의배경

○ 강원도에서는 한국가스공사의 동해시 천연가스 공급설비 사업에 대해 대체산림자원조성비를 100% 부과함.

○ 한국가스공사의 가스사업 실시계획 승인주체인 산업통상자원부장관은 이 경우 대체산림자원조성비 감면 대상이라는 의견을 보내와 강원도에서 법령해석을 요청함.

### 【회답】

한국가스공사가 「한국가스공사법」 제16조의2에 따라 가스사업 실시계획의 승인을 받은 사업구역에 「도시가스사업법」 제2조제5호에 따른 가스공급시설을 설치하는 경우, 「산지관리법」 제19조제5항에 따라 대체산림자원조성비가 감면되는 범위는 가스사업 실시계획의 승인을 받은 사업구역 내에서 산지전용 또는 산지일시사용되는 면적 중 가스공급시설이 위치한 면적에 한정됩니다. 다만, 가스공급시설의 범위를 산정할 때에는 가스공급시설물 자체뿐만 아니라 「도시가스사업법」 및 관계법령에 따라 함께 설치하여야 하는 필수적인 시설도 포함하여 감면 대상을 산정하여야 할 것입니다.

### 【이유】

「산지관리법 시행령」 제19조제5항제2호에서는 대통령령으로 정하는 중요 산업시설을 설치하기 위하여 산지전용 또는 산지일시사용을 하는 경우에는 대통령령으로 정하는 바에 따라 대체산림자원조성비를 감면할 수 있다고 규정하고 있고, 그 위임에 따라 같은 법 시행령 제23조제2항 및 별표 5에서는 「도시가스사업법」 제2조제5호에 따른 가스공급시설(이하 "가스공급시설"이라 함)을 대체산림자원조성비가 50퍼센트 감면되는 시설로 규정하고 있습니다.

그리고 「한국가스공사법」 제16조의2제1항 및 같은 법 시행령 제14조의2에서는 한국가스공사는 천연가스의 인수・저장・생산・공급 설비 및 그 부대시설을 설치하는 공사를 하려는 경우에는 사업시행지, 사업의 종류 및 명칭, 사업시행자의 명칭・주소 및 대표자의 성명, "사업구역의 위치 및 면적", 사업시행기간이 포함된 가스사업 실시계획을 수립하여 산업통상자원부장관의 승인을 받아야 한다고 규정하고 있고, 같은 법 제16조의3에서는 한국가스공사가 같은 법 제16조의2에 따라 가스사업 실시계획의 승인을 받은 경우에는 「산지관리법」 제14조 및 제15조에 따른 산지전용허가 및 산지전용신고를 받았거나 협의를 한 것으로 본다고 규정하고 있는바,

이 사안은 한국가스공사가 「한국가스공사법」 제16조의2에 따라 가스사업의 실시계획 승인을 받은 사업구역에 가스공급시설을 설치하는 경우, 「산지관리법」 제19조제5항에 따라 대체산림자원조성비가 감면되는 범위가 가스사업 실시계획의 승인을 받은 사업구역 내에서 산지전용 또는 산지일시사용되는 면적 전체인지, 아니면 위 사업구역 내에서 산지전용 또는 산지일시사용되는 면적 중 가스공급시설이 위치한 면적에 한정되는지에 관한 것이라 하겠습니다.

먼저, 대체산림자원조성비는 각종 개발사업 시행 등으로 산지를 전용함에 따라 수원함양(水源涵養), 대기정화, 토사유출의 방지, 온실가스의 흡수 등 산지가 가지는 본연의 가치가 훼손되는 것을 보전하기 위하여 그 원인자에게 부담하게 하는 부담금인바, 조세나 부담금에 관한 법률의 해석에 관하여 그 부과요건 또는 감면요건을 막론하고 특별한 사정이 없는 한 법문대로 해석할 것이고 합리적 이유 없이 확장해석하거나 유추해석하는 것은 허용되지 아니하며, 특히 감면요건 규정 가운데에 명백히 특혜규정이라고 볼 수 있는 것은 엄격하게 해석하는 것이 공평원칙에도 부합한다고 할 것입니다(법제처 2010. 6.14. 회신 10-0161 해석례 및 법제처 2013.4.26. 회신 13-0101 해석례 참조).

그리고, 「산지관리법」 제19조제5항제2호 및 같은 법 시행령 별표 5제2호타목에서는 "가스공급시설"을 설치하기 위하여 산지전용 또는 산지일시사용을 하는 경우에는 대체산림자원조성비를 50퍼센트 감면할 수 있도록 규정하고 있으므로, 대체산림자원조성비가 감면되는 면적은 법령상 "가스공급시설"의 설치에 필수적인 면적으로 한정된다고 할 것입니다.

다만, 가스공급시설의 범위를 구체적으로 정하고 있는 「도시가스사업법 시행규칙」 제2조제4항에서는 "부속설비"를 가스공급시설에 포함되는 시설로 규정하고 있고, 같은 법 시행규칙 별표 5 및 별표 6의5에서는 가스도매사업, 일반도시가스사업, 도시가스충전사

업, 나프타부생가스제조사업, 바이오가스제조사업, 합성천연가스제조사업의 가스공급시설의 시설·설비 등 기준을 정하면서 제조소 및 공급소의 시설기준에 저장설비, 가스설비, 배관설비 기준 등과 함께 사고예방설비기준, 피해저감설비기준, 부대설비기준 등을 함께 규정하고 있는바, 대체산림조성비의 감면 대상이 되는 가스공급시설의 범위를 산정할 때에는 가스공급시설물 자체뿐만 아니라「도시가스사업법」및 관계법령에 따라 함께 설치하여야 하는 필수적인 시설도 포함하여 감면 대상을 산정하여야 할 것입니다.

한편,「한국가스공사법」제16조의3에 따라 한국가스공사가 같은 법 제16조의2에 따라 가스사업 실시계획의 승인을 받은 경우에는「산지관리법」제14조 및 제15조에 따른 산지전용허가 등이 의제되므로, 산지전용허가 등이 의제되는 사업구역 전체에 대해 대체산림자원조성비가 감면되어야 한다는 의견이 있을 수 있습니다. 그러나 부담금의 감면과 관련된 규정은 문언에 충실하게 해석해야 한다는 점, 인허가 의제를 받았다 하더라도 다른 법률의 모든 규정까지 적용되는 것은 아니라는 점, 승인받은 사업구역 내에는 가스공급시설 외에 사유지 매각에 따른 확장매입부지 등도 있을 수 있다는 점 등을 고려할 때 그러한 의견은 타당하지 않다고 할 것입니다.

이상과 같은 점을 종합해 볼 때, 한국가스공사가「한국가스공사법」제16조의2에 따라 가스사업 실시계획의 승인을 받은 사업구역에 가스공급시설을 설치하는 경우,「산지관리법」제19조제5항에 따라 대체산림자원조성비가 감면되는 범위는 가스사업 실시계획의 승인을 받은 사업구역 내에서 산지전용 또는 산지일시사용되는 면적 중 가스공급시설이 위치한 면적에 한정됩니다. 다만, 가스공급시설의 범위를 산정할 때에는 가스공급시설물 자체뿐만 아니라「도시가스사업법」및 관계법령에 따라 함께 설치하여야 하는 필수적인 시설도 포함하여 감면 대상을 산정하여야 할 것입니다.

**※ 법령정비 권고사항**

「산지관리법」제19조제5항제2호에서 "대통령령으로 정하는 중요 산업시설을 설치하기 위하여 산지전용 또는 산지일시사용을 하는 경우" 대체산림자원조성비를 감면할 수 있다고 규정하고 있어, 대통령령으로 정하는 중요 산업시설을 설치하기 위하여 산지전용 또는 산지일시사용한 면적 전체가 감면 대상인지, 아니면 중요 산업시설이 위치한 면적만 감면 대상인지가 불분명한 바, 이를 명확히 할 필요가 있습니다.

## 대체산림자원조성비를 환급해야 하는 "복구준공검사를 하기 전에 이 법에 따라 대체산림자원조성비가 감면되는 용도로의 사용이 확정된 경우"의 범위(「산지관리법 시행령」 제25조의2 등 관련)

[법제처 19-0246, 2019.7.19, 산림청]

### 【질의요지】

「산지관리법 시행령」 별표 5 제2호사목에 따른 소기업이 아닌 자로서 산지전용과 산지일시사용에 따른 대체산림자원 조성에 드는 비용(이하 "대체산림자원조성비"라 함) 감면대상에 해당하지 않는 자가 「산지관리법」 제19조에 따라 대체산림자원조성비를 납부하고 산지전용허가를 받았는데, 산림청장등(각주: 산림청장, 시·도지사 또는 시장·군수·구청장을 말하며(「산지관리법 시행령」 제6조제2항 참조), 이하 같음.)이 같은 법 제42조에 따른 복구준공검사를 하기 전에 해당 산지전용허가를 받은 자의 명의만 같은 법 시행령 별표 5 제2호사목에 따른 소기업으로 변경되어 대체산림자원조성비가 감면되는 자에 해당하게 된 경우, 같은 영 제25조의2제6항에서 규정하고 있는 "복구준공검사를 하기 전에 이 법에 따라 대체산림자원조성비가 감면되는 용도로의 사용이 확정된 경우"에 해당하는지?

### <질의 배경>

산림청은 산지전용허가를 받은 자의 명의만 「산지관리법 시행령」 별표 5 제2호사목에 따른 소기업으로 변경된 경우 같은 영 제25조의2제6항을 적용할 수 있는지 해석상 의문이 있어 법제처에 법령해석을 요청함.

### 【회답】

이 사안의 경우 "복구준공검사를 하기 전에 이 법에 따라 대체산림자원조성비가 감면되는 용도로의 사용이 확정된 경우"에 해당하지 않습니다.

### 【이유】

「산지관리법」 제19조에 따른 대체산림자원조성비는 각종 개발사업 시행 등으로 산지를 전용함에 따라 수원함양, 대기정화, 토사유출의 방지, 온실가스의 흡수 등 산지가 가지는 본연의 가치가 훼손되는 것을 보전하기 위하여 그 원인자에게 부담하게 하는 부담금으로서 이러한 부담금에 관한 내용은 그 부과요건 또는 감면요건을 막론하고 특별한 사정이 없는 한 법문대로 해석해야 하고 합리적 이유 없이 확장해석하거나 유추해석하는 것은 허용되지 않습니다.[주석: 법제처 2014.6.17. 회신 14-0177 해석례 및 대법원 2002.4.12. 선고 2001두731 판결례 참조]

그런데 「산지관리법」 제19조의2제1항제8호 및 같은 법 시행령 제25조의2제6항에서는 대체산림자원조성비 환급사유로 "용도"에 대해서만 규정하고 있을 뿐, 용도 변경 없이 주체만 변경되는 경우를 규정하고 있지 않습니다.

그리고 허가 받은 자의 명의변경시 수회에 걸친 명의변경으로 대체산림자원조성비 납부자와 환급자가 달라지는 경우 등 다양하고 구체적인 법률관계 또는 사실관계 등이 발생할 수 있는데,[주석: 법제처 2013.4.26. 회신 13-0101 해석례 참조] 산지관리법령에서는 이에 관한 사항을 규율하는 별도의 규정이 없습니다.

그렇다면 아무런 용도 변경 없이 단지 명의만 대체산림자원조성비가 감면되는 자로 변경되었다는 사정만으로 "대체산림자원조성비가 감면되는 용도로의 사용이 확정된 경우"에 포함된다고 확대해석할 수는 없습니다.

한편 「산지관리법」 제21조제1항제1호 괄호부분에서 대체산림자원조성비가 감면되는 용도에서 감면되지 않는 용도 또는 감면비율이 낮은 용도로 변경하려는 경우 용도변경으로 보아 산림청장등의 승인을 받도록 규정하고 있는 점에 비추어 볼 때, 해당 규정의 반대해석상 이 사안과 같이 대체산림자원조성비가 감면되지 않는 경우에서 감면되는 경우로 명의가 변경된 경우도 용도변경이 있는 것으로 보아 「산지관리법 시행령」 제25조의2제6항에 따른 "대체산림자원조성비가 감면되는 용도로의 사용이 확정된 경우"로 보아야 한다는 의견이 있습니다.

그러나 「산지관리법」 제21조제1항제1호 괄호부분은 대체산림자원조성비가 감면되는 용도에서 감면되지 않는 용도 또는 감면비율이 낮은 용도로 변경되는 경우 용도변경의 승인 대상이 되는지 다툼이 발생함에 따라 입법적으로 이를 명확히 하려는 취지의 규정이지,[주석: 2017.3.15. 의안번호 제2006171호로 발의된 산지관리법 일부개정법률안에 대한 농림축산식품해양수산위원회 전문위원 검토보고서 참조] 이 사안처럼 대체산림자원조성비가 감면되지 않는 경우에서 감면되는 경우로 변경되는 경우까지 용도변경의 승인 대상에 포함하려는 취지의 규정은 아니고, 아울러 「산지관리법」 제21조제1항제1호 괄호부분의 개정 당시 대체산림자원조성비 환급대상의 범위를 확장하려는 취지가 있었다고 볼 수도 없다는 점에서 그러한 의견은 타당하지 않습니다.

<관계 법령>
○ 「산지관리법」

제19조(대체산림자원조성비) ① 다음 각 호의 어느 하나에 해당하는 자는 산지전용과 산지일시사용에 따른 대체산림자원 조성에 드는 비용(이하 "대체산림자원조성비"라 한다)을 미리 내야 한다.
 1. 제14조에 따라 산지전용허가를 받으려는 자
 2. 제15조의2제1항에 따라 산지일시사용허가를 받으려는 자(「광산피해의 방지 및 복구에 관한 법률」에 따른 광해방지사업을 하려는 자는 제외한다)
 3. 다른 법률에 따라 산지전용허가 또는 산지일시사용허가가 의제되거나 배제되는 행정처분을 받으려는 자
 ② ~ ④ (생 략)
 ⑤ 산림청장등은 다음 각 호의 어느 하나에 해당하는 경우에는 감면기간을 정하여 대체산림자원조성비를 감면할 수 있다.
 1. 국가나 지방자치단체가 공용 또는 공공용의 목적으로 산지전용 또는 산지일시사용을 하는 경우
 2. 대통령령으로 정하는 중요 산업시설을 설치하기 위하여 산지전용 또는 산지일시사용을 하는 경우
 3. 광물의 채굴 또는 그 밖에 대통령령으로 정하는 시설을 설치하거나 대통령령으로 정하는 용도로 사용하기 위하여 산지전용 또는 산지일시사용을 하는 경우
 ⑥ (생 략)
 ⑦ 제5항에 따른 대체산림자원조성비의 감면 대상·비율 및 감면기간 등에 필요한 사항은 대통령령으로 정한다.
 ⑧ ~ ⑫ (생 략)
제19조의2(대체산림자원조성비의 환급) ① 산림청장등은 대체산림자원조성비를 낸 자가 다음 각 호의 어느 하나에 해당하는 경우에는 대통령령으로 정하는 바에 따라 대체산림자원조성비의 전부 또는 일부를 환급하여야 한다. 다만, 형질이 변경된 면적의 비율에 따라 대체산림자원조성비를 차감하여 환급할 수 있으며, 제38조제1항에 따른 복구비를 예치하지 아니한 자의 경우에는 대통령령으로 정하는 바에 따라 산지복구에 필요한 비용을 미리 상계(相計)한 후 환급할 수 있다.
 1. 제14조에 따른 산지전용허가를 받지 못한 경우
 2. 제15조의2제1항에 따른 산지일시사용허가를 받지 못한 경우
 3. 제16조제2항에 따라 산지전용허가 또는 산지일시사용허가가 취소된 것으로 보게 되는 경우
 4. 제15조의2제3항에 따른 산지일시사용기간 또는 제17조제1항 및 제2항에 따른 산지전용기간 이내에 목적사업을 완료하지 못하고 그 기간이 만료된 경우
 5. 제20조제1항에 따라 산지전용허가 또는 산지일시사용허가가 취소된 경우
 6. 다른 법률에 따라 제14조에 따른 산지전용허가, 제15조의2제1항에 따른 산지일시

사용허가를 받지 아니한 것으로 보게 되는 경우
7. 사업계획의 변경이나 그 밖에 대통령령으로 정하는 사유로 대체산림자원조성비의 부과 대상 산지의 면적이 감소된 경우
8. 대체산림자원조성비를 낸 후 그 부과의 정정 등 대통령령으로 정하는 사유가 발생한 경우
② (생 략)

제21조(용도변경의 승인 등) ① 제14조에 따른 산지전용허가 또는 제15조의2제1항에 따른 산지일시사용허가를 받거나 제15조에 따른 산지전용신고 또는 제15조의2제2항에 따른 산지일시사용신고를 한 자(다른 법률에 따라 해당 허가 또는 신고가 의제되는 행정처분을 받은 자를 포함한다)가 다음 각 호의 어느 하나에 해당되는 경우에는 농림축산식품부령으로 정하는 바에 따라 산림청장등의 승인을 받아야 한다. 다만, 준보전산지에 대한 산지전용허가 또는 산지일시사용허가를 받은 자(다른 법률에 따라 산지전용허가 또는 산지일시사용허가가 의제되거나 배제되는 행정처분을 받은 자를 포함한다)가 제19조제5항에 따라 대체산림자원조성비를 감면받지 아니하고 대체산림자원조성비를 모두 납부한 경우에는 그러하지 아니하다.
1. 산지전용 또는 산지일시사용 목적사업에 사용되고 있거나 사용된 토지를 대통령령으로 정하는 기간 이내에 다른 목적으로 사용하려는 경우(대체산림자원조성비가 감면되는 용도에서 감면되지 아니하는 용도 또는 감면비율이 낮은 용도로 변경하려는 경우를 포함한다)
2. 농림어업용 주택 또는 그 부대시설을 설치하기 위한 용도로 전용한 후 대통령령으로 정하는 기간 이내에 농림어업인이 아닌 자에게 명의를 변경하려는 경우
② 제1항에 따라 승인을 받으려는 자 중 대체산림자원조성비가 감면되는 시설의 부지로 산지전용 또는 산지일시사용을 한 토지를 대체산림자원조성비가 감면되지 아니하거나 감면비율이 보다 낮은 시설의 부지로 사용하려는 자는 대통령령으로 정하는 바에 따라 그에 상당하는 대체산림자원조성비를 내야 한다.
③ (생 략)

○ 「산지관리법 시행령」

제25조의2(대체산림자원조성비의 환급) ① 산림청장등은 대체산림자원조성비로 납부된 금액 중 법 제19조의2에 따라 환급하여야 할 금액이 있는 경우에는 지체 없이 그 금액을 대체산림자원조성비환급금으로 결정하고 대체산림자원조성비를 납부한 자 등에게 이를 통지하여야 한다. 다만, 법 제44조제1항제3호 또는 제5호에 따라 산지의 복구를 명한 경우에는 산지의 복구 여부를 확인한 후에 통지하여야 한다.
② ~ ⑤ (생 략)
⑥ 법 제19조의2제1항제8호에서 "대통령령으로 정하는 사유"란 법 제42조에 따라

복구준공검사를 하기 전에 이 법 또는 다른 법률에 따라 대체산림자원조성비가 감면되는 용도로의 사용이 확정된 경우(법 제14조 또는 제15조의2제1항에 따른 산지전용허가 또는 산지일시사용허가 기간 중에 해당 용도로의 사용이 확정되는 경우로 한정한다)를 말한다.

⑦ ~ ⑨ (생 략)

### 산지관리법 시행령 [별표 5]

대체산림자원조성비 감면대상 및 감면비율(제23조제1항 관련)

1. 국가나 지방자치단체가 공용 또는 공공용의 목적으로 산지전용 또는 산지일시사용을 하는 경우(법 제19조제5항제1호 관련)
   (생 략)
2. 중요 산업시설을 설치하기 위하여 산지전용 또는 산지일시사용을 하는 경우(법 제19조제5항제2호 관련)
   대상시설
   감면비율(퍼센트)
   보전산지
   준보전산지
   가. ~ 바. (생 략)
   　(생 략)
   사. 「중소기업 진흥에 관한 법률」 제62조의10제2항 및 제3항에 따라 「산업집적활성화 및 공장설립에 관한 법률」 제2조제1호에 따른 공장의 건축면적 또는 이에 준하는 사업장의 면적이 1천제곱미터 미만인 소기업이 「수도권정비계획법」 제2조제1호에 따른 수도권 외의 지역에서 신축·증축 또는 이전하려는 공장과 소기업을 100분의 50 이상 유치하기 위하여 조성하는 「산업입지 및 개발에 관한 법률」 제2조제8호에 따른 국가산업단지, 일반산업단지, 도시첨단산업단지 또는 농공단지
    100
    100
   아. ~ 러. (생 략)
   　(생 략)
3. 광물의 채굴 또는 그 밖에 산지전용 또는 산지일시사용을 하는 경우(법 제19조제5항 제3호 관련)
   (이하 생략)

[법령해석례 모음]

## 도시지역 산림에서 토지의 형질변경에 대한 적용 법령
## (「국토의 계획 및 이용에 관한 법률」 제56조제3항 및 「산지관리법」 제14조 등 관련)

[법제처 18-0592, 2019.2.1, 경기도 성남시]

**【질의요지】**

도시지역의 산림에서 「국토의 계획 및 이용에 관한 법률」(이하 "국토계획법"이라 함) 제56조제1항제2호에 따른 개발행위(토지의 형질 변경)를 하려는 경우, 국토계획법 제56조제1항만 적용되는지, 아니면 「산지관리법」 중 토지의 형질 변경에 관한 사항도 함께 적용되는지?

**〈질의 배경〉**

성남시는 용도지역이 도시지역인 산지에서 무단으로 토지의 형질을 변경한 자를 적발한 경우, 이를 국토계획법에 따라 행정처분 및 처벌해야 하는지, 아니면 「산지관리법」에 따라서도 처벌 등을 해야 하는지에 관해 의문이 있어 국토교통부 및 산림청에 각각 질의하였고 양 기관으로부터 양 법이 각각 적용된다는 취지의 답변을 받자 이에 이의가 있어 법제처에 법령해석을 요청함.

**【회답】**

이 사안의 경우 국토계획법뿐만 아니라 「산지관리법」 중 토지의 형질 변경에 관한 사항도 함께 적용됩니다.

**【이유】**

입법목적을 달리하는 법률들이 일정한 행위에 관한 요건을 각각 규정하고 있는 경우에는 어느 법률이 다른 법률에 우선하여 배타적으로 적용된다고 해석되지 않는 이상 그 행위에 관하여 각 법률의 규정에 따른 요건을 갖추어야 합니다.[주석: 대법원 1995.1.12. 선고 94누3216 판결례 참조]

그런데 국토계획법은 국토의 이용·개발과 보전을 위한 계획의 수립 및 집행 등에 필요한 사항을 정하여 공공복리를 증진시키고 국민의 삶의 질을 향상시키는 것을 목적으로 하는 법률이고(제1조), 「산지관리법」은 산지를 합리적으로 보전하고 이용하여 임업의 발전과 산림의 다양한 공익기능의 증진을 도모함으로써 국민경제의 건전한 발전과 국토환경의 보전에 이바지함을 목적으로 하는 법률로서(제1조) 두 법은 그 입법목적 및 규율대상이 서로 다릅니다.

또한 국토계획법이나 「산지관리법」에서는 어느 한 법률이 다른 법률에 우선하여 적용된다거나 어느 한 법률의 적용을 배제한다는 명시적 규정을 두고 있지 않으므로, 이 사안과 같이 도시지역의 산림에서 개발행위(토지의 형질 변경)를 하려는 자에 대해서는 국토계획법과 「산지관리법」의 규정이 모두 적용된다고 보아야 합니다.[주석: 법제처 2016.10.17. 회신 16-0257 해석례 및 법제처 2018.3.8. 회신 18-0052 해석례 참조]

한편 국토계획법 제56조제3항에서는 개발행위 허가에 관해 정한 같은 조 제1항에도 불구하고 "보전관리지역·생산관리지역·농림지역 및 자연환경보전지역" 산림에서의 토지의 형질 변경에 관해서는 「산지관리법」에 따르도록 규정하고 있는데, 이는 국토계획법 제56조제3항에서 정하고 있는 용도지역에서의 토지의 형질 변경에 대해서만 예외적으로 같은 조 제1항의 개발행위허가 규정이 적용되지 않는다는 의미이지, 그 외 용도지역에서의 토지 형질 변경 시에 「산지관리법」의 적용을 배제하는 것은 아닙니다.[주석: 2001.10.29. 의안번호 제161078호로 국회에 발의된 국토이용및계획에관한법률안에 대한 국회 건설교통위원회 심사보고서 참조]

따라서 국토계획법 제56조제3항의 예외 사유에 해당하지 않는 도시지역 산림에서의 토지의 형질 변경에 대해서는 국토계획법과 「산지관리법」이 모두 적용되는 것으로 보아야 합니다.

### <관계 법령>

**「국토의 계획 및 이용에 관한 법률」**

제56조(개발행위의 허가) ① 다음 각 호의 어느 하나에 해당하는 행위로서 대통령령으로 정하는 행위(이하 "개발행위"라 한다)를 하려는 자는 특별시장·광역시장·특별자치시장·특별자치도지사·시장 또는 군수의 허가(이하 "개발행위허가"라 한다)를 받아야 한다. 다만, 도시·군계획사업에 의한 행위는 그러하지 아니하다.
  1. 건축물의 건축 또는 공작물의 설치
  2. 토지의 형질 변경(경작을 위한 경우로서 대통령령으로 정하는 토지의 형질 변경은 제외한다)
  3. 토석의 채취
  4. 토지 분할(건축물이 있는 대지의 분할은 제외한다)
  5. 녹지지역·관리지역 또는 자연환경보전지역에 물건을 1개월 이상 쌓아놓는 행위
② (생 략)
③ 제1항에도 불구하고 제1항제2호 및 제3호의 개발행위 중 도시지역과 계획관리지역의 산림에서의 임도(林道) 설치와 사방사업에 관하여는 「산림자원의 조성 및 관리에 관한 법률」과 「사방사업법」에 따르고, 보전관리지역·생산관리지역·농림지역 및 자연환경보전지역의 산림에서의 제1항제2호(농업·임업·어업을 목적으로 하는 토지의 형질 변경만 해당한다) 및 제3호의 개발행위에 관하여는 「산지관리법」에 따른다.
④ (생 략)

[법령해석례 모음]

## 목적사업 부지내의 절·성토 비탈면이 「산지관리법 시행규칙」 별표1의3제2호의 산지전용허가 세부기준이 적용되는 복구대상 비탈면인지 여부(「산지관리법 시행규칙」 별표1의3제1호가목 등)

[법제처 17-0153, 2017.6.5, 충청북도 보은군]

### 【질의요지】

「산지관리법 시행규칙」 별표 1의3 제1호가목에서는 산지의 형질변경으로 발생되는 복구대상 비탈면을 "비탈면"으로 약칭하고 있고, 같은 표 제2호에서는 비탈면의 기울기, 수직높이, 소단(小段)설치 등 복구대상 비탈면에 대한 산지전용허가기준의 세부사항을 규정하고 있는바,

「산지관리법 시행규칙」 별표 1의3 제2호의 산지전용허가 세부기준이 적용되는 같은 표 제1호에 따른 복구대상 비탈면은 허가대상 산지 중 목적사업 부지 내의 절토(切土)·성토(盛土) 비탈면(목적사업에 직접 제공되는 경우로 한정함. 이하 같음)을 제외한 절토·성토 비탈면에 한정되는지, 아니면 목적사업 부지 내·외의 모든 절토·성토 비탈면을 의미하는지?

### <질의 배경>

○ 충청북도 보은군에서는 관내 태양광 발전시설 설치와 관련한 산지전용허가 신청과 관련하여 복구대상 비탈면에 대한 수직높이 제한(15미터) 등의 산지전용허가 기준과 복구범위 등에 대하여 산림청에 질의하였고, 산림청에서 태양광 발전시설 등은 절토·성토 비탈면을 사업부지로 하는 경우로 사안과 같이 목적사업 부지 내의 절토·성토 비탈면(목적사업에 직접 제공되는 경우를 말함)은 비탈면에 대한 산지전용 허가기준이나 복구설계서 승인기준 등의 적용을 받지 않는다는 회신하자, 이에 이의가 있어 법제처에 직접 법령해석을 요청함.

### 【회답】

「산지관리법 시행규칙」 별표 1의3 제2호의 산지전용허가 세부기준이 적용되는 같은 표 제1호에 따른 복구대상 비탈면은 허가대상 산지 중 목적사업 부지 내·외의 모든 절토·성토 비탈면을 의미합니다.

### 【이유】

「산지관리법」제18조제5항 본문에서는 산지전용허가기준의 적용 범위와 산지의 면적에 관한 기준, 그 밖의 사업별·규모별 세부기준 등에 관한 사항은 대통령령으로 정한다고 규정하고 있고, 「산지관리법 시행령」제20조제6항에서는 「산지관리법」제18조제5항 본문에 따른 산지전용허가기준의 적용범위와 사업별·규모별 세부기준은 같은 법 시행령 별표 4와 같다고 규정하고 있으며, 같은 영 별표 4에서는 산지전용 시 허가기준의 세부기준을 정하면서 같은 표 제1호다목에서는 토사의 유출·붕괴 등 재해발생이 우려되지 않을 것, 같은 호 마목4)에서는 산지전용으로 인한 비탈면은 토질에 따라 적정한 경사도와 높이를 유지하여 붕괴의 위험이 없을 것을 규정하고 있고, 같은 표 비고 제2호에서는 같은 표 비고 외의 부분 제1호부터 제3호까지의 기준을 적용하는 데 필요한 세부적인 사항은 농림축산식품부령으로 정한다고 규정하고 있습니다.

그리고, 「산지관리법 시행규칙」제10조의2에서는 「산지관리법 시행령」별표 4 비고 제2호에 따른 산지전용허가기준의 세부사항은 「산지관리법 시행규칙」별표 1의3과 같다고 규정하고 있고, 같은 규칙 별표 1의3 제1호가목에서는 산지의 형질변경으로 발생되는 복구대상 비탈면을 "비탈면"으로 약칭하고 있으며, 같은 표 제2호 다목에서는 비탈면의 수직높이는 15미터 이하가 되도록 사업계획에 반영해야 하고, 같은 호 라목에서는 비탈면(옹벽을 포함함)의 수직높이가 5미터 이상인 경우에는 5미터 이하의 간격으로 너비 1미터 이상의 소단을 설치하도록 사업계획에 반영해야 한다고 규정하는 등 비탈면에 대한 산지전용허가기준의 세부사항을 규정하고 있는바,

이 사안은 「산지관리법 시행규칙」별표 1의3 제2호의 산지전용허가 세부기준이 적용되는 같은 표 제1호에 따른 복구대상 비탈면은 허가대상 산지 중 목적사업 부지 내의 절토·성토 비탈면을 제외한 절토·성토 비탈면에 한정되는지, 아니면 목적사업 부지 내·외의 모든 절토·성토 비탈면을 의미하는지에 관한 것이라 하겠습니다.

먼저, 법령을 해석할 때에는 법령에 사용된 문언의 의미에 충실하게 해석하는 것을 원칙으로 하고, 법령의 문언 자체가 비교적 명확한 개념으로 구성되어 있다면 다른 해석방법은 제한될 수밖에 없다고 할 것인데(대법원 2009.4.23. 선고 2006다81035 판결례 참조), 「산지관리법 시행규칙」별표 1의3 제1호가목에서는 산지의 형질변경으로 발생되는 복구대상 비탈면을 "비탈면"으로 약칭하고 있고, 같은 표 제2호에서는 비탈면의 수직높이는 15미터 이하가 되도록 사업계획에 반영해야 한다는 등의 비탈면에 대한 산지전용허가기준의 세부사항을 규정하고 있을 뿐, 그러한 산지전용허가기준의 세부사항이 적용되는 비탈면의 범위를 목적사업 부지 내·외를 구별하여 규정하고 있지 않은바, 해당 규정의 문언상 절토 및 성토 비탈면은 목적사업부지 내·외의 구별에 상관없이 산지전용허가 세부기준이 적용된다고 할 것이므로 목적사업 부지 내에 위치하였다거나 목적사업 부지에 직접 제공된다는 이유로 비탈면의 수직높이 기준 등의 적용이 배제된다고 할 수는 없을 것입니다.

그리고, 산지전용허가기준의 하나로 비탈면의 수직 높이 등에 대해 규정하고 있는 「산지관리법 시행규칙」 별표 1의3 제2호와 복구설계서 승인기준의 하나로 비탈면의 수직 높이 등에 대해 규정하고 있는 별표 6 제2호의 내용에 비추어 볼 때, 절토·성토 비탈면에 대한 산지전용허가 세부기준과 복구설계서 승인기준이 같은데, 이는 산지전용허가 단계에서부터 목적사업 완료 후 절토·성토 비탈면에 대한 복구를 고려하여 그 복구기준을 산지전용허가 기준에 반영한 것으로 보아야 할 것이므로 산지전용허가 세부기준이 적용되는 복구 대상 비탈면이 목적사업 부지 내의 절토·성토 비탈면을 제외한 절토·성토 비탈면에 한정되는지를 살펴보려면 산지복구와 관련된 산지관리법령의 관련 규정도 살펴볼 필요가 있다고 할 것입니다. 그런데, 「산지관리법 시행규칙」 제40조의3제1호가목에서는 산지복구의 범위를 목적사업 부지 내·외를 구별함 없이 절토·성토 비탈면으로 규정하고 있고, 「산지관리법 시행령」 제47조제5호 전단에서는 복구 대집행 전에 다시 산지전용허가를 받는 경우로서 목적사업을 위하여 이미 조성한 사업부지 등을 산림으로 복구하는 것이 불합리하다고 인정되는 경우 복구의무를 면제할 수 있도록 규정하면서 "사업부지"에 괄호를 두어 비탈면은 제외하도록 하고 있는바, 이는 사업 부지 내의 절토·성토 비탈면이 복구대상임을 전제로 그 예외를 인정하고 있는 것이라 할 것이므로 산지관리법령에서는 산지전용허가 부지 중 목적사업 부지 내·외의 구별에 상관없이 절토·성토 비탈면을 복구대상으로 보고 있다고 할 것입니다.

또한, 「산지관리법 시행규칙」 별표 1의3 제2호에서 산지전용허가의 세부기준으로 비탈면의 수직높이, 비탈면의 기울기, 소단 설치 등을 규정하고 있는 것은 산지로의 원상회복이 아니라 산지전용허가에 따라 절토·성토되는 비탈면의 조성으로 인한 자연경관 및 산림훼손을 최소화하고 토질에 따라 적정한 경사도와 높이를 유지하여 붕괴의 위험 등이 없도록 그 기준을 정한 것으로 보아야 할 것인바, 그러한 입법 취지를 고려하면, 산지전용허가의 세부기준은 목적사업 부지 내·외나 목적사업에 직접 제공되는지 여부에 따라 달리 적용할 것은 아니라고 보아야 할 것이고, 목적사업부지 내에 위치하는 절토·성토되는 비탈면에 대하여 다른 기준이 적용되거나 별도의 붕괴방지 조치 등이 이루어지는 것도 아니라는 점에 비추어 볼 때, 절토·성토되는 비탈면이 목적사업부지 내에 위치하였다거나 목적사업에 직접 제공된다는 이유로 그러한 산지전용허가 세부기준의 적용이 배제된다고 보는 것은 복구대상 비탈면의 높이 기준 등을 둔 취지에 부합하지 않는다고 할 것입니다.

이상과 같은 점을 종합해 볼 때, 「산지관리법 시행규칙」 별표 1의3 제2호의 산지전용허가 세부기준이 적용되는 같은 표 제1호에 따른 복구대상 비탈면은 허가대상 산지 중 목적사업 부지 내·외의 모든 절·성토 비탈면을 의미한다고 할 것입니다.

※ 법령정비의견

ㅇ 「산지관리법 시행규칙」 제40조의3제1호가목에서는 산지전용의 목적사업을 완료하는 경우 절토·성토 비탈면에 대한 복구 조치를 하도록 규정하고 있는데, 해당 규정에 따른 복구는 산지로의 원상회복을 의미하는 것이 아니라 재해방지 등의 차원에서 산지전용 후 비탈면의 수직높이를 15미터 이하로 하거나 기울기를 조정하는 등의 조치를 하도록 한 것을 의미하는 것으로 "복구"의 의미와 관련하여 혼란이 있을 수 있는바, 그 의미를 명확히 하거나 적정한 용어로 변경할 필요가 있습니다.

ㅇ 또한, 절토·성토 비탈면을 목적사업 부지로 이용하는 경우, 목적사업 부지 내의 절토·성토 비탈면에 대하여 별도의 산지전용허가 기준을 두거나 산지전용허가 기준의 적용을 배제할 정책적 필요성이 있다면 이를 「산지관리법 시행규칙」 별표 1의3에 별도로 규정하는 등 해당 규정을 정비할 필요가 있습니다.

## 민간인 통제선 이북지역의 보전산지에서의 행위제한에 관한 특례의 적용 범위(「민간인 통제선 이북지역의 산지관리에 관한 특별법」 제21조 등 관련)

[법제처 19-0078, 2019.10.16, 민원인]

**【질의요지】**

「민간인 통제선 이북지역의 산지관리에 관한 특별법」(이하 "민통선산지법"이라 함) 제21조제1항 각 호 외의 부분에서는 「산지관리법」 제12조에도 불구하고 민간인 통제선 이북지역(이하 "민북지역"이라 함)의 산지 중 보전산지(산지전용제한지역은 제외하며, 이하 같음)에서는 같은 항 각 호의 어느 하나에 해당하는 행위를 하기 위하여 산지전용하는 경우를 제외하고는 산지전용을 할 수 없다고 규정하고 있는바, 민북지역의 보전산지(각주: 「산지관리법」 제4조제1항제1호가목에 따른 임업용산지임을 전제함.)에서 산지일시사용은 할 수 없는지?

**<질의 배경>**

민원인은 위 질의요지에 대한 산림청의 회신 내용에 이견이 있어 법제처에 법령해석을 요청함.

**【회답】**

이 사안의 경우 민통선산지법 제21조제1항 각 호의 어느 하나에 해당하는 행위를 하기 위한 경우에는 산지일시사용을 할 수 있습니다.

**【이유】**

우선 법해석은 가능한 한 법률에 사용된 문언의 통상적인 의미에 충실하게 해석하는 것이 원칙이지만 법률의 입법 취지와 목적, 그 제정·개정 연혁, 법질서 전체와의 조화, 다른 법령과의 관계 등을 고려하여 체계적·논리적 해석방법을 추가적으로 동원함으로써 법적 안정성을 저해하지 않는 범위에서 구체적 타당성을 찾도록 해야 할 것입니다.(각주: 대법원 2013.1.17. 선고 2011다83431 판결례 참조 )

그런데 민통선산지법은 민북지역의 지역적 특수성을 고려하여 민북지역의 산지관리를 위해 필요한 사항을 정하고 있는 법률로서(제1조) 민북지역의 산지관리에 관하여 다른 법률보다 우선하여 적용하되 같은 법에서 정하지 않은 사항은 「산지관리법」에 따르도록 하고 있으므로(제6조) 민통선산지법은 「산지관리법」에 대한 특별법적 지위에 있다고 할 것입니다.

그리고 「산지관리법」 제12조제1항에서는 보전산지 중 임업용산지에서 같은 항 각 호의 어느 하나에 해당하는 행위를 하기 위한 경우를 제외하고는 산지전용 또는 산지일시사용을 할 수 없다고 규정하고 있는데, 민북지역 보전산지에서의 행위제한 특례를 규정하고 있는 민통선산지법 제21조제1항에서는 「산지관리법」 제12조에도 불구하고 민북지역의 산지 중 보전산지에서는 같은 항 각 호의 어느 하나에 해당하는 행위를 하기 위한 경우를 제외하고는 산지전용을 할 수 없다고 규정하면서 민북지역의 보전산지에서 허용되는 행위를 「산지관리법」 제12조제1항 각 호에서 열거하고 있는 행위의 유형과 서로 다르게 규정하고 있습니다.

이처럼 민통선산지법 제21조제1항에서 「산지관리법」 제12조제1항에 따른 보전산지에서의 행위제한에 대한 특례를 정한 것이 「산지관리법」이 민북지역 산지의 지역적·생태적 여건을 반영하고 있지 않은 점 등을 감안하여 민북지역에 있는 보전산지에서의 일부 행위제한을 강화하는 한편 주민의 생활·소득과 관련된 행위규제를 완화하여 주민편의와 소득증대를 도모하려는 취지인 점을 고려하면(각주: 2010.2.22. 의안번호 제1807655호로 발의된 만간인 통제선 이북지역의 산지관리에 관한 특별법안에 대한 국회 농림수산식품위원회 검토보고서 참조) 민북지역 보전산지에서의 행위제한에 대해서는 「산지관리법」 대신 민통선산지법이 적용되어야 합니다.

한편 산지일시사용 제도는 2010년 5월 31일 법률 제10331호로 개정되어 2010년 12월 1일 시행된 「산지관리법」(이하 "개정 「산지관리법」"이라 함)에서 도입된 것으로 지목변경이 수반되는 산지전용과 구분하여 산지를 형질변경한 후 다시 산지로 환원하거나 계속 산지의 용도로 사용하는 경우 등 지목변경이 수반되지 않는 경우에는 간단한 절차에 의하여 산지를 활용할 수 있도록 하기 위한 것입니다.(각주: 2010.5.31. 법률 제10331호로 개정되어 2010.12.1. 시행된 「산지관리법」 개정이유 및 주요내용 참조)

그리고 「산지관리법」에 따르면 각각의 지역 또는 산지별로 산지전용 및 산지일시사용을 할 수 있는 행위의 유형이 동일하며(제10조제1항 및 제12조제1항·제2항), 산지일시사용이 산지전용에 비해 산지의 보존 등에 미치는 영향이 적은 점을 고려하면 산지일시사용으로 할 수 있는 행위의 종류는 산지전용을 할 수 있는 행위의 종류와 근본적인 차이가 있다고 볼 수 없으므로 법령에서 명시적으로 산지일시사용에 대해 규정하고 있지 않더라도 민통선산지법 제21조제1항 각 호의 어느 하나에 해당하는 행위의 경우 산지전용을 할 수 있다면 산지일시사용도 할 수 있다고 보는 것이 합리적입니다.

아울러 입법연혁 측면에서도 2011년 4월 4일 법률 제10535호로 제정된 민통선산지법이 국회에 발의(2010.2.20)된 당시의 법안에는 당시 「산지관리법」상 산지일시사용 제도가 존재하지 않았으므로 산지일시사용에 관한 내용이 포함되어 있지 않았는데, 국회 심사과정에서 개정 「산지관리법」의 내용(산지일시사용 제도 도입)이 일부 반영(각주: 민통선산지법 제16조제1항제18호에서 「산지관리법」에 따른 산지일시사용허가·신고가 규정되고, 같은 법 제20조에서 산지전용·일시사용제한지역에 관한 특례가 규정됨.)되었으나 보전산지에서의 행위제한 특례에 대해 규정하고 있는 같은 법 제21조에는 이러한 개정사항이 반영되지 않은 채 민통선산지법이 제정되었는바, 민통선산지법 제정 당시 입법의도가 민북지역의 보전산지에서는 산지전용만을 할 수 있도록 하려는 것이 아니고 개정「산지관리법」에서 도입된 산지일시사용 제도가 민통선산지법의 일부 조항에 반영되지 않은 것으로 보아야 합니다.(각주: 2018년 11월 26일 의안번호 제2016809호로 발의되어 국회에 계류중인 민통선산지법 개정안에는 민통선산지법에 규정된 "산지전용제한지역"을 "산지전용·일시사용제한지역"으로, "산지전용"을 "산지전용 또는 산지일시사용"으로 용어를 정리하기 위해 개정한다는 개정이유가 명시되어 있음.)

따라서 이러한 점을 종합적으로 고려할 때 민통선산지법 제21조제1항 각 호의 어느 하나에 해당하는 행위를 하기 위한 경우에는 산지전용뿐만 아니라 산지일시사용도 할 수 있다고 보는 것이 민통선산지법과「산지관리법」의 체계, 민통선산지법의 입법 취지, 산지일시이용 제도의 도입 목적 등에 부합하는 해석입니다.

<관계 법령>
「민간인 통제선 이북지역의 산지관리에 관한 특별법」
제6조(다른 법률과의 관계) ① 이 법은 민북지역의 산지관리에 관하여 다른 법률보다 우선하여 적용한다.
  ② 민북지역의 산지관리에 관하여 이 법에서 정하지 아니하는 사항은「산지관리법」에 따른다.
  ③ (생 략)
제21조(보전산지에서의 행위제한에 관한 특례) ①「산지관리법」제12조에도 불구하고 민북지역의 산지 중 보전산지(산지전용제한지역은 제외한다)에서는 다음 각 호의 어느 하나에 해당하는 행위를 하기 위하여 산지전용하는 경우를 제외하고는 산지전용을 할 수 없다.
  1. ~ 15. (생 략)
  ② 생태적 산지전용지구에는 제1항에 따른 행위제한 및「산지관리법」제10조, 제12조제1항·제2항에 따른 행위제한을 적용하지 아니한다.
  ③ 제1항에 불구하고「자연공원법」에 따른 공원구역에서의 행위제한은「자연공원법」을 적용한다.

「산지관리법」
제12조(보전산지에서의 행위제한) ① 임업용산지에서는 다음 각 호의 어느 하나에 해당하는 행위를 하기 위하여 산지전용 또는 산지일시사용을 하는 경우를 제외하고는 산지전용 또는 산지일시사용을 할 수 없다.
  1. ~ 16. (생 략)
  ②·③ (생 략)

# 보전산지(임업용산지)에서 건축물이 없는 시설(개간 등)을 설치하려는 경우에도 기존 도로를 이용하여야 하는지 등(「산지관리법」 제12조제1항제15호 등 관련)

[법제처 14-0509, 2014.9.3, 산림청]

## 【질의요지】

가. 「산지관리법」 제12조제1항에 따라 임업용산지에서 개간 등 건축물의 건축이 수반되지 아니하는 행위를 하기 위하여 산지전용허가를 받으려는 경우, 같은 법 시행령 별표 4 제1호마목의 세부기준란 10)에 따른 기존 도로 등을 이용하여야 하는 요건을 갖추지 아니하여도 되는지?

나. 만약, "질의 가"에서 「산지관리법 시행령」 별표 4 제1호마목의 세부기준란 10)에 따른 기존 도로 등을 이용하여야 하는 요건을 갖추어야 한다면, 「농지법」 제2조제1호나목 및 같은 법 시행령 제2조제3항제1호가목에 따른 농로가 같은 규정에 따른 기존 도로 등에 해당되는지?

※ 질의배경

○ 산림청은 보전산지(임업용산지)에서 건축물의 건축이 수반되는지 여부와 관계없이 법정도로에 해당하는 기존 도로를 이용하는 경우에만 산지전용이 가능하도록 운영하고 있으나, 건축물이 없는 시설(개간 등)에는 반드시 이용 가능한 기존 도로가 필요한 것은 아니라는 주장이 제기됨에 따라 법령해석을 요청함

## 【회답】

가. 질의 가에 대하여

「산지관리법」 제12조제1항에 따라 임업용산지에서 개간 등 건축물의 건축이 수반되지 아니하는 행위를 하기 위하여 산지전용허가를 받으려는 경우, 같은 법 시행령 별표 4 제1호마목의 세부기준란 10)에 따른 기존 도로 등을 이용하여야 하는 요건을 갖추어야 할 것입니다.

나. 질의 나에 대하여

「산지관리법」 제12조제1항에 따라 임업용산지에서 개간 등 건축물의 건축이 수반되지 아니하는 행위를 하기 위하여 산지전용허가를 받으려는 경우, 「농지법」 제2조제1호나목 및 같은 법 시행령 제2조제3항제1호가목에 따른 농로는 「산지관리법 시행

령」별표 4 제1호마목의 세부기준란 10)에 따른 기존 도로 등에 해당되지 않는다고 할 것입니다.

## 【이유】

가. 질의 가 및 질의 나의 공통사항

「산지관리법」제12조제1항에 따르면 임업용산지에서 사방시설 등의 국토보전시설이나 도로 등 공용·공공용 시설의 설치 등(제1호부터 제13호까지)과 그 부대시설의 설치(제14호), 같은 조 제1호부터 제13호까지의 시설 중 「건축법」에 따른 건축물과 도로(「건축법」제2조제1항제11호의 도로를 말함)를 연결하기 위한 대통령령으로 정하는 규모 이하의 진입로의 설치(제15호), 그 밖에 임업용산지의 목적 달성에 지장을 주지 아니하는 범위에서 대통령령으로 정하는 행위(제16호) 등을 하기 위하여 산지전용 또는 산지일시사용을 하는 경우를 제외하고는 산지전용 또는 산지일시사용을 할 수 없고, 같은 법 제14조 및 같은 법 시행령 제15조에 따르면 산지전용을 하려는 자는 그 용도를 정하여 산지의 종류 및 면적 등의 구분에 따라 산림청장, 시·도지사 또는 시장·군수·구청장(이하 "산림청장등"이라 함)의 허가를 받아야 합니다.

또한,「산지관리법」제18조제1항에 따르면 산지전용허가 신청을 받은 산림청장등은 사업계획 및 산지전용면적이 적정하고 산지전용방법이 자연경관 및 산림훼손을 최소화하며 산지전용 후의 복구에 지장을 줄 우려가 없을 것(제8호) 등 같은 항 각 호의 기준에 맞는 경우에만 산지전용허가를 하여야 하고, 같은 조 제5항의 위임을 받아 산지전용허가기준의 적용범위와 사업별·규모별 세부기준을 정한 같은 법 시행령 별표 4 제1호마목의 세부기준란 10)에서는 같은 법 제18조제1항제8호에 대한 세부기준으로서 "기존 도로(도로공사의 준공검사가 완료되었거나 사용개시가 이루어진 도로를 말함)를 이용하여 산지전용을 하거나 공장설립허가를 위한 인허가(협의를 포함함)를 받으려는 경우로서 계획상 도로의 산지전용허가를 받은 자가 그 계획상 도로의 이용에 관하여 동의한 경우 또는 준공검사가 완료되지 않았으나 실제로 통행이 가능한 도로로서 도로관리청 또는 도로관리자가 도로이용에 관하여 동의한 경우에 해당하는 산지전용일 것"을 규정하고 있습니다.

나. 질의 가에 대하여

이 사안에서는 「산지관리법」제12조제1항에 따라 임업용산지에서 개간 등 건축물의 건축이 수반되지 아니하는 행위를 하기 위하여 산지전용허가를 받으려는 경우, 같은 법 시행령 별표 4 제1호마목의 세부기준란 10)에 따른 기존 도로 등을 이용하여야 하는 요건을 갖추지 아니하여도 되는지가 문제될 수 있습니다.

살피건대, 법의 해석에 있어서는 법률에 사용된 문언의 의미에 충실하게 해석하는

[법령해석례 모음] 1065

것을 원칙으로 하고, 법률의 문언 자체가 비교적 명확한 개념으로 구성되어 있다면 다른 해석방법은 제한될 수밖에 없다고 할 것인데,「산지관리법 시행령」별표 4 제1호마목의 세부기준란 10)의 문언을 보면 임업용산지에서「산지관리법」제12조제1항에 따라 허용되는 행위로서, 어떤 시설을 설치하려는 경우에는 해당 시설에 건축물의 건축이 수반되는 경우와 그러하지 아니한 경우를 구분하지 아니하고 "기존 도로를 이용"하여야만 산지전용을 할 수 있도록 규정하고, 예외적으로만 "계획상 도로"와 "준공검사가 완료되지 않았으나 실제로 통행이 가능한 도로"를 이용하도록 하고 있는 바, 건축물의 건축이 수반되는지 여부와 관계없이 기존 도로 등을 이용할 수 있는 경우에만 산지전용이 허용된다고 할 것입니다.

또한, 보전산지 중 임업용산지의 전용은「산지관리법」제12조제1항 및 같은 법 시행령 제12조에서 국방・군사시설, 국토보전시설, 공용・공공용 시설, 산림경영 및 산촌개발사업과 관련된 시설 등 제한적으로 열거한 경우에만 허용하고 있는 점에 비추어 볼 때 엄격하게 해석하여야 할 것인바, 법령에서 명확하게 규정하고 있지 않음에도 불구하고 해석으로 이를 허용하는 것은 새로운 예외규정을 창설하는 것으로서 타당하지 않다고 할 것입니다.

한편, 묘지설치, 개간 등 임업용산지에서 건축물의 건축이 수반되지 아니하는 시설의 설치는 행위의 성질상 기존 도로가 필요 없는 경우이므로「산지관리법 시행령」별표 4 제1호마목의 세부기준란 10)을 적용하기 어렵다는 견해가 있을 수 있으나, 같은 란 10)에서 산지전용의 요건으로 규정하고 있는 기존 도로 등은 전용하고자 하는 산지 안에 설치하는 시설에 건축물의 건축이 수반되지 않더라도, 묘지나 개간 등의 시설 설치・운영 등을 위한 물자의 운반이나 통행이 전혀 없을 것으로 단정하기는 어렵기 때문에 산지의 훼손이 필수적으로 수반됨에 따라 산지의 훼손을 최소화하기 위해 같은 란 10)에서 기존 도로 등이 없는 경우에는 이를 허용하지 않겠다고 규정한 취지라 할 것이므로 그러한 견해는 타당하지 않다고 할 것입니다.

따라서,「산지관리법」제12조제1항에 따라 임업용산지에서 개간 등 건축물의 건축이 수반되지 아니하는 행위를 하기 위하여 산지전용허가를 받으려는 경우, 같은 법 시행령 별표 4 제1호마목의 세부기준란 10)에 따른 기존 도로 등을 이용하여야 하는 요건을 갖추어야 할 것입니다.

나. 질의 나에 대하여

이 사안에서는「산지관리법」제12조제1항에 따라 임업용산지에서 개간 등 건축물의 건축이 수반되지 아니하는 행위를 하기 위하여 산지전용허가를 받으려는 경우,「농지법」제2조제1호나목 및 같은 법 시행령 제2조제3항제1호가목에 따른 농로가「산지관리법 시행령」 별표 4 제1호마목의 세부기준란 10)에 따른 기존 도로 등에 해당되는지가 문제될 수 있습니다.

살피건대, 「산지관리법 시행령」 별표 4 제1호마목의 세부기준란 10)은 기존 도로에 관하여 준공검사나 사용개시를 요구하고 도로관리청 또는 도로관리자라는 관리주체를 전제로 규정하고 있는바, 산지관리법령에서 열거하는 기존 도로는 「도로법」 등 법령이 정하는 절차에 따라 고시되거나 공고되어 설치되었거나 설치가 예정되어 있는 법정도로임을 전제로 한다 할 것이고, 산지관리법령에서 도로와 관련하여 공용·공공용 시설로서의 도로(「산지관리법」 제10조제3호), 「건축법」 제2조제1항제11호의 도로(「산지관리법」 제10조제11호 및 제12조제1항제15호), 「농어촌 도로정비법」 제4조제2항제3호에 따른 농도(農道)(「산지관리법」 제12조제1항제16호 및 같은 법 시행령 제12조제13항제1호), 「사도법」 제2조에 따른 사도(私道)(「산지관리법」 제12조제1항제16호 및 같은 법 시행령 제12조제13항제3호) 등의 규정을 두고 있는 것도 이와 같은 맥락에서 이해된다고 할 것입니다.

한편, 「산지관리법」 제10조제3호에서 도로에 대한 제한을 두고 있지 아니하고, 같은 법 시행령 별표 4 제1호마목의 세부기준란 10)에서는 기존 도로가 확보될 것만을 요구하고 있을 뿐, 기존 도로의 정의 또는 구조나 시설 등에 관한 규정을 두고 있지 아니하고 있으므로 사람이 통행할 수 있는 사실상의 도로라면 "기존 도로"에 해당하는 것으로 보아야 한다는 견해가 있을 수 있으나, 위에서 본 바와 같이 문언에서 기존 도로에 관하여 준공검사나 사용개시를 요구하고 도로관리청 또는 도로관리자라는 관리주체가 있는 도로를 예정하고 있는바, 「농지법」 상 농지에 불과한 농로(「농지법」 제2조제1호나목 및 같은 법 시행령 제2조제3항제1호가목)나 「산지관리법」 상 산지에 불과한 임도(「산지관리법」 제2조제1호라목) 등과 같은 사실상 도로를 "기존 도로"로 인정하기는 어려우므로 그러한 견해는 타당하지 않다고 할 것입니다.

따라서, 「산지관리법」 제12조제1항에 따라 임업용산지에서 개간 등 건축물의 건축이 수반되지 아니하는 행위를 하기 위하여 산지전용허가를 받으려는 경우, 「농지법」 제2조제1호나목 및 같은 법 시행령 제2조제3항제1호가목에 따른 농로는 「산지관리법 시행령」 별표 4 제1호마목의 세부기준란 10)에 따른 기존 도로 등에 해당되지 않는다고 할 것입니다.

## 복구대상산지의 종단도 및 횡단도 변경을 수반하는 산지이용계획(부지조성계획)의 변경이 산지전용변경신고 대상인지(「산지관리법」 제14조제1항 등 관련)

[법제처 15-0736, 2015.12.17, 경상남도 하동군]

### 【질의요지】

「산지관리법」 제14조제1항 단서에서는 경미한 사항의 변경을 산지전용변경신고 대상으로 규정하고 있고, 같은 법 시행규칙 제10조제4항제2호에서는 "산지전용을 하려는 산지의 이용계획 및 토사처리계획 등 사업계획의 변경(산지전용허가를 받은 산지의 면적이 변경되지 아니한 경우에 한정함)"을 경미한 사항의 변경으로 규정하고 있는바, "복구대상산지의 종단도 및 횡단도 변경을 수반하는 부지조성계획의 변경"이 경미한 사항의 변경으로서 산지전용변경신고 대상에 해당하는지?

### <질의 배경>

○ ○○군에서는 복구계획의 변경(복구대상산지의 종단도 및 횡단도 변경)을 가져오는 부지조성계획의 변경이 산지전용 변경허가 대상인지를 산림청에 질의하였고, 산림청에서 변경허가 대상이 아니라 변경신고 대상에 해당한다고 답변하자, 이에 이견이 있어 직접 법제처에 법령해석을 요청함.

### 【회답】

복구대상산지의 종단도 및 횡단도 변경을 수반하는 부지조성계획의 변경은 경미한 사항의 변경으로서 산지전용변경신고 대상에 해당합니다.

### 【이유】

「산지관리법」 제14조제1항에서는 산지전용허가 받은 사항을 변경하려는 경우 산림청장, 시·도지사 또는 시장·군수·구청장(이하 "산림청장등"이라 함)의 허가를 받도록 하되, 농림축산식품부령으로 정하는 경미한 사항을 변경(이하 "경미한 사항의 변경"이라 함)하려는 경우에는 산림청장등에게 신고로 갈음할 수 있다고 규정하고 있고, 같은 법 시행규칙 제10조제4항제2호에서는 산지전용을 하려는 산지의 이용계획 및 토사처리계획 등 사업계획의 변경(산지전용허가를 받은 산지의 면적이 변경되지 아니하는 경우에 한정함)을 산지전용변경신고 대상으로 규정하고 있습니다.

그리고, 「산지관리법 시행규칙」 제10조제2항에서는 산지전용허가를 받으려 하는 자는 사업계획서(산지전용의 목적, 사업기간, 산지전용을 하고자 하는 산지의 이용계획, 입목・죽의 벌채를 통한 이용 또는 처리 계획, 토사처리계획 및 피해방지계획 등이 포함되어야 함)(제1호), 복구하여야 할 산지가 있는 경우에는 복구계획서(복구대상산지의 종단도 및 횡단도와 복구공종・공법 및 겨냥도를 포함함)(제7호) 등의 서류를 첨부하여 산림청장등에게 제출하여야 한다고 규정하고 있습니다.

한편, 「산지관리법」 제40조제1항에서는 법 제39조제1항 및 제2항에 따라 산지를 복구하여야 하는 자는 대통령령으로 정하는 기간 이내에 산림청장등에게 산지복구기간 등이 포함된 산지복구설계서를 제출하여 승인을 받아야 하고, 승인받은 산지복구설계서를 변경하려는 경우에도 같다고 규정하고 있으며, 같은 조 제3항에서는 산지복구설계서의 작성기준, 승인신청 절차, 승인기준 등에 관한 사항은 농림축산식품부령으로 정하도록 규정하고 있고, 같은 법 시행령 제48조에서는 대통령령으로 정하는 기간이란 산지전용등의 기간이 만료되기 전에 승인을 받으려는 경우에는 복구공사에 착수하기 전의 기간(제1호), 산지전용등의 기간이 만료된 이후 승인을 받으려는 경우에는 산지전용등의 기간이 만료되기 전 10일 이내의 기간(제2호)을 말한다고 규정하고 있으며, 같은 법 시행규칙 제42조제1항제2호에서는 산지복구설계서에는 복구대상산지의 전경사진(나목), 현황도・평면도・종단도・횡단도・구조물도 및 토공량 계산서가 포함된 설계도(자목) 등을 포함하도록 규정하고 있는바,

이 사안은 복구대상산지의 종단도 및 횡단도 변경을 수반하는 부지조성계획의 변경이 경미한 사항의 변경으로서 산지전용변경신고 대상에 해당하는지에 관한 것이라 하겠습니다.

먼저, 이 사안에서의 부지조성계획은 산지전용허가 대상 사업의 목적을 위하여 전용대상 산지에 대하여 절토・성토 등의 행위를 통하여 산지를 해당 사업에 적합한 부지로 조성하는 것에 관한 계획으로서 산지 이용계획에 해당하므로, 부지조성계획의 변경은 사업계획의 일부인 산지 이용계획의 변경에 해당한다고 할 것입니다.

그리고, 「산지관리법 시행규칙」 제10조제4항제2호에서는 산지 이용계획 등 사업계획의 변경을 산지전용변경신고 대상으로 규정하고 있는바, 산지전용허가를 받은 면적의 증가 없이 허가받은 사업구역 내에서의 부지조성계획을 변경하는 것은 애초 계획했던 산지의 이용계획 등 사업계획의 변경에 해당하므로, 산지전용변경신고 대상에 해당한다고 할 것입니다.

또한, 변경신고 대상인 산지이용계획이나 토사처리계획의 변경이 복구대상산지의 종단도 및 횡단도 변경을 수반하는 하는 경우를 복구계획서 변경으로 보아서 변경허가를

받게 한다면, 산지이용계획 등 사업계획서 변경을 변경신고만으로도 할 수 있도록 한 「산지관리법 시행규칙」 제10조제4항제2호의 입법취지와도 부합하지 않는 결과를 가져오게 된다고 할 것입니다.

한편, 부지조성계획의 변경으로 복구대상산지의 종단도 및 횡단도가 변경되면 산지전용허가 신청 시 제출서류 중 하나인 복구계획서도 변경되어야 할 것인데 복구계획서의 변경은 산지전용변경신고 대상으로 규정되어 있지 않으므로 부지조성계획의 변경이 산지 이용계획의 변경에 해당하더라도 복구대상산지의 종단도 및 횡단도의 변경을 수반하는 부지조성계획의 변경은 산지전용변경신고가 아니라 산지전용변경허가 대상에 해당한다는 의견이 있을 수 있습니다. 그러나, 산지관련법령에서는 산지전용허가 이후부터는 산지전용과 산지복구를 각각 별개의 절차에 따라 추진하도록 규정하여, 산지의 이용계획 등 사업계획의 내용 변경 등은 산지전용변경신고 등의 절차를 거치도록 하고, 복구대상산지의 종단도 및 횡단도 변경 등은 복구설계서 승인 및 변경승인 등의 절차를 통하여 수행하도록 하고 있는바, 사업계획 중 산지이용계획에 해당하는 부지조성계획의 변경으로 인하여 복구대상산지의 종단도 및 횡단도의 변경이 수반되더라도 산지를 복구하여야 하는 자가 변경사항을 반영하여 산지복구설계서의 승인을 받거나 변경승인을 받으면 되고 복구계획서까지 변경할 필요는 없으므로, 그러한 의견은 타당하지 않다고 할 것입니다.

이상과 같은 점을 종합해 볼 때, 복구대상산지의 종단도 및 횡단도 변경을 수반하는 부지조성계획의 변경은 경미한 사항의 변경으로서 산지전용변경신고 대상에 해당한다고 할 것입니다.

[법령해석례 모음]

> 불법산지전용을 한 자가 산지복구명령을 받고 사망하였으나 망인의 상속인이 해당 산지를 점유한 적이 없었다면 상속인에게 산지복구의무가 없는지 여부(「산지관리법」 제51조 등 관련)

[법제처 18-0206, 2018.6.12, 민원인]

**【질의요지】**

산지 임차인이 임대차 계약 기간 중에 해당 산지를 불법으로 전용하여 산림청장 등으로부터 불법전용산지에 대한 복구명령을 받았으나 그 의무를 이행하지 않은 채 사망하였고, 그의 상속인이 해당 산지를 점유하지 않거나 변경신고 등을 통해 사망한 임차인의 권리·의무를 승계하지 않은 경우에도 「산지관리법」 제51조제3항에 따라 그 상속인에 대해 불법전용산지에 대한 복구의무의 효력이 있는지?

**<질의 배경>**

민원인은 「산지관리법」 제44조제1항에 따른 산지복구명령을 받은 망인이 사망하였으나 망인의 상속인이 있다면 그 상속인이 해당 산지를 점유한 적이 없더라도 같은 법 제51조제3항에 따른 산지복구의무가 있다는 산림청의 회신에 이견이 있어 법제처에 법령해석을 요청함.

**【회답】**

이 사안의 경우 사망한 임차인의 상속인에 대해 불법전용산지에 대한 복구의무의 효력이 있습니다.

**【이유】**

「산지관리법」 제44조에 따라 불법산지전용을 하여 해당 산지에 대해 복구의무를 지는 자가 이를 이행하지 않고 사망한 경우 그 상속인이 같은 법에 따른 변경신고 등을 하여 사망한 임차인의 권리·의무를 승계하는 경우라면 해당 상속인은 같은 법 제51조제1항제2호에 따라 불법전용산지에 대한 복구의무도 승계합니다.

한편 「산지관리법」 제51조제3항에서는 같은 조 제1항에 해당하지 않는 경우 같은 법 제44조에 따른 불법전용산지에 대한 복구의무 등에 대해 산지 점유자의 승계인에 대해서도 효력이 있다고 규정하고 있으므로 산지 점유자의 승계인이 같은 법에 따른 변경신고를 하지 않으면 같은 법 제44조에 따른 불법전용산지에 대한 복구의무 효력이 있습니다. 그런데 이 사안은 산지 임차인의 상속인이 「산지관리법」에 따른 변경신고 등을 하지 않은 경우이므로 같은 법 제51조제3항에 해당하는지가 문제됩니다.

먼저 산지 소유자로부터 산지를 임차한 사람이 산지의 점유자에 해당하는지에 대해 살펴보면, 임대차 계약은 당사자 일방이 상대방에게 목적물을 사용·수익하게 할 것을 약정하고 상대방이 이에 대하여 차임을 지급할 것을 약정함으로써 효력이 발생하는 것으로 사용을 전제로 하므로(「민법」 제618조) 이 사안의 사망한 임차인은 임대차 목적물인 해당 산지의 점유자에 해당합니다.

그렇다면 그의 상속인은 점유자인 사망한 임차인의 승계인에 해당하고, 「산지관리법」 제51조제3항에서는 산지 점유자의 승계인이 해당 산지를 점유할 것을 그 요건으로 규정하고 있지는 않으므로 이 사안의 상속인에 대해 「산지관리법」 제44조에 따른 불법전용산지에 대한 복구의무의 효력이 있고, 이렇게 해석하는 것이 불법전용된 산지의 복구가 산지 점유자의 사망 등으로 인해 불가능해지지 않도록 그 복구의무를 승계시켜서 산지를 합리적으로 보전하려는 「산지관리법」의 입법 취지에도 부합합니다.

### <관계 법령>

「산지관리법」

제37조(재해의 방지 등) ① 산림청장등은 다음 각 호의 어느 하나에 해당하는 허가 등에 따라 산지전용, 산지일시사용, 토석채취 또는 복구를 하고 있는 산지에 대하여 대통령령으로 정하는 바에 따라 토사유출, 산사태 또는 인근지역의 피해 등 재해 방지나 경관 유지 등에 필요한 조사·점검·검사 등을 할 수 있다.
 1. 제14조에 따른 산지전용허가
 2. 제15조에 따른 산지전용신고
 3. 제15조의2에 따른 산지일시사용허가 및 산지일시사용신고
 4. 제25조제1항에 따른 토석채취허가 또는 같은 조 제2항에 따른 토사채취신고
 5. 제30조제1항에 따른 채석단지에서의 채석신고
 6. 제35조제1항에 따른 토석의 매각계약 또는 무상양여처분
 7. 제39조 및 제44조에 따른 산지복구 명령
 8. 다른 법률에 따라 제1호부터 제5호까지의 허가 또는 신고가 의제되거나 배제되는 행정처분
 ② ~ ④ (생 략)
제44조(불법산지전용지의 복구 등) ① 산림청장등은 다음 각 호의 어느 하나에 해당하는 경우에는 그 행위를 한 자에게 시설물을 철거하거나 형질변경한 산지를 복구하도록 명령할 수 있다.

1. 제21조제1항에 따른 용도변경승인을 받지 아니하고 용도변경한 경우
2. 제37조제1항 각 호의 어느 하나에 해당하는 허가 등의 처분을 받지 아니하거나 신고 등을 하지 아니하고 산지전용 또는 산지일시사용을 하거나 토석을 채취한 경우
3. 제37조제1항 각 호의 어느 하나에 해당하는 허가나 매각계약 등이 제20조·제31조 또는 제36조제1항에 따라 취소되거나 해제된 경우
4. 제37조제1항 각 호의 어느 하나에 해당하는 신고를 한 자가 제20조·제31조 또는 제36조제1항에 따른 조치명령을 위반한 경우
5. 제37조제1항제8호에 따른 행정처분이 취소된 경우

② ~ ③ (생 략)

제51조(권리·의무의 승계 등) ① 다음 각 호의 어느 하나에 해당하는 자는 이 법에 따른 변경신고 등을 통하여 제37조제1항 각 호의 어느 하나에 해당하는 처분을 받거나 신고 등을 한 자의 권리·의무를 승계한다.
1. 산지의 소유자가 제37조제1항 각 호의 어느 하나에 해당하는 처분을 받거나 신고 등을 한 후 매매·양도·경매 등으로 그 소유권이 변경된 경우: 그 산지의 매수인·양수인 등 변경된 산지소유자
2. 제1호 이외의 자가 제37조제1항 각 호의 어느 하나에 해당하는 처분을 받거나 신고 등을 한 후 사망하거나 그 권리·의무를 양도한 경우: 그 상속인 또는 양수인

② 제1항 각 호에 해당하는 자가 사유발생일부터 30일 이내에 변경신고 등을 하지 아니한 경우 해당 허가 등이 취소 또는 철회된 것으로 본다.

③ 제1항에 해당하지 아니하는 경우와 제2항에 따라 허가 등이 취소 또는 철회된 것으로 보는 경우에는 다음 각 호의 사항에 대하여 산지의 소유자, 정당한 권원(權原)에 의하여 산지를 사용·수익할 수 있는 자 및 산지의 소유자·점유자의 승계인에 대하여도 그 효력이 있다.
1. 제37조제2항에 따른 재해방지 조치 의무
2. 제39조에 따른 복구의무
3. 제40조에 따른 복구설계서의 제출 의무
4. 제40조의2에 따른 복구공사의 감리 선임
5. 제44조에 따른 불법전용산지에 대한 복구의무

# 비탈면 복구를 위해 불가피하게 토석채취제한지역의 토석을 예외적으로 굴취·채취하는 경우의 의미(「산지관리법 시행령」 제32조의4제2항제6호다목 등 관련)

[법제처 19-0032, 2019.7.11, 산림청]

## 【질의요지】

토석채취제한지역(각주: 「산지관리법」 제25조의3제1항에 따라 토석채취가 제한되는 지역을 말하며, 이하 같음.)인 보전국유림에 연접하고 있는 산지(각주: 「산지관리법」 제25조제1항에 따른 토석채취허가를 받은 산림의 산지로서 같은 법 제25조의3제1항에 따른 토석채취제한지역으로 지정된 지역은 아님.)의 비탈면 복구를 위해 불가피한 경우 국가 또는 지방자치단체 외의 자가 토석채취제한지역에서 굴취·채취한 토석을 해당 토석채취제한지역에 연접하고 있는 산지의 비탈면 복구에 사용하는 것이 「산지관리법 시행령」 제32조의4제2항제6호다목에 따라 허용되는지?

### <질의 배경>

국가·지방자치단체 외의 자가 토석채취제한지역이 아닌 산지에 대해 토석채취허가를 받아 토석채취를 하던 중 토석채취로 발생한 해당 산지 내 비탈면의 안전한 복구를 위해 불가피하게 이에 연접한 토석채취제한지역인 보전국유림의 토석 매각이 필요하다고 판단하여 산림청에 이를 요청하였고, 산림청도 이 사안의 비탈면 복구를 위해서는 토석채취제한지역에서의 토석채취가 불가피하다고 인정하고 있으나, 「산지관리법 시행령」 제32조의4제2항제6호다목에서는 토석채취지역의 비탈면 복구를 위해 예외적으로 토석채취제한지역의 토석채취를 허용하면서도 국가·지방자치단체 외의 자는 이렇게 채취한 토석을 반출할 수 없도록 규정하고 있어 이 사안의 경우 토석채취제한지역인 보전국유림에서 굴취·채취한 토석으로 이에 연접한 산지의 비탈면 복구에 사용할 수 있는지에 대해 산림청 내부 이견이 있어 법제처에 법령해석을 요청함.

## 【회답】

이 사안의 경우 「산지관리법 시행령」 제32조의4제2항제6호다목에 따라 허용됩니다.

## 【이유】

「산지관리법」 제25조의4제3호 및 같은 법 시행령 제32조의4제2항제6호다목에서는 "토석채취지역의 비탈면"을 복구하기 위해 불가피한 경우에는 토석채취제한지역의 토석을 추가로 굴취·채취할 수 있도록 허용하고 있는바, 해당 규정에서는 비탈면 복구 대상 산지를

"토석채취지역"으로 규정하고 있을 뿐 "토석채취제한지역"으로 한정하고 있지 않습니다.

그리고 「산지관리법」 제28조제2항제3호 및 같은 법 시행령 제37조제2항제4호에서는 "토석채취지역의 비탈면 복구"를 위해 불가피한 경우에는 토석채취허가기준의 전부 또는 일부를 적용하지 않을 수 있도록 규정하고 있고 같은 법 시행령 제32조제2항제5호에서는 "토석채취지역의 비탈면 복구"를 위해 불가피하게 추가로 토석채취허가를 받으려는 경우에는 토석채취허가를 위한 지방산지관리위원회의 심의를 생략할 수 있도록 규정하고 있는바, 이와 같이 산지관리법령에서 "토석채취지역"이라는 용어는 "토석채취제한지역" 여부와 관계없이 사용되고 있습니다.

이러한 규정체계를 고려할 때 「산지관리법 시행령」 제32조의4제2항제6호다목의 복구대상 산지인 "토석채취지역의 비탈면"을 "토석채취제한지역의 비탈면"으로 한정하여 볼 수는 없습니다.

또한 「산지관리법 시행령」 제32조의4제2항제5호에서는 토석채취제한지역 여부와 관계없이 토석채취허가를 받은 지역에 연접한 잔여 산지를 계속 채취함으로써 비탈면 없이 평탄지로 될 수 있는 경우 토석채취제한지역에서의 토석채취를 허용하고 있음에도 이와 유사한 비탈면 복구의 경우를 규정하고 있는 같은 항 제6호다목에서는 토석채취제한지역이 아닌 산지의 비탈면 복구를 위한 경우 연접한 토석채취제한지역의 토석채취가 허용되지 않는 것으로 해석하는 것은 같은 항 내에서 다른 규정과의 관계를 고려한 조화로운 해석으로 보기 어렵습니다.

아울러 「산지관리법 시행령」 제32조의4제2항제6호다목 단서에서는 국가 또는 지방자치단체(이하 "국가등"이라 함) 외의 자는 굴취·채취한 토석을 반출할 수 없도록 규정하고 있는바, 같은 목의 입법목적이 산사태 등 재해방지를 위해 산지의 비탈면 복구에 불가피한 경우에는 토석채취제한지역의 토석을 활용할 수 있게 하려는 것인 점과 국가등이 토석채취제한지역에서 굴취·채취한 토석을 비탈면 복구 외 공용사업 등의 목적으로 사용할 수 있게 하려는 취지로 국가등에 대해서는 해당 토석의 반출을 허용하는 내용으로 「산지관리법 시행령」 제32조의4제2항제6호가 개정된 점을 고려할 때[주석: 2016. 12.30. 대통령령 제27725호로 개정되어 같은 날 시행된 「산지관리법 시행령」 개정이유 참조]

같은 호 다목 단서에서 국가등 외의 자에게 금지되는 "반출"은 "토석채취제한지역에서 굴취·채취한 토석을 비탈면 복구 외의 용도로 사용하기 위해 복구대상지 밖으로 운반하는 것"을 의미하는 것으로 보는 것이 타당합니다.

따라서 "토석채취가 이루어진 지역"의 비탈면 복구를 위해 기존의 토석채취에 더하여 그에 연접한 토석채취제한지역의 토석채취가 필요한 경우 「산지관리법 시행령」 제32조의4제2항제6호다목에 따라 토석채취제한지역에서 추가로 토석채취가 가능한 것으로 보아야 합니다.

### ※ 법령정비 권고사항

토석채취제한지역에 연접한 산지의 비탈면 복구를 위해 불가피한 경우에도 토석채취제한지역에서의 토석채취가 가능하고 이렇게 채취한 토석을 해당 비탈면 복구에 사용할 수 있음을 「산지관리법 시행령」 제32조의4제2항제6호다목에 명확하게 규정할 필요가 있습니다.

### 「산지관리법」

제25조의3(토석채취제한지역의 지정 등) ① 공공의 이익증진을 위하여 보전이 특히 필요하다고 인정되는 다음 각 호의 산지는 토석채취가 제한되는 지역(이하 "토석채취제한지역"이라 한다)으로 한다.
　1.·2. (생 략)
　3. 「국유림의 경영 및 관리에 관한 법률」 제16조에 따른 보전국유림(준보전국유림 중 보전국유림으로 보는 경우를 포함한다)의 산지
　4.·5. (생 략)
② (생 략)

제25조의4(토석채취제한지역에서의 행위제한) 토석채취제한지역에서는 토석채취를 할 수 없다. 다만, 다음 각 호의 어느 하나에 해당하는 경우에는 토석채취를 할 수 있다.
　1.·2. (생 략)
　3. 공용·공공용 사업을 위하여 필요한 경우 등 대통령령으로 정하는 경우
　4.·5. (생 략)

### 「산지관리법 시행령」

제32조의4(토석채취제한지역에서의 행위제한의 예외) ① (생 략)
② 법 제25조의4제3호에서 "공용·공공용사업을 위하여 필요한 경우 등 대통령령으로 정하는 경우"란 다음 각 호의 어느 하나에 해당하는 경우를 말한다.
　1. ~ 5. (생 략)
　6. 다음 각 목의 어느 하나에 해당하는 경우
　　가.·나. (생 략)
　　다. 토석채취지역의 비탈면을 복구하기 위하여 불가피하게 토석을 추가로 굴취·채취하여야 하는 경우. 다만, 국가 또는 지방자치단체 외의 자가 토석을 굴취·채취하는 경우에는 추가로 굴취·채취한 토석을 반출하지 아니하는 경우로 한정한다.
　7. (생 략)
③ (생 략)

<관계 법령>

## 사실상의 도로가 산지에서 제외되는 도로에 해당하는지 여부(산지관리법 제2조제1항 관련)

[법제처 15-0060, 2015.3.17, 민원인]

### 【질의요지】

「산지관리법」제2조제1호에서는 "산지"를 정의하면서, 같은 호 단서에서는 농지, 초지, 주택지, 도로 및 그 밖에 대통령령으로 정하는 토지는 제외한다고 규정하고 있는바, 산지에서 제외되는 "도로"가 「도로법」 등에 따른 도로(이하 "법정 도로"라 함)로 한정되는지?

### <질의 배경>

○ 사실상의 도로가 관습적으로 설치·사용된 후에 민원인이 인근 토지(생태공원 운영 목적)를 매수하여 해당 사실상의 도로를 출입로로 계속 사용하자, 해당 사실상 도로의 토지소유자는 민원인에게 사실상 도로의 철거 및 사용료 상당의 배상을 요구하고, 지방자치단체에 불법 산지전용행위를 진정함.
○ 민원인은 산림청에 관습적으로 설치·사용되는 사실상의 도로는 "산지에서 제외되는 도로"가 아닌지 문의하였으나, 산림청은 "산지에서 제외되는 도로"는 법정 도로에 한정된다고 답변하자, 민원인이 산림청의 의견에 이견이 있어 법제처에 해석을 요청한 사안임.

### 【회답】

「산지관리법」제2조제1호 단서에 따라 산지에서 제외되는 "도로"는 "법정 도로"로 한정됩니다.

### 【이유】

「산지관리법」제2조제1호 본문에서는 "산지"를 입목·죽이 집단적으로 생육하고 있는 토지 등을 말한다고 규정하고 있고, 같은 호 단서에서는 농지, 초지, 주택지, 도로, 그 밖에 대통령령으로 정하는 토지는 제외한다고 규정하고 있는바,

이 사안은 산지에서 제외되는 "도로"가 "법정 도로"만을 의미하는 것인지, 아니면 "사실상의 도로"도 포함되는지에 관한 것이라 하겠습니다.

먼저, 법 해석의 목표는 어디까지나 법적 안정성을 저해하지 않는 범위에서 구체적 타당성을 찾는 데 두어야 하고, 나아가 그러기 위해서는 가능한 한 법률에 사용된 문언의 통상적인 의미에 충실하게 해석하는 것을 원칙으로 하면서, 법률의 입법 취지와 목적, 그 제·개정 연혁, 법질서 전체와의 조화, 다른 법령과의 관계 등을 고려하는 체계적·논리적 해석방법을 추가적으로 동원함으로써, 위와 같은 법해석의 요청에 부응하는 타당한 해석을 하여야 할 것입니다(대법원 2013.1.17. 선고 2011다83431 전원합의체 판결례 참조).

그런데, 「산지관리법」 제2조제1호에서는 토지의 지목에 관계없이 현상을 기준으로 입목·죽이 집단적으로 생육하고 있는 토지 등 같은 호 각 목에 해당하는 토지는 원칙적으로 산지로 보되, 예외적으로 토지가 농지·초지·주택지·도로로서 그 본래의 목적대로 이용되고 있는 경우와 과수원 또는 입목·죽이 생육하고 있는 건물 담장 안의 토지 등과 같이 토지의 일부분에 입목·죽이 생육하고 있어도 해당 토지가 본래의 목적대로 이용되고 있는 경우에는 산지에서 제외하도록 규정하고 있습니다.

이는 산지의 합리적인 보전과 이용을 통하여 임업의 발전과 산림의 다양한 공익기능의 증진을 도모하고자 하는 「산지관리법」의 취지를 고려하여 현실적으로 입목·죽이 집단적으로 생육하고 있는 토지를 산지로 하되, 일부분에 입목·죽이 생육하고 있더라도 해당 토지가 농지, 주택지, 도로 등 본래의 목적대로 이용되고 있는 경우에는 예외적으로 산지에서 제외하도록 한 것입니다(법제처 2008.9.16. 회신, 08-0262 해석례 참조).

이와 같이, 산지에서 제외되는 "도로"는 그 토지의 본래 목적이 도로이면서 실제로도 도로로 사용되는 것을 의미한다고 할 것인바, 사실상의 도로로 설치·사용된다고 하더라도 해당 토지의 본래 목적은 도로가 아니므로, 도로를 대체하여 사용된다고 하여 산지에서 제외되는 도로에 포함된다고 볼 수는 없다고 할 것입니다.

그리고, 농지, 초지, 주택지 및 도로는 각각 「농지법」, 「초지법」, 「주택법」, 「도로법」 등 관련 법령에 따라 별도로 규율되는 토지인바, 「산지관리법」 제2조제1호 단서의 취지는 농지, 초지, 주택지 및 도로를 「산지관리법」의 규율 대상에서는 제외하여 관련 법령에 따라 규율하도록 하려는 취지라고 보아야 할 것이므로, 산지에서 제외되는 도로도 「도로법」 등 도로 관련 법령에 따라 규율되는 도로를 의미한다고 할 것입니다.

이상과 같은 점을 종합해 볼 때, 「산지관리법」 제2조제1호 단서에 따라 산지에서 제외되는 "도로"는 "법정 도로"로 한정됩니다.

## 산지전용·일시사용하는 과정에서 부수적으로 나온 토석을 채취하려는 경우 산지전용허가 등을 받은 자와 토석채취허가를 받아야 하는 자가 동일해야 하는지 여부(「산지관리법」 제25조의2 등 관련)

[법제처 19-0282, 2019.9.6, 산림청]

### 【질의요지】

「산지관리법」 제25조의2 각 호 외의 부분 단서 및 같은 법 시행령 제32조의2제2호 본문에 따라 토석채취허가를 받으려는 자와 해당 허가를 받으려는 지역에 산지전용허가등(각주: 「산지관리법」 제14조에 따른 산지전용허가, 같은 법 제15조의2제1항에 따른 산지일시사용허가, 같은 법 제15조에 따른 산지전용신고 또는 같은 법 제15조의2제2항에 따른 산지일시사용신고를 의미하며, 이하 같음.)을 받은 자가 동일해야 하는지?

### <질의 배경>

민원인은 「산지관리법」 제25조의2 각 호 외의 부분 단서 및 같은 법 시행령 제32조의2제2호 본문에 따라 토석채취허가를 받으려는 자와 "산지전용허가등을 받은 자"가 동일해야 한다는 산림청의 회신에 이의가 있어 지방자치단체와 산림청을 거쳐 법제처에 법령해석을 요청함.

### 【회답】

이 사안의 경우 토석채취허가를 받으려는 자와 산지전용허가등을 받은 자가 동일해야 합니다.

### 【이유】

「산지관리법」에서는 국유림이 아닌 산림의 산지에서 토석을 채취하려는 자는 별도의 토석채취허가를 받아야 하는 것을 원칙으로 하지만(제25조제1항), 산지전용허가등을 받은 자가 산지전용 또는 산지일시사용을 하는 과정에서 부수적으로 나온 토석 등을 채취하는 경우에는 토석채취허가를 받지 않고 토석 채취를 할 수 있도록 하면서(제25조의2 각 호 외의 부분 본문 및 제1호가목), 다만 산지전용 또는 산지일시사용하는 과정에서 부수적으로 굴취·채취하여 반출하는 토석의 수량이 5만세제곱미터 이상인 경우 등에는 다시 토석채취허가를 받아야 하는 대상으로 규정하고 있습니다(제25조의2 각 호 외의 부분 단서 및 같은 법 시행령 제32조의2제2호 본문).

위와 같이 산지관리법령에서 일정한 경우에는 토석채취허가를 받아 토석채취를 하도록 규정한 취지는 산림훼손을 최소화하여 「산지관리법」의 목적인 국토환경의 보전에 이바지하려는 것이라는 점을 고려할 때, 토석채취허가 요건에 관련된 사항은 산지관리법령의 취지를 훼손하지 않는 범위에서 엄격하게 해석해야 합니다.

그런데 "부수적"이라는 것은 주가 되는 것에 붙어 따르는 것을 의미하는 것이므로 「산지관리법 시행령」 제32조의2제2호 본문에서 "부수적으로 굴취·채취"하는 경우란 주된 사업의 목적이 토석의 굴취·채취가 아닌 경우로서 산지전용·산지일시사용에 따른 목적사업을 수행하기 위해 토석의 굴취·채취가 수반되는 경우를 의미하는 것으로 보아야 하는데,(각주: 법제처 2012.5.4. 회신 12-0047 해석례 참조) 산지전용허가등을 받은 자가 아닌 제3자가 해당 산지에서 토석을 채취하려는 것은 산지전용·일시사용과는 별개의 주된 목적사업으로서 토석채취허가를 받으려는 것이므로 「산지관리법 시행령」 제32조의2제2호 본문에서 규정하고 있는 산지전용·산지일시사용하는 과정에서 발생하는 부수적인 토석의 굴취·채취로 볼 수 없습니다.

그렇다면 「산지관리법」 제25조의2 각 호 외의 부분 단서 및 같은 법 시행령 제32조의2 제2호 본문 규정은 산지전용허가등을 받은 자가 토석채취허가를 신청할 것을 전제하고 있다고 보아야 하므로 해당 규정에 따라 토석채취허가를 받으려는 자와 해당 허가를 받으려는 지역에 산지전용허가등을 받은 자는 동일해야 한다고 보는 것이 관련 규정체계 및 취지에 부합하는 해석입니다.

<관계 법령>
「산지관리법」

제25조(토석채취허가 등) ① 국유림이 아닌 산림의 산지에서 토석을 채취(가공하거나 산지 이외로 반출하는 경우를 포함한다)하려는 자는 대통령령으로 정하는 바에 따라 다음 각 호의 구분에 따라 시·도지사 또는 시장·군수·구청장에게 토석채취허가를 받아야 하며, 허가받은 사항을 변경하려는 경우에도 같다. 다만, 농림축산식품부령으로 정하는 경미한 사항을 변경하려는 경우에는 시·도지사 또는 시장·군수·구청장에게 신고하는 것으로 갈음할 수 있다.

  1. · 2. (생 략)

  ② ~ ⑥ (생 략)

제25조의2(허가·신고 없이 할 수 있는 토석채취) 다음 각 호의 어느 하나에 해당하는 토석은 제25조제1항의 토석채취허가를 받지 아니하거나 같은 조 제2항의 토사채취신고를 하지 아니하고 채취할 수 있다. 다만, 대통령령으로 정하는 경우에는 허가를 받거나 신고하여야 한다.

1. 다음 각 목의 토석. 다만, 가목에 따라 채취한 석재의 경우에는 그 석재를 토목용으로 사용 또는 판매하거나 해당 산지전용지역 또는 산지일시사용지역 외의 지역에서 쇄골재용으로 가공하려는 경우로 한정한다.
   가. 제14조에 따른 산지전용허가 또는 제15조의2제1항에 따른 산지일시사용허가를 받거나 제15조에 따른 산지전용신고 또는 제15조의2제2항에 따른 산지일시사용신고를 한 자가 산지전용 또는 산지일시사용을 하는 과정에서 부수적으로 나온 토석
   나. 도로·철도·궤도·운하 또는 수로를 설치하기 위하여 터널 또는 갱도를 파 들어가는 과정에서 부수적으로 나온 토석
2. 다음 각 목의 어느 하나에 해당하는 자가 허가를 받거나 신고한 토석을 채취하는 과정에서 부수적으로 나온 토석
   가. 제25조제1항에 따른 토석채취허가를 받거나 토석채취신고를 한 자
   나. 제25조제2항에 따른 토사채취신고를 한 자
   다. 제30조제1항에 따른 채석(採石)신고를 한 자
3. 삭제
4. 제25조제2항의 용도로 사용하기 위하여 같은 항에 따른 규모 미만으로 채취한 토사

「산지관리법 시행령」

제32조의2(허가·신고를 하여야 하는 토석채취) 법 제25조의2 각 호 외의 부분 단서에서 "대통령령으로 정하는 경우"란 다음 각 호의 어느 하나에 해당하는 경우를 말한다.
1. 산지전용·산지일시사용하는 과정에서 부수적으로 원형 상태의 암석의 가장 긴 직선길이가 18센티미터 이상인 암석(이하 "자연석"이라 한다)을 굴취·채취하여 해당 산지전용지역 또는 산지일시사용지역(산지전용 또는 산지일시사용의 목적사업에 관하여 사업계획이 수립된 경우에는 해당 사업계획에서 정하는 부지를 말한다. 이하 이 조에서 같다) 밖으로 반출하는 경우
2. 산지전용·산지일시사용하는 과정에서 부수적으로 굴취·채취하여 해당 산지전용지역 또는 산지일시사용지역 밖으로 반출하는 토석의 수량이 5만세제곱미터 이상인 경우. 다만, 국가·지방자치단체 및 「부동산 거래신고 등에 관한 법률 시행령」 제11조제1항에 따른 기관 또는 단체가 공용·공공용시설을 설치하기 위하여 산지전용·산지일시사용하는 경우에는 그러하지 아니하다.
3. 법 제25조의2제2호가목 또는 나목에 해당하는 자가 토석을 채취하는 과정에서 부수적으로 자연석 또는 지하 암반(토사채취를 하기로 설계된 지하부분 중 토사가 없는 암맥상태의 순수암석층으로 노출되는 것을 말한다)의 석재를 굴취·채취하는 경우
4. 법 제27조제2항에 따라 광물이 함유되어 있는 토석(광물을 채취하는 과정에서 부수적으로 채취한 토석을 포함한다)을 건축용·공예용·조경용·쇄골재용·토목용 등 광업 외의 용도로 사용 또는 판매하기 위하여 굴취·채취하려는 경우

## 산지전용허가 의제되는 주된 인허가 신청시 산지전용허가에 적용되는 허가기준으로서의 접도(接道) 요건 중족 여부 (「산지관리법 시행령」 별표4제1항마목10) 등 관련)

[법제처 20-0543, 2020.12.16, 충청북도 보은군]

### 【질의요지】

「농어촌정비법」 제9조 및 제106조제2항제9호·제17호에 따라 산지(각주: 보전산지로서 진입로로 이용하려는 농지와 접해 있고, 그 농지와 접한 현황도로와는 직접 접해 있지 않은 경우를 전제함.)를 농지로 개간·이용하기 위한 농업생산기반 정비사업의 시행계획 승인을 신청하면서 농지로 이용하기 위한 산지전용허가와 해당 산지의 진입로로 이용하기 위한 농지전용허가를 함께 신청한 경우로서 농지전용허가가 협의를 통해 의제되는 경우,(각주: 「농지법」 등에 따른 농지전용허가의 요건을 갖춘 경우를 전제함.) 의제되는 산지전용허가를 위한 「산지관리법 시행령」 별표 4 제1호마목10)의 기준을 갖춘 것으로 볼 수 있는지?

### <질의 배경>

충청북도 보은군에서는 위 질의요지와 같은 민원을 검토하던 중 의문이 있어 산림청에 문의하였으나 산림청의 회신내용에 이견이 있자 법제처에 법령해석을 요청함.

### 【회답】

이 사안의 경우 「산지관리법 시행령」 별표 4 제1호마목10)에 따른 기준을 갖춘 것으로 볼 수 있습니다.

### 【이유】

「산지관리법」 제18조제5항 본문에 따른 산지전용허가기준의 적용범위와 사업별·규모별 세부기준을 정하고 있는 같은 법 시행령 별표 4 제1호마목10) 본문에서는 가)부터 바)까지의 어느 하나에 해당하는 도로(이하 "기존 도로"라 함)를 이용하여 산지전용을 하도록 규정하고 있는바, 이는 산지전용을 하려는 사업 부지와 외부를 연결하는 기존 도로가 없는 경우에는 산지를 출입하면서 산림이 훼손되거나 기존 도로와 떨어진 산지에 대한 무분별한 난개발 우려가 있으므로 이를 방지하려는 것이고,(각주: 법제처 2015. 6.3. 회신 15-0138 해석례 참조) 같은 규정 단서에서 개인묘지의 설치나 광고탑 설치사업 등 그 성격상 기존 도로를 이용할 필요가 없는 경우로서 산림청장이 고시하는 경우는 제외한다고 규정한 것은 산지전용 목적사업 또는 설치하려는 시설의 성격상 기존 도로를 이용할 필요가 없는 경우에는 예외를 인정함으로써 규제를 완화하려는 취지(각주: 법제처 2016.8.29. 회신 16-0226 해석례 참조 )입니다.

그리고「산지관리법 시행령」별표 4 제1호마목10) 단서의 위임에 따라 산지전용 시 기존도로를 이용할 필요가 없는 경우의 조건과 기준을 정한「산지전용시 기존도로를 이용할 필요가 없는 시설 및 기준」(산림청고시 제2018-25호)의 표 제1호에서는 도로 없이 설치할 수 있는 시설(가목)과 현황도로를 이용하여 설치할 수 있는 시설(나목) 등을 구분하면서 농지로 이용하기 위한 산지전용은 현황도로를 이용할 수 있도록 기준을 정하고 있고, 같은 표 비고 제1호가목에서는 "현황도로로 이미 다른 인허가가 난 경우"를 현황도로로 규정하고 있습니다.

그런데 "현황도로로 이미 다른 인허가가 난 경우"를 산지전용허가 신청 시점과 현황도로로 인허가가 난 시점을 엄격히 구분하여 현황도로를 위한 인허가가 먼저 난 경우로 한정하여 해석할 경우, 이 사안과 같이「농어촌정비법」에 따른 농업생산기반 정비사업을 하기 위해 진입로 이용을 위한 농지전용허가와 농지로 이용하기 위한 산지전용허가를 동시에 의제받으려는 경우에는 현황도로 이용 기준을 충족하지 못하게 되어 산지전용허가를 받을 수 없게 되고, 인·허가의제 없이 진입로 이용을 위한 농지전용허가를 먼저 받으면 산지전용허가를 받을 수 있게 되는바, 실질은 동일함에도 불구하고 그 절차적 선후관계에 따라 산지전용허가 여부가 달라지게 되어 불합리합니다.

또한 인·허가 의제제도란 하나의 목적사업을 수행하기 위해 당사자가 여러 법률에서 규정하고 있는 인·허가 등을 받아야 하는 경우 관할 행정관청 및 관련 행정절차를 일원화하여 관련 인·허가 등을 종합적 관점에서 검토함으로써 행정의 효율성을 높이고 국민의 편의를 증진하기 위해 도입되는 것(각주: 법제처 2009.11.27. 회신 09-0353 해석례 참조 )인데, 오히려 인·허가 의제제도를 활용한 경우에 국민에게 불리한 결과가 초래되어 인·허가 의제제도의 취지에도 반하게 됩니다.

그렇다면「산지전용시 기존도로를 이용할 필요가 없는 시설 및 기준」의 표 비고 제1호 가목에 따른 "현황도로로 이미 다른 인허가가 난 경우"에는 산지전용허가 신청 전에 이미 인허가가 난 경우 뿐 아니라 이 사안과 같이 산지전용허가와 진입로로 사용하기 위한 농지전용허가가 함께 의제되는 경우도 포함되는 것으로 보는 것이 타당합니다.

따라서 이 사안의 경우「산지관리법 시행령」별표 4 제1호마목10)에 따른 산지전용허가기준을 충족한다고 보아야 합니다.

**산지관리법 시행령**

제20조(산지전용허가기준 등) ① ~ ⑤ (생 략)

⑥ 법 제18조제5항 본문에 따른 산지전용허가기준의 적용범위와 사업별·규모별 세부기준은 별표 4와 같고, 산지의 면적에 관한 허가기준은 별표 4의2와 같다.
⑦ (생 략)

[별표 4]
산지전용허가기준의 적용범위와 사업별·규모별 세부기준(제20조제6항 관련)

1. 산지전용 시 공통으로 적용되는 허가기준
   허가기준
   세부기준
   가. ~ 라. (생 략)
   마. 사업계획 및 산지전용면적이 적정하고 산지전용방법이 자연경관 및 산림훼손을 최소화하고 산지전용 후의 복구에 지장을 줄 우려가 없을 것
   1) ~ 9) (생 략)
   10) 다음의 어느 하나에 해당하는 도로를 이용하여 산지전용을 할 것. 다만, 개인묘지의 설치나 광고탑 설치 사업 등 그 성격상 가)부터 바)까지의 규정에 따른 도로를 이용할 필요가 없는 경우로서 산림청장이 산지구분별로 조건과 기준을 정하여 고시하는 경우는 제외한다.
      가) 「도로법」, 「사도법」, 「농어촌도로 정비법」 또는 「국토의 계획 및 이용에 관한 법률」(이하 "도로관계법"이라 한다)에 따라 고시·공고된 후 준공검사가 완료되었거나 사용개시가 이루어진 도로
      나) 도로관계법에 따라 고시·공고된 후 공사가 착공된 도로로서 준공검사가 완료되지 않았으나 도로관리청 또는 도로관리자가 이용에 동의하는 도로
      다) 이 법에 따른 산지전용허가 또는 도로관계법 외의 다른 법률에 따른 허가 등을 받아 준공검사가 완료되었거나 사용개시가 이루어진 도로로서 가)에 따른 도로와 연결된 도로
      라) ~ 바) (생 략)
   11) ~ 15) (생 략)

2.·3. (생 략)
   비고 (생 략)

산지전용시 기존도로를 이용할 필요가 없는 시설 및 기준(산림청고시)
   대상산지
   세부기준 및 조건

1. 보전산지·준보전산지
   가. 도로 없이 설치할 수 있는 시설 : 사설묘지(개인, 가족, 종중·문중), 사설자연장지

(개인, 가족, 종중·문중), 광고탑, 기념탑, 전망대(국가나 지방자치단체가 시행하는 시설에 한함), 농지(전용하려는 산지 전체가 농지로 둘러싸여 있는 1만제곱미터 이하의 산지를 개간하는 경우에 한함), 헬기장, 국방·군사시설 등 그 밖에 이와 유사한 시설

나. 현황도로를 이용하여 설치할 수 있는 시설 : 농지, 초지

다. 「공간정보의 구축 및 관리 등에 관한 법률」 제67조에 따른 지목이 "도로"로서 차량 진출입이 가능한 도로를 이용하는 경우

라. 하천점용허가 또는 공유수면의 점용·사용허가 등을 받아 차량진출입이 가능한 시설물을 설치하여 진입도로로 이용하는 경우

마. 문화재·전통사찰의 증·개축·보수 및 복원을 위해 차량 진출입이 가능한 토지를 이용하는 경우

2., 3. (생 략)

□ 산지별 세부기준 및 조건

※ 비고

1. "현황도로"란 다음 각 목의 어느 하나에 해당하는 도로를 말한다. 다만, 임도는 제외한다.

가. 현황도로로 이미 다른 인허가가 난 경우
나. 이미 2개 이상의 주택의 진출입로로 사용하고 있는 도로
다. 지자체에서 공공목적으로 포장한 도로
라. 차량진출입이 가능한 기존 마을안길, 농로

2. (생 략)

<관계 법령>

## 산지전용허가 기준 상 비탈면 대신 옹벽만을 설치하는 경우 소단을 설치해야 하는지(「산지관리법 시행규칙」 별표 1의3 등 관련)

[법제처 16-0141, 2016.6.23, 민원인]

### 【질의요지】

「산지관리법 시행규칙」 별표 1의3 제2호라목 본문에서는 산지전용허가기준의 세부사항의 하나로 비탈면(옹벽을 포함한다)의 수직 높이가 5미터 이상인 경우에는 5미터 이하의 간격으로 너비 1미터 이상의 소단(小段)을 설치하도록 사업계획에 반영해야 한다고 규정하고 있는바,

산지전용을 하려는 경우 비탈면 대신 옹벽만을 설치하는 경우에도 그 수직 높이가 5미터 이상이면 「산지관리법 시행규칙」 별표 1의3 제2호라목 본문에 따라 옹벽에 5미터 이하의 간격으로 너비 1미터 이상의 소단을 설치하도록 사업계획에 반영해야 하는지?

<질의 배경>

○ 민원인은 산지전용 시 비탈면 대신 옹벽을 설치하는 경우에도 그 옹벽의 수직 높이가 5미터 이상이면 5미터 이하의 간격으로 너비 1미터 이상의 소단을 설치해야 하는지를 질의했는데, 산림청으로부터 옹벽만을 설치하는 경우에도 소단을 설치해야 한다는 답변을 받자 이에 이의가 있어 직접 법제처에 직접 법령해석을 요청함.

### 【회답】

산지전용을 하려는 경우 비탈면 대신 옹벽만을 설치하는 경우에도 그 수직 높이가 5미터 이상이면 「산지관리법 시행규칙」 별표 1의3 제2호라목 단서에 해당하지 않는 경우에는 같은 목 본문에 따라 옹벽에 5미터 이하의 간격으로 너비 1미터 이상의 소단을 설치하도록 사업계획에 반영해야 합니다.

### 【이유】

「산지관리법」 제18조제5항 본문에서는 산지전용허가기준의 적용 범위와 산지의 면적에 관한 기준, 그 밖의 사업별·규모별 세부 기준 등에 관한 사항은 대통령령으로 정한다고 규정하고 있고, 같은 법 시행령 제20조제6항에서는 같은 법 제18조제5항 본문에 따른 산지전용허가기준의 적용범위와 사업별·규모별 세부기준은 별표 4와 같다고 규정하고 있으며, 같은 영 별표 4 제1호마목4)에서는 산지전용 시 허가기준의 세부기준의

하나로 산지전용으로 인한 비탈면은 토질에 따라 적정한 경사도와 높이를 유지하여 붕괴의 위험이 없을 것을 규정하고 있고, 같은 별표 비고 제2호에서는 비고 외의 부분 제1호부터 제3호까지의 기준을 적용하는 데 필요한 세부적인 사항은 농림축산식품부령으로 정한다고 규정하고 있습니다.

그리고, 「산지관리법 시행규칙」 제10조의2에서는 「산지관리법 시행령」 별표 4 비고 제2호에 따른 산지전용허가기준의 세부사항은 별표 1의3과 같다고 규정하고 있고, 같은 규칙 별표 1의3 제2호라목 본문에서는 비탈면(옹벽을 포함한다)의 수직높이가 5미터 이상인 경우에는 5미터 이하의 간격으로 너비 1미터 이상의 소단을 설치하도록 사업계획에 반영해야 한다고 규정하고 있으며, 같은 목 단서에서는 다만, 비탈면에 건축물의 벽체를 붙여 설치하는 경우로서 「국가기술자격법」에 따른 건축분야 건축구조 기술사, 토목분야의 토목구조 기술사, 토질 및 기초 기술사, 지질 및 지반 기술사, 토목시공 기술사 또는 「기술사법」에 따른 산림분야 기술사가 소단을 설치하지 않아도 안전하다고 인정하는 경우 및 도로·철도·댐·저수지에 대해서는 그러하지 아니하다고 규정하고 있는바,

이 사안은 산지전용을 하려는 경우 비탈면 대신 옹벽만을 설치하는 경우에도 그 수직높이가 5미터 이상이면 「산지관리법 시행규칙」 별표 1의3 제2호라목 본문에 따라 옹벽에 5미터 이하의 간격으로 너비 1미터 이상의 소단을 설치하도록 사업계획에 반영해야 하는지에 관한 것이라 하겠습니다.

먼저, 옹벽은 땅을 깎거나 흙을 쌓아 생기는 비탈이 흙의 압력으로 무너져 내리지 않도록 만든 벽을 의미하는바(국립국어원 표준국어대사전 참조), 이와 같은 옹벽의 개념에 비추어 볼 때 옹벽은 비탈면에 설치하는 공작물 또는 구조물로서 그 개념상 비탈면을 전제로 하고 있다고 할 것입니다. 그런데, 「산지관리법 시행규칙」 별표 1의3 제2호라목 본문에서는 소단 설치의 대상을 "비탈면(옹벽을 포함한다)"이라고 규정함으로써, 그 수직높이가 5미터 이상인 경우 5미터 이하의 간격으로 너비 1미터 이상의 소단을 설치하도록 사업계획에 반영해야 하는 대상에 옹벽도 포함된다는 점을 명확히 하고 있습니다.

다음으로, 「산지관리법 시행규칙」 별표 1의3 제2호라목 본문에 따른 "비탈면(옹벽을 포함한다)"은 문언상 비탈면만 있는 경우, 비탈면의 일부에 옹벽이 설치되어 있는 경우, 그리고 옹벽만 설치되어 있는 경우를 모두 의미한다고 할 것입니다. 그런데, 같은 목 단서에서는 "비탈면(옹벽을 포함한다)"의 수직높이가 5미터 이상인 경우에도 5미터 이하의 간격으로 1미터 이상의 소단의 설치를 사업계획에 반영하지 않아도 되는 예외적인 경우로서 비탈면에 건축물의 벽체를 붙여 설치하는 경우 등을 규정하고 있으므로, 옹벽만 설치되어 있는 경우가 이 단서에 해당되지 않는다면 소단 설치에 대한 예외를 인정할 수 없다고 할 것입니다.

아울러, 「산지관리법」상 산지복구에는 비탈면(옹벽을 포함한다)에 소단의 설치를 하

는 것도 포함된다고 할 것인데(법제처 2012.2.17. 회신 11-0750 해석례 참조), 산지복구의 목적은 토사유출, 산사태 또는 인근 지역에의 피해 방지 등의 재해 방지뿐 아니라 경관 유지도 중요한 목적의 하나라는 점(법제처 2011.5.19. 회신 11-0195 해석례 참조)에 비추어 볼 때, 비탈면 대신 옹벽을 설치하는 경우에도 그 높이가 5미터 이상인 경우 소단을 설치하도록 사업계획에 반영하도록 하여 산지전용 후 복구 시 같은 법 시행규칙 제42조제3항 및 별표 6 제1호 가목에 따라 최초의 소단은 식재 등을 통해 녹화하도록 하는 것이 경관 유지라는 산지복구의 목적에도 부합한다고 할 것입니다.

한편, 비탈면과 옹벽은 다른 개념이므로 「산지관리법 시행규칙」 제10조의2 및 별표 1의3 제2호라목 본문에 따른 "비탈면(옹벽을 포함한다)"에서 "옹벽을 포함한다"는 부분의 의미를 "비탈면의 일부분에 옹벽이 있는 경우"로 한정해서 보아야 한다는 의견이 있을 수 있습니다. 그러나, 「급경사지 재해예방에 관한 법률」 제2조제1호에서는 급경사지(急傾斜地)의 하나로 인공비탈면을 규정하면서 그 인공비탈면에 옹벽 및 축대 등을 포함한다고 규정하고 있는바, 「산지관리법 시행규칙」 별표 1의3 제2호라목에 따른 비탈면도 산지의 형질변경으로 발생하는 인공비탈면이라는 점에서 「급경사지 재해예방에 관한 법률」에 따른 인공비탈면과 달리 볼 이유가 없으므로, 그러한 의견은 타당하지 않다고 할 것입니다.

이상과 같은 점을 종합해 볼 때, 산지전용을 하려는 경우 비탈면 대신 옹벽만을 설치하는 경우에도 그 수직 높이가 5미터 이상이면 「산지관리법 시행규칙」 별표 1의3 제2호라목 단서에 해당하지 않는 경우에는 같은 목 본문에 따라 옹벽에 5미터 이하의 간격으로 너비 1미터 이상의 소단을 설치하도록 사업계획에 반영해야 한다고 할 것입니다.

### ※ 법령정비의견

○ 산지전용허가기준의 세부사항을 정하고 있는 「산지관리법 시행규칙」 별표 1의3 제2호라목 본문에서는 "비탈면(옹벽을 포함한다)의 수직높이가 5미터 이상인 경우에는 5미터 이하의 간격으로 너비 1미터 이상의 소단을 설치하도록 사업계획에 반영해야 한다"라고 규정하고 있는 반면, 복구설계서 승인기준에 해당하는 「산지관리법 시행규칙」 별표 6 제2호다목 본문에서는 "비탈면의 수직 높이가 5미터 이상인 경우에는 5미터 이하의 간격(옹벽을 포함한다)으로 너비 1미터 이상의 소단을 설치하여야 한다"라고 규정하고 있는바, 두 규정은 "(옹벽을 포함한다)"는 문구의 위치만 다를 뿐 같은 내용을 규정하고 있는 것으로 보입니다. 따라서, 산지전용허가기준의 세부사항을 정하고 있는 「산지관리법 시행규칙」 별표 1의3 제2호다목 본문과 복구설계서 승인기준을 정하고 있는 같은 시행규칙 별표 6 제2호다목 본문의 문언을 일치시키는 등 입법적 조치를 검토할 필요가 있습니다.

[법령해석례 모음]

## 산지전용허가를 받지 않고 사실상의 도로로 이용하고 있는 토지의 지목을 임야에서 도로로 변경하려는 경우, 산지전용허가를 받아야 하는지 여부(「산지관리법」 제21조의3 등 관련)

[법제처 18-0104, 2018.5.21, 민원인]

### 【질의요지】

산지전용허가를 받지 않은 지목이 임야인 토지를 사실상 도로로 사용하고 있는 경우 「공간정보의 구축 및 관리 등에 관한 법률」 제81조에 따라 해당 토지의 지목을 임야에서 도로로 변경하기 위해서는 「산지관리법」 제14조에 따른 산지전용허가를 받아야 하는지?

### <질의 배경>

민원인은 사실상의 도로가 관습적으로 설치되어 1970년대 새마을사업으로 확장되었고 인근 주민들이 현재까지 이 도로를 사용하고 있는 경우 해당 토지의 지목을 현재 토지이용 상황에 맞게 임야에서 도로로 변경하기 위해서는 반드시 산지전용허가를 받아야 하는지에 대하여 의문이 있어 산림청 질의를 거쳐 법제처에 법령해석을 요청함.

### 【회답】

산지전용허가를 받지 않은 지목이 임야인 토지를 사실상 도로로 사용하고 있는 경우 「공간정보의 구축 및 관리 등에 관한 법률」 제81조에 따라 해당 토지의 지목을 임야에서 도로로 변경하기 위해서는 「산지관리법」 제14조에 따른 산지전용허가를 받아야 합니다.

### 【이유】

「산지관리법」 제14조제1항 본문에서는 산지전용을 하려는 자는 그 용도를 정하여 대통령령으로 정하는 산지의 종류 및 면적 등의 구분에 따라 산림청장, 시·도지사 또는 시장·군수·구청장(이하 "산림청장등"이라 함)의 허가를 받아야 한다고 규정하고 있고, 같은 법 제21조의3에서는 같은 법 제14조에 따른 산지전용허가 또는 같은 법 제15조에 따른 산지전용신고의 목적사업을 완료한 후 같은 법 제39조제3항에 따라 복구의무를 면제받거나 같은 법 제42조에 따라 복구준공검사를 받은 경우(제1호) 등을 제외하고는 산지를 임야 외의 지목으로 변경하지 못한다고 규정하고 있습니다.

그리고 「공간정보의 구축 및 관리 등에 관한 법률」(이하 "공간정보관리법"이라 함) 제81조에서는 토지소유자는 지목변경을 할 토지가 있으면 대통령령으로 정하는 바에 따라 그 사유가 발생한 날부터 60일 이내에 지적소관청에 지목변경을 신청해야 한다고 규정하고 있고, 그 위임에 따라 「공간정보의 구축 및 관리 등에 관한 법률 시행령」(이하 "공간정보관리법 시행령"이라 함) 제67조제1항제2호에서는 지목변경을 신청할 수 있는 경우의 하나로 토지나 건축물의 용도가 변경된 경우를 규정하고 있습니다.

또한 공간정보관리법 시행령 제67조제2항에서는 토지소유자는 공간정보관리법 제81조에 따라 지목변경을 신청할 때에는 지목변경 사유를 적은 신청서에 국토교통부령으로 정하는 서류를 첨부하여 지적소관청에 제출해야 한다고 규정하고 있고, 그 위임에 따라 「공간정보의 구축 및 관리 등에 관한 법률 시행규칙」(이하 "공간정보관리법 시행규칙"이라 함) 제84조제1항에서는 "국토교통부령으로 정하는 서류"란 같은 항 각 호의 어느 하나에 해당하는 서류를 말한다고 규정하면서 같은 항 제3호에서는 토지 또는 건축물의 용도가 변경되었음을 증명하는 서류의 사본을 규정하고 있는바,

이 사안은 산지전용허가를 받지 않은 지목이 임야인 토지를 사실상 도로로 사용하고 있는 경우 공간정보관리법 제81조에 따라 해당 토지의 지목을 임야에서 도로로 변경하기 위해서는 「산지관리법」 제14조에 따른 산지전용허가를 받아야 하는지에 관한 것입니다.

먼저 「산지관리법」 제2조제1호에서는 공간정보관리법 제67조제1항에 따른 지목이 임야인 토지(가목) 등을 "산지"로 정의하면서 주택지 및 대통령령으로 정하는 농지, 초지(草地), 도로 및 그 밖의 토지는 제외하도록 규정하고 있고, 그 위임에 따른 「산지관리법 시행령」 제2조제2호에서는 산지에서 제외되는 토지 중 하나로 지목이 도로인 토지(입목·죽이 집단적으로 생육하고 있는 토지로서 도로로서의 기능이 상실된 토지는 제외함)를 규정하고 있는바, 이 사안과 같이 사실상 도로로 사용된다고 하더라도 지목이 임야인 토지라면 「산지관리법」의 적용을 받는 "산지"에 해당한다는 것이 문언상 명백합니다.

그리고 「산지관리법」 제21조의3에서는 같은 법 제14조에 따른 산지전용허가 등을 통해 산지를 전용한 경우(제1호) 등을 제외하고는 산지를 임야 외의 지목으로 변경하지 못하도록 산지의 지목을 변경할 수 있는 사유를 한정하여 규정하고 있는데, 이는 무분별한 산지의 지목변경을 제한하여 산지의 난개발을 방지하려는 것이므로 이 사안과 같이 상당 기간 사실상 도로로 사용되어 왔고 그 지목을 현재 토지 이용 상황에 맞게 도로로 변경할 필요가 있다고 하더라도 「산지관리법」 제21조의3에 따라 산지전용허가를 받은 후에 해당 산지의 지목을 임야 외의 지목으로 변경할 수 있다고 해석하는 것이 무분별한 산지의 난개발을 방지하려는 「산지관리법」의 입법 취지에도 부합합니다.

또한 입법 목적을 달리하는 법률들이 일정한 행위에 관한 요건을 각각 규정하고 있는 경우에는 어느 법률이 다른 법률에 우선하여 배타적으로 적용된다고 해석되지 않는 이상 원칙적으로 그 행위에 관하여 각 법률의 규정에 따른 요건을 갖추어야 하므로 산지의 지목변경에 대해서는「산지관리법」과 함께 지목변경의 일반적인 절차·방법에 관해 규정하고 있는 공간정보관리법이 적용된다고 할 것입니다.

그런데 공간정보관리법 시행령 제67조제2항 및 공간정보관리법 시행규칙 제84조제1항에서는 공간정보관리법 제81조에 따라 지목변경을 신청할 때에는 지목변경 사유를 적은 신청서에 "토지 또는 건축물의 용도가 변경되었음을 증명하는 서류의 사본" 등을 첨부하여 지적소관청에 제출하도록 규정하고 있고, 공간정보관리법 시행규칙 제84조제2항에서는 지목변경과 관련된 규제를 받지 않는 토지의 지목변경 등의 경우에는 같은 조 제1항에 따른 서류의 첨부를 생략할 수 있다고 규정하고 있습니다.

위와 같은 규정들을 종합해 볼 때 지목변경과 관련된 규제를 받는 토지의 지목변경인 경우에는 그 지목변경과 관련된 규제를 정하고 있는 관계법령에 따라 지목변경이 가능한 요건을 갖추었음을 증명할 수 있는 서류가 첨부되어야 할 것인바, 공간정보관리법 시행규칙 제84조제1항에 따라 토지의 지목변경을 신청할 때 첨부하는 "토지 또는 건축물의 용도가 변경되었음을 증명하는 서류의 사본"은 "토지 또는 건축물의 용도가 관계법령에 따라 적법하게 변경되었음을 증명하는 서류의 사본"이라고 할 것이므로「산지관리법」상 산지에 해당하는 토지의 지목을 변경하기 위해서는「산지관리법」제14조에 따른 산지전용허가를 받았음을 증명하는 서류의 사본을 첨부하여 지목변경을 신청해야 할 것입니다.(각주: 법제처 2009.4.28. 회신 09-0066 해석례 및 법제처 2016.10.24. 회신 16-0430 해석례 참조)

따라서 산지전용허가를 받지 않은 지목이 임야인 토지를 사실상 도로로 사용하고 있는 경우 공간정보관리법 제81조에 따라 해당 토지의 지목을 임야에서 도로로 변경하기 위해서는「산지관리법」제14조에 따른 산지전용허가를 받아야 합니다.

# 「산지관리법 시행령」 별표3 비고 제4호의 임업인에 법인이 포함되어 「산지관리법」 제15조제1항제2호에 따른 시설을 설치하는 용도로 산지전용신고를 할 수 있는지 여부(「산지관리법 시행령」 별표3 비고 제4호 등 관련)

[법제처 17-0395, 2017.10.30, 산림청]

## 【질의요지】

「산지관리법 시행령」 별표 3 비고 제4호에 따른 농림어업인 중 임업인에 자연인 외의 법인도 포함되어 해당 법인이 「산지관리법」 제15조제1항제2호에 따라 농림어업인의 주택시설과 그 부대시설을 설치하는 용도로 산지전용신고를 할 수 있는지?

### <질의 배경>

산림청에서는 「산지관리법 시행령」 별표 3 비고 제4호에 따른 임업인에 법인도 포함되어 법인이 「산지관리법」 제15조제1항제2호에 따라 산지전용신고를 할 수 있는지에 대한 민원이 제기되자 이에 대한 입장을 명확히 하고자 법제처에 법령해석을 요청함.

## 【회답】

「산지관리법 시행령」 별표 3 비고 제4호에 따른 농림어업인 중 임업인에 자연인 외의 법인은 포함되지 않아 해당 법인은 「산지관리법」 제15조제1항제2호에 따라 농림어업인의 주택시설과 그 부대시설을 설치하는 용도로 산지전용신고를 할 수 없습니다.

## 【이유】

「산지관리법」 제15조제1항 각 호 외의 부분 전단 및 같은 항 제2호에서는 농림어업인의 주택시설과 그 부대시설의 설치에 해당하는 용도로 산지전용을 하려는 자는 같은 법 제14조제1항에도 불구하고 국유림(「국유림의 경영 및 관리에 관한 법률」 제4조제1항에 따라 산림청장이 경영하고 관리하는 국유림을 말하며, 이하 같음)의 산지에 대해서는 산림청장에게, 국유림이 아닌 산림의 산지에 대해서는 시장(특별자치도의 경우는 특별자치도지사를 말하며, 이하 같음)·군수·구청장(자치구의 구청장을 말하며, 이하 같음)에게 신고하여야 한다고 규정하고 있고, 「산지관리법 시행령」 별표 3 비고 제4호에서는 "농림어업인의 주택시설과 그 부대시설"에서 "농림어업인"이란 「농지법」 제2조제2호에 따른 농업인, 「임업 및 산촌 진흥촉진에 관한 법률 시행령」(이하 "임업진흥법 시행령"이라 함) 제2조제1호의 임업인(「산림자원의 조성 및 관리에 관한 법률」에 따라 산림경영계획의 인가를 받아 산림을 경영하고 있는 자를 말하며, 이하 같음), 같은 조 제2호·제3호의 임업인 및 「수산업법」 제2조제12호에 따른 어업인을 말한다고 규정하고 있으며, 임업진흥법 시행령 제2조에서는 3헥타르 이상의 산림에서 임업을 경영하는 자(제1호), 1년 중 90일 이상 임업에 종사하는 자(제2호), 임업경영을 통한 임산물의 연간 판매액이 120만원 이상인 자(제3호)를 각각 임업인으로 규정하고 있는바,

이 사안은 「산지관리법 시행령」 별표 3 비고 제4호에 따른 농림어업인 중 임업인에 자연인 외의 법인도 포함되어 해당 법인이 「산지관리법」 제15조제1항제2호에 따라 농림어업인의 주택시설과 그 부대시설을 설치하는 용도로 산지전용신고를 할 수 있는지에 관한 것이라 하겠습니다.

먼저, 「산지관리법」 제14조제1항에 따르면 산지전용을 하려는 자는 그 용도를 정하여 대통령령으로 정하는 산지의 종류 및 면적 등의 구분에 따라 산림청장, 특별시장·광역시장·특별자치시장·도지사·특별자치도지사 또는 시장·군수·구청장의 "허가"를 받아야 하나, 같은 법 제15조제1항에 따르면 농림어업인의 주택시설과 그 부대시설의 설치 등의 용도로 산지전용을 하려는 자는 같은 법 제14조제1항에도 불구하고 산지전용허가가 아닌 "신고"로 산지전용을 할 수 있고, 같은 법 시행규칙 제15조 각 호 외의 부분 본문에 따르면 관할청은 산지전용신고의 내용이 신고대상 시설 및 행위의 범위, 설치지역, 설치조건 등에 적합한 경우에는 그 신고를 수리하여야 하는바, 「산지관리법」 제15조제1항에서 규정하고 있는 "신고에 따른 산지전용"은 같은 항에서 규정하고 있는 용도에 대해서만 제한적으로 허용되는 예외적인 경우라고 할 것이므로, 이러한 예외규정을 해석함에 있어서는 합리적 이유 없이 문언의 의미를 확대하여 해석해서는 안되고 보다 엄격하게 해석할 필요가 있다고 할 것입니다(법제처 2012.11.3. 회신 12-0596 해석례 참조).

그렇다면, 예외적으로 산지전용신고가 허용되는 용도 중 하나인 「산지관리법」 제15조제1항제2호에 따른 "농림어업인의 주택시설과 그 부대시설의 설치"에서 "농림어업인"의 범위도 엄격하게 해석해야 할 것인데, 같은 법 시행령 별표 3 비고 제4호에 따른 농림어업인 중 임업인에 법인이 포함되는지 여부는 문언상 불분명하나, 「산지관리법 시행령」 별표 3 제5호가목에서 농림어업인의 주택시설과 그 부대시설의 조건을 농림어업인이 농림어업을 직접 경영하면서 "실제로 거주"하기 위하여 자기소유 산지에 설치하는 시설로서 부지면적이 330제곱미터 미만일 것을 규정하고 있는바, 농림어업인의 주택시설과 그 부대시설은 농림어업인이 "실제로 거주"할 것을 그 설치 조건으로 한다는 점을 고려하였을 때, 같은 별표 비고 제4호의 농림어업인이란 주택시설에 실제로 거주하는 것이 가능한 자연인으로 한정된다고 할 것이고, 거주가 가능하지 않은 법인까지 해당 농림어업인에 포함된다고 보기는 어려울 것입니다.

따라서, 「산지관리법 시행령」 별표 3 비고 제4호에 따른 농림어업인 중 임업인에 자연인 외의 법인은 포함되지 않아 해당 법인은 「산지관리법」 제15조제1항제2호에 따라 농림어

업인의 주택시설과 그 부대시설을 설치하는 용도로 산지전용신고를 할 수는 없다고 할 것입니다.

**※ 법령정비의견**

「산지관리법 시행령」 별표 3 비고 제4호에 따른 농림어업인에 법인이 포함되는지 여부가 불분명하여 「산지관리법」 제15조제1항제2호에 따른 산지전용신고를 할 수 있는 주체의 범위에 대해 논란이 있을 수 있으므로, 이를 입법적으로 개선할 필요가 있습니다.

# 「산지관리법 시행령」 별표3의3제4호다목의 그 밖에 이와 유사한 산길의 의미(「산지관리법 시행령」 별표3의3 등 관련)

[법제처 15-0146, 2015.4.14, 경기도 가평군]

### 【질의요지】

「산지관리법 시행령」 별표 3의3 제4호다목 중 "그 밖에 이와 유사한 산길"이 「산림문화·휴양에 관한 법률」에 따라 조성된 길, 즉 숲길만을 의미하는지?

### <질의 배경>

○ 경기도 가평군은 「산지관리법 시행령」 별표 3의3 제4호다목에 따른 산지일시사용신고 대상이 「산림·휴양에 관한 법률」에 따른 산길만을 의미하는지에 대해 산림청에 질의하였으나, 산림청에서 "그 밖에 이와 유사한 산길"은 「산림·휴양에 관한 법률」에 따른 숲길 외의 산길까지 포함하는 의미라고 회신하였는바, 이에 이의가 있어 이 건 법령해석을 요청함.

### 【회답】

「산지관리법 시행령」 별표 3의3 제4호다목 중 "그 밖에 이와 유사한 산길"이 「산림문화·휴양에 관한 법률」에 따라 조성된 길, 즉 숲길만을 의미하는 것은 아닙니다.

### 【이유】

「산지관리법」 제15조의2제2항제7호에서는 임도, 작업로, 임산물 운반로, 등산로·탐방로 등 숲길, 그 밖에 이와 유사한 산길을 조성하기 위하여 산지일시사용을 하려는 자는 국유림의 산지에 대하여는 산림청장에게, 국유림이 아닌 산림의 산지에 대하여는 시장·군수·구청장에게 신고하여야 한다고 규정하고 있고, 같은 법 시행령 제18조의3 제4항에서는 산지일시사용신고의 대상시설, 행위의 범위, 설치지역 및 설치조건은 별표 3의3과 같다고 규정하고 있으며, 같은 법 시행령 별표 3의3제4호에서는 산지일시사용신고의 대상시설·행위를 임도(가목), 작업로 및 임산물 운반로(나목), 「산림문화·휴양에 관한 법률」(이하 "산림휴양법"이라 함)에 따라 조성하는 산책로·탐방로·등산로·둘레길 등 숲길, 그 밖에 이와 유사한 산길(다목)로 구분하여 규정하고 있습니다.

그리고, 산림휴양법 제2조제6호에서는 "숲길"이란 등산·트레킹·레저스포츠·탐방 또는 휴양·치유 등의 활동을 위하여 같은 법 제23조에 따라 산림에 조성한 길(이와 연결된 산림 밖의 길을 포함함)을 말한다고 규정하고 있고, 같은 법 제22조의2에서는 숲길의 종류를 등산로(제1호), 트레킹길(제2호), 레저스포츠길(제3호), 탐방로(제4호), 휴양·치유숲길(제5호)로 구분하고 있으며, 같은 법 제23조에서는 숲길을 조성하기 위한 절차 등을 규정하고 있는바,

이 사안은 「산지관리법 시행령」 별표 3의3 제4호다목 중 "그 밖에 이와 유사한 산길"이 산림휴양법에 따라 조성된 길, 즉 숲길만을 의미하는지에 관한 것이라 하겠습니다.

먼저, 산지일시사용신고의 대상을 규정하고 있는 「산지관리법」 제15조의2제2항제7호 등에서 다른 산길의 종류를 나열하면서 마지막에 "그 밖에 이와 유사한 산길"을 덧붙이는 방식으로 규정하고 있는바, 통상적으로 이러한 규정형식은 산지관리법령에서 규정하고 있는 산길의 종류를 일일이 열거하기 어렵거나, 법령의 개정 등으로 새롭게 추가되는 산길의 종류가 있다면 이러한 산길도 해당 규정의 규율 대상에 포함시키려는 취지라고 할 것입니다.

그리고, 산림휴양법 제22조의2에서는 숲길의 종류를 구분하여 정하고 있는데, 산림휴양법령에서는 산림휴양법 제22조의2에서 정하고 있는 숲길 이외에 다른 산길에 관한 규정을 두고 있지 않은바, 「산지관리법 시행령」 별표 3의3 제4호다목 중 "산림휴양법에 따라 조성하는"이라는 표현은 "산책로·탐방로·등산로·둘레길 등 숲길"까지만 수식하는 것으로 보아야 할 것입니다.

따라서, 「산지관리법 시행령」 별표 3의3 제4호다목 중 "그 밖에 이와 유사한 산길"은 산림휴양법에 따라 조성한 길, 즉 숲길만을 의미하는 것은 아닙니다.

## 「산지관리법 시행령」 별표4 제1호마목10)에 따른 기존 도로를 이용할 필요가 없는 경우로서 산림청장이 별도로 고시한 조건과 기준을 갖춘 경우의 의미(「산지관리법 시행령」 별표 4 등 관련)

[법제처 18-0315, 2018.8.31, 민원인]

### 【질의요지】

「산지전용시 기존도로를 이용할 필요가 없는 시설 및 기준」(산림청 고시 제2018-25호를 말하며 이하 같음) 제1조제1호나목에 따라 현황도로를 이용하여 산지를 농지로 개간하기 위해 산지전용을 하려는 경우, 전용하려는 산지의 소유자가 소유한 주택의 대지를 이용하여 해당 산지까지 차량 통행이 가능하다면 해당 산지가 현황도로에 직접 접하지 않더라도 산지전용이 가능한지?

### <질의 배경>

민원인은 현황도로가 전용하려는 산지와 직접 접하고 있지는 않으나 민원인 소유의 대지와 접하고 있고 민원인 소유의 대지를 통해 전용하려는 산지와 접하는 곳까지 차량의 통행이 가능한 경우에도 산지전용허가가 가능한지 여부에 대해 산림청과 이견이 있어 법제처에 법령해석을 요청함.

### 【회답】

이 사안의 경우 해당 산지가 현황도로에 직접 접하지 않았다면 산지전용이 가능하지 않습니다.

### 【이유】

「산지관리법 시행령」 별표 4 제1호마목10) 가)·나)·다) 외의 부분에서 산지전용의 허가기준 중 하나로 원칙적으로 기존 도로(도로공사의 준공검사가 완료되었거나 사용개시가 이루어진 도로를 말하며 이하 같음)를 이용하여 산지전용을 하도록 규정하면서(본문), "산림청장이 별도의 조건과 기준을 정하여 고시하는 경우"에는 예외적으로 기존 도로를 이용하지 않아도 되도록 규정한(단서) 취지는 산지에 접하는 기존 도로를 이용하지 않더라도 산지전용 시 별도로 산림이 훼손될 우려가 없는 경우에도 일률적으로 기존 도로를 이용하지 않는다는 이유로 산지전용을 할 수 없도록 하는 것은 불합리하다는 점을 고려하여 그 문제점을 개선하기 위해 산지전용 시 도로 이용에 대한 예외를 인정해 주려는 것인바(각주: 법제처 2016.8.29. 회신, 16-0226 해석례 참조 ) 이러한 예외규정은 엄격하게 해석해야 합니다.

그런데 「산지관리법 시행령」 별표 4 제1호마목10)의 위임에 따른 고시 제1조의 "산지별 세부기준 및 조건" 중 제1호나목에서는 농지를 현황도로를 이용하여 설치할 수 있는 시설로 규정하면서 비고 제1호에서는 "현황도로"를 "현황도로로 이미 다른 인허가가 난 경우(가목)", "이미 2개 이상의 주택의 진출입로로 사용하고 있는 도로(나목)", "지자체에서 공공목적으로 포장한 도로(다목)", "차량진출입이 가능한 기존 마을안길, 농로(라목)"로 제한적으로 열거하고 있는바, 그 문언상 주택의 대지는 "현황도로"의 종류 중 어느 것에도 해당하지 않습니다.

또한 현황도로는 지적도에 도로로 표기되어 있지는 않지만 주민들이 오랫동안 통행로로 이용하고 있는 사실상의 도로로서 어느 정도 공적인 목적으로 사용되는 토지이고 주택의 대지는 사적인 주거지의 영역(각주: 대법원 2010.6.24 선고 2010두3398 판결례 참조)으로서 온전히 사적인 목적으로 사용되는 토지인바, 이와 같은 현황도로와 주택 내 대지의 개념 및 용도의 차이를 고려할 필요도 있습니다.

※ 법령정비의견

전용하려는 산지와 접하는 주택 내 마당 등 사적인 공간을 이용하여 산림의 훼손 없이 산지 전용이 가능한 경우에도 반드시 현황도로에 직접 접해야 할 필요가 있는지 여부를 입법정책적으로 판단하여 필요하다면 산지관리법 체계를 정비할 필요가 있습니다.

<관계 법령>

「산지관리법 시행령」

제20조(산지전용허가기준 등) ① ~ ⑤ (생 략)
　⑥ 법 제18조제5항 본문에 따른 산지전용허가기준의 적용범위와 사업별·규모별 세부기준은 별표 4와 같고, 산지의 면적에 관한 허가기준은 별표 4의2와 같다.
　⑦ (생 략)

[별표 4]
산지전용허가기준의 적용범위와 사업별·규모별 세부기준(제20조제6항 관련)

1. 산지전용 시 공통으로 적용되는 허가기준
　허가기준
　세부기준
　가. ~ 라. (생 략)
　마. 사업계획 및 산지전용면적이 적정하고 산지전용방법이 자연경관 및 산림훼손을 최소화하고 산지전용 후의 복구에 지장을 줄 우려가 없을 것
　　1) ~ 9) (생 략)
　　10) 기존 도로(도로공사의 준공검사가 완료되었거나 사용개시가 이루어진 도로를 말한다)를 이용하여 산지전용을 하거나 다음의 어느 하나에 해당하는 산지전용일 것. 다만,

개인묘지의 설치나 광고탑 설치 사업 등 그 성격상 기존 도로를 이용할 필요가 없는 경우로서 산림청장이 별도의 조건과 기준을 정하여 고시하는 경우는 제외한다.
  가) 공장설립허가를 위한 인허가(협의를 포함한다)를 받으려는 경우로서 계획상 도로의 산지전용허가를 받은 자가 그 계획상 도로의 이용에 관하여 동의한 경우
  나) 「국토의 계획 및 이용에 관한 법률」, 「도로법」, 「농어촌도로 정비법」 또는 「사도법」에 따라 고시된 후 공사 착공이 된 도로로서 도로관리청 또는 도로관리자가 도로이용에 관하여 동의한 경우
  다) 「건축법」 제2조제1항제11호나목에 따른 도로 중 준공검사가 완료되지 않았으나 실제로 통행이 가능한 도로로서 도로관리자가 도로이용에 관하여 동의한 경우
 11) ~ 15) (생 략)
2. ~ 3. (생 략)

「산지전용시 기존도로를 이용할 필요가 없는 시설 및 기준」(산림청 고시 제2018-25호)

제1조(목적) 이 고시는 「산지관리법 시행령」 제20조제6항의 [별표 4] 제1호마목10에 따른 산지전용 시 기존도로를 이용할 필요가 없는 경우의 조건과 기준을 규정함을 목적으로 한다.

□ 산지별 세부기준 및 조건
  대상산지
  세부기준 및 조건
1. 보전산지 · 준보전산지
  가. (생 략)
  나. 현황도로를 이용하여 설치할 수 있는 시설 : 농지, 초지
  다. ~ 마. (생 략)
2. 공익용산지
  (생 략)
3. 준보전산지
  (생 략)
※ 비고
1. "현황도로"란 다음 각 목의 어느 하나에 해당하는 도로를 말한다. 다만, 임도를 제외한다.
  가. 현황도로로 이미 다른 인허가가 난 경우
  나. 이미 2개 이상의 주택의 진출입로로 사용하고 있는 도로
  다. 지자체에서 공공목적으로 포장한 도로
  라. 차량진출입이 가능한 기존 마을안길, 농로
2. 「도로법」에 의한 도로 등 법률상 도로가 없는 도서지역의 산지는 제3호의 세부기준 및 조건을 준용한다.
제2조 (생 략)

# 「산지관리법」상 산지복구의무 면제사유가 있는 경우, 「산지관리법」제38조에 따른 복구비 예치의무를 면제할 수 있는지 여부(「산지관리법」제39조제3항 등 관련)

[법제처 16-0121, 2016.7.21, 민원인]

## 【질의요지】

「산지관리법」상 산지복구의무 면제사유가 있는 경우, 「산지관리법」제38조에 따른 복구비 예치의무를 면제할 수 있는지?

### <질의 배경>

○ 민원인은 경상남도에서 공공사업으로 시행되는 산업단지를 개발하는 건설회사에 근무하는 자로서, 산업단지 개발 시에 단지 내부는 통상적으로 지목 변경을 수반하여 기존의 임야는 그 기능을 상실하게 되고 도로 및 평지로 조성되어 최종적으로는 「산지관리법 시행령」제47조제3항의 "지목변경을 목적으로 산지전용한 지역으로서 절토, 성토 비탈면 등 대상지가 없는 경우"에 해당하여 복구의무가 면제될 가능성이 있다고 보고, 그와 같이 향후 복구의무가 면제될 가능성이 있는 경우 산지전용허가 당시부터 미리 복구비예치의무가 면제될 수 있는지에 대하여 산림청에 질의하였는데, 산림청으로부터 복구의무의 면제와 복구비예치면제는 별도로 판단할 사항이라고 답변을 받자 이에 이견이 있어 직접 법제처에 법령해석을 요청함.

## 【회답】

「산지관리법」상 산지복구의무 면제사유가 있는 경우라고 하더라도 「산지관리법」제38조에 따른 복구비 예치의무를 면제할 수 없습니다.

## 【이유】

「산지관리법」제38조제1항에서는 산지전용허가·신고를 받는 경우 등 같은 법 제37조제1항 각 호의 어느 하나에 해당하는 처분을 받거나 신고 등을 하려는 자는 농림축산식품부령으로 정하는 바에 따라 미리 토사유출의 방지조치, 산사태 또는 인근 지역의 피해 등 재해의 방지나 경관 유지에 필요한 조치 또는 복구에 필요한 비용(이하 "복구비"라 함)을 산림청장 등에게 예치하여야 하되, 다만, 산지전용을 하려는 면적이 660제곱미터 미만인 경우 등 대통령령으로 정하는 경우에는 그러하지 아니하다고 규정하고 있습니다.

한편, 「산지관리법」 제39조제1항에서는 산지전용허가·신고를 받은 자가 산지전용의 목적사업을 완료하였거나 그 산지전용기간이 만료된 경우(제1호) 등 같은 항 각 호의 어느 하나에 해당하는 경우에 산지를 복구하여야 한다고 규정하고 있고, 같은 조 제3항에서는 산림청장등은 같은 조 제1항에 따라 산지를 복구하여야 하는 면적 중 같은 법 제42조제1항에 따른 복구준공검사 전에 같은 법 또는 다른 법률에 따라 산지 외의 다른 용도로 사용이 확정된 면적이 있는 경우와 그 밖에 대통령령으로 정하는 경우에는 제1항에 따른 복구의무의 전부 또는 일부를 면제할 수 있다고 규정하고 있으며, 같은 법 제43조에서는 산림청장 등은 같은 법 제39조제3항에 따른 복구의무면제가 확정되었을 때(제1호) 등 같은 항 각 호의 어느 하나에 해당할 때에는 복구면적을 기준으로 예치된 복구비의 전부 또는 일부를 그 예치자에게 반환하여야 한다고 규정하고 있는바,

이 사안은 「산지관리법」상 산지복구의무 면제사유가 있는 경우, 「산지관리법」 제38조에 따른 복구비 예치의무를 면제할 수 있는지에 관한 것이라 하겠습니다.

먼저, 위의 관련규정들을 종합하여 보면 산지전용허가 및 목적사업의 진행을 위한 일련의 과정에서 산지전용 허가 또는 신고 등(이하 "산지전용 허가 등"이라고 함)에 따른 복구비 예치 및 그 의무의 면제는 산지전용 허가기간 만료 등을 전제로 하는 산지복구의무의 부과 및 그 면제와는 취지가 서로 다르고, 그 시기와 단계도 달리 하는 것으로서, 이에 따라 각각의 면제사유를 별도로 규정하고 있습니다.

즉, 「산지관리법」에서는 산지전용 허가 등을 받기 전 단계에서 향후 산지복구의무의 원활한 이행을 확보하기 위하여 미리 산지복구비를 예치하도록 규정하고(「산지관리법」 제38조제1항), 다만, 같은 법 시행령에서 산지전용면적이 기준면적보다 작거나, 국가나 지방자치단체 혹은 공공기관의 공익적 목적이 있는 경우 혹은 재해발생이나 경관유지에 큰 영향이 없거나 복구의 필요성이 크지 않은 경우 등(「산지관리법 시행령」 제46조제1항)과 같이 미리 복구비를 예치하지 않더라도 의무 이행 확보에 문제가 없는 경우 예외적으로 복구비 예치의무를 면제하고 있습니다.

이에 비해 산지복구 의무는 산지전용 허가 등을 받은 후 그 전용의 목적사업이 완료되거나 전용기간이 만료되는 등의 경우 실제로 산지 복구를 하도록 부과하는 것이고(「산지관리법」 제39조제1항), 복구의무 발생 당시의 복구 대상 지역 중에서 산림경영 등을 위하여 숲길로 활용 할 수 있는 산지 등에 해당하여 산림으로 다시 복구하게 하는 것이 불합리한 것으로 볼 수 있는 일정한 사유가 있는 경우에(「산지관리법 시행령」 제47조제1호부터 제6호까지) 복구의무 면제를 받으려는 자의 신청과 면제사유 확인과정을 거쳐서 비로소 사후적으로 그 복구의무를 면제할 수 있는 것으로서(「산지관리법 시행규칙」 제41조) 산지전용 허가 등 단계에서의 복구비 예치의무 면제와는 구분되는 것이며, 다만, 위와 같은 과정을 거쳐 산지복구의무 면제가 확정된 경우에는 산지전용 허가

등을 받기 위해 미리 예치하여 둔 복구비를 향후 계속해서 예치하여 둘 필요가 없으므로 예치된 복구비의 전부 또는 일부를 그 예치자에게 반환하도록 규정하고 있을 뿐입니다(「산지관리법」 제43조).

따라서, 산지전용허가·신고 당시 산지복구의무의 이행을 담보하기 위한 복구비 예치의무와 산지전용 허가기간 만료 등을 전제로 하는 산지복구의무의 부여 또는 면제는 별개의 절차이며, 산지복구의무 면제 사유가 있는 경우라고 하더라도 그것이 복구비 예치의무의 면제 사유에도 해당되는 것이 아닌 한 당연히 복구비 예치의무가 면제된다고 볼 수는 없을 것입니다.

한편, 산지복구의무 면제 사유가 있는 경우라면 복구의무를 전제로 복구비를 예치하게 할 필요가 없으므로 비록 복구비 예치의무 면제 사유에 해당하지 않더라도 복구비 예치의무를 면제할 수 있다는 견해가 있을 수 있습니다.

그러나, 산지의 형질변경과 입목의 벌채 또는 굴취를 수반하지 아니하는 가축의 방목, 매장 문화재 지표조사, 물건의 적치 등을 위한 산지의 일시 사용의 경우(「산지관리법 시행령」 제47조제4호)와 같이 산지복구의무가 면제되는 경우 중에서 산지전용 허가 등을 할 당시부터 미리 복구비 예치의무도 면제되는 것으로 보아야 할 경우에 대해서는 산지관리법에서 명문의 규정을 두고 있고, 산지복구의무의 실제 면제여부는 목적사업 완료 등에 따라 사후적으로 확정된다는 점에 비추어 볼 때 복구비 예치의무의 면제사유로 명시되지 않은 경우라면 비록 산지복구의무 면제사유가 있다고 하더라도 이는 이미 예치된 복구비를 반환 받을 수 있는 사유가 될 뿐, 복구비 예치의무가 면제된다고 볼 수 없으므로 그러한 견해는 타당하지 않다고 할 것입니다.

이상과 같은 점을 종합해 볼 때, 「산지관리법」상 산지복구의무 면제사유가 있는 경우, 「산지관리법」 제38조에 따른 복구비 예치의무를 면제할 수는 없다고 볼 것입니다.

### ※ 법령정비의견

○ 산지전용 등의 목적사업에 관한 계획상 산지전용허가 당시에 이미 향후 「산지관리법 시행령」 제47조제3호 소정의 "지목변경을 목적으로 산지전용한 지역으로서 절토·성토 비탈면 등 복구할 대상지가 없는 경우"에 해당하게 되어 산지복구의무가 면제될 것이 명백하게 예상되는 경우에도 복구비를 의무적으로 예치하게 하고 사후적으로 그 복구비를 반환받도록 하는 것은 국민에게 불합리하고 과도한 부담일 수 있으므로 이런 경우를 복구비 예치의무의 면제사유로 규정하는 것에 대하여 입법 정책적인 검토를 할 필요가 있습니다.

## 「산지관리법」 제25조제1항에 따라 토석채취허가 받은 사항을 변경하는 경우 변경신고로 갈음 할 수 있는 범위 (「산지관리법」 제25조제1항 등 관련)

[법제처 19-0653, 2020.3.4, 민원인]

### 【질의요지】

가. 「산지관리법」 제25조제1항에 따른 토석채취허가를 받은 법인으로부터 토석채취허가를 받은 산지를 매수하는 법인이 토석채취허가도 이어 받으려는 경우, 같은 항 단서에 따른 변경신고로 갈음할 수 있는지 아니면 새로운 허가를 받아야 하는지?

나. 「산지관리법」 제25조제1항 각 호 외의 부분 본문에 따라 토석채취허가를 받은 자가 같은 법 시행규칙 제24조제3항 각 호의 사항 중 둘 이상에 해당하는 사항을 동시에 변경하려는 경우, 같은 법 제25조제1항 각 호 외의 부분 본문에 따라 변경허가를 받아야 하는지 아니면 같은 부분 단서에 따라 변경신고로 갈음할 수 있는지?

### <질의 배경>

민원인은 위 질의요지에 대한 산림청의 회신내용에 이견이 있어 법제처에 법령해석을 요청함.

### 【회답】

가. 질의 가
  이 사안의 경우 변경신고로 갈음할 수 있습니다.
나. 질의 나
  이 사안의 경우 변경신고로 갈음할 수 있습니다.

### 【이유】

#### 가. 질의 가에 대하여

「산지관리법」 제51조제1항제1호에서는 산지의 소유자가 같은 법 제25조에 따른 토석채취허가를 받은 후 매매·양도·경매 등으로 그 소유권이 변경된 경우 같은 법에 따른 변경신고 등을 통하여 그 산지의 매수인은 토석채취허가를 받은 자의 권리·의무를 승계한다고 규정하고 있습니다.

그리고 「산지관리법」 제25조제1항에서는 토석채취허가를 받은 자가 허가받은 사항을 변경하려는 경우 원칙적으로 변경허가를 받도록 하고 있고(본문), 예외적으로 농림축산식품부령으로 정하는 경미한 사항을 변경하려는 경우에는 시.도지사(각주: 특별시장 · 광역시장 · 특별자치시장 · 도지사 또는 특별자치도지사를 말하며, 이하 같음. ) 또는 시장.군수.구청장(각주: 특별자치도의 경우 시장은 특별자치도지사를 말하고, 구청장은 자치구의 구청장을 말하며, 이하 같음. )에게 신고하는 것으로 갈음할 수 있다(단서)고 규정하고 있으며, 그 위임에 따른 같은 법 시행규칙 제24조제3항제2호에서는 토석채취허가를 받은 자 또는 그 대표자의 명의변경을 "경미한 사항"으로 규정하고 있습니다.

이처럼 「산지관리법」에서는 토석채취허가가 대물적 허가의 성질을 가지고 있다는 점을 고려하여 토석채취허가의 양도.양수에 대한 권리.의무의 승계 절차를 규정하고 있는바, 「산지관리법 시행규칙」 제24조제3항제2호에서 경미한 사항의 변경으로 규정하고 있는 "토석채취허가를 받은 자 또는 그 대표자의 명의변경"은 토석채취허가를 받은 법인이 그 실질은 유지한 채 단순히 명의만 변경하는 경우 외에 토석채취허가 대상인 산지의 매매를 통해 소유권이 변경됨에 따라 명의를 변경하는 경우도 해당된다고 보는 것이 타당합니다.

또한 「산지관리법」 제25조제1항 단서에 따른 토석채취허가의 변경신고는 수리를 요하는 신고로서 실질적 요건까지 검토해야 하는 신고에 해당하고,(각주: 「산지관리법 시행령」 제32조 및 「산지관리법 시행규칙」 별표 3 제2호 참조 ) 「산지관리법 시행령」 제32조에 따르면 변경신고 절차는 지방산지관리위원회의 심의를 거치지 않아도 될 뿐 신청서 및 관련 서류를 제출하고 현지조사를 받게 되는 등 변경허가와 동일한 절차를 거치게 되는바, 변경신고가 변경허가에 비해 상대적으로 간소한 절차를 거치게 된다는 이유로 「산지관리법 시행규칙」 제24조제3항 각 호의 변경신고 대상의 범위를 축소 해석하는 것은 타당하지 않습니다.

## ※ 법령정비 권고사항

「산지관리법 시행규칙」 제24조제3항 각 호의 경미한 사항에 해당하는 내용의 종류와 자연인 및 법인에 대한 적용 사항을 구분할 필요가 있는지 여부 등을 검토한 후 같은 항 제2호부터 제4호까지의 내용을 좀 더 명확히 규정할 필요가 있습니다.

## 나. 질의 나에 대하여

「산지관리법」 제25조제1항에서는 토석채취허가를 받은 자가 허가받은 사항을 변경하려는 경우 원칙적으로 변경허가를 받도록 하고 있고(본문), 예외적으로 농림축산식품부령으로 정하는 경미한 사항을 변경하려는 경우에는 시.도지사 또는 시장.군수.구청장에게 신고하는 것으로 갈음할 수 있다(단서)고 규정하고 있습니다.

그리고 위 규정의 위임에 따른 「산지관리법 시행규칙」 제24조제3항에서는 변경신고로 갈음할 수 있는 경미한 사항을 토석채취허가를 받은 자 또는 그 대표자의 명의변경(제2호),

법인명칭의 변경이 없는 법인대표의 변경(제3호), 법인대표의 변경이 없는 법인명칭의 변경(제4호) 등으로 그 대상을 특정하여 규정하고 있는바, 「산지관리법」 제25조제1항에 따른 토석채취허가를 받은 자가 허가받은 사항을 변경하려는 경우 허가를 받아야 하는지 아니면 신고로 갈음할 수 있는지 여부는 허가받은 사항 중 변경하려는 사항이 같은 법 시행규칙 제24조제3항 각 호에 해당하는 사항인지 여부에 따라 결정되는 것이지, 각 호에 해당하는 변경하려는 사항의 많고 적음에 따라 결정되는 것이 아닙니다.

만약 이와 달리 토석채취허가를 받은 자가 「산지관리법 시행규칙」 제24조제3항 각 호에 따른 사항을 동시에 둘 이상 변경하려는 경우는 같은 규정에 따른 경미한 변경에 해당하지 않는다고 볼 경우, 토석채취허가를 받은 자가 같은 규정 각 호에 해당하는 사항을 여러 번에 나누어 각각 변경하는 경우에는 변경허가의 대상에 해당하지 않는 반면 둘 이상의 사항을 한꺼번에 변경하는 경우에는 변경허가의 대상이 되는 불합리한 결과를 초래한다는 점도 이 사안을 해석할 때 고려해야 합니다.

### <관계 법령>

**산지관리법**

제25조(토석채취허가 등) ① 국유림이 아닌 산림의 산지에서 토석을 채취(가공하거나 산지 이외로 반출하는 경우를 포함한다)하려는 자는 대통령령으로 정하는 바에 따라 다음 각 호의 구분에 따라 시·도지사 또는 시장·군수·구청장에게 토석채취허가를 받아야 하며, 허가받은 사항을 변경하려는 경우에도 같다. 다만, 농림축산식품부령으로 정하는 경미한 사항을 변경하려는 경우에는 시·도지사 또는 시장·군수·구청장에게 신고하는 것으로 갈음할 수 있다.

  1.·2. (생 략)

② ~ ⑥ (생 략)

제51조(권리·의무의 승계 등) ① 다음 각 호의 어느 하나에 해당하는 자는 이 법에 따른 변경신고 등을 통하여 제37조제1항 각 호의 어느 하나에 해당하는 처분을 받거나 신고 등을 한 자의 권리·의무를 승계한다.

  1. 산지의 소유자가 제37조제1항 각 호의 어느 하나에 해당하는 처분을 받거나 신고 등을 한 후 매매·양도·경매 등으로 그 소유권이 변경된 경우: 그 산지의 매수인·양수인 등 변경된 산지소유자

  2. 제1호 이외의 자가 제37조제1항 각 호의 어느 하나에 해당하는 처분을 받거나 신고 등을 한 후 사망하거나 그 권리·의무를 양도한 경우: 그 상속인 또는 양수인

**산지관리법 시행령**

제32조(토석채취허가의 절차 및 심사 등) ① 법 제25조제1항에 따라 토석채취허가 또는 변경허가를 받거나 변경신고를 하려는 자는 신청서에 농림축산식품부령이 정하는

서류를 첨부하여 시·도지사 또는 시장·군수·구청장에게 제출하여야 한다.
② 시·도지사 또는 시장·군수·구청장은 제1항에 따라 토석채취허가 또는 변경허가의 신청을 받거나 변경신고가 있는 때에는 토석채취허가·변경허가 또는 변경신고 대상 산지에 대하여 현지조사를 실시하고, 그 신청내용이 법 제28조에 따른 토석채취허가기준에 적합한지 여부를 검토한 후 토석채취의 타당성에 관하여 지방산지관리위원회의 심의를 거쳐야 한다. 다만, 다음 각 호의 어느 하나의 경우에는 지방산지관리위원회의 심의를 거치지 아니한다.
  1. 변경신고의 경우
  2. ~ 7. (생 략)
③ 시·도지사 또는 시장·군수·구청장은 제2항에 따라 심사한 결과 토석채취허가 또는 변경허가를 하거나 변경신고를 수리하는 것이 타당하다고 인정되는 경우에는 허가·변경허가 또는 변경신고 구역 및 별표 8 제4호에 따른 완충구역의 경계를 표시하게 하고 법 제38조제1항에 따른 복구비를 미리 예치하게 한 후 농림축산식품부령으로 정하는 토석채취허가증을 신청인에게 발급하거나 변경신고를 수리하여야 한다.

### 산지관리법 시행규칙

제24조(토석채취허가의 신청 등) ①·② (생 략)
  ③ 법 제25조제1항 각 호 외의 부분 단서에서 "농림축산식품부령으로 정하는 경미한 사항"이란 다음 각 호의 어느 하나에 해당하는 사항을 말한다.
  1. (생 략)
  2. 토석채취허가를 받은 자 또는 그 대표자의 명의변경
  3. 법인명칭의 변경이 없는 법인대표의 변경
  4. 법인대표의 변경이 없는 법인명칭의 변경
  5.·6. (생 략)
  7. 삭제
④ ~ ⑨ (생 략)

[법령해석례 모음]

## 순환토사가 산지 복구할 때 성토용 토석이 될 수 있는 지 등(「산지관리법」 제39조제4항 관련)

[법제처 16-0246, 2016.7.6, 충청남도 청양군]

【질의요지】

가. 「건설폐기물의 재활용촉진에 관한 법률 시행령」 제4조제1항제3호에서는 순환토사의 재활용 용도로 "관계 법령에 따라 인가·허가된 건설공사의 성토용 또는 복토용"(가목)을 규정하고 있고, 「산지관리법」 제39조제1항에서는 산지전용허가나 산지일시사용허가를 받은 자는 그 기간이 만료된 경우 등에는 산지를 복구하여야 한다고 규정하고 있으며, 같은 법 제40조제1항에서는 같은 법 제39조제1항 및 제2항에 따른 산지의 복구의무자는 대통령령으로 정하는 기간 이내에 산림청장 등에게 산지복구기간 등이 포함된 산지복구설계서를 제출하여 승인을 받아야 한다고 규정하고 있는바,

「산지관리법」 제40조제1항의 산지복구설계 승인에 따른 산지복구공사가 「건설폐기물의 재활용촉진에 관한 법률 시행령」 제4조제1항제3호가목에서 성토용 또는 복토용으로 순환토사를 재활용할 수 있는 경우로 규정된 "관계 법령에 따라 인가·허가된 건설공사"에 해당될 수 있는지?

나. 「산지관리법」 제39조제4항에서는 산지일시사용 등을 한 산지를 복구할 때에는 토석으로 성토한 후 표면을 수목의 생육에 적합하도록 흙으로 덮어야 한다고 규정하면서, 이 경우의 "토석"이란 "「폐기물관리법」 제2조제1호에 따른 폐기물이 포함되지 아니한 토석을 말한다. 다만, 「폐기물관리법」에서 정하는 유해성기준과 「토양환경보전법」에서 정하는 임야지역 오염기준에 적합하고 「폐기물관리법」에 따른 재활용 용도 및 방법에 따라 채석지역 내 하부복구지·저지대 등의 채움재로 재활용이 가능한 경우에는 같은 법에 따라 재활용할 수 있다"라고 규정하고 있는바,

산지일시사용 등을 한 산지를 복구하기 위해 성토하는 경우, 「건설폐기물의 재활용촉진에 관한 법률 시행령」 제4조제1항제3호에 따른 순환토사가 「산지관리법」 제39조제4항에서 규정한 "「폐기물관리법」 제2조제1호에 따른 폐기물이 포함되지 아니한 토석"에 해당하여 복구용 토석이 될 수 있는지?

<질의 배경>

○ 청양군은 순환토사의 재활용 용도에 관하여 "산지복구설계 승인에 따른 산지복구공사"가 "관계 법령에 따라 인가·허가된 건설공사"에 해당될 수 있고, 순환토사는 폐기물이 포함되지 않은 토석이므로 일시사용 등을 한 산지를 복구할 때 쓰는 성토용

토석이 될 수 있다고 보아 산림청에 질의했는데, 산림청으로부터 이와 반대되는 답변을 받자 이에 이의가 있어 법제처에 법령해석을 요청함.

## 【회답】

**가. 질의 가에 대하여**

「산지관리법」 제40조제1항의 산지복구설계 승인에 따른 산지복구공사는 「건설폐기물의 재활용촉진에 관한 법률 시행령」 제4조제1항제3호가목에서 성토용 또는 복토용으로 순환토사를 재활용할 수 있는 경우로 규정된 "관계 법령에 따라 인가·허가된 건설공사"에 해당될 수 있습니다.

**나. 질의 나에 대하여**

산지일시사용 등을 한 산지를 복구하기 위해 성토하는 경우, 「건설폐기물의 재활용촉진에 관한 법률 시행령」 제4조제1항제3호에 따른 순환토사는 「산지관리법」 제39조제4항에서 규정한 "「폐기물관리법」 제2조제1호에 따른 폐기물이 포함되지 아니한 토석"에 해당하지 않으므로, 복구용 토석이 될 수 없습니다.

## 【이유】

**가. 질의 가와 질의 나의 공통사항**

「건설폐기물의 재활용촉진에 관한 법률 시행령」(이하 "건설폐기물법 시행령"이라 함) 제4조제1항제3호에서는 순환토사의 재활용 용도로 "관계 법령에 따라 인가·허가된 건설공사의 성토용 또는 복토용"(가목)을 규정하고 있고, 「산지관리법」 제39조제1항에서는 산지일시사용허가 등을 받은 자는 그 기간이 만료된 경우 등에는 산지를 복구하여야 한다고 규정하고 있으며, 같은 법 제40조제1항에서는 같은 법 제39조제1항 및 제2항에 따른 산지의 복구의무자는 대통령령으로 정하는 기간 이내에 산림청장 등에게 산지복구기간 등이 포함된 산지복구설계서를 제출하여 승인을 받아야 한다고 규정하고 있습니다.

그리고, 「산지관리법」 제39조제4항에서는 산지일시사용 등을 한 산지를 복구할 때에는 토석으로 성토한 후 표면을 수목의 생육에 적합하도록 흙으로 덮어야 한다고 규정하면서, 이 경우의 "토석"이란 "「폐기물관리법」 제2조제1호에 따른 폐기물이 포함되지 아니한 토석을 말한다. 다만, 「폐기물관리법」에서 정하는 유해성기준과 「토양환경보전법」에서 정하는 임야지역 오염기준에 적합하고 「폐기물관리법」에 따른 재활용 용도 및 방법에 따라 채석지역 내 하부복구지·저지대 등의 채움재로 재활용이 가능한 경우에는 같은 법에 따라 재활용할 수 있다"라고 규정하고 있습니다.

나. 질의 가에 대하여

이 사안은 「산지관리법」 제40조제1항의 산지복구설계 승인에 따른 산지복구공사가 건설폐기물법 시행령 제4조제1항제3호가목에서 성토용 또는 복토용으로 순환토사를 재활용할 수 있는 경우로 규정된 "관계 법령에 따라 인가·허가된 건설공사"에 해당될 수 있는지에 관한 것이라 하겠습니다.

먼저, 법률에서 사용하고 있는 용어는 그 법률의 하위 법령에서도 동일한 의미로 사용되는 것이 원칙인바, 「건설폐기물의 재활용촉진에 관한 법률」(이하 "건설폐기물법"이라 함) 제2조제1호에서는 「건설산업기본법」 제2조제4호에 따른 건설공사를 "건설공사"로 약칭하고, 건설폐기물을 건설공사로 인하여 발생하는 5톤 이상의 폐기물로서 대통령령으로 정하는 것이라고 규정하고 있고, 같은 법 시행령 제4조제1항제3호가목에서는 순환토사의 재활용 용도로 "관계 법령에 따라 인가·허가된 건설공사의 성토용 또는 복토용"을 규정하고 있으나 건설공사의 개념과 범위에 대해서는 별도로 정하고 있지는 않고 있습니다. 그렇다면, 건설폐기물법 시행령 제4조제1항제3호가목에서 순환토사의 재활용 용도로 규정된 관계 법령에 따라 인가·허가된 "건설공사"는 건설폐기물법 제2조제1호에서 약칭한 "「건설산업기본법」 제2조제4호에 따른 건설공사"로 해석하는 것이 타당하다고 할 것입니다.

다음으로, 「건설산업기본법」 제2조제4호 본문에서는 건설공사를 토목공사, 건축공사, 산업설비공사, 조경공사, 환경시설공사, 그 밖에 명칭에 관계없이 시설물을 설치·유지·보수하는 공사 및 기계설비나 그 밖의 구조물의 설치 및 해체공사 등을 말한다고 규정하여 건설공사의 개념과 범위를 포괄적으로 규정하면서, 같은 호 단서에서는 「전기공사업법」에 따른 전기공사(가목), 「정보통신공사업법」에 따른 정보통신공사(나목), 「소방시설공사업법」에 따른 소방시설공사(다목), 「문화재 수리 등에 관한 법률」에 따른 문화재 수리공사(라목)만을 건설공사의 범위에서 제외하도록 규정하고 있습니다. 따라서, 「산지관리법」 제39조제1항의 산지복구공사를 「건설산업기본법」에 따른 건설공사의 범위에서 제외한다는 명시적 규정을 두고 있지 않는 문언에 비추어 볼 때, 이러한 산지복구공사는 「건설산업기본법」 제2조제4호의 건설공사에 해당될 수 있다고 할 것입니다.

또한, 「건설산업기본법」 제4조 단서에서는 건설공사의 범위와 건설업 등록에 관한 사항에 대하여는 다른 법률의 규정에도 불구하고 같은 법을 우선 적용한다고 규정하고 있는바, 이러한 건설공사의 범위에 관해서는 「산지관리법」 등 다른 법률규정에도 불구하고 「건설산업기본법」을 우선해서 적용해야 할 것이고, 이러한 점은 설계, 감리, 시공, 사업관리, 유지관리 등 건설공사의 전 분야에 걸쳐 적용되어야 할 것입니다.

더욱이, 「산지관리법」 제39조제4항에 따르면 산지일시사용 등을 한 산지를 복구할 때에는 토석으로 성토한 후 표면을 수목의 생육에 적합하도록 흙으로 덮는 방법으로 공사를 해야 하고, 같은 법 시행규칙 제42조제3항 및 별표 6에 따른 산지복구설계서 승인기준에서는 최초의 소단의 앞부분은 수목을 존치하거나 식재하여 녹화하여야 하며(같은 표 제1호가목), 복구대상지역 안에 있는 건축물·공작물의 철거 또는 이전계획이 복구설계서에 반영되어야 한다고 규정하고 있는바(같은 표 제1호나목), 결국 이러한 산지복구공사에는 건축물 등이 있는 경우 이에 대한 이전·철거 공사가 포함되고, 토석으로 성토하여 흙으로 덮는 지반조성공사가 포함되며, 수목을 생육에 적합하도록 식재하여 녹화하는 조경공사가 포함된다고 할 것이므로, 공사 내용의 동일성에 비추어 볼 때「산지관리법」에 따른 산지복구공사를「건설산업기본법」에 따른 건설공사와 다른 것이라고 볼 만한 근거는 없다고 할 것입니다.

한편, 산지복구공사는 산지복구설계서의 승인에 따라 새롭게 인·허가된 별개의 건설공사가 아니라, 본래 산지전용·산지일시사용허가(「산지관리법」제14조제1항) 등에 따른 산지전용·산지일시사용을 하는 일련의 과정에서 부수되어 이루어지는 복구행위일 뿐이므로(같은 법 제39조제1항 참조) "「산지관리법」제40조제1항의 산지복구설계 승인에 따른 산지복구공사"는 "관계 법령에 따라 인가·허가된 건설공사"에 해당될 수 없다는 의견이 있을 수 있습니다. 그러나,「산지관리법」제40조제1항에서는 산지복구를 위해서는 행정청으로부터 기존의 산지전용허가나 산지일시사용허가 등을 받은 것과는 별도로 산지복구설계의 승인을 받아야 하고, 산지복구설계서에 따라 시공을 하며 시공 후 복구준공검사를 거치는 등 별개 절차에 의하는 점에 비추어 볼 때, 산지복구공사는 기존의 산지전용허가나 산지일시사용허가 등에 포함되는 부수적 행위라고 볼 수 없으므로 그러한 의견은 타당하지 않다고 할 것입니다.

이상과 같은 점을 종합해 볼 때,「산지관리법」제40조제1항의 산지복구설계 승인에 따른 산지복구공사는 건설폐기물법 시행령 제4조제1항제3호가목에서 성토용 또는 복토용으로 순환토사를 재활용할 수 있는 경우를 규정한 "관계 법령에 따라 인가·허가된 건설공사"에 해당될 수 있다고 할 것입니다.

다. 질의 나에 대하여

이 사안은 산지일시사용 등을 한 산지를「산지관리법」제39조제4항에 따라 복구하기 위해 성토하는 경우, 건설폐기물법 시행령 제4조제1항제3호에 따른 순환토사가 "「폐기물관리법」제2조제1호에 따른 폐기물이 포함되지 아니한 토석"에 해당하여 복구용 토석이 될 수 있는지에 관한 것이라 하겠습니다.

먼저,「산지관리법」제39조제4항에서는 산지일시사용 등을 한 산지 복구용 "토석"은 원칙적으로「폐기물관리법」제2조제1호에 따른 폐기물이 포함되지 아니한 토석을 말한다고 규정하고 있고,「폐기물관리법」제2조제1호에서는 "폐기물"이란 쓰레기, 연소재 등으로서 사람의 생활이나 사업활동에 필요하지 아니하게 된 물질이라고 규정하고 있으며, 건설폐기물법 제2조제1호에서는 "건설폐기물"이란 「건설산업기본법」 제2조제4호의 건설공사로 인하여 건설현장에서 발생하는 5톤 이상의 폐기물로서 대통령령으로 정하는 것이라고 규정하고 있습니다.

한편, 건설폐기물법 제3조제1항에서는 건설폐기물의 친환경적인 처리와 재활용 촉진에 관한 사항에는 건설폐기물법을 다른 법률에 우선하여 적용하고 건설폐기물법에 규정되지 아니한 사항은 관계 법률을 적용한다고 규정하고 있으므로, 건설폐기물법은 「폐기물관리법」에 대한 특별법이라고 할 것입니다(법제처 2014.9.30. 회신 14-0452 해석례 참조). 따라서, 이러한 관계법령의 규정 및 건설폐기물법과 「폐기물관리법」의 관계에 비추어 볼 때, 건설공사로 인해 건설현장에서 발생하는 건설폐기물은 원칙적으로 「폐기물관리법」 제2조제1호의 폐기물에 해당하거나 폐기물을 포함하고 있다고 할 것입니다.

다음으로, 건설폐기물법 시행령 별표 1 제16호에서는 건설폐기물의 한 종류로서 "건설폐토석"이란 건설공사 시 건설폐기물과 혼합되어 발생되는 것 중 분리·선별된 흙·모래·자갈 또는 건설폐기물을 중간처리하는 과정에서 발생된 흙·모래·자갈 등으로서 자연상태의 것을 제외한 것이라고 규정하고 있고, 같은 법 제13조제1항 및 같은 법 시행령 제4조제3호에서는 건설폐토석에 속하는 순환토사를 "건설폐토석을 배출, 수집·운반, 보관 또는 중간처리의 일정한 기준과 방법에 따라 적합하게 처리한 토사"라고 규정하고 있는바, 결국 순환토사는 건설현장에서 발생하는 5톤 이상의 건설폐토석인 건설폐기물을 배출, 수집·운반, 보관, 중간처리한 토사를 말한다고 할 것입니다.

그런데, 건설폐기물법 시행규칙 제5조제2항에서는 같은 법 시행령 제9조제2항에 따른 건설폐기물의 배출, 수집·운반, 보관, 중간처리에 관한 구체적인 기준 및 방법은 별표 1의2에 의한다고 규정하고 있으며, 같은 법 시행규칙 별표 1의2 제3호에서는 순환토사 등 건설폐기물을 같은 법 시행령 제6조제1호에 따른 건설폐기물처리시설에서 중간처리를 하는 경우에는 그 최대지름이 100밀리미터 이하이고 유기이물질 함유량이 부피기준으로 1퍼센트 이하가 되도록 하여야 한다고 규정하고 있고(나목), 나목에 따라 중간처리한 건설폐기물을 재활용하고자 하는 경우에는 「환경분야 시험·검사 등에 관한 법률」 제6조제1항제7호 및 제9호에 해당하는 분야에 대한 환경오염 공정시험기준에 따라 시험한 결과 「폐기물관리법 시행규칙」 제2조제1항에 따른 유해물질 함유기준 이내이고 「토양환경보전법 시행규칙」 제1조의5의 토양오염우려기준 이내여야 한다고 규정하고 있습니다(다목).

그렇다면, 건설폐기물인 순환토사는 건설폐기물법에 따라 중간처리를 거쳐 일정한 용도로 재활용이 가능할 것이나, 다른 건설폐기물과 같이 중간처리를 거치더라도 유기이물질, 유해물질, 토양오염물질이 여전히 함유되어 있으므로, 건설폐기물법령상 폐기물이라는 순환토사 본래 성질을 완전히 바꾸어 폐기물이 포함되지 않은 자연상태로 환원된 토사라고 보기는 어렵다고 할 것입니다.

한편, 산지를 합리적으로 보전하고 이용하여 임업의 발전과 산림의 다양한 공익기능의 증진을 도모함으로써 국민경제의 건전한 발전과 국토환경의 보전에 이바지하고자 하는 「산지관리법」의 입법목적(같은 법 제1조)과 산지는 임업의 생산성을 높이고 재해 방지, 수원 보호, 자연생태계 보전, 자연경관 보전, 국민보건휴양 증진 등 산림의 공익기능을 높이는 방향으로 관리되어야 하며 산지전용은 자연친화적인 방법으로 하여야 한다는 산지관리의 원칙(같은 법 제3조)에 비추어 볼 때, 산지전용 또는 산지일시사용 등이 끝나서 해당 산지를 복구할 때 사용하는 토사는 자연상태의 것으로서, 수원 보호 및 자연보전을 통한 재해 방지, 국민보건휴양 증진 등 산림의 공익 기능을 높이는 방향으로 산지가 관리되도록 산지복구가 이루어져야 할 것이므로, 폐기물의 성질을 갖는 순환토사를 산지복구에 사용할 수 있다고 본다면 이는 산지관리법령의 기본 취지에도 부합하지 않는다고 할 것입니다.

나아가, 건설폐기물법 시행령 제4조제1항제3호나목, 같은 항 제1호바목 및 「국토의 계획 및 이용에 관한 법률 시행령」 제53조제3호나목에서는 도시지역·자연환경보전지역 및 지구단위계획구역 외의 지역 같은 경우에는 일정 면적 이하인 토지에 대한 지목변경을 수반하지 않는 성토용 등으로만 순환토사의 재활용 용도를 규정하고 있는바, 자연환경보전지역과 같은 지역은 아예 순환토사의 재활용 용도로 사용할 수 없도록 순환토사의 사용지역을 엄격히 한정하고 있다는 점도 이 사안을 해석할 때 고려되어야 할 것입니다.

그렇다면, 「산지관리법」 제39조제4항에 다른 "토석"의 범위 규정, 건설폐기물법령에 따른 순환토사의 성격, 「산지관리법」의 입법취지 등에 비추어 볼 때, 비록 순환토사가 건설폐기물법에서 인·허가된 건설공사의 성토용 또는 복토용(건설폐기물법 시행령 제4조제1항제3호가목) 등으로 재활용이 가능하다고 하더라도, 「산지관리법」 제39조제4항에 따른 산지 복구할 때의 성토용 토석으로 사용하는 것은 불가능하다고 할 것입니다.

이상과 같은 점을 종합해 볼 때, 산지일시사용 등을 한 산지를 「산지관리법」 제39조제4항에 따라 복구하기 위해 성토하는 경우, 건설폐기물법 시행령 제4조제1항제3호의 순환토사는 "「폐기물관리법」 제2조제1호에 따른 폐기물이 포함되지 아니한 토석"에 해당하지 않으므로, 복구용 토석이 될 수 없다고 할 것입니다.

## 임업용산지에서 영구적인 진입로를 설치하기 위한 요건 (「산지관리법」 제12조제1항제15호 등 관련)

[법제처 14-0446, 2014.12.11, 민원인]

### 【질의요지】

「산지관리법」 제12조제1항제15호에 따르면, 임업용산지에서 산지전용으로 설치할 수 있는 시설 중 「건축법」에 따른 건축물과 「건축법」 제2조제1항제11호에 따른 도로를 연결하기 위한 진입로는 산지전용으로 설치할 수 있는바,

이 경우, 해당 진입로를 설치하기 위한 산지전용은, 그 진입로와 「건축법」 제2조제1항제11호에 따른 도로가 임업용산지에서 직접 연결되는 경우에만 허용되는지, 아니면 임업용산지 밖에서 사실상의 도로를 매개로 연결되는 경우에도 허용되는지?

### ※ 질의배경

○ 민원인이 산림청에 「산지관리법」 제12조제1항제15호 및 같은 법 시행령 제12조제12항에 따라 임업용산지에 영구적인 진입로를 설치할 수 있는 요건에 대하여 문의함.

○ 산림청에서는 해당 진입로는 임업용산지 안에서 「건축법」 상 도로와 접해야 한다고 회신하였고, 이에 대해 민원인은 해당 진입로는 임업용 산지 밖에서 사실상의 도로를 매개로 「건축법」 상 도로와 연결되는 경우도 허용된다는 의견으로, 법제처에 직접 법령해석을 요청한 사안임.

### 【회답】

「산지관리법」 제12조제1항제15호에 따른 진입로를 설치하기 위한 산지전용은, 해당 진입로와 「건축법」 제2조제1항제11호의 도로가 임업용산지에서 직접 연결되는 경우에만 허용됩니다.

### 【이유】

「산지관리법」 제12조제1항에서는 임업용산지에서는 같은 항 각 호의 어느 하나에 해당하는 행위를 하기 위하여 산지전용 또는 산지일시사용을 하는 경우를 제외하고는 산지전용 또는 산지일시사용을 할 수 없다고 규정하고 있고, 같은 항 제15호에서는 같은 항 제1호부터 제13호까지의 시설 중 「건축법」에 따른 건축물과 도로(「건축법」 제2조제1항제11호의 도로를 말하며, 이하 "「건축법」 상 도로"라 함)를 연결하기 위한

대통령령으로 정하는 규모 이하의 진입로를 설치하기 위하여 산지전용을 할 수 있도록 규정하고 있으며, 그 위임에 따라 같은 법 시행령 제12조제12항에서는 해당 진입로의 규모를 "절·성토사면을 제외한 유효너비가 3미터 이하이고, 그 길이가 50미터 이하"로 규정하고 있는바,

이 사안은 「산지관리법」 제12조제1항제15호에 따른 진입로를 설치하기 위한 산지전용이, 해당 진입로와 「건축법」 상 도로가 임업용산지에서 직접 연결되는 경우에만 허용되는지, 아니면 임업용산지 밖에서 사실상의 도로를 매개로 연결되는 경우에도 허용되는지에 관한 것이라 하겠습니다.

먼저, 「산지관리법」 제12조제1항에서는 산지를 합리적으로 보전하고 이용하여 임업의 발전과 산림의 다양한 공익기능을 증진하기 위하여 임업용산지에서 산지전용을 원칙적으로 금지하면서, 예외적으로 국방·군사시설의 설치 등 같은 항 각 호에 열거된 행위에 대해서만 산지전용을 허용하고 있는바, 산지전용의 요건, 기준 등은 해당 규정의 입법취지를 고려하여 제한적으로 해석해야 할 것이고, 특별한 사유가 없는 한 확대해석하거나 유추해석하는 것은 허용되지 않는다고 할 것입니다.

또한, 「산지관리법」 제12조제1항제15호에 따른 진입로는 산지전용으로 산지에 설치되는 시설을 의미함이 분명하고, 해당 진입로는 산지전용으로 설치된 「건축법」 상 건축물과 「건축법」 상 도로를 연결하는 시설이므로, 해당 진입로가 「산지관리법」 제12조제1항제15호에 따라 「건축법」 상 도로와 연결되려면, 「건축법」 상의 도로가 임업용산지 안에 위치하거나, 적어도 임업용산지 밖에서 임업용산지와 직접 맞닿아야 한다고 보는 것이 상당하다고 할 것입니다.

한편, 「산지관리법」 제12조제1항제15호에 따른 진입로가 임업용산지 밖에서 사실상의 도로를 매개로 「건축법」 상 도로와 연결되는 경우에도 해당 진입로 설치를 위한 산지전용이 허용된다는 의견이 있을 수 있습니다. 그러나 사실상 도로를 매개로 연결되는 경우까지 허용하게 되면 산지전용이 무분별하게 이루어져 산지의 보전이라는 「산지관리법」의 입법목적을 달성하기 곤란하다는 점, "사실상 도로"의 범위와 규모를 어느 정도까지 인정해야 할지 확정하기 곤란하다는 점 등을 고려할 때 그러한 의견은 타당하지 않다고 할 것입니다.

이상과 같은 점을 종합해 볼 때, 「산지관리법」 제12조제1항제15호에 따른 진입로를 설치하기 위한 산지전용은, 해당 진입로와 「건축법」 상 도로가 임업용산지에서 직접 연결되는 경우에만 허용됩니다.

## 「임산물단속에관한법률」 시행전에 임야에 설치한 묘지에 대해 현행 「산지관리법」에 따른 요건을 갖추어야 묘지로 지목변경 할 수 있는지 여부(「공간정보의 구축 및 관리에 관한 법률 시행규칙」 제84조제2항 등 관련)

[법제처 19-0338, 2019.10.31, 경상북도]

### 【질의요지】

제정 「임산물단속에관한법률」(각주: 1961.6.27. 법률 제635호로 제정되어 같은 날 시행된 것을 말하며, 이하 같음.) 시행 전에 임야에 설치한 묘지에 대해 현재 토지소유자가 지목변경을 신청하는 경우, 「공간정보의 구축 및 관리 등에 관한 법률 시행규칙」 제84조제2항의 "지목변경과 관련된 규제를 받지 아니하는 토지의 지목변경"에 해당하여 「산지관리법」 제21조의3 각 호의 경우에 해당하지 않더라도 지목을 "임야"에서 "묘지"로 변경할 수 있는지?

### <질의 배경>

A종중은 위 질의요지에 대해 대구 경제자유구역청에 문의하였고, 대구 경제자유구역청에서는 경상북도를 통해 법제처에 법령해석을 요청함.

### 【회답】

이 사안의 경우 현행 「산지관리법」 제21조의3 각 호의 경우에 해당하지 않더라도 지목을 "임야"에서 "묘지"로 변경할 수 있습니다.

### 【이유】

「공간정보의 구축 및 관리 등에 관한 법률」(이하 "공간정보관리법"이라 함) 제81조, 같은 법 시행령 제67조제1항제2호·제2항 및 같은 법 시행규칙 제84조제1항에 따르면 토지소유자는 토지의 용도가 변경된 경우 이를 증명하는 서류의 사본 등을 첨부하여 지적소관청에 지목변경을 신청할 수 있는데, 해당 규정에서 "토지의 용도"는 토지의 사실상 이용현황이 아니라 법적으로 허용된 이용가능성으로서의 용도를 의미(각주: 대법원 2009.12.10. 선고 2008두10232 판결례 및 광주지방법원 2007.11.15. 선고 2007구합2104 판결례 참조)하는 것이므로, 지목변경 신청 시 첨부 서류인 "토지의 용도가 변경되었음을 증명하는 서류"도 지목변경을 가능하게 하는 개발행위허가나 산지전용허가 등 토지의 용도가 적법하게 변경되었음을 증명하는 서류를 의미하는 것으로 보아야 합니다.

한편 「공간정보의 구축 및 관리 등에 관한 법률 시행규칙」(이하 "공간정보관리법 시행규칙"이라 함) 제84조제2항에서는 같은 조 제1항에 따른 서류의 첨부를 생략하고 지목변경을 신청할 수 있는 경우로 "개발행위허가·농지전용허가·보전산지전용허가 등 지목변경과 관련된 규제를 받지 않는 토지의 지목변경"을 규정하고 있는바, 이는 법령에서 토지의 형질변경 등에 대하여 허가 등을 받도록 하면서 다양한 예외를 규정하고 있고 법령이 제정 또는 개정됨에 따라 종전에 이루어진 토지의 형질변경 등에 대하여 제정 또는 개정된 법령에 따른 허가 등을 받지 않아도 되는 경우가 있을 수 있고, 이런 경우에는 토지의 용도가 변경되었음을 증명하는 서류가 없을 수 있음을 예정하여 지목변경과 관련된 규제를 받지 않는 토지의 지목변경의 경우에는 첨부서류를 구비하지 않아도 되도록 한 취지입니다.

그리고 토지소유자의 지목변경 신청권은 "토지나 건축물의 용도가 변경된 때"에 발생하고(공간정보관리법 제81조 및 같은 법 시행령 제67조제1항제2호), 지적소관청이 토지소유자의 신청에 따라 지목을 변경하는 것은 과거에 이루어진 토지의 용도변경을 사후적으로 확인하는 행위이므로, 토지소유자가 지목변경 신청권을 획득할 당시 즉 토지의 용도가 변경될 당시의 법령을 기준으로 지목변경과 관련된 규제가 있었는지를 판단해야 합니다.(각주: 대법원 2014.10.15. 선고 2012두15135 판결례 참조)

그런데 현행 「산지관리법」 에 따른 산지전용과 관련한 규제는 1961년 6월 27일 「임산물단속에관한법률」 이 법률 제635호로 제정되면서 신설된 것으로 제정 「임산물단속에관한법률」 제2조에서는 임야 내에서 허가 없이 산림의 개간 등을 할 수 없도록 규정하였고 같은 법 부칙에서는 시행일에 대한 규정만 두고 법 시행 전에 이루어진 산림의 개간 등에 대하여 별도의 경과조치를 규정하지 않았습니다.

그렇다면 이 사안과 같이 제정 「임산물단속에관한법률」 이 시행된 1961년 6월 27일 전에 임야에서 묘지를 설치하는 등 산림을 개간한 경우에 대해서는 제정 「임산물단속에관한법률」 에 따른 허가가 필요하지 않았으므로,(각주: 부산고등법원 2014.6.12. 선고 2013누447 판결례 참조) 현행 「산지관리법」 제21조의3에서 같은 법 제14조에 따른 산지전용허가 또는 제15조에 따른 산지전용신고의 목적사업을 완료한 후 같은 법 제39조제3항에 따른 복구의무를 면제받는 등 일정한 요건을 갖추는 경우에 한하여 산지를 "임야" 외의 지목으로 변경할 수 있다고 제한하고 있더라도 공간정보관리법 시행규칙 제84조제2항의 "지목변경과 관련된 규제를 받지 아니하는 토지의 지목변경"에 해당하여 지목을 "임야"에서 "묘지"로 변경할 수 있다고 보아야 합니다.

<관계 법령>
「공간정보의 구축 및 관리 등에 관한 법률」
제67조(지목의 종류) ① 지목은 전·답·과수원·목장용지·임야·광천지·염전·대(垈)·공장용지·학교용지·주차장·주유소용지·창고용지·도로·철도용지·제방(堤防)·하천·구거(溝渠)·유지(溜池)·양어장·수도용지·공원·체육용지·유원지·종교용지·사적지·묘지·잡종지로 구분하여 정한다.

제81조(지목변경 신청) 토지소유자는 지목변경을 할 토지가 있으면 대통령령으로 정하는 바에 따라 그 사유가 발생한 날부터 60일 이내에 지적소관청에 지목변경을 신청하여야 한다.

「공간정보의 구축 및 관리 등에 관한 법률 시행령」

제67조(지목변경 신청) ① 법 제81조에 따라 지목변경을 신청할 수 있는 경우는 다음 각 호와 같다.
  1. (생 략)
  2. 토지나 건축물의 용도가 변경된 경우
  3. (생 략)
② 토지소유자는 법 제81조에 따라 지목변경을 신청할 때에는 지목변경 사유를 적은 신청서에 국토교통부령으로 정하는 서류를 첨부하여 지적소관청에 제출하여야 한다.

「공간정보의 구축 및 관리 등에 관한 법률 시행규칙」

제84조(지목변경 신청) ① 영 제67조제2항에서 "국토교통부령으로 정하는 서류"란 다음 각 호의 어느 하나에 해당하는 서류를 말한다.
  1.·2. (생 략)
  3. 토지 또는 건축물의 용도가 변경되었음을 증명하는 서류의 사본
② 개발행위허가·농지전용허가·보전산지전용허가 등 지목변경과 관련된 규제를 받지 아니하는 토지의 지목변경이나 전·답·과수원 상호간의 지목변경인 경우에는 제1항에 따른 서류의 첨부를 생략할 수 있다.
③ (생 략)

「산지관리법」

제21조의3(산지의 지목변경 제한) 다음 각 호의 경우를 제외하고는 산지를 임야 외의 지목으로 변경하지 못한다.
  1. 제14조에 따른 산지전용허가 또는 제15조에 따른 산지전용신고(다른 법률에 따라 산지전용허가나 산지전용신고가 의제되는 행정처분을 받은 경우를 포함한다)의 목적사업을 완료한 후 제39조제3항에 따라 복구의무를 면제받거나 제42조에 따라 복구준공검사를 받은 경우
  2. (생 략)

제정 「임산물단속에관한법률」 (1961.6.27. 법률 제635호로 제정되어 같은 날 시행된 것)

제2조(피해의 방지) 허가없이 임야내에서 임목의 벌채나 개간 또는 생지, 주근, 수지, 토석의 채취 및 훼손이나 그 반출을 하지 못한다.

　　법률 제635호 부칙 <제635호, 1961.6.27>
① 본법은 공포한 날로부터 시행한다.

## 지방자치단체가 시행하는 매장문화재의 발굴이 대체산림자원조성비 부과 및 복구비 예치 문제 대상인지 여부(「산지관리법 시행령」 별표 5 등 관련)

[법제처 19-0607, 2020.2.20, 전라북도 부안군]

### 【질의요지】

지방자치단체가 「매장문화재 보호 및 조사에 관한 법률」(이하 "매장문화재법"이라 함) 제11조에 따른 매장문화재(각주: 「매장문화재 보호 및 조사에 관한 법률」 제2조에 따른 매장문화재를 말하며, 이하 같음.) 발굴을 위하여 「산지관리법」 제15조의2제1항에 따른 산지일시사용허가를 받으려는 경우 「산지관리법 시행령」 별표 5 제1호아목의 「문화재보호법」에 따른 문화재의 보존·정비 및 활용시설을 설치하는 경우로 보아 대체산림자원조성비(각주: 산지전용과 산지일시사용에 따른 대체산림자원 조성에 드는 비용을 말하며(「산지관리법」 제19조제1항 참조), 이하 같음.) 감면 및 복구비(각주: 토사유출의 방지조치, 산사태 또는 인근 지역의 피해 등 재해의 방지나 산지경관 유지에 필요한 조치 또는 복구에 필요한 비용을 말하며(「산지관리법」 제38조제1항 참조), 이하 같음.) 예치가 면제되는지?

### <질의 배경>

전라북도 부안군에서는 위 질의요지에 대한 산림청의 회신내용에 이견이 있어 법제처에 법령해석을 요청함.

### 【회답】

이 사안의 경우 「산지관리법 시행령」 별표 5 제1호아목의 「문화재보호법」에 따른 문화재 보존·정비 및 활용시설을 설치하는 경우로 볼 수 없으므로 대체산림자원조성비 감면 및 복구비 예치가 면제되지 않습니다.

### 【이유】

「산지관리법」 제15조의2제1항 및 같은 법 시행령 제18조의2제2항제3호에서는 매장문화재법에 따른 문화재 발굴 용도로 산지일시사용을 하려는 자는 산림청장등(각주: 산림청장, 시·도지사 또는 시장·군수·구청장을 말함(「산지관리법」 제8조제1항 참조))의 허가를 받도록 규정하고 있고, 「산지관리법」 제19조제1항제2호 및 제38조제1항 본문에서는 산지일시사용허가를 받으려는 자는 대체산림자원조성비를 내고 복구비를 예치하도록 규정하고 있습니다.

그리고 「산지관리법」 제19조제5항제1호에서는 국가 또는 지방자치단체가 공용 또는 공공용의 목적으로 산지일시사용을 하는 경우를 대체산림자원조성비 감면 대상으로 규정하고 있는데, 구체적인 감면비율을 정하고 있는 같은 영 별표 5 제1호아목에 따르면 「문화재보호법」에 따른 문화재 보존・정비 및 활용시설은 대체산림자원조성비의 감면비율이 100%이고, 「산지관리법」 제38조제1항 단서 및 같은 영 제46조제1항제2호바목에서는 국가 또는 지방자치단체가 같은 영 별표 5 제1호아목에 따른 시설을 설치하는 경우에는 복구비를 예치하지 않아도 된다고 규정하고 있습니다.

이와 같이 산지일시사용허가를 받으려는 경우 원칙적으로 대체산림자원조성비를 납부하고 복구비를 예치하도록 하면서 감면 및 면제 대상을 한정하고 있는 산지관리법령의 규정체계를 고려하면, 법령에 규정된 대체산림자원조성비 감면 및 복구비 예치 면제 대상을 확대하여 적용할 수는 없습니다.

그런데 매장문화재법 제11조에 따른 매장문화재의 발굴은 연구, 유적(遺跡)의 정비사업, 건설공사, 멸실・훼손 방지 등을 목적으로 매장문화재를 조사・기록・보존하고 역사적 가치와 성격을 규명하는 행위로서 매장문화재 발굴 자체는 문화재의 보존.정비 및 활용시설 설치와는 그 성격이 다릅니다.

그리고 「산지관리법 시행령」 별표 5 비고 제7호에서는 "매장문화재법에 따른 매장문화재의 발굴을 위해 산지일시사용허가를 받은 자가 10년 이내에 다시 목적사업을 위하여 산지전용허가 및 산지일시사용허가를 받은 경우에는 그 매장문화재의 발굴을 위하여 이미 납부한 대체산림자원조성비에 해당하는 금액을 차감한다"고 규정하고 있는데, 이는 매장문화재 발굴은 대체산림자원조성비 부과 대상임을 전제로 중복 부과를 예방하기 위한 것입니다.

이러한 점을 종합적으로 고려하면 매장문화재법에 따른 매장문화재의 발굴을 대체산림자원조성비 감면 및 복구비 예치 면제 대상인 「문화재보호법」에 따른 문화재의 보존・정비 및 활용시설의 설치로 보아 대체산림자원조성비를 감면하거나 복구비 예치를 면제할 수는 없습니다.

※ **법령정비 권고사항**

매장문화재법에 따른 매장문화재의 발굴은 매장문화재의 역사적 가치와 성격을 규명하는 것으로 문화재 지정 등을 위한 사전작업이라는 의미가 있다는 점을 고려하여 국가 또는 지방자치단체가 시행하는 매장문화재법에 따른 매장문화재 발굴을 대체산림자원조성비 감면 대상 등으로 추가할 필요가 있는지에 대해 입법정책적인 검토가 필요합니다.

**산지관리법**

제19조(대체산림자원조성비) ① 다음 각 호의 어느 하나에 해당하는 자는 산지전용과 산지일시사용에 따른 대체산림자원 조성에 드는 비용(이하 "대체산림자원조성비"라 한다)을 미리 내야 한다.
  1. 제14조에 따라 산지전용허가를 받으려는 자
  2. 제15조의2제1항에 따라 산지일시사용허가를 받으려는 자(「광산피해의 방지 및 복구에 관한 법률」에 따른 광해방지사업을 하려는 자는 제외한다)
  3. 다른 법률에 따라 산지전용허가 또는 산지일시사용허가가 의제되거나 배제되는 행정처분을 받으려는 자
  ② ~ ④ (생 략)
  ⑤ 산림청장등은 다음 각 호의 어느 하나에 해당하는 경우에는 감면기간을 정하여 대체산림자원조성비를 감면할 수 있다.
  1. 국가나 지방자치단체가 공용 또는 공공용의 목적으로 산지전용 또는 산지일시사용을 하는 경우
  2. · 3. (생 략)
  ⑥ (생 략)
  ⑦ 제5항에 따른 대체산림자원조성비의 감면 대상·비율 및 감면기간 등에 필요한 사항은 대통령령으로 정한다.
  ⑧ ~ ⑫ (생 략)

제38조(복구비의 예치 등) ① 제37조제1항 각 호의 어느 하나에 해당하는 허가 등의 처분을 받거나 신고 등을 하려는 자는 농림축산식품부령으로 정하는 바에 따라 미리 토사유출의 방지조치, 산사태 또는 인근 지역의 피해 등 재해의 방지나 산지경관 유지에 필요한 조치 또는 복구에 필요한 비용(이하 "복구비"라 한다)을 산림청장등에게 예치하여야 한다. 다만, 산지전용을 하려는 면적이 660제곱미터 미만인 경우 등 대통령령으로 정하는 경우에는 그러하지 아니하다.
  ② ~ ⑤ (생 략)

**산지관리법 시행령**

제23조(대체산림자원조성비의 감면) ① 법 제19조제5항에 따른 대체산림자원조성비의 감면대상 및 감면비율은 별표 5와 같다.
  ② ~ ⑦ (생 략)

제46조(복구비의 예치 등) ① 법 제38조제1항 단서에서 "산지전용을 하려는 면적이 660제곱미터 미만인 경우 등 대통령령으로 정하는 경우"란 다음 각 호의 어느 하나에 해당하는 경우를 말한다.
  1. 산지전용·산지일시사용을 하려는 면적이 660제곱미터 미만인 경우. 다만, 복구

비 예치의무를 면제받을 목적으로 해당 산지를 분필하여 그 면적이 660제곱미터 미만으로 된 경우는 제외한다.
2. 국가, 지방자치단체, 공기업·준정부기관, 지방공사 또는 지방공단이 시행하는 다음 각 목의 어느 하나에 해당하는 시설 또는 산업단지(「체육시설의 설치·이용에 관한 법률」 제10조제1항제1호에 따른 골프장은 제외한다)의 설치사업인 경우
   가. ~ 마. (생 략)
   바. 별표 5 제1호가목부터 하목까지의 규정에 따른 시설(이 호 가목부터 라목까지의 규정에 따른 시설은 제외한다)

[별표 5] <개정 2019.3.12>
대체산림자원조성비 감면대상 및 감면비율(제23조제1항 관련)

1. 국가나 지방자치단체가 공용 또는 공공용의 목적으로 산지전용 또는 산지일시사용을 하는 경우(법 제19조제5항제1호 관련)
   대상시설
   감면비율(퍼센트)
   보전산지
   준보전산지
   가. ~ 사. (생 략)
   아. 「문화재보호법」에 따른 문화재의 보존·정비 및 활용시설
      100
      100
   자. ~ 거. (생 략)

2.·3. (생 략)
   ※ 비고
   1. ~ 6. (생 략)
   7. 「매장문화재 보호 및 조사에 관한 법률」에 따른 매장문화재의 발굴을 위해 산지일시사용허가를 받은 자가 10년 이내에 다시 목적사업을 위하여 산지전용허가 및 산지일시사용허가를 받은 경우에는 그 매장문화재의 발굴을 위하여 이미 납부한 대체산림자원조성비에 해당하는 금액을 차감한다.

<관계 법령>

## 토지사용승낙의무이행의 확정판결문 및 확정증명원을 산지의 사용·수익권을 증명할 수 있는 서류로 볼수 있는지 여부(「산지관리법 시행규칙」 제10조제2항제1호다목 등 관련)

[법제처 20-0201, 2020.6.25, 경기도 가평군]

### 【질의요지】

산지를 공유하고 있는 자 중 1인이 다른 공유자를 상대로 토지사용승낙의무이행의 소를 제기하여 승소 확정판결(각주: 확정판결문에 토지 사용·수익권의 범위 및 기간이 명시되어 있는 경우를 전제함. )을 받은 경우, 해당 확정판결문 및 송달·확정증명원(이하 "확정판결문등"이라 함)을 「산지관리법」 제14조제1항, 같은 법 시행령 제15조제1항 및 같은 법 시행규칙 제10조제2항제1호다목에 따라 산지전용허가 신청시 산림청장등(각주: 산림청장, 시·도지사 또는 시장·군수·구청장을 말하며, 이하 같음.)에게 제출해야 하는 '산지의 사용·수익권을 증명할 수 있는 서류'로 볼 수 있는지?

### <질의 배경>

경기도 가평군에서는 위 질의요지와 같은 민원이 접수되자 산림청에 문의하였고, 확정판결문등은 산지의 사용·수익권을 증명할 수 있는 서류로 볼 수 없다는 회신을 받자 이에 이견이 있어 법제처에 법령해석을 요청함.

### 【회답】

이 사안의 경우 해당 확정판결문등을 산지전용허가 신청시 산림청장등에게 제출해야 하는 '산지의 사용·수익권을 증명할 수 있는 서류'로 볼 수 있습니다.

### 【이유】

「산지관리법」 제14조제1항 및 같은 법 시행령 제15조제1항에서는 산지전용허가를 하려는 자는 그 용도를 정하여 전용하려는 구역의 경계를 표시한 후 산지전용허가신청서에 농림축산식품부령으로 정하는 서류를 첨부하여 산림청장등에게 제출해야 한다고 규정하고 있고, 그 위임에 따른 같은 법 시행규칙 제10조제2항제1호다목에서는 '산지전용을 하고자 하는 산지의 소유권 또는 사용·수익권을 증명할 수 있는 서류(토지 등기사항증명서로 확인할 수 없는 경우에 한정하고, 사용·수익권을 증명하는 서류에는 사용·수익권의 범위 및 기간이 명시되어야 함)를 규정하고 있으나, 산지의 사용.수익권을 증명하는 서류의 구체적인 종류에 대해서는 별도로 정하고 있지 않으므로 공유 산지의 경우 해당 산지의 사용·수익권을 증명하는 서류가 반드시 공유자의 토지사용승낙 동의서로 한정된다고 볼 수는 없습니다.

그런데 둘 이상이 공유한 산지의 사용에 대한 권리는 해당 산지의 사용에 대한 공유자의 의사표시 등에 따라 취득할 수 있고,「민법」제389조제2항에 따르면 의사표시가 법률행위를 목적으로 하는 경우 의사표시에 갈음할 재판을 청구할 수 있으며,「민사집행법」제263조제1항에서는 의사(意思)의 진술을 명한 판결이 확정된 때에는 그 판결로 의사를 진술한 것으로 본다고 규정하고 있는바, 이 사안과 같이 토지사용승낙의무를 이행하라는 확정판결을 받은 경우 해당 산지의 공유자가 토지의 사용승낙 의사를 진술한 것으로 볼 수 있으므로, 해당 확정판결문등은「산지관리법 시행규칙」제10조제2항제1호다목에 따른 '산지의 사용·수익권을 증명할 수 있는 서류'에 해당한다고 보는 것이 타당합니다.(각주: 대법원 1997.12.26. 선고 97누14538 판결례 참조 )

만약 이와 달리 이 사안의 확정판결문등을 '산지의 사용·수익권을 증명할 수 있는 서류'로 볼 수 없다면, 공유 산지의 사용 승낙이라는 의사표시에 갈음할 재판을 청구하여 승소하더라도 소송의 상대방이 그 의무에 반하여 사용승낙 동의서를 작성하지 않는 경우 사실상 사용승낙 의무의 이행을 확보할 수 없게 되어 의사의 진술을 명한 판결의 효력을 규정한「민법」제389조제2항 및「민사집행법」제263조제1항에 반하게 되고, 정당한 사용·수익권을 가진 자의 권리 실현에 장애를 초래하게 된다는 점도 이 사안을 해석할 때 고려해야 합니다.

### 산지관리법

제14조(산지전용허가) ① 산지전용을 하려는 자는 그 용도를 정하여 대통령령으로 정하는 산지의 종류 및 면적 등의 구분에 따라 산림청장등의 허가를 받아야 하며, 허가받은 사항을 변경하려는 경우에도 같다. 다만, 농림축산식품부령으로 정하는 사항으로서 경미한 사항을 변경하려는 경우에는 산림청장등에게 신고로 갈음할 수 있다.

### 산지관리법 시행령

제15조(산지전용허가의 절차 및 심사) ① 법 제14조제1항에 따라 산지전용허가 또는 변경허가를 받거나 변경신고를 하려는 자는 농림축산식품부령으로 정하는 바에 따라 산지전용허가 또는 변경허가를 받거나 변경신고를 하려는 구역의 경계를 표시한 후 신청서에 농림축산식품부령으로 정하는 서류를 첨부하여 다음 각 호의 구분에 따른 자에게 제출하여야 한다.
  1. ~ 3. (생 략)
 ②. ③ (생 략)

### 산지관리법 시행규칙

제10조(산지전용허가의 신청 등) ① (생 략)
　② 영 제15조제1항 각 호 외의 부분에서 "농림축산식품부령으로 정하는 서류"란 다음 각 호의 구분에 따른 서류를 말한다.
　　1. 산지전용허가를 신청하는 경우: 다음 각 목의 서류
　　　가. · 나. (생 략)
　　　다. 산지전용을 하고자 하는 산지의 소유권 또는 사용·수익권을 증명할 수 있는 서류 1부(토지 등기사항증명서로 확인할 수 없는 경우에 한정하고, 사용·수익권을 증명할 수 있는 서류에는 사용·수익권의 범위 및 기간이 명시되어야 한다)
　　　라. ~ 카. (생 략)
　　2. · 3. (생 략)
　③ ~ ⑦ (생 략)
<관계 법령>

[법령해석례 모음]

## 「특정건축물 정리에 관한 특별조치법」에 따라 사용승인서를 발급받은 경우 농지전용허가나 산지전용허가를 받은 것으로 볼 수 있는지 여부(「특정건축물 정리에 관한 특별조치법」 제5조 관련)

[법제처 14-0477, 2014.9.1, 국토교통부]

### 【질의요지】

「농지법」에 따른 농지전용허가나 「산지관리법」에 따른 산지전용허가를 받지 않은 토지에 건축된 건축물의 건축주 또는 소유자가 「특정건축물 정리에 관한 특별조치법」 제5조에 따라 사용승인서를 받은 경우, 해당 건축물이 건축된 토지는 농지전용허가나 산지전용허가를 받은 것으로 볼 수 있는지?

※ 질의배경

○ 민원인이 농지전용허가나 산지전용허가를 받지 않은 토지에 건축된 특정건축물에 대하여 「특정건축물 정리에 관한 특별조치법」에 따라 사용승인을 받으면 농지전용허가나 산지전용허가를 받은 것으로 볼 수 있는지를 국토교통부를 통하여 법제처에 법령해석 요청함

### 【회답】

「농지법」에 따른 농지전용허가나 「산지관리법」에 따른 산지전용허가를 받지 않은 토지에 건축된 건축물의 건축주 또는 소유자가 「특정건축물 정리에 관한 특별조치법」 제5조에 따라 사용승인서를 받은 경우, 해당 건축물이 건축된 토지는 농지전용허가나 산지전용허가를 받은 것으로 볼 수 없다고 할 것입니다.

### 【이유】

「특정건축물 정리에 관한 특별조치법」(이하 "특정법"이라 함) 제2조부터 제5조까지의 규정에 따르면 건축허가를 받거나 신고를 하지 않은 건축물 또는 건축허가를 받거나 신고를 하였지만 「건축법」 제22조에 따라 사용승인을 받지 못한 특정건축물 중 특정법 제3조에 해당하는 건축물(이하 "대상건축물"이라 함)의 건축주 또는 소유자는 설계도서와 현장조사서를 첨부하여 관할 특별자치시장·특별자치도지사 또는 시장·군수·구청장에게 신고하여야 하고, 특별자치시장·특별자치도지사 또는 시장·군수·구청장은 신고받은 대상건축물이 자기 소유의 대지 또는 국유지·공유지에 건축한 건축물일 것 등의 기준에 적합한 경우에는 「건축법」 및 관계 법률에도 불구하고 신고받은 날부터 30일 내에 「건축법」 제4조에 따라 해당 지방자치단체에 두는 건축위원회의 심의를 거쳐 해당 대상건축물의 건축주

또는 소유자에게 사용승인서를 내주어야 하고, 「농지법」 제34조에 따르면 농지를 전용하려는 자는 농림수산식품부장관의 허가를 받아야 하며, 「산지관리법」 제14조에 따르면 산지전용을 하려는 자는 산림청장등의 허가를 받아야 하는바, 이 사안에서는 「농지법」에 따른 농지전용허가나 「산지관리법」에 따른 산지전용허가를 받지 않은 토지에 건축된 건축물의 건축주 또는 소유자가 특정법 제5조에 따라 사용승인서를 받은 경우, 해당 건축물이 건축된 토지는 농지전용허가나 산지전용허가를 받은 것으로 볼 수 있는지가 문제될 수 있습니다.

우선, 특정법 제1조에 따르면 같은 법은 특정건축물을 선별하여 사용을 승인함으로써 국민의 재산권을 보호함을 목적으로 하는데, 같은 법 제2조에 따르면 건축허가를 받거나 신고를 하지 않은 건축물 또는 사용승인을 받지 못한 건축물을 특정건축물로 정하고 있고, 특정법 제5조에서는 특정건축물 중 「건축법」을 위반하였으나 자기 소유의 대지 또는 국유지·공유지에 건축한 건축물 등 일정한 기준에 적합한 "건축물"에 대해서는 같은 조에 따라 사용승인서를 내주도록 하고 있는바, 이는 「건축법」에 따른 사용승인 없이 건축물을 사용하고 있는 위법상태를 시정해 주는 것이라 보아야 할 것입니다.

또한, 특정법 제6조에서는 부설주차장에 대하여 명시적 규정을 두어 같은 법 제5조에 따른 사용승인으로 인하여 「주차장법」 제19조에 따른 부설주차장의 설치기준에 미달하게 된 대상건축물의 건축주 또는 소유자는 추가적으로 부설주차장을 설치할 의무를 지지 아니한다고 하고 있는 반면, 「농지법」이나 「산지관리법」에 대하여는 별도의 규정이 없고, 그 밖에 다른 법률과의 관계에 대한 일반적 규정도 두고 있지 않은바, 특정법 제5조에 따라 사용승인을 받았다고 하더라도 「농지법」에 따른 농지전용허가나 「산지관리법」에 따른 산지전용허가를 받은 것으로 해석할 수는 없다고 할 것입니다.

더욱이, 특정법은 일정한 요건에 해당하는 특정건축물을 합법적으로 사용승인 받을 수 있는 기회를 한시적으로 부여하기 위한 것(법률 제11930호 특정건축물 정리에 관한 특별조치법 제정이유 참조)이고, 건축행정의 관리범위 밖에 있던 위법건축물에 대하여 사용승인 및 건축물대장 등재 등의 절차를 통해 양성화함으로써 제도적으로 관리할 수 있게 하려는 취지(2013.6. 국회 국토교통위원회 특정건축물 정리에 관한 특별조치법안 및 위법건축물 양성화를 위한 특별조치법안 심사보고서 참조)임을 고려할 때, 특정법 제5조에 따라 사용승인서를 내 주는 것은 사용승인에 관하여 「건축법」 및 관계 법률에서 정하고 있는 기준과 절차에 부합하지 않는 경우라도 특정법에 따라 예외적으로 건축물의 사용만을 허용하여 주는 것으로 한정하고, 다른 법률에 따른 위법상태까지 적법하게 만드는 것은 아니라고 해석하는 것이 이러한 입법 취지에도 부합한다고 할 것입니다.

따라서, 「농지법」에 따른 농지전용허가나 「산지관리법」에 따른 산지전용허가를 받지 않은 토지에 건축된 건축물의 건축주 또는 소유자가 특정법 제5조에 따라 사용승인서를 받은 경우, 해당 건축물이 건축된 토지는 농지전용허가나 산지전용허가를 받은 것으로 볼 수 없다고 할 것입니다.

> 형질변경되는 부지의 경사도 적용 대상(「산지관리법 시행규칙」 별표4 등 관련)

[법제처 19-0028, 2019.4.24, 민원인]

### 【질의요지】

「산지관리법 시행규칙」 별표 1의3 제2호마목 본문에 따른 목적사업의 부지가 「산지관리법」 제2조제1호에 따른 산지와 산지가 아닌 토지에 걸쳐 있는 경우, 「산지관리법 시행규칙」 별표 1의3 제2호마목 본문의 '형질변경되는 부지'는 산지가 아닌 토지를 포함한 사업부지 전체에서 형질변경되는 부지를 의미하는지 아니면 사업부지 중 산지에서 형질변경되는 부지를 의미하는지?

### <질의 배경>

민원인은 주택건설사업 승인을 위한 산지전용허가 협의과정에서 「산지관리법 시행규칙」 별표 1의3 제2호마목 본문의 '형질변경되는 부지'는 사업부지에 포함된 산지가 아닌 토지에서 형질변경되는 것도 포함된다는 울릉군 의견에 이의가 있자 산림청을 거쳐 법제처에 법령해석을 요청함.

### 【회답】

이 사안의 경우 산지가 아닌 토지를 포함한 사업부지 전체에서 형질변경되는 부지를 의미합니다.

### 【이유】

「산지관리법 시행규칙」 별표 1의3 제2호마목에서는 「산지관리법 시행령」 별표 4 제1호마목4)에 따른 산지전용허가기준의 세부사항을 정하면서 목적사업이 「건축법 시행령」 별표 1에 따른 단독주택, 공동주택, 수련시설, 숙박시설 또는 공장의 신축인 경우에는 형질변경되는 부지의 최대폭의 2배 거리만큼 산정부 방향으로 수평투영한 지점에 해당하는 원지반까지의 경사도가 25° 이하가 되도록 비탈면의 경사도를 제한하고 있습니다.

그런데 「산지관리법 시행규칙」 별표 1의3 제2호마목은 집중호우로 산사태가 발생하여 인명 및 재산피해를 초래하고 특히 거주지 배후의 비탈면에서 산사태·토석류·토사유출의 위험성이 부각되자 산지전용지 배후의 경사도를 탄력적으로 제한하여 비탈면 붕괴로 인한 재해를 사전에 예방하려는 목적으로 2012년 10월 26일 신설된 것으로[주석: 2012. 10.26. 농림수산식품부령 제314호로 개정 당시 「산지관리법 시행규칙」 조문별개정이유서 참조] 해당 규정은 산지전용허가를 할 때에는 전용하려는 산지의 현황 뿐 아니라 산지와 접해 있는 토지와의 관계까지 고려하도록 한 것입니다.

또한「산지관리법」제2조제2호, 같은 법 시행령 별표 4 및 같은 법 시행규칙 별표 1의3 등 다른 규정[주석:「산지관리법 시행령」별표 4 제1호가목 및 라목, 마목2) 등]「산지관리법 시행규칙」별표 1의3 제1호가목 및 나목, 제2호가목5), 제3호가목 등 에서는 산지전용, 산지의 형질변경 또는 전용하려는 산지 등으로 표현하고 있는 것과 달리,「산지관리법 시행규칙」별표 1의3 제2호마목에서는 "형질변경되는 부지"라고 규정하고 있습니다.

따라서「산지관리법 시행규칙」별표 1의3 제2호마목의 "형질변경되는 부지"는 산지에서 형질변경되는 부지로 제한적으로 해석할 것이 아니고, 이 사안과 같이 목적사업의 부지가 산지와 산지가 아닌 토지에 걸쳐 있는 경우에는 산지가 아닌 토지에서 형질변경되는 부지까지 포함하는 것으로 보는 것이 관련 규정의 입법취지 및 체계에 부합하는 해석입니다.

아울러 만약「산지관리법 시행규칙」별표 1의3 제2호마목 본문의 '형질변경되는 부지'를 반드시 산지일 것을 전제로 한다면, 이 사안과 같이 일단의 사업부지에서 이루어지는 형질변경의 경우 사업부지 배후 비탈면의 경사에 따른 영향은 사업부지 전체에 미치게 됨에도 불구하고 산지에 해당하지 않는 토지에서 형질변경되는 부지의 경우 상부 배후지에 대하여 위 비탈면 경사도 제한기준이 적용되지 않게 되어 비탈면 붕괴로 인한 재해를 사전에 예방하고자 하는 입법목적을 달성하기 어렵게 된다는 점도 이 사안을 해석할 때 고려해야 합니다.

**※ 법령정비 권고사항**

「산지관리법 시행규칙」별표 1의3 제2호마목에 따른 목적사업 부지가「산지관리법」제2조제1호에 따른 산지와 산지가 아닌 토지에 걸쳐 있는 경우 산지가 아닌 토지에서 이루어지는 형질변경에 대해서도 해당 규정이 적용된다는 점을 명확히 할 필요가 있습니다.

<관계 법령>

「산지관리법 시행령」

제20조(산지전용허가기준 등) ① ~ ⑤ (생 략)
　⑥ 법 제18조제5항 본문에 따른 산지전용허가기준의 적용범위와 사업별·규모별 세부기준은 별표 4와 같고, 산지의 면적에 관한 허가기준은 별표 4의2와 같다.

[별표 4] <개정 2018.10.30>
산지전용허가기준의 적용범위와 사업별·규모별 세부기준(제20조제6항 관련)

1. 산지전용 시 공통으로 적용되는 허가기준
　허가기준
　세부기준
　가. ~ 라. (생 략)
　마. 사업계획 및 산지전용면적이 적정하고 산지전용방법이 자연경관 및 산림훼손을 최소화하고 산지전용 후의 복구에 지장을 줄 우려가 없을 것

1) ~ 3) (생 략)
   4) 산지전용으로 인한 비탈면은 토질에 따라 적정한 경사도와 높이를 유지하여 붕괴의 위험이 없을 것
   5) ~ 15) (생 략)
2. · 3. (생 략)

비 고
1. (생 략)
2. 제1호부터 제3호까지의 기준을 적용하는 데 필요한 세부적인 사항은 농림축산식품부령으로 정한다.
3. ~ 7. (생 략)

### 「산지관리법 시행규칙」

제10조의2(산지전용허가기준의 세부사항) 영 별표 4 비고란 제2호에 따른 산지전용허가기준의 세부사항은 별표 1의3과 같다.

[별표 1의3] <개정 2018.11.12>
산지전용허가기준의 세부사항(제10조의2 관련)

관련 조문
세부사항
1. (생 략)
2. 영 별표 4 제1호 마목4)
   가. ~ 라. (생 략)
   마. 목적사업이 「건축법 시행령」 별표 1에 따른 단독주택, 공동주택, 수련시설, 숙박시설 또는 공장의 신축인 경우에는 아래 [예시]와 같이 형질변경되는 부지의 최대폭의 2배 거리만큼 산정부 방향으로 수평투영한 지점에 해당하는 원지반까지의 경사도가 25° 이하여야 한다. 다만, 형질변경되는 부지 상부 비탈면의 모암(母巖) 또는 산림의 상태가 안정적이어서 토사유출이나 산사태가 발생할 가능성이 낮은 경우에는 그렇지 않다.
3. ~ 7. (생 략)

※ 비고
1. 위 표에 따른 산정부 및 산자락하단부의 결정방법은 다음 각 목에 따른다.
   가. "산정부"란 사업구역 내 전용하려는 산지가 속하는 사면의 가장 높은 봉우리를 말한다. 다만, 복합사면의 경우 사업구역의 경계선으로부터 1km 이내에 있는 가장 높은 지점을 말한다.
   나. ~ 라. (생 략)
2. ~ 4. (생 략)

## [행정심판례 모음]

### 건축허가신청 불허가처분 취소청구

[국민권익위원회 행심 2014-14, 2014.4.28, 각하]

**【재결요지】**

피청구인은 윤○○의 건축허가 신청에 대하여 이 사건 처분을 한 것이지 청구인에게 이 사건 처분을 한 것이 아닐 뿐만 아니라, 피청구인이 2014.1.16. 청구인에게 한 조사결과 회신 또한 청구인의 민원에 대한 회신을 한 것일 뿐 행정심판의 대상이 되는 처분이라고 볼 수 없으므로 청구인의 이 사건 청구는 "처분의 취소를 구할 이익이 있는 자"가 아닌 자의 청구 또는 행정심판의 대상이 아닌 사안을 대상으로 한 부적법한 청구라 할 것이다.

**【주문】**

청구인의 청구를 각하한다.

**【청구취지】**

피청구인이 2013.11.28. 청구인의 동생 윤○○에게 한 건축허가신청 불허가 처분을 취소한다.

**【이유】**

### 1. 사건개요

청구인의 동생 윤○○(이하 "윤○○"이라 한다)은 ○○군 ○○읍 ○○리(이하 "○○리"라 한다) 산181번지 소재 임야(이하 "신청지"라 한다) 16,231제곱미터 중 7,424제곱미터에 976.8제곱미터의 동식물관련시설(축사)을 신축하고자 2013.5.6. 피청구인에게 건축허가 신청(산지전용 및 개발행위허가 포함)을 하였는데,

피청구인은 2013.6.17. 윤○○에게 육군 제○○부대에서 신청지에 대한 작전성 검토결과 신청지는 임야지대로서 ○○리 마을로부터 남쪽 0킬로미터 지점에 위치하며 산능선 넘어 남서쪽 ○○○미터 지점에 ○○부대 소총사격장(영점사격장)이 위치하고 있고, 인근 ○○○부대에서 전술훈련시 거점투입 및 기동로로 활용하는 지역이고, 신청 지역은 사격방향 전면부에 위치하며 표적지로부터 ○○○미터 거리에 인접하여 있어 사격장 운용시 도비탄에 의한 인명피해 위험성 상존 및 소음으로 인한 가축의 불임, 유산 등 직·간접적인 손실로 민원제기 가능성이 내재되어 있는 등 군 작전에 심대한 영향을 미칠 것으로 판단된다는 이유로 "부동의"하였기 때문에 불허가한다고 통보하였고,

2013.10.21. 신청지 이용면적을 4,820제곱미터로 축소하여 한 윤○○의 건축허가신청

에 대하여도 2013.11.28. 윤○○에게 신청내용이 산지관리법령의 산지전용허가기준 세부사항에 저촉된다며 불허가 통보를 하였다.

## 2. 청구인 주장

가. 윤○○은 2013.6.17. 피청구인의 육군 제○○부대의 작전성 검토결과 부동의 되었기에 불허가한다는 통보에 대하여 국방부에 민원을 제기하여 육군 제○○부대 감찰실에서 조사 및 협의한 결과 같은 번지 안에 신청부지 위치를 변경하고 허가면적을 축소하여 재신청하면 건축허가에 조건부 동의하기로 합의하였기에 신청지 면적을 축소하여 2013.10.21. 피청구인에게 다시 건축허가 신청을 하였으나 피청구인은 2013.11.28. 「산지관리법 시행규칙」 제10조의2에 따른 세부사항에 적합하지 않다며 불허가 통보를 하였는데,

나. 피청구인은 2013.11.14. 윤○○에게 건축허가신청에 따른 보완통보를 하면서 "2013. 12. 6.까지 보완서류를 제출 또는 인터넷세움터로 입력 등을 하여 주시기 바랍니다."라고 하면서 "상기서류에 대하여는 「국토의 계획 및 이용에 관한 법률」, 「군사시설보호법」 등 해당 실과 및 육군 제○○부대와 협의 중에 있음을 알려드리며 추후 서류검토에 따른 보완사항이 발생시 추가 보완 통보할 수 있음을 알려드리니 이점 참고하시기 바랍니다." 라고 하였음에도 보완기간인 2013.12.6.이 지나지도 않은 2013.11.28. 이 사건 불허가 통보를 한 것은 절차상 중대한 하자로 무효일 뿐만 아니라,

「환경영향평가법」 제43조 제1항 및 같은 법 시행령 제59조[별표4] 비고 9, 11에 따라 소규모 환경영향평가 대상이므로 연접지역 및 같은 사업자가 이미 허가받은 지역과 50미터 이내 지역에서 허가받으려는 경우 소규모 환경영향평가서를 제출하라는 피청구인의 보완사항은 청구인이 윤○○과 형제이고 근접지역에서 같은 사업을 하는 사업자라고 판단하여 한 것으로서 담당공무원이 재량권을 과도하게 해석한 것이고, 불허가처분 내용도 소규모 환경영향평가가 아닌 「산지관리법 시행규칙」 제10조의2 사항으로 불허가 통보하였다.

다. 이에 대해 청구인은 국민신문고에 담당공무원이 법을 유추해석하고 재량권을 남용하여 불허가 처분하였으니 조사해 허가해 달라는 민원을 제기하였으나 피청구인 감사실로 이첩이 되었고, 피청구인 감사법무팀에서는 "산지의 합리적인 보전과 이용을 통하여 임업의 발전과 산림의 다양한 공익기능의 증진을 도모하고 국토 및 자연의 유지와 환경의 보전 등 중대한 공익상 필요가 있다고 인정될 때에는 허가를 거부할 수 있고 그 경우 법규에 명문의 근거가 없더라도 거부처분을 할 수 있으므로 해당부서 담당공무원의 산지전용에 대한 세부 검토결과 불협의한 사항이 재량권을 일탈하거나 직권을 남용하지 않은 적법·타당한 처분"으로 조사되었다고 답변하였는데,

감사팀에서 조사를 하려면 인허가법을 준수했는지, 이미 허가되어 사업시행중인 이 사건 신청지 주변 8곳과 민원인의 이 사건 신청지를 비교 조사하여 공평 타당하게 처리하였는지 종합적인 감사를 한 다음 산지전용 불허가 통보가 정당했다고 해야 피청구인 기획감사실의 감사를 신뢰하고 결과에 승복할 것임에도 피청구인 소속 건축허가담당자를 피청구인 감사실에서 조사하는 것은 올바른 조사가 아니라고 판단될 뿐만 아니라,

위와 같은 명분으로 불허가 처리되었다면 이 사건 신청지 인근 지역 8곳은 어떻게 산지전용허가가 되었는지 알 수 없으므로 피청구인은 절차상 하자와 무리한 법 적용에 의한 이 사건 불허가 처분을 취소하고 윤○○에게 건축허가를 해 주어야 한다(필요하다면 산지전용이 허가되어 사업완료 또는 공사중에 있는 신청지 인근 8곳의 지번과 지적현황을 제출하고 사정기관에 진정서를 제출하여 조사해 달라고 하겠다).

## 3. 피청구인 주장

가. 건축허가는 「민원사무처리에 관한 법률」 제14조 및 「건축법」 제12조에 따라 관계부서간 협의를 하여 복합민원 및 의제 처리하도록 되어 있기에 피청구인은 윤○○의 2013.5.6. 건축허가 신청에 대하여 관련부서와 타 기관에 협의한 결과 육군 제○○부대에서 작전성 검토결과 부동의 되었기에 2013.6.17. 불허가처분 통보를 하였다.

나. 2013.10.21. 윤○○로부터 건축허가 신청을 재 접수받고 관련부서에 협의한 결과 산림농지과로부터 「산지관리법 시행규칙」 제10조의2 규정을 이유로 불협의 통보되었기에 2013.11.28. 건축허가 불허가 통보를 하였고, 청구인이 국민신문고에 제기한 이의신청에 대하여도 감사부서에서 자체 조사한 결과 법률적 하자가 없이 적법하게 처리되었으므로 청구인의 주장은 이유 없고 기각되어야 한다.

## 4. 관계법령

「행정심판법」 제2조, 제3조, 제13조
「건축법」 제11조, 제12조
「산지관리법」 제3조, 제14조, 제18조
「산지관리법 시행령」 제15조, 제20조
「산지관리법 시행규칙」 제10조의2[별표1의3], 제42조[별표6]

## 5. 인정사실

양 당사자간 다툼이 없는 사실, 청구인과 피청구인이 제출한 청구서, 답변서 및 증거자료 등 제출된 각 사본의 기재에 의하면 다음 사실을 인정할 수 있다.

가. 윤○○은 2013.5.6. 신청지에 976.8제곱미터 규모의 동·식물관련시설(축사)을 건축

하고자 피청구인에게 건축허가 신청(산지전용 및 개발행위허가 포함)을 하였다.

나. 피청구인의 민원봉사과장은 윤○○의 건축허가신청에 대하여 관련기관(부서)에 관계 법령 검토를 의뢰한 결과 산림농지과장으로부터 "신청서상 산지전용면적 등 기재사항 부적정 및 사업계획서 작성 부적정으로 보완이 필요"하다는 회신을, 육군 제○○부대로부터 작전성 검토 결과 "부동의"라는 회신을 각각 받은 후 2013.6. 17. 윤○○에게 육군 제○○부대 작전성 검토 결과 "부동의" 되었기에 불허가한다고 통보하였다.

다. 피청구인은 2013.10.21. 윤○○이 신청지에 976.8제곱미터 규모의 동·식물관련시설(축사) 건축하겠다는 신청(산지전용 및 개발행위허가 포함)에 대하여 2013. 11.14. 윤○○에게 신청지는「환경영향평가법」제43조 제1항 및 같은 법 시행령 제59조[별표4] 비고 9, 11에 따라 소규모 환경영향평가 대상사업이므로 ○○지방환경청과 합의할 소규모 환경영향평가서 제출 또는 ○○지방환경청에 소규모 환경영향평가를 받은 서류를 2013.12.6.까지 제출 또는 인터넷세움터(http://eais.go.kr(건축행정시스템)로 입력 등을 하라는 보완 통보를 하였다.

라. 피청구인의 민원봉사과장은 산림농지과장으로부터 윤○○의 산지전용허가 내역을 검토한 결과 "산지전용허가기준 세부사항 및 복구설계서 승인기준에 맞지 않는다."라는 회신을 받고 2013.11.28. 위 사유를 들어 윤○○의 건축허가신청을 불허가 하였다.

마. 피청구인은 2013.12.4. 윤○○이 제기한 민원에 대하여 2013.12.18. 윤○○에게 소규모 환경영향평가 대상 여부를 2013.11.28. 방문하여 설명하였으며 그 동안 청구인과 윤○○의 명의로 여러 차례 반복하여 인허가를 변경·신청하여 진행하면서 각각의 행위(사업자)라고 주장하는 부분과, 기 초지조성 허가지에 돈사 액비를 처리하고 있다는 것은 "각각의 사업자가 아닌 차명에 의한 같은 사업자"로서 사업상 필요하기 때문에 운영을 같이 하는 것으로 볼 수 있으므로 소규모 환경영향평가 대상으로 판단하는 것이 타당하다고 사료되며,

「산지관리법」검토 결과 ①신청지 목적사업대비 절·성토 발생 면적이 40퍼센트 이상으로 불필요한 산림 훼손 면적이 과다하게 포함되었으며, ②건축면적에 비해 산지의 면적이 약 5배로 목적사업대비 전용하고자 하는 산지의 면적이 과다하며, ③동식물관련 사업계획의 내용이 구체적이고 타당하게 계획되지 않고 극히 형식적 사업계획으로 부적합하며, ④위 내용과 같이 신청지(임지)에 허가를 받기 위해 본인 소유가 아닌 타인 소유의 임지에 지속적으로 허가 신청을 하고 있으며, 2008년도에 허가 받은 8,800제곱미터에 충분히 축사를 지을 수 있다고 판단되므로 이 사건 허가 신청은 불협의 함이 타당하다고 회신하였다.

바. 피청구인은 2014.1.2. 청구인이 국민권익위원회에 제기한 민원 이의신청을 2014. 1.7. 국민권익위원회로부터 이첩 받아 자체 조사한 후 2014.1.16. 청구인에게 ①복합민원의

경우 "행정기관의 장은 복합민원을 처리할 주무부서를 지정하고 그 부서로 하여금 관계기관 또는 부서간 협조를 통하여 민원사무를 한꺼번에 처리하게 할 수 있다."는 규정에 따라 처리되었기에 청구인이 주장하는 바와 같이 건축부서 담당공무원이 「건축법」을 유추해석 하였다고 볼 수 없음은 물론 위법한 행정처분이 아닌 것으로 조사되었고,

② 산림농지과의 "「산지관리법 시행규칙」 제10조의2" 산지전용 세부내용의 불협의 사유 또한 "산지의 합리적인 보전과 이용을 통하여 임업의 발전과 산림의 다양한 공익기능의 증진을 도모하고, 국토 및 자연의 유지와 환경의 보전 등 중대한 공익상 필요가 있다고 인정될 때에는 허가를 거부할 수 있고, 그 경우 법규에 명문의 근거가 없더라도 거부처분을 할 수 있음"에 따라 한 것이므로 재량권을 일탈하거나 직권을 남용하지 않은 적법·타당한 처분으로 조사되었다고 회신하였다.

## 6. 판 단

가. 청구인은 피청구인이 윤○○에게 한 이 사건 처분은 피청구인이 재량권을 남용하여 관계법령을 과도하게 해석한 처분일 뿐만 아니라 보완기간이 지나지 않았음에도 한 처분이므로 절차상 중대한 하자가 있는 처분이라고 주장하나,

나. 살피건대, 「행정심판법」 제2조 및 제3조 제1항에 따르면 "행정심판은 처분 또는 부작위에 대하여 제기할 수 있는데, '처분'이라 함은 행정청이 구하는 구체적 사실에 관한 법집행으로서 공권력의 행사 또는 그 거부와 그 밖에 이에 준하는 행정작용을 말한다."라고 되어 있고, 같은 법 제13조 제1항에 따르면 "취소심판은 처분의 취소 또는 변경을 구할 법률상 이익이 있는 자가 청구할 수 있는데, 처분의 효과가 기간의 경과, 처분의 집행, 그 밖의 사유로 소멸된 뒤에도 그 처분의 취소로 회복되는 법률상 이익이 있는 자의 경우에도 또한 같다."라고 되어 있는바,

피청구인은 윤○○의 건축허가 신청에 대하여 이 사건 처분을 한 것이지 청구인에게 이 사건 처분을 한 것이 아닐 뿐만 아니라, 피청구인이 2014. 1. 16. 청구인에게 한 조사결과 회신 또한 청구인의 민원에 대한 회신을 한 것일 뿐 행정심판의 대상이 되는 처분이라고 볼 수 없으므로 청구인의 이 사건 청구는 "처분의 취소를 구할 이익이 있는 자"가 아닌 자의 청구 또는 행정심판의 대상이 아닌 사안을 대상으로 한 부적법한 청구라 할 것이다.

## 7. 결 론

그렇다면, 청구인의 이 사건 청구는 청구인 적격이 없는 자가 행정심판의 대상이 아닌 사항을 대상으로 한 부적법한 청구이므로 이를 각하하기로 하여 주문과 같이 재결한다.

## 건축허가 취소처분 등 취소 청구

[국민권익위원회 경남행심 2013-0160, 2013.8.28, 인용]

**【재결요지】**

건축허가취소 유예를 한 후 2013.5.22. 건축허가취소처분을 하기까지 2년여의 기간이 지난 점을 고려하면, 피청구인이 건축허가취소처분을 할 때 청구인에게 사전통지 및 의견제출 기회를 주어야 타당할 것인바, 사전통지 및 의견청취를 하지 아니한 사실이 인정되므로 이는 위법하며, 산지전용허가 기간연장, 개발행위변경허가 기간연장을 하여 주고 나서 건축허가취소처분을 하였음은 신뢰보호의 원칙에도 위배된다.

**【주문】**

피청구인이 청구인에게 2013.5.22. 한 건축허가 취소처분, 2013.5.30. 한 산지전용허가 취소 및 복구명령, 2013.6.26. 한 개발행위허가 취소처분은 이를 취소한다.

**【청구취지】**

피청구인이 청구인에게 2013.5.22. 한 건축허가 취소처분, 2013.5.30. 한 산지전용허가 취소 및 복구명령, 2013.6.26. 한 개발행위허가 취소처분은 이를 취소한다는 재결을 구함.

**【이유】**

### 1. 사건개요

　가. 청 구 인 : ○○○
　나. 피청구인 : ○○시 ○○구청장
　다. 청구내용

　　청구외 ○○○는 2003.2.25. ○○시 ○○구 ○○면 ○○리 산○○-76(임야, 23,123㎡, 자연녹지지역, 준보전산지) 상에 제2종근린생활시설(일반음식점, 공연장, 2동, 대지면적: 8,272㎡ 연면적: 104.4㎡) 건축을 위하여 건축허가를 받고, 2005.2.23. 착공신고를 하였다. 이후 2008.12.5. 청구인 외 1인은 이 사건 토지를 양수하고 운동시설 및 제2종근린생활시설(일반음식점, 골프연습장, 2동, 대지면적: 9,950㎡ 연면적: 4,857.1㎡)로 건축허가(설계변경), 공작물 축조신고, 건축관계자 변경신고를 하였으며, 2010.4.27. 공동건축주의 사망으로 청구인 단독건축주로 변경신고하였다. 그러나 건축부지 조성공사 중 공사가 장기간 중단되자 피청구인은 청문을 거쳐 2011.4.22. 건축허가취소를 2012.5.30.까지 유예하되 유예기간 내

[행정심판례 모음] 1135

실질적 건축공사 미진행시 건축허가를 취소한다는 통지를 하였고, 2012.2.13. 건축공사 착공 촉구 통지를 하였다. 이후 2013.5.21. 청구인이 건축관계자(감리자) 변경신청을 하던 중, 2013.5.22. 피청구인으로부터 유예기간 내 실질적 건축공사 미착수함에 따라 "건축허가를 받은 날부터 1년 이내에 공사에 착수하지 않았음은 물론 공사의 완료가 불가능하다"는 이유로 건축허가 취소처분, 이어서 2013.5.30. 건축허가 취소에 따른 산지전용허가취소 및 복구명령, 2013.6.26. 개발행위허가취소처분을 받고, 그 취소를 청구한 사건이다.

## 2. 청구인 주장의 요지

가. 이 사건 처분의 경위

1) 건축주 명의변경 및 용도변경

가) ○○시 ○○구 ○○면 ○○리 산○○-76 임야 23,123㎡ 중 8,272㎡(이하 '이 사건 신청지'라고 한다.)에 최초로 건축허가 신청을 하여 허가를 받은 사람은 청구인이 아니고 청구외 ○○○이다. ○○○는 2003.2.25. 이 사건 신청지 지상에 공연장(야외 자동차극장), 제2종 근린생활시설(일반음식점) 허가를 받고, 2005.2.23. 착공신고를 하고 공사를 시작하여 토목공사의 70%, 건축공사의 90%가 각 진척된 상태이던 2008. 12월경 청구인과 청구외 ○○○이 공동으로 ○○○로부터 위 사업권을 인수하였다. 위 사업권을 인수한 청구인과 ○○○은 2008.12.5. 이 사건 신청지의 대지를 9,950㎡로 확장하고, 연면적 68㎡의 제2종 근린생활(일반음식점)과 연면적 4,789.1㎡, 지상 4층 규모의 골프연습장(운동시설)으로 건축허가(설계변경), 공작물 축조신고, 건축 관계자 변경신고를 하였고, ○○시에서는 이를 모두 수리하였다.

나) 그런데 2008년 말경 국제금융위기 여파로 인하여 자금조달이 어려워 사업을 진행하지 못하고 있던 중 2009. 7월경 공동사업자인 ○○○이 갑자기 심장마비로 사망함에 따라 2010.4.27. 청구인이 ○○○의 상속인들로부터 위 사업권을 인수하여 단독 건축주가 되었는바, 당시 ○○○의 상속인들이 중국, 캐나다, 서울, 밀양 등지에 산재해서 거주하고 있는 관계로 건축주 명의변경 동의서에 첨부하여야 할 인감증명서를 받는 과정에서 상당한 시일이 소요되었다.

2) 사업의 진행과정

가) 청구인은 건축주를 청구인 단독 명의로 변경한 후, 이 사건 신청지가 암반지대인 관계로 2010. 6월경부터 약 2개월 동안 뿌렛카를 동원하여 암반제거 공사를 하였으나, 암반의 강도가 너무 강한 관계로 공사 진척이 제대로 되지 않아 부득이 공사를 중단하게 되었다. 이에 청구인은 2010.8.6.경 ○○시 ○○구 ○○동 소재 ○○건설 주식회사(이하 '○○건설'이라고 한다.)에게 암반제거 공사를 도급하였

고, ○○건설은 발파 이외의 방법으로는 암반을 제거할 수 없다는 판단으로 ○○경찰서에 발파 허가신청을 하였다. 당시 ○○경찰서는 ○○시 건축담당, 개발행위담당, 산지전용담당, 토목설계사무소 소장 이상길이 참석한 가운데 회의를 개최하였는데, 관계 공무원들이 발파를 할 경우 민원이 발생할 것이라는 이유로 발파 반대 입장을 강력하게 표명하는 바람에 발파 허가가 보류되고 말았다. 위와 같이 발파 허가가 보류됨에 따라 사업진행이 되지 않자, ○○시는 2011.4.21.경 건축허가 취소를 위한 청문을 실시하였는데, 당시 청구인은 공동사업자(○○○)의 사망으로 인하여 건축주 명의를 청구인의 단독명의로 변경하기 위하여 상속자들과 협의를 하고, 발파 작업을 위한 주민들의 설득, 경기 침체로 인한 자금조달의 애로 등의 사유로 공사의 진행에 차질이 발생한 사실을 진술하자 ○○시는 2011.4.22.자 공문으로 건축허가취소유예 및 공사재개결정 통지를 하면서 2012.5.30.까지 건축허가취소를 유예하였다.

나) 청구인은 2012.7.19.경 건축면적을 축소{부지면적 9,950㎡ 지상에 기존 허가받은 건축규모가 연면적 4,857.1㎡(골프연습장, 일반음식점)로 되어 있던 것을 각 부지면적의 변경 없이, '제1안: 연면적 1,018㎡인 실내골프연습장, 일반음식점, 제2안: 연면적 662.4㎡(기 건축된 건축물 104.4㎡ 포함)인 자동차 관련시설 차고지, 수리소, 일반음식점'으로 변경신청을 하였다.}하여 건축・대수선・용도변경 허가신청서를 제출하였던바, 피청구인이 차량 수리점이 입주하는 것은 조금 곤란하니 다른 용도로 다시 신청할 것을 권하므로, 위 2012.7.19.자 건축・대수선・용도변경 허가신청을 취하하였다. 그 후 다시 건축허가 변경신청을 하려고 하였으나 산지전용 및 개발행위허가기간 만료가 임박하므로, 산지전용 및 개발행위허가기간 연장허가부터 받아서 제출하라고 하여 그 절차를 다시 밟아야 하였다.

다) 또한 당초의 건축허가 취소 유예기간이 도래함에 따라 다른 사업을 구상하면서 그 때까지 조성된 부지를 정리하기 위해 2012. 5월 중순경부터 장비를 투입하여 공사를 재개한 후, 2012.9.3. 산지전용허가기간연장신청을 하여 2012.10.27. 산지전용허가기간연장허가(허가기간 : 2012.10.28. ~ 2013.10.28.)를 받는 한편{당시 종전 산지전용허가 기간 만료 1주일 전에 연장허가신청을 하지 않았다는 이유로 인허가보증보험증권을 제출하였으며, 과태료 1,000,000원도 납부하였다.}, 2012. 11월 건축변경허가를 받고 건축공사를 하기 위해 건축자재를 확보하여 현장에 적치하였으며, 2013.3.14. ○○시로부터 개발행위변경허가를 받았다.

라) 위와 같이 산지전용 및 개발행위허가기간 연장허가를 받은 후 건축허가용도 변경신청을 하기 위하여, 2013. 5월경 공사감리자를 ○○○에서 ○○○으로 변경하는 건축관계자 변경신고서를 제출하였던바, 피청구인은 2011.4.22.자

공문에 의거 유예기간이 만료됨에 따라 건축허가가 취소되었다는 이유로 위 건축관계자 변경신고를 취하하라고 하므로, 2013.5.22.경 위 건축관계자 변경신고를 취하하였으며, 건축허가용도변경신청서는 제출조차 하지 못하였다.

3) 이 사건 처분의 개요

위에서 본 바와 같이, 청구인은 산지전용 및 개발행위허가기간 연장허가를 받은 후 2013. 5월경 건축허가용도변경신청을 하기 위하여 건축관계자 변경신고를 하였으나, 담당자는 2011.4.22.자 건축허가취소유예 및 공사재개결정통지처분의 효력에 의하여 2012.5.30.부로 건축허가가 취소되었다는 이유로 건축관계자 변경신고를 취하하라고 한데 이어, 2013.5.22.자 건축허가 취소알림처분(이하 '건축허가취소처분'이라고 한다.)을 하였고, 건축허가취소에 따른 2013.5.30.자 산지전용허가 취소 및 복구명령 처분(이하 '산지전용허가취소처분'이라고 한다.)과 2013.6.26.자 개발행위허가취소통보처분을 하였다.

나. 처분의 위법성

1) 건축허가취소처분

가) 피청구인이 건축허가취소처분을 한 근거는, 건축허가취소를 2012.5.30.까지 유예한다는 취지의 2011.4.22.자 '건축허가취소 유예 및 공사재개 등 통지'를 발송하였는데 청구인이 위 2012.5.30.까지 건축공사에 착공하지 않았으므로 위 2011.4.22.자 건축허가취소 유예 및 공사재개 등 통지에 따라 2012.5.30.이 경과함과 동시에 건축허가가 취소되었다는 취지이다.

나) 그러나 위 2011.4.22.자 '건축허가취소 유예 및 공사재개 등 통지'는 어디까지나 예고통지일 뿐{만약 행정처분의 효력이 있으려면, 「행정절차법」 제26조의 규정에 따라 당사자에게 그 처분에 관하여 행정심판 및 행정소송을 제기할 수 있는지 여부, 그 밖에 불복을 할 수 있는지 여부, 청구절차 및 청구기간, 그 밖에 필요한 사항을 알려야 함에도, 피청구인은 위와 같은 사실에 대한 고지를 하지 않았으므로 어느 모로 보더라도 위 통지문을 행정처분으로 볼 여지는 없다 할 것이다.}, 위 예고통지 자체가 행정처분의 효력을 가지는 것이 아니므로 설사 위 유예기간동안 청구인이 건축공사를 착공하지 않았다 하더라도, 위 예고통지만으로 곧바로 건축허가취소 효력이 생기는 것은 아니라할 것이다(○○고등법원 1989.6.15. 선고 89구3726 제7특별부 판결 참조).

다) 더욱이 이 사건 신청지는 암반 지대로서 발파를 하지 않고는 공사의 진행이 불가능하였으므로 청구인이 주민들의 동의를 구하는데 많은 시간이 소요되었으나, 끝내 동의를 받지 못하여 다른 사업으로의 전향을 구상하면서 그때까지 조성된 부지를 정리하기 위해 2012. 5월 중순경부터 장비를 투입하여 공사를 재개한 후, 2012.7.19.경 건축면적을 축소하여 건축・대수선・용도변경허가신청서를

제출하자 피청구인이 차량 수리점이 입주하는 것은 조금 곤란하니 다른 용도로 다시 신청할 것을 권하므로, 위 2012.7.19.자 건축·대수선·용도변경허가신청을 취하하였다. 이어서 청구인은 2012.9.3. 산지전용허가기간연장신청을 하여 2012.10.27. 산지전용허가기간연장허가(허가기간 : 2012.10.28. ~ 2013.10. 28.)를 받는 한편으로 2012. 11월경 건축변경허가를 받고 공사를 하기 위해 건축자재를 확보하여 현장에 적치함으로써, 건축공사를 할 준비를 갖추는가 하면 2013.3.14. ○○시로부터 개발행위변경허가를 받는 등 이 사건 공사를 위한 노력을 경주하고 있었던 사정에 비추어 보면, 위 유예기간이 만료됨과 동시에 건축허가가 취소되었다는 이유로 건축허가 취소처분을 한 것은 그 자체로 위법한 처분이거나{「건축법」의 규정 취지에 비추어 보면, 건축허가가 된 이상 이에 대한 취소절차를 거치지 않고는 건축허가의 효력이 소멸되지 않는다고 봄이 상당하다.}, 재량권을 일탈·남용한 처분으로서 위법하다고 아니할 수 없다.

2) 산지전용허가취소처분

산지전용허가취소처분은 건축허가취소에 따른 처분으로서, 건축허가취소처분이 위법한 처분이어서 취소되어야 하는 이상, 산지전용허가취소처분도 덩달아 취소될 수밖에 없다. 게다가 피청구인은 산지전용허가기간을 2012.10.28.부터 2013.10.28.까지 연장 허가한 바 있으므로 신뢰보호원칙에 의거 건축허가가 취소되지 않는 한 산지전용허가처분을 취소해야 할 아무런 명분도 없다.

3) 개발행위허가취소통보처분

개발행위허가취소통보처분 역시 건축허가취소에 따른 처분으로서, 건축허가취소처분이 위법한 처분이어서 취소되어야 하는 이상, 개발행위허가취소통보처분도 덩달아 취소될 수밖에 없다. 게다가 피청구인은 개발행위허가기간을 2008.9.26.부터 2014.3.31.까지 연장 허가한 바 있으므로 신뢰보호원칙에 의거 건축허가가 취소되지 않는 한 개발행위허가처분을 취소해야 할 아무런 명분도 없다.

다. 신뢰보호의 원칙

1) 행정상 법률관계에서 신뢰보호의 원칙은 첫째, 행정청이 개인에 대하여 신뢰의 대상이 되는 공적인 견해를 표명하여야 하고, 둘째, 행정청의 견해표명이 정당하다고 신뢰한데 대하여 개인에게 귀책사유가 없어 그 신뢰가 보호가치 있는 것이어야 하며, 셋째, 개인이 견해표명을 신뢰하고 이에 따라 어떠한 행위를 하였어야 하고, 넷째, 행정청이 견해표명에 반하는 처분을 함으로써 견해표명을 신뢰한 개인의 이익이 침해되는 결과가 초래되면 적용된다 할 것이다(대법원 1997. 9. 26. 선고 96누10096 판결 참조).

2) 그런데 이건에 있어서 살펴보면, 청구인은 전재산을 투자하여 이 사건 사업에

올인한 상태로서 피청구인이 2011.4.22.자로 한 '건축허가취소 유예 및 공사재개 등 통지'를 받았으나, 이는 청문과정에서 피청구인이 청구인의 입장을 고려하여 기간 연장승인을 해 준 것이므로 청구인으로서는 그 통지를 처분성이 없는 것으로 인식하고, 2012.7.19.경 건축면적을 축소하여 건축·대수선·용도변경허가신청서를 제출하자 피청구인이 건축허가가 취소되지 않았음을 전제로 차량수리점이 입주하는 것은 조금 곤란하니 다른 용도로 다시 신청할 것을 권하므로, 위 건축·대수선·용도변경허가신청을 취하하였고, 계속해서 피청구인에게 산지전용허가기간연장허가(허가기간 : 2012.10.28. ~ 2013.10.28.)와 개발행위변경허가 연장신청(허가기간 : 2008.9.26. ~ 2014.3.31.)을 하였고, 피청구인은 그때마다 청구인의 건축허가가 취소되지 않았음을 전제로 연장허가를 함으로써, 청구인에게 지속적으로 행정지원을 하겠다는 명시적인 약속을 하였다.

3) 청구인은 이와 같이 행정청의 견해표명을 신뢰하고, 2012.5.30. 이후 1여년간의 시간과 비용을 투자하여 산지전용 및 개발행위 허가기간의 연장을 득하고, 설계변경허가 신청에 필요한 조치 등을 취하였음에도 불구하고, 피청구인은 위와 같은 견해표명에 반하여 이 사건 처분을 한 것은 명백하게 신뢰보호원칙을 위반한 것으로 위법한 처분이라 아니할 수 없다.

라. 결론

이 사건 신청지에는 이미 최초의 건축허가에 따라 토목공사의 70%, 건축공사의 90%가 각 진척된 상태이다. 그럼에도 불구하고 이 사건 공사의 착공이 이루어지지 않았다고 하여 이 사건 신청지에 대한 건축허가를 전면적으로 취소하는 것은 있을 수 없는 일이다. 물론 청구인이 건축허가 변경신청을 하여 상당부분 설계가 변경되기도 하였지만, 다시 최초 건축된 건물을 사용하기로 하고 공사감리자를 변경하기 위한 건축관계자 변경신청을 한 후 건축허가 변경신청을 하려고 하자, 2011.4.22.자로 한 '건축허가취소 유예 및 공사재개 등 통지'에 따라 그 유예기간이 만료되어 건축허가가 취소되었다는 이유로 건축관계자 변경신청을 취하하라고 종용하여 위 신청을 취하하자, 건축허가 취소 알림 통보를 하고, 건축허가취소에 따른 산지전용허가 취소 및 복구명령처분 및 개발행위허가취소통보처분을 한 것은 사익을 도외시한 처분으로 위법하다고 하지 않을 수 없다. 이상과 같은 이유로 피청구인이 청구인에 대하여 한 2013.5.22.자 건축허가취소알림처분, 2013.5.30.자 건축허가취소에 따른 산지전용허가취소 및 복구명령통보처분, 2013.6.26.자 개발행위허가취소통보처분을 각 취소하여 주기를 바란다.

마. 보충서면
 1) 현장검증에서 확인된 사실

가) 지방도 ○○호에서 이 사건 토지에 이르는 길이 약 80m, 폭 6m의 비포장 도로가 개설되어 있었고, 도로변에 배수로 공사가 완료되어 있었다.
나) 위 도로 이외에 지방도 ○○호에서 이 사건 토지에 이르는 우회도로가 개설되어 있었다.
다) 이 사건 토지에는 2층 건물 1동과 1층 건물 1동 등 2동의 건물이 완공되어 있었는데, 2층 건물은 1층이 제2종근린생활시설(일반음식점), 2층은 공연장(영사실) 용도로 각 건축되어 있었고, 1층 건물은 공연장(영사실) 용도로 건축되었으나, 2층 건물의 2층과 1층 건물은 각 사무실로도 사용이 가능하였으며, 양 건물은 철계단으로 연결되어 있었다.
라) 2층 건물 앞에는 배전판과 정화조 공사가 완료되어 있었다.
마) 청구인은 최초 이 사건 토지에 골프연습장을 건축할 계획이었는데, 골프연습장은 지방도 ○○호 쪽에 타석을 설치하여 그 반대쪽인 산 쪽으로 적어도 150m 거리는 확보되어야 하므로, 그 거리를 확보하기 위해 산 쪽으로 비탈면을 깎아서 평지와 수평을 만드는 공사를 해야 하였다.
바) 그런데 이 사건 토지가 암반으로 형성되어 있는 관계로 청구인이 뿌렛카를 동원하여 약 3개월 동안 암반제거 공사를 하다가 중단한 흔적(깊이 약 3m, 가로 약 60m, 세로 약 30m 정도 되는 구덩이)이 있었다.
사) 청구인은 이 사건 행정심판청구가 인용될 경우 실내골프장으로 변경건축허가 신청을 할 계획으로 있다.

2) 청구인이 지출한 사업비 내역

가) 토지 및 시설물 공사비 매수대금
청구인은 2008.7.14. ○○○ 외 4명과 사이에 이 사건 토지에 대한 매매대금을 1,680,000,000원으로 정한 부동산매매계약서를 작성한 후, 이 사건 토지 지상의 시설물(건물, 정화조, 배전판)과 진입도로 공사비 등의 유익비를 170,000,000원에 매수하기로 하여 위 1,680,000,000원에 170,000,000원을 합한 1,850,000,000원을 매매대금으로 한 부동산매매계약서를 추가로 작성하였다.

나) 기타 부대비용 및 공사비용
소유권이전 및 근저당권설정비용 11,500,000원, 감정수수료 2,587,200원, 근저당권설정 증지대 150,000원, 대체산림조성비 18,205,520원, 대체산림조성취급수수료 2,022,830원, 암반굴착장비대 29,300,000원, 부지조성장비대(이륜홍) 1,500,000원, 부지조성장비대(허일성) 875,000원, 토목변경설계비 4,500,000원, 건축변경설계비 6,000,000원, 패널적치장비대 1,400,000원, 산지복구보증보험료 2,684,900원, 산지전용면허세 12,000원, 산지전용기간연장 과태료 1,000,000원, 개발행위면허세 18,000원, 농협대출금이자납부액

263,244,012원으로 합계 344,999,462원이다.
다) 지출총액
토지 및 시설물 공사비 매수대금 1,850,000,000원과 기타 부대비용 및 공사비용 344,999,462원의 합계 2,194,999,462원이다.

3) 맺는말
가) 청구인은 1,680,000,000원에 이 사건 토지를 매수한 후 기존 시설물 매수비용으로 170,000,000원과 기타 사업비로 344,999,462원을 지출하는 등 이 사건 토지에 전 재산을 쏟아 부은 상태인데, 만약 이 사건 행정심판청구가 인용되지 않을 경우 청구인으로서는 다시 상당한 경비를 들여 이 사건 토지를 임야상태로 복구해야 하므로 막대한 경제적 손실을 입을 수밖에 없다. 반면 이 사건 처분을 인용한다 하더라도 공익을 해칠 우려는 없고, 오히려 청구인으로 하여금 이 사건 토지에서 사업을 진행하게 하는 것이 사회경제적으로도 이익이 될 것이라 생각된다.
나) 그러므로 청구인의 이 사건 청구를 인용하여 청구인으로 하여금 새로 구상하고 있는 사업(실내골프장)을 실현시킬 수 있도록 한 번 더 기회를 부여하여 주기 바란다.

## 3. 피청구인 주장의 요지

가. 이 사건 처분의 경위
1) 처분 경위
가) 이 사건 부지상의 최초 제2종 근린생활시설 신축허가 사항에 대하여 청구인 외 1인으로 사업권을 인수하였으며, 공동건축주의 사망으로 청구인 단일 건축주로 변경하였다.
나) 건축허가권자인 ○○시장은 실질적인 공사 착수로 볼 수 없는 건축부지조성 상태에서 장기간 공사중단되어 「건축법」 제11조제7항 및 「행정절차법」 규정에 따라 건축허가 취소 관련 청문실시 고지를 청구인에게 통보하였다.
다) 이에 청구인은 자금사정 악화 및 사업성 불투명으로 착공하지 못함, 토지공유자 사망에 따른 건축주 변경에 장시간 소요, 부지조성을 위한 발파에 따른 민원우려 등 주민동의가 되면 조속히 공사진행을 확약한다는 의견서를 제출하였고, 당시 건축허가권자인 ○○시장은 청구인의 의견에 이유 있다고 판단하여 2012.5. 30.까지 건축허가 취소를 유예하였으며, 유예기간 내 실질적 공사 미 진행시 건축허가를 취소한다고 통보한 바 있다.
라) 또한 건축허가권자인 ○○시장은 유예통보 이후 실질적인 공사가 진행되고 있지 않아 청구인에게 ○○시 ○○○○과-1200(2012.2.13.)호로 착공을 촉구

한 바 있으며,

마) 2013.3.15. ○○시 사무내부위임 규정에 따라 7층 이상 연면적 2,000㎡ 이상의 건축허가 사무가 시장에서 구청장에게 내부위임되었고, 청구인이 2013. 5. 21. 건축주 관계자(감리자) 변경신고를 피청구인에게 신청하였으며 이에 피청구인이 관련서류를 검토하던 중 건축허가취소 유예 및 착공 촉구한 사실을 알게 되었다.

바) 피청구인은 유예기간 만료에 따라 현장확인 결과 공사진행 사항이 없어 유예기간 내 실질적 공사 미진행시 건축허가를 취소한다는 ○○시 허가민원과-○○호에 의거 청구인에게 건축허가취소 처분사항을 통보하게 되었다.

사) 산지전용 및 개발행위허가처분 취소는 청구인의 목적 사업인 운동시설의 건축허가 사항이 취소 처분되자 관련법 규정에 따라 각각 취소 처분한 사항이다.

2) 처분사유

가) ○○시 ○○구 ○○면 ○○리 산○○-76(이하 '이 사건 부지'라고 한다.) 운동시설(골프연습장) 신축허가(2003-허가민원과-신축허가-○○호)의 건축관계자(감리자) 변경 신고와 관련하여 「건축법 시행규칙」 제11조제3항에 의거 기재내용 확인 등 서류검토 중,

나) 이 사건 부지는 2003.2.25. ○○개발(주)에서 ○○시장(구. ○○시장)으로부터 건축허가 받아 2005.2.23. 착공신고하여 부지조성 중 공사중단 상태로 있었고, 본 사건의 건축주는 건축허가사항 변경(제2종근린생활시설 → 운동시설 및 제2종근린생활시설) 및 건축주 변경을 건축허가권자에게 신청하여 2008.12.5. 청구인외 1인으로 변경처분을 받았으며, 이후 공동건축주의 사망으로 청구인 단독건축주로 변경하게 되었다.

다) 이 사건 부지는 청구인이 사업권을 인수하기 이전부터 부지조성만 한 상태에서 공사가 중단되어 있었고 이에 건축허가권자인 ○○시장은 「행정절차법」 및 「건축법」 제11조제7항의 규정에 따라 건축허가 취소 청문실시 통보를 청구인에게 고지하였다.

라) 이에 청구인은 건축 허가권자인 ○○시장에게 2011.4.21. 의견서를 제출하였고, 피청구인은 청구인이 제출한 '경기침체로 인한 자금사정 악화, 사업성 불투명, 토지공유자의 사망으로 건축주 변경에 따른 장시간 소요, 부지조성을 위한 발파로 민원 우려 주민동의가 되면 조속히 공사 진행을 확약한다'라는 의견이 이유 있다 판단하여 건축허가 취소를 2012.5.30.까지 유예하였으며, 동 유예기간 내에 실질적인 공사 미진행시 건축허가를 취소한다는 내용을 건축주에게 고지하였고, 또한 건축허가권자가 실질적으로 공사를 진행하지 않아 청구인에게 건축공사 착공을 촉구한 바 있다.

마) 2013.3.15. ○○시 사무내부위임 규정에 따라 본 건축허가 사항이 ○○구청장으로 이관되자 청구인은 피청구인에게 건축관계자(감리자) 변경신청을 하였고, 피청구인은 관계자 변경 신청서를 검토하는 과정에서 이미 건축허가 사항이 취소되었음을 알게 되었으며, 이러한 사실을 청구인의 업무 대리인이자 설계자 ○○건축사사무소 건축사 ○○○에게 설명하자, 피청구인은 개인적인 사유로 대리인을 통해 건축관계자변경신고 신청을 취하하였다.

바) 피청구인이 건축허가 취소 유예기간 만료에 따라 실질적인 공사진행 사항 확인을 위해 2013.5.22. 이 사건 부지 현장확인 결과 실질적인 공사 착수 사항이 없음을 확인하였으며, 유예기간 내 실질적 공사 미진행시 건축허가 취소됨을 통보한 허가취소 유예통지{○○시 허가민원과-○○(2011.4.22.)호}에 따라 피청구인은 청구인에게 건축과-○○(2013.5.22.)호로 건축허가 취소처분 사항을 알렸다.

사) 「건축법」 제12조 규정에 의하여 건축복합민원으로 의제 처리된 산지전용 및 개발행위허가 사항에 대하여는 청구인의 목적 사업인 운동시설(골프연습장) 건축허가 사항이 취소 처분되자 「산지관리법」 및 「국토의 이용 및 계획에 관한 법률」에 따라 각각 취소 처분을 하게 되었다.

나. 청구인의 주장에 대한 답변

1) 건축허가취소처분

가) 청구인은 건축허가취소 유예 및 공사재개 등 통지는 예고통지로 행정처분 효력이 없으므로 유예기간 동안 청구인이 건축공사를 착공하지 않았다 하더라도 예고통지만으로 건축허가취소 효력이 생기지 않는다는 사항에 대하여, 청구인이 받은 건축허가취소 유예 및 공사재개 통지는 「행정절차법」 제21조(처분의 사전통지) 및 제22조(의견청취) 규정에 의거 건축허가취소 처분 전 실시한 청문에서 청구인이 동법 제27조(의견제출)에 따라 제출한 의견서를 동법 제27조의2(제출의견의 반영)에 의거 반영하여 일정기간 건축허가 유예처분 한 사항으로 이는 「행정절차법」에 따른 행정청의 적법한 처분 사항이다.

나) 청구인이 이 사건 부지가 암반지대로서 발파 없이 공사 진행이 불가능하여 주민들의 동의를 구하는데 많은 시간이 소요되었으나 끝내 동의를 받지 못하여 다른 사업으로 전향을 구상하면서 그 때까지 조성된 부지를 정리하기 위해 2012. 5월 중순경부터 장비를 투입하여 공사를 재개하였다는 부분에 대하여,

(1) 청구인이 발파작업과 관련하여 주민들의 동의를 받지 못하여 많은 시간이 소요되었다고 주장하나, 청구인이 주민들에게 동의 받고자 노력한 부분이 없을 뿐만 아니라 이는 청구인의 변명에 불과하다.

(2) 「건축법」에 따른 '착수'의 의미는 건축공정상 일련의 행정절차를 마친 다음

건물의 신축을 위한 굴착공사에 착수하는 경우에 '공사에 착수'하였다고 볼 수 있는 것으로, 굴착공사(터파기)는 최소한 당해 건축물의 건축을 위한 실질적인 공사의 실행이라고 볼 수 있는 행위로서 축조할 건축물을 유지할 수 있는 최소한의 정도로 부지를 파내는 것을 의미하므로 청구인의 사업전향 구상 및 기 조성된 부지를 정리하기 위해 장비를 투입한 것을 건축공사 착수라 볼 수 없다.

다) 2012.7.19. 건축면적을 축소하여 용도변경허가 신청서를 제출하자 피청구인이 차량수리점이 입주하는 것은 조금 곤란하니 다른 용도로 다시 신청할 것을 권하여 민원 취하하였다는 주장에 대하여, 건축허가 용도변경 등의 건축허가 신청은 건축주의 사업목적에 따라 민원인으로부터 신청서가 제출되면 행정청은 관련법 규정에 따라 건축허가(변경) 처리하는 기속행위로서 청구인이 본 사업에 대해 변경의지가 있었다면 민원사항을 취하할 하등의 이유가 없을 뿐만아니라 설사 행정에서 취하를 종용하였다 하여 민원을 취하하였다고 주장하는 것은 어불성설이며 민원 취하의 그 수용여부에 따른 결정은 청구인이 결정하는 사항이다.

라) 산지전용허가기간연장을 받고 건축변경허가를 위한 건축자재 확보, 현장 적치 등 건축공사준비를 갖추고 개발행위변경허가를 득하였다는 부분에 대하여, 「건축법」에 따른 공사착수는 건축공정상 일련의 행정절차를 마친 다음 건물의 신축을 위한 굴착공사에 착수하는 경우로서 타 법령에 따른 인허가 변경은 「건축법」에 따른 공사착수로 볼 수 없으며 건축자재 적치 또한 공사착수로 볼 수 없다.

2) 산지전용 및 개발행위허가 취소 처분

가) 최초 건축허가에 대해 토목공사 70%, 건축공사 90% 진척된 상태이며 그럼에도 이 사건 공사의 착공이 이루어지지 않았다고 하여 건축허가 취소, 건축허가취소에 따른 산지전용허가 취소 및 복구명령처분, 개발행위허가 취소통보처분은 위법처분이라는 견해에 대하여,

(1) 이 사건 부지는 청구인이 소유권을 확보하기 이전인 2003.2.25. 제1종근린생활시설 목적으로 건축허가를 득한 당초 건축주가 부지를 조성한 사항으로 청구인이 사업목적을 변경(골프연습장)하여 사업권을 인수한 이후는 실질적인 건축공사를 착수한 사실이 없으며,

(2) 「산지관리법」 제16조제2항에 따르면 제1항에 따른 목적사업의 시행에 필요한 행정처분에 대한 거부처분이나 그 행정처분의 취소처분이 확정된 경우에는 제14조제1항에 따른 산지전용 허가는 취소된 것으로 본다고 규정하고 있으므로 2013.5.22. 건축과로부터 이 사건 신청지의 건축허가 취소 사항 알림을 통보 받아 2013.5.30. 청구인에게 건축허가취소에 따른 산지전용허가 취소

통보처분을 한 것은 「산지관리법」에 따른 적법한 절차를 행한 것이며,
  (3) 청구인의 개발행위 신청목적은 건축물 부지조성을 위한 토지형질변경이므로 개발행위 목적사업인 운동시설의 건축허가 취소 및 산지전용허가 취소됨으로 개발행위허가 목적사업이 취소되어 사업완료가 불가능함에 따라 「국토의 이용 및 계획에 관한 법률」 제133조 등의 규정에 의거 개발행위허가를 취소한 사항이다.

 3) 신뢰보호의 원칙
  가) 건축허가취소 청문과정에서 피청구인이 청구인의 입장을 고려하여 기간 연장 승인을 해 준 것으로 처분성이 없는 것으로 인식하였고 건축면적 축소하여 신청한 건축허가신청에 대해 건축허가 취소되지 않음을 전제로 피청구인이 다른 용도로 재신청을 권고하여 민원취하 하였으며, 산지전용 및 개발행위 변경허가 연장신청에 대해 피청구인이 청구인의 건축허가가 취소되지 않음을 전제로 연장허가를 하는 등 청구인에게 지속적으로 행정지원을 하겠다는 명시적인 약속을 하였다가 위와 같은 견해 표명에 반하여 이 사건 각 처분을 한 것은 명백하게 신뢰보호원칙을 위반하였다는 주장에 대하여,
  (1) 건축허가취소유예 및 공사재개 통지는 건축허가권자인 ○○시장이 피청구인에게 건축허가취소 전 청문과정에서 청구인의 의견을 반영하여 청구인에게 건축허가취소를 유예한 것으로 「건축법」 제11조제7항 및 「행정절차법」 규정에 따른 건축허가취소처분이며,
  (2) 본 유예처분시 유예기간을 명확하게 명시하여 동 유예기간 내 실질적인 공사가 착수되지 않을 경우 건축허가 취소됨을 청구인에게 고지하였고 또한 행정청에서 건축공사 착공을 촉구하였음에도 건축허가 취소 통지일인 현재까지도 실질적인 공사를 착수하지 아니하여 「행정절차법」에 따라 처분 고지된 ○○시 허가민원과-○○(2011.4.22.)호에 의거 건축허가 취소 사항을 알려드린 사항이며,
  (3) 이 사건 부지상의 건축허가 사항에 대하여 유예기간 만료시 허가취소됨을 통보하고 있는 등 건축허가취소와 관련하여 피청구인은 공적인 견해를 표명하였으나, 청구인은 피청구인의 공적 견해와 달리 기간연장 승인으로 인식하고 있는 등 공적견해를 정당하다고 신뢰한다 할 수 없으며 행정청인 피청구인은 견해표명에 반한 처분을 한 사항이 없으므로 청구인이 건축허가 취소와 관련하여 피청구인이 신뢰보호의 원칙을 위반하였다 할 수 없다.

다. 결론
 1) 이 사건 부지상의 운동시설은 청구인이 사업권 및 소유권을 인수하기 이전 부지조성 상태(실질적인 건축공사는 미착수)에서 장기간 공사중단되어 「건축법」 제11

조제7항에 의한 건축허가 취소 대상이었고,

2) 건축허가권자인 ○○시장은「행정절차법」제21조(처분의 사전통지) 및 제22조(의견청취) 규정에 의거 건축허가취소처분 전 청문을 실시하였으며, 같은 법 제27조의2(제출의견의 반영)에 의거 청구인의 의견을 반영한 행정처분이며 유예기간 내 실질적 공사착수가 없을 시 허가취소 된다는 통보에 의거 현장확인 실시 후 실질적인 공사착수가 없어 피청구인이 건축허가 취소 사항을 고지한 적법 절차에 따른 행정처분이다.

3) 건축공사 착수는 '건축공정상 일련의 행정절차를 마친 다음 건물의 신축을 위한 굴착공사(터파기)에 착수하는 경우를 말하므로 부지특성상 발파가 필요하나 주민동의를 받지 못하여 사업전향을 구상하였다는 점과 기 조성된 부지를 정리하고자 장비를 투입한 사항, 허가사항 변경신청, 건축변경허가를 위한 건축자재 현장적치, 산지전용 및 개발행위연장허가 등 타 법령에 따른 인·허가 변경사항 및 건축공사 준비 등은「건축법」에 따른 건축공사 착수로 볼 수 없으며,

4) 건축허가 취소는「행정절차법」에 따라 청문을 실시하였고 청문과정에서 피청구인의 의견을 반영하여 건축허가 취소를 유예한 것으로 청구인에게 이를 고지하였으며 청구인은 피청구인의 공적 견해와 달리 기간연장승인 인식하고 있는 등 공적 견해를 정당하다고 신뢰하고 있다 할 수 없고 행정청인 피청구인은 견해표명에 반한 처분을 한 사항이 없으므로 청구인이 건축허가 취소와 관련하여 피청구인이 신뢰보호의 원칙을 위반하였다 할 수 없으며,

5) 청구인의 목적 사업인 건축허가가 취소되었으므로 산지전용허가 취소 및 복구명령 처분과 개발행위허가 취소 처분은 정당하다 할 것이며, 따라서 청구인의 청구는 이유가 없으므로 청구인의 청구를 모두 기각하여 주기 바란다.

라. 보충서면

1) 청구인의 보충서면 주장에 대한 반박

가) 청구인이 주장하는 비포장 도로 및 우회도로는 2003년 최초 건축허가 및 청구인이 허가권 인수후 설계변경시 부지진출입을 위해 계획한 도로와 구조 등이 상이하는 등 부지진입도로와 관련이 없는 통로이며,

나) 이 사건부지의 건물 2동 및 배전판, 정화조는 2003년 최초 근린생활시설(일반음식점, 소매점)건축허가에 따른 시설물로서 청구인의 건축허가권 인수 후 득한 골프연습장으로 설계변경됨으로써 배전판, 정화조 등의 시설도 설계변경되어 필요성이 없는 시설로서 마땅히 철거되어야 하는 사항이다.

다) 또한 이 사건부지는 1995년 도·농 통합 당시(구. ○○군)때부터 수정만 매립을 위한 채석장으로 사용된 부지이므로 청구인의 암반제거공사규모는 청구인의

주장만으로 확인할 수 없고, 「건축법」 제11조제7항의 건축공사 착수는 '건축공정상 일련의 행정철차를 마친 다음 건물의 신축을 위한 굴착공사(터파기)에 착수하는 경우로서 굴착공사(터파기)는 축조할 건축물을 유지할 수 있는 최소한의 정도로 부지를 파내는 것'을 말하므로 이 사건부지의 암반제거공사는 건축공사를 위한 착수사항의 공정으로 볼 수 없다.
라) 건축허가취소는 청구인이 허가받은 사항에 대하여 「건축법」 제11조제7항에 따른 착수 여부 및 「행정절차법」에 의거 처분된 사항으로 청구인의 향후 설계변경의사에 따라 처분이 결정되는 것이 아니며 뿐만 아니라 현장점검 당시 청구인은 차고지 등으로 변경을 언급하는 등 사업변경에 대해 명확한 계획도 제시하지 못하였다.
마) 아울러 청구인은 청구인의 개인수익을 위해 부담하여야 하는 비용지출 및 취소에 따른 경제적 손실을 행정청인 피청구인에 감안하여 줄 것을 요청하고 있으나 이미 청문당시 허가권자인 ○○시장이 청문 시 청구인의 의견을 고려, 반영하여 허가취소를 유예하고 착수촉구를 통해 청구인이 불이익을 받지 않도록 안내하였음에도 청구인 본인이 실질적인 공사 미착수로 허가취소사유를 제공한바 비용 및 손실에 대해 스스로 책임져야할 것이다.

2) 결론
가) 청문당시 건축허가권자인 ○○시장은 현장확인 결과 착수사항이 없어 「건축법」 및 「행정절차법」에 의거 허가취소처분 전 청문을 실시하였고 청구인의 의견을 반영하여 취소유예기간 부여 및 착공 촉구 등 청구인의 입장을 이미 충분히 고려한 사실이 있음에도 청구인은 유예기간 및 ○○시 내부위임규정에 의거 해당 사무가 피청구인에 위임된 이후 피청구인이 미착수사항을 재차 확인한 시점까지도 실질적인 건축공사를 착수하지 않았으므로 건축허가 취소, 그에 따른 손실에 대한 책임은 청구인에게 있으며,
나) 청구인이 득한 설계변경과 관련 없는 통로를 개설된 도로로 제시, 철거되어야 하는 최초허가시시설물의 현황제시, 착수에 해당하지 않는 암반절제공사 흔적제시, 현장점검 시까지도 명확하지 않았던 설계변경에 대한 계획 등은 허가취소처분의 원인인 공사 미착수와 관련이 없는 사항이며 사업진행으로 인한 사회경제적 이익은 청구인만의 사익일 뿐, 청구인이 적법한 절차를 거쳐 진행했을 경우 충분히 득할 수 있었던 것으로 오히려 설계변경 이후 청구인의 공사 미진행으로 인해 행정청은 이 사건 부지를 공사장 점검대상으로 점검, 관리하였다.
다) 상기와 같이 청구인이 보충서면에서 제시하고 있는 사항은 취소처분취소의 사유로 고려할 대상이 아니므로 피청구인의 건축허가취소처분 및 이에 따른 산지전용허가 취소 및 복구명령통보처분, 개발행위허가 취소통보처분은 정당한

처분이며 청구인의 청구는 모두 기각되어야 할 것이다.

## 4. 관계법령

가. 「건축법」 제11조, 제12조, 제16조
나. 「건축법 시행규칙」 제11조
다. 「행정절차법」 제21조, 제22조, 제27조, 제27조의2
라. 「국토의 계획 및 이용에 관한 법률」 제56조, 제58조, 제133조
마. 「산지관리법」 제16조, 제39조

## 5. 인정사실

가. 청구외 ○○○는 2003.2.25. ○○시 ○○구 ○○면 ○○리 산○○-76(임야, 23,123㎡, 자연녹지지역, 준보전산지) 상에 제2종근린생활시설(일반음식점, 공연장, 2동, 대지면적: 8,272㎡ 연면적: 104.4㎡) 건축을 위하여 건축허가를 받고, 2005.2.23. 착공신고를 하였다.

나. 2008.12.5. 청구인과 청구외 ○○○은 공동으로 청구외 ○○○로부터 이 사건 토지를 인수하고 운동시설 및 제2종근린생활시설(일반음식점, 골프연습장, 2동, 대지면적: 9,950㎡ 연면적: 4,857.1㎡)로 건축허가(설계변경), 공작물 축조신고, 건축관계자변경신고를 하였다.

다. 2010.4.27. 공동건축주 청구외 ○○○의 사망으로 청구인 단독건축주로 변경신고 하였다.

라. 이후 건축부지 조성공사 중 공사가 장기간 중단되자 피청구인은 2011.3.28. 청구인에게 건축허가 취소관련 처분사전통지(청문)를 하였다.

마. 2011.4.21. 청구인이 제출한 의견제출서에 따르면 "1)금융위기로 인한 자금사정 악화 및 사업성 불투명으로 착공하지 못하였음. 2)토지공유자의 사망으로 토지(사업부지)의 상속, 건축주명의변경 과정에서 상속인의 해외거주로 장시간이 소요되었음. 3) 2010년 초에 건설장비(뿌렛카)로 약 2개월간 공사를 진행하였으나 암반을 발파하지 않고는 부지조성이 불가하여 발파허가(○○경찰서)를 신청하였으나 민원을 우려하여 현재 주민동의가 되면 조속히 진행할 것을 확약하오니 선처하여 주기 바람. 사업부지 내 굴착된 부분은 우기 전 되메우기하여 안전조치 하도록 하겠음."이라고 기술되어 있다.

바. 피청구인은 청문을 거쳐 2011.4.22. 건축허가취소를 2012.5.30.까지 유예하되 유예기간 내 실질적 건축공사 미진행시 건축허가를 취소한다는 통지를 하였고,

2012.2.13. 건축공사 착공 촉구 통지를 하였다.

사. 청구인은 이 사건 신청지에 대해 피청구인에게 2012.9.3. 산지전용허가 신청을 하여 2012.10.27. 산지전용 허가통보(산지전용기간: 2012.10.29. ~ 2013.10.28.)를 받았으며, 2013.3.14. 개발행위변경허가 신청을 하여 2013.3.14. 개발행위변경허가 통지(개발행위변경허가기간: 2008.9.26. ~ 2014.3.31.)를 받았다.

아. 2013.5.21. 청구인이 건축관계자(감리자) 변경신청을 하던 중, 2013.5.22. 피청구인으로부터 유예기간 내 실질적 건축공사 미착수함에 따라 "건축허가를 받은 날부터 1년 이내에 공사에 착수하지 않았음은 물론 공사의 완료가 불가능하다"는 이유로 건축허가 취소처분, 이어서 2013.5.30. 건축허가 취소에 따른 산지전용허가취소 및 복구명령처분, 2013.6.26. 개발행위허가취소처분을 받았다.

자. 피청구인이 2013.5.22. 현장출장 후 제출한 ○○리 산○○-76 건축허가 출장보고서와 현장사진 등에 따르면, 현장은 2동의 건물이 건축되어 철계단으로 연결되어 있고, 건물 앞에는 배전판과 정화조 공사가 완료되어 있으며, 청구인이 뿌렛카를 동원하여 암반제거 공사를 하다가 중단한 흔적이 있으나, 실질적인 착공으로 볼만한 공사단계가 진행된 바는 없다.

## 6. 판단

가. 먼저 이 사건 처분의 관계법령에 대하여 살펴보면,
  1) 「건축법」 제11조제1항의 규정에 따라 건축물을 건축하거나 대수선하려는 자는 시장·군수의 허가를 받아야 하고, 같은 조 제7항에는 허가권자는 제1항의 규정에 따른 허가를 받은 자가 허가를 받은 날부터 1년 이내에 공사에 착수하지 아니하거나 공사를 착수하였으나 공사의 완료가 불가능하다고 인정하는 경우에는 그 허가를 취소하여야 한다. 다만, 허가권자는 정당한 이유가 있다고 인정하는 경우에는 1년의 범위 안에서 그 공사의 착수기간을 연장할 수 있다고 규정하고 있다.
  2) 「행정절차법」 제21조제1항에서 행정청은 당사자에게 의무를 부과하거나 권익을 제한하는 처분을 하는 경우에는 미리 처분의 제목, 처분원인이 되는 사실, 처분내용 및 법적근거, 의견제출기관 및 기한 등을 당사자에게 통지하여야 하며, 같은 법 제22조제3항에서 행정청이 당사자에게 의무를 부과하거나 권익을 제한하는 처분을 함에 있어서 청문과 공청회를 개최하는 경우 외에는 당사자 등에게 의견제출의 기회를 주어야 한다고 규정하고 있다.

나. 다음으로 이 사건 처분의 위법·부당에 대하여 살펴보면,
  1) 「건축법」 제86조의 청문은 「건축법」 제79조에 규정된 위반건축물 등에 대하여 허가 또는 승인을 취소하거나 공사중지 명령, 건축물의 철거·개축·증축·수선

・용도변경 등에 대한 조치를 명할 때 거쳐야 하는 것으로, 이 사건과 같이「건축법」제11조제7항에 따라 건축공사 미착수를 사유로 하는 건축허가의 취소는「건축법」상 청문의 대상이 아니라 할 것이다. 다만,「행정절차법」제22조제3항에서 행정청이 당사자에게 의무를 부과하거나 권익을 제한하는 처분을 함에 있어서는 당사자 등에게 의견제출 기회를 주도록 하고 있고, 건축허가는 상대방에게 이익을 주는 수익적 행정처분으로 이를 취소하는 것은 이미 부여된 국민의 기득권을 침해하는 것이므로「건축법」에서 비록 청문 없이 건축허가를 취소할 수 있도록 규정하고 있을지라도「행정절차법」제21조제1항에 따라 처분사실을 통보하여야 하고, 같은 법 제22조제3항에서 규정한 최소한의 의견제출 기회를 부여한 후 허가취소 여부를 결정하여야 할 것이다.

살피건대, 이 건 건축허가취소처분의 경우 2008.12.5. 청구인은 피청구인으로부터 건축허가(설계변경)를 받았으나 1년 이내에 공사에 착수하지 아니하였으며, 피청구인은 2011.4.21. 청문을 실시하여 청구인이 의견진술한 내용이 정당한 사유가 있다고 인정하여 2011.4.22. 건축허가취소 유예를 하면서 공사의 착수기한을 2012.5.30.까지 1년을 연장하여 주었음에도 불구하고 청구인은 동 기한 내에 공사를 착수하지 않은 사실은 인정된다. 그러나 피청구인이 2011.4.22. 건축허가취소 유예를 한 후 2013.5.22. 건축허가취소처분을 하기까지 2년여의 기간이 지난 점을 고려하면, 피청구인이 2013.5.22. 건축허가취소처분을 할 때 청구인에게 사전통지 및 의견제출 기회를 주어야 타당할 것인바, 2011.4.22. 피청구인이 착수기한을 연장하여 주면서 연장기한 내 착수하지 않을 경우 허가가 취소됨을 통보한 것이「행정절차법」제21조에 의한 사전통지를 한 것이라고는 볼 수 없으며, 착수기한 연장 전인 2011.4.21. 피청구인이 청구인에게 실시한 청문이 이 건 건축허가취소처분에 대한 의견제출의 기회를 부여한 것이라고는 볼 수 없으므로, 피청구인이「행정절차법」제21조 및 제22조에 의한 사전통지 및 의견청취를 하지 아니한 사실이 인정되고, 달리 이 건 처분이 동법 제21조제4항에 규정된 사전통지를 하지 않거나 의견제출의 기회를 주지 아니하여도 되는 예외적인 경우에 해당한다고 볼 만한 특별한 사정이 있지 아니하므로 청구인이 착수 연장기한 내에 착공하지 않음을 이유로 한 피청구인의 이 건 처분은 위법・부당하다고 할 것이다.

2) 다음으로 건축허가의 취소와 같은 수익적 행정행위의 취소에 있어서는, 그 취소로 인하여 개인의 기득의 권리 또는 이익을 침해하게 되므로 그 처분을 취소하여야 할 공익상의 필요와 그 취소로 인하여 당사자가 입게 될 기득권과 신뢰 및 법률생활안정의 침해 등의 불이익을 비교・교량한 후 공익상의 필요가 당사자가 입을 불이익을 정당화할 만큼 강한 경우에는 취소할 수 있다(대법원 2005.9.30. 선고 2003두12738 판결, 대법원 1991.8.23. 선고 90누7760 판결 등 참조)할 것인바,

피청구인이 이 건 건축허가취소처분을 함에 있어서 단순히 허가를 받은 날부터 1년 이내에 공사에 착수하지 않았다는 사실과 공사의 완료가 불가능하다는 자체 판단을 처분 사유로 하였을 뿐, 동 처분으로 얻게 될 구체적인 공익을 적시하지 아니하였음을 보면 이는 청구인에게 가혹한 처분이라 할 것이다. 청구인은 이 사건 토지, 지상의 건물, 정화조, 배전판, 진입도로 공사비 등 유익비를 매수하면서 1,850,000,000원을 지급하고, 또 암반굴착, 건축설계변경과 토목설계변경 등 공사비용으로 344,999,462원을 지급하는 등 합계 2,194,999,462원의 투자를 이미 하였는데, 건축허가 취소시 또 막대한 복구비용이 드는데 비해 얻어지는 공익이 크다고 보기는 어렵다. 또한 피청구인은 2011.4.22. 건축허가취소를 2012.5.30.까지 유예하되 유예기간 내 실질적 건축공사 미진행시 건축허가를 취소한다는 통지에 따라 2012.5.30.에 건축허가가 취소되었다고 주장하면서도, 청구인에게 2012.10.27. 산지전용허가(산지전용기간: 2012.10.29. ~ 2013.10.28.)를 하여 주고, 2013.3.14. 개발행위변경허가(개발행위변경허가기간: 2008.9.26. ~ 2014.3.31.)를 하여 주고 나서, 2013.5.21. 청구인이 건축관계자(감리자) 변경신청을 하자 건축허가가 2012.5.30. 취소되었음을 설명한 후 건축관계자(감리자) 변경신청을 취하하도록 하고 나서 2013.5.22. 이 건 건축허가취소처분을 하였음은 신뢰보호의 원칙에도 위배되는 처분으로서 피청구인의 행정행위에 하자가 있다고 볼 것이어서 청구인이 착공을 지연한 과실보다는 피청구인의 이 사건 건축허가취소처분의 하자가 더 크다고 할 것이다.

3) 아울러 건축허가취소처분이 재량의 일탈·남용으로 인하여 취소되어야 한다면 이에 따른 산지전용허가취소 및 복구명령 그리고 개발행위변경허가취소처분도 취소되는 것이 타당하다고 할 것이다.

다. 결론

그렇다면, 청구인의 청구는 이유 있다고 인정되므로 이를 인용하기로 하여 주문과 같이 재결한다.

# 농지원부등재신청거부처분취소 등 청구

[국민권익위원회 서행심 2012-703, 2012.11.5, 기각]

**【재결요지】**

이 사건 임야는 원상회복에 필요한 조치의 대상이 되는 산지에 불과하고 이 사건 임야를 농지원부등재대상이 되는 농지로 볼 수 없으므로, 이와 같은 전제에서 피청구인이 한 이 사건 처분은 위법하다고 할 수 없다.

**【주문】**

청구인의 청구를 기각한다.

**【청구취지】**

피청구인이 2012.9.4.자 청구인에 대하여 한 농지원부등재신청 거부처분은 이를 취소하고, 청구인의 신청대로 농지원부 작성을 이행하라.

**【이유】**

## 1. 사건의 개요

청구인은 피청구인에게 ☆☆구 ★★동 산 60-1번지(이하 '이 사건 토지'라 한다) 경작에 따른 농지원부 등재 신청을 하였으나, 피청구인은 신청 토지가 「농지법」 및 동법 시행령 규정이 정하고 있는 농지가 아니라는 취지로 거부(이하 '이 사건 처분' 이라 한다)하였다.

## 2. 청구인 주장

이 사건 토지는 지목이 "임야"이긴 하나 청구인이 20여 년 전부터 농사를 해 온 바 실질적으로 농지에 해당한다고 할 것이어서 「농지법」 제2조에서 규정하고 있는 "농지"에 해당하므로, 이 사건 토지가 농지가 아니라는 피청구인의 주장은 이유 없다. 또한 청구인은 이 사건 토지를 임차하여 사용하고 있는 바, 소유주의 토지에서 건물 신축시 일부 산림훼손에 따라 산림복구 행정처분을 받았다고 하여 인접한 이 사건 토지에 대하여도 불법 경작으로 해석하는 것은 잘못이며, 「개발제한구역의지정및관리에관한특별조치법(이하 '특별조치법'이라 한다)시행규칙」 제12조 별표4 규정에 의하면 농사를 짓기 위하여 논·밭을 갈거나 50센티미터 이하로 파는 행위는 허가 또는 신고 없이도 할 수 있으므로, 이 사건 처분은 위법·부당하다.

## 3. 피청구인 주장

이 사건 토지는 건축물 신축시 건축대지 외 지역을 산림으로 복구하는 조건에 따라 2012.4.27.

토지주가 수목을 식재하여 산림으로 복구한 임야로서 농지원부 등재 불가지역이다.

「농지법」제2조 1호에서 규정하고 있는 '농지'의 정의도 어디까지나 당해 토지를 적법하게 이용하는 경우에 한하여 그 토지의 지목이 무엇이든 실제 토지 이용 상황을 중시함으로서 당해 토지를 '농지'로 본다는 것이지, 청구인과 같이 각종 행정법규 등을 무시한 채 불법적인 이용의 경우까지도 그 이용 경위의 불법성을 전혀 따지지 아니한 채 현실의 이용 현황 하나만으로 무조건 농지로 취급 하겠다는 취지는 아니다.

이 사건 토지는 지목이 여전히 임야이고, 적법한 절차를 거치지 아니한 채 농지로 이용되고 있었을 뿐이며, 수목 훼손으로 인하여 일시적으로 산지로서의 기능을 상실한 것일 뿐 원상복구가 비교적 용이한 점 등을 볼 때, 이 사건 토지는 산지에 해당한다고 할 것이어서 청구인의 주장은 이유 없다.

### 4. 이 사건 처분의 위법·부당여부

가. 관계법령

「개발제한구역의 지정 및 관리에 관한 특별조치법(이하, 특별조치법)
제12조, 제30조
「농지법」제2조
「산지관리법」제44조

나. 판 단

1) 청구인 및 피청구인이 제출한 관계서류에 의하면 다음과 같은 사실을 각각 인정할 수 있다.

　가) 이 사건 토지는 개발제한구역으로서 지목이 '임야'로 규정되어 있다.

　나) 청구인은 이 사건 토지의 소유주와 2012.6.19. 임대차계약을 맺어 경작을 하고 있다.

　다) 청구인은 이 사건 토지를 경작함에 있어 사전에 피청구인의 허가를 받거나 신고한 사실이 없다.

　라) 청구인은 2012.6.21. 피청구인에게 이 사건 토지를 농지원부에 등재하여 줄 것을 요청하였으나, 피청구인으로부터 2012.6.29. 이 사건 토지가 농지가 아니라는 등의 사유로 이 사건 처분을 받았다.

　마) 피청구인은 2012.9.11. 청구인에게 이 사건 토지에 대하여「특별조치법」제12조를 위반한 무단경작행위를 시정할 것을 명하는 시정명령을 하였다.

2) 이 사건 처분의 위법·부당 여부에 관하여 살펴본다.

　가)「특별조치법」제12조 제1항은 단서의 각호에 규정된 행위에 대하여 허가를 받아 하지 않는 한, 개발제한구역에서는 토지의 형질변경, 죽목의 벌채 등의 행위를 할 수 없도록 규정하고 있고, 같은 조 단서 제4호,「특별조치법 시행령」 제14조에 의하면, 건축물의 건축을 수반하지 아니하는 토지의 형질변경으로서 농림수산업을 위한 개간 또는 초지 조성 등의 경우 허가를 받아 그 행위를 할 수 있으며, 같은 조 제3항은 제1항 단서와 제2항에도 불구하고 국토해양부령으로 정하는 경미한 행위는 허가를 받지 아니하거나 신고를 하지 아니하고 할 수 있다고 규정하고 있는데,「특별조치법 시행규칙」제12조 [별표4]는 허가 또는 신고 없이 할 수 있는 행위로 "농사를 짓기 위하여 논.밭을 갈거나 50센티미터 이하로 파는 행위" 등을 정하고 있다. 또한,「산지관리법」제44조 제1항은 허가 등을 받지 아니하고 산지전용 또는 산지일시사용을 하는 경우 복구명령을 할 수 있도록 규정되어 있다.

나) 살피건대, 이 사건 토지는 개발제한구역 지정(1971.7.30.)이후에도 수목이 우거진 상태였다가 그 이후 어느 때부터인지 일부분의 수목이 벌채, 훼손된 무단으로 형질변경을 거쳐 경작활동이 이루어져 왔음이 관련자료에 의해 인정되는 바,「산지관리법」제44조 제1항은 허가 등을 받지 아니하고「산림법」에 의한 허가나 신고 없이 개간된 산림은, 비록 그것이 개간 후 농지로 이용되고 있다 하더라도, 구 산림법(1999.2.5. 법률 제5760호로 개정 되기 전의 것) 제90조 제5항 소정의 원상회복에 필요한 조치의 대상이 되는 '산림'에 해당한다(대법원 2002.7.26. 선고 2001두7985 판결)"고 볼 것이므로 비록「농지법」제2조가 "농지란 전·답, 과수원, 그 밖의 법적 지목(地目)을 불문하고 실제로 농작물 경작지 또는 다년생식물 재배지로 이용되는 토지"라고 정의하고 있다고 하더라도, 산지의 경우 적법한 절차 없이 무단 훼손되어 경작활동에 이용되었다는 사정만으로 곧바로 농지법상 농지에 해당된다고 볼 수 없다.

한편,「특별조치법」제12조 제3항,「특별조치법 시행규칙」제12조 [별표4]에 의하여 허가나 신고 없이도 허용되는 행위는 농사를 짓기 위하여 논.밭을 가는 등의 경미한 행위를 정하고 있는 것은 적법한 '농지'에 대하여 위와 같은 경미한 행위를 하고자 하는 경우 별도로 허가나 신고를 받지 아니하여도 허용된다는 취지일 뿐, 개발제한구역 내에서 형질변경, 수목의 벌채, 훼손을 포함하더라도 영농과 관련되는 모든 행위가 허용된다는 취지라고는 할 수 없으므로 이 사건 임야에서의 경작행위는 개발제한구역 내에 소재한 임야에서의 무단경작이라고 할 수 밖에 없다.

따라서 이 사건 임야는 원상회복에 필요한 조치의 대상이 되는 산지에 불과하고 이 사건 임야를 농지원부등재대상이 되는 농지로 볼 수 없으므로, 이와 같은 전제에서 피청구인이 한 이 사건 처분은 위법하다고 할 수 없다.

## 5. 결 론

그렇다면, 청구인의 주장은 이유 없으므로 주문과 같이 재결한다.

[행정심판례 모음] 1155

## 산지전용허가신청 반려처분 취소청구

[국민권익위원회 경남행심2013-125, 2013.6.26, 기각]

### 【재결요지】

산지전용허가는 그 금지요건이 불확정개념으로 규정되어 있어 그 금지요건에 해당하는지 여부를 판단함에 있어서 행정청에게 재량권이 부여되어 있다고 할 것인바, 신청지는 주변여건 상 개발보다는 보호가 우선이 되어야 할 것으로 보여지는 점, 대규모(5채)의 단독주택단지 조성으로 경관저해 및 재해 발생이 우려되는 점, 피청구인이 수산자원보호구역에서 기준건폐율 40%의 70%를 기준으로 허가해 온 점을 볼 때, 일관성이 있어 이 기준 적용이 재량권을 벗어 났다고 할 수 없으며, 시군별, 신청지별 여건이 다르므로 타 시군의 사례가 피청구인의 기준이 될 수 없다. 또한 석축높이와 건축물의 이격거리가 최소한 1:1 이상은 되어야 한다는 판단에도 수긍이 가고, 신청지가 계단식 산지임에도 1단부지(E동)의 부지너비 15m 이내인데 절·성토면의 수직높이가 15m 이상으로 설계되어 허가기준에 부적합한 것으로 보이고, 수직높이가 20m 이상인 구간도 있음을 볼 때, 청구인의 주장은 이유 없어 피청구인의 이 사건 반려처분이 재량권을 일탈·남용하였다고 볼 수 없다.

### 【주문】

청구인의 청구를 기각한다.

### 【청구취지】

피청구인이 2013.5.2 청구인에게 한 산지전용허가신청 반려처분은 이를 취소한다는 재결을 구함.

### 【이유】

1. 사건개요

    가. 청 구 인 : ○○○(○○군 ○○읍 ○○로 ○○-8, ○○호

    나. 피청구인 : ○○시장

    다. 청구내용

    청구인은 ○○시 ○○면 ○○리 산○○○-10번지(소유자 백○○외 1인, 임야, 9,509㎡, 자연환경보전지역, 수산자원보호구역)에 2013.4.8 단독주택 건축(5개동, 892.64

㎡) 및 진입도로(920㎡) 개설을 위한 산지전용허가(4,803㎡)를 신청하였으나, 2013. 5.2 피청구인으로부터 이전 산지전용허가신청 반려된 신청 내용과 특별한 차이가 없고, 반려의견에 대한 보완이 이루어지지 않아 산지편입면적 과다, 절·성토면의 수직 높이 및 비탈면 높이에 따른 소단 설치계획, 석축과 건축물의 적정 이격거리 등이 「산지관리법」의 규정에 따른 산지전용허가기준에 부적합하다는 사유로, 반려처분을 받고, 그 취소를 구하는 사건이다.

## 2. 청구인 주장의 요지

가. 청구인은 ○○시 ○○면 ○○리 산○○○-10번지(4,803㎡)에 단독주택(5동)을 신축하기 위해 2012. 11. 30. 개발행위허가 및 도로점용허가를 신청하여 행위허가 및 도로점용허가를 득한 후, 2013.1.14 산지전용허가를 신청하여 2013.3.4 1차 보완요구가 있은 후 보완이 이루어지지 않자 2013.3.15까지 보완재요구를 받았고, 이에 대해 보완하였지만 2013.3.18 2차 보완요구를 받았고, 다시 보완하였지만, 2013.4.2 피청구인으로부터 산지편입면적 과다, 절·성토면의 수직 높이 및 비탈면 높이에 따른 소단 설치계획, 석축과 건축물의 적정 이격거리 등이 「산지관리법」에서 정한 산지전용허가기준에 부적합하다는 사유로, 산지전용허가신청 반려통보를 받은 바 있으며, 이에 대해 청구인이 2013.4.8 재접수하여 2013.5.2 같은 사유로 반려처분받았다.

나. 이 사건 처분은 다음과 같은 사유로 위법·부당하다.
 1) 산지전용면적 과다에 대하여는
  가) 「산지관리법」 제18조제5항 및 같은 법 시행령 제20조제6항 [별표 4] (산지전용허가기준의 적용범위와 사업별·규모별 세부기준) 제1호마목 2), 나)의 규정에 의하면, 건축물은 「국토의 계획 및 이용에 관한 법률」 제77조에 따른 건축물의 건폐율을 고려하여 전용하려는 산지의 면적이 과다하게 포함되지 아니하도록 하여야 한다고 규정하고 있고, 수산자원보호구역의 기준 건폐율은 40%이하이고, 이 사건 신청 건폐율은 22.88%이다.
  나) 피청구인은 신청지의 경우 건폐율 40% 지역이므로 이의 80%인 32%미만으로 계획되어 산지전용면적이 과다하다고 판단하여 이 사건 신청을 반려하였으나, 건폐율 최저기준에 대하여는 법적으로 규정되어 있지 않고, 「국토의 계획 및 이용에 관한 법률」 제77조제3항에 의하면,"수산자원보호구역의 경우 80퍼센트 이하의 범위에서 대통령령으로 정하는 기준에 따라 조례로 따로 정한다."라고 규정하고 있어 건폐율을 강화하여 적용할 수 있음에도 「○○시 도시계획조례」 제61조제2항제3호에는, 40%이하로 규정하고 있어 최저 건폐율에 대한 행정의 일관성이 없으며, 인근 ○○군 및 ○○시에서는 최근에 건폐율 12 ~ 16% 정도로

산지전용허가된 것과 비교해 볼 때, 통상적인 처리기준을 벗어나는 행정처분을 위하여는 도시계획조례에 따로 정해야 함에도 피청구인은 이를 정하지 않았으므로, 조례로 정하지 않은 사항을 반려처분 사유로 한 처분은 위법·부당하다.
2) 석축과 건축물의 적정 이격거리에 대하여는
  가)「산지관리법 시행령」제20조제6항〔별표 4〕(산지전용허가기준의 적용범위와 사업별·규모별 세부기준) 제1호다목 5)의 규정에 의하면, "돌쌓기, 옹벽 등 재해방지시설을 그 절토·성토면에 설치하는 경우에는 해당 재해방지시설의 높이를 고려하여 그 재해방지시설과 건축물을 수평으로 적절히 이격할 것"이라고 정하고 있고, 이 사건 신청 사업계획 상의 재해방지시설인 석축과 건축물의 이격거리는 1.5m ～ 1.75m이며, 피청구인이 요구하는 이격거리는 3.0m 이상이다.
  나)「산지관리법」에 정확한 이격거리에 대한 규정이 없고, 「○○시 도시계획조례」에도 없으며, 단지 「건축법 시행규칙」별표 6] 제3호에 의하면, "석축인 옹벽의 윗가장자리로부터 건축물의 외벽면까지 띄어야 하는 거리는 1층 1.5m"로 규정하고 있는 것을 볼 때, 절개지의 경우 그 이격거리가 완화되어 적용되어야 한다고 판단되는데 피청구인은 3m 이상을 이격해야 한다고 주장하고 있은 바, 이는 재량권 남용이며, 이를 사유로 한 반려처분은 위법·부당하다.
3) 절·성토면의 수직 높이 및 비탈면 높이에 따른 소단 설치계획에 대하여는
  가)「산지관리법 시행규칙」제10조의2(산지전용허가기준의 세부사항)〔별표 1의 3〕(산지전용허가기준의 세부사항) 제2항다목의 규정에 의하면, "산지전용 후 발생하는 복구대상 절토·성토면의 수직 높이는 15m 이하가 되도록 사업계획에 반영하여야 한다."라고 규정하고 있고, 같은 목 2)에 의하면, "계단식 산지전용인 경우. 이 경우 계단에 조성되는 사업부지의 너비(소단의 너비는 제외한다)는 각각 15m 이상이어야 한다."라고 규정하고 있으며 같은 항 라목에는 "비탈면(옹벽을 포함한다)의 수직높이가 5m 이상인 경우에는 5m 미만의 간격으로 너비 1m 이상의 소단(小段)을 설치하도록 사업계획에 반영해야 한다."라고 규정하고 있다.
  나) 청구인이 제출한 계획도면 자료 그림2, 그림3에서 3단의 사업부지의 너비가 15m 미만이라고 주장하나, 그림3과 같이 평균 사업부지 너비는 16.686m로서 15m 미만의 이라는 반려사유는 위법·부당하며,
  다) 그림2의 A단면에서 수직 높이가 15m를 초과한다고 피청구인이 주장하나, 이는 그림4와 같이 도로구역을 점용 받아 진입하는 부분의 높이를 합산한 높이이며, 더구나 그림2 및 그림4의 B(빗금친 부분)는 진입도로와 사업부지 사이의 원형 존치 구간이므로, 합산한 높이를 적용하는 것은 부당하다 할 것이다. 예를 들어 사찰을 건축하기 위하여 사업부지를 약 20m 높이의 경사진 진입도로를 개설한다고 가정하면, 피청구인의 주장대로 한다면 진입도로 자체만으로 수직 높이 15m를 초과하게 되므로, 산지전용허가기준의 세부사항을 위반한다고 반려할 수 있겠는

가? 1단 부지와 2단 부지의 단 높이(D부분)는 4.9m를 제출하여 수직 높이 5.0m 미만에 해당하여 소단을 설치할 필요가 없다.

4) 청구인은 피청구인의 재량권 남용으로 복합민원허가가 6개월간 계류되어 대출이자를 비롯한 금전적 피해는 물론 담당자의 고의적인 허가처리지연 등으로 정신적인 피해를 입어 왔다. 가장 주된 반려 사유는 산지편입면적 과다로서 건폐율의 적용문제이다. 수산자원보호구역에서 건축면적 85㎡의 일반주택(전원주택)을 건축할 경우 건폐율 32% 적용 시 약 257㎡ 규모의 건축부지만을 허가 받을 수 있다는 것이고, 전원주택의 특성상 텃밭, 정원, 주차공간 등 쾌적한 전원생활을 위해서는 턱없이 부족한 규모로서 법 상 평균경사도 25°까지 가능하지만 실상은 법면과 구조물이 설치되는 면적을 제외하면 건축물을 건축할 수 없는 상황이 되는 것이다. ○○시의 경우 2012. 12월 65개 마을이 ○○공원에서 해제되어 개발행위가 가능하게 됨에 따라 수려한 자연경관 등 입지적 여건을 활용하여 지역경제활성화에 노력하고 있는 시점에 국민을 위한 경제활성화에 역행하는 이러한 모순된 행정행위로 인해 사유재산권 및 국민행복추구권이 침해 당하지 않게 ○○○도 행정심판위원회에서 "산지전용허가신청 반려처분을 취소한다."라는 재결을 해 주기 바란다.

다. 보충서면 1

청구인은 피청구인의 주장에 대하여 다음과 같이 항변한다.

1) 피청구인은 신청지가 개발보다 보호가 우선되어야 할 지역이고, 부지 상부에 수직높이 13m 이상인 절토면이 발생하여 도로변 및 해안변 경관저해는 물론, 강우 시 재해가 우려되는 등 산지면적이 과다하게 편입되어 있다고 판단하여 반려하였다고 주장하나, 2012.3.13「수산자원관리법」 개정으로 인근 ○○시 및 ○○군 등에서는 수산자원보호구역에 단독주택 개발이 활발하게 이루지고 있다. 이 사건의 경우 「수산자원관리법」에 의거 행위허가를 먼저 득하였으며,「산지관리법」상 수직높이 15m를 넘을 수 없도록 규정한 범위 내의 일반적인 개발행위 수준이다. 또한, 방치되어 있는 자연을 더 잘 가꾸는 것도 인간이 자연을 위해 해야할 일 중에 하나라고 생각하며, 이 사건 사업부지는 해발 74.5m의 산의 중턱인 해발 50m 이내에 위치하여 자연재해 우려가 매우 낮은 지역이며, 경관 및 재해 예방을 위해 1:1.4 이상의 법면 경사도와 잔디 및 수목식재 계획을 비롯한 복구계획서를 함께 제출한 상태이다.

2) 피청구인은「산지관리법」및「○○시 도시계획조례」에 산지전용허가기준 중의 하나로 건폐율 상한선만 규정되어 있고 하한선이 규정되어 있지 않은 것은 산지의 무분별한 난개발을 방지하기 위하여 개별법에서 판단토록 한 것으로, 타 시·군과 형평성은 논할 대상이 아니라고 주장하나, 법에서 규정하지 않은 것은 관습적으로 행하여 오던 정도에서 판단하여야 하는 것이지 담당자 마음대로 판단하라는 것은

아니다.
3) 청구인이 2013.4.2 산지전용허가신청을 반려통보를 받은 사실이 있으며, 피청구인이 이를 들어 처분이 정당하다고 주장하나, 청구인이 건폐율 21.06%에서 28.29%로 보완하여 제출하였으나 석축과 건축물을 수평으로 적절한 간격으로 이격하라는 재보완요청을 받았는 바, 석축과 건축물의 수평거리를 더 이격한다는 것은 사업부지가 더 넓어지고 수직높이가 더 높아져야 한다는 것을 의미하기에 다시 건폐율은 하향해야 하는 악순환이 계속되는 것이다. 처음 접수 시 이격거리가 1.0m인데 보완 내용에는 이격거리를 늘리라는 내용은 없었는데 반려 시 이격거리를 1.5m ~ 1.7m임에도 다시 3m를 이격하라고 하였는 바, 그와 같은 판단 기준이 무엇인지 알 수 없다. 건폐율에 대한 보완완료 하였더니 다시 석축과 건축물과의 이격거리(3m)에 대해 보완요구를 하는 등 주관적인 판단에 의해 처분이 이루어지므로 부당하다.
4) 피청구인은 석축이 시공되는 절토면의 수직높이가 약 13m 이상으로 재해의 우려가 높은 만큼 적절한 이격거리가 3m 이상 유지하는 것이 인명과 재산 피해를 예방하고, 최소화하기 위해 필요한 조치로 타당하다고 주장하나, 청구인은 관련 법령에 따라, 수직높이 15m 이하인 13m 이하로 사업계획하였으며, 성토 부분의 건축물과의 이격거리는 「건축법시행규칙」 〔별표 6〕 제3호 규정에 비추어 볼 때, 적절한 이격거리이며 인근 지방자치단체에서는 0.5m ~ 1.0m 정도의 이격거리 만으로도 허가처리된 것을 볼 때, 이 사건 반려처분은 재량권 남용이다.
5) 피청구인은 청구인이 제출한 평면도 상에 진입도로가 조성되는 형태로 평균적인 부지너비가 15m를 넘는다 하여도 이를 계단상의 부지로 판단하기는 어렵고, 절·성토면의 높이가 합산된 부분은 산지에 해당하며 청구인이 제출한 종단면도 상의 절·성토면의 수직높이가 15.08m로서 허가기준인 15m를 초과하였다고 주장하나, 계단상의 부지를 판단하기 어렵다는 피청구인 주장은 어이없는 주장이며, 절·성토면 중간에 절·성토가 이루어지지 않은 폭 1.7m의 원형존치 구간이 있음에도 절·성토면의 수직높이가 15.08m라는 주장은 피청구인의 판단착오이다.
6) 피청구인은 청구인이 제출한 종단면도 상의 1단 부지의 경우 높이가 5m이며, 3단 부지의 경우 설치하려는 소단이 제역할을 할 수 없으므로 13m 이상인 절·성토면의 적정한 위치에 5m 미만의 간격으로 소단을 추가설치하여야 한다고 주장하나, 1단 부지의 높이가 5m 이상인 것은 사실이나 그 중간에 1.7m의 원형존치 구간 및 4m 이상의 도로가 있어 별도로 소단을 설치할 필요가 없다 할 것이며, 설계도면에 천단설치계획은 없을뿐더러 재해로부터 안전성을 확보하고자 1:1.4의 기울기로 계획하였고, 아울러 잔디 및 수목식재도 계획하고 있다. 또한 소단은 구조물 뒤편에 설치하는 것이 바람직하다.
7) 피청구인은 산지전용허가는 반드시 목적사업이 있을 경우 가능하여 단독주택 신축을 위한 부지조성만으로는 허가가 불가하며, 청구인이 건축행위를 위한 건축신

고 등 인·허가에 대하여는 신청한 사실이 없으므로, 복합민원허가가 6개월간 계류되어 청구인이 금전적인 손해를 입었다는 주장은 터무니 없다고 주장하나, 당초 건축신고 5건에 대하여 복합민원 신청하였다가 불협의 및 취하하였다. 그 이유는 산지담당의 성향을 볼 때, 건축설계 변경 등의 절차가 까다로울 것 같아 산지전용허가부터 먼저 득하고 건축신고를 받을 목적으로 산지전용허가를 먼저 신청한 것이다. 담당자는 이 산지전용허가서류의 보완검토과정에서 거짓말 등으로 허가처리를 지연시켰다.

8) 피청구인은 산지를 개발하면서 사면이 많이 발생하니 많은 면적을 전용해야 한다는 청구인의 주장이 이치에 맞지 않다고 주장하나, 일반적으로 주택을 짓는다면 텃밭도 일구고 주차도 할 수 있고, 작은 정원을 원하는 것은 당연하다. 피청구인이 요구하는 건폐율 40%의 80%인 32%에 해당하는 258㎡의 면적으로 전원주택을 지을 수 있겠는가? 사면이 발생하는 부분은 복구대상이므로 적어도 그 부분만큼은 건폐율 적용에서 완화적용해야 한다고 생각한다.

9) 관련 법에서 건폐율의 상한선은 규정하고 있지만 하한선은 규정하지 않은 것은 그 용도나 상황에 맞게 적합하고 융통성 있게 판단하라는 취지이며, 기존 건폐율의 80%까지 최저 건폐율이 되어야 한다는 피청구인의 주장은 무분별한 주장이다.

10) 이 사건 신청지의 앞쪽으로 2차선 정도의 좁은 폭의 공간만 있고 그 뒤쪽으로는 급경사이다. 높은 나무가 있는 임야의 경우 먼곳에서 측량을 하지 않으면 대부분의 나무를 훼손하고서야 측량을 할 수 있다. 이런 이유로 ○○○공사에서는 허가를 득하고, 벌목 후 경계측량을 신청할 것을 권유하며, ○○○공사가 경계측량을 하고 그것을 실측도로 작성하는 방법도 있지만, 모든 설계업체에서는 대한지적공사가 제공한 지적도 및 관공서에서 발급한 지적도에 사업부분을 표기하여 제출한다. 위 두 경우의 차이는 없다.

11) 피청구인은 행정심판위원회에서 재량권, 자연경관 훼손 등에 대하여는 피청구인의 주장을 많이 수용한다는 의견을 가지고 있다. 자연경관 및 자연보호가 목적이라면 피청구인이 신청지를 산지허가제한구역으로 제한했어야 하였는데 그렇게 하지 않았고, 이 사건 반려처분 시 이와 관련한 내용은 언급하지도 않았다.

12) 현재의 담당자가 이 직무를 맡은 2012.10.5 ~ 2013.4.5(6개월간)까지의 산지전용허가 처리 건수가 단 6건에 불과하며, 6건 중 단독주택은 4건에 불과한 것을 볼 때, 사유권이 많이 침해 받고 있음을 알 수 있다. 또한, 건축신고와 함께 복합민원으로 신청하지 못한 사유가 개발편의주의식 개발이니 실수요자가 건축 및 준공 시 어려움이 예상된다는 등의 터무니 없는 주장이 있으나 탄원서를 제출한 5명이 실수요자임을 밝히는 바이다.

13) 결론적으로 관련법에 명확하게 규정하지 않은 사항에 대하여 담당자에게 판단할 수 있는 재량권을 준 것은 현장 상황에 따라 법의 취지와 맞는지 여부를 판단하라는

것이지 이 사건 담당자처럼 독단적으로 법을 강화하여 적용하라는 것이 아니다. 이는 법치주의 실현에도 어긋나는 것이다. 이 사건 처분을 취소하여 재량권 남용으로 더 이상 국민의 피해를 입히는 일이 없기를 바란다. 이 사건 처분은 취소되어야 마땅하다.

### 3. 피청구인 주장의 요지

가. 청구인이 2013.4.8 ○○시 ○○면 ○○리 산○○○-10번지에 단독주택(5동) 신축과 진입도로 개설을 목적으로 산지전용허가를 신청하였으나, 피청구인이 2013.5.2 산지전용허가 반려처분하였다.

나. 피청구인이 2013.5.2 산지편입면적 과다, 절토·성토면의 수직 높이 기준 이상 계획, 비탈면 높이에 따른 소단 설치계획 부적합, 재해예방시설인 석축과 건축물의 이격거리 부적합 등 「산지관리법」의 규정에 따른 산지전용허가기준에 부적합하다는 사유를 들어 산지전용허가 반려처분을 하자, 청구인은 이 처분은 일반적인 법률의 범위를 크게 벗어나 「○○시 도시계획조례」로 정해져 시행되어야 할 사항임에도 정하지 않은 사항을 적용하였기에 재량권을 남용한 것으로 이 사건 산지전용허가신청 반려처분은 위법·부당하다고 주장하고 있다.

다. 피청구인은 이 사건을 「산지관리법」 제18조, 같은 법 시행령 제20조, 같은 법 시행규칙 제10조의2에 따라 반려 처분한 것으로, 청구인의 위법·부당하다는 주장에 대하여 다음과 같이 항변한다.

1) 청구인은 수산자원보호구역의 최저 건폐율 적용 기준에 대해서는 법 상 규정되어 있지 않고, 「국토의 계획 및 이용에 관한 법률」 제77조에 따른 용도지역의 건폐율 제3항에서 기준 건폐율의 80퍼센트 이하의 범위에서 대통령령으로 정하는 기준에 따라 조례로 따로 정하도록 되어 있음에도, 「○○시 도시계획조례」에서 정해진 사실이 없으므로, 산지전용면적 과다의 사유로 반려처분한 것은 위법·부당하다고 주장하나,

가) 피청구인은 「산지관리법 시행령」 제20조제6항 관련 [별표4] 제1호마목 2), 나)의 규정에 의해 목적사업의 성격, 주변 경관, 설치하려는 시설물의 배치 등을 고려할 때 전용하려는 산지의 면적이 과다하게 포함되지 아니하도록 하되, 건축물의 경우는 「국토의 계획 및 이용에 관한 법률」 제77조에 따른 건축물의 건폐율을 고려하도록 하고 있으며, 이는 기준 건폐율에 준하여 적정한 건폐율을 유지하여 과도한 산지의 편입을 막기 위한 것으로, 최저 건폐율이 규정되어 있지 않다는 것은 산지이용 구분, 용도지역의 지정연혁과 입지 및 지리여건 등을 종합적으로 검토하여 판단하여야 하기 때문이다. 산지전용허가가 신청된 지역은 「산지관리

법」과「국토의 계획 및 이용에 관한 법률」에 의해 보전산지(공익용)와 수산자원보호구역으로 지정되어 있는 곳으로 개발여건이 다소 완화되어 단독주택의 신축이 가능하도록 조정되었지만 개발보다는 보호가 우선되어야 할 지역으로 다른 지역보다 더 부지활용의 적정여부를 판단해야 할 뿐 아니라 경사지의 산지에 대한 개발로 인해 부지 상부에 수직높이가 13m 이상인 절토면이 발생하여 도로변 및 해안변 경관저해는 물론, 강우 시 재해가 우려되는 등 산지면적이 과다하게 편입되었다고 판단하여 반려 처분하였다.

나) 또한, 산지면적의 적정여부는「산지관리법」의 규정에 따른 산지전용 허가기준 중의 하나로「○○시 도시계획조례」에는 건폐율 상한선만 규정되어 있고 하한선은 규정하지 않는 것은 산지의 무분별한 난개발을 방지하기 위하여 개별법에서 판단토록 한 것으로, 타 시·군과 비교하여 형평성을 논할 대상도 되지 않는다.

다) 아울러, 청구인은 이 사건과 동일한 내용으로, 2013.1.14 산지전용허가를 신청하였고, 피청구인이 이를 검토한 결과, 편입되는 산지의 면적이 과다하다고 판단되어 다른 사항들과 함께 보완을 요청하였고, 이에 청구인은 건축물의 건폐율을 21.06%에서 28.29%로 상향 조정하였는 바, 이에 대하여 피청구인은 절토면 기울기 조정과 소단 설치, 계곡부 편입여부 확인 및 처리계획 수립 등 추가 보완이 필요하여 청구인에게 2회(2013.3.15 및 2013.3.18)에 걸쳐 보완 요청을 하였으며, 청구인이 건폐율에 대해서는 신청 당시보다 하향되었으나, 다른 허가기준이 부적합하여 2013.4.2 반려 처분한 바 있다.

2) 청구인은「산지관리법」상 명확한 이격거리의 규정이 없으며,「○○시 도시계획조례」로 규정한 바도 없고,「건축법 시행규칙」〔별표6〕제3호에서는 석축인 옹벽의 윗가장자리로부터 건축물의 외벽면까지 떨어야 하는 거리는 1층 1.5m로 규정하고 있어 절개지의 경우 이 이격거리가 완화되어 적용되어야 하는데 피청구인이 주장하는 3m 이상을 이격해야 한다는 주장하는 것은 재량권 남용이라고 주장하나,

가)「산지관리법 시행령」제20조제6항 관련〔별표4〕제1호다목, 5)의 규정에 돌쌓기, 옹벽 등 재해방지시설을 그 절·성토면에 설치하는 경우에는 해당 재해방지시설의 높이를 고려하여 그 재해방지시설과 건축물을 수평으로 적절히 이격하도록 하고 있으며, 석축이 시공되는 절토면의 수직높이가 약 13m 이상으로 재해의 우려가 높은 만큼 적절한 이격거리를 3m 이상 유지하는 것이 인명과 재산 피해를 예방하고 최소화하기 위해 필요한 조치로 판단되었기에 반려 처분한 것으로 이는 타당하다.

3) 청구인은 평균사업 부지 너비는 평균 16.686m로서 15m 미만의 반려사유가 되지 않으며 또한, 수직높이 15m를 초과한다는 피청구인의 주장은 도로구역을

점용 받아 진입하는 부분의 높이를 합산한 높이로서 진입도로와 사업부지 사이의 원형존치 구간의 합산한 높이를 적용하는 것은 부당하다고 주장하나,

가) 「산지관리법 시행규칙」 제10조의2 관련 [별표1의3] 제2호다목에 의하면, 산지전용 후 발생하는 절·성토면의 수직높이는 15m 이하가 되도록 사업계획에 반영하도록 규정하고 있고, 계단식 산지인 경우 계단에 조성되는 사업부지의 너비(소단의 너비는 제외한다.)가 각각 15m 이상되도록 규정하고 있는 바, 청구인은 평균길이에 면적을 나누어 3단 부지의 평균적인 부지너비를 산출하였으나, 제출된 평면도를 보면 중앙으로 진입도로가 조성되는 형태로 평균적인 부지너비가 15m를 넘는다 하여도 이를 계단상의 부지로 판단하기는 어렵고, 절·성토면의 높이가 합산된 부분은 산지에 해당되고, 절·성토면의 수직높이에 대한 판단은 진입도로, 사업부지, 원형존치 여부의 구분에 의해 하는 것이 아니라 산지전용 후 발생되는 절·성토면의 수직높이로 판단하는 것으로, 청구인이 제출한 종단면도 상 절·성토면의 수직높이가 15.08m로 허가기준인 15m를 초과하였다.

4) 청구인은 1단 부지와 2단 부지의 단높이는 4.9m로 제출하여 수직높이 5.0m 미만에 해당하여 소단 설치를 할 필요가 없다고 주장하나,

가) 청구인이 제출한 종단면도 상의 높이는 1단 부지의 경우 석축과 보강토 옹벽 및 그 사이 공간의 높이를 합산하면 5m 이상이며, 3단 부지의 경우 석축 윗부분에 소단을 설치하는 것으로 계획되어 있으나, 이는 석축 상부 천단 설치 등으로 1m 이상의 소단을 설치할 공간이 부족하고, 석축 뒷면의 공간을 확보하여 소단을 설치할 경우 구조상 토압을 받는 부분이 부족하여 제 역할을 할 수 없을 뿐 아니라 소단의 설치는 높은 높이의 절토·성토면의 기울기를 줄여 재해로부터 보다 안전성을 확보하기 위함이므로 적정한 높이에 설치하여 그 역할을 충실히 이행할 수 있도록 계획되어야 하므로 13m 이상인 절·성토면의 천단 뒤편이 아닌 적정한 위치에 5m 미만의 간격으로 소단의 추가 설치계획을 수립하여야 타당할 것이다.

5) 청구인은 피청구인이 재량권 남용하여 복합민원허가가 6개월간 계류되어 대출이자를 비롯한 금전적 피해는 물론 담당자의 고의적인 허가처리 지연 등으로 정신적인 피해를 입어 왔으며, 가장 주된 반려사유인 산지 편입면적 과다(최소 건폐율 적용)에 대하여는 전원주택의 특성상 텃밭과 정원, 주차공간 등 쾌적한 전원생활을 위해서는 턱없이 부족한 규모이며, 법 상 평균경사 25도까지 가능하지만 실상 법면과 구조물이 설치되는 면적을 제외하면 건물을 지을 수도 없다고 주장하나,

가) 청구인은 2012. 12월경 이 사건과 동일사항에 내용의 건축신고를 하였고, 이에 피청구인은 그 중 4건은 불협의로, 1건은 보완 요청한 결과, 청구인은 이를 취하한

후, 다시 2회에 걸쳐 건축신고를 배제하고 산지전용허가신청을 반복하였는 바, 산지전용허가의 경우 반드시 목적사업이 있을 경우 가능하여 단독주택 신축만을 위한 부지조성으로는 허가가 불가하며, 산지전용허가 신청과 동시에 건축신고를 하여 협의 의제 규정에 따라 관련 법령에 따른 인·허가를 득하여야 최종적으로 산지전용허가도 가능함에도 청구인은 건축행위를 위한 건축신고 등 관련 인·허가에 대하여는 신청한 사실이 없으므로, 청구인의 주장과 같이 복합민원허가가 6개월간 계류되어 금전적인 손해를 입었다는 주장은 터무니 없다.

나) 그리고, 산지면적의 적정여부에 대한 부분은 여러 가지 산지전용 허가기준 중 한 가지 사항으로 청구인이 사업성과 관련하여 가장 민감하게 받아들이고 있는 사항일 뿐이며, 경사가 급한 산지의 특성상 건축을 위해서는 사면이 발생할 수밖에 없지만 경사가 완만하고 개발여건이 좋은 경우와 그렇지 못한 경우 등 다양한 입지여건과 지리적인 여건, 개발계획 등에 의해 사면의 면적은 달라질 수 있으나, 경사지의 산지에 개발하면서 사면이 많이 발생하니 많은 면적을 전용해야 한다는 청구인의 주장은 이치에 맞지 않는 주장이다.

6) 청구인은 이 건 처분은 일반적인 법률의 범위를 크게 벗어나 도시계획조례로 정해져 시행되어야 할 사항임에도 정하지 않은 사항을 적용함은 행정청의 재량권을 남용한 것으로 위법·부당하다고 주장하나,

가) 「○○시 도시계획조례」에는 용도지역의 건폐율 상한선만 규정되어 있고 하한선은 규정하지 않는 것은 산지의 무분별한 난개발을 방지하기 위하여 개별법에서 판단토록 하고 있어 산지전용허가 신청 사업계획이 「산지관리법」의 규정에 따른 산지전용 허가기준에 부적합하여 반려 처분한 것으로, 청구인의 위법·부당하다는 주장은 이유없다 할 것이다.

라. 결론적으로, 피청구인은 산지전용허가 신청에 따라 제출된 사업계획서와 「산지관리법」에 규정된 산지전용 허가기준과의 적합여부를 검토한 결과 허가기준에 부적합한 사항에 대한 보완 요청이 이루어지지 않아(계곡부의 부지편입 여부에 대하여 명확히 하도록 보완 요청하였으나, 청구인은 산지 특성상 현장에서의 측량이 어렵다며 전용허가 후 편입여부를 확인하여 변경하겠다며 사정을 이해해달라고 하나, 산지전용허가신청 시 제출하는 산지전용예정지실측도를 작성하기 위해서는 현지측량을 하여야 하므로 이는 측량 자체가 이루어지지 않았다고 할 수 있음) 반려 처분한 것으로, 「산지관리법」의 규정과 수산자원보호구역인 보전산지(공익용)의 지정목적 등을 종합적으로 판단하여 개발 편의주의적인 청구인의 청구가 받아 들여진다면 대단위의 무분별한 단독주택단지조성으로 아름다운 해안변 경관의 훼손은 물론, 광범위한 자연환경 파괴가 우려되고 기준에 맞게 수정하여 재신청하는 등 허가만 받으면 된다는 식의 이익만을 위해 개발한다

면 차후 부지를 구입한 실수요자의 건축과 준공 시에 많은 어려움이 예상될 수밖에 없어 이는 산지의 개발과 보전 측면에서 볼 때, 부적합하여 청구인의 청구는 이유 없으므로, 이 사건 청구는 기각되어야 할 것이다.

라. 보충서면 1

피청구인은 청구인의 주장에 대하여 다음과 같이 항변한다.

1) 2012.1.13 개인사유재산권 침해로부터 법이 완화되어 단독주택이 가능하도록 「수산자원관리법」이 개정된 이후로 인근 ○○시와 ○○군 등은 수산자원보호구역에 단독주택 개발이 활발하게 이루어지고 있다. 이 사건의 경우 수산자원관리법에 의한 행위허가를 먼저 득하였으며 산지관리법상 수직높이 15m를 넘을 수 없도록 규정한 범위 내의 일반적인 개발행위 수준이다. 청구인이 경관이나 재해 예방을 위해서 1:1.4 이상의 법면경사도와 잔디와 수목식재 계획을 비롯한 복구계획서도 제출한 상태라고 주장하나, 청구인이 「수산자원관리법」에 따라 득한 행위허가는 다른 법률의 규정에 의한 인·허가를 득한 후 목적사업을 시행토록 한 조건부 허가로서 허가조건을 충족하지 못하면 행위허가가 취소되므로 다시 행위허가를 득하여야 하고, 개발행위로 인해 발생된 높고 불안정한 사면은 집중호우 시 산사태 등의 재해가 발생할 우려가 있어 「산지관리법」에서는 부지너비가 15m 이상인 계단식 산지전용일 경우 사면 기울기를 1:1.4 이상으로 유지토록 하여 사면의 경사도를 줄이고 수직높이가 5m 이상일 경우 5m 미만의 간격으로 소단을 설치토록 하여 사면의 안정성을 높여 산사태 등의 재해위험을 저감하기 위한 방안들을 마련한 것이다.

2) 청구인은 법에서 규정하고 있지 않은 것은 관습적으로 행해오던 정도의 잣대 내에서 이루어져야 하는 것이지 개별법에서 판단토록 했다고 해서 담당자 마음대로 판단하라고 만들어진 개별법이 아니라고 주장하나, 청구인의 산지전용허가 신청은 산지관리법의 규정에 의해서만 행위허가 및 허가기준을 적용하여 검토하게 되고 산지관리법에서 명확한 면적을 규정하지 않았으나 필요한 최소한의 면적이 편입되도록 규정하고 있음은 산지의 형태가 천차만별로 허가권자에게 일정한 재량을 부여한 사항으로 유독 청구인에게만 불합리한 적용을 한 것은 아니다.(소외 ○○○ 당초 건폐율 14.58%로 신청되었으나 보완 요청하여 31.94%로 조정됨)

3) 청구인은 피청구인이 이 사건 산지전용허가 신청 반려 시 이격거리는 1.5m~1.7m 였는데 도대체 담당자의 판단기준은 어디에 있는지 정말 알 수 없는 일이며, 피청구인이 주관적인 건폐율을 요구하고 어느 정도 건폐율을 상향해서 보완을 하니 다시 석축과 건축물의 수평거리를 이격하라는 주관적인 거리(3.0m)를 주장하고 있다고 주장하나, 기준 건폐율에 비하여 너무 낮은 건폐율로 신청되어 산지가 과다하게 편입되었다고 판단되어 산지의 편입면적을 축소하는 등 사업계획을

수정하도록 보완 요청한 것으로 청구인에게도 그 취지를 설명하였으며, 면적이 축소될 경우 절개지의 높이와 사면길이가 짧아져 산사태 등의 재해위험이 감소될 것으로 예상되어 1차 보완 요구 시 건축물의 이격거리를 언급하지 않았다.

4) 청구인은 이 사건 신청 시 산지관리법령 상 수직높이 15m 이하인 13m이하로 사업계획하였으며, 성토부분의 건축물과의 이격거리는 「건축법시행규칙」〔별표6〕제3호의 규정으로 비추어 보더라도 적절한 이격거리이며, 통상 인근 지자체에서는 0.5m~1.0m 정도의 이격거리 만으로 허가처리가 되므로, 이 사건 반려처분은 명백한 담당자 재량권 남용이라고 주장하나, 청구인이 주장하는 이격거리는 통상적으로 평지화된 대지 등에 적용하는 기준이며 산지의 특성상 대지조성 시에는 절・성토면이 발생하게 되어 산사태 등 재해위험이 급증하므로 재해방시설인 석축과 건축물과의 이격거리는 절토면의 높이, 석축의 높이, 재해위험 등을 검토하여 수평으로 적정한 이격거리를 확보토록 하는 취지로 청구인이 신청한 산지전용허가의 경우 절토면의 수직높이가 높고, 재해의 위험이 있어 재해예방시설인 석축의 높이 정도는 이격하여야 한다고 판단했으며, 이는 「건축법」에 따른 이격거리와는 관련이 없을 뿐 아니라 산지전용 허가만을 신청한 사항에서 건축법에 따른 이격거리를 검토할 이유도 없다.

5) 청구인은 피청구인이 계단상의 부지로 판단한 것은 잘못이며, 보완요청서상에 피청구인의 주장에 따라 법면 경사도를 1:1에서 1:1.4 로 전면 수정하여 보완 제출하였음에도, 그 주장을 다시 뒤집는 피청구인의 주장은 공무원으로서의 신뢰를 저버린 것이다. 또한, 절・성토면의 수직높이가 15.08m로서 허가기준인 15m를 초과하였다는 주장도 터무니없는 주장이라고 할 수 있는 것이 그 중간에 절・성토가 이루어지지 않는 폭 1.7m의 원형존치구간이 있는데 그 부분까지 수직높이에 포함시켜서 15m를 초과했다는 피청구인의 주장은 판단착오라고 주장하나, 청구인이 주장하는 부지형태는 1차 산지전용허가 신청 시 서류와 보완 및 재신청된 산지전용허가 시 제출된 서류의 사업계획상 부지형태가 전혀 달라 비교하여 주장하기 어려우며, 산지전용대상지의 부지너비가 15m 이상이 되지 않으면 부지 하단부부터 상단부까지의 절・성토면 등 모든 부분의 높이를 합하여 수직높이를 산출하며 중간에 사면으로 이용이 되지 않는 부분이 있다 하더라도 그 높이를 포함시켜 산출해야 하므로, 15m를 초과한 것이 된다.

6) 청구인은 피청구인이 이 사건 신청 건을 처리하면서 거짓말을 해 가며 허가처리 기간을 지연시켰다고 주장하나, 이는 전혀 사실이 아니며, 건축허가 신청 시 당초 5건으로 신청하여 3건은 청구인의 명의로, 2건은 다른 사람의 명의로 신청하였으나, 「산지관리법」의 규정상 단독 주택의 경우 본인 소유의 산지에 한하도록 규정하고 있고, 진입도로의 미비 등으로 산지전용 불협의 되자 청구인이 건축허가

신청을 취하한 것이다. 또한, 청구인이 산지전용허가를 먼저 득하더라도 「건축법」의 규정에 따른 건축허가 신청 시 산지전용협의를 다시 거쳐야 하는 바, 이 경우 건축허가신청 내용이 산지전용허가 내용과 같아야 하므로 청구인의 주장과 같이 민원처리 간소화의 취지로 산지전용허가를 먼저 신청하였다는 것은 이치에 어긋나는 주장이다.

7) 청구인은 전원주택은 텃밭도 일구고 주차도 할 수 있고 작은 정원을 원하는 것이 국민 누구나 원하는 기준이며, 국민주택규모 85㎡(약78평)의 임야만 허가 받을 수 있다는 피청구인의 주장은 잘못된 것이므로, 사면이 발생하는 부분은 복구대상이기에 그 부분만큼은 적어도 건폐율 적용에서 완화 적용되어져야 한다고 주장하나, 전원주택이란 도심지를 벗어난 야외에 있는 주택을 말함이지 청구인의 주장처럼 주택 내에 텃밭이 있어야 전원주택이라고 하지는 않는다. 설사 텃밭이 필요하다고 하면 주택 인근의 주변농지를 이용하는 것이 보다 전원생활에 부합하는 것일 것이다. 또한 피청구인은 어느 누구에게도 국민주택 규모 이하의 산지전용만 받으라고 한 사실이 없을 뿐 아니라 청구인은 보충서면에 첨부한 (정보공개신청 결과문 사본)과도 배치되는 주장을 하고 있으며, 청구인이 신청한 전원주택의 1동당 평균 면적을 살펴보면 진입도로를 제외한 대지면적이 약780㎡(약236평)이고, 그 중 건축면적이 약179㎡(약54평), 절토면 등을 포함한 건축 외 잔여부지가 약602㎡(약182평)이다.

8) 산지관리법령에서 건폐율의 상한선은 규정하지만 하한선은 규정하지 않는 이유는 건축행위는 대부분 대지에서 행해지며, 농지나 산지에 비하여 대지는 상대적으로 땅값이 높아 건축물을 신축할 경우 건폐율의 하한선을 지정하지 않아도 최대한 기준 건폐율에 근접하게 계획하여 부지활용도를 극대화 하려고 하기 때문이다. 또한, 산지관리법령에서는 목적사업에 필요한 최소한의 면적만을 허가토록 규정하고 있어 피청구인은 산지전용허가시에 기준 건폐율의 70~80% 정도에서 편입면적을 결정하고 있으며, 청구인에게도 28% 정도의 건폐율인 경우 적정하다고 설명하였다.

9) 청구인은 피청구인이 이 사건 처분 사유로 ○○자연경관○○을 보호라고 주장할려면 산지허가제한구역으로 제한했어야 하고, 이 사건 접수 당시 반려처분을 했어야 했는데 반려사유에도 자연경관이나 자연보호 등과 관련된 문구는 없었다고 주장하나, 「산지관리법 시행령」 제20조제6항 [별표 4] 제1호, 다목, 2)항에 의하면, "하천·소하천·구거의 선형은 자연 그대로 유지되도록 계획을 수립할 것. 다만, 재해방지시설의 설치를 조건으로 허가하는 경우에는 그렇지 않는다."라고 규정되어 있어 이에 따라 피청구인이 청구인에게 부지경계와 연접하고 있는 계곡부의 부지편입여부에 대하여 명확히 파악하라고 보완 요구하였으나, 청구인은 측량이 어렵고, 허가 이후 사업을 하면서 계곡부가 편입되어 있으면 계획을 변경하겠다고

주장하고 있으며, 산지전용허가 신청 시 제출하는 서류 중 산지전용예정지실측도는 「측량·수로조사 및 지적에 관한 법률」제44조제3항에 따른 측량업의 등록을 한 자 또는 같은 법 제58조에 따른 대한지적공사가 측량한 축척 6천분의 1 내지 1천200분의 1의 도면을 말하며 이를 위해서는 현장에서 측량이 이루어져야만 하고 측량이 이루어졌다면 계곡부의 부지편입여부는 명확히 파악되었을 것이다. 그러나 청구인은 측량이 어렵다는 이유로 사무실에서 산지전용예정지실측도를 만들었고, 계곡부의 편입여부를 확인하기 어렵다고 주장하고 있으나 이는 산지전용허가 신청에 따른 제출서류 미비사항이다.

10) 결론적으로, 청구인이 이 사건 신청 취지가 넓은 부지에 전원주택을 짓겠다는 것으로, 그 뜻은 충분히 공감하지만 산지전용은 무분별한 난개발과 자연환경 훼손 방지를 위해 필요한 최소한의 면적만을 전용허가토록 규정하고 있어 산지관리 법령의 규정에 따라, 허가기준에 부적합하여 피청구인이 행한 반려처분은 적법한 행정행위로 청구인의 청구는 이유없어 마땅히 기각되어야 한다.

## 4. 관계법령

가. 「민원사무처리에 관한 법률」제24조
나. 「민원사무처리에 관한 법률 시행령」제14조, 제15조
다. 「산지관리법」제2조, 제4조, 제14조, 제18조
라. 「산지관리법 시행령」제20조 [별표 4]
마. 「산지관리법 시행규칙」제10조의2 [별표 1의3]

## 5. 인정사실

가. 피청구인은 2013.1.14 청구인으로부터 ○○시 ○○면 ○○리 산○○○-10번지(소유자 백○○외 1인, 임야, 9,509㎡, 자연환경보전지역, 수산자원보호구역)에 2013.4.8 단독주택 건축(5개동, 892.64㎡) 및 진입도로(920㎡) 개설을 위한 산지전용허가(4,803㎡) 신청을 받고, 2차례의 보완요구하였으나, 보완이 이루어지지 않아, 2013.4.2 산지편입면적 과다, 절·성토면의 수직 높이 및 비탈면 높이에 따른 소단 설치계획, 석축과 건축물의 적정 이격거리 등이 「산지관리법」에서 정한 산지전용허가기준에 부적합하다는 사유로, 반려통보하였다.

나. 청구인은 2013.4.8 위 인정사실○○가○○항과 비슷한 내용의 산지전용허가를 재신청하였으며, 2013.5.2 피청구인으로부터 이전 산지전용허가신청 반려된 신청내용과 특별한 차이가 없고, 반려의견에 대한 보완이 이루어지지 않아 산지편입면적 과다, 절·성토면의 수직 높이 및 비탈면 높이에 따른 소단 설치계획, 석축과 건축물의 적정 이격거리 등이 「산지관리법」의 규정에 따른 산지전용허가기준에 부적합하다

는 사유로, 반려통보를 받았다.

다. 청구인은 이 사건 단독주택(5동)의 건폐율을 22.88%로 하여 산지전용허가 신청하였으며, 이에 대해 피청구인은 최소건폐율 28% 이상이 되어야 산지전용면적이 과다하지 않다고 판단하고 있다. 또한, 청구인은 사업부지 3단의 석축과 건축물의 이격거리를 1.5m ~ 1.75m,로, 사업부지 1단의 평균너비는 15m 미만으로, 사업부지 1단의 절토·성토면의 수직높이는 15m 이상으로 하여 이 사건 허가신청하였다.

## 6. 판단

가. 먼저 이 사건 처분관련 법령에 대하여 살펴보면,

1) 「산지관리법」 제14조(산지전용허가)제1항 및 같은 법 시행령 제15조(산지전용허가의 절차 및 심사)에 의하면, 산림청장 소관이 아닌 국유림, 공유림 또는 사유림의 산지면적이 50만제곱미터 미만(보전산지의 경우에는 3만제곱미터 미만)인 경우의 산지전용을 하려는 자는 대통령령으로 정하는 바에 따라 그 용도를 정하여 시장·군수·구청장의 허가를 받도록 되어 있으며,

2) 위 같은 법 제18조(산지전용허가기준 등)제1항제10호에 의하면, 법 제14조에 따라 산지전용허가 신청을 받은 시장·군수·구청장은 토사의 유출·붕괴 등 재해가 발생할 우려가 없을 경우, 사업계획 및 산지전용면적이 적정하고 산지전용방법이 자연경관 및 산림 훼손을 최소화하며 산지전용 후의 복구에 지장을 줄 우려가 없을 경우 등의 기준에 맞는 경우에만 산지전용허가를 하도록 규정하고 있고, 위 같은 조 제5항에 의하면, 제1항에 따른 산지전용허가기준의 적용 범위와 산지의 면적에 관한 허가기준, 그 밖의 사업별·규모별 세부 기준 등에 관한 사항은 대통령령으로 정하도록 되어 있고,

3) 위 같은 법 시행령 제20조(산지전용허가기준 등)제6항, [별표4] (산지전용허가기준의 적용범위와 사업별·규모별 세부기준), 제1호가목에 의하면, 토사의 유출·붕괴 등 재해 발생이 우려되지 않을 것의 세부기준으로 "4) 성토비탈면은 토양의 붕괴·침식·유출 및 비탈면의 고정과 안정을 유도하기 위한 공법을 적용할 것, 5) 돌쌓기, 옹벽 등 재해방지시설을 그 절토·성토면에 설치하는 경우에는 해당 재해방지시설의 높이를 고려하여 그 재해방지시설과 건축물을 수평으로 적절히 이격할 것"이라고 규정하고 있고, 위 제1호마목에 의하면, 사업계획 및 산지전용면적이 적정하고 산지전용방법이 자연경관 및 산림훼손을 최소화하고 산지전용 후의 복구에 지장을 줄 우려가 없을 것의 세부기준으로 "2) 목적사업의 성격, 주변경관, 설치하려는 시설물의 배치 등을 고려할 때 전용하려는 산지의 면적이 과다하게 포함되지 아니하도록 하되, 건축물의 경우 「국토의 계획 및 이용에 관한 법률」 제77조에 따른 건축물의 건폐율(40%

이하)을 고려할 것"으로 규정하고 있다.

4) 위 같은 법 시행령 제20조(산지전용허가기준 등)제6항, [별표4] 비고 제2호 및 같은 법 시행규칙 제10조의2(산지전용허가기준의 세부사항)에 의하면, 영 별표 4 제1호마목4)에 대하여 세부사항으로 "㉮ 절토·성토면의 기울기(절토·성토면의 높이에 대한 수평거리의 비율을 말한다.)의 경우 계단식 산지전용(가능한 기존의 지형을 유지하기 위해 산지의 경사면을 따라 계단을 조성하고 산지전용하는 것을 말한다. 이하 같다)인 경우의 기울기는 토질에 관계없이 1: 1.4 이하일 것, ㉯ 절토·성토면으로 인해 재해 등이 우려되는 경우 충분한 규모의 배수시설의 설치, 비사(飛沙)나 낙석을 방지하는 시설의 설치, ㉰ 산지전용 후 발생하는 복구대상 절토·성토면의 수직높이는 15m 이하가 되도록 사업계획에 반영해야 한다. 다만, 계단식 산지전용인 경우로서 계단에 조성되는 사업부지의 너비(소단의 너비는 제외한다)는 각각 15m 이상인 경우 이 규정의 적용이 제외되며, ㉱ 비탈면(옹벽을 포함한다)의 수직높이가 5m 이상인 경우에는 5m 미만의 간격으로 너비 1m 이상의 소단(小段)을 설치하도록 사업계획에 반영해야 한다."라고 규정하고 있다.

나. 다음으로 이 사건 처분의 위법·부당에 대하여 살펴보면,

1) 위 관련 법령에서 살펴본 바와 같이 산지관리법령 및 시행규칙에 의하면, 산지전용허가 신청을 받은 행정청은 현장조사를 실시하여 토사의 유출·붕괴 등 재해가 발생할 우려가 없을 경우, 사업계획 및 산지전용면적이 적정하고 산지전용방법이 자연경관 및 산림 훼손을 최소화하며 산지전용 후의 복구에 지장을 줄 우려가 없을 경우 등의 기준에 맞는 경우에만 산지전용허가를 하도록 규정하고 있고, 이러한 규정을 종합해 보면 산지전용허가는 그 금지요건이 불확정개념으로 규정되어 있어 그 금지요건에 해당하는지 여부를 판단함에 있어서 행정청에게 재량권이 부여되어 있다고 할 것이다. 그리고 이러한 내용의 재량행위에 대한 심사는 행정청의 재량에 기한 공익판단의 여지를 감안하여 재결청은 독자의 결론을 도출함이 없이 행위에 재량권의 일탈·남용이 있는지 여부만을 심사하게 되고 이러한 재량권의 일탈·남용 여부에 대한 심사는 사실오인, 비례·평등의 원칙 위배 등을 그 판단 대상으로 한다(대법원 2001.2.9, 선고 98두17593 판결, 2005.7.14, 선고 2004두6181 판결 등 참조).

2) 청구인 및 피청구인이 제출한 자료 등을 종합해 보면, 피청구인은 이 사건 청구인의 산지전용허가 신청 내용대로 건폐율을 22.88%로 하면 산지전용면적이 과다하고, 석축과 건축물의 이격거리를 1.5m ~ 1.75m한 것과, 계단식 산지전용인 경우 계단에 조성되는 사업부지의 너비가 각각 15m되지 않음에도 산지전용 후 발생하는 복구대상 절토·성토면의 수직높이가 15m를 초과한 것 등이 산지관리법령에서 정한 허가기준에 부적합하다는 것인 바,

3) 살피건대, 산지관리법령에 의하면, 산지전용허가 시 목적사업의 성격, 주변경관, 설치하려는 시설물의 배치 등을 고려할 때 전용하려는 산지의 면적이 과다하게 포함되지 아니하도록 하되, 건축물의 경우「국토의 계획 및 이용에 관한 법률」제77조에 따른 건축물의 건폐율(40% 이하)을 고려하도록 되어 있는 점, 신청지는「산지관리법」과 「국토의 계획 및 이용에 관한 법률」에 의한 보전산지(공익용) 및 수산자원보호구역으로 지정되어 있어 개발보다는 보호가 우선이 되어야 한다는 피청구인의 주장에 수긍이 가고, 신청지 주변 여건이 개발되지 않은 수려한 해안자연경관을 이루고 있어 개발로 인한 경관저해 및 재해 발생이 우려되는 점, 피청구인이 2013. 2.19 신청지 인근의 주택 건축을 목적으로 한 산지전용허가신청에 대해 최소 건폐율 28% 이상을 적용하여 허가(협의처리)한 사례가 있는 점 등에 비추어 볼 때, 이 사건 청구인의 산지전용허가 신청에 대하여 피청구인이 건폐율 28% 이상이 되도록 보완요구한 것이 청구인 소속 공무원의 자의적인 판단에 의한 재량권 남용으로 볼 수 없고, 산지전용허가는 신청지별로 목적사업의 성격, 주변경관, 시설물의 배치계획 등이 각기 다르므로, 타 시·군의 산지전용허가 시 건폐율 적용사례를 들어 이 사건 반려처분이 위법·부당하다는 청구인의 주장은 이유 없다.

4) 또한, 청구인은「건축법 시행규칙」〔별표6〕제3호에서 석축인 옹벽의 윗가장자리로부터 건축물의 외벽면까지 떨어야 하는 거리를 1.5m(1층인 경우)로 규정하고 있음을 들어 이 사건 사업부지 3단의 석축과 건축물의 이격거리를 1.5m ~ 1.75m로 한 것은 적절하다고 주장하나, 이 사건은 계단식 산지전용을 하려는 것으로 석축인 옹벽 외에도 별도의 절토면이 발생하여 재해발생 우려가 높아,「건축법 시행규칙」에 정한 일반적인 석축인 옹벽과 건축물의 이격거리를 일률적으로 적용할 수 없는 점, 피청구인이 3m 이상 이격토록 보완요구한 것은 석축높이가 3m임을 고려하여 석축이 무너졌을 때 매몰 등의 재해를 예방할 수 있는 최소한의 이격거리가 석축높이와 이격거리의 비율을 1:1 이상되도록 해야 한다는 것으로 보이는 점 등을 종합해 볼 때, 청구인의 이러한 주장에 위법·부당함을 찾을 수 없고, 청구인의 주장은 이유 없다.

5) 마지막으로,「산지관리법 시행규칙」〔별표 1의3〕에 의하면, 산지전용 후 발생하는 복구대상 절토·성토면의 수직높이는 15m 이하가 되도록 사업계획에 반영해야 하여야 하나, 계단식 산지전용인 경우로서 계단에 조성되는 사업부지의 너비(소단의 너비는 제외한다.)가 각각 15m 이상인 경우 이 규정을 적용하지 아니하여도 되도록 규정하고 있음에도, 청구인이 제출한 자료에 따르면, 이 사건 사업부지 1단의 평균너비가 15m 미만이고, 절토·성토면의 수직높이가 15m 이상으로 설계되어 있음을 볼 때, 이에 대해 피청구인이 관련 법령이 정한 산지전용기준에 부합하지 않는다고 한 것에도 그릇됨이 없다 할 것이다. 청구인은 피청구인이 이 사건 사업부지 1단에 폭 1.7m의 원형존치구역이 있음에도 이를 제외하지

[행정심판례 모음]

않고 절토·성토면의 높이를 산정하였기에 부당하다고 주장하나, 일반적으로 원형존치구역이라 함은 사업구역 내 형질을 변경하지 않고 임야로 남는 구역이라고 봄이 상당하고, 청구인이 제출한 사업계획에 의하면, 청구인이 주장하는 원형존치구역의 부분이 산지의 형질을 변경하여 도로와 부지사이의 비탈으로 사용하는 것으로 되어 있어 절토·성토면의 높이에 포함한다고 봄이 타당할 것이다.

6) 따라서, 피청구인이 청구인의 산지허가신청에 대하여 산지전용면적이 과다하고, 석축과 건축물의 적정 이격거리 및 절·성토면의 수직 높이 및 비탈면 높이에 따른 소단 설치계획 등이 법령 등에서 정한 기준에 적합하지 않다는 사유로 반려한 이 사건 처분에 재량권 행사의 기초가 되는 사실인정에 오류가 있다고 볼 수 없고, 재량권의 범위를 일탈·남용한 위법·부당이 있다고 볼 수 없다.

다. 결 론

그렇다면, 청구인의 이 사건 심판청구는 이유 없다고 인정되므로 이를 기각하기로 하여 주문과 같이 재결한다.

## 산지전용신고 불수리처분 취소청구

[국민권익위원회 행심2014-32, 2014.6.2, 기각]

### 【재결요지】

청구인은 청구인의 산지전용신고서가 산지관리법상 아무런 문제가 없을 뿐만 아니라 환경정책기본법상 소규모 환경영향평가 대상도 아님에도 피청구인이 이 사건 처분을 한 것은 부당하다고 주장하나, 청구인의 신청사항은 산지전용신고대상이 아닌 산지전용허가에 해당하는 것이므로 피청구인으로서는 청구인에게 이에 대한 안내를 하여 적법한 절차에 따른 신청을 하도록 하였어야 함에도 이를 소홀히 한 측면이 있으나, 피청구인으로서는 산지전용신고가 있을 경우에도 산지전용허가의 대상인 경우 관련 규정에 따라 청구인의 신청내용이 산지전용허가 기준에 맞지 않는다고 판단하여 이 사건 처분을 한 것으로 보여지므로 이와 같은 피청구인의 처분이 위법·부당하다고 보기 어려울 뿐만 아니라, 산림경영·산촌개발 등을 위한 시설을 설치하고자 하는 자는 산지관리법령에 따라 임업인이 설치하는 시설로서 부지면적이 1만미터 미만일 것으로 되어 있고, "임업인"이라 함은 위에 적시한 요건을 갖춘 자가 해당된다고 할 것이나 청구인의 농업회사법인은 임업에 종사한다고 볼 수 없으므로 위와 같은 자격요건을 갖추지 못하였다고 할 것이다.

### 【주문】

청구인의 청구를 기각한다.

### 【청구취지】

피청구인이 2013.12.19 청구인에게 한 산지전용신고 불수리 처분을 취소한다.

### 【이유】

#### 1. 사건개요

청구인은 ○○시 ○○면 ○○리 산116번지 7,400제곱미터(이하 "신청지"라 한다)에 버섯재배사(표고)를 운영하기 위하여 2013.12.12 피청구인에게 산지전용신고를 하였는데, 피청구인은 2013.12.19 청구인에게 ①신청지는 「국토의 계획 및 이용에 관한 법률」상 농림지역, 「산지관리법」상 보전산지(임업용산지)로 「산지관리법」제1조, 제3조에 따라 산림의 임업생산성 증진, 재해방지, 수원보호, 자연생태계 보전, 자연경관 보전 및 국민보건 휴양증진 등 산림의 공익성 기능 증진을 위하여 보호되어야 할

산림으로서 사전환경성검토 협의된 사항으로,

대부분이 평균경급 22센티미터, 평균수고 10미터의 소나무(수령은 평균 40년) 군락이고, ○○지역 식생특성을 잘 나타내는 식물군락인 점을 고려하면 식생보전등급 2등급(녹지자연도 8등급)에 해당하고, 소나무 498본을 굴취할 경우 능선부 주변을 포함하여 자연경관 저해 및 자연생태계에 악영향을 끼칠 우려가 있으며,

청구인의 사업계획서에 의하면 2013.11.27 청구인의 사업자등록증이 발부되었고 버섯재배에 대한 구체적인 종묘수급 과정과 연차적 생산내용이 명시되지 않은 점을 볼 때 사업계획이 전반적으로 타당성이 결여되는 등 산지전용신고 신청에 따른 계획을 종합적으로 검토한 결과 산림의 공익적 기능을 높이는 방향으로 관리되어야 할 산지로서 산지를 전용하는 것보다 산림으로 보전하는 것이 타당하다며 불수리 통보를 하였다.

## 2. 청구인 주장

가. 「산지관리법」 제1조, 제3조는 산림청에서 전 국토의 임야에 대해 산지의 효율적 관리를 위한 목적과 기본원칙을 제시해 두고 해당 시군구 공무원들이 산지전용인허가 신청서 접수시 목적과 기본원칙에 위배됨이 없이 산림행정(인허가)을 하도록 하는 대원칙을 제시한 것이며, 청구인의 이 사건 보전산지의 경우 구체적이고 체계화된 인허가기준에 대한 세부사항인 같은 법 제10조, 제12조의 행위제한 각 항목에 해당이 되지 않을 경우 같은 법 제14조, 제15조에 따라 허가 또는 신고를 수리하도록 법제화되어 있음에도 피청구인이 같은 법 제1조, 제3조의 사유로 이 사건 처분을 한 것은 같은 법 제10조, 제12조, 제14조, 제15조 규정을 적용하지 아니한 채 추상적 규제위주의 행정처분을 한 것으로서 위법하다.

나. 청구인은 같은 법 제15조 제1항, 같은 법 시행령 제17조 제1항에 따라 적법하게 피청구인에게 신고서를 제출하였으므로 같은 법 제18조 및 같은 법 시행령 제20조 각 항목에도 적합할 뿐만 아니라 신청지 면적 또한 7,400제곱미터로 환경정책기본법상 소규모 환경영향평가 대상이 되지 않음에도 피청구인이 사전환경성검토 협의된 사항 운운하면서 이를 불수리사유 항목으로 통보한 것은 불허가처분을 할 사유가 없는 피청구인이 만들어 낸 사유로서 허가, 불허가 권리행사를 남용한 위법한 처분임은 물론 감찰을 받아야 할 처분사유라 할 것이므로 엄격한 심사가 필요하다.

다. ○○지역 식생특성을 잘 나타내는 식물군락인 점을 고려하면 식생보전 Ⅱ등급(녹지자연도 8등급)에 해당된다는 등의 피청구인의 불수리 사유는 삼척동자가 웃을 불수리 사유로서 산지관리법상 인허가 규정에 식생보전등급이니 녹지자연도니 하는 문구는 한 구절도 없을 뿐만 아니라 신청지의 면적이 7,500제곱미터 이상일 경우에만 환경정책기본법상 소규모 환경영향평가 대상이다.

라. 사업계획이 전반적으로 타당성이 결여되었다는 피청구인의 주장은 보완사항일 뿐이지 불허가 처분의 사유가 아니라 할 것이고, 법규나 명시적으로 불허가처분사유에 해당하면 재량권에 의한 보완지시를 하지 아니하고도 이를 불허가처분의 사유로 하거나 청구인이 보완지시를 받고도 보완하지 못하였을 때에 이를 불허가 사유로 할 수 있다 할 것임에도 단 한 번의 보완지시나 소명의 기회도 주지 아니한 채 불허가 처분사유로 한다는 것은 재량권을 남용한 것이므로 취소되어야 할 것인바, 이 건 처분에 대한 소명이나 보완지시가 있었는지에 대하여 꼭 확인하여 주시기 바란다.

마. 청구인이 신청한 버섯재배사는 환경정책기본법상 소규모 환경영향평가 대상도 되지 아니하는 작은 규모의 초년생이 처음 시작하는 규모로서 법인회사는 설립 된지 얼마 되지 않았지만 10여 년 전부터 주변 친구 등이 버섯을 재배하고 있어서 청구인도 3년 전부터 관심을 가지고 수시로 재배기술을 배워서 터득하고 있었으며 버섯재배에 관한 다양한 책자를 구입하여 계속 실습 및 연구하고 있는 중이다.

바. 산림청에서는 산림의 공익적 기능을 도모하기 위하여 보전산지를 개발함에 있어 조심스럽게 또는 국민이 불편하리만치 까다롭게 행위제한을 두었고, 개발대상지일지라도 부분별한 난개발 방지 등을 위해 「산지관리법」 제18조, 같은 법 시행령 제20조에 산지전용허가기준을 두었으며, 이를 또 세분화하여 같은 법 시행규칙 별표, 별지 등에 세부사항을 두어 산지를 효율적으로 관리하고 있는 것이 우리나라 산림행정임에도,

　피청구인은 이러한 산지관리법상의 모든 규정을 무시한 채 일방적으로 산림의 공익적 기능만 내세우는 것은 물론 해당되지도 않는 타 법까지 운운하면서 보완사항이고 불수리 대상도 되지 않는 사업계획서 작성 미흡을 이유로 이 사건 처분을 한 것은 재량권을 남용한 처분일 뿐만 아니라, 청구인은 피청구인의 이 사건 처분으로 인해 최소 1년 이상의 사업지연으로 인한 막대한 경제적 손실을 입고 있으므로 피청구인의 이 사건 처분은 취소되어야 한다.

## 3. 피청구인 주장

가. 신청지는 ○○봉에서 ○○산으로 이어지는 능선부를 포함하고 있는 보전산지(임업용산지)로서 대부분이 소나무군락(수령은 40년 이상으로 추정)지역 및 ○○지역 식생특성을 잘 나타내는 식물군락지역으로서 산림의 임업생산성 증진, 재해방지, 수원보호, 자연생태계보전 및 국민보건휴양증진과 산림의 공익적 기능증진을 위하여 보호되어야 할 산림에 해당하므로 소나무를 굴취하였을 경우 자연경관을 현저히 저해할 뿐만 아니라 생태축 보호측면에서도 부적합하며 산지전용신고서상 버섯재배사의 사업계획도 전반적으로 타당성이 결여되었으며,

　전국 생태자연도 고시(환경부고시 제2007-68호, 2007.4.11)를 보면 신청지역은

2등급 권역이었으나 2010년 시행된 제3차 자연환경조사에서 동 지역의 소나무군락은 식생전문가에 의해 식생보전등급 Ⅱ등급, 생태자연도 Ⅰ등급 권역에 해당(생태자연도 1등급 권역은 자연환경의 보전 및 복원을 원칙으로 함)되는 것으로 조사되었다.

나. 신청지는 주식회사 ○○쏠라가 2010.11.1 ○○도지사로부터 전기사업허가증을 발부받아 2010.11.30 태양광발전소 건립목적으로 산지전용허가를 신청하였으나 2011.1.2 ○○지방환경청 사전환경성 검토결과 사업예정지역의 생태적 가치, 생태축 보호 등을 고려할 때 개발행위보다 원형대로 보전하는 것이 바람직한 것으로 판단된다는 이유로 부동의 협의되었고, 2011.2.24 신청지내의 사업면적을 축소하여 한 동일사업 목적의 산지전용허가 재신청에 대하여도 2011.12.2 원주지방환경청 사전환경성 검토 결과 에너지 자립 및 기후변화 대응을 위한 재생 에너지사업임에도 불구하고 개발행위보다는 원형대로 보전하는 것이 타당하다는 이유를 들어 재 부동의 하였음에도,

청구인은 사업자와 목적사업만 변경하여 또 다시 이 사건 산지전용신고를 하였는데, 신청지는 「산지관리법」 제1조 및 제3조 규정에 따라 체계적·계획적으로 관리되어야 하는 산지로 보전되어야 하는 것이 타당하므로 피청구인의 이 사건 처분은 적법·타당하고 청구인의 청구는 이유 없으므로 기각되어야 한다.

### 4. 관계법령

「산지관리법」 제1조, 제3조, 제12조, 제14조, 제15조
「산지관리법 시행령」 제12조, 제15조, 제17조, 제18조[별표3]
「산지관리법 시행규칙」 제10조, 제10조의2, 제13조, 제15조
「임업 및 산촌 진흥촉진에 관한 법률」 제2조
「임업 및 산촌 진흥촉진에 관한 법률 시행령」 제2조

### 5. 인정사실

양 당사자간 다툼이 없는 사실, 청구인과 피청구인이 제출한 청구서, 답변서 및 증거자료 등 제출된 각 사본의 기재에 의하면 다음 사실을 인정할 수 있다.

위 1. 사건개요에 적시한 바와 같이 피청구인은 2013. 12. 12. 버섯재배사(표고)를 운영하고자 한다는 청구인의 산지전용신고에 대하여 산림의 공익성 기능 증진, 자연환경 및 생태계 보전 등의 사유로 불수리 통보하였다.

### 6. 판 단

가. 「산지관리법」 제15조 제1항 제1호, 같은 법 시행령 제17조 제2항 제1호, 제18조

제2항[별표3]에 따르면 "산지전용·산지일시사용 제한지역이 아닌 산지에서 임업인이 설치하는 시설로서 부지면적이 1만제곱미터 미만의 면적에서 산림경영·산촌개발·임업시험연구를 위한 시설과 그 부대시설 설치 용도로 산지전용을 하려는 자는 같은 법 제14조 제1항에도 불구하고 국유림의 산지에 대하여는 산림청장에게, 국유림이 아닌 산림의 산지에 대하여는 시장·군수에게 신고하여야 한다."라고 되어 있고,

「임업 및 산촌 진흥촉진에 관한 법률」제2조 제2호, 같은 법 시행령 제2조에 따르면, "임업인이라 임업에 종사하는 자로서 ①3헥타르 이상의 산림에서 임업을 경영하는 자, ②1년 중 90일 이상 임업에 종사하는 자, ③임업경영을 통한 임산물의 연간 판매액이 120만원 이상인 자, ④「산림조합법」제18조에 따른 조합원으로서 임업을 경영하는 자"라고 되어 있다.

나. 살피건대, 청구인은 청구인의 산지전용신고서가 산지관리법상 아무런 문제가 없을 뿐만 아니라 환경정책기본법상 소규모 환경영향평가 대상도 아님에도 피청구인이 이 사건 처분을 한 것은 부당하다고 주장하나,

청구인의 신청사항은 산지전용신고대상이 아닌 산지전용허가에 해당하는 것이므로 피청구인으로서는 청구인에게 이에 대한 안내를 하여 적법한 절차에 따른 신청을 하도록 하였어야 함에도 이를 소홀히 한 측면이 있으나, 피청구인으로서는 산지전용신고가 있을 경우에도 산지전용허가의 대상인 경우 관련 규정에 따라 청구인의 신청내용이 산지전용허가 기준에 맞지 않는다고 판단하여 이 사건 처분을 한 것으로 보여지므로 이와 같은 피청구인의 처분이 위법·부당하다고 보기 어려울 뿐만 아니라,

산림경영·산촌개발 등을 위한 시설을 설치하고자 하는 자는 산지관리법령에 따라 임업인이 설치하는 시설로서 부지면적이 1만미터 미만일 것으로 되어 있고, "임업인"이라 함은 위에 적시한 요건을 갖춘 자가 해당된다고 할 것이나 청구인의 농업회사법인은 임업에 종사한다고 볼 수 없으므로 위와 같은 자격요건을 갖추지 못하였다고 할 것이다.

## 7. 결 론

그렇다면, 청구인의 주장을 인정할 수 없으므로 청구인의 청구를 받아들이지 않기로 하여 주문과 같이 재결한다.

## 산지전용협의 및 개발행위허가 불가 건축신고 반려처분 취소 청구

[국민권익위원회 제특행심 2011-30, 2011.7.27, 기각]

【재결요지】

청구인의 대리인을 포함한 청구 외 27명은 2006. 01. 13. 이 사건 동일 지역에서 이미 산림형질변경 불허가 처분에 대한 대법원 최종 판결에서 기각되어 이 사건 처분이 재량권의 한계를 벗어났다고 보기 어려운 점, 「제주특별자치도 도시계획조례」 제16조 별표 1 기준1호 분야별 검토사항 중 "가"항 공통분야(중산간 지역(표고 200m에서 600m 사이에 지역)은 개발행위로 인하여 그 지역과 주변지역에 지하수오염, 생태계파괴 및 위해발생 등의 우려가 없을 것)에 부적합한 경우 건축허가 등 제한하고 있는 점, 청구인은 2011. 01. 10. 국민권익위원회에 이 사건 처분은 부당하니 구제하여 달라는 고충민원을 제기하였으나 이유가 없음으로 요구가 받아드리지 않는 점 등 산지전용협의 및 개발행위허가 불가 건축신고를 제한할 공익상 필요가 있다고 보아야 할 것이고 이는 이사건 처분으로 입게 될 청구인의 손해에 비하여 결코 적다고 할 수 없으며, 이 사건 처분이 피청구인에게 재량권의 범위를 일탈·남용한 위법·부당함이 있다고 볼 수는 없다 할 것이다.

【주문】

청구인의 청구를 기각한다.

【청구취지】

피청구인이 2011. 02. 17. 청구인에 대하여 한 "산지전용협의 및 개발행위허가 불가에 따른 건축신고 반려 처분"을 취소한다.

【이유】

1. 사건개요

가. 청구인은 2011. 01. 11. 피청구인에게 제주시 구좌읍 송당리 산128-4번지 임야 2,031㎡ 중 330㎡에 연면적 96.68㎡, 지상2층 규모의 단독주택 건축을 위하여 개발행위허가신청 및 건축신고를 하였다.

나. 피청구인은 건축신고에 의제 처리되는 산지전용허가를 건축민원과로 협의요청 하였으며, 건축민원과의 산지전용협의 불가사항을 근거로 단독주택의 개발행위허가는 신청지를 포함한 인접산지가 무분별하게 난 개발되어 중산간 지역 생태계파괴 및 자연환경이 현저히 훼손될 우려가 있다고 판단하여 2011. 02. 17. 산지전용협의 및 개발행위허가 불가에 따른 건축신고 반려처분 (이하 '이 사건 처분'이라 한다)을 하였다.

2. 청구인 주장
가. 제주시 ○○읍 ○○리 산 129-6번지(윤○○ 소유) 단독주택건축을 위하여 2000. 07. 20. 주택신축에 따른 진입도로용 농지전용허가와 2000. 07. 31. 주택에 따른 진입도로용 초지전용허가 등을 (구)북제주군수로부터 득하였고, 2000. 08. 01. ○○읍 ○○리 산 128외 2필지 8,327㎡의 주택건설 및 진입도로 개설부지로 산림형질변경허가를 득하여 2002. 12. 12. 준공한 바 있다.
나. 피청구인은 현재까지 중산간 지역에 단독주택 건축허가를 해준 것이 많다. 이 사건 처분은 신뢰 보호원칙과 형평성의 원칙에도 어긋나고 사유재산권 침해 및 위법·부당한 거부 처분이다.

3. 피청구인 주장
가. ○○읍 ○○리 산128-4번지는 이미 대법원에서 산림형질변경 불허 확정판결이 된 필지(○○리 산128-4외 33필지)에 포함된 산지이고, 청구인의 개발행위, 산지전용 및 건축행위로 인하여 이미 분할(56필지)된 인근 산지로 무분별하게 난개발이 예상되고 있다.
나. 중산간 지역의 난개발 예방 및 방지라는 공익적인 측면이 크다고 판단될 뿐 만 아니라 대법원 판결에 반하는 결과를 초래함으로써 청구인의 청구는 마땅히 기각되어야 한다.

4. 관계법령
가. 「국토의 계획 및 이용에 관한 법률」 제56조 및 제58조
나. 「국토의 계획 및 이용에 관한 법률」 시행령 제56조 및 별표 1의 2 개발행위허가 기준
다. 「제주특별자치도 도시계획조례」 제16조 별표1 개발행위허가 기준
라. 「산지관리법」 제1조

5. 인정사실
이 사건 당사자가 우리 위원회에 제출한 자료들을 종합하여 보면, 다음과 같은 사실들을 인정할 수 있다.
가. 청구인은 2006. 01. 13. 대법원 판결(사건 2005두 10521호)에서 이 사건 처분과 동일한 산지전용협의 불가지역으로 기각된 바 있다.
나. 청구인은 2007. 03. 27. 제주시 구좌읍 송당리 산 128-4번지상의 건축신고(민원1회 방문처리)를 하였으나, 피청구인은 2007. 04. 24. 건축신고 및 산지전용허가 신청 불허 처분사항을 알렸다.
다. 청구인은 2010. 03. 08. 제주시 구좌읍 송당리 산 128-4번지상의 건축신고를 신청 하였으나 개인적인 사정으로 취하한바 있으며, 청구인은 2010. 03. 20. 건축신고 신청

취하 수리하였다.

라. 청구인은 2011. 01. 10. 국민권익위원회에 이 사건 처분은 부당하니 구제하여 달라는 고충민원을 제기하였으나 이유가 없음으로 요구가 받아드리지 않았다.

마. 청구인은 2011. 01. 11. 건축신고를 위한 민원신청 확인서를 피청구인에게 제출하였다.

바. 피청구인은 2011. 02. 17. 산지전용협의 및 개발행위허가 불가에 따른 건축신고 반려를 청구인에게 통지한 사실이 있다.

6. 판단

가. 살펴보건대, 「국토의 계획 및 이용에 관한 법률」 제58조 및 같은 법 시행령 제56조 [별표1] 개발행위허가 기준1호 분야별 검토사항 중 "라"항 주변지역과의 관계기준에는 '개발행위로 인하여 당해지역 및 그 주변지역에 대기오염, 수질오염 등에 의한 환경오염 및 위해발생 등이 발생 우려가 없을 것' 과 「제주특별자치도 도시계획조례」 제16조 별표1 기준1호 분야별 검토사항 중 "가"항 공통분야에는 '중산간 지역(표고 200m에서 600m 사이에 지역)은 개발행위로 인하여 그 지역과 주변지역에 지하수오염, 생태계파괴 및 위해발생 등의 우려가 없을 것'을 규정하고 있다.

나. 개발행위에 관련하여 대법원은 "산림훼손은 국토의 유지와 환경의 보전에 직접적으로 영향을 미치는 행위이므로 법령이 규정하는 산림훼손 금지 또는 제한지역에 해당하는 경우는 물론 이러한 지역에 해당하지 아니하더라도 허가관청으로서는 산림훼손허가 신청 대상토지의 현상과 위치 및 주위의 상황 등을 종합적으로 고려하여 국토 및 자연의 유지와 환경의 보전 등 중대한 공익상 필요가 있다고 인정될 때에는 비록 법령에 명문의 근거가 없더라도 거부 처분을 할 있고, 산림훼손허가를 하면서 고려하여야 할 공익침해의 정도 예컨대 자연경관의 훼손정도, 소음·분진의 정도, 수질오염의 정도 등에 관하여 반드시 수치에 근거한 일정한 기준을 정하여 놓고 허가 여부를 결정하여야만 하는 것은 아니며, 산림훼손을 필요로 하는 사업계획에 나타난 사업의 내용, 규모, 방법과 그것이 환경에 미치는 영향 등의 여러 사정을 종합하여 사회관념상 공익침해의 우려가 현저하다고 인정되는 경우에는 불허가할 수 있는 것이다"(대법원 2005. 04. 29. 선고 2004두13691)고 판시하고 있다.

다. 위 인정사실과 이 사건 처분의 정황을 종합적으로 판단하여 볼 때, 청구인의 대리인을 포함한 청구 외 27명은 2006. 01. 13. 이 사건 동일 지역에서 이미 산림형질변경 불허가 처분에 대한 대법원 최종 판결에서 기각되어 이 사건 처분이 재량권의 한계를 벗어났다고 보기 어려운 점, 「제주특별자치도 도시계획조례」 제16조 별표1 기준1호 분야별 검토사항 중 "가"항 공통분야(중산간 지역(표고 200m에서 600m 사이에 지역)은 개발행위로 인하여 그 지역과 주변지역에 지하수오염, 생태계파괴 및 위해발생 등의 우려가 없을 것)에 부적합한 경우 건축허가 등 제한하고 있는 점, 청구인은 2011. 01.

10. 국민권익위원회에 이 사건 처분은 부당하니 구제하여 달라는 고충민원을 제기하였으나 이유가 없음으로 요구가 받아드리지 않는 점 등 산지전용협의 및 개발행위허가 불가 건축신고를 제한할 공익상 필요가 있다고 보아야 할 것이고 이는 이사건 처분으로 입게 될 청구인의 손해에 비하여 결코 적다고 할 수 없으며, 이 사건 처분이 피청구인에게 재량권의 범위를 일탈·남용한 위법·부당함이 있다고 볼 수는 없다 할 것이다.

7. 결론
그렇다면, 청구인의 청구는 이유 없다고 인정되므로 주문과 같이 재결한다.

[행정심판례 모음]

## 토석채취기간연장 불허가처분 취소청구

[국민권익위원회 경남행심2013-60, 2013.4.24, 인용]

**【재결요지】**

기간연장허가 역시 피청구인의 재량행위임을 인정한다 하더라도 이 사건 불허가처분으로 인해 달성하려는 공익과 청구인이 받게 될 불이익을 비교형량 해 볼 때, 청구인의 경우 기간연장 불허가처분으로 인해 채취 작업이 중단될 경우 계획 수량을 전량 채취하지 못함으로 인한 상당한 손해 발생이 충분히 예상되는바, 기 훼손되어 있는 지역에 추가 훼손을 방지하고자 하는 공익의 필요성 보다 청구인이 입게 될 사익의 침해가 더 클 것으로 보인다. 이 사건 최초 허가 및 연장 허가의 경우 채취수량에 비하여 허가기간이 적정하게 책정되었다고 보기 힘들고, 중간복구명령에 대해서는 일부 이행한 사실이 있으며, 주변 환경에 별다른 사정 변경이 있다고 보이지는 않으므로 재해발생 및 경관저해를 불허가 처분의 사유로 삼기는 힘들다. 또한 폐기물 적치에 대해선 관련법에 따라 행정조치 하면 족하고 이를 불허가의 사유로 삼을 수는 없으며, 특히 이 사건 불허가 처분으로 인해 달성코자 하는 공익보다 청구인이 입게 될 불이익이 크다고 판단됨으로 이 사건 불허가 처분은 재량권을 일탈·남용하여 위법·부당하다 할 것이다.

**【주문】**

피청구인이 2013.1.4 청구인에게 한 토석채취기간연장 불허가처분은 이를 취소한다.

**【청구취지】**

피청구인이 2013.1.4 청구인에게 한 토석채취기간연장 불허가처분은 이를 취소한다는 재결을 구함.

**【이유】**

1. 사건개요
    가. 청 구 인 : 주식회사 ○○실업(대표이사 ○○○)
    나. 피청구인 : ○○군수
    다. 청구내용
        청구인은 ○○군 ○○면 ○○리 ○번지 외 1필지(농림지역, 임야, 196,440㎡) 중 31,604㎡에 대하여 보통암 484,080㎥를 2006.11.13부터 2012.12.31까지(본 허가 : 2006. 11.13~2011.6.30, 1차 연장허가 : 2006.11.13~2011.12.31, 2차 연장허가

: 2006. 11.13~2012.6.30, 3차 연장허가 : 2006.11.13~2012.12.31) 쇄골재용으로 채취하는 내용의 채석허가를 받은 후, 허가받은 채석기간 내에 토석을 채취하지 못하자, 2012. 12.26 피청구인에게 토석채취기간을 2014.12.31까지로 연장하는 토석채취기간연장 허가신청을 하였으나, 피청구인은 2013.1.4 "본 허가 기간만료 이후 3회에 걸쳐 기간연장허가를 하였음에도 채취 작업을 미온적으로 실시하여 계속 잔량을 발생시켰을 뿐만 아니라, 수차에 걸쳐 상부에서 하부로 복구를 위한 계단식 채취 작업토록 하였음에도 이를 이행하지 않았고, 2012.7.2자로 채취 작업 완료지에 대한 중간복구명령을 조치하였으나 기한 내 미복구로 수차 촉구하였음에도 현재까지 완료하지 않고 있어, 많은 강우 시 불안정사면의 토석류 유출로 인한 산림재해 발생우려가 있으며, 장기간 미복구로 인한 도경계 도로변 경관저해는 물론 오랜 기간 동일 장소 채석작업으로 인해 인근 마을 주민의 일상생활에 불편을 초래하고, 토석채취 기간연장 허가지내 폐기물(무기성오니) 불법매립 등 수차에 걸친 위법행위가 있었음"을 사유로 불허가처분 하였는바, 이의 취소를 청구한 사건이다.

## 2. 청구인 주장의 요지

가. 청구인의 신분

청구인은 건설자재 생산 및 판매업을 위하여 1987.7.1 설립된 이래 ○○군 ○○면 ○○리 ○번지(임야, 53,308㎡)와 같은 리 1-14번지(임야, 143,132㎡) 토지에 대하여 피청구인으로부터 채석 허가를 받아 토석 채취를 해오고 있는 회사이다.

나. 채석 토지의 현황 및 채석 허가기간

1) 채석 토지의 현황

청구인이 2003. 12월경 피청구인으로부터 건설 자재용 토석 채취허가를 받아 토석을 채취한 토지는 ○○군 ○○면 ○○리 ○번지(임야, 53,308㎡)와 같은 리 1-14번지(임야, 143,132㎡) 등 도합 196,440㎡이다.

2) 토석채취허가 및 기간연장허가 내역은 다음과 같다.

1. 본 허가

  가. 1차 허가

    1) 채취기간 : 2003. 11월경부터 2006.12.31까지

    2) 허가량 전량 채취

  나. 2차 허가

    1) 채취기간 : 2007.1.1부터 2011.6.30까지

    2) 허가량 : 484,080$m^3$

2. 기간연장허가

  가. 1차 허가(174,474$m^3$)

    1) 신청기간 : 2011.7.1부터 2013.3.31까지(19개월)

2) 허가기간 : 2011.7.1부터 2011.12.31까지(6개월)
나. 2차 허가(156,706m³)
 1) 신청기간 : 2012.1.1부터 2014.12.31까지(36개월)
 2) 허가기간 : 2012.1.1부터 2012.6.30까지(6개월)
다. 3차 허가(156,706m3, 동 수량은 약 80,000m3 착오)
 1) 신청기간 : 2012.7.1부터 2012.12.31까지(6개월)
 2) 허가기간 : 2012.7.1부터 2012.12.31까지(6개월)
 ※ 청구인이 기간을 6개월로 신청한 것은 피청구인의 요구에 의한 것임
다. 피청구인의 불허가처분 사유는 다음과 같다.
 1) 본 허가 기간 만료 이후 3회에 걸쳐 기간연장 허가를 하였음에도 채취 작업을 미온적으로 실시하여 잔량을 발생시켰음.
 2) 수차에 걸쳐 상부에서 하부로 복구를 위한 계단식 채취 작업토록 명령하였음에도 이를 이행하지 아니하였음.
 3) 2012.7.2자로 채취 작업 완료지에 대한 중간복구 명령을 조치하였으나 기한 내 미복구로 수차 복구를 촉구 하였음에도 현재까지 완료하지 않고 있어 많은 강우 시 불안정 사면의 토석류 유출로 인한 산림재해 발생이 우려됨.
 4) 장기간 미복구로 인한 도경계 도로변 경관저해는 물론 오랜 기간 동일 장소에서의 채석 작업으로 인해 인근 마을 주민의 일상생활에 불편을 초래하고 있음.
 5) 토석채취 기간연장허가지내 폐기물(무기성 오니) 불법매립으로 인한 적법조치 등 수차에 걸쳐 위법 행위가 발생하였음.
라. 이 사건 처분의 부당성
 1) 첫 번째 사유에 대하여
  가) 청구인은 2006. 10월경 채석기간을 2006.11.1부터 2011.6.30까지로, 면적을 31,604㎡로, 수량을 484,080㎥로 하는 토석채취 허가신청을 하였고 피청구인은 2006.11.27 청구인이 신청한 위 면적 및 수량에 대하여 채취 기간을 2006.11.3부터 2011.6.30까지로 하여 허가하였다.
  나) 그러나 청구인이 채취 허가를 받아 채석하고자 하였던 위 면적에 분포된 암석의 재질강도가 일반적인 암석의 강도인 평균 800kg/㎠ 내지 1,000kg/㎠ 보다 평균 500kg/㎠ 내지 800kg/㎠ 강한 1,300kg/㎠ 내지 1,600kg/㎠ 상당의 고강도 암석이었다.
  다) 암석의 재질이 고강도라 대량의 화약을 투입하여 발파하는 방법으로 작업을 하면 단기간 내에 많은 양의 토석을 채취 할 수도 있으나, 당시 채취는 규정상 계단식 채취를 하도록 되어 있었기 때문에 화약을 대량 투입하여 발파하는 방법으로의 작업은 불가능하거나 제한적일 수밖에 없었다.
  라) 뿐만 아니라 위 채석 현장은 지형적으로도 많은 채석 장비의 투입이 어려운 지역이기 때문에 부득이 높은 작업비용 부담에도 불구하고 부분별 소규모의

발파를 거쳐 2차 작업인 인력과 장비를 투입하는 방법을 택하여 채취 작업을 하고 있었기 때문에 채취 허가기간 내 허가 채취량을 채취하는 데는 한계가 있을 수밖에 없었으므로 그 기간 내 허가분 전량을 채취하지 못하고 약 174,476㎥ (측량결과) 상당의 잔량을 발생시키게 된 것이다.

마) 이에 따라 청구인은 2011. 6월경 위 잔량 174,476㎥를 다시 채취하기 위하여 위 작업 방법을 기준으로 산정한 예상 소요기간을 연장허가 신청기간(2011. 7.1부터 2013.3.30까지)으로 하는 토석채취 기간연장허가 신청을 하였으나, 피청구인은 위 기간을 신청기간으로 신청할 수밖에 없는 사실에 대한 청구인의 소명에도 불구하고 채석기간을 2011.7.1부터 2011.12.31까지 단축하여 허가를 한 것이다.(이하 '1차 신청'이라 한다.)

바) 청구인의 위 기간 허가신청에도 불구하고 불과 6개월을 채취 기간으로 하여 허가를 함으로써 동 기간 내 잔량 모두를 채취할 수 없었던 청구인은 다시 남게 된 잔량인 156,706㎥를 채취하기 위하여 2011.12.21경 피청구인에게 단기간으로는 위 잔량 상당의 고강도 암석을 채취하는데 어려움이 있다는 사실과 당시 진행되고 있던 건설 경기의 불황 등을 설명하고 아울러 이를 감안하여 채석기간을 2012.1.1부터 2014.12.31까지(3년)로 하는 토석채취 기간연장허가 신청(이하 '2차 신청'이라 한다.)을 하였다.

사) 그러나 피청구인은 이번에도 청구인이 호소한 위 작업 사정과 채취가능 기간에 대한 고려 없이 또 다시 연장허가기간을 2012.1.1부터 2012.6.30까지(6개월) 허가를 함으로써, 청구인은 역시 허가기간 내에 위 허가 신청한 잔량 중 약 70,000㎥ 정도만 채취하고 약 80,000㎥ 정도가 잔량으로 남게 되었다.

아) 그래서 청구인은 피청구인에게 다시 위 토석채취 현장의 지형상태, 암석의 강도로 인한 작업의 어려움, 건설경기 불황으로 부득이 허가기간을 장기간으로 신청할 수밖에 없는 사실을 설명하면서 채취기간을 2년으로 하는 기간연장허가 신청을 하겠다는 의사를 표시하자 피청구인은 앞으로도 계속적으로 연장허가 할 것임을 암시하면서 우선 6개월을 기간으로 하는 기간연장허가 신청을 하도록 한 것이다.

자) 허가기관인 피청구인의 요구를 거역할 수 없었던 청구인은 피청구인이 계속적으로 연장허가를 하겠다고 암시한 것으로 믿고 2012. 6월 말경 위 잔량 80,000㎥에 대하여 피청구인이 지시한 기간인 2012.7.1부터 2012.12.31까지를 허가신청 기간으로 하는 토석채취 기간연장허가 신청(이하 '3차 신청'이라 한다.)을 하였다. 그러나 피청구인은 청구인의 위 기간연장허가 신청에도 불구하고 그 즉시 허가 통보를 하지 아니하고 약 2개월 7일이 지난 2012.9.7경에 이르러 허가기간이 2012.7.1부터 2012.12.31까지로 된 허가서를 발송하였다.

차) 따라서 청구인은 피청구인으로부터 채취기간을 6개월로 하는 채취기간 연장허가를 받았지만 약 2개월이 지난 위 일시에 이르러 통보를 받았기 때문에 위 기간의

허가에도 불구하고 실제 채취가 가능한 기간은 약 3개월 20일 정도에 불과하였고, 위 기간도 토석채취를 위한 준비 작업을 하는데 상당한 기간이 소요되었을 뿐만 아니라 2012. 12월에 불어 닥친 한파로 인해 채취 작업을 거의 하지 못하였다.

카) 위와 같은 불이익에도 불구하고 한 차례의 이의도 하지 못한 채 전전긍긍 하고 있던 청구인은 2012. 12월 말경에 이르러 다시 허가기간을 2013.1.1부터 2014. 12.31까지로 하는 토석채취 기간연장허가 신청(이하 '4차 신청'이라 한다.)을 하였으나, 피청구인은 전술한 바와 같은 사유를 들어 청구인의 토석채취 기간연장 불허가처분을 한 것이다.(당시 2차 채취로 잔량이 약 80,000㎥ 정도 밖에 되지 않았음에도 3·4차 신청 시에 채취수량을 156,706㎥로 한 것은 설계사의 면적대비 계산에 착오가 있었기 때문이다.)

타) 따라서 전술한 사실 등을 보면 잔량의 발생 원인에 대한 책임이 청구인에게만 있는 것이 아니고 피청구인에게도 일부 있음이 분명하고 또 허가여부를 판단함에 있어 청구인에게 소명의 기회를 주어야 하지만 피청구인은 소명의 기회를 주지도 아니하고 불허가 한 이 사건 처분은 위법하다.

2) 두 번째 사유에 대하여

가) 피청구인은 청구인이 상부에서 하부로 복구를 위한 계단식 채취 작업을 이행하지 않았다고 한다. 산지의 토석채취는 계단식으로 하는 작업을 하지 아니하면 채취 작업이 불가능한데 그 이유는 장비를 하부에서 상부로 옮겨가며 작업을 할 수 없기 때문이다. 또한 채취 후 복구도 계단식 방법으로 채취 작업이 이루어져야 복구가 가능한 것이다.

나) 따라서 청구인도 토석채취 허가지가 산지이기 때문에 최초 토석 채취허가를 받았을 때부터 계단식으로 토석채취 작업을 한 다음 뒤이어 아무런 하자 없이 복구 완료하였고, 이후의 토석채취 기간연장허가 신청 토지에 대해서도 계단식으로 토석 채취를 한 것이므로 청구인은 위 토석채취 작업과 관련하여 작업 방법을 위반하거나 허가기준을 위배한 사실이 없다.

다) 피청구인의 처분 이유가 혹시 선 채취, 후 복구가 아닌 부분별 채취와 복구가 동시에 이루어지지 않았다는 것을 지적하는 것이라면 이는 작업 방법을 도외시 하는 것이라 하지 않을 수 없다. 왜냐하면 산지의 경우는 상부에서 점차적으로 하부로 이동하며 토석을 채취하여야 하기 때문에 단계별 채석과 복구를 동시 작업으로 한다는 것은 옳은 작업 방법이 될 수가 없으며, 또 그러한 작업 방법은 비능률적이고 비효율적일 뿐 아니라 안전사고 발생의 요인이 될 수도 있고, 청구인이 채취하여 가공하여 판매하는 제품의 단가 상승에도 영향을 줄 수 있어 옳은 방법의 작업이 될 수 없다.

라) 따라서 청구인이 한 토석채취 작업과 관련하여 특별한 하자 또는 피해가 발생한 사실이 없고, 발생할 개연성 또한 없는 위 작업 방법에 대하여 잘못이 있었다고

할 수 없으므로 계단별로 채취와 복구를 하는 방법으로 작업이 이루어지지 않았다는 것을 사유로 한 이 사건 처분은 적법한 처분 사유가 될 수 없다.

3) 세 번째 사유에 대하여

가) 피청구인이 한 토석채취 작업 완료지에 대한 중간복구명령 부분은 앞서 언급한 것과 같이 청구인에 의하여 토석채취와 복구가 이루어지고 있었던 부분으로 동 채취지의 복구 진행 상태는 피청구인의 불허 사유와 달리 4단 중 3단의 복구는 이미 완료된 상태이다.

나) 그리고 나머지 4단도 일부 미복구 부분이 있기는 하나 이는 2012년 겨울의 유래 없는 한파 때문에 다소 복구가 지연되고 있었을 뿐이지 피청구인의 복구명령에 불복하거나 복구를 기피한 것이 아니다.

다) 또 복구를 완료하지 않아 많은 강우 시 불안정사면의 토석 유출로 인한 산림재해 발생이 우려된다고 하나 이 역시 우려할 정도가 아닌데 그 이유는 청구인이 불안정사면과 관련하여, 2005.5.10 ○○대학교 산업기술연구원에 의뢰하여 실시한 사면안정성 검토에서 이 사건 허가지는 강질의 암반과 경사면 등의 여건상 문제가 없다는 검증을 거쳤고 그 결과에 따라서 채석허가를 했기 때문이다.

라) 뿐만 아니라 청구인은 매년 사후 환경영향평가조사를 실시한 다음 그 결과를 환경청과 피청구인에게 보고하고 있을 뿐만 아니라 불안정사면과 관련하여 피청구인과 낙동강유역환경청의 감시·감독도 수시로 받고 있으며, 또 그 감독 결과에 따라 작업을 시행하여 왔기 때문에 토석류 유출은 물론 산림재해 발생은 우려할 상황이 아니라 하겠다.

마) 환경영향평가와 관련하여 다시 언급하면 청구인은 위 토석채취와 관련하여 분기별 사후영향평가를 통하여 주변의 환경 보전과 채석지의 환경 보전을 위한 평가 작업을 연속으로 실시하고 있는데, 청구인은 그 실시 비용으로 연간 약 2,000만 원 상당의 비용을 투입하여 환경조사와 평가를 받고 있기 때문에 피청구인이 우려하는 환경 및 경관 저해의 염려는 기우에 불과하다.

바) 따라서 중간복구는 전술한 바와 같은 사정에 의하여 다소 지연되기는 하였으나 순차적인 복구가 이루어지고 있고, 불안정사면 및 사후환경영향평가 또한 위에서 밝힌 바와 같이 검증되었거나 계속적으로 검증 되고 있는 사실 등에 비추어 볼 때, 이를 이유로 한 피청구인의 불허가처분은 적법한 처분이라 할 수 없다.

4) 네 번째 사유에 대하여

가) 피청구인은 주민들의 일상생활에 불편을 초래한다고 하지만 이 역시 사실과 다르다. 왜냐하면 이 사건 채석지로부터 가시권내 즉 「산지관리법」상 제한거리 내에는 마을이 없고, 다만 경남도의 경계로부터 약 1㎞ 거리인 ○○시 ○○군 지역에 집단 마을 하나가 있으나 이는 허가 제한거리 밖이다.

나) 그리고 청구인은 위 마을이 제한거리 밖에 있지만 제한거리 규정 및 「산지관리

법」 소정의 규정과 관계없이 주민들에게 피해가 가지 않도록 이들의 의견을 충분히 수렴하여 대비하고 있다. 또 위 마을 주민들은 본 허가 신청 당시는 물론 상당기간이 지난 지금에 있어서도 청구인의 채석장 운영 또는 기간연장허가와 관련하여 이의제기 등의 민원을 제기한 사실이 전혀 없다.

다) 따라서 불안정사면, 산림재해 발생우려, 경관 저해가 될 만한 사유가 전혀 없을 뿐 아니라, 인근마을 주민들의 민원 등이 발생하거나 발생할 우려가 전혀 없음에도 불구하고 이를 이유로 한 청구인의 이 사건 불허가처분은 위법하다.

5) 다섯 번째 사유에 대하여

가) 피청구인은 청구인이 토석채취기간연장허가지 내에 폐기물(무기성오니)을 불법 매립하는 등의 불법 행위를 저질렀다고 하고 있다. 그러나 청구인은 위 토석채취 기간연장 허가지 내 폐기물 보관 장소를 마련하여 두고 원석의 채취 및 가공 과정에서 발생한 폐기물을 보관하고 있었던 것은 사실이나 그 폐기물을 채취지 내에 불법 매립하거나 유출한 사실은 없다.

나) 위 폐기물은 원석의 채취 및 가공 과정에서 발생하는 것인데 동 폐기물은 「폐기물 관리법」에 의거 사용실태 등을 점검·관리할 경우 이를 보관하고 있으면서 건축공사장 바닥용, 토지의 객토용, 성토용, 산지 복구용 등으로 사용할 수 있기 때문에 청구인은 1998.2.6 피청구인으로부터 재활용 허가를 받은 다음 폐기물 관리 규정에 따라 보관·관리하면서 산지복구용으로 사용하는 한편 일부는 청구인이 계획하고 있던 산업단지 조성 성토재로 사용(청구인은 이 사건 토석 채취지에서 토석 채취가 완료될 경우 동 토지를 산업단지로 조성할 계획으로 관리하고 있음)하려고 한 것이다.

다) 그러나 「산림법」 일부가 2011.2.5 변경됨에 따라 재활용 및 적치장 보관에 제한을 받게 된 것이다. 그래서 청구인은 적치장에 보관되어 있던 폐기물을 다른 곳으로 옮겨 보관하기 위하여 이 사건 채석 토지와 가까운 주변에 약 25,000평 상당의 토지 구입을 준비하는 한편 피청구인에게 이 사건 채석이 끝나면 산업공단 조성계획과 동 공단 조성을 할 때 위 폐기물을 성토용으로 사용할 것이라는 등의 공단 조성계획과 폐기물 사용계획, 폐기물 적치장으로 사용할 토지 구입을 서두르고 있는 사실 등을 설명하며 동 토지가 구입 될 때까지 기존의 폐기물을 이전할 수 있는 기간의 유예를 요구하였다.

라) 그러나 청구인의 폐기물 적치행위가 고의에 의한 것이 아니고, 법 개정으로 본의 아니게 위반에 이르게 된 것임에도 피청구인은 청구인의 위 요청을 거절함에 따라 당시 이전할 토지 마련에 어려움을 겪던 중인 2012.9.7 이 사건 현장으로부터 약 150㎞ 정도 떨어진 곳의 관할청인 ○○ ○○시청으로부터 ○○ ○○시 ○○면 ○○리 ○○○-2번지 소재 채석장 산지복구용으로 반입 허가를 받아 반출처리 하기에 이른 것이다.

마) 따라서 청구인이 폐기물과 관련하여 3,000만 원 상당의 벌금을 받게 된 원인은 앞서도 언급한 바와 같이 「산림법」 개정에 따라 이전할 새로운 장소 마련을 준비하는 등 반출계획까지 하며 기간의 유예를 요구하였지만, 피청구인이 이를 거부하여 위 일자로 개정된 「산림법」상 폐기물 처리기준을 적용하여 고발했기 때문이다. 그러나 「산림법」이 2012.2.22 재개정(2012.8.23 시행) 됨에 따라 지금에 있어서는 관리계획을 세운 신고만으로 이를 적치해 두고 있으면서 마을농지 복토 및 채석장 산지복구용, 성토용 등으로 다양하게 재활용할 수 있게 된 것이다.
바) 따라서 청구인은 전술한 바와 같이 법 개정에 따라 위 폐기물을 다른 곳으로 옮겨야 했으나 당시 적치 물량이 많았고 또 적치장 토지를 마련하지 못하여 폐기물의 이전이 지연된 것일 뿐이고, 이러한 사정을 들어 사전에 피청구인에게 이전 유예를 신청하며 신고까지 하였던 것으로 청구인은 그 폐기물을 규정 외 장소에 매립하거나 이전한 사실이 없다.
사) 따라서 법 개정으로 위 작업에서 발생한 폐기물은 농지 복토용 및 산지 복구용 등으로 재활용이 가능함에도 폐기물 처리와 관련하여 이전의 처벌 사실을 이유로 한 이 사건 불허가처분은 위법하다.

마. 채석허가 제한구역(법정 불허가 지역)
1) 「산림법」 제90조의2제3항은 채석을 허가 하고자 하는 지역이 국토 및 자연의 보전, 문화재 및 국가의 중요한 시설의 보호 기타 공익상 필요에 의하여 대통령이 정하는 지역에 해당하는 경우에는 채석허가를 하여서는 아니된다고 규정하고 있다.
2) 같은 법 시행령 제91조의3제1항은 법 제90조의2 규정에 의한 공유림 또는 사유림 안에서의 채석 허가의 제한 등에 관하여는 제79조의 규정을 준용하도록 규정하고, 제79조제2항은 다음 각 호에 해당하는 지역 안에서는 토석을 매각할 수 없다고 규정하면서 제3호에서 철도, 궤도, 도로, 운하, 하천, 호수, 소지, 제단 또는 가옥으로부터 100m 이내 지역, 다만 국도변가시지역의 경우에는 1,000m 이내 지역, 고속도로 및 철도변가시지역의 경우는 2,000m 이내 지역, 제4호에서 분묘에 있어서는 묘역으로부터 30m 이내 지역, 다만 연고자의 동의를 받은 경우는 그러하지 아니하다고 규정하고 있다.
3) 따라서 이 사건 채석 허가지역은 그 부근인 ○○ ○○군과 사이의 지방도는 규정의 거리가 넘는 상당한 거리를 두고 있고, 위 토지의 주변 임야상에 설치된 분묘 또한 이 사건 채석장과 상당한 거리를 두고 있으며, 주변 지역인 ○○시 ○○군에 십여 가구의 집단 마을이 있으나 최단거리 가옥과 채석장 및 채석장의 부대시설과 약 1.5㎞ 이상 떨어져 있어 「산림법」 및 같은 법 시행령에 의한 제한 구역에 속하지 않는다.
4) 뿐만 아니라 청구인의 이 사건 토석채취장에서 작업 시 진동, 분진, 소음 공해 등이 발생하지만 주변을 오염시킬 정도가 아니며 또 인근 주민들에게 피해도

전혀 없다. 가사 주민들에게 피해가 있다고 하더라도 인근 주민들이 일반적으로 수인할 수 없을 정도의 공해나 안전에 문제가 있는 것도 아니어서 공익을 크게 해할 정도는 아니다.

5) 따라서 청구인의 이 사건 토석채취 기간연장허가 신청은 관계법령에서 규정하고 있는 제한구역 또는 허가조건 어디에도 위배되지 않는다. 따라서 청구인에게 법정 불허가사유가 없는 이 사건 허가 신청에 대하여 피청구인은 반드시 허가하여야 하며, 국민의 권리와 이익을 침해하는 이 사건 처분은 위법하다.

바. 재산적 손실
1) 청구인이 토석채취를 위하여 설치한 시설 및 장비는 공기압축기(21.2㎥) 1대, 쇄석기(150톤) 3대, 콘크랏샤 2대 등을 포함한 부대시설, 채석 및 운송 장비인 로우더(3.5㎥) 1대, 덤프트럭(15톤) 5대, 동력(1,980KW) 1식 등으로 약 30억 원 상당의 자금을 투입하여 위 장비를 보유하고 있다.
2) 위와 같은 큰 금액을 투자하여 채석업을 하고 있던 청구인에게 토석채취 기간연장허가를 받지 못하여 폐업을 할 경우 당장 위 투자금 30억 원 상당하는 금액의 손실을 입게 되는 것이 명백하고 설사 이를 다른 현장을 마련하여 이전을 한다고 하더라도 옮겨서 작업을 할 수 있는 기간은 차치 하고서라도 당장 위 시설물 등의 이전과 관련하여 소요되는 철거비용 및 재설치 비용으로 약 10억 원 상당이 소요될 수 있으므로 청구인은 상당한 재산적 손실을 입게 된다.
3) 뿐만 아니라 청구인이 폐업에 이를 경우 위 사업과 관련한 투자금의 손실이 불가피하고, 청구인이 고용하고 있는 10여명의 근로자들 및 그 가족들의 생계에도 상당한 어려움이 있을 수밖에 없다.

사. 결론
따라서 피청구인의 이 사건 불허가처분은 국민의 권익을 침해한 위법한 처분이므로 취소되어야 할 것이다.

아. 보충서면
1) 3회에 걸쳐 기간연장 하였음에도 채취 작업에 미온적이라는 주장에 대하여
가) 2005.7.22자로 산 ○번지 외 1필지는 복구준공 완료하였으며 본 허가지는 연접지로 2001. 7월부터 3회에 걸쳐 연장허가 된 곳으로 25년간 같은 장소라는 주장은 부당하다. 피청구인의 주장과 같이 25년간의 채취 작업으로 문제가 있었다면 주민 반대로 문제가 발생되었을 것인데 어떻게 지금까지 채석행위를 할 수 있었겠는가?
나) 암석의 재질이 일반적 재질 평균 강도인 800kg/㎠ 내지 1,000kg/㎠보다 강한 1,368kg/㎠에서 1,679kg/㎠으로 계단식 채취 시 작업이 제한적일 수밖에 없다.
다) 2차와 3차 허가 시 허가기간은 2차는 2012.1.1부토 2012.6.30까지로, 3차는 2012.7.1부터 2012.12.31까지로 되어있으나, 2차 허가 시는 2012. 3월 중순에

(사유: 더 이상 채석기간연장허가 신청을 하지 않고 복구 하겠다는 사유서 제출 강요를 청구인이 거부함), 3차 허가 시는 2012. 9월에(사유: 중간복구기간 이라는 이유) 허가증을 교부 받음으로써 실제 허가기간은 1차 6개월, 2차 3개월, 3차 3개월 통합 12개월에 지나지 않는다.

라) 채취실적이 없는 것이 아니라 2013.4.5 현지측량 후 제출된 복구 설계서에는 약 73,706㎡를 채취하고 약 83,000㎡의 잔량이 발생되었으므로, 채취실적이 전혀 없다고 주장하는 것은 부당하다. 신청수량과 잔량은 2차 기간연장신청 시부터 ○○군과 사전협의 후 당초 산출량으로 그대로 두고 단순히 기간 연장만 신청한 것이다. 채취실적이 전무한데 아무런 행정지도가 없었다면 피청구인은 청구인의 신청서를 전혀 검토하지 않았다는 것으로 이는 불허가처분의 근거가 될 수 없다.

2) 상부에서 하부 계단식 채취불이행 및 중간복구명령 미이행에 대하여

가) 현장여건상 계단식 채취를 이행하지 않으면 상단부위로 장비를 이동할 수 없으므로 계단식 채취를 이행하지 않을 수 없으며, 계단식 채취가 이루어지지 않으면 채석 종료 후에도 녹화작업이 어렵기 때문에 계단식 채취를 하지 않을 수 없다. 피청구인의 주장은 피청구인이 요구한 4단까지 계단식 채취를 지시하였는데 이를 이행하지 아니한 사항을 지적한 것으로 3단까지의 계단식 채취는 진행하고 있었다.

나) 소단 바닥에 대한 수목식재와 비탈면 수목식재, 비탈면 차폐는 2013. 4. 5. 최종 제출한 복구설계서에 계획된 사항이며 복구설계 승인 후 복구 작업 시 시행할 예정으로 채석작업 단계에서는 향후 채석허가 종료 시 완만한 복구를 위한 계단식 채취를 하면 되는 것이다.

3) 불안정사면의 산림재해 발생우려와 장기간 미복구로 인한 경관저해에 대하여

가) 경관저해 문제는 매년 약 2,000만 원의 예산을 들여 경관, 동식물, 주변환경 등을 전문기관에 의뢰하여 분기별로 사후환경영향조사를 실시하고 있고, 낙동강유역환경청의 지도점검도 받고 있는 등 경관저해 요인을 사전예방하고 있다. 그리고 매년 ○○군과 ○○○○○○청에 사후환경영향조사 영향평가 보고서를 제출하고 있다. 매년 사후환경 영향평가 보고서를 제출함에도 불구하고 피청구인은 이에 대한 불안정사면의 피해발생우려, 경관저해 등에 대해 전혀 지적이 없었다.

나) 사면안정성에 대해서는 ○○대학교 ○○○○연구소(○○○○과)에 현장 사면에 대한 안정성 검토를 거친 곳으로 붕괴우려 주장은 현실과 거리가 있다.

다) 2011. 6월부터 2011. 8월까지 비오는 날이 49일로 사면이 아닌 장소에서 자연재해로 인한 하복부지역의 붕괴가 있었고 「산지관리법」에는 재해 등으로 복구를 위한 채석연접확장 허가는 해주도록 되어있어 피청구인에게 건의하였으나 절대 해 줄 수 없다고 하는바 현재 계단식 작업에 많은 어려움이 있다.

4) 복구설계서 미제출 주장에 대하여

복구설계서승인신청서는 2013.2.8 제출하여 피청구인으로부터 2013.2.14 보완요청을 받고 2013.4.5 보완된 복구설계서를 제출하였다.

5) 채석장 주변 민원발생 주장에 대하여

가) 피청구인은 채석장 주변에 많은 민원이 제기되었다고 하나 주변 마을주민은 ○○실업과 관련하여 어떤 피해도 발생한 사실이 없으며 이의를 제기한 사실이 없다.

나) 또한 2006. 8월 청구인의 채석허가 신청에 따라 허가신청서를 접수한 피청구인이 주민 공람을 실시하여 통과되었으며, 주민 의견을 수렴한 주민동의서를 제출하라는 지시를 함에 주민찬성동의서를 제출하고 채석허가를 받은 것인데 피청구인이 기간연장허가와 관련하여 6개월씩 채석허가를 함에 있어 주민민원 문제를 제기하는 것은 논리에 맞지 않다.

6) 폐기물(무기성 오니) 처리에 대하여

가) 본 폐기물은 1998. 2월경부터 피청구인에게 재활용 허가를 받고 2010년까지 산지복구용, 성토용, 농지객토용 등으로 활용하고 수시로 피청구인의 지도점검을 받고 처리해 왔으며, 2011.2.5 산지복구용도로 활용하지 못하도록 관련법이 개정되어 부득이 보관하고 있었다.

나) 2011.2.22 「산지관리법」이 개정되어 무기성 오니를 재활용할 수 있다고 하여 피청구인에게 산지하복부 복구용으로 성토하기 위하여 복구설계서 변경을 요청하였으나 반영이 불가능하다고 하여 ○○ ○○시에 소재한 ○○산업에 협의하여 2012. 9월경 산지복구용으로 재활용 허가를 받고 현재 산지복구용으로 재활용 처리하고 있다.

다) 또한 빠른 조치를 위하여 피청구인이 인허가한 인근 공장부지 조성공사, 도로공사 현장과 협의하고 있으며, 또한 피청구인 산림과와 복구설계 시 하복부 복구용으로 재활용에 대해 협의한 결과 긍정적인 답변을 한바 2013. 4.5 복구설계에 반영하여 설계서를 제출하였다.

7) 위 사항 외에 다음과 같이 건의한다.

가) 기간연장이 불허되고 복구 작업을 하게 되면 「산지관리법」상 복구 시 발생되는 암석은 반출을 못하도록 규정되어 있어 미 채취 잔량 약 83,000㎥의 자원은 사용하지 못하고 폐기해야 하므로 자원의 활용차원에서 현실적으로 불합리하다.

나) 또 기간연장이 불허되고 복구 작업을 하게 되면 약 20,000㎡ 평지를 불필요하게 임야로 되돌려야 하므로 복구비용으로 3억 5천만 원의 비용이 발생된다. 청구인은 위 채석으로 발생된 평지를 효율적으로 활용하기 위하여 현 공장부지 30,000㎡와 연접 확장하여 2011. 10월부터 지금까지 도시계획용역 업체와 도시, 환경, 산림, 재해, 경제성, 문화재, 지구단위, 교통, 지형조사 등을 실시하고 2012.12.21

부산시 부산진구에 소재한 삼영기술단과 산업단지 개발계획 수립용역을 발주하고 ○○○○○○청과 ○○군 ○○과와 그 신청을 협의 중에 있다.

다) 위와 같이 자연재해로 인한 하복부 붕괴로 부득이한 상황이 발생되었으므로 완만한 복구를 위해서는 복구를 위한 연접확장 채석허가가 불가피하므로 연접확장 허가를 건의한다.

## 3. 피청구인 주장의 요지

가. 이 사건 처분의 경위

「산지관리법 시행규칙」 제26조제4항에 의하면 허가권자는 토석채취 기간연장의 사유 및 토석채취로 인하여 재해발생, 경관훼손이 예상되는지 여부 등을 검토하여 타당하다고 인정되는 때에 연장허가를 하도록 하고 있는데, 3회에 걸쳐 토석채취 기간연장허가를 하였음에도 신청 시 제출한 사업계획대로 정상적인 채석작업을 이행하지 않고 계속해서 잔량을 발생시켰으며, 2012년도 ○○남도 종합감사 지적사항인 중간복구 명령사항 또한 수차 독촉에도 불구하고 기한 내 완료하지 않음으로 인해 불안정사면 붕괴로 인한 산림재해 우려, 도경계 도로변 경관저해, 장기간 채석으로 인한 인근주민 불편초래는 물론 토석채취 기간연장 허가지내 폐기물(무기성오니) 불법매립 등의 위법행위가 있어 2013.1.4 토석채취 기간연장허가 신청에 대해 불허가처분 하였다.

나. 청구인 주장의 부당성

1) 「산지관리법 시행규칙」 제26조제4항 규정에 의하면 허가권자는 토석채취기간 연장의 사유 및 토석채취로 인하여 재해발생, 경관훼손이 예상되는지 여부 등을 검토하여 타당하다고 인정되는 때에 연장허가를 하도록 하고 있는데,

가) 본 지역은 1987.4.28 최초 허가를 시작으로 현재까지 거의 25년간 같은 장소에서 채석작업을 해오고 있는 곳으로 최종 본 허가 기간만료 이후 3회에 걸쳐 기간연장 허가를 하였음에도 채취 작업을 거의 실시하지 않거나 미온적으로 실시하여 계속 잔량을 발생시키면서 기간연장허가를 신청하였을 뿐 아니라, 채석기간 내 「산지관리법 시행령」 제36조제1항 [별표 8] 규정에 의거 수차에 걸쳐 상에서 하로 계단식 복구를 이행토록 하였음에도 이를 이행하지 않아 2012년 ○○남도 종합감사 시 지적을 받은바 있어 지적사항에 따라 작업 중단 및 중간복구명령 조치를 하였다.

나) 청구인의 주장에 의하면 채석현장이 어려운 지역으로 채석장비의 투입이 어려워 잔량이 발생하였다고 주장하나, 이는 수차에 걸쳐 상에서 하로 계단식 채취를 하도록 한 행정조치 사항을 이행하지 않은 결과이며, 또한 작업로가 설치되어 장비투입에는 문제가 없었음에도 1회 기간연장허가를 제외하고는 2회와 3회 기간연장허가 기간 동안 채취실적이 없는 것은 채취 작업을 진행할 의사가 없는 것으로 판단된다.

다) 토석채취 현장의 지형상태, 암석의 강도에 따른 작업의 어려움, 건설경기 불황 등의 이유로 기간연장허가 기간 내 채석작업을 하지 않은 것은 기간연장허가 신청 당시 계단식 복구를 위한 채석작업을 하겠다고 제출한 계획과 기간 연장허가의 취지와 목적에도 맞지 않는다고 할 것이다.

라) 기간연장 허가는 필요한 최소한의 기간을 허가함이 타당하다고 할 것이며, 청구인에게 3차에 걸쳐 기간연장 허가를 해 주었음에도 복구를 겸한 채취 작업을 하지 않아 계속해서 방치 시 장기간에 걸친 자연경관훼손은 물론 발파로 인한 암석 균열지 불안정 사면의 붕괴 우려 등으로 인해 복구가 시급히 필요한 실정으로 기간연장 불가와 동시「산지관리법」제40조에 의거 적지복구 설계서를 제출하여 승인을 받은 후 복구토록 하였으나 기한이 지난 현재까지 복구설계서를 제출하지 않고 있으며, 기간연장 허가 신청 시 허가기간에 대하여는 계속적으로 연장허가를 해주겠다는 별도의 암시를 했다고 하는데 기간연장 허가 시 마다 복구문제로 많은 어려움을 겪어 최소한의 기간만 허가 해주고 복구에 치중할 목적이었기 때문에 암시를 했다고 하는 것은 사실과 다르다. 오히려 신청인이 3회째 마지막으로 6개월만 기간연장 허가를 해주면 복구를 마무리하겠다고 하여 기간연장 허가를 했는데, 2회에 걸친 기간 동안 작업을 제대로 이행하지 않아 복구가 지연됨에 따라 신청인과의 협의가 필요해 허가서 통보가 지체된 것이며, 3회째 기간연장허가를 하였음에도 채취실적이 없는 것으로 볼 때 건설경기 불황, 한파 등 신청인의 사유로 인해 작업을 못한 것으로 판단되고 복구를 더 이상 지체 할 수 없는 실정이라 불허가 처분하고 복구 작업을 위한 절차에 들어가게 된 것이다.

마)「산지관리법 시행규칙」제26조제1항에 의하면 채취하지 못한 토석량에 대하여 일반측량업자 등이 측량한 구적도를 제출하도록 되어 있는데 설계서의 면적 대비한 계산착오라는 것은 이해하기 어렵고 만약 허위로 작성 제출된 것이라면「산지관리법」제31조 규정에 의거 허가 취소사유에 해당한다고 할 것이다.

2) 청구인의 주장에 의하면 상부에서 하부로 채석 작업을 이행하였다고 하나, 당초 본 허가기간을 포함한 기간연장 허가기간 내에도 이를 이행하지 않아「산지관리법 시행령」제36조제1항 [별표 8] 규정에 의거 수차에 걸쳐 상부에서 하부로 계단식 채취를 하도록 공문 또는 현장방문 시 구두로 촉구한 사실이 있으므로 청구인의 주장은 사실과 다르다. 채취 작업은 처음부터 상에서 하로 계단식 채취를 하도록 법에서 규정하고 있음에도 이를 이행하지 않아 수차 이행촉구를 한바 있고, 2012년 ○○남도 종합감사 결과에 따른 조치도 이행도 하지 않아 3차에 걸쳐 촉구를 하였음에도 기한이 지난 현재까지 완료하지 않고 있을 뿐 아니라, 기간연장 허가를 3차에 걸쳐 해주어도 이런저런 사유로 채취 작업에 미온적인 것으로 볼 때 채취 작업 보다는 환경폐기물인 무기성 오니의 채석장내 보관·처리에 목적이 있는

것으로 추측된다.
3) 「산지관리법 시행령」 제36조제1항 [별표 8] 규정에 의한 중간복구 명령한 사항에 대하여 청구인은 4단 중 3단의 복구를 완료하였다고 하나 「산지관리법 시행규칙」 제42조제3항 [별표 6] 규정과 관련 「복구설계서 승인기준」에 따르면 비탈면을 제외한 각각의 소단바닥에 대한 수목식재는 평균깊이 1m이상, 너비 3m이상인 구덩이를 파고 흙을 객토한 후 수목을 식재하여 비탈면이 차폐될 수 있도록 하여야 하나 일부 소단만 조성되어 있고 비탈면 차폐를 위한 조치는 되어 있지 않아, 4단 중 3단의 복구는 이미 완료된 상태라는 청구인의 주장은 사실과 다르다. 사면안정성, 환경영향평가 등의 절차를 거쳤다고는 하나, 현재 불안정사면이 여전히 남아있고 발파로 인해 지반 불안 등이 발생되어 많은 강우 시 붕괴로 인한 산림재해 발생우려가 있어 청구인의 주장은 사실과 다르다.
4) 청구인의 주장에 의하면 채석장 주변의 마을이 1km이상 멀리 떨어져 있어 민원발생 소지가 없다고 주장하고 있으나, 이는 기간연장 허가기간 동안 채석작업을 제대로 이행하지 않은 결과이며 과거 인근 과수원피해, 축사피해, 교통사고우려 및 통행불편, 도로변 가옥피해 등 많은 민원이 제기된 것으로 볼 때 채석작업을 계속 할 경우 장기간(약 25년간) 피해로 인한 민원의 소지는 언제든지 발생할 수 있어 청구인의 주장은 사실과 다르다.
5) 청구인은 2004. 10. 29. 우리군 ○○면 ○○리 ○번지에 폐기물재활용신고를 득하였으며, (주)○○으로부터 수탁 받은 무기성오니 3,000톤 정도를 폐기물재활용신고 사업장이 아닌 ○○군 ○○면 ○○리 ○번지에 보관하고 있음을 2010. 10. 5. 확인하여 「폐기물관리법」 제46조제6항 위반으로 행정처분(사업정지 1개월 및 과태료 1백만 원)하였다. 따라서 청구인은 폐기물재활용신고 사업장이 아닌 곳에 폐기물을 보관하여 「폐기물관리법」을 위반한 것이 명백하다. 청구인의 폐기물재활용신고필증과 같이 재활용대상폐기물을 (주)○○으로부터 반입해 처리하였으며, 수탁 받은 무기성오니는 「폐기물관리법」에 따라 재활용 신고사업장 내 폐기물 보관시설에 보관하여야 한다. 폐기물재활용신고 사업장이 아닌 곳에 보관한 무기성오니에 대하여 2010.11.2 폐기물 처리에 대한 조치명령을 하였으나, 2011.7.31까지 청구인이 조치기간 연장 신청하여 2011.2.16 폐기물 처리에 대한 조치명령을 청구인이 요청한 기간까지 연장하였다. 청구인이 주장하는 ○○시 소재 (주)○○산업의 폐기물재활용 신고증명서는 재활용대상폐기물을 청구인의 사업장이 아닌 (주)○○으로부터 반입해 처리해오고 있으며, 청구인이 불법으로 보관하고 있는 무기성오니를 재활용한 사실은 없다. 청구인은 2012.2.22(2012. 8.23 시행) 「산림법」이 개정되어 폐기물재활용신고하여 채석장 하부 복구용으로 사용가능 하다고 하나, 현재까지 어떠한 조치도 취하지 않고 있다. 청구인은 폐기물재활용신고 사업장이 아닌 채석허가지 내 무기성오니를 보관하여 「폐기물관리

법」을 위반한 사실이 명백하며, 현재까지 폐기물처리에 대한 조치명령을 전혀 이행하지 않고 있어 청구인의 주장은 사실과 다른 부분이 있다.

다. 결론

「산지관리법 시행규칙」 제26조제4항 규정에 의하면 허가권자는 토석채취기간연장의 사유 및 토석채취로 인하여 재해발생, 경관훼손이 예상되는지 여부 등을 검토하여 타당하다고 인정되는 때에 연장허가를 하도록 하고 있는데, 3회에 걸쳐 토석채취기간연장허가를 하였음에도 기한 내 사업계획서대로 채석작업을 이행하지 않아 잔량을 계속해서 발생시켰을 뿐 아니라, 계단식 복구를 완료치 않았고 중간복구 명령사항 또한 기한 내 완료하지 않음으로 인해 불안정사면 붕괴로 인한 산림재해 우려, 도경계 도로가시권 경관저해, 장기간 채석으로 인한 인근 주민 불편초래는 물론 토석채취기간연장허가지내 폐기물(무기성 오니) 불법매립 등 위법행위 등이 있음을 사유로 한 이 사건 불허가 처분은 적법·타당하다 할 것이다.

## 4. 관계법령

가. 「산지관리법」 제25조 제31조, 제37조
나. 「산지관리법 시행령」 제36조 [별표 8]
다. 「산지관리법 시행규칙」 제25조 [별표 4], 제26조, 제42조 [별표 6]

## 5. 인정사실

가. 청구인은 ○○군 ○○면 ○○리 ○번지 외 1필지(농림지역, 임야, 196,440㎡) 중 31,604㎡에 대하여 보통암 484,080㎥를 2006.11.13부터 2012.12.31까지(본허가: 2006.11.13~2011.6.30, 1차 연장허가: 2011.7.1~2011.12.31, 2차 연장허가: 2012.1.1~2012.6.30, 3차 연장허가: 2012.7.1~2012.12.31) 쇄골재용으로 채취하는 내용의 채석허가를 받았다.

나. ○○남도는 이 사건 토석 허가와 관련하여 2012년 6월 실시한 종합감사에서 피청구인에게 "○○군(○○과)에서는 ○○군 ○○면 ○○리 ○번지 외 1필지 ○○실업 토석채취장에 대해 현장 확인결과 채취기간이 장기간에 걸쳐 이루어지고 있는데도 중간복구 명령을 조치한 사실이 없으며, 또한 주택산림과에서는 지난 5.24 자체 검사결과 세륜세차시설 미운영, 하단부 폐기물 적치 등의 위법 사항을 확인하고 관련부서에 구두로만 통보하여 현재까지 시정되지 않는 등 토석채취장 사후관리를 소홀히 하고 있음."이라고 위법·부당 내용을 적시하면서, "위 토석채취장에 대해서는 빠른 시일 내 중간복구명령, 세륜세차시설 운영, 하단부 폐기물 적법처리 조치로 사후관리에 만전을 기하시기 바라며, 관련 공무원에 대하여 업무연찬 및 직무교육을 통해 향후 유사한 사례가 발생하지 않도록 각별히 유의하시기 바랍니다."라고 처분요구 하였다.

다. 피청구인은 2012.7.2, 2012.9.20, 2012.10.4, 2012.11.5, 2012.12.4 5차례에 걸쳐 청구인에게 채취완료지에 대한 소단끊기작업, 소단완료구간 수목식재 및 차폐조치 등 중간복구를 명령하였다.
라. 청구인은 2012.12.26 피청구인에게 토석채취기간을 2014.12.31까지로 연장하는 토석채취기간연장 허가신청을 하였으나, 피청구인은 2013.1.4 "본 허가 기간만료 이후 3회에 걸쳐 기간연장허가를 하였음에도 채취 작업을 미온적으로 실시하여 계속 잔량을 발생시켰을 뿐만 아니라, 수차에 걸쳐 상부에서 하부로 복구를 위한 계단식 채취 작업토록 하였음에도 이를 이행하지 않았고, 2012.7.2자로 채취 작업 완료지에 대한 중간복구명령을 조치하였으나 기한 내 미복구로 수차 촉구하였음에도 현재까지 완료하지 않고 있어, 많은 강우 시 불안정사면의 토석류 유출로 인한 산림재해 발생우려가 있으며, 장기간 미복구로 인한 도경계 도로변 경관저해는 물론 오랜 기간을 동일 장소 채석작업으로 인해 인근 마을 주민의 일상생활에 불편을 초래하고, 토석채취 기간연장 허가지내 폐기물(무기성오니) 불법매립 등 수차에 걸친 위법행위가 있었음"을 사유로 불허가처분 하였다.
마. 피청구인은 2010.11.8 청구인에게 "(주)○○실업은 2009. 1월부터 2010.9.28까지 수탁 받은 재활용대상 폐기물(무기성 오니) 약 3,000톤을 사업장과 인접해 있는 부지에 보관(폐기물 보관시설 외 보관)하였다."는 사유로 사업정지 1개월 처분을 하였고, 2011.8.30, 2012.6.5 두 차례에 걸쳐 ○○경찰서장에게 "폐기물(무기성 오니) 적정처리 명령 미이행"을 위반내역으로 하여 고발조치 하였다.
바. ○○대학교 산업기술연구소장이 2005.6.10 작성한 '석산현장 사면에 대한 안정검토' 자료에 따르면 현장 암반강도조사에서 "슈미트해머의 반발치를 기준으로 한 압축강도는 약 900 ~ 1,700kg/㎠으로 보통암에서 경암까지 분포하는 것으로 나타났다."고 기재되어 있다.
사. 청구인은 2008. 1월과 2012. 1월 피청구인과 낙동강유역환경청에게 사후환경영향조사 결과를 통보한 사실이 있다.

## 6. 판단

가. 먼저 이 사건 처분의 관계 법령에 대하여 살펴보면, 「산지관리법」 제25조제1항에서 국유림이 아닌 산림의 산지에서 토석을 채취하려는 자는 대통령령으로 정하는 바에 따라 토석채취 면적이 10만제곱미터 미만인 경우에는 시장·군수·구청장에게 토석채취허가를 받아야 한다고 규정하고 있고, 같은 조 제3항에서 토석채취허가에 따른 채취기간은 토석채취량 및 토석채취면적 등을 고려하여 농림축산식품부령이 정하는 기준에 따라 시장·군수·구청장이 허가하는 기간으로 한다고 규정하고 있으며, 같은 조 제4항에서는 제1항에 따른 토석채취허가를 받은 자가 제3항에 따른 채취기간 이내에 허가받은 토석을 모두 채취하지 못하여 그 기간 연장이 필요한 경우에는 농림축산식품부령으로 정하는 바에 따라 시장·군수·구청장으로부터 토석채취기간의 연장 허가를 받아야 한다고 규정하고 있다. 또한 같은 법 시행령 제26조제4항에

서 시장·군수·구청장은 토석채취기간 연장허가 신청을 받은 경우 토석채취기간의 연장사유 및 토석채취로 인하여 재해발생·경관훼손이 예상되는지 여부 등을 검토하여 타당하다고 인정되는 때에는 복구비를 미리 예치하게 한 후 토석채취기간의 연장허가를 하고 토석채취허가증을 발급하여야한다고 규정하고 있다.

나. 다음 이 사건 처분의 위법·부당 여부에 대하여 살펴보면,
1) 피청구인은 이미 3차례에 걸쳐서 기간연장허가를 하였으나 채취 작업을 미온적으로 실시하여 잔량을 발생시켰다고 주장하며 이를 불허가 사유로 제시하고 있으나,
가)「산지관리법」제25조제3항에서 토석채취의 기간은 토석채취량, 토석채취 면적 등을 고려하여 10년의 범위 안에서 시장·군수·구청장이 허가하는 기간으로 한다고 하면서, 같은 법 시행규칙 제25조 [별표 4]에서 토석채취기간의 결정기준에서 쇄골재용 석재의 경우 토석채취량이 320,000㎥ 미만일 경우 3년 이상 5년 미만으로, 320,000㎥ 이상 535,000㎥ 미만일 경우 5년 이상 7년 미만으로 규정하고 있다. 위와 같은 기준에 따른 허가에도 불구하고 토석채취의 경우 허가지의 암석 강도 등 제반여건, 업체의 일시적인 경영악화나 자금부족, 건설경기 등으로 허가기간 내 허가 수량을 전량 채취하지 못할 가능성은 항상 존재한다 할 것이고, 그러한 경우를 대비하여 기간연장허가 제도가 있다고 판단된다. 또한 특별한 사정이 없는 한 위 토석채취기간의 결정기준은 최초 허가 시 뿐만 아니라 연장허가 시에도 반영함이 타당하다 할 것이다.
나) 살피건대 피청구인의 경우 이 사건 부지에 대한 최초 토석채취허가 시 채취수량을 484,080㎥로 허가를 하였는바, 위 규정에 의할 때 적정 채취기간은 5년 이상 7년 미만임에도 실제 허가기간을 약 4년 7개월(2006.11.13부터 2011.6.30까지)로 하여 허가하였고, 또한 1차 연장허가 시에는 채취수량이 174,476㎥, 2·3차 허가 시에는 156,706㎥임에도 각 6개월 씩 총 1년 6개월을 연장허가 하였는바, 위 결정기준에 따를 때 다소 짧은 기간을 설정하여 허가해 준 측면이 있고 특히 총 연장허가기간은 1년 6개월이라고 하나 각 6개월씩 3차례에 걸친 허가로 인해 청구인의 경우 계획적인 토석채취에 어려움이 있었을 것으로 보인다.
2) 또한 피청구인은 이미 2006.11.13 최초 허가 시에 채취구역의 현황, 채취방법 및 시설 계획에 관한 사항 그리고 채취완료지 복구계획에 관한 사항, 허가제한 사항 등「산지관리법」등을 충분히 검토하여 청구인에 대해 채취허가를 하였다 할 것이고, 청구인의 허가기간연장 신청은 최초 허가받은 채취면적과 수량의 범위 내에서 채취기간의 연장만을 요구하고 있어 허가 신청지의 현황 등에 대한 조사를 별도로 할 필요가 없어 보인다.「산지관리법 시행규칙」제26조제4항에 의할 때 토석채취기간 연장허가 시 피청구인은 재해발생·경관훼손이 예상되는지 여부 등을 검토하여야 한다고 규정하고 있으나, 이 사건 부지의 경우 주변 환경에 별다른 사정변경이 없는 것으로 보이므로 경관훼손의 문제는 없는 것으로 판단된다. 또한

피청구인은 수차례에 걸친 중간복구 명령에도 불구하고 이를 이행하지 않아 재해발생의 우려가 있다고 하나, 현장 확인결과 중간복구가 완료되지는 아니하였으나, 절토사면에 대해 3번째 소단(전석쌓기) 까지는 조성을 완료하였으며 4번째 소단 조성을 위한 사면정리 작업 중에 있는 등 중간복구를 이행하는 과정에 있었다고 보이므로 재해발생의 우려 또한 기간연장 불허가의 사유로 삼기는 어렵다 할 것이다.

3) 뿐만 아니라 2005.6.10 ○○대학교 산업기술연구소에서 작성한 자료에 따를 때, 이 사건 부지 암석의 압축강도가 900kg/㎠ ~ 1,700kg/㎠인 보통암에서 경암까지 분포하는 것이 인정되므로 재해발생의 우려는 다소 낮아 보이고, 청구인이 2008. 1월과 2012. 1월 피청구인에게 사후환경영향조사결과를 통보하였음에도 피청구인의 경우 별다른 조치사항을 명령한 사실이 없는바, 그렇다면 재해발생의 우려 및 환경문제를 이 사건 불허가처분의 사유로 삼는 것은 부당하다. 아울러 피청구인은 청구인이 이 사건 부지내에 폐기물(무기성 오니)을 불법매립 한 사실을 기간연장 불허가의 사유로 들고 있으나, 그러한 위법 행위에 대해서는 관련법에 따른 행정조치를 하면 족하다 할 것이고 법에 명시하지 않은 사유를 들어 불허가처분의 근거로 삼는 것 또한 위법·부당하다 할 것이다.

4) 특히 기간연장허가 역시 피청구인의 재량행위임을 인정한다 하더라도 이 사건 불허가처분으로 인해 달성하려는 공익과 청구인이 받게 될 불이익을 비교형량해 볼 때, 청구인의 경우 기간연장 불허가처분으로 인해 채취 작업이 중단될 경우 계획 수량을 전량 채취하지 못함으로 인한 상당한 손해 발생이 충분히 예상되는바, 기 훼손되어 있는 지역에 추가 훼손을 방지하고자 하는 공익의 필요성 보다 청구인이 입게 될 사익의 침해가 더 클 것으로 보인다.

5) 이상을 종합해 볼 때 이 사건 최초 허가 및 연장 허가의 경우 채취수량에 비하여 허가기간이 적정하게 책정되었다고 보기 힘들고, 중간복구명령에 대해서는 일부 이행한 사실이 있으며, 주변 환경에 별다른 사정 변경이 있다고 보이지는 않으므로 재해발생 및 경관저해를 불허가 처분의 사유로 삼기는 힘들다. 또한 폐기물 적치에 대해선 관련법에 따라 행정조치 하면 족하고 이를 불허가의 사유로 삼을 수는 없으며, 특히 이 사건 불허가 처분으로 인해 달성코자 하는 공익보다 청구인이 입게 될 불이익이 크다고 판단됨으로 이 사건 불허가 처분은 재량권을 일탈·남용하여 위법·부당하다 할 것이다.

다. 결론

그렇다면 청구인의 이 사건 심판청구는 이유 있다고 인정되므로 이를 인용하기로 하여 주문과 같이 재결한다.

# 토석채취허가신청 반려처분 취소청구

[국민권익위원회 경남행심2013-279, 2013.11.27, 인용]

**【재결요지】**

이 사건 토석채취허가신청의 경우 ○○ 일반산업단지계획의 승인이 주된 사업이고, 토석채취허가는 산업단지 조성을 위한 전 단계의 성격을 가지고 있으므로 일반적인 토석채취허가와는 다소 성격이 다른 측면이 있고, 피청구인이 반려사유로 적시한 '당초 목적사업의 계획에 의한 반출계획에 따라 토석채취 사업구역 전체의 면적과 수량으로 토석채취허가를 신청하여야 한다'는 사항이 「산지관리법」상 토석채취허가기준으로 명시되어 있는 요건은 아니라는 점을 감안할 때, 이러한 토석채취의 타당성에 대한 판단은 지방산지관리위원회에서 심의를 거쳐 직접 판단을 내리는 것이 옳다고 할 것이므로 이 사건 토석채취허가신청은 심의요건 결여를 사유로 반려할 것이 아니라 지방산지관리위원회의 심의를 통하여 이 사건 토석채취의 타당성에 대해 직접 판단을 내리도록 하는 것이 ○○○○위원회의 설치취지에도 부합한다 할 것이다.

**【주문】**

피청구인이 2013.10.7 청구인에게 한 토석채취허가신청 반려처분은 이를 취소한다.

**【청구취지】**

피청구인이 2013.10.7 청구인에게 한 토석채취허가신청 반려처분은 이를 취소한다는 재결을 구함.

**【이유】**

1. 사건개요

   가. 청 구 인 : 주식회사 ○○산업개발
   나. 피청구인 : ○○군수
   다. 청구내용

   청구인은 2010.2.2부터 ○○군 ○○읍 ○○로 ○○번지에서 부동산개발업 등을 영위하고 있는 법인으로, 2013.8.2 피청구인에게 ○○군 ○○면 ○○리 ○○일반산업단지(296,497㎡)의 산지전용허가면적(271,473㎡) 내 산93번지 외 6필지에 대하여 토석채취허가신청(95,732㎡, 1,467,848㎥)을 하였고, 2013.8.6 피청구인이 ○○○도지방산지관리위원회의 심의를 요청하였으나, ○○○도에서 지방산지관리위원회 심의요건 결여 등을 이유로 신청서를 반송하는 회신{①○○면 ○○리 산93번지 일원 ○○ 일반산업단지 조성에 따른 산지전용에 수반되는 토석채취는 최초 산업단지구역지정 등 사업승인을 위한 산지전용허가(협의)시의 면적 271,473㎡ 내에서 전체 반출량 240만㎥ 정도로 당초 목적사업의 계획에 의한 반출계획에 따라 사업구역 전체의 면적과 수량으로 토석채취허가를 받는 것이 타당할 것이며, ②신청지 중 소유권 미확보(2필지)는 토지 소유자의 동의를 받지 않은(면적 82,927㎡) 상태에서 금회신청 면적(95,732㎡)과 반출수량(1,467,848㎥)에 대하여 토석채취를 신청하고자 할 경우에는 산업단지구역 등의 지정 변경 및 사업계획 변경에 따라 발생되는 절·성토량의 변경 처리 계획에 대하여 산지전용허가·협의 등의 절차를 거쳐 발생되는 절·성토량의 변경 처리 계획에 대하여 산지전용허가·협의 등의 절차를 거쳐 신청하여야 할 것으로 판단되므로 산지관리위원회 심의요건 결여(산업단지구역 지정·변경과 사업계획변경 승인을 득하지 않음) 및 소유권 미확보지에 대한 처리계획이 없으므로 일건 서류를 반송함}을 함에 따라 2013.8.13(1차), 2013.9.9(2차) 청구인에게 토석채취허가신청에 따른 서류 보완을 통보하였으나 보완서류를 미제출하여 2013.10.7 피청구인으로부터 토석채취허가신청 반려처분을 받고, 그 취소를 청구한 사건이다.

## 2. 청구인 주장의 요지

가. 당사자들의 관계

청구인은 2013.1.15 ○○군 ○○면 ○○리 산93 일대 296,497㎡에 대하여 ○○ 일반산업단지 개발사업 시행자로 지정되어 위 단지 내에서 산업단지 조성에 필요한 부수적인 토석 반출을 위하여 토석채취허가신청(이하 '이 사건 신청'이라 한다)을 한 자이고, 피청구인은 위 사업을 인가한 후 위 신청에 대하여 2013.10.7 토석채취허가신청 반려처분(이하 '이 사건 처분'이라 한다)을 한 자이다.

나. 피청구인의 이 사건 처분사유에 관하여

피청구인은 이 사건 신청에 관하여 ○○○도지방산지관리위원회에 심의 요청을 위한 심의요건인 산업단지구역 지정·변경과 사업계획변경 승인 결여 및 소유권 미확보지에 대한 처리계획이 없어 이에 대한 보완요구를 하였으나, 청구인이 이를 이행하지 아니한다는 이유로 이 사건 처분을 하였다.

다. 이 사건 처분에 이르게 된 경위

청구인은 위 가.항 부지에 관하여 ○○ 일반산업단지 개발사업 시행자로 지정되어 위 단지 내에서 산업단지 조성에 필요한 부수적인 토석 반출을 위하여 피청구인에게 이 사건 신청을 하였고, 이에 피청구인은 이 사건 신청이 산지관리법령에 의한

[행정심판례 모음]

○○○도지방산지관리위원회에 심의가 필요한 사항이므로 ○○○도지방산지관리위원회에 심의요청을 하자 ○○○도는 위 나.항과 같은 이유로 이에 대한 회신을 함으로써 이 사건 처분을 하였다.

라. 이 사건 처분의 원인 및 문제점
피청구인은 이 사건 신청에 대하여
1) "청구인은 사업구역 전체의 면적과 수량으로 토석채취허가를 받는 것이 타당함에도 이를 분할하여 사업구역 일부(이하 '이 사건 신청지'라 한다)에 대하여 이 사건 신청을 하였다. 이는 ○○○도지방산지관리위원회에 심의요청을 위한 심의요건 흠결이다. 그러므로 산업단지구역 지정·변경과 사업계획변경 승인을 득하여 심의요건 흠결을 보완하라고 2차례 요구하였다. 그럼에도 청구인은 보완서류를 제출하지 아니하였다. 따라서 「민원사무처리에 관한 법률」 제13조 및 같은 법 시행령 제14조에 따라 이 사건 처분을 한 것이다."며 이 사건 처분이유를 설시하고 있다.

그러나 피청구인의 위 같은 처분이유는 아래에서 보는 바와 같이 보완이 전혀 필요 없음에도 법령의 규정을 잘못 해석한 것일 뿐만 아니라 「민원사무처리에 관한 법률」 제13조 제2항 단서에 따라 그 민원사무의 성질상 보완·변경이 사실상 불가능한 것이고 또한 이를 요구하는 것은 청구인더러 사업을 포기하라는 것으로 위법한 처분원인이라 할 것이다.

2) "소유권 미확보지에 대한 처리계획이 없다."는 점에 관하여는 아래에서 보는 바와 같이 철저한 계획이 수립되어 진행되고 있음에도 이를 무시한 부당한 처분이라 할 것이다.

마. 이 사건 처분의 위법·부당성에 관하여
1) '토석채취허가신청의 경우 허가를 받아야 할 면적 기준'
가) 토석채취허가 관련 규정
「산지관리법 시행령」 제32조의2 제2호에 의하면 산지전용허가를 받았더라도 산지전용에 수반되는 토석채취의 경우 반출하는 토석의 수량이 5만㎥ 이상인 경우 토석채취허가를 받도록 되어 있고, 같은 법 시행령 제32조 제2항 제3호에 따르면 토석채취허가신청 수량이 10만㎥ 이상인 경우 지방산지관리위원회 심의를 거쳐 심의결과에 따라 허가여부를 결정하도록 규정하고 있다.
나) 이 사건의 경우
따라서 이 사건 신청지의 반출 수량이 240만㎥ 정도이므로, 이 사건 신청의 경우는 「산지관리법 시행령」 제32조의2 제2호, 제32조 제2항 제3호의 각 규정에 따라 ○○○도지방산지관리위원회 심의를 거쳐 허가를 받아야 할 사항임은 분명하다.

다) 소결론

그러나 피청구인은 이 사건 신청의 경우 산지전용허가시의 면적 271,473㎡ 내에서 전체 반출량 240만㎥ 정도로 당초 목적사업의 계획에 의한 반출계획에 따라 사업구역 전체의 면적과 수량으로 토석채취 허가를 받는 것이 타당하다고 하나, 청구인은 ○○ 일반산업단지 개발사업 승인 후 산지전용허가를 받은 후 이 사건 신청을 하였고 이 사건 신청의 경우와 같이 토석채취허가를 받아야 하는 경우는 사업구역 전체의 면적과 수량으로 토석채취허가를 받아야 하는 것이 아니라 전체 산지전용면적 중 산지전용지역 외의 지역으로 반출하는 토석이 굴취·채취될 면적(전체 산지전용면적 중 반출하는 토석이 굴취·채취될 면적)으로 하는 것이 타당하다는 법제처의 유권해석에도 반할 뿐 아니라, 피청구인의 주장과 같이 산업단지구역 지정·변경과 사업계획 변경 승인을 득하려면 사업자체의 새로운 변경허가를 받아야 할 뿐 아니라 부지가 협소하여 환경영향평가에서 탈락하는 등으로 사업자체가 불가하여 그 성질상 보완·변경이 불가능하다.

따라서 이 사건 신청의 경우 산지전용허가시의 면적 271,473㎡에 대하여 토석채취허가를 전체적으로 받아야 하는 것이 아니라 반출 면적인 240만㎥에 대하여만 허가를 받으면 되는 것이다.

그럼에도 위와 같이 이를 이 사건 처분 이유로 삼고 있는 것은 위법·부당한 처분이라 할 것이다.

2) '소유권 미확보지에 대한 처리계획'에 관하여

가) 청구인은 이 사건 신청을 할 당시 ○○군 ○○면 ○○리 산86(소유자 ○○○), 같은 리 산95(소유자 ○○○)에 대하여 소유권을 취득하지 못하고 있는 것은 사실이다.

나) 그러나 소유권 미취득 부동산 중 ○○군 ○○면 ○○리 산86(제외지)은 소유자 ○○○의 사망으로 상속이 개시되어 이를 취득하려 하였으나 공동상속인 중 1명이 실종되어 이에 대한 실종선고심판을 제기하였다. 청구인은 그 외 상속인들에 대하여는 이미 소유권취득을 위한 매매계약이 체결되어 있는 실정이다(청구인은 같은 부동산에 관한 공동소유인 신청 외 ○○○ 및 ○○○과의 사이에 매매계약을 해 둔 상태이고, 상속인은 이 부분 동의를 하였는바, 추후 보완하도록 하겠다).

다) 그리고 나머지 제외지인 ○○군 ○○면 ○○리 산95(소유자 ○○○)는 소유권자가 이를 매각하길 거부하고 있는 실정이어서 청구인은 이에 대한 소유권취득 절차의 일환인 수용을 위한 보상계획열람공고를 하는 등으로 소유권취득을 위한 절차를 진행 중에 있다. 따라서 청구인은 소유권 미확보지에 대한 처리계획이 수립되어 있어 이에 대한 소유권취득에는 큰 어려움이 없다.

라) 청구인이 위 같은 절차를 진행 중에 있어 소유권 미확보지에 대한 처리계획을

수립하고 있음을 자료를 제출하며 이미 사전 설명하였음에도 위 같은 사유를 이 사건 처분사유로 삼고 있는 점도 부당하다고 아니할 수 없다.

3) 소결론

따라서 이 사건 처분은 위법·부당한 처분이므로 취소되어야 할 것이다.

바. 결론

이상과 같이 이 사건 처분은 위법·부당하므로 취소되어야 할 것이다.

사. 보충서면

청구인은 2013.11.9 청구인의 이 사건 사업예정지인 ○○군 ○○면 ○○리 산86 임야 67,835㎡를 소유자인 청구 외 망 ○○○의 상속인인 청구 외 ○○○ 외 22명으로 부터 매수하였기에 소명자료를 제출한다.

## 3. 피청구인 주장의 요지

가. 이 사건 처분의 경위

1) 청구인은 ○○군 ○○면 ○○리 산93번지 일대 296,497㎡에 대하여 산업단지구역 지정에 따른 사업승인을 득하였으며,

2) 동 사업승인 대상지역내 산86번지(67,835㎡), 산95번지(15,074㎡) 등 2필지에 대하여는 사용수익권이나 소유권을 확보하지 않은 상태에서,

3) 사업부지 내 소유권을 취득한 산림에서 생산되는 토석을 반출하기 위한 토석채취허가신청을 하였는바(「산지관리법」 제25조 제1항),

  가) 2013.6.11 : 토석채취허가신청서(1차) 제출
  나) 2013.6.21 : 회사사정에 인한 토석채취허가신청 취하원 제출
  다) 2013.8.2 : 토석채취허가신청서 제출(2차)
  라) 2013.8.6 : ○○○도 산지관리위원회 심의 요청
  마) 2013.8.9 : ○○○도 산지관리위원회 심의 요청 회신
  바) 2013.8.9 : 산림청 토석채취관련 질의 회신 검토
  사) 2013.8.13, 9.9 : 토석채취허가 신청 서류보완 통보(1차, 2차)
  아) 2013.10.7 : 토석채취허가 신청 반려 통보
   - 반려사유 : 두 차례의 보완서류 미제출

4) 상기 사건경위에 따른 검토 결과 「산지관리법 시행령」 제32조 제2항 제3호에 따라 토석채취량이 10만㎡ 이상일 경우 지방산지관리위원회의 심의와 채취될 면적이 10만㎡ 이상일 경우 「산지관리법」 제25조의 규정에 따라 도지사의 허가를 받아야 하는 사항으로서,

5) 청구인의 토석채취허가신청(1차) 당시 반출되어질 토석이 채취될 면적이 10만㎡이상일 경우로 판단되어 ○○○도에 토석채취허가신청을 하기 위하여 취하원을 제출하였으나,

6) 토석채취허가신청을 면적 10만㎡ 이하로 조정하여 토석채취허가(2차)를 신청함에 따라 상부기관 검토 의뢰(토석채취허가 신청에 따른 산지관리위원회 심의 요청)하였으며 회신(지방산지관리위원회 심의요청건에 대한 회신) 결과는,
   가) 전체 사업 대상지에서 소유권 등을 미확보한 면적을 제외한 소유권 등을 획득한 일부면적 부분적으로 토석채취허가 불가능하며,
   나) 소유권 등을 미확보한 면적에 대한 토석채취허가가 가능하기 위하여는 사업계획 변경에 따른 산업단지구역 변경 지정 등의 절차를 이행하도록 되어 있으며,

7) 소유권 미확보 부지에 대한 토지 소유권 등 확보, 사업계획 변경 승인 등의 보완서류를 제출할 것을 통보(토석채취허가 신청 서류보완 통보)하였으나,

8) 청구인의 관련서류 미제출로 「민원사무처리에 관한 법률」 제13조 및 같은 법 시행령 제14조, 제15조의 규정에 따라 2013.10.7자 토석채취허가신청서 일건 서류를 반려 처분한 것이다.

나. 청구인의 주장에 대하여

1) 청구인은 피청구인의 보완요청에 대하여 보완이 전혀 필요 없음에도 불구하고 법령의 규정을 잘못 해석한 것일 뿐만 아니라 보완 요구는 청구인의 사업을 포기하라는 것으로 위법한 처분이라는 주장에 대하여,

보완서류 제출 통보는 상부기관 회신 결과를 토대로 지방산지관리위원회의 심의 요건을 충족하기 위한 서류 보완을 통보한 것으로 법령 해석과는 관련이 없으며 청구인의 보완 서류 미제출로 인한 토석채취허가 반려 처분은 정당한 행정처분이다.

2) 소유권 미확보지에 대한 처리계획이 없다는 점에 대하여는 철저한 계획이 수립되어 진행되고 있음에도 이를 무시하는 것일 뿐만 아니라 산업단지구역 지정변경과 사업계획 변경 승인을 득하려면 사업자체의 새로운 변경허가를 받아야 할 뿐 아니라 부지가 협소하여 환경영향평가에서 탈락하는 등으로 사업자체가 불가능하여 그 성질상 보완·변경이 불가능한 사항으로, 산지전용허가시의 면적 271,473㎡에 대하여 토석채취허가를 전체적으로 받아야 하는 것이 아니라 반출 면적인 240만㎥에 대하여만 허가를 받으면 되는 것을 주장하며 토석채취허가 반려처분을 취소해 달라는 요구에 대하여,

가) 「산지관리법 시행규칙」 제24조 제1항 제3호에 따른 소유권 또는 사용·수익권(이하 '소유권 등')을 증명할 수 있는 서류에 대한 제출 없이 소유권 취득에

대한 법적 절차를 이행 중이라는 구두상의 의견 통보한 사실에 대하여는 소유권 등을 증명할 서류를 제출한 것으로 볼 수 없으며,
　나) 청구인의 주장인 산지전용 전체 면적을 대상으로 토석채취허가 신청을 요구한 사실은 없었다.

다. 결 론

1) 청구인이 산업단지구역 승인 및 산지전용을 받은 소유권 미취득 부지에 대하여 법적 절차를 거쳐 소유권을 확보하려는 노력을 하고 있다고는 하나「산지관리법」에 따른 소유권 또는 사용·수익권을 증명할 수 있는 서류로 볼 수 없으며,

2) 본 건과 관련한 산림청 및 ○○○도의 회신 결과에 따라 산업단지 지정을 받은 구역 내에서 반출하고자 토석을 채취할 전체 면적에 대하여 일괄적인 토석채취허가를 받아야 하는 것이 타당하다는 점을 판단해 볼 때,

3) 청구인의 토석채취허가신청은 소유권 등의 취득이 완료된 일부 토지에 대한 토석채취허가를 지속적으로 주장하는 것은 정당한 행정행위를 부정하는 행위일 뿐만 아니라,

4) 피청구인의 두 차례의 보완 요청에도 불구하고 정당한 사유 없이 관련서류를 제출하지 않은 것에 대한 토석채취허가신청 반려 처분은 정당한 행정처분으로서, 청구인의 주장을 기각하여 주기 바란다.

## 4. 관계법령

가.「산지관리법」제25조, 제25조의2, 제25조의4
나.「산지관리법 시행령」제32조, 제32조의2, 제32조의4
다.「산지관리법 시행규칙」제24조
라.「민원사무처리에 관한 법률」제13조, 제15조
마.「민원사무처리에 관한 법률 시행령」제14조, 제15조

## 5. 인정사실

가. 2013.1.15 청구인은 ○○군 ○○면 ○○리 산93번지 일원 ○○ 일반산업단지 (296,497㎡)의 사업시행자로 지정되었다.

나. 피청구인의 '○○ 일반산업단지 조건부 승인사항'에서는 제5항에서 "산업단지 조성으로 인한 토석반출 물량이 240만㎥ 정도로 반드시 토석채취허가를 득한 후 사업을 시행하여야 합니다."라고 규정하고 있고, 제9항에서는 "공사 전 경계측량을 실시하여 구역계를 명확히 표시하고, 사업부지외 토지를 훼손하는 경우가 발생하지 않도록

하여야 하며, 승인을 득하였다고 하더라도 반드시 소유권을 확보 후 사업을 시행하여야 합니다."라고 규정하고 있다.

다. 2013.6.11 청구인은 ○○군 ○○면 ○○리 ○○ 일반산업단지(296,497㎡)의 산지전용허가면적(271,473㎡) 내 산93번지 외 6필지에 대하여 토석채취허가신청(94,724㎡, 1,150,000㎥)을 하였다가, 2013.6.21 회사 사정을 이유로 취하하였다.

라. 2013.8.2 청구인은 ○○군 ○○면 ○○리 ○○ 일반산업단지(296,497㎡)의 산지전용허가면적(271,473㎡) 내 산93번지 외 6필지에 대하여 다시 토석채취허가신청(95,732㎡, 1,467,848㎥)을 하였다.

마. 청구인은 이 사건 신청을 할 당시 ○○군 ○○면 ○○리 산86, 같은 리 산95에 대하여 소유권을 취득하지 못하고 토석채취면적에서 제외하여 이 사건 토석채취허가신청을 하였다.

바. 이에 피청구인은 2013.8.6 ○○○도지방산지관리위원회의 심의를 요청하였으나, ○○○도에서 지방산지관리위원회 심의요건 결여 등을 이유로 신청서를 반송하는 회신{①○○면 ○○리 산93번지 일원 ○○ 일반산업단지 조성에 따른 산지전용에 수반되는 토석채취는 최초 산업단지구역지정 등 사업승인을 위한 산지전용허가(협의)시의 면적 271,473㎡ 내에서 전체 반출량 240만㎥ 정도로 당초 목적사업의 계획에 의한 반출계획에 따라 사업구역 전체의 면적과 수량으로 토석채취허가를 받는 것이 타당할 것이며, ②신청지 중 소유권 미확보 2필지는 토지 소유자의 동의를 받지 않은(면적 82,927㎡) 상태에서 금회신청 면적(95,732㎡)과 반출수량(1,467,848㎥)에 대하여 토석채취를 신청하고자 할 경우에는 산업단지구역 등의 지정 변경 및 사업계획 변경에 따라 발생되는 절·성토량의 변경 처리 계획에 대하여 산지전용허가·협의 등의 절차를 거쳐 발생되는 절·성토량의 변경 처리 계획에 대하여 산지전용허가·협의 등의 절차를 거쳐 신청하여야 할 것으로 판단되므로 산지관리위원회 심의요건 결여(산업단지구역 지정·변경과 사업계획변경 승인을 득하지 않음) 및 소유권 미확보지에 대한 처리계획이 없으므로 일건 서류를 반송함}을 하였다.

사. 피청구인은 2013.8.13(1차), 2013.9.9(2차) 청구인에게 토석채취허가신청에 따른 서류 보완을 통보하였으나 보완서류를 미제출하여 2013.10.7 이 사건 토석채취허가신청 반려처분을 하였다.

## 6. 판단

가. 이 사건 처분의 관계법령에 대하여 살펴보면,

「산지관리법」 제25조 제1항에 따르면 산림의 산지에서 토석을 채취하려는 자는 토석채취면적이 10만㎡ 이상인 경우에는 시・도지사의 허가를 받아야 하고, 10만㎡ 미만인 경우에는 시장・군수・구청장의 허가를 받아야 하며, 같은 법 시행령 제32조 제2항에서는 시・도지사 또는 시장・군수・구청장은 토석채취허가 또는 변경허가의 신청을 받거나 변경신고가 있는 때에는 5만제곱미터 이상으로 토사를 굴취・채취하는 경우 또는 산지전용・산지일시사용(다른 법령에 따라 산지전용허가・산지일시사용허가 또는 산지전용신고・산지일시사용신고가 의제되거나 배제되는 행정처분을 받아 산지전용・산지일시사용하는 경우를 포함한다. 이하 같다)하는 과정에서 부수적으로 생산되는 10만세제곱미터 이상의 토석을 굴취・채취하기 위하여 토석채취허가를 받으려는 경우에는 토석채취허가・변경허가 또는 변경신고 대상 산지에 대하여 현지조사를 실시하고, 그 신청내용이 법 제28조에 따른 토석채취허가기준에 적합한지 여부를 검토한 후 토석채취의 타당성에 관하여 지방산지관리위원회의 심의를 거쳐야 한다고 규정하고 있다. 그리고 같은 법 시행령 제32조의2에서는 산지전용・산지일시사용하는 과정에서 부수적으로 굴취・채취하여 반출하는 토석의 수량이 5만세제곱미터 이상인 경우에는 허가・신고를 하여야 하는 토석채취라는 것을 명시하고 있고, 같은 법 시행규칙 제24조 제1항에서는 토석채취허가 또는 변경허가를 받으려는 자는 별지 제16호서식의 토석채취허가(변경허가)신청서에 토석채취허가신청의 경우는 다음 각 호의 서류를, 변경허가신청의 경우는 그 변경사실을 증명할 수 있는 서류(토지 등기사항증명서로 확인할 수 없는 경우만 해당한다)를 첨부하여 시・도지사 또는 시장・군수・구청장에게 제출하여야 한다. 제3호. 허가받고자 하는 산지의 소유권 또는 사용・수익권을 증명할 수 있는 서류 1부(토지 등기사항증명서로 확인할 수 없는 경우에 한정하고, 사용・수익권을 증명할 수 있는 서류에는 사용・수익권의 범위 및 기간이 명시되어야 한다)라고 규정하고 있다.

나. 이 사건 처분의 위법・부당에 대하여 살펴보면,

1) 청구인은 이 사건 신청의 경우 ○○○도지방산지관리위원회 심의를 거쳐 허가를 받아야 할 사항임은 분명하나, ○○ 일반산업단지 사업 승인 후 산지전용허가를 받은 후 이 사건 신청을 하였으므로 사업구역 전체의 면적과 수량으로 토석채취허가를 받아야 하는 것이 아니라 전체 산지전용면적 중 산지전용지역 외의 지역으로 반출하는 토석이 굴취・채취될 면적에 대하여만 허가를 받으면 되는 것이라고 주장하나,

가) 먼저 이 사건 신청의 경우 ○○ 일반산업단지(296,497㎡)의 산지전용허가면적(271,473㎡) 내 산93번지 외 6필지에 대하여 토석채취허가신청(95,732㎡, 1,467,848㎥)을 한 것으로 「산지관리법 시행령」 제32조의2 제2호(산지전용・산지일시사용하는 과정에서 부수적으로 굴취・채취하여 반출하는 토석의 수량이 5만㎥ 이상인 경우에는 허가・신고를 하여야 하는 토석채취), 제32조

제2항 제2호, 제3호(5만㎡ 이상으로 토사를 굴취·채취하는 경우 또는 산지전용·산지일시사용하는 과정에서 부수적으로 생산되는 10만㎡ 이상의 토석을 굴취·채취하기 위하여 토석채취허가를 받으려는 경우에는 토석채취의 타당성에 관하여 지방산지관리위원회의 심의)의 각 규정에 따라 ○○○도지방산지관리위원회 심의를 거쳐 허가를 받아야 하는 토석채취에 해당한다고 할 것이다.

나) 한편 산지전용하는 과정에서 부수적으로 굴취·채취하여 반출하는 토석의 수량이 일정량 이상인 경우에 허가를 받는 대상은 산지전용지역 외의 지역으로 반출하는 토석이 굴취·채취될 구역에 한정된다 할 것이므로, 토석채취허가를 득하기 위한 토석채취면적도 전체 산지전용면적이 아니라 전체 산지전용면적 중 산지전용지역 외의 지역으로 반출하는 토석이 굴취·채취될 면적으로 하는 것은 타당하다 할 것이다.

다) 그러나 여기에서 산지전용지역 외의 지역으로 반출하는 토석이 굴취·채취될 면적이라 함은 당초 목적사업의 계획에 의한 반출계획에 따라 토석채취 사업구역 전체의 면적과 수량으로 토석채취허가를 받는 것을 의미한다고 할 것이며, 만일 토석채취 사업구역 일부의 면적과 수량으로 토석채취를 할 수 있다고 해석한다면 토석채취 면적과 수량에 따라 허가나 신고가 필요한 토석채취의 범위, 토석채취의 허가권자, 산지관리위원회의 심의 여부 등에 대해 달리 규정하고 있는 산지관리법령을 회피하는 수단으로 이용될 수도 있다고 할 것이다.

라) 따라서 청구인은 ○○ 일반산업단지(296,497㎡)의 산지전용허가면적(271,473㎡) 내 산93번지 외 6필지에 대하여 토석채취허가신청(95,732㎡, 1,467,848㎥)을 하였는데, 당초 목적사업의 계획에 의한 반출계획에 따르면 산업단지 조성으로 인한 토석반출 물량이 240만㎥ 정도로 이는 피청구인의 '○○ 일반산업단지 조건부 승인사항'에서도 명시하고 있으므로 결국 청구인은 토석채취 사업구역 전체의 면적과 수량으로 토석채취허가를 신청하지 않고 토석채취 사업구역 일부의 면적과 수량으로 토석채취허가를 신청한 점이 인정된다고 할 것이다.

2) 따라서 이 사건 신청은 당초 목적사업의 계획에 의한 토석반출 물량이 240만㎥ 정도임에도 청구인이 토석채취 사업구역 전체의 면적과 수량으로 토석채취허가를 신청하지 않고 토석채취 사업구역 일부의 면적과 수량으로 토석채취허가를 신청한 것으로, 이러한 판단에서 한 피청구인의 토석채취허가신청 반려처분은 일견 적법해 보인다 할 것이다.

3) 다만, 이 사건 토석채취허가신청의 경우 ○○ 일반산업단지계획의 승인이 주된 사업이고, 토석채취허가는 산업단지 조성을 위한 전 단계의 성격을 가지고 있으므

로 일반적인 토석채취허가와는 다소 성격이 다른 측면이 있고, 피청구인이 반려사유로 적시한 '당초 목적사업의 계획에 의한 반출계획에 따라 토석채취 사업구역 전체의 면적과 수량으로 토석채취허가를 신청하여야 한다'는 사항이 「산지관리법」상 토석채취허가기준으로 명시되어 있는 요건은 아니라는 점을 감안할 때, 이러한 토석채취의 타당성에 대한 판단은 지방산지관리위원회에서 심의를 거쳐 직접 판단을 내리는 것이 옳다고 할 것이므로 이 사건 토석채취허가신청은 심의요건 결여를 사유로 반려할 것이 아니라 지방산지관리위원회의 심의를 통하여 이 사건 토석채취의 타당성에 대해 직접 판단을 내리도록 하는 것이 산지관리위원회의 설치 취지에도 부합한다 할 것이다.

다. 결 론

그렇다면, 청구인의 청구는 이유 있다고 인정되므로 이를 인용하기로 하여 주문과 같이 재결한다.

[행정심판례 모음] 1211

## 토지 원상회복 명령처분 취소 심판 청구

[국민권익위원회 행심 2014-205, 2014.6.23, 인용]

### 【재결요지】

청구인과 피청구인이 제출한 자료 등 관련기록을 살펴보면, 피청구인은 이 사건 처분에 앞서 청구인에게 처분에 대한 사전 통지를 하지 않았고, 처분 시에도 처분의 근거와 이유 제시 및 행정쟁송의 방법이나 절차에 관하여도 전혀 언급하지 아니하였는바 이는 명백한 절차적 위법에 해당되어 실체적 내용은 더 이상 살펴볼 필요 없이 이 사건 처분은 위법하다 할 것이다.

### 【주문】

피청구인이 청구인에 대하여 2014.2.21.자로 한 토지 원상회복 명령처분은 이를 취소한다.

### 【청구취지】

피청구인이 청구인에 대하여 2014.2.21.자로 한 토지 원상회복 명령처분은 이를 취소한다.

### 【이유】

#### 1. 사건개요

청구인은 대구 ○○구 ○○동 산○○○-2번지 임야 152㎡(이하 "이 사건 토지"라 한다.)의 토지 소유자로, 이 사건 토지 상의 건축물(이하 "이 사건 건축물"이라 한다.) 이 산지전용허가를 받지 않고 지어진 불법건축물로 밝혀져 피청구인은 2014.2.21. 산지관리법 제44조(불법산지전용지의 복구 등) 등에 근거하여 토지 원상회복 명령 처분(이하 "이 사건 처분"이라 한다.)을 하였다.

#### 2. 청구인 주장

가. 2014. 3월 초순 피청구인으로부터 이 사건 토지 원상회복 명령 처분을 받았다. 1987년도부터 이 사건 건축물에서 살아온 청구인으로서는 당혹스럽고 황당하기 그지없다. 2014.3.28.까지 철거명령을 받았지만 가족들이 당장 갈 곳이 없었고, 이후 같은 해 5.31.까지 기한으로 하는 2차 철거명령을 받았다.

나. 이 사건 토지는 맹지여서 건축허가를 받을 수 없고, 불법 건축물 양성화 특례법

부칙에 의하면 국가 소유의 구거 2m이내 인접한 땅은 허가를 받을 수 있도록 되어 있으나 "대구 ○○구 ○○동 676" 구거부지가 ○○고등학교 신축부지 현장에 편입되면서 잡종지로 변형되어 이마저도 해당사항이 없게 되었다.

다. 원래 이 구역은 전부 부락으로 사람들이 집을 짓고 살았고, 진입로는 개인 사유지로 40년 넘게 이용해 온 길이었으나 이 길마저 학교부지로 편입되면서 집으로 들어가는 길이 끊기어 다른 곳으로 우회해서 통행을 하고 있는 실정이다.

라. 이 사건 건축물이 불법건축물인 점은 알고 있으나, 가족들이 지금까지 살아온 곳에서 다른 곳으로 갈 형편이 못되고 재산세도 납부하고 있으며 불법건축물로 관리되고 있는 실정인데 민원이 접수되었다는 이유만으로 서민의 집을 강제 철거한다는 것은 민주국가에서 볼 수 없는 만행이고 관공서의 협박이라 생각하며, 특정건축물 정리에 관한 특별조치법 제1조(목적)에 "국민의 재산권을 보호함을 목적으로 한다."에 엄격히 위배되는 행위이며, 현재 가족들이 ○○고등학교 신축현장 때문에 엄청난 정신적·물리적 피해를 받고 있는 점 등을 참작하여 선처 바란다.

## 3. 피청구인 주장

가. 2013.8.2. 이 사건 토지와 관련하여 산지전용 위반여부에 대한 민원이 접수되어 조사한 결과 이 사건 토지는 지목이 임야로써 건축 등의 행위를 하고자 할 때에는 산지전용허가를 받아야 하나 이 사건 토지 상 건축물은 허가를 받지 않은 불법건축물로 확인되었다.

나. 이에 피청구인은 청구인이 산지관리법 제14조를 위반하였음이 명백하여 산지관리법 제44조제1항제2호에 의거 이 사건 처분을 하였는바 청구인의 주장은 그 이유가 되지 아니하므로 청구인의 청구를 기각하여 주기 바란다.

## 4. 이 사건 처분의 위법·부당여부

가. 관계법령
  · 산지관리법 제14조, 제37조, 제39조, 제44조, 제51조
  · 행정절차법 제21조, 제23조, 제26조

나. 판 단

(1) 청구인과 피청구인이 제출한 문서와 제반 관련 자료에 의하면 다음 사실을 인정할 수 있다.

(가) 청구인의 부친(배○○)은 1988.8.8. 이 사건 토지를 매입하였고, 청구인은 2011.9.6. 이 사건 토지를 상속 받았다.

(나) 항공사진 판독에 의하면 이 사건 건축물은 1987.11.29.에서 1988.11.14.사이 건축된 것으로 보여 지고 현재 청구인의 모친과 동생(배△△)이 거주하고 있다.

(다) 2013.8.2. 이 사건 토지의 산지전용과 관련하여 피청구인에게 민원이 제기되어 확인한 결과 이 사건 토지 상 건축물은 산지관리법 제14조의 산지전용허가를 받지 않고 건축한 불법건축물로 밝혀졌다.

(라) 이에 피청구인은 2014.2.21. 산지관리법 제44조(불법산지전용지의 복구 등) 등에 의거 이 사건 처분을 하였고, 청구인이 기한 내 토지 원상복구를 하지 않아 같은 해 4.10. 토지 원상회복 독촉을 하였다.

(2) 살피건대, 행정절차법 제21조는 「행정청은 당사자에게 의무를 부과하거나 권익을 제한하는 처분을 하는 경우에는 미리 ①처분의 제목, ②당사자의 성명 또는 명칭과 주소, ③처분하려는 원인이 되는 사실과 처분의 내용 및 법적 근거, ④제3호에 대하여 의견을 제출할 수 있다는 뜻과 의견을 제출하지 아니하는 경우의 처리방법, ⑤의견제출 기관의 명칭과 주소, ⑥의견제출 기한, ⑦그 밖에 필요한 사항을 당사자등에게 통지하여야 한다.」고 규정하고, 같은 법 제23조는 「행정청은 처분을 할 때에는 당사자에게 그 근거와 이유를 제시하여야 한다.」고 규정하고, 같은 법 제26조는 「행정청이 처분을 할 때에는 당사자에게 그 처분에 관하여 행정심판 및 행정소송을 제기할 수 있는지 여부, 그 밖에 불복을 할 수 있는지 여부, 청구절차 및 청구기간, 그 밖에 필요한 사항을 알려야 한다.」고 규정하고 있는 바, 청구인과 피청구인이 제출한 자료 등 관련기록을 살펴보면, 피청구인은 이 사건 처분에 앞서 청구인에게 처분에 대한 사전 통지를 하지 않았고, 처분시에도 처분의 근거와 이유 제시 및 행정쟁송의 방법이나 절차에 관하여도 전혀 언급하지 아니하였는바 이는 명백한 절차적 위법에 해당되어 실체적 내용은 더 이상 살펴볼 필요 없이 이 사건 처분은 위법하다 할 것이다.

## 5. 결 론

그렇다면, 청구인의 청구는 이유 있다고 할 것이므로 이를 인용하기로 하여 주문과 같이 재결한다.

# 행위허가 불가처분 취소

[국민권익위원회 서행심 2013-311, 3013.6.10, 기각]

### 【재결요지】

[1] 개발제한구역 내에서 신청된 행위허가가 관련법상 허용될 수 있는 것이라 하더라도, 개발제한구역 내에서의 행위허가는 예외적인 허가로서 재량행위에 속하는 것이므로, 허가대상 토지의 주변상황이나 산림생태계 및 환경적 보전 가치, 생태적 보전가치 등을 이유로 한 불허가처분이 사실오인, 비례·평등의 원칙 위배, 목적위반 등에 해당하지 아니하는 이상 행정청의 재량의 범위를 현저히 일탈·남용한 위법한 처분이라고 볼 수 없다.

[2] 개발제한구역 내에서 개간을 목적으로 하는 '개간행위 허가신청'에 대한 근거법은 「농어촌정비법」이 아니라 「개발제한구역의 지정 및 관리에 관한 특별조치법」이라고 할 것이므로 「농어촌정비법」을 근거로 한 이 사건 처분은 위법한 것이나, 어차피 이 사건 '개간행위 허가 신청'이 「개발제한구역의 지정 및 관리에 관한 특별조치법」 제12조에 반하는 것으로써 허용될 수 없음이 명백한 경우라면, 무용한 절차의 반복을 피하기 위하여 인용될 수 없다.

### 【주문】

청구인의 청구를 기각한다.

### 【청구취지】

피청구인이 2013.3.15. 청구인에 대하여 한 행위허가 불가처분을 취소한다.

### 【이유】

#### 1. 사건개요

청구인은 2013.3.14. 피청구인에게 서울특별시 ○○구 ○동 산 1-1번지(이하 '이 사건 토지'라 한다)에 대해 '개간행위 허가 신청'을 하였는데, 피청구인은 2013. 3. 15. 청구인에 대하여 「농어촌정비법」을 근거로 행위허가 불가회신(이하 '이 사건 처분'이라 한다)을 하였다.

#### 2. 청구인 주장

가. 청구인이 한 개발제한구역내의 행위허가 신청은 개간을 목적으로 하는 것으로,

'개간'은 「농어촌정비법」 제2조 제5호 다목에 따라 농업생산기반정비사업에 해당하고, 같은 법에서 농업생산기반정비사업의 적용지역에 대해 농어촌이나 준농어촌 등으로 한정된바 없음에도 불구하고 피청구인이 이와 같은 법 규정을 적용하여 한 이 사건 처분은 위법하다.

나. 「산지관리법」 제12조, 「개발제한구역의 지정 및 관리에 관한 특별조치법」 제12조 및 같은 법 시행령 제14조에 따라 청구인이 행위허가를 득할 수 있는 법적 근거가 있음에도 불구하고 피청구인이 불허가 한 것은 부당하다.

다. 피청구인은 보충답변서에서 이 사건 토지는 「서울특별시 도시계획조례」에 따른 비오톱 1등급 지역이므로 행위허가가 불가하다고 주장하나, 이 사건 토지는 「국토의 계획 및 이용에 관한 법률」 제56조에 따른 개발행위 허가대상이 아니고 「개발제한구역의 지정 및 관리에 관한 특별조치법」 시행령 제14조의 적용을 받으므로 피청구인의 주장은 이유 없다.

## 3. 피청구인 주장

가. 청구인이 신청한 '개간행위'는 「농어촌정비법」을 근거로 하나 「농어촌정비법」 제1조, 제2조에 따라 서울특별시는 농어촌에 해당하지 않으므로 서울특별시내에서는 '개간행위'가 불가하다.

나. 이 사건 토지는 주요 간선도로변에 위치한 임상이 양호할 뿐만 아니라 산림생태계 및 환경적 보전 가치가 있는 지역으로서 「개발제한구역의 지정 및 관리에 관한 특별조치법 시행령」 제22조의 별표 2에서 규정하고 있는 세부 허가기준 중 일반적 기준에 부합한다고 볼 수 없고, 더욱이 이 사건 토지는 온수도시자연공원지역과 연접해 있으며, 서울특별시 도시계획조례에 따른 비오톱 1등급 지역으로 생태적 보전가치가 높은 지역이므로 산림생태 등 현지여건을 고려하여 「개발제한구역의 지정 및 관리에 관한 특별조치법」 제12조 규정에 따라 행위허가 불가처분을 한 것이므로 청구인의 주장은 이유 없다.

## 4. 이 사건 처분의 위법·부당 여부

가. 관계법령
개발제한구역의 지정 및 관리에 관한 특별조치법 제12조
개발제한구역의 지정 및 관리에 관한 특별조치법 시행령 제14조, 제22조 별표 2
산지관리법 제12조 제3항

나. 판 단
1) 청구인과 피청구인이 제출한 행정심판 청구서, 답변서 등의 기재 내용을 종합하

여 보면 다음과 같은 사실을 각각 인정할 수 있다.
가) 청구인은 2013.3.14. 피청구인에게 이 사건 토지에 대해「개발제한구역의 지정 및 관리에 관한 특별조치법」제12조를 근거로 '개간행위 허가 신청'을 하였다.
나) 피청구인은 2013.3.15. 청구인에 대하여 개간행위는「농어촌정비법」을 근거로 하고 있으나 서울특별시는 같은 법 제2조에서 규정한 농어촌에 포함되어 있지 않다는 이유로 '행위허가 불가회신'을 하였다.
다) 청구인은 2013.3.26. 농림수산식품부에 서울특별시내에서 농어촌정비법 제2조 제5호에 따른 농업생산기반정비사업 시행 가능여부에 관해 질의하였고 농림수산식품부에서는 2013.3.27. 청구인에게 관련법규에 따른 사업시행자는 서울특별시에는 예외라는 규정이 없는 한 타 지방자치단체와 동일하게 적용된다는 내용으로 회신을 하였다.
라) 청구인은 2013.3.18. 국토해양부에 이 사건 토지에서 행위허가(개간)가 가능한지에 관해 질의하였고 국토해양부 담당자는 구청장 등이 종합적으로 고려하여 판단할 사항이라는 내용의 회신을 하였다.
2) 이 사건 처분의 위법·부당여부에 관하여 살펴본다.
가)「산지관리법」제12조 제3항은 '제2항에도 불구하고 공익용 산지중 제4조 제1항 제1호 나목 4)부터 14)까지에 해당하는 산지에서의 행위제한에 대하여는 해당 법률을 각각 적용한다.'고 규정하고 있으며, 제4조 제1항 제1호 나목 8)에서는 개발제한구역의 산지의 경우「개발제한구역의 지정 및 관리에 관한 특별조치법」의 적용대상이라고 정하고 있다.

「개발제한구역의 지정 및 관리에 관한 특별조치법」제12조 1항은 '개발제한구역에서는 건축물의 건축 및 용도변경, 공작물의 설치, 토지의 형질변경, 죽목(竹木)의 벌채, 토지의 분할, 물건을 쌓아놓는 행위 또는「국토의 계획 및 이용에 관한 법률」제2조 제11호에 따른 도시·군계획사업의 시행을 할 수 없으나 시장·구청장 등의 허가를 받아 할 수 있는 행위로 '건축물의 건축을 수반하지 아니하는 토지의 형질변경으로서 영농을 위한 경우 등 대통령령으로 정하는 토지의 형질변경에 해당하는 행위'등을 규정하고 있고, 같은 법 시행령 제14조는 '대통령령으로 정하는 토지의 형질변경에 해당하는 행위'로 경사도 21도 이하의 개간 예정지, 경사도 36도 이하의 초지 조성 예정지에서의 농림수산업을 위한 개간 또는 초지 조성 등을 정하고 있다.

같은 법 시행령 제22조 별표 2에서는 법 제12조에 따른 허가 또는 신고의 세부 기준으로 1) 일반적 기준 가. 개발제한구역의 훼손을 최소화할 수 있도록 필요한 최소 규모로 설치하여야 한다. 나. 해당 지역과 그 주변지역에 대기오염,

수질오염, 토질오염, 소음·진동·분진 등에 따른 환경오염, 생태계 파괴, 위해 발생 등이 예상되지 아니하여야 한다. 다. 해당 지역과 그 주변지역에 있는 역사적·문화적·향토적 가치가 있는 지역을 훼손하지 아니하여야 한다. 등의 사항을 규정하고 있다.

나) 이 사건 처분에 관하여 살펴본다.

위 인정사실 및 관련자료 등에 의하면, 피청구인이 「농어촌정비법」을 근거로 이 사건 처분을 한 사실이 있으나 이 사건 처분의 위법·부당함을 판단하는 기준은 청구인이 한 행위허가 신청의 법적 근거인 「개발제한구역의 지정 및 관리에 관한 특별조치법」이라고 할 것인바, 이에 근거하여 이 사건 처분에 관하여 살펴본다.

청구인의 행위 허가신청이 「개발제한구역의 지정 및 관리에 관한 특별조치법」에서 규정한 건축물의 건축을 수반하지 아니하는 토지의 형질변경으로서 영농을 위한 경우이고, 그것이 경사도 21도 이하의 개간 예정지 또는 경사도 36도 이하의 초지 조성예정지에서의 농림수산업을 위한 개간 또는 초지 조성으로 같은 법 시행령 제22조 별표 2에서 정한 '허가 또는 신고의 세부기준'에 부합한다면 허가를 받을 수 있을 것이다. 다만 개발제한구역 내에서의 허가행위의 성격에 대해 대법원은 '개발제한구역 지정의 목적상 건축물의 건축, 공작물의 설치, 토지의 형질변경 등의 행위는 원칙적으로 금지되고, 다만 구체적인 경우에 위와 같은 구역 지정의 목적에 위배되지 아니할 경우 예외적으로 허가에 의하여 그러한 행위를 할 수 있게 되며, 한편 개발제한구역 내에서의 건축물의 건축 등에 대한 예외적 허가는 그 상대방에게 수익적인 것으로서 재량행위에 속하는 것이라고 할 것이므로 그에 관한 행정청의 판단이 사실오인, 비례·평등의 원칙 위배, 목적위반 등에 해당하지 아니하는 이상 재량권의 일탈·남용에 해당한다고 할 수 없다'고 판시하고 있다.(대법원 2004.7.22. 선고 2003두7606 판결 등 참조).

따라서 피청구인이 이 사건 토지에 대해 주요간선도로변에 위치한 임상이 양호할 뿐만 아니라 산림생태계 및 환경적 보전 가치가 있는 지역으로서 「개발제한구역의 지정 및 관리에 관한 특별조치법 시행령」 제22조의 별표 2에서 규정하고 세부허가기준 중 일반적 기준에 부합한다고 볼 수 없는 점, 온수도시자연공원지역과 연접해 있으며 대부분 서울특별시 도시계획조례에 따른 비오톱 1등급 지역으로 생태적 보전가치가 높은 지역인 점 등을 이유로 청구인에 대하여 한 이 사건 처분이 사실오인, 비례·평등의 원칙 위배, 목적위반 등에 해당하지 아니하는 이상 행정청의 재량의 범위를 현저히 일탈·남용한 위법한 처분이라고 볼 수 없다.

[행정심판례 모음]

한편 피청구인이 이 사건 처분의 근거로「농어촌정비법」을 인용한 것은 적절하지 않은 측면이 있으나, 이를 근거로 청구인의 이 사건 청구를 인용하여 이 사건 처분을 취소한다고 하더라도, 청구인의 이 사건 토지에 대한 '개간행위허가 신청'은「개발제한구역의 지정 및 관리에 관한 특별조치법」제12조에 반하는 것으로써 허용될 수 없음이 명백한바, 무용한 절차의 반복을 피하기 위하여도 청구인의 주장을 받아들일 수 없다.

## 5. 결 론

그렇다면, 청구인의 주장을 인정할 수 없으므로 청구인의 청구를 받아들이지 않기로 하여 주문과 같이 재결한다.

[헌재결정례 모음]

## 구「산지관리법 시행규칙」제42조제3항 위헌 확인

[지정재판부 2017헌마365, 2017.4.18, 각하]

【전문】

사 건   2017헌마365 구 산지관리법 시행규칙 제42조 제3항 위헌확인
청구인   주식회사 ○○
대표이사   김○학

[주 문]

이 사건 심판청구를 각하한다.

[이 유]

청구인은 충주시장이 2007.10.5. 구「산지관리법 시행규칙」제42조 제3항에 근거하여 청구인의 창업사업계획 변경승인신청을 반려하였다고 주장하면서, 위 조항에 대하여 2017.4.4. 이 사건 심판청구를 하였다. 그러나 헌법소원심판은 기본권침해사유를 안 날부터 90일 이내에, 기본권침해사유가 발생한 날로부터 1년 이내에 청구하여야 하는데(헌법재판소법 제69조 제1항), 청구인은 창업사업계획 변경승인신청이 반려되어 기본권침해사유가 발생한 날로부터 1년이 훨씬 지난 뒤에 이 사건 심판청구를 하였으므로 청구기간을 준수하지 못하였다.

그렇다면 이 사건 심판청구는 부적법하므로, 관여 재판관 전원의 일치된 의견으로 주문과 같이 결정한다.

# 구 「산지관리법」 제36조제2항 위헌 소원

[전원재판부 2014헌바151, 2015.7.30]

**【판시사항】**

국유림 내 산림청장과 광업권자의 석재매매계약이 해제되는 경우 해당 산지안의 매각된 석재는 국가에 귀속한다고 규정한 구 산지관리법(2002.12.30. 법률 제6841호로 제정되고, 2007.1.26. 법률 제8283호로 개정되기 전의 것) 제36조 제2항 본문(이하 '심판대상조항'이라 한다)이 청구인의 재산권을 침해하는지 여부(소극)

**【결정요지】**

광업권자라고 하더라도 광물이 함유되어 있는 광석을 석재로 사용·판매하기 위하여 채취하고자 하는 경우에는 광업권 이외에 석재매매계약을 체결하도록 하고 있는 점, 석재매매계약이 해제되는 것은 광업권자의 귀책사유에 따른 것으로 이 때 광업권자는 원상회복의무로서 훼손된 산지복구의무를 부담한다는 점 등을 고려하면, '해당 산지안의 매각된 석재'는 광업권의 보호대상이 아니다. 따라서 심판대상조항은 재산권인 광업권을 제한하는 것을 내용으로 하지 아니하므로, 청구인의 재산권을 침해한다고 볼 수 없다.

**【심판대상조문】**

구 산지관리법(2002.12.30. 법률 제6841호로 제정되고, 2007.1.26. 법률 제8283호로 개정되기 전의 것) 제36조 제2항 본문

**【참조조문】**

헌법 제23조 제1항

구 산지관리법(2002.12.30. 법률 제6841호로 제정되고, 2007.1.26. 법률 제8283호로 개정되기 전의 것) 제27조제2항제1호, 제35조제1항, 제36조제1항

광업법(2015.6.3. 법률 제12738호로 개정된 것) 제3조제3호 내지 제3호의3, 제10조 제1항

민법 제548조 제1항

**【참조판례】**

헌재 2004.7.15. 2002헌바47, 판례집 16-2상, 43, 53-54
헌재 2014.2.27. 2010헌바483, 판례집 26-1상, 202, 207-208

**【전문】**

**[당 사 자]**

청 구 인  신○호
대리인 법무법인 지평
담당변호사 박용대 외 2인
당해사건 대법원 2011두12061 대집행행위취소

**[주 문]**

구 산지관리법(2002.12.30. 법률 제6841호로 제정되고, 2007.1.26. 법률 제8283호로 개정되기 전의 것) 제36조 제2항 본문은 헌법에 위반되지 아니한다.

**[이 유]**

**1. 사건개요**

가. 오○선과 한○석(이하 '오○선 등'이라고 한다)은 1987.4.6.경 장석(長石)의 채광에 관한 광업권설정등록을 한 후 경상북도지사로부터 채광계획인가를 받아 문경시 ○○읍 ○○리 산○○에 있는 임야 일대(이하 '이 사건 임야'라 한다)에서 ○○광업소를 운영하여 왔다.

오○선을 비롯한 광업권자들이 장석의 채광에 관한 광업권을 취득하고 채광계획인가를 받은 뒤 채굴한 광석을 선광작업을 거쳐 처리하지 않고 석재로 판매하는 행위가 계속되자, 이를 규제하기 위하여 1994.12.22. 구 산림법(1994.12.22. 법률 제4816호로 개정된 것, 이하 같다) 제90조의3 제1항의 규정이 신설되어 기존 광업권자들도 새로 토석매매계약을 체결하거나 채석허가를 받도록 하였다.

나. 오○선 등은 2004.5.27.경 영주국유림관리소장(이하 '관리소장'이라 한다)과 사이에 이 사건 임야에서 채취된 원석 및 광물을 8,700만 원에 매수하고 이를 쇄골재용으로 파쇄하여 반출하기로 하는 석재매매계약을 체결하였다(이하 '이 사건 석재매매계약'이라 한다).

관리소장은 2005.7.7. 오○선 등이 이 사건 석재매매계약의 내용과 달리 이 사건 임야에서 채취한 광석을 쇄골재용이 아닌 원석 및 견치석으로 반출하고 토석채취지역 외의 지역에서 토석을 불법채취 및 반출하였을 뿐만 아니라, 추가복구비 7억 원을 예치하지 아니하였다는 이유로 이 사건 석재매매계약을 해제하였다. 이후 관리소장은 이 사건 임야의 복구를 위하여 오○선 등에게 이 사건 임야 지상에 있는 시설물 및 기계장비를 철거해 줄 것을 명하였으나 오○선 등이 이에 응하지 아니하자, 2009. 8.25. 오○선 등에게 이 사건 임야에 있는 시설물 및 기계장비 철거의 계고처분을 하고, 2009.10.5. 이 사건 임야에 대하여 산림복구 대집행행위(이하 '이 사건 대집행행위'라 한다)를 하였다.

다. 한편 청구인은 2008.6.24. 채무자를 오○선 등으로 하는 공정증서를 집행권원으로 하여 이 사건 임야 지상에 있는 ○○광업소 내 광석 390만 톤(이하 '이 사건 광석'이라 한다)에 대하여 유체동산경매신청을 하여 같은 해 8.20. 위 광석을 7억 8,000만 원에 경락받았다. 청구인은 자신이 이 사건 광석의 소유권을 적법하게 취득하였음에도 불구하고 관리소장이 위 광석의 반출을 방해하고 산지에 파묻으려는 이 사건 대집행행위는 위법하다고 주장하며, 관리소장을 상대로 그 취소를 구하는 소를 제기하였다(대구지방법원 2009구합3509).

그러나 위 법원은 2010.8.18. 소 각하 판결을 선고하면서, 관리소장이 2005.7.7. 이 사건 석재매매계약을 적법하게 해제함으로써 이 사건 광석은 구 산지관리법 제36조 제2항에 따라 국가의 소유가 되었으므로 청구인으로서는 이 사건 대집행행위의 취소를 구할 법률상 이익이 없다고 판시하였다.

라. 이에 청구인은 위 판결에 불복하여 항소하였으나, 2011.5.13. 항소기각판결을 받았다 (대구고등법원 2010누1829). 청구인은 대법원에 상고하는 한편(2011두12061), 구 산지관리법 제36조 제2항에 대하여 위헌법률심판제청신청을 하였으나 2014.1.23. 각하되자(2013아22), 2014.2.28. 이 사건 헌법소원심판을 청구하였다.

## 2. 심판대상

이 사건의 심판대상은 구 산지관리법(2002.12.30. 법률 제6841호로 제정되고, 2007. 1.26. 법률 제8283호로 개정되기 전의 것, 이하 같다) 제36조 제2항 본문(이하 '이 사건 법률조항'이라 한다)이 헌법에 위반되는지 여부이다. 심판대상 조항 및 관련조항은 다음과 같다.

[심판대상조항]

구 산지관리법(2002.12.30. 법률 제6841호로 제정되고, 2007.1.26. 법률 제8283호로 개정되기 전의 것)

제36조 (계약의 해제 또는 무상양여의 취소) ② 제1항의 규정에 의하여 매각계약이 해제된 때에는 계약보증금, 이미 납입한 대금과 해당 산지안의 매각된 석재나 토사는 국가에 귀속한다. 다만, 국가는 석재 또는 토사를 매입한 자가 석재나 토사를 굴취 또는 채취하지 아니한 상태에서 그 매각계약을 해제한 때에는 이미 납입한 대금의 전부 또는 일부를 반환하여야 한다.

[관련조항]

[별지] 기재와 같다.

## 3. 청구인의 주장 요지

산림청장과의 석재매매계약 해제 시 산지안의 매각된 석재 전체를 국가에 귀속시키는 이 사건 법률조항은 석재에 함유된 광물까지 광업권자로부터 몰수하는 결과가 되어 광업권자의 재산권(광업권)을 침해한다. 또한 2002. 12. 30. 이 사건 법률조항이 신설되기 전에 이 사건 광석은 이미 채굴되어 오○선 등의 소유가 되었으므로 석재매매계약의 해제를 이유로 이 사건 광석의 소유권까지 박탈하는 것은 소급입법에 의한 재산권 박탈이다. 나아가 이 사건 법률조항은 해당 산지안의 매각된 석재를 국가에 귀속시킴에 있어 석재의 반출 정도에 따라 매수인 반환부담에서 상당한 차이를 가져오는 등 평등원칙에도 위배된다.

## 4. 판단

가. 광업권자의 국유림 내 토석채취

(1) 구 산림법 제90조의3 신설 취지

구 산림법이 1994.12.22. 법률 제4816호로 개정되기 전, 토석채취제한지역이나 토석채취허가를 받기 어려운 지역에서 광업권자들이 채광계획인가를 받은 뒤 광물이 함유된 암석이나 토사를 채취하여 선광 또는 제련의 과정을 거치지 않고 절단하거나 파쇄하여 건축용, 공예용, 쇄골재용, 조경용, 토목용 등의 석재로 판매하는 '광물채취를 빙자한 토석채취'가 문제되자, 이를 규제하기 위하여 구 산림법에 제90조의3이 신설되었다. 이에 따라 장석 또는 규석을 채광하기 위하여 채광계획인가를 받은 광업권자가 그 인가를 받은 광구 안에서 당해 광물이 함유되어 있는 광석을 석재로 사용 또는 판매하기 위하여 채취하고자 하는 경우에는 구 산림법에 따른 채석허가(국유림 외의 산지)를 받거나 산림청장과 토석매매계약(국유림)을 체결하여야 한다. 그리고 위 구 산림법 제90조의3은 2002.12.30. 법률 제6841호로 제정된 구 산지관리법 제27조 제2항에 그대로 이어졌다.

(2) 구 산지관리법 제27조 제2항 제1호의 석재매매계약

구 산지관리법 제27조 제2항은 광업법에 의한 광물을 채광하기 위하여 채광계획인가를 받은 광업권자 또는 조광권자가 그 인가를 받은 광구 안에서 당해 광물이 함유되어 있는 광석을 석재로 사용 또는 판매하기 위하여 굴취·채취하고자 하는 경우에 관하여 규정하고 있다. 채취하려는 지역이 산림청 소관의 국유림인 경우에는 구 산리관리법 제35조 제1항에 따라 산림청장과 석재매매계약을 체결하여 석재를 매수해야 하고(같은 항 제1호), 국유림이 아닌 경우에는 구 산지관리법 제25조 제1항에 따른 채석허가를 받아야 한다(같은 항 제2호). 위 조항의 입법취지는 앞에서 본 바와 같이 광업권을 근거로 석재를 무상으로 채굴하게 할 경우 나타날 수 있는 자연훼손 및 산지의 난개발을 막기 위한 것이다. 석재매매계약의 매각기준에 관하여는 구 산지관리법 제25조 제2항 및 제28조의 채석허가 기준을 준용한다(제35조 제5항).

나. 이 사건 법률조항의 의의

(1) 석재매매계약의 해제 및 그 해제사유

구 산지관리법 제36조 제1항은 각 호에 해당하는 경우 석재매매계약을 해제할 수 있다고 규정하면서, 제1호에서 제5호까지 해제사유를 열거하고, 제6호에서 그 밖에 매각조건을 위반한 경우를 해제사유로 규정하고 있다. 여기서 매각조건은 석재매매계약서 상의 조건을 말한다. 각 호의 사유는 법령에 필요한 기준에 미달하였거나 법령을 위반한 경우(제1호, 제5호), 법령에 따른 행정청의 명령을 이행하지 않은 경우(제4호), 상대방이 계약 내용을 위반한 경우(제2호, 제3호, 제6호)로서 상대방에게 귀책사유가 있는 경우를 말한다.

(2) 석재매매계약 해제의 효과

이 사건 법률조항은 구 산지관리법 제36조 제1항 각 호에 열거된 사유가 발생하고, 그에 따라 석재매매계약이 해제되었을 때의 효과에 관하여 규정하고 있다. 구 산지관리법 제36조 제1항에 의한 석재매매계약은 사법상의 계약이고, 매매계약 해제의 기본적 효과는 계약상의 법률적 구속으로부터의 해방·원상회복·손해배상의 3가지이다. 석재매매계약 해제의 효과로서 당사자는 계약이 행하여지지 않았던 것과 같은 상태로 복귀하게 할 의무, 즉 원상회복의무가 있다(민법 제548조 제1항 참조).

이 사건 법률조항에 의하여 석재매매계약이 해제되었을 때 그 계약보증금, 이미

납입한 대금과 해당 산지안의 매각된 석재는 국가에 귀속한다. 다만 국가는 석재를 매입한 자가 토석채취를 하지 않은 상태에서 그 매각계약을 해제하였을 때에는 이미 납입한 대금의 전부 또는 일부를 반환해야 한다(구 산지관리법 제36조 제2항 단서). 석재매매계약의 해제로 인한 원상회복에 있어서의 특칙이라고 볼 수 있는 이 사건 법률조항은 이미 국유림 산지 밖으로 반출된 석재는 반환하기 어렵고, 국유림 산지 안의 석재 굴취·채취가 종료되면 산지복구의무가 있는 점(구 산지관리법 제39조 제1항)에 비추어, 해당 산지안의 매각된 석재를 국가에 귀속토록 한 것이다.

다. 이 사건 법률조항의 위헌 여부

(1) 쟁점의 정리

이 사건 법률조항이 석재매매계약의 해제 시 해당 산지안의 매각된 석재는 국유로 한다고 규정함으로써 석재매매계약을 체결한 광업권자의 광업권(재산권)을 침해하는지 여부가 문제된다.

(2) 광업권의 제한 여부

(가) 광업권의 의의

광업권이란 등록을 한 일정한 토지의 구역(광구)에서 등록을 한 광물과 이와 같은 광상(鑛床)에 묻혀 있는 다른 광물을 탐사하고, 채굴하여 취득하는 권리를 말한다(광업법 제3조 제3호 내지 제3호의3). 광업권은 국가가 일정한 미채굴 광물의 채굴·취득을 위하여 부여하는 권리로서, 토지소유권과 분리된 독자적 권리이다. 이와 같이 우리 법제는 광물을 토지소유권의 대상으로 보지 않고 국가의 특허에 의해 부여되는 광업권에 근거하여 배타적으로 채굴할 수 있는 대상으로 보는 이른바 '광업권주의'를 취하고 있다(헌재 2014.2.27. 2010헌바483 참조). 광업권은 등록을 한 일정한 토지의 구역(광구)에서 등록된 광물을 지중으로부터 독점적이고도 배타적으로 채굴·취득할 수 있는 권리로서 물권적 권리이다(광업법 제10조 제1항, 대법원 1996.4.26. 선고 94다57336 판결).

(나) 이 사건 법률조항으로 인한 광업권 제한 여부

1) 헌법재판소는 광업권자가 국유림 내 광구에서 석재를 채취하기 위해서 토석매매계약을 체결하도록 한 구 산림법 제90조의3 제1항을 합헌으로 결정하면서, 광업권의 범위에 관하여 다음과 같이 판시하였다. "광업권자라고 하더라도 광물이 함유되어 있는 광석을 석재로 사용·판매하기 위하여 채취하고자 하는 경우에는 광업권으로서 보호받아야 할 범위를 벗어나는 것이므로, 그 채취가 국유림에서 행해지는 것이라면 마땅히 법 제87조 제1항에 따라 토석의 매매계약을 체결하여야 할 것이고, 위 법률조항은 이러한 당연한 법리를 규정한 것에 불과한 것이다.……따라서 위 법률조항은 청구인의 재산권인 광업권을 제한하는

것을 내용으로 하는 조항으로 볼 수 없을 뿐만 아니라, 그 밖에 다른 기본권에 대한 제한을 내용으로 하고 있지도 아니하므로, 위 법률조항이 헌법상의 재산권 보장, 기본권의 본질적 내용 침해금지, 소급입법에 의한 재산권박탈 금지의 원칙 등에 위반된다고 볼 수 없다."(헌재 2004.7.15. 2002헌바47 결정).

구 산지관리법에서도 광업권자가 국유림에서 광물이 함유되어 있는 광석을 석재로 사용·판매하기 위하여 채취하고자 하는 경우 석재매매계약을 체결하여야 한다고 규정하고 있다(제27조 제2항 제1호). 그리고 그 이유는 2002헌바47결정에서 판시한 바와 같이 광석을 석재로 판매하기 위하여 채취하는 것은 광업권 설정의 목적을 벗어나는 것으로서 광업권의 범위에 속하지 아니하기 때문이다. 현행 산지관리법 제27조 제2항은 '광물이 함유되어 있는 토석을 광업 외의 용도로 사용하거나 판매하기 위하여 채취하려는 경우 매매계약을 체결'해야 한다고 규정하여 이를 보다 분명히 하였다.

이와 같이 이미 석재매매계약 체결 시에 석재가 광업권의 범위에 속하지 않는다고 보는 이상, 광업권자의 귀책사유로 석재매매계약이 해제되는 경우에 석재에 대한 광업권이 회복되는 것으로 보기 어렵고, 광업권자는 석재매매계약의 해제에 따른 원상회복의무로서 훼손된 산지복구의무를 부담하므로, 석재매매계약 해제 시 '해당 산지안의 매각된 석재'는 광업권의 보호대상이 아니다. 따라서 이 사건 법률조항이 '해당 산지안의 매각된 석재'를 국가에 귀속하도록 하는 것이 광업권을 제한한다고 볼 수 없다.

2) 청구인은 구 광업법(2007.4.7. 법률 제8338호로 개정되기 전의 것) 제8조 제1항이 "광구에서 광업권이나 조광권에 의하지 아니하고 토지로부터 분리된 광물은 그 광업권자 또는 조광권자의 소유로 한다."고 규정하므로, 이 사건 광석에 함유되어 있는 광물에 대해서는 광업권자가 소유권을 가진다는 취지로 주장한다.

그러나 위 제8조 제1항은 "미채굴 광물은 광업권의 설정 없이는 이를 채굴할 수 없다."는 구 광업법 제7조, 그리고 위 제8조 제1항과 동일한 내용을 규정하고 있는 광업법 제5조 제1항 단서 규정과 종합하여 보면, 정당한 권원이 없는 사람이 광구에서 광물을 토지로부터 분리한 경우 그 분리된 광물이 광업권자에게 귀속되는 것으로 해석된다. 따라서 광업권자 본인이 석재를 채취한 경우가 문제되는 이 사건 법률조항에 적용할 수 없을 뿐만 아니라, 광물을 분리하지 않은 채 석재로 채취한 것을 '광물'을 토지로부터 '분리'한 것이라고 보기도 어렵다.

또한 청구인은 구 산리관리법 제27조 제3항이 석재매매계약을 체결할 때 석재에 함유된 광물에 대해서는 매매대금에서 제외하도록 규정하는 것에 비추어 광물에 대한 권리가 광업권자에게 있는 것이라고 주장한다.

그러나 앞에서 본 바와 같이 우리 법은 토지소유권과 분리하여 국가의 특허에 의해 부여되는 광업권을 인정하고 있고, 이러한 광업권주의를 취하는 광업법의 규정을 살펴보면 광업권자는 지정된 광물을 채굴할 배타적 지위를 보장받는 것일 뿐, 광업권이 미채굴 광물 자체에 대한 소유권, 즉 광물에 대한 사용, 수익 및 처분의 권한을 의미하는 것은 아니다. 또한 광업권 설정 시 광물에 대하여 어떠한 대가를 지불하고 취득하는 것이 아니어서 미채굴 광물에 대하여 갖는 권리가 일반 재산권만큼 보호가치가 확고한 것은 아니다(헌재 2014.2. 27. 2010헌바483).

석재매매계약의 대상이 되는 "석재"는 광물이 함유된 암석을 채취하여 선광 또는 제련의 과정을 거치지 않고 절단·파쇄한 후 건축용·공예용·조경용·쇄골재용 및 토목용으로 사용하기 위한 암석을 의미하므로(구 산지관리법 제2조 제3호), 애초에 "석재"의 정의로부터 석재를 광물과 광물을 제외한 부분으로 분리하는 것을 상정하기 어렵다. 구 산지관리법에 따라 석재로 사용되는 암석과 광업법에 따른 광물은 기본적으로 다른 특성을 가져, 광업권자라 하더라도 광업의 용도로 암석을 사용하는 것과 광업 이외의 용도로 암석을 사용하는 것은 엄격히 구분되는 것이다. 그러므로 구 산지관리법 제27조 제3항은 광업권자에게 광업권자로서의 지위를 보호하기 위한 특례를 규정한 것일 뿐이고, 이 조항을 이유로 석재로 사용되는 암석에 함유된 광물을 나머지 석재 부분과 달리 광업권자의 소유로 여전히 남게 된다고 볼 수는 없다.

따라서 광업권자가 미채굴 광물에 대해서 채굴권을 넘어서는 권리를 가지는 것을 전제로 이 사건 법률조항이 광업권을 제한한다는 청구인의 주장은 이유 없다.

(다) 소결

그러므로 이 사건 법률조항은 재산권인 광업권을 제한하는 것을 내용으로 하는 것이 아니므로, 청구인의 재산권을 침해한다고 볼 수 없다.

(3) 청구인의 기타 주장에 대한 판단

(가) 청구인은 이 사건 법률조항이 2002.12.30. 신설되기 전에 이미 오○선 등이 이 사건 광석에 대한 소유권을 취득하였다고 주장하며, 이 사건 법률조항의 입법 전에 이미 광업권자가 소유권을 취득하였으나 해당 산지에서 미반출된 채로 있던 광석에 대한 소유권까지 석재매매계약 해제 시 국가에게 귀속되도록 하는 것은 진정소급입법에 의한 재산권 박탈이라고 주장한다.

그러나 이는 이 사건 광석에 대한 소유권이 이 사건 법률조항 신설 당시 오○선 등에게 있었는지 여부 및 이 사건 법률조항의 적용에 관한 당해법원의 재판결과를 다투는 것이므로 더 나아가 살피지 아니한다.

(나) 청구인은 대리석용 석회석을 석재로 채굴하더라도 달리 석재매매계약을 체결할 의무가 발생하지 않는 데 반하여 대리석에 버금가는 산업적 활용가치를 가지는 이 사건 광석을 채굴할 때에는 석재매매계약을 체결할 의무가 있고, 국유림이 아닌 산지에서는 채석허가 외에는 달리 석재매매계약을 체결할 것을 강제하지 않는 점에서 이 사건 법률조항이 평등원칙에 위반된다고 주장한다.

그러나 이는 주장 자체로 보더라도 국유림에서 석재를 채취하기 위하여 석재매매계약을 체결하도록 하는 구 산지관리법 제27조 제2항 제1호에 관한 주장은 될 수 있을지언정, 이 사건 법률조항에 관한 직접적인 위헌 주장이라고 보기 어려우므로 더 나아가 살피지 아니한다.

한편 청구인은 이 사건 법률조항이 해당 산지안의 매각된 석재를 국가에 귀속시킴에 있어 석재의 반출 정도에 따라 매수인 반환부담에서 상당한 차이를 가져오므로 평등원칙에 위배된다고 주장하나, 구 산지관리법의 입법목적인 산지의 합리적인 보존 및 관리의 입장에서 보았을 때 토석채취를 위하여 땅을 파헤친 경우와 그렇지 않은 경우는 산지복구에 있어서 큰 차이가 있어 이를 달리 취급하는 것은 합리적인 이유가 있으므로 평등원칙에 위배되지 아니한다.

## 5. 결론

그렇다면 이 사건 법률조항은 헌법에 위반되지 아니하므로 관여 재판관 전원의 일치된 의견으로 주문과 같이 결정한다.

[별지]

[관련 조항]

구 산림법(1994. 12. 22. 법률 제4816호로 개정된 것)

제90조의3 ① 광업법의 규정에 의한 장석 또는 규석을 채광하기 위하여 채광계획인가를 받은 광업권자 또는 조광권자가 그 인가를 받은 광구 안에서 당해 광물이 함유되어 있는 광석을 석재로 사용 또는 판매하기 위하여 채취하고자 하는 경우에는 다음 각 호의 구분에 따라 계약을 체결하거나 허가를 받아야 한다.
 1. 국유림: 제87조의 규정에 의한 산림청장과의 토석의 매매계약
 2. 공유림 및 사유림: 제90조의2 제1항의 규정에 의한 채석허가

구 산지관리법(2002. 12. 30. 법률 제6841호로 제정되고, 2007. 1. 26. 법률 제8283호로 개정되기 전의 것)

제2조 (정의) 이 법에서 사용하는 용어의 정의는 다음과 같다.
  3. "석재"라 함은 산지안의 토석 중 건축용·공예용·조경용·쇄골재용 및 토목용으로 사용하기 위한 암석을 말한다.

제27조 (광구 안에서의 채석 등) ① 생략
  ② 광업법에 의한 광물을 채광하기 위하여 채광계획인가를 받은 광업권자 또는 조광권자가 그 인가를 받은 광구 안에서 당해 광물이 함유되어 있는 광석을 석재로 사용 또는 판매하기 위하여 굴취·채취하고자 하는 경우에는 다음 각 호의 구분에 따라 매매계약을 체결하거나 채석허가를 받아야 한다. 다만, 광물 중 대리석용 석회석을 건축용 또는 공예용으로 굴취·채취하는 경우에는 그러하지 아니하다.
   1. 국유림의 산지 : 제35조 제1항의 규정에 의한 산림청장과의 석재의 매매계약
   2. 제1호 외의 산지 : 제25조 제1항의 규정에 의한 채석허가
  ③ 산림청장은 제2항 제1호의 규정에 의한 매매계약을 체결함에 있어서 그 석재에 함유된 광물에 해당하는 부분은 농림부령이 정하는 바에 따라 이를 매매대금에서 공제하여야 한다.

제35조 (국유림의 산지안의 석재·토사의 매각 등) ① 산림청장은 국유림의 산지에 있는 석재 또는 토사를 직권 또는 신청을 받아 매각하거나 무상양여할 수 있다. 다만, 무상양여는 대통령령이 정하는 경우에 한한다.
  ②~③ 생략
  ④ 제1항의 규정에 불구하고 광업법의 규정에 의한 채광계획인가를 받은 자가 국유림의 산지에서 채굴한 광물의 분쇄·제련과정에서 부수적으로 발생한 석재를 사용 또는 판매하고자 하는 경우에는 산림청장으로부터 석재를 매입하거나 무상양여를 받지 아니하고 그 석재를 사용 또는 판매할 수 있다.
  ⑤제1항 본문의 규정에 의한 석재의 매입신청자 및 매각기준에 관하여는 제25조제2항 및 제28조의 규정을 준용하고, 제1항 본문의 규정에 의한 토사의 매각기준에 관하여는 제33조의 규정을 준용한다.

제36조 (계약의 해제 또는 무상양여의 취소) ① 산림청장은 다음 각호의 1에 해당하는 경우에는 제35조 제1항의 규정에 의한 매각계약을 해제하거나 무상양여를 취소할 수 있다.
  1. 석재를 매입한 자가 제35조 제5항의 규정에 의하여 준용되는 제25조 제2항 본문의 규정에 의한 장비 등의 기준에 미달하게 된 경우
  2. 석재 또는 토사를 매입하거나 무상양여를 받은 자(사용인 및 고용인을 포함한다)가

그 석재 또는 토사외의 석재 또는 토사를 굴취·채취한 경우
3. 석재 또는 토사를 매입한 자가 지정된 기간 이내에 그 대금을 납부하지 아니한 경우
4. 제37조 제1항의 규정에 의한 재해방지 또는 복구를 위한 명령을 이행하지 아니한 경우
5. 제38조의 규정에 의한 복구비를 예치하지 아니한 경우(제37조 제3항의 규정에 의한 감소된 복구비를 다시 예치하지 아니한 경우를 포함한다)
6. 그 밖에 매각조건 또는 무상양여조건에 위반한 경우

제39조(산지전용지 등의 복구) ① 제37조 제1항 각 호의 어느 하나에 해당하는 허가 등의 처분을 받거나 신고 등을 한 자는 다음 각 호의 어느 하나에 해당하는 경우에 산지를 복구하여야 한다.
1. 생략
2. 제25조 제1항에 따른 토석채취허가를 받았거나 제30조 제1항에 따른 채석단지에서의 채석신고(토석매각을 포함한다)를 한 자가 토석의 채취를 완료하였거나 토석채취 기간 등이 만료된 경우
3. 생략
4. 그 밖의 사유로 산지의 복구가 필요한 경우

민법(1958.2.22. 법률 제471호로 제정된 것)

제548조(해제의 효과, 원상회복의무) ① 당사자 일방이 계약을 해제한 때에는 각 당사자는 그 상대방에 대하여 원상회복의 의무가 있다. 그러나 제삼자의 권리를 해하지 못한다.

구 광업법(2007.4.7. 법률 제8338호로 개정되기 전의 것)

제8조(분리광물의 귀속) ① 광구 안에서 광업권 또는 조광권에 의하지 아니하고 토지로부터 분리된 광물은 그 광업권자 또는 조광권자의 소유로 한다.

# 「산지관리법」 제15조의2 제3항 위헌 확인

[지정재판부 2016헌마919, 2016.11.29]

【전문】

사 건 2016헌마919 산지관리법 제15조의2 제3항 위헌확인
청 구 인 김○명

[주 문]

이 사건 심판청구를 각하한다.

[이 유]

기록에 의하면 청구인은 변호사를 대리인으로 선임하지 아니한 채 이 사건 심판청구를 하였고, 변호사를 대리인으로 선임하라는 보정명령을 받고도 보정기간 내에 보정하지 아니하였으므로 헌법재판소법 제25조 제3항, 제72조 제3항 제3호에 따라 이 사건 심판청구를 각하하기로 하여 관여 재판관 전원의 일치된 의견으로 주문과 같이 결정한다.

## 「산지관리법」 제29조제3항 위헌 소원

[전원재판부 2015헌바201, 2016.3.31]

**【판시사항】**

가. 채석단지의 세부지정기준을 대통령령으로 정하도록 한 산지관리법(2010.5.31. 법률 제10331호로 개정된 것) 제29조 제3항이 법률유보원칙에 위배되는지 여부(소극)

나. 심판대상조항이 포괄위임금지원칙에 위배되는지 여부(소극)

**【결정요지】**

가. 산지관리법 제1조, 제29조 제1항, 제4항 등 관련조항을 종합해 보면, 입법자는 채석단지 지정제도를 법률에 규정함에 있어 석재 채취를 통한 개발이익의 추구와 인근 주민의 환경권 등 기본권 사이에 충돌이 발생할 수 있다는 점을 충분히 인식하면서 이를 조화롭게 해결하여야 한다는 가치결정을 내리고 있으며, 개발이익만을 우선적으로 추구하여 인근주민의 환경권을 배제하고 있지는 않다. 따라서 심판대상조항은 입법자가 본질적 사항을 직접 결정하여야 한다는 법률유보원칙에 위배되지 아니한다.

나. 채석단지의 지정기준을 정하는데 고려하여야 할 다양한 요소들은 전문적·기술적 능력과 정책적 고려가 요구될 뿐만 아니라, 법률로 일일이 세부적인 사항을 규정하기에는 입법기술상 적절하지 않은 측면이 있으므로, 채석단지의 지정에 관한 세부적 기준을 대통령령에 위임할 필요성이 인정된다.

구 산지관리법(2012.2.22. 법률 제11352호로 개정되고, 2014.3.24. 법률 제12513호로 개정되기 전의 것) 제29조 제1항은 심판대상조항의 위임의 범위를 구체적으로 특정하고 있고, 관련조항을 종합해 보면 석재의 매장량이나 채석 경제성과 같은 경제적인 요소는 물론이고, 인근 지역의 자연환경 또는 인근 주민의 생활환경을 충분히 고려하는 방향으로 대통령령에 세부지정기준이 마련될 것임을 예측할 수 있다. 한편 구체적으로 채석단지를 지정하는 과정에서 위와 같은 요소를 고려하는 방법과 절차는 다양하게 있을 수 있으므로, 세부적·절차적 방법으로서 인근 주민의 동의나 환경영향평가를 채택할 수 있다는 것 또한 충분히 예상이 가능하다. 따라서 심판대상조항은 포괄위임금지원칙에 위배되지 아니한다.

【심판대상조문】

산지관리법(2010.5.31. 법률 제10331호로 개정된 것) 제29조 제3항

【참조조문】

헌법 제37조 제2항, 제75조

구 산지관리법(2012. 2. 22. 법률 제11352호로 개정되고, 2014. 3. 24. 법률 제12513호로 개정되기 전의 것) 제29조 제1항

【참조판례】

가. 헌재 2008.2.28. 2006헌바70, 판례집 20-1상, 250, 261

【전문】

[당 사 자]

청 구 인   조○○ 대리인 변호사 박○○, 최○○

당해사건 서울행정법원 2014구합4283 채석단지지정처분취소

[주 문]

산지관리법(2010.5.31. 법률 제10331호로 개정된 것) 제29조 제3항은 헌법에 위반되지 아니한다.

[이 유]

1. 사건개요

청구인은 공주시 ○○면에 거주하고 있는 주민이다. 산림청장은 2014.1.15. ○○산업개발 주식회사의 채석단지 지정신청에 따라 공주시 ○○면 ○○리 ○○ 외 8필지(지정면적 397,781㎡)에 관하여 채석단지 지정처분을 하였다.

청구인은 산림청장을 상대로 위 채석단지 지정처분의 취소를 구하는 소를 제기하고(서울행정법원 2014구합4283) 그 소송 계속 중 산지관리법 제29조 제3항에 대하여 위헌법률심판제청신청을 하였으나(서울행정법원 2014아2563) 기각되자, 2015.5.28. 이 사건 헌법소원심판을 청구하였다.

## 2. 심판대상

청구인은 산지관리법 제29조 제3항을 심판대상으로 하여 이 사건 심판을 청구한 이후에, 탄원서를 제출하여 산지관리법 시행령 제36조 제2항과 산지관리법 제28조 제1항 제4호를 위헌이라고 해석되는 법률조항에 추가하였다. 그러나 탄원서에서 추가한 법령조항에 대해서는 법원의 위헌제청신청기각결정이 없었으므로 이 부분은 심판대상에서 제외한다.

따라서 이 사건 심판대상은 산지관리법(2010.5.31. 법률 제10331호로 개정된 것) 제29조 제3항(이하 '심판대상조항'이라 한다)이 헌법에 위반되는지 여부이다. 심판대상조항과 관련조항의 내용은 아래와 같다.

### [심판대상조항]

산지관리법(2010.5.31. 법률 제10331호로 개정된 것)

제29조(채석단지의 지정·해제) ③ 제1항에 따른 채석단지의 세부지정기준은 대통령령으로 정한다.

### [관련조항]

구 산지관리법(2012.2.22. 법률 제11352호로 개정되고, 2014.3.24. 법률 제12513호로 개정되기 전의 것, 이하 '구 산지관리법'이라 한다)

제29조(채석단지의 지정·해제) ① 산림청장은 일정한 지역에 양질의 석재가 상당량 매장되어 있어 이를 집단적으로 채취하는 것이 국토와 자연환경의 보존을 위하여 유익하다고 인정하면 대통령령으로 정하는 바에 따라 직권으로 또는 신청에 의하여 채석단지를 지정하거나 변경지정할 수 있다. 이 경우 산림청장은 관계 행정기관의장과 협의하여야 한다.

※ 그 밖의 관련조항은 [별지] 기재와 같다.

## 3. 청구인의 주장

채석단지의 지정은 인근 주민의 환경권, 주거의 자유, 행복추구권 등(이하 '환경권 등'이라 한다) 기본권에 중대한 영향을 미치는 것임에도 불구하고, 심판대상조항은 채석단지의 세부지정기준을 대통령령에 위임하면서 아무런 지침도 제시하지 아니하고 있으며, 특히 위임의 범위에 인근 주민의 동의에 관한 내용이 포함되는지가 불분명하므로, 법률유보원칙, 포괄위임금지원칙 및 명확성원칙에 위반된다.

## 4. 판단

### 가. 채석단지 지정제도

채석단지제도는 일정한 지역을 채석단지로 지정하여 석재를 집단적으로 채취할 수 있도록 하는 제도로서, 석재를 채취하는 경우 경관과 자연환경이 훼손되고 복구가 어렵기 때문에 소규모로 여러 곳에서 채석하는 것보다는 대규모로 한 곳에서 채석하는 것이 경제적으로 효율성도 높고 환경적으로도 더 바람직하다는 이유로 도입된 것이다.

산림청장은 일정한 지역에 양질의 석재가 상당량 매장되어 있어 이를 집단적으로 채취하는 것이 국토와 자연환경의 보존을 위하여 유익하다고 인정하면 대통령령으로 정하는 바에 따라 직권으로 또는 신청에 의하여 채석단지를 지정하거나 변경지정할 수 있으며, 이 경우 관계 행정기관의 장과 협의하여야 한다(구 산지관리법 제29조 제1항). 채석단지의 지정을 신청하려는 자는 채석 경제성에 관한 평가를 받아 그 결과를 산림청장에게 제출하여야 하며(제2항), 산림청장은 거짓이나 부정한 방법으로 지정을 받거나 주변산림과 주민생활을 보호하기 위하여 해제가 불가피한 경우에는 채석단지의 지정을 해제하여야 한다(제4항).

한편 시·도지사로부터 일반적인 토석채취허가를 받아서 석재를 채취할 수도 있는데(산지관리법 제25조 제1항), 산지의 형태나 임목의 구성, 토석채취면적 및 토석채취방법 등이 기준에 적합하고, 토석채취로 인하여 생활환경 등에 영향을 받을 수 있는 지역에서 일정한 조치를 취하는 등의 요건(제28조 제1항)을 충족하여야 한다. 이 경우에도 역시 채석 경제성에 관한 평가를 받아 그 결과를 제출하여야 함은 물론이다(제26조 제1항).

### 나. 법률유보원칙 위반 여부

(1) 법률유보와 의회유보

오늘날의 법률유보원칙은 단순히 행정작용이 법률에 근거를 두기만 하면 충분한 것이 아니라, 국가공동체와 그 구성원에게 기본적이고도 중요한 의미를 갖는 영역, 특히 국민의 기본권 실현에 관련된 영역에 있어서는 행정에 맡길 것이 아니라 국민의 대표자인 입법자 스스로 그 본질적 사항에 대하여 결정하여야 한다는 요구까지 내포하는 것으로 이해되고 있다(이른바 의회유보원칙). 그런데 입법자가 형식적 법률로 스스로 규율하여야 하는 사항이 어떤 것인가는 일률적으로 확정할 수 없고, 구체적 사례에서 관련된 이익 내지 가치의 중요성, 규제 내지 침해의 정도와 방법 등을 고려하여 개별적으로 결정할 수 있을 뿐이나, 적어도 헌법상 보장된 국민의 자유나 권리를 제한할 때에는 그 제한의 본질적인 사항에 관한 한 입법자가 법률로써 스스로 규율하여야 할 것이다(헌재 2008.2.28. 2006헌바70 참조).
(2) 판단
(가) 산지관리법 제1조는 산지를 합리적으로 보전하고 이용하여 국민경제의 건전한 발전과 국토환경의 보전에 이바지함을 목적으로 한다고 규정하고 있는바, 결국 산지관리법의 목적은 산지의 경제적 이용과 환경보전이라는 대립할 수 있는 공익을 조화롭고 균형 있게 추구하고자 하는 데 있다.

구 산지관리법 제29조 제1항은 채석단지의 지정기준으로 '일정한 지역에 양질의 석재가 상당량 매장되어 있어 이를 집단적으로 채취하는 것이 국토와 자연환경의 보존을 위하여 유익하다고 인정될 것'을 요구하고 있고, 제2항은 '채석 경제성에 관한 평가를 받아 그 결과를 산림청장에게 제출'하여야 한다고 하여 지정기준에 채석 경제성에 관한 평가가 포함되어 있음을 전제로 하고 있다. 따라서 심판대상조항은 채석단지의 세부지정기준을 하위법령에 위임함에 있어 경제적 효율성과 환경보전이라는 공익을 고려할 것을 지침으로 정하고 있으므로, 입법자가 본질적 사항을 직접 결정하여야 한다는 의미에서의 법률유보원칙을 준수하고 있다.

(나) 나아가 인근 주민의 환경권 등 기본권이 채석단지의 지정기준으로서 고려되어야 할 본질적 사항이라 하더라도, 아래와 같이 구 산지관리법 전체를 체계적으로 살펴볼 때 입법자는 석재채취의 개발이익과 인근 주민의 기본권 사이의 충돌을 조화롭게 해결해야 한다는 가치결정을 내리고 있다.

구 산지관리법 제29조 제1항의 채석단지 지정기준인 '국토의 자연환경 보존에 유익'하다는 의미는 채석단지를 지정하여 석재를 채취하도록 하는 것 자체가 자연환경의 보존에 유익하다는 의미가 아니라, '어떤 지역에 양질의 석재가 상당량 매장되어 있어 그 지역에서 석재를 집단적으로 채취하도록 하는 것'이 '개별적으로 다수의 지역에서 석재를 채취하도록 하는 것'보다 국토와 자연환경의 보존에 유익하다는 상대적 의미이다. 이와 같이 해석하지 아니하면 채석단지의 지정은 항상 국토와 자연환경의 보존에 유리할 수 없어 채석단지 지정처분 자체가 이루어질 수 없기 때문이다. 따라서 허가권자인 산림청장은 채석단지 지정처분을 함에 있어 개별적으로 석재채취허가를 하는 경우와 비교하여 국토와 자연환경의 보존을 위하여 유익한지를 판단하여야 하고, 결국 개별적인 토석채취허가 기준을 규정하고 있는 구 산지관리법 제28조 제1항을 고려할 수밖에 없다. 즉, 입법자가 채석단지의 세부지정기준을 하위법령에 위임하면서 인근 주민의 환경권 등 기본권에 대한 고려사항을 별도로 명시적으로 규정하지 않은 것은, 이를 고려하지 않아도 된다고 판단했기 때문이 아니라 토석채취허가시 인근 지역의 생활환경을 고려하도록 하는 제28조 제1항 제4호가 채석단지의 지정 시에도 하나의 기준으로 활용될 것을 전제하고 있기 때문으로 볼 수 있다.

실제로 관련 시행령은 채석단지의 세부지정기준으로 토석채취허가기준에 적합할 것을 요구하고 있다[구 산지관리법 시행령(2012.8.22. 대통령령 제24059호로 개정되고, 2014.9.24. 대통령령 제25625호로 개정되기 전의 것, 이하 '구 산지관리법 시행령'이라 한다) 제39조 제5항 제7호].

또한 산림청장은 주변산림과 주민생활을 보호하기 위하여 해제가 불가피하다고 인정되는 경우 채석단지의 전부 또는 일부에 대하여 그 지정을 해제하여야 하는데(구 산지관리법 제29조 제4항 제3호), 이는 입법자가 채석단지의 지정기준으로서도 인근 주민의 생활환경에 대한 사항을 고려하라는 지침으로 해석될 수 있다. 실제로 관련 시행령은 세부지정기준으로 수질·먼지·진동·소음 등에 의하여 지역주민의 생활환경을 크게 해치지 아니할 것을 규정하고 있다(구 산지관리법 시행령 제39조제5항제3호).

위와 같은 점을 종합하면, 입법자는 채석단지 지정제도를 법률에 규정함에 있어 석재 채취를 통한 개발이익의 추구와 인근 주민의 환경권 등 기본권 사이에 충돌이 발생할 수 있다는 점을 충분히 인식하면서, 이를 조화롭게 해결하여야 한다는 가치결정을 내리고 있으며, 개발이익만을 우선하여 환경권을 배제하고 있지는 않다. 따라서 심판대상조항은 채석단지의 세부지정기준을 하위법령에 위임함에 있어 인근 주민의 환경권 등 기본권에 관한 사항을 고려할 것을 지침으로 규정하고 있다.

한편 구체적으로 채석단지를 지정하는 과정에서 인근 주민의 환경권 등을 고려하는 방법은 다양하게 있을 수 있고, 그 방법으로 어떤 방법을 택할 것인지, 예컨대 직권으로 채석단지가 인근 주민의 생활환경에 미치는 영향을 판단할 것인지, 인근 주민의 동의를 요구할 것인지, 환경영향평가로 대체할 것인지 등은 세부적·절차적 사항으로서, 입법자가 반드시 스스로 결정하여야 하는 본질적 사항이라기보다는 행정입법이 충분히 규율할 수 있는 영역이라고 봄이 타당하다. 따라서 심판대상조항은 규율대상의 측면뿐만 아니라 규율밀도의 측면에서도 법률유보원칙에 위반된다고 볼 수 없다.

다. 포괄위임금지원칙 위반 여부
(1) 명확성원칙과 포괄위임금지원칙의 관계
포괄위임금지원칙은 행정부에 입법을 위임하는 수권법률의 명확성원칙에 관한 것으로서, 법률의 명확성원칙이 위임입법에 관하여 구체화된 특별규정이라고 할 수 있다. 따라서 수권법률조항의 명확성원칙 위반 여부는 헌법 제75조의 포괄위임금지원칙 위반 여부에 대한 심사로써 충족된다(헌재 2011.2.24. 2009헌바13등 참조).

청구인은 심판대상조항이 명확성원칙과 포괄위임금지원칙에 위반된다고 주장한다. 그러나 청구인은 채석단지 지정에 관한 대강의 실체적인 기준을 정하고 있는 구 산지관리법 제29조 제1항 부분, 즉 '일정한 지역에 양질의 석재가 상당량 매장되어 있어 이를 집단적으로 채취하는 것이 국토와 자연환경의 보존을 위하여 유익'할 것의 명확성을 다투는 것이 아니라, 단지 수권조항인 심판대상조항이 인근 주민의 동의에 관한 세부지정기준을 더욱 구체화하지 않고 곧바로 대통령령에 위임하고 있는 것이 명확성원칙에 위반된다는 취지로 주장하고 있다.

따라서 심판대상조항의 명확성원칙 위반 여부는 헌법 제75조의 포괄위임금지원칙 위반 여부에 대한 심사로써 충족된다 할 것이므로 이하에서는 심판대상조항의 포괄위임금지원칙 위반 여부에 대하여만 검토하기로 한다.

(2) 위임의 필요성

채석단지는 일정한 지역에서 석재를 집단적으로 채취하는 것이므로, 그 지정기준을 정함에 있어서도 지역의 범위와 특성, 석재의 매장량과 분포도, 집단적 채취 가능성, 채석의 경제성, 석재의 수급상황, 자연환경과 지역주민에 대한 위험, 채굴 장비의 규격 등 다양한 요소를 종합적으로 고려하여야 한다. 이러한 요소들은 전문적·기술적 능력과 정책적 고려가 요구될 뿐만 아니라 법률로 일일이 세부적인 사항을 규정하기에는 입법기술상 적절하지 않은 측면이 있으므로, 국회가 채석단지의 지정에 관한 세부적 기준을 대통령령에 위임할 필요성이 인정된다.

(3) 예측가능성

구 산지관리법 제29조 제1항은 '일정한 지역에 양질의 석재가 상당량 매장되어 있어 이를 집단적으로 채취하는 것이 국토와 자연환경의 보존을 위하여 유익하다고 인정'하면 채석단지를 지정할 수 있도록 규정하고 있는데, 이는 ① 일정한 지역에 양질의 석재가 상당량 매장되어 있을 것, ② 이를 집단적으로 채취하는 것이 국토와 자연환경의 보존을 위하여 유익하다고 인정될 것을 채석단지의 일반적인 지정기준으로 제시하고 있는 것으로 볼 수 있다.

한편 앞서 살펴본 바와 같이 구 산지관리법 제29조 제1항의 해석상 채석단지의 지정처분을 하기 위해서는 토석채취허가에 관한 구 산지관리법 제28조 제1항의 기준을 고려할 수밖에 없는데, 같은 항 제4호는 토석채취허가기준으로서 인근 지역의 생활환경을 고려하도록 규정하고 있다. 아울러 구 산지관리법 제29조 제4항 제3호는 주변산림과 주민생활을 보호하기 위하여 해제가 불가피하다고 인정되는 경우 채석단지의 지정을 해제하여야 한다고 규정하여 주민생활의 보호를 필요적 해제사유로 보고 있으며, 산지관리법 제1조는 산지를 합리적으로 보전하고 이용하여 국민경제의 건전한 발전과 국토환경의 보전에 이바지함을 입법목적으로 한다고 규정하고 있다.

결국, 구 산지관리법 제29조 제1항은 심판대상조항의 위임의 범위를 구체적으로 특정하고 있고, 관련조항을 종합하면 석재의 매장량이나 채석 경제성과 같은 경제적인 요소는 물론이고, 인근 지역의 자연환경 또는 인근 주민의 생활환경을 충분히 고려하는 방향으로 대통령령에 세부지정기준이 마련될 것임을 충분히 예측할 수 있다. 한편 구체적으로 채석단지를 지정하는 과정에서 위와 같은 요소를 고려하는 방법과 절차는 다양하게 있을 수 있으므로, 세부적·절차적 방법으로서 인근 주민의 동의나 환경영향평가를 채택할 수 있다는 것 또한 충분히 예상이 가능하다.

따라서 심판대상조항은 포괄위임금지원칙에 위반되지 아니한다.

라. 그 밖의 주장에 관한 판단

청구인은 심판대상조항으로 인하여 환경권, 주거의 자유, 행복추구권이 침해되고 있다고 주장하는바, 앞서 살펴본 바와 같이 채석단지의 지정으로 인하여 인근 주민의 환경권 등이 제한될 가능성을 부정하기는 어렵다. 그러나 행정청으로 하여금 채석단지를 지정할 수 있도록 권한을 부여하면서 채석단지의 일반적인 지정기준을 규정하고 있는 조항은 구 산지관리법 제29조 제1항이고, 심판대상조항은 단지 세부지정기준을 대통령령에 위임하는 규정에 지나지 않는다. 따라서 심판대상조항이 그 자체로 기본권을 제한하는 규정이라 볼 수 없는 이상 개별 기본권에 대한 과잉금지원칙 위반 여부는 더 나아가 판단하지 않는다.

## 5. 결론

심판대상조항은 헌법에 위반되지 아니하므로, 관여 재판관 전원의 일치된 의견으로 주문과 같이 결정한다.

[별지] 관련조항

산지관리법(2012.2.22. 법률 제11352호로 개정된 것)

제28조(토석채취허가의 기준) ① 시·도지사 또는 시장·군수·구청장은 제25조 제1항에 따른 토석채취허가를 할 때에는 그 허가의 신청내용이 다음 각 호(토사채취의 경우 제1호와 제2호만 해당한다)의 기준에 맞는 경우에만 허가하여야 한다.
4. 토석채취로 인하여 생활환경 등에 영향을 받을 수 있는 지역으로서 대통령령으로 정하는 지역의 경우에는 재해를 방지하기 위한 시설의 설치 등 대통령령으로 정하는 기준을 충족할 것

구 산지관리법(2012.2.22. 법률 제11352호로 개정되고, 2014.3.24. 법률 제12513호로 개정되기 전의 것)

제29조(채석단지의 지정·해제) ④ 산림청장은 다음 각 호의 어느 하나에 해당하는 경우에는 제1항에 따라 지정한 채석단지의 전부 또는 일부에 대하여 그 지정을 해제할 수 있다. 다만, 제1호와 제3호의 경우에는 해제하여야 한다.
　3. 주변산림과 주민생활을 보호하기 위하여 해제가 불가피하다고 인정되는 경우

구 산지관리법 시행령(2012.8.22. 대통령령 제24059호로 개정되고, 2014.9.24. 대통령령 제25625호로 개정되기 전의 것)

제39조(채석단지의 지정) ⑤ 법 제29조 제3항에 따른 채석단지의 세부지정기준은 다음 각 호와 같다.
　3. 수질·먼지·진동·소음 등에 의하여 지역주민의 생활환경을 크게 해치지 아니할 것
　6. 「환경영향평가법」에 따른 평가를 받았을 것(평가 대상이 되는 경우에 한정한다)
　7. 법 제28조 제1항 제2호부터 제5호까지 및 같은 조 제2항에 따른 토석채취허가기준에 적합할 것

구 산지관리법 시행령(2012.8.22. 대통령령 제24059호로 개정되고, 2015.11.11. 대통령령 제26627호로 개정되기 전의 것)

제36조(토석채취허가의 기준 등) ② 법 제28조 제1항 제4호에서 "대통령령으로 정하는 지역"이란 토석의 굴취·채취로 인하여 생활환경 등에 직접적 또는 간접적 영향을 받는 산지로서 다음 각 호의 어느 하나에 해당하는 지역을 말한다.
　1. 가옥·공장 또는 종교시설로부터 300미터 이내의 산지
　2. 분묘중심점으로부터 30미터 이내의 산지

구 산지관리법 시행령(2013.3.23. 대통령령 제24452호로 개정되고, 2015.11.11. 대통령령 제26627호로 개정되기 전의 것)

제36조(토석채취허가의 기준 등) ③ 법 제28조 제1항 제4호에서 "재해를 방지하기 위한 시설의 설치 등 대통령령으로 정하는 기준"이란 다음 각 호의 기준을 말한다.
　3. 다음 각 목에 따른 동의를 얻을 것. 다만, 「환경영향평가법」에 따른 환경영향평가 또는 「환경영향평가법」에 따른 소규모 환경영향평가를 거친 경우를 제외한다.
　　가. 제2항 제1호의 경우 해당 가옥의 소유자, 주민(실제로 거주하고 있는 「주민등록법」에 따른 세대주를 말한다), 공장의 소유자 및 대표자, 종교시설의 대표자 전원(토석채취허가를 받아 토석을 굴취·채취하고 있는 산지에 연접하여 토석채취허가를 받으려는 경우에는 3분의 2 이상)의 동의
　　나. 제2항 제2호의 경우 「장사 등에 관한 법률」 제2조 제16호에 따른 연고자의 동의(연고자가 있는 경우에 한정한다)

# 「산지관리법」 제56조 위헌 제청

[전원재판부 2010헌가19, 2010.9.30]

## 【판시사항】

법인이 고용한 종업원 등의 일정한 범죄행위에 대하여 곧바로 법인을 종업원등과 같이 처벌 하도록 하고 있는 산지관리법 (2002.12.30. 법률 제6841호로 제정된 것) 제56조 등 양벌규정 (이하 '이 사건 심판대상조항' 이라 한다)이 책임주의에 반하여 헌법에 위반되는지 여부(적극)

## 【결정요지】

형벌은 범죄에 대한 제재로서 그 본질은 법질서에 의해 부정적으로 평가된 행위에 대한 비난이다. 만약 법질서가 부정적으로 평가한 결과가 발생하였다고 하더라도 그러한 결과의 발생이 어느 누구의 잘못에 의한 것도 아니라면, 부정적인 결과가 발생하였다는 이유만으로 누군가에게 형벌을 가할 수는 없다. 이와 같이 '책임없는 자에게 형벌을 부과할 수 없다.'는 형벌에 관한 책임주의는 형사법의 기본원리로서, 헌법상 법치국가의 원리에 내재하는 원리인 동시에, 헌법 제10조의 취지로부터 도출되는 원리이다. 그런데 이 사건 심판대상조항은 법인이 고용한 종업원 등의 범죄행위에 관하여 비난할 근거가 되는 법인의 의사결정 및 행위구조, 즉 종업원 등이 저지른 행위의 결과에 대한 법인의 독자적인 책임에 관하여 전혀 규정하지 않은 채, 단순히 법인이 고용한 종업원 등이 업무에 관하여 범죄행위를 하였다는 이유만으로 법인에 대하여 형사처벌을 과하고 있는바, 이는 다른 사람의 범죄에 대하여 그 책임 유무를 묻지 않고 형벌을 부과함으로써 법치국가의 원리 및 죄형법정주의로부터 도출되는 책임주의원칙에 반하여 헌법에 위반된다.

재판관 이○○의 별개 위헌의견

법인의 경영방침이나 주요의사를 결정하거나 그 법인의 전체 업무를 관리·감독할 수 있는 지위에 있는 기관이나 종업원 혹은 그와 같은 지위에 있는 자로부터 전권을 위임받은 대리인이 그의 권한범위 내에서 한 행위는 그 법인의 행위와 동일시 할 수 있을 것이고, 그와 같은 지위에 있는 자가 법인의 업무에 관하여 한 범법행위에 대하여 법인에게 형사책임을 귀속시키 더라도 책임주의에 반한다고 볼 수 없을 것이다. 따라서 이 사건 심판대상조항 소정의 대리인·사용인 기타의 종업원 중 위와 같은 자 관련 부분은 헌법에 위반되지 아니하나, 그 이외의 대리인·사용인 기타의 종업원관련 부분은 책임원칙에 반하여 헌법에 위반된다.

재판관 조○○의 반대의견

이 사건 심판대상조항에서 법인의 임원·직원이 법인의 업무에 관하여 위법행위를 한 경우 그 법인도 벌금형으로 처벌하도록 규정하고 있는 것은, 법인이 그 임원·직원에 대한 지휘·감독의무를 다하지 못하여 임원·직원의 업무상 위법행위를 막지 못한 경우에 처벌하는 것 이므로 책임주의 원칙에 위반된다고 보기 어렵다.

재판관 이○○의 반대의견

이 사건 심판대상조항의 문언상 '법인의 종업원에 대한 선임감독상의 과실 기타 귀책사유'가 명시되어 있지 않더라도 그와 같은 귀책사유가 있는 경우에 만 처벌하는 것으로 해석할 수 있고 이러한 해석을 전제로 할 때 이 사건 법률조항은 책임주의 원칙에 위반되지 아니한다.

**【심판대상조문】**

산지관리법 (2002.12.30. 법률 제6841호로 제정된 것) 제56조

출입국관리법 (2005.3.24. 법률 제7406호로 개정된 것) 제99조의3

**【참조조문】**

산지관리법 (2008.2.29. 법률 제8852호로 개정된 것) 제53조 제1호, 제54조 제1호

출입국관리법 (2002.12.5. 법률 제6745호로 개정된 것) 제94조 제2호의3

**【참조판례】**

헌재 2009.7.30. 2008헌가14, 판례집 21-2상, 77

**【전문】**

**【당 사 자】**

제 청 법 원  1. 대전지방법원 서산지원 (2010 헌가19)
　　　　　　2. 수원지방법원 (2010 헌가26)
　　　　　　3. 대전지방법원 천안지원 (2010 헌가75)

제청신청인 ○○컴텍 주식회사 (2010 헌가26)

대표이사 한○수
대리인 법무법인 동○
담당변호사 오○○

당해 사건 1. 대전지 방법원 서산지원 2009고단775산지관리법위반 (2010 헌가19)
         2. 수원지 방법원 2009고단3493 출입국관리법위반 (2010 헌가26)
         3. 대전지 방법원 천안지원 2009고단1534산지관리법위반 (2010 헌가75)

【주 문】

1. 산지관리법(2002.12.30. 법률 제6841호로 제정된 것) 제56조 중 '법인의 대리인·사용인 및 종업원이 그 법인의 업무에 관하여 제53조 제1호, 제54조 제1호의 위반행위를 한 때에는 그 법인에 대하여도 각 해당 조의 벌금형을 과한다'는 부분은 헌법에 위반된다.

2. 출입국관리법(2005.3.24. 법률 제7406호로 개정된 것) 제99조의3 중 '법인의 대리인·사용인 그 밖의 종업원이 그 법인의 업무에 관하여 제94조 제2호의3의 규정에 의한 위반행위를 한 때에는 그 법인에 대하여도 각 해당 조의 벌금형을 과한다'는 부분은 헌법에 위반된다.

【이 유】

1. 사건개요 및 심판대상

가. 사건개요
 (1) 2010헌가19 사건
  (가) 당해사건의 피고인인 ○○철강 주식회사는 '그 사용인인 서○석이 그 업무에 관하여 2009.2. 중순경부터 같은 달 하순경까지 충남 당진군 정미면 ○○리 87-1 토지에 관하여 산지전용허가를 받고 토목공사를 하면서, 관할관청으로부터 변경허가를 받지 아니하고 같은 리 87-10 토지 중 920㎡ 부분의 산지를 전용하였다'는 공소사실로 약식명령이 청구되었다(대전지방법원 서산지원 2009고약3391).
  (나) 법원은 사건을 공판절차에 회부하고(대전지방법원 서산지원 2009고단775),산지관리법 제56조에 대하여 직권으로 이 사건 위헌법률심판을 제청하였다.
 (2) 2010헌가26 사건

(가) 당해사건의 피고인인 ○○ 주식회사는 '그 인사총무팀 부장인 한○엽이 2008. 1.29. 수원시 권선구 ○○동 919-6 수원출입국관리사무소에서 중국인 왕○매 등 15명에 대한 사증발급인정서를 신청함에 있어 그들이 현지법인인 ○○전자 ○○공사에 근무한 사실이 없음에도 불구하고 6개월 이상 근무하였다는 취지의 허위내용이 기재된 재직증명서, 파견명령서, 신원보증서 등을 제출함으로써 이들을 입국시키기 위하여 허위로 사증발급인정서를 신청하였다'는 공소사실로 기소되었다(수원지방법원 2009고단3493).

(나) 제청신청인은 제1심 계속 중 출입국관리법 제99조의3에 대하여 위헌법률심판제청을 신청하였고, 법원은 이를 받아들여 이 사건 위헌법률심판을 제청하였다.

(3) 2010헌가75 사건

(가) 당해사건의 피고인인 주식회사 ○○하우징은 '2006.7.경 공장 증설허가를 받아 2007.7.6.부터 2008. 3.경까지 공장을 증축하는 과정에서 그 사용인인 오○상이 그 업무에 관하여 천안시 동남구 수신면 ○○리 산 24-6 임야 480㎡를 자연석쌓기 및 아스콘포장을 하여 자재야적장으로 불법 형질변경 하였다'는 공소사실로 약식명령이 청구되었다(대전지방법원 천안지원 2009고약11881).

(나) 법원은 사건을 공판절차에 회부하고(대전지방법원 천안지원 2009고단1534), 산지관리법 제56조에 대하여 직권으로 이 사건 위헌법률심판을 제청하였다.

나. 심판대상

이 사건 심판대상 조항들은 법인의 대리인, 사용인 또는 종업원(이하 '종업원 등'이라 한다)이 법인의 업무에 관하여 위법행위를 한 경우 법인을 종업원 등과 함께 처벌하는 것이다.

(1) 2010헌가19, 75 사건

이 사건 심판대상은 산지관리법(2002.12.30. 법률 제6841호로 제정된 것) 제56조 중 '법인의 대리인·사용인 및 종업원이 그 법인의 업무에 관하여 제53조 제1호, 제54조 제1호의 위반행위를 한 때에는 그 법인에 대하여도 각 해당 조의 벌금형을 과한다'는 부분이 헌법에 위반되는지 여부이고, 위 심판대상 조항(아래 밑줄 부분) 및 관련조항의 내용은 다음과 같다.

[심판대상 조항]

산지관리법(2002.12.30. 법률 제6841호로 제정된 것)

제56조(양벌규정) 법인의 대표자, 법인 또는 개인의 대리인·사용인 및 종업원이 그 법인 또는 개인의 업무에 관하여 제53조 내지 제55조의 위반행위를 한 때에는 행위자를 벌하는 외에 그 법인 또는 개인에 대하여도 각 해당 조의

벌금형을 과한다.

[관련조항]

산지관리법(2008.2.29. 법률 제8852호로 개정된 것)

제53조(벌칙) 다음 각 호의 어느 하나에 해당하는 자는 7년 이하의 징역 또는 5천만 원 이하의 벌금에 처한다. 이 경우 징역형과 벌금형을 병과할 수 있다.<개정 2007. 1.26.>
1. 제14조 제1항 전단의 규정을 위반하여 산지전용허가를 받지 아니하고 산지전용을 하거나 거짓 그 밖의 부정한 방법으로 산지전용허가를 받아 산지전용을 한 자

제54조(벌칙) 다음 각 호의 어느 하나에 해당하는 자는 5년 이하의 징역 또는 3천만 원 이하의 벌금에 처한다.<개정 2007.1.26.>
1. 제14조 제1항 후단의 규정을 위반하여 변경허가를 받지 아니하고 산지전용을 하거나 거짓 그 밖의 부정한 방법으로 변경허가를 받아 산지전용을 한 자

제14조(산지전용허가) ① 산지전용을 하고자 하는 자는 대통령령이 정하는 바에 따라 그 용도를 정하여 산림청장의 허가를 받아야 하며, 허가받은 사항을 변경하고자 하는 경우에도 또한 같다. 다만, 농림수산식품부령이 정하는 사항으로서 경미한 사항을 변경하고자 하는 때에는 산림청장에게 신고로 갈음할 수 있다.<개정 2007.1.26, 2008. 2.29.>

(2) 2010헌가26 사건

이 사건 심판대상은 출입국관리법(2005. 3. 24. 법률 제7406호로 개정된 것) 제99조의3 중 '법인의 대리인·사용인 그 밖의 종업원이 그 법인의 업무에 관하여 제94조 제2호의3의 규정에 의한 위반행위를 한 때에는 그 법인에 대하여도 각 해당 조의 벌금형을 과한다'는 부분이 헌법에 위반되는지 여부이고, 위 심판대상 조항(아래 밑줄 부분) 및 관련조항의 내용은 다음과 같다.

[심판대상 조항]

출입국관리법(2005.3.24. 법률 제7406호로 개정된 것)

제99조의3(양벌규정) 법인의 대표자나 법인 또는 개인의 대리인·사용인 그 밖의 종업원이 그 법인 또는 개인의 업무에 관하여 다음 각 호의 어느 하나에 해당하는 위반행위를 한 때에는 행위자를 벌하는 외에 그 법인 또는 개인에 대하여도 각 해당 조의 벌금형을 과한다.
1. 제94조 제2호의3의 규정에 의한 위반행위

[관련조항]

출입국관리법(2002.12.5. 법률 제6745호로 개정된 것)

제94조(벌칙) 다음 각 호의 1에 해당하는 자는 3년 이하의 징역이나 금고 또는 2천만 원 이하의 벌금에 처한다.
2의3. 제7조의2의 규정에 위반한 자

제7조의2(허위초청 등의 금지) 누구든지 외국인을 입국시키기 위한 다음 각 호의 1의 행위를 하여서는 아니 된다.
2. 허위로 사증 또는 사증발급인정서를 신청하는 행위 또는 이를 알선하는 행위<본조신설 2001.12.29>

## 2. 제청법원들의 위헌제청 이유 요지

제청법원들의 위헌제청 이유의 요지는 다음과 같다.

이 사건 심판대상 조항들은, 법인이 고용한 종업원 등이 법인의 업무에 관하여 위반행위를 한 경우 그와 같은 종업원 등의 범죄행위에 대해 영업주인 법인이 어떠한 잘못이 있는지 여부와는 전혀 관계없이 곧바로 영업주인 법인도 처벌하도록 규정하고 있는바, 이는 다른 사람의 범죄에 대해 그 책임 유무를 묻지 않고 형벌을 부과함으로써 법치국가의 원리 및 죄형법정주의로부터 도출되는 책임주의 원칙에 반한다.

## 3. 적법요건에 대한 판단

이 사건 심판대상 조항들은 이미 면책조항이 추가되어 개정되고, 그 부칙에 개정법 시행 전의 범죄행위에 대한 벌칙의 적용은 종전의 규정에 따른다는 취지의 경과규정을 두지 아니하였으나(산지관리법 2010.5.31. 법률 제10331호, 출입국관리법 2010.5.14. 법률 제10282호), 아직 그 시행일이 도래하지 아니하였다(산지관리법 2010.12.1, 출입국관리법 2010.11.15).

따라서 이 사건 심판대상 조항들은 현재 당해사건들에 직접 적용되며, 이들 조항이 위헌으로 선언되는 경우 위 피고인들에 대한 처벌의 근거규정이 없어지게 되어 각 당해사건의 공소사실에 대하여 무죄판결이 선고될 것이다. 그렇다면 위 각 조항의 위헌 여부에 따라 당해사건의 재판의 주문이 달라지게 될 것이므로, 이들 조항은 당해사건들과 관련하여 재판의 전제성이 인정된다.

## 4. 본안에 대한 판단

가. 이 사건 심판대상 조항들은 법인이 고용한 종업원 등이 일정한 위반행위를 한 사실이 인정되면 곧바로 그 종업원 등을 고용한 법인에게도 종업원 등에 대한 처벌조항에 규정된 벌금형을 과하도록 규정하고 있다.

즉, 이 사건 심판대상 조항들은 종업원 등의 범죄행위에 대한 법인의 가담 여부나 이를 감독할 주의의무의 위반 여부를 법인에 대한 처벌요건으로 규정하지 아니하고, 달리 법인이 면책될 가능성에 대해서도 규정하지 아니하고 있어, 결국 종업원 등의 일정한 행위가 있으면 법인이 그와 같은 종업원 등의 범죄에 대해 어떠한 잘못이 있는지를 전혀 묻지 않고 곧바로 영업주인 법인을 종업원 등과 같이 처벌하는 것이다.

나. 형벌은 범죄에 대한 제재로서 그 본질은 법질서에 의해 부정적으로 평가된 행위에 대한 비난이다. 만약 법질서가 부정적으로 평가한 결과가 발생하였다고 하더라도 그러한 결과의 발생이 어느 누구의 잘못에 의한 것도 아니라면, 부정적인 결과가 발생하였다는 이유만으로 누군가에게 형벌을 가할 수는 없다. 이와 같이 '책임 없는 자에게 형벌을 부과할 수 없다.'는 형벌에 관한 책임주의는 형사법의 기본원리로서, 헌법상 법치국가의 원리에 내재하는 원리인 동시에 헌법 제10조의 취지로부터 도출되는 원리이고, 법인의 경우도 자연인과 마찬가지로 책임주의원칙이 적용된다고 할 것이다.

그런데 이 사건 심판대상 조항들에 의할 경우, 법인이 종업원 등의 위반행위와 관련하여 선임·감독상의 주의의무를 다하여 아무런 잘못이 없는 경우까지도 법인에게 형벌을 부과될 수밖에 없게 된다. 이처럼 이 사건 심판대상 조항들은 종업원 등의 범죄행위에 관하여 비난할 근거가 되는 법인의 의사결정 및 행위구조, 즉 종업원 등이 저지른 행위의 결과에 대한 법인의 독자적인 책임에 관하여 전혀 규정하지 않은 채, 단순히 법인이 고용한 종업원 등이 업무에 관하여 범죄행위를 하였다는 이유만으로 법인에 대하여 형사처벌을 과하고 있는바, 이는 다른 사람의 범죄에 대하여 그 책임 유무를 묻지 않고 형벌을 부과하는 것으로서, 헌법상 법치국가의 원리 및 죄형법정주의로부터 도출되는 책임주의원칙에 위배된다 할 것이다(헌재 2009.7.30. 2008헌가14, 판례집 21-2 상, 77 참조).

## 5. 결론

그렇다면, 이 사건 심판대상 조항들은 헌법에 위반되므로, 아래 6.과 같은 재판관 이공현의 별개 위헌의견, 아래 7.과 같은 재판관 조대현의 반대의견, 아래 8.과 같은 재판관 이동흡의 반대의견을 제외한 나머지 관여 재판관 전원의 일치된 의견으로 주문과 같이 결정한다.

## 6. 재판관 이공현의 별개 위헌의견

### 가. 책임 없는 자에 대한 처벌로서 위헌인지 여부

법인은 법적으로 구성된 가상의 실체로서 현실적으로는 자신의 종업원을 통하여 행위하므로, 공공의 이익을 해할 수 있는 위험이 내재되어 있거나 부당한 경제력 행사에 의하여 사회에 막대한 폐해를 초래할 수 있다는 이유로 그 법인에게 형사책임을 귀속시키려면 문제되는 종업원의 행위를 법인의 행위로 볼 수 있어야 한다. 법인의 행위로 볼 수 없는 종업원의 행위에 대하여서까지 그 법인의 관여나 선임감독상의 과실 등과 같은 잘못이 없음에도 그 법인에게 형사책임을 귀속시킨다면 책임 없는 자에게 형벌을 부과하는 것이 되어 책임원칙에 위반되는 것이다. 이에 따라 법인의 위계구조상 어떤 지위에 있는 종업원의 행위까지 법인의 행위로 볼 것인지 문제되는데, 법인의 경영방침이나 주요의사를 결정하거나 그 법인의 전체 업무를 관리·감독할 수 있는 지위에 있는 기관이나 종업원 혹은 그와 같은 지위에 있는 자로부터 전권을 위임받은 대리인이 그의 권한 범위 내에서 한 행위는 그 법인의 행위와 동일시할 수 있을 것이다.

한편, 법인의 행위와 동일시할 수 있는 행위를 하는 자로서는 반드시 등기부에 기재된 대표자뿐만 아니라 법인의 경영방침이나 주요의사를 결정하거나 그 법인의 전체 업무를 관리·감독할 수 있는 지위에 있는 기관이나 종업원 혹은 그와 같은 지위에 있는 자로부터 전권을 위임받은 대리인도 포함되는 것으로 보아야 할 것이다.

따라서 법인의 경영방침이나 주요의사를 결정하거나 그 법인의 전체 업무를 관리·감독할 수 있는 지위에 있는 기관이나 종업원 혹은 그와 같은 지위에 있는 자로부터 전권을 위임받은 대리인은 대외적으로 법인의 의사를 표명하고 대내적으로 법인의 전체 업무를 관리·감독할 수 있는 지위에 있는 자이므로, 그의 행위는 법인의 행위로 볼 수 있어 그와 같은 지위에 있는 자가 법인의 업무에 관하여 한 범법행위에 대하여 법인에게 형사책임을 귀속시키더라도 책임원칙에 반한다고 볼 수 없다. 따라서 이 사건 심판대상 조항들 소정의 대리인·사용인 기타의 종업원 중 앞에서 설시한 지위에 있는 자 관련 부분은 헌법에 위반되지 아니한다 할 것이다.

반면에 이 사건 심판대상 조항들 중 그 이외의 대리인·사용인 기타의 종업원 관련 부분은 다수의 위헌의견이 판단한 바와 같이 그와 같은 자의 범법행위에 대한 법인의 관여나 선임감독상의 과실 등과 같은 책임을 구성요건으로 규정하지 않은 채 그러한 자의 일정한 범죄행위가 인정되면 그를 처벌하는 동시에 자동적으로 법인도 처벌하는 것으로 규정하고 있어, 아무런 귀책사유가 없는 법인에게 형벌을 부과하는 것이어서 책임원칙에 위반된다고 보아야 할 것이다.

나. 책임과 형벌 간 비례원칙 위반 여부

법인의 대표자 등 법인의 행위와 동일시할 수 있는 자가 그 법인의 업무에 관하여 범법행위를 하여 법인이 처벌될 경우 혹은 법인이 종업원 등과 공모하거나 그 위반행위를 조장, 묵인하는 행위를 하여 공동범의 법리에 따라 처벌될 경우에는 그 행위자와 그 법인에 대한 법정형이 동일하더라도 책임과 형벌의 비례성원칙에 적합하다는 평가를 받을 수 있을 것이다.

그러나 동일한 결과를 발생시킨 행위라고 하더라도 그 행위태양에 따라서는 보호법익과 죄질에 비추어 범죄와 형벌 간의 비례의 원칙상 수긍하기 어려운 경우가 있을 수 있다. 예컨대 그 행위가 고의에 의한 것과 과실에 의한 것 사이에는 비례의 원칙상 그에 따른 책임의 정도를 다르게 판단하여야 할 것이므로, 설령 이 사건 심판대상 조항들을, 이 사건 심판대상 조항들 소정의 대리인·사용인 기타의 종업원 중 법인의 경영방침이나 주요의사를 결정하거나 그 법인의 전체 업무를 관리·감독할 수 있는 지위에 있는 사용인 기타의 종업원 및 그로부터 전권을 위임받은 대리인을 제외한 대리인·사용인 기타의 종업원에 대한 선임감독상의 과실이 있는 법인을 처벌하는 규정으로 보더라도 과실밖에 없는 법인을 고의의 본범과 동일한 법정형으로 처벌하는 것은 각자의 책임에 비례하는 형벌의 부과라고 보기 어렵다(헌재 2009.7.30. 2008헌가14, 판례집 21-2 상, 77, 89-94 참조).

다. 소결

그렇다면 이 사건 심판대상 조항들 소정의 대리인·사용인 기타의 종업원 중 법인의 경영방침이나 주요의사를 결정하거나 그 법인의 전체 업무를 관리·감독할 수 있는 지위에 있는 사용인 기타의 종업원 혹은 그와 같은 지위에 있는 자로부터 전권을 위임받은 대리인 관련 부분은 헌법에 위반되지 아니하고, 그 이외의 종업원 관련 부분은 헌법에 위반된다 할 것이다.

## 7. 재판관 조대현의 반대의견

인간은 스스로 생각하고 판단하여 자신의 행동을 규율하고 책임지는 자율적 활동주체이다. 모든 사람은 각자 존엄과 가치를 가지는 자율적 활동주체로서, 자신의 행위에 대해서만 책임질 뿐 타인의 행위로 인하여 처벌받지 않으며, 자기에게 책임 없는 사유로 인하여 처벌받지 아니한다(책임주의의 원칙).

법인도 그 구성원(임원·직원)과 구별되는 독자적인 주체성을 가지고 자율적으로 활동하는 것이고 법인도 법질서를 준수하여야 하는 것이므로, 법인도 자율적 활동주체로서 법인의 업무활동에 대하여 책임주의의 원칙에 따라 책임을 지는 것이 마땅하다. 법인은 다수인의 능력을 조직적으로 활용하기 때문에 그 활동 영역과 규모와 영향력이 개인활동의 한계를 뛰어넘을 수 있고, 그로 인하여 현대사회에서 법인의 활동영역이 모든 영역에 걸쳐 확산되고 있으며, 그에 따라 법인의 업무에 관한 위법행위도 빈발하게 되고 그 피해 규모가 크기 때문에 법인을 처벌해야 할 필요성도 커지고 있다. 법인의 업무에 관한 위법행위가 법인의 의사(업무지침)에 기한 것이면 법인 자체를 위법행위자로 보아 처벌할 필요가 있고, 임원·직원에 대한 감독의무를 소홀히 한 경우에도 그에 상응한 제재를 할 필요가 있다.

그러나 임원·직원의 위법행위에 관하여 그 법인도 함께 처벌하는 것은 임원·직원의 업무상 활동을 법인의 행위로 볼 수 있거나 법인에게 임원·직원을 지휘·감독할 책임이 있는 경우에만 인정될 수 있는 것이고, 법인의 임원·직원에 대한 지휘·감독 책임은 임원·직원이 법인의 업무에 종사하는 경우에만 인정되는 것이므로, 법인의 임원·직원이 법인의 업무와 무관하게 위법행위를 한 경우에도 그 위법행위에 관하여 법인을 형사처벌하는 것은 책임주의의 원칙에 위반된다고 보지 않을 수 없다.

법인의 임원·직원이 법인의 업무에 관하여 위법행위를 한 경우에는 법인이 임원·직원의 행위를 이용하여 위법행위를 하였거나 임원·직원에 대한 지휘·감독의무를 다하지 못하여 업무상 위법행위를 막지 못하였다고 할 수 있을 것이므로 임원·직원의 위법행위에 대하여 법인을 함께 처벌하더라도 책임주의의 원칙에 위반된다고 보기 어렵다. 그러나 법인의 임원·직원이 법인의 업무와 무관하게 위법행위를 한 경우에는 법인에게 임원·직원에 대한 지휘·감독의무가 있다고 볼 수 없으므로 그 경우에도 법인을 임원·직원과 함께 처벌하는 것은 책임주의의 원칙에 어긋나서 헌법에 위반된다고 할 것이다.

그런데 이 사건 심판대상 조항들은 모두 법인의 임원·직원이 법인의 업무에 관하여 위법행위를 한 경우에 그 법인도 벌금형으로 처벌하도록 규정하고 있다. 이는 법인이 그 임원·직원에 대한 지휘·감독의무를 다하지 못하여 임원·직원의 업무상 위법행위를 막지 못한 경우에 처벌하는 것이므로 책임주의의 원칙에 위반된다고 보기 어렵다.

앞에서 본 바와 같이, 이 사건 심판대상 조항들은 나중에 법인이 임원·직원의 업무상 위법행위를 방지하기 위하여 상당한 주의와 감독을 게을리 하지 아니한 경우에는 법인을 처벌하지 않도록 개정되었지만, 그러한 법률개정은 임원·직원의 업무상 위법행위에 대하여 법인에게 지휘·감독상의 과실이 있는 경우에만 처벌하는 것임을 명백히 밝힌 것에 불과하다. 그러한 법률개정이 이루어지지 않았더라도 법인의 임원·직원의 위법행위 중에서 법인의 업무에 관한 위법행위에 대해서만 법인에게 책임지우는 것은 책임주의에 위반된다고 볼 수 없는 것이다.

## 8. 재판관 이동흡의 반대의견

나는 이 사건 심판대상 조항들은 다음과 같은 이유에서 '책임 없는 자에게 형벌을 부과할 수 없다'는 책임주의원칙에 위반되지 아니하므로 헌법에 위반되지 아니한다고 생각한다.

오늘날 산업사회가 고도로 조직화되면서 법인의 활동과 사회적 영향이 증대되고 그로 인한 반사회적 법익침해가 증대함에 따라 이에 대한 보다 강력한 제제가 요구되고 있다. 그런데 이 경우 실제 위반행위자인 법인의 종업원을 처벌하는 것만으로는 범죄예방효과를 기대하기 어렵고, 종업원의 위반행위로 인한 이익의 귀속주체인 법인에 대하여 사회적인 비난이 직접 가해지고 있기 때문에 이에 대하여는 위반행위자인 종업원 외에 법인에 대한 직접적인 제재수단이 필요하다. 또한, 그러한 위반행위가 종업원 개인의 이익만을 추구하기 위함이거나 그 종업원 개인의 윤리성의 결여에 기인하기보다는, 대개의 경우 법인의 이익을 위하여 행해지거나 실제로는 법인의 기관 또는 중간관리자의 무언의 지시나 묵인·방치 또는 해당 종업원에 대한 선임·감독상의 과실에 기인한 것임에도, 법인의 복잡하고 분산된 업무구조의 특성상 이에 대한 책임소재를 명백히 가리기 어렵고, 나아가 넓게는 그러한 위반행위 방지를 감독하기에 부족한 법인의 운영체계 내지 의사결정구조의 하자 등에 기인한다고 볼 수도 있기 때문에 이에 대하여 법인도 직접 형사책임을 부담하는 것이 타당하다.

위와 같은 법인범죄의 특수성 및 법인에 대한 처벌의 필요성을 고려하여 최근에는 행위자와 무관하게 법인에 대한 독자적인 형사책임을 인정하거나 벌금형 외에 법인에 대한 실효성 있는 제재수단을 다양하게 마련하자는 주장도 제기되고 있고, 기업범죄에 대한 형사처벌의 역사가 오래된 미국에서는 ① 법인의 소속 직원의 고의·과실에 의한 위반행위가 있고 ② 그 위반행위가 업무와 관련된 범위 내에서 ③ 법인의 이익을 위하여 행해진 경우에, 그것만으로 법인에게 소위 대위책임(respondeat superior)을 인정하여 법인에 대하여 직접 형벌을 부과하고 있는 것이 주류적 판례의 입장이다.

한편, 대법원은 법인 영업주 양벌규정과 책임주의원칙과 관련하여, "형벌의 자기책임원칙에 비추어 보면 위반행위가 발생한 그 업무와 관련하여 법인이 상당한 주의 또는 관리감독 의무를 게을리한 때에 한하여 위 양벌조항이 적용된다고 봄이 상당하며……"(대법원 2010.2.25. 선고 2009도5824 판결), "이는 법인 또는 개인 등 고용주의 경우 엄격한 무과실책임은 아니더라도 그 과실의 추정을 강하게 하는 한편, 그 입증책임도 고용주에게 부과함으로써 규제의 실효를 살리자는 데 그 취지가 있다고 할 것이므로 ……"(대법원 2005.6.9. 선고 2005도2733 판결)라고 각 판시하는 등, 대법원은 일관되게 법인 영업주의 종업원에 대한 선임감독상의 주의의무위반 즉 과실책임을 근거로 법인의 책임을 묻되 다만 종업원의 위반행위에 대한 법인의 선임감독상의 과실이 추정된다는 입장이라고 봄이 상당하다.

우리와 동일하게 특별행정형법에 영업주 처벌을 위한 양벌규정을 두고 있는 일본에서도 법인 사업주에 대한 양벌규정에 관하여 "그 대리인, 사용인 기타 종업원의 위반행위에 대하여 법인 사업주로서 행위자의 선임, 감독 기타 위법행위를 방지하기 위하여 필요한 주의를 다하지 않은 과실의 존재를 추정하는 것으로 법인 사업주로서 위와 같은 주의를 다하였다는 증명이 없는 한 법인도 형사책임을 면할 수 없다."라고 보는 것이 통설과 최고재판소의 입장이다.

살피건대, 이 사건 심판대상 조항들은 법인의 종업원 등이 그 법인의 업무에 관하여 위반행위를 하면 그 법인에게도 해당 조문의 벌금형을 과한다는 것으로, 그 문언에 의하더라도 구성요건에 해당하는 법인의 범위는 종업원의 범죄행위에 대하여 아무런 관련 없는 법인까지 포함되는 것이 아니라 당해 법인의 '업무'에 관하여 종업원의 '위반행위'가 있는 경우에 한정되는 것으로서, '법인 영업주의 종업원에 대한 선임감독상의 과실'이란 것이 법인의 '업무'와 종업원의 '위반행위'를 연결해 주는 주관적 구성요건 요소로서 추단될 수 있는 것이고, 이러한 주관적 구성요건 요소는 문언상 명시되지 않더라도 위와 같이 해석될 수 있는 것이므로 이러한 해석을 전제로 할 때 이 사건 심판대상 조항들은 형벌에 관한 책임주의원칙에 위반되지 아니한다.

따라서 이 사건 심판대상 조항들의 문언상 '법인의 종업원에 대한 선임감독상의 과실 기타 귀책사유'가 명시되어 있지 않더라도 그와 같은 귀책사유가 있는 경우에만 처벌하는 것으로 해석하는 것은 문언해석의 범위 내에 있는 것으로서 합헌적 법률해석에 따라 허용된다고 판단된다(헌재 2009.7.30. 2008헌가14, 판례집 21-2 상, 77, 94-96 참조).

그렇다면, 이 사건 심판대상 조항들은 '책임 없는 자에게 형벌을 부과할 수 없다'는 책임주의 원칙에 위반된다고 볼 수 없다.

2010.9.30.

# 「산지관리법」 제56조 위헌 제청

[전원재판부 2010헌가75, 2010.9.30]

## 【판시사항】

법인이 고용한 종업원 등의 일정한 범죄행위에 대하여 곧바로 법인을 종업원등과 같이 처벌 하도록 하고 있는 산지관리법 (2002.12.30. 법률 제6841호로 제정된 것) 제56조 등 양벌규정 (이하 '이 사건 심판대상조항' 이라 한다)이 책임주의에 반하여 헌법에 위반되는지 여부(적극)

## 【결정요지】

형벌은 범죄에 대한 제재로서 그 본질은 법질서에 의해 부정적으로 평가된 행위에 대한 비난이다. 만약 법질서가 부정적으로 평가한 결과가 발생하였다고 하더라도 그러한 결과의 발생이 어느 누구의 잘못에 의한 것도 아니라면, 부정적인 결과가 발생하였다는 이유만으로 누군가에게 형벌을 가할 수는 없다. 이와 같이 '책임없는 자에게 형벌을 부과할 수 없다.'는 형벌에 관한 책임주의는 형사법의 기본원리로서, 헌법상 법치국가의 원리에 내재하는 원리인 동시에, 헌법 제10조의 취지로부터 도출되는 원리이다. 그런데 이 사건 심판대상조항은 법인이 고용한 종업원 등의 범죄행위에 관하여 비난할 근거가 되는 법인의 의사결정 및 행위구조, 즉 종업원 등이 저지른 행위의 결과에 대한 법인의 독자적인 책임에 관하여 전혀 규정하지 않은 채, 단순히 법인이 고용한 종업원 등이 업무에 관하여 범죄행위를 하였다는 이유만으로 법인에 대하여 형사처벌을 과하고 있는바, 이는 다른 사람의 범죄에 대하여 그 책임 유무를 묻지 않고 형벌을 부과함으로써 법치국가의 원리 및 죄형법정주의로부터 도출되는 책임주의원칙에 반하여 헌법에 위반된다.

재판관 이○○의 별개 위헌의견

법인의 경영방침이나 주요의사를 결정하거나 그법인의 전체 업무를 관리·감독할 수 있는 지위에 있는 기관이나 종업원 혹은 그와 같은 지위에 있는 자로부터 전권을 위임받은 대리인이 그의 권한범위 내에서 한 행위는 그 법인의 행위와 동일시 할 수 있을 것이고, 그와 같은 지위에 있는 자가 법인의 업무에 관하여 한 범법행위에 대하여 법인에게 형사책임을 귀속시키더라도 책임주의에 반한다고 볼 수 없을 것이다. 따라서 이 사건 심판대상조항 소정의 대리인·사용인 기타의 종업원 중 위와 같은 자 관련 부분은 헌법에 위반되지 아니하나, 그 이외의 대리인·사용인 기타의 종업원관련 부분은 책임원칙에 반하여 헌법에 위반된다.

재판관 조○○의 반대의견

이 사건 심판대상조항에서 법인의 임원·직원이 법인의 업무에 관하여 위법행위를 한 경우 그 법인도 벌금형으로 처벌하도록 규정하고 있는 것은, 법인이 그 임원·직원에 대한 지휘·감독의무를 다하지 못하여 임원·직원의 업무상 위법행위를 막지 못한 경우에 처벌하는 것 이므로 책임주의 원칙에 위반된다고 보기 어렵다.

재판관 이○○의 반대의견

이 사건 심판대상조항의 문언상 '법인의 종업원에 대한 선임감독상의 과실 기타 귀책사유'가 명시되어 있지 않더라도 그와 같은 귀책사유가 있는 경우에 만 처벌하는 것으로 해석할 수 있고 이러한 해석을 전제로 할 때 이 사건 법률조항은 책임주의 원칙에 위반되지 아니한다.

**【심판대상조문】**

산지관리법 (2002.12.30. 법률 제6841호로 제정된 것) 제56조
출입국관리법 (2005.3.24. 법률 제7406호로 개정된 것) 제99조의3

**【참조조문】**

산지관리법 (2008.2.29. 법률 제8852호로 개정된 것) 제53조 제1호, 제54조 제1호
출입국관리법 (2002.12.5. 법률 제6745호로 개정된 것) 제94조 제2호의3

**【참조판례】**

헌재 2009.7.30. 2008헌가14, 판례집 21-2상, 77

**【전문】**

**【당 사 자】**

제 청 법 원  1. 대전지 방법원 서산지원 (2010 헌가19)
            2. 수원지 방법원 (2010 헌가26)
            3. 대전지 방법원 천안지원 (2010 헌가75)

제청신청인  ○○컴텍 주식회사 (2010 헌가26)

대표이사 한○수

대리인 법무법인 동○

담당변호사 오○○

당해 사건 1. 대전지방법원 서산지원 2009고단775 산지관리법위반 (2010 헌가19)
          2. 수원지방법원 2009고단3493 출입국관리법위반 (2010 헌가26)
          3. 대전지방법원 천안지원 2009고단1534 산지관리법위반 (2010 헌가75)

## 【주 문】

1. 산지관리법(2002.12.30. 법률 제6841호로 제정된 것) 제56조 중 '법인의 대리인·사용인 및 종업원이 그 법인의 업무에 관하여 제53조 제1호, 제54조 제1호의 위반행위를 한 때에는 그 법인에 대하여도 각 해당 조의 벌금형을 과한다'는 부분은 헌법에 위반된다.

2. 출입국관리법(2005.3.24. 법률 제7406호로 개정된 것) 제99조의3 중 '법인의 대리인·사용인 그 밖의 종업원이 그 법인의 업무에 관하여 제94조 제2호의3의 규정에 의한 위반행위를 한 때에는 그 법인에 대하여도 각 해당 조의 벌금형을 과한다'는 부분은 헌법에 위반된다.

## 【이 유】

### 1. 사건개요 및 심판대상

가. 사건개요

(1) 2010헌가19 사건

(가) 당해사건의 피고인인 ○○철강 주식회사는 '그 사용인인 서○석이 그 업무에 관하여 2009.2. 중순경부터 같은 달 하순경까지 충남 당진군 정미면 ○○리 87-1 토지에 관하여 산지전용허가를 받고 토목공사를 하면서, 관할관청으로부터 변경허가를 받지 아니하고 같은 리 87-10 토지 중 920㎡ 부분의 산지를 전용하였다'는 공소사실로 약식명령이 청구되었다(대전지방법원 서산지원 2009고약3391).

(나) 법원은 사건을 공판절차에 회부하고(대전지방법원 서산지원 2009고단775), 산지관리법 제56조에 대하여 직권으로 이 사건 위헌법률심판을 제청하였다.

(2) 2010헌가26 사건

(가) 당해사건의 피고인인 ○○ 주식회사는 '그 인사총무팀 부장인 한○엽이 2008.1.29. 수원시 권선구 ○○동 919-6 수원출입국관리사무소에서 중국인 왕○매

등 15명에 대한 사증발급인정서를 신청함에 있어 그들이 현지법인인 ○○전자 ○○공사에 근무한 사실이 없음에도 불구하고 6개월 이상 근무하였다는 취지의 허위내용이 기재된 재직증명서, 파견명령서, 신원보증서 등을 제출함으로써 이들을 입국시키기 위하여 허위로 사증발급인정서를 신청하였다'는 공소사실로 기소되었다(수원지방법원 2009고단3493).

(나) 제청신청인은 제1심 계속 중 출입국관리법 제99조의3에 대하여 위헌법률심판제청을 신청하였고, 법원은 이를 받아들여 이 사건 위헌법률심판을 제청하였다.

(3) 2010헌가75 사건

(가) 당해사건의 피고인인 주식회사 ○○하우징은 '2006.7.경 공장 증설허가를 받아 2007.7.6.부터 2008. 3.경까지 공장을 증축하는 과정에서 그 사용인인 오○상이 그 업무에 관하여 천안시 동남구 수신면 ○○리 산 24-6 임야 480㎡를 자연석쌓기 및 아스콘포장을 하여 자재야적장으로 불법 형질변경 하였다'는 공소사실로 약식명령이 청구되었다(대전지방법원 천안지원 2009고약11881).

(나) 법원은 사건을 공판절차에 회부하고(대전지방법원 천안지원 2009고단1534), 산지관리법 제56조에 대하여 직권으로 이 사건 위헌법률심판을 제청하였다.

나. 심판대상

이 사건 심판대상 조항들은 법인의 대리인, 사용인 또는 종업원(이하 '종업원 등'이라 한다)이 법인의 업무에 관하여 위법행위를 한 경우 법인을 종업원 등과 함께 처벌하는 것이다.

(1) 2010헌가19, 75 사건

이 사건 심판대상은 산지관리법(2002.12.30. 법률 제6841호로 제정된 것) 제56조 중 '법인의 대리인·사용인 및 종업원이 그 법인의 업무에 관하여 제53조 제1호, 제54조 제1호의 위반행위를 한 때에는 그 법인에 대하여도 각 해당 조의 벌금형을 과한다'는 부분이 헌법에 위반되는지 여부이고, 위 심판대상 조항(아래 밑줄 부분) 및 관련조항의 내용은 다음과 같다.

[심판대상 조항]

산지관리법(2002.12.30. 법률 제6841호로 제정된 것)

제56조(양벌규정) 법인의 대표자, 법인 또는 개인의 대리인·사용인 및 종업원이 그 법인 또는 개인의 업무에 관하여 제53조 내지 제55조의 위반행위를 한 때에는 행위자를 벌하는 외에 그 법인 또는 개인에 대하여도 각 해당 조의 벌금형을 과한다.

[관련조항]

산지관리법(2008.2.29. 법률 제8852호로 개정된 것)

제53조(벌칙) 다음 각 호의 어느 하나에 해당하는 자는 7년 이하의 징역 또는 5천만 원 이하의 벌금에 처한다. 이 경우 징역형과 벌금형을 병과할 수 있다.<개정 2007.1.26.>
   1. 제14조 제1항 전단의 규정을 위반하여 산지전용허가를 받지 아니하고 산지전용을 하거나 거짓 그 밖의 부정한 방법으로 산지전용허가를 받아 산지전용을 한 자

제54조(벌칙) 다음 각 호의 어느 하나에 해당하는 자는 5년 이하의 징역 또는 3천만 원 이하의 벌금에 처한다.<개정 2007.1.26.>
   1. 제14조 제1항 후단의 규정을 위반하여 변경허가를 받지 아니하고 산지전용을 하거나 거짓 그 밖의 부정한 방법으로 변경허가를 받아 산지전용을 한 자

제14조(산지전용허가) ① 산지전용을 하고자 하는 자는 대통령령이 정하는 바에 따라 그 용도를 정하여 산림청장의 허가를 받아야 하며, 허가받은 사항을 변경하고자 하는 경우에도 또한 같다. 다만, 농림수산식품부령이 정하는 사항으로서 경미한 사항을 변경하고자 하는 때에는 산림청장에게 신고로 갈음할 수 있다.<개정 2007.1.26, 2008.2.29>

(2) 2010헌가26 사건

이 사건 심판대상은 출입국관리법(2005.3.24. 법률 제7406호로 개정된 것) 제99조의3 중 '법인의 대리인·사용인 그 밖의 종업원이 그 법인의 업무에 관하여 제94조 제2호의3의 규정에 의한 위반행위를 한 때에는 그 법인에 대하여도 각 해당 조의 벌금형을 과한다'는 부분이 헌법에 위반되는지 여부이고, 위 심판대상 조항(아래 밑줄 부분) 및 관련조항의 내용은 다음과 같다.

[심판대상 조항]

출입국관리법(2005.3.24. 법률 제7406호로 개정된 것)

제99조의3(양벌규정) 법인의 대표자나 법인 또는 개인의 대리인·사용인 그 밖의 종업원이 그 법인 또는 개인의 업무에 관하여 다음 각 호의 어느 하나에 해당하는 위반행위를 한 때에는 행위자를 벌하는 외에 그 법인 또는 개인에 대하여도 각 해당 조의 벌금형을 과한다.
   1. 제94조 제2호의3의 규정에 의한 위반행위

[관련조항]

출입국관리법(2002.12.5. 법률 제6745호로 개정된 것)

제94조(벌칙) 다음 각 호의 1에 해당하는 자는 3년 이하의 징역이나 금고 또는 2천만 원 이하의 벌금에 처한다.
　2의3. 제7조의2의 규정에 위반한 자

제7조의2(허위초청 등의 금지) 누구든지 외국인을 입국시키기 위한 다음 각 호의 1의 행위를 하여서는 아니 된다.
　2. 허위로 사증 또는 사증발급인정서를 신청하는 행위 또는 이를 알선하는 행위
　　<본조신설 2001.12.29>

## 2. 제청법원들의 위헌제청 이유 요지

제청법원들의 위헌제청 이유의 요지는 다음과 같다.

이 사건 심판대상 조항들은, 법인이 고용한 종업원 등이 법인의 업무에 관하여 위반행위를 한 경우 그와 같은 종업원 등의 범죄행위에 대해 영업주인 법인이 어떠한 잘못이 있는지 여부와는 전혀 관계없이 곧바로 영업주인 법인도 처벌하도록 규정하고 있는바, 이는 다른 사람의 범죄에 대해 그 책임 유무를 묻지 않고 형벌을 부과함으로써 법치국가의 원리 및 죄형법정주의로부터 도출되는 책임주의 원칙에 반한다.

## 3. 적법요건에 대한 판단

이 사건 심판대상 조항들은 이미 면책조항이 추가되어 개정되고, 그 부칙에 개정법 시행 전의 범죄행위에 대한 벌칙의 적용은 종전의 규정에 따른다는 취지의 경과규정을 두지 아니하였으나(산지관리법 2010.5.31. 법률 제10331호, 출입국관리법 2010.5.14. 법률 제10282호), 아직 그 시행일이 도래하지 아니하였다(산지관리법 2010.12.1, 출입국관리법 2010.11.15).

따라서 이 사건 심판대상 조항들은 현재 당해사건들에 직접 적용되며, 이들 조항이 위헌으로 선언되는 경우 위 피고인들에 대한 처벌의 근거규정이 없어지게 되어 각 당해사건의 공소사실에 대하여 무죄판결이 선고될 것이다. 그렇다면 위 각 조항의 위헌 여부에 따라 당해사건의 재판의 주문이 달라지게 될 것이므로, 이들 조항은 당해사건들과 관련하여 재판의 전제성이 인정된다.

## 4. 본안에 대한 판단

가. 이 사건 심판대상 조항들은 법인이 고용한 종업원 등이 일정한 위반행위를 한 사실이 인정되면 곧바로 그 종업원 등을 고용한 법인에게도 종업원 등에 대한 처벌조항에

규정된 벌금형을 과하도록 규정하고 있다.

즉, 이 사건 심판대상 조항들은 종업원 등의 범죄행위에 대한 법인의 가담 여부나 이를 감독할 주의의무의 위반 여부를 법인에 대한 처벌요건으로 규정하지 아니하고, 달리 법인이 면책될 가능성에 대해서도 규정하지 아니하고 있어, 결국 종업원 등의 일정한 행위가 있으면 법인이 그와 같은 종업원 등의 범죄에 대해 어떠한 잘못이 있는지를 전혀 묻지 않고 곧바로 영업주인 법인을 종업원 등과 같이 처벌하는 것이다.

나. 형벌은 범죄에 대한 제재로서 그 본질은 법질서에 의해 부정적으로 평가된 행위에 대한 비난이다. 만약 법질서가 부정적으로 평가한 결과가 발생하였다고 하더라도 그러한 결과의 발생이 어느 누구의 잘못에 의한 것도 아니라면, 부정적인 결과가 발생하였다는 이유만으로 누군가에게 형벌을 가할 수는 없다. 이와 같이 '책임 없는 자에게 형벌을 부과할 수 없다.'는 형벌에 관한 책임주의는 형사법의 기본원리로서, 헌법상 법치국가의 원리에 내재하는 원리인 동시에 헌법 제10조의 취지로부터 도출되는 원리이고, 법인의 경우도 자연인과 마찬가지로 책임주의원칙이 적용된다고 할 것이다.

그런데 이 사건 심판대상 조항들에 의할 경우, 법인이 종업원 등의 위반행위와 관련하여 선임·감독상의 주의의무를 다하여 아무런 잘못이 없는 경우까지도 법인에게 형벌을 부과될 수밖에 없게 된다. 이처럼 이 사건 심판대상 조항들은 종업원 등의 범죄행위에 관하여 비난할 근거가 되는 법인의 의사결정 및 행위구조, 즉 종업원 등이 저지른 행위의 결과에 대한 법인의 독자적인 책임에 관하여 전혀 규정하지 않은 채, 단순히 법인이 고용한 종업원 등이 업무에 관하여 범죄행위를 하였다는 이유만으로 법인에 대하여 형사처벌을 과하고 있는바, 이는 다른 사람의 범죄에 대하여 그 책임 유무를 묻지 않고 형벌을 부과하는 것으로서, 헌법상 법치국가의 원리 및 죄형법정주의로부터 도출되는 책임주의원칙에 위배된다 할 것이다(헌재 2009.7.30. 2008헌가14, 판례집 21-2 상, 77 참조).

## 5. 결 론

그렇다면, 이 사건 심판대상 조항들은 헌법에 위반되므로, 아래 6.과 같은 재판관 이공현의 별개 위헌의견, 아래 7.과 같은 재판관 조대현의 반대의견, 아래 8.과 같은 재판관 이동흡의 반대의견을 제외한 나머지 관여 재판관 전원의 일치된 의견으로 주문과 같이 결정한다.

## 6. 재판관 이공현의 별개 위헌의견

가. 책임 없는 자에 대한 처벌로서 위헌인지 여부

법인은 법적으로 구성된 가상의 실체로서 현실적으로는 자신의 종업원을 통하여 행위하므로, 공공의 이익을 해할 수 있는 위험이 내재되어 있거나 부당한 경제력 행사에 의하여 사회에 막대한 폐해를 초래할 수 있다는 이유로 그 법인에게 형사책임을 귀속시키려면 문제되는 종업원의 행위를 법인의 행위로 볼 수 있어야 한다. 법인의 행위로 볼 수 없는 종업원의 행위에 대하여서까지 그 법인의 관여나 선임감독상의 과실 등과 같은 잘못이 없음에도 그 법인에게 형사책임을 귀속시킨다면 책임 없는 자에게 형벌을 부과하는 것이 되어 책임원칙에 위반되는 것이다. 이에 따라 법인의 위계구조상 어떤 지위에 있는 종업원의 행위까지 법인의 행위로 볼 것인지 문제되는데, 법인의 경영방침이나 주요의사를 결정하거나 그 법인의 전체 업무를 관리·감독할 수 있는 지위에 있는 기관이나 종업원 혹은 그와 같은 지위에 있는 자로부터 전권을 위임받은 대리인이 그의 권한 범위 내에서 한 행위는 그 법인의 행위와 동일시할 수 있을 것이다.

한편, 법인의 행위와 동일시할 수 있는 행위를 하는 자로서는 반드시 등기부에 기재된 대표자뿐만 아니라 법인의 경영방침이나 주요의사를 결정하거나 그 법인의 전체 업무를 관리·감독할 수 있는 지위에 있는 기관이나 종업원 혹은 그와 같은 지위에 있는 자로부터 전권을 위임받은 대리인도 포함되는 것으로 보아야 할 것이다.

따라서 법인의 경영방침이나 주요의사를 결정하거나 그 법인의 전체 업무를 관리·감독할 수 있는 지위에 있는 기관이나 종업원 혹은 그와 같은 지위에 있는 자로부터 전권을 위임받은 대리인은 대외적으로 법인의 의사를 표명하고 대내적으로 법인의 전체 업무를 관리·감독할 수 있는 지위에 있는 자이므로, 그의 행위는 법인의 행위로 볼 수 있어 그와 같은 지위에 있는 자가 법인의 업무에 관하여 한 범법행위에 대하여 법인에게 형사책임을 귀속시키더라도 책임원칙에 반한다고 볼 수 없다. 따라서 이 사건 심판대상 조항들 소정의 대리인·사용인 기타의 종업원 중 앞에서 설시한 지위에 있는 자 관련 부분은 헌법에 위반되지 아니한다 할 것이다.

반면에 이 사건 심판대상 조항들 중 그 이외의 대리인·사용인 기타의 종업원 관련 부분은 다수의 위헌의견이 판단한 바와 같이 그와 같은 자의 범법행위에 대한 법인의 관여나 선임감독상의 과실 등과 같은 책임을 구성요건으로 규정하지 않은 채 그러한 자의 일정한 범죄행위가 인정되면 그를 처벌하는 동시에 자동적으로 법인도 처벌하는 것으로 규정하고 있어, 아무런 귀책사유가 없는 법인에게 형벌을 부과하는 것이어서 책임원칙에 위반된다고 보아야 할 것이다.

나. 책임과 형벌 간 비례원칙 위반 여부

법인의 대표자 등 법인의 행위와 동일시할 수 있는 자가 그 법인의 업무에 관하여 범법행위를 하여 법인이 처벌될 경우 혹은 법인이 종업원 등과 공모하거나 그 위반행위를 조장, 묵인하는 행위를 하여 공동범의 법리에 따라 처벌될 경우에는 그 행위자와 그 법인에 대한 법정형이 동일하더라도 책임과 형벌의 비례성원칙에 적합하다는 평가를 받을 수 있을 것이다.

그러나 동일한 결과를 발생시킨 행위라고 하더라도 그 행위태양에 따라서는 보호법익과 죄질에 비추어 범죄와 형벌 간의 비례의 원칙상 수긍하기 어려운 경우가 있을 수 있다. 예컨대 그 행위가 고의에 의한 것과 과실에 의한 것 사이에는 비례의 원칙상 그에 따른 책임의 정도를 다르게 판단하여야 할 것이므로, 설령 이 사건 심판대상 조항들을, 이 사건 심판대상 조항들 소정의 대리인·사용인 기타의 종업원 중 법인의 경영방침이나 주요의사를 결정하거나 그 법인의 전체 업무를 관리·감독할 수 있는 지위에 있는 사용인 기타의 종업원 및 그로부터 전권을 위임받은 대리인을 제외한 대리인·사용인 기타의 종업원에 대한 선임감독상의 과실이 있는 법인을 처벌하는 규정으로 보더라도 과실밖에 없는 법인을 고의의 본범과 동일한 법정형으로 처벌하는 것은 각자의 책임에 비례하는 형벌의 부과라고 보기 어렵다(헌재 2009.7.30. 2008헌가14, 판례집 21-2 상, 77, 89-94 참조).

다. 소결

그렇다면 이 사건 심판대상 조항들 소정의 대리인·사용인 기타의 종업원 중 법인의 경영방침이나 주요의사를 결정하거나 그 법인의 전체 업무를 관리·감독할 수 있는 지위에 있는 사용인 기타의 종업원 혹은 그와 같은 지위에 있는 자로부터 전권을 위임받은 대리인 관련 부분은 헌법에 위반되지 아니하고, 그 이외의 종업원 관련 부분은 헌법에 위반된다 할 것이다.

## 7. 재판관 조대현의 반대의견

인간은 스스로 생각하고 판단하여 자신의 행동을 규율하고 책임지는 자율적 활동주체이다. 모든 사람은 각자 존엄과 가치를 가지는 자율적 활동주체로서, 자신의 행위에 대해서만 책임질 뿐 타인의 행위로 인하여 처벌받지 않으며, 자기에게 책임 없는 사유로 인하여 처벌받지 아니한다(책임주의의 원칙).

법인도 그 구성원(임원·직원)과 구별되는 독자적인 주체성을 가지고 자율적으로 활동하는 것이고 법인도 법질서를 준수하여야 하는 것이므로, 법인도 자율적 활동주체로서 법인의 업무활동에 대하여 책임주의의 원칙에 따라 책임을 지는 것이 마땅하다. 법인은 다수인의 능력을 조직적으로 활용하기 때문에 그 활동 영역과 규모와 영향력이 개인활동의 한계를 뛰어넘을 수 있고, 그로 인하여 현대사회에서 법인의 활동영역이 모든 영역에 걸쳐 확산되고 있으며, 그에 따라 법인의 업무에 관한 위법행위도 빈발하게 되고 그 피해 규모가 크기 때문에 법인을 처벌해야 할 필요성도 커지고 있다. 법인의 업무에 관한 위법행위가 법인의 의사(업무지침)에 기한 것이면 법인 자체를 위법행위자로 보아 처벌할 필요가 있고, 임원·직원에 대한 감독의무를 소홀히 한 경우에도 그에 상응한 제재를 할 필요가 있다.

그러나 임원·직원의 위법행위에 관하여 그 법인도 함께 처벌하는 것은 임원·직원의 업무상 활동을 법인의 행위로 볼 수 있거나 법인에게 임원·직원을 지휘·감독할 책임이 있는 경우에만 인정될 수 있는 것이고, 법인의 임원·직원에 대한 지휘·감독 책임은 임원·직원이 법인의 업무에 종사하는 경우에만 인정되는 것이므로, 법인의 임원·직원이 법인의 업무와 무관하게 위법행위를 한 경우에도 그 위법행위에 관하여 법인을 형사처벌하는 것은 책임주의의 원칙에 위반된다고 보지 않을 수 없다.

법인의 임원·직원이 법인의 업무에 관하여 위법행위를 한 경우에는 법인이 임원·직원의 행위를 이용하여 위법행위를 하였거나 임원·직원에 대한 지휘·감독의무를 다하지 못하여 업무상 위법행위를 막지 못하였다고 할 수 있을 것이므로 임원·직원의 위법행위에 대하여 법인을 함께 처벌하더라도 책임주의의 원칙에 위반된다고 보기 어렵다. 그러나 법인의 임원·직원이 법인의 업무와 무관하게 위법행위를 한 경우에는 법인에게 임원·직원에 대한 지휘·감독의무가 있다고 볼 수 없으므로 그 경우에도 법인을 임원·직원과 함께 처벌하는 것은 책임주의의 원칙에 어긋나서 헌법에 위반된다고 할 것이다.

그런데 이 사건 심판대상 조항들은 모두 법인의 임원·직원이 법인의 업무에 관하여 위법행위를 한 경우에 그 법인도 벌금형으로 처벌하도록 규정하고 있다. 이는 법인이 그 임원·직원에 대한 지휘·감독의무를 다하지 못하여 임원·직원의 업무상 위법행위를 막지 못한 경우에 처벌하는 것이므로 책임주의의 원칙에 위반된다고 보기 어렵다.

앞에서 본 바와 같이, 이 사건 심판대상 조항들은 나중에 법인이 임원·직원의 업무상 위법행위를 방지하기 위하여 상당한 주의와 감독을 게을리 하지 아니한 경우에는 법인을 처벌하지 않도록 개정되었지만, 그러한 법률개정은 임원·직원의 업무상 위법행위에 대하여 법인에게 지휘·감독상의 과실이 있는 경우에만 처벌하는 것임을 명백히 밝힌 것에 불과하다. 그러한 법률개정이 이루어지지 않았더라도 법인의 임원·직원의 위법행위 중에서 법인의 업무에 관한 위법행위에 대해서만 법인에게 책임지우는 것은 책임주의에 위반된다고 볼 수 없는 것이다.

## 8. 재판관 이동흡의 반대의견

나는 이 사건 심판대상 조항들은 다음과 같은 이유에서 '책임 없는 자에게 형벌을 부과할 수 없다'는 책임주의원칙에 위반되지 아니하므로 헌법에 위반되지 아니한다고 생각한다.

오늘날 산업사회가 고도로 조직화되면서 법인의 활동과 사회적 영향이 증대되고 그로 인한 반사회적 법익침해가 증대함에 따라 이에 대한 보다 강력한 제제가 요구되고 있다. 그런데 이 경우 실제 위반행위자인 법인의 종업원을 처벌하는 것만으로는 범죄예방효과를 기대하기 어렵고, 종업원의 위반행위로 인한 이익의 귀속주체인 법인에 대하여 사회적인 비난이 직접 가해지고 있기 때문에 이에 대하여는 위반행위자인 종업원 외에 법인에 대한 직접적인 제재수단이 필요하다. 또한, 그러한 위반행위가 종업원 개인의 이익만을 추구하기 위함이거나 그 종업원 개인의 윤리성의 결여에 기인하기보다는, 대개의 경우 법인의 이익을 위하여 행해지거나 실제로는 법인의 기관 또는 중간관리자의 무언의 지시나 묵인·방치 또는 해당 종업원에 대한 선임·감독상의 과실에 기인한 것임에도, 법인의 복잡하고 분산된 업무구조의 특성상 이에 대한 책임소재를 명백히 가리기 어렵고, 나아가 넓게는 그러한 위반행위 방지를 감독하기에 부족한 법인의 운영체계 내지 의사결정 구조의 하자 등에 기인한다고 볼 수도 있기 때문에 이에 대하여 법인도 직접 형사책임을 부담하는 것이 타당하다.

위와 같은 법인범죄의 특수성 및 법인에 대한 처벌의 필요성을 고려하여 최근에는 행위자와 무관하게 법인에 대한 독자적인 형사책임을 인정하거나 벌금형 외에 법인에 대한 실효성 있는 제재수단을 다양하게 마련하자는 주장도 제기되고 있고, 기업범죄에 대한 형사처벌의 역사가 오래된 미국에서는 ① 법인의 소속 직원의 고의·과실에 의한 위반행위가 있고 ② 그 위반행위가 업무와 관련된 범위 내에서 ③ 법인의 이익을 위하여 행해진 경우에, 그것만으로 법인에게 소위 대위책임(respondeat superior)을 인정하여 법인에 대하여 직접 형벌을 부과하고 있는 것이 주류적 판례의 입장이다.

한편, 대법원은 법인 영업주 양벌규정과 책임주의원칙과 관련하여, "형벌의 자기책임원칙에 비추어 보면 위반행위가 발생한 그 업무와 관련하여 법인이 상당한 주의 또는 관리감독 의무를 게을리한 때에 한하여 위 양벌조항이 적용된다고 봄이 상당하며……"(대법원 2010.2.25. 선고 2009도5824 판결), "이는 법인 또는 개인 등 고용주의 경우 엄격한 무과실책임은 아니더라도 그 과실의 추정을 강하게 하는 한편, 그 입증책임도 고용주에게 부과함으로써 규제의 실효를 살리자는 데 그 취지가 있다고 할 것이므로 ……"(대법원 2005.6.9. 선고 2005도2733 판결)라고 각 판시하는 등, 대법원은 일관되게 법인 영업주의 종업원에 대한 선임감독상의 주의의무위반 즉 과실책임을 근거로 법인의 책임을 묻되 다만 종업원의 위반행위에 대한 법인의 선임감독상의 과실이 추정된다는 입장이라고 봄이 상당하다.

우리와 동일하게 특별행정형법에 영업주 처벌을 위한 양벌규정을 두고 있는 일본에서도 법인 사업주에 대한 양벌규정에 관하여 "그 대리인, 사용인 기타 종업원의 위반행위에 대하여 법인 사업주로서 행위자의 선임, 감독 기타 위법행위를 방지하기 위하여 필요한 주의를 다하지 않은 과실의 존재를 추정하는 것으로 법인 사업주로서 위와 같은 주의를 다하였다는 증명이 없는 한 법인도 형사책임을 면할 수 없다."라고 보는 것이 통설과 최고재판소의 입장이다.

살피건대, 이 사건 심판대상 조항들은 법인의 종업원 등이 그 법인의 업무에 관하여 위반행위를 하면 그 법인에게도 해당 조문의 벌금형을 과한다는 것으로, 그 문언에 의하더라도 구성요건에 해당하는 법인의 범위는 종업원의 범죄행위에 대하여 아무런 관련 없는 법인까지 포함되는 것이 아니라 당해 법인의 '업무'에 관하여 종업원의 '위반행위'가 있는 경우에 한정되는 것으로서, '법인 영업주의 종업원에 대한 선임감독상의 과실'이란 것이 법인의 '업무'와 종업원의 '위반행위'를 연결해 주는 주관적 구성요건 요소로서 추단될 수 있는 것이고, 이러한 주관적 구성요건 요소는 문언상 명시되지 않더라도 위와 같이 해석될 수 있는 것이므로 이러한 해석을 전제로 할 때 이 사건 심판대상 조항들은 형벌에 관한 책임주의원칙에 위반되지 아니한다.

따라서 이 사건 심판대상 조항들의 문언상 '법인의 종업원에 대한 선임감독상의 과실 기타 귀책사유'가 명시되어 있지 않더라도 그와 같은 귀책사유가 있는 경우에만 처벌하는 것으로 해석하는 것은 문언해석의 범위 내에 있는 것으로서 합헌적 법률해석에 따라 허용된다고 판단된다(헌재 2009.7.30. 2008헌가14, 판례집 21-2 상, 77, 94-96 참조).

그렇다면, 이 사건 심판대상 조항들은 '책임 없는 자에게 형벌을 부과할 수 없다'는 책임주의 원칙에 위반된다고 볼 수 없다.

2010.9.30.

## 「출입국관리법」 제99조의3 위헌 제청

[전원재판부 2010헌가26, 2010.9.30]

**【판시사항】**

법인이 고용한 종업원 등의 일정한 범죄행위에 대하여 곧바로 법인을 종업원등과 같이 처벌 하도록 하고 있는 산지관리법 (2002.12.30. 법률 제6841호로 제정된 것) 제56조 등 양벌규정 (이하 '이 사건 심판대상조항' 이라 한다)이 책임주의에 반하여 헌법에 위반되는지 여부(적극)

**【결정요지】**

형벌은 범죄에 대한 제재로서 그 본질은 법질서에 의해 부정적으로 평가된 행위에 대한 비난이다. 만약 법질서가 부정적으로 평가한 결과가 발생하였다고 하더라도 그러한 결과의 발생이 어느 누구의 잘못에 의한 것도 아니라면, 부정적인 결과가 발생하였다는 이유만으로 누군가에게 형벌을 가할 수는 없다. 이와 같이 '책임없는 자에게 형벌을 부과할 수 없다.'는 형벌에 관한 책임주의는 형사법의 기본원리로서, 헌법상 법치국가의 원리에 내재하는 원리인 동시에, 헌법 제10조의 취지로부터 도출되는 원리이다. 그런데 이 사건 심판대상조항은 법인이 고용한 종업원 등의 범죄행위에 관하여 비난할 근거가 되는 법인의 의사결정 및 행위구조, 즉 종업원 등이 저지른 행위의 결과에 대한 법인의 독자적인 책임에 관하여 전혀 규정하지 않은 채, 단순히 법인이 고용한 종업원 등이 업무에 관하여 범죄행위를 하였다는 이유만으로 법인에 대하여 형사처벌을 과하고 있는바, 이는 다른 사람의 범죄에 대하여 그 책임 유무를 묻지 않고 형벌을 부과함으로써 법치국가의 원리 및 죄형법정주의로부터 도출되는 책임주의원칙에 반하여 헌법에 위반된다.

재판관 이○○의 별개 위헌의견

법인의 경영방침이나 주요의사를 결정하거나 그법인의 전체 업무를 관리·감독할 수 있는 지위에 있는 기관이나 종업원 혹은 그와 같은 지위에 있는 자로부터 전권을 위임받은 대리인이 그의 권한범위 내에서 한 행위는 그 법인의 행위와 동일시 할 수 있을 것이고, 그와 같은 지위에 있는 자가 법인의 업무에 관하여 한 범법행위에 대하여 법인에게 형사책임을 귀속시키 더라도 책임주의에 반한다고 볼 수 없을 것이다. 따라서 이 사건 심판대상조항 소정의 대리인·사용인 기타의 종업원 중 위와 같은 자 관련 부분은 헌법에 위반되지 아니하나, 그 이외의 대리인·사용인 기타의 종업원관련 부분은 책임원칙에 반하여 헌법에 위반된다.

재판관 조○○의 반대의견

이 사건 심판대상조항에서 법인의 임원·직원이 법인의 업무에 관하여 위법행위를 한 경우 그 법인도 벌금형으로 처벌하도록 규정하고 있는 것은, 법인이 그 임원·직원에 대한 지휘·감독의무를 다하지 못하여 임원·직원의 업무상 위법행위를 막지 못한 경우에 처벌하는 것 이므로 책임주의의 원칙에 위반된다고 보기 어렵다.

재판관 이○○의 반대의견

이 사건 심판대상조항의 문언상 '법인의 종업원에 대한 선임감독상의 과실 기타 귀책사유'가 명시되어 있지 않더라도 그와 같은 귀책사유가 있는 경우에 만 처벌하는 것으로 해석할 수 있고 이러한 해석을 전제로 할 때 이 사건 법률조항은 책임주의 원칙에 위반되지 아니한다.

【심판대상조문】

산지관리법 (2002.12.30. 법률 제6841호로 제정된 것) 제56조
출입국관리법 (2005.3.24. 법률 제7406호로 개정된 것) 제99조의3

【참조조문】

산지관리법 (2008.2.29. 법률 제8852호로 개정된 것) 제53조 제1호, 제54조 제1호
출입국관리법 (2002.12.5. 법률 제6745호로 개정된 것) 제94조 제2호의3

【참조판례】

헌재 2009.7.30. 2008헌가14, 판례집 21-2상, 77

【전문】

【당 사 자】

제 청 법 원  1. 대전지방법원 서산지원 (2010 헌가19)
            2. 수원지방법원 (2010 헌가26)
            3. 대전지방법원 천안지원 (2010 헌가75)

제청신청인  ○○컴텍 주식회사 (2010 헌가26)

대표이사 한○○
대리인 법무법인 동○
담당변호사 오○○

당해 사건  1. 대전지방법원 서산지원 2009고단775산지관리법위반 (2010 헌가19)
         2. 수원지방법원 2009고단3493 출입국관리법위반 (2010 헌가26)
         3. 대전지방법원 천안지원 2009고단1534산지관리법위반 (2010 헌가75)

【주 문】

1. 산지관리법(2002.12.30. 법률 제6841호로 제정된 것) 제56조 중 '법인의 대리인·사용인 및 종업원이 그 법인의 업무에 관하여 제53조 제1호, 제54조 제1호의 위반행위를 한 때에는 그 법인에 대하여도 각 해당 조의 벌금형을 과한다'는 부분은 헌법에 위반된다.

2. 출입국관리법(2005.3.24. 법률 제7406호로 개정된 것) 제99조의3 중 '법인의 대리인·사용인 그 밖의 종업원이 그 법인의 업무에 관하여 제94조 제2호의3의 규정에 의한 위반행위를 한 때에는 그 법인에 대하여도 각 해당 조의 벌금형을 과한다' 부분은 헌법에 위반된다.

【이 유】

1. 사건개요 및 심판대상

가. 사건개요

 (1) 2010헌가19 사건
  (가) 당해사건의 피고인인 ○○철강 주식회사는 '그 사용인인 서○○이 그 업무에 관하여 2009.2. 중순경부터 같은 달 하순경까지 충남 당진군 정미면 ○○리 87-1 토지에 관하여 산지전용허가를 받고 토목공사를 하면서, 관할관청으로부터 변경허가를 받지 아니하고 같은 리 87-10 토지 중 920㎡ 부분의 산지를 전용하였다'는 공소사실로 약식명령이 청구되었다(대전지방법원 서산지원 2009고약3391).
  (나) 법원은 사건을 공판절차에 회부하고(대전지방법원 서산지원 2009고단775), 산지관리법 제56조에 대하여 직권으로 이 사건 위헌법률심판을 제청하였다.

 (2) 2010헌가26 사건
  (가) 당해사건의 피고인인 ○○ 주식회사는 '그 인사총무팀 부장인 한○○이 2008. 1.29. 수원시 권선구 ○○동 919-6 수원출입국관리사무소에서 중국인 왕○매 등 15명에 대한 사증발급인정서를 신청함에 있어 그들이 현지법인인 ○○전자

○○공사에 근무한 사실이 없음에도 불구하고 6개월 이상 근무하였다는 취지의 허위내용이 기재된 재직증명서, 파견명령서, 신원보증서 등을 제출함으로써 이들을 입국시키기 위하여 허위로 사증발급인정서를 신청하였다'는 공소사실로 기소되었다(수원지방법원 2009고단3493).

(나) 제청신청인은 제1심 계속 중 출입국관리법 제99조의3에 대하여 위헌법률심판제청을 신청하였고, 법원은 이를 받아들여 이 사건 위헌법률심판을 제청하였다.

(3) 2010헌가75 사건

(가) 당해사건의 피고인 주식회사 ○○하우징은 '2006.7.경 공장 증설허가를 받아 2007.7.6.부터 2008.3.경까지 공장을 증축하는 과정에서 그 사용인인 오○상이 그 업무에 관하여 천안시 동남구 수신면 ○○리 산 24-6 임야 480㎡를 자연석쌓기 및 아스콘포장을 하여 자재야적장으로 불법 형질변경 하였다'는 공소사실로 약식명령이 청구되었다(대전지방법원 천안지원 2009고약11881).

(나) 법원은 사건을 공판절차에 회부하고(대전지방법원 천안지원 2009고단1534), 산지관리법 제56조에 대하여 직권으로 이 사건 위헌법률심판을 제청하였다.

나. 심판대상

이 사건 심판대상 조항들은 법인의 대리인, 사용인 또는 종업원(이하 '종업원 등'이라 한다)이 법인의 업무에 관하여 위법행위를 한 경우 법인을 종업원 등과 함께 처벌하는 것이다.

(1) 2010헌가19, 75 사건

이 사건 심판대상은 산지관리법(2002.12.30. 법률 제6841호로 제정된 것) 제56조 중 '법인의 대리인·사용인 및 종업원이 그 법인의 업무에 관하여 제53조 제1호, 제54조 제1호의 위반행위를 한 때에는 그 법인에 대하여도 각 해당 조의 벌금형을 과한다'는 부분이 헌법에 위반되는지 여부이고, 위 심판대상 조항(아래 밑줄 부분) 및 관련조항의 내용은 다음과 같다.

[심판대상 조항]

산지관리법(2002.12.30. 법률 제6841호로 제정된 것)

제56조(양벌규정) 법인의 대표자, 법인 또는 개인의 대리인·사용인 및 종업원이 그 법인 또는 개인의 업무에 관하여 제53조 내지 제55조의 위반행위를 한 때에는 행위자를 벌하는 외에 그 법인 또는 개인에 대하여도 각 해당 조의 벌금형을 과한다.

[관련조항]

산지관리법(2008.2.29. 법률 제8852호로 개정된 것)

제53조(벌칙) 다음 각 호의 어느 하나에 해당하는 자는 7년 이하의 징역 또는 5천만원 이하의 벌금에 처한다. 이 경우 징역형과 벌금형을 병과할 수 있다.<개정 2007.1.26>
  1. 제14조 제1항 전단의 규정을 위반하여 산지전용허가를 받지 아니하고 산지전용을 하거나 거짓 그 밖의 부정한 방법으로 산지전용허가를 받아 산지전용을 한 자

제54조(벌칙) 다음 각 호의 어느 하나에 해당하는 자는 5년 이하의 징역 또는 3천만원 이하의 벌금에 처한다.<개정 2007.1.26>
  1. 제14조 제1항 후단의 규정을 위반하여 변경허가를 받지 아니하고 산지전용을 하거나 거짓 그 밖의 부정한 방법으로 변경허가를 받아 산지전용을 한 자

제14조(산지전용허가) ① 산지전용을 하고자 하는 자는 대통령령이 정하는 바에 따라 그 용도를 정하여 산림청장의 허가를 받아야 하며, 허가받은 사항을 변경하고자 하는 경우에도 또한 같다. 다만, 농림수산식품부령이 정하는 사항으로서 경미한 사항을 변경하고자 하는 때에는 산림청장에게 신고로 갈음할 수 있다.<개정 2007.1.26, 2008.2.29>

(2) 2010헌가26 사건

이 사건 심판대상은 출입국관리법(2005.3.24. 법률 제7406호로 개정된 것) 제99조의3 중 '법인의 대리인·사용인 그 밖의 종업원이 그 법인의 업무에 관하여 제94조 제2호의3의 규정에 의한 위반행위를 한 때에는 그 법인에 대하여도 각 해당 조의 벌금형을 과한다'는 부분이 헌법에 위반되는지 여부이고, 위 심판대상 조항(아래 밑줄 부분) 및 관련조항의 내용은 다음과 같다.

[심판대상 조항]

출입국관리법(2005.3.24. 법률 제7406호로 개정된 것)

제99조의3(양벌규정) 법인의 대표자나 법인 또는 개인의 대리인·사용인 그 밖의 종업원이 그 법인 또는 개인의 업무에 관하여 다음 각 호의 어느 하나에 해당하는 위반행위를 한 때에는 행위자를 벌하는 외에 그 법인 또는 개인에 대하여도 각 해당 조의 벌금형을 과한다.
  1. 제94조 제2호의3의 규정에 의한 위반행위

[관련조항]

출입국관리법(2002.12.5. 법률 제6745호로 개정된 것)

제94조(벌칙) 다음 각 호의 1에 해당하는 자는 3년 이하의 징역이나 금고 또는

2천만 원 이하의 벌금에 처한다.
2의3. 제7조의2의 규정에 위반한 자

제7조의2(허위초청 등의 금지) 누구든지 외국인을 입국시키기 위한 다음 각 호의 1의 행위를 하여서는 아니 된다.
2. 허위로 사증 또는 사증발급인정서를 신청하는 행위 또는 이를 알선하는 행위<본조신설 2001.12.29>

## 2. 제청법원들의 위헌제청 이유 요지

제청법원들의 위헌제청 이유의 요지는 다음과 같다.

이 사건 심판대상 조항들은, 법인이 고용한 종업원 등이 법인의 업무에 관하여 위반행위를 한 경우 그와 같은 종업원 등의 범죄행위에 대해 영업주인 법인이 어떠한 잘못이 있는지 여부와는 전혀 관계없이 곧바로 영업주인 법인도 처벌하도록 규정하고 있는바, 이는 다른 사람의 범죄에 대해 그 책임 유무를 묻지 않고 형벌을 부과함으로써 법치국가의 원리 및 죄형법정주의로부터 도출되는 책임주의 원칙에 반한다.

## 3. 적법요건에 대한 판단

이 사건 심판대상 조항들은 이미 면책조항이 추가되어 개정되고, 그 부칙에 개정법 시행 전의 범죄행위에 대한 벌칙의 적용은 종전의 규정에 따른다는 취지의 경과규정을 두지 아니하였으나(산지관리법 2010.5.31. 법률 제10331호, 출입국관리법 2010.5.14. 법률 제10282호), 아직 그 시행일이 도래하지 아니하였다(산지관리법 2010.12.1, 출입국관리법 2010.11.15).

따라서 이 사건 심판대상 조항들은 현재 당해사건들에 직접 적용되며, 이들 조항이 위헌으로 선언되는 경우 위 피고인들에 대한 처벌의 근거규정이 없어지게 되어 각 당해사건의 공소사실에 대하여 무죄판결이 선고될 것이다. 그렇다면 위 각 조항의 위헌 여부에 따라 당해사건의 재판의 주문이 달라지게 될 것이므로, 이들 조항은 당해사건들과 관련하여 재판의 전제성이 인정된다.

## 4. 본안에 대한 판단

가. 이 사건 심판대상 조항들은 법인이 고용한 종업원 등이 일정한 위반행위를 한 사실이 인정되면 곧바로 그 종업원 등을 고용한 법인에게도 종업원 등에 대한 처벌조항에

규정된 벌금형을 과하도록 규정하고 있다.

즉, 이 사건 심판대상 조항들은 종업원 등의 범죄행위에 대한 법인의 가담 여부나 이를 감독할 주의의무의 위반 여부를 법인에 대한 처벌요건으로 규정하지 아니하고, 달리 법인이 면책될 가능성에 대해서도 규정하지 아니하고 있어, 결국 종업원 등의 일정한 행위가 있으면 법인이 그와 같은 종업원 등의 범죄에 대해 어떠한 잘못이 있는지를 전혀 묻지 않고 곧바로 영업주인 법인을 종업원 등과 같이 처벌하는 것이다.

나. 형벌은 범죄에 대한 제재로서 그 본질은 법질서에 의해 부정적으로 평가된 행위에 대한 비난이다. 만약 법질서가 부정적으로 평가한 결과가 발생하였다고 하더라도 그러한 결과의 발생이 어느 누구의 잘못에 의한 것도 아니라면, 부정적인 결과가 발생하였다는 이유만으로 누군가에게 형벌을 가할 수는 없다. 이와 같이 '책임 없는 자에게 형벌을 부과할 수 없다.'는 형벌에 관한 책임주의는 형사법의 기본원리로서, 헌법상 법치국가의 원리에 내재하는 원리인 동시에 헌법 제10조의 취지로부터 도출되는 원리이고, 법인의 경우도 자연인과 마찬가지로 책임주의원칙이 적용된다고 할 것이다.

그런데 이 사건 심판대상 조항들에 의할 경우, 법인이 종업원 등의 위반행위와 관련하여 선임·감독상의 주의의무를 다하여 아무런 잘못이 없는 경우까지도 법인에게 형벌을 부과될 수밖에 없게 된다. 이처럼 이 사건 심판대상 조항들은 종업원 등의 범죄행위에 관하여 비난할 근거가 되는 법인의 의사결정 및 행위구조, 즉 종업원 등이 저지른 행위의 결과에 대한 법인의 독자적인 책임에 관하여 전혀 규정하지 않은 채, 단순히 법인이 고용한 종업원 등이 업무에 관하여 범죄행위를 하였다는 이유만으로 법인에 대하여 형사처벌을 과하고 있는바, 이는 다른 사람의 범죄에 대하여 그 책임 유무를 묻지 않고 형벌을 부과하는 것으로서, 헌법상 법치국가의 원리 및 죄형법정주의로부터 도출되는 책임주의원칙에 위배된다 할 것이다(헌재 2009.7.30. 2008헌가14, 판례집 21-2 상, 77 참조).

## 5. 결 론

그렇다면, 이 사건 심판대상 조항들은 헌법에 위반되므로, 아래 6.과 같은 재판관 이○○의 별개 위헌의견, 아래 7.과 같은 재판관 조○○의 반대의견, 아래 8.과 같은 재판관 이○○의 반대의견을 제외한 나머지 관여 재판관 전원의 일치된 의견으로 주문과 같이 결정한다.

## 6. 재판관 이공현의 별개 위헌의견

가. 책임 없는 자에 대한 처벌로서 위헌인지 여부

법인은 법적으로 구성된 가상의 실체로서 현실적으로는 자신의 종업원을 통하여 행위하므로, 공공의 이익을 해할 수 있는 위험이 내재되어 있거나 부당한 경제력 행사에 의하여 사회에 막대한 폐해를 초래할 수 있다는 이유로 그 법인에게 형사책임을 귀속시키려면 문제되는 종업원의 행위를 법인의 행위로 볼 수 있어야 한다. 법인의 행위로 볼 수 없는 종업원의 행위에 대하여서까지 그 법인의 관여나 선임감독상의 과실 등과 같은 잘못이 없음에도 그 법인에게 형사책임을 귀속시킨다면 책임 없는 자에게 형벌을 부과하는 것이 되어 책임원칙에 위반되는 것이다. 이에 따라 법인의 위계구조상 어떤 지위에 있는 종업원의 행위까지 법인의 행위로 볼 것인지 문제되는데, 법인의 경영방침이나 주요의사를 결정하거나 그 법인의 전체 업무를 관리·감독할 수 있는 지위에 있는 기관이나 종업원 혹은 그와 같은 지위에 있는 자로부터 전권을 위임받은 대리인이 그의 권한 범위 내에서 한 행위는 그 법인의 행위와 동일시할 수 있을 것이다.

한편, 법인의 행위와 동일시할 수 있는 행위를 하는 자로서는 반드시 등기부에 기재된 대표자뿐만 아니라 법인의 경영방침이나 주요의사를 결정하거나 그 법인의 전체 업무를 관리·감독할 수 있는 지위에 있는 기관이나 종업원 혹은 그와 같은 지위에 있는 자로부터 전권을 위임받은 대리인도 포함되는 것으로 보아야 할 것이다.

따라서 법인의 경영방침이나 주요의사를 결정하거나 그 법인의 전체 업무를 관리·감독할 수 있는 지위에 있는 기관이나 종업원 혹은 그와 같은 지위에 있는 자로부터 전권을 위임받은 대리인은 대외적으로 법인의 의사를 표명하고 대내적으로 법인의 전체 업무를 관리·감독할 수 있는 지위에 있는 자이므로, 그의 행위는 법인의 행위로 볼 수 있어 그와 같은 지위에 있는 자가 법인의 업무에 관하여 한 범법행위에 대하여 법인에게 형사책임을 귀속시키더라도 책임원칙에 반한다고 볼 수 없다. 따라서 이 사건 심판대상 조항들 소정의 대리인·사용인 기타의 종업원 중 앞에서 설시한 지위에 있는 자 관련 부분은 헌법에 위반되지 아니한다 할 것이다.

반면에 이 사건 심판대상 조항들 중 그 이외의 대리인·사용인 기타의 종업원 관련 부분은 다수의 위헌의견이 판단한 바와 같이 그와 같은 자의 범법행위에 대한 법인의 관여나 선임감독상의 과실 등과 같은 책임을 구성요건으로 규정하지 않은 채 그러한 자의 일정한 범죄행위가 인정되면 그를 처벌하는 동시에 자동적으로 법인도 처벌하는 것으로 규정하고 있어, 아무런 귀책사유가 없는 법인에게 형벌을 부과하는 것이어서 책임원칙에 위반된다고 보아야 할 것이다.

나. 책임과 형벌 간 비례원칙 위반 여부

법인의 대표자 등 법인의 행위와 동일시할 수 있는 자가 그 법인의 업무에 관하여 범법행위를 하여 법인이 처벌될 경우 혹은 법인이 종업원 등과 공모하거나 그 위반행위를 조장, 묵인하는 행위를 하여 공동범의 법리에 따라 처벌될 경우에는 그 행위자와 그 법인에 대한 법정형이 동일하더라도 책임과 형벌의 비례성원칙에 적합하다는 평가를 받을 수 있을 것이다.

그러나 동일한 결과를 발생시킨 행위라고 하더라도 그 행위태양에 따라서는 보호법익과 죄질에 비추어 범죄와 형벌 간의 비례의 원칙상 수긍하기 어려운 경우가 있을 수 있다. 예컨대 그 행위가 고의에 의한 것과 과실에 의한 것 사이에는 비례의 원칙상 그에 따른 책임의 정도를 다르게 판단하여야 할 것이므로, 설령 이 사건 심판대상 조항들을, 이 사건 심판대상 조항들 소정의 대리인·사용인 기타의 종업원 중 법인의 경영방침이나 주요의사를 결정하거나 그 법인의 전체 업무를 관리·감독할 수 있는 지위에 있는 사용인 기타의 종업원 및 그로부터 전권을 위임받은 대리인을 제외한 대리인·사용인 기타의 종업원에 대한 선임감독상의 과실이 있는 법인을 처벌하는 규정으로 보더라도 과실밖에 없는 법인을 고의의 본범과 동일한 법정형으로 처벌하는 것은 각자의 책임에 비례하는 형벌의 부과라고 보기 어렵다(헌재 2009. 7. 30. 2008헌가14, 판례집 21-2 상, 77, 89-94 참조).

다. 소결

그렇다면 이 사건 심판대상 조항들 소정의 대리인·사용인 기타의 종업원 중 법인의 경영방침이나 주요의사를 결정하거나 그 법인의 전체 업무를 관리·감독할 수 있는 지위에 있는 사용인 기타의 종업원 혹은 그와 같은 지위에 있는 자로부터 전권을 위임받은 대리인 관련 부분은 헌법에 위반되지 아니하고, 그 이외의 종업원 관련 부분은 헌법에 위반된다 할 것이다.

## 7. 재판관 조○○의 반대의견

인간은 스스로 생각하고 판단하여 자신의 행동을 규율하고 책임지는 자율적 활동주체이다. 모든 사람은 각자 존엄과 가치를 가지는 자율적 활동주체로서, 자신의 행위에 대해서만 책임질 뿐 타인의 행위로 인하여 처벌받지 않으며, 자기에게 책임 없는 사유로 인하여 처벌받지 아니한다(책임주의의 원칙).

법인도 그 구성원(임원·직원)과 구별되는 독자적인 주체성을 가지고 자율적으로 활동하는 것이고 법인도 법질서를 준수하여야 하는 것이므로, 법인도 자율적 활동주체로서 법인의 업무활동에 대하여 책임주의의 원칙에 따라 책임을 지는 것이 마땅하다. 법인은 다수인의 능력을 조직적으로 활용하기 때문에 그 활동 영역과 규모와 영향력이 개인활동의 한계를 뛰어넘을 수 있고, 그로 인하여 현대사회에서 법인의 활동영역이 모든 영역에 걸쳐 확산되고 있으며, 그에 따라 법인의 업무에 관한 위법행위도 빈발하게 되고 그 피해 규모가 크기 때문에 법인을 처벌해야 할 필요성도 커지고 있다. 법인의 업무에 관한 위법행위가 법인의 의사(업무지침)에 기한 것이면 법인 자체를 위법행위자로 보아 처벌할 필요가 있고, 임원·직원에 대한 감독의무를 소홀히 한 경우에도 그에 상응한 제재를 할 필요가 있다.

그러나 임원·직원의 위법행위에 관하여 그 법인도 함께 처벌하는 것은 임원·직원의 업무상 활동을 법인의 행위로 볼 수 있거나 법인에게 임원·직원을 지휘·감독할 책임이 있는 경우에만 인정될 수 있는 것이고, 법인의 임원·직원에 대한 지휘·감독 책임은 임원·직원이 법인의 업무에 종사하는 경우에만 인정되는 것이므로, 법인의 임원·직원이 법인의 업무와 무관하게 위법행위를 한 경우에도 그 위법행위에 관하여 법인을 형사처벌하는 것은 책임주의 원칙에 위반된다고 보지 않을 수 없다.

법인의 임원·직원이 법인의 업무에 관하여 위법행위를 한 경우에는 법인이 임원·직원의 행위를 이용하여 위법행위를 하였거나 임원·직원에 대한 지휘·감독의무를 다하지 못하여 업무상 위법행위를 막지 못하였다고 할 수 있을 것이므로 임원·직원의 위법행위에 대하여 법인을 함께 처벌하더라도 책임주의 원칙에 위반된다고 보기 어렵다. 그러나 법인의 임원·직원이 법인의 업무와 무관하게 위법행위를 한 경우에는 법인에게 임원·직원에 대한 지휘·감독의무가 있다고 볼 수 없으므로 그 경우에도 법인을 임원·직원과 함께 처벌하는 것은 책임주의 원칙에 어긋나서 헌법에 위반된다고 할 것이다.

그런데 이 사건 심판대상 조항들은 모두 법인의 임원·직원이 법인의 업무에 관하여 위법행위를 한 경우에 그 법인도 벌금형으로 처벌하도록 규정하고 있다. 이는 법인이 그 임원·직원에 대한 지휘·감독의무를 다하지 못하여 임원·직원의 업무상 위법행위를 막지 못한 경우에 처벌하는 것이므로 책임주의 원칙에 위반된다고 보기 어렵다.

앞에서 본 바와 같이, 이 사건 심판대상 조항들은 나중에 법인이 임원·직원의 업무상 위법행위를 방지하기 위하여 상당한 주의와 감독을 게을리 하지 아니한 경우에는 법인을 처벌하지 않도록 개정되었지만, 그러한 법률개정은 임원·직원의 업무상 위법행위에 대하여 법인에게 지휘·감독상의 과실이 있는 경우에만 처벌하는 것임을 명백히 밝힌 것에 불과하다. 그러한 법률개정이 이루어지지 않았더라도 법인의 임원·직원의 위법행위 중에서 법인의 업무에 관한 위법행위에 대해서만 법인에게 책임지우는 것은 책임주의에 위반된다고 볼 수 없는 것이다.

## 8. 재판관 이○○의 반대의견

나는 이 사건 심판대상 조항들은 다음과 같은 이유에서 '책임 없는 자에게 형벌을 부과할 수 없다'는 책임주의원칙에 위반되지 아니하므로 헌법에 위반되지 아니한다고 생각한다.

오늘날 산업사회가 고도로 조직화되면서 법인의 활동과 사회적 영향이 증대되고 그로 인한 반사회적 법익침해가 증대함에 따라 이에 대한 보다 강력한 제제가 요구되고 있다. 그런데 이 경우 실제 위반행위자인 법인의 종업원을 처벌하는 것만으로는 범죄예방효과를 기대하기 어렵고, 종업원의 위반행위로 인한 이익의 귀속주체인 법인에 대하여 사회적인 비난이 직접 가해지고 있기 때문에 이에 대하여는 위반행위자인 종업원 외에 법인에 대한 직접적인 제재수단이 필요하다. 또한, 그러한 위반행위가 종업원 개인의 이익만을 추구하기 위함이거나 그 종업원 개인의 윤리성의 결여에 기인하기보다는, 대개의 경우 법인의 이익을 위하여 행해지거나 실제로는 법인의 기관 또는 중간관리자의 무언의 지시나 묵인·방치 또는 해당 종업원에 대한 선임·감독상의 과실에 기인한 것임에도, 법인의 복잡하고 분산된 업무구조의 특성상 이에 대한 책임소재를 명백히 가리기 어렵고, 나아가 넓게는 그러한 위반행위 방지를 감독하기에 부족한 법인의 운영체계 내지 의사결정구조의 하자 등에 기인한다고 볼 수도 있기 때문에 이에 대하여 법인도 직접 형사책임을 부담하는 것이 타당하다.

위와 같은 법인범죄의 특수성 및 법인에 대한 처벌의 필요성을 고려하여 최근에는 행위자와 무관하게 법인에 대한 독자적인 형사책임을 인정하거나 벌금형 외에 법인에 대한 실효성 있는 제재수단을 다양하게 마련하자는 주장도 제기되고 있고, 기업범죄에 대한 형사처벌의 역사가 오래된 미국에서는 ① 법인의 소속 직원의 고의·과실에 의한 위반행위가 있고 ② 그 위반행위가 업무와 관련된 범위 내에서 ③ 법인의 이익을 위하여 행해진 경우에, 그것만으로 법인에게 소위 대위책임(respondeat superior)을 인정하여 법인에 대하여 직접 형벌을 부과하고 있는 것이 주류적 판례의 입장이다.

한편, 대법원은 법인 영업주 양벌규정과 책임주의원칙과 관련하여, "형벌의 자기책임원칙에 비추어 보면 위반행위가 발생한 그 업무와 관련하여 법인이 상당한 주의 또는 관리감독 의무를 게을리한 때에 한하여 위 양벌조항이 적용된다고 봄이 상당하며……"(대법원 2010.2.25. 선고 2009도5824 판결), "이는 법인 또는 개인 등 고용주의 경우 엄격한 무과실책임은 아니더라도 그 과실의 추정을 강하게 하는 한편, 그 입증책임도 고용주에게 부과함으로써 규제의 실효를 살리자는 데 그 취지가 있다고 할 것이므로 ……"(대법원 2005.6.9. 선고 2005도2733 판결)라고 각 판시하는 등, 대법원은 일관되게 법인 영업주의 종업원에 대한 선임감독상의 주의의무위반 즉 과실책임을 근거로 법인의 책임을 묻되 다만 종업원의 위반행위에 대한 법인의 선임감독상의 과실이 추정된다는 입장이라고 봄이 상당하다.

우리와 동일하게 특별행정형법에 영업주 처벌을 위한 양벌규정을 두고 있는 일본에서도 법인 사업주에 대한 양벌규정에 관하여 "그 대리인, 사용인 기타 종업원의 위반행위에 대하여 법인 사업주로서 행위자의 선임, 감독 기타 위법행위를 방지하기 위하여 필요한 주의를 다하지 않은 과실의 존재를 추정하는 것으로 법인 사업주로서 위와 같은 주의를 다하였다는 증명이 없는 한 법인도 형사책임을 면할 수 없다."라고 보는 것이 통설과 최고재판소의 입장이다.

살피건대, 이 사건 심판대상 조항들은 법인의 종업원 등이 그 법인의 업무에 관하여 위반행위를 하면 그 법인에게도 해당 조문의 벌금형을 과한다는 것으로, 그 문언에 의하더라도 구성요건에 해당하는 법인의 범위는 종업원의 범죄행위에 대하여 아무런 관련 없는 법인까지 포함되는 것이 아니라 당해 법인의 '업무'에 관하여 종업원의 '위반행위'가 있는 경우에 한정되는 것으로서, '법인 영업주의 종업원에 대한 선임감독상의 과실'이란 것이 법인의 '업무'와 종업원의 '위반행위'를 연결해 주는 주관적 구성요건 요소로서 추단될 수 있는 것이고, 이러한 주관적 구성요건 요소는 문언상 명시되지 않더라도 위와 같이 해석될 수 있는 것이므로 이러한 해석을 전제로 할 때 이 사건 심판대상 조항들은 형벌에 관한 책임주의원칙에 위반되지 아니한다.

따라서 이 사건 심판대상 조항들의 문언상 '법인의 종업원에 대한 선임감독상의 과실 기타 귀책사유'가 명시되어 있지 않더라도 그와 같은 귀책사유가 있는 경우에만 처벌하는 것으로 해석하는 것은 문언해석의 범위 내에 있는 것으로서 합헌적 법률해석에 따라 허용된다고 판단된다(헌재 2009.7.30. 2008헌가14, 판례집 21-2 상, 77, 94-96 참조).

그렇다면, 이 사건 심판대상 조항들은 '책임 없는 자에게 형벌을 부과할 수 없다'는 책임주의 원칙에 위반된다고 볼 수 없다.

2010.9.30.

## 산지관리법 <최신개정판>

2021년 2월 10일 인쇄
2021년 2월 15일 발행 <개정판>

편 집　편집부
발행인　김대원
발행처　도서출판 원기술
주　소　경기도 안양시 동안구 경수대로 507번길18
전　화　031-451-8730
팩　스　031-429-6781
등　록　제2-1063호

2021.2. by 도서출판 원기술
ISBN　978-89-7401-414-8

정가 98,0000원